ENERGIAS RENOVÁVEIS, GERAÇÃO DISTRIBUÍDA E EFICIÊNCIA ENERGÉTICA

O GEN | Grupo Editorial Nacional – maior plataforma editorial brasileira no segmento científico, técnico e profissional – publica conteúdos nas áreas de ciências exatas, humanas, jurídicas, da saúde e sociais aplicadas, além de prover serviços direcionados à educação continuada e à preparação para concursos.

As editoras que integram o GEN, das mais respeitadas no mercado editorial, construíram catálogos inigualáveis, com obras decisivas para a formação acadêmica e o aperfeiçoamento de várias gerações de profissionais e estudantes, tendo se tornado sinônimo de qualidade e seriedade.

A missão do GEN e dos núcleos de conteúdo que o compõem é prover a melhor informação científica e distribuí-la de maneira flexível e conveniente, a preços justos, gerando benefícios e servindo a autores, docentes, livreiros, funcionários, colaboradores e acionistas.

Nosso comportamento ético incondicional e nossa responsabilidade social e ambiental são reforçados pela natureza educacional de nossa atividade e dão sustentabilidade ao crescimento contínuo e à rentabilidade do grupo.

José Roberto Simões Moreira
Organizador

ENERGIAS RENOVÁVEIS, GERAÇÃO DISTRIBUÍDA E EFICIÊNCIA ENERGÉTICA

Colaboradores

Alberto Hernandez Neto
Alessandra Camilla do Amaral
Alvaro Nakano
Andrea Carolina Gutierrez-Gomez
Claudio Roberto de Freitas Pacheco
Daniel Setrak Sowmy
Danilo Perecin
Demetrio Cornilios Zachariadis
Eduardo Ioshimoto
Eduardo Seiji Yamada
Eliane Aparecida Faria Amaral Fadigas
Enio Akira Kato
Gerhard Ett
Gustavo de Andrade Barreto
Hirdan Katarina de Medeiros Costa
Ivan Eduardo Chabu
Javier Farago Escobar

João Maurício Pacheco
José Aquiles Baesso Grimoni
José Carlos Mierzwa
José Roberto Simões Moreira
Laiete Soto Messias
Leticia de Oliveira Neves
Lineu Belico dos Reis
Marcelo da Silva Rocha
Marilin Mariano dos Santos
Patricia Helena Lara dos Santos Matai
Paulo José Schiavon Ara
Rodrigo Sacchi
Ronaldo Andreos
Suani Teixeira Coelho
Vanessa Pecora Garcilasso
Virginia Parente

3ª EDIÇÃO

- Os autores deste livro e a editora empenharam seus melhores esforços para assegurar que as informações e os procedimentos apresentados no texto estejam em acordo com os padrões aceitos à época da publicação, *e todos os dados foram atualizados pelos autores até a data de fechamento do livro*. Entretanto, tendo em conta a evolução das ciências, as atualizações legislativas, as mudanças regulamentares governamentais e o constante fluxo de novas informações sobre os temas que constam do livro, recomendamos enfaticamente que os leitores consultem sempre outras fontes fidedignas, de modo a se certificarem de que as informações contidas no texto estão corretas e de que não houve alterações nas recomendações ou na legislação regulamentadora.

- Data do fechamento do livro: 30/09/2024

- Os autores e a editora se empenharam para citar adequadamente e dar o devido crédito a todos os detentores de direitos autorais de qualquer material utilizado neste livro, dispondo-se a possíveis acertos posteriores caso, inadvertida e involuntariamente, a identificação de algum deles tenha sido omitida.

- **Atendimento ao cliente: (11) 5080-0751 | faleconosco@grupogen.com.br**

- Direitos exclusivos para a língua portuguesa
  Copyright © 2025 by
  LTC | Livros Técnicos e Científicos Editora Ltda.
  Uma editora integrante do GEN | Grupo Editorial Nacional
  Travessa do Ouvidor, 11
  Rio de Janeiro – RJ – 20040-040
  www.grupogen.com.br

- Reservados todos os direitos. É proibida a duplicação ou reprodução deste volume, no todo ou em parte, em quaisquer formas ou por quaisquer meios (eletrônico, mecânico, gravação, fotocópia, distribuição pela Internet ou outros), sem permissão, por escrito, da LTC | Livros Técnicos e Científicos Editora Ltda.

- Capa: Leonidas Leite
- Imagem de capa: ©iStockphoto/Xurzon, ©iStockphoto/bombermoon, ©iStockphoto/IrisImages, ©iStockphoto/peterschreiber.media, ©iStockphoto/banjongseal324
- Editoração eletrônica: Set-up Time Artes Gráficas

- Ficha catalográfica

CIP-BRASIL. CATALOGAÇÃO NA PUBLICAÇÃO
SINDICATO NACIONAL DOS EDITORES DE LIVROS, RJ

E46
3. ed.

Energias renováveis, geração distribuída e eficiência energética / organização José Roberto Simões Moreira; colaboradores Alberto Hernandez Neto ... [et al.]. - 3. ed. - Rio de Janeiro: LTC, 2024.

    Apêndice
    Inclui bibliografia e índice
    ISBN 978-85-216-3891-9

1. Recursos energéticos - Brasil. 2. Energia - Fontes alternativas - Brasil. 3. Geração distribuída de energia elétrica - Brasil. I. Moreira, José Roberto Simões. II. Hernandez Neto, Alberto.

24-92478
CDD: 333.790981
CDU: 620.91(81)

Meri Gleice Rodrigues de Souza - Bibliotecária - CRB-7/6439

Dedicamos esta obra às nossas queridas famílias,
sempre presentes nas nossas vidas e fontes de inspiração e trabalho.

E disse Elohim: Haja luz; e houve luz.

A energia do Universo é constante;
A entropia do Universo tende a um máximo.
(R. Clausius, 1865)

PREFÁCIO À 3ª EDIÇÃO

A primeira edição desta obra foi lançada em 2017 com o grande desafio de compendiar um material de caráter ao mesmo tempo didático e profissional para abordar o acelerado desenvolvimento da área de energias renováveis e temas correlatos. A receptividade deste trabalho, de autoria de mais de 30 profissionais e pesquisadores, e a constante atualização do setor de energias renováveis motivaram o lançamento da 2ª edição em 2021, quando o livro foi revisto e ampliado. Em consonância com a célere dinâmica do desenvolvimento de novas tecnologias, aspectos regulatórios, procedimentos e técnicas de eficiência energética relacionados com a área de energias renováveis, geração distribuída e eficiência energética, percebeu-se a premente necessidade de uma nova atualização e ampliação dos conteúdos, que convergiriam para esta 3ª edição.

A área de energias renováveis tem despontado como uma das grandes molas propulsoras de desenvolvimento tecnológico e social moderno. O cenário mundial aponta para a transição energética de uma economia com base em combustíveis fósseis para outra fundamentada em energias renováveis. Evidentemente, o desafio é imenso, pois há muitos setores da economia que serão impactados pelas mudanças. O setor mais evidente é o de combustíveis automotivos, cujo desafio se dá, mas não exclusivamente, na disputa entre a eletrificação da frota, o uso de gás hidrogênio ou de biocombustíveis. Cada solução tem vantagens e desvantagens. A eletrificação depende de baterias elétricas de maior durabilidade, segurança e custo acessível, além da disponibilidade de materiais construtivos e de uma rede elétrica de recarga robusta para absorver o tremendo aumento de demanda elétrica. Já o gás hidrogênio depende de sistemas de armazenamento e transporte que sejam técnica e economicamente viáveis. O Brasil, porém, desponta com uma terceira opção superior a essas duas: os biocombustíveis. Do ponto de vista energético, o etanol é um combustível superior à gasolina, pois permite a operação de motores de combustão com taxas de compressão mais elevadas que resultam em maiores eficiências térmicas. No caso do biodiesel, é interessante destacar que seu inventor, Rudolf Diesel, empregou vários óleos vegetais para acionar o motor que leva seu nome. Na famosa feira de Paris de 1900, apresentou um modelo acionado por óleo de amendoim. Em adição a esses combustíveis, o país também tem o biogás para geração elétrica estacionária e o biometano para abastecer a frota automotiva, ainda que em quantia modesta. Um motor *flex* movido a biometano e etanol seria mais eficiente do que os atuais, porque teria uma motorização invejável com elevada taxa de compressão e uma *pegada de carbono* praticamente nula. O gás natural poderia também ser usado em primeira instância e, paulatinamente, ser substituído por biometano à medida que a sua produção aumentasse. O gás natural é o componente fóssil de melhor *pegada de carbono* da série de hidrocarbonetos, além de ser abundante no país.

Os desafios da substituição dos combustíveis fósseis também se estendem à área de geração de energia elétrica. Com exceção do Brasil e de alguns poucos países, mais de 3/4 da geração da energia elétrica mundial ainda dependem de fontes não renováveis, e a situação não é melhor quando se examina a matriz energética. Além das matrizes elétrica e energética, a transição para uma economia de baixo carbono também está vinculada à substituição de insumos de origem fóssil nas indústrias de fertilizantes, plásticos, polímeros, lubrificantes, entre outros. Portanto, os desafios são enormes e a transição se estenderá por alguns decênios, até que petróleo, gás e carvão sejam abandonados por completo e as energias renováveis se estabeleçam definitivamente como um suprimento confiável e seguro. Um cenário mais provável deve ser o da substituição progressiva dos diversos energéticos e insumos fósseis por equivalentes de origem renovável nas matrizes elétrica e energética dos países conforme as pesquisas, tecnologias e investimentos na área avançarem. A composição ideal das matrizes elétrica e energética das nações no futuro dependerá de vários fatores técnico-econômicos e até mesmo geopolíticos. Portanto, o futuro nessa área é promissor, desafiador e o domínio do conhecimento e das tecnologias é imperativo.

Como bem destacado na 2ª edição, o Brasil desfruta de uma situação ímpar com relação aos demais países no tocante à disponibilidade de fontes energéticas renováveis e seu potencial de uso. A dimensão territorial e a faixa de latitude geográfica favorável fazem desta nação uma das poucas do mundo cuja abundância de recursos hídricos, incidência de radiação solar, ventos e biomassa podem alavancá-la em direção a uma matriz elétrica praticamente renovável em sua totalidade. Na verdade, o Brasil já se destaca de forma exemplar entre os demais países, considerando que cerca de 4/5 de sua matriz elétrica já são formados por fontes renováveis, como hídrica, solar, eólica e biomassa, além de uma pequena participação da energia nuclear, que é uma fonte limpa. Do lado da matriz energética, o país já possui quase 50% da sua demanda energética supridos por insumos de origem não fóssil. Portanto, o Brasil é, hoje, o que muitas nações se propõem a ser amanhã.

O Capítulo 1 apresenta o cenário energético do país e do mundo com dados atualizados. Nos Capítulos 2 e 3 são revistos os conceitos de termodinâmica e ciclos térmicos de potência e de refrigeração, os quais são importantes para qualquer análise de máquinas e processos de transformação térmica. No Capítulo 4 são apresentados os conceitos de combustão, considerada sua relevância na obtenção de energia térmica e incluídos novos tópicos, como oxicombustão. O Capítulo 5 é dedicado aos conceitos e aplicações de motores e geradores elétricos e sua aplicação.

Os capítulos de armazenamento de energia (Capítulo 6) e de redes inteligentes e geração distribuída – GD (Capítulo 7) foram totalmente revistos, ampliados e atualizados em face das novas tecnologias, demandas e aspectos regulatórios. Como abordado no capítulo, o conceito de geração distribuída se difunde a passos largos pelo país em face da legislação favorável e da disponibilidade de tecnologia, sobretudo, a fotovoltaica, visto que ainda há espaço para cogeração, energia eólica de pequeno porte, células a combustível e outras formas de geração elétrica. A GD tem contribuído com os custos evitados de expansão da geração centralizada e das redes de transmissão. O capítulo sobre energia eólica (Capítulo 8) também foi amplamente atualizado, considerando o grande desenvolvimento das novas tecnologias e aplicações.

Os três capítulos de energia solar (Capítulos 9 a 11) passaram por importantes ajustes e expansão incluindo não apenas a geração elétrica por meio dos painéis fotovoltaicos, mas também a utilização no aquecimento de água, produção de vapor e outros aproveitamentos da energia solar. Os capítulos de aplicação abordam, de maneira prática, por meio de exemplos, os procedimentos e normas de implantação de energia solar fotovoltaica e de energia solar térmica para aquecimento de água. A teoria do aproveitamento da energia solar é tratada no Capítulo 9.

No Capítulo 12, o aproveitamento da biomassa é apresentado em detalhes nesta nova e atualizada versão. Nesse caso, não só a biomassa proveniente da cana-de-açúcar do setor sucroalcooleiro, mas também outras fontes de biomassa, como os resíduos sólidos urbanos (RSU), os quais precisam e merecem ter um destino apropriado. Existem tecnologias que podem ser empregadas com sucesso e com rentabilidade, como tratado no texto. O capítulo seguinte, de cogeração, também foi ajustado e renovado.

O Capítulo 14 aborda uma forma de energia praticamente inexplorada no país, que são as marés e as ondas.

O gás hidrogênio tem sido considerado o substituto dos combustíveis fósseis em muitos setores. Como consequência, vultosos investimentos na busca de tecnologias inovadoras e mais eficientes vêm sendo realizados para a produção, armazenamento e transporte desse energético. Sua principal aplicação se dá em células a combustível, o que é bem examinado no Capítulo 15.

Nesta edição, foram incluídos dois novos capítulos para abordar a geração de energia elétrica proveniente de hidrelétricas (Capítulo 16) e usinas nucleares (Capítulo 17). O país dispõe de muitas fontes hidráulicas inexploradas. Embora questões ambientais impeçam a formação de grandes lagos e reservatórios para a sua exploração, ainda existem centenas ou milhares de pequenos e médios potenciais que podem ser aproveitados. No caso das centrais nucleares, o domínio do ciclo nuclear para geração de energia elétrica se mostra relevante para o país, visto que o Brasil possui grandes reservas de urânio, domina o seu processo de enriquecimento e esta é uma forma de geração de energia elétrica totalmente isenta de emissões atmosféricas.

No Capítulo 18, foi atualizada de acordo com a legislação, normas e certificações a questão não menos importante da melhoria da eficiência de edifícios com vista à redução do consumo energético. Todo projeto de Engenharia demanda o retorno de investimentos, o que é devidamente tratado no Capítulo 19. Tendo em conta as mudanças na legislação, o capítulo de Legislação e Regulação foi totalmente revisto e ajustado em face do novo arcabouço regulatório (Capítulo 20). O último capítulo trata da questão ambiental de implantação de projetos de energia.

É importante ressaltar que o livro tem sido empregado como livro-texto no curso de especialização de título homônimo na Escola Politécnica da Universidade de São Paulo (Poli-USP), bem como em disciplinas de graduação na área de energias renováveis e em disciplinas de pós-graduação.

Por fim, esta nova edição foi completamente renovada em função dos desenvolvimentos tecnológicos e do aprimoramento regulatório que o setor energético vem experimentando em decorrência das novas tecnologias de geração, armazenamento e aproveitamento de energia útil. O conteúdo vai ao encontro dessas necessidades para contribuir com a formação, discussão e disseminação das energias renováveis e dos conceitos de geração distribuída e de eficiência no uso racional das fontes energéticas. Esta obra foi possível graças à imensa dedicação de todos os autores, renomados especialistas, na atualização das informações técnicas e regulatórias em consonância com o estado atual do desenvolvimento da área.

José Roberto Simões Moreira
Professor titular – Poli-USP
SISEA – *Lab. de Sistemas Energéticos Alternativos e Renováveis*
Organizador

PREFÁCIO À 2ª EDIÇÃO

Temos a grata satisfação de apresentar a nova edição desta obra, que tem se tornado uma referência para os meios acadêmico e profissional. Desde o lançamento da primeira edição deste livro, em 2017, houve um contínuo avanço das aplicações das energias renováveis nas matrizes elétrica e energética do País e do mundo, bem como o desenvolvimento e aprimoramento de técnicas, equipamentos e métodos de incrementos da eficiência do uso final da energia, além do aperfeiçoamento da legislação para a disseminação do uso da geração distribuída. Para atender às necessidades desse novo panorama que se vislumbra já no presente, e que avança inexoravelmente ao futuro imediato, buscou-se não só atualizar este livro, como também ampliar diversos capítulos da obra original com a introdução do que há de mais moderno na área.

A temática *energias renováveis* tem conquistado seu espaço natural no meio acadêmico pelo oferecimento de novas disciplinas, que, anteriormente, não eram estudadas de forma regular nas instituições de ensino. Com efeito, uma reforma curricular recente na Escola Politécnica da USP incluiu um bloco de disciplinas optativas do campo de energias renováveis. Muitos dos alunos concluintes de todas as modalidades de engenharia têm optado livremente por essa subárea, tornando-a uma das mais concorridas entre todas as demais oferecidas pela instituição. Em consonância com essa tendência cada vez crescente, as modalidades da engenharia, da tecnologia e de áreas correlatas, que abordam as energias renováveis, geração distribuída e eficiência energética, dispõem de uma única referência bibliográfica em que se aborda parte significativa do conteúdo programático de várias disciplinas de graduação. Em nível de pós-graduação *lato sensu*, o livro se tornou uma referência para diversos programas de especialização espalhados pelo País, incluindo o curso que o organizador desta obra coordena em sua instituição desde 2011. Em nível de pós-graduação *stricto sensu*, o livro também tem sido empregado com destaque em razão de seu conteúdo abrangente, mas com a profundidade que vai além do nível introdutório. Para atender a essa crescente demanda, a presente edição teve como diretrizes não somente a atualização e a ampliação dos capítulos originais, como também a inclusão de problemas selecionados. Com isso, o docente tem à disposição um conjunto de exercícios e problemas que podem ser utilizados em apoio às suas aulas.

Os profissionais que atuam na área contam com uma obra de referência e de consulta, que reúne tópicos pertinentes, tais como tecnologias, legislação, análises econômica e ambiental, que são de grande utilidade para consultores e tomadores de decisão em projetos de energia. Técnicas e procedimentos de eficiência energética e certificação de edificações são abordadas com clareza por especialistas do setor.

O Brasil desfruta de uma situação ímpar em relação aos demais países no tocante à disponibilidade de fontes energéticas renováveis e seu potencial uso. A dimensão territorial e a faixa de latitude geográfica favorável fazem desta nação uma das poucas do mundo em que a abundância de recursos hídricos, incidência de radiação solar, ventos e biomassa podem alavancá-lo em direção a uma matriz elétrica praticamente renovável em sua totalidade. Na verdade, o Brasil já se destaca de forma exemplar entre os demais países, considerando que cerca de 4/5 de sua matriz elétrica já é formada por fontes renováveis, tais como a hídrica, eólica, biomassa, solar, além de uma pequena participação da energia nuclear. Nossa frota de automóveis tem o etanol à sua disposição desde o choque do petróleo da década de 1970, um combustível oriundo de cana-de-açúcar, sendo, portanto, renovável. É preciso destacar que uma mudança drástica nas matrizes elétrica e energética depende de transformações na substituição não só de combustíveis de origem fóssil, como também de outros derivados da indústria petroquímica, tais como plásticos, lubrificantes e outros insumos, fundamentais para mover a sociedade moderna. O País ainda conta com grandes reservas de gás natural, cuja composição é dominada pelo gás metano, que, entre todos os combustíveis da série de hidrocarbonetos, possui a melhor *pegada* de carbono, isto é, o metano é o hidrocarboneto combustível com a menor emissão de gás carbônico por unidade energética liberada no processo de combustão. O Brasil também possui grandes reservas de petróleo ao longo de sua costa. Todos esses energéticos de origem fóssil e não fóssil são altamente relevantes para o desenvolvimento e crescimento do País.

Tendo em vista a crescente importância da área de energia solar na geração elétrica, aquecimento e na produção de vapor de água, os dois capítulos originais da primeira edição foram ampliados e reorganizados em três novos capítulos. Dessa forma, são tratados em profundidade os assuntos de energia solar fotovoltaica, de aquecimento de água e de produção de vapor para usos finais ou para o acionamento de ciclos térmicos de potência. Um capítulo de fundamentos da energia solar precede os de aplicação da energia solar térmica e de produção de energia elétrica fotovoltaica.

O capítulo da primeira edição que tratava do gás hidrogênio foi consideravelmente ampliado para incluir não somente os processos de produção, uso e armazenamento do gás hidrogênio, como também o seu uso final. O futuro das tecnologias energéticas indubitavelmente inclui o gás hidrogênio e seu uso em células a combustível, em máquinas térmicas, ou mesmo como componente de enriquecimento do poder calorífico de gás natural e de outros gases combustíveis. Tecnologias distintas de células a combustível são abordadas de forma didática nesta nova edição.

O capítulo de energia eólica foi ampliado em muito, sendo que, conjuntamente com os fundamentos da energia eólica, tecnologias e máquinas também foram abordadas em maior profundidade, incluindo questões construtivas e operacionais em detalhes.

O capítulo sobre geração de eletricidade a partir de biomassa no Brasil contou com a atualização de dados e informações de diversas fontes de biomassa, ampliando o contexto das tecnologias comercialmente disponíveis para seu aproveitamento energético. Contou também com a inserção de novas informações sobre os aspectos econômicos e regulatórios e sobre barreiras e propostas de políticas, com foco em biogás e biometano. Foram incluídos, ainda, exercícios sobre as fontes de biomassa, tipos de tratamento, aproveitamento energético, oportunidades de geração e descarbonização do setor elétrico.

A questão regulatória da geração distribuída também foi atualizada, tendo em vista seu contínuo aprimoramento pelos órgãos regulatórios. Técnicas e procedimentos de análise de edificações objetivando a melhoria da eficiência energética, bem como certificações "verdes", foram atualizadas, e discussões pertinentes foram introduzidas.

Finalmente, é desejo do organizador que a presente obra possa contribuir com a disseminação e o uso das energias renováveis, melhoria da eficiência na geração, distribuição e uso final do bem *energia* com o emprego de boas práticas, tecnologias e metodologias modernas em consonância com as transformações do setor energético que experimentamos.

José R. Simões Moreira
organizador

PREFÁCIO À 1ª EDIÇÃO

Antes da Revolução Industrial, o homem dispunha de poucas formas naturais de energia à sua disposição, exceto a que provém do Sol. Assim, o transporte terrestre de pessoas e bens era realizado por meio de tração humana e animal e que, por conseguinte, só podia atingir distâncias modestas. Estima-se que a maioria dos homens do século XIX e anteriores ficava confinada em um raio de poucas dezenas de quilômetros da região em que vivia. A transposição de distâncias maiores só podia se dar por meio de embarcações a vela, que, evidentemente, só podiam ligar cidades portuárias. Poucos se arriscavam em longas jornadas a pé ou em lombo de animais. A obtenção de esforços maiores dependia da ação do vento para acionar moinhos de vento e do aproveitamento de quedas naturais de água por meio de rodas de água. A produção de bens era, portanto, limitada e tinha um caráter praticamente artesanal. Com o advento da máquina a vapor no final do século XVIII e início do século XIX, maiores quantidades de energia mecânica na forma de um eixo girante para o acionamento das rodas, engrenagens e hélices puderam ser produzidas. Essa máquina passou a ser empregada em embarcações, locomotivas e na indústria, de forma geral, provocando, como o nome sugere, uma verdadeira revolução. O homem e a sociedade passaram a dispor de uma fonte energética muito maior do que estava até então acostumado a lidar. Além disso, essa máquina de produção de trabalho mecânico na forma de eixo girante podia ser móvel e era acionada por vapor de água pressurizado, o qual era produzido pela energia térmica (calor) resultante da combustão de carvão e lenha. No caso de embarcações e locomotivas, carvão e lenha podiam ser transportados conjuntamente, o que resultou em grande autonomia, atingindo raios de alcance muito superiores.

A demanda crescente da sociedade por energia e a descoberta de novas máquinas eletromecânicas, bem como o surgimento das indústrias do petróleo e elétrica, impulsionaram o progresso tecnológico da sociedade do século XX e do atual. Automóveis, centrais termelétricas, navios, locomotivas e indústrias diversas passaram a consumir petróleo, gás e carvão em quantidades cada vez maiores. O carvão e os hidrocarbonetos de origem de petróleo e gás passaram a dominar todo o cenário. Na sua versão mais simples, a combustão do carvão produz dióxido de carbono (CO_2), e a combustão dos hidrocarbonetos resulta em CO_2 e vapor de água (H_2O), mas também pode produzir fuligem (C) e monóxido de carbono (CO), quando a combustão não é adequada. Se houver também outros compostos, como o enxofre, este vai ser agente de poluição concomitantemente. De forma que a questão ambiental de lançamento de grandes quantidades de CO_2 na atmosfera, bem como os cenários de esgotamento dessas fontes não renováveis de energia em nosso século, trouxe grande preocupação à sociedade já no último quarto do século XX. Com efeito, a crise do petróleo de 1973 causou não só um problema econômico de aumento brutal de preço desse energético (400 %), como também o estabelecimento do controle de produção pelos países produtores por meio da recém-criada Organização dos Países Exportadores de Petróleo (OPEP). Essa crise apontou também para o *uso racional de energia*, expressão cunhada naquela época e usada frequentemente nos decênios seguintes. O Brasil respondeu, ainda na década de 1970, com a criação do programa Pró-Álcool para a indústria automotiva, já que dependia fortemente da importação de petróleo. Desde então, diversos encontros científicos sobre a problemática ambiental e tratados internacionais têm sido realizados. Antes da virada do milênio, ficou claro, portanto, que era necessário buscar uma ou mais fontes energéticas em quantidade, qualidade e disponibilidade necessárias para substituir as fontes tradicionais. Entre as fontes disponíveis, solar, biomassa, hidrelétrica, ondas, marés, geotérmica e eólica podem substituir as fontes tradicionais – petróleo, gás e carvão – com sucesso, como mostramos neste livro, e constituem as principais fontes renováveis. A energia nuclear não é considerada renovável e não é objeto de estudo neste livro.

No final do século XIX, foi desenvolvida a lâmpada incandescente por Thomas Edson. Na famosa guerra entre corrente contínua defendida por Edson e a alternada defendida por Tesla, a energia elétrica em corrente alternada se impôs como forma mais eficiente de gerar, transmitir e distribuir energia elétrica, principalmente após a invenção dos geradores e transformadores. O século XX também experimentou o uso da energia elétrica pela sociedade graças à grande expansão do sistema de distribuição e ao domínio tecnológico dessa forma de energia. Grandes geradores elétricos foram construídos para uso em centrais de geração termelétrica, nuclear e hidrelétrica. A abundância da geração elétrica e sua disponibilização territorial por meio das redes de distribuição trouxeram grande conforto e capacidade produtiva nunca vista antes. Agora, no início do século XXI, o conceito da geração centralizada de energia elétrica está dando lugar à geração descentralizada ou distribuída, em que cada consumidor poderá gerar sua própria energia elétrica e se conectar com a rede de distribuição ora fornecendo energia elétrica, ora a consumindo. Isso se deu graças ao grande desenvolvimento dos painéis fotovoltaicos e ao uso do conceito de cogeração, acessíveis aos consumidores finais. O consumidor também tem usado a energia proveniente do Sol para aquecimento de água em substituição a outras, diminuindo a dependência da energia elétrica e de outras fontes.

No âmbito das energias renováveis, o Sol representa a maior e mais abundante fonte de energia disponível. Sozinho, irradia a astronômica quantidade de $1,0 \times 10^{22}$ TJ para o Universo por ano, todavia apenas a pequena fração de 0,0000000000038 % dessa quantia atinge nosso planeta anualmente. Não obstante essa diminuta parcela, ela representa mais de 10 mil vezes o que a humanidade demanda na atualidade para suas atividades sociais e industriais. Além disso, toda a vida no planeta é mantida direta ou indiretamente pela energia solar, sendo a fotossíntese a chave desse processo, uma vez que essa reação química transforma a energia solar em energia química armazenada nas cadeias moleculares que formam as plantas. A fotossíntese é responsável também por reciclar o carbono da molécula de dióxido de carbono e pela liberação do gás oxigênio. As plantas são a base da cadeia alimentar na terra, e os fitoplânctons, na água. As plantas e os fitoplânctons formam a base da cadeia alimentar, a partir da qual todas as demais formas de vida não vegetal se apropriam direta ou indiretamente. Logo, a energia proveniente da biomassa é, indiretamente, energia solar acumulada. O etanol e o açúcar produzidos nas usinas sucroalcooleiras são, portanto, uma forma de energia solar acumulada nas ligações químicas das moléculas que constituem a cana-de-açúcar. O calor liberado na combustão da lenha e de outras formas de biomassa também é a liberação da energia solar que ali foi acumulada em nível molecular.

O Sol também é responsável pela ação dos ventos que acionam as turbinas eólicas, hoje uma realidade no nordeste e no sul do país, além de na Europa, para geração de energia elétrica. Finalmente, os grandes reservatórios de água das hidrelétricas também existem pela ação solar, já que o Sol é o vetor energético que move o ciclo da água. Isto é, a água do mar e de demais corpos de água sofrem o processo de evaporação pela ação da radiação solar. Por ser uma molécula mais leve que as moléculas dos gases nitrogênio e oxigênio que predominantemente compõem o ar atmosférico, o vapor sobe e envolve as águas em suas nuvens, estas não se rompem sob o peso delas. As nuvens se movimentam para as regiões internas dos continentes pela ação do vento, levando água a essas regiões por meio da precipitação na forma de chuva e neve. Assim, as regiões geográficas mais elevadas do planeta são abastecidas continuamente com água, purificada pelo processo evaporativo, que alimenta o solo e as plantas e forma rios e lagos. Cumprido seu papel, a água retorna para o mar, deixando a vida continental abastecida desse precioso líquido. Quantidades imensuráveis de energia térmica solar são desprendidas para evaporar essa massa de água.

Energia provém do termo grego *energeia* e tem como significado "atividade, operação e ação". Habitualmente, a palavra é empregada para designar a disposição do indivíduo ou grupo de indivíduos para realizar alguma tarefa ou ação. Já no campo técnico, a palavra está associada à "capacidade de realizar trabalho". Ao se referir ao termo "trabalho" dessa maneira, subentende-se que o conceito deva ser percebido no contexto da ciência e da prática da engenharia e, por assim dizer, implica a capacidade ou no esforço despendido para realizar o deslocamento de uma certa porção de massa por uma força. Forças de naturezas distintas existem e podem causar o deslocamento de uma massa, como a queda de um objeto pela ação da força da gravidade. Assim, *energia* é, na verdade, um termo que abriga uma multitude de fenômenos de formas e naturezas diversas que podem ou devem ter como efeito principal a realização de trabalho. Em muitas situações, a energia na forma de calor também pode vir acompanhada dos processos de realização de trabalho, ou mesmo isoladamente, quando não há sequer a realização de trabalho. Então, calor e trabalho são formas de manifestação energética. Com isso, o termo "energia" geralmente vem acompanhado de um adjetivo para designar sua natureza ou origem. Daí, incluem-se as formas de energias química, elétrica, mecânica, nuclear, térmica e potencial gravitacional, entre outras. O interessante é que, ao se atribuírem valores de forma consistente às diversas formas de energia de um dado sistema, constata-se que, ao se adicionar todas as formas de energia presentes naquele sistema, a somatória total será sempre a mesma e invariante. Isto é, a energia total de um sistema (isolado) deve ser sempre a mesma, como preconizado pela Primeira Lei da Termodinâmica.

A energia, seu impacto, sua importância e suas relações com a sociedade são objetos do Capítulo 1. O Capítulo 2 se encarrega de apresentar as formas de energia de interesse, o método de tratá-las e atribuir-lhes valores e inter-relações no contexto da engenharia por meio das leis de conservação, bem como as devidas análises dos processos de transformação da energia. No Capítulo 3, são abordadas as transformações de calor em trabalho por meio de ciclos termodinâmicos, os quais representam satisfatoriamente muitas máquinas térmicas. O Capítulo 4 é devotado à teoria de combustão, à definição do poder calorífico e ao aproveitamento térmico dos combustíveis. As máquinas, motores e geradores elétricos são analisados no Capítulo 5. As técnicas modernas de armazenamento de energia perfazem o objeto do Capítulo 6. O assunto de geração distribuída e redes inteligentes, que cada vez mais dominará o cenário de distribuição de energia e geração descentralizada, é tratado no Capítulo 7. As formas de energia eólica, solar e de biomassa são os assuntos de capítulos seguintes (8 a 11). Outro assunto relevante na área de geração e eficiência energética é a cogeração, como tratado no Capítulo 12. Outras formas de geração de energia eletromecânica são abordadas no Capítulo 13. O capítulo seguinte trata da economia do hidrogênio, o combustível por excelência do ponto de vista ambiental e energético. Edifícios "verdes" e normas e técnicas de eficiência energética formam o objeto do Capítulo 15. Como todo projeto de engenharia precisa demonstrar sua viabilidade financeira, o assunto de investimentos de projetos de energia é analisado no Capítulo 16. Muito relevante na análise e viabilidade de projetos energéticos, a questão ambiental é apresentada no Capítulo 17. Finalmente, o Capítulo 18 discute toda a questão da legislação e regulação dos empreendimentos de energia.

Como palavra final, cabe ressaltar que a presente obra é o resultado do esforço de 32 autores e coautores, que formam uma equipe qualificada de profissionais especialistas e acadêmicos de atuação reconhecida na área. O livro foi concebido originalmente para ser o livro-texto do curso de especialização homônimo ao título desta obra, que tem sido oferecido regularmente na Escola Politécnica da USP desde 2011. Não obstante, o livro é apropriado para ser uma obra de referência de graduação e pós-graduação nas áreas de energia e de cursos de engenharia que têm como opção e ênfase a energia, graças à abrangência e à profundidade com que as temáticas são tratadas.

José R. Simões Moreira
Professor-Associado
SISEA – Lab. de Sistemas Energéticos Alternativos
Depto. Engenharia Mecânica da Escola Politécnica da USP

SOBRE OS COLABORADORES

ALBERTO HERNANDEZ NETO

Graduação em Engenharia Mecânica pela Universidade de São Paulo (USP, 1988), com mestrado (1993) e doutorado (1998) em Engenharia Mecânica pela mesma instituição. Atualmente, é professor livre-docente da Escola Politécnica da Universidade de São Paulo (Poli-USP) no Departamento de Engenharia Mecânica. Atua na área de climatização, refrigeração e energias renováveis, com ênfase em eficiência energética, modelagem e simulação de sistemas. Membro da Associação Brasileira de Engenharia e Ciências Mecânicas (ABCM), da Associação Nacional dos Profissionais de Refrigeração, Ar Condicionado, Ventilação e Aquecimento (Anprac) e da International Building Performance Simulation Association (IBPSA-Brasil).

ALESSANDRA C. DO AMARAL

Bacharel em Meteorologia pela USP e especialista em Energias Renováveis, Geração Distribuída e Eficiência Energética pela mesma instituição. Atua no setor elétrico desde 2011, sendo, hoje, sócia-diretora da Solver Energia, empresa especializada em gestão estratégica de energia para grandes consumidores.

ALVARO NAKANO

Engenheiro eletricista formado na Faculdade de Engenharia de Sorocaba (Facens), mestre em Ciências pela Poli-USP, com pesquisas voltadas aos sistemas fotovoltaicos integrados à construção. Pós-graduado em Administração e Análise de Sistemas pela Fundação Armando Alvares Penteado (FAAP) e especialista em Energias Renováveis, Geração Distribuída e Eficiência Energética pela Poli-USP. Atualmente, é CEO e responsável técnico da empresa Denshi Engenharia, com atuação em projetos de sistemas elétricos de potência, de sistemas solares e de eficiência energética, e professor da disciplina Energia Solar II – Sistemas Fotovoltaicos do Programa de Educação Continuada em Engenharia (PECE) da Poli-USP.

ANDREA CAROLINA GUTIERREZ-GOMEZ

Graduada em Engenharia Química (2010) pela Universidad Industrial de Santander (UIS, Colômbia), é também mestre (2016) e doutora (2021) em Energia pelo Programa de Pós-graduação em Energia da Universidade Federal do ABC (UFABC). É, ainda, pós-doutoranda em Energia no Instituto de Energia e Ambiente da Universidade de São Paulo (IEE-USP) e pesquisadora do Grupo de Pesquisa em Bioenergia (GBio). Possui experiência na valorização e caracterização de resíduos sólidos urbanos (RSU) para sua conversão em energia por meio de processos termoquímicos, estudo da deposição de cinzas em sistemas de combustão e produção de hidrogênio a partir da reforma do biogás e da gaseificação de combustível derivado de resíduos (CDR). Membro acadêmico do Grupo *Waste to Energy Research Technology* (WtERT) do Brasil.

CLAUDIO ROBERTO DE FREITAS PACHECO

Engenheiro mecânico formado pela Poli-USP (1971) e doutor em Engenharia Química pela mesma instituição (1990). É consultor industrial e professor, e atua nas áreas de energia em processos térmicos industriais, operações unitárias da indústria química de secagem, evaporação e filtração, conforto térmico industrial e utilização de energia solar em conversão térmica e fotovoltaica. É, ainda, professor do PECE da Poli-USP desde 2012, tendo lecionado nos departamentos de Engenharia Mecânica (1974-1978) e de Engenharia Química (1990-2008) da instituição. Foi pesquisador do Instituto de Pesquisas Tecnológicas do Estado de São Paulo (IPT, 1973-1985), onde atuou nos programas de conservação de energia térmica na indústria e utilização de energia solar. Foi gerente de processos da Companhia Nitro Química Brasileira (1985-1990), nos processos de *rayon*, ácido sulfúrico, ácido fluorídrico, nitrocelulose e celulose de linter. Publicou trabalhos em revistas internacionais e recebeu o Prêmio Bambu da Associação Brasileira Técnica de Celulose e Papel (ABTCP) em 2004 e 2005.

DANIEL SETRAK SOWMY

Engenheiro civil formado pela Poli-USP, com mestrado e doutorado pela mesma instituição. Tem experiência na área de Engenharia Civil, com ênfase em engenharia de sistemas prediais e instrumentação laboratorial. Atualmente, é pesquisador do IPT no Laboratório de Conforto Ambiental e Sistemas Prediais e professor do Departamento de Engenharia Civil da Poli-USP. Atua na avaliação de desempenho e eficiência do uso de energia solar em edificações.

DANILO PERECIN

Pesquisador em Planejamento Energético. Engenheiro químico pela Universidade Estadual de Campinas (Unicamp), possui mestrado e é doutorando pelo IEE-USP. Durante o doutorado, passou um ano no Centro de Política Ambiental do Imperial College de Londres. Atua também como Analista da área de Biocombustíveis da Empresa de Pesquisa Energética (EPE).

DEMETRIO C. ZACHARIADIS

Engenheiro naval formado pela Poli-USP (1982), mestre em Engenharia Naval (1985) e doutor em Engenharia Mecânica (2001) pela mesma instituição, com pós-doutorado na Université de Poitiers, na França (2007). Professor do Departamento de Engenharia Mecânica da Poli-USP. Desenvolve pesquisas nas áreas de dinâmica e vibrações, tribologia e energia eólica e é revisor dos periódicos *Tribology International*, *Tribology Transactions*, *Journal of Engineering Tribology*, *Advances in Tribology* e *Mechanics & Industry*, entre outros. Assessor da Fundação de Amparo à Pesquisa do Estado de São Paulo (FAPESP), da Coordenação de Aperfeiçoamento de Pessoal de Nível Superior (CAPES) e do Conselho Nacional de Desenvolvimento Científico e Tecnológico (CNPq), é autor de dezenas de artigos publicados em periódicos e apresentados em eventos científicos. Trabalha como consultor de fabricantes de máquinas rotativas e de motores de combustão interna. Coordena o Laboratório de Engenharia do Vento (LEVE) e projetos de P&D da Agência Nacional de Energia Elétrica (ANEEL), e dá consultorias em projetos do Programa PIPE da FAPESP, relativos ao desenvolvimento de turbinas eólicas.

EDUARDO IOSHIMOTO

Engenheiro civil. Doutor em Engenharia Civil pela Poli-USP, defendendo a tese sobre "Formulação de Metodologia para a Análise de Projetos de Sistemas Prediais de Gás Combustível". Professor doutor aposentado do Departamento de Engenharia de Construção Civil desta mesma instituição, onde ministrava conceitos básicos de "Conforto Habitacional" (insolação, radiação e outros temas). Foi professor na disciplina "Eficiência energética em empreendimentos" do curso de MBA Energias Renováveis do PECE da Poli-USP. Professor do mestrado profissional do IPT. Consultor de empresas construtoras.

EDUARDO SEIJI YAMADA

Engenheiro civil formado pela Poli-USP (1997) e mestre em Engenharia de Sistemas Prediais (2000) pela mesma instituição. Gerente técnico de sistemas prediais e associado do Centro de Tecnologia de Edificações (CTE). LEED® AP (*Accredited Professional*) BD+C pelo United States Green Building Council (USGBC). Membro da American Society of Heating, Refrigerating and Air-Conditioning Engineers (ASHRAE) e integrante da Diretoria da ASHRAE Brasil Chapter e do Comitê Executivo da Building Commissioning Association (BCA) Brasil Chapter. Coordenador e professor do curso de especialização e pós-graduação do PECE da Poli-USP "Energias Renováveis, Geração Distribuída e Eficiência Energética". É, ainda, professor convidado da FAAP no curso de pós-graduação "*Real Estate & Construction Management*" e do Mackenzie no curso de pós-graduação "Sustentabilidade em Arquitetura e Urbanismo". Ampla atuação na área de consultoria, desenvolvimento, análise técnica e serviços de comissionamento das instalações, com foco em sustentabilidade, eficiência energética e processo integrativo de projetos de sistemas prediais, tendo atuado em mais de 300 ao longo de 15 anos, dentre empreendimentos corporativos, residenciais, hospitais, *shopping centers*, estádios, galpões, *data centers*, museus e indústrias.

ELIANE APARECIDA FARIA AMARAL FADIGAS

Natural de Guaratinguetá/SP, professora livre-docente do Departamento de Engenharia de Energia e Automação Elétricas da Poli-USP. Engenheira eletricista graduada na Universidade Federal do Maranhão (UFMA, 1989). Obteve título de mestre e doutora pela USP em 1993 e 1999, respectivamente. Atua na área de energia em planejamento energético, gestão de energia e fontes de geração de energia elétrica com foco em energia eólica e solar.

ENIO AKIRA KATO

Professor do PECE da Poli-USP desde 2010. Diretor-assistente regional para a América Latina da Associação de Engenheiros de Energia (AEE), da qual recebeu, em 2022, reconhecimento internacional pela contribuição no desenvolvimento de engenheiros e gerentes de energia. Atuou como especialista e membro do comitê de gestão de energia da Associação Brasileira de Normas Técnicas (ABNT), atual CB-116, de 2008 a 2018. Atua como membro do Conselho e curador do Congresso Brasileiro de Eficiência Energética da Associação Brasileira das Empresas de Serviços de Conservação de Energia (Abesco). É diretor da Nittoguen Engenharia, onde atua como auditor de energia e agente comissionador, com experiência no Brasil e no exterior desde 2008.

GERHARD ETT

Pesquisador Associado no SENAI CIMATEC, lidera projetos de eletrólise para produção de hidrogênio. É também arquiteto do curso MBI-H2V e pesquisador visitante na Unicamp. Especialista em Engenharia eletroquímica e térmica, é membro da International Society of Electrochemistry (ISE), vice-presidente da Associação de Engenheiros Brasil-Alemanha (VDI-Brasil) e cofundador e presidente do conselho da ABH2.

Concluiu doutorado em Eletroquímica na USP (1999) e possui diversas especializações internacionais, incluindo "*Sustainable Aviation*" na TU Delft, na Holanda; "*Production of Lithium-Ion Pouch Cells*" pelo Fraunhofer Institute ISIT (2017); e "*gaseification*" pela TU Bergakademie Freiberg, ambas as instituições na Alemanha; e "Inteligência Artificial" pela USP. Graduado em Engenharia Química e Química pela Universidade Mackenzie, também é Técnico em Mecânica de Aeronaves pela EMA.

Atuou como pesquisador e professor no IPT e no Centro Universitário FEI, fundou a Electrocell e lecionou em diversas instituições renomadas, como USP/PECE, MAUA, FAAP e IPT. Coordenou o comitê de hidrogênio na ABNT. Como consultor *ad hoc* para FAPESP, Cooperação Brasil-Alemanha para o Desenvolvimento Sustentável (GIZ), Banco Nacional de Desenvolvimento Econômico e Social (BNDES), Financiadora de Estudos e Projetos (Finep), Ministério de Minas e Energia (MME) e Ministério da Ciência, Tecnologia e Inovação (MCTI), recebeu diversos prêmios de instituições como Federação das Indústrias do Estado de São Paulo (Fiesp), Confederação Nacional da Indústria (CNI), Fundação Getulio Vargas (FGV/CNI) e Finep. Possui 14 capítulos de livros, 11 patentes e dezenas de artigos.

GUSTAVO DE ANDRADE BARRETO

Graduado em Tecnologia Elétrica-eletrônica pela Universidade Mackenzie (2001), com mestrado (2010) e doutorado em Energia (2014) e pós-doutorado (2022) pela USP. Especialização em Energias Renováveis, Geração Distribuída e Eficiência Energética pela Poli-USP. Atua como consultor e pesquisador em vários projetos junto aos departamentos de Engenharia Elétrica e Mecânica desta instituição. Conta com experiência profissional internacional em tecnologias eletroeletrônicas de automação e de telecomunicações, com ênfase em sistemas de distribuição de energia elétrica, protocolos e sistemas de comunicação, atuando na Alemanha, Áustria, Itália, Reino Unido e Arábia Saudita – países onde também ministrou cursos de extensão e de atualização tecnológica. Participou de projetos de pesquisa e desenvolvimento de agências estatais e empresas, como ANEEL, Agência Reguladora de Serviços Públicos do Estado de São Paulo (ARSESP), FAPESP, AES Eletropaulo, Companhia Energética de Brasília (CEB), Comgas e Ipiranga. Leciona disciplinas de graduação e pós-graduação sobre eficiência energética, geração distribuída e energias renováveis na USP e na FEI.

HIRDAN KATARINA DE MEDEIROS COSTA

Advogada OAB/SP e economista, livre-docente, com mestrado, doutorado e pós-doutorado em Energia pelo Programa de Pós-Graduação em Energia (PPGE) da USP. Tem também pós-doutorado em Sustentabilidade pela Escola de Artes, Ciências e Humanidades da USP (EACH/USP), mestrado e doutorado em Direito pela Pontifícia Universidade Católica de São Paulo (PUC-SP), e é *Master of Law* pela Faculdade de Direito da University of Oklahoma, Estados Unidos. É, ainda, professora colaboradora e orientadora do PPGE/USP, pesquisadora visitante PRH 33.1 e colaboradora do Research Centre for Greenhouse Gas Innovation (RCGI). Atua como consultora e pesquisadora em vários projetos junto ao IEE-USP. Foi reconhecida com diversos prêmios e honrarias, como melhor tese de doutorado no Prêmio Vale-Capes de Sustentabilidade, categoria IV – Tecnologias de combate à pobreza (2014), e Prêmio Tese de Doutorado em Petróleo, Gás Natural e Biocombustíveis, na categoria Direito, economia, regulação, energia e gestão (2013), da Associação Brasileira de Petróleo e Gás (ABPG). Tem experiência no setor de petróleo, gás natural, energia elétrica, energias renováveis (eólica, biomassa e solar), conceitos e acordos a respeito das mudanças climáticas, instrumentos de mitigação de efeitos das mudanças climáticas, captura, armazenamento e estocagem de carbono, uso e governança de recursos naturais, desenvolvimento sustentável, sustentabilidade, direito ambiental, administrativo, regulatório, constitucional, econômico, da energia, direito internacional público e privado, direito do mar, direitos humanos e objetivos do desenvolvimento sustentável, microeconomia, integração econômica e economia institucional. Autora de inúmeros artigos e livros.

IVAN EDUARDO CHABU

Graduado em Engenharia Elétrica pela Poli-USP em 1978, com mestrado e doutorado pela mesma instituição, obtidos em 1990 e 1997, respectivamente. É professor da Poli-USP há 33 anos, onde ministra disciplinas de graduação, pós-graduação e extensão na área de Máquinas Elétricas e Conversão Eletromecânica de Energia. Além da academia, atua também no setor industrial, projeto, fabricação, aplicação e reparação de máquinas elétricas especiais, atividade que desenvolve há 45 anos. Tem experiência no desenvolvimento de equipamentos eletromecânicos de potência e em pesquisas envolvendo motores *brushless*, lineares, de relutância e sistemas com ímãs permanentes e com fluidos magneto-reológicos. Participa de diversos projetos de pesquisa junto a concessionárias de energia e grandes indústrias na nacionalização e concepção de equipamentos eletromagnéticos. Participa na elaboração de pareceres técnicos e laudos periciais na área de equipamentos elétricos, além de revisar projetos para as agências de fomento como FAPESP e CNPq.

JAVIER FARAGO ESCOBAR

É pós-doutor em *Environmental Science and Engineering* da School of Engineering and Applied Sciences da Harvard University, trabalhou nas áreas de biocombustíveis, bioenergia, BECCS e fator de emissões. Foi *Venture Program Fellow* do Harvard Innovation Labs, codiretor do *Harvard GSAS Business Club*, atuou como membro do The Harvard Council of Student Sustainability Leaders, e como mentor em energia do MIT India Initiative do Massachusetts Institute of Technology. No Brasil foi *lead country contributor* do Relatório Global de Energia Renovável da Organização das Nações Unidas (ONU-REN21/UNEP), atuando como pesquisador do Centro Nacional de Referência em Biomassa (GBio/IEE/USP), do Research Centre for Greenhouse Gas Innovation (Shell/EP/USP) e do *DPI* New South Wales Government na Austrália, tendo desenvolvido nesse período diversos relatórios técnicos e científicos para o United Nations Environment Programme (UNEP), Global Network on Energy for Sustainable Development (GNESD), International Energy Agency (IEA), Global Bioenergy Partnership (GEBP), United Nations (UN ou ONU, em português), GIZ, entre outros. Javier é doutor em Energia pelo IEE-USP; mestre em Ciências pela Faculdade de Ciências Agronômicas da Universidade Estadual Paulista "Júlio de Mesquita Filho" (FCA Unesp); e Engenheiro Florestal pela Faculdade de Ensino Superior e Formação Integral (Faef). Seu estudo patenteado em três continentes (WO2018068111A1) foi reconhecido com diversos prêmios e honrarias, como melhor tese de doutorado da USP (Tese destaque USP 2017), *Young Researcher WSED*, Áustria, Prêmio Brasileiro de Inovação e Tecnologia em Biomassa, vencedor do 2021 *Pitch Deck Competition* do *Harvard GSAS Business Club*, e *Spark Grants* do Harvard Innovation Labs.

JOÃO MAURÍCIO PACHECO

Graduado em Engenharia Florestal pela Universidade do Estado de Santa Catarina (Udesc). Mestrado em Manejo Florestal pela Universidade Estadual do Centro-Oeste (Unicentro), no Paraná. Ph.D. *Program in Bioenergy* pela USP, Unesp e Unicamp, e foi bolsista pela Escola Superior de Agricultura "Luiz de Queiroz" (ESALQ/USP).

JOSÉ AQUILES BAESSO GRIMONI

Professor da Poli-USP na graduação desde 1989 e na pós-graduação desde 1994, e com quase 40 anos de experiência na condução de projetos de consultoria em várias áreas da engenharia de energia elétrica, incluindo vários setores e temas, envolvendo planejamento energético, conservação e uso racional de energia e em eficiência energética, geração, transmissão e distribuição de energia elétrica. Tem atuado em vários projetos de P&D da ANEEL para empresas do setor de energia elétrica. Foi vice-diretor (2003-2007) e diretor (2008-2011) do Instituto de Eletrotécnica e Energia da USP, hoje Instituto de Energia e Ambiente (IEE). Desde 2015, é supervisor do Programa Permanente para o Uso Eficiente dos Recursos Hídricos e Energéticos na Universidade de São Paulo (PUERHE-USP) e foi diretor-adjunto da Fundação de Apoio à USP (FUSP), de 2015 a 2022.

JOSÉ CARLOS MIERZWA

Professor titular no Departamento de Engenharia Hidráulica e Ambiental da Poli-USP, pós-doutorado na Harvard School of Engineering and Applied Sciences (2011), doutorado em Engenharia Civil na Poli-USP (2002), mestrado em

Tecnologia Nuclear pelo Instituto de Pesquisas Energéticas e Nucleares (IPEN) (1996) e graduação em Engenharia Química pela Universidade de Mogi das Cruzes (UMC) (1989).

JOSÉ ROBERTO SIMÕES MOREIRA

Graduado em Engenharia Mecânica pela Poli-USP (1983), mestre em Engenharia Mecânica pela mesma instituição (1989), doutor em Engenharia Mecânica pelo Rensselaer Polytechnic Institute (RPI) (1994). Atualmente, é professor titular da Poli-USP e coordenador do laboratório e grupo de pesquisa intitulado Laboratório de Sistemas Energéticos Alternativos e Renováveis (SISEA), onde atua nos níveis de ensino, pesquisa e extensão universitária. Tem liderado vários projetos de pesquisa pura e aplicada na área de Engenharia Térmica e Energia, com financiamento de empresas e instituições de fomento à pesquisa. Hoje, suas áreas de pesquisa incluem energia solar concentrada, separação supersônica de gases e produção de hidrogênio e negro de fumo por plasma. É conselheiro da ABCM. É consultor de Engenharia, autor de mais de 150 artigos técnico-científicos, e autor e coautor dos livros: *Fundamentos e aplicações da psicrometria* (2. ed., 2019) e *Fundamentos de transferência de calor para engenharia* (2023), e autor e organizador de *Energias renováveis, geração distribuída e eficiência energética* (3. ed., 2024), além de capítulos de livros internacionais. É também ministrante de dezenas de palestras, entrevistas e apresentações. Finalmente, coordena o curso de especialização homônimo na Poli-USP desde 2011.

LAIETE SOTO MESSIAS

Graduação em Engenharia Mecânica pela Faculdade de Engenharia Mecânica (1980) da Unicamp. Mestrado em Tecnologias Ambientais pelo IPT (2006). Foi pesquisador desta instituição (1981-2008) no Laboratório de Engenharia Térmica, Motores, Combustíveis e Emissões, onde atuou em projetos de pesquisa, desenvolvimento e prestação de serviços nas áreas de conservação de energia na indústria, combustão e gaseificação industriais. Atuou como engenheiro coordenador de projetos e sócio da empresa Figener (2008-2020), sócio-proprietário da empresa Engenharia Pacto (desde fevereiro de 2020). Tem experiência nas áreas de combustão industrial, nebulização de líquidos, emissões atmosféricas, projetos de geração termelétrica em ciclos combinados e instalações de gás natural e gás natural liquefeito (LNG). Organiza e ministra aulas em cursos de atualização e extensão na área térmica (combustão industrial e emissões atmosféricas). Professor de cursos de especialização (*in company*), de pós-graduação e MBA (IPT, Instituto Brasileiro de Petróleo e Biocombustíveis – IBP, Instituto Mauá de Tecnologia, Unicamp, UFRGS).

LETICIA DE OLIVEIRA NEVES

Professora Associada do Departamento de Arquitetura e Construção da Faculdade de Engenharia Civil, Arquitetura e Urbanismo (FECFAU) da Unicamp. Atua, principalmente, nos seguintes temas: arquitetura bioclimática, eficiência energética, conforto térmico e ventilação natural.

LINEU BELICO DOS REIS

É consultor no setor energético brasileiro e internacional desde 1968, com inúmeros artigos técnicos apresentados e publicados em eventos nacionais e internacionais. Como engenheiro, participou em empresas de consultoria e concessionárias do setor elétrico no planejamento, execução e operação e manutenção (O&M) de diversos projetos relevantes no Brasil e no exterior. É engenheiro eletricista, doutor em Engenharia Elétrica e livre-docente pela Poli-USP. Professor de Engenharia Elétrica e Engenharia Ambiental, atuou e atua como coordenador e docente de cursos multidisciplinares de especialização e extensão e de educação a distância. É autor e organizador, com Semida Silveira, do livro *Energia elétrica para o desenvolvimento sustentável* (EDUSP – 2000, 2012), prêmio Jabuti 2000 em Ciências Exatas, Tecnologia e Informática. É autor dos livros *Geração de energia elétrica* (2003, 2011, 2017), *Matrizes energéticas* (2011), organizador do livro *Energia e sustentabilidade* (2016) e coautor dos livros *Energia, recursos naturais e a prática do desenvolvimento sustentável* (2005, 2009, 2019), *Energia elétrica e sustentabilidade* (2006, 2014) e *Eficiência energética em edifícios* (2012) e colaborador nos livros *Gestão ambiental e sustentabilidade no turismo* (2010) e *Indicadores de sustentabilidade e gestão Ambiental* (2012). É tradutor e coautor do livro *Energia e meio ambiente* (4. ed., 2011 e 5. ed., 2014) e consultor técnico da tradução do livro *Introdução à engenharia ambiental* (2011). Atuou como consultor técnico e científico e participou na elaboração da coleção didática de cartilhas, jogos e vídeo do Procel Educação – Ensino Infantil, Básico e Médio, MME-Eletrobras (2006), MME-Eletrobras-Elektro (2014).

MARCELO DA SILVA ROCHA

Possui graduação em Engenharia Civil pela Universidade Federal de Juiz de Fora (UFJF, 1996), mestrado em Engenharia Civil pela Unicamp (1998) e doutorado em Engenharia Mecânica pela USP (2005). Realizou estágio de pós-doutorado em Engenharia Mecânica na USP (2007) e em Engenharia Nuclear no IPEN (2009). Atualmente, é Pesquisador Adjunto do Centro de Engenharia Nuclear (CEENG) do Instituto de Pesquisas Energéticas e Nucleares (IPEN-CNEN). Atua como docente nos programas de graduação e pós-graduação IPEN/USP, e como pesquisador nas áreas de termo-hidráulica de reatores nucleares, energias renováveis, interação fluido-estrutura e aplicações de nanotecnologia à energia. Desde 2022, é Gerente do Centro de Engenharia Nuclear (CEENG/IPEN/CNEN).

MARILIN MARIANO DOS SANTOS

Graduada em Engenharia Petroquímica pela Universidade Mackenzie (1981), com curso de especialização em Gestão e Tecnologias Ambientais pelo PECE da USP (2000). Mestrado em Saúde Pública por esta mesma instituição (2003) e doutorado em Ciências pelo Programa de Pós-graduação em Energia do IEE-USP, onde desenvolveu pesquisa na área de análise de risco para implantação de empreendimentos de geração de energia (2010). Possui ainda pós-doutorado em Energia pela USP (2019), onde desenvolveu metodologias para cálculo de potencial técnico de biogás produzido a partir de resíduos. Em 2021, iniciou o segundo pós-doutorado, cujo foco da pesquisa foi estimar as emissões evitadas em função do uso do biogás para geração elétrica no estado de São Paulo. Foi pesquisadora do Laboratório de Energia Térmica, Motores e Emissões do IPT (1979-2009) desenvolvendo trabalhos técnicos especializados e de pesquisa na área de combustão industrial e gaseificação. Seu foco principal foi o experimental, com acumulação de conhecimento em monitoramento de variáveis de processos industriais, emissões atmosféricas, qualidade do ar e eficiência térmica em processos industriais. Na área acadêmica (2010-2014), coordenou o curso de Gás e Petróleo do Instituto Mauá de Tecnologia, em nível de pós-graduação *lato sensu*; ainda em nível de *latu sensu*, ministra cursos na área de poluição atmosférica e gestão ambiental. Atua, também, como consultora na área de energia, meio ambiente, monitoramento de emissões atmosféricas e licenciamento ambiental. Atualmente, está terminando o pós-doutorado, cujo foco da pesquisa é estimar as emissões e captura de CO_2 do setor sucroalcooleiro do estado de São Paulo. A pesquisa está sendo realizada de forma desagregada por usina, uma vez que os resultados serão utilizados para identificar bacias sedimentares com viabilidade técnica e econômica de armazenar CO_2 capturado.

PATRICIA HELENA LARA DOS SANTOS MATAI

Docente no Departamento de Engenharia de Minas e de Petróleo da Poli-USP, docente e orientadora no PPGE da USP, onde ministra disciplina e orienta estudantes em programas de mestrado e doutorado. Foi coordenadora do curso de graduação em Engenharia de Petróleo da Poli-USP (entre 2012-2019). Desenvolve pesquisas em surfactantes, química do petróleo e energias renováveis e não renováveis. Atualmente, é vice-chefe do Departamento de Engenharia de Minas e de Petróleo da Poli-USP, representante dos docentes associados junto à Congregação da Poli e representante do Departamento de Engenharia de Minas e Petróleo (PMI) na Comissão de Coordenação de Cursos. É membro do Conselho do PMI e Coordenadora da Comissão Coordenadora do Programa de Pós-graduação em Energia (CCP) do IEE-USP.

PAULO JOSÉ SCHIAVON ARA

Engenheiro Civil formado em 2006 pela Poli-USP. Mestre em Engenharia Civil (2010) e Doutor em Engenharia Mecânica (2022) pela mesma instituição. Atua na área de pesquisa em energia solar térmica por meio de simulações computacionais, modelagem numérica e experimentação laboratorial. Desde 2011 é pesquisador do IPT no Laboratório de Conforto Ambiental, Eficiência Energética e Instalações Prediais, e atua na avaliação da qualidade e eficiência térmica de equipamentos de aquecimento solar. Desde 2018, é professor do mestrado profissional do IPT e desde 2020 é professor convidado no PECE da Poli-USP. Desde 2022, é membro participante da Comissão de Estudos CEE-257 – Energia Solar Térmica – da ABNT e membro do Comitê Técnico ISO/TC 180 – *Solar Energy*, da International Organization for Standardization (ISO).

RODRIGO SACCHI

Formado em Engenharia Elétrica pela Escola de Engenharia de São Carlos da USP (EESC/USP, 2001). Desenvolveu seu mestrado (2004) e doutorado (2009) em Planejamento Energético na própria instituição. Foi pesquisador visitante na University of Florida (UF), em 2006, e na

University of California at Los Angeles (UCLA), em 2007, ambas nos Estados Unidos. Possui MBA em Gestão Empresarial pela FGV-RJ, concluído em 2012. Trabalhou no Grupo CPFL, tendo sido assessor da vice-presidência de Gestão de Energia e coordenador do Planejamento da Geração. Trabalhou na empresa Brookfield Energia Renovável como diretor de portfólio e estudos de mercado. Atualmente, é gerente executivo de preços, modelos e estudos energéticos da Câmara de Comercialização de Energia Elétrica (CCEE). É professor do PECE da Poli-USP.

RONALDO ANDREOS

Engenheiro Mecânico formado pela Universidade Paulista (UNIP, 2006), com pós-graduação em Eficiência Energética Industrial pela Unicamp, 2008, e mestrado em Energia pelo IEE-USP, (2013), com ênfase em cogeração de energia. Possui experiência internacional em transferência de tecnologia em países como Estados Unidos, Índia, Japão e Reino Unido, além de 10 anos de experiência no mercado de energia com foco em climatização, geração e cogeração de energia a gás natural. Atualmente, é consultor de negócios na área de energia e professor da disciplina de Cogeração no curso de especialização em Energias Renováveis, Geração Distribuída e Eficiência Energética do PECE da Poli-USP.

SUANI TEIXEIRA COELHO

Comendadora da Ordem do Rio Branco (Ministério das Relações Exteriores – Itamaraty). Recebeu o Prêmio Linneborn durante o EUBCE (*31st European Biomass Conference & Exhibition*) 2023, em Bolonha, Itália. Graduada em Engenharia Química, mestre e doutora em Energia pelo PPGE, do IEE-USP. É professora/orientadora deste Programa e do Programa de Doutorado em Bioenergia da USP/Unicamp/Unesp, coordenadora do GBio, antigo Centro Nacional de Referência em Biomassa (Cenbio), do IEE-USP desde 2000. Secretaria Adjunta de Meio Ambiente do Estado de São Paulo (2002-2006), Membro do *Advisory Group on Energy and Climate Change* do Secretário Geral da ONU (2008-2010), PI da FAPESP. É editora de Bioenergia do periódico *Renewable & Sustainable Energy Reviews*, coordenadora de projeto e vice-coordenadora do Programa BECCS, no RCGI da USP.

VANESSA PECORA GARCILASSO

Engenheira Química pela FAAP, com mestrado e doutorado em Energia pelo PPGE do IEE-USP. Pós-doutoranda junto a esta instituição, sob a supervisão da Prof^a. Dr^a. Suani Coelho, no tema de pesquisa sobre avaliação do ciclo de vida dos usos da vinhaça no setor sucroenergético. Pesquisadora do GBio do IEE-USP com experiência em pesquisa e desenvolvimento de projetos de aproveitamento energético da biomassa, com ênfase em biogás e biometano proveniente de diversas fontes. Possui diversas publicações na área e é ministrante da disciplina "Uso de biomassa, biodigestores e biogás" no curso de Especialização intitulado "Energias Renováveis, Geração Distribuída e Eficiência Energética" do PECE da Poli-USP.

VIRGINIA PARENTE

Economista com doutorado em Finanças, pós-doutorado em Energia, e intercâmbio na New York University (NYU). Por mais de 10 anos foi executiva de bancos de investimento, atuando em financiamento para infraestrutura, entre outros. Desde 2005, é professora do IEE-USP, tendo produzido diversos trabalhos científicos, orientado mais de 30 mestres e doutores e conduzido projetos na área de Energia. Tem atuado em conselhos de administração, tendo sido conselheira da Eletrobras e da Companhia Hidro Elétrica do São Francisco (Chesfe), dentre outras empresas. Presidiu o Comitê Estratégico de Energia da Amcham, a Associação Brasileira de Estudos em Energia (ABRADEE), integrou a diretoria do Deinfra/FIESP e foi diretora da Sociedade Brasileira de Planejamento Energético (SBPE), tendo sido responsável pela coordenação da Revista Brasileira de Energia (RBE). Com vivência nas esferas pública e privada, seus temas de trabalho incluem: planejamento energético, regulação em energia, governança social e ambiental, avaliação de projetos, transição energética, e perícia e arbitragem.

SUMÁRIO

Capítulo 1 Energia e panorama energético 1
José Roberto Simões Moreira
Marcelo da Silva Rocha
    1.1 Sol e fontes de energia 1
        1.1.1 Formas de energia 2
    1.2 Cadeias energéticas 6
    1.3 Matriz energética mundial e brasileira 7
        1.3.1 Matriz energética mundial 8
        1.3.2 Matriz energética brasileira 10
    1.4 Balanço da energia mundial e brasileira 11
        1.4.1 Síntese do balanço energético mundial 11
        1.4.2 Síntese do balanço energético brasileiro 11
    1.5 Matriz elétrica brasileira 11
    1.6 O que o futuro nos reserva? 12
        1.6.1 Futuro da energia 13
        1.6.2 Perspectiva de novas tecnologias 14
    Problemas propostos 15
    Bibliografia 15

Capítulo 2 Elementos de engenharia termodinâmica 17
José Roberto Simões Moreira
    2.1 Conceituação da termodinâmica 17
    2.2 Propriedades termodinâmicas 18
        2.2.1 Temperatura e escalas de temperatura 18
        2.2.2 Pressão 18
        2.2.3 Volume específico e densidade 18
        2.2.4 Energia interna e entalpia 19
    2.3 Substância pura e diagramas termodinâmicos 19
        2.3.1 Propriedades e tabelas termodinâmicas 19
        2.3.2 Equação de estado, gás perfeito 21
        2.3.3 Calores específicos 22
    2.4 Lei de conservação da massa ou da continuidade 22
    2.5 Lei de conservação da energia ou Primeira Lei da Termodinâmica 24

2.6	Segunda Lei da Termodinâmica	26
	2.6.1 Entropia e seu uso em volumes de controle	26
2.7	Processos termodinâmicos	27
	2.7.1 Diagrama temperatura-entropia e uso de tabelas	28
	2.7.2 Variação da entropia em um gás perfeito	28
	2.7.3 Processo politrópico reversível para um gás perfeito	29
2.8	Cálculo de trabalho em algumas máquinas	29
	2.8.1 Bombas	30
	2.8.2 Compressores	30
	2.8.3 Turbinas e expansores	32
	Problemas propostos	34
	Bibliografia	36

Capítulo 3 Ciclos térmicos de potência e de refrigeração 37
José Roberto Simões Moreira

3.1	Ciclo térmico de Carnot	37
	3.1.1 Ciclo de Carnot	38
3.2	Ciclo de Rankine	41
	3.2.1 Ciclo de Rankine simples	41
	3.2.2 Ciclo de Rankine com superaquecimento	42
	3.2.3 Ciclo de Rankine com reaquecimento	44
	3.2.4 Ciclo de Rankine regenerativo com aquecedores de mistura	45
	3.2.5 Perdas no ciclo de Rankine	45
	3.2.6 Melhorias no ciclo de Rankine	47
	3.2.7 Ciclo orgânico de Rankine	47
	3.2.8 Tipos de turbinas a vapor	48
3.3	Ciclo de Brayton	50
	3.3.1 Ciclo de Brayton simples	50
	3.3.2 Ciclo de Brayton simples com ineficiências	54
	3.3.3 Ciclo de Brayton com regenerador ou recuperador de calor	55
	3.3.4 Parâmetros que afetam o desempenho de turbinas a gás e melhoria de operação	56
3.4	Motores de combustão interna (MCI) a pistão de movimento alternativo	57
	3.4.1 Principais fenômenos que ocorrem em um MCI e ciclo-padrão a ar	58
	3.4.2 Ciclo mecânico do motor de 4 tempos, ignição por centelha e processos termodinâmicos	58
3.5	Ciclo de Otto	59
	3.5.1 Aspectos principais em que o ciclo a ar de Otto se afasta do motor real	61
3.6	Ciclo de Diesel	61
3.7	Outros tipos de motores térmicos, eficiências relativas e condições-padrão	64
	3.7.1 Condições de referência de especificação de máquinas térmicas	64
3.8	Geração termelétrica a MCI e ciclos combinados	65
	3.8.1 Geração termelétrica a MCI	65
	3.8.2 Ciclo combinado Brayton-Rankine	65
	3.8.3 Ciclo combinado – configurações	66
	3.8.4 Ciclo combinado – caldeira de recuperação (HRSG)	67
3.9	Ciclo de refrigeração por compressão a vapor	67
	3.9.1 Ciclo-padrão de compressão mecânica a vapor	68
	3.9.2 Bombas de calor	71

3.9.3	Tendências e tecnologias	72
3.9.4	Bomba de calor e ar-condicionado ou refrigeração conjugados	72

3.10 Ciclos de absorção de calor 73

Problemas propostos 76

Bibliografia 79

Capítulo 4 — Combustão e combustíveis 81
Marilin Mariano dos Santos
Patricia Helena Lara dos Santos Matai
Laiete Soto Messias

4.1 Fontes de energia 81

4.2 Principais combustíveis 82

    4.2.1 Combustíveis oriundos de fontes renováveis de energia 82

    4.2.2 Combustíveis oriundos de fontes não renováveis 82

    4.2.3 Gás hidrogênio 84

4.3 Conceitos de combustão, estequiometria e excesso de ar 84

    4.3.1 Combustão, estequiometria e excesso de ar 84

    4.3.2 Estequiometria e razão de equivalência (ϕ) 88

    4.3.3 Oxicombustão 88

4.4 Produtos de combustão 89

    4.4.1 Vapor d'água nos gases de combustão 89

    4.4.2 Concentração de CO_2 nos gases de combustão 89

4.5 Entalpia de combustão e poder calorífico 89

    4.5.1 Entalpia de formação e entalpia de combustão 89

    4.5.2 Poder calorífico 90

4.6 Temperatura adiabática de chama 93

4.7 Eficiência de combustão 94

4.8 Formação e técnicas de controle de poluentes 94

    4.8.1 Mecanismos de formação de NO_x e tecnologias para redução de emissões 94

    4.8.2 Mecanismo de formação de material particulado e fuligem e técnicas de abatimento 100

    4.8.3 Mecanismos de formação de óxidos de enxofre e técnicas de redução de emissões 101

    4.8.4 Mecanismos de formação de CO e técnica para redução de emissões 103

Problemas propostos 106

Bibliografia 107

Capítulo 5 — Motores e geradores elétricos 108
Ivan Eduardo Chabu

5.1 Conceitos fundamentais de eletromagnetismo 108

    5.1.1 Caracterização dos circuitos magnéticos 108

    5.1.2 Caracterização dos materiais ferromagnéticos 112

    5.1.3 Fundamentos da conversão eletromecânica de energia 114

5.2 Construção e funcionamento de máquinas síncronas 119

    5.2.1 Aspectos construtivos das máquinas síncronas 119

    5.2.2 Funcionamento das máquinas síncronas 122

    5.2.3 Máquina síncrona operando de forma isolada 130

    5.2.4 Máquina síncrona operando conectada ao sistema elétrico 131

5.3 Construção e funcionamento de máquinas assíncronas 137

Capítulo 6

5.3.1 Aspectos construtivos das máquinas assíncronas.........................137
5.3.2 Funcionamento das máquinas assíncronas................................138
Problemas propostos...153
Bibliografia...154

Capítulo 6 Sistemas de armazenamento de energia...155
Gustavo de Andrade Barreto
Gerhard Ett
José Aquiles Baesso Grimoni
6.1 Armazenamento de energia mecânica..156
6.1.1 Armazenamento por bombeamento hidráulico..........................156
6.1.2 Armazenamento de energia em ar comprimido (CAES).............157
6.1.3 Volante de inércia..159
6.2 Armazenamento de energia térmica...159
6.2.1 Sem mudança de fase – sensível.......................................159
6.2.2 Com mudança de fase – latente..159
6.2.3 Armazenamento de energia térmica de baixa temperatura para ar-condicionado....160
6.3 Energia eletroquímica...160
6.3.1 Baterias secundárias...161
6.3.2 Supercapacitores e supercondutores eletromagnéticos................166
6.3.3 Armazenamento de hidrogênio..167
6.4 Dimensionamento de um sistema de armazenamento de energia.............168
6.4.1 Classificações das aplicações de armazenamento.....................170
Problemas propostos...171
Bibliografia...171

Capítulo 7 Geração distribuída e redes inteligentes...173
José Aquiles Baesso Grimoni
Gustavo de Andrade Barreto
7.1 Redes inteligentes..173
7.2 Tecnologias de informação e comunicação....................................174
7.3 Medições inteligentes..175
7.4 Armazenamento de energia..176
7.5 Gestão eficiente do sistema de iluminação pública...........................177
7.6 Veículos elétricos e híbridos...177
7.7 Qualidade de energia...178
7.8 Autorrestabelecimento e autocura do sistema.................................178
7.9 Geração distribuída...178
7.9.1 Incidência de impostos federais e estaduais..........................180
7.9.2 Questão dos incentivos tarifários.....................................185
7.10 Casas inteligentes e cidades inteligentes.....................................186
Problemas propostos...188
Bibliografia...188

Capítulo 8 Energia eólica..189
Eliane Aparecida Faria Amaral Fadigas
Demetrio Cornilios Zachariadis
8.1 Histórico do desenvolvimento de turbinas eólicas...........................189
8.1.1 Energia mecânica e moinhos de vento.................................189

8.1.2	Energia elétrica e turbinas eólicas	190
8.2	Energia eólica no mundo e no Brasil	192
8.2.1	Situação mundial	192
8.2.2	Energia eólica no Brasil	192
8.3	Características dos recursos eólicos	194
8.3.1	Modelos de circulação dos ventos	194
8.3.2	Estimativa do potencial eólico	197
8.3.3	Prospecção de áreas e medição das grandezas eólicas	200
8.4	Conversão da energia eólica	203
8.4.1	Energia mecânica extraída do vento por uma turbina eólica	203
8.4.2	Aerodinâmica de uma turbina eólica	206
8.4.3	Energia elétrica gerada por uma turbina eólica	208
8.4.4	Tecnologia de turbinas eólicas	209
8.5	Energia eólica e suas aplicações	211
8.5.1	Aplicações autônomas	211
8.5.2	Minirredes isoladas	211
8.5.3	Rede elétrica de transmissão/distribuição	212
8.6	Produção de energia de um parque eólico	213
8.6.1	Garantia física de empreendimentos eólicos	214
8.7	Aspectos econômicos e comerciais	215
8.7.1	Estrutura de custos de um parque eólico	215
8.7.2	Comercialização da energia eólica	217
8.8	Aspectos ambientais da energia eólica	218
8.8.1	Principais impactos ambientais de usinas eólicas	219
8.9	Diretrizes para a concepção e síntese estrutural de turbinas eólicas de grande porte	220
8.9.1	Introdução	220
8.9.2	Estimativa das massas dos principais componentes de turbinas eólicas de eixo horizontal de grande porte	220
8.9.3	Descrição dos carregamentos atuantes em turbinas eólicas de eixo horizontal de grande porte	222
8.9.4	Estudo do comportamento dinâmico de turbinas de grande porte	224
8.9.5	Valores típicos dos carregamentos máximos	224
8.10	Exemplo de simulação do comportamento dinâmico de uma turbina eólica de grande porte no domínio do tempo	226

Problemas propostos 235

Bibliografia 236

Capítulo 9 Fundamentos da utilização de energia solar 238
Claudio Roberto de Freitas Pacheco

9.1	Avaliação do potencial de energia solar em uma localidade	238
9.1.1	Expressões e definições básicas referentes ao posicionamento relativo Sol-Terra	238
9.1.2	Expressões fundamentais para o cálculo do posicionamento da incidência da radiação solar referente a um ponto sobre a superfície terrestre	243
9.1.3	Irradiação solar extraterrestre	245
9.1.4	Irradiação solar sobre a superfície terrestre	246
9.1.5	Avaliações das frações direta e difusa no plano horizontal a partir da irradiação total no plano horizontal	247
9.1.6	Radiação total horária sobre superfícies inclinadas	248

	9.1.7	Três modelos para a radiação difusa horária	249
	9.1.8	Radiação média diária mensal sobre uma superfície inclinada fixa	250
9.2	Modelo da analogia elétrica para a transferência de calor		251
	9.2.1	Introdução	251
	9.2.2	Coletor solar plano	251
	9.2.3	Rendimento térmico de um coletor solar plano	252
	9.2.4	Representação de um coletor solar plano pelo modelo de resistências térmicas	254
	9.2.5	Transferência de calor por radiação térmica	255
	9.2.6	Transferência de calor por condução e convecção	262
9.3	Desempenho de sistemas de captação de energia solar com armazenamento de energia por meio de calor sensível		271

Problemas propostos 273

Bibliografia 274

Capítulo 10 Energia solar térmica – tecnologia e aplicações 276

Daniel Setrak Sowmy

Paulo José Schiavon Ara

10.1	Aquecimento solar a baixas temperaturas		276
	10.1.1	Sistema de aquecimento solar	276
	10.1.2	Coletor solar plano	278
	10.1.3	Reservatório térmico	279
	10.1.4	Dimensionamento – norma brasileira	280
	10.1.5	Acumulação térmica com PCM	282
10.2	Aquecimento solar a altas temperaturas		282
	10.2.1	Concentração solar	282
	10.2.2	Rastreamento solar	284
	10.2.3	Geração de eletricidade a partir de concentradores	284
10.3	Processos industriais		288
10.4	Condicionamento de ar		289
10.5	Novas tecnologias e aplicações térmicas da energia solar		291

Problemas propostos 292

Bibliografia 294

Capítulo 11 Princípios dos geradores fotovoltaicos conectados à rede elétrica 295

Alvaro Nakano

Claudio Roberto de Freitas Pacheco

José Aquiles Baesso Grimoni

11.1	Princípio de funcionamento e tecnologias de painéis fotovoltaicos		295
11.2	Tipos de sistemas fotovoltaicos		296
	11.2.1	Sistemas fotovoltaicos de fonte única	296
	11.2.2	Sistemas fotovoltaicos híbridos	299
	11.2.3	BIPV e BAPV	299
	11.2.4	Sistemas fotovoltaicos flutuantes	300
	11.2.5	Sistemas fotovoltaicos com seguidor solar	300
11.3	Base normativa para sistemas fotovoltaicos e GD		301
	11.3.1	Normas técnicas e regulamentações em GD	301
	11.3.2	Normas técnicas de sistemas fotovoltaicos	302
11.4	Parâmetros de projeto de sistemas fotovoltaicos conectados à rede elétrica		302
	11.4.1	Enquadramento como central em geração distribuída (GD)	302

11.4.2	Tipos de conexão ao sistema de distribuição de energia elétrica	303
11.4.3	Componentes do sistema fotovoltaico	304
11.4.4	Componentes do projeto de instalações elétricas	304

11.5 Procedimentos para aprovação do projeto 310

11.5.1	Normas das concessionárias de energia elétrica	310
11.5.2	Consulta e solicitação de acesso	311
11.5.3	Garantia de fiel cumprimento	311
11.5.4	Estudos técnicos	311
11.5.5	Documentações de projeto	312
11.5.6	Testes de comissionamento	312

11.6 Estudos de viabilidade técnico-econômica 313

11.7 Painel fotovoltaico típico de silício (PF) 313

11.7.1	Características elétricas do painel fotovoltaico (PF)	314
11.7.2	Fatores que influem no desempenho e na curva característica do PF	316
11.7.3	Curva característica de um PF para valores de G_T e T_a dados	317
11.7.4	Conceito de gerador fotovoltaico GFV	318
11.7.5	Fluxograma conceitual de um GFV conectado à rede elétrica de distribuição. Inversores CC-CA	318
11.7.6	Exemplo de dimensionamento preliminar de um GFVCR	319

11.8 Simbologia 322

Problemas propostos 322

Bibliografia 322

Capítulo 12 Geração de eletricidade a partir de biomassa no Brasil: situação atual, perspectivas e barreiras 324

Suani T. Coelho
Javier F. Escobar
Vanessa P. Garcilasso
Danilo Perecin
João Maurício Pacheco
Alessandra C. do Amaral
Andrea C. Gutierrez-Gomez

12.1 Geração de energia elétrica a partir de biomassa 324

12.1.1	Introdução	324
12.1.2	Situação da geração de eletricidade a partir de biomassa no Brasil	325

12.2 Tecnologias para geração de eletricidade a partir de biomassa 328

12.2.1	Tratamento biológico – biodigestão anaeróbia	330
12.2.2	Tratamento térmico para aproveitamento energético da biomassa	332

12.3 Geração de energia a partir de biomassa nos setores industriais 335

12.3.1	Setor sucroalcooleiro	335
12.3.2	Setor de papel e celulose	337
12.3.3	Setor madeireiro	338

12.4 Aproveitamento energético de resíduos urbanos e rurais 340

12.4.1	Resíduos rurais/animais	340
12.4.2	Resíduos urbanos	342

12.5 Aspectos econômicos e regulatórios 349

12.6 Barreiras e propostas de políticas 350

12.6.1	Caso do biogás	351

12.7 Soluções avançadas para o aproveitamento da biomassa no contexto da transição energética 353

12.7.1 Bioenergia com captura e armazenamento de carbono (BECCS) 354
12.7.2 Produção de hidrogênio a partir da biomassa...355
Problemas propostos...356
Bibliografia 356

Capítulo 13 Cogeração de energias térmica e eletromecânica 361
Ronaldo Andreos
13.1 Conceituação da cogeração 361
    13.1.1 Breve história da cogeração...361
    13.1.2 Classificação dos sistemas de cogeração..362
    13.1.3 Dimensionamento da cogeração 362
13.2 Fator de utilização de energia aplicado à cogeração...363
    13.2.1 Fator de utilização de energia (FUE) 363
    13.2.2 FUE de termelétrica × cogeração 364
    13.2.3 Resumo da η_e e do FUE associado à cogeração 365
    13.2.4 Estudo de caso de emissões de CO_2 termelétrica × cogeração 365
13.3 Esquemas básicos e balanço energético 366
    13.3.1 Esquemas básicos de cogeração com ciclo de Rankine..............................366
    13.3.2 Esquemas básicos de cogeração com ciclo de Brayton...............................367
    13.3.3 Esquemas básicos de cogeração com MCI..367
13.4 Combustíveis empregados na cogeração 369
    13.4.1 Combustíveis sólidos 369
    13.4.2 Combustíveis líquidos 369
    13.4.3 Combustíveis gasosos 369
13.5 Legislação pertinente à cogeração 370
    13.5.1 Legislação brasileira pertinente à cogeração..370
    13.5.2 Requisitos para qualificação de centrais de cogeração 371
13.6 Análise das aplicações de cogeração por setor..371
    13.6.1 Aplicações no setor industrial...372
    13.6.2 Aplicações no setor terciário...372
    13.6.3 Principais características técnicas de aplicação 372
    13.6.4 Principais parâmetros de aplicação...373
13.7 Indicadores de cogeração no Brasil e no mundo 374
    13.7.1 Indicadores de cogeração no mundo 374
    13.7.2 Indicadores de cogeração no Brasil...374
13.8 Cogeração no setor sucroalcooleiro 377
13.9 Benefícios, barreiras e propostas políticas para a cogeração no Brasil 379
    13.9.1 Benefícios da cogeração...379
    13.9.2 Barreiras da cogeração 380
    13.9.3 Propostas políticas para a cogeração...381
Problemas propostos...381
Bibliografia 382

Capítulo 14 Energia das marés e ondas 383
Demetrio Cornilios Zachariadis
14.1 Introdução à energia das marés...383
14.2 Explicação qualitativa das causas das marés..384
14.3 Efeitos intensificadores das marés..389
14.4 Usinas maremotrizes 390

14.5 Estimativa da energia mecânica gerada	393
14.6 Energia das correntes de maré	394
14.7 Aproveitamento da energia das ondas	397
14.8 Avaliação da energia extraída das ondas marítimas	397
14.9 Dispositivos para aproveitamento da energia das ondas	399
Problemas propostos	403
Bibliografia	403

Capítulo 15 Hidrogênio e células a combustível ... 405
Gerhard Ett
José Roberto Simões Moreira

15.1 Hidrogênio: um futuro promissor	405
15.2 Decomposição da molécula da água	408
15.2.1 Eletrólise da água	408
15.2.2 Produção de cloro-soda	408
15.2.3 Produção de hidrogênio	408
15.2.4 Tipos de eletrolisadores	410
15.2.5 Energia solar concentrada	411
15.2.6 Termólise	413
15.3 Ciclos metalúrgicos	413
15.4 Reforma do gás natural, biometano e biocombustíveis	414
15.5 Gaseificação	417
15.6 Energia nuclear	417
15.7 Plasma	418
15.8 Utilização do hidrogênio como fonte de energia	418
15.8.1 Propriedades do hidrogênio	419
15.9 Célula a combustível	419
15.9.1 Células a combustível de membrana polimérica (PEM)	420
15.9.2 Células a combustível alcalinas (AFC)	422
15.9.3 Células a combustível de ácido fosfórico (PAFC)	422
15.9.4 Célula a combustível de carbonato fundido (MCFC)	423
15.9.5 Células a combustível de óxido sólido (SOFC)	423
15.9.6 Comparação entre as propriedades das células a combustível	424
15.9.7 Vantagens da utilização de células a combustível	424
15.10 Simulador solar	425
15.11 Armazenamento e transporte de hidrogênio	425
15.12 Aplicações do gás hidrogênio	427
15.13 Normas	427
Problemas propostos	427
Bibliografia	428

Capítulo 16 Hidrelétricas ... 429
José Aquiles Baesso Grimoni
Lineu Belico dos Reis

16.1 Introdução	429
16.2 Água – distribuição na Terra	430
16.2.1 Principais usos da água	431
16.2.2 Maiores usinas hidrelétricas	432
16.3 Hidrologia	432

16.4 Variáveis energéticas básicas de uma hidrelétrica e seu cálculo 434
  16.4.1 Classificação de usinas hidrelétricas 436
  16.4.2 Usinas reversíveis e armazenamento de energia potencial 437
  16.4.3 Potencial de PCH no Brasil 438
16.5 Construção e componentes de hidrelétricas 438
  16.5.1 Construção 438
  16.5.2 Componentes de usinas hidrelétricas 439
  16.5.3 Barragens 439
  16.5.4 Tipos de turbinas 439
  16.5.5 Velocidade específica 439
  16.5.6 Gerador elétrico e controladores de velocidade e de tensão 442
16.6 Impacto ambiental 443
16.7 Revitalização e repotenciação de UHE 445
Problemas propostos 446
Bibliografia 448

Capítulo 17 Energia nuclear 449
José Carlos Mierzwa
17.1 Introdução 449
17.2 Fusão nuclear 449
17.3 Fissão nuclear 451
17.4 Recursos nucleares disponíveis 453
17.5 Aproveitamento da energia nuclear 455
  17.5.1 Reatores de fusão nuclear 456
  17.5.2 Reatores de fissão nuclear 457
17.6 Questões ambientais relacionadas com a geração de energia elétrica em reatores nucleares......464
Problemas propostos 466
Bibliografia 467

Capítulo 18 Eficiência energética 469
Alberto Hernandez Neto
Eduardo Ioshimoto
Eduardo Seiji Yamada
Enio Akira Kato
Leticia de Oliveira Neves
18.1 Eficiência energética e contexto energético 469
18.2 Edificações sustentáveis e certificações 470
18.3 Normas para avaliação do desempenho de instalações 471
18.4 Auditoria energética: conceitos e exemplos 473
18.5 Estrutura tarifária brasileira 473
18.6 Iluminação artificial: tipos de sistemas e ações para redução de consumo de energia...........476
18.7 Motores elétricos 479
18.8 Sistemas de climatização e ventilação mecânica: tipos de sistemas e ações
     para redução de consumo de energia 480
18.9 Medição e verificação: conceitos e exemplos 485
18.10 Estudo de caso de auditoria de energia no setor industrial 486
  18.10.1 Normas e referências técnicas...488
  18.10.2 Estudo de caso no setor industrial 488
  18.10.3 Barreiras e desafios 489

18.10.4 Análise 489
18.10.5 Resultados e conclusão 491
18.11 Estudos de caso de estratégias de eficiência energética aplicadas em empreendimentos corporativos 492
18.11.1 Estudo de caso: edificação comercial localizada em São Paulo.................493
18.11.2 Estudo de caso: edificação comercial localizada no Rio de Janeiro.................496
18.12 Impacto dos cenários de aquecimento global no desempenho energético de edificações 498
Problemas propostos...500
Bibliografia 501

Capítulo 19 Análise de investimentos aplicada a projetos de energia 502
Virginia Parente
19.1 Introdução 502
19.2 Objetivos de aprendizagem e conteúdos......................................503
19.3 Técnicas de análise de investimentos...503
19.3.1 Desafios da análise de projetos na área de energia 504
19.4 Método do *payback* simples..504
19.4.1 Cálculo do *payback* quando os fluxos de caixa não são iguais.................505
19.5 Método do valor presente líquido (VPL).....................................507
19.5.1 Valor do dinheiro no tempo e suas implicações.................507
19.6 Do valor presente ao valor presente líquido................................509
19.7 Juros e taxa de juros..510
19.8 Método do *payback* descontado..512
19.9 Método da taxa interna de retorno (TIR)....................................513
19.9.1 Exemplo com o método da TIR 513
19.9.2 Alguns conceitos ligados aos fluxos de caixa descontados.................514
19.10 Comparação das técnicas de análise de investimentos................514
Problemas propostos...520
Bibliografia e leituras recomendadas 521

Capítulo 20 Legislação e regulação da geração distribuída.................................522
Hirdan Katarina de Medeiros Costa
Rodrigo Sacchi
20.1 Introdução 522
20.2 Breve histórico legislativo e institucional do setor elétrico 522
20.2.1 Reestruturação institucional do setor elétrico.................523
20.2.2 Agência Nacional de Energia Elétrica (ANEEL).................525
20.3 Arcabouço regulatório...525
20.4 Regulação da geração distribuída 529
20.4.1 Lei nº 14.300/2022..530
Problemas propostos 531
Bibliografia 531

Capítulo 21 Questões ambientais e licenciamento ambiental 533
Hirdan Katarina de Medeiros Costa
Marilin Mariano dos Santos
Patricia Helena Lara dos Santos Matai
21.1 Impactos ambientais decorrentes do uso da energia: fontes primárias, conversão e usos finais 533

21.2 Aspectos legais e institucionais relativos à tutela do meio ambiente 535

21.3 Direito ambiental na Constituição Federal (CF) 535

21.4 Princípios jurídicos do direito ambiental 536

    21.4.1 Princípio do direito ao meio ambiente equilibrado 537

    21.4.2 Princípio do direito à sadia qualidade de vida 537

    21.4.3 Princípio do acesso equitativo aos recursos naturais 537

    21.4.4 Princípios usuário/pagador e poluidor/pagador 537

    21.4.5 Princípio da precaução 538

    21.4.6 Princípio da prevenção 538

    21.4.7 Princípio da reparação 538

    21.4.8 Princípios da informação e da participação 538

    21.4.9 Princípio da obrigatoriedade de intervenção do poder público 539

21.5 Lei nº 6.938/1981 539

    21.5.1 Licenciamento ambiental 540

21.6 Procedimentos administrativos para o licenciamento ambiental 542

    21.6.1 Estudos ambientais: elaboração e métodos 542

21.7 Responsabilidade objetiva 543

Problemas propostos 544

Bibliografia 544

APÊNDICE A   Propriedades da água saturada (líquido-vapor) 546

APÊNDICE B   Propriedades do vapor d'água superaquecido 548

APÊNDICE C   Calores específicos ideais de alguns gases usuais 552

APÊNDICE D   Propriedades do ar na pressão atmosférica $M = 28,97$ kg/kmol 553

Índice alfabético 554

1
ENERGIA E PANORAMA ENERGÉTICO

JOSÉ ROBERTO SIMÕES MOREIRA
Laboratório de Sistemas Energéticos Alternativos e Renováveis (SISEA)
Departamento de Engenharia Mecânica da Escola Politécnica da Universidade de São Paulo (Poli-USP)

MARCELO DA SILVA ROCHA
Centro de Engenharia Nuclear (CEENG)
Instituto de Pesquisas Energéticas e Nucleares (IPEN-CNEN/SP)

1.1 Sol e fontes de energia

O Sol é a principal fonte de energia de todo o nosso planeta, seja para a realização de todos os processos climáticos naturais, seja como fonte de calor e luz para os vegetais e os animais e para o homem nas suas atividades próprias. Em última análise, o Sol é a fonte primária de energia, uma vez que praticamente todas as formas de energia necessárias à sobrevivência do homem, como as dos alimentos (vegetais ou animais), calor e luz, além de promover os ciclos da água, do oxigênio e do gás carbônico, elementos fundamentais para os seres vivos, são supridas direta ou indiretamente pela energia solar.

Portanto, a energia solar é, de longe, o maior recurso energético de que a humanidade dispõe. De forma intrigante, a energia proveniente do Sol é gerada a partir do fenômeno de fusão nuclear, como indicado na Fig. 1.1, que mostra a estrutura solar esquematicamente. Em sua camada mais interna, o núcleo, ocorre a fusão nuclear entre átomos de hidrogênio que se transformam em hélio. Dessa fusão entre os núcleos, resulta um excedente de energia, na forma de radiação de fótons, que é transferido para a chamada zona de convecção intermediária. A energia na forma de calor por convecção, em seguida, é transferida para a superfície. A convecção é o fluxo de calor através do plasma, que se comporta como um fluido. A convecção ocorre basicamente de duas maneiras: por interação aleatória de partículas de alta energia (movimento browniano) e pelo fluxo de correntes aquecidas do plasma. Após atingir a superfície do Sol a energia é transmitida principalmente por radiação (fótons) e vento solar (partículas) para o resto da heliosfera. Um grande número de neutrinos também é liberado pelo processo de fusão. No entanto, os neutrinos raramente interagem com a matéria. Centenas de bilhões de neutrinos atingem a Terra a cada segundo, sem que possamos perceber ou nos fazer mal. Os neutrinos solares atravessam completamente a Terra e há uma chance em mil bilhões de serem parados por outra partícula. No entanto, usando-se milhares de litros de fluidos especiais e dispositivos de detecção muito delicados, neutrinos foram detectados e medidos. Essa técnica experimental foi

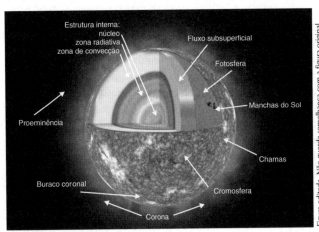

FIGURA 1.1 Estrutura interna e da superfície do Sol.

utilizada para verificar a teoria da fusão nuclear como o motor de energia no núcleo de nosso Sol e de outras estrelas.

A densidade média de energia proveniente do Sol fora da atmosfera da Terra é conhecida como *constante solar*, tendo sido medida de várias formas, e seu valor médio é de 1.367 W/m², gerando um fluxo anual de energia térmica da ordem de 11,86 MWh/m². Mais sobre a constante solar será abordado no Capítulo 9.

Desde tempos remotos a humanidade faz uso da energia solar para as realizações de suas atividades. Historicamente, tem-se notícia do uso da energia solar desde o século VII a.C., quando elementos vitrificados foram utilizados como concentradores para a produção de fogo; em 640 a.C., foi acesa a chama eterna na Grécia por meio da concentração dos raios solares; em 1769, 160 °C foram produzidos com efeito estufa na França; em 1878, uma prensa foi acionada por uma máquina a vapor de fonte solar; em 1913, uma bomba de irrigação foi acionada com captadores solares planos, no Egito; em 1931, as células fotovoltaicas foram inventadas nos Estados Unidos; em 1951, 50 mil aquecedores solares já estavam em funcionamento em Miami, nos Estados Unidos; em 1955, um terminal de comunicações terrestres foi acionado por energia solar fotovoltaica nos Estados Unidos; em 1957, satélites espaciais já operavam com geração solar fotovoltaica; em 1968, um forno solar de até 3500 °C foi projetado e operado na França; em 1981, uma central elétrica solar fotovoltaica de 250 kW já estava em operação nos Estados Unidos; em 1999 a capacidade instalada de energia solar fotovoltaica no mundo todo já ultrapassava 1000 MW. Atualmente, o aproveitamento direto da energia solar quer para geração de energia elétrica, quer para aquecimento de água, fluidos térmicos e processos de secagem é uma realidade a que estamos cada vez mais familiarizados. Esse histórico mostra, de modo resumido, a linha de tempo da utilização direta da energia solar pelo homem e nos dá uma noção do ritmo no qual a capacidade de utilização da energia proveniente do Sol vem sendo incrementada.

Os ciclos climatológicos, fundamentais para a agricultura e a vida, também dependem do movimento aparente do Sol que irradia o planeta continuamente com maior ou menor intensidade, dependendo da estação do ano e da localização geográfica. A radiação solar incidente sobre o mar e os demais corpos de água vaporiza o precioso líquido para as alturas e as correntes de vento sopram o vapor d'água para os continentes e elevações quando se precipita na forma de chuva e neve, em muitos lugares, onde se acumula e irriga o solo para, então, dar continuidade ao ciclo na forma de rios que se dirigem novamente ao mar. Em termos de sociedade humana, o Sol foi considerado um deus por muitos povos, dado o seu caráter provedor de energia na forma de calor, luz e, em última análise, sustentador da própria vida terrena. De maneira impressionante, nos dias atuais, ainda há reminiscências de hinos de louvor ao "deus sol" que ecoam em templos pelo planeta. Não obstante essa obsessão pelo astro-rei, a revelação bíblica sempre o colocou em sua devida posição, juntamente com os outros astros, como elemento resultante do ato da criação e, portanto, jamais podendo ser considerado objeto de adoração (Deut. 4:14).

1.1.1 Formas de energia

O conceito de *energia* não é imediato nem autoexplicativo. A origem da palavra *energia* provém da língua grega, e seu significado está associado com a *capacidade de realização do trabalho*. Trabalho, neste contexto, resulta da aplicação de uma força sobre um corpo para deslocá-lo. Entre as diversas formas em que a energia se apresenta na natureza, ela pode ser transformada de uma forma em outra por meio dos chamados *processos de conversão de energia*, os quais podem ser realizados por máquinas térmicas, motores, dispositivos elétricos, químicos, entre outros. Entretanto, não obstante seu caráter multiforme, a energia total de um sistema isolado permanece inalterada, como ditado pela Primeira Lei da Termodinâmica, objeto do Capítulo 2.

As principais formas de energias são:

- *Energia solar*: a energia solar é uma das fontes de energia renovável e inesgotável. Proveniente da radiação eletromagnética ou de fótons emitida pelo Sol na forma de calor e luz. A energia solar pode ser convertida diretamente para o aquecimento da água, por meio dos coletores solares de baixa e alta eficiência (energia solar térmica), como ilustrado à esquerda da Fig. 1.2, ou pode ser diretamente transformada em energia elétrica por intermédio de dispositivos de conversão de energia solar, como os painéis fotovoltaicos (Fig. 1.2 – à direita). Torres de captação de energia solar concentrada para produção de vapor de alta temperatura direta ou indiretamente permitem gerar energia elétrica por meio de ciclos térmicos de potência. Vapor de processo industrial também tem sido produzido por meio de calhas parabólicas e refletores especulares de Fresnel. Dada a importância da energia solar dentre as energias renováveis, três capítulos (9 a 11) são dedicados a essa forma de energia e seu aproveitamento.

- *Energia eólica*: a movimentação do ar atmosférico ou do vento provém do efeito da incidência da energia solar na atmosfera e no solo, e é resultado do aquecimento desigual do planeta, das irregularidades da superfície e da rotação da Terra. Os padrões de fluxo de ar e suas velocidades variam muito entre as regiões da superfície terrestre e são modificados pelos oceanos, pela vegetação e pelo relevo da crosta terrestre. Desde tempos remotos a humanidade utiliza a energia associada ao vento para diversos propósitos, como movimentar embarcações (vela), bombear água, mover moinhos e, mais recentemente, também para gerar eletricidade, além de atividades lúdicas, como empinar pipas.

  O termo energia eólica descreve o processo pelo qual o vento é usado para gerar energias mecânica e elétrica. O vento aciona as pás da turbina eólica fixas em torno de um eixo que passa a girar. O eixo da turbina aciona um gerador que gera a eletricidade. Portanto, as turbinas eólicas são as máquinas mecânicas que convertem a energia cinética do vento em energia mecânica e, finalmente, em energia elétrica que se distribui pela rede elétrica.

  As turbinas eólicas modernas podem ser classificadas em dois grupos básicos: as de eixo horizontal e as de eixo

FIGURA 1.2 Exemplos de aplicações de energia solar: aquecimento de água e produção de energia elétrica por meio de painéis fotovoltaicos.

vertical. Podem ser construídas na terra (*onshore*) ou no mar (*offshore*), com capacidade de geração elétrica de alguns quilowatts até alguns megawatts. A Fig. 1.3 mostra exemplos de turbinas eólicas de eixos horizontal e vertical.

As turbinas eólicas maiores são mais eficientes e são agrupadas em parques eólicos que fornecem grandes quantidades de energia para o sistema elétrico. Nos últimos anos, na Europa, houve um aumento significativo em instalações de energia eólica na costa marítima ou *offshore*, em função do grande potencial que essas regiões oferecem. As turbinas de pequeno porte são usadas para residências, telecomunicações ou bombeamento de água. Podem ser utilizadas em um sistema híbrido, ou seja, associadas a outras formas de energia renovável, como solar fotovoltaica, e também com a motogeração a diesel ou gás natural em redes elétricas locais de pequeno porte e isoladas (Burton *et al.*, 2001). O assunto é tratado no Capítulo 8.

- *Energia atômica ou nuclear*: fundamental para os processos de conversão energética no Universo. No interior do Sol, por exemplo, a energia nuclear é resultado da fusão de átomos de hidrogênio, que libera grandes quantidades de energia. A fusão nuclear é um processo de grandes possibilidades para uso comercial, porém, até hoje, tem-se mostrado de difícil controle, e seu uso vem se restringindo à construção de bombas de hidrogênio. A energia atômica também pode resultar da fissão de átomos pesados, como urânio, tório e plutônio, por meio da liberação de energia derivada da transformação de massa no processo. Apesar de não ser tão intensa quanto no processo de fusão, a liberação de energia no processo de fissão também é alta, e, por ser mais fácil de ser controlada, seu uso se difundiu na última metade do século passado, resultando na construção de diversos ciclos térmicos de potência para a geração de energia elétrica, além de mover ciclos térmicos de acionamento de navios e submarinos (Bodansky, 2004). A fotografia da usina nuclear

FIGURA 1.3 Exemplos de turbinas eólicas para geração de energia elétrica. À esquerda, turbina eólica de eixo horizontal e, à direita, turbina eólica de eixo vertical.

de Angra é mostrada na Fig. 1.4. O Capítulo 17 apresenta as tecnologias nucleares com vistas à geração de energia elétrica.

- *Energia química*: é a energia acumulada nas ligações químicas entre os átomos das moléculas. O aproveitamento se dá quando as ligações existentes nas moléculas dos reagentes possuem mais energia do que as ligações existentes nas moléculas dos produtos resultantes de uma dada reação, daí a liberação de energia. As principais fontes de energia química são os hidrocarbonetos provenientes do refino do petróleo, como os óleos combustíveis, a gasolina, o gás liquefeito de petróleo, além do gás natural. Além dessas, existem também a lenha, o etanol, o carvão mineral, o carvão vegetal, a biomassa, o biogás, o biometano e o hidrogênio, em que se observam processos que envolvem a transformação da energia química das moléculas em calor e que, por meio de uma instalação de potência ou de uma máquina térmica, produzem energia elétrica ou outra forma de energia mecânica útil. Suas maiores aplicações estão ligadas aos processos de combustão em motores de combustão interna, turbinas a gás, caldeiras e fornos. A análise dos processos de combustão e dos combustíveis é objeto do Capítulo 4. A energia química presente na biomassa e as técnicas relativas ao seu uso são tratadas no Capítulo 12. Dada a importância que o hidrogênio vai desempenhar em futuro próximo, um capítulo inteiro é dedicado à produção do hidrogênio e seu uso (Capítulo 15). A Fig. 1.5 mostra a fotografia de chamas resultantes das reações químicas de combustão com liberação de energia das ligações moleculares na forma de calor, tal como ocorre em um queimador.

Existem, na atualidade, perspectivas promissoras quanto à utilização de técnicas de conversão direta, aplicadas às células a combustível, que produzem diretamente energia elétrica a partir da reação de combustíveis, com alta eficiência, por meio de reações isotérmicas, em temperaturas relativamente baixas (Capítulo 15). A energia química também pode ser uma forma de armazenamento de energia elétrica, como a produção de gás hidrogênio em eletrolisadores, ou seja, a energia elétrica é *armazenada quimicamente* ao ser empregada para quebrar a molécula da água produzindo os gases hidrogênio e oxigênio, os quais podem ser armazenados para utilização ulterior.

- *Energia elétrica*: dá-se pelo movimento de elétrons. A energia elétrica é utilizada para os mais variados fins, e pode-se dizer que, na nossa sociedade, é o insumo tecnológico mais importante, pois praticamente todas as nossas atividades sociais, industriais e comerciais dependem direta ou indiretamente da energia elétrica. Iluminação, uso de eletrodomésticos, ar-condicionado, motores elétricos, transporte, operações industriais e muitas outras atividades se baseiam na energia elétrica. Por isso, a maioria dos processos de conversão de energia tem como finalidade a sua produção final. A energia elétrica é nobre no sentido de ser transformada em processos a partir de outras formas de energia, podendo ser disponibilizada diretamente ao consumidor de maneira fácil e segura por meio das linhas de distribuição. O Capítulo 5 é dedicado às máquinas elétricas de transformação de energia. As principais formas de geração de energia elétrica são as usinas hidrelétricas, termelétricas e nucleares e, mais recentemente, os geradores eólicos, os painéis solares fotovoltaicos e as células a combustível. Não é possível conceber uma sociedade moderna sem o uso da energia elétrica. A maior dificuldade de sua produção em forma isolada, ou geração distribuída (Capítulo 7) é seu armazenamento, conforme discutido no Capítulo 6. Na Fig. 1.6, estão indicadas três formas de geração de energia elétrica de fontes renováveis.

- *Energia térmica*: pode se apresentar nas formas de radiação térmica (e radiação solar) ou energia interna nas substâncias. O calor corresponde a um fenômeno apenas observável na fronteira entre sistemas em que exista uma diferença de temperaturas. Vale ressaltar que um fluxo de calor pode resultar tanto de uma variação interna de energia quanto de outra forma energética. A energia interna corresponde à capacidade de promover mudanças, associada à agitação térmica de um dado material, que pode ser medida por sua temperatura. A transferência dessa energia interna de um corpo para outro se dá pelos processos de condução, convecção ou radiação térmica. Ainda, na categoria da energia térmica, pode-se citar a energia geotérmica, que consiste no aproveitamento do calor, para produção de vapor, naturalmente existente nos fluxos subsuperficiais que ocorrem em regiões de formações geológicas vulcânicas. A produção de vapor para geração de energia termelétrica também é uma das formas mais comuns de produção de energia hoje em dia e, como exemplo, temos as usinas termelétricas nucleares, a gás, a carvão e a biomassa. A Fig. 1.7 mostra uma usina de geração termelétrica.

FIGURA 1.4 Vista da usina nuclear de Angra.
Fonte: Divulgação Eletronuclear.

FIGURA 1.5 Chamas resultantes das reações químicas de combustão com liberação de energia das ligações moleculares do combustível na forma de calor.

FIGURA 1.6 Exemplos de geração de energia elétrica por meio de geradores eólicos, fotovoltaicos e de hidrelétricas.

- *Energia mecânica*: pode ser encontrada nas formas potencial e cinética, além da forma de eixo girante, como nos eixos de motores e turbinas. A energia potencial refere-se, basicamente, a forças estáticas e pode ser potencial elástica, acumulada em molas ou em gases comprimidos, ou gravitacional, o que depende da posição de uma massa no campo gravitacional. A energia cinética é relacionada com a inércia de corpos em movimento e depende da massa e da velocidade desses corpos. A energia mecânica, assim como a elétrica, apresenta diversas aplicações, desde usos antigos, como em moinhos, rodas de água e tração animal, até nos dias de hoje, nos eixos de motores de combustão interna, turbinas a gás e vapor, além de geradores eólicos. Na categoria de energia mecânica pode-se, ainda, incluir a energia das marés, energia das ondas do mar (Capítulo 14) e também a energia hidráulica, transformada em energia elétrica mediante turbinas hidráulicas acopladas a geradores elétricos, como analisado no Capítulo 16. Na Fig. 1.8, ilustram-se dois equipamentos que transmitem energia mecânica de eixo girante.

FIGURA 1.7 Fotografia de uma central termelétrica.

- *Energia eletromagnética*: tipo de energia acumulada na forma de campos eletromagnéticos [Fig. 1.9(a)], utilizada de modo prático no transporte e na transformação de energia elétrica em transformadores. A energia magnética é comumente associada à energia mecânica de eixo, por exemplo em motores e geradores elétricos. Uma importante aplicação da energia magnética é o sistema de levitação e propulsão de trens de alta velocidade [Fig. 1.9(b)].

Todas essas formas de energia apresentadas não esgotam as possibilidades de se considerar a energia que existe sempre que houver necessidade de promover uma mudança de estado. Assim, ainda podem ser definidas a energia associada à tensão superficial de um líquido, que se mostra na formação de

(a) (b)

FIGURA 1.8 Exemplos de aplicações de energia mecânica. (a) Caixa de transmissão. (b) Transmissão por correia.

FIGURA 1.9 Exemplos de aplicações de energia magnética. (a) Limalha de ferro alinhada com o campo magnético. (b) Trem de levitação magnética.

bolhas de vapor e sabão; a energia difusiva decorrente da diferença da concentração de gases, líquidos e sólidos solúveis; a energia de mudança de fase das substâncias (energia latente) e diversas outras formas. É claro que, ao utilizar o recurso energético, devem-se empregar critérios de eficiência de uso, como discutido no Capítulo 18, critérios esses aliados a preocupações ambientais (Capítulo 21), sob uma óptica de investimento (Capítulo 19) e de regulação (Capítulo 20).

No entanto, a quantidade de energia solar incidente na Terra anualmente é significativamente maior do que o total estimado de reservas dos outros recursos energéticos, sejam os renováveis, sejam os de origem fóssil, incluindo-se o urânio físsil (Bodansky, 2004).

Uma discussão mais ampla dos diversos tipos de energia será abordada nos capítulos subsequentes deste livro.

Na Tabela 1.1, são apresentadas unidades de energia, trabalho e potência comumente empregadas.

Nas próximas seções são apresentados alguns conceitos normalmente usados para a análise do segmento energético (balanço energético e matriz energética) a fim de poder avaliar a situação em diversos níveis (mundial, regional e nacional) e seus respectivos futuros para, sobretudo, discutir o papel da energia em um desenvolvimento sustentável, racional e eficiente.

TABELA 1.1 Unidades de energia, trabalho e potência

Unidade	Fator de conversão
1 J (joule)	10^7 ergs
1 W (watt)	1 J/s
1 HP	746 W
1 cal	4,18 J
1 kWh (quilowatt-hora)	$3,6 \times 10^{13}$ ergs = 3600 kJ
1 tep (tonelada equivalente de petróleo)	41,868 GJ ou 11,63 kWh
1 BTU (British Thermal Unit)	252 cal
1 kW ano/ano	0,753 tep/ano

1.2 Cadeias energéticas

Cadeia energética é a sequência do fluxo e das formas de energia desde a fonte ou produção (energia primária), passando pela transformação (energia derivada), até a utilização final (energia final e energia útil), conforme indicado pelo diagrama de blocos da Fig. 1.10.

Cada etapa definida na estrutura do esquema da Fig. 1.10 pode, por sua vez, ser dividida da seguinte forma:

- *Energia primária*: corresponde às formas mais primárias de energia disponíveis. Como energia primária, compreende-se: petróleo, gás natural, carvão mineral, carvão vegetal, urânio (U_{238}), energia hidráulica, biomassa, fontes geotérmicas, energia solar, eólica e potencial das ondas. A energia primária tem sua maior parcela consumida ou transformada em refinarias, usinas de gás natural, coqueria e usinas hidrelétricas. A energia secundária, na forma de óleo diesel, gasolina, gás hidrogênio, coque de carvão mineral, eletricidade, entre outras, é resultado dessa transformação. Há também uma parcela de energia primária consumida diretamente, como a lenha e o carvão, denominada consumo final. Uma parcela da energia secundária também vai diretamente para o consumo final, e a outra é convertida em óleo combustível, eletricidade, nafta, gás canalizado, entre outros. O consumo final se desagrega em energético e não energético, o primeiro abrangendo o próprio setor

FIGURA 1.10 Estrutura geral das cadeias energéticas.

energético, o residencial, o comercial, o público, o agropecuário, o do transporte (rodoviário, ferroviário, aéreo e hidroviário) e o industrial (cimento, ferro-gusa e aço, ferro liga, mineração/pelotização, não ferrosos, química, alimentos e bebidas, têxtil, papel e celulose, cerâmica e outras indústrias).

- *Transformação*: corresponde aos processos industriais de transformação das fontes primárias de energia, como plantas de beneficiamento de petróleo, plantas de transformação de carvão mineral (coqueria) e vegetal (carvoaria), plantas de geração de energia termelétrica (usinas termelétricas a carvão, óleo mineral, gás natural, biomassa, nuclear, solar), plantas de transformação e beneficiamento de combustível nuclear e plantas de geração de energia hidrelétrica, eólica e maré motriz.
- *Energia secundária*: corresponde às fontes de energias derivadas do processamento das fontes de energia primária. Como exemplos podem-se citar: óleo diesel, óleo combustível, gasolina, gás hidrogênio, gás liquefeito de petróleo (GLP), nafta, querosene, gás proveniente de carvão mineral (gás de coqueria), coque de carvão mineral, urânio enriquecido (pastilhas de combustível de reatores nucleares), eletricidade, carvão vegetal, álcool etílico (anidro e hidratado), além de outras fontes. Nessa etapa ocorre o consumo final secundário.
- *Consumo final total*: corresponde ao consumo final que, por sua vez, pode ser dividido em consumo final não energético e consumo final energético.

Cabe chamar a atenção para o fato de que entre o balanço de transformação e o balanço de consumo existem as *perdas de energia útil* na distribuição e armazenagem de energia. Essas perdas aparecem sempre com sinal negativo e correspondem àquela parcela da energia que fica no meio do caminho e não chega ao consumidor final.

É possível observar que o sentido do fluxo no balanço vai da energia primária para o consumo final total. Dessa forma, qualquer operação que agregue energia a esse fluxo pela inserção de energia à cadeia energética é positiva, e qualquer operação que retire energia desse fluxo é negativa. Na análise da cadeia energética, a importação tem sinal positivo, enquanto a exportação tem sinal negativo; se a energia vai para o estoque, saindo do fluxo, possui sinal negativo, se ela sai do estoque, indo para o fluxo, possui sinal positivo. A Fig. 1.11 mostra uma cadeia energética contendo a fonte de energia primária, os fluxos e o consumidor final.

1.3 Matriz energética mundial e brasileira

A matriz energética é o panorama de distribuição real de aproveitamento dos recursos energéticos dentro de um país, de uma região ou do mundo. Sua determinação está diretamente vinculada ao balanço energético, e sua aplicação consiste em estudos setoriais que têm por finalidade apresentar a evolução da demanda e da oferta de energia de um país, região ou de todo o mundo. Não se deve confundir matriz energética com matriz elétrica. A matriz elétrica lida apenas com produção, consumo e demanda da energia elétrica de um país, região e do mundo. É, por assim dizer, um subconjunto da matriz energética correspondente.

A matriz energética tem como base o período de um ano e a análise de um cenário específico. Projetada para determinado período, propõe cenários de como deve ser o desenvolvimento energético de uma região nesse espaço de tempo. A construção da matriz é feita levando-se em consideração os diversos setores de produção (industrial, residencial, agropecuário) e de serviços do lado da demanda e, do lado da oferta, os centros de transformação das principais fontes de energia.

Aqui será apresentado apenas um breve resumo da matriz energética brasileira. Para se ter uma matriz completa, seria necessária uma obra inteira dedicada apenas a esse fim. Nas próximas seções é apresentada, de forma resumida, uma análise mais atual das matrizes energéticas mundial e brasileira.

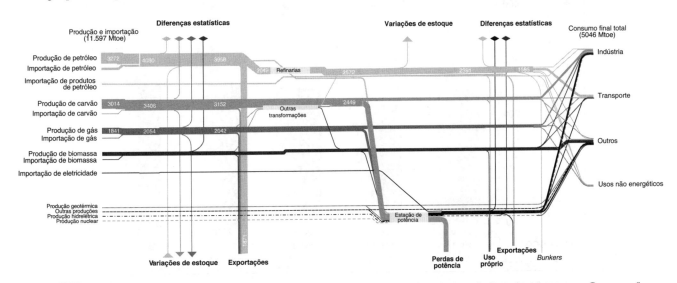

FIGURA 1.11 Cadeia energética de diversas fontes de energia dos países não pertencentes à Organização para a Cooperação e o Desenvolvimento Econômico (OCDE).

1.3.1 Matriz energética mundial

Para compreender melhor os fundamentos da matriz energética, deve-se relacionar a análise com cenários que se compõem por meio da matriz energética ao longo do tempo. Nesse sentido, podem ser tomados vários cenários para se chegar a um resultado final (alto crescimento, baixo crescimento etc.), mas, no cenário escolhido, alguns fatores devem ser considerados como mais importantes para se alcançarem níveis e mecanismos de desenvolvimento limpo com foco na sustentabilidade.

É bom ressaltar que o traçado da matriz energética é resultado dos trabalhos do balanço energético consolidado, o qual, nesse sentido, mostra as inter-relações entre a oferta, a transformação e o uso final de energia, cujo foco principal é o planejamento energético. Assim, a matriz energética é resultado dos fluxos energéticos das fontes primárias e secundárias de energia, desde a produção até o consumo final. É importante destacar que a matriz energética e um balanço energético consolidado são fundamentais na construção de cenários e de estratégias energéticas como instrumento do desenvolvimento, ou seja, do planejamento energético em um contexto que engloba aspectos energéticos, socioeconômicos e ambientais. A problemática energética engloba: estrutura da demanda; conteúdo energético da produção; reservas naturais; recursos naturais energéticos; tecnologias de exploração; importação e exportação de energéticos; produção de energia primária; produção dos centros de transformação; consumo de energia pelos setores da sociedade; consumo de energia útil por setor e por fonte; destino da energia útil por setor e por serviço; preços e tarifas do setor energético e custos de produção, transporte e armazenamento.

O gráfico da Fig. 1.12 apresenta o consumo energético mundial, com a evolução da oferta e do consumo, de 1990 a 2050. Observando-o, é possível notar um aumento tanto do consumo energético acentuado dos países não membros da Organização para a Cooperação e o Desenvolvimento Econômico (OCDE), como um discreto consumo energético dos países-membros da Organização (IEA, 2022) no período de 1990 a 2010. O mesmo comportamento foi projetado para o período de 2010 a 2050.

Analisando-se a Fig. 1.13 (IEA, 2022) – caso de referência –, percebe-se que, ao contrário da projeção dos anos anteriores, a partir de 2050 a previsão é de que as energias renováveis (representadas por outros na Fig. 1.13) passem a representar a maior parcela na utilização de energia mundial, superando os combustíveis. Embora os combustíveis líquidos – principalmente os produtos de petróleo – continuem a ser uma fonte de energia importante, sua participação no consumo energético mundial tenderá a estabilizar até 2050. No caso de referência, a parcela de energias renováveis tenderá a aumentar mais de 100 % até 2050, e a nuclear tenderá a crescer cerca de 18 %.

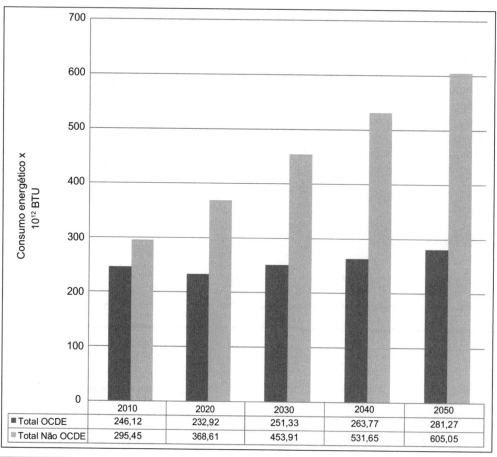

FIGURA 1.12 Consumo energético mundial de 2010 a 2050.
Fonte: IEA (2022).

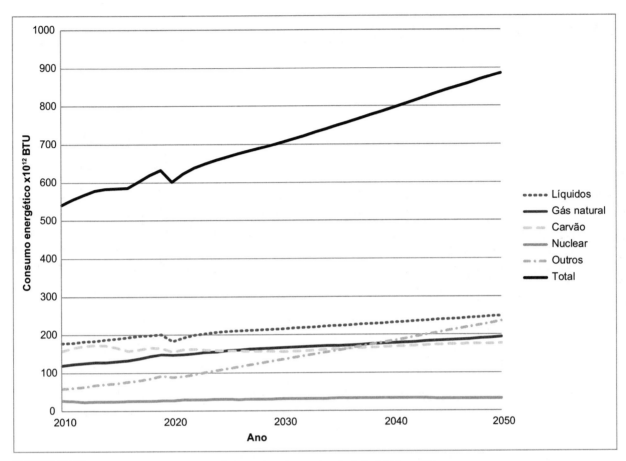

FIGURA 1.13 Consumo energético mundial por tipo de combustível de 2010 a 2050.
Fonte: IEA (2022).

Essa previsão poderá ser drasticamente modificada se as novas tecnologias de reatores nucleares (Reatores Nucleares Modulares de Pequeno Porte) forem efetivamente desenvolvidas e comercializadas.

A Fig. 1.14 mostra a geração líquida mundial de eletricidade por tipo de combustível, de 2010 a 2050 (IEA, 2022).

A geração líquida de eletricidade mundial tenderá a aumentar (IEA, 2022), passando de aproximadamente 25 trilhões de kWh em 2020 para cerca de 42 trilhões de kWh em 2050. Em geral, o crescimento da demanda de energia elétrica nos países-membros da OCDE, nos quais os mercados de eletricidade estão bem estabelecidos e os padrões de consumo são maduros, o aumento será mais lento que nos países não membros da OCDE, nos quais atualmente muitas pessoas não têm acesso à eletricidade. A geração de eletricidade líquida total em países não membros da OCDE aumenta em uma média anual (no caso de referência) superior aos países da OCDE, liderada, principalmente, pelos países da Ásia que não fazem parte da OCDE (inclusive China e Índia).

Em muitas partes do mundo, as preocupações tanto com a segurança do abastecimento de energia quanto com questões ambientais das emissões de gases efeito estufa, quer sejam fundamentadas ou não, têm estimulado a adoção de políticas governamentais que apoiam um aumento previsto das fontes de energias renováveis. Como resultado, as fontes de energia renováveis apresentam um crescimento mais rápido de geração de energia elétrica. Depois da geração renovável, o gás natural e a energia nuclear serão as fontes de crescimento mais rápido. Embora o carvão tenda a aumentar pouco sua participação na geração de eletricidade, continuará a ser uma grande fonte energética mundial disponível. As perspectivas para o carvão, no entanto, podem ser alteradas substancialmente por quaisquer futuras políticas nacionais ou acordos internacionais que visem reduzir ou limitar o crescimento das emissões de gases efeito estufa.

Grande parte do aumento previsto na produção de eletricidade renovável ainda será influenciada pela energia hidrelétrica, solar e eólica. A contribuição da energia eólica, em particular, tem crescido rapidamente nos últimos dez anos, começando com 18 GW de capacidade instalada líquida ao fim de 2000 para mais de 500 GW até 2018, uma tendência que continua para o futuro. Dos 5,4 trilhões de kWh de geração de energia renovável adicionados ao longo do período de projeção, 2,8 trilhões de kWh (52 %) são atribuídos à energia hidrelétrica. A maior parte do crescimento da geração hidrelétrica (82 %) ocorre nos países não membros da OCDE, e mais da metade do crescimento da geração de energia eólica (52 %) ocorre nos países-membros da OCDE. Os elevados custos de construção podem tornar o custo total de construção e operação de geradores de energias renováveis mais elevado que o custo das plantas convencionais. A intermitência das energias eólica e solar, em particular, pode dificultar ainda mais

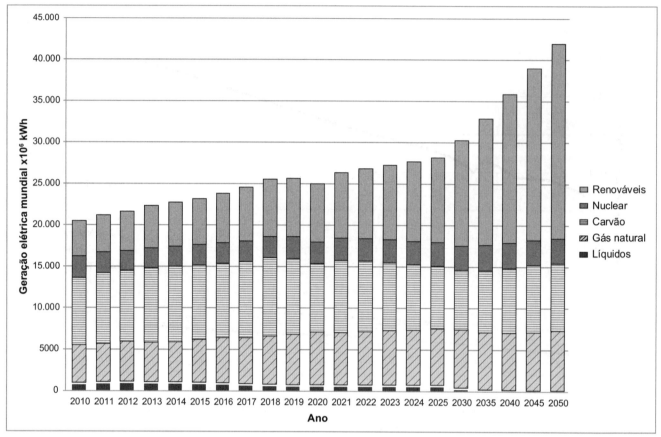

FIGURA 1.14 Geração mundial de eletricidade por tipo de combustível, de 2010 a 2050.
Fonte: IEA (2022).

a competitividade econômica desses recursos, pois não estão necessariamente disponíveis quando seriam de maior valor para o sistema. No entanto, a melhoria da tecnologia de armazenamento energético, previsão de dispersão de vento e instalações de geração de energia solar em áreas geográficas extensas poderia ajudar a mitigar alguns dos problemas associados com a intermitência no período de projeção.

Esses tipos de observações, de caráter global e qualitativo, podem fornecer várias informações que, em geral, vão além do âmbito da energia, pois o setor energético é básico, afetando todos os demais.

Logo, o estudo da Matriz Energética é um instrumento importante no planejamento do desenvolvimento e, por conseguinte, para as pretensões do desenvolvimento sustentável. No caso da sustentabilidade, é relevante observar, por exemplo, a participação das fontes renováveis. Esse planejamento deve ser em escala mundial.

1.3.2 Matriz energética brasileira

Segundo o relatório final do Balanço Energético Nacional de 2022 (MME/EPE, BEN 2022), o Brasil dispõe de uma matriz elétrica de origem predominantemente renovável, e a fonte hídrica responde por 56,8 % de toda a matriz energética. Já as fontes de energias renováveis (excetuando-se a hídrica) somam 21,3 % da oferta de eletricidade no Brasil, incluindo-se produção interna e importação.

O BEN 2022 traz uma análise energética dos principais movimentos referentes à produção e consumo de energia no ano-base de 2021 em comparação ao ano anterior, destacando as principais fontes energéticas, como petróleo, gás natural, energia elétrica, carvão mineral, energia eólica, biodiesel e produtos da cana. Com relação ao biodiesel, houve um aumento de 5,2 % na produção de B100 no país em comparação com o ano anterior, com a principal matéria-prima sendo o óleo de soja. Já com relação à cana-de-açúcar, açúcar e etanol, houve uma queda de 12 % na produção de cana-de-açúcar, uma redução de 14,8 % na produção de açúcar e uma redução de 8,3 % na produção de etanol com relação ao ano anterior. No entanto, a produção de etanol anidro teve um aumento de 11 %.

Em 2021, a capacidade total instalada de geração de energia elétrica do Brasil (centrais de serviço público e autoprodutoras) somou aproximadamente 3914 TWh.

A geração de energia elétrica no Brasil em centrais de serviço público e autoprodutores atingiu 656,1 TWh em 2021, 4 % acima da de 2020.

As centrais elétricas de serviço público participaram com 82,6 % da geração total. A geração hídrica, principal fonte de produção de energia elétrica no Brasil, reduziu 8,6 % em comparação com o ano anterior.

A autoprodução (APE) em 2021 participou com 17,4 % do total produzido, considerando o agregado de todas as fontes utilizadas, atingindo um montante de 114 TWh. Desse total, 65,9 TWh não foram injetados na rede, ou seja, produzidos e consumidos pela própria instalação geradora, usualmente denominada APE clássica. A autoprodução clássica agrega as mais diversas instalações industriais que produzem energia para consumo próprio, a exemplo dos setores de papel e celulose, siderurgia, açúcar e álcool, química, entre outros, além do setor energético.

A geração elétrica a partir de não renováveis representou 22,6 % do total nacional, contra 16,8 % em 2020. Entretanto, é importante destacar a evolução do gás natural que, ao longo dos últimos dez anos, ao deslocar o óleo combustível e o diesel, contribuiu para minimizar as emissões provenientes da geração de eletricidade a partir de fontes não renováveis.

Importações líquidas de 23,1 TWh, somadas à geração nacional, asseguraram uma oferta interna de energia elétrica de 679,2 TWh, montante 0,3 % superior ao de 2020. O consumo final foi de 570,8 TWh, representando uma expansão de 5,7 % em comparação ao ano anterior.

Do lado do consumo final, houve um aumento de 5,7 %, atingindo um total de 570,8 TWh, com destaque para os setores industrial e residencial, que participaram com 37 e 26 %, respectivamente.

Constatam-se também as variações do consumo setorial de energia elétrica de 2021 com relação ao ano anterior. Nota-se que os setores industrial, residencial e comercial consomem 79 % da energia elétrica disponibilizada no país em 2021.

1.4 Balanço da energia mundial e brasileira

O balanço energético é um conjunto de dados registrados para um dado país ou região, sobre o modo como as diversas fontes de energia foram utilizadas pelos diversos setores da sociedade, em um dado ano de avaliação, além de apresentar outros dados sobre o setor energético em questão.

Nesta seção são demonstrados os balanços energéticos do Brasil e do mundo, com base em dados disponibilizados recentemente por diversas fontes oficiais.

1.4.1 Síntese do balanço energético mundial

O balanço energético mundial nos dá uma noção da ordem de grandeza e da distribuição da oferta e dos usos de energia. Contextualiza também o balanço brasileiro, localizando-o e mostrando a sua relevância.

A busca de um desenvolvimento limpo exige essa visão sistêmica do setor energético. Assim, por exemplo, na Tabela 1.2 pode ser visto o balanço energético mundial simplificado de 2022 (IEA, 2023).

1.4.2 Síntese do balanço energético brasileiro

Um resumo do balanço energético nacional é apresentado na Tabela 1.3. É importante notar a representatividade de cada setor, suas magnitudes, a participação de fontes renováveis e não renováveis, as tendências etc., para poder entender melhor a dinâmica do setor e, por consequência, o próprio desenvolvimento do país.

1.5 Matriz elétrica brasileira

Atualmente, mais de 88 % da matriz elétrica brasileira provêm de fontes renováveis. Esta cifra coloca o país em situação de destaque na lista dos países de matriz elétrica mais limpa do planeta. De acordo com dados recentes (janeiro de 2024) do Sistema de Informações de Geração da ANEEL (SIGA), a capacidade instalada do país é pouco superior a 677 TW. Dominam o cenário de geração as usinas hidrelétricas com cerca de 64 %, seguidas pelas usinas termelétricas com 24 %, usinas eólicas com 13 %, usinas fotovoltaicas com 4,5 %, pequenas centrais hidrelétricas com 3 % e nuclear e cogeração complementam a matriz. Esta é uma fotografia do momento que está continuamente sendo atualizada com a entrada crescente

TABELA 1.2 Balanço energético mundial simplificado em 2022 [$\times 10^6$ tep]

Fluxo	Milhões de tep								
	Petróleo cru	Óleo e produtos	Gás natural	Carvão	Nuclear	Renováveis e lixo	Eletricidade	Aquecimento	Total
Produção	4495,17	258,83	3509,87	4296,42	732,30	2152,78	–	1,72	15.447,09
Importação	2246,51	1325,77	1030,25	784,13	–	–	38,68	0,006	5425,34
Exportação	–2188,53	–1367,08	–1076,65	–838,32	–	–	–66,93	–0,002	–5537,51
Transportes (total)	0,0107	2438,83	120,85	0,83	–	8,5	355,81	–	2924,83
Industrial (total)	3,22	307,16	667,48	753,76	–	247,55	884,0	173,51	3306,68
Outros (residencial e comercial)	–	291,49	707,94	74,88	–	749,39	977,31	164,81	2965,82
Uso não energético	15,53	869,35	214,08	83,16	–	–	18,44	9,62	1210,18

Fonte: OCDE/IEA (2023).

CAPÍTULO 1

TABELA 1.3 Balanço energético brasileiro 2022 (10³ tep)

Fluxo energético	Petróleo	Gás natural	Carvão vegetal	Carvão mineral	Urânio U₃O₈	Hidráulica e eletricidade	Biomassa	Produtos da cana (inclui etanol)	Outros	Total
Produção	156.398	49.971	2311	0	516	36.732	27.283	47.740	33.597	354.548
Importação	12.724	7722	3257	7405	3160	0	0	0	0	34.267
Variação de estoques	−470	0	55	56	535	0	0	0	0	175
Oferta total	168.651	57.692	5624	7460	4210	36.732	27.283	47.740	33.597	388.991
Exportação	−69.580	0	0	0	0	0	0	0	0	−69.580
Não aproveitada	0	−1253	0	0	0	0	0	0	0	−1253
Reinjeção	0	−24.725	0	0	0	0	0	0	0	−24.725
Oferta interna bruta	99.072	31.714	5624	7460	4210	36.732	27.283	47.740	33.597	293.433
Refinarias de petróleo	−97.457	0	0	0	0	0	0	0	−5692	−103.149
Plantas de gás natural	0	−3714	0	0	0	0	0	0	1001	−2713
Centrais elétricas de serviço público	0	−5148	−1830	0	0	−34.972	−103	0	−8399	−50.452
Centrais elétricas autoprodutoras	0	−4258	−205	0	0	−1760	−337	−5430	−6527	−18.515
Destilarias	0	0	0	0	0	0	0	−14.292	−2636	−16.929
Outras transformações	−1362	−1729	0	0	0	0	0	0	−576	−3667
Consumo final	0	17.077	3578	0	0	0	18.440	28.018	10.769	77.882
Setor energético	0	4345	0	0	0	0	0	12.084	0	16.429
Residencial	0	466	0	0	0	0	7510	0	800	8776
Comercial	0	143	0	0	0	0	82	0	171	396
Público	0	22	0	0	0	0	0	0	0	22
Agropecuário	0	0	0	0	0	0	3118	0	0	3118
Transportes – Total	0	1991	0	0	0	0	0	0	0	1991
Industrial – Total	0	9135	3578	0	0	0	7730	15.934	9797	46.174
Perdas na distribuição e armazenagem	0	−178	−7	−11	0	0	0	0	0	−196

Fonte: MME (2023).

de energia solar fotovoltaica em face da expansão da geração distribuída de pequenos geradores residenciais e comerciais, além de médias e grandes usinas.

1.6 O que o futuro nos reserva?

Ao analisar a história da utilização da energia, é difícil acreditar que apenas há pouco mais de 200 anos as principais fontes de energia usadas pelo homem eram: a mecânica (tração humana e animal), a hidráulica (rodas d'água), a eólica (moinhos de vento e caravelas) e a lenha. No fim do século XVIII e ao longo do século XIV foi desenvolvida a máquina a vapor, que transformou os meios de produção e transporte, tendo o carvão como o principal combustível. O século XX foi o século do petróleo, carvão e gás como fontes primárias de energia. Hoje, existe uma vasta disponibilidade de fontes de energia, muitas delas associadas às energias renováveis, graças ao desenvolvimento tecnológico e produção em massa. Mas a pergunta que deve pautar o processo de desenvolvimento do aproveitamento da energia (ou setor energético) no país e no mundo é: *o que o futuro mantém encoberto?* Outros questionamentos de igual importância são: *como poderemos assegurar o fornecimento de energia para uma população crescente e mais dependente desse insumo? Quanto isso custará? Que impacto terão as opções energéticas que fazemos atualmente sobre nossas condições de vida e do nosso planeta no futuro?*

As respostas a tais questões passam pela análise de alguns possíveis cenários. Por se tratar do interesse de todos os povos, um grande esforço tem sido realizado no sentido de prever e solucionar os problemas associados à questão energética em todo o mundo. Para tanto, universidades, instituições de pesquisa e de desenvolvimento, empresas do setor energético e outros setores atuam no sentido de resolver o problema energético. Há também órgãos que promovem estudos e os divulgam na forma de relatórios e balanços periódicos que trazem propostas de possíveis soluções para os setores energéticos regionais e globais. É com base nesses relatórios que muitos se apoiam para estabelecer o panorama energético futuro e seu impacto na sociedade e no meio ambiente, sobretudo os tomadores de decisão. No entanto, existe também uma dose de temas polêmicos, apresentados a seguir.

Deve-se banir totalmente o gás carbônico oriundo dos processos térmicos e da combustão de combustíveis da cadeia energética? É uma pergunta de resposta difícil, complexa e controversa, porque este gás é naturalmente reciclado, sendo fundamental para a própria vida no planeta, uma vez que a cadeia alimentar se inicia justamente com o processo de fotossíntese por plantas e algas que transformam o CO_2 em matéria orgânica e liberam o gás oxigênio continuamente, fechando os ciclos de carbono e oxigênio. É relevante destacar que a participação volumétrica do CO_2 na composição do ar atmosférico é diminuta, de ordem pouco superior a 0,04 % em volume, ou seja, 400 ppm, algo realmente muito limitado, porém muitos atribuem a este gás perturbações atmosféricas de dimensões catastróficas de aquecimento global no futuro próximo. Por outro lado, outros o chamam de *gás da vida*, pois sem ele a Terra seria provavelmente um planeta morto, sem plantas e algas que dependem deste gás, as quais formam a base da cadeia alimentar a partir da qual os demais seres vivos dependem. É realmente admirável como as plantas e as algas sintetizam o CO_2 em condições de tão baixa concentração e devolvem o O_2 para os demais seres. A substituição completa do carbono de origem fóssil como combustível e energético demanda investimentos vultosos e tecnologias avançadas dominadas por poucos. Por outro lado, uma *economia sem carbono* passaria inexoravelmente pelo uso cada vez mais intensivo do gás hidrogênio, que poderia ser obtido por processos acionados por eletricidade oriunda de uma fonte renovável ou por meio de processos termoquímicos a partir de energia solar ou biomassa. Além disso, em um país continental como o Brasil, poderia adicionalmente ser estimulado o uso da biomassa e dos biocombustíveis, os quais resultam em um balanço praticamente nulo de carbono. Dessa forma, o país deve atentar aos prós e contras desta onda internacional de interesses difusos para não inibir seu desenvolvimento com base em premissas não completamente validadas.

1.6.1 Futuro da energia

De acordo com o estudo desenvolvido pelo Ministério de Minas e Energia/EPE (MME, 2022), nas últimas décadas observaram-se alterações no perfil demográfico brasileiro no que se refere ao padrão de crescimento populacional. Entre outros aspectos, notou-se menor taxa de fecundidade e uma elevação na expectativa de vida. Em síntese, pode-se afirmar que a população brasileira continua crescendo, porém a um ritmo menor, e que está envelhecendo.

Estima-se, para o ano 2050, uma população de aproximadamente 260 milhões de habitantes. Com relação ao perfil regional da população brasileira, observa-se que o maior crescimento ocorrerá na região Centro-Oeste, com variações acima da média nacional. Esse crescimento, contudo, não será capaz de induzir uma mudança significativa na estrutura da população, que continuará concentrada nas regiões Sudeste e Nordeste (IBGE, 2019).

A tecnologia é um dos principais motores do desenvolvimento econômico e social. Não é preciso dizer que praticamente todas as tecnologias funcionam com eletricidade e, portanto, a demanda de eletricidade aumentará rapidamente (IEA, 2022).

Em sintonia com o avanço tecnológico, o crescimento da população sempre foi e continuará sendo um dos principais motores no aumento da demanda de energia. Enquanto a população mundial aumentou mais 1,5 bilhão ao longo das últimas duas décadas, a taxa global de crescimento da população tem diminuído nos últimos anos. O número de pessoas sem acesso à energia comercial foi ligeiramente reduzido, e a última estimativa do Banco Mundial indica que esse número seja, atualmente, de 1,2 bilhão de pessoas.

Intimamente conectada à questão da geração e uso da energia útil existe a indiscutível controvérsia envolvendo as chamadas *mudanças climáticas*, outrora chamadas de *aquecimento global*, que muitos associam com as emissões de gás carbônico e de outros gases. Diz-se controversa porque não há um consenso absoluto no meio acadêmico e de pesquisadores da possível influência da atividade antropocêntrica sobre o clima, já que o CO_2 é também emitido por várias fontes naturais em quantias maiores do que as emitidas pelas atividades humanas. Acordos e injunções comerciais voltados para o estabelecimento de uma economia mundial de baixo carbono têm se tornado a *ordem do dia*, os quais visam mudanças e reduções de atividades industriais, comerciais, agrárias e sociais para frear as *mudanças climáticas*. São questões intricadas que, infelizmente, se afastaram do ambiente técnico-científico e se transformaram em questões políticas, econômicas e geopolíticas de disputas de mercado, de limitação de crescimento, de discursos políticos inflamados, de organizações não governamentais aguerridas e de muitos outros interesses difusos. Alguns países vêm limitando a produção agroindustrial por imposição da força policial do Estado. A política de limitação das emissões de gás carbônico e de outros gases de *efeito estufa* voltou com força nas relações comerciais entre países e como política de muitas nações que, em suma, permitem que países, corporações e setores industriais possam *transferir* suas emissões de gás carbônico (intimamente ligado à produção industrial e geração de energia elétrica) para outros países ou setores pela remuneração financeira por meio dos *títulos de créditos de carbono*, negociáveis em um mercado de compra e venda de unidades de créditos de carbono no que pode ser resumido: *nós podemos manter nossas atividades industriais e emitir*

CO₂, porém vocês devem ter emissão limitada ou reduzida, e nós os remuneraremos para isso a fim de manter a neutralidade das emissões de CO₂ em escala global. Ou seja, muitos países poderão ter seu desenvolvimento sócio-econômico-industrial limitado. No caso brasileiro, cabe uma análise profunda para que se avaliem os reais interesses da nação em todas as suas dimensões, antes de validar esta política, já que é baseada em premissas amplas, genéricas e alavancadas pelo intenso discurso midiático de mudanças climáticas. O poder legislativo do país já vem trabalhando para instituir o Mercado Brasileiro de Redução de Emissões (MBRE) e a sociedade deve estar atenta à legislação que se seguirá. Outra temática em discussão atualmente é o tripé ESG – *environmental, social, and governance* – como política gerencial corporativa que visa adequar atividades industriais e comerciais às imposições de acesso aos mercados mundiais, mormente o europeu, por meio de restrições regulatórias e de certificação. Muitas empresas nacionais podem ter o acesso aos mercados internacionais barrados ou limitados se não obtiveram algum tipo de projeto ou de certificação ESG.

1.6.2 Perspectiva de novas tecnologias

Existem tecnologias de produção e aproveitamento de energia útil em desenvolvimento que podem literalmente mudar todo o cenário energético de forma disruptiva, como é o caso da *fusão nuclear*, que é a união de dois núcleos de átomos de hidrogênio que resulta no átomo do gás hélio com liberação de energia e radiação. Será possível nos apropriarmos desta *fonte motora do Sol*? Toda a vida no planeta depende da emissão do *resíduo* térmico desta síntese nuclear liberado na forma de radiação térmica para o espaço, a qual atinge os movimentos orbitais de nosso planeta. E *fissão nuclear*: ter-se-ão usinas nucleares cada vez mais seguras, sobretudo na disposição final dos resíduos nucleares?

As células fotovoltaicas sofreram um grande desenvolvimento desde a sua invenção na década de 1950. O contínuo desenvolvimento resultará em células fotovoltaicas comerciais de rendimento superior às das atuais baseadas no silício? O custo das células fotovoltaicas multijunção de elevada eficiência será competitivo? As células fotovoltaicas poliméricas se integrarão normalmente às edificações? Na área solar, existem ainda mercados a serem explorados, como é o caso da energia solar térmica por meio de calhas e concentradores solares para a produção de vapor d'água ou para o preaquecimento de água e óleos industriais ou, mesmo, para a produção de energia elétrica por meio de ciclos térmicos de potência.

Do lado das células a combustível, que novos materiais serão descobertos? Células comerciais acionadas por biocombustível, como o etanol, além do gás hidrogênio, encontrarão mercado a custo competitivo? O gás hidrogênio pode ser produzido pela eletrólise da água e por diversas rotas termoquímicas, algumas já bem estabelecidas e dominantes na indústria, mas novas formas de produção estão sendo desenvolvidas.

Os combustíveis fósseis automotivos são drasticamente criticados, embora tenham sido os motores do grande desenvolvimento econômico, social e industrial do século XX e ainda atualmente. A tendência na Europa é a de eletrificação, mas daí decorrem outras questões, como: que tecnologias serão empregadas para gerar eletricidade para abastecer a frota? As redes elétricas de transmissão e de distribuição estão preparadas para atender a imensa demanda decorrente de uma drástica mudança de cenário de combustível fóssil para eletricidade? Haverá novos materiais de baterias mais seguros, leves e abundantes? Um país como o Brasil possui larga experiência, rede de distribuição e tecnologia para produzir o etanol, um combustível *ambientalmente amigável*. O país poderia estimular o desenvolvimento de motores tipo *flex* para serem movidos a etanol e gás natural, biogás ou biometano, os quais possuem eficiências térmicas teóricas superiores aos de gasolina pura e, sobretudo, por estes combustíveis serem abundantes no país e de excelente *pegada de carbono*, e os gases combustíveis formariam a base complementar à sazonalidade de produção do etanol. Outra questão associada à produção de etanol se refere às usinas sucroalcooleiras, as quais podem ser mais eficientes com o uso de novas tecnologias, como a gaseificação e a biodigestão do bagaço de cana e da vinhaça.

A imensa costa brasileira será aproveitada com geradores maremotrizes e de ondas? Justificam-se o investimento superior e a controversa ocupação da costa marinha com aerogeradores *offshore*? O emprego da energia eólica no país tem se dado na forma de grandes usinas geradoras ou parques eólicos no continente (*onshore*), mas existe um mercado de crescimento potencial de pequenos e médios aerogeradores ainda praticamente inexplorado, os quais podem operar na forma de geração distribuída, assim como ocorre com os painéis fotovoltaicos.

Serão resolvidos os problemas dos resíduos sólidos urbanos (RSU) com o uso de tecnologias sustentáveis, que também podem produzir biogás ou gás de síntese (*syngas*) para gerar energia elétrica? A disposição dos RSU em *lixões* envergonha o Brasil e mostra a face cruel de um país que não consegue transformar o discurso dos políticos e de outros atores em realidade pela corrupção generalizada com chancela oficial, embora existam empresas e tecnologias para isso, inclusive de origem nacional.

Geralmente, o ambiente das discussões se concentra na produção de energia elétrica, porém existe a não menos importante questão do armazenamento da energia, já que as principais fontes renováveis são intermitentes, o que traz à tona as seguintes questões: haverá baterias elétricas comerciais de densidade energética, segurança e de ciclo de vida superiores às atuais? O gás hidrogênio poderá ser armazenado a custo competitivo para alimentar as células a combustível ou armazenado comercialmente quer na forma molecular, quer por meio de portadores de hidrogênio, como etanol e amônia? Valem os investimentos e retorno de divisas e empregos para tornar o Brasil um polo de exportação de gás hidrogênio produzido por fontes de energias renováveis?

Finalmente, haverá um parque industrial nacional de excelência em uma ou mais tecnologias renováveis? Estas e outras questões indicam que há um futuro promissor na área energética ainda por ser explorado e questões para serem corretamente respondidas com conhecimento, planejamento e trabalho.

Problemas propostos

1.1 Cite algumas fontes primárias de energia disponíveis. A energia elétrica pode ser considerada uma fonte primária de energia?

1.2 Qual a participação (%) das energias renováveis na matriz energética brasileira? Compare-a com a matriz energética mundial.

1.3 Faça uma pesquisa e obtenha a matriz elétrica brasileira atual. Qual a participação (%) das energias renováveis? Qual a tendência? Compare-a com a matriz elétrica de outros países da OCDE.

1.4 Repita o exercício anterior para a matriz energética do país.

1.5 Discorra sobre o impacto do uso de automóveis elétricos do ponto de vista do aumento de consumo de energia elétrica de um país.

1.6 No caso do Brasil, onde se tem o etanol como combustível renovável em abundância, faça uma comparação das vantagens e desvantagens desse combustível frente ao uso de automóveis elétricos.

1.7 O uso final gás hidrogênio não emite CO_2, no entanto emite vapor de água quando usado em células a combustível e processos de combustão. Discorra sobre o impacto de vapor de água na atmosfera sob a ótica do efeito estufa.

1.8 O que é ESG? Qual o possível impacto para pequenas e médias empresas e negócios?

1.9 O que é o *mercado de carbono* e o que isso pode impactar na agricultura do país? Qual é a legislação em vigor no país?

1.10 O que são *RSU* e quais os seus possíveis destinos menos agressivos ao meio ambiente?

Bibliografia

AGÊNCIA NACIONAL DE ENERGIA ELÉTRICA (ANEEL). *Atlas de energia elétrica do Brasil*. Brasília: Aneel, 2013.

BODANSKY, D. *Nuclear energy*: principles practices, and prospects. 2. ed. New York: Springer-Verlag, 2004.

BRITISH PETROLEUN (BP). *BP World Energy Review*, London, 2002.

BURTON, T.; SHARPE, D.; JENKINS, N.; BOSSANYI, E. *Handbook of wind energy*. West Sussex: Wiley, 2001.

DE JAGER, D.; FAAIJ, A.; TROELSTRA, W. P. *Cost-effectiveness of transportation fuels from biomass*. Report prepared for Novem (EWAB rapport 9830). Utrecht, the Netherlands: Utrecht University, Department of Science, Technology, and Society, Innas B. V., 1998.

FISCHER, G.; HEILIGG, G. K. Population momentum and the demand on land and water resources. *Report IIASA-RR-98-1.*

Laxenburg, Austria: International Institute for Applied Systems Analysis, 1998.

GERHOLM, T. R. *Climate policy after Kyoto*. England: MSP, 1999.

GRUBB, M. J.; MEYER, N. I. Wind energy: resources, systems and regional strategies. *In*: JOHANSSON, T. B. *et al.* (ed.). *Renewable energy*: sources for fuels and electricity. Washington: Island Press, 1993.

HALL, D. O.; SCRASE, J. I. Will biomass be the environmentally friendly fuel of the future? *Biomass and Bioenergy*, v. 15, n. 4-5, p. 357-367, 1998.

HAZEN, E. M. *Alternative energy* – an introduction to alternative & renewable energy sources. Indianapolis: Prompt Publications, 1996.

HÉMERY, D. *Uma história da energia*. Brasília: Editora da UnB, 1993.

HINTERBERGER, F. *et al.* Material flows vs. "natural capital": what makes an economy sustainable? *Ecological Economics*, n. 23. Holanda: Elsevier, 1997.

HYMAN, L. S. *America's electric utilities*: past, present and future. 5. ed. Arlington: Public Utilities Reports, 1994.

INSTITUTO BRASILEIRO DE GEOGRAFIA E ESTATÍSTICA (IBGE). *Projeções e estimativas da população do Brasil e das Unidades da Federação*, 2019.

INTERGOVERNMENTAL PANEL ON CLIMATE CHANGE (IPCC). Climate Change 1995. *In*: WATSON, R. T.; ZINYOWERA, M. C.; MOSS, R. H. (ed.). *Facts, adaptations and mitigation of climate change*: scientific-technical analysis. Contribution of Working Group II to the Second Assessment Report of the Intergovernmental Panel on Climate Change. Cambridge: Cambridge University Press, 1996.

INTERNATIONAL ENERGY AGENCY (IEA). *Biomass energy*: data, analysis and trends. Paris: IEA, 2022.

INTERNATIONAL ENERGY AGENCY (IEA). *Key world energy statistics*. IEA, 2023.

KALTSCHMITT, M.; REINHARDT, G. A.; STELZER, T. *LCA of Biofuels under different environmental aspects*. Stuttgart, Germany: Universität Stuttgart, Institut für Energiewirtschaft und Rationelle Energieanwendung, 1996.

KANAYAMA, P. H. *Minimização de resíduos sólidos urbanos e conservação de energia*. Dissertação (Mestrado) – Escola Politécnica da Universidade de São Paulo, EPUSP, 1999.

KAPLAN, S. *Energy economics*. New York: McGraw-Hill, 1983.

MEYER, R. F. *World heavy crude oil resources*. Proceedings of the 15th World Petroleum Congress. New York: Wiley, 1997.

MINISTÉRIO DE MINAS E ENERGIA (MME). Empresa de Pesquisa Energética (EPE). *Balanço Energético Nacional* (BEN 2022), 2022.

MINISTÉRIO DE MINAS E ENERGIA (MME). Empresa de Pesquisa Energética (EPE). *Plano Decenal de Expansão de Energia 2022* (PDEE 2031), 2022.

NAKICENOVIC, N.; GRÜBLER, A.; MCDONALD, A. (ed.). *Global energy perspectives*. Cambridge: Cambridge University Press, 1998.

NEHER, P. A. *Natural resource economics*: conservation and exploitation. New York: Cambridge University Press, 1993.

OLADE; CEPAL; GTZ. *Energía y desarrollo sustentable en América Latina y el Caribe*: enfoques para la política energética. Quito: Olade, 1997.

PALMERINI, C. G. Geothermal energy. *In*: JOHANSSON, T. B. *et al.* (ed.). *Renewable energy*: sources for fuels and electricity. Washington: Island Press, 1993.

PEARCE, D. W.; TURNER, R. K. *Economics of natural resources and the environment*. Baltimore: Johns Hopkins University Press, 1990.

PROGRAMA DAS NAÇÕES UNIDAS PARA O DESENVOLVIMENTO (PNUD). *Relatório do Desenvolvimento Humano*. Lisboa: Mensagem – Serviço de Recursos Editoriais, 2002.

PUIG, J.; CORAMINAS, J. *La ruta de la energía*. Barcelona, Antropos: Universidad del País Vasco, 1990.

QUIROGA, R. *Appropriation, maldevelopment, and ecology gender, ecology and globalization*. London: Ellie Perkins, Roultledge, 2000.

RAVINDRANATH, N. H.; HALL, D. O. *Energy for sustainable development*, v. 2, p. 14-20, 1996.

REIS, L. B.; SILVEIRA, S. (org.). *Energia elétrica para o desenvolvimento sustentável*. São Paulo: Edusp, 2000.

ROGNER, H. H. An assessment of world hydrocarbon resources. *Annual Review of Energy and the Environment*, v. 22, p. 217-62, 1997.

SCHUMACHER, E. F. *Lo pequeño es hermoso*. Barcelona: Biblioteca Economía, Ediciones Orbis, 1983.

SMIL, V. *General energetics*: energy in the biosphere and civilization. New York: Wiley, 1991.

THE OPEN UNIVERSITY. *Os recursos físicos da Terra*. São Paulo: Editora Unicamp, 1997. (Série Manuais)

UNITED NATIONS DEVELOPMENT PROGRAMME (UNDP). *World energy assessment*: energy and the challenge of sustainability. New York: UNDP, 2000.

UNIVERSIDADE ESTADUAL DE CAMPINAS (UNICAMP). Sustentabilidade na geração e uso da energia no Brasil: os próximos vinte anos. Campinas: *Anais da Conferência*, 2002.

WORLD ENERGY COUNCIL (WEC). *Reserven, Ressourcen und Verfügbarkeit von Energierohstoffen 1998*. Hannover: WEC, 1998.

WORLD ENERGY COUNCIL (WEC). *World energy outlook*. Paris: WEC, 1998.

WORLD ENERGY COUNCIL (WEC). *World energy perspective*: cost of energy technologies. London: WEC, 2013.

WORLD ENERGY COUNCIL (WEC). *World energy resources*: 2013 survey. London: WEC, 2013.

WORLD ENERGY COUNCIL (WEC). *World energy scenarios*: composing energy futures to 2050. London: WEC, 2013.

2 ELEMENTOS DE ENGENHARIA TERMODINÂMICA

JOSÉ ROBERTO SIMÕES MOREIRA
Laboratório de Sistemas Energéticos Alternativos e Renováveis (SISEA)
Departamento de Engenharia Mecânica da Escola Politécnica da
Universidade de São Paulo (Poli-USP)

2.1 Conceituação da termodinâmica

Termodinâmica é a ciência que lida com trabalho, calor e suas interações, bem como com a energia em suas diversas formas e transformações. Essa ciência possui inúmeras aplicações práticas, desde o estudo do movimento de agitação molecular até o estudo do próprio Universo como um todo. Também se preocupa a termodinâmica com a análise do comportamento das substâncias puras, como a água, ou da mistura de substâncias, como o ar atmosférico, que é composto de diversos gases. Não obstante seu vasto campo de aplicações, a termodinâmica também permite estudar máquinas e equipamentos que transformam a energia contida nas substâncias ou disponível na natureza nas formas de energia mecânica, térmica, química e elétrica, entre outras, as quais são empregadas nas mais diversas atividades humanas e industriais.

A disciplina Termodinâmica surgiu e se estabeleceu como ciência no bojo da Revolução Industrial em conexão primordialmente com a manipulação do ar e do vapor d'água e seu uso em uma máquina de expansão composta por um conjunto êmbolo-cilindro dotado de uma haste solidária ao êmbolo de movimento alternativo originado pela admissão e descarga de vapor d'água no interior do cilindro. Esta máquina foi a revolucionária máquina a vapor, cuja concepção foi a de acionar equipamentos industriais, como teares, bombas de água e tornos mecânicos, entre outros. A máquina a vapor foi também amplamente difundida no século XIX no transporte terrestre (locomotivas) e marinho (barcos a vapor). Para isso, era necessário que a ciência do calor e trabalho fosse estabelecida, pois ficou patente que o engenheiro do século XIX teria que responder à seguinte questão: para produzir mais trabalho (energia mecânica) deve-se aumentar a pressão ou a temperatura do vapor d'água de alimentação da máquina a vapor? Bom, essa questão pode hoje ser facilmente respondida com a análise dos processos termodinâmicos associados ao emprego da Primeira Lei da Termodinâmica (Seção 2.5) e da Segunda Lei da Termodinâmica (Seção 2.6). A termodinâmica provê, assim, ferramentas de análise para o estudo e a otimização operacional de máquinas e equipamentos individuais de transformação de energia, bem como para a análise e otimização de grandes instalações de geração de energia elétrica e de muitos processos térmicos industriais.

Este capítulo introduz as leis fundamentais da termodinâmica na forma de equações matemáticas para sua aplicação em processos, máquinas e equipamentos nos quais ocorre a transformação da energia termomecânica. Para isso, é relevante também o conhecimento das propriedades das substâncias, tais como pressão, densidade e temperatura, e seu inter-relacionamento por meio de equações de estado e tabelas de propriedades. A seguir, são revistos esses conceitos para o estudo das leis fundamentais com exemplos de aplicação. O capítulo se encerra com a análise termodinâmica de alguns processos e equipamentos. No Capítulo 3, são abordados os ciclos térmicos de conversão de energia térmica em trabalho útil, bem como os ciclos de refrigeração.

2.2 Propriedades termodinâmicas

2.2.1 Temperatura e escalas de temperatura

Temperatura é a propriedade termodinâmica associada ao movimento e à agitação molecular. Para se quantificar a temperatura empregam-se as escalas de temperatura, entre as quais as mais difundidas são a Fahrenheit, °F, e a Celsius, °C. Uma dessas escalas pode ser convertida em outra por meio das Equações (2.1) e (2.2), a seguir.

$$°C = \frac{5}{9}(°F - 32) \tag{2.1}$$

$$°F = \frac{9}{5}°C + 32 \tag{2.2}$$

As duas escalas são relativas porque, na sua concepção original, dependiam de valores atribuídos ao comportamento de sistemas ou substâncias, como a água. Entretanto, também é possível definir uma escala absoluta de temperatura, para a qual existe um zero absoluto. A escala absoluta de temperatura associada à escala Fahrenheit é a Rankine, enquanto a escala absoluta associada à escala celsius é a kelvin. Os fatores de conversão são:

$$°R = °F + 459{,}69 \tag{2.3}$$

$$K = °C + 273{,}15 \tag{2.4}$$

Note que na escala kelvin o símbolo de grau (°) é dispensado.

2.2.2 Pressão

Pressão é a componente normal da força por unidade de área que age em um fluido em repouso e é igual em todas as direções em torno de um ponto do meio fluido. O gráfico esquemático da Fig. 2.1 ilustra as diversas formas de se apresentar a grandeza de pressão de um sistema, as quais podem ser **pressão absoluta** e **pressão relativa**, sendo que esta última também é chamada de **manométrica**. O uso dos adjetivos **absoluta** e **relativa** ou **manométrica** que acompanham o termo pressão depende do instrumento que foi utilizado para medir seu valor. Esses instrumentos estão indicados entre parênteses na Fig. 2.1.

Com base no esquema da Fig. 2.1, suponha que a pressão atmosférica em um dado local seja de 100 kPa, que é medida pelo instrumento **barômetro**. Desse modo, um sistema que tenha uma pressão de 200 kPa medida pelo instrumento **manômetro** terá uma pressão absoluta de 300 kPa. Por outro lado, se a pressão indicada pelo instrumento **vacuômetro** for de 80 kPa, sua pressão absoluta será de 20 kPa nesse mesmo

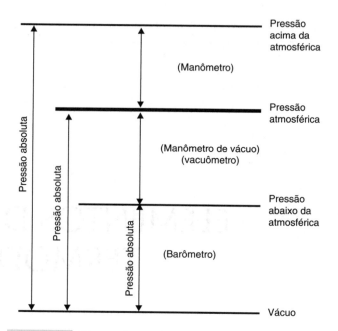

FIGURA 2.1 Diversas formas de apresentar a propriedade pressão.

local, pois as medidas destes instrumentos são sempre a partir da pressão atmosférica local.

Uma atmosfera padrão em outras unidades vale:

1 atmosfera padrão = 760 mmHg (milímetros de coluna de mercúrio a 0 °C);
= 29,92 inHg (polegadas de coluna de mercúrio a 0 °C);
= 1,01325 × 10⁵ N/m² (newton por metro quadrado);
= 101,325 kPa (quilopascal);
= 1,01325 bar;
= 14,696 lbf/in² ou psi (libra-força por polegada quadrada ou *pounds per square inch*);
= 760 Torr (torricelli).

No sistema internacional de unidades (SI), 1 **bar** vale 10⁵ N/m², enquanto a unidade N/m² recebe o nome de **pascal** ou, abreviadamente, Pa. Nesse texto, será usado um múltiplo da unidade pascal, qual seja o **quilopascal**, ou, kPa (10³ N/m² = 1 kPa). Por outro lado, a vantagem de se utilizar a unidade bar é que 1 bar vale aproximadamente 1 atmosfera padrão, de forma que a unidade bar também será empregada.

No sistema inglês, costuma-se adicionar a letra "a" (de *absolute*) à unidade de pressão (psi) para informar quando a pressão indicada é absoluta (psia), ou se adiciona a letra "g" (de *gauge*) para o caso de a pressão ser manométrica (psig). Por vezes, essa regra também é empregada para outras unidades de pressão do SI, como **bara** e **barg**, respectivamente.

2.2.3 Volume específico e densidade

O **volume específico** é a razão entre o volume, V, ocupado pela massa, m, de uma dada substância. A **densidade** é o inverso do volume específico. Eventualmente, o que este texto chama de densidade em outros lugares é conhecido também por **massa específica**. Entretanto, em face da grande difusão e do uso corrente do termo densidade, o mesmo será adotado preferencialmente.

Os símbolos gregos v e ρ são usados para designar o volume específico e a densidade, na ordem. No sistema internacional, a unidade do volume específico é m³/kg, e a unidade da densidade é o seu recíproco, isto é, kg/m³, ou seja:

$$v = \frac{V}{m} = \frac{1}{\rho} \qquad (2.5)$$

2.2.4 Energia interna e entalpia

A **energia interna**, U, é a forma de energia acumulada pela substância em função do movimento ou da agitação molecular, bem como das forças de interação moleculares. A **energia interna específica**, u, é definida como energia interna de uma substância por unidade de massa. As unidades da energia interna e da energia interna específica no sistema internacional de unidades são J (joule) e J/kg (joule por quilograma) e seus múltiplos são kJ e kJ/kg, respectivamente. Muitas vezes, também se utilizam as unidades práticas kcal (quilocalorias) e kcal/kg (quilocalorias por quilograma), considerando que 1 kcal = 4,184 kJ.

A **entalpia**, H, é a forma de energia que combina a propriedade da energia interna com o produto da pressão pelo volume específico (trabalho de fluxo). A entalpia aparece naturalmente em associação com análises que envolvem volume de controle e fluxos mássicos, como ocorre em máquinas e equipamentos (Seção 2.5). Analogamente à energia interna, pode-se definir a **entalpia específica**, h, ou seja, a entalpia por unidade de massa da substância. A definição da entalpia específica com as referidas propriedades é:

$$h = u + Pv \qquad (2.6)$$

As unidades de entalpia e entalpia específica do sistema internacional de unidades são J e J/kg, respectivamente, e seus múltiplos kJ e kJ/kg. As unidades práticas de kcal e kcal/kg também são empregadas em algumas aplicações. Os valores de entalpia específica são geralmente tabelados (ver tabelas do Apêndice A para vapor saturado e Apêndice B para vapor superaquecido que se encontram ao fim deste livro). Para outras substâncias, refira-se às tabelas ou *softwares* específicos.

2.3 Substância pura e diagramas termodinâmicos

Uma **substância pura** é definida como aquela que tem composição química invariável e homogênea. Assim, quando se fala em água, por exemplo, deve-se ter em mente que se trata apenas da substância formada de moléculas de H_2O. Entretanto, sabe-se que a água, como se encontra na natureza, possui diversos outros componentes químicos, como sais minerais e gases dissolvidos, além de impurezas diversas. Desse modo, citações futuras da substância pura **água** deixarão sempre subentendido que ela se constitui apenas de moléculas de H_2O. Note que a substância pura pode estar presente em uma de suas fases isoladamente (líquida, sólida ou vapor), ou em sua combinação, como será visto na próxima seção.

2.3.1 Propriedades e tabelas termodinâmicas

A água, como todas as demais substâncias puras, pode existir e coexistir nas três fases sólida, líquida e vapor (gasosa) ou em suas combinações, como mistura líquido-vapor. Uma projeção da região de equilíbrio termodinâmico entre as fases líquida e vapor pode ser vista no diagrama temperatura-volume específico (T-v) da Fig. 2.2. A fase líquida da substância compreende o ramo esquerdo (líquido saturado) e toda a região à esquerda da curva que lembra a forma vaga de um "sino" distorcido para a esquerda. Essa região à esquerda também é chamada de líquido comprimido. No ramo direito da

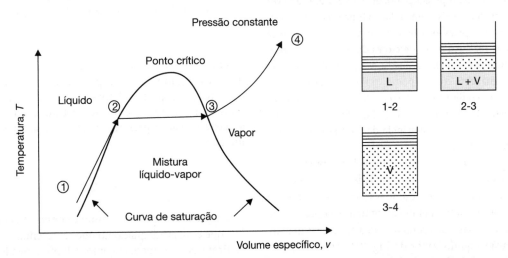

FIGURA 2.2 Diagrama temperatura-volume específico para a água. Os processos 1 a 4 estão ilustrados no esquema cilindro-êmbolo à direita da figura.

curva (vapor saturado) e em toda a região à direita (vapor superaquecido), a substância encontra-se na fase vapor. Os dois ramos do "sino" encontram-se em um ponto singular chamado **ponto crítico**. Caso a substância esteja a uma temperatura e pressão acima dos respectivos valores críticos, não se faz mais distinção entre as fases líquida e vapor e a mudança de fase não ocorre. A região interna à curva em forma de "sino" representa a região bifásica em que as fases líquida e vapor coexistem em equilíbrio térmico, mecânico e químico. Essa região é também chamada de **região de saturação**. Alguns estados notáveis estão assinalados e representam fisicamente os estados da substância ilustrados no esquema cilindro-êmbolo que se encontra do lado direito do diagrama da Fig. 2.2. A linha ilustrada no diagrama (1, 2, 3 e 4) é uma linha de pressão constante ou, simplesmente, uma **isobárica**. Evidentemente, uma linha horizontal nesse diagrama T-v representa um processo a temperatura constante e recebe o nome de **isotérmica**. Já uma linha vertical indica um processo de volume específico constante ou, simplesmente, uma **isocórica** ou **isovolumétrica**.

Considerando o sistema cilindro-êmbolo da Fig. 2.2, suponha que ele tenha água em seu interior e um processo de aquecimento seja iniciado. Assim, o processo de aquecimento da água de seu interior vai ocorrer a uma pressão constante, P = cte, e, portanto, uma isobárica cujo valor é imposto pela ação combinada da pressão exercida pelo peso do êmbolo distribuído em sua área e da pressão externa do meio. Inicialmente, a água no estado líquido comprimido 1 é aquecida até que o estado de líquido saturado 2 seja atingido, o que é verificado pelo aumento de temperatura. Quando o estado de saturação 2 é atingido, a temperatura em que se dá o início da mudança da fase líquida para a fase vapor foi alcançada. A temperatura de mudança de fase depende da pressão. A partir desse momento (ponto 2), qualquer fornecimento adicional de calor à água implicará na vaporização do líquido, o que corresponde ao processo 2-3. É importante frisar que nesse processo de mudança de fase, a temperatura da água permanece inalterada. Quando todo o líquido vaporizar, então o aumento de temperatura continuará à medida que o calor continuar a ser fornecido, processo 3-4. A partir do ponto 3 de vapor saturado, o vapor se torna superaquecido, de temperatura cada vez mais elevada. Com efeito, existe uma relação funcional única para cada substância, entre a pressão e a temperatura em que a mudança de fase ocorre, que recebe o nome de **curva de pressão de vapor**, ou **curva de saturação**. A Fig. 2.3 ilustra as curvas de saturação das três fases da água, bem como o ponto triplo, no qual as três fases se encontram em equilíbrio. No caso analisado anteriormente, foi discutida apenas a curva de equilíbrio líquido-vapor. A linha isobárica da Fig. 2.2, dada pela sequência de processos 1-2-3-4, é igualmente representada na Fig. 2.3.

A tabela do Apêndice A fornece os valores precisos de pressão de saturação e de outras propriedades relevantes para a água na saturação na região líquido-vapor. Nessa tabela, a primeira coluna indica a temperatura seguida pela pressão de saturação em kPa. Essas duas colunas são a forma tabular da curva de saturação líquido-vapor da Fig. 2.3. As colunas seguintes da tabela do Apêndice A fornecem diversas outras propriedades do líquido e do vapor saturados, respectivamente.

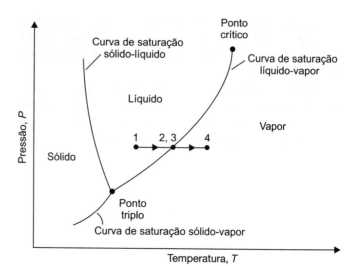

FIGURA 2.3 Diagrama pressão-temperatura para a água incluindo as três fases. Os processos (1-2-3-4) do arranjo cilindro-êmbolo da Fig. 2.2 estão também indicados.

Exemplo 2.1

Usando a tabela do Apêndice A, determine os estados (líquido, sólido, vapor ou mistura líquido-vapor) da água para as seguintes condições:

a) $T = 25\ °C$ e $P = 101,325$ kPa;
b) $T = 120\ °C$ e $P = 101,325$ kPa;
c) $T = 5\ °C$ e $P = 0,872$ kPa.

Resolução:

Por inspeção da tabela do Apêndice A, têm-se:

a) para $T = 25\ °C$, obtém-se $P_{sat} = 3,169$ kPa. Como $P = 101,325$ kPa $> P_{sat} \rightarrow$ estado líquido (comprimido);
b) para $T = 120\ °C$, obtém-se $P_{sat} = 198,5$ kPa. Como $P = 101,325$ kPa $< P_{sat} \rightarrow$ estado vapor (superaquecido);
c) para $T = 5\ °C$, obtém-se $P_{sat} = 0,872$ kPa. Como $P = P_{sat} = 0,872$ kPa $\rightarrow$ estado saturação líquido-vapor.

Quando a substância se encontra na região de mudança de fases líquido-vapor, é preciso definir uma propriedade que indique a parte relativa de massa de vapor na mistura bifásica. Para tanto, define-se o **título**, x, como a razão entre a massa de vapor presente, m_v, e a massa total da substância, m_T. Isto é:

$$x = \frac{m_v}{m_T} \qquad (2.7)$$

Na literatura inglesa, o título é conhecido como *vapor quality*, que é mais adequado no que representa.

Propriedades médias como volume específico, energia interna específica e entalpia específica da mistura líquido-vapor saturada são obtidas a partir do título. Isto é:

$$v = xv_V + (1-x)v_L$$
$$u = xu_V + (1-x)u_L \quad (2.8)$$
$$h = xh_V + (1-x)h_L$$

em que os índices L e V indicam líquido saturado e vapor saturado, respectivamente. As grandezas de líquido e vapor saturadas são obtidas de forma direta das tabelas de saturação, como as da água da tabela do Apêndice A. Há também tabelas de saturação para outras substâncias que podem ser obtidas em literatura específica.

Exemplo 2.2

Sabendo que o título é 10 % para o sistema de mistura líquido-vapor d'água esquematizado na figura, cuja temperatura medida vale 130 °C, pede-se:

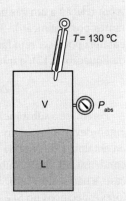

a) qual é a pressão absoluta do sistema indicada pelo instrumento (supondo que indique P_{abs});
b) volume específico somente da fase líquida;
c) volume específico somente da fase vapor;
d) volume específico (médio) do sistema.

Resolução:

a) da tabela de saturação (Apêndice A) para $T = 130$ °C, $P_{sat} = 270,1$ kPa;
b) da mesma tabela, $v_L = 0,00107$ m³/kg;
c) ainda da mesma tabela, $v_V = 0,6685$ m³/kg;
d) o volume específico (médio) da mistura é obtido por meio da Equação (2.8), ou seja:

$$v = xv_V + (1-x)v_L = 0,1 \times 0,6685 + (1-0,1) \times 0,00107 = 0,06781 \text{ m}^3/\text{kg}$$

Exemplo 2.3

Com relação ao exemplo anterior, suponha que o volume do tanque seja de 0,5 m³. Então, pede-se:

a) a massa total de água contida no sistema;
b) a massa de vapor d'água e o volume ocupado pela fase de vapor;
c) a massa de líquido e o volume ocupado pela fase líquida.

Resolução:

a) Sabendo-se que $v = 0,06781$ m³/kg, então:

$$x = \frac{m_V}{m} \Rightarrow m_V = x \times m = 0,1 \times 7,37 = 0,737 \text{ kg}$$

b) Da definição do título, advém que:

$$x = \frac{m_V}{m} \Rightarrow m_V = x \times m = 0,1 \times 7,37 = 0,737 \text{ kg}$$

e $V_V = v_V \times m_V = 0,6685 \times 0,737 = 0,493$ m³

c) A massa de líquido é a diferença entre a massa total e a de vapor, ou seja:

$$m_L = m_T - m_V = 7,374 - 0,737 = 6,637 \text{ kg}$$

e $V_L = V - V_V = 0,5 - 0,493 = 0,007$ m³

Nota: o cálculo dos volumes das fases deve ser feito pela definição do volume específico. Observe que o vapor ocupa quase todo o volume do tanque (0,493 m³), mas perfaz apenas 10 % da massa.

2.3.2 Equação de estado, gás perfeito

As propriedades termodinâmicas estão inter-relacionadas por meio de **equações** ou **funções de estado**. As equações de estado podem ser estabelecidas por meios experimentais, analíticos ou em sua combinação e são disponíveis na forma de tabelas, gráficos ou equações algébricas. As equações de estado mais comuns são relações matemáticas que envolvem três propriedades – pressão, temperatura e volume específico –, e são chamadas do tipo *P-v-T*. De maneira genérica, podem ser escritas como:

$$f(P, v, T) = 0. \quad (2.9)$$

A equação de estado *P-v-T* pode ter uma forma muito complexa, contendo muitos coeficientes e termos, bem como representar ambas as fases líquida e de vapor. Contudo, uma característica comum é que todas essas equações tendem para uma mesma forma para gases e vapores em baixa pressão, independentemente da temperatura. Essa forma comum para baixa pressão é dada pela **equação dos gases perfeitos**, descrita na seguinte equação:

$$Pv = RT, \quad (2.10)$$

em que R é a constante particular do gás ou do vapor em questão e se relaciona com a chamada **constante universal dos gases perfeitos**, $\Re$, por intermédio da seguinte expressão:

$$R = \Re/M, \quad (2.11)$$

em que M é a massa molecular do gás ou vapor. Alguns valores de $\Re$ em várias unidades são:

$$\Re = 8,314 \text{ kJ/kmol} \cdot \text{K},$$
$$= 1,987 \text{ kcal/kmol} \cdot \text{K},$$
$$= 847,7 \text{ kgf} \cdot \text{m/kmol} \cdot \text{K}.$$

Valores de constante particular de alguns gases selecionados podem ser vistos na Tabela 2.1.

TABELA 2.1 Dados de alguns gases e vapores (25 °C e pressão normal)

Substância	Fórmula química	Massa molecular, M, kg/kmol	Constante particular, R, kJ/kg K	Calor específico a pressão constante, C_p, kJ/kg K
Ar seco	–	28,9645	0,2870	1,006
Argônio	Ar	39,948	0,2081	0,520
Dióxido de carbono	CO_2	44,01	0,1889	0,842
Hélio	He	4,003	2,0769	5,193
Hidrogênio	H_2	2,016	4,1240	14,209
Monóxido de carbono	CO	28,01	0,2968	1,041
Nitrogênio	N_2	28,013	0,2968	1,042
Oxigênio	O_2	31,999	0,2598	0,923
Vapor d'água	H_2O	18,01534	0,4615	1,805

Uma regra prática para a verificação da validade do comportamento ideal ou perfeito consiste em comparar a pressão em que o gás ou vapor se encontra com sua pressão crítica. Se a pressão de interesse for muito menor, isto é, igual ou inferior a 1 % da pressão crítica (embora também se aceite até 5 % com menor rigor), então o comportamento de gás perfeito ocorre e a Equação (2.10) pode ser empregada com um bom grau de precisão. Outra regra em que o comportamento ideal é possível ocorre quando a temperatura absoluta da substância vale em torno do dobro da temperatura crítica, desde que a pressão não seja muito elevada (maior que cerca de dez vezes o valor da pressão crítica). Entretanto, note que apenas uma dessas duas regras seja satisfeita para que a validade da equação dos gases perfeitos seja verificada.

O ar atmosférico seco é composto de 78 % de gás nitrogênio, 21 % de gás oxigênio e 1 % de outros gases. As pressões críticas dos dois principais constituintes, nitrogênio e oxigênio, são 33,9 bar e 50,5 bar, respectivamente. Desse modo, nas condições ambientes, a pressão atmosférica representa menos de 3 % das pressões críticas de seus principais gases componentes, o que indica o bom comportamento de gás perfeito para o ar. A temperatura ambiente de 25 °C (298 K) também é cerca de duas vezes suas temperaturas críticas, o que também valida o comportamento de gás perfeito. Note, entretanto, que apenas o critério de pressão ou de temperatura precisa isoladamente ser satisfeito. No caso do ar, nas condições ambientes, ambos são atendidos.

2.3.3 Calores específicos

O calor específico de uma substância é uma propriedade termodinâmica muito importante, pois permite obter as demais propriedades como energia interna e entalpia. Distinguem-se dois tipos de calores específicos: o **calor específico a pressão constante**, C_p, e o **calor específico a volume constante**, C_V. Suas definições precisas envolvem derivadas parciais que, simplificadas para gases perfeitos, resultam em:

$$C_p = \frac{dh}{dT} \qquad (2.12)$$

$$C_V = \frac{du}{dT} \qquad (2.13)$$

Verifica-se que normalmente o valor de C_p (e também C_V) permanece constante em uma razoável faixa de temperatura (com relação a um gás perfeito, essas duas grandezas são constantes por definição). Sob tais circunstâncias, a propriedade entalpia pode ser rapidamente calculada a partir da integração da Equação (2.12), o que resulta em:

$$\Delta h = C_p \Delta T \qquad (2.14)$$

Porém, se a substância mudar de fase durante um processo, então deve-se levar em consideração o valor correspondente da entalpia e da energia interna associadas com o processo de condensação, fusão, sublimação ou vaporização, conforme o caso, e não se deve aplicar a Equação (2.14). A unidade dos calores específicos no SI é kJ/kgK ou kJ/kg°C. A Tabela 2.1 apresenta o calor específico a pressão constante para vários gases.

Para gases perfeitos, prova-se que a diferença entre os calores específicos é constante e vale a própria constante particular do gás, isto é:

$$C_p - C_V = R \qquad (2.15)$$

Certos problemas ocorrem quando se está trabalhando em faixa ampla de temperatura. Os calores específicos não são mais constantes, mas dependem da temperatura. Desse modo, para variações muito grandes de temperatura, deve-se proceder a um cálculo mais preciso do calor específico. Deve-se usar o **calor específico médio a pressão constante** na faixa de temperatura de interesse. Nesse caso, o calor específico médio a pressão constante é dado pela própria definição de média, ou seja:

$$\bar{C}_p = \frac{1}{T_2 - T_1} \int_{T_1}^{T_2} C_p dT \qquad (2.16)$$

Claro está que nesse caso é preciso conhecer uma expressão de como C_p varia com a temperatura, isto é, uma expressão do tipo $C_p(T)$.

No caso de líquidos e sólidos, a diferença de valores entre os dois calores específicos é irrelevante e não há necessidade de distingui-los, bastando apenas chamar de **calor específico**, C.

2.4 Lei de conservação da massa ou da continuidade

Muitos processos e máquinas de transformação de energia envolvem fluxos mássicos para dentro ou para fora de um equipamento ou de uma instalação. Por exemplo, fluxos de ar e de água que circulam em uma torre de resfriamento, ou fluxos de ar e de combustível que entram em máquinas térmicas (por exemplo, turbinas a gás e motores). Dessa forma, deve-se estabelecer um procedimento de análise para considerar e contabilizar tais fluxos de fluido que entram e saem dos equipamentos ou, mesmo, que se acumulam, como no caso de vasos e tanques de armazenamento. Considerando um volume de controle em torno do equipamento, como ilustrado na Fig. 2.4, a seguinte expressão do balanço de massa ou balanço material pode ser escrita para um dado instante t e para uma dada substância que cruza a superfície de controle (linha tracejada) que envolve o equipamento.

$$\begin{pmatrix} \text{taxa temporal} \\ \text{de variação da} \\ \text{massa contida} \\ \text{no volume} \\ \text{de controle} \end{pmatrix}_t = \begin{pmatrix} \text{soma dos fluxos} \\ \text{de massa que} \\ \text{entram no} \\ \text{volume de} \\ \text{controle} \end{pmatrix}_t - \begin{pmatrix} \text{soma dos} \\ \text{fluxos de} \\ \text{massa que} \\ \text{deixam o} \\ \text{volume de} \\ \text{controle} \end{pmatrix}_t \quad (2.17)$$

O esquema de balanço da Equação (2.17) é mais bem formulado de forma matemática por meio de:

$$\left(\frac{dm}{dt}\right)_{VC} = \sum_{i=1}^{m} \dot{m}_{e_i} - \sum_{j=1}^{n} \dot{m}_{s_j} \quad (2.18)$$

em que:

$\left(\dfrac{dm}{dt}\right)_{VC}$ = taxa temporal de variação da massa contida no volume de controle;
$\dot{m}_{e_i}$ = é um dos m-ésimos fluxos mássicos que entram no volume de controle; e
$\dot{m}_{s_j}$ = é um dos n-ésimos fluxos mássicos que deixam o volume de controle.

A Equação (2.18) deve ser vista como uma "fotografia" instantânea, isto é, a taxa de acumulação de massa no volume de controle em um dado instante (derivada temporal) é a diferença entre a somatória de todos os fluxos de massa que entram e a somatória de todos os fluxos mássicos que saem naquele instante. O fluxo mássico, ou vazão mássica, se dá em quilogramas por segundo (kg/s) no SI.

Uma importante simplificação pode ser feita quando a massa contida no volume de controle permanece inalterada com o tempo, o que significa que a sua taxa temporal de acúmulo de massa é nula. Quando isso acontece, diz-se que o processo se encontra em **regime permanente** ou **regime estacionário**. Os processos analisados neste livro serão todos processos em regime permanente, a menos que seja especificado em contrário. Com a hipótese de regime permanente, a formulação anterior se reduz a:

$$\sum_{i=1}^{m} \dot{m}_{e_i} = \sum_{j=1}^{n} \dot{m}_{s_j} \quad (2.19)$$

A equação anterior informa que, em regime permanente, a soma de todos os fluxos de massa que entram no volume de controle (VC) se iguala à soma de todos os que deixam o VC em dado instante.

Exemplo 2.4

Uma turbina a vapor é alimentada com uma vazão volumétrica de 5 m³/s de vapor d'água a 3 MPa e 600 °C. A turbina apresenta uma extração intermediária de vapor. A temperatura e a pressão do vapor na tubulação de extração são iguais a 200 °C e 150 kPa. Já a pressão e o título na tubulação de descarga principal da turbina são iguais a 10 kPa e 95 %. Sabendo que a vazão em massa na extração é igual a 15 % da vazão em massa na seção de alimentação da turbina, e que a velocidade da água na tubulação de descarga principal é de 20 m/s, determine a vazão volumétrica de extração e o diâmetro da tubulação de descarga principal da turbina.

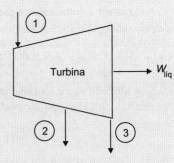

Resolução:

O enunciado descreve três estados termodinâmicos distintos, identificados como (1) estado de entrada da turbina, (2) estado na posição de saída da extração e (3) estado do vapor na descarga principal.

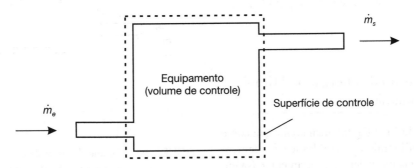

FIGURA 2.4 Esquema de um volume de controle envolvendo um equipamento e os fluxos mássicos que o cruzam através da superfície de controle que separa o equipamento (volume de controle) do meio externo.

Para o início do problema, são levantados os volumes específicos do vapor nos três estados descritos. As propriedades foram obtidas das tabelas dos Apêndices A e B.

Estado 1 (vapor superaquecido): $v_1 = 1,341$ m³/kg;
Estado 2 (vapor superaquecido): $v_2 = 1,444$ m³/kg;
Estado 3 (vapor saturado – por interpolação): $v_L = 0,00102$ m³/kg; $v_V = 14,674$ m³/kg.

Pela definição de volume específico é possível calcular a vazão em massa na entrada da turbina a vapor.

$$\dot{m}_1 = \frac{\dot{V}_1}{v_1} = \frac{5}{1,341} \Rightarrow \dot{m}_1 = 3,729 \text{ kg/s}$$

$$\dot{m}_2 = 0,15 \times \dot{m}_1 = 0,15 \times 3,729 \Rightarrow \dot{m}_2 = 0,559 \text{ kg/s}$$

$$\dot{m}_3 = (1-0,15) \times \dot{m}_1 = (1-0,15) \times 3,729$$

$$\dot{m}_3 = 3,170 \text{ kg/s}$$

A vazão em volume na extração também pode ser calculada pela definição do volume específico.

$$v_2 = \frac{\dot{V}_2}{\dot{m}_2} \Rightarrow \dot{V}_2 = v_2 \times \dot{m}_2 = 1,444 \times 0,559 \quad \dot{V}_2 = 0,807 \text{ m}^3/\text{s}$$

Se o título do vapor na saída da turbina (3) é de 95 %, determina-se o volume específico médio do estado 3 [Eq. (2.8)]

$$v_3 = x_3 v_V + (1-x_3) v_L$$

$$v_3 = 0,95 \times 14,674 + (1-0,95) \times 0,00102$$

Assim,

$$v_3 = 13,940 \text{ m}^3/\text{kg}$$

A vazão volumétrica (média) na descarga principal é dada por

$$\dot{V}_3 = \dot{m}_3 \times v_3 \Rightarrow \dot{V}_3 = 3,170 \times 13,940 \Rightarrow \dot{V}_3 = 44,19 \text{ m}^3/\text{s}$$

Por meio da equação da vazão em massa, pode-se determinar o diâmetro da tubulação de descarga principal.

$$\dot{V}_3 = V_3 \times A_3 \Rightarrow 44,19 = 20 \times \left(\pi \frac{D_3^2}{4}\right) \Rightarrow D_3 = 5,34 \text{ m}$$

Nota: a vazão volumétrica NÃO se conserva, isto é, $\dot{V}_1 \neq \dot{V}_2 + \dot{V}_3$. Por outro lado, a vazão mássica se conserva, isto é, $\dot{m}_1 = \dot{m}_2 + \dot{m}_3$.

2.5 Lei de conservação da energia ou Primeira Lei da Termodinâmica

A **Lei de Conservação da Energia**, também conhecida como **Primeira Lei da Termodinâmica**, é uma das leis fundamentais da natureza e se baseia na evidência experimental. Na engenharia, esta lei é aplicada no balanço dos fluxos de energia que entra, deixa, ou, eventualmente, de energia que se acumula em um equipamento ou sistema, bem como considera as taxas temporais de realização de trabalho e de trocas de calor. De forma bem ampla, a lei estabelece que *a energia de um sistema não pode ser criada, nem destruída, porém permanece constante* (exceto em situações relativísticas em que transformações entre massa e energia ocorrem).

> Tenha em mente que a lei informa que a energia total de um sistema deve permanecer inalterada, mas isso não significa que as *formas de energia* sejam imutáveis. As formas de energia que nos interessam são: energia interna, energia potencial gravitacional, energia cinética, calor e trabalho, as quais podem ser convertidas entre si com a restrição de que a soma total permaneça inalterada no sistema em consideração.

Outras formas de energia (energia elétrica e química, por exemplo) podem também ser incluídas no balanço total da energia, caso necessário. Utilizando um esquema de balanço semelhante ao do balanço de massa [Eq. (2.17)], a lei de conservação da energia, para o volume de controle da Fig. 2.5, pode ser escrita como:

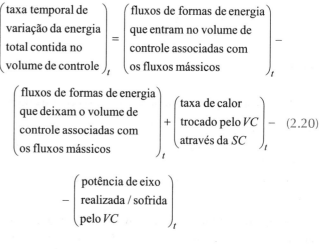

$$- \begin{pmatrix} \text{potência de eixo} \\ \text{realizada / sofrida} \\ \text{pelo } VC \end{pmatrix}_t$$

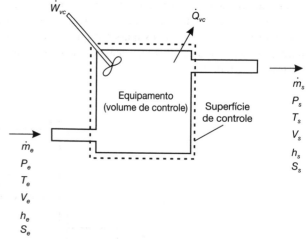

FIGURA 2.5 Volume de controle em torno de um equipamento com indicação dos fluxos mássicos de entrada e saída, suas propriedades e interações de taxas temporais de calor e trabalho com o meio.

O balanço de energia expresso pela Equação (2.20) é traduzido em termos matemáticos pela Equação (2.21):

$$\left(\frac{dE}{dt}\right)_{VC} = \sum_{i=1}^{m} \dot{m}_{ei}\left(h_e + \frac{V_e^2}{2} + gZ_e\right)_i - \sum_{j=1}^{n} \dot{m}_{sj}\left(h_s + \frac{V_s^2}{2} + gZ_s\right)_j + \dot{Q} - \dot{W} \quad (2.21)$$

em que E é a energia total instantânea do volume de controle. E compreende todas as formas de energia, isto é, energia interna, cinética, potencial gravitacional e outras possíveis formas de energia presentes. Os dois primeiros termos do lado direito representam os fluxos específicos de entalpia, h, energia cinética, $V^2/2$, e potencial gravitacional, Z, associados a cada fluxo mássico de entrada (i-ésimo) ou de saída (j-ésimo) para o volume de controle, conforme o caso.

$\dot{Q}$ é a taxa de calor que o volume de controle troca com o meio ambiente através da superfície de controle; $\dot{W}$ é a potência das forças que realizam trabalho na unidade de tempo sobre ou pelo volume de controle, geralmente uma potência mecânica associada ao eixo da máquina.

Os sinais de $\dot{Q}$ e $\dot{W}$ decorrem da seguinte convenção: são positivas a taxa de calor para dentro do volume de controle e a potência mecânica de eixo produzida pelo volume de controle.

Para processos em regime permanente, o termo da derivada temporal da energia total E é nulo e, portanto, a equação anterior passa a ser:

$$\sum_{i=1}^{m} \dot{m}_{ei}\left(h_e + \frac{V_e^2}{2} + gZ_e\right)_i + \dot{Q} = \sum_{j=1}^{n} \dot{m}_{sj}\left(h_s + \frac{V_s^2}{2} + gZ_s\right)_j + \dot{W} \quad (2.22)$$

Um caso particular da Equação (2.22) ocorre quando só existe um único fluxo mássico de entrada e outro de saída através do equipamento. Da equação da conservação de massa, Equação (2.19), tem-se que $\dot{m}_e = \dot{m}_s = \dot{m}$, e a divisão da Equação (2.22) por $\dot{m}$ resulta em:

$$h_e + \frac{V_e^2}{2} + gZ_e + q = h_s + \frac{V_s^2}{2} + gZ_s + w \quad (2.23)$$

em que q e w são os fluxos de calor e trabalho específicos, isto é, por unidade de massa de fluido que atravessa a superfície de controle (SC). Suas unidades são kJ/kg.

Exemplo 2.5

Admitindo que a turbina do Exemplo 2.4 seja adiabática e que as variações de energia cinética e potencial sejam desprezíveis, determine a potência de eixo produzida pela turbina. (**Nota:** normalmente as turbinas a vapor são bem isoladas termicamente com grossas camadas de isolante térmico e, portanto, a hipótese de ser adiabática é muito boa.)

Resolução:

Na seção (1) entra vapor superaquecido na pressão $P_1 = 3000$ kPa e temperatura $T_1 = 600$ °C. Com esses valores, a tabela de vapor superaquecido no Apêndice B fornece $h_1 = 3682,3$ kJ/kg.

Da mesma forma, na extração (seção 2), pode-se obter a entalpia para pressão e temperatura. $P_2 = 150$ kPa e $T_2 = 200$ °C, isto é, $h_2 = 2872,9$ kJ/kg.

Na seção principal de descarga, o vapor encontra-se no estado de saturação com pressão de $P_3 = 10$ kPa e título $x_3 = 0,95$. Pela tabela de vapor saturado no Apêndice A (com interpolação), tem-se que $h_L = 191,83$ kJ/kg e $h_V = 2584,7$ kJ/kg.

Portanto, a entalpia média da seção (3) é dada por:

$$h_3 = x_3 \times h_V + (1 - x_3)h_L \rightarrow h_3 = 0,95 \times 2584,7 +$$
$$(1 - 0,95) \times 191,83 \rightarrow h_3 = 2465,0 \text{ kJ/kg}$$

As vazões mássicas foram calculadas no Exemplo 2.4, quais sejam:

$$\dot{m}_1 = 37,76 \frac{\text{kg}}{\text{s}}; \quad \dot{m}_2 = 5,66 \frac{\text{kg}}{\text{s}} \quad \text{e} \quad \dot{m}_3 = 32,10 \frac{\text{kg}}{\text{s}}$$

Aplicando a Primeira Lei da Termodinâmica para regime permanente, desprezando as energias cinética e potencial e considerando a turbina adiabática $\dot{Q} = 0$, temos:

$$\sum \dot{m}_e \times h_e + \dot{Q} = \sum \dot{m}_s \times h_s + \dot{W}$$
$$\dot{W} = \dot{m}_1 \times h_1 - \dot{m}_2 \times h_2 - \dot{m}_3 \times h_3$$
$$\dot{W} = 37,76 \times 3582,3 - 5,66 \times 2872,9 - 32,10 \times 2465,0$$
$$\dot{W} = 43.656,5 \text{kW} = 43,66 \text{ MW}$$

Exemplo 2.6

Refrigerante R290 (propano) entra em um condensador a 42 °C no estado de vapor saturado e a uma vazão de 25 kg/h. O fluido deixa o equipamento à mesma temperatura, porém no estado de líquido saturado, o que indica que houve uma completa condensação do vapor. Pede-se:

a) calcule a taxa de calor trocado durante o processo de condensação;
b) sabendo-se que a taxa de calor perdido pelo fluido é retirada pelo ar que circula pelo condensador do lado externo dos tubos e que a temperatura do ar na entrada vale 25 °C e na saída é igual a 35 °C, determine o fluxo mássico de ar necessário para que se mantenham essas condições de operação; e
c) calcule as vazões volumétricas de ar referidas nas condições de entrada e de saída. São iguais? Comente sua resposta.

Dados:

Dados	Propriedade	Entrada	Saída
ar	h (kJ/kg)	25	35
	v (m³/kg)	0,86	0,90
R290	h (kJ/kg)	939,6	635,7

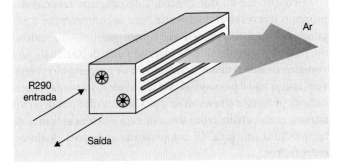

Resolução:

Deve-se definir um volume de controle imaginário em torno dos tubos de refrigerante. Aplica-se a lei de conservação da energia para o refrigerante observando que não há potência mecânica de eixo e as variações de energias cinética e potencial são desprezíveis. Assim, a Equação (2.22) pode ser particularizada para o balanço energético nos tubos de refrigerante, como:

$$\dot{m}_R h_e + \dot{Q} = \dot{m}_R h_s \quad \Rightarrow \quad \dot{Q} = \dot{m}_R (h_s - h_e)$$

ou

$$\dot{Q} = \frac{25}{3600}(635,7 - 939,6) = -2,110 \text{ kW}$$

Nesse ponto, suponha um volume de controle envolvendo apenas o aparelho e que exclua os tubos de refrigerante. Portanto, este novo VC engloba apenas o fluxo de ar. Da lei de conservação da energia para esse VC, tem-se:

$$\dot{m}_R h_e + \dot{Q} = \dot{m}_a h_s \Rightarrow \dot{m}_a = \frac{\dot{Q}}{h_s - h_e}$$

como a taxa de calor recebido pelo ar é a taxa de calor cedido pelo refrigerante com sinal trocado, então

$$\dot{m}_a = \frac{2,110}{35 - 25} = 0,211 \text{ kg/s} = 759,6 \text{ kg/h}$$

A vazão volumétrica do ar, $\dot{V}_a$, é dada por $\dot{V}_a = \dot{m}v$. Assim, as vazões do ar são:

referida à condição de entrada →
$\dot{V}_{ae} = 759,6 \times 0,86 = 653,2 \text{ m}^3/\text{h}$
referida à condição de saída →
$\dot{V}_{ae} = 759,6 \times 0,90 = 683,6 \text{ m}^3/\text{h}$

Nota: a vazão mássica de ar é a mesma, mas a vazão volumétrica não se conserva, pois varia com o volume específico do ar.

2.6 Segunda Lei da Termodinâmica

A **Segunda Lei da Termodinâmica** é uma ferramenta teórica muito poderosa de análise de processos e equipamentos. Ela indica as direções em que os processos termodinâmicos espontâneos podem ocorrer, bem como estabelece limites teóricos para os processos cíclicos de conversão de calor em trabalho, tal como ocorre nas máquinas térmicas que operam continuamente em ciclos termodinâmicos.

O conhecimento dos conceitos de processo **reversível** e processo **irreversível** é relevante para se compreender a Segunda Lei. Processo reversível é aquele que, uma vez realizado, pode ser completamente invertido sem deixar quaisquer vestígios de que tenha ocorrido. Com os processos irreversíveis, isso já não é possível. Nossa realidade é, na verdade, cercada de processos irreversíveis que são causados por diversos fatores, como: atrito, troca de calor com diferenças finitas de temperatura, mistura de componentes químicos distintos, entre outros.

2.6.1 Entropia e seu uso em volumes de controle

Define-se a propriedade **entropia S** como:

$$dS \equiv \left(\frac{\delta Q}{T}\right)_{rev} \tag{2.24}$$

em que Q é o calor trocado e T a temperatura absoluta. A unidade da entropia no SI é J/K. Note que se define entropia na forma diferencial associada a um processo reversível (*rev*) em que ocorre troca de calor, Q, a uma dada temperatura, T. No entanto, dados dois estados termodinâmicos quaisquer, a variação de entropia entre os dois estados será sempre a mesma, independentemente do processo ocorrido entre estes mesmos estados. Isso equivale a dizer que a entropia é uma função de estado, ou seja, uma propriedade termodinâmica. A unidade da entropia específica s, isto é, entropia por unidade de massa, é J/kg K.

A Segunda Lei da Termodinâmica é formulada por meio dos enunciados de Kelvin-Planck e de Clausius. O primeiro enunciado, de Kelvin-Planck, informa que *é impossível construir uma máquina térmica que opere segundo um ciclo termodinâmico que receba calor somente de uma única fonte de calor e que produza trabalho líquido.* Essa asserção significa que não é possível transformar todo o calor em trabalho em máquinas cíclicas. Entende-se por máquina cíclica aquela cujo fluido de trabalho (ar, vapor etc.) parte de um dado estado termodinâmico, realiza transformação de calor em trabalho e retorna àquele mesmo estado termodinâmico inicial.

O enunciado de Clausius informa que *é impossível construir uma máquina que opere segundo um ciclo termodinâmico que retire calor de uma fonte fria e que o transfira para uma fonte quente, sem fornecimento de trabalho.* Isso quer dizer que o calor não pode migrar de uma região de menor temperatura para outra de maior temperatura de forma espontânea. Pode-se mostrar que ambos os enunciados são equivalentes.

A Segunda Lei da Termodinâmica pode ser escrita para um volume de controle, como aquele da Fig. 2.5, por meio da seguinte expressão:

$$\frac{dS_{VC}}{dt} = \sum_{i=1}^{m}(\dot{m}_e s_e)_i - \sum_{j=1}^{n}(\dot{m}_s s_s)_j + \frac{\dot{Q}_{VC}}{T} + \dot{S}_G \tag{2.25}$$

em que:

S_{VC} = a entropia total instantânea do volume de controle;

$\dot{m}_e$ = um dos i-ésimos fluxos mássicos que entram no volume de controle;

s_e = a entropia específica (por unidade de massa) associada a cada fluxo mássico de entrada;

$\dot{m}_s$ = um dos j-ésimos fluxos mássicos que deixam o volume de controle;

s_s = a entropia específica (por unidade de massa) associada a cada fluxo mássico que deixa o volume de controle;

$\dot{Q}_{VC}$ = a taxa de calor trocado através da superfície de controle à temperatura T;

$\dot{S}_G$ = a taxa de entropia gerada na unidade de tempo em função das irreversibilidades. É uma grandeza sempre positiva ou, quando muito, nula para o caso do processo reversível, ou seja, $\dot{S}_G \geq 0$.

O caso de regime permanente, S_{vc} = cte, é simplificado para:

$$\sum_{j=1}^{n} (\dot{m}_s s_s)_j = \sum_{i=1}^{m} (\dot{m}_e s_e)_i + \frac{\dot{Q}_{VC}}{T} + \dot{S}_G \qquad (2.26)$$

Se for em regime permanente e reversível, ($\dot{S}_G = 0$) então:

$$\sum_{j=1}^{n} (\dot{m}_s s_s)_j = \sum_{i=1}^{m} (\dot{m}_e s_e)_i + \frac{\dot{Q}_{VC}}{T} \qquad (2.27)$$

Se for em regime permanente, reversível ($\dot{S}_G = 0$) e adiabático ($\dot{Q}_{VC} = 0$), tem-se:

$$\sum_{i=1}^{n} (\dot{m}_e s_e)_i = \sum_{j=1}^{m} (\dot{m}_s s_s)_j \qquad (2.28)$$

Se for em regime permanente, reversível ($\dot{S}_G = 0$), adiabático ($\dot{Q}_{VC} = 0$) e se houver apenas um fluxo mássico de entrada e um de saída ($\dot{m}_s = \dot{m}_e = \dot{m}$), a entropia específica permanece inalterada, ou seja, processo isentrópico, isto é:

$$s_s = s_e \qquad (2.29)$$

No caso em que ocorre uma troca de calor $\dot{Q}$ isotérmica (T = cte) e reversível e houver um fluxo mássico de entrada e um de saída:

$$\dot{Q} = \dot{m} T (s_s - s_e) \qquad (2.30a)$$

Em termos específicos, a troca de calor por unidade de massa, q isotérmica (T = cte) e reversível é dada por:

$$q = T (s_s - s_e) \qquad (2.30b)$$

Finalmente, se for em regime permanente, irreversível, adiabático e houver um fluxo mássico de entrada e um de saída:

$$s_s > s_e \qquad (2.30c)$$

Exemplo 2.7

Vapor d'água entra em uma turbina a 320 °C, pressão de 1 MPa. O vapor sai da turbina na pressão de 150 kPa. Determine o trabalho específico realizado pelo vapor que escoa na turbina, admitindo que o processo seja adiabático e reversível (isentrópico).

- Equação de conservação da massa [Eq. (2.19)]: $\dot{m}_s = \dot{m}_e = \dot{m}$.
- Primeira Lei da Termodinâmica [Eq. (2.23)], desprezando as energias cinética e potencial e turbina adiabática: $h_e = h_s + w$.
- Segunda Lei da Termodinâmica para turbina isentrópica [Eq. (2.29)]: $s_s = s_e$.

Resolução:

Das tabelas de vapor d'água (Apêndice A), obtêm-se as seguintes propriedades para o estado de entrada do vapor:

$$h_e = 3093,9 \text{ kJ/kg e } s_e = 7,1962 \text{ kJ/kg} \cdot \text{K}$$

As duas propriedades conhecidas no estado final são pressão e entropia específica:

$$P_s = 150 \text{ kPa e } s_s = s_e = 7,1962 \text{ kJ/kg} \cdot \text{K}$$

Portanto, o título e a entalpia do vapor d'água que sai da turbina podem ser determinados por meio de consulta à tabela A de vapor saturado com $P_s = 150$ kPa (tem de interpolar), ou seja:

$$s_s = 7,1962 \text{ kJ/kg K} = x_s s_V + (1 - x_s)s_L =$$
$$7,2233 \, x_s + (1 - x_s) \times 1,4336$$

Logo: $x_s = 0,9953$

$$h_s = x_s h_V + (1 - x_s)h_L = 0,9953 \times 2693,6 +$$
$$(1 - 0,9953) \times 467,1 = 2683,1 \text{ kJ/kg}$$

Finalmente, o trabalho específico realizado pelo vapor no processo isentrópico pode ser determinado:

$$w = h_e - h_s = 3093,9 - 2683,1 = 410,8 \text{ kJ/kg}$$

A Segunda Lei da Termodinâmica tem implicações muito importantes em todas as áreas do conhecimento. Considerando o Universo como um sistema fechado, Clausius, autor do conceito de entropia, postulou em 1865 que a energia total do Universo é constante e que a sua entropia tende para um valor máximo, porque praticamente todos os processos que ocorrem são irreversíveis e, portanto, aumentam a entropia total ou do Universo. Nessa situação de máxima entropia ocorreria a chamada "morte termodinâmica do Universo", quando haveria equilíbrio em todo lugar e, portanto, não seria possível mais realizar trabalho útil. Nas primeiras edições do famoso livro *Fundamentos da Termodinâmica Clássica*, os autores Van Wylen e Sonntag incluíram uma discussão sobre a entropia, indicando "que os autores enxergam a Segunda Lei da Termodinâmica como a descrição pelo homem do trabalho anterior e contínuo de um Criador, que também possui a resposta para o destino futuro do homem e do Universo".

2.7 Processos termodinâmicos

A relação fundamental da termodinâmica, ou equação de Gibbs, é uma combinação da Primeira Lei com a Segunda Lei na forma diferencial, ou seja:

$$du = Tds - Pdv \quad (2.31)$$

Substituindo a definição de entalpia, Equação (2.6), pode-se obter a outra forma dessa equação:

$$dh = Tds + vdP \quad (2.32)$$

Estas equações serão úteis nas próximas seções.

2.7.1 Diagrama temperatura-entropia e uso de tabelas

O diagrama temperatura-entropia específica está indicado na Fig. 2.6 para a água. Os valores da entropia específica podem ser obtidos nas tabelas dos Apêndices A e B.

Note-se no diagrama da Fig. 2.6 que um processo isentrópico é uma linha vertical no diagrama. Dessa forma, suponha o caso de um vapor saturado a 200 °C. Se ele sofrer uma expansão (diminuição de pressão) isentrópica do estado de vapor saturado 1, cuja pressão de saturação indicada na tabela do Apêndice A vale 1554 kPa, até a pressão atmosférica (101,325 kPa), o processo será aquele indicado na Fig. 2.6 por uma linha vertical, e o título do estado final 2 será dado pela lei da mistura envolvendo o título, x_2. Portanto,

$$s_2 = s_1 = s_{V_1}$$

Contudo, da tabela do Apêndice A, s_{V_1} = 6,4323 kJ/kg K para T_1 = 200 °C.

Por outro lado, na mesma tabela (por interpolação), para P_2 = 101,325 kPa, vem s_{L_2} = 1,3069 kJ/kg K e s_{V_2} = 7,3549 kJ/kg K.

Desse modo, $s_2 = x_2 s_{V_2} + (1 - x_2) s_{L_2} = s_{V_1}$

ou

$$x_2 = \frac{s_2 - s_{L_2}}{s_{V_2} - s_{L_2}} = \frac{6,4323 - 1,3069}{7,3549 - 1,3069} = 0,8475$$

$$x_2 = 84,75\%$$

2.7.2 Variação da entropia em um gás perfeito

Os principais fluidos associados aos processos termodinâmicos de interesse são o ar atmosférico, o vapor d'água, gases industriais, bem como os gases oriundos de uma reação de combustão. Como visto na Seção 2.3.2, em muitas situações tais fluidos se comportam como gases perfeitos ou gases ideais. A variação da entropia (s) de gases perfeitos em determinado processo termodinâmico (1-2) com calor específico constante pode ser calculada por meio de uma das três equações que se seguem. O uso de uma ou outra equação depende de quais propriedades são independentes e disponíveis. Por exemplo, no caso da Equação (2.33), as propriedades independentes são temperatura e volume específico. Nesse caso, o cálculo da variação da entropia específica é dado por:

$$s_2 - s_1 = C_v \ln\left(\frac{T_2}{T_1}\right) + R \ln\left(\frac{v_2}{v_1}\right) \quad (2.33)$$

Se a pressão e a temperatura forem independentes, tem-se consequentemente a Equação (2.34), que é a mais adequada:

$$s_2 - s_1 = C_p \ln\left(\frac{T_2}{T_1}\right) + R \ln\left(\frac{P_2}{P_1}\right) \quad (2.34)$$

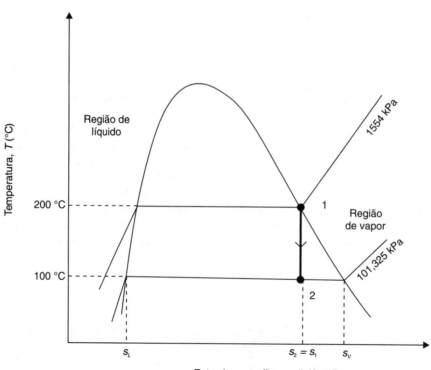

FIGURA 2.6 Diagrama temperatura-entropia específica para a água.

Finalmente, para o caso de pressão e volume específicos como propriedades independentes, tem-se:

$$s_2 - s_1 = C_V \ln\left(\frac{P_2}{P_1}\right) + C_p \ln\left(\frac{v_2}{v_1}\right) \qquad (2.35)$$

2.7.3 Processo politrópico reversível para um gás perfeito

Muitos equipamentos, como compressores e turbinas a gás, que trabalham com fluidos que se comportam como gás perfeito, permitem o cálculo do trabalho de acionamento ou produzido pelo equipamento por meio do conceito de *processo politrópico*. Os processos politrópicos são aqueles em que um gás ou vapor ideal realiza um processo reversível com ou sem transferência de calor. Para tais processos, é possível escrever uma relação simples envolvendo a pressão e o volume específico dada pela Equação (2.36).

$$Pv^n = cte, \qquad (2.36)$$

em que n é o chamado *coeficiente politrópico*. O processo politrópico é, na verdade, uma generalização dos possíveis processos reversíveis que envolvem um gás perfeito. Assim, dependendo do valor do expoente n, têm-se os diferentes processos termodinâmicos reversíveis e relevantes, quais sejam:

- Processo isobárico, P = constante: $n = 0$;
- Processo isotérmico, T = constante: $n = 1$;
- Processo isentrópico, s = constante: $n = k$;
- Processo isocórico, v = constante: $n = \pm\infty$.

Define-se k como razão entre calores específicos, ou seja:

$$k = \left(\frac{C_P}{C_v}\right) \qquad (2.37)$$

Valores de k estão tabelados para diversos gases (tabela do Apêndice C). Para o ar atmosférico, k vale 1,4. A Tabela 2.2 resume as expressões do trabalho e calor trocado para os processos reversíveis em um volume de controle (máquina) em gases perfeitos nos processos apontados anteriormente, bem como em um caso politrópico qualquer.

TABELA 2.2 Trabalho e calor trocado em diversos processos reversíveis em um volume de controle (máquinas) para gases perfeitos por unidade de massa (kJ/kg)

n	Processo	Trabalho	Calor
0	isobárico	0	$C_p\left(T_2 - T_1\right)$
1	isotérmico	$-RT\ln\left(\dfrac{P_2}{P_1}\right)$	$-RT\ln\left(\dfrac{P_2}{P_1}\right)$
k	isentrópico	$\dfrac{kR}{1-k}\left(T_2 - T_1\right)$	0
n	politrópico qualquer ($n \neq 1$)	$\dfrac{nR}{1-n}\left(T_2 - T_1\right)$	$\dfrac{nC_v - C_p}{n-1}\left(T_2 - T_1\right)$

Considerando um processo entre dois estados termodinâmicos 1 e 2 e com o uso da equação dos gases perfeitos, é possível obter as seguintes relações que envolvem as propriedades temperatura, pressão e volume específico dos dois estados considerados em um processo politrópico qualquer, a partir da Equação (2.36). Ou seja:

$$\frac{T_2}{T_1} = \left(\frac{P_2}{P_1}\right)^{\frac{(n-1)}{n}} = \left(\frac{v_1}{v_2}\right)^{n-1} \qquad (2.38)$$

No caso particular de processo isentrópico, isto é, adiabático e reversível, basta substituir o expoente n pela razão entre calores específicos k para obter as seguintes expressões:

$$\frac{T_2}{T_1} = \left(\frac{P_2}{P_1}\right)^{\frac{(k-1)}{k}} = \left(\frac{v_1}{v_2}\right)^{k-1} \qquad (2.39)$$

As Equações (2.39) podem também ser facilmente obtidas a partir das Equações (2.33) a (2.35) para os casos em que a entropia seja constante no processo ($s_2 = s_1$).

2.8 Cálculo de trabalho em algumas máquinas

O trabalho de expansão ou compressão reversível por unidade de massa (kJ/kg) realizado em um **volume de controle** (válido para equipamentos através dos quais há fluxos mássicos), quando as variações de energias cinética e potencial são desprezíveis, é dado por:

$$w_{1-2} = -\int_{P_1}^{P_2} v\,dP \qquad (2.40)$$

Mas, para um processo politrópico, Equação (2.38), tem-se que:

$$Pv^n = P_1 v_1^n = P_2 v_2^n \qquad (2.41)$$

Portanto, por meio de substituição direta da Equação (2.41) na Equação (2.40), tem-se:

$$w_{1-2} = -\int_{P_1}^{P_2} v\,dP = \frac{n}{1-n}\left(P_2 v_2 - P_1 v_1\right) = \frac{nR}{1-n}\left(T_2 - T_1\right),\text{ para } n \neq 1 \qquad (2.42)$$

Para o caso em que $n = 1$, ou seja, para o caso isotérmico $T_1 = T_2 = T$, tem-se:

$$w_{1-2} = P_1 v_1 \ln\left(\frac{P_2}{P_1}\right) = P_2 v_2 \ln\left(\frac{P_2}{P_1}\right) = RT \ln\left(\frac{P_2}{P_1}\right) \qquad (2.43)$$

Nota: para o cálculo do trabalho, nas próximas subseções a convenção de sinais será abandonada, porque se conhece quais são as máquinas que recebem trabalho (sinal negativo), como as bombas e compressores, e as que realizam trabalho (sinal positivo), como as turbinas.

2.8.1 Bombas

As bombas são equipamentos de movimentação de líquidos, como água e óleo. Há diversos tipos de bombas. As bombas centrífugas são as mais difundidas, mas há também bombas de pistão, de engrenagens e de diafragma, entre outras. Não obstante o tipo de tecnologia, a função da bomba é fornecer energia para movimentar um fluido, a fim de elevar sua energia inicial na forma de pressão. Considerando que o líquido pode ser considerado como incompressível (densidade ou volume específico não variam $v_1 \cong v_2 = v$), por conseguinte, a expressão do cálculo do trabalho reversível por unidade de massa, Equação (2.40), resume-se a:

$$w_S = \int_{P_1}^{P_2} v dP \approx v \left(P_2 - P_1 \right) = \frac{\left(P_2 - P_1 \right)}{\rho} \text{ [kJ/kg]} \qquad (2.44)$$

Esta expressão é a do trabalho reversível de compreensão, w_s, e, portanto, um trabalho ideal. No caso do trabalho real por unidade de massa de bomba, w_B, há de se dividir pela eficiência isentrópica da bomba, η_B, portanto:

$$w_B = \frac{w_s}{\eta_B} \text{ [kJ/kg]} \qquad (2.45)$$

Para obtenção da potência total de acionamento da bomba, $\dot{W}_B$, deve-se multiplicar esse trabalho específico pela vazão mássica, $\dot{m}$, ou seja:

$$\dot{W}_B = \dot{m} \frac{w_s}{\eta_B} \text{ [kW]} \qquad (2.46)$$

A potência de acionamento da bomba pode também ser dada em termos de vazão volumétrica, $\dot{Q}_V$, em unidades de m³/s no SI. Dessa forma, a equação final é:

$$\dot{W}_B = \rho \dot{Q}_V \frac{w_s}{\eta_B} \text{ [kW]} \qquad (2.47)$$

Exemplo 2.8

A região metropolitana de São Paulo costuma ser afetada pela diminuição do nível de seus reservatórios de abastecimento de água. Uma possível solução seria o emprego de um sistema de dessalinização da água do mar e o bombeamento dessa água para o planalto paulista. Considerando que o desnível é de $L = 760$ m e que as bombas de recalque tenham uma eficiência (isentrópica) de $\eta_B = 90$ %, calcule a potência de acionamento para bombear uma vazão volumétrica de 1 m³/s da Baixada Santista para o planalto somente para vencer o desnível.

Resolução:

Da Equação (2.47), advém que:

$$\dot{W}_B = \dot{Q}_V \frac{\Delta P}{\eta_B} = \dot{Q}_V \frac{\rho g L}{\eta_B}$$

$$\dot{W}_B = 1 \times \frac{1000 \times 9,81 \times 760}{0,9} = 8.284.000 \text{ W} = 8,28 \text{ MW}$$

A região metropolitana da cidade de São Paulo consome cerca de 60 m³/s. Dessa forma, se, digamos, 10 % desse consumo fosse proveniente do processo de dessalinização ao nível do mar, logo seria necessária uma usina elétrica de 6 × 8,28 = 49,7 MW tão somente para acionar as bombas de recalque. A diferença de pressão ΔP que aparece na equação não considera as diferenças de pressões atmosféricas locais que, nesse caso, afetariam menos de 0,1 % do valor obtido. Esta potência seria somente para vencer o desnível e um cálculo mais preciso deveria considerar as perdas de carga distribuídas ao longo da tubulação e as perdas localizadas em válvulas e acessórios.

2.8.2 Compressores

No caso dos compressores, o gás ou vapor, ao receber trabalho de compressão, experimenta uma grande redução do seu volume específico. Por isso, não se pode supor que o fluido seja incompressível, como no caso de líquidos. Geralmente, considera-se que a compressão possa ocorrer de forma adiabática, na maioria das máquinas. Dessa forma, considerando uma compressão ideal, isto é, adiabático e reversível ou isentrópico, podem ser usadas as expressões de processo isentrópico de gás perfeito [Eq. (2.39)] para obter a relação funcional entre pressão e volume para resolver a Equação (2.40). Isso resulta na Equação (2.42) com o expoente politrópico n substituído por k, o que também está indicado na Tabela 2.2,

$$w_S = \frac{kR}{k-1}(T_2 - T_1) \qquad (2.48)$$

ou, em termos de outras grandezas e em módulo, já que se trata de gás perfeito, vem:

$$w_S = \frac{k}{k-1}(P_2 v_2 - P_1 v_1) \qquad (2.49)$$

As Equações (2.48) e (2.49) permitem calcular o trabalho específico de compressão isentrópico em kJ/kg. Para o cálculo da potência de compressão isentrópica correspondente (kW), aquelas expressões precisam ser multiplicadas pela vazão mássica $\dot{m}$ que circula pelo compressor.

Logo,

$$\dot{W}_S = \dot{m} w_s = \dot{m} \frac{kR}{k-1}(T_2 - T_1) \qquad (2.50)$$

e

$$\dot{W}_S = \dot{m} w_s = \dot{m} \frac{k}{k-1}(P_2 v_2 - P_1 v_1) \qquad (2.51)$$

No caso de compressores reais, o trabalho específico de compressão (w_C) pode ser obtido dividindo-se aquelas expressões pela eficiência isentrópica, η_S, do compressor. Portanto:

$$w_C = \frac{w_s}{\eta_S} \qquad (2.52)$$

e a potência de acionamento

$$\dot{W}_C = \frac{\dot{W}_S}{\eta_S} \qquad (2.53)$$

Em muitos compressores a eficiência isentrópica é um valor que depende da rotação e da razão de compressão envolvidas além, logicamente, das propriedades do gás a ser comprimido.

Muitos compressores são adiabáticos por diversas razões: operacional, construtiva e da própria finalidade de emprego dessa máquina. No processo de compressão adiabático, há um aumento considerável de temperatura, e o gás ou vapor de descarga sai com sua temperatura relativamente elevada. Isso implica maior potência de acionamento. Porém, caso a finalidade seja tão somente comprimir o gás ou vapor, muitas vezes é melhor que se trabalhe com um compressor isotérmico no lugar do compressor adiabático. Os compressores isotérmicos demandam menos trabalho de acionamento. Portanto, um bom resfriamento da câmara de compressão do compressor pode reduzir seu consumo energético. Em teoria, um excelente resfriamento resultaria em um compressor isotérmico ideal ou reversível. Nesse caso, o trabalho específico de compressão isotérmico reversível é dado pela Equação (2.43), ou seja:

$$w_T = P_1 v_1 \ln\left(\frac{P_2}{P_1}\right) = RT \ln\left(\frac{P_2}{P_1}\right) \quad (2.54)$$

Para o cálculo da potência de compressão isotérmica reversível (kW), basta multiplicar a expressão anterior pela vazão mássica, $\dot{m}$, isto é:

$$\dot{W}_T = \dot{m} w_T = \dot{m} RT \ln\left(\frac{P_2}{P_1}\right) \quad (2.55)$$

No caso de compressores isotérmicos reais, as expressões das Equações (2.54) e (2.55) devem ser divididas pela eficiência isotérmica do compressor, η_T. Logo:

$$w_C = \frac{w_T}{\eta_T} = \frac{RT}{\eta_T} \ln\left(\frac{P_2}{P_1}\right) \quad (2.56)$$

e

$$\dot{W}_C = \dot{m} \frac{RT}{\eta_T} \ln\left(\frac{P_2}{P_1}\right) \quad (2.57)$$

Construtivamente, os compressores são classificados em volumétricos e dinâmicos. Os compressores volumétricos compreendem os compressores alternativos a pistão e os rotativos. Os compressores dinâmicos são centrífugos e axiais.

Entre dois níveis de pressão prescritos, o processo de compressão isotérmico reversível consome menos trabalho específico que o processo de compressão isentrópico. Isso pode ser facilmente observado quando se analisam as curvas da Fig. 2.7 em que os dois processos estão indicados entre os níveis de pressão de admissão P_1 e o de descarga P_2. Ambos os processos têm início no estado 1, mas o processo isentrópico alcança o estado final 2_s e o processo isotérmico é finalizado no estado final 2_T. As áreas sob a curva, vistas do eixo das pressões, indicam claramente que no caso isotérmico ($T_1 = T_2 = T$) a área sob a curva é menor. A área representa o trabalho específico reversível de acionamento [Eq. (2.54)].

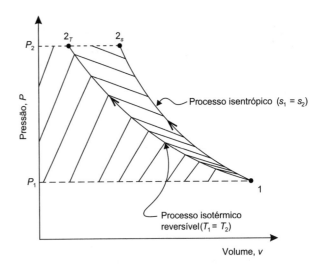

FIGURA 2.7 Processos de compressão isotérmico reversível e isentrópico.

Dessa forma, verifica-se que um bom resfriamento do compressor pode reduzir o trabalho e, consequentemente, a potência de acionamento. Como nem sempre é possível fazer o resfriamento da câmara de compressão, costuma-se dividir o processo de compressão em estágios, de tal forma que ocorra resfriamento intermediário (*intercooling*) entre os estágios de compressão. Tem-se a chamada compressão estagiada, como analisado no Exemplo 2.9.

Exemplo 2.9

O resfriamento entre estágios de um compressor é uma técnica para diminuir o consumo energético dessa máquina. Considerando um compressor ideal (isentrópico) de dois estágios de compressão, de forma tal que após o ar ser comprimido no primeiro estágio é resfriado até a sua temperatura inicial T_1 em um trocador de calor (*intercooler*), mostre que o valor ideal (menor trabalho de acionamento) da pressão intermediária P_2 entre os estágios de baixa e de alta pressão é a média geométrica entre as pressões inicial de admissão, P_1, e a final de descarga, P_3, isto é, $P_2 = \sqrt{P_1 P_3}$.

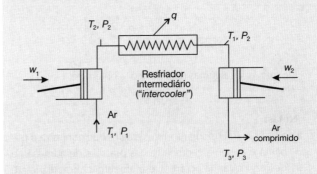

Resolução:
Primeiramente, é bom indicar em um diagrama $P - v$ os estados e processos relevantes:

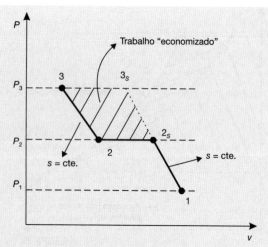

Processo de compressão isentrópico 1-2s

$$w_1 = \frac{kR}{k-1}(T_{2s} - T_1)$$

Processo de compressão isentrópico 2-3.
É preciso lembrar que há resfriamento da temperatura final de compressão do primeiro estágio de T_{2s} para a temperatura ambiente T_1 por meio do resfriador intermediário. Assim,

$$w_2 = \frac{kR}{k-1}(T_3 - T_1)$$

já que o trabalho total de compressão específico, w_C, é a soma dos dois, isto é:

$$w_C = w_1 + w_2 \quad \text{ou} \quad w_C = \frac{kRT_1}{k-1}\left[\left(\frac{T_{2S}}{T_1}-1\right)+\left(\frac{T_3}{T_1}-1\right)\right]$$

Substituindo as relações isentrópicas, Equação (2.39), advém que:

$$w_C = \frac{kRT_1}{k-1}\left[\left(\frac{P_2}{P_1}\right)^{\frac{k-1}{k}} + \left(\frac{P_3}{P_2}\right)^{\frac{k-1}{k}} - 2\right]$$

Mantendo as pressões de admissão P_1 e descarga P_3 constantes, bem como a temperatura de admissão T_1, a condição de minimização do trabalho de compressão ocorre quando:

$$\left(\frac{\partial W_C}{\partial P_2}\right)_{P_1, P_3} = 0 \Rightarrow$$

$$\frac{\partial}{\partial P_2}\left[\left(\frac{P_2}{P_1}\right)^{\frac{k-1}{k}} + \left(\frac{P_3}{P_2}\right)^{\frac{k-1}{k}} - 2\right]_{P_1, P_3} = 0$$

De que, após algumas manipulações, obtém-se:

$$P_2 = \sqrt{P_1 \cdot P_3}$$

Notas:
a) a pressão intermediária entre estágios que minimiza o trabalho é a média geométrica das pressões de admissão e descarga quando ocorre o resfriamento intermediário até a temperatura inicial, T_1;
b) a região hachurada no diagrama P-v indica o trabalho que foi "economizado" ao se optar pela compressão estagiada com resfriamento intermediário até a temperatura ambiente, T_1;
c) como exemplo, para a compressão de $P_1 = 1$ bar para $P_3 = 10$ bar, a pressão ideal do estágio intermediário é $P_2 = \sqrt{10}$ bar; e
d) no caso real, seria importante incluir a eficiência isentrópica dos compressores.

2.8.3 Turbinas e expansores

Turbinas e expansores são máquinas que produzem trabalho mecânico de eixo a partir de um vapor ou gás comprimido.

Há diversos tipos de turbinas, destacando-se as turbinas que expandem produtos de combustão em alta temperatura e pressão (turbinas a gás), turboexpansores de ar e gases comprimidos, expansores de pistão e turbinas a vapor (Fig. 2.8). São máquinas que podem ter capacidade de alguns quilowatts até centenas de megawatts.

No caso dessas máquinas, o processo termodinâmico ideal é a expansão isentrópica. O trabalho por unidade de massa das turbinas a vapor pode ser calculado por meio da variação de entalpia específica entre a entrada 1 e a saída 2, ou seja:

$$w_S = h_1 - h_{2s} \, [\text{kJ/kg}] \tag{2.58}$$

O índice "s" indica que o processo de expansão foi isentrópico. O trabalho por unidade de massa real w_R da turbina é obtido por meio de

$$w_R = h_1 - h_2 \, [\text{kJ/kg}] \tag{2.59}$$

De forma que a eficiência isentrópica, η_S, é

$$\eta_s = \frac{w_R}{w_S} = \frac{h_1 - h_2}{h_1 - h_{2s}} \tag{2.60}$$

A potência de eixo isentrópica produzida pode ser obtida multiplicando-se as Equações (2.58) e (2.59) pelo fluxo mássico, ou seja:

$$\dot{W}_s = \dot{m} w_s = \dot{m}(h_1 - h_{2s}) \tag{2.61}$$

e

FIGURA 2.8 Interior de uma turbina a vapor.

$$\dot{W}_R = \dot{m}w_R = \dot{m}(h_1 - h_2) \quad (2.62)$$

No caso de turbinas a gás, normalmente se emprega a hipótese de validade da equação dos gases perfeitos. Nesse caso, tem-se:

- Trabalho específico de expansão isentrópico:

$$w_S = C_P(T_1 - T_{2S}) = \frac{kR}{k-1}(T_1 - T_{2S}) \quad (2.63)$$

- Trabalho específico real de expansão, w_R:

$$w_R = C_P(T_1 - T_2) \quad (2.64)$$

- Potência total de eixo isentrópico:

$$\dot{W}_S = \dot{m}C_P(T_1 - T_{2S}) = \dot{m}\frac{kR}{k-1}(T_1 - T_{2S}) \quad (2.65)$$

- Potência total de eixo real:

$$\dot{W}_R = \dot{m}C_P(T_1 - T_2) \quad (2.66)$$

- Eficiência isentrópica, η_S:

$$\eta_S = \frac{W_T}{W_S} = \frac{T_1 - T_2}{T_1 - T_{2S}} \quad (2.67)$$

O Exemplo 2.10 ilustra o emprego dessas equações.

Exemplo 2.10

Considerando a diferença dos trabalhos dos processos termodinâmicos isotérmico e isentrópico, um professor-engenheiro concebeu uma instalação de geração de energia mecânica útil a partir do ar atmosférico e composta de três processos termodinâmicos, com fornecimento de energia solar (pode também ser outra fonte de calor, como ocorre com os processos de cogeração), conforme esquematizado a seguir.

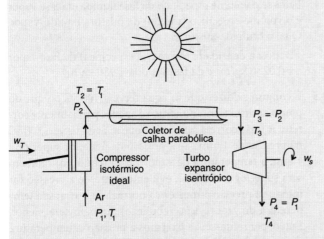

Considere que o ar esteja à temperatura T_1 e pressão P_1 (pressão atmosférica) e que seja comprimido até a pressão P_2 no processo de compressão isotérmico-reversível (compressor isotérmico ideal). Em seguida, o ar comprimido recebe calor sob pressão constante $P_3 = P_2$ por meio da captação de energia solar (direta ou indiretamente) até T_3 (calha parabólica). Finalmente, o ar sofre um processo de expansão isentrópica até $P_4 = P_1$ e T_4 por meio de um turbo-expansor ideal (isentrópico). Calcule o trabalho líquido do ciclo e ilustre o processo nos diagramas P-v e T-s.

Resolução:
Fornecimento de trabalho específico para o processo de compressão isotérmico 1-2 [Eq. (2.54)],

$$w_T = RT_1 \ln\frac{P_2}{P_1}$$

Fornecimento de calor q_{sol} [Eq. (2.14)]

$$q_{sol} = h_3 - h_1 = C_P(T_3 - T_1)$$

Realização de trabalho específico no processo de expansão isentrópica 3-4 [Eq. (2.64)]

$$w_s = \frac{kR}{k-1}(T_3 - T_4)$$

O trabalho líquido do ciclo, w_{liq}, é:

$$w_{liq} = w_s - w_T =$$

$$= \frac{kR}{k-1}(T_3 - T_4) - RT_1 \ln\frac{P_2}{P_1}$$

ou

$$w_{liq} = RT_1\left[\frac{k}{k-1}\left(\frac{T_3}{T_1} - \frac{T_4}{T_1}\right) - \ln\frac{P_2}{P_1}\right]$$

A fim de explorar mais esse problema, suponha que $T_4 = T_1$ (estado final coincidente com o estado inicial)

$$w_{liq} = RT_1\left[\frac{k}{k-1}\left(\frac{T_3}{T_1} - 1\right) - \ln\frac{P_2}{P_1}\right]$$

Porém, como a expansão do estado 3 para o estado 4 (= 1) se dá de forma isentrópica, a razão de temperaturas pode ainda ser reescrita como o uso da Equação (2.39), isto é:

$$\frac{T_3}{T_1} = \left(\frac{P_2}{P_1}\right)^{\frac{k-1}{k}}$$

Fazendo-se a substituição na equação do trabalho líquido específico, vem que:

$$w_{liq} = RT_1\left\{\frac{k}{k-1}\left[\left(\frac{P_2}{P_1}\right)^{\frac{k-1}{k}} - 1\right] - \ln\frac{P_2}{P_1}\right\}$$

Os diagramas que se seguem ilustram esse ciclo com o estado 4 coincidente com o estado 1.

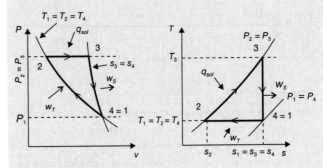

E com os valores de $k = 1,4$ e $R = 0,287$ kJ/kg·K e temperatura ambiente de $T_1 = 300$ K tem-se, após algumas manipulações:

$$w_{liq} = 301,35\left[\left(\frac{P_2}{P_1}\right)^{0,286} - 1\right] - 86,1\ln\left(\frac{P_2}{P_1}\right)$$

Da mesma forma, a fim de ilustrar, considere a definição da eficiência térmica da instalação definida por [Eq. (3.3)]:

$$\eta = \frac{w_{liq}}{q_{sol}}$$

Após a substituição das expressões do trabalho líquido específico e do calor fornecido, obtém-se a seguinte forma final (fica como exercício sua demonstração) da eficiência:

$$\eta = 1 - \frac{\ln\left(\frac{P_2}{P_1}\right)^{\frac{k-1}{k}}}{\left(\frac{P_2}{P_1}\right)^{\frac{k-1}{k}} - 1}$$

Assim, substituindo os valores fornecidos do ar, vem que:

$$\eta = 1 - \frac{\ln\left(\frac{P_2}{P_1}\right)^{0,286}}{\left(\frac{P_2}{P_1}\right)^{0,286} - 1}$$

A figura a seguir mostra os gráficos tanto do trabalho líquido específico quanto da eficiência térmica do ciclo.

Evidentemente, a temperatura do ar no final de recebimento de calor do sol aumentará de acordo com o incremento da razão de pressão. Para saber seu valor, basta usar a relação isentrópica. Com relação à razão de 20, a temperatura é 706,7 K para as condições estabelecidas do ar.

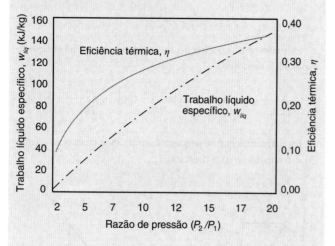

Notas:
a) uma questão importante é: seria possível reproduzir esse ciclo na prática, mesmo com ineficiências? A resposta passa pelo desenvolvimento de um compressor isotérmico. Em princípio, o ciclo poderá ser reproduzido se for desenvolvido um compressor de movimento lento e dotado de um excelente sistema de resfriamento. Alternativamente, pode-se empregar uma compressão estagiada, como analisado no Exemplo 2.9; e
b) note que esse ciclo é parecido com o ciclo de Brayton simples (Seção 3.3 do Capítulo 3), exceto pelo fato de que no ciclo de Brayton o compressor ideal é isentrópico e não isotérmico.

Problemas propostos

2.1 Usando as tabelas de vapor (Apêndice A), determine os estados (líquido, sólido, vapor ou mistura líquido-vapor ou sólido-vapor) da água para as seguintes condições:
   a) $T = 80$ °C e $P = 1,1$ bar
   b) $T = 20$ °C e $P = 12,5$ lbf/in²
   c) $T = 35$ °C e $P = 1,2$ MPa
   d) $T = 5$ °C e $P = 0,87$ kPa

2.2 O verão no Brasil em 2016 foi particularmente quente, comparado com os de outros anos. A diferença entre a máxima temperatura do verão e a mínima no inverno foi de 70 °C. Qual o valor dessa diferença na escala Fahrenheit?

2.3 A pressão absoluta de um tanque fechado vale 145 kPa. Se for usado um manômetro para medir a pressão, qual seria o valor de leitura se a medição ocorresse no litoral (pressão normal de 760 mmHg)? E se fosse medido em São Paulo (700 mmHg)?

2.4 Um reservatório rígido contém água nas fases líquida e vapor em equilíbrio. A água no estado líquido ocupa 0,2 % do volume total do reservatório, que é de 15 litros. Pede-se o volume específico da fase líquida, da fase vapor e o volume específico (médio) da mistura líquido-vapor. Qual o título da mistura?

Dados: a densidade (ou massa específica) da fase vapor = 0,0230 kg/m³ e da fase líquida = 980 kg/m³.

2.5 É comum se dizer que a "água ferve a 100 °C", o que do ponto de vista termodinâmico é apenas parcialmente correto. A frase correta seria dizer que a "água ferve a 100 °C na pressão de 1 atm". Se a pressão da água for superior a 1 atm, a temperatura de vaporização (ebulição) também será superior a 100 °C e, evidentemente, se a pressão for inferior à pressão atmosférica normal de 1 atm, sua temperatura de vaporização (ebulição) também será menor. Então, pergunta-se: se fixarmos a pressão, a temperatura de vaporização das substâncias puras também é fixada? Por quê? Qual seria a temperatura de vaporização da água em um "planeta" hipotético, cuja pressão vale 0,6 kPa? Poderia existir água na fase líquida?

2.6 Um quilograma por segundo de gás nitrogênio a 150 kPa e 20 °C escoa em uma tubulação de 5 cm de diâmetro. Determine a velocidade média e a vazão volumétrica.

2.7 Dióxido de carbono, usado como fluido refrigerante natural em ciclos de refrigeração, sai de um resfriador a 120 bar e 60 °C no estado líquido saturado e passa por um orifício que causa um estrangulamento em que sua pressão é reduzida a 14 bar. Determine o estado do fluido (temperatura, T, e título, x) após o estrangulamento (use uma tabela termodinâmica de CO_2).

2.8 Água líquida a 150 °C e 2200 kPa é estrangulada e injetada na câmara de um evaporador instantâneo (*flash*) que está a 400 kPa. Desprezando a variação de energia cinética que ocorre no processo, determine as frações mássicas de líquido e de vapor injetadas na câmara.

2.9 Uma pequena caldeira produz vapor d'água saturado a 100 °C por meio de uma resistência elétrica de 3 kW de potência. A água evaporada é reposta no estado líquido a 25 °C. Determine a taxa de evaporação da água em kg/s, sabendo que a pressão é normal.

2.10 Uma turbina é alimentada com 0,5 kg/s de água a 800 kPa, 300 °C e com velocidade de 10 m/s. O vapor saturado seco é descarregado da turbina a 100 kPa. A velocidade na seção de descarga é pequena. Determine o trabalho específico e a potência gerada pela turbina.

2.11 O rotor de um moinho de vento apresenta diâmetro igual a 20 m e o moinho transforma 30 % da energia cinética do vento em trabalho de eixo girante. Determine a potência gerada pelo moinho em um dia em que a temperatura e a velocidade do vento são iguais a 20 °C e 30 km/h, respectivamente.

2.12 Considere uma grande sala de aula em pleno verão com 150 estudantes, cada um dissipando 60 W de taxa de calor sensível (apenas aquecimento, sem evaporação da água).* Todas as luzes, totalizando 6,0 kW de potência nominal, são mantidas acesas. A sala não tem paredes externas e, portanto, a taxa de ganho de calor pelas paredes e pelo teto é desprezível. Ar-condicionado está disponível a 15 °C, e a temperatura do ar de retorno não deve exceder 25 °C. Determine o fluxo de massa de ar, em kg/s, que precisa ser fornecido para a sala para manter constante a temperatura média da sala. Qual a vazão volumétrica de ar nas condições de insuflamento?

* Os seres humanos também produzem "calor latente" associado com a energia (entalpia) de evaporação da água.

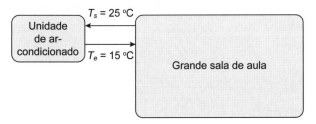

2.13 Suponha que seu automóvel tenha uma potência máxima de 95 HP, mas que esteja produzindo apenas 32 HP e consumindo 13,5 km/l quando você viaja a 100 km/h. Determine o rendimento global do motor, admitindo uma densidade da gasolina de 840 kg/m³ e um poder calorífico inferior (PCI) de 42 MJ/kg.

Dica:

$$\eta = \frac{\text{Potência de eixo do motor}}{\text{taxa de energia liberada pelo combustível}} = \frac{\text{Potência de eixo do motor}}{\dot{m}_{comb} \times \text{PCI}}$$

Use as unidades coerentes e obtenha os fatores de conversão de unidades.

2.14 A potência no eixo do motor de um automóvel é 120 HP e a eficiência térmica do motor é igual a 28 %. Sabendo que a queima do combustível fornece 36.000 kJ/kg ao motor, determine a potência térmica transferida para o ambiente e a vazão mássica de combustível consumido em kg/s.

2.15 Determine o consumo de gás natural de uma pequena turbina a gás que produz uma potência elétrica de 25 kWe, sabendo que seu rendimento global vale 22 %. (Dica: obtenha o PCI do GN.) Agora, refaça os cálculos assumindo que o combustível é gás liquefeito de petróleo (GLP). Finalmente, considere que o combustível seja gás de síntese (ou *syngas*) de médio poder calorífico inferior (veja o Capítulo 12.)

2.16 Vapor d'água se expande em uma pequena turbina adiabática de 8000 kPa e 400 °C até 200 kPa com uma vazão de 2 kg/s. Se o vapor d'água deixar a turbina como vapor saturado seco, determine a potência produzida pela turbina. Calcule também a taxa de geração de entropia, $\dot{S}_G$. Sob que condições, a potência de eixo seria máxima para essa máquina adiabática? Qual seu valor nessas condições?

2.17 Uma massa de um quilograma de um gás ideal à temperatura T passa por um processo isotérmico reversível da pressão P_1 até a pressão P_2, enquanto perde uma quantidade de calor Q para a vizinhança à temperatura T. Se a constante do gás for R, determine a variação da entropia específica do gás Δs durante esse processo.

2.18 Um conjunto cilindro-pistão contém 1 kg de água a 20 °C e o volume é de 0,1 m³. O pistão então é travado e transfere-se calor à água até que o estado de vapor saturado seja atingido. Determine a temperatura da água no estado final e o calor transferido no processo.

2.19 Um conjunto cilindro-pistão contém um quilograma de ar. Inicialmente, a pressão e a temperatura são iguais a 300 kPa e 500 K. O ar é então expandido até a pressão de 200 kPa, em processo adiabático e reversível (isentrópico). Calcule o trabalho realizado pelo ar.

2.20 Um compressor de ar adiabático deve ser acionado pelo acoplamento direto com o eixo de uma turbina a vapor adiabática. No mesmo eixo, está também acoplado um gerador elétrico. Portanto, a turbina a vapor aciona, simultaneamente, o compressor e o gerador elétrico no mesmo eixo. O vapor d'água entra na turbina a 12 MPa e 520 °C à vazão de 24 kg/s e sai a 10 kPa e título de 88 %. O ar entra no compressor a 100 kPa e 25 °C a uma vazão mássica de 12 kg/s e sai a 1 MPa e 350 °C. Determine a potência líquida fornecida ao gerador pela turbina.

Bibliografia

MORAN, M. J.; SHAPIRO, H. N. *Princípios de termodinâmica para engenharia*. 4. ed. Rio de Janeiro: LTC, 2002.

SIMÕES-MOREIRA, J. R. *Notas de Aula do curso de especialização em energias renováveis, geração distribuída e eficiência energética*. São Paulo: PECE, Escola Politécnica da USP, 2024.

VAN WYLEN, G. J.; BORGNAKKE, C.; SONNTAG, R. E. *Fundamentos da termodinâmica*. 6. ed. São Paulo: Edgard Blücher, 2003.

3

CICLOS TÉRMICOS DE POTÊNCIA E DE REFRIGERAÇÃO[1]

JOSÉ ROBERTO SIMÕES MOREIRA

Laboratório de Sistemas Energéticos Alternativos e
Renováveis (SISEA)
Departamento de Engenharia Mecânica da Escola Politécnica
da Universidade de São Paulo (Poli-USP)

A sociedade moderna consome grande quantidade de energia útil. Consequentemente, há necessidade de um fornecimento contínuo de energia para atender a essa crescente demanda. Engenheiros e profissionais envolvidos no processo de decisão das tecnologias e políticas energéticas devem considerar alguns fatores antes de decidir por um ou outro modo de obtenção dessa energia útil, considerando a disponibilidade e a abundância das fontes energéticas.

Entre as fontes de energia, podem ser citadas a energia química armazenada em moléculas de carvão, madeira, óleo, gás natural, hidrogênio, biomassa e hidrocarbonetos, no sentido amplo; a energia nuclear, bem como a energia potencial gravitacional de reservatórios de água, energia cinética dos ventos, a das ondas e marés, entre outras, como bem discutido de forma introdutória no Capítulo 1 e com mais profundidade nos demais capítulos. A radiação solar também consiste em outra fonte, tanto para conversão direta em energia elétrica, como para aquecimento de água e ambientes, bem como para a produção de vapor d'água. Evidentemente, a escolha vai se basear na disponibilidade de tal fonte, nas tecnologias e custos envolvidos em sua exploração e no uso final. Neste capítulo, são considerados somente os ciclos térmicos de produção de energia útil (trabalho de eixo da máquina) que usam energia térmica como fonte. Portanto, trata-se de tecnologias de transformação de energia térmica (calor) em trabalho por meio de máquinas térmicas. Na última parte do capítulo, são

apresentados os ciclos de refrigeração para condicionamento ambiental e conservação de alimentos e produtos diversos.

3.1 Ciclo térmico de Carnot

Em virtude da Segunda Lei da Termodinâmica apresentada na Seção 2.6 do Capítulo 2, a contínua e cíclica produção de trabalho mecânico útil (como um eixo girante) se dá pelo recebimento de calor de uma fonte ou reservatório térmico de alta temperatura (uma fonte de energia térmica, como uma câmara de combustão) e a sua transformação em trabalho, como pelo movimento alternativo de pistões ou pelo giro do eixo de uma turbina. Posteriormente, parte do calor fornecido deve ser rejeitada para um corpo d'água, como rios, lagos e o próprio mar, bem como para a atmosfera, os quais constituem uma absorvedouro ou reservatório térmico de baixa temperatura. Um equipamento que opera de forma cíclica e contínua de transformação de calor em trabalho útil é chamado de **máquina térmica**. A operação das máquinas térmicas é dependente:

- de fonte ou reservatório térmico de fornecimento de calor, Q_H, de alta temperatura, T_H;
- de absorvedouro ou reservatório térmico de rejeição de calor, Q_L, de baixa temperatura, T_L;
- do próprio aspecto construtivo da máquina conversora de calor em trabalho líquido, $W_{líq}$.

Naturalmente, no caso da produção de energia elétrica, há ainda necessidade de máquina conversora de trabalho

---

[1] Na primeira edição desta obra, contribuiu parcialmente com este capítulo o Prof. Marcos de Mattos Pimenta.

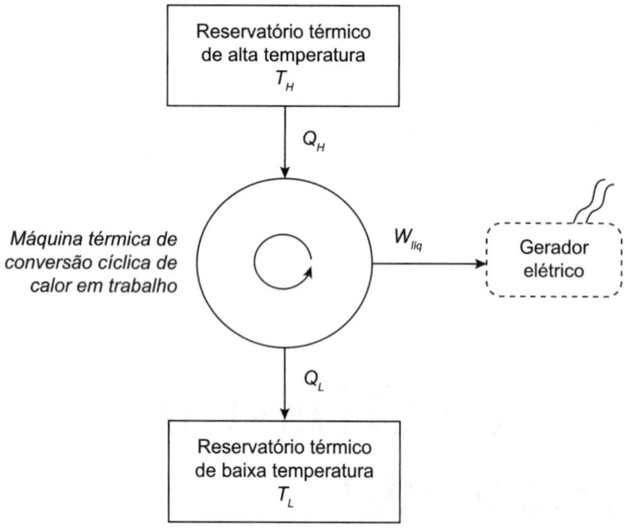

38 CAPÍTULO 3

FIGURA 3.1 Máquina térmica de conversão de energia térmica em trabalho de eixo girante de forma cíclica.

mecânico de eixo girante em energia elétrica, que é o gerador elétrico. Esses elementos estão ilustrados na Fig. 3.1.

As máquinas térmicas operam em ciclos e envolvem interações de trabalho e calor, além de ter diferentes graus de complexidade construtiva. As conversões mecânicas dependem do projeto de passagens para o fluido e sua movimentação, e as forças envolvidas dependerão do escoamento no seu interior (como em pás de turbinas) e de suas características, bem como suas interações com os meios circundantes.

O transporte de energia térmica entre os reservatórios térmicos e a máquina térmica deve ser feito por meio de um fluido de trabalho. O fluido mais comum nas centrais termelétricas e centrais nucleares é a água, enquanto o ar atmosférico e produtos de combustão são os fluidos de trabalho de motores de combustão interna e turbinas a gás. Presentemente, outros fluidos de trabalho têm sido empregados em pequenas instalações nos chamados *ciclos orgânicos de Rankine* (Seção 3.2.7). Em determinadas situações operacionais, metais líquidos podem ser usados em alguns tipos de usinas nucleares e em termelétricas. Em outros tipos de usinas nucleares emprega-se o gás hélio.

Como a conversão de energia térmica em trabalho ocorre de forma contínua, geralmente os ciclos de conversão são também chamados ciclos de potência (potência refere-se à taxa de conversão de energia na unidade de tempo, ou seja, joules/s ou watts). O ciclo de potência em que o fluido muda de fase (evaporação e condensação) é chamado **ciclo a vapor de potência**. No caso em que o fluido de trabalho permanece na fase gasosa, o ciclo recebe o nome de **ciclo a gás de potência**.

Finalmente, a seleção por um tipo específico de ciclo vai depender de uma série de fatores, entre os quais: as temperaturas e pressões envolvidas; os reservatórios térmicos e suas respectivas temperaturas disponíveis; as potências requeridas; e os custos de implantação, manutenção e operação envolvidos. Evidentemente, há também a necessidade de uma análise termoeconômica antes que se decida por um ou outro tipo de ciclo.

Nas seções seguintes são apresentados os ciclos de potência mais empregados, embora não sejam os únicos. Em primeiro

lugar, será revisado o *ciclo térmico de Carnot*, que é a base teórica para a análise dos ciclos térmicos.

3.1.1 Ciclo de Carnot

Suponha que, por um processo qualquer de combustão (ou energia solar, fissão nuclear, ou outro meio de aquecimento), energia térmica seja liberada e fique disponível para ser usada a determinada temperatura elevada, a que se dá o símbolo T_H (*high temperature*). Suponha, também, que exista um reservatório térmico de baixa temperatura T_L (*low temperature*) para onde calor possa ser rejeitado. Finalmente, trabalho líquido W_{liq} (*work*) seja produzido em razão dos aspectos construtivos de uma dada máquina que receba calor a T_H e rejeite parte deste calor a T_L. Em uma operação contínua e cíclica de transformação dessa energia térmica em trabalho, a pergunta natural é: "qual é a máxima conversão possível do calor disponível àquela alta temperatura T_H em trabalho útil? Claro, considerando também que a rejeição de calor se dê a temperatura T_L". Colocada essa questão de forma alternativa, deseja-se saber qual deve ser a máxima eficiência térmica teórica do ciclo de conversão de calor em trabalho. Para responder a essa questão, primeiramente considere a Equação (3.1) e a definição de eficiência térmica.

Pela Primeira Lei da Termodinâmica (Seção 2.5), sabe-se que o trabalho útil líquido do ciclo é igual à diferença entre os calores fornecido, Q_H, e rejeitado, Q_L, ou, em termos matemáticos,

$$W_{liq} = Q_H - Q_L \tag{3.1}$$

É útil que esta expressão também seja definida em termos de taxa temporal. Para tanto, um "ponto" é usado sobre a grandeza, de forma que a Equação (3.1) possa ser reescrita, agora em termos de taxa temporal, como:

$$\dot{W}_{liq} = \dot{Q}_H - \dot{Q}_L \tag{3.2}$$

em que:

$\dot{W}_{liq}$ = potência líquida de eixo, em watts, disponível na máquina térmica para acionamento de, por exemplo, um gerador elétrico ou o acionamento do eixo de outra máquina;

$\dot{Q}_H$ = taxa de calor proveniente do reservatório térmico de alta temperatura T_H, em watts;

$\dot{Q}_L$ = taxa de calor rejeitado para o reservatório térmico de baixa temperatura T_L, em watts.

Define-se **rendimento** ou **eficiência térmica** η_T como a razão entre "o efeito desejado e o valor pago para produzir esse efeito em termos energéticos" pelo ciclo térmico. No presente caso, trata-se, portanto, da razão entre a potência líquida de eixo produzida e a taxa de calor fornecido [já com o emprego da Eq. (3.2)], ou seja:

$$\eta_T = \frac{\dot{W}_{liq}}{\dot{Q}_H} = \frac{\dot{Q}_H - \dot{Q}_L}{\dot{Q}_H} = 1 - \frac{\dot{Q}_L}{\dot{Q}_H} \tag{3.3}$$

Para o ciclo de Carnot, ainda é possível mostrar que a razão entre as taxas de calor que aparece na Equação (3.3) é dada pela razão entre as temperaturas absolutas dos reservatórios térmicos, T_L e T_H (veja o problema proposto 3.2), ou seja:

$$\eta_C = 1 - \frac{\dot{Q}_L}{\dot{Q}_H} = 1 - \frac{T_L}{T_H} \qquad (3.4)$$

Esta é a **eficiência térmica de Carnot**, η_C. Esta equação tem consequências muito relevantes. Em primeiro lugar, informa que a eficiência térmica máxima teórica está associada tão somente com a razão entre as temperaturas absolutas dos reservatórios térmicos. Em segundo lugar, a única possibilidade de ter uma máquina térmica com eficiência de 100 % é que a máquina rejeite o calor para um reservatório que esteja a zero absoluto ($T_L = 0$ K). Tal reservatório não existe naturalmente no planeta Terra, de forma que somente máquinas com menos de 100 % de eficiência térmica de conversão de calor em trabalho podem ser construídas (no entanto, no espaço existe a possibilidade teórica de se obterem máquinas com eficiências térmicas elevadas, visto que é possível usar o espaço como um reservatório térmico de baixa temperatura, cuja temperatura equivalente é da ordem de alguns kelvins). Em geral, os reservatórios térmicos naturais (rios, lagos, mar e a atmosfera) têm uma temperatura em torno de 260 a 310 K, variáveis ao longo do ano. Para efeitos ilustrativos, pode-se assumir um valor de 300 K. Dessa maneira, a eficiência térmica de Carnot é limitada pela temperatura do reservatório de temperatura mais elevada (fonte de calor à temperatura T_H), como dado pela Equação (3.4). O gráfico da Fig. 3.2 ilustra a eficiência térmica de Carnot como função da temperatura T_H para $T_L = 300$ K, um valor típico para a temperatura do ambiente. Portanto, como se depreende da análise daquela figura, verifica-se que a eficiência térmica aumenta continuamente com a elevação da temperatura T_H.

Exemplificando, suponha que se possa atribuir uma temperatura de 600 °C para dado processo de combustão. Qual é a máxima eficiência térmica possível para um ciclo térmico que opere entre essa temperatura e o meio ambiente (300 K)? Da Equação (3.4), tem-se:

$$\eta_C = 1 - \frac{T_L}{T_H} = 1 - \frac{300}{273,15 + 600} = 0,6564 = 65,64 \%$$

Este é o limite de conversão cíclica de calor em trabalho. Nenhum ciclo térmico real pode ultrapassar esse índice para estes dois níveis de temperatura.

O ciclo de Carnot é um ciclo idealizado que assume que não há nenhuma perda de energia útil nos processos de conversão, ou seja, todos os processos termodinâmicos de conversão são *processos reversíveis*. Atrito, trocas de calor com diferenças finitas de temperaturas, expansões não resistidas são formas de perdas que dão origem a irreversibilidades no ciclo, efeitos geralmente indesejáveis.

O ciclo térmico de Carnot é formado por quatro processos fundamentais:

1. Recebimento de calor isotérmico reversível de uma fonte de temperatura elevada T_H.
2. Realização de trabalho pela expansão do fluido de trabalho por um processo adiabático e reversível (isentrópico).
3. Rejeição de calor isotérmico reversível para um reservatório de baixa temperatura T_L.
4. Compressão do fluido de trabalho por um processo adiabático e reversível (isentrópico).

Nos processos (2) e (4) indicados surge o conceito de processo adiabático e reversível. Tal processo recebe o nome de isentrópico e se refere ao processo sofrido pelo fluido de trabalho sem que sua entropia seja alterada, como discutido na Seção 2.6 do Capítulo 2. Isso significa que o máximo trabalho é extraído pela máquina térmica do fluido de trabalho.

O ciclo de Carnot é uma teorização de um ciclo em que se poderia obter a máxima eficiência térmica e que não está associado a nenhuma máquina, equipamento ou fluido de trabalho. Esse ciclo foi concebido pelo engenheiro francês Sadi Carnot e publicado em seu famoso livro de 1824 (*Reflections on the motive power of fire*).

No diagrama temperatura-entropia, o ciclo de Carnot é representado por um retângulo cujas arestas representam os quatro processos resumidos a seguir, como ilustrado na Fig. 3.3:

- 1-2 Processo de compressão adiabático e reversível (isentrópico);
- 2-3 Processo isotérmico reversível de fornecimento de calor, Q_H a T_H;

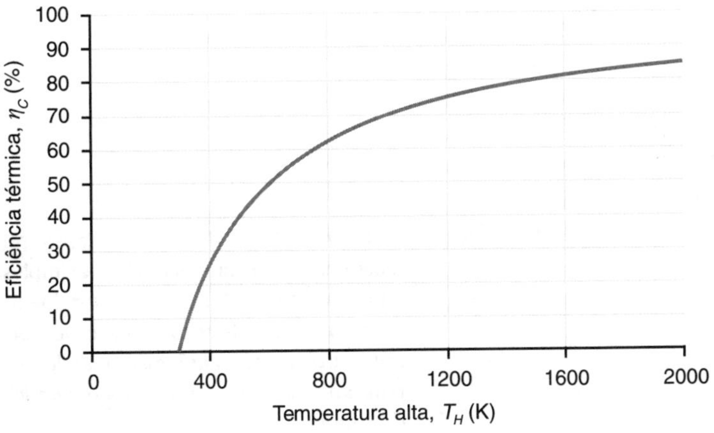

FIGURA 3.2 Eficiência térmica do ciclo de Carnot para $T_L = 300$ K.

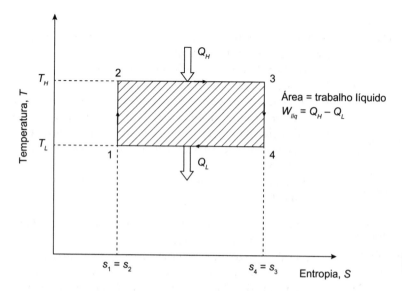

FIGURA 3.3 Representação do ciclo de Carnot no diagrama T-S.

- 3-4 Processo de expansão adiabático e reversível (isentrópico) com produção de trabalho;
- 4-1 Processo isotérmico reversível de rejeição de calor, Q_L a T_L.

Uma vez mais é importante frisar que o ciclo de Carnot é uma referência teórica. Entretanto, percebe-se que é possível na prática se aproximar desse ciclo, graças ao fato de que as substâncias simples, como a água e outras substâncias puras, manterem temperatura constante durante o processo de mudança de fase em pressão constante. Assim, utiliza-se essa característica do processo de mudança de fase para se tentar reproduzir no mundo real as vantagens do ciclo de Carnot. Com isso, chega-se finalmente ao ciclo de Carnot, agora ilustrado pelo retângulo no diagrama T-s de uma substância pura como a água, e os equipamentos ideais necessários, tudo isso indicado na Fig. 3.4.

Referindo-se à Fig. 3.4, calor, Q_H, é adicionado ao ciclo no processo 2-3 à temperatura constante T_H. Como se sabe, pressão e temperatura permanecem inalteradas nesse processo em

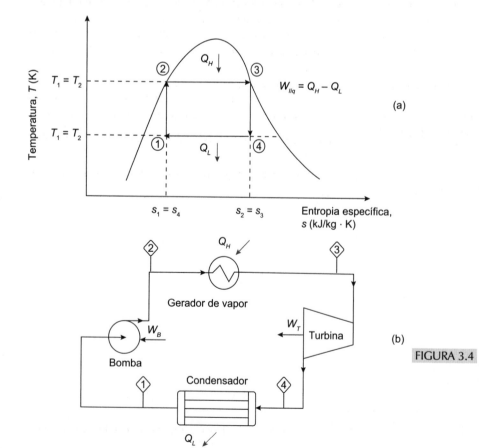

FIGURA 3.4 (a) Representação do ciclo de Carnot no diagrama T-s de uma substância simples como a água. (b) Equipamentos ideais necessários à realização do ciclo de Carnot: turbina (ou outra máquina de expansão), condensador, bomba e gerador de vapor.

virtude da vaporização da água. O equipamento empregado para isso é o **gerador de vapor** ou **caldeira**, que fornece calor mediante a queima de um combustível. Pode ser também uma **caldeira de recuperação** de um ciclo combinado (Seção 3.8.4).

No processo 3-4 ocorre uma expansão adiabática e reversível (isentrópica), com a realização de trabalho, W_T, de eixo na **turbina ideal** ou outra máquina de expansão (máquina a vapor, turboexpansor). A rejeição de calor, Q_L, ocorre no **condensador**, trazendo o fluido de trabalho do estado 4 para o estado 1 por meio da condensação do vapor expandido na turbina devido à rejeição de calor para algum meio. Esse processo ocorre em pressão e temperatura constantes. Finalmente, uma **bomba** ideal eleva a pressão da mistura bifásica do estado 1 para o estado 4 de forma adiabática e reversível (isentrópica), fechando o ciclo. Na prática, existem as dificuldades tecnológicas de se obter o ciclo de Carnot e, por isso, define-se o chamado ciclo de Rankine, objeto da próxima seção.

3.2 Ciclo de Rankine

O ciclo de Rankine contorna algumas dificuldades tecnológicas do ciclo de Carnot para a utilização prática em ciclos de potência. Há diversas variações do ciclo, mas o estudo tem início pelo ciclo de Rankine simples. Esse ciclo, com suas variâncias, é o ciclo de potência empregado em muitas centrais termelétricas movidas a combustível fóssil, biomassa e centrais nucleares, bem como com energia solar.

3.2.1 Ciclo de Rankine simples

O ciclo de Rankine simples é uma modificação do ciclo de Carnot no que tange ao processo de bombeamento isentrópico 1-2 da Fig. 3.4(a). Com efeito, dificuldades tecnológicas impedem que uma bomba seja construída para fins práticos com a finalidade de bombear uma mistura bifásica de líquido e vapor, como é o caso do estado 1 da Fig. 3.4(a). Assim, a modificação necessária a ser introduzida no ciclo

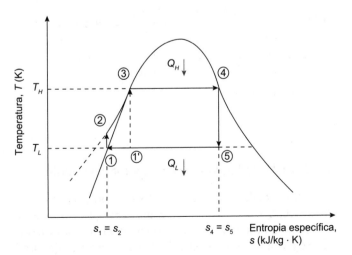

FIGURA 3.5 Ciclo de Rankine simples.

de Carnot é a condensação completa do fluido de trabalho, trazendo o estado 1 para a curva de saturação, como ilustrado na Fig. 3.5. Nessa figura, o estado original 1 da Fig. 3.4 é representado agora por 1', e o fluido sofre uma completa condensação até o estado 1. Ainda com referência a essa figura, o estado ao final do bombeamento do líquido é o estado 2. Nesse ponto, a segunda modificação do ciclo ocorre, ou seja, o processo de adição de calor que, no ciclo de Carnot original, era isotérmico [processo 2-3 na Fig. 3.4(a)], torna-se agora isobárico (pressão constante). Esse processo ocorre no gerador de vapor, tendo o líquido de entrada no estado 2 que sofre aquecimento até atingir a temperatura de saturação $T_3 = T_4$, seguido de vaporização para deixar o gerador de vapor na condição de vapor saturado seco no estado 4.

Em virtude da ocorrência de uma redução na temperatura média de adição de calor no ciclo de Rankine (ciclo 1-2-3-4-5-1) quando comparado com o ciclo de Carnot equivalente (ciclo 1'-3-4-5-1') da Fig. 3.5, haverá uma redução da eficiência térmica do ciclo.

Os equipamentos necessários à realização do ciclo de Rankine simples continuam os mesmos do ciclo de Carnot. O balanço energético, Equação (2.23), de cada componente é dado a seguir, desprezando-se a energia cinética e potencial:

Gerador de vapor: $q_H = h_4 - h_2$ (3.5)

Turbina: $w_T = h_4 - h_5$ (3.6)

Condensador: $q_L = h_5 - h_1$ (3.7)

Bomba: $w_B = h_2 - h_1$ (3.8)

Trabalho líquido: $w_{liq} = w_T - w_B$ (3.9)

em que h se refere às entalpias específicas, os índices são os estados indicados no ciclo da Fig. 3.5 e os índices "B" e "T" significam bomba turbina, respectivamente. As interações de calor e de trabalho indicadas nas expressões anteriores são específicas, ou seja, por unidade de vazão mássica em kJ/kg no SI. Desse modo, a potência gerada pela turbina $\dot{W}_T$ é dada pelo produto $\dot{m} \times w_T$, em que $\dot{m}$ é a vazão mássica do fluido de trabalho que percorre todo o ciclo, e w_T o trabalho específico. Portanto, a potência líquida gerada pelo ciclo é $\dot{W}_{liq} = \dot{m} \times w_{liq}$.

Convém ressaltar que na bomba o trabalho específico ainda pode ser calculado considerando que o líquido é incompressível, isto é, o volume específico v é constante, conforme visto na Seção 2.8.1 do Capítulo 2. Com isso, tem-se que na região de líquido um processo isentrópico é dado por

$$w_B = h_2 - h_1 \approx v_1 (P_2 - P_1)$$ (3.10)

Essa equação é outra versão da Equação (2.44).

Para o cálculo das propriedades da água será empregada a tabela de propriedades da água do Apêndice A.

Exemplo 3.1

Um ciclo de Rankine simples opera com água entre as pressões de 10 kPa (0,1 bar) e 15 MPa (150 bar). Determine:
a) a eficiência térmica do ciclo de Carnot equivalente;
b) a eficiência térmica do ciclo – compare e comente;
c) a vazão mássica de água necessária por unidade de potência produzida (kg/kW).

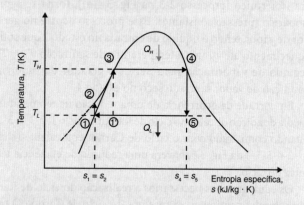

Dados (propriedades interpoladas da tabela do Apêndice A):

P (kPa)	T (°C)	h_L (kJ/kg)	h_V (kJ/kg)	s_L (kJ/kg·K)	s_V (kJ/kg·K)
10	45,81	191,81	2584,6	0,6492	8,1501
10.000	342,24	1610,5	2610,5	3,6847	5,3097

Resolução:

a) Cálculo da eficiência térmica do ciclo de Carnot equivalente:

$$T_L = 45,81 + 273,15 = 318 \text{ K}$$

$$T_H = 342,24 + 273,15 = 615,39 \text{ K}$$

$$\eta_{Carnot} = 1 - \frac{T_L}{T_H} = 1 - \frac{318,96}{615,39} = 0,4817 = 48,17\%$$

b) Cálculo da eficiência térmica real do ciclo:

Trabalho líquido: $w_{liq} = w_T - w_B$

Trabalho na bomba

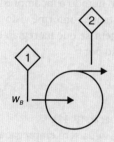

$w_B = h_2 - h_1 = v_1(P_2 - P_1)$
$= 0,001 \times (15.000 - 10) =$
$14,99 \text{ kJ/kg}$

$h_2 = h_1 + w_B = 191,81 + 14,99 = 206,8 \text{ kJ/kg}$

Trabalho na turbina

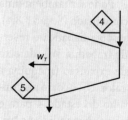

$w_T = h_4 - h_5$

De estado 4 para o estado 5: processo isentrópico. De onde se sabe que $s_4 = s_5$.
Assim, o título na descarga da turbina, x_5, pode ser calculado:

$$s_4 = s_5 = x_5 \times s_{v5} + (1 - x_5) \times s_{L5} \Rightarrow$$

$$x_5 = \frac{s_4 - s_{L5}}{s_{v5} - s_{L5}} = \frac{5,3097 - 0,6492}{8,1501 - 0,6492}$$
$$= 0,6213 = 62,13\%$$

Então:

$$h_5 = x_5 \times h_{v5} + (1 - x_5) \times h_{L5}$$
$$= 0,6213 \times 2584,6 +$$
$$(1 - 0,6213) \times 191,81 \Rightarrow$$
$$h_5 = 1678,4 \text{ kJ/kg}$$

Assim,

$$w_T = h_4 - h_5 = 2610,5 - 1678,4$$
$$= 932,1 \text{ kJ/kg}$$

O trabalho líquido

$$w_{liq} = w_T - w_B = 932,1 - 14,99$$
$$= 917,1 \text{ kJ/kg}$$

Dessa forma, o calor fornecido por unidade de massa pode ser calculado:

$$q_H = h_4 - h_2 = 2610,5 - 206,8$$
$$= 2403,7 \text{ kJ/kg}$$

$$\eta_{Rankine} = \frac{w_{liq}}{q_H} = \frac{917,1}{2403,7}$$
$$= 0,3815 = 38,15\%$$

c) Cálculo da vazão mássica:

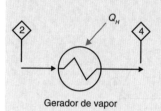

Gerador de vapor

Suponha 1 kW:

$$\dot{m} = \frac{3600}{917,1} = 3,925 \text{ kg/kW}\cdot\text{h}$$

$\eta_{Rankine} < \eta_{Carnot} \Rightarrow$
$T_{H\text{média Rankine}} < T_{H\text{Carnot}}$

3.2.2 Ciclo de Rankine com superaquecimento

No ciclo de Rankine simples da seção anterior, o vapor saturado ($x = 100\%$) é expandido na turbina isentrópica no processo 4-5, como indicado na Fig. 3.5. Porém, durante esse processo ocorre a condensação parcial do vapor no interior da turbina e, na saída da máquina, uma mistura de líquido e vapor estará presente. Com isso, ocorre um problema operacional: a presença de uma quantidade muito grande de gotículas de líquido em alta velocidade que, pelo seu impacto, ocasionam a erosão das pás das turbinas. Como regra geral, deve-se evitar o título do vapor baixo, que precisa ficar sempre acima de 90 %. Para contornar esse problema, é introduzida a primeira modificação no ciclo de Rankine simples. Trata-se de superaquecer o vapor na saída do gerador de vapor antes de expandi-lo na turbina, como ilustrado na Fig. 3.6. Dessa forma, o vapor na entrada da turbina é superaquecido (estado 5) e não mais saturado, o que vai elevar o título na saída da turbina (estado 6). O equipamento utilizado para esse fim é o *superaquecedor*. Esse ciclo está ilustrado na Fig. 3.6.

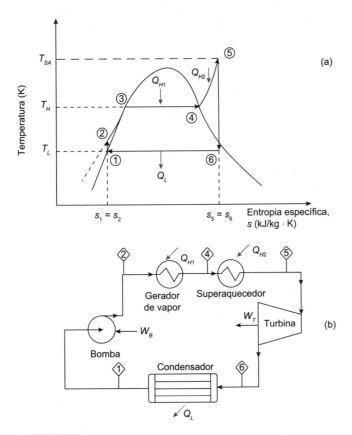

FIGURA 3.6 (a) Ciclo de Rankine com superaquecedor; (b) componentes do ciclo.

Evidentemente que, ao se aquecer o fluido de trabalho (água) a temperaturas mais elevadas, será obtido um rendimento térmico superior ao ciclo sem superaquecimento (temperatura média de trabalho mais elevada), sem necessidade de aumentar a pressão de trabalho. Entretanto, existe o problema de a temperatura final poder alcançar valores por demais elevados, o que implicaria problemas de uso de materiais construtivos e outros problemas operacionais, além do custo adicional do equipamento ou de um estágio de superaquecimento na própria caldeira.

Exemplo 3.2

Um ciclo de Rankine com superaquecimento opera com água entre as pressões de 10 kPa (0,1 bar) e 4 MPa (40 bar) e uma temperatura final de superaquecimento de 600 °C. Determine:

a) as trocas térmicas em cada equipamento (gerador de vapor, superaquecedor e condensador);
b) a eficiência térmica do ciclo;
c) o consumo de vapor d'água necessário por unidade de potência produzida (kg/kWh).

Resolução:
As propriedades termodinâmicas foram obtidas das Tabelas dos Apêndices A e B. Para a pressão de 10 kPa, os valores foram interpolados. Os índices se referem aos da Fig. 3.6.

a) Cálculo das trocas térmicas em cada equipamento:
Antes é preciso determinar h_2. A potência específica de bombeamento é:

$$w_B = h_2 - h_1 = v_1(P_2 - P_1) = 0,001 \times (4000 - 10) = 3,99 \text{ kJ/kg}$$

De onde vem que:

$$h_2 = h_1 + w_B = 191,81 + 3,99 = 195,8 \text{ kJ/kg}$$

Para o gerador de vapor, tem-se:

$$q_{GV} = h_4 - h_2 = 2801,4 - 195,8 = 2605,6 \text{ kJ/kg}$$

Para o superaquecedor, tem-se:

$$q_{SA} = h_5 - h_4 = 3674,4 - 2801,4 = 873,0 \text{ kJ/kg}$$

A taxa total de calor por unidade de massa recebido é

$$q_H = q_{GV} + q_{SA} = 2605,6 + 873,0 = 3478,6 \text{ kJ/kg}$$

Para a turbina, tem-se o processo isentrópico. De onde se sabe que s_6 vale s_5 = 7,3688 kJ/kg K (Apêndice B).
Assim, o título na descarga da turbina, x_5, pode ser calculado:

$$s_6 = s_5 = x_6 \times s_{v6} + (1 - x_6) \times s_{L6} \Rightarrow$$

$$x_6 = \frac{s_5 - s_{L6}}{s_{v6} - s_{L6}} = \frac{7,3688 - 0,6492}{8,1501 - 0,6492} = 0,8958 = 89,58\%$$

Então, pode-se determinar a entalpia específica na saída da turbina (entrada do condensador):

$$h_6 = x_6 \times h_{v6} + (1 - x_6) \times h_{L6} = 0,8958 \times 2584,6$$
$$+ (1 - 0,8958) \times 191,81 \Rightarrow h_6 = 2335,3 \text{ kJ/kg}$$

Assim,

$$q_{cond} = h_6 - h_1 = 2335,3 - 191,81 = 2143,5 \text{ kJ/kg}$$

b) A eficiência térmica:

$$\eta_T = \frac{w_{liq}}{q_H} = \frac{q_H - q_{cond}}{q_H} = 1 - \frac{q_{cond}}{q_H} = 1 - \frac{2143,5}{3478,6}$$
$$= 0,3838 \text{ ou } 38,38\,\%$$

c) O consumo de vapor d'água necessário por unidade de potência produzida:

$$\dot{m} = \frac{1}{w_{liq}} = \frac{1}{1334,8} = 0,000749\,\text{kg/kWs} = 2,7\,\text{kg/kWh}$$

3.2.3 Ciclo de Rankine com reaquecimento

Nessa configuração, pretende-se aproveitar a vantagem de trabalhar com pressão e temperatura elevadas e ainda evitar uma quantidade excessiva de líquido nos estágios de baixa pressão da turbina. Esse ciclo está ilustrado no diagrama T-s da Fig. 3.7(a) e esquematizado na Fig. 3.7(b).

O ciclo opera assim: vapor superaquecido (estado 4) é expandido primeiramente no estágio de alta pressão (AP) da turbina (ou em uma turbina de alta pressão, se houver duas turbinas). A expansão se dá até um valor intermediário de pressão (estado 5). O fluido de trabalho sofre um novo processo de aquecimento e aumento de temperatura no reaquecedor, em processo de pressão constante até a temperatura T_6 igual à temperatura máxima do ciclo, T_{SA} (pode ser outro valor também). O fluido, então, retorna para o estágio de baixa pressão (BP) da turbina (ou para a turbina de baixa pressão, se for um arranjo de duas turbinas), dando continuidade à expansão até a baixa pressão de condensação (estado 7).

Observando a Fig. 3.7(a), nota-se que a técnica empregada é a de "contornar" o ramo de vapor saturado a fim de minimizar a quantidade de líquido na corrente de vapor que se expande na turbina, ou, manter o título elevado. Isso se dá porque o ramo de vapor saturado da água é pouco inclinado, como visto no diagrama T-s.

Exemplo 3.3

Um ciclo de Rankine com reaquecimento opera com água entre as pressões de 10 kPa (0,1 bar) e 15 MPa (150 bar) e uma temperatura final de superaquecimento de 550 °C. A turbina consiste em dois estágios: no estágio de alta pressão o vapor é expandido até 1 MPa (10 bar) e, posteriormente, o vapor é reaquecido até a temperatura de 550 °C. Determine:

a) as trocas térmicas em cada equipamento (gerador de vapor, superaquecedor, reaquecedor e condensador);
b) a eficiência térmica do ciclo;
c) o consumo de vapor d'água necessário por unidade de potência produzida (kg/kWh).

Resolução:
Usando a Fig. 3.7 como referência, para o gerador de vapor, tem-se:

$$q_{GV} = h_3 - h_1$$

a) Primeiro, determina-se h_1 a partir do balanço energético na bomba:

$$w_B = h_2 - h_1 = v_1(P_2 - P_1) = 0,001\,(15.000 - 10) =$$
$$= 14,99\,\text{kJ/kg}$$

Logo,

$$h_2 = h_1 + w_B = 191,81 + 14,99 = 206,8\,\text{kJ/kg}$$

Então,

$$q_{GV} = 2610,5 - 206,8 = 2403,7\,\text{kJ/kg}$$

Para o superaquecedor, tem-se:

$$q_{SA} = h_4 - h_3 = 3448,6 - 2610,5 = 838,1\,\text{kJ/kg}$$

Para o reaquecedor, tem-se:

$$q_R = h_6 - h_5$$

Nesse ponto é preciso que se determine h_5. Algumas considerações precisam ser feitas.

Note que a turbina é isentrópica, então $s_5 = s_4$. Duas possibilidades existem para o estado final:

1) o estado termodinâmico da expansão final cai na região bifásica; ou
2) o estado termodinâmico da expansão final cai na região superaquecida.

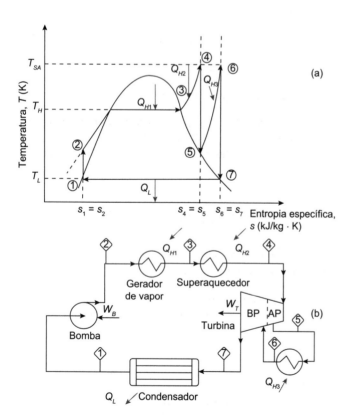

FIGURA 3.7 Ciclo de Rankine com reaquecimento. (a) Diagrama T-s e (b) equipamentos.

Em qualquer caso $s_5 = s_4$ (turbina isentrópica). Da tabela de vapor superaquecido no Apêndice B ($T = 550\,°C$, $P = 15$ MPa), tem-se $s_4 = 6,5198$ kJ/kg K.

Nesse ponto se obtém a entropia específica do vapor saturado seco para efeito de comparação. Na tabela do Apêndice A para pressão de saturação de 1 MPa (por interpolação) $\Rightarrow$ $s_V = 6,5863$ kJ/kg K.

Como $s_4 = s_5 < s_V$, então a primeira possibilidade é a correta, ou seja, o estado de saída da turbina cai na região bifásica. Portanto, deve-se obter o título na saída do primeiro estágio (AP) da turbina:

$$x_5 = \frac{s_4 - s_{L5}}{s_{V5} - s_{L5}} = \frac{6,5198 - 2,1387}{6,5864 - 2,1387} = 0,985$$

Conhecido o título, então pode-se calcular a entalpia específica h_5

$$h_5 = (1 - x_5)h_{L5} + x_5 h_{V5} = (1 - 0,985) \times$$

$$762,79 + 0,985 \times 2778,1 = 2747,9 \text{ kJ/kg}$$

E, finalmente (dados interpolados da tabela),

$$q_R = h_6 - h_5 = 3587,2 - 2747,9 = 849,3 \text{ kJ/kg}$$

b) A eficiência térmica:

$$w_B = 14,99 \text{ kJ/kg}$$

$w_T = w_{T1}$ (trabalho específico do estágio de alta pressão) + w_{T2} (trabalho específico do estágio de baixa pressão)

$$w_{T1} = h_4 - h_5 = 3448,6 - 2747,9 = 700,7 \text{ kJ/kg}$$

$$w_{T2} = h_6 - h_7 \ (h_7 \text{ precisa ser determinado})$$

Para uma expansão isentrópica $s_6 = s_7$; $s_6 = 7,8982$ kJ/kg K [tabela de vapor superaquecido interpolado do Apêndice B]. Note que $s_7 < s_{V6}$ (precisa determinar x_7):

$$x_7 = \frac{s_6 - s_{L7}}{s_{V7} - s_{L7}} = \frac{7,8982 - 0,6492}{8,1501 - 0,6492} = 0,9664$$

$$h_7 = (1 - 0,9664) \times 191,81 + 0,9664 \times 2584,6 =$$

$$= 2504,2 \text{ kJ/kg}$$

Logo,

$$w_{T2} = 3587,2 - 2504,2 = 1083 \text{ kJ/kg}$$

$$w_T = 700,7 + 1093 = 1793,7 \text{ kJ/kg}$$

Portanto, o trabalho líquido é

$$w_{liq} = w_T - w_B = 1793,7 - 14,99 = 1778,71 \text{ kJ/kg}$$

$$\eta_T = \frac{w_{liq}}{q_H} = \frac{w_{liq}}{q_{GV} + q_{SA} + q_R} = \frac{1778,71}{2403,7 + 838,1 + 849,3}$$

$$= 0,4348 \text{ ou } 43,48\,\%$$

c) Consumo de vapor d'água necessário por unidade de potência produzida:

$$\dot{m} = \frac{1}{w_{liq}} = \frac{1}{1778,71} = 0,000562 \text{ kg/kWs} = 2,02 \text{ kg/kWh}$$

3.2.4 Ciclo de Rankine regenerativo com aquecedores de mistura

Por meio de técnica de extração parcial de vapor da turbina em estágios intermediários e sua mistura com líquido é possível melhorar a eficiência térmica do ciclo de Rankine. Para ilustrar essa técnica, considere o caso de uma única extração de vapor, como indicado na Fig. 3.8. Uma parcela do vapor d'água é extraída no estado 6, indicado na figura (fração m_1 de extração). Esse vapor é misturado com a água condensada proveniente da primeira bomba que está no estado 2 para a mistura atingir o estado 3 – claro que as pressões de extração e da bomba 1 são iguais. Evidentemente, a razão entre a vazão mássica de vapor extraído e da água condensada seja suficiente para que o estado 3 seja o de líquido saturado. Finalmente, a mistura (estado 3) é direcionada para uma segunda bomba que elevará a pressão da mistura até a pressão da linha do gerador de vapor. Na prática, são usados vários misturadores de líquido com extrações da turbina. Pode-se mostrar que a eficiência térmica se torna crescente com o aumento do número de extrações e misturas. Trata-se de uma técnica empregada em muitos ciclos para melhorar sua eficiência.

3.2.5 Perdas no ciclo de Rankine

As perdas mais comuns de energia útil no ciclo de Rankine são as associadas com o atrito, a diminuição de pressão da linha quando o vapor passa por válvulas, curvas e outras restrições, bem como em função de trocas de calor não reversíveis. Além disso, as máquinas (turbina e bomba) também não são ideais ou isentrópicas e, por isso, devem ser consideradas suas eficiências (veja também as Seções 2.8.1 e 2.8.3 do Capítulo 2), cujas curvas devem ser fornecidas pelo fabricante. A seguir, apresentam-se as eficiências das máquinas principais.

a) Turbina não é isentrópica

Quando a turbina não é isentrópica em função de perdas por atrito ou por troca de calor, o caminho percorrido durante a expansão do vapor é irreversível. Desse modo, a eficiência ou rendimento isentrópico da turbina entre as pressões de entrada (1) e saída (2) para a temperatura (T_1) define-se como:

$$\eta_T = \frac{w_T}{h_1 - h_{2S}} \Rightarrow w_T = \eta_T \left(h_1 - h_{2S} \right) \qquad (3.11)$$

b) Bomba não é isentrópica

De forma análoga, o caminho é percorrido durante o bombeamento, e o trabalho isentrópico da bomba de acordo com as Equações (2.44) e (2.45) é:

$$W_B = \left(\frac{h_{2S} - h_1}{\eta_B}\right) = \frac{v(P_2 - P_1)}{\eta_B} \quad (3.12)$$

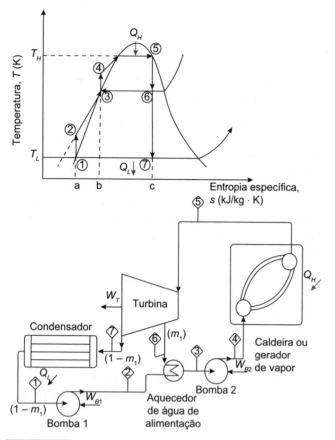

FIGURA 3.8 Ciclo regenerativo de Rankine com um aquecedor de mistura.

Exemplo 3.4

Uma central térmica a vapor opera segundo o ciclo indicado na figura a seguir. Sabendo-se que a eficiência da turbina é de 86 % e que a eficiência da bomba é de 80 %, determine o rendimento térmico desse ciclo. Construa o diagrama T-s para o ciclo apresentado. Utilize a tabela de saturação para água e vapor d'água e considere que os processos ocorrem em regime permanente.

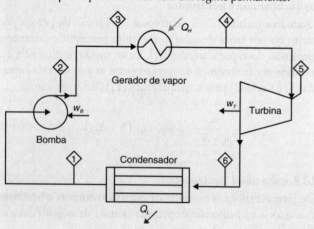

Os dados referentes a cada estado do ciclo são:
Estado 1 – líquido saturado: $P_1 = 10$ kPa (0,1 bar), $T_1 = 46\ °C$;
Estado 2: $P_2 = 5$ MPa (50 bar);
Estado 3: $P_3 = 4,8$ MPa (48 bar), $T_3 = 40\ °C$;
Estado 4: $P_4 = 4$ MPa (40 bar), $T_4 = 400\ °C$;
Estado 5: $P_5 = 3,8$ MPa (38 bar), $T_5 = 380\ °C$.

Resolução:
É preciso considerar que todos os processos ocorrem em regime permanente (variações desprezíveis de energias cinética e potencial). Note que ocorre perda de carga (diminuição de pressão) entre a saída da bomba (estado 2) e a entrada do gerador de vapor (estado 3). O mesmo para a linha de vapor da saída do vapor (estado 4) e a entrada da turbina (estado 5). Neste último caso também se considerou uma perda de calor com diminuição da temperatura (e entropia específica).

O diagrama T-s do ciclo é:

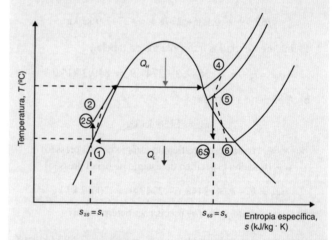

a) Para a turbina, tem-se:
   Estado de entrada: P_5, T_5, conhecidas; estado determinado.
   Estado de saída: P_6 conhecida.
   Da Primeira Lei da Termodinâmica: $w_T = h_5 - h_6$
   Da Segunda Lei da Termodinâmica: $s_{6s} = s_5$, portanto, a eficiência isentrópica da turbina é

$$\eta_T = \frac{w_T}{h_5 - h_6} = \frac{h_5 - h_6}{h_5 - h_{6s}}$$

Das tabelas de vapor d'água, têm-se:

$$h_5 = 3169,3 \text{ kJ/kg}$$
$$s_5 = 6,7264 \text{ kJ/kg K}$$

$s_{6s} = s_5 = 6,7264 = (1 - x_{6s})0,6493 + x_{6s}(8,1502) \rightarrow$
$x_{6s} = 0,81$

$$h_{6s} = 191,8 + 0,81(2392,8) = 2129,9 \text{ kJ/kg}$$
$$w_T = \eta_T(h_5 - h_{6s}) = 0,86\,(3163,3 - 2129,9) =$$
$$= 894,6 \text{ kJ/kg}$$

b) Para a bomba, têm-se:
Estado de entrada: P_1, T_1, conhecidas; estado determinado.
Estado de saída: P_2 conhecida.
Da Primeira Lei da Termodinâmica: $w_B = h_2 - h_1$
Da Segunda Lei da Termodinâmica: $s_2 = s_1$

$$\eta_B = (h_{2s} - h_1) / w_B = (h_{2s} - h_1) / (h_2 - h_1)$$

Como $s_2 = s_1$,

$$h_{2s} - h_1 = v(P_2 - P_1)$$

Assim:

$$w_B = (h_{2s} - h_1) / \eta_B = v(P_2 - P_1)$$

$$\eta_B = 0{,}001009 \times (5000 - 10) / 0{,}8 = 6{,}3 \text{ kJ/kg}$$

Portanto, o trabalho específico líquido do ciclo é:

$$w_{liq} = w_T - |w_B| = 894{,}6 - 6{,}3 = 888{,}3 \text{ kJ/kg}$$

c) Para a caldeira, têm-se:
Estado de entrada: P_3 e T_3, conhecidas; estado determinado.
Estado de saída: P_4 e T_4, conhecidas; estado determinado.
Da Primeira Lei da Termodinâmica temos: $q_H = h_4 - h_3$

$$q_H = h_4 - h_3 = 3213{,}6 - 171{,}5 = 3041{,}5 \text{ kJ/kg}$$

$$\eta_T = 888{,}3 / 3041{,}5 = 29{,}2\%$$

3.2.6 Melhorias no ciclo de Rankine

Nas seções anteriores, foram apresentadas algumas variâncias do ciclo de Rankine para operação com vapor d'água, bem como para melhoria de desempenho, como é o caso do emprego de aquecedores de mistura (Seção 3.2.4). Nesta seção, são analisados os impactos de duas outras grandezas operacionais: a pressão de vaporização na caldeira e a redução da pressão de condensação pelo rebaixamento da temperatura de condensação. Os efeitos estão indicados nos diagramas T-s da Fig. 3.9.

No caso do aumento da pressão na caldeira, mantida a temperatura máxima de superaquecimento, T_{SA}, como indicado na Fig. 3.9(a), o que se observa é que há um aumento de trabalho líquido representado pela área hachurada simples 2-2'-3'-c-2. Por outro lado, o trabalho líquido perdido é dado pela área hachurada dupla c-3-4-4'-c. Observa-se que o ganho líquido de trabalho é ligeiramente superior ao de perda. Além disso, há uma diminuição do calor rejeitado do original representado pela área a-1-4-b para a-1-4'-b' de modo que um condensador menor é necessário.

A segunda melhoria do ciclo de Rankine se dá pela redução da temperatura de condensação, T_{cd}. Conforme indicado na Fig. 3.9(b), a redução da temperatura de condensação de T_{cd1} para T_{cd2} resulta em um acréscimo do trabalho líquido (indicada pela área hachurada 1'-2'-2-1-4-4'-1') em face da redução do calor rejeitado (área a'-1'-4'-b). Dessa maneira, a condensação da água ou o uso de torres de resfriamento geralmente fornecem eficiências térmicas mais elevadas.

3.2.7 Ciclo orgânico de Rankine

Ciclo orgânico de Rankine é uma tradução direta do termo inglês *Organic Rankine Cycle*, ou ORC. Estes ciclos térmicos são o próprio ciclo de Rankine, que têm como fluido de trabalho outras substâncias que não a água (que tinham origem em fluidos orgânicos) de comportamento termodinâmico peculiar, que se mostrou ser mais adequado para pequenas centrais de geração de energia elétrica. Estas centrais operam pela recuperação de energia térmica de processos industriais, cogeração ou aplicações com energia solar. Da mesma maneira, trata-se

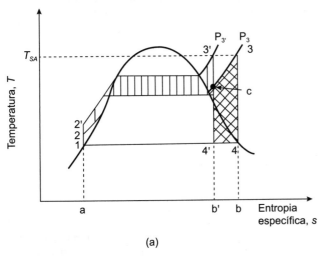
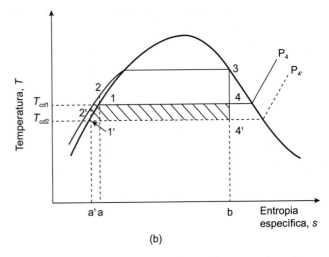

FIGURA 3.9 Melhorias do ciclo de Rankine. (a) Aumento da pressão de vaporização (caldeira); (b) redução da temperatura de condensação.
Fonte: adaptada de Black & Veatch (1996).

de ciclos operacionalmente mais simples, que dispensam alguns equipamentos de um ciclo tradicional Rankine, como o superaquecedor.

Se a curva de saturação for observada no diagrama temperatura-entropia para a água, de imediato percebe-se que ela lembra um "sino", ainda que remotamente, pois não é simétrica. É possível verificar que para baixas temperaturas o ramo da curva formada por vapor saturado se estende acentuadamente à direita. Isso faz com que sejam necessárias várias modificações no ciclo original de Rankine, como superaquecimento do vapor (Seção 3.2.2), reaquecimento (Seção 3.2.3) e ciclo regenerativo com extração de vapor (Seção 3.2.4) para "contornar" a curva de vapor saturado. Essa dificuldade gerou interesse pelo uso de novos fluidos de trabalho que tenham um comportamento menos acentuado da inclinação do ramo do vapor saturado. Desse modo, essa substância permitiria a expansão do vapor saturado da alta até a baixa pressão sem adentrar ou adentrando muito pouco na região de mudança de fase. Com isso, as turbinas e outras máquinas de expansão não sofreriam o nefasto problema da erosão das pás gerada pelo impacto das gotículas de líquidos em alta velocidade. A Fig. 3.10 mostra de forma comparativa o comportamento no diagrama temperatura-entropia específica (T-s) do ramo de vapor saturado para uma substância como a água [Fig. 3.10(a)], e para uma substância que tem o ramo do vapor saturado inclinado negativamente [Fig. 3.10(b)]. Note que a expansão do vapor saturado 4 até o estado 5_s se dá na forma "úmida" para substâncias do tipo daquela da água, isto é, ao fim do processo de expansão na turbina, o estado final está na região de mudança de fase e são formadas gotículas de líquido. Isto já não acontece com fluidos que têm o diagrama T-s como o da Fig. 3.10(b), pois a expansão será sempre "seca", permanecendo dentro da região de vapor.

Fluidos que apresentam o comportamento de expansão "seca" também são chamados *retrograde* na literatura inglesa por alguns autores. Feng e Kurita (2009) estabeleceram uma série de critérios de seleção do fluido de trabalho. Ainda que o trabalho deles não tenha sido exaustivo, pode servir como primeiro guia para a seleção do fluido. Os seguintes critérios foram estabelecidos: pressão de trabalho, vazões, toxicidade, inflamabilidade e viabilidade econômica.

O critério da pressão de trabalho destina-se a garantir que o ciclo opere sempre com uma pressão "positiva" em relação à atmosfera, evitando a entrada de ar no ciclo, como pode ocorrer com o ciclo de Rankine convencional baseado na água. Isso limita a pressão do condensador. Fluidos de elevada entalpia de vaporização também demandam menores vazões, o que diminui o tamanho de equipamentos, como bombas, por exemplo. Outro critério é a não toxicidade para evitar riscos operacionais e, finalmente, a viabilidade econômica que está relacionada com o custo de aquisição e manutenção. Os resultados da análise de Feng e Kurita (2009) estão resumidos na Tabela 3.1. O trabalho deles mostrou que as substâncias R141b e R600 têm a maior soma de fatores favoráveis, porém o R141b não é inflamável e parece ser, no escopo desses critérios, um bom fluido de trabalho. Tanto R134a, como amônia (R717) também têm sido usados em sistemas de recuperação de baixas temperaturas, mas não foram considerados no trabalho anterior. Amônia tem a vantagem de ser um fluido natural sem problemas graves de toxicidade em baixa concentração, mas pode ser um problema em elevadas concentrações. Não obstante, o campo ainda está aberto para novas análises e utilização de outros fluidos.

Quoilin *et al.* (2012) elaboraram um mapa de utilização de fluidos orgânicos para máquinas expansoras *scroll* para diversas aplicações em função da temperatura de evaporação (T_{ev}) e de condensação (T_{cd}), reproduzido na Fig. 3.11. Porém, essa lista não é exaustiva. Finalmente, é importante frisar que existem diversos fabricantes que produzem e comercializam ciclos orgânicos de Rankine do tipo *plug and play*, isto é, prontos para operar mediante as conexões para operação.

3.2.8 Tipos de turbinas a vapor

As turbinas a vapor apresentam vários aspectos construtivos e operacionais. São construídas por uma sequência de rodas dotadas de pás onde ocorre a expansão do vapor de forma estagiada. Em muitas máquinas é possível ter acesso aos estágios intermediários para extração de vapor ou mesmo para

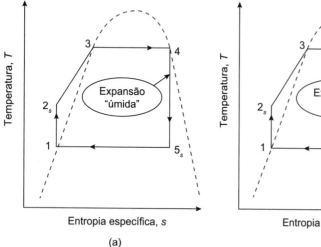
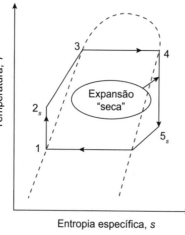

FIGURA 3.10 Comparação dos diagramas temperatura-entropia específica (T-s) de substâncias como a água (a) e as que têm a inclinação negativa do ramo de vapor saturado (b).

TABELA 3.1 Comparativo de fluidos para o ciclo orgânico de Rankine

Código	Fluidos	Pressão	Vazão	Toxicidade	Inflamável	Meio ambiente Ozônio	Meio ambiente E.S.	Soma de "+"
1	RC318	–	–	+	+	+	–	3
2	R600a	–	+	+	–	+	+	4
3	R114	+	–	+	+	–	–	3
4	R600	+	+	+	–	+	+	5
5	R152a	–	+	+	+/–	+	+	4
6	R123	+	–	–	+	–	+	3
7	R141b	+	+	+	+	–	+	5

+ Favorável E.S. efeito estufa
– Desfavorável
+/– Neutro

Fonte: Feng e Kurita (2009).

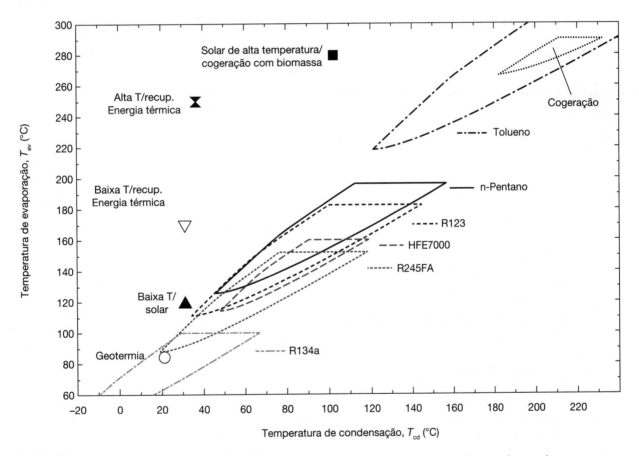

FIGURA 3.11 Faixas de aplicação de alguns fluidos de trabalho para ciclos orgânicos de Rankine em função das temperaturas de evaporação (T_{ev}) e de condensação (T_{cd}).

Fonte: adaptada de Quoilin et al. (2012).

alimentar com mais vapor em um nível intermediário de pressão, como mostrado na fotografia da Fig. 2.8. Os principais tipos de turbinas estão ilustrados na sequência esquemática da Fig. 3.12, que são:

a) Turbina de condensação – é a mais comum em usinas termelétricas. Permite máxima expansão do vapor até um nível muito baixo de pressão conferida pela temperatura de condensação (40 – 50 °C);

b) Turbina de contrapressão – o vapor expande até um nível intermediário de pressão para ser usado em algum processo. Produz energia elétrica e vapor industrial – cogeração;

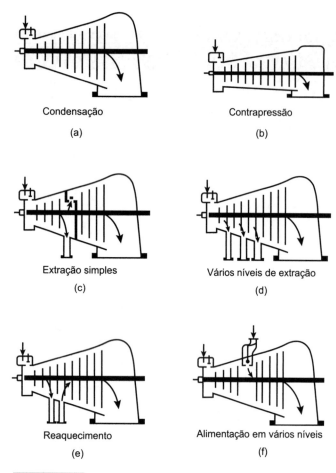

FIGURA 3.12 Vários tipos de turbinas.

Fonte: adaptada de Black & Veatch (1996).

c) Turbina de extração simples – turbina com extração intermediária de vapor para uso em algum processo como o que ocorre nas configurações de cogeração no setor sucroalcooleiro (Seção 13.8);
d) Turbina de extração de diversos níveis de pressão – permite extração de vapor em diversos níveis de pressão para uso em processos;
e) Turbina com reaquecimento – vapor é expandido até um nível intermediário de pressão e sofre o processo de reaquecimento, como analisado na Seção 3.2.3;
f) Turbina alimentada com mais de um nível de pressão – a turbina é alimentada com vapor em mais de um nível de pressão.

3.3 Ciclo de Brayton

O ciclo de Brayton é um dos ciclos padrões a ar que representa os principais processos termodinâmicos de uma turbina a gás. As turbinas a gás para geração termelétrica são classificadas em turbinas industriais e turbinas aeroderivativas, podendo gerar potência eletromecânica de alguns quilowatts a centenas de megawatts. A Tabela 3.2 mostra as principais características de cada classe de turbina.

De maneira mais ampla, as turbinas aeroderivativas são geralmente mais eficientes, compactas e leves em razão de sua própria origem da indústria aeronáutica, porém são limitadas em termos de potência (40 a 50 MW), o que não ocorre com as turbinas industriais. Estas últimas também são mais flexíveis em termos de combustível.

TABELA 3.2 Características das turbinas a gás

Turbinas industriais	Turbinas aeroderivativas
São as mais empregadas na produção de potência (capacidades de 0,5 a 250 MW). São grandes e pesadas, já que, em geral, não há restrições quanto a tamanho ou peso. São menos eficientes, porém de menor custo por quilowatt gerado do que as aeroderivativas. Podem atingir temperaturas máximas acima de 1200 °C. Taxas de compressão podem atingir até 18 em novas unidades. Usam uma variedade maior de combustíveis que as aeroderivativas.	Têm sua origem na indústria aeronáutica. As maiores turbinas aeroderivativas estão na faixa de potência entre 40 e 50 MW. Usam componentes mais leves e mais compactos. São mais eficientes (até 40 %), com valores de taxas de compressão até 30. Requerem investimentos iniciais mais elevados.

Na Fig. 3.13(a), podem ser vistos de forma esquemática os três componentes básicos de uma turbina a gás. No esquema da parte superior o trapézio horizontal representa o compressor que comprime o ar de admissão. O ar comprimido é dirigido para a câmara de combustão (retângulo), onde ocorre a combustão do combustível com o consequente aumento de temperatura (entalpia). O ar comprimido, agora aquecido, sofre um processo de expansão na seção de turbina de força (trapézio horizontal), gerando trabalho eletromecânico em seu eixo, que aciona um gerador elétrico. O próprio eixo da turbina também aciona o eixo compressor em muitas configurações. Na figura inferior, vê-se a fotografia de uma turbina comercial industrial.

3.3.1 Ciclo de Brayton simples

A Fig. 3.14(a) esquematiza o ciclo real da turbina a gás no qual o ar é admitido da atmosfera, sofre o processo de compressão no compressor, na sequência ocorre a combustão com o combustível e os produtos de combustão são expandidos na turbina de força para, finalmente, serem descarregados para a atmosfera. A fim de modelar esta sequência de processos, define-se o **ciclo-padrão a ar** de Brayton, cujas simplificações principais são: (a) o fluido de trabalho não muda – trata-se sempre de ar atmosférico com propriedades termodinâmicas constantes; (b) os processos de admissão do ar e exaustão dos produtos de combustão são substituídos por um trocador de calor que rejeita calor Q_L para o meio ambiente (atmosfera) a pressão constante; (c) o ciclo é "fechado" tendo o ar como fluido de trabalho; (d) o processo de combustão é substituído

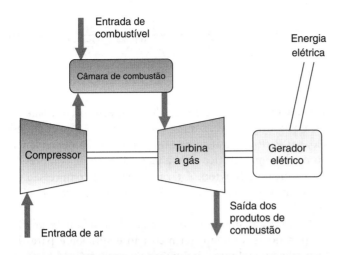

FIGURA 3.13 Diagrama de blocos com a indicação dos componentes básicos de uma turbina a gás para geração de energia elétrica na imagem superior. A figura inferior é a imagem de uma turbina comercial.

por um processo de adição de calor Q_H a pressão constante; (e) os processos de compressão no compressor e de expansão na turbina são ideais (isentrópicos). Trata-se, portanto, de uma massa fixa de ar que circula ciclicamente pela máquina que recebe calor de uma fonte quente, produz trabalho e rejeita calor para uma fonte fria, como se pode verificar na Fig. 3.14(b).

Balanços energéticos (por unidade de massa)

calor recebido: $q_H = h_3 - h_2 = C_p(T_3 - T_2)$ (3.13)

calor cedido: $q_L = h_4 - h_1 = C_p(T_4 - T_1)$ (3.14)

trabalho de compressão: $w_c = h_2 - h_1 = C_p(T_2 - T_1)$ (3.15)

trabalho da turbina: $w_{turb} = h_3 - h_4 = C_p(T_3 - T_4)$ (3.16)

trabalho líquido: $w_T = w_{turb} - w_c = q_H - q_L$ (3.17)

Os diagramas da Fig. 3.15 indicam os processos termodinâmicos executados no ciclo de Brayton simples. A Fig. 3.15(a) representa os processos no diagrama temperatura *versus* entropia específica (*T-s*). O diagrama pressão *versus* volume específico (*P-v*) correspondente está representado na Fig. 3.15(b).

Com relação aos diagramas da Fig. 3.15, note que T_3 é a máxima temperatura (*firing temperature*) do ciclo e T_1, a menor temperatura (ambiente, em geral). Assim, empregando-se a definição de rendimento ou eficiência térmica [Eq. (3.3)] e com a substituição das Equações (3.13) e (3.14), vem que:

$$\eta_T = 1 - \frac{q_L}{q_H} = 1 - \frac{C_P(T_4 - T_1)}{C_P(T_3 - T_2)} = 1 - \frac{T_1(T_4/T_1 - 1)}{T_2(T_3/T_2 - 1)} \quad (3.18)$$

Lembrando as relações isentrópicas definidas no Capítulo 2 [Eq. (2.39)], tem-se:

$$\left(\frac{T_3}{T_4}\right)^{\frac{k}{(k-1)}} = \frac{P_3}{P_4} = \frac{P_2}{P_1} = \left(\frac{T_2}{T_1}\right)^{\frac{k}{(k-1)}}$$

Logo,

$$\frac{T_3}{T_4} = \frac{T_2}{T_1} \Rightarrow \frac{T_3}{T_2} = \frac{T_4}{T_1} \text{ e } \frac{T_3}{T_2} - 1 = \frac{T_4}{T_1} - 1 \quad (3.19)$$

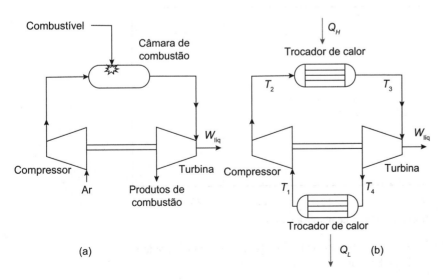

FIGURA 3.14 (a) Ciclo de Brayton simples; (b) ciclo-padrão a ar correspondente.

Substituindo essa igualdade na Equação (3.18) e, novamente, com emprego das relações isentrópicas entre pressão e temperatura [Eq. (2.39)], tem-se a seguinte expressão final de rendimento térmico do ciclo de Brayton:

$$\eta_{\text{Térmico}} = 1 - \frac{T_1}{T_2} = 1 - \frac{1}{\left(\dfrac{P_2}{P_1}\right)^{\frac{k-1}{k}}} = 1 - \frac{1}{r^{\frac{k-1}{k}}} \quad (3.20)$$

sabendo que k é a razão entre calores específicos, que vale 1,4 para o ar atmosférico, e que r é a taxa ou razão de compressão, $r = P_2/P_1$. O gráfico da Fig. 3.16 mostra a dependência do rendimento térmico com a taxa ou razão de compressão de um ciclo de Brayton. A taxa ou razão de compressão é a razão entre a máxima ($P_2 = P_4$) e a mínima pressão do ciclo ($P_1 = P_4$).

Contrariamente ao caso do ciclo de Rankine, a análise simples do rendimento térmico não é suficiente para determinar as melhores condições operacionais do ciclo de Brayton. Isso porque uma parte considerável do trabalho produzido pelo eixo da turbina é consumido pelo processo de compressão do ar no compressor. Assim, é importante verificar as condições em que o sistema acoplado turbina-compressor produz máximo trabalho líquido, o assunto analisado na sequência.

Retomando as equações dos trabalhos específicos dessas máquinas, têm-se:

Trabalho do compressor: $w_C = C_p (T_2 - T_1)$ \quad (3.21)

Trabalho da turbina apenas: $w_{turb} = C_p (T_3 - T_4)$ \quad (3.22)

O trabalho específico líquido da máquina é a diferença entre as Equações (3.22) e (3.21), ou seja:

$$w_T = w_{turb} - w_C = C_p(T_3 - T_4) - C_p(T_2 - T_1)$$

$$= C_p T_1 \left[\left(\frac{T_3}{T_1} - \frac{T_4}{T_1} \right) - \left(\frac{T_2}{T_1} - 1 \right) \right] \quad (3.23)$$

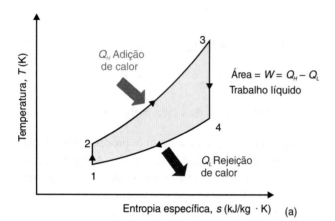

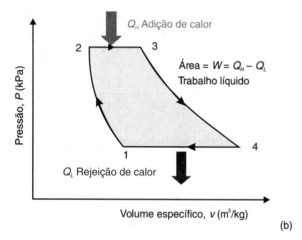

FIGURA 3.15 Representação dos processos ideais do ciclo de Brayton. (a) Diagrama temperatura × entropia específica (*T-s*); (b) diagrama pressão × volume específico (*P-v*).

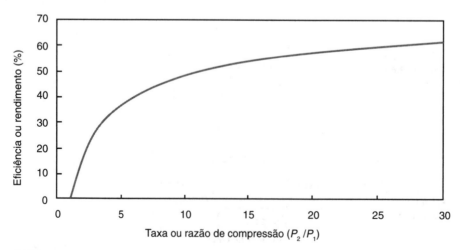

FIGURA 3.16 Rendimento ou eficiência térmica em função da taxa ou razão de compressão para um ciclo de Brayton.

Com a igualdade da Equação (3.19) e as relações isentrópicas entre P e T [Eq. (2.39)], a equação do trabalho líquido resulta em:

$$w_T = C_p T_1 \left[\left(\frac{T_3}{T_1}\right) \times \left(1 - \frac{1}{r^{\frac{k-1}{k}}}\right) - \left(r^{\frac{k-1}{k}} - 1\right) \right] \quad (3.24)$$

A expressão do trabalho específico real está posta no gráfico da Fig. 3.17 para diversas razões de temperaturas máxima e mínima, T_3/T_1 com $T_1 = 300$ K, em função da taxa de compressão, r. Examinando as curvas do trabalho específico líquido para estas diversas razões de temperatura, nota-se que existe uma taxa de compressão em que ocorre o máximo trabalho líquido para cada razão de temperaturas. A linha tracejada une todos esses pontos de máximo trabalho. Do cálculo, sabe-se que a condição de maximização do trabalho é obtida pela derivada da expressão do trabalho como função de r, e igualada a zero para razões de temperaturas fixas T_3/T_1. Procedendo assim, obtém-se a seguinte condição de taxa de compressão em que o trabalho é máximo:

$$r_{\text{máx trab.}} = \left(\frac{P_2}{P_1}\right) = \left(\frac{T_3}{T_1}\right)^{\frac{k}{2(k-1)}} \quad (3.25)$$

Exemplo 3.5

Uma turbina a gás simples foi projetada para operar nas seguintes condições:
- temperatura máxima do ciclo: $T_3 = 840$ °C;
- temperatura de admissão do ar: $T_1 = 15$ °C;
- pressão máxima do ciclo: $P_3 = 520$ kPa;
- pressão mínima: $P_1 = 100$ kPa.

Determine:
a) o rendimento ou eficiência térmica do ciclo;
b) o trabalho específico do compressor;
c) o trabalho específico da turbina;
d) o trabalho específico líquido do ciclo;
e) a vazão de ar necessária para produzir 1 kW;
f) a temperatura T_4 na seção de saída.

Resolução:
a) O rendimento térmico do ciclo:

$$\eta_T = 1 - 1/\left(P_3/P_1\right)^{(k-1)/k} = 1 - 1/(520/100)^{0,286} = 37,6\ \%$$

b) O trabalho específico do compressor:
Da Primeira Lei da Termodinâmica vem: $|w_c| = h_2 - h_1 = C_p(T_2 - T_1)$.
Da Segunda Lei da Termodinâmica, vem: $s_2 = s_1$.
Portanto,

$$T_2/T_1 = \left(P_2/P_1\right)^{(k-1)/k} =$$
$$= \left(P_2/P_1\right)^{(k-1)/k} = (520/100)^{0,286} = 1,602$$

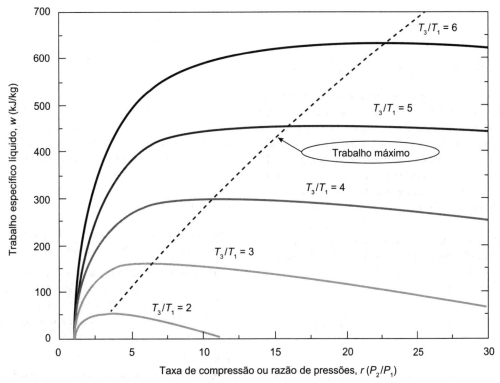

FIGURA 3.17 Trabalho específico líquido em função da taxa de compressão r para diversas razões de máxima e mínima temperaturas (T_3/T_1).

$$T_2 = 288,15 \times 1,602 = 461,61 \text{ K}$$

Assim,

$$|w_c| = C_P(T_2 - T_1) = 1,0 \times (461,61 - 288,15)$$
$$= 173,47 \text{ kJ/kg}$$

c) O trabalho específico da turbina:
Da Primeira Lei da Termodinâmica vem: $w_{turb} = h_3 - h_4 = C_p(T_3 - T_4)$.
Da Segunda Lei da Termodinâmica vem: $s_3 = s_4$.
Então, pode-se escrever que:

$$T_3 / T_4 = (P_3 / P_4)^{k-1/k} = (520/100)^{0,286} = 1,602 \Rightarrow$$
$$T_4 = T_3 / 1,602 = 1113,15 / 1,602 = 694,85 \text{ K}$$

Desse modo,

$$w_{turb} = C_P(T_3 - T_4) = 1,0 \times (1113,15 - 694,85)$$
$$= 418,2 \text{ kJ/kg}$$

d) O trabalho específico líquido do ciclo:

$$w_T = w_{turb} - w_c = 418,2 - 173,47 = 244,83 \text{ kJ/kg}$$

e) A vazão de ar necessária para produzir 1 kW:

$$\dot{m} = \frac{1}{w_{liq}} = \frac{1}{244,83} = 0,00408 \text{ kg/kWs} = 14,7 \text{ kg/kWh}$$

f) A temperatura T_4:
Como já calculado, $T_4 = 694,85 \, K = 421,7 \, ^oC$.

3.3.2 Ciclo de Brayton simples com ineficiências

O ciclo de Brayton ideal não pode ser reproduzido na prática, porque há perdas associadas com os processos de compressão e expansão. Isso afeta grandemente o comportamento geral da máquina, pois considerável parte do trabalho de eixo gerado pela turbina é consumida para acionar o compressor, podendo chegar de 40 a 80 % do valor produzido pela turbina. Portanto, se as eficiências caírem para valores muito baixos (60 %), nenhum trabalho líquido será produzido pela turbina.

Usando os conceitos de eficiência isentrópica e dos trabalhos de compressão [Eq. (2.50) e seguintes] e de expansão [Eq. (2.64) e seguintes] isentrópicos, pode-se calcular os trabalhos reais de compressão e de expansão:

Trabalho real do compressor:

$$w_{C \, real} = \frac{w_{S-comp}}{\eta_C} = \frac{1}{\eta_C} C_p(T_2 - T_1) = \frac{C_p T_1}{\eta_C}\left(\frac{T_2}{T_1} - 1\right) \Rightarrow$$

$$w_{C \, real} = \frac{C_p T_1}{\eta_C}\left(r^{\frac{(k-1)}{k}} - 1\right) \qquad (3.26)$$

Trabalho real produzido na turbina:

$$w_{turb-real} = \eta_{turb} w_{S-turb} = \eta_{turb} C_p(T_3 - T_4) =$$

$$\eta_{turb} C_p T_3 \left(1 - \frac{T_4}{T_3}\right) \Rightarrow w_{turb-real} = \eta_{turb} C_p T_3 \left(1 - \frac{1}{r^{\frac{(k-1)}{k}}}\right) \qquad (3.27)$$

O trabalho líquido real por unidade de massa na turbina, w_T, é obtido pela subtração das equações anteriores, isto é:

$$w_T = w_{turb-real} - w_{C \, real} \Rightarrow$$

$$w_T = C_p T_1 \left[\eta_{turb}\left(\frac{T_3}{T_1}\right) \times \left(1 - \frac{1}{r^{\frac{k-1}{k}}}\right) - \frac{1}{\eta_C}\left(r^{\frac{k-1}{k}} - 1\right)\right] \qquad (3.28)$$

De modo análogo ao que foi feito na seção anterior, a taxa de compressão em que ocorre o máximo trabalho real líquido, considerando rendimentos das máquinas, é obtida por meio da derivada em relação a r da Equação (3.28) para uma mesma razão de temperaturas e igualada a zero para obtenção do ponto de máximo. Isso resulta em:

$$r_{\text{máx trab.}} = \left(\frac{P_2}{P_1}\right) = \left(\eta_{turb} \eta_C \frac{T_3}{T_1}\right)^{\frac{k}{2(k-1)}} \qquad (3.29)$$

Considerando agora os rendimentos das máquinas, o novo rendimento térmico do ciclo é:

$$\eta_{térmico} = \frac{\eta_{turb} \dfrac{T_3}{T_1}\left(1 - \dfrac{1}{r^{(k-1)/k}}\right) - \dfrac{1}{\eta_C}\left(r^{(k-1/k)} - 1\right)}{\dfrac{T_3}{T_1} - \left(1 + \dfrac{r^{(k-1)/k} - 1}{\eta_C}\right)} \qquad (3.30)$$

Se as eficiências isentrópicas das máquinas forem unitárias, isto é, $\eta_C = 1$ e $\eta_{turb} = 1$, então as Equações (3.20) e (3.25) são resgatadas. O Exemplo 3.6 vai mostrar o impacto das eficiências das máquinas sobre o desempenho do ciclo Brayton.

Exemplo 3.6

Considerando-se que a eficiência das máquinas afeta o desempenho global da turbina, pede-se:

a) Considere uma máquina com um compressor de eficiência de $\eta_C = 80$ % e turbina de eficiência de $\eta_{turb} = 85$ %.
b) Assuma que a máxima temperatura do ciclo seja $T_3 = 1200$ K e que a menor temperatura seja $T_1 = 300$ K.

Resolução:

a) A eficiência de um ciclo real é consideravelmente reduzida em função das irreversibilidades de expansão (na turbina) e de compressão (no compressor), como se pode verificar nos gráficos que se seguem.

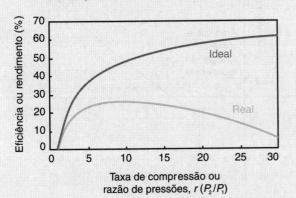

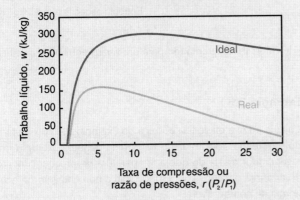

b) Por exemplo, se admitirmos uma taxa de compressão $r = 10$, temos que, para o ciclo ideal, $\eta_{Tid} \sim 50\%$ e $\eta_{Treal} \sim 22\%$ (ver gráfico).

Exemplo 3.7

Repita o Exemplo 3.5 com as seguintes eficiências:
- temperatura máxima do ciclo: $T_3 = 840\ °C$;
- temperatura de admissão do ar: $T_1 = 15\ °C$;
- pressão máxima do ciclo: $P_3 = 520$ kPa;
- pressão mínima: $P_1 = 100$ kPa;

$$\eta_{turb} = 85\% \text{ e } \eta_c = 80\%.$$

Dados: $k = 1{,}4$ e $C_p = 1$ kJ/kg °C
Determine:

a) o rendimento ou eficiência térmica do ciclo;
b) o trabalho específico real do compressor;
c) o trabalho específico real na turbina;
d) o trabalho específico líquido real do ciclo;
e) a vazão de ar necessária para produzir 1 kW;
f) a temperatura T_4 na seção de saída.

Resolução:

a) Com o emprego da Equação (3.30), tem-se:

$$\eta_{térmico} = \frac{\eta_{turb}\frac{T_3}{T_1}\left(1-\frac{1}{r^{(k-1)/k}}\right)-\frac{1}{\eta_c}(r^{(k-1)/k}-1)}{\frac{T_3}{T_1}-\left(1+\frac{r^{(k-1)/k}-1}{\eta_c}\right)}=$$

$$\eta_{térmico} = \frac{0{,}85 \times \frac{1113{,}15}{288{,}15}\left(1-\frac{1}{5{,}2^{0{,}2857}-1}\right)-\frac{1}{0{,}8}(5{,}2^{0{,}2857}-1)}{\frac{1113{,}15}{288{,}15}-\left(1+\frac{5{,}2^{0{,}2857}-1}{0{,}8}\right)}$$

Do que resulta, $\eta_{térmico} = 22{,}8\%$

b) O trabalho específico real do compressor:

$$w_{C\,real} = \frac{C_P T_1}{\eta_C}[(P_3/P_1)^{(k-1)/k}-1]$$

$$w_{C\,real} = \frac{1{,}0 \times 288{,}15}{0{,}8} \times \left[(5{,}2)^{0{,}286}-1\right] = 216{,}7 \text{ kJ/kg}$$

c) O trabalho específico real da turbina:

$$w_{turb\text{-}real} = \eta_T C_P T_3\left[1-1/(P_3/P_1)^{(k-1)/k}\right]$$

$$w_{turb\text{-}real} = 0{,}85 \times 1{,}0 \times 1113{,}15 \times \left[1-1/(5{,}2)^{0{,}286}\right] = 355{,}4 \text{ kJ/kg}$$

d) O trabalho específico líquido real do ciclo:

$$w_T = w_{turb\text{-}real} - w_{C\,real} = 355{,}4 - 216{,}7 = 138{,}7 \text{ kJ/kg}$$

e) A vazão de ar necessária para produzir 1 kW:

$$\dot{m} = \frac{1}{w_T} = \frac{1}{138{,}3} = 0{,}00721 \text{ kg/s} = 25{,}6 \text{ kg/h}$$

f) Obtenção da temperatura T_4:

Como $w_{turb\text{-}real} = C_p(T_3 - T_4) \Rightarrow T_4 = T_3 - \frac{w_{turb\text{-}real}}{C_p}$

Então, $T_4 = 840 - \frac{355{,}4}{1} = 484{,}6$

Tabela-resumo dos resultados dos dois exemplos

	$\eta_{térmico}$	w_C	w_{turb}	w_T	$\dot{m}$	T_4
Exemplo 3.5	37,6 %	173,4	418,2	244,8	14,7	421,7
Exemplo 3.7	22,8 %	216,7	355,4	138,7	25,6	484,6

3.3.3 Ciclo de Brayton com regenerador ou recuperador de calor

Uma das primeiras observações que ressalta da análise do ciclo de Brayton simples é que os gases de exaustão saem com uma temperatura relativamente elevada, podendo chegar a mais de 600 °C em muitas máquinas. Por outro lado, energia térmica tem de ser fornecido ao ciclo, geralmente pela combustão de um combustível. Desse modo, se concebeu uma variância do ciclo de Brayton com a introdução da tecnologia de regeneração ou recuperação da energia térmica dos gases de exaustão.

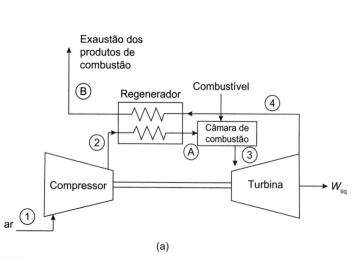
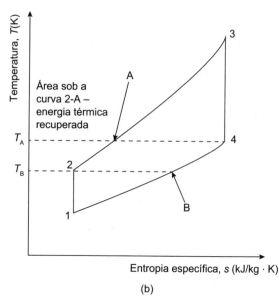

(a) (b)

FIGURA 3.18 (a) Ciclo de Brayton com regeneração ou recuperação de calor; (b) diagrama temperatura *versus* entropia específica para um ciclo de Brayton regenerativo.

Conforme indicado na Fig. 3.18(a), a técnica consiste em preaquecer o ar que foi comprimido no compressor da máquina (estado 2) pelos gases de exaustão da turbina (estado 4) por meio de um trocador de calor de contracorrente, o qual é indicado na figura como *regenerador*. O ar comprimido ao deixar o regenerador, agora preaquecido, adentra no estado A na câmara de combustão e, graças à energia térmica recuperada dos gases de exaustão, menos combustível será necessário para atingir o estado operacional 3 na entrada da turbina.

O regenerador ideal é um trocador de calor de contracorrente. Como se pode observar pelo gráfico da Fig. 3.18(b), é possível ganhar uma parcela de energia térmica com a troca de calor ocorrida no regenerador. A parcela de energia térmica regenerada, ou recuperada, é representada idealmente pela área sob a curva 2-A. Assim, em vez de o ar entrar na câmara de combustão à temperatura original T_2, ele entra mais aquecido à temperatura T_A, à custa do resfriamento dos produtos de combustão de T_4 para T_B. Dessa maneira, será demandado menos combustível. Embora o gráfico da Fig. 3.18(b) mostre T_A igual à temperatura de exaustão T_4, esta situação ideal não deve ser verificada em turbinas reais, e seu valor deverá ser inferior por razões diversas, como o tamanho e eficiência do regenerador. Uma discussão apropriada de trocadores de calor pode ser encontrada em Simões Moreira e Zavaleta-Aguilar (2023).

A nova eficiência térmica considerando a regeneração com preaquecimento do ar comprimido de T_2 até a temperatura T_A é dada pela Equação (3.31). Evidentemente, a temperatura de preaquecimento será menor que a temperatura de exaustão, isto é, $T_A < T_4$. Porém, na situação limite de um regenerador ideal, em que $T_A = T_4$, ter-se-á a máxima eficiência térmica possível em virtude do processo regenerativo ideal (considerando que as vazões mássicas dos gases de exaustão e ar comprimido sejam iguais e de mesmo C_p).

$$\eta_{\text{Térmico}} = 1 - \frac{(T_4 - T_1) - (T_A - T_2)}{T_3 - T_A} \qquad (3.31)$$

Exemplo 3.8

Calcule a nova eficiência térmica do Exemplo 3.5 considerando que tenha sido instalado na turbina daquele exemplo um regenerador de modo que a temperatura de preaquecimento do ar atinja o valor $T_A = 550$ K. Qual a porcentagem de economia de combustível?

Resolução:

Resgatando os valores do Exemplo 3.5, têm-se: $T_1 = 288{,}15$ K; $T_2 = 461{,}61$ K; $T_3 = 1113{,}15$ K; $T_4 = 694{,}85$ K. Então, substituindo estes valores na Equação (3.31), obtém-se

$$\eta_{\text{Térmico}} = 1 - \frac{(694{,}85 - 288{,}15) - (550 - 461{,}61)}{1113{,}15 - 550} =$$
$$= 0{,}4352 = 43{,}52\,\%$$

A porcentagem de economia de combustível se dá pela economia da energia térmica (calor) fornecida. Analisando a Fig. 3.18(b), observa-se que se trata da razão de áreas entre 2-A e 2-3 sob a curva superior de fornecimento de calor, isto é:

$$\%comb = \frac{q_{reg}}{q_{total}} = \frac{C_p(T_A - T_2)}{C_p(T_3 - T_2)} \times 100\,\% =$$
$$= \frac{550 - 461{,}61}{1113{,}15 - 461{,}61} \times 100\,\% = 13{,}6\,\%$$

3.3.4 Parâmetros que afetam o desempenho de turbinas a gás e melhoria de operação

As turbinas a gás são muito afetadas por alguns parâmetros de operação, sobretudo a temperatura de admissão do ar e a altitude do local de instalação. A Seção 3.7.1 discute a questão das condições de referência em que geralmente o desempenho das máquinas térmicas é fornecido pelos fabricantes. No caso das turbinas a gás, a Fig. 3.19(a) mostra os fatores de correção da potência e do *heat rate* (HR) para a temperatura de admissão do ar. Note que a potência da máquina pode degradar em cerca 25 % para uma temperatura de admissão de 40 °C. Dessa maneira, existem técnicas de melhoria do desempenho das turbinas a gás com base no resfriamento do ar de admissão. As técnicas mais comuns são: (1) resfriamento evaporativo, em que água é pulverizada na corrente do ar de admissão. Evidentemente, há o custo adicional do consumo de água e sua aplicação se restringe a regiões de baixa umidade relativa; (2) ciclo de refrigeração para o resfriamento do ar de admissão. Este ciclo pode ser do tipo convencional de acionamento elétrico (Seção 3.9) ou do tipo de absorção com acionamento de energia térmica dos produtos de exaustão (Seção 3.10). Outro parâmetro que afeta o desempenho das turbinas a gás é a altitude ou elevação do local de instalação, como indicado na Fig. 3.19(b). A densidade do ar é reduzida com a altitude local e, em função disso, a potência é reduzida proporcionalmente, como mostrado pelo fator de correção na figura. O HR não é afetado pela variação da altitude.

Outras grandezas que afetam o desempenho de turbinas são a umidade absoluta do ar e as perdas de carga nos dispositivos e dutos do sistema de admissão do ar e da descarga dos produtos de combustão.

3.4 Motores de combustão interna (MCI) a pistão de movimento alternativo

Os motores de combustão interna (MCI) têm grande aplicação nos transportes terrestre, ferroviário e marítimo. Os MCI também encontram aplicação na geração de energia elétrica estacionária, desde pequenos geradores elétricos até termelétricas de média capacidade. Uma vasta gama de combustíveis pode ser empregada, incluindo metanol, etanol, gasolina, diesel, biodiesel, óleos combustíveis leves, biogás, biometano, hidrogênio, gás natural e gás liquefeito de petróleo.

Os MCI recebem uma classificação geral segundo suas características de funcionamento, quais sejam:

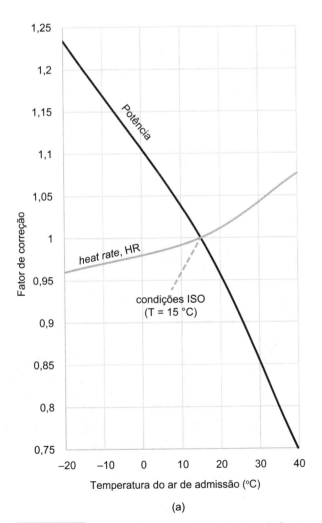

(a)

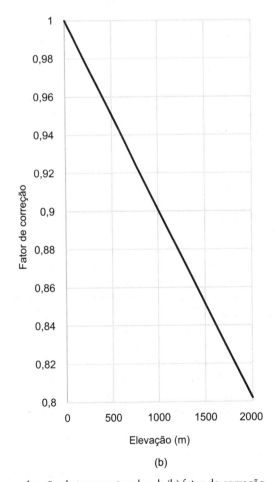

(b)

FIGURA 3.19 (a) Fator de correção da potência e do *heat rate*, HR, como função da temperatura local; (b) fator de correção da potência como função da altitude local.

Fonte: adaptada de Black & Veatch, 1996.

- *Motor de dois tempos*: um ciclo motor definido pela produção de trabalho mecânico se completa a cada volta do eixo do motor (virabrequim), compreendendo as etapas de admissão, compressão, combustão e exaustão. Essa característica permite que o próprio pistão atue também como válvula, abrindo e fechando as janelas (aberturas) localizadas na parede da câmara de combustão. Essa opção simplifica a máquina e é muito utilizada em motores de pequeno porte e portáteis, como cortadores de grama. Há, porém, motores marítimos e de locomotivas de grande porte que também são de dois tempos. Os MCI de dois tempos apresentam também maior potência por unidade de volume do que os MCI de quatro tempos. Isso significa que para desenvolver uma mesma potência de eixo, uma máquina menor e, portanto, mais leve e menos volumosa é necessária. No entanto, seus índices de emissão podem ser maiores.

- *Motor de quatro tempos*: um ciclo motor (produção de trabalho mecânico) se completa a cada duas voltas do eixo do motor (virabrequim). Nesse caso, para cada pistão, ocorre admissão e compressão em uma volta do eixo e combustão e expansão na volta consecutiva. Por esse motivo, o motor de quatro tempos opera com rotação duas vezes maior que o motor de dois tempos, como regra geral. Além disso, necessariamente, o movimento de abertura/fechamento das válvulas é sincronizado (eixo de comando de válvulas) com o movimento alternativo do pistão, permitindo que o ciclo de abertura/fechamento de válvulas ocorra durante os quatro tempos de forma precisa.

Esses motores podem trabalhar em vários ciclos térmicos, e os mais difundidos são os ciclos de Otto e de Diesel, objetos de análise nas seções seguintes.

3.4.1 Principais fenômenos que ocorrem em um MCI e ciclo-padrão a ar

Em um MCI, ar atmosférico é misturado com o combustível. A mistura sofre uma reação de combustão, liberando calor, o que acarreta o aumento da temperatura e, por conseguinte, o aumento da pressão no interior da câmara para impulsionar o pistão no seu movimento descendente. A composição química da mistura de ar e combustível é, por isso, alterada durante a operação do motor. A operação de um MCI não é a de um ciclo termodinâmico completo, uma vez que ocorre uma modificação na composição do fluido, bem como admissão e exaustão do mesmo no motor.

Pelas definições dos conceitos de ciclos termodinâmicos, um motor de combustão interna não é estritamente uma máquina térmica, principalmente pelos seguintes motivos:

- o fluido de trabalho não completa um ciclo termodinâmico, como já mencionado;
- não há troca de calor com os reservatórios térmicos de alta e baixa temperatura. O que há são os processos de admissão de ar e combustível, sua combustão e a descarga dos produtos de combustão para a atmosfera.

Em razão da complexidade dos fenômenos que ocorrem em um MCI, foram concebidos os chamados *ciclos-padrão a ar*. Nesse caso, os vários processos termodinâmicos que ocorrem na prática são modelos aproximados de comportamento termodinâmico mais simples como, aliás, também ocorre com as turbinas a gás, como já foi analisado (Seção 3.3.1). Com relação aos ciclos-padrão a ar, é preciso fazer as considerações a seguir:

- o fluido de trabalho é sempre o ar atmosférico, o qual é considerado um gás ideal, ou seja, ignora-se a transformação química que ocorre durante o processo de combustão do ar com o combustível;
- a combustão é substituída por um processo de transferência de calor, ou melhor, uma fonte de alta temperatura transfere calor Q_H para o ar;
- o ciclo é completado pela transferência de calor ao meio ambiente, isto é, o processo de exaustão dos produtos de combustão é substituído pela transferência de calor Q_L para a fonte de baixa temperatura;
- todos os processos são internamente reversíveis;
- o ar apresenta calores específicos constantes.

3.4.2 Ciclo mecânico do motor de 4 tempos, ignição por centelha e processos termodinâmicos

O trabalho mecânico é produzido em um tempo motor apenas. Nos outros três tempos ele deve executar as funções necessárias à realização do ciclo. A Fig. 3.20 ilustra a visão geral de um MCI de 4 pistões e seus componentes principais.

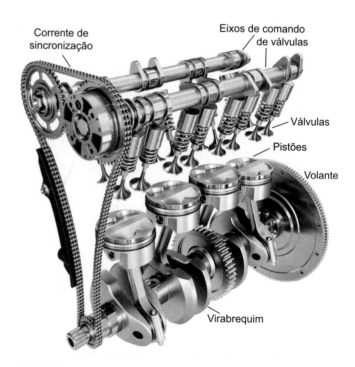

FIGURA 3.20 Partes principais de um motor de combustão interna (MCI). (Adaptada de iStockPhoto | Grassetto.)

O movimento alternativo dos pistões é transformado em movimento rotativo pelo virabrequim (mecanismo biela-manivela). Os eixos de comando das válvulas de abertura e fechamento tem seu movimento sincronizado com o giro do virabrequim por meio da corrente de sincronismo (usa-se muito também uma correia dentada para isso). O volante permite uma suavização do torque pulsante e também serve para iniciar o motor (dar a partida) pelo motor de arranque (não mostrado) que engrena uma pequena engrenagem nos dentes do volante. Como se pode observar na Fig. 3.21, o pistão se movimenta de maneira alternativa entre o PMS e o PMI. O PMS, ponto morto superior, é a posição máxima que a cabeça do pistão alcança. O PMI, ponto morto inferior, é o ponto mais baixo que a cabeça do pistão alcança.

O volume da câmara de combustão é V_0, que corresponde ao volume formado acima da cabeça do pistão quando ele está no PMS (Fig. 3.21). Quando o pistão está no PMI, tem-se o volume total da câmara, V_T. V_p é o volume deslocado por um único pistão que está relacionado com a cilindrada, definida logo a seguir. Dessa forma, pode-se escrever que:

$$V_T = V_0 + V_p \quad \text{e} \quad V_p = V_D / N \tag{3.32}$$

A cilindrada, (V_D), do motor é definida como o volume total deslocado pelos pistões quando percorre o curso por uma única vez, como visto no esquema do pistão (Fig. 3.21) e definida pela Equação (3.33):

$$V_D = N \frac{\pi d^2}{4} S \tag{3.33}$$

em que:
N = número de cilindros ou pistões;
d = diâmetro do cilindro;
S = curso.

A taxa ou razão de compressão, (r_v), corresponde à razão entre o volume total do cilindro e o volume da câmara de combustão, isto é:

$$r_V = V_T / V_0 \tag{3.34}$$

O MCI de 4 tempos possui quatro fases de operação, quais sejam:

- *admissão*: o pistão, deslocando-se no sentido descendente, aspira a mistura ar-combustível, através da válvula de admissão no caso do ciclo Otto. No caso do ciclo de Diesel somente ar é aspirado;
- *compressão*: atingindo o PMI, fecha-se a válvula de admissão e inicia-se a compressão da mistura ar-combustível no ciclo Otto e da compressão do ar no ciclo de Diesel;
- *combustão e expansão*: pouco antes do pistão atingir o PMS (ângulo de avanço), ocorre o início da combustão provocada pela centelha da vela (Otto) ou injeção de combustível (Diesel). A combustão ocorre praticamente em volume constante no caso do ciclo de Otto e sob pressão constante no ciclo de Diesel;
- exaustão: atingindo novamente o PMI, dá-se a abertura da válvula de exaustão, o que permite o início da descarga dos produtos da combustão. Em seguida, em movimento ascendente, o pistão expulsa os produtos da combustão.

3.5 Ciclo de Otto

O ciclo de Otto é concebido como um ciclo de potência ideal que se aproxima do motor de combustão interna de quatro tempos de ignição por centelha (vela) movido a gasolina, etanol, gás natural, gás liquefeito de petróleo ou, mais recentemente, em mistura de gás hidrogênio. O processo de combustão é substituído por um processo de adição de calor, Q_H, a volume constante. O processo de exaustão dos gases é substituído por um processo de rejeição de calor, Q_L, a volume constante. Os processos de compressão e expansão são isentrópicos. A Fig. 3.22 mostra os diagramas P-V e T-S para o ciclo de Otto.

A seguir, são descritos os quatro processos do ciclo de Otto indicados nos diagramas da Fig. 3.22.

a) Trabalho específico de compressão:

Processo 1-2, compressão reversível e adiabática (isentrópica); modela e substitui a compressão da mistura ar + combustível:

$$w_{1-2} = \frac{W_{1-2}}{m} = u_2 - u_1 \tag{3.35}$$

b) Calor por unidade de massa adicionado (combustão):

Processo 2-3, adição de calor Q_H a volume constante; substitui e modela a combustão da mistura de ar com combustível:

$$q_H = \frac{Q_{2-3}}{m} = \frac{Q_H}{m} = u_3 - u_2 \tag{3.36}$$

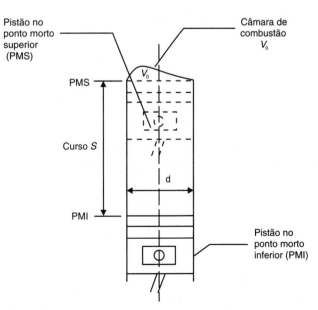

FIGURA 3.21 Parâmetros geométricos do cilindro.

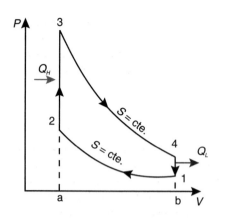
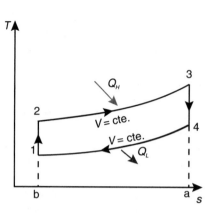

FIGURA 3.22 Diagramas *P-V* e *T-s* para o ciclo de Otto.

c) Trabalho específico de expansão:
O processo 3-4, expansão reversível e adiabática (isentrópica), substitui e modela o processo de expansão dos produtos de combustão com realização de trabalho:

$$w_{3-4} = \frac{W_{3-4}}{m} = u_3 - u_4 \quad (3.37)$$

d) Calor por unidade de massa rejeitado (exaustão):
O processo 4-1, rejeição de calor Q_L sob volume constante, substitui e modela a exaustão dos produtos de combustão para a atmosfera e nova admissão da mistura de ar com combustível.

$$q_L = \frac{Q_{4-1}}{m} = \frac{Q_L}{m} = u_4 - u_1 \quad (3.38)$$

O rendimento térmico do ciclo de Otto, η_T, é definido como a razão entre o trabalho líquido ($W_L = W_{3-4} - W_{1-2}$) e o calor fornecido (Q_H):

$$\eta_T = \frac{W_L}{Q_H} \quad (3.39)$$

Pode-se mostrar que $W_L = Q_H - Q_L$, portanto:

$$\eta_T = 1 - \frac{Q_L}{Q_H} = 1 - \frac{mC_v(T_4 - T_1)}{mC_v(T_3 - T_2)} = 1 - \frac{T_1\left(\frac{T_4}{T_1} - 1\right)}{T_2\left(\frac{T_3}{T_2} - 1\right)} \quad (3.40)$$

Os processos 1-2 e 3-4 são isentrópicos, então é possível demonstrar com a aplicação da Equação (2.39) que:

$$\frac{T_2}{T_1} = \left(\frac{V_1}{V_2}\right)^{k-1} = r_v^{k-1} = \left(\frac{V_4}{V_3}\right)^{k-1} = \frac{T_3}{T_4} \quad (3.41)$$

e, portanto, tem-se que:

$$\frac{T_3}{T_2} = \frac{T_4}{T_1} \quad (3.42)$$

Substituindo o resultado anterior na Equação (3.40), obtém-se que a expressão final do rendimento térmico do ciclo de Otto é:

$$\eta_T = 1 - \frac{T_1}{T_2} = 1 - r_v^{1-k} = 1 - \frac{1}{r_v^{k-1}} \quad (3.43)$$

sendo k igual à razão entre calores específicos, ou seja, $k = C_p/C_v$, que para o ar atmosférico, tem-se que $k = 1,4$.

Observando a Equação (3.43), pode-se concluir que o rendimento do ciclo-padrão de Otto é função apenas da taxa ou razão de compressão, r_v e do coeficiente isentrópico, k. Isso é notável, uma vez que o rendimento térmico do ciclo depende de um parâmetro geométrico de construção do conjunto cilindro-pistão que pode ser alterado de acordo com o interesse do projetista, pois r_v é a razão entre o volume total do cilindro e o volume da câmara de combustão [Eq. (3.33)]. Além disso, a análise da expressão do rendimento térmico mostra que seu valor aumenta continuamente com a taxa ou razão de compressão, como indicado na Fig. 3.23. A pergunta natural que se segue é: por que não se trabalhar com a maior taxa de compressão possível, já que, com isso, o rendimento térmico aumenta?

Para o ciclo real, o limite de operação da taxa de compressão está associado com a tecnologia e a natureza do combustível. É a chamada tendência de detonação do combustível ou ignição espontânea (efeito de "bater pino"). Por isso, as taxas de compressão dos motores de ciclo de Otto limitam-se a certos valores que dependem das características físico-químicas dos combustíveis. A "resistência" ao fenômeno de detonação do combustível é medida pelo seu índice de octanagem. Exemplo de alguns valores de taxa de compressão para alguns combustíveis:

Motores a gasolina: $r_v \sim 9-10$;

Motores a etanol: $r_v \sim 12-14$; e

Motores a gás natural: $r_v \sim 15-17$.

Portanto, o emprego de motores puramente acionados a etanol pode atingir uma eficiência térmica superior ao de acionamento de gasolina pura, e um motor puramente acionado a gás natural tem a maior eficiência térmica entre os três combustíveis considerados. Um motor "flex" gasolina-etanol deve atender ao caso de menor octanagem. Uma última e pertinente análise diz respeito ao aumento relativo da taxa de compressão a partir de sua expressão [Eq. (3.43)], cujo gráfico é mostrado na Fig. 3.23.

Com relação à Fig. 3.23, as seguintes observações são pertinentes:

- se r_v for dobrada de 2 para 4, a eficiência resultante aumenta relativamente de 76 %, isto é, a eficiência passa de 24,2 % para 42,6 %;
- se r_v for dobrada de 4 para 8, a eficiência resultante aumenta relativamente de 32,6 %;
- se r_v for dobrada de 8 para 16, a eficiência resultante aumenta relativamente de 18,6 %.

Portanto, o aumento da eficiência é mais sentido quando se aumenta a taxa de compressão nos motores de menores taxas de compressão.

3.5.1 Aspectos principais em que o ciclo a ar de Otto se afasta do motor real

O ciclo de Otto é uma idealização baseada em muitas hipóteses simplificadoras, sendo os principais desvios entre o ideal e o real dados a seguir:

a) os calores específicos dos gases reais não são constantes e aumentam com a temperatura;

b) o processo de combustão, que pode ser incompleto, substitui a troca de calor à alta temperatura Q_H;

c) no motor real, a mistura de ar com combustível é transformada em produtos de combustão (CO_2 e vapor d'água – o gás nitrogênio não reage, em tese). Portanto, ocorre uma mudança química no fluido de trabalho;

d) o caso real envolve fluxos mássicos de admissão e exaustão na câmara de combustão – no ciclo a ar de Otto há sempre a mesma quantia de ar no cilindro;

e) ocorrem perdas de carga nas válvulas de admissão e exaustão;

f) a troca de calor entre os gases e as paredes do cilindro são consideráveis;

g) ocorrem irreversibilidades associadas às diferenças de pressão e temperatura presentes no cilindro e aos processos de compressão e expansão dos gases.

Finalmente, considerando a disponibilidade de combustíveis no país, a utilização de um motor Otto *flex* etanol-gás natural é atrativa por várias razões. A primeira delas é a questão de que esta tecnologia permite eficiências térmicas superiores às dos motores a gasolina pura ou aos *flex* gasolina-etanol, como já apontado. A segunda razão é porque o gás natural, que é abundante no país, pode ser paulatinamente substituído em crescentes proporções por biometano na medida que a sua produção aumente. Dessa forma, um motor *flex* etanol-gás natural poderia atender um quesito de elevada eficiência térmica de imediato, em que o gás natural seria o vetor para criar a demanda de biometano e impulsionar esta indústria, já que as propriedades dos dois combustíveis (gás natural e biometano) são compatíveis e pouco ou nenhum ajuste seria necessário nestes novos motores Otto. Em um futuro próximo, os MCI *flex* etanol-biometano formariam a base ambientalmente aceitável de combustíveis automotivos de *pegada de carbono* praticamente nula por se tratarem de combustíveis renováveis.

3.6 Ciclo de Diesel

O ciclo de Diesel é o ciclo ideal que representa os motores de quatro tempos de ignição espontânea (sem centelha). São movidos a diesel, biodiesel e, mediante adaptações, podem também ser acionados por misturas de gás natural (ou biogás) e diesel (ou biodiesel). A Fig. 3.24 mostra os diagramas P-v e T-s para o ciclo de Diesel. É interessante destacar que Diesel empregou vários óleos vegetais para acionar o motor que leva seu nome. Na famosa feira de Paris de 1900 apresentou um modelo acionado por óleo de amendoim. Pouco antes da sua morte misteriosa na travessia do Canal da Mancha, Diesel ainda previu que os óleos vegetais se tornariam uma fonte energética comparável às de origem de petróleo.

A seguir são descritos os quatro processos do ciclo de Diesel indicados nos diagramas da Fig. 3.24:

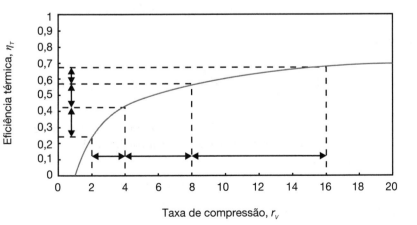

FIGURA 3.23 Dependência da eficiência térmica com a taxa de compressão para um ciclo de Otto. Dobrar uma baixa taxa de compressão (p. ex., de 4 para 8) implica maior aumento relativo da eficiência do que dobrar uma elevada taxa de compressão (p. ex., de 8 para 16).

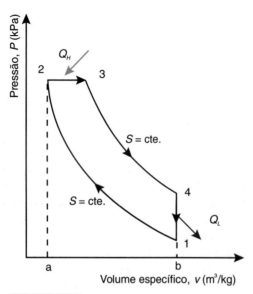

FIGURA 3.24 Diagramas P-v e T-s para o ciclo de Diesel.

- processo 1-2, compressão isentrópica; o ar é comprimido de forma adiabática e reversível;
- processo 2-3, adição de calor a pressão constante, o combustível é injetado em alta pressão ($P_2 = P_3$) e, em função da combustão espontânea, dá-se início à liberação de calor;
- processo 3-4, expansão isentrópica dos produtos de combustão, gerando trabalho mecânico;
- processo 4-1, rejeição de calor a volume constante; substitui a descarga dos produtos de combustão para a atmosfera e nova admissão da mistura ar.

a) Trabalho específico de compressão:

$$w_{1-2} = \frac{W_{1-2}}{m} = u_2 - u_1 \qquad (3.44)$$

b) Calor por unidade de massa adicionado (combustão):

$$q_H = \frac{Q_{2-3}}{m} = w_{2-3} + u_3 - u_2 = P_2(v_3 - v_2) + u_3 - u_2 =$$

$$= h_3 - h_2 = C_p(T_3 - T_2) \qquad (3.45)$$

em que foi usada a definição de entalpia específica, $h = u + Pv$, e o fato de ser gás perfeito.

c) Trabalho específico de expansão:
Pela Primeira Lei da Termodinâmica, tem-se:

$$w_{2-3} = \frac{W_{2-3}}{m} = P_2(v_3 - v_2)$$

$$w_{3-4} = \frac{W_{3-4}}{m} = u_3 - u_4 \qquad (3.46)$$

d) Calor por unidade de massa rejeitado (exaustão):

$$q_L = \frac{Q_{4-1}}{m} = \frac{Q_L}{m} = u_4 - u_1 = C_V(T_4 - T_1) \qquad (3.47)$$

O rendimento térmico do ciclo de Diesel, η_T, é definido como a razão entre o trabalho líquido do ciclo e o calor fornecido (Q_H):

$$\eta_T = \frac{W_L}{Q_H} \qquad (3.48)$$

Pela Primeira Lei, tem-se que $W_L = Q_H - Q_L$, e, substituindo-se as Equações (3.46) e (3.47),

$$\eta_T = 1 - \frac{Q_L}{Q_H} = 1 - \frac{mC_V(T_4 - T_1)}{mC_p(T_3 - T_2)} = 1 - \frac{T_4 - T_1}{k(T_3 - T_2)} \qquad (3.49)$$

Pelo processo isentrópico 1-2 e pelo processo isobárico 2-3, tem-se da Equação (2.39)

$$T_2 = T_1\left(\frac{V_1}{V_2}\right)^{k-1} = T_1 r_v^{k-1} \qquad (3.50)$$

e

$$T_4 = T_3\left(\frac{V_3}{V_4}\right)^{k-1} = T_3\left(\frac{r_C V_2}{V_1}\right)^{k-1} = T_1 r_v^{k-1} r_C \left(\frac{r_C V_2}{V_1}\right)^{k-1} = T_1 r_C^k \qquad (3.51)$$

em que r_C é a razão de corte de combustível ou razão de carga (volume em que se para de injetar combustível):

$$r_C = \frac{V_3}{V_2} \qquad (3.52)$$

e r_V é a taxa ou razão de compressão, já definida anteriormente [veja a Eq. (3.33)].

$$r_V = \frac{V_1}{V_2} = \frac{V_4}{V_2} \qquad (3.53)$$

Desse modo, após algumas manipulações, obtém-se a expressão final da eficiência térmica do ciclo de Diesel:

$$\eta_T = 1 - \frac{1}{r_V^{k-1}} \left[\frac{r_C^k - 1}{k(r_C - 1)} \right] \qquad (3.54)$$

Exemplo 3.9

Um ciclo-padrão a ar de Diesel apresenta taxa de compressão $r_V = 20$ e o calor por unidade de massa transferido ao fluido de trabalho, por ciclo, é de 1800 kJ/kg. Sabendo-se que no início do processo de compressão a pressão é $P_1 = 0,1$ MPa (1 bar) e a temperatura $T_1 = 15$ °C, determine:

a) a pressão e a temperatura em cada ponto do ciclo;
b) o rendimento térmico do ciclo;
c) a pressão média efetiva (PME) – definição de pressão média efetiva: $PME = w_{líq} / (v_1 - v_2)$.

Resolução:
A Segunda Lei da Termodinâmica para o processo de compressão 1-2 diz que: $s_2 = s_1$. Assim, temos:

$$T_2 / T_1 = (v_1 / v_2)^{k-1} \quad \text{e} \quad P_2 / P_1 = (v_1 / v_2)^k$$

A Primeira Lei da Termodinâmica para o processo de transferência de calor 2-3 é:

$$q_H = q_{2-3} = C_P (T_3 - T_2)$$

E a Segunda Lei para o processo de expansão isentrópico 3-4 é:

$$s_4 = s_3$$

Portanto,

$$T_3 / T_4 = (v_4 / v_3)^{k-1}$$

e

$$\eta_T = w_{líq} / q_H$$

Por conseguinte:

$$v_1 = (0,287 \times 288,2) / 100 = 0,827 \text{ m}^3/\text{kg}$$

$$v_2 = v_1 / 20 = 0,827 / 20 = 0,04135 \text{ m}^3/\text{kg}$$

$$T_2 / T_1 = (v_1 / v_2)^{k-1} = 20^{0,4} = 3,3145 \Rightarrow T_2 = 955,2 \text{ K}$$

$$P_2 / P_1 = (v_1 / v_2)^k = 20^{1,4} = 66,29 \text{ kPa} = 6,629 \text{ MPa}$$

$$q_H = q_{2-3} = C_P(T_3 - T_2) = 1800 \text{ kJ/kg}$$

$$T_3 - T_2 = 1800 / 1,004 = 1793 \Rightarrow T_3 = 2748 \text{ K}$$

$$v_3 / v_2 = T_3 / T_2 = 2748 / 955,2 = 2,8769 \Rightarrow v_3 = 0,11896 \text{ m}^3/\text{kg}$$

$$T_3 / T_4 = (v_4 / v_3)^{k-1} = (0,827 / 0,11896)^{0,4}$$
$$= 2,1719 \Rightarrow T_4 = 1265 \text{ K}$$

$$q_L = q_{4-1} = C_V(T_1 - T_4) = 0,717(288,2 - 1265)$$
$$= -700,4 \text{ kJ/kg}$$

$$w_{líq} = 1800 - 700,4 = 1099,6 \text{ kJ/kg}$$

$$\eta_T = w_{líq} / q_H = 1099,6 / 1800 = 61,1 \%$$

$$PME = w_{líq} / (v_1 - v_2) = 1099,6 / (0,827 - 0,04135)$$
$$= 1400 \text{ kPa}$$

Ciclo de Otto $\times$ ciclo de Diesel

Há muita controvérsia e discussão na comparação dos dois ciclos: qual é o mais eficiente? Analisando-se a equação da eficiência térmica do ciclo de Diesel [Eq. (3.54)], observa-se que esta expressão difere da do ciclo de Otto [Eq. (3.43)] pelo termo entre colchetes, que, por sua vez, é uma função da razão de corte, r_c, isto é, $f(r_c)$. Por outro lado, $f(r_c)$ é uma função sempre maior que a unidade, pois r_c é maior que 1. Estas considerações estão indicadas na Equação (3.55). Sucede que, se a comparação entre os dois ciclos for feita para uma mesma taxa de compressão r_V, o ciclo de Otto é mais eficiente que o ciclo de Diesel, conforme indicado na Fig. 3.25 (maior área líquida do ciclo), o que pode ser atestado pela análise da dependência do termo, $f(r_c) > 1$.

$$\eta_{\text{Otto}} = 1 - \frac{1}{r_V^{k-1}} \qquad \eta_{\text{Diesel}} = 1 - \frac{1}{r_V^{k-1}} \times f(r_C), \qquad (3.55)$$

em que $f(r_C) = \dfrac{r_C^k - 1}{k(r_C - 1)} > 1$

Entretanto, na prática, sabe-se que o ciclo de Diesel é mais resistente ao fenômeno da detonação e, portanto, os motores baseados nesse ciclo trabalham com taxas de compressão mais elevadas, entre 16 e 20, quando comparados com motores de ciclo de Otto a gasolina e a etanol, que variam entre 10 a 14. Com isso, na prática, a eficiência térmica do ciclo de Diesel se torna maior que a do ciclo de Otto por causa da sua maior taxa de compressão suportada pelo diesel, o que lhe confere maior eficiência térmica.

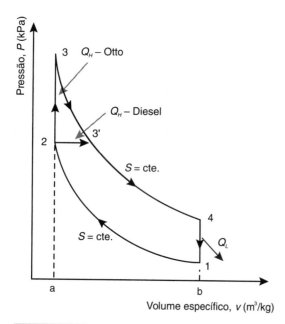

FIGURA 3.25 Comparação entre os diagramas P-V de um ciclo de Otto e de um ciclo de Diesel.

3.7 Outros tipos de motores térmicos, eficiências relativas e condições-padrão

Os ciclos de Rankine e de Brayton são empregados em centrais termelétricas para produzir grandes quantidades de energia elétrica dentro do conceito de geração centralizada, mas suas áreas de aplicação não se resumem apenas à geração centralizada. O ciclo de Rankine também é utilizado em usinas nucleares em que a fonte térmica compreende a energia térmica liberada pela reação de fissão nuclear. Na área nuclear, a tecnologia dominante é a chamada PWR (*pressurized water reactor*), em que a energia térmica resultante da fissão nuclear é transferida para água altamente pressurizada, que consiste no circuito primário do reator. A água aquecida circula por um gerador de vapor, onde transfere calor para um circuito secundário em que vapor d'água é produzido para acionar a turbina a vapor, sendo, portanto, o circuito secundário um ciclo de Rankine.

As turbinas a gás têm grande aplicação na indústria aeronáutica, uma vez que revolucionaram a capacidade de fornecer grandes empuxos que possibilitaram o acionamento de grandes e velozes aeronaves. Plataformas de petróleo também empregam turbinas a gás porque são equipamentos muito compactos e de elevada produção de energia eletromecânica por unidade de volume instalado, um quesito de suma importância nesse setor.

A revolucionária máquina a vapor dos séculos XVIII e XIX, que transformou a forma de produzir energia mecânica sob demanda e, por conseguinte, multiplicou a produção de bens e serviços, foi sendo abandonada ao longo do século XX, dando lugar às turbinas a vapor e motores de combustão interna primeiramente, e mais tarde, ainda neste mesmo século, às turbinas a gás. Estes equipamentos são mais compactos do que as máquinas a vapor e, portanto, de maior produção específica de energia mecânica por unidade de volume da instalação. Porém, ainda existe um mercado marginal que mantém as máquinas a vapor em plena atividade. Trata-se de pequenas centrais geradoras de energia elétrica e mecânica acionadas a partir da combustão direta ou da gaseificação de resíduo de biomassa, cavaco de madeira ou, ainda, pela recuperação da energia térmica dos produtos de combustão de algum processo industrial. A energia solar concentrada também pode ser uma boa fonte de energia térmica para esses equipamentos.

Outro tipo de motor térmico que vem atraindo a atenção é o motor de Stirling. Essa máquina é do tipo de combustão externa, assim como a máquina a vapor, uma vez que a fonte de energia térmica não provém diretamente da combustão no interior de uma câmara do equipamento. Neste tipo de máquina, calor é transferido para ou de um gás (ar) que é aquecido e resfriado alternativamente em uma câmara, resultando nos processos de expansão e compressão do gás em uma segunda câmara, conectada à primeira, dotada de um pistão, a partir do qual o movimento alternativo é gerado com produção de trabalho líquido. O movimento alternativo do pistão pode ser aproveitado diretamente para o acionamento de um gerador elétrico linear ou, então, ser transformado em movimento rotativo por meio de um mecanismo do tipo biela-manivela. Assim como ocorre com a máquina a vapor, existem vários projetos de "hobistas" disponíveis na internet. Máquinas a vapor e motor de Stirling podem se tornar competitivos em mercados de pequena potência ou de geração isolada. Eventualmente, até como microgerador conectado à rede. Ambos podem ser acionados pelas mesmas fontes de energia térmica. O motor de Stirling também tem sido considerado para aplicações em sondas espaciais.

A Fig. 3.26 mostra as faixas de eficiência para algumas máquinas estudadas como função da temperatura da fonte quente, assumindo uma temperatura de fonte fria de 25 °C. A eficiência térmica de Carnot também está indicada. ORC representa ciclo orgânico de Rankine. A eficiência de ciclos combinados baseados em turbinas a gás também está registrada, bem como os ciclos convencionais de Rankine e de aplicação nuclear. A eficiência de Stirling também consta na figura, com destaque à eficiência de Stirling com aplicação solar (concentrador parabólico). A faixa da eficiência dos motores de combustão interna também está indicada.

3.7.1 Condições de referência de especificação de máquinas térmicas

Uma informação operacional de máquinas térmicas, como turbinas a gás e MCI, é a referência do estado termodinâmico de admissão do ar, do combustível e do local de operação em que o fabricante fornece os dados operacionais. Normalmente, os catálogos de fabricantes de motores e turbinas a gás apresentam os dados operacionais de suas máquinas nas chamadas condições ISO (*International Organization for Standardization*), em que o ar de admissão está a $T = 15$ °C, pressão normal e 60 % de umidade relativa. A operação das turbinas a gás é muito afetada,

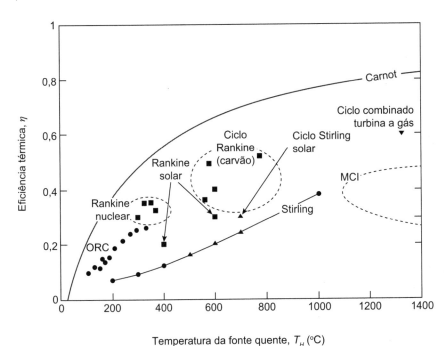

FIGURA 3.26 Eficiência térmica relativa para diversas máquinas térmicas.

Fonte: adaptada de Markides (2015).

sobretudo pela temperatura do ar de admissão e da altitude local (Fig. 3.19). Assim, ao se selecionar uma máquina, é preciso que sejam fornecidas tanto as condições operacionais ISO como as do local em que ela vai operar (*operation site*).

Outra condição de referência que pode ser encontrada são as condições normais de temperatura e pressão (CNTP), isto é, $T = 0$ °C e $P = 101,325$ kPa. Nesse caso, juntamente com a unidade de vazão, se acrescenta a letra "N". Então, no caso de um fluxo de ar de 2 Nm³/min, significa uma vazão volumétrica de 2 m³/min de ar caso estivesse nas CNTP. Evidentemente, o ar pode estar em qualquer outra temperatura e pressão. Para fazer a transformação dos estados real e de CNTP, utiliza-se a equação dos gases perfeitos – Equação (2.10).

3.8 Geração termelétrica a MCI e ciclos combinados

Nesta seção estuda-se a operação combinada e simultânea de dois tipos de ciclos, ou seja, de ciclos combinados. Não se trata de cogeração, pois o resultado da combinação de equipamentos na cogeração é o de produzir energia elétrica e outra forma de energia útil, como calor e frio. A cogeração é abordada no Capítulo 13.

3.8.1 Geração termelétrica a MCI

Motores de combustão interna estacionários são empregados para geração de energia elétrica. Em geral, o MCI é acoplado diretamente a um gerador elétrico em unidades de pequena capacidade ou por meio de uma caixa de velocidades, em grandes unidades. Eles também podem ser usados como equipamentos de segurança e emergenciais de abastecimento por falta de energia elétrica da rede em hospitais, hotéis e outras instalações comerciais e residenciais. Existem no mercado motores estacionários desde alguns quilowatts até motores marítimos de 40 MW, que consomem óleo combustível, diesel e gás natural. Também podem ser alimentados por biogás, biometano e gás de síntese, bem como GLP, se a legislação permitir. Algumas pequenas unidades emergenciais são movidas a gasolina. São equipamentos robustos, de elevada confiabilidade e de fácil manutenção. Também há motores de ciclo a Diesel que são adaptados para operar com uma mistura de diesel e um gás combustível, formando o chamado *dual fuel*. Há também muitas pesquisas em desenvolvimento no uso do gás hidrogênio em combinação com diesel.

3.8.2 Ciclo combinado Brayton-Rankine

Os gases de exaustão de uma turbina a gás têm temperatura relativamente elevada e, em geral, são lançados diretamente na atmosfera. Por isso, é atrativo técnica e economicamente o aproveitamento da energia térmica contida nesses gases de exaustão para outra finalidade. Há uma série de possibilidades para o aproveitamento dessa energia térmica. Entre elas:

- a produção de frio pela utilização de uma máquina de absorção de calor (Seção 3.9);
- a produção de vapor d'água ou aquecimento de outro fluido térmico;
- a produção de vapor para acionamento de uma turbina a vapor.

Os casos 1 e 2 aqui citados são geralmente objetos dos sistemas de cogeração, amplamente discutidos no Capítulo 13. O caso 3 é o que nos interessa e se trata de um ciclo combinado em que os rejeitos térmicos de uma turbina a gás são empregados para gerar vapor d'água em uma caldeira de recuperação (*HRSG – heat recovery steam generator*) para acionamento de uma turbina a vapor. A Fig. 3.27 mostra o esquema de um ciclo

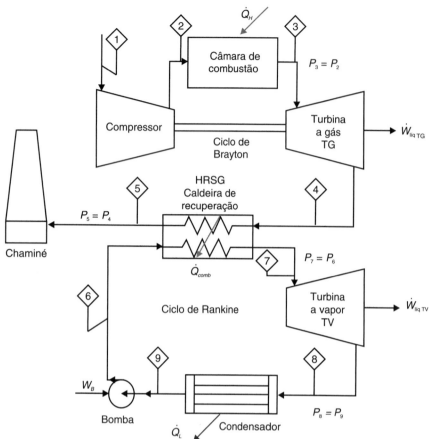

FIGURA 3.27 Ciclo combinado Brayton-Rankine.

combinado simples formado por uma turbina a gás e uma turbina a vapor.

Com referência à Fig. 3.27, pode-se definir a eficiência térmica do ciclo combinado como:

$$\eta_{térmico} = \frac{\dot{W}_{TG} + \dot{W}_{TV} - \dot{W}_{bomba \sim 0}}{\dot{Q}_H} \quad (3.56)$$

Por outro lado, substituindo-se a expressão da eficiência da turbina a vapor, ou seja, $\dot{W}_{TV} = \eta_{TV}\dot{Q}_{comb}$, vem que:

$$\eta_{térmico} = \frac{\dot{W}_{TG} + \eta_{TV}\dot{Q}_{comb}}{\dot{Q}_H} \quad (3.57)$$

Assumindo-se que a energia térmica dos gases de exaustão da chaminé da caldeira de recuperação seja muito pequena, a taxa de calor do ciclo combinado é:

$$\dot{Q}_{comb} = \dot{W}_{TG} + \dot{Q}_H \quad (3.58)$$

Assim, fazendo-se a substituição na expressão anterior, tem-se:

$$\eta_{térmico} = \frac{\dot{W}_{TG} + \eta_{TV}(\dot{Q}_H - \dot{W}_{TG})}{\dot{Q}_H} = \eta_{TG} + \eta_{TV} - \frac{\eta_{TV}\dot{W}_{TG}}{\dot{Q}_H} \quad (3.59)$$

Finalmente, usando a definição de rendimento do ciclo de Brayton, isto é:

$$\dot{W}_{TG} = \eta_{TG}\dot{Q}_H \quad (3.60)$$

obtém-se a expressão final da eficiência térmica do ciclo combinado, ou seja:

$$\eta_{térmico} = \eta_{TG} + \eta_{TV} - \eta_{TG}\eta_{TV} \quad (3.61)$$

O rendimento do ciclo combinado atinge valores mais elevados quando comparados com os casos em que as máquinas operam isoladamente. Por exemplo, considere um ciclo de Brayton com rendimento de 40 %, e um ciclo de Rankine com rendimento de 25 %. O rendimento do ciclo combinado desse arranjo será de 55 %, como dado pela Equação (3.61).

3.8.3 Ciclo combinado – configurações

Há várias formas de se combinarem turbinas a gás e a vapor para produção de energia elétrica. A Fig. 3.28 ilustra o caso de um sistema de dois eixos e dois geradores elétricos separados, cada um solidário com uma das turbinas, uma a gás e outra a vapor.

No sistema ilustrado na Fig. 3.28, os gases de exaustão são dirigidos para a caldeira de recuperação (HRSG). A caldeira pode gerar vapor em um ou mais níveis de pressão (na ilustração há dois níveis – alta pressão, AP, e baixa pressão, BP). O vapor alimenta a turbina que produz eletricidade em seu

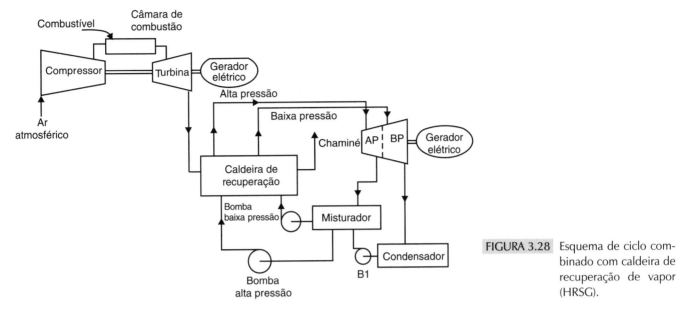

FIGURA 3.28 Esquema de ciclo combinado com caldeira de recuperação de vapor (HRSG).

próprio gerador elétrico. Nesse arranjo, as turbinas estão desacopladas, o que permite que a turbina a vapor seja desligada independentemente da turbina a gás.

Outra configuração possível se dá em máquina de eixo simples. Isto é, as duas turbinas trabalham em um só eixo. Essa configuração reduz o custo de investimento, já que apenas um gerador é necessário. Contudo, a operação das turbinas é sempre concomitante, exceto se a turbina a vapor estiver acoplada por meio de um sistema de embreagem.

A seleção de equipamentos para operar em ciclo combinado demanda vários quesitos e o principal deles é o balanço energético, isto é, precisa-se verificar se há compatibilidade do total de fluxo de energia térmica presente nos gases de exaustão para produzir vapor d'água suficiente e na qualidade necessária para acionar o ciclo de Rankine. Motores de combustão interna também podem operar em combinação com um ciclo de Rankine. Entretanto, o MCI tem uma característica diferenciada das turbinas a gás, já que a vazão mássica dos produtos de combustão pode não ser suficiente para acionar um ciclo de Rankine de grande porte. Nesses casos, instalações de menor capacidade podem ser concebidas com o emprego de ciclos orgânicos de Rankine.

3.8.4 Ciclo combinado – caldeira de recuperação (HRSG)

A caldeira de recuperação (HRSG, do inglês *heat recovery steam generator*) é o equipamento que produz vapor d'água pressurizado para acionar o ciclo de Rankine mediante transferência de calor dos produtos de combustão do ciclo de Brayton na configuração de ciclo combinado. A caldeira de recuperação é do tipo convectiva, ou melhor, a troca de calor dos gases quentes para a água ocorre por convecção de calor. Já nas caldeiras comuns de combustão, a radiação térmica desempenha um papel bem significativo. Vapor pode ser gerado em um ou mais níveis de pressão para alimentar a turbina a vapor, ou mesmo ser consumido em outro ponto do processo. Em situações em que a demanda de vapor é maior do que o que pode ser produzido pela simples recuperação da energia térmica dos gases de combustão, uma queima adicional de combustível pode ser realizada. Deve-se cuidar para que a temperatura dos gases de exaustão não caia demasiadamente, pois poderá ter início o processo de condensação do vapor d'água dos gases de exaustão e, como resultado, ter início o processo de corrosão da tubulação, dependendo da composição química do combustível (sobretudo, enxofre). Também é preciso deixar os gases com temperatura suficiente para não prejudicar a sua tiragem pela chaminé. Assim, sugere-se uma temperatura de tiragem acima de cerca de 150 °C.

Um conceito importante no projeto e na seleção das caldeiras de recuperação é a mínima diferença de temperatura alcançada entre os gases e o vapor d'água, ou ponto de pinça (*pinch point*). Os gases de exaustão da turbina a gás entram na caldeira de recuperação na temperatura (1) e a deixam em (2), como ilustrado na Fig. 3.29. A água entra no economizador da caldeira na condição (d) e o deixa em (x), na condição de líquido saturado. Exatamente nessa condição ocorre o chamado ponto de pinça, que é a diferença entre a temperatura dos gases de exaustão naquela seção (3) e a temperatura de saturação da água, T_{sat}. Os mínimos valores recomendados são $\Delta T = 15$ a 30 °C, mas valores mais elevados devem ser considerados.

Ainda em referência à Fig. 3.29, entre os pontos (x) e (y), a água sofre o processo de vaporização, uma vez que em (y) ela se transforma em vapor saturado. A partir do ponto (y) o vapor se torna superaquecido e vai deixar a caldeira em (a). Evidentemente, a temperatura de pinça é afetada pela pressão de vaporização da água.

3.9 Ciclo de refrigeração por compressão a vapor

Os ciclos de refrigeração de compressão a vapor constituem os ciclos básicos de funcionamento dos sistemas de refrigeração e de ar-condicionado. Em teoria, se o sentido de operação do ciclo térmico de Carnot (Seção 3.1) operar de forma inversa,

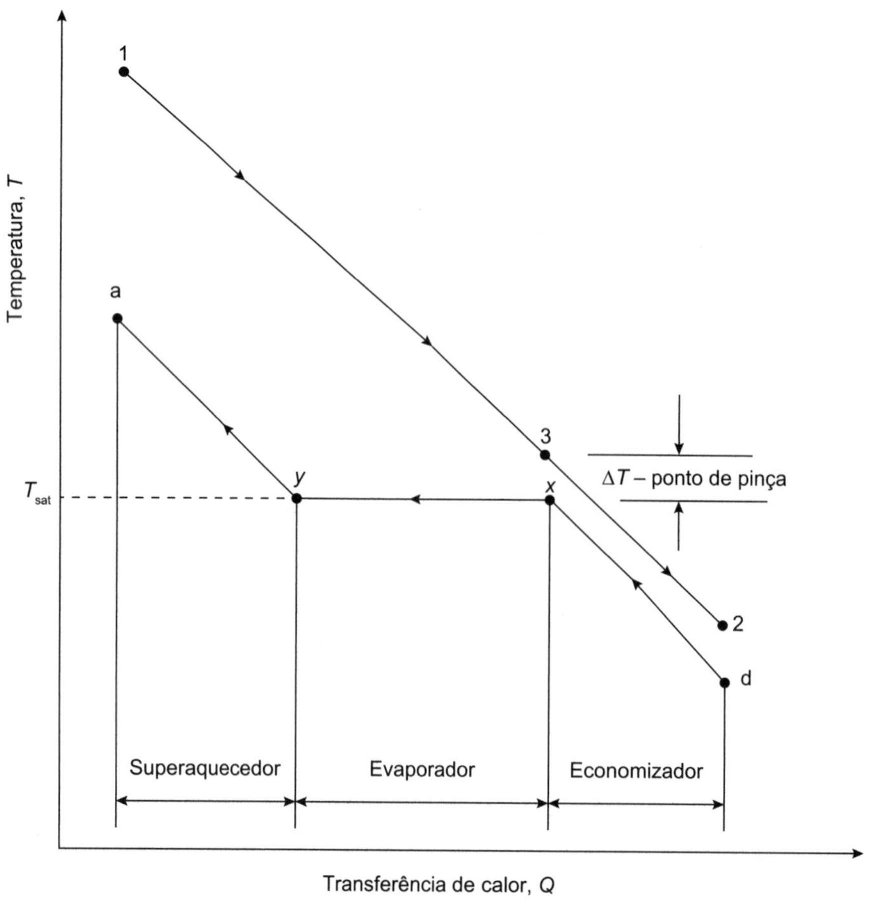

68 CAPÍTULO 3

FIGURA 3.29 Ponto de pinça para uma caldeira de recuperação com economizador superaquecido.

ou seja, rejeitando calor para uma fonte de alta temperatura e absorvendo calor de uma fonte de baixa temperatura, obtém-se o efeito desejado de retirada de calor da fonte de baixa temperatura – efeito de refrigeração.

O ciclo de Carnot de refrigeração é ilustrado no diagrama temperatura-entropia específica da Fig. 3.30(a) que, basicamente, é o ciclo térmico de Carnot que opera no sentido oposto. Note que, nesse caso, a mistura de vapor e líquido (1) sofre um processo de compressão isentrópica até que o estado de vapor saturado (2) seja atingido. Em seguida, o vapor sofre um processo de condensação completa até que o estado de líquido saturado (3) seja alcançado. A expansão do estado (3) de alta pressão para o estado (2) de baixa pressão se dá por meio de uma turbina ou um expansor isentrópico no caso ideal. Porém, esse ciclo seria de difícil construção e operação, pois requereria um compressor de mistura bifásica e o investimento em uma máquina turboexpansora. Em função disso, o processo de expansão é normalmente substituído por um processo muito mais simples conhecido como processo de estrangulamento adiabático, que, em geral, é obtido por meio de uma válvula, um tubo capilar ou um simples orifício que reduz a pressão do fluido do estado 3 para o estado 4. Do ponto de vista termodinâmico, esse processo de estrangulamento adiabático indica que a entalpia específica se mantém constante, isto é, $h_3 = h_4$, fato esse ilustrado no diagrama

temperatura-entropia da Fig. 3.30(b). Nesse caso, a expansão isentálpica é um dos pontos que fazem com que o ciclo seja diferente do ciclo de Carnot de refrigeração.

3.9.1 Ciclo-padrão de compressão mecânica a vapor

Para se estabelecer o ciclo ideal ou padrão de compressão mecânica a vapor, outro detalhe operacional precisa ser resolvido além da questão da expansão isentálpica. Tendo em vista o diagrama da Fig. 3.30(a), nota-se que o processo de compressão 1-2 tem início com uma mistura de líquido e vapor, que, do ponto de vista tecnológico, constitui uma barreira, uma vez que se deve evitar a entrada de líquidos nos compressores como regra geral. Desse modo, o ciclo ideal ou padrão de compressão mecânica a vapor baseia-se no ciclo no qual o estado termodinâmico (1) se torna vapor saturado seco, como ilustrado na Fig. 3.31(a). Nesse caso, também o estado 2 será vapor superaquecido, já que a compressão isentrópica 1-2 levará o vapor a esse estado. Além disso, a condensação 2-3 será agora a pressão constante. É importante frisar que, em se tratando de análises de ciclos de refrigeração, é preferível utilizar o diagrama pressão-entalpia específica, como o da Fig. 3.31(a). Assim, o ciclo ideal ou padrão de compressão mecânica a vapor

CICLOS TÉRMICOS DE POTÊNCIA E DE REFRIGERAÇÃO 69

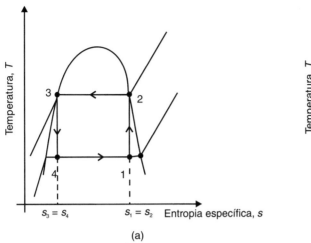
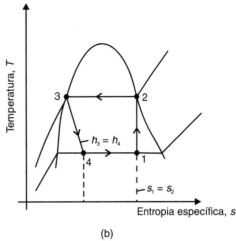

FIGURA 3.30 Diagramas temperatura-entropia específica. (a) Ciclo de Carnot de refrigeração; (b) ciclo de refrigeração com expansão isentálpica.

consiste nos seguintes quatro processos principais, descritos a seguir e indicados no diagrama da Fig. 3.31(a). A Fig. 3.31(b) ilustra os componentes básicos do ciclo-padrão que desempenham os quatro processos descritos a seguir:

- 1-2: compressão isentrópica (adiabática reversível, $s_1 = s_2$), em que o estado 1 é vapor saturado seco, e o estado 2 é vapor superaquecido (processo de compressão realizado pelo compressor);
- 2-3: resfriamento e condensação a pressão constante (realizado pelo condensador), até que o estado 3 seja líquido saturado a alta pressão ($P_2 = P_3$) – rejeição de calor Q_H;
- 3-4: expansão isentálpica ($h_3 = h_4$) por meio de válvula de expansão (*VE*) ou outro dispositivo de estrangulamento (orifício);

- 4-1: evaporação a pressão constante ($P_4 = P_1$); retirada de calor do meio, Q_L. Nesse caso, a temperatura também é constante e é denominada temperatura de evaporação.

A evaporação do fluido é que retira o calor do meio que se pretende resfriar (efeito de refrigeração).

Definições importantes

Trabalho específico, w: trabalho líquido (isto é, potência de compressão por unidade de vazão mássica de refrigerante em circulação) necessário para acionar o ciclo de refrigeração. Do diagrama *P-h* da Fig. 3.31(a), tem-se:

$$w = h_2 - h_1 \qquad (3.62)$$

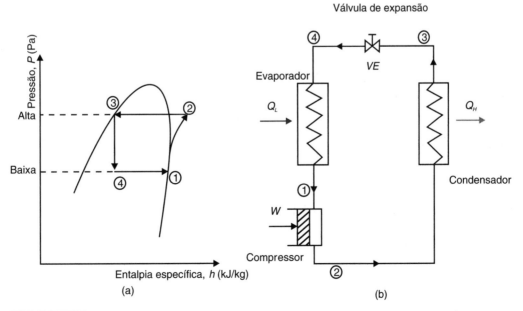

FIGURA 3.31 Ciclo-padrão de compressão mecânica a vapor. (a) Diagrama pressão-entalpia específica; (b) componentes básicos.

70 CAPÍTULO 3

Potência de compressão, $\dot{W}$: potência total necessária para acionar o compressor do ciclo de refrigeração. Considerando $\dot{m}$ a vazão mássica de refrigerante [kg/s], tem-se:

$$\dot{W} = \dot{m} \times w = \dot{m}\left(h_2 - h_1\right) \tag{3.63}$$

Carga de refrigeração ou capacidade frigorífica: taxa total de calor total retirado do ambiente refrigerado. Também é chamado de *efeito de refrigeração*. Pode ser específica q_L (por unidade de massa) ou total, $\dot{Q}_L$. Do diagrama *P-h* da Fig. 3.31(a), advêm:

$$q_L = h_1 - h_4 \text{ e} \tag{3.64}$$

$$\dot{Q}_L = \dot{m}\left(h_1 - h_4\right) \tag{3.65}$$

Coeficiente de desempenho (COP), também chamado *coeficiente de performance* (do inglês, *coefficient of performance*). O COP é definido como a razão do efeito desejado (carga ou capacidade de refrigeração) pela quantia gasta para se obter aquele efeito (potência de acionamento do compressor do ciclo), isto é, o COP é a razão entre as Equações (3.62) e (3.64). Do diagrama *P-h* da Fig. 3.30(a), advêm:

$$\text{COP} = \frac{q_L}{w} = \frac{h_1 - h_4}{h_2 - h_1} \tag{3.66}$$

Geralmente o COP é maior que a unidade, o que significa que se obtém um efeito ou carga de refrigeração superior ao "preço energético" que se paga por ele, que é o trabalho de compressão.

O COP ainda deve ser analisado com critério. Alguns projetistas, e mesmo fabricantes, costumam incluir na potência do ciclo a potência de acionamento de outros equipamentos e sistemas auxiliares.

Exemplo 3.10

Os ciclos de refrigeração usam fluidos sintéticos que recebem nomes segundo a associação norte-americana ASHRAE. Um desses fluidos refrigerantes muito utilizados em geladeiras e aparelhos de ar-condicionado é o R134a. Determinado ciclo opera com este fluido e tem a temperatura de evaporação de 0 °C e a de condensação de 26 °C. A vazão mássica do refrigerante é de 0,08 kg/s (esquema da Fig. 3.31). Nessas condições, determine:

a) a potência do compressor em kW;
b) a carga de refrigeração, ou capacidade frigorífica em kW e em TR (toneladas de refrigeração);
c) o coeficiente de desempenho (COP).

Dados extraídos de uma tabela termodinâmica do refrigerante R134a:

$$h_1 = 247,23 \text{ kJ/kg};$$

$$h_2 = 264,7 \text{ kJ/kg};$$

$$h_3 = h_4 = 85,75 \text{ kJ/kg}.$$

Resolução:

$$w = h_2 - h_1 = 264,7 - 247,23 = 17,47 \text{ kJ/kg} \Rightarrow$$

$$\dot{W} = \dot{m} \times w = 0,08 \times 17,47 = 1,4 \text{ kW} = 1,86 \text{ HP}$$

$$q_L = h_1 - h_4 = 247,23 - 85,75 = 161,48 \text{ kJ/kg}$$

$$\dot{Q}_L = \dot{m} \times q = 0,08 \times 161,48 = 12,93 \text{ kW} = 3,67 \text{ TR} *$$

$$\text{COP} = \frac{q_L}{w} = \frac{161,48}{17,47} = 9,2 **$$

Notas:
* 1 TR = 3,517 kW.
** O valor do COP obtido é elevado, pois se trata de um exemplo teórico e de efeito didático. Valores mais comuns para sistemas de média capacidade giram em torno de 3 a 5, para ciclos de compressão a vapor de pequeno porte.

Exemplo 3.11

O cálculo da capacidade de um sistema de ar-condicionado resultou em 10 TR. Ao projetista foram apresentadas duas tecnologias que usam dois tipos diferentes de refrigerantes. Em ambos os casos, a temperatura de evaporação é de 5 °C:

a) Um ciclo operando com isobutano, R600a.
b) Um ciclo operando com R134a.

Considere que o líquido retorne do condensador com temperatura de 35 °C. Calcule os efeitos refrigerantes ou cargas de refrigeração e as vazões mássicas de cada alternativa.

Resolução:
Os dados de entalpia específica estão na tabela a seguir para o esquema da Fig. 3.31.

Refrigerante	Entalpia específica, h_1 (kJ/kg)	Entalpia específica, h_3 (kJ/kg)
R134a	250,1	98,8
Isobutano (R600a)	678,6	401,3

a) R600a:

$$q_L = 678,6 - 401,3 = 277,3 \text{ kJ/kg} \left(\text{isobutano}\right)$$

$$\dot{m} = \frac{10 \times 3,517}{277,3} = 0,127 \text{ kg/s} \left(\text{isobutano}\right)$$

b) R134a:

$$q_L = 250{,}1 - 98{,}8 = 151{,}3 \, \text{kJ/kg} \quad (\text{R134a})$$

$$\dot{m} = \frac{10 \times 3{,}517}{151{,}3} = 0{,}232 \, \text{kg/s} \quad (\text{R134a})$$

Nota: o efeito de refrigeração do isobutano é maior que o do R134a, significando que, para uma mesma capacidade de refrigeração, uma vazão mássica menor de refrigerante de isobutano é necessária, reduzindo o tamanho geral do compressor e demais equipamentos.

Ciclo real de compressão mecânica a vapor

Condições operacionais e perdas de carga associadas ao escoamento do refrigerante impedem a realização prática de um ciclo-padrão de compressão a vapor, conforme é possível verificar na Fig. 3.32. As principais diferenças são:

- perdas por atrito associadas ao escoamento do fluido – perdas de carga tanto no condensador como no evaporador. Note no gráfico da Fig. 3.32 que durante os processos de evaporação e de condensação há uma diminuição das pressões correspondentes e, portanto, os processos de mudança de fase não são estritamente a pressão constante;
- o líquido que sai do condensador (estado 3) e entra na válvula de expansão está ligeiramente sub-resfriado. Isso é feito para garantir que apenas líquido entre no dispositivo de expansão. Alguns tipos de válvulas de expansão podem apresentar dificuldade operacional se adentrar vapor;
- o vapor que sai do evaporador (estado 1) e entra no compressor não deve carregar líquido ou gotículas de líquido consigo, visto que isso poderia danificar alguns tipos de compressores. Por isso, provoca-se um superaquecimento do vapor a fim de garantir que apenas a fase vapor seja aspirada pelo compressor;

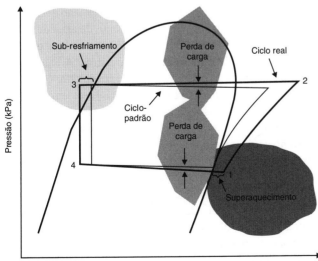

FIGURA 3.32 Diagrama *P-h* para o ciclo real e o ciclo-padrão.

- o vapor do refrigerante sofre um processo não ideal de compressão no compressor (não é compressão isentrópica).

3.9.2 Bombas de calor

Embora no exterior já sejam empregadas com frequência, no Brasil o uso das bombas de calor avança em aplicações de aquecimento de piscinas e água, entre outros. Em princípio, o ciclo de refrigeração de uma bomba de calor é exatamente idêntico ao ciclo de refrigeração discutido na seção anterior. Do ponto de vista operacional, a diferença reside no fato de que, no caso de bombas de calor, objetiva-se empregar a energia térmica (calor) de condensação para finalidades de aquecimento. Nesses equipamentos, o evaporador está voltado para o ambiente externo e o condensador está voltado para o processo de aquecimento do ambiente ou de água. O exemplo a seguir mostra as vantagens do aquecimento via bomba de calor em contraste com o aquecimento direto por meio de eletricidade.

No caso das bombas de calor, o coeficiente de desempenho (COP') é dado pela razão entre a taxa de calor fornecida, $\dot{Q}_H$, e a potência de acionamento do ciclo, $\dot{W}$, como demonstra a Equação (3.67). Também pode ser dado em função de grandezas específicas, isto é, por unidade de massa.

$$COP' = \frac{\dot{Q}_H}{\dot{W}} = \frac{q_H}{w} \quad (3.67)$$

Exemplo 3.12

Uma bomba de calor é utilizada para atender às necessidades de aquecimento de uma casa, mantendo-a a 20 °C. Nos dias em que a temperatura externa cai para 2 °C, estima-se uma perda de calor da casa a uma taxa de 50.000 kJ/h. Se a bomba de calor, nessas condições, tiver um COP' de 2,5, determine (a) a potência elétrica consumida pela bomba de calor; (b) a potência elétrica que seria consumida, caso o aquecimento se desse por meio de resistências elétricas instaladas diretamente no interior da residência.

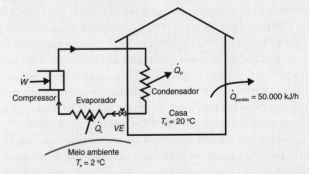

Resolução:
Nota-se que, nesse caso, o COP' é definido como a razão entre a potência de aquecimento e a potência de acionamento do compressor [Eq. (3.67)], ou seja:

$$\dot{W} = \frac{\dot{Q}_H}{COP'} = \frac{50.000\,kJ/h}{2,5} = 20.000\,kJ/h \ (ou\ 5,55\ kW)$$

O aquecimento elétrico direto seria a própria taxa de calor perdido pelo ambiente, ou melhor, 50.000 kJ/h = 13,89 kW.

Nota: este exemplo mostra a vantagem do ponto de vista energético de se usar uma bomba de calor (consumo de 5,55 kW) em vez do aquecimento direto (consumo de 13,89 kW), para a mesma carga de aquecimento.

3.9.3 Tendências e tecnologias

Os aparelhos de ar-condicionado residenciais modernos possuem elevados coeficientes de desempenho ou performance (COP), tendo valores acima de 4 em razão das novas tecnologias de controle de frequência (*inverter*), em que o compressor pode ter sua rotação ajustada e, portanto, modular a vazão de fluido refrigerante que circula para compatibilizar a operação do sistema de acordo com a carga térmica a ser removida do ambiente.

Os equipamentos de pequena capacidade possuem diversos tipos construtivos: (a) janela – equipamento clássico em que estão integrados todos os componentes em um único módulo, compactos, porém de menor COP, em geral. Algumas unidades têm um sistema de alavancas de aberturas que permite renovação do ar interior com ar fresco externo. A mistura parcial do ar interior com o ar externo é recomendada por questões de saúde e higiene; (b) *split* – nesse caso, a unidade evaporadora está no interior do ambiente e o fluido refrigerante é transportado da unidade de condensação remota instalada no exterior. Não permitem a renovação do ar nas pequenas unidades mais comercializadas. Equipamentos do tipo *split* também podem ter uma única unidade condensadora para duas ou mais unidades evaporadoras, o que os torna ideais para apartamentos e salas comerciais em que o espaço disponível é limitado para a instalação de unidades condensadoras individuais. Unidades de média e grande capacidades podem ter um sistema de distribuição de água gelada, que é produzida em uma unidade ou central de água gelada (CAG) e distribuída pelos recintos a serem climatizados. As capacidades de pequenos aparelhos de condicionamento de ar são geralmente fornecidas em BTU, e os menores têm em torno de 7000 BTU para uma pequena sala. Sistemas comerciais e industriais de muito maior capacidade são fornecidos em toneladas de refrigeração (TR), alcançando valores na faixa de centenas de TR – veja o Exemplo 3.10.

Atualmente, muitos aparelhos de ar-condicionado são reversíveis para operar no verão no modo normal de ar-condicionado e, no inverno, como aquecedor (bomba de calor) de ambiente. O equipamento é dotado de um conjunto de válvulas de desvio de fluxo do fluido refrigerante de modo tal que no verão o evaporador opera normalmente no interior do ambiente para remover a carga térmica. Já no inverno, o mesmo evaporador interno (cassete) funciona como condensador por meio da inversão de fluxos do refrigerante nas válvulas e

a unidade condensadora externa se transforma em unidade evaporadora.

Do ponto de vista de acionamento, o mercado já disponibiliza equipamentos de ar-condicionado acionados por meio de energia solar fotovoltaica, o que permite sua operação em lugares remotos ou desconectado da rede elétrica. Nesse caso, o sistema é vendido conjuntamente com um ou mais painéis fotovoltaicos e inversor de frequência com ou sem bateria elétrica. No exterior, existem equipamentos cujo motor elétrico de acionamento do compressor se dá em corrente contínua (CC), o que dispensa o inversor de frequência, permitindo o acionamento direto pela energia solar fotovoltaica com o apoio de uma bateria elétrica. Portanto, trata-se de uma unidade isolada. O uso de corrente contínua é, na verdade, uma tendência internacional para acionar outros equipamentos eletrodomésticos.

Finalmente, uma tendência atual é o uso de bombas de calor para produção de água ou óleo quente e vapor em temperaturas elevadas (60 a 120 °C) por meio de bombas de calor especiais. A vantagem do uso de bombas de calor para aquecimento de temperatura moderada foi apresentada na seção anterior e por meio do Exemplo 3.12. Muitas dessas aplicações atuais estão associadas ao aquecimento ambiental e de piscinas. Porém, é possível que temperaturas mais elevadas sejam alcançadas a fim de deslocar o aquecimento direto devido à combustão de algum combustível, ou mesmo por meio de resistências elétricas. Esta é outra tendência que já vem se tornando realidade no mercado industrial.

3.9.4 Bomba de calor e ar-condicionado ou refrigeração conjugados

Sistemas de ar-condicionado ou de refrigeração rejeitam grande quantidade de energia térmica no condensador, que é transferida diretamente para o ar na condensação a seco ou por meio de condensação evaporativa ou, ainda, indiretamente nas torres de resfriamento de acordo com o tipo de tecnologia de condensação. Trata-se de uma parcela não desprezível que poderia ser utilizada para aquecimento de água de banho e torneira, ou mesmo para o preaquecimento de água para cozinhas industriais e restaurantes, entre outros. A Fig. 3.33(a) ilustra a configuração padrão em que a taxa de calor (carga) de evaporação, $\dot{Q}_L$, e a taxa de calor (carga) de condensação, $\dot{Q}_H$, são aproveitadas. Considerando a definição do *COP* de um ciclo de refrigeração, Equação (3.66), e um balanço de energia global no equipamento, é fácil mostrar que a razão entre essas cargas ou taxas de calor é dada pela Equação (3.68), cujo comportamento pode ser visto no gráfico da Fig. 3.33(b). A título de exemplo, em um sistema comercial de ar-condicionado de COP = 2, a taxa de calor de condensação é 50 % superior à própria taxa de calor de evaporação, isto é, $\dot{Q}_H/\dot{Q}_L = 1,5$. Em outras palavras, potencialmente pode-se produzir mais energia térmica no nível da temperatura de condensação (40 a 50 °C) do que a energia térmica de evaporação em baixa temperatura do sistema de ar-condicionado ou de refrigeração.

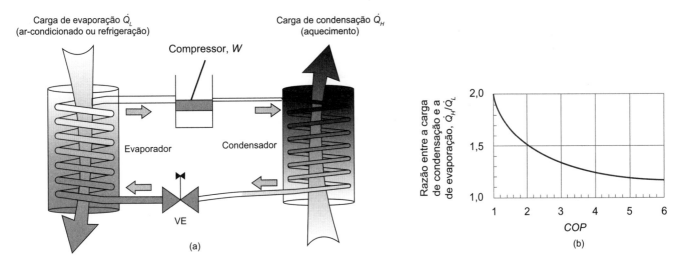

FIGURA 3.33 (a) Princípio de aproveitamento simultâneo da energia térmica de condensação (bomba de calor) e evaporação (ar-condicionado ou refrigeração); (b) razão entre as cargas de condensação e de evaporação, $\dot{Q}_H/\dot{Q}_L$, como função do COP do sistema de ar-condicionado ou refrigeração.

$$\frac{\dot{Q}_H}{\dot{Q}_L} = \frac{1+COP}{COP} \qquad (3.68)$$

O coeficiente global de desempenho ou de performance do sistema conjugado é a soma dos coeficientes individuais.

No mercado, já é possível adquirir esses tipos de equipamentos de aproveitamento simultâneo das energias térmicas. Dessa forma, água quente e ar-condicionado podem ser obtidos de um único equipamento. Em escala laboratorial, Zuzarte e Simões Moreira (2014) conceberam e testaram um sistema de recuperação de calor em que a serpentina de condensação passa por um pequeno reservatório acoplado a uma geladeira comercial que é mantido permanentemente cheio de água, e no qual a água quente é consumida pela parte superior e reposta por água fria pela parte inferior do reservatório, como ilustrado na Fig. 3.34(a). O fluido refrigerante circula por uma serpentina imersa no reservatório, transfere calor para a água e, posteriormente, dirige-se ao condensador original da geladeira. Dessa forma, se não houver consumo da água quente, a água do reservatório continuará aquecida e o fluido refrigerante sofrerá o processo de condensação em seu condensador original instalado em série com o reservatório. O protótipo testado mostrou uma economia acima de 10 % de energia elétrica, já que a água, em geral, está com temperatura inferior à do ar atmosférico, o que resulta em uma temperatura de condensação inferior, implicando um melhor COP. Além disso, água aquecida também é produzida sem qualquer custo adicional, exceto o da aquisição e instalação do equipamento. Considerando-se que, no Brasil, a água é geralmente aquecida por meio de energia elétrica para banho ou uso na cozinha, essa parcela de energia de aquecimento de energia térmica recuperada também desloca o uso da energia elétrica para essa finalidade.

O sistema pode ser empregado tanto para geladeiras residenciais, como comerciais, bem como em sistemas de ar-condicionado. Na Fig. 3.34(b) pode ser vista a fotografia do protótipo de reservatório de água de cerca de 20 litros que foi construído e testado no laboratório SISEA da Escola Politécnica da USP. O projeto resultou em uma patente BR 10 2014 027845-1.

3.10 Ciclos de absorção de calor

Os sistemas de refrigeração por absorção de calor baseiam-se no comportamento do equilíbrio químico de dois fluidos distintos que não são reativos entre si e que têm propriedades termodinâmicas particularmente adequadas para as temperaturas e pressões de trabalho dos ciclos de refrigeração. Os pares água-brometo de lítio e água-amônia são, atualmente, os que têm largo emprego comercial e que satisfazem muitos critérios termodinâmicos e de operação. Entretanto, eles também têm alguns inconvenientes. O par água-brometo de lítio pode apresentar formação de fase sólida da água (gelo), o que inviabiliza seu emprego em refrigeração e o restringe aos sistemas de ar-condicionado apenas (temperaturas superiores a aproximadamente 5 °C). Além disso, o brometo de lítio pode se cristalizar em valores moderados de concentração e, normalmente, os sistemas baseados nessa tecnologia são mais volumosos, uma vez que a água é um fluido refrigerante com elevado volume específico da fase vapor para baixas pressões. Por outro lado, o par água-amônia pode operar em sistemas de refrigeração, em temperaturas subzero. A Tabela 3.3 indica uma comparação dos dois sistemas de absorção juntamente com o sistema convencional de compressão a vapor.

Os registros históricos indicam que a primeira patente de um sistema de refrigeração por absorção comercial foi obtida em 1860 por Ferdinand Carré, nos Estados Unidos. Tratava-se de um ciclo de amônia-água e tinha como finalidade o uso na área de refrigeração. Mais recentemente, a partir de 1960, esse uso tem sido mais generalizado, inclusive com uso para ar-condicionado residencial.

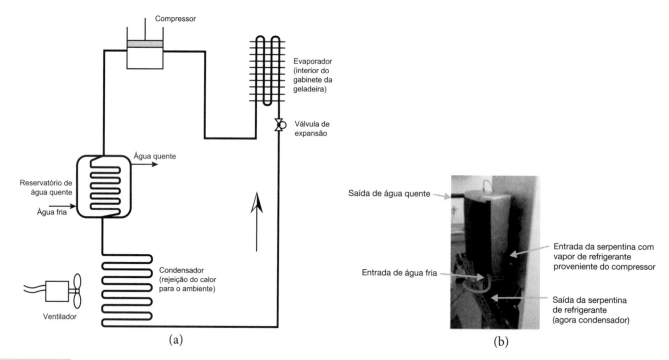

FIGURA 3.34 (a) Esquema do sistema de recuperação de calor de condensação para produção de água quente; (b) fotografia do reservatório do protótipo de recuperação de calor (SISEA) patente BR 10 2014 027845-1.

TABELA 3.3 Comparação de sistemas de refrigeração

Grandeza/Características	Ciclo de compressão a vapor	Ciclo de absorção de calor de água-amônia	Ciclo de absorção de calor de água-brometo de lítio
Energia elétrica	Funciona apenas com energia elétrica.	Utiliza tipicamente 7 a 10 % da energia elétrica do ciclo de compressão a vapor.	Utiliza tipicamente 7 a 5 % da energia elétrica do ciclo de compressão a vapor.
Fluido refrigerante	Há uma grande variedade de fluidos refrigerantes comerciais.	Amônia, com água como absorvente. Um refrigerante natural de baixo custo.	Água, com brometo de lítio como absorvente. Carga de absorvente (a disposição é cara).
Limitação de temperatura	Faixa de operação muito ampla que depende do refrigerante.	0 °C e abaixo.	Apenas acima de 7 °C, pois o fluido refrigerante é a água.
Energia térmica para acionamento	Nenhuma.	Vapor de baixa pressão, água quente ou rejeitos térmicos como fontes de calor em torno de 100 °C e acima.	Vapor de baixa pressão (unidades de simples estágio) e vapor de alta pressão (unidades de estágio duplo).
Quantidade específica de vapor requerido	Nenhuma.	Varia em aproximadamente 9 kg/TR (operando a 0 °C) até 11 kg/TR (operando a −25 °C).	Aproximadamente 8 kg/TR (estágio simples). Aproximadamente 5 kg/TR (duplo estágio).
Observações	Vulnerável a flutuações de temperatura na água de refrigeração. O uso de partes móveis e o desgaste representam baixa vida útil de operação.	Baixa manutenção, trocadores de calor industriais comuns. Bomba em *standby* de segurança. Temperaturas mais altas do vapor podem acabar com a flutuação da temperatura da água de refrigeração. Operação facilmente entendida e acompanhada pelos operadores do compressor da amônia. O cheiro característico da amônia age como indicador em caso de vazamento.	Vulnerável a flutuações na temperatura da água de refrigeração. O vácuo interno dificulta a identificação de vazamentos. O refrigerante precisa ser trocado se exposto ao ar durante a manutenção. Construído com materiais exóticos. Reparos no local e manutenção são difíceis.

Considere a Fig. 3.35 para compreender a diferença operacional de um ciclo de compressão mecânica a vapor e um ciclo de absorção. No ciclo de compressão mecânica a vapor, um compressor é responsável pela elevação da pressão do vapor de baixa pressão para alta pressão, como indicado pelo retângulo tracejado na Fig. 3.35(a). Trata-se de um componente único, em geral acionado por um motor elétrico. Com relação ao ciclo de absorção, a elevação da pressão da linha de vapor de baixa pressão é obtida pelos processos térmicos de absorção do vapor $\dot{Q}_{abs}$ (com remoção do calor) por um líquido e pelo bombeamento da mistura ao nível da alta pressão pela bomba de solução, função essa feita pelo compressor no ciclo-padrão de compressão mecânica. A mistura de líquido refrigerante passa a receber calor de uma fonte, $\dot{Q}_{ger}$, e, consequentemente, o fluido refrigerante mais volátil se evapora e segue o processo normal do ciclo para o condensador. A solução fraca, que contém a parte não evaporada do refrigerante, passa por uma válvula redutora de pressão e o ciclo se fecha. Esses processos estão indicados na Fig. 3.35(b). Note que três componentes são comuns entre os ciclos de absorção e os ciclos de compressão a vapor que são o condensador, a válvula de expansão e o evaporador. O "retângulo" tracejado da figura superior indica que a função do compressor é substituída pelos componentes dentro do "retângulo" tracejado da figura inferior.

A Fig. 3.36 mostra os principais elementos que compõem o equipamento de refrigeração do ciclo de absorção da mistura amônia-água. No **gerador** ocorre a separação da amônia (destilador) que entra no gerador misturada com água no estado líquido (solução forte) no ponto 3 por meio do fornecimento de calor, $\dot{Q}_{ger}$. O vapor de amônia produzido, ponto 7, dirige-se ao **condensador**.

A solução fraca, isto é, com baixa concentração de amônia, ponto 4, deixa o gerador e retorna para o **absorvedor**. O calor fornecido ao gerador provém da combustão de um gás ou da recuperação de calor de uma fonte térmica qualquer, como no caso de cogeração ou, ainda, de energia solar.

O **condensador** faz com que o vapor de amônia (7) se condense sob alta pressão, cedendo calor para o meio ambiente, $\dot{Q}_{cond}$. Do condensador sai, portanto, amônia em estado líquido em alta pressão, ponto 8. Do ponto 8, a amônia líquida sofre um estrangulamento adiabático (queda de pressão) na válvula VE-1 para obter o ponto 9 de uma mistura bifásica de amônia líquida e seu vapor. Esta mistura bifásica saturada entra no **evaporador** que retira a carga de refrigeração, $\dot{Q}_{evap}$, por meio da evaporação do líquido da mistura em baixa temperatura.

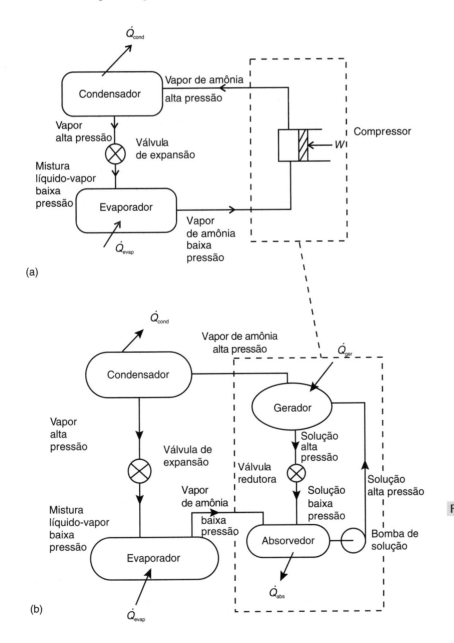

FIGURA 3.35 (a) Ciclo de compressão mecânica a vapor – componentes; (b) ciclo de absorção de calor. Os componentes do ciclo de absorção dentro do "retângulo" tracejado desempenham o papel do compressor do ciclo de compressão mecânica.

Desse modo, vapor saturado no estado 10 é produzido. Note que é no evaporador que ocorre o efeito de refrigeração desejado. O vapor de amônia é absorvido no **absorvedor** pela solução fraca 6 em baixa pressão. A solução fraca é a que veio do gerador (ponto 4), cedeu calor para preaquecer a solução forte no trocador de calor de contracorrente e saiu, ainda em alta pressão, no estado 5. Na VE-2, a solução fraca sofre um estrangulamento adiabático (queda de pressão) para obter o estado 6 a fim de absorver o vapor de amônia no absorvedor, como informado.

No absorvedor ocorre a mistura e a absorção do vapor de amônia pela solução fraca água/amônia, mediante retirada de calor $\dot{Q}_{abs}$. Finalmente, a solução forte 1, rica em amônia, é bombeada, alcançando o estado 2 em alta pressão, preaquecida no trocador de calor, e entra no gerador no estado 3, fechando o ciclo.

O princípio de funcionamento do ciclo de absorção é, por assim dizer, tão fascinante que o próprio Einstein se interessou pelo sistema. Szilard idealizou um ciclo de amônia-água que, por último, acabou também sendo patenteado em parceria com Einstein em 1930, nos Estados Unidos. O problema da época que motivou a patente era o excessivo vazamento que os ciclos de compressão mecânica a vapor tinham e, por isso, Szilard e Einstein propuseram um ciclo sem partes móveis.

A Fig. 3.37 mostra a fotografia de um ciclo de absorção de calor de amônia-água experimental desenvolvido no laboratório SISEA. Esse equipamento foi concebido para operar com energia solar ou com outra fonte de "calor" residual, como os produtos de exaustão de motores, turbinas a gás ou de processos de combustão. Também podem operar em sistemas de cogeração, como será visto no Capítulo 13.

O coeficiente de desempenho ou performance, *COP*, de um ciclo de absorção de calor é dado pela razão entre a taxa de calor do evaporador, $\dot{Q}_{evap}$, pela taxa de calor fornecida no gerador, $\dot{Q}_{ger}$, como dado pela Equação (3.69).

$$COP = \frac{\dot{Q}_{evap}}{\dot{Q}_{ger}} \quad (3.69)$$

Finalmente, é relevante frisar que os equipamentos de absorção para ar-condicionado são dominados pela tecnologia de brometo de lítio-água, particularmente de média e grande capacidades, e que muitos deles podem ser acionados por (1) "fogo direto", isto é, pela queima de um combustível, como o gás natural ou GLP; (2) vapor d'água; (3) cogeração com o aproveitamento da energia térmica residual de produtos de combustão resultantes da exaustão de motores, turbinas e outros processos de combustão; e (4) energia solar. Valores típicos de *COP* são 0,6 para ciclos de amônia-água e 0,8 a 1,2 para brometo de lítio-água.

FIGURA 3.37 Ciclo de absorção de calor de amônia-água experimental desenvolvido no SISEA – Lab. de sistemas energéticos alternativos e renováveis da EPUSP (projeto FAPESP 2016/09509-1).

Problemas propostos

3.1 Instalações de potência geotérmicas captam água quente ou vapor d'água de fontes subterrâneas para a produção de eletricidade. Uma dessas instalações recebe água quente a 170 °C e rejeita energia térmica por transferência de calor para a atmosfera, que está a 20 °C. Determine a eficiência térmica máxima possível para qualquer ciclo de potência operando entre essas temperaturas.

3.2 Prove que a eficiência térmica de Carnot é dada por $\eta_C = 1 - \dfrac{T_L}{T_H}$.

[**Dica:** use a Equação (2.30b) para calcular trocas de calor isotérmicas reversíveis como ocorrem no ciclo de Carnot.]

3.3 Propõe-se construir uma grande central termelétrica com potência de 800 MW utilizando-se água como fluido

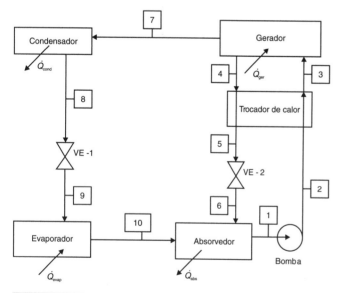

FIGURA 3.36 Diagrama esquemático de um ciclo de refrigeração por absorção de amônia-água com indicação dos principais componentes.

de trabalho. Água de um rio é canalizada para resfriar os condensadores do ciclo térmico (veja a figura a seguir). A maior temperatura do vapor d'água é de 500 °C e a temperatura de condensação, de 45 °C. Com apenas essas informações, faça uma estimativa do aumento da temperatura média da água do rio entre a montante e a jusante da usina. A vazão total do rio é de 200.000 m³/h. (**Dica:** assuma máquina térmica de Carnot, como primeira aproximação.)

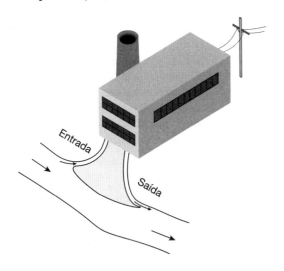

3.4 Com frequência, os fabricantes de turbinas e motores de combustão interna fornecem a razão de calor, mais comumente chamada *heat rate* (HR), da máquina em BTU/kWh. O HR é definido como a demanda de energia térmica proveniente da combustão do combustível em BTU necessária para produzir 1 kWh de energia elétrica. Nessas condições:

a) Mostre que o HR é uma grandeza adimensional e igual ao inverso da eficiência térmica, η.

b) Supondo que o combustível seja gás natural (obtenha seu PCI), qual seria a vazão mássica (kg/s) desse energético para produzir 1 kW em uma máquina com HR = 2,5? E para produzir 100 kW?

c) Agora suponha que o combustível seja gás de síntese (*syngas*) produzido por um processo de gaseificação de biomassa (obtenha seu CPI). Qual seria a vazão necessária nessa máquina para produzir 1 kW?

3.5 Uma unidade de geração termelétrica de uma usina sucroalcooleira opera segundo o ciclo simples ideal de Rankine (Seção 3.2.1). Água pressurizada é bombeada para o gerador de vapor, ou caldeira, onde é vaporizada, atingindo elevada temperatura por meio da adição de calor resultante da combustão do bagaço de cana. O vapor é expandido em uma turbina a vapor, que, por sua vez, aciona um gerador elétrico de 100 % de eficiência. Após passar pela turbina, o vapor (ou mistura líquido-vapor) em baixa pressão é condensado completamente em um condensador, rejeitando calor para o ambiente para, na sequência, a água condensada ser bombeada de volta ao gerador de vapor para, então, fechar o ciclo. Nessas condições, pede-se:

a) Considerando a potência elétrica do ciclo de 30 MW, a máxima temperatura do vapor de 520 °C na pressão de 8 MPa e a pressão na descarga da turbina igual a 12,35 kPa, determine a vazão de água que circula pelo ciclo e o título do vapor na seção de descarga da turbina. Ilustre os processos no diagrama *T-s*.

b) Qual a temperatura e a taxa de calor rejeitada na condensação, se a água deixa o condensador na condição de saturada? Calcule as potências de bombeamento da água para o gerador de vapor, a potência e o rendimento térmico.

c) Qual é a taxa de calor fornecida pela queima do bagaço no gerador de vapor? Qual o consumo de bagaço, se seu PCI for de 7,5 MJ/kg e a eficiência global da caldeira for de 80 %?

d) Qual seria o rendimento, se o ciclo operasse segundo o ciclo de Carnot entre 520 e 50 °C? Compare com o valor obtido em b) e explique porque são diferentes (ou iguais).

3.6 Considerando a mesma usina anterior, suponha agora que a turbina tenha um rendimento isentrópico η_s = 90 % (Seção 2.8.3) e, que a vazão mássica de vapor e as temperaturas máximas e mínimas permaneçam inalteradas, bem como a pressão igual a 8 MPa. Nessas condições, calcule a nova potência elétrica do ciclo, o título na saída da turbina e o novo rendimento térmico.

3.7 Prove que o trabalho líquido máximo de um ciclo de Brayton simples é dado por $w_{T_{máx}} = C_p T_1 \left[r^{\frac{2(k-1)}{k}} - 2r^{\frac{k-1}{k}} + 1 \right]$

[**Dica:** substitua T_3/T_1 da Eq. (3.25) na Eq. (3.24).]

3.8 Uma termelétrica funciona com uma turbina a gás, que opera segundo um ciclo simples de Brayton acionada por biometano. Os seguintes dados são conhecidos: temperatura máxima do ciclo = 850 °C; temperatura mínima do ciclo = 20 °C (ar de admissão); máxima pressão do ciclo = 550 kPa; e pressão mínima do ciclo = 105 kPa. Nessas condições, determine:

a) A eficiência térmica do ciclo.

b) O trabalho por unidade de massa de compressão.

c) O trabalho por unidade de massa no eixo da turbina a gás.

d) O trabalho líquido por unidade de massa.

e) A vazão de ar necessária para produzir 1 kW de potência líquida.

f) Mantidas as temperaturas máxima e mínima da máquina, qual seria a taxa de compressão em que o trabalho líquido é máximo?

3.9 Prove que a eficiência térmica de um ciclo regenerativo é dada pela Equação (3.31).

3.10 Na termelétrica do Problema 3.6, decidiu-se instalar um regenerador. Dessa maneira, o ar comprimido é preaquecido em 100 °C antes de entrar na câmara de combustão. Nestas condições, pede-se a nova eficiência térmica do ciclo, a percentagem de combustível economizada e a temperatura da exaustão do regenerador para a atmosfera.

3.11 O catálogo de um fabricante de uma turbina a gás indica que sua turbina produz 100 MW de potência elétrica nas condições ISO de operação (veja a Seção 3.7.1). A turbina foi instalada na cidade de São Paulo, sendo a temperatura média de operação no inverno de 15 °C e de verão, 25 °C, determine as potências da turbina para esta altitude local no inverno e no verão. Use os fatores de correção dos gráficos da Fig. 3.19.

3.12 Considere uma microturbina a gás natural, cujos dados operacionais consultados no catálogo do fabricante são: vazão mássica e temperatura de saída da turbina, 0,31 kg/s e 275 °C, respectivamente. Considere que a energia térmica dos produtos de combustão (PC) seja recuperada em um "recuperador de calor" para obtenção de processos de aquecimento de água e ar, com temperatura inicial de 25 °C. Tratam-se, portanto, de processos de cogeração. Em todos os casos, a temperatura de saída dos produtos de combustão na chaminé do recuperador vale 90 °C. Nessas condições, pede-se:

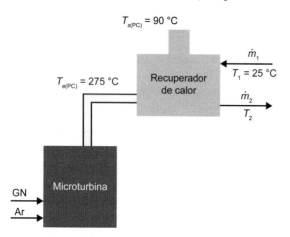

a) A vazão mássica de água quente $\dot{m}_2$ que pode ser produzida se a água sair a $T_2 = 80$ °C.

b) A vazão mássica de vapor saturado $\dot{m}_2$ a $T_2 = 100$ °C que pode ser produzido. Calcule a temperatura de pinça (Seção 3.7.4).

c) A vazão mássica de ar quente $\dot{m}_2$ a $T_2 = 80$ °C que pode ser produzida.

Dados: $C_{p\,ar} = 1,005$ kJ/kg·K

$C_{p\,água} = 4,18$ kJ/kg·K

3.13 Uma microturbina a gás consome 10 Nm³/h de gás natural (GN). A vazão mássica dos produtos de combustão é de 0,28 kg/s. Sabendo-se que o ar se encontra a 25 °C e 92 kPa, pede-se a vazão de ar em kg/s, em Nm³/h e em m³/h admitida pela máquina. A massa molecular do GN é de 17 kg/kmol e do ar, de 28,97 kg/kmol.

3.14 Considere a planta solar baseada no ciclo de Brayton ilustrado a seguir. A temperatura de entrada do ar vale $T_1 = 25$ °C e a maior temperatura do ciclo é $T_4 = 800$ °C, na saída do receptor solar e na entrada da turbina (*firing temperature*). A pressão de admissão vale $P_1 = 1$ bar e o compressor comprime o ar até 5 bar. Por meio do regenerador, ou recuperador de calor, a temperatura T_2 de descarga do compressor é aumentada em 100 K, isto é, $T_3 = T_2 + 100$ K, antes de entrar no receptor de energia solar concentrada e receber calor da irradiação solar para atingir o valor T_4 informado. Supondo que as máquinas (compressor e turbina) sejam ideais (isentrópicas), pede-se:

a) Calcule as temperaturas de descarga do compressor, T_2, e da turbina, T_5.

b) Calcule os trabalhos específicos (isto é, por unidade de massa) de compressão, expansão e líquido do ciclo.

c) Calcule a eficiência térmica do ciclo e trace o diagrama T-s.

d) Agora elimine o regenerador, isto é, faça $T_3 = T_2$, e calcule novamente os itens (b) e (c), compare-os e comente.

e) Para vazões de ar de 1, 10 e 100 kg/s, calcule as potências de compressão, expansão na turbina e líquida do ciclo.

f) Para as mesmas vazões mássicas de ar indicadas em (e), quais seriam as potências térmicas, Q_{sol}, correspondentes necessárias. O que isso implicaria em termos de dimensões da planta solar?

g) Supondo que os rendimentos isentrópicos do compressor e da turbina sejam, respetivamente, $\eta_c = 80$ % e $\eta_t = 85$ %, calcule novamente os dados dos itens (b) e (c).

h) Faça uma pesquisa de fabricantes e selecione as máquinas principais do ciclo, isto é, o compressor (centrífugo, pistão) e expansor (turbina, turboexpansor,

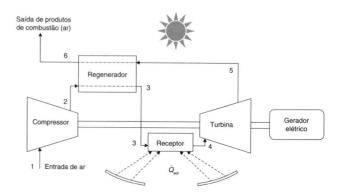

pistão). Note que as duas máquinas não precisam ser conectadas pelo mesmo eixo, como está esquematizado na figura.

3.15 Um ciclo-padrão de Otto tem uma taxa de compressão 10. Ar admitido a pressão atmosférica de 1 bar e temperatura de 30 °C. A pressão é triplicada durante o processo de fornecimento de calor. Nessas condições, determine:

a) A eficiência térmica do ciclo.

b) A quantidade de calor por unidade de massa fornecida ao ciclo.

3.16 Prove a Equação (3.54) da eficiência térmica do ciclo de Diesel.

3.17 Em um ciclo-padrão de Diesel, a taxa de compressão é 16. Determine a eficiência térmica do ciclo para as seguintes razões de corte de combustível: $r_c = 1$; 1,5; 2; 2,5 e 3.

3.18 Em um ciclo-padrão de Diesel, a taxa de compressão é 16. Ar admitido a pressão atmosférica de 1 bar e temperatura de 30 °C. A temperatura máxima do ciclo T_3 vale 1600 °C. Nessas condições, determine:

a) a eficiência térmica do ciclo;

b) a razão de corte de combustível, r_c.

3.19 Uma grande usina termelétrica tem como base um ciclo combinado Brayton-Rankine e produz uma potência líquida de 600 MW. O esquema do ciclo é o da Fig. 3.27. A razão de compressão do ciclo de Brayton é 17. O ar é admitido na turbina a gás a 25 °C e pressão normal. Após o compressor, a queima de biometano eleva a temperatura para 1300 °C e, então, os produtos de combustão sofrem o processo de expansão. Uma caldeira de recuperação é usada para recuperar a energia térmica dos produtos de combustão e produzir vapor superaquecido a 400 °C e 100 bar. Os produtos de combustão, agora resfriados, deixam a caldeira de recuperação a 130 °C. A condensação do vapor na descarga da turbina a vapor se dá a temperatura de 25 °C. Bombas e turbinas são isentrópicas. Assuma que os produtos de combustão tenham as mesmas propriedades termodinâmicas que as do ar. Nessas condições, determine:

a) as vazões mássicas de ar e vapor;

b) a eficiência térmica do ciclo combinado.

3.20 Um refrigerador doméstico opera em regime permanente com um coeficiente de desempenho COP de 4,5 e uma potência elétrica de acionamento do compressor de 0,6 kW. Qual é a taxa de calor, $\dot{Q}_L$, retirado pelo evaporador do gabinete da geladeira e qual é a taxa de calor, $\dot{Q}_H$, que é lançado no ambiente?

3.21 Uma bomba de calor é utilizada para atender às necessidades de aquecimento de uma casa, mantendo-a em 22 °C. Nos dias em que a temperatura externa cai para 2 °C, estima-se uma perda de calor da casa a uma taxa de 20 kW.

Se a bomba de calor nessas condições tiver um COP de 2,5, determine:

a) a potência elétrica consumida pela bomba de calor;

b) a taxa com que o calor é removido do ar frio externo;

c) a potência elétrica consumida, se o aquecimento da casa ocorresse por meio de resistências elétricas.

3.22 Prove a Equação (3.65) da razão entre as cargas de refrigeração e de evaporação e que o coeficiente global de desempenho do sistema conjugado de aproveitamento das cargas de condensação e evaporação é a soma dos coeficientes individuais.

3.23 Um ciclo de absorção de calor é alimentado com vapor d'água saturado a 120 °C. O seu COP vale 0,8 e sua capacidade é de 100 TR. Determine a vazão necessária de vapor d'água, $\dot{m}$, sabendo que o vapor entra saturado na máquina e retorna líquido saturado. Calcule também a vazão de água gelada produzida para um resfriamento total de 15 °C.

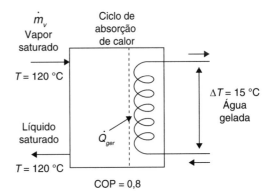

Bibliografia

BLACK & VEATCH. *Power plant engineering*. New York: Chapman & Hall book, 1996.

FENG, L. W.; KURITA, R. *Ciclo Rankine de baixa temperatura assistido por coletor solar de alta eficiência para geração de energia elétrica*. Trabalho de conclusão de curso de Engenharia Mecânica, da Escola Politécnica da USP, 2009.

MARKIDES, C. N. Low-concentration solar-power systems based on Organic Rankine Cycles for distributed-scale applications: overview and further developments. *Frontiers in Energy Research*, v. 3, n. 47, 2015.

MORAN, M. J.; SHAPIRO H. N. *Princípios de termodinâmica para engenharia*. 4. ed. Rio de Janeiro: LTC, 2002.

QUOILIN, S.; DECLAYE, S.; LEGROS, A.; GUILLAUME, L.; LEMORT, V. Working fluid selection and operation maps for Organik Rankine Cycle expansion machines. *International Compressor Engineering Conference at Purdue*, 2012.

SIMÕES MOREIRA, J. R. Fundamentals of thermodynamics applied to thermal power plants. *In*: SOUZA, G. F. M. (ed.).

Thermal power plant performance analysis. Berlin: Springer-Verlag, 2015.

SIMÕES MOREIRA, J. R. *Notas de aula* do Curso de Especialização Energias Renováveis, Geração Distribuída e Eficiência Energética. São Paulo: PECE, Escola Politécnica da USP, 2024.

SIMÕES MOREIRA, J. R.; ZAVALETA-AGUILAR, E. *Fundamentos de transferência de calor para engenharia.* Rio de Janeiro: LTC, 2023.

VAN WYLEN, G. J.; BORGNAKKE, C.; SONNTAG, R. E. *Fundamentos da termodinâmica clássica.* 6. ed. São Paulo: Edgard Blücher, 2003.

ZUZARTE, L. A. C.; SIMÕES MOREIRA, J. R. Heat recovery from the condenser of small-scale refrigerators for heating water. Anais do 15º ENCIT – *Brazilian Congress of Thermal Science and Engineering*, Belém (PA), 10-13 nov. 2014.

4 COMBUSTÃO E COMBUSTÍVEIS

MARILIN MARIANO DOS SANTOS
Engenheira, Doutora em Ciências pelo Programa de Pós-Graduação em Energia da USP

PATRICIA HELENA LARA DOS SANTOS MATAI
Química, Doutora em Engenharia Química pela USP, Docente do Curso de Engenharia de Minas e de Petróleo da Escola Politécnica da USP, Professora do Programa de Pós-Graduação em Energia da USP

LAIETE SOTO MESSIAS
Engenheiro Mecânico, Mestre em Tecnologias Ambientais pelo IPT. Engenheiro especialista em Combustão Industrial na PACTO Engenharia

4.1 Fontes de energia

Atualmente, mais de 80 % da matriz energética mundial são constituídos por fontes não renováveis de energia: petróleo, gás natural e carvão mineral. As fontes renováveis correspondem a somente 13 %. Desses, mais da metade corresponde à biomassa tradicional, ou seja, ao uso não sustentável de recursos. Florestas são utilizadas para a produção de carvão vegetal e na queima de lenha para cocção.

A crescente demanda da sociedade moderna por fontes de energia tem trazido inúmeros benefícios, mas também malefícios para o meio ambiente. O uso intensivo de recursos naturais para atividades industriais, domésticas e veiculares é a origem da maior parte dos poluentes atmosféricos.

Desde 1750, início da Revolução Industrial, o consumo de fontes primárias de energia cresceu cerca de 800 vezes. Somente no século XX, houve um aumento de 12 vezes provocado pela urbanização e pelo crescimento industrial, o que torna energo-intensiva a sociedade moderna.

Desde a descoberta do fogo, a combustão da madeira (lenha) passou a ser fonte de fornecimento de calor para cocção de alimentos e aquecimento. O carvão mineral, nas regiões em que havia oferta, tornou-se um importante insumo energético. Existem registros do uso de carvão mineral em 1000 a.C. na China, onde era empregado na geração de calor para a fundição do cobre destinado à fabricação de moedas e objetos.

Alguns registros datados da Idade Média destacam a existência de um comércio internacional de carvão praticado entre a Inglaterra e a Bélgica por meio de embarcações marítimas.

Entretanto, a demanda por carvão mineral deu-se de forma significativa entre os séculos XVIII e XIX, oriunda da Revolução Industrial. O principal salto tecnológico vivenciado na Inglaterra, berço da Revolução Industrial, deu-se quando, em 1769, James Watt aprimorou e patenteou o motor a vapor que operava empregando carvão mineral como combustível.

Tanto a mineração quanto o uso do carvão estão fortemente relacionados com a Revolução Industrial. Nos séculos XVIII e XIX aquele insumo impulsionou fortemente as atividades da produção de ferro, aço, composições ferroviárias e a construção de barcos a vapor.

O carvão teve um importante papel na iluminação pública e, posteriormente, no emprego residencial. A partir do processo de gaseificação desenvolvido no século XIX, obtinha-se uma corrente gasosa composta principalmente de monóxido de carbono (CO) e hidrogênio (H_2), que era queimada como combustível.

Com o advento da iluminação elétrica, o uso do carvão passou a ser grandemente relacionado com a eletricidade. A primeira estação de geração de energia elétrica com carvão mineral foi desenvolvida por Thomas Edison. O início das operações deu-se em 1882, na cidade de Nova York, e visava ao fornecimento residencial. No presente momento, a principal aplicação do carvão produzido no mundo destina-se à geração de energia elétrica nas usinas termelétricas, seguida da geração do calor (energia térmica) empregado em processos industriais.

A atual dependência de energia pela sociedade moderna relaciona-se principalmente com o uso de petróleo, que é destinado majoritariamente à produção de derivados (combustíveis líquidos, como gasolina, óleo diesel, querosene) para o setor de transportes. Além disso, o petróleo é importantíssimo insumo na produção de matérias-primas para as indústrias petroquímica, química e farmacêutica.

A moderna era do petróleo iniciou-se em 1859 com a descoberta do primeiro poço na Pensilvânia, Estados Unidos. A produção destinava-se à obtenção, em refinarias, de querosene empregado na iluminação, e veio a atender à busca da sociedade por um bom iluminante. Decorridos poucos anos, as refinarias começaram a obter do petróleo, além do querosene, outros derivados largamente utilizados como combustíveis em máquinas e na indústria automotiva que despontava, situação que se mantém até hoje.

A evolução do setor de transportes na década de 1960 fez com que o petróleo ultrapassasse o carvão como fonte primária de energia. Os derivados de petróleo apresentam alta densidade energética e são de fácil transporte, além de seguros no armazenamento. Ademais, o óleo diesel substituiu o carvão em grande parcela do setor industrial.

Na década de 1970, observou-se um aumento no interesse pelo carvão mineral, em especial em consequência da crise do petróleo. O emprego do carvão mantém-se em alta até os dias atuais, visto que o comportamento dos preços constitui uma vantagem em comparação com o petróleo.

Como resposta aos problemas provocados pela crise mundial do petróleo, em 1975 foi instituído no Brasil o Programa Nacional do Álcool (Proálcool), que visou estimular a produção de etanol (a partir da cana-de-açúcar, mandioca ou qualquer outro insumo) para atendimento ao mercado automotivo. A cana-de-açúcar consolidou-se como a opção mais adequada para a produção de etanol. Inicialmente, o intuito era a produção de álcool anidro para ser adicionado à gasolina. O álcool etílico hidratado passou a ser utilizado em veículos movidos a álcool no fim dos anos 1970. No fim da década de 1980 e início dos anos 1990, uma mistura de etanol e metanol foi utilizada como combustível para sanar os problemas de escassez do etanol. No início do século XXI, os veículos bicombustíveis (*flexfuel*) passaram a ser produzidos, consistindo em uma nova opção para os usuários de veículos leves no país.

O Programa Nacional de Produção e Uso do Biodiesel (PNPB) foi criado em 2004 pelo Governo Federal visando à implementação da produção e uso de biodiesel a partir de diferentes fontes de oleaginosas com enfoque em inclusão social e desenvolvimento regional por meio de geração de emprego e renda. A introdução do biodiesel na matriz energética nacional visa à substituição parcial de combustíveis fósseis em motores de combustão interna. É empregado em mistura com óleo diesel em proporção fixada por lei (atualmente, 12 %).

Somando-se às fontes de energia primária, o gás natural tem exercido um importante papel, tanto como fonte de combustível quanto como matéria-prima industrial. Mais recentemente, observa-se a ocorrência da exploração de gás de folhelho, insumo gasoso que representa uma importante fonte de energia e que tem a composição do gás natural.

4.2 Principais combustíveis

4.2.1 Combustíveis oriundos de fontes renováveis de energia

A Seção II do parágrafo XXIV da Lei Federal nº 9.478 define o biocombustível como "substância derivada de biomassa renovável, como biodiesel, etanol e outras substâncias estabelecidas em regulamento da ANP, que pode ser empregada diretamente ou mediante alterações em motores a combustão interna ou para outro tipo de geração de energia, podendo substituir parcial ou totalmente combustíveis de origem fóssil".

Os parágrafos XXX e XXV da mesma lei definem, respectivamente, os biocombustíveis etanol e biodiesel:

- *Etanol*: "biocombustível líquido derivado de biomassa renovável, que tem como principal componente o álcool etílico, que pode ser utilizado, diretamente ou mediante alterações, em motores à combustão interna com ignição por centelha, em outras formas de geração de energia ou em indústria petroquímica, podendo ser obtido por rotas tecnológicas distintas, conforme especificado em regulamento". Os principais insumos empregados na produção de etanol são: no Brasil, cana-de-açúcar (mediante a fermentação da sacarose) e nos Estados Unidos, milho (por fermentação do amido). Outros insumos utilizados são: beterraba, batata e mandioca, entre outros.

- *Biodiesel*: "biocombustível derivado de biomassa renovável para uso em motores à combustão interna com ignição por compressão ou, conforme regulamento, para geração de outro tipo de energia, que possa substituir parcial ou totalmente combustíveis de origem fóssil". O processo de produção de biodiesel compreende reações de esterificação ou de transesterificação entre um óleo proveniente de oleaginosa e um álcool. Os óleos podem ser: soja, milho, dendê e mamona, entre outros, e o óleo de soja é o mais frequentemente utilizado no Brasil. Os álcoois utilizados são de cadeia curta: metanol e etanol. O metanol tem origem na indústria química/petroquímica a partir do metano contido no gás natural, portanto de fonte não renovável. Por outro lado, o etanol brasileiro tem origem na cana-de-açúcar (fonte renovável).

4.2.2 Combustíveis oriundos de fontes não renováveis

- *Carvão mineral*: combustível fóssil sólido formado a partir da deposição de matéria orgânica vegetal depositada em bacias sedimentares que sofreu a ação de pressão e temperatura, na ausência de oxigênio. Como consequência do soterramento e atividade orogênica, os restos vegetais se solidificaram perdendo hidrogênio e oxigênio e se enriqueceram de carbono (processo de carbonificação). A classificação do carvão pelo *rank* refere-se ao estágio de carbonificação atingido: turfa, sapropelito, linhito, carvão sub-betuminoso, carvão betuminoso e antracito.

Outro índice qualitativo para a classificação do carvão é o grau (*grade*) que mede o percentual em massa (de forma inversamente proporcional) do material incombustível, ou seja, as cinzas presentes na camada carbonífera. O carvão que apresenta alto *grade* tem baixo teor de cinzas e, portanto, é considerado de boa qualidade.

Os tipos de carvão existentes são:

- *Carvão negro* (*black coal*): apresenta alta densidade energética e é utilizado na geração de energia elétrica.

- *Carvão pardo* (*brown coal*): apresenta baixo poder calorífico e pode ser utilizado na geração de energia elétrica, bem como para fins industriais (produção do *water gas* destinado à produção de amônia, metanol e derivados sintéticos como gasolina e óleo diesel pela rota *Coal-To-Liquids* - CTL).

- *Carvão metalúrgico* (*coke coal, metallurgical coal*): utilizado na produção de ferro e aço.

- *Hard coal*: carvões, a exemplo do antracito, que não são classificados como *coking coals*.

- *Commercial solid fuel*: são outros tipos de carvão comercializados, com exceção do carvão metalúrgico. Trata-se de carvão betuminoso, antracito (*hard coal*), linhito e pardo.

Quanto aos derivados de petróleo, pode-se classificá-los assim (Farah, 2013):

- *Gás liquefeito de petróleo* (GLP): mistura de hidrocarbonetos contendo principalmente de três a quatro carbonos gasosos sob temperatura ambiente e que pode ser liquefeita por pressurização. No estado líquido ocupa 0,4 % de seu volume no estado gasoso. Pode, ainda, conter etano e pentanos em concentrações reduzidas. Noventa por cento da demanda brasileira de GLP destina-se à cocção de alimentos. Outros empregos do GLP são: matéria-prima na indústria petroquímica, combustível industrial (indústrias de vidro, alimentícia e cerâmica), combustível automotivo para empilhadeiras e combustível para tratamento térmico e galvanização. O corte e o tratamento de metais, por exemplo, requerem produtos com teores maiores de propano ou de butano. Visando a atender a esses mercados, são comercializados no Brasil: propano comercial, propano especial, butano comercial e butano desodorizado.

- *Gasolina automotiva*: é utilizada nos motores de combustão interna – ciclo de Otto. Trata-se de uma mistura de hidrocarbonetos parafínicos, normais e ramificados, olefínicos normais e ramificados, aromáticos e naftênicos entre 4 e 12 átomos de carbono, embora tenha usualmente de 5 a 10 carbonos. A gasolina pode conter também compostos oxigenados, como álcoois e éteres. No Brasil, adiciona-se à gasolina automotiva o etanol anidro em proporções entre 20 e 25 % (fixadas por leis federais). O metilterciobutil-éter (MTBE), apesar de sofrer restrições, em alguns países é adicionado à gasolina automotiva. De forma geral, a gasolina pode conter, como aditivos, detergentes e controladores de depósitos.

- *Querosene de aviação* (QAV): derivado do petróleo com predominância de hidrocarbonetos parafínicos com 9 a 15 átomos de carbono. O limite inferior é controlado pelo ponto de fulgor enquanto a faixa superior é limitada pelo ponto de congelamento, teor de aromáticos presentes, ponto de fuligem e teor de enxofre. É classificado como combustível para aviação civil e para aviação militar. O QAV militar pode requerer características de volatilidade e de escoamento mais rigorosas do que o QAV civil, uma vez que os aviões militares sofrem variações de pressão e de temperatura causadas por súbitas decolagens e aterrissagens.

- *Óleo diesel*: é o derivado de petróleo de maior demanda no Brasil, e constituído de hidrocarbonetos com 10 a 25 átomos de carbono (faixa de destilação entre 150 e 400 °C). É empregado principalmente em motores de combustão interna por compressão (ciclo de Diesel). No Brasil, biodiesel em porcentagem definida e regulamentada pela Agência Nacional do Petróleo, Gás Natural e Biocombustíveis (ANP) é adicionado ao óleo diesel comercializado. Os usos do óleo diesel são majoritariamente no transporte rodoviário (73 %), seguido pelo setor agropecuário (17 %) e outros (ferroviário, geração de eletricidade, transporte hidroviário, setor energético, setor comercial e público), que juntos somam 10 %.

- *Óleo bunker*: frações mais pesadas resultantes do refino de petróleo são utilizadas como combustíveis para a produção de energia em motores de navios (*bunker*), em aquecimento industrial e em termelétricas.

- *Óleo combustível industrial*: utilizado em fornos ou caldeiras, é composto por uma mistura de óleos residuais do refino de petróleo. O principal componente é o resíduo de destilação a vácuo, ao qual são adicionados diluentes da faixa de ebulição do óleo diesel ou mais pesados.

- *Gás natural*: mistura de hidrocarbonetos gasosos (de C1 a C7+) contendo quantidades variáveis de não hidrocarbonetos (considerados impurezas, como água, compostos de enxofre, gás carbônico, nitrogênio). É petróleo no estado gasoso na boca do poço (reservatório) sob pressão atmosférica. O gás natural pode ser destinado à combustão (industrial e residencial), e também constitui importante matéria-prima industrial, por exemplo, para a produção de metanol e amônia. Uma utilização importante do gás natural é a produção de combustíveis sintéticos (gasolina, querosene e óleo diesel) por meio da rota conhecida como *Gas-To-Liquids* (GTL).

- *Gás de folhelho* (também conhecido como gás de xisto): é um combustível fóssil não convencional. Trata-se de gás natural que ocorre em rochas de granulação fina (folhelhos), ou seja, não migra para fora facilmente porque fica preso nos poros da rocha entre os grãos. Além do componente principal, metano, estão presentes butano e outros hidrocarbonetos na composição do gás de folhelho.

4.2.3 Gás hidrogênio

No Capítulo 15, o gás hidrogênio é analisado em detalhes tendo em vista sua importância como potencial substituto, em parte ou em totalidade, dos combustíveis provenientes de fontes não renováveis. Tradicionalmente, o gás hidrogênio é produzido da reforma do gás natural e da gaseificação do carvão. Há grande pressão e desenvolvimento tecnológico para aumentar a produção de gás hidrogênio por meio de eletrólise acionada por energia elétrica gerada por meio de fontes renováveis e de outras formas, como bem analisado naquele capítulo. Do ponto de vista energético, o gás hidrogênio possui maior poder calorífico na base mássica (veja a Tab. 4.4) e se encontra na forma gasosa nas condições ambientes, o que o torna um combustível excelente por natureza. Porém, o armazenamento e o transporte do gás hidrogênio podem ser considerados os fatores limitantes do seu uso mais intenso, sobretudo nos setores automotivo e de transporte. Algumas características peculiares da combustão do gás hidrogênio é que possui elevada velocidade de chama, o que o torna suscetível a efeitos de retorno de chama, bem como dificulta seu uso direto em motores de combustão interna e turbinas. No entanto, muita pesquisa vem sendo desenvolvida nesse setor. O gás hidrogênio é o insumo das células a combustível, um equipamento promissor na área de geração de energia elétrica.

4.3 Conceitos de combustão, estequiometria e excesso de ar

O processo de combustão é amplamente utilizado na sociedade moderna, nos setores industrial, de energia, comercial e doméstico. O processo de combustão é, sem dúvida, mais vital para a sociedade moderna do que foi para a sociedade primitiva. Como exemplo da importância do processo de combustão para a sociedade moderna, pode-se citar a geração de energia elétrica. Até mesmo países com grandes potenciais de geração hidráulica, solar e eólica, como é o caso do Brasil, têm de recorrer às termelétricas para suprir a demanda, principalmente em períodos de seca.

Nesse item serão apresentadas as definições de fenômenos físicos e químicos básicos que regem as relações entre os parâmetros envolvidos no processo de combustão.

4.3.1 Combustão, estequiometria e excesso de ar

O processo de combustão envolve um conjunto de reações químicas exotérmicas e endotérmicas entre um material combustível e um oxidante. Observa-se que o balanço de energia no processo de combustão é positivo, ou seja, a energia liberada pelas reações químicas é muito maior que a energia absorvida.

De forma mais genérica, no processo de combustão, a energia química associada aos combustíveis é convertida em energia térmica, e a quantidade de energia resultante do processo de combustão é disponibilizada em níveis de temperatura mais elevados. Ademais, o processo de combustão é o conjunto de uma série de reações químicas, exotérmicas e endotérmicas que ocorrem entre o combustível e o comburente, cujas consequências principais são a liberação de altas taxas de energia na forma de calor e luz e a formação de diversos compostos gasosos.

A Fig. 4.1 exemplifica o conceito de combustão e uma das reações químicas envolvidas no processo de combustão.

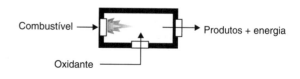

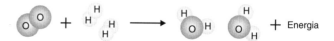

FIGURA 4.1 Exemplo simplificado do processo de combustão.

Diferentemente da definição de combustão apresentada, na realidade o processo de combustão é extremamente complexo e dinâmico. É fortemente dependente do tempo em que as reações químicas ocorrem, dos níveis de energia moleculares e atômicos de ambos os fluidos (combustível e comburente) em movimento, do estado físico do combustível e equipamento utilizado etc. Somada a esses fatores, destaca-se a razão entre as massas de combustíveis e comburentes, que são determinantes para que o processo de combustão ocorra o mais próximo possível da oxidação completa de todos os compostos presentes no combustível liberando dessa forma o máximo da energia contida no combustível.

Por isso, o processo de combustão completa é definido como condição operacional na qual todas as substâncias reagentes (combustíveis) são levadas à sua forma mais oxidada, e a combustão incompleta é definida quando parte dos produtos formados se constitui de formas que representam a oxidação parcial dos reagentes.

Observa-se ainda que, usualmente, por razões práticas, o ar ($O_2 + N_2$) é utilizado como oxidante de uma reação de combustão. Em algumas situações o ar é enriquecido com oxigênio puro, de modo a atender a necessidades técnicas específicas do processo. Também existe o caso da combustão com oxigênio puro ou de elevado teor, chamada oxicombustão.

Na base molar ou volumétrica, desprezando-se os componentes menores, o ar apresenta as seguintes proporções de gases constituintes:

Constituinte	Volume (%)	Massa molecular
Nitrogênio	78,08	28,0134
Oxigênio	20,95	31,9988
Argônio	0,93	39,943
Dióxido de carbono	0,03	20,183
Outros gases	0,01	–

A participação molar do gás nitrogênio no ar seco é de 78 %. Entretanto, é prática comum agregar a esse número a participação de 1 % dos demais gases como se fossem nitrogênio. Assim, o nitrogênio do ar, ou nitrogênio atmosférico, passa a ter a proporção de 79 %. A proporção na base molar ou volumétrica entre o nitrogênio e o oxigênio é:

Nitrogênio atmosférico = 79,0 %

Oxigênio = 21,0 %

Proporção = $\dfrac{79\ \%}{21\ \%}$ = 3,76 (kmol de N_2/kmol de O_2)

Em termos mássicos, o ar apresenta a concentração e a proporção seguintes:

Nitrogênio atmosférico = 76,7 %

Oxigênio = 23,3 %

Proporção = $\dfrac{76,7\ \%}{23,3\ \%}$ = 3,29 (kg de N_2/kg de O_2)

As reações das Equações (4.1), (4.2) e (4.3) a seguir representam as reações de combustão completa, enquanto as reações das Equações (4.4) e (4.5) representam as reações de combustão incompleta, cujas oxidações se completam conforme as reações das Equações (4.6) e (4.7), na presença de ar atmosférico.

Os ΔH_i representam a quantidade de energia liberada por unidade de massa ou de volume do combustível.

$$C + O_2 \rightarrow CO_2 + \Delta H_1 \tag{4.1}$$

$$H_2 + \frac{1}{2}O_2 \rightarrow H_2O + \Delta H_2 \tag{4.2}$$

$$S + \frac{3}{2}O_2 \rightarrow SO_3 + \Delta H_3 \tag{4.3}$$

$$C + \frac{1}{2}O_2 \rightarrow CO + \Delta H_4 \tag{4.4}$$

$$S + O_2 \rightarrow SO_2 + \Delta H_5 \tag{4.5}$$

$$CO + \frac{1}{2}O_2 \rightarrow CO_2 + \Delta H_6 \tag{4.6}$$

$$SO_2 + \frac{1}{2}O_2 \rightarrow SO_3 \tag{4.7}$$

Ressalta-se que, no processo de combustão, inúmeros compostos e radicais intermediários são formados até que as reações principais entre o combustível e o comburente se completem e atinjam a condição de equilíbrio, resultando na formação de dióxido de carbono (CO_2), dióxido de enxofre (SO_2) e água (H_2O), que são as formas de oxidação completa do carbono (C), enxofre (S) e hidrogênio (H).

Ressalta-se ainda que em análises simplificadas do processo de combustão assume-se a hipótese de combustão completa. Essa hipótese é razoável, uma vez que as reações de dissociação, as quais dão origem a radicais livres, ocorrem somente a temperaturas acima de 1500 °C (Lacava, 2014).

Outro aspecto que favorece a hipótese de combustão completa reside no fato de que, à medida que os gases de combustão se afastam da região da chama, a temperatura é reduzida a valores inferiores a 1000 °C, condição na qual as reações químicas tendem ao equilíbrio, minimizando assim a existência de radicais livres e favorecendo a condição de combustão completa caso haja oxigênio disponível (Lacava, 2014).

Analisando-se as reações anteriores, depreende-se que elas têm como base a lei de conservação da massa e a lei das proporções e, portanto, é possível determinar teoricamente a quantidade de oxigênio ou ar necessária para a oxidação completa dos elementos presentes em determinada quantidade de combustível. Depreende-se ainda que é possível determinar também a quantidade de produtos formados e a relação desses com os reagentes.

Portanto, de forma simplificada, as relações quantitativas entre os reagentes e produtos no processo de combustão são denominadas estequiometria de combustão, a qual se embasa diretamente na lei de conservação das massas.

O exemplo que se segue apresenta a aplicação da lei de conservação da massa; para tanto, é definido que a massa de um constituinte em uma mistura é dada pela Equação (4.8):

$$m_i = N_i \times M_i \tag{4.8}$$

em que:

m_i = massa do constituinte i;

N_i = número de mols do constituinte i;

M_i = massa molar do constituinte i.

Desse modo, para uma mistura de n espécies, a massa total da mistura pode ser calculada pela Equação (4.9):

$$m_{\text{tot}} = \sum_{i=1}^{n} N_i \times M_i \tag{4.9}$$

Aplicando-se as Equações (4.8) e (4.9) como exemplo da lei de conservação da massa para a combustão completa de propano (C_3H_8) com oxigênio puro, tem-se:

$$C_3H_8 + 5O_2 \rightarrow 3CO_2 + 4H_2O$$

- Pesos atômicos dos elementos químicos envolvidos na combustão:

$$M_C = 12\ \text{kg/mol}$$
$$M_H = 1\ \text{kg/mol}$$
$$M_O = 16\ \text{kg/mol}$$

- Massa molar dos compostos envolvidos na combustão:

$M_{C_3H_8} = 3M_C + 8M_H = 36 + 8 = 44$ kg/mol Reagente

$M_{O_2} = 5 \times (2 \times M_O) = 5 \times (2 \times 16) = 160$ kg/mol Reagente

$M_{CO_2} = 3 \times (M_C + M_{O_2}) = 3 \times (12 + 32) = 132$ kg/mol Produto

$M_{H_2O} = 4 \times (M_{H_2} + M_O) = 4 \times (2 + 16) = 72$ kg/mol Produto

$M_R = M_P = 204$ kg/mol

Evidencia-se que o número de mols dos reagentes não é igual ao número de mols dos produtos.

Para combustíveis gasosos, pode-se aplicar a teoria de Avogadro, que estabelece que volumes iguais de gases diferentes sob as condições de CNTP contêm o mesmo número de moléculas. Por isso, com relação aos combustíveis gasosos, a relação entre os reagentes e seus produtos pode ser escrita em termos

86 CAPÍTULO 4

de molécula grama e também em termos de volumes, conforme mostra a reação da Equação (4.10).

$$CH_4 + 2O_2 \rightarrow CO_2 + 2H_2O \qquad (4.10)$$

1 kmol	2 kmol	1 kmol	2 kmol
1 Nm^3	2 Nm^3	1 Nm^3	2 Nm^3

Evidencia-se ainda que por meio da estequiometria de combustão é possível determinar a quantidade teórica de oxigênio ou ar necessária para a combustão completa de uma unidade de combustível e, a partir dessa quantidade, pode-se calcular a razão ar/combustível (kg ar/kg combustível) que expressa, em teoria, a quantidade de ar ou oxigênio estequiométrica necessária para queimar uma unidade de combustível.

O valor dessa razão depende quase que exclusivamente da razão H/C do combustível, considerando-se que os teores dos demais elementos presentes no combustível são muito pequenos tendo em vista os altos teores de hidrogênio e de carbono.

A título de exemplo, a razão ar/combustível para a combustão estequiométrica de metano (CH_4) é apresentada a seguir:

$$CH_4 + 2O_2 + 2(3,76)\,N_2 \rightarrow$$
$$CO_2 + 2H_2O + 7,52\,N_2 \text{ (com ar)}$$

$$16 \text{ kg} \quad 64 \text{ kg} \quad 210,56 \text{ kg} \rightarrow 44 \text{ kg} \quad 36 \text{ kg} \quad 210,56 \text{ kg}$$

$$\text{Razão ar/combustível} = \frac{(210,56 + 64)}{16} = 17,16 \text{ (kg de ar/kg combustível)}$$

Ressalta-se que os valores obtidos a partir da estequiometria de combustão são valores teóricos, pois as características da fornalha, do queimador e do escoamento dos fluidos (ar e combustível) influenciam fortemente na homogeneização da mistura combustível-comburente, condições necessárias para que ocorra a combustão completa.

Por conseguinte, de modo a atingir uma boa mistura combustível-comburente, quantidades de ar ou oxigênio maiores que as estequiométricas são utilizadas. Entretanto, até mesmo com quantidades acima da estequiométrica, pequenas proporções de monóxido de carbono (CO) e fuligem são formadas.

Por outro lado, quantidades de ar ou oxigênio de combustão iguais ou abaixo da estequiométrica, além de acarretarem um aumento na taxa de formação de particulados e CO, resultam, igualmente, na redução da quantidade de energia liberada no processo, influenciando de forma direta a eficiência térmica do processo. Passando-se para o outro lado, a utilização de quantidades de ar ou oxigênio muito acima da quantidade estequiométrica também não é desejável, uma vez que parte da energia disponibilizada pelo combustível estará associada à entalpia dos gases de escape.

A reação da Equação (4.11) ilustra a forma generalizada da reação global de combustão na base volumétrica quando se utiliza ar como oxidante.

$$cC + hH + sS + nN + Z + oO + \lambda\alpha(O_2 + 3,76\,N_2)$$
$$\rightarrow aCO_2 + bCO + \left(\frac{h}{2}\right)H_2O + dSO_2 + eSO_3 + \left(\frac{n}{2} + 3,7\,\lambda\alpha\right)N_2$$
$$+ (\lambda-1)\alpha O_2 + Y\,\Delta H \qquad (4.11)$$

em que:

c; h; s; n; o = número de mols de cada elemento ou moléculas do combustível;

Z = cinzas;

$c = a + b$;

$s = d + e$;

Y = material particulado (cinzas + material orgânico não convertido);

λ = coeficiente de ar;

ΔH = quantidade de energia total liberada por unidade de massa ou volume do combustível;

α = número de mols de oxigênio estequiométrico = $a + \dfrac{b}{2} + \dfrac{h}{2} + d + \dfrac{3e}{2}$.

A partir da Equação (4.12), conhecendo-se a quantidade de ar estequiométrica e a quantidade de ar real introduzida no processo, é possível calcular o excesso de ar do processo (λ) ou, conhecendo-se a quantidade de ar estequiométrico e o excesso de ar desejado, é possível calcular a quantidade de ar que deve ser utilizada para o excesso de ar definido.

$$\lambda = \frac{ar_{real}}{ar_{esteq.}} \times 100 \qquad (4.12)$$

O excesso de ar pode ainda ser determinado a partir das concentrações de CO_2 e O_2 nos gases de exaustão do processo, aplicando-se a Equação (4.13).

O valor do coeficiente λ pode também ser determinado a partir da concentração de CO_2 ou de O_2, desde que a composição elementar do combustível seja conhecida, conforme mostram as Equações (4.14) ou (4.15).

Entretanto, o cálculo do λ a partir dessas equações é válido apenas para processos nos quais a combustão completa é garantida e em que não haja infiltrações de ar entre o ponto no qual o ar de combustão é introduzido no processo e o ponto em que a concentração do CO_2 e O_2 são medidas.

$$\lambda = \frac{1 - f_{CO_2} - f_{O_2}}{1 - f_{CO_2} - 4,76 f_{O_2}} \qquad (4.13)$$

$$\lambda = \frac{1,87 + f_{CO_2} \times \left\{ 22,4 \times \left[\dfrac{C}{12} + \dfrac{H}{4} + \dfrac{(S-O)}{32} \right] - 0,8N - 0,7S - 1,87C \right\}}{106,62 \times \left[\dfrac{C}{12} + \dfrac{H}{4} + \dfrac{(S-O)}{32} \right] \times f_{O_2}} \qquad (4.14)$$

$$\lambda = \frac{22,4 \times (f_{O_2} - 1) \times \left[\dfrac{C}{12} + \dfrac{H}{4} + \dfrac{(S-O)}{32} \right] - f_{O_2} \times (0,8N - 0,7S - 1,87C)}{\left[\dfrac{C}{12} + \dfrac{H}{4} + \dfrac{(S-O)}{32} \right] \times (106,62 \times f_{O_2} - 22,4)} \qquad (4.15)$$

em que:

C = massa de carbono;

H = massa de hidrogênio;

O = massa de oxigênio;

S = massa de enxofre;

N = massa de nitrogênio;

f_{CO_2} = fração molar de dióxido de carbono;

f_{O_2} = fração molar de oxigênio.

A Fig. 4.2 exemplifica o comportamento dos teores de O_2 e CO_2 em base seca nos gases de combustão de metano para várias condições de excesso de ar. Na condição estequiométrica em que $\lambda = 1$, o valor $\%CO_2$ é máximo e o de $\%O_2$ é nulo. Entretanto, para a condição em que λ tende ao infinito, o valor $\%CO_2$ tende a ser nulo e o de $\%O_2$ tende a 21 %, ou seja, mais próximo da composição do ar.

O valor de excesso de ar é normalmente expresso como porcentagem de fluxo de ar estequiométrico, e sua taxa percentual pode variar de zero a várias centenas. Um valor calculado maior que 100 % indica que o processo de combustão se dá com excesso de ar. Por outro lado, se o valor calculado é menor que 100 %, o processo ocorre em condição subestequiométrica, ou seja, com deficiência de ar.

É usual, também, utilizar o valor do excesso de ar calculado conforme a Equação (4.16).

$$\lambda = \frac{m_{ar_{real}}}{m_{ar_{esteq.}}} \quad (4.16)$$

em que ar real corresponde à massa de ar real e ar estequiométrico corresponde à massa estequiométrica de ar.

Dessa forma, quando $\lambda = 1$, a combustão é denominada combustão estequiométrica, para $\lambda > 1$ de combustão com excesso de ar e para $\lambda < 1$ de combustão incompleta ou subestequiométrica.

A quantidade de excesso de ar requerida por um sistema de combustão para evitar as emissões de produto de combustão incompleta (PIC) depende do projeto do sistema de combustão, do tipo de combustível, entre outros fatores. Como regra geral, quanto melhor o projeto do sistema de combustão, menor será o excesso de ar necessário para evitar que produtos de combustão incompleta se formem e, consequentemente, maior a eficiência térmica.

A Tabela 4.1 lista algumas faixas de excesso de ar típicas e os níveis de oxigênio nos gases de combustão de sistemas de combustão usuais para um dado tipo de combustível. A Fig. 4.3 ilustra de forma qualitativa a relação típica entre o excesso de ar e a formação de poluentes atmosféricos.

TABELA 4.1 Níveis de excesso de ar típicos e porcentagem de O_2 nos gases de combustão

Tipo de combustão	Excesso de ar (%)	% de O_2 nos gases de exaustão*
Queima em suspensão: óleo e carvão pulverizado	5 – 15	1 – 3
Queimador ciclônico: carvão moído	10 – 15	2 – 3
Queima em grelha: carvão, madeira e resíduos sólidos	30 – 75	5 – 9
Leito fluidizado	5 – 150	1 – 13
Combustão em turbina	250	15

(*) Porcentagem volumétrica e em base seca.

Da Fig. 4.3 depreende-se que os teores dos produtos de combustão incompleta (fuligem, CO e compostos orgânicos voláteis – *volatile organic compounds*, VOCs) são mínimos até que a quantidade de oxigênio nos gases de combustão atinja um nível de concentração chamado nível crítico e, a partir desse nível crítico, a formação de produtos de combustão incompleta aumenta drasticamente.

Na prática, a curva de CO e de fuligem define o excesso de ar mínimo de operação. No caso do poluente NO_x, o princípio que rege a sua formação é inverso aos demais produtos de combustão incompleta. Usualmente, os teores de NO_x nos gases de combustão diminuem linearmente com a redução do excesso de ar e vice-versa. Esse comportamento indica que esforços para controlar

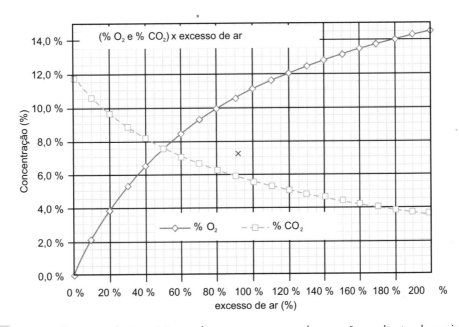

FIGURA 4.2 Relação dos teores de O_2 e CO_2, em base seca, nos gases de exaustão resultantes da queima de metano.

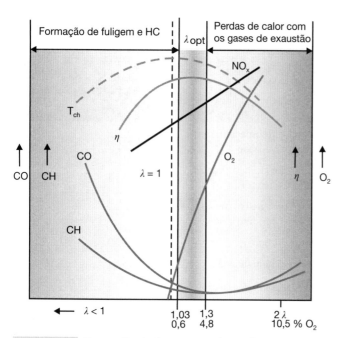

FIGURA 4.3 Dependência do processo de combustão com o excesso de ar.

Fonte: cortesia de SickSensor Intelligence, adaptação do autor.

as emissões atmosféricas em processo de combustão devem sempre balancear os teores de NO_x com os teores dos demais produtos de combustão incompleta, uma vez que teores menores de NO_x podem implicar teores mais altos de PIC e vice-versa.

Somado ao tipo do equipamento de combustão, o estado físico do combustível e a umidade do combustível também influenciam a quantidade de excesso de ar mínimo introduzido no processo (Fig. 4.3). As Tabelas 4.2 e 4.3 ilustram respectivamente esses fenômenos.

Resumindo-se, a operação de sistemas de combustão com excesso de ar mínimo praticável é desejável por:

- minimizar as perdas térmicas por aquecimento do O_2 e N_2 excedentes;
- reduzir a taxa de formação de NO_x;
- reduzir a vazão de gases de combustão, fato que acarreta redução da capacidade dos sistemas de abatimento de poluentes atmosféricos.

Do exposto aqui, dois objetivos devem ser perseguidos para que se tenha um bom desempenho do processo de combustão e, por conseguinte, baixas taxas de formação de poluentes atmosféricos, a saber:

- instalar e manter um sistema de combustão que possibilite operar com baixos níveis de excesso de ar;
- operar continuamente esse sistema muito próximo da vazão de ar mínima praticável.

4.3.2 Estequiometria e razão de equivalência (ϕ)

Em equipamentos como fornos industriais e caldeiras é usual utilizar o coeficiente λ para expressar o excesso de oxigênio

TABELA 4.2 Dependência do coeficiente de excesso de ar (λ) com o estado físico do combustível

Estado físico do combustível	Excesso de ar, λ
Combustíveis sólidos	1,4 – 2,0
Combustíveis líquidos	1,2 – 1,4
Combustíveis gasosos	1,05 – 1,1

TABELA 4.3 Dependência do coeficiente de excesso de ar (λ) com a umidade do combustível e do tipo de fornalha

Tipo de fornalha	Umidade do bagaço (%)		
	50	40	30
Fornalha de ferradura	1,60 – 1,80	1,30 – 1,50	1,20 – 1,30
Fornalha de grelha basculante	1,30 –1,40	1,25 – 1,30	1,15 – 1,25

Fonte: Teixeira (2005).

utilizado no processo. Contudo, para turbinas e motores de combustão interna é usual utilizar a razão de equivalência ϕ para expressar o nível de oxigênio utilizado no processo.

$$\phi = \frac{\frac{m_{comb}}{m_{ar_{real}}}}{\frac{m_{comb}}{m_{ar_{esteq.}}}} = \phi = \frac{m_{ar_{esteq.}}}{m_{ar_{real}}} = \frac{1}{\lambda} \quad (4.17)$$

As misturas ar-combustível com $\phi < 1$ são chamadas de misturas pobres em combustível, e as misturas com $\phi > 1$ são ditas misturas ricas em combustível.

4.3.3 Oxicombustão

O ar atmosférico seco é composto por 21 % em volume do gás oxigênio. Dessa forma, o enriquecimento do ar com gás oxigênio faz com que sua participação aumente, o que incrementa a eficiência do processo de combustão pelo aumento da temperatura de combustão e menores demandas de ar. Eventualmente, a combustão pode ser feita com gás oxigênio puro, o que elevaria drasticamente a temperatura da chama e, por conseguinte, reduziria o consumo de combustível para uma mesma produção de energia térmica. Ao processo de combustão com gás oxigênio puro ou de elevado teor chama-se *oxicombustão*. Além disso, o gás nitrogênio, que está presente tanto no ar de reação como nos produtos de combustão, é reduzido ou até eliminado, resultando apenas em CO_2 e vapor d'água nos produtos de combustão na situação de uso de oxigênio puro para a combustão de hidrocarbonetos. Alguns processos siderúrgicos e de soldagem já utilizam o gás oxigênio (*oxicorte*), mas existe uma tendência de aumento do uso de oxicombustão em diversos processos industriais ou, até mesmo, em motores de combustão interna e turbinas estacionários de geração de energia elétrica em face de preocupações ambientais.

Tipicamente, o gás oxigênio é distribuído a granel na forma liquefeita criogênica, ou comprimido na forma gasosa para satisfazer pequenas demandas. Entretanto, hoje, há equipamentos comerciais de produção local desse gás por meio de sistemas de separação do oxigênio do nitrogênio presentes no ar atmosférico, os quais são chamados de PSA (do inglês, *pressure swing adsorption*) de baixo investimento inicial e, portanto, bastante atrativos. Estes equipamentos também podem ser aplicados em outras demandas do gás, como em hospitais e pacientes em tratamento.

4.4 Produtos de combustão

De maneira geral, em uma mistura gasosa, a massa de cada composto da mistura pode ser expressa em termos da massa total, conforme mostra a Equação (4.18). A soma de todas as frações mássicas é igual a 1.

$$f_{m_i} = \frac{m_i}{m_t} \quad \text{e} \quad \sum_{i=1}^{n} f_{m_i} = 1 \qquad (4.18)$$

Ademais, em uma mistura gasosa, a quantidade de cada componente da mistura pode ser expressa em termos de base molar, conforme mostra a Equação (4.19), e, de modo idêntico à fração mássica, a soma de todas as frações molares é igual a 1.

$$f_{x_i} = \frac{N_i}{N_t} \quad \text{e} \quad \sum_{i=1}^{n} f_{x_i} = 1 \qquad (4.19)$$

em que:

$$N_i = \frac{m_i}{M_i} \quad \text{e} \quad N_t = \frac{m_t}{M_t}$$

considerando que:

N_i = número de mols do componente i da mistura gasosa;
N_t = número de mols total da mistura gasosa;
m_i = massa do componente i na mistura gasosa, em kg;
m_t = massa total da mistura gasosa, em kg;
M_i = massa molecular do componente i da mistura gasosa, em kg/kmol;
M_t = massa molecular da mistura gasosa, em kg/kmol.

Assumindo-se a hipótese de que uma mistura gasosa é um gás perfeito, em tal caso a fração molar é igual à fração volumétrica, que é usual para expressar a concentração de cada um dos compostos dos gases gerados no processo de combustão.

Observa-se, ainda, que a concentração de cada componente presente nos gases de combustão pode ser expressa na base seca e na base úmida.

4.4.1 Vapor d'água nos gases de combustão

A umidade do combustível e dos gases de combustão afeta sensivelmente o projeto do sistema de combustão, bem como o diagnóstico do processo de combustão.

Dependendo do combustível utilizado, a quantidade de vapor d'água nos gases de combustão pode ser substancial. A título de exemplo, quando da combustão do gás natural, a massa de água produzida na combustão é mais que o dobro da massa de gás natural queimada. Somada à água produzida a partir do hidrogênio do combustível, a umidade do combustível também contribui para aumentar a quantidade de vapor d'água nos gases de combustão.

Efeitos importantes como o do valor do poder calorífico do combustível, que depende da quantidade de água nos gases de combustão e da temperatura dos gases na chaminé, a qual deve ser acima da temperatura de orvalho dos gases, afetam sensivelmente a eficiência térmica do sistema de combustão.

Ademais, a umidade do combustível e a quantidade de água formada na combustão afetam a temperatura de chama, pois o calor específico do vapor d'água é aproximadamente duas vezes o do ar e dos gases de combustão secos. O resultado da presença de umidade e de sua variação no processo reside no fato de ser necessária muito mais energia para elevar a temperatura do gás de combustão úmido que para o gás de combustão seco. Assim, as temperaturas da chama são mais baixas quando há grande quantidade de vapor d'água presente.

A análise dos gases de combustão é importante, pois a partir dela pode-se avaliar e controlar o processo de combustão, auxiliar no balanço de massa para calcular a vazão de reagentes e quantificar poluentes formados no processo.

4.4.2 Concentração de CO_2 nos gases de combustão

A concentração de CO_2 nos gases de combustão é um parâmetro indicador do rendimento do processo de combustão quando se considera o combustível e o excesso de ar. Para proporções ar/combustível igual a 1, ou seja, condição estequiométrica, as concentrações de CO_2 são máximas. Para proporções abaixo da estequiométrica, a concentração de CO_2 é reduzida em função do aparecimento dos produtos de combustão incompleta, em particular o monóxido de carbono.

4.5 Entalpia de combustão e poder calorífico

4.5.1 Entalpia de formação e entalpia de combustão

A entalpia de formação (ΔH_f^0) de um composto químico corresponde à variação da entalpia da reação de formação do composto a partir das espécies elementares que o compõem. No processo, a energia pode ser a liberada ou absorvida pela reação de formação, dependendo do composto formado.

Por outro lado, a entalpia de combustão corresponde à energia liberada pelas reações de combustão completa de um combustível com um oxidante. A entalpia de combustão pode ser calculada somando-se as energias de formação de cada composto formado.

Fisicamente, a entalpia de formação corresponde à entalpia associada à quebra de ligações químicas de elementos e à formação de novas ligações químicas para a formação de um novo composto, ou seja, é a energia liberada ou absorvida pela reação de formação de compostos.

$$h_i = h_{fi}^0 + \Delta h_{si} \quad (4.20)$$

em que:

h_i = entalpia de formação do composto i à temperatura T e pressão P;

h_{fi}^0 = entalpia de formação do composto i para uma condição de referência (T_{ref} e P_{ref});

h_{si} = entalpia sensível, que é a diferença de entalpia do composto i entre a condição T e P, a condição de referência T_{ref} e P_{ref};

T_{ref} = 298 K;

P_{ref} = 1 atm.

Exemplificando, as Equações (4.21) e (4.22) apresentam as entalpias de formação da água no estado líquido e da água no estado gasoso. A diferença de entalpia de formação da água no estado vapor e no estado líquido é seu calor latente de vaporização [Eq. (4.14)].

$$H_{2(g)} + \frac{1}{2}O_{2(g)} \rightarrow H_2O_{(l)} \quad \Delta h_f^0 = -285.830 \text{ kJ/kmol} \quad (4.21)$$

$$H_{2(g)} + \frac{1}{2}O_{2(g)} \rightarrow H_2O_{(g)} \quad \Delta h_f^0 = -241.826 \text{ kJ/kmol} \quad (4.22)$$

$$H_2O_{(l)} \rightarrow H_2O_{(g)} \quad \Delta h_l^0 = +44.004 \text{ kJ/kmol} \quad (4.23)$$

Ressalta-se que, para compostos que se encontram no estado natural de ocorrência de seus elementos químicos, na condição-padrão, a entalpia desses compostos, nessa condição, é admitida como zero.

Por exemplo, o oxigênio em seu estado natural de ocorrência, ou no estado em que é encontrado em maior abundância, a 298 K e 1 atm, é oxigênio molecular (O_2) e não atômico (O). Por conseguinte, a entalpia do O_2 na condição padrão é igual a zero. No caso do carbono, sua forma mais abundante de ocorrência é como grafite e não como diamante; portanto, a entalpia de formação do carbono na forma de grafite é igual a zero na condição de temperatura igual a 298 K e pressão a 1 atm.

A Fig. 4.4 ilustra a definição da entalpia de formação de um composto. Dessa figura se depreende que a entalpia de formação é igual ao calor trocado pelo volume de controle quando ocorre a reação entre elementos para a formação

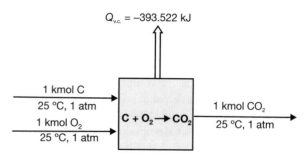

FIGURA 4.4 Exemplo do conceito de entalpia de formação.

de compostos, de maneira que ambos, reagentes e produtos, estejam na mesma condição, ou seja, a condição padrão (T = 298 K e P = 1 atm). No exemplo temos que a entalpia de formação do CO_2 é igual a –393.522 kJ/kmol de CO_2 formado.

Aplicando-se a Primeira Lei da Termodinâmica para o volume de controle (v.c.) da Fig. 4.3 temos que:

$$Q_{v.c.} = \sum_{P=1}^{n} n_P \bar{h}_P - \sum_{R=1}^{n} n_R \bar{h}_R \quad (4.24)$$

$$Q_{v.c.} = h_{CO_{2(298)}}^* - h_{C_{(298)}}^* - h_{O_{2(298)}}^* \quad (4.25)$$

Considerando que:

$$h_{C_{(298)}}^* = h_{O_{2(298)}}^* = 0 \quad (4.26)$$

então, a entalpia do CO_2

$$h_{f_{CO_2}}^0 = h_{CO_{2(298)}}^* = 393.522 \text{ kJ/kmol} \quad (4.27)$$

Por convenção, quando há a liberação de energia através do v.c., utiliza-se o sinal negativo para a entalpia de formação, a fim de diferenciá-la da entalpia de formação de outros compostos que demandam acréscimo de energia, casos esses em que a entalpia de formação tem sinal positivo.

Na Tabela 4.4 é mostrada a entalpia de formação de várias substâncias. É possível ver que a entalpia de formação da grafita (carbono sólido) é igual a zero e que a entalpia das substâncias que contêm carbono em sua molécula é dada com base em grafita.

4.5.2 Poder calorífico

O poder calorífico de um combustível é definido como a quantidade de calor liberada durante a combustão completa de uma unidade de massa (1 kg) ou de volume (1 m³) de combustível.

Do ponto de vista termodinâmico, o poder calorífico corresponde à entalpia de formação-padrão das reações de combustão em valor absoluto e pode ser expresso em MJ/kg ou MJ/Nm³ e em outras unidades, como kcal/kg, kcal/Nm³, MBTU/libra, MBTU/galão, de acordo com as unidades de interesse.

O valor do poder calorífico é determinado experimentalmente ou por meio de modelos teóricos. Os valores

COMBUSTÃO E COMBUSTÍVEIS 91

TABELA 4.4 Propriedades termoquímicas a 298 K e 1 atm de substâncias selecionadas

Substância	Fórmula	Massa molar, M (kg/kmol)	Entalpia de formação, $\bar{h}_f^\circ$ (kJ/kmol)	Função de Gibbs de formação, $\bar{g}_f^\circ$ (kJ/kmol)	Entropia absoluta, $\bar{s}^\circ$ (kJ/kmol · K)	Poder calorífico Superior, PCS (kJ/kg)	Poder calorífico Inferior, PCI (kJ/kg)
Carbono	C(s)	12,01	0	0	5,74	32.770	32.770
Hidrogênio	H_2(g)	2,016	0	0	130,57	141.780	119.950
Nitrogênio	N_2(g)	28,01	0	0	191,50	—	—
Oxigênio	O_2(g)	32,00	0	0	205,03	—	—
Monóxido de carbono	CO(g)	28,01	−110.530	−137.150	197,54	—	—
Dióxido de carbono	CO_2(g)	44,01	−393.520	−394.380	213,69	—	—
Água	H_2O(g)	18,02	−241.820	−228.590	188,72	—	—
Água	H_2O(l)	18,02	−285.830	−237.180	69,95	—	—
Peróxido de hidrogênio	H_2O_2(g)	34,02	−136.310	−105.600	232,63	—	—
Amônia	NH_3(g)	17,03	−46.190	−16.590	192,33	—	—
Oxigênio	O(g)	16,00	249.170	231.770	160,95	—	—
Hidrogênio	H(g)	1,008	218.000	203.290	114,61	—	—
Nitrogênio	N(g)	14,01	472.680	455.510	153,19	—	—
Hidroxila	OH(g)	17,01	39.460	34.280	183,75	—	—
Metano	CH_4(g)	16,04	−74.850	−50.790	186,16	55.510	50.020
Acetileno	C_2H_2(g)	26,04	226.730	209.170	200,85	49.910	48.220
Etileno	C_2H_4(g)	28,05	52.280	68.120	219,83	50.300	47.160
Etano	C_2H_6(g)	30,07	−84.680	−32.890	229,49	51.870	47.480
Propileno	C_3H_6(g)	42,08	20.410	62.720	266,94	48.920	45.780
Propano	C_3H_8(g)	44,09	−103.850	−23.490	269,91	50.350	46.360
Butano	C_4H_{10}(g)	58,12	−126.150	−15.710	310,03	49.500	45.720
Pentano	C_5H_{12}(g)	72,15	−146.440	−8200	348,40	49.010	45.350
Octano	C_8H_{18}(g)	114,22	−208.450	17.320	463,67	48.260	44.790
Octano	C_8H_{18}(l)	114,22	−249.910	6610	360,79	47.900	44.430
Benzeno	C_6H_6(g)	78,11	82.930	129.660	269,20	42.270	40.580
Metanol	CH_3OH(g)	32,04	−200.890	−162.140	239,70	23.850	21.110
Metanol	CH_3OH(l)	32,04	−238.810	−166.290	126,80	22.670	19.920
Etanol	C_2H_5OH(g)	46,07	−235.310	−168.570	282,59	30.590	27.720
Etanol	C_2H_5OH(l)	46,07	−277.690	−174.890	160,70	29.670	26.800

Fonte: Moran e Shapiro (2002).

determinados por meio de modelos teóricos são considerados valores estimativos, visto que eles englobam os diversos tipos de ligações moleculares dos componentes do combustível.

Experimentalmente, o valor do poder calorífico é determinado por meio de calorímetros adiabáticos, amplamente conhecidos como "bomba calorimétrica". No calorímetro, o calor liberado durante a combustão completa de uma quantidade de combustível é transferido para um fluxo de água cuja vazão e temperaturas são medidas.

O valor do poder calorífico determinado de modo experimental, quando a água formada durante o processo de combustão se encontra no estado líquido, é chamado de poder calorífico superior (PCS), isso porque a parcela do calor latente de vaporização da água é contabilizada como disponível. Por outro lado, quando subtraída do PCS a parcela referente ao calor latente de vaporização da água presente nos gases de combustão, o valor do poder calorífico determinado é denominado poder calorífico inferior (PCI).

Observa-se que a diferença entre o PCS e o PCI é igual à entalpia de vaporização da água formada na combustão do hidrogênio presente no combustível e a da sua umidade.

O modelo de Dulong é utilizado para determinar o poder calorífico de combustíveis sólidos ou líquidos a partir dos teores de carbono, hidrogênio e enxofre em base seca. Nesse modelo, o poder calorífico é igual à soma das entalpias de formação dos elementos que compõem o combustível. Matematicamente, as Equações (4.28) e (4.29) são utilizadas para determinação do valor do poder calorífico superior e inferior de combustíveis sólido ou líquido.

Para combustíveis gasosos, o cálculo do poder calorífico pelo modelo de Dulong é igual à soma dos produtos das frações mássicas ou volumétricas de cada componente individual pelo seu respectivo poder calorífico. As Equações (4.30), (4.31) e (4.32) são aplicadas para cálculo do poder calorífico de combustíveis gasosos.

A Tabela 4.5 lista o PCS e PCI de alguns gases puros cujos valores são utilizados para cálculo do poder calorífico de misturas gasosas empregando-se o modelo de Dulong. Essa tabela apresenta, também, o poder calorífico de algumas misturas gasosas mais utilizadas no setor industrial. Além disso, na Tabela 4.6 são apresentados o PCS e PCI de alguns combustíveis sólidos e líquidos. A Tabela 4.4 também apresenta os poderes caloríficos para as substâncias indicadas.

$$PCS = 8100c + 34.400\left[h - \frac{o}{8}\right] + 2500s \qquad (4.28)$$

$$PCS = 8100c + 34.400\left[h - \frac{o}{8}\right] + 2500s - h_{lv}(9h + u) \qquad (4.29)$$

TABELA 4.5 Poder calorífico de gases selecionados

Gás	PCS (kJ/kg)	PCI (kJ/kg)
Metano (CH_4)	55.539	50.028
Propano (C_3H_8)	50.342	46.332
Butano (C_4H_{10})	49.522	45.719
Gás natural da Bolívia	53.638	48.418
Gás natural de Santos	53.112	48.020
Monóxido de carbono (CO)	10.104	10.104
Hidrogênio (H_2)	120.900	142.832
Gás pobre de carvão vegetal	4630	4402
GLP	49.933	46.026
Gás de nafta	27.014	23.996

Fonte: calculada pelo *software* Vulcano. Disponível em: https://dynamis-br.com/downloads/. Acesso em: 01 fev. 2024.

TABELA 4.6 Poderes caloríficos superior e inferior e composição química de combustíveis sólidos e líquidos

Combustível	C (%)	H (%)	O (%)	N (%)	S (%)	Cinzas (%)	Umidade BU* (%)	PCI (kJ/kg)	PCS (kJ/kg)
Alcatrão de madeira	52,0	6,5	41,0	0,5	–	–	–	21.604	23.029
Biodiesel de óleo de soja (ésteres etílicos)	71,0	10,8	18,2	–	–	–	–	36.668	30.036
Óleo diesel	85,8	13,5	–	–	0,7	–	–	39.203	42.164
Óleo combustível	86,5	10,6	–	<1	2,8	0,1	–	39.717	42.041
Óleo combustível de xisto	82,7	10,8	4,3	0,4	1,8	–	–	40.612	42.989
Carvão mineral (mina de Tubarão)	43,5	2,8	6,5	0,9	2,3	37,7	6,5	17.643	18.418
Carvão mineral (mina de Leão – leve)	49,9	3,3	9,3	0,7	1,8	20,0	15,0	18.922	20.020
Carvão mineral (China)	62,7	3,9	10,3	0,8	0,5	4,7	17,1	23.709	24.976
Carvão mineral (África do Sul)	60,7	4,5	9,1	1,6	0,7	10,1	4,3	27.207	28.299
Carvão vegetal	88,2	2,0	2,9	0,2	–	4,7	2,0	32.572	33.051
Coque de petróleo	86,3	3,8	1,7	1,5	5,4	0,3	1,0	34.617	35.468

(*) BU: base úmida.

Fonte: calculada pelo *software* Vulcano. Disponível em: https://dynamis-br.com/downloads/. Acesso em: 01 fev. 2024.

em que:

PCS = poder calorífico superior, em kJ/kg;
PCI = poder calorífico inferior, em kJ/kg;
c = teor de carbono, em kg c / kg combustível;
h = teor de hidrogênio, em kg h / kg combustível;
o = teor de oxigênio, em kg o / kg combustível;
s = teor de enxofre, em kg s / kg combustível;
u = umidade do combustível, em kg H_2O/kg de combustível seco.

$$PCS = \sum_{i=1}^{n} x_i \, PCS_i \qquad (4.30)$$

considerando que:

PCS_i = PCS do componente i;
x_i = fração mássica ou volumétrica do componente i correspondente.

$$PCI = PCS - (m_{H_2O} \times h_{lv}) \qquad (4.31)$$

$$m_{H_2O} = 9 \times h \qquad (4.32)$$

Evidencia-se que o valor do PCI é utilizado em cálculos, com o objetivo de determinar o rendimento térmico do processo. Para tanto, considera-se que a temperatura dos gases de combustão seja superior à temperatura de condensação da água.

O poder calorífico de um combustível é igualmente utilizado para o cálculo da temperatura adiabática de chama e rendimentos energéticos de ciclos termodinâmicos de geração de potência.

Do ponto de vista econômico, o poder calorífico é utilizado para calcular também o preço de qualquer combustível, preço esse que é expresso em \$/MJ.

4.6 Temperatura adiabática de chama

Na condição de ausência de alguma interação de trabalho qualquer e nenhuma mudança na energia cinética e potencial, a energia química liberada durante o processo de combustão é liberada como calor para o ambiente, ou usada internamente para aumentar a temperatura dos produtos da combustão. Na condição em que não há perdas de calor para o ambiente, a temperatura dos produtos de combustão atinge o valor máximo, conhecido como *temperatura adiabática de chama*. Essa máxima temperatura é hipotética, uma vez que considera que o calor liberado nas reações de combustão é todo transferido para os gases de combustão, não considerando, portanto, as perdas para o meio.

O valor da temperatura adiabática de chama está relacionado com certa condição de pressão, temperatura e concentração de entrada dos reagentes. O valor da temperatura adiabática de chama depende, ainda, de o processo ocorrer sob pressão constante ou volume constante.

A Fig. 4.3 ilustra de forma qualitativa a relação da temperatura adiabática de chama com o excesso de comburente (λ) envolvido no processo.

A análise da Fig. 4.3 mostra que a temperatura adiabática de chama é maior na região estequiométrica, atingindo o seu valor máximo exatamente quando $\lambda = 1$. Na região subestequiométrica, $\lambda < 1$, a temperatura é menor em razão de parte das reações exotérmicas não ocorrerem por falta de oxigênio (menor liberação de energia). Na região com excesso de ar, $\lambda > 1$, a temperatura diminui, pois parte da energia liberada pelas reações química é utilizada para aquecer o comburente em excesso.

A temperatura adiabática de chama atinge valores de centenas de °C, fato que dificulta a determinação da composição da fase gasosa, já que, nessas temperaturas, o equilíbrio químico das reações é muito complexo e instável. A temperatura adiabática de chama pode ser calculada considerando-se as entalpias de formação dos produtos de combustão, aplicando-se a Primeira Lei da Termodinâmica para um sistema adiabático, ou seja, considerando-se que todo o calor resultante da combustão é transformado em entalpia dos produtos de combustão. Nos cálculos, considera-se também que no processo não haja formação de compostos resultantes de combustão incompleta.

Matematicamente, a temperatura adiabática de chama pode ser expressa pela Equação (4.33), que permite calcular o valor da temperatura adiabática de chama a partir do poder calorífico do combustível.

$$\dot{m}_c \times C_{p\,gás} \times (T_{ch} - T_m) = \dot{m}_c \times PCI$$

$$T_{ch} = T_m + \frac{\dot{m}_c \times PCI}{\dot{m}_{gás} \times C_{p\,gás}} \qquad (4.33)$$

em que:

T_{ch} = temperatura adiabática da chama, em K;
T_m = temperatura da mistura ar de combustão e combustível na entrada, em K;
$\dot{m}_c$ = vazão mássica de combustível queimado, em kg/s;
$\dot{m}_{gás}$ = vazão mássica dos gases de combustão, em kg/s;
$C_{p\,gás}$ = calor específico dos gases de combustão, em kJ/kg·K.

Ressalta-se que a determinação da temperatura adiabática de chama sob pressão constante é adequada para processos de combustão em fornos, caldeira e turbinas a gás. Por outro lado, a determinação da temperatura adiabática de chama mediante a hipótese de volume constante é mais adequada quando se trata de processos de combustão, como os do tipo do ciclo de Otto.

Observa-se que há diferenças significativas entre o valor da temperatura adiabática de chama calculado para processos a pressão e a volume constantes. Os processos sob volume constante resultam em centenas de graus acima dos graus dos processos sob pressão constante. Essa diferença pode ser atribuída à não realização de trabalho pelas forças de pressão, uma vez que o volume permanece constante.

4.7 Eficiência de combustão

O conceito de eficiência total tem sido empregado com o objetivo de maximizar o desempenho global de um processo de combustão. A maximização da eficiência do processo de combustão, empregando-se o conceito de eficiência total, é obtida por meio do controle e do monitoramento de vários parâmetros de processo correlacionados entre as quatro áreas mais importantes do processo operacional, a saber: eficiência de combustão, eficiência na manutenção de equipamentos, segurança operacional e eficiência ambiental.

A eficiência total é definida como a eficácia que qualquer sistema de combustão apresenta ao converter a energia interna contida no combustível em energia térmica para utilização pelo processo. Por outro lado, a eficiência de combustão é definida como a energia total contida por unidade de combustível menos a energia perdida pelos gases de combustão e combustível não queimado que fluem pela chaminé.

Embora alguma perda no processo de combustão seja inevitável, o ajuste do equipamento pode muitas vezes reduzir significativamente as perdas pelos gases de combustão e, dessa forma, reduzir gastos com combustível.

Matematicamente, a eficiência de combustão pode ser calculada pela Equação (4.34). O gráfico da Fig. 4.3 mostra que, na prática, a eficiência de combustão será máxima quando se opera com certo excesso de ar de combustão ($\lambda > 1$).

$$\eta = \frac{\dot{Q}_c}{\dot{m}_c\, PC} \times 100\ \%\qquad (4.34)$$

em que:

η = eficiência de combustão, em %;
$\dot{Q}_c$ = taxa de calor liberado na reação de combustão, em MJ/s;
PC = poder calorífico do combustível, em MJ/kg.

4.8 Formação e técnicas de controle de poluentes

A utilização de técnicas de controle de emissões de poluentes, provenientes das taxas de emissão ou de formação de poluentes, podem apresentar impactos significativos na eficiência térmica global e nos custos de operação e de capital.

A redução das taxas de emissões pode ser obtida utilizando-se técnicas denominadas de fim de tubo (*end of pipe*) ou pós-combustão que contemplam a instalação de equipamentos como eletrofiltros, lavadores de gases, filtro de mangas, entre outros. As tecnologias *end of pipe* têm como finalidade reduzir as taxas de emissões atmosféricas dos poluentes gerados no processo, enquanto as tecnologias de prevenção visam a reduzir a taxa de formação do poluente.

Atualmente, a estratégia ambiental busca privilegiar as práticas de prevenção à poluição, que, para processos de combustão, privilegiam o uso de queimadores do tipo baixa emissão de NO_x (*Low-NO_x burners*), a recirculação de gases e a requeima (*reburning*), além da substituição do combustível por outro, considerado "mais limpo".

O processo de combustão é tido como um dos maiores geradores de poluentes atmosféricos. Dependendo do tipo de combustível utilizado, do tipo de equipamento e das condições operacionais do equipamento de combustão, podem-se formar poluentes como: material particulado, dióxido de enxofre (SO_2), óxidos de nitrogênio (NO_x), monóxido de carbono (CO), hidrocarbonetos não queimados (em inglês, VOCs – *volatile organic compounds*), dioxinas e furanos, entre outros, que, quando lançados na atmosfera, mesmo sendo diluídos em milhares de vezes, podem causar impactos significativos na qualidade do ar local, regional e global.

Somado a esses poluentes, o processo de combustão também é considerado fonte importantíssima de geração de CO_2, principal gás causador de efeito estufa.

A utilização de técnicas que controlem as taxas de emissão ou de formação desses poluentes é de fundamental importância para minimizar os possíveis impactos causados pela utilização de processo de combustão.

A magnitude dos impactos resultantes dos poluentes atmosféricos emitidos por um processo de combustão é fortemente dependente da quantidade, do tipo de combustível utilizado, do tipo de equipamento e das condições operacionais. Assim, uma planta que utiliza o gás natural como combustível gera quantidades desprezíveis de óxidos de enxofre e material particulado, contudo, pode gerar quantidades de NO_x cerca de 60 % maiores que as plantas que utilizam carvão.

Atualmente, técnicas que buscam a redução da taxa de formação de poluentes, denominadas técnicas de prevenção, devem ser priorizadas com relação às técnicas de fim de tubo que buscam a redução da taxa de emissão.

A utilização de técnicas de controle de emissões de poluentes em processos de combustão, independentemente de ser relativa às taxas de emissão ou de formação de poluentes, pode apresentar impactos importantes na eficiência térmica global e nos custos de operação e de capital. Portanto, a utilização de técnicas que previnem, minimizem ou controlem as emissões de poluentes atmosféricos não só é bem-vinda, como obrigatória para o atendimento dos dispositivos legais que disciplinam a atividade.

Posto isso, é de fundamental importância o conhecimento dos fenômenos que regem a formação dos poluentes atmosféricos em processos de combustão.

4.8.1 Mecanismos de formação de NO_x e tecnologias para redução de emissões

4.8.1.1 Mecanismos de formação

Por causa das altas temperaturas envolvidas no processo de combustão, a formação de óxidos de nitrogênio é inevitável, uma vez que o principal fator que rege a formação de NO_x são os níveis de temperatura.

Os óxidos de nitrogênio (NO_x) são resultantes da reação do nitrogênio presente na composição dos combustíveis e do ar de combustão. Sua formação depende não só da composição do combustível e do comburente como do modo de operação e do projeto dos queimadores e da câmara de combustão. Cada um desses parâmetros tem importância significativa na quantidade total do NO_x formado.

Os óxidos de nitrogênio são formados essencialmente por quatro mecanismos. O primeiro deles, denominado NO_x térmico, é produto da reação entre o nitrogênio do ar de combustão e o oxigênio, ocorrendo em regiões com temperatura acima de 1200 °C. Sua formação depende da temperatura da fase gasosa na chama, do excesso de ar empregado e do tempo de residência dos gases na zona de altas temperaturas. Esse mecanismo foi proposto inicialmente por Zeldovich (1992).

Segundo Zeldovich (1992), a formação do NO_x térmico acontece segundo o conjunto de reações (4.35) a (4.38) dessas, e a reação (4.38) resume o conjunto das reações envolvidas no processo de formação do NO_x térmico.

$$N_2 + O \rightarrow NO + N \quad (4.35)$$

$$N + O_2 \rightarrow NO + O \quad (4.36)$$

$$N + OH \rightarrow NO + H \quad (4.37)$$

$$N_2 + O_2 \rightarrow 2NO \quad (4.38)$$

No que se refere à energia necessária para que essas reações ocorram, a reação (4.35) é a reação limitante por ser a que necessita de mais energia de ativação para que venha a ocorrer. Por outro lado, nas regiões de combustão estequiométrica e rica em combustível, a reação (4.37) é a principal.

Desse modo, as técnicas para controlar ou minimizar a formação de NO_x por meio do mecanismo térmico incluem: a redução da concentração do oxigênio em locais da chama em que há pico de temperatura; a redução do tempo de residência das espécies na região na qual há temperatura de pico na chama; e a manutenção de temperaturas de pico na chama em valores abaixo de 1500 °C.

O segundo mecanismo de formação, denominado NO_x combustível, que corresponde ao NO_x, é formado a partir da reação do nitrogênio do combustível com o oxigênio do ar. Esse mecanismo ocorre predominantemente em níveis de temperaturas entre 900 e 1200 °C e depende do teor de nitrogênio presente no combustível e dos teores de oxigênio disponíveis na região da chama (excesso de ar local).

A Fig. 4.5 mostra a dependência da concentração mássica de nitrogênio no combustível e da concentração mássica de oxigênio com a formação de NO_x.

A análise da Fig. 4.5 indica que a formação de NO_x é mais fortemente dependente da concentração de oxigênio local presente na chama e da mistura do combustível com o ar do que da concentração de nitrogênio no combustível.

Igualmente, no NO_x térmico, a formação do NO_x combustível é regida pelas condições locais de combustão na chama. Por causa das diferenças espaciais de temperatura, oxigênio e outros fatores, as condições locais são referidas às condições de uma área específica da zona de combustão.

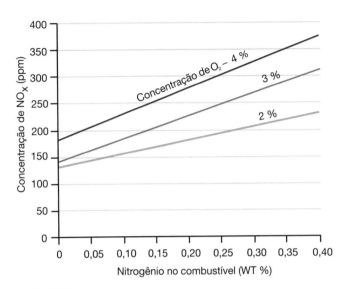

FIGURA 4.5 Formação de NO_x em função do teor de nitrogênio no combustível.

No que pese ambos os NO_x, o do combustível e o térmico, dependerem das condições locais para se formar, o NO_x combustível é formado em temperaturas relativamente baixas em comparação com o NO_x térmico. Enquanto a formação do NO_x térmico ocorre a temperaturas superiores a 1500 °C, a do NO_x do combustível acontece em níveis de temperatura ao redor de 900 e 1200 °C.

Além disso, apesar de o NO_x formado pela via térmica representar a maior parcela das emissões de NO_x, o NO_x formado pela via do nitrogênio do combustível, em certos casos, pode representar mais de 40 ou 50 % do total das emissões. Desse modo a redução dos níveis de nitrogênio no combustível é um fator importante para a redução dos níveis de emissões de NO_x que se formam a partir do mecanismo de formação do NO_x combustível.

Destaca-se que, se por um lado o aumento na concentração de oxigênio pode acarretar aumento da concentração de NO_x, a redução significativa na disponibilidade de oxigênio pode ocasionar a formação significativa de monóxido de carbono, ou seja, há uma relação inversa entre as taxas de formação de NO_x e CO, conforme mostra a Fig. 4.6.

A Fig. 4.6 mostra que a faixa adequada de operação situa-se, portanto, mais próxima da região em que os teores de O_2 nos gases de combustão indicam que ainda existe ar de combustão em excesso e em quantidade suficiente, abaixo da qual as alterações nos valores de teores de CO serão significativos. Por conseguinte, o aumento das emissões de CO sinaliza o agravamento das condições de combustão na direção da perda de rendimento térmico pela queima incompleta do combustível.

O terceiro mecanismo de formação de NO_x, o NO_x *prompt*, é formado na região de frente de chama, cujo mecanismo de reação foi proposto por Fenimore (1970).

Segundo Fenimore, o NO_x *prompt* se forma em função da presença de espécies orgânicas parcialmente oxidadas que se apresentam na chama. Por esse mecanismo, o nitrogênio do combustível reage rapidamente na presença de radicais livres, como HCN, NH e N, formando um composto intermediário,

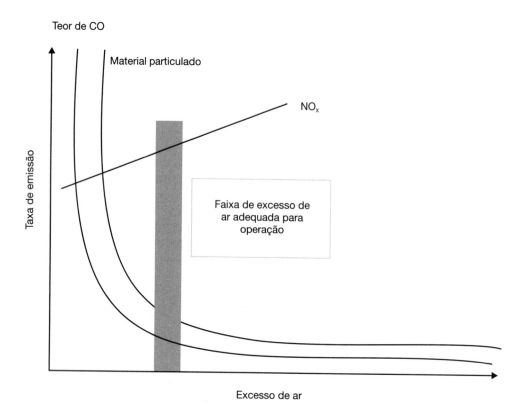

FIGURA 4.6 Influência do excesso de ar de combustão nas emissões atmosféricas.

o HCN, o qual se constitui do N elementar e é rapidamente oxidado para formar NO_2.

Dos três mecanismos de formação de NO_x descritos, o NO_x *prompt* é considerado o mecanismo de menor significância. O mecanismo *prompt* tem maior importância em processo de combustão a baixa temperatura e em zonas ricas em combustíveis, como as encontradas em turbinas a gás.

A Tabela 4.7 apresenta fatores de emissão de NO_x para a queima de diferentes combustíveis e equipamentos de combustão.

4.8.1.2 Controle da taxa de formação de NO_x: técnicas de prevenção

A análise dos mecanismos de formação de NO_x mostra que os principais fatores que contribuem para a formação de NO_x são: temperatura, excesso de ar, tempo de residência dos gases a temperaturas elevadas, taxas de mistura e teores de nitrogênio no combustível. Entre esses fatores, o que mais contribui para a formação de NO_x é a existência de temperatura elevada em determinadas regiões da chama. Assim, técnicas que diminuam os níveis de temperatura da chama sem afetar a eficiência global do processo impactam positivamente a taxa de formação de NO_x.

As técnicas de prevenção à poluição para emissões de NO_x envolvem desde ações de custo zero, como um simples ajuste do excesso de ar, até ações de custo muito elevado, como a instalação de queimadores de última geração do tipo *Low-NO$_x$* ou *Ultra Low-NO$_x$*, cuja concepção proporciona a redução das taxas de formação de poluente.

TABELA 4.7 Fatores de emissão de NO_x para diferentes processos e combustíveis

Combustível e tecnologia	Fator de emissão de NO_x	Unidades
Óleo combustível nº 5 (queima frontal em centrais termelétricas)	8,04	$kg/10^3 L$
Óleo combustível nº 5 (queima tangencial em centrais termelétricas)	5,04	$kg/10^3 L$
Diesel (caldeiras industriais)	2,4	$kg/10^3 L$
Gás natural (caldeiras de grande porte com queima frontal)	4480	$kg/10^6 m^3$
Gás natural (caldeiras de grande porte com queima tangencial)	2270	$kg/10^6 m^3$
Carvão betuminoso (caldeiras de grande porte com queima frontal)	6	kg/t
Carvão betuminoso (caldeiras de grande porte com queima tangencial)	5	kg/t
Resíduos de madeira (combustor de leito fluidizado)	1	kg/t
Bagaço de cana	1,2	kg/t

Fonte: adaptada de U. S. EPA (2003).

a) Redução do excesso de ar

O controle da formação de NO_x por meio da redução do excesso de ar é um procedimento relativamente simples de ser operacionalizado. Essa técnica reduz a quantidade de oxigênio disponível na região da chama, em que as temperaturas são elevadas, e reduz igualmente o pico de temperatura e a disponibilidade de nitrogênio na chama, que são fatores determinantes na formação do NO_x térmico.

Ressalta-se que a redução do excesso de ar, além de reduzir a formação do NO_x, também impacta positivamente a eficiência térmica, desde que a relação estequiométrica seja mantida em um nível que proporcione a combustão completa, de modo a evitar a formação de CO e de carbono não queimado, cujas consequências podem ser percebidas tanto nas emissões atmosféricas como na redução da eficiência de combustão (Santos; Messias, 2009).

Os custos de implantação de medidas que proporcionam a redução do excesso de ar são quase inexistentes, por requererem apenas ajuste dos parâmetros de combustão.

b) Redução do tempo de residência

A redução do tempo de residência dos gases em temperaturas elevadas auxilia na redução das taxas de formação de NO_x, uma vez que o mecanismo proposto por Zeldovich (1992) evidencia que a velocidade das reações envolvidas na formação de NO_x são lentas e, portanto, quanto maior o tempo de residência dos gases de combustão em regiões de altas temperaturas, maior será a taxa de formação de NO_x. Para tanto, técnicas de estagiamento de ar e ou de combustível proporcionam a condição desejada.

c) Homogeneidade da mistura

Segundo Carvalho e Júnior (2003), o estudo de Lyons (1982) é que mostrou a importância do grau de homogeneidade da mistura dos gases e da razão de equivalência média da combustão na redução das taxas de formação de NO_x.

Segundo os autores, quanto mais homogênea for a mistura das chamas extremamente pobres em combustível e com razão de equivalência em torno de 0,6, menor será a taxa de formação de NO_x. Essa condição operacional leva à diminuição das regiões com altas temperaturas na zona em que ocorrem as reações. Por outro lado, quando o processo de combustão ocorre no entorno da condição estequiométrica, a homogeneidade dos reagentes é prejudicial por gerar uma distribuição também homogênea da temperatura que, em geral, é elevada, favorecendo assim a formação de NO_x.

d) Chama estagiada

A utilização da técnica de chamas estagiadas (*reburning* ou requeima) que envolve o estagiamento da injeção dos reagentes no processo de combustão e a recirculação dos gases de combustão para região da chama são ações que reduzem a temperatura e a concentração de oxigênio no núcleo da chama, contribuindo dessa forma para a diminuição da taxa de formação de NO_x.

A técnica de requeima envolve a realização de combustão em três zonas distintas:

- zona de combustão primária, na qual 80 a 85 % do combustível é queimado em atmosfera oxidante ou ligeiramente redutora;
- zona de combustão secundária, ou zona de requeima, em que uma parcela do combustível total necessário é injetada para gerar uma atmosfera redutora. Nessa região são formados radicais livres de hidrocarbonetos que reagem com o NO_x formado na zona primária. Outros compostos, como amônia, são também gerados nessa zona;
- zona de queima do combustível de requeima, na qual é concluído o processo de combustão mediante a adição de ar complementar.

Na técnica de requeima, combustíveis diferentes do combustível principal são utilizados como combustível de requeima (carvão pulverizado, óleo combustível, gás natural etc.). Observa-se que o combustível mais utilizado é o gás natural, pelo fato de o nitrogênio presente em sua composição estar na forma de N_2.

A despeito da possibilidade da implementação da técnica de requeima para todos os tipos de combustíveis, e em combinação com outras técnicas de redução de NO_x, a necessidade de grandes volumes de câmara de combustão para implementação da requeima pode significar uma restrição forte, em especial quando há limitações de espaço.

e) Queimadores *Low-NO$_x$*

Queimadores do tipo *Low-NO$_x$* proporcionam chamas com duas zonas distintas. Na zona primária, localizada na raiz de chama, as temperaturas são elevadas e a atmosfera é redutora. Na zona secundária, localizada no fim da chama, as temperaturas são baixas e a atmosfera é oxidante. Na zona primária é gerada a maior parte do NO, que aumenta exponencialmente com a temperatura. Contudo a contribuição da zona secundária é muito reduzida.

A criação das duas zonas nos queimadores do tipo *Low-NO$_x$* são obtidas principalmente pela modificação da forma pela qual o ar e o combustível são introduzidos de modo a atrasar a mistura, reduzindo assim a disponibilidade de oxigênio e a temperatura de pico da chama.

Os queimadores do tipo *Low-NO$_x$* retardam a conversão do nitrogênio do combustível a NO_x e formação de NO_x térmico, sem causar prejuízos na eficiência de combustão. Atualmente, há diversos tipos de queimadores *Low-NO$_x$*, os quais incorporaram em seus projetos as diferentes estratégias de controle: o estagiamento do combustível e o de ar, a recirculação de gases de combustão.

A Tabela 4.8 compara as principais técnicas de redução das taxas de formação de NO_x utilizadas principalmente em equipamentos do tipo caldeiras. Evidencia-se que as reduções percentuais apresentadas são estimativas, visto que cada planta tem comportamento operacional diferenciado.

98 CAPÍTULO 4

TABELA 4.8 Técnicas para redução da taxa de formação de NO_x: vantagens e desvantagens

Técnica	Vantagem	Desvantagem	% de redução		Aplicabilidade
Redução do excesso de ar	Melhora a eficiência térmica sem investimentos	Baixa eficiência para redução de NO_x	Gás	16 – 20	Todos os tipos de combustíveis
			Óleo	16 – 20	
			Carvão	20	
Combustão estagiada	Baixo custo e compatível com outras técnicas	Custo médio de instalação	Gás	30 – 40	Todos os tipos de combustíveis
			Óleo	30 – 40	
			Carvão	30 – 50	
Recirculação de gases a 30 %	Reduções significativas	Instabilidade da chama e alto custo	Gás	40 – 50	Baixos teores de nitrogênio
			Óleo	40 – 50	
			Carvão	NA	
Redução da vazão de ar preaquecido	Potencial para reduções significativas	Reduz a eficiência térmica	Gás	15 – 25	Baixos teores de nitrogênio
			Óleo	15 – 25	
			Carvão	15 – 25	

Fonte: adaptada de U. S. EPA (2003).

4.8.1.3 Técnicas de abatimento de emissões de NO_x (*end of pipe*) aplicadas para caldeiras e fornos

Tecnologias *end of pipe* para redução das taxas de emissão de NO_x envolvem a injeção de amônia, ureia e outros compostos que reagem com NO_x e o reduzem a nitrogênio molecular. Essas técnicas são:

- redução catalítica seletiva (*Selective Catalytic Reduction* – SCR);
- redução catalítica não seletiva (*Selective Non-Catalytic Reduction* – SNCR).

O sistema de abatimento de emissões de NO_x por redução catalítica seletiva (SCR) é amplamente utilizado em instalações de grande porte, como centrais termelétricas. O processo é baseado na redução seletiva dos óxidos de nitrogênio com amônia ou ureia na presença de um catalisador. O agente redutor, no caso amônia ou ureia, é injetado a montante do catalisador.

No que pese o processo apresentar eficiência de abatimento da ordem de 95 %, o processo apresenta a desvantagem de possíveis emissões de amônia em razão da reação incompleta da amônia com óxidos de nitrogênio, tanto pela perda de eficiência de conversão do catalisador, como por excesso de amônia.

A reação incompleta da amônia com o NO_x é denominada NH_3 *slip*. Quando ocorre o NH_3 *slip*, além da possibilidade de emissões de amônia, pode ocorrer também a formação de sulfato de amônio que se incrusta nas paredes dos preaquecedores de ar ou na superfície do catalisador. O NH_3 *slip* pode ainda acarretar a presença de amônia nos efluentes líquidos

gerados nos sistemas de dessulfurização e de limpeza dos trocadores de calor. No caso do combustível utilizado ser o gás natural, a formação de sulfato de amônio é desprezível pelo fato de as concentrações de enxofre presentes no gás natural serem irrisórias.

No que tange aos custos de investimento envolvidos, para o caso de caldeiras e fornos, são variáveis por depender do volume de gás a ser tratado e da taxa de conversão de NO_x esperada. Já os custos operacionais são fortemente dependentes da vida útil do catalisador, do consumo do agente redutor e do consumo de energia das máquinas de fluxo e reaquecimento do gás.

Os sistemas de redução catalítica não seletiva (SNCR) foram desenvolvidos visando a complementar as técnicas de prevenção de formação de NO_x.

As eficiências típicas de redução de NO_x obtidas, como o emprego da tecnologia SNCR, são da ordem de 20 a 50 % quando os níveis de injeção de amônia e ureia são o estequiométrico. Contudo, quando ocorre desuniformidade da temperatura no sistema de combustão, a eficiência global de redução de NO_x pode ser limitada a valores inferiores a 50 %.

A Fig. 4.7 resume as principais rotas para controle de emissões de NO_x.

Especificamente para turbinas, as técnicas de prevenção contemplam técnicas úmidas e técnicas secas para redução da taxa de formação de NO_x.

As técnicas de controle úmido contemplam a injeção de vapor ou de água na região de altas temperaturas, condição essa que reduz a temperatura local e, consequentemente, reduz a formação de NO_x. Quanto às técnicas secas, as utilizadas

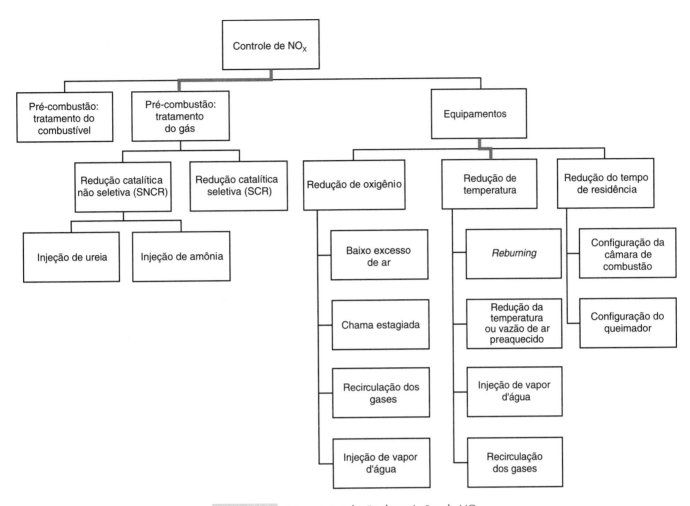

FIGURA 4.7 Rotas para redução de emissões de NO_x.

consistem na combustão empobrecida, na combustão estagiada e na redução do tempo de residência.

Ressalta-se que o controle de formação de NO_x por injeção de água ou vapor em turbinas a gás proporciona uma redução na taxa de formação de NO_x da ordem de 70 %. A isso soma-se a potência de saída do eixo da turbina que é aumentada de 5 a 6 % por causa do aumento do fluxo de massa através da turbina, que é proporcional à injeção de água ou vapor (U. S. EPA, 2003). No que pese as vantagens, a técnica úmida reduz a eficiência do ciclo termodinâmico em 2 a 3 %.

O estudo Rentz *et al.* (1990) mostra que a injeção de água em turbinas proporciona maior redução da taxa de formação de NO_x em comparação com a injeção de vapor. Esse desempenho é atribuído ao fato de que parte da energia do combustível é destinada à vaporização da água, cuja consequência é a redução da temperatura. O estudo mostra ainda que é necessário quase o dobro da quantidade de água injetada na forma líquida, quando essa é injetada na forma de vapor, para que sejam atingidas as mesmas taxas de redução de NO_x.

Usualmente, a vazão de água injetada é da ordem de 50 % da vazão de combustível e, no caso de injeção de vapor, a vazão é de 100 a 200 % do fluxo de combustível (U. S. EPA, 2003).

Quanto às técnicas secas para redução da taxa de formação de NO_x, essas buscam a redução da temperatura e do tempo de residência, fatores importantes na redução da taxa de formação de NO_x. Para tanto, a redução da razão combustível-ar com pré-mistura é utilizada para reduzir a taxa de formação de NO_x cuja consequência, além da redução dos picos de temperatura da chama, também proporciona uma distribuição de temperatura mais uniforme ao longo da chama.

Igualmente, as técnicas empregadas em fornos, caldeiras e turbinas, e as técnicas para redução da taxa de formação de NO_x, são empregadas conjuntamente, de modo a aumentar a eficiência da redução de NO_x.

Com relação às técnicas *end of pipe* para turbinas, a técnica de redução catalítica seletiva (SCR) e o $SCONO_x$ são aplicadas para abatimento das emissões de NO_x.

O processo que ocorre em um sistema SCR para turbina é idêntico ao da aplicação em caldeiras. Usa amônia como reagente, e as reações ocorrem na superfície do catalisador e em temperatura alta, condição que desencadeia a reação do NO_x com a amônia formando nitrogênio e água.

A faixa de trabalho do catalisador utilizado no SCR impõe limites de operação para o sistema de combustão. Como exemplo, temos um arranjo termodinâmico de uma termelétrica.

O uso de SCR para abater emissões de NO_x deve demandar um sistema termodinâmico diferente daquele do ciclo termodinâmico simples.

Ressalta-se que as temperaturas que os gases de escape de um ciclo simples atingem são maiores que o limite imposto pelo catalisador. Assim, um arranjo que contemple a cogeração é adequado ao emprego de um sistema de abatimento de emissões de NO_x de tecnologia SCR.

O processo $SCONO_x$ para abatimento de emissões de NO_x ocorre em duas etapas. Na primeira, o NO é oxidado a NO_2 e o CO a CO_2. O NO_2 formado é então adsorvido na superfície do catalisador, que é regenerado periodicamente. No processo de regeneração, o NO_2 é convertido em N_2, e o hidrogênio e o oxigênio são convertidos em água. Essa tecnologia apresenta a vantagem de não utilizar amônia como reagente e, portanto, a emissão de amônia é evitada. Segundo os fabricantes, quando a tecnologia $SCONO_x$ é empregada, a emissão de NO_x durante o emprego da tecnologia é da ordem de dois ppm, e a de CO é de um ppm (Santos; Messias, 2009).

Na Tabela 4.9 é apresentada a comparação do nível de emissões nos gases de escapes de turbinas a gás quando são empregadas tecnologias para redução das emissões de NO_x.

TABELA 4.9 Nível de emissão de NO_x em turbinas a gás em função da técnica de redução de NO_x e do combustível

Técnica de controle de NO_x	Gás natural (ppm)	Óleo leve (ppm)
Emissões não controladas	155	240
Técnicas úmidas	25	42
Técnicas secas	9	42
Redução catalítica seletiva	2 – 5	4 – 10
Combustão catalítica	3	Não aplicável
$SCONO_x$	1 – 3	Não aplicável

Fonte: adaptada de U. S. EPA (2003).

4.8.2 Mecanismo de formação de material particulado e fuligem e técnicas de abatimento

4.8.2.1 Mecanismos de formação de material particulado

É definido como material particulado formado em processos de combustão o material inorgânico presente na composição do combustível (cinzas) e o carbono sólido não convertido, que, dependendo de suas características físicas, pode ser fuligem ou cenosfera ou ambos. A quantidade e a natureza química e física desse material particulado estão estreitamente relacionadas com o tipo de combustível, em especial dos combustíveis sólidos e líquidos. Do ponto de vista de controle ambiental, é também considerado material particulado na taxa de emissão total de material sólido emitido por vapores condensados.

a) Formação de cinzas

As cinzas são óxidos formados a partir de elementos inorgânicos presentes na composição do combustível e oxidados na chama.

Sua quantidade depende fundamentalmente do teor de inorgânicos presentes no combustível. Combustíveis sólidos, como carvões minerais, carvões vegetais, bagaço de cana, entre outros, apresentam em geral teores de inorgânicos superiores aos demais combustíveis. Por outro lado, os combustíveis líquidos, como óleos combustíveis pesados, apresentam teores de cinzas que podem chegar a 0,1 % em massa (Santos; Messias, 2009).

As taxas de emissão das cinzas com os gases de combustão dependem basicamente do sistema de combustão no qual são geradas as cinzas. Os compostos formados podem estar na fase vapor, sólida ou líquida, e são arrastados juntamente com os gases, podendo se depositar ao longo de seu caminho, antes de serem emitidos para atmosfera.

b) Fuligem

A fuligem gerada em processo de combustão é resultante da combustão incompleta de frações orgânicas do combustível, e se constitui exclusivamente de carbono e hidrogênio. Seu formato é muito próximo do esférico, e possui diâmetros da ordem de 200 a 400 Å.

A fuligem pode ser formada a partir da recombinação dos voláteis ou frações leves presentes no combustível, ou a partir da combustão incompleta dos compostos devolatilizados das gotículas de combustível líquido ou do combustível sólido, os quais não tiveram tempo, temperatura e oxigênio suficientes para uma completa oxidação.

Do ponto de vista ambiental e de conservação de energia, a formação de fuligem no processo de combustão é indesejável. No entanto, as partículas de fuligem são responsáveis primordialmente pela luminosidade das chamas, e sua existência maximiza a transferência de calor por radiação da chama para as paredes da câmara de combustão pelo fato de emitirem e absorverem energia em todo o comprimento de onda da faixa espectral, inclusive na faixa do visível.

Quanto aos mecanismos de formação, vários autores acreditam que inicialmente haja a formação de compostos percussores que, em seguida, são polimerizados, nucleados por colisão e, finalmente, aglomerados.

Entre as fases de nucleação e de aglomeração ocorre a formação das esferas, entretanto, parte dos compostos percussores da fuligem pode ser oxidada no caminho compreendido entre a formação e a emissão.

c) Formação de coque ou cenosferas

Coque ou cenosferas são partículas resultantes da coqueificação de gotas do combustível, as quais são emitidas para a atmosfera se não oxidadas na câmara de combustão.

As quantidades formadas dependem do tipo de combustível, das características do sistema de combustão e das variáveis operacionais.

Observa-se que a quantidade de coque é fortemente relacionada com os teores de asfaltenos e dos inorgânicos presentes na composição do óleo, bem como do teor de carbono residual, os quais são compostos de alto peso molecular e, portanto, de difícil queima.

4.8.2.2 Técnicas para controle das emissões de material particulado

O controle das emissões de material particulado envolve técnicas que podem ser de prevenção e de *end of pipe*.

As técnicas de "fim de tubo" envolvem a utilização de equipamentos que retêm o material sólido existente nos gases de combustão antes de esses serem lançados na atmosfera. Alguns equipamentos, como coletores ciclônicos, filtros eletrostáticos, filtros de manga, lavadores, entre outros, são mais utilizados, e todos geram resíduos sólidos que, dependendo da natureza química que têm, podem ser reciclados ou devem ser dispostos adequadamente. As técnicas de prevenção, também chamadas de técnicas de pré-combustão, envolvem ações como a substituição do combustível, o uso de aditivos e a operação do equipamento, com os nebulizadores respeitando as melhores práticas de combustão que atendem aos valores adequados de excesso de ar, boa homogeneização da mistura na região de chama, tempo de residência da mistura oxigênio-combustível sob altas temperaturas etc.

Um exemplo de ação de prevenção de formação de emissões de material particulado envolve a substituição de um combustível com alto teor de cinzas por outro com teores menores, como no caso da substituição de carvão por gás natural.

As ações de prevenção têm reflexo importante no custo operacional e de investimentos, uma vez que a redução da taxa de material particulado formado acarreta redução do porte dos sistemas de abatimento, ou, até mesmo, em alguns casos, sua eliminação.

Quanto às técnicas *end of pipe* para redução das taxas de emissão de material particulado gerado, citam-se os filtros eletrostáticos e os filtros de tecidos, cujas eficiências os colocam como as melhores tecnologias disponíveis para abatimento de emissões de material particulado.

A definição por um ou outro tipo de equipamento depende particularmente das características do combustível utilizado, dos sistemas de controle de emissões utilizados para os outros poluentes e, sobretudo, dos limites máximos de emissão desejados e características físicas das partículas geradas.

Em processos nos quais a geração de fuligem é alta, o uso de filtro de tecidos deve ser priorizado por apresentar alta eficiência de coleta com relação às partículas de menores dimensões. Por outro lado, o uso de filtro de tecidos apresenta restrição forte quanto à temperatura dos gases, que não deve superar a temperatura que o tecido das mangas suporta. Somado aos aspectos técnicos, na definição do dispositivo de abatimento, deve ser considerada também a questão dos custos operacional e de capital.

A Fig. 4.8 resume os caminhos que podem ser adotados para a redução das emissões de material particulado oriundo de processo de combustão.

A Tabela 4.10 mostra detalhes das duas tecnologias mais eficientes (*Best Available Technology* – BAT) para controle de emissões de material particulado gerado em centrais termelétricas e considerações sobre redução da eficiência térmica dos ciclos em função dos sistemas de abatimento de emissões de material particulado.

4.8.3 Mecanismos de formação de óxidos de enxofre e técnicas de redução de emissões

4.8.3.1 Mecanismos de formação de óxidos de enxofre

No processo de combustão, todo o enxofre presente na composição do combustível é convertido em SO_2 e SO_3. Usualmente, a soma dos dois compostos é denominada óxidos de enxofre, SO_x.

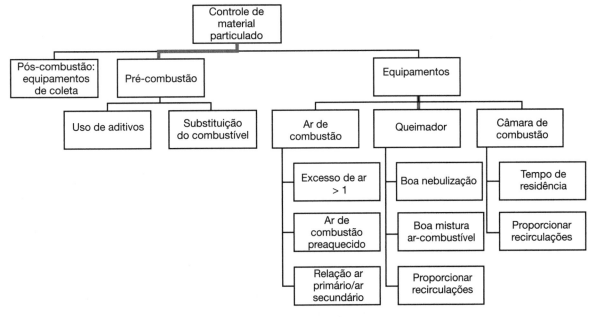

FIGURA 4.8 Rotas de prevenção e *end of pipe* empregadas para redução das taxas de emissão de material particulado.

TABELA 4.10 Características de sistemas de controle de emissão de material particulado

Dispositivo de controle	Características
Filtros eletrostáticos	• As estimativas de eficiência de remoção para partículas menores de 1 μm são maiores que 96,5 % e, para partículas maiores que 10 μm, a eficiência é maior que 99,5 %. • Consumo de energia estimado é da ordem de 0,1 – 1,8 % da eletricidade gerada. • Necessita de ajuste da resistividade do gás, pois apresenta restrições para partículas com elevada resistividade elétrica. • Apresenta baixa perda de pressão mesmo com altas vazões.
Filtros de tecido	• As estimativas de eficiência de remoção para partículas menores que 1 μm são maiores que 96,6 % e, para partículas maiores que 10 μm, a eficiência é maior que 99,5 %. • Consumo de energia estimado é da ordem de 0,2 a 3 % da eletricidade gerada. • A vida útil das mangas de tecido resulta das características químicas do gás. Dessa forma, para gases com elevados teores de enxofre, a vida útil é reduzida em comparação com outro que tenha concentrações de enxofre inferiores. • Os custos operacionais são afetados pelas características do gás, por influenciar na vida útil das mangas e pelo tamanho das partículas, pois é o tamanho das partículas a serem retidas que definirá o tipo de trama do tecido, o que constitui fator importante na composição dos custos operacionais e de capital.

Os óxidos de enxofre, além de serem prejudiciais à saúde e ao meio ambiente, para os equipamentos são um dos principais agentes desencadeadores do processo de corrosão em superfícies metálicas, em especial em equipamentos como superaquecedores de vapor, recuperadores de calor e equipamentos de abatimento de particulados, como filtros eletrostáticos e de manga.

Para o processo de combustão, as técnicas de controle de SO_x empregadas são as de redução dos teores de enxofre no combustível e a de remoção do SO_x presente nos gases de exaustão, antes de esses serem lançados à atmosfera.

No que tange às quantidades formadas, as de SO_3 são uma pequena fração percentual do SO_2 que é formado a partir da reação do enxofre com o oxigênio. Em processos de combustão, a proporção de SO_2/SO_3 é tipicamente da ordem de 40-80:1 (Santos; Messias, 2009).

Uma das rotas de conversão do SO_2 a SO_3 é a da catálise heterogênea. Nessa rota, SO_2 e O_2 reagem cataliticamente sobre superfícies metálicas nas quais as temperaturas são baixas e em que são depositados os óxidos de vanádio presentes nos combustíveis catalisadores da reação. As reações das Equações (4.39) e (4.40) representam as conversões de enxofre a SO_2 e desse a SO_3.

$$S + O_2 \rightarrow SO_2 \qquad (4.39)$$

$$SO_2 + 0,5\,O_2 \rightarrow SO_3 \qquad (4.40)$$

O equilíbrio da reação da Equação (4.40) é deslocado para a esquerda em situações de altas temperaturas, e as concentrações esperadas de SO_3 nos gases são muito baixas.

4.8.3.2 Técnicas de abatimento de emissões de SO_x

Em virtude de os óxidos de enxofre apresentarem solubilidade em álcalis, os lavadores de gases são os principais sistemas de dessulfurização úmida do tipo *end of pipe*. Entre as configurações possíveis, os mais utilizados são os do tipo Venturi ou de anéis, em função de uma eficiência maior comprovada.

No processo de dessulfurização, os gases de combustão após passarem por um trocador de calor, são introduzidos no sistema de dessulfurização. Ali o SO_x e o H_2S são removidos por meio do contato direto com a solução aquosa de calcário ou cal. Os gases, após passarem pelo lavador, são enviados para um eliminador de gotas (*demister*) e, na sequência, são lançados na atmosfera.

A solução de lavagem dos gases, após saturada, é enviada para uma estação de tratamento, e os resíduos sólidos resultantes são enviados para secagem e outros processamentos para posterior comercialização ou destinação final adequada.

Entre os adsorvedores indicados, o calcário ($CaCO_3$) é o adsorvente mais utilizado por ser de custo baixo. Além disso, os subprodutos obtidos do tratamento dos efluentes líquidos gerados têm bom valor de mercado e contribuem para a minimização dos custos operacionais. Outro importante adsorvedor é a cal (CaO), por apresentar alta reatividade com o SO_2. Entretanto, é utilizada somente em situações especiais porque o seu custo de aquisição é maior do que o do calcário.

Os secadores do tipo semisseco utilizam equipamentos do tipo *spray dryers* que são também muito utilizados para a remoção de gases de enxofre, principalmente para equipamentos de médio porte e combustíveis com teores de enxofre inferiores a 1,5 %. A preferência por *spray dryers* em equipamentos de médio porte ou combustíveis com baixo teor de enxofre reside no fato de os custos operacionais serem elevados no que pese o custo do capital ser menor quando comparados com os lavadores úmidos do tipo anéis ou Venturi. A razão de o custo operacional ser mais elevado deve-se à necessidade de os *spray dryers* utilizarem cal em vez de calcário.

O resíduo gerado no *spray dryer* é normalmente uma mistura de sulfito de cálcio, sulfato de cálcio e cinzas que têm menor valor comercial. Alguns sistemas, em particular os de centrais termelétricas a carvão, instalam os sistemas de despoeiramento antes de o gás entrar no *spray dryer*, o que propicia a obtenção de um subproduto com menor grau de impurezas.

Os sistemas de dessulfurização a seco envolvem a injeção direta de adsorventes a seco na câmara de combustão ou em duto.

Os adsorventes típicos incluem calcário pulverizado ($CaCO_3$) e dolomita ($MgCO_3$ $CaCO_3$). No caso de injeção na câmara de combustão, o carbonato de cálcio é calcinado, dando origem a CaO que reage com o SO_2 dos gases de combustão, formando sulfito de cálcio ($CaSO_3$) e sulfato de cálcio ($CaSO_4$), ambos coletados juntamente com as cinzas volantes nos dispositivos de abatimento de material particulado, em geral filtro eletrostático ou filtro de tecidos.

Os custos de capital para o processo de dessulfurização a seco com injeção na câmara de combustão são geralmente 25 % mais elevados quando comparados com os custos do capital de sistemas úmidos (IPPC, 2006).

No que se refere à eficiência de absorção de gases de enxofre para injeção na câmara de combustão, a eficiência é da ordem de 30 a 50 % para arranjo sem reciclagem dos produtos de reação, e de 70 a 80 % com reciclagem. Quando a injeção do absorvedor ocorre em duto, a eficiência de abatimento de SO_x é da ordem de 50 a 80 %. Quanto à eficiência térmica, para os sistemas com injeção na câmara de combustão, as perdas são estimadas em 2 % na caldeira e de 0,2 % em média do total da energia elétrica gerada (Santos; Messias, 2009).

A técnica de injeção do adsorvente na câmara de combustão aumenta consideravelmente a deposição de sólidos nas áreas de troca de calor e, também, aumenta as emissões de CO_2 em razão da calcinação do carbonato. Portanto, quando o sistema de dessulfurização é do tipo seco, a injeção do adsorvente deve ser feita após os trocadores de calor, de modo a evitar deposições nos trocadores de calor, o que penaliza a eficiência térmica dos equipamentos.

Uma das formas efetivas de abatimento de emissões de gases de enxofre utilizada em centrais térmicas de grande porte com combustíveis sólidos é a utilização de sistema de combustão do tipo leito fluidizado. Nesse sistema, a dessulfurização é integrada ao processo de combustão. No sistema de combustão a leito fluidizado, são injetadas no leito substâncias como: CaO; $Ca(OH)_2$ ou $CaCO_3$, que adsorvem os gases de enxofre formados.

Sobre a prevenção da formação dos SO_x, a substituição do combustível por outro mais limpo é o mais indicado.

4.8.4 Mecanismos de formação de CO e técnica para redução de emissões

4.8.4.1 Mecanismos de formação de monóxido de carbono, CO

A formação de monóxido de carbono em equipamentos de combustão industrial não só causa poluição, como também representa perda da energia disponível no combustível. A formação de CO é fortemente dependente dos teores de oxigênio disponíveis nas seções em que ocorrem as reações de combustão, de pré-mistura do combustível com o oxigênio (turbulência) e de temperatura. Desse modo, a adoção de boas práticas

de combustão, as quais contemplam a teoria dos 3Ts (temperatura, tempo de residência e turbulência), minimiza a formação desse composto.

O monóxido de carbono é produto de combustão incompleta. Enquanto o CO se converte facilmente em CO_2, o CO pode ser formado se não houver oxigênio suficiente para a combustão completa, se não houver temperatura suficiente para reagir completamente com o CO, e se o tempo de residência for insuficiente em uma zona de combustão com temperatura adequada e oxigênio suficiente para combustão completa.

Antes do aparecimento de novas tecnologias para redução de NO_x, como a de estagiamento de ar, não havia em geral nenhuma preocupação com as emissões de CO provenientes de processos de combustão industrial, pois havia oxigênio em excesso, temperatura e tempo de residência para queimar CO completamente. Entretanto, os sistemas de combustão industriais têm sido significativamente modificados para o controle de outros poluentes, de modo que alguns sistemas de combustão podem apresentar emissões significativas de CO na corrente de escape.

Exemplo 4.1

Apresente as reações de combustão estequiométrica completa na base volumétrica, utilizando ar e oxigênio puro como comburente para os seguintes combustíveis:

a) metano;
b) propano;
c) etanol.

Resolução:

a) Metano:

$$CH_4 + 2O_2 \rightarrow CO_2 + 2H_2O \text{ (com oxigênio puro)}$$
$$CH_4 + 2O_2 + 2(3,76)\,N_2 \rightarrow CO_2 + 2H_2O + 7,52\,N_2 \text{ (com ar)}$$

b) Propano:

$$C_3H_8 + 5O_2 \rightarrow 3CO_2 + 4H_2O \text{ (com oxigênio puro)}$$
$$C_3H_8 + 5O_2 + 5(3,76)\,N_2 \rightarrow 3CO_2 + 4H_2O + 18,8\,N_2$$
$$\text{(com ar)}$$

c) Etanol

$$C_2H_6O + 3O_2 \rightarrow 2CO_2 + 3H_2O \text{ (com oxigênio puro)}$$
$$C_2H_6O + 3O_2 + 3(3,76)N_2 \rightarrow 3CO_2 + 4H_2O + 11,28\,N_2$$
$$\text{(com ar)}$$

Exemplo 4.2

Determine a razão estequiométrica de ar/combustível para o propano.

Resolução:

$$C_3H_8 + 5O_2 + 5(3,76)\,N_2 \rightarrow 3CO_2 + 4H_2O + 18,8\,N_2 \text{ (com ar)}$$
$$44 \text{ kg} \quad 160 \text{ kg} \quad 526,4 \text{ kg} \rightarrow 132 \text{ kg} \quad 72 \text{ kg} \quad 526,4 \text{ kg}$$

104 CAPÍTULO 4

Razão estequiométrica: ar/combustível = (160 + 526,4) / 44 = 15,6 kg de ar/kg de propano.

Então, 15,6 kg de ar/kg de propano

Exemplo 4.3

Uma amostra de óleo combustível hipotética tem como resultado de análise elementar, em base mássica, 86 % de carbono, 14 % de hidrogênio e 0 % de enxofre e nitrogênio. Determine a razão estequiométrica ar/combustível.

Resolução:

Utilize para base de cálculo 100 kg de óleo e converta as quantidades em massa de cada elemento para kmol. Assim, 100 kg de combustível têm:

$$86 \text{ kg de C} = \frac{88}{12} = 7,17 \text{ kgmol de C}$$

$$14 \text{ kg de H} = \frac{14}{1} = 14 \text{ kgmol de H}$$

Ajustando-se a reação estequiométrica, temos:

$$7,17 \text{ C} + 14 \text{ H} + x\,(O_2 + 3,76N_2) \rightarrow 7,17\,CO_2 + 7\,H_2O + y\,N_2$$

$$7,17 \text{ C} + 14 \text{ H} + (7,17 + \frac{7}{2})\,O_2 + ((7,17 + \frac{7}{2}) \times 3,76)\,N_2 \rightarrow 7,17$$

$$CO_2 + 7\,H_2O + ((7,17 + \frac{7}{2}) \times 3,76)\,N_2$$

$$7,17 \text{ C} + 14 \text{ H} + 10,67\,O_2 + 40,12\,N_2 \rightarrow$$

$$7,17\,CO_2 + 7\,H_2O + 40,12\,N_2$$

$$86 \text{ kg C} + 14 \text{ kg H} + 341,4\,O_2 + 1123,3 \text{ kg N}_2 \rightarrow$$

$$315,5 \text{ kg CO}_2 + 126 \text{ kg H}_2O + 1123,3 \text{ kg N}_2$$

A massa de ar necessária para a queima de 100 kg de óleo = 341,4 + 1123,3 = 1464,7.

Portanto, a razão kg de ar/kg de combustível para o óleo com a composição fornecida é:

14,65 kg de ar/kg de combustível

Exemplo 4.4

Uma amostra de óleo combustível hipotética tem como resultado de análise elementar, em base mássica, 84 % de carbono e 11 % de hidrogênio, 2 % de oxigênio, 3 % de enxofre e 0 % de nitrogênio. Determine a razão estequiométrica ar/combustível.

Resolução:

Utilize para base de cálculo 100 kg de óleo e converta as quantidades em massa de cada elemento para kmol. Assim, 100 kg de combustível têm:

$$84 \text{ kg de C} = \frac{84}{12} = 7 \text{ kgmol de C}$$

$$11 \text{ kg de H} = \frac{11}{1} = 11 \text{ kgmol de H}$$

$$2 \text{ kg de O} = \frac{2}{16} = 0,125 \text{ kgmol}$$

$$3 \text{ kg de S} = \frac{3}{32} = 0,094$$

Ajustando-se a reação estequiométrica, temos:

$$7C + 11 \text{ H} + (x - \frac{0,12}{2})\,O_2 + ((x - \frac{0,12}{2}) \times 3,76) +$$

$$N_2 + 0,09\,S \rightarrow 7\,CO_2 + 5,5\,H_2O +$$

$$0,09\,SO_2 + ((x - \frac{0,12}{2}) \times 3,76)\,N_2$$

- $7 \text{ C} + 7\,O_2 \rightarrow 7\,CO_2$

- $11 \text{ H} + 2,75\,O_2 \rightarrow 5,5\,H_2O$
- $0,09 \text{ S} + 0,09\,O_2 \rightarrow 0,09\,SO_2$

$$O_2: x = 7 + 2,75 + 0,09 - \frac{0,12}{2} = 9,83 = 314 \text{ kg de O}_2$$

$$N_2: x \times 3,76 = 9,83 \times 3,76 = 36,96 = 1035 \text{ kg de N}_2$$

ar estequiométrico = O_2 + N_2 = 1349 kg de ar

$$7C + 11 \text{ H} + 9,83\,O_2 + 36,96\,N_2 + 0,09\,S \rightarrow$$

$$7CO_2 + 5,5\,H_2O + 0,09\,SO_2 + 36,96\,N_2$$

$$84 \text{ kg C} + 11 \text{ kg H} + 314,6 \text{ kg O}_2 + 1035 \text{ kg N}_2 + 3,1 \text{ kg S} \rightarrow$$

$$308 \text{ kg CO}_2 + 99 \text{ kg H}_2O + 6,4 \text{ kg SO}_2 + 1035 \text{ kg N}$$

Portanto, a razão estequiométrica é igual a 13,49 kg de ar/kg de combustível.

Exemplo 4.5

Um quilograma de uma mistura de gás contendo 40 % de metano e 60 % de propano é queimado por completo com ar e em quantidade estequiométrica. Determine a massa de água formada durante a combustão da mistura.

Hipóteses:

1) Combustão completa

2) Produtos de combustão: CO_2, H_2O e N_2

Os pesos moleculares do C, H_2, O_2 H_2O e ar são: 12 kg/kmol, 2 kg/kmol, 32 kg/kmol, 18 kg/kmol e 29 kg/kmol, respectivamente.

$$0,4CH_4 + 0,6C_3H_8 + w(O_2 + 3,76N_2) \rightleftarrows xCO_2 + yH_2O + zN_2$$

Balanço molar de carbono $x = 0,4 + (3 \times 0,6)\ x = 2,2$

Balanço molar de hidrogênio $2y = (4 \times 0,4) + (0,6 \times 8)\, y = 6,4$

Balanço molar de oxigênio $2w = (2x + y)\, w = 3,8$

Balanço molar de nitrogênio $z = (3,76 \times w)\, z = 14,29$

Portanto, a massa total de água formada na combustão é:

$$18 \times 6,4 = 115,2 \text{ kg de água/kg da mistura de gás}$$

Assim,

$$115,2 \text{ kg de água/kg da mistura de gás}$$

Exemplo 4.6

Para uma mistura homogênea de etileno, C_2H_4, com 130 % de excesso de ar: calcule a fração molar e o peso molecular da mistura.

Resolução:

Balanço de massa: estequiometria molar

$$C_2H_4 + a\,O_2 \rightarrow b\,CO_2 + c\,H_2O$$

Balanço molar de carbono: $b = 2$
Balanço molar de hidrogênio: $c = 2$
Balanço molar de oxigênio: $2a = 2b + c = 6 \rightarrow a = 3$

Considerando a composição molar do ar como 21 % de O_2 e 79 % de N_2, equivale dizer que para um mol de O_2 tem-se 3,76 mols de N_2, e um excesso de ar de 30 %. A fração molar e o peso molecular da mistura combustível são:

Balanço molar para 130 % de excesso de ar

$$C_2H_4 + (1,3)(3)[O_2 + 3,76N_2] \rightarrow 2CO_2 + 2H_2O +$$
$$0,9O_2 + (3,9)(3,76)N_2$$
$$X_i = n_i/n_{total}$$

em que:

n_i = número de mols do componente i;
n_{total} = número de mols total da mistura;
$X_{C_2H_4} = 1,0/(1,0 + 3,9 \times 4,76)$ fração molar do $C_2H_4 = 0,0511$;
$X_{O_2} = 1,0/19,564$ fração molar do $O_2 = 0,1994$;
$X_{N_2} = 1,0/19,564$ fração molar do $N_2 = 0,7495$.

Peso molecular da mistura $M_{mistura} = [(0,05 \times 28) + (0,1994 \times 32) + (0,7495 \times 28)]\ M_{mistura} = 28,8$ kg/kmol

Exemplo 4.7

Determine, por meio das fórmulas propostas, o poder calorífico superior e inferior de um combustível, sabendo-se que esse apresenta composição química com: C = 52 %, H = 6,5 %, O = 41 %, N = 0,5 %, S = 0 %, estando a um teor de umidade de 0 %.

Resolução:

$$PCS = 8100c + 34.400\left[h - \frac{o}{8}\right] + 2500s \qquad \text{(E12)}$$

$$PCI = 8100c + 34.400\left[h - \frac{o}{8}\right] + 2500s - h_{lv}(9h + u) \quad \text{(E13)}$$

PCS = (8100 × 0,52) + [34.400 × (0,065 − (0,41/8))] + 2500 × 0,0
PCS = 4685,0 kcal/kg

PCI = ((8100 × 0,52) + [34.400 × (0,065 − (0,41/8))] + (2500 × 0,0) − [571 × ((9 × 0,065) + 0)]
PCI = 4351,0 kcal/kg

Exemplo 4.8

O que é poder calorífico de um combustível? Para um dado combustível, aponte as principais diferenças existentes entre o poder calorífico superior (PCS) e o poder calorífico inferior (PCI). Na prática industrial, qual é o poder calorífico de interesse? Por quê?

Resolução:

Poder calorífico é a quantidade de calor liberada na combustão completa de uma unidade de massa ou de volume de um dado combustível. A diferença entre o poder calorífico superior (PCS) e o poder calorífico inferior (PCI) é o estado físico da água resultante na combustão, respectivamente água líquida e água no estado de vapor. Na prática, o poder calorífico de interesse é o PCI, porque se trabalha à pressão constante e os sistemas são abertos.

Exemplo 4.9

Em situações práticas, a combustão é feita com um excesso de ar que depende do estado físico dos combustíveis. Quais são as razões física e química para se empregar excesso de ar na combustão?

Resolução:

A razão física é aumentar a superfície de contato entre o ar e os gases combustíveis ou partículas finamente divididas de combustível. Do ponto de vista químico, as reações de combustão ocorrem em fase gasosa, o que faz com que sejam portanto, reações de equilíbrio químico. Dessa forma, reações, como $CO + 1/2O_2 \rightarrow CO_2$ em aproximadamente 1500 °C, ocorrem tanto no sentido direto quanto inverso. O mesmo ocorre para a reação de equilíbrio $H_2 + 1/2O_2 \rightarrow H_2O$ em cerca de 1700 °C.

As dissociações do CO_2 e H_2O representam perdas da energia útil do combustível visto que haverá CO e H_2 nos produtos de combustão. Para evitar essa dissociação, ou seja, o deslocamento para a esquerda (no sentido inverso) das reações, ao se aumentar a quantidade de O_2, o deslocamento tende a ser

106 CAPÍTULO 4

para a direita, dificultando a dissociação. A quantidade de ar em excesso é expressa em termos de porcentagem e deve ser escolhida em função do estado físico do combustível.

Exemplo 4.10

Nos cálculos de combustão, a quantidade teórica de oxigênio necessária para que a combustão ocorra deve ser calculada. Oxigênio teórico (ou estequiométrico) é a quantidade de oxigênio necessária para que a combustão completa ocorra. Desconta-se a quantidade de oxigênio que já está presente no combustível. A quantidade de oxigênio teórico para a combustão completa corresponde ao oxigênio necessário para que todo o carbono produza CO_2, o hidrogênio produza H_2O e o enxofre se transforme em SO_2. Calcule o número de mols de oxigênio teórico para a queima de etanol. Faça uma comparação com o etano (C_2H_6).

Resolução:

O_2 (teórico) = O_2 (para a combustão completa) – O_2 (presente no combustível).

A reação de combustão do etanol é: $C_2H_5OH + 3O_2 \rightarrow 2CO_2 + 3H_2O$. Três mols de O_2 são utilizados para cada mol de etanol.

Na combustão do etano, $C_2H_6 + 3,5O_2 \rightarrow 2CO_2 + 3H_2O$, são necessários 3,5 mols de O_2. Verifica-se que houve um aumento de 0,5 mol de O_2, que corresponde à quantidade de oxigênio já presente na molécula do etanol.

Exemplo 4.11

Um material considerado combustível apresenta, comumente, em sua composição carbono e hidrogênio como elementos principais, podendo conter também os elementos enxofre, oxigênio e nitrogênio. A presença desses três últimos elementos é considerada indesejável. Por quê?

Resolução:

Ao sofrer combustão, o enxofre produz SO_2 e SO_3, nocivos ao meio ambiente, visto que, em contato com a água, formam, respectivamente, ácido sulfuroso e ácido sulfúrico, que são tóxicos e corrosivos.

O oxigênio é considerado como já ligado ao hidrogênio, o que implica uma queda na quantidade de calor liberada uma vez que essa ligação (hidrogênio-oxigênio) promove uma queda na quantidade liberada de calor. A referida ligação produz água ligada (ou combinada) e expressa a quantidade de hidrogênio que não está disponível para liberar energia na combustão.

Nas reações de combustão, o nitrogênio não apresenta reação com o oxigênio e liberação de calor.

Problemas propostos

Na resolução dos problemas propostos a seguir, utilize as informações sobre: entalpias das reações de combustão, fórmulas para o cálculo do PCS e do PCI e composição do ar atmosférico.

$H_2 + \frac{1}{2}O_2 \rightarrow H_2O_{vapor}$
$\Delta H = -57,8$ kcal/mol

$C + O_2 \rightarrow CO_2$
$\Delta H = -96,7$ kcal/mol

$S + O_2 \rightarrow SO_2$ $\Delta H = -72,0$ kcal/mol
$H_2 + \frac{1}{2}O_2 \rightarrow H_2O_{líquido}$
$\Delta H = -68,3$ kcal/mol

$CO + \frac{1}{2}O_2 \rightarrow CO_2$ $\Delta H = -67,4$ kcal/mol

Fórmula para o cálculo do PCS: PCS = $-\sum n_i \Delta H_i$

Fórmula para o cálculo do PCI: PCI = PCS – $nH_2O \times L$ em que L = calor latente de evaporação da água = $-57,8 - (-68,3) = +10,5$ kcal/mol.

Composição molar do ar atmosférico: 21 % de O_2 e 79 % de N_2 atmosférico.

4.1 Considere o etanol cuja fórmula é C_2H_5OH. Calcule o poder calorífico superior (PCS) e o poder calorífico inferior para o etanol anidro. Adote uma base de cálculo de 1000 g.

Nota: para efeito de simplificação, não considere a energia gasta na quebra das ligações químicas.

Dados: massa molar = 46 g/mol; C = 12 ; H = 1; O = 16.

Número de mols = massa/mol.

4.2 Quatro combustíveis sólidos (A, B, C e D) apresentam as composições percentuais por peso apresentadas no quadro a seguir:

	% carbono	% hidrogênio	% oxigênio	% nitrogênio	% enxofre	umidade	cinzas
A	64,0	5,4	0	5,2	1,6	12,0	11,8
B	64,0	5,4	1,6	1,4	4,0	13,0	10,6
C	67,0	5,4	3,2	0	0	6,4	18,0
D	67,0	5,4	6,4	4,1	0	6,4	10,7

a) Quando queimados, os quatro combustíveis produzem os mesmos teores de água ligada (ou combinada)?

b) Quais combustíveis apresentam o maior e o menor teor de hidrogênio "livre", ou seja, hidrogênio disponível para reagir com o oxigênio comburente formando água e gerando calor?

c) Considerando a presença do elemento enxofre, a queima dos quatro combustíveis é igualmente prejudicial ao meio ambiente?

d) A presença do elemento nitrogênio influencia o poder calorífico dos combustíveis em questão?

e) Qual é o papel do elemento carbono presente nos combustíveis A, B, C e D?

Bibliografia

AGÊNCIA NACIONAL DE ENERGIA ELÉTRICA (ANEEL). *Atlas de energia elétrica*. 3. ed. Aneel, 2010.

ASSOCIAÇÃO BRASILEIRA DAS INDÚSTRIAS QUÍMICAS (ABIQUIM). *Anuário estatístico da associação brasileira das indústrias químicas 2011, ano base 2010*. São Paulo: Abiquim, 2010.

BAUKAL, C. E. *Industrial combustion pollution and control*. Boca Raton: CRC, 2003. (Environmental Science and Pollution Control Series)

BAUKAL, C. E. *Simulator for teaching process heater operating principles*. Tulsa, John Zink Institute, 2009.

BELL, D. A.; TOWLER B. F.; FAN, M. *Coal gasification and its applications*. Holanda: Elsevier, 2011.

BRIDWATER, A. V.; MEIER, D.; RADLEIN, D. *An overview of fast pyrolysis of biomass*. Holanda: Elsevier, 1999.

BRITISH PETROLEUM (BP). *Energy outlook 2030*: long-term projections.

BRITISH PETROLEUM (BP). *Statistical Review of World Energy 2031*.

CALLE, F. R.; BAJAY, S. V.; ROTHMAN, H. *Uso da biomassa para a produção de energia na indústria brasileira*. Campinas: Editora da Unicamp, 2005.

CARVALHO, J. A. de; LACAVA JÚNIOR, P. T. *Emissões em processos de combustão*. São Paulo: Editora Unesp, 2003.

CORTEZ, L. A. B.; LORA, E. E. S.; AYARZA, J. A. C. Biomassa no Brasil e no mundo. *In*: CORTEZ, L. A. B; LORA, E. E. S.; GOMEZ, E. O. (org.). *Biomassa para energia*. Campinas: Editora da Unicamp, 2009.

DEPARTAMENTO NACIONAL DA PRODUÇÃO MINERAL (DNPM). *Informativo anual da indústria carbonífera*. Brasília: DNPM, 2005.

DEPARTAMENTO NACIONAL DA PRODUÇÃO MINERAL (DNPM). *Perfil analítico do carvão* (Boletim 6). 2. ed. Porto Alegre: DNPM, 1987.

EMPRESA DE PESQUISA ENERGÉTICA (EPE). *Balanço energético nacional, 2012, ano base 2013*. EPE, 2014.

FARAH, M. A. *Petróleo e seus derivados*: definição, constituição, aplicação, especificações, características de qualidade. Rio de Janeiro: LTC, 2013.

FENIMORE, C. P. Formation of nitric oxide in premixed hydrocarbon flames. *13th. Symposium International on Combustion*, University of Utah, Salt Lake City, Utah, 23-29 Aug. 1970.

FIEDLER, E.; GROSSMANN, G.; KERSEBOHM, D. B.; WEISS, G.; WITTE, C. Methanol: production, process technology and uses. *Ullman's Encyclopedia of Industrial Chemistry*. Wienheim: Wiley-VCH, 2003.

FLEISCH, T. H.; SILLS, R. A.; BRISCOE, M. D. GTL-FT in the emerging gas economy. *Petroleum Economist*, p. 39-41, jan. 2003. (Fundamentals of gas to liquids – special edition.)

GEROSA, T. M. *Desenvolvimento e aplicação de ferramenta metodológica aplicável à identificação de rotas insumo-processo-produto para a produção de combustíveis e derivados sintéticos*. Tese (Doutorado) – Programa de Pós-graduação em Energia. São Paulo: EP/FEA/IEE/IF da USP, 2012.

GEROSA, T. M. *O estudo do gás natural como insumo para a indústria química e petroquímica: modelagem de uma planta gás-química*. Dissertação (Mestrado) – do Programa Interunidades de Pós-graduação em Energia. São Paulo: EP/FEA/IEE/IF da USP, 2007.

INTEGRATED POLLUTION PREVENTION AND CONTROL REFERENCE (IPCC). *Document on best available techniques for large combustion plants*. European Commission, Jul. 2006.

KLASS, D. L. *Biomass for renewable energy, fuels and chemicals*. New York: Elsevier, 1998.

KREUTZ, T. G.; LARSON, E. D.; LIU, G.; WILLIAMS, R. H. *Fischer-Tropsch fuels from coal and biomass*. Princeton: Environmental Institute – Princeton University, 2008.

LACAVA, P. T. *Elementos de combustão*. São José dos Campos: Departamento de Propulsão do Instituto Tecnológico de Aeronáutica, 2014. p. 137.

LYONS, V. J. Fuel/air nonuniformity: effect on nitric oxide emissions. *AIAA Journal*, v. 20, n. 5, p. 660-65, 1982.

MORAN, M. J.; SHAPIRO, H. N. *Princípios de termodinâmica para engenharia*. Rio de Janeiro: LTC, 2002.

QUIRINO, W. F. Tratamentos da biomassa para utilização energética. *In: Escola da combustão*: curso de gaseificação de biomassa. Brasília: Serviço Florestal Brasileiro, 2009. v. 2.

RENTZ, O.; JOURDAN, M.; ROLL, C; SCHNEIDER, C. *Emissions of Volatile Organic Compounds (VOCs) from Stationary Sources and Possibilities for their Control*. Published by the Institute of Industrial Production, University of Karlsruhr, Germany, 1990. Report No. OBA 91-010.

SANTOS, M. M.; MESSIAS, L. S. *Tópicos de combustíveis e combustão*. Apostila da disciplina Combustão Industrial do Curso Supervisão de UTES dos Professores Laiete Soto Messias e Marilin Mariano dos Santos. São Paulo: Instituto de Energia e Eletrotécnica da USP, jul. 2009.

SICK SENSOR INTELLIGENCE. *Optimizing combustion*: Alemanha: Application Notes, n. 8 010 041, 2002.

SPEIGHT, J. G. *Synthetic fuels handbook*: properties, process and performance. New York: McGraw-Hill, 2008.

STEYNBERG, A.; DRY, M. *Fischer-Tropsch technology*. Amsterdam: Elsevier, 2004. v. 152.

SZKLO, A. S. *Fundamentos do refino do petróleo*. Rio de Janeiro: Interciência, 2008.

TEIXEIRA, F. N. *Caracterização e controle das emissões de óxidos de nitrogênio e material particulado em caldeiras para bagaço*. Tese (Doutorado) – Engenharia Mecânica na Universidade Federal de Itajubá, 2005.

TURNS, S. R. *An introduction to combustion*: concepts and applications. 2. ed. New York: McGraw-Hill, 2000.

U. S. EPA – United States Environmental Protection Agency. Air Pollution Training Institute. *APTI 427*: combustion source evaluation, EPA contrato n. 68D99022 2003. Disponível em: http://nepis.epa.gov. Acesso em: 27 jan. 2024.

WORLD COAL INSTITUTE. *Coal resource report*. 2006. Disponível em: www.worldcoal.org. Acesso em: 27 jan. 2024.

ZELDOVICH, Y. Oxidation of nitrogen in combustion and explosions Chemical Physics and Hydrodynamics. *In*: G. I. Barenblatt, G.I.; Sunyaev, R. S. editors, *Selected Works of Yakov Borisovich Zeldovich*, Volume I. Volume 140, 1992 in the series Princeton Legacy Library, https://doi.org/10.1515/9781400862979. Acesso em: 27 jan. 2024.

5
MOTORES E GERADORES ELÉTRICOS

IVAN EDUARDO CHABU
Departamento de Engenharia de Energia e Automação Elétricas da
Escola Politécnica da USP

Este capítulo apresenta os conceitos da conversão eletromecânica de energia, permitindo uma introdução ao estudo dos geradores e motores elétricos.

As máquinas elétricas promovem a conversão de energia mecânica em elétrica e vice-versa, por meio de princípios físicos gerais e relativamente simples, independentemente do tipo de máquina em consideração. Os diversos tipos de motores e geradores, como os síncronos, assíncronos e de corrente contínua, diferenciam-se por seus aspectos construtivos e topologia magnética, apresentando variadas características externas, compatíveis com cada aplicação.

Como exemplos dessas máquinas, podemos citar os geradores de usinas hidrelétricas, termelétricas e eólicas, os motores elétricos aplicados em todos os acionamentos industriais, na tração elétrica de trens e metrôs, bem como na propulsão naval, além daqueles de uso automotivo. Em toda uma variada gama de equipamentos eletrodomésticos, desde geladeiras e máquinas de lavar roupa, até mesmo em um barbeador portátil, será encontrado algum tipo de máquina elétrica.

5.1 Conceitos fundamentais de eletromagnetismo

Os conversores eletromecânicos, sejam geradores ou motores, promovem a transformação de energia por meio de um campo magnético adequadamente configurado. O campo magnético é um ente físico de difícil caracterização e mensuração, e é, em geral, observado de forma indireta por seus efeitos sobre o meio. Campos magnéticos são gerados por ímãs permanentes (naturais ou artificiais), ou por meio de fios conduzindo corrente elétrica, caracterizados como fontes de campo magnético. Sua observação se dá por intermédio de forças mecânicas que se manifestam entre fontes de campo colocadas próximas umas às outras, ou entre fonte e materiais específicos ditos ferromagnéticos (que serão caracterizados à frente), ou ainda por tensões e correntes elétricas induzidas sobre condutores colocados em movimento relativo, próximos a uma fonte de campo.

A passagem de uma corrente elétrica por um condutor cria ao redor desse um campo magnético, conforme mostrado na Fig. 5.1. A magnitude e a configuração desse campo dependem de algumas variáveis, como intensidade da corrente, propriedades físicas do meio no entorno do condutor, denominadas permeabilidade magnética, e da geometria e arranjo do condutor, ou seja, se é retilíneo, se está disposto em forma circular ou se está enrolado em múltiplas espiras formando uma bobina.

A circulação de correntes elétricas em bobinas é a forma usual de se produzirem campos magnéticos no interior das máquinas elétricas clássicas, permitindo promover a conversão eletromecânica de energia.

5.1.1 Caracterização dos circuitos magnéticos

A estrutura dotada de uma bobina percorrida por corrente elétrica em um meio material adequado é chamada, de maneira geral, de "circuito magnético". Uma simples bobina imersa no ar é um circuito magnético elementar no qual o meio material em que o campo magnético se estabelece é o próprio ar. A permeabilidade desse meio é chamada permeabilidade do vácuo, simbolizada por μ_0, e é uma grandeza física universal cujo valor é $\mu_0 = 4\cdot\pi\cdot10^{-7}$ H/m (henry por metro). Todas as substâncias líquidas, gasosas e sólidas, exceto as ferromagnéticas, apresentam permeabilidade igual à do vácuo. Essa propriedade explica, simplificadamente, a "facilidade" com que o meio permite o estabelecimento de campo magnético em seu próprio âmbito.

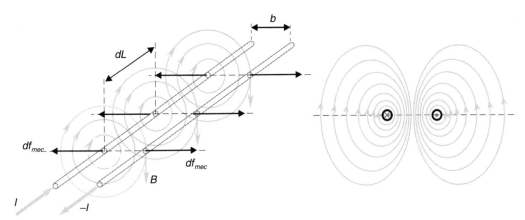

FIGURA 5.1 Campo magnético B formado ao redor de condutores imersos em ar, conduzindo corrente I. Esquerda: o campo é percebido pela força mecânica df_{mec}, que se manifesta em um elemento dL do condutor vizinho. Direita: distribuição de linhas de campo resultante no entorno de dois condutores paralelos que conduzem a mesma corrente em sentidos opostos.

A permeabilidade do ar é muito baixa, o que significa que uma bobina afetada pela corrente elétrica formará um campo magnético pouco intenso que se distribui no espaço de forma não uniforme através e em torno da bobina, tornando-se pouco aproveitável. O campo magnético assim formado é interpretado como um conjunto de linhas contínuas que fluem por dentro do volume das espiras e se fecham pelo espaço externo delas, formando um fluxo magnético através da bobina.

Nos dispositivos e conversores eletromecânicos, desde pequenos relés, até transformadores e máquinas elétricas, o circuito magnético será constituído de forma geral por bobinas de excitação percorridas por corrente, alojadas sobre um núcleo de material com elevada permeabilidade magnética, objetivando favorecer o estabelecimento de um campo magnético intenso, com distribuição espacial bem definida. O material empregado nesses dispositivos, chamado ferromagnético, é caracterizado mais adiante.

A Fig. 5.2 mostra um exemplo simples de circuito magnético dotado de núcleo ferromagnético associado a uma bobina com N_1 espiras. Ao ser percorrida por uma corrente I_m (denominada corrente de magnetização), a bobina impõe sobre o meio uma excitação magnética denominada força magnetomotriz, simbolizada por Fmm e dada por:

$$\text{Fmm} = N_1 \cdot I_m \quad (5.1)$$

Na Equação (5.1), a unidade de Fmm é A·e (ampère-espira).[1] Sob ação dessa excitação, estabelece-se no núcleo um fluxo magnético Φ_M cuja unidade é Wb (weber).

O campo magnético assim produzido, na forma de um fluxo com linhas contínuas e fechadas, fica completamente confinado no volume do núcleo por causa da elevada permeabilidade magnética de seu material, representada por μ_{fe} ($\mu_{fe} >> \mu_0$). O confinamento do fluxo no núcleo assume uma geometria bem definida, permitindo sua completa caracterização e uma utilização adequada.

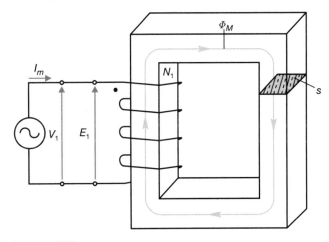

FIGURA 5.2 Estrutura ou circuito magnético constituído de núcleo de material ferromagnético fechado, associado a uma bobina de excitação percorrida por corrente elétrica.

Ao se estabelecer no núcleo, o fluxo se distribui uniformemente ao longo da secção reta do mesmo, caracterizando a densidade de fluxo magnético (também denominada indução magnética),[2] B_{fe}, cuja unidade é Wb/m² ou T (tesla). A densidade de fluxo é dada por:

$$B_{fe} = \frac{\Phi_M}{S_{fe}} \quad (5.2)$$

em que S_{fe} é a seção efetiva de material ferromagnético do núcleo em cada região dele, normal às linhas de campo nele estabelecido.

A excitação magnética ou força magnetomotriz Fmm imposta pela bobina aplica-se ao longo de todo o percurso médio da geometria do núcleo, de comprimento l_{fe}, chamado comprimento da circuitação magnética do fluxo. Caracteriza-se uma nova grandeza eletromagnética, denominada intensidade de

---

[1] A unidade de força magnetomotriz é a rigor A (ampère). Utiliza-se o símbolo A·e apenas para diferenciá-la da corrente propriamente dita.

[2] A denominação **densidade de fluxo magnético** é preferível à de **indução magnética**, para se evitar confusões com o **fenômeno da indução eletromagnética**. Quando se faz menção a **campo magnético** de modo geral, é, na verdade, ao **vetor densidade de fluxo** que se está referindo.

campo magnético,[3] que nada mais é que a força magnetomotriz por unidade de comprimento da circuitação ao longo do núcleo. Essa grandeza, medida em A/m, é dada por:

$$H_{fe} = \frac{\text{Fmm}}{l_{fe}} = \frac{N_1 \cdot I_m}{l_{fe}} \qquad (5.3)$$

O vetor intensidade de campo magnético e o vetor densidade de fluxo são grandezas locais presentes em um meio material, e estão relacionados pela permeabilidade magnética do mesmo. No caso do núcleo de material ferromagnético, tem-se então $B_{fe} = \mu_{fe} \cdot H_{fe}$. Se o núcleo for de qualquer outro material que não o ferromagnético, a relação será dada por $B_n = \mu_0 \cdot H_n$. É fácil verificar que para uma mesma excitação e comprimento de circuito magnético, enquanto a intensidade de campo H_n fica igual a H_{fe}, a densidade de fluxo nesse novo núcleo será muito menor que a anterior, com material ferromagnético, $B_n \ll B_{fe}$, pois, como dito, a permeabilidade $\mu_{fe} \gg \mu_0$.

Observando-se o circuito magnético de forma global, identifica-se uma relação causal entre a força magnetomotriz aplicada e o fluxo magnético resultante no núcleo: Fmm (causa) → Φ_M (efeito). Essa relação é formalizada pela expressão:

$$\text{Fmm} = \Re_{fe} \cdot \Phi_M \qquad (5.4)$$

em que $\Re_{fe}$ é a chamada relutância magnética do núcleo ou da estrutura, e sua unidade é H^{-1}. A relutância quantifica a oposição que o circuito magnético oferece para nele se estabelecer um dado fluxo, e a grandeza inversa é denominada permeância magnética.[4]

Isolando-se o termo da relutância na Equação (5.4), e substituindo-se a Fmm a partir da Equação (5.3) e o fluxo a partir da Equação (5.2), resulta a expressão da relutância em termos de grandezas geométricas e do material:

$$\Re_{fe} = \frac{l_{fe}}{\mu_{fe} \cdot S_{fe}} \qquad (5.5)$$

A Equação (5.4) apresenta uma semelhança formal com a Lei de Ohm, na qual a tensão aplicada por uma fonte sobre a resistência de um condutor dá origem à circulação de uma corrente elétrica pelo mesmo ($V = R \cdot I$). Contudo, a Equação (5.5) apresenta uma semelhança formal com a expressão da resistência ôhmica fornecida por um condutor elétrico $\left(R = \dfrac{l_c}{\sigma_c \cdot S_c} \right)$, em que l_c é seu comprimento, S_c sua seção reta e σ_c a condutividade elétrica, uma propriedade do material.

A semelhança formal entre as grandezas dos sistemas magnético e elétrico permite tratar os primeiros como circuitos elétricos usuais, regidos pela Equação (5.4), equivalente à Lei de Ohm. A força magnetomotriz aplicada ao sistema pela bobina equivale à tensão aplicada ao condutor pela fonte, o fluxo magnético estabelecido no núcleo equivale à corrente no condutor, e a relutância magnética equivale à resistência ôhmica do condutor. Essa semelhança formal é a razão pela qual as estruturas magnéticas similares à da Fig. 5.1 são comumente chamadas de **circuitos magnéticos**.

O fluxo magnético estabelecido na estrutura é proporcional à corrente de excitação que circula pela bobina, conforme pode ser concluído da Equação (5.4). A constante de proporcionalidade entre o fluxo, concatenado com as N_1 espiras, e a corrente que o produziu, é um atributo da bobina denominado **indutância**, medida em henry (H):

$$L = \frac{N_1 \cdot \Phi_M}{I_m} = \frac{N_1}{I_m} \cdot \frac{\text{Fmm}}{\Re} = \frac{N_1^2}{\Re} \qquad (5.6)$$

em que $\Re$ é a relutância magnética total do circuito magnético.

O campo magnético é um ente físico que tem, como uma de suas propriedades, armazenar energia. Ao ser estabelecido fluxo no circuito magnético, a energia, vinda da fonte que alimenta a bobina, fica ali contida até que a fonte seja desligada. A magnitude da energia, medida em joules (J), armazenada no campo magnético, é dada por:

$$W_{\text{mag}} = \frac{1}{2} \cdot \Phi_M \cdot \text{Fmm} = \frac{1}{2} \cdot \frac{N_1^2 \cdot I_m^2}{\Re} = \frac{1}{2} \cdot L \cdot I_m^2 \quad (5.7)$$

A indutância é, portanto, um parâmetro da bobina que também quantifica a energia armazenada.

Todos os conceitos e grandezas descritos anteriormente aplicam-se exatamente da mesma maneira se o circuito magnético for excitado em corrente contínua ou alternada. Em corrente contínua, o fluxo estabelecido no circuito magnético é invariante no tempo, da mesma forma que as grandezas locais no material ferromagnético, como densidade de fluxo e intensidade de campo magnético, assim como a energia armazenada.

No entanto, quando o circuito magnético é excitado por uma fonte de tensão e corrente alternadas, como a da Fig. 5.2, surgem fenômenos distintos em função da variação no tempo do fluxo magnético. A corrente alternada se caracteriza por uma amplitude instantânea variável no tempo e periódica, dada por $i_m(t) = I_P \cdot \text{sen}(\omega \cdot t)$, em que I_p é o valor máximo ou de pico da corrente, $\omega = 2 \cdot \pi \cdot f$ é a sua frequência angular medida em rad/s (radianos por segundo) e f a frequência de oscilação medida em Hz (hertz). A função seno indica o andamento temporal da corrente e é uma forma de onda típica disponível nas redes elétricas. Como a corrente de excitação é alternada, também o serão a força magnetomotriz imposta ao circuito magnético, $\text{Fmm}(t) = N_1 \cdot i_m(t)$, e o fluxo magnético estabelecido no núcleo, $\Phi_M(t) = \text{Fmm}(t) / \Re_{fe}$.[5]

---

[3] A denominação **intensidade de campo magnético** para o vetor H tem razões históricas, e não deve ser confundida com a **densidade de fluxo**, que é de fato a grandeza que representa o **campo magnético** em um meio material.

[4] A permeabilidade magnética é uma propriedade do material, relacionando densidade de fluxo com intensidade de campo (grandezas locais do meio), enquanto a permeância magnética relaciona fluxo com força magnetomotriz do circuito magnético e é uma grandeza global do sistema.

---

[5] A relutância do circuito magnético não é a rigor constante, dado que a permeabilidade do material não o é. Nos materiais ferromagnéticos a relação B_{fe} / H_{fe} não é linear, e a permeabilidade varia ciclicamente no tempo. Para efeito de entendimento, pode-se admitir, no entanto, $\mu_{fe}(t) \approx$ constante.

Como o fluxo que concatena com as N_1 espiras da bobina é agora variável no tempo, $\Phi_M(t) = \Phi_p \cdot \text{sen}(\omega \cdot t)$, manifesta-se o fenômeno da indução eletromagnética descrito pela Lei de Faraday:

$$E_1(t) = N_1 \cdot \frac{d}{dt} \Phi_M(t) \qquad (5.8)$$

Na Equação (5.8), $E_1(t)$ é a força eletromotriz (f.e.m.) ou **tensão induzida** na bobina, em função da variação temporal do fluxo por dentro da mesma. Essa f.e.m. se opõe, ou equilibra a tensão alternada imposta aos terminais da bobina pela fonte, $V_1(t)$, permitindo que seja absorvida a corrente de magnetização $i_m(t)$. Sempre que um fluxo magnético variar no tempo dentro de um circuito elétrico ou bobina, manifesta-se a tensão induzida chamada **f.e.m. induzida variacional**.

Para um fluxo magnético criado por uma corrente senoidal, expressa por $i_m(t) = I_P \cdot \text{sen}(\omega \cdot t)$, a f.e.m. induzida resultará:

$$E_1(t) = N_1 \cdot \frac{d}{dt}[\Phi_p \cdot \text{sen}(\omega \cdot t)] = \omega \cdot N_1 \cdot \Phi_p \cdot \cos(\omega \cdot t) \qquad (5.9)$$

$$E_1(t) = E_{1p} \cdot \cos(\omega \cdot t) \approx V_1(t)$$

em que $E_{1p} = \omega \cdot N_1 \cdot \Phi_p$ é o valor máximo ou de pico da tensão alternada induzida.[6] Deve-se observar que enquanto a corrente de magnetização absorvida pela bobina é alternada **senoidal**, a tensão que deve ser imposta aos seus terminais é alternada **cossenoidal**. Isso significa que tensão e corrente não são simultâneas, resultando a corrente **atrasada no tempo** de 90° em relação à tensão impressa nos terminais da bobina.[7] O produto da tensão pela corrente, portanto, não é potência ativa, e não significa trabalho produzido, já que o valor médio resulta nulo. O produto da tensão nos terminais pela corrente de magnetização absorvida é chamado potência aparente consumida, que no caso apresenta uma natureza denominada **reativa**. Sempre que as correntes absorvidas por bobinas de excitação de circuitos magnéticos forem exclusivamente para o estabelecimento desse campo magnético, terão esse caráter reativo.

Quando a excitação do circuito magnético se dá com corrente alternada, também se caracteriza a energia magnética armazenada no campo estabelecido no núcleo. O fluxo magnético cresce com a corrente, identificando-se nesse intervalo uma energia magnética crescente, vinda da fonte e se acumulando no campo magnético. Quando a corrente diminui, na sua passagem por zero o fluxo também se anula, mas a energia não pode simplesmente desaparecer. O que ocorre, então, é que durante o intervalo de decréscimo da corrente e do fluxo, a energia magnética que tinha sido acumulada no campo **retorna** à fonte. A Fig. 5.3 ilustra esse fluxo de energia.

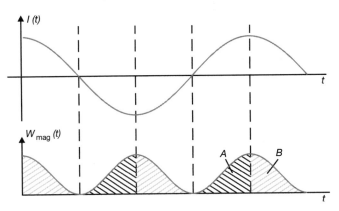

FIGURA 5.3 Energia magnética circulando entre o circuito magnético e a rede de alimentação. Área A: a energia flui da fonte para o circuito magnético, acumulando-se no campo magnético. Área B: a energia armazenada retorna para a fonte.

A circulação de energia entre a fonte de alimentação da bobina e o campo magnético estabelecido no circuito magnético como descrito é o que caracteriza a **energia reativa** nos sistemas elétricos.[8]

Exemplo 5.1

Considere o núcleo magnético da Fig. 5.2 com as seguintes características construtivas:

- Número de espiras da bobina: N_1 = 320 espiras
- Tensão da linha de alimentação: V_1 = 13.800 V – 60 Hz
- Comprimento da circuitação magnética: l_{fe} = 1,8 m
- Seção de ferro do núcleo: S_{fe} = 0,1 m²
- Permeabilidade magnética do material: $\mu_{fe} = 2500 \times \mu_0$ = $2500 \times 4 \cdot \pi \cdot 10^{-7}$ = 0,00314 H/m.

O fluxo magnético máximo resultante no núcleo pode ser calculado a partir da Equação (5.9):

$$E_{1p} = \sqrt{2} \cdot E_{1ef} = \omega \cdot N_1 \cdot \Phi_M = 2\pi \cdot f \cdot N_1 \cdot \Phi_M \to V_1 \approx E_{1ef}$$
$$= 4{,}44 \cdot f \cdot N_1 \cdot \Phi_M \to \Phi_M = 13.800 / (4{,}44 \times 60 \times 320) = 0{,}162 \text{ Wb}$$

A densidade de fluxo no material do núcleo é dada pela Equação (5.2):

$$B_{fe} = \Phi_M / S_{fe} \to B_{fe} = 0{,}162 / 0{,}1 = 1{,}62 \text{ T}$$

---

[6] Grandezas elétricas alternadas são caracterizadas pelo seu valor eficaz. A f.e.m. induzida eficaz é dada por: $E_{1ef} = E_{1p}/\sqrt{2} = (1/\sqrt{2}) \cdot \omega \cdot N_1 \cdot \Phi_p = (1/\sqrt{2}) \cdot 2\pi \cdot f \cdot N_1 \cdot \Phi_p = \sqrt{2} \cdot \pi \cdot f \cdot N_1 \cdot \Phi_p = 4{,}44 \cdot f \cdot N_1 \cdot \Phi_p$.

[7] A tensão alternada imposta evolui no tempo segundo uma função cosseno, enquanto a corrente absorvida evolui segundo uma função seno, significando que os valores de pico da última ocorrerão em um tempo posterior aos valores de pico da primeira, caracterizando o atraso no tempo.

[8] A energia reativa existirá sempre que houver equipamentos baseados em campos magnéticos, como transformadores, relés, motores e geradores. O fluxo dessa energia entre as fontes e os sistemas não produz trabalho, mas se dá na forma de circulação de correntes, ocupando as linhas de alimentação. Por essa razão, as concessionárias limitam seus valores máximos, obrigando os usuários a produzir localmente a energia reativa excessiva por meio de capacitores, por exemplo.

A relutância do circuito magnético será dada pela Equação (5.5):

$$\Re_{fe} = l_{fe} / \mu_{fe} \cdot S_{fe} \to \Re_{fe} = 1,8 / (0,00314 \times 0,1) = 5732,5 \text{ H}^{-1}$$

A força magnetomotriz requerida para a excitação desse núcleo resulta da Equação (5.4):

$$Fmm = \Re_{fe} \cdot \Phi_M \to Fmm = 5732,5 \times 0,162 = 928,7 \text{ A·e (valor de pico)}$$

A corrente de magnetização absorvida da rede será obtida pela Equação (5.1):

$$Fmm = N_1 \cdot I_m$$

$$I_m = 928,7 / 320 = 2,92 \text{ A (valor de pico) ou } 2,92 / \sqrt{2} = 2,05 \text{ A (valor eficaz)}$$

Desse modo, a potência reativa consumida da linha para alimentar o sistema resulta:

$$Q_r = V_1 \cdot I_m = Q_r = 13.800 \times 2,05 = 28.290 \text{ VAr ou } 28,29 \text{ kVAr}$$

Se, no mesmo núcleo da Fig. 5.2, for acrescentada uma segunda bobina com $N_2 = 9$ espiras, o circuito magnético se tornará agora um transformador, cuja tensão secundária será dada pela Equação (5.9), já que o mesmo fluxo do núcleo concatena com ambas as bobinas:

$$V_2 = 4,44 \times 60 \times 9 \times 0,162 = 383,6 \text{ V}$$

Resulta, assim, em um transformador monofásico abaixador, com relação de tensões aproximada:

$$V_1 / V_2 = 13.800 \text{ V} / 380 \text{ V}$$

5.1.2 Caracterização dos materiais ferromagnéticos

Todos os elementos químicos encontrados na natureza apresentam, em nível atômico, um **momento de dipolo magnético** formado pelo spin dos elétrons e pela circulação deles em torno do núcleo atômico. Esses ímãs elementares presentes na estrutura da matéria distribuem-se de forma aleatória, de modo que não se observa o efeito externo de seu campo magnético, à exceção dos elementos níquel, cobalto e ferro.

Nesses metais e em suas ligas, os dipolos elementares se agrupam orientados coletivamente na mesma direção, em regiões relativamente extensas da estrutura cristalina (até algumas dezenas de μm), formando os chamados domínios magnéticos. Cada domínio comporta-se então como um dipolo magnético maior, observável e dotado de mobilidade dentro da estrutura cristalina, caracterizando-se como uma fonte de campo intrínseca dentro do material. Os materiais que formam domínios magnéticos são denominados, de modo geral, **ferromagnéticos**, dado que o ferro é o mais comum e o de menor custo entre os metais citados. As ligas de ferro como o aço-carbono (Fe-C) e o aço silicioso (Fe-C-Si) são os materiais de uso mais difundido na construção dos equipamentos eletromecânicos.

Embora seja possível identificar dentro de cada domínio um dipolo magnético significativo, em amostras de material ferromagnético encontradas na natureza ou fabricadas por processos metalúrgicos, os domínios magnéticos distribuem-se com a mínima energia, de modo a não se observar um efeito macroscópico de campo magnético externo. Os domínios orientam-se aleatoriamente, com seus campos magnéticos individuais anulando-se mutuamente, como ilustra a Fig. 5.4.

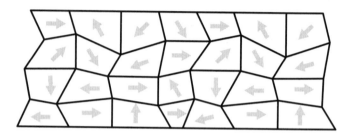

FIGURA 5.4 Amostra de material ferromagnético conforme encontrada na natureza ou recém-obtida por processo metalúrgico. Os domínios magnéticos orientam-se de forma aleatória, não apresentando campo externo observável.

Se a amostra do material for agora submetida a um campo magnético externo, produzido, por exemplo, por uma bobina excitada com corrente, os domínios passam a se orientar na direção dele. Como são fontes de campo intrínsecas do material, os domínios passam a contribuir com o campo externo, resultando em um campo mais intenso, ilustrado na Fig. 5.5.

Na situação da Fig. 5.5, diz-se que material ferromagnético está se polarizando magneticamente, e o campo total, quantificado pela densidade de fluxo magnético resultante B, é dado por:

$$B = \mu_0 \cdot H + J \qquad (5.10)$$

em que $\mu_0 \cdot H$ é o campo externo aplicado pela bobina e J é uma grandeza vetorial chamada **polarização magnética**, medida em Wb/m² ou T, que é a resposta do material.[9]

O gráfico à direita da Fig. 5.5 mostra a evolução da polarização do material em função do campo externo. Inicialmente, o crescimento do campo resultante é quase linear, em função da mobilidade dos domínios magnéticos. Quando esses se ali-

---

[9] Se no interior da bobina existisse apenas ar, o campo resultante seria $B_{ar} = \mu_0 \cdot H$, considerando-se H o vetor intensidade de campo imposto pela bobina. A inserção do material ferromagnético provoca sua polarização, e a contribuição dos domínios aumenta o campo resultante para $B_{fe} = \mu_0 \cdot H + J >> B_{ar}$. Como a permeabilidade do meio é a relação entre densidade de fluxo e intensidade de campo, e essa última é a mesma, resultará uma permeabilidade do material muito superior à do ar, dada por $\mu_{fe} = B_{fe} / H >> \mu_0$. Nos materiais ferromagnéticos usuais, pode-se atingir até $\mu_{fe} \approx 2500 \, \mu_0$.

nham completamente na direção do campo externo, sua contribuição atinge um limite denominado *saturação magnética*, conforme ilustrado na Fig. 5.6.

Atingida a saturação magnética, qualquer incremento no campo externo aplicado pela bobina não resultará em maior polarização do meio, e o campo total crescerá apenas na mesma proporção do campo externo. O gráfico à direita da Fig. 5.6 ilustra essa situação e apresenta o fenômeno da saturação magnética como o responsável pela forte não linearidade do comportamento dos materiais ferromagnéticos.

Quando o campo externo aplicado sobre o material ferromagnético é retirado, os domínios se relaxam para uma situação de mínima energia com distribuição desordenada de suas orientações. Porém, uma parcela residual da polarização permanece, por relaxação incompleta dos domínios. Esse efeito é chamado de histerese magnética, ilustrada na Fig. 5.7. O gráfico à direita indica os caminhos de magnetização e desmagnetização do material, restando uma densidade de fluxo chamada campo remanente, B_R, quando a excitação externa é anulada.

A causa fundamental da histerese é o dispêndio de uma quantidade de energia para orientar os domínios magnéticos durante a polarização do material. Como já dito, ao se estabelecer o campo magnético no sistema, a energia flui da fonte de alimentação da bobina e se armazena no campo confinado no material. Uma parcela dessa energia é utilizada para orientar os domínios, e, ao se retirar o campo, essa parcela não retorna à fonte, ficando dissipada no material na forma de calor. Nos circuitos magnéticos excitados em corrente alternada, o fluxo magnético no material é alternado e a polarização do meio é cíclica. Desse modo, a energia que circula entre a fonte de alimentação e o campo magnético estabelecido no núcleo tem uma parcela que não retorna mais à fonte, caracterizando uma perda de energia ao longo do tempo, ou uma potência de perdas dissipada no núcleo convertida em calor, chamada perda no ferro por histerese. A Fig. 5.8 mostra o

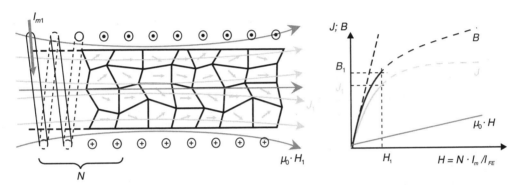

FIGURA 5.5 Efeito da polarização magnética. Contribuição dos domínios do material ferromagnético com o campo aplicado externamente, resultando em um campo total mais intenso.

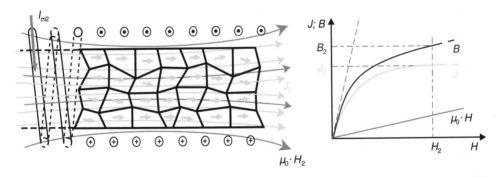

FIGURA 5.6 Contribuição máxima dos domínios, caracterizando a saturação magnética do material ferromagnético. A partir desse ponto, o aumento do campo externo não tem efeito apreciável.

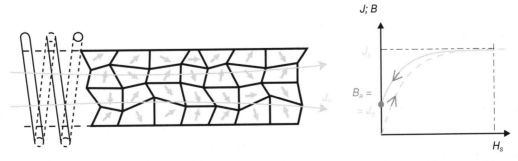

FIGURA 5.7 Caracterização da histerese magnética. Relaxação incompleta dos domínios no material ferromagnético.

chamado ciclo de histerese, indicando o andamento da excitação elétrica alternada e a correspondente magnetização cíclica do material ferromagnético. A área interna ao ciclo é proporcional à perda no ferro por efeito da histerese.

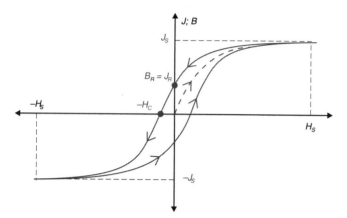

FIGURA 5.8 Ciclo de histerese para material ferromagnético excitado com corrente alternada.

A perda por histerese por unidade de volume de material é dada por $p_h = k_h \cdot f \cdot B_{fe}^{\alpha}$, em que k_h é um coeficiente que depende da liga de aço utilizada, f é a frequência da alimentação alternada e α é um expoente que varia tipicamente entre 1,6 e 2,2, dependendo do material.

Os materiais ferromagnéticos são também materiais condutores elétricos. Quando sujeitos a fluxo magnético variável em seu interior, induzem-se correntes circulantes na sua massa metálica segundo a Lei de Faraday. Essas correntes, chamadas **parasitas** ou de Foucault, manifestam perdas por efeito joule na resistência ôhmica do meio, originando mais um componente de perda no ferro, chamada perda Foucault. Para inibir esse tipo de perda, os núcleos dos equipamentos sujeitos a fluxo variável são sempre construídos na forma de lâminas de pequena espessura, isoladas umas das outras. Essa perda por unidade de volume é dada por $p_f = k_f \cdot f^2 \cdot e^2 \cdot B_{fe}^2$, considerando-se k_f um coeficiente dependente do tipo de material e e a espessura das lâminas que compõem o núcleo. A perda no ferro total dos núcleos ferromagnéticos excitados em corrente alternada é dada pela Equação (5.11):

$$P_{fe} = \frac{1}{\gamma_{fe}} \cdot (k_h \cdot B_{fe}^{\alpha} \cdot f + k_f \cdot B_{fe}^2 \cdot f^2 \cdot e^2) \cdot G_{fe} \quad (5.11)$$

em que γ_{fe} é a densidade do material e G_{fe} é a massa do núcleo. Os aços para construção eletromecânica têm, em geral, adição de silício em sua liga para minimizar as perdas, e espessura típica entre 0,35 e 0,60 mm.

5.1.3 Fundamentos da conversão eletromecânica de energia

As máquinas elétricas são conversores que transformam energia elétrica em mecânica, ou vice-versa. Essa transformação é realizada por estruturas que utilizam o campo magnético nelas confinado como meio de conversão. A energia elétrica é caracterizada pelo produto de tensões e correntes circulando ao longo do tempo pelos terminais de acesso às bobinas, enquanto a energia mecânica é caracterizada pelo produto de um torque no eixo pela frequência de rotação angular dele, desenvolvidos ao longo do tempo.[10] A Fig. 5.9 ilustra essa caracterização para máquinas rotativas, operando nos modos motor e gerador.

Todo o processo de conversão de energia é acompanhado de perdas que se transformam em calor no interior do invólucro da máquina, contribuindo para o seu aquecimento. As máquinas elétricas rotativas são conversores de elevado rendimento, tipicamente acima de 95 % nas máquinas de médias e grandes potências.

Os princípios que regem a conversão eletromecânica de energia podem ser entendidos de formas distintas, dependendo da topologia do circuito magnético que forma o dispositivo em questão. Como os conversores de energia produzem movimento, seus circuitos magnéticos deverão ter necessariamente um **entreferro**, designação genérica para o espaço de ar situado entre as partes que se movem relativamente. Nessas estruturas, a relutância magnética terá ao menos dois termos, um relativo ao núcleo ferromagnético, dado pela Equação (5.5), e um termo adicional, relativo ao entreferro. O compri-

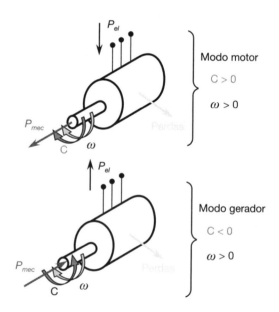

FIGURA 5.9 Caracterização dos modos motor e gerador nos conversores eletromecânicos rotativos.

---

[10] Nas máquinas rotativas, a potência mecânica é dada por $P_{mec} = C \cdot \omega$, considerando-se C o torque no eixo [N·m] e ω sua rotação angular [rad/s]. A potência elétrica ativa é dada por $P_{el} = \sqrt{3} \cdot V \cdot I \cdot \cos\varphi$ nas máquinas de corrente alternada trifásicas, considerando-se V e I a tensão e corrente de linha, e $\cos\varphi$ seu fator de potência. Nas máquinas de corrente contínua, a potência é dada apenas por $P_{el} = V \cdot I$.

mento do entreferro, l_g, é em geral bem menor que a dimensão das partes ferromagnéticas l_{fe}; no entanto, o seu meio é o ar, com permeabilidade $\mu_0 \ll \mu_{fe}$. Desse modo, a relutância total do circuito magnético fica predominada pelo entreferro, assim como a indutância associada à bobina de excitação, dada pela Equação (5.6). Em função do entreferro, também a energia magnética armazenada no sistema fica confinada no campo nele estabelecido.

De maneira geral, a conversão eletromecânica de energia se processa pela variação com o movimento da energia magnética armazenada no campo do entreferro. As forças ou torques mecânicos desenvolvidos pelos conversores são, por sua vez, determinados genericamente por:

$$F_{mec} = \frac{dW_{mag}}{dx}; \quad C_{eixo} = \frac{dW_{mag}}{d\theta} \quad (5.12)$$

Na Equação (5.12), os termos $\frac{dW_{mag}}{dx}$ e $\frac{dW_{mag}}{d\theta}$ são, respectivamente, as variações potenciais da energia magnética armazenada no entreferro com a translação dx e com o deslocamento angular $d\theta$.

Um conversor eletromecânico elementar pode ser exemplificado por um eletromagneto que realiza trabalho na forma de uma força mecânica, produzindo um deslocamento de translação. Nesse sistema, ilustrado na Fig. 5.10, uma bobina de N espiras excitada por corrente I estabelece um fluxo magnético ao longo de todo o circuito magnético, inclusive no entreferro com comprimento "x".

Como a relutância do entreferro é predominante, o fluxo varia de forma praticamente linear e inversamente proporcional ao entreferro.

A energia magnética armazenada no sistema, dada por

$$W_{mag} = \int_0^\phi F_{mm} \cdot d\phi = \int_0^\phi N \cdot I \cdot d\phi, \quad (5.13)$$

pode ser representada pelas áreas hachuradas do gráfico à esquerda na Fig. 5.10. Reduzindo-se o entreferro de um valor inicial x_1 para um valor final x_2, a energia magnética armazenada aumenta, determinando uma variação $\Delta W_{mag} = W_{mag2} - W_{mag1} = \frac{1}{2} \cdot N \cdot I \cdot (\Phi_2 - \Phi_1) = \frac{1}{2} \cdot N \cdot I \cdot \Delta\Phi$.

Simultaneamente, a variação do fluxo concatenado com a bobina ao longo do tempo em que perdurou a redução do entreferro dá origem a uma tensão induzida na bobina, caracterizando o aporte de energia elétrica ao sistema vinda da fonte de alimentação:

$$W_{el} = \int_0^t e(t) \cdot I \cdot dt = \int_0^t N \cdot \frac{d\phi}{dt} \cdot I \cdot dt = \int_{\phi_1}^{\phi_2} N \cdot I \cdot d\phi \quad (5.14)$$

Essa energia, caracterizada pela Equação (5.14), pode ser representada pela área hachurada do gráfico central na Fig. 5.10 e é quantificada por: $W_{el} = N \cdot I \cdot (\Phi_2 - \Phi_1) = N \cdot I \cdot \Delta\Phi$. O gráfico à direita da mesma figura representa o trabalho mecânico produzido pela força de atração entre as armaduras do eletromagneto ao longo da translação, desde x_1 até x_2, caracterizando energia mecânica fornecida ao meio externo, dada por: $W_{mec} = F_{mec} \cdot (x_2 - x_1) = F_{mec} \cdot \Delta x$.

Desprezando ou considerando em separado as perdas porventura existentes no sistema, e aplicando o princípio de conservação da energia, chamado nesse contexto de **balanço de energia no sistema eletromecânico**, resulta que a energia elétrica introduzida no sistema é idêntica à energia mecânica dele extraída, somada com a variação da energia magnética armazenada. Para o caso, obtém-se a identidade: $W_{mec} = W_{el} - \Delta W_{mag} = N \cdot I \cdot \Delta\Phi - \frac{1}{2} \cdot N \cdot I \cdot \Delta\Phi = \frac{1}{2} \cdot N \cdot I \cdot \Delta\Phi$. Portanto, no sistema linear: $W_{mec} = \Delta W_{mag}$. A força mecânica produzida pelo eletromagneto pode então ser determinada por:

$$F_{mec} = \frac{W_{mec}}{\Delta x} = \frac{\Delta W_{mag}}{\Delta x} \approx \frac{dW_{mag}}{dx} = \frac{1}{2} I^2 \cdot \frac{dL}{dx} \quad (5.15)$$

O último termo da Equação (5.15) pode ser obtido por substituição da energia magnética armazenada em função da indutância associada à bobina, conforme Equação (5.7). Esse tipo de estrutura, dotado de uma única bobina, é chamada de **sistema eletromecânico de simples excitação**, e sua saída mecânica é denominada **força de relutância**. Essa designação deriva da tendência natural de tais sistemas sempre buscarem a mínima relutância magnética de seus circuitos magnéticos.

As máquinas rotativas clássicas constituem-se, em geral, de sistemas eletromecânicos duplamente excitados, tendo pelo menos duas bobinas ou enrolamentos alimentados com corrente, uma associada à parte fixa e outra à parte móvel do dispositivo. A Fig. 5.11 ilustra a configuração básica desse tipo de sistema.

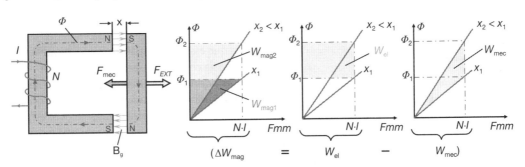

FIGURA 5.10 Conversor de translação elementar e balanço de energia no sistema eletromecânico.

Na Fig. 5.11, a parte fixa é chamada de **estator**, com bobina de N_1 espiras, excitada por corrente I_1. A parte móvel, chamada **rotor**, tem uma bobina de N_2 espiras percorrida pela corrente I_2. Se qualquer uma das bobinas estiver desligada, o sistema se comportará de forma idêntica ao anteriormente estudado, de simples excitação. O torque produzido é dado por: $C = \dfrac{dW_{mag}}{d\theta} = \dfrac{1}{2} I^2 \dfrac{dL}{d\theta}$. Se as duas bobinas estiverem simultaneamente alimentadas, o torque total será dado por:

$$C_{eixo} = \frac{d(W_{mag})_{total}}{d\theta} = \frac{1}{2} I_1^2 \cdot \frac{dL_1}{d\theta} + \frac{1}{2} I_2^2 \cdot \frac{dL_2}{d\theta} + I_1 \cdot I_2 \cdot \frac{dM}{d\theta} \quad (5.16)$$

Na Equação (5.16), os dois primeiros termos são denominados **torques de relutância** e o último termo, **torque de mútua indutância**. O parâmetro M é a indutância mútua entre as bobinas de estator e rotor.

Uma forma alternativa de se entender a manifestação do torque e a conversão de energia nessa estrutura é pelo princípio do alinhamento magnético entre os campos formados pelo estator e rotor. As bobinas de estator e rotor produzem, ao serem percorridas por correntes, seus próprios campos magnéticos B_1 e B_2 estabelecidos no entreferro. Sempre que entre esses vetores de campo existir um ângulo θ não nulo, os mesmos produzirão um torque tendendo a se alinhar mutuamente, dado por: $C = k \cdot B_1 \cdot B_2 \cdot \mathrm{sen}\theta$, considerando-se k uma constante construtiva. É possível demonstrar que essa última expressão pode ser derivada da Equação (5.16). Nas máquinas rotativas convencionais, a estrutura mostrada na Fig. 5.11 será adequadamente adaptada, objetivando-se a maximização do torque produzido, bem como a manutenção desse torque independentemente da posição e da velocidade do rotor.

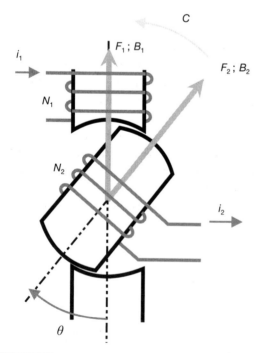

FIGURA 5.11 Estrutura eletromagnética de rotação, duplamente excitada, base para a configuração das máquinas elétricas rotativas.

Exemplo 5.2

Um núcleo de relé, similar ao esquematizado na Fig. 5.10, é construído com material de elevada permeabilidade magnética, de modo que a relutância e a energia magnética podem ser consideradas confinadas no entreferro. A seção reta do núcleo é $S = 4$ cm² e a dimensão do entreferro é $x = 2$ mm.

A bobina tem $N = 2200$ espiras e é percorrida por uma corrente contínua $I = 1,5$ A.

Determine a força mecânica desenvolvida pelo dispositivo.

Resolução:

A partir da Equação (5.5), que fornece a relutância magnética do sistema, e da Equação (5.6), que dá o valor da indutância associada, pode ser determinada a indutância do sistema em função do entreferro, em que S é a seção reta do núcleo:

$$\Re(x) = 2 \cdot x/\mu_0 \cdot S;\ L(x) = N^2/\Re(x) \rightarrow L(x) = N^2 \cdot \mu_0 \cdot S/2x$$

A força mecânica desenvolvida é dada pela Equação (5.15), resultando em:

$$F_{mec} = \tfrac{1}{2} \cdot I^2 \cdot dL(x)/dx = \tfrac{1}{2} \cdot I^2 \cdot d(N^2 \cdot \mu_0 \cdot S/2x)/dx = \tfrac{1}{2} \cdot I^2 \cdot N^2 \cdot \mu_0 \cdot S \cdot \tfrac{1}{2} \cdot d(1/x)dx = -\tfrac{1}{4}(N \cdot I)^2 \cdot \mu_0 \cdot S \cdot (1/x^2)$$

O sinal negativo indica que a força mecânica ocorre em direção contrária a x, ou seja, no sentido de reduzir o entreferro. Substituindo os valores numéricos, resulta:

$$F_{mec} = \tfrac{1}{4} \cdot (2200 \times 1,5)^2 \times 4 \cdot \pi \cdot 10^{-7} \times 4 \cdot 10^{-4} \times (1/2 \cdot 10^{-3})^2 = 342\ \mathrm{N}$$

Nota: a partir da expressão final da força mecânica resultante, nota-se que quando o valor do entreferro "x" tende a zero, a força tenderia para valores infinitos, o que, obviamente, é um absurdo. Quando o entreferro tende a zero, de fato a expressão da força deduzida perde a validade, pois a hipótese inicial adotada para sua obtenção, de que toda a relutância e energia magnética estavam confinadas no entreferro, não é mais verdadeira. Quando o entreferro tende a zero, a relutância fica determinada apenas pelo material ferromagnético do núcleo, e a força deverá ser calculada por meio de outra formulação.

Para a compreensão do funcionamento das máquinas elétricas clássicas, a abordagem pelos princípios anteriormente apresentados mostra-se, às vezes, de difícil aplicação direta. Para que essa tarefa se torne mais intuitiva, a manifestação de torque na conversão eletromecânica pode ser feita alternativamente por meio das interações eletromagnéticas fundamentais que, embora diferentes na forma, têm exatamente a mesma fundamentação já apresentada.

A primeira das interações fundamentais é a indução de tensão em um condutor elétrico que se movimenta imerso em campo magnético. É equivalente à Lei de Faraday da indução eletromagnética, em uma versão na qual a variação de fluxo magnético é obtida por movimento relativo entre condutor e campo magnético, mostrada na Fig. 5.12.

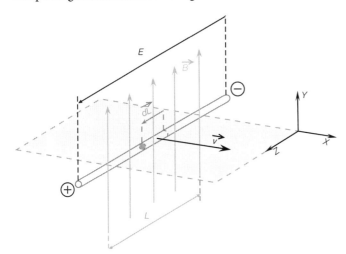

FIGURA 5.12 Interação eletromagnética fundamental – tensão induzida por efeito mocional.

Um condutor de comprimento ativo[11] L está imerso em um campo magnético com densidade de fluxo B, orientado na direção y. O condutor, orientado segundo a direção z, está afetado de uma velocidade v na direção x. Dada essa situação, em um elemento do condutor com comprimento dL, será induzida uma força eletromotriz ou tensão elementar dE, chamada f.e.m. mocional, dada por:

$$dE = (\vec{v} \times \vec{B}) \cdot d\vec{L} \Rightarrow E = \int_0^L (\vec{v} \times \vec{B}) \cdot d\vec{L} = B \cdot L \cdot v \quad (5.17)$$

Na Equação (5.17), a integração ao longo do comprimento ativo do condutor resulta na magnitude da tensão dada pelo produto algébrico das grandezas envolvidas, pois os vetores são normais entre si. A polaridade da tensão é dada pela direção do produto vetorial entre v e B, no caso na direção positiva do eixo z. Dessa maneira, o condutor em movimento dentro de um campo comporta-se como uma fonte de tensão, cuja magnitude depende das intensidades do campo e da velocidade, e cuja polaridade é dada pela orientação relativa entre os dois vetores.

A segunda das interações fundamentais descreve a manifestação de forças mecânicas em condutores imersos em campo magnético, quando esses conduzem corrente elétrica, ilustrada na Fig. 5.13.

A descrição da força produzida no condutor é dada pela Lei de Ampère. A corrente de intensidade i percorre o elemento de condutor dL na direção z, imerso no campo com indução B, resultando em:

$$d\vec{f}_{mec} = (i \cdot d\vec{L} \times \vec{B}) \Rightarrow \vec{f}_{mec} = \int_0^L d\vec{f}_{mec} = B \cdot L \cdot i \quad (5.18)$$

---

[11] **Comprimento ativo** de um condutor é o correspondente à sua imersão dentro do campo magnético.

Na Equação (5.18), a ortogonalidade entre os vetores de campo e de comprimento permite determinar a intensidade da força pelo produto algébrico das grandezas, com sua direção definida pelo sentido de percurso da corrente no condutor.

A Fig. 5.13 ilustra as duas situações possíveis da interação campo-corrente. À esquerda, a tensão induzida no condutor é aplicada a um circuito externo com resistência R, de modo que o condutor impõe a corrente na direção positiva do eixo z, concordante, portanto, com a direção da tensão induzida. O condutor, assim, está caracterizado como fonte de tensão, alimentando o circuito externo. A força que se manifesta está orientada na direção negativa do eixo x, opondo-se ao movimento. Para conservar a velocidade de deslocamento do condutor, será necessário aplicar sobre o mesmo uma força externa, igual e contrária à f_{mec}, estabelecendo uma entrada de potência mecânica no sistema. O condutor está assim caracterizado como **gerador elementar**, convertendo a potência mecânica introduzida em potência elétrica entregue ao circuito externo.

Do lado direito da Fig. 5.13, as extremidades do condutor são ligadas a uma fonte externa, por exemplo, uma bateria com tensão V_{BAT} superior à f.e.m. E induzida e com polaridades iguais. Desse modo, a fonte externa impõe a corrente sobre o condutor na direção negativa do eixo z, em oposição à tensão induzida no mesmo, caracterizado agora como um receptor que absorve potência elétrica vinda da bateria. Por causa da inversão do sentido da corrente em relação ao caso anterior, inverte-se também o sentido da força mecânica produzida sobre o condutor, manifestando-se agora em sentido concordante com o movimento. Para que o condutor mantenha a velocidade de deslocamento, será necessário aplicar uma força resistente, igual e contrária à f_{mec}, freando a barra, estabelecendo-se uma saída de potência mecânica do sistema. O condutor, caracterizado como um **motor elementar**, converte a potência elétrica vinda da bateria em potência mecânica entregue ao meio externo que freia a barra.

Nas duas situações da Fig. 5.13, é a mesma barra que opera como gerador ou como motor, dependendo das interfaces elétrica e mecânica aplicadas ao sistema. O mesmo acontece com as máquinas elétricas, que podem operar indistintamente nos modos motor e gerador.

Nas máquinas rotativas, as interações eletromagnéticas fundamentais anteriormente descritas estão sempre presentes, aplicadas a uma estrutura magnética típica dos motores e geradores, com simetria cilíndrica obtida por construção, como mostra a Fig. 5.14.

O campo magnético nas máquinas rotativas é sempre produzido na direção radial do entreferro, com uma distribuição periódica e um número par de polos ao longo da circunferência. Os condutores são locados na periferia do rotor, em sentido longitudinal, alojados em ranhuras executadas na superfície do material ferromagnético com o qual é construído o rotor. Dois condutores formam uma espira, cujos lados estão afastados em distância igual à de dois polos magnéticos consecutivos, ou de um semiperíodo da distribuição de campo.

Desse modo, ao se mover o rotor com uma rotação angular ω, os condutores ficam afetados de uma velocidade periférica v, tangencial à superfície do rotor. O movimento relativo entre condutores e campo dá origem a tensões induzidas nos

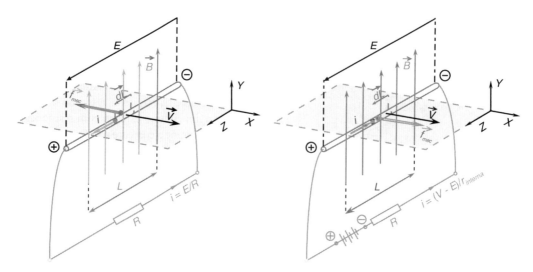

FIGURA 5.13 Força mecânica produzida em condutor imerso em campo, conduzindo corrente. Esquerda: **ação geradora** elementar. Direita: **ação motora** elementar.

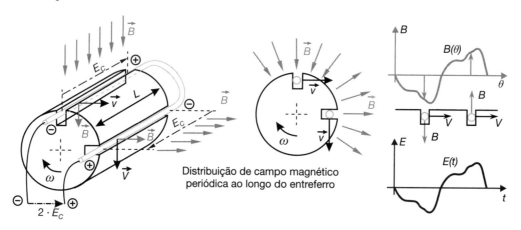

FIGURA 5.14 Estrutura típica das máquinas elétricas rotativas, com simetria cilíndrica.

condutores que se somam ao longo da espira, que pode ser multiplicada tantas vezes quantas forem as espiras alojadas na formação da bobina. Como os condutores são longitudinais, o campo é radial e a velocidade relativa entre ambos é tangencial, os vetores formam um conjunto normal entre si, produzindo a máxima tensão induzida por condutor, expressa pelo produto $B \cdot L \cdot v$. Essa tensão induzida evoluirá ao longo do tempo, conforme a distribuição espacial do campo produzido no entreferro, como mostrado nas curvas do lado direito da Fig. 5.14. O alojamento dos condutores em ranhuras executadas no material ferromagnético, de permeabilidade muito superior à do ar, transfere as forças mecânicas que se manifestam neles para a estrutura metálica do rotor, aliviando-os de solicitações mecânicas excessivas.

Exemplo 5.3

Um transdutor de velocidade de rotação tem uma configuração similar à apresentada na Fig. 5.14, na qual as terminações da bobina são conduzidas a um par de anéis coletores acessíveis por meio de escovas de contato. O campo magnético é formado por meio de ímãs permanentes, não representados na figura. Tal dispositivo é de fato um tacômetro CA, que permite medir a rotação a partir da tensão gerada.

O rotor tem diâmetro $D = 30$ mm e comprimento axial $L = 50$ mm. A bobina é alojada em duas ranhuras diametralmente opostas, tendo 500 espiras. O campo magnético no entreferro é formado por um par de ímãs que produzem campo com intensidade de 0,35 T, com distribuição espacial uniforme ao longo da periferia do rotor.

Determine a tensão gerada para rotação de 1000 RPM, bem como a constante de tensão do tacômetro em V/RPM.

Resolução:
A tensão induzida em cada condutor da bobina é dada pela Equação (5.17):

$$E = B \cdot L \cdot v$$

em que v é a velocidade tangencial na periferia do rotor obtida por: $v = \pi \cdot D \cdot (RPM/60)$

A tensão total induzida na bobina será: $E_{tot} = 2 \cdot N \cdot E$, em que N é o número de espiras:

$$E_{tot} = 2 \cdot N \cdot B \cdot L \cdot \pi \cdot D \cdot (RPM/60) = 2 \times 500 \times 0{,}35 \times 0{,}05 \times \pi \times$$
$$0{,}03 \times 1000 / 60 = 27{,}5 \text{ V}$$

A constante de tensão do tacômetro resulta: $Kv = 27{,}5 / 1000 = 0{,}0275$ V/RPM.

Nota: como a distribuição de campo no entreferro produzida pelos ímãs é considerada uniforme, a forma de onda gerada pelo tacômetro CA será uma onda retangular, conforme ilustrado a seguir:

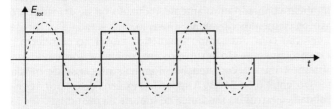

A tensão senoidal fundamental tem uma amplitude de pico igual a: $E_{pico} = (4/\pi) \cdot E_{tot}$.

O valor eficaz da fundamental, medido por um instrumento CA de valor eficaz verdadeiro, indicará a medida com o valor:

$$E_{eficaz} = E_{RMS} = (1/\sqrt{2}) \cdot E_{pico} = (1/\sqrt{2}) \cdot (4/\pi) \cdot E_{tot} = 0{,}90 \cdot E_{total} =$$
$$24{,}8 \text{ V em } 1000 \text{ RPM}$$

5.2 Construção e funcionamento de máquinas síncronas

Máquinas síncronas são utilizadas essencialmente no modo gerador, respondendo pela quase totalidade da geração de energia em todos os níveis.[12] Embora possa ser utilizado também no modo motor, tal uso restringe-se em geral a acionamentos de grande porte, representando uma pequena fração das máquinas síncronas que operam nesse modo.

No modo gerador, as máquinas síncronas podem operar fornecendo concomitantemente potência ativa ou reativa às cargas ou ao sistema elétrico. Quando troca com o sistema exclusivamente potência de natureza reativa, indutiva ou capacitiva, a máquina opera no modo chamado **compensador síncrono**.

5.2.1 Aspectos construtivos das máquinas síncronas

As máquinas síncronas são subdivididas em dois grandes grupos diferenciados pela construção do seu rotor, dito de **polos salientes** ou de **polos lisos** (também denominado **rotor cilíndrico**). O campo de aplicação e suas principais características são dados a seguir:

a) Máquina síncrona de polos salientes

Utilizada principalmente na geração hidráulica de grande potência, pode atingir até 800 MW por unidade. Esses geradores são construídos com elevado número de polos (de 40 a 100), e operam em baixas rotações (180 a 72 RPM), compatíveis com as turbinas hidráulicas e, por esse motivo, são denominados **hidrogeradores**. Apresentam elevada razão D/L,[13] em geral maior que 4, com eixo vertical. Nas máquinas de maior porte, o diâmetro do rotor pode atingir até 18 m e pesar aproximadamente 1700 t.

O rotor de polos salientes é utilizado também na geração térmica de pequena e média potências, até a ordem de 25 MW. Tem número de polos reduzido (entre 4 e 8) e rotações médias (entre 1800 e 900 RPM) com relação D/L entre 1 e 0,5 construídos com eixo horizontal. Em geral, são acionados por turbinas a vapor ou a gás em plantas de cogeração ou por motores diesel em uso estacionário ou naval.

b) Máquina síncrona de polos lisos

Utilizadas principalmente na geração térmica de grande potência, atingem mais de 1500 MW por unidade. Construídos tipicamente com 4 ou 2 polos, esses geradores operam em velocidades elevadas, até 3600 RPM, compatíveis com grandes turbinas a vapor ou a gás, e são denominados por esse motivo de **turbogeradores**. Têm a relação D/L reduzida, em geral inferior a 0,2 com eixo horizontal. Nos maiores turbogeradores, o diâmetro do rotor pode atingir 1,5 m, com comprimento superior a 8 m, pesando em torno de 120 t.

As máquinas síncronas utilizadas na geração de grande porte são equipamentos complexos, com dezenas de sistemas auxiliares para permitir sua operação adequada. Os aspectos mais críticos são de natureza termodinâmica, associados aos sistemas de resfriamento das máquinas, bem como de natureza mecânica, ligados à rigidez e estabilidade do rotor e de seus mancais. Em geral, por causa das grandes dimensões desses geradores e turbinas, suas partes estruturais são integradas à obra civil da casa de máquinas.

Nas instalações de pequeno porte, é comum a construção do gerador com o eixo horizontal. A Fig. 5.15 ilustra um exemplo típico de aproveitamento hidráulico de pequeno porte (PCH), com máquina de polos salientes de eixo horizontal.

FIGURA 5.15 Instalação típica de pequena central hidrelétrica (PCH), 2500 kVA, 900 RPM.

---

[12] Atualmente, ocorre a penetração da máquina de indução operando no modo gerador, em especial em aplicações de energia eólica e hidráulica de pequena potência. No entanto, essa utilização é ainda incipiente se comparada com a geração convencional baseada em máquinas síncronas.

[13] D/L = razão de aspecto, em que D é o diâmetro do rotor e L, seu comprimento axial.

A Fig. 5.16 mostra um exemplo característico de geração térmica com turbina a vapor de grande porte.

FIGURA 5.16 Instalação típica de aproveitamento termelétrico com turbina a vapor.

Em geral, pequenas turbinas a vapor e a gás operam em velocidades superiores às normais dos geradores, obrigando a incorporação de um redutor de velocidade para acoplamento dos eixos da turbina e do gerador. Nos grandes turbogeradores, os aspectos mecânicos ligados à dinâmica do rotor são os mais graves, uma vez que, invariavelmente, as rotações críticas situam-se abaixo das rotações nominais.

A máquina síncrona é constituída basicamente de estator e rotor, caracterizando sua parte ativa.[14] Todos os demais elementos são estruturais ou auxiliares. O estator da máquina síncrona tem o mesmo conceito construtivo, independentemente do tipo de rotor.

O estator, representado esquematicamente na Fig. 5.17, é a parte da máquina em que a energia elétrica será produzida e fornecida para as cargas ou para a rede.

O estator é formado por um núcleo construído com material ferromagnético de simetria cilíndrica, composto de lâminas de aço silicioso de pequena espessura, isoladas umas das outras e prensadas axialmente, formando um conjunto compacto. A construção laminada tem como objetivo limitar as perdas no ferro, pois o campo magnético estabelecido no núcleo do estator é variável no tempo.

Na superfície interna do cilindro do núcleo estão executadas ranhuras nas quais serão alojadas as bobinas do estator, distribuídas ao longo de toda a circunferência. Essas bobinas, fabricadas com condutores de cobre isolados entre si e contra a estrutura aterrada, constituirão o **enrolamento do estator**, também chamado enrolamento induzido ou de armadura, e são os elementos nos quais a tensão será gerada a partir da interação com um campo magnético móvel no entreferro.[15] Os enrolamentos são agrupados em conjuntos, formando um sistema trifásico, com tensões nominais na classe de média tensão, entre 6,6 e 24 kV. A superfície externa do estator é consolidada à estrutura mecânica de suporte da máquina.

O rotor da máquina síncrona na construção de polos salientes é mostrado de forma esquemática na Fig. 5.18. A função do rotor é produzir o campo magnético no entreferro, chamado, portanto, indutor da máquina.

Quando o número de polos é reduzido, (4 ou 6), usualmente a construção do núcleo é feita em peça única, obtida por estampagem de lâminas de elevada espessura ou, nos casos de maior porte, por usinagem completa de um cilindro forjado em aço.

A estrutura cruciforme do núcleo magnético apresenta projeções em número igual ao de polos, cada uma formando o corpo polar, e, na superfície que confronta o estator, essas projeções se expandem formando as chamadas sapatas polares. O núcleo do rotor é construído usualmente em aço-carbono, maciço ou com laminação espessa, uma vez que não existe manifestação de perdas no ferro, pois o fluxo magnético no rotor é invariante no tempo. Em torno de cada polo são montadas as bobinas de campo ou de excitação, alimentadas em corrente contínua. Para a adução da corrente de excitação às bobinas de campo, vinda de uma fonte externa à máquina, utiliza-se um sistema de contatos móveis constituído de anéis coletores solidários ao eixo e escovas de contato[16] com suportes fixados na estrutura da máquina. Nas superfícies

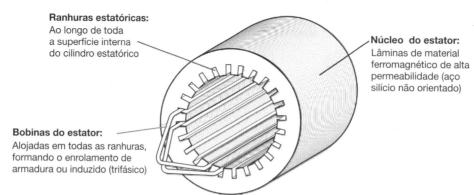

FIGURA 5.17 Construção do estator da máquina síncrona.

---

[14] Parte ativa da máquina elétrica é constituída pelos elementos que promovem a conversão eletromecânica de energia.

[15] Entreferro é o espaço de ar existente entre o diâmetro interno do estator e o diâmetro externo do rotor. Um campo magnético nessa região é que promoverá a conversão eletromecânica de energia.

[16] O termo "escova" tem origem nos primórdios das máquinas elétricas. Atualmente, são elementos condutores sinterizados à base de grafite e metal (cobre ou bronze), garantindo um contato móvel com pequena queda de tensão e baixos coeficientes de atrito e de desgaste.

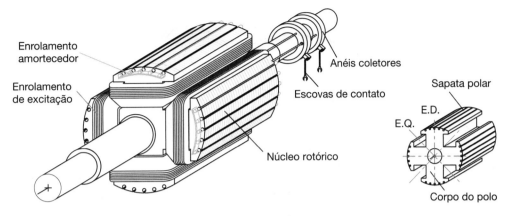

FIGURA 5.18 Construção do rotor de polos salientes. Núcleo com os polos em peça única.

das sapatas polares são executadas pequenas ranhuras, nas quais se alojam barras condutoras curto-circuitadas nas extremidades dos polos, formando um enrolamento denominado amortecedor, importante para garantir estabilidade de operação aos geradores quando funcionando em paralelo ou conectados ao sistema elétrico.

Nas máquinas síncronas com elevado número de polos, não é possível a construção do núcleo do rotor em peça única. Adota-se, nesses casos, a construção com polos independentes, mecanicamente suportados por um anel rotativo ligado ao eixo. Os polos são construídos a partir de lâminas espessas de aço-carbono, empilhadas e rebitadas, formando um conjunto sólido sobre o qual se montam as bobinas de excitação. Os conjuntos de polos são fixados no anel de material ferromagnético, por meio de engastamento ou parafusamento. A Fig. 5.19 ilustra esse tipo de construção.

O conjunto total de polos e o anel de fixação constituem a **roda polar**, solidária ao eixo do gerador por meio de braços ou nervuras, permitindo a obtenção de rotores de grande diâmetro com elevado número de polos.

O rotor de polos salientes caracteriza-se pela grande abertura existente entre as sapatas polares, quando comparada com a distância ocupada por um polo magnético (chamada passo polar). Desse modo, observado pelo estator, apresenta uma permeância magnética elevada na direção do eixo dos polos (denominado **eixo direto** – E.D.), e uma permeância bem menor na linha interpolar (denominada **eixo em quadratura** – E.Q.). Essa diferença de permeâncias entre eixos magnéticos é o que define a estrutura como "saliente".

Na máquina síncrona com rotor de polos lisos, ao contrário, não se observa diferença apreciável de permeância magnética ao longo da periferia do rotor. A estrutura magnética é quase invariante com a posição. Essa característica "não saliente" ou "lisa", deve-se ao fato de na periferia do rotor existirem ranhuras distribuídas com pequena abertura em relação ao passo polar, como esquematizado na Fig. 5.20.

Em máquinas de polos lisos de grande porte, o núcleo magnético do rotor é usualmente construído a partir de uma peça única forjada em aço, usinada e com as ranhuras fresadas. O enrolamento de excitação é fracionado em bobinas relativamente pequenas, alojadas nas ranhuras e ali fixadas por cunhas de aço não magnético. Desse modo, a massa individual de cada bobina a ser retida é muito inferior à da máquina de polos salientes. As extremidades das bobinas que se projetam de cada lado do núcleo são restritas por meio de

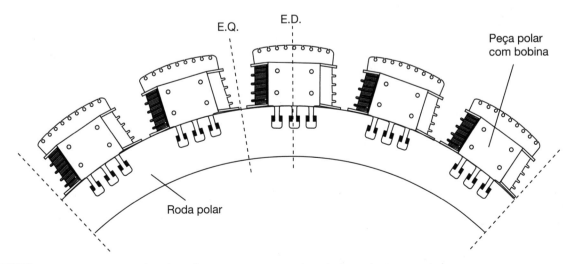

FIGURA 5.19 Construção do rotor de polos salientes, com peças polares independentes engastadas.

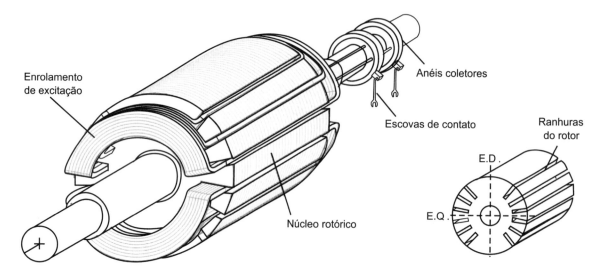

FIGURA 5.20 Construção do rotor de polos lisos. Núcleo em peça única.

capas metálicas de aço não magnético, montadas com interferência sobre o eixo.

Quando a construção é feita com uma única peça forjada, a massa metálica maciça na superfície do rotor se comporta como um enrolamento de amortecedor distribuído, não requerendo em geral as barras condutoras como no caso anterior. O sistema de adução de corrente contínua de excitação ao enrolamento de campo é similar também ao caso anterior, feito por meio de escovas e anéis coletores.

A Fig. 5.21 mostra exemplos construtivos de máquinas síncronas.

FIGURA 5.21 Construção de máquinas síncronas de médio porte. Esquerda: hidrogeradores de polos salientes. Direita: rotor de gerador de polos lisos.

Percebe-se claramente na Fig. 5.21 a presença dos diferentes polos na configuração de rotor de polos salientes, enquanto no rotor cilíndrico a identificação do número de polos é bem mais difícil. Ficam também evidenciadas nas duas construções as relações D/L típicas de cada variante de rotor.

Em razão dos aspectos construtivos aqui descritos, a execução com rotor de polos salientes adapta-se melhor a máquinas de grande diâmetro e baixa velocidade, nas quais a retenção dos polos na roda polar é naturalmente mais difícil. No rotor de polos lisos, a maior facilidade de fixação das bobinas em diâmetros reduzidos possibilita a operação em elevadas velocidades, com pequeno número de polos.

5.2.2 Funcionamento das máquinas síncronas

O princípio de funcionamento das máquinas síncronas é o mesmo, qualquer que seja o seu tipo construtivo. Tanto no rotor de polos salientes como no de polos lisos, a sua função como indutor é produzir o campo magnético no entreferro da máquina. A corrente de excitação aplicada às bobinas de campo impõe uma força magnetomotriz sobre a relutância do circuito magnético, dando origem ao fluxo por polo que se distribui ao longo da periferia do entreferro. A Fig. 5.22 ilustra como fica estabelecido o campo em uma máquina de polos salientes.

A distribuição espacial desse campo deve ser, tanto quanto possível, senoidal ou cossenoidal, condição para que as tensões geradas tenham forma de onda também senoidais como se requer no sistema elétrico. Na máquina de polos salientes, essa conformação é obtida por uma adequada geometria das sapatas polares, que definem um entreferro não uniforme, crescente a partir do E.D. e com uma função adequada (por exemplo, $l_g(\theta) = l_{g0}/\cos\theta$, em que l_{g0} é o valor no E.D. com $\theta = 0°$).

Na máquina com rotor de polos lisos, a conformação espacial do campo no entreferro é conseguida pelo fracionamento das bobinas do enrolamento de excitação, distribuídas ao longo da superfície do rotor, como ilustrado na Fig. 5.23.

A distribuição de campo magnético formada no entreferro é solidária ao rotor e é dada por:

$$B_g(\theta) = B_M \cdot \cos\theta \qquad (5.19)$$

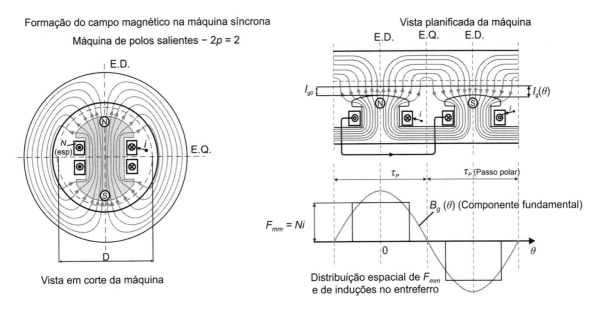

FIGURA 5.22 Distribuição de campo magnético no entreferro da máquina síncrona de polos salientes.

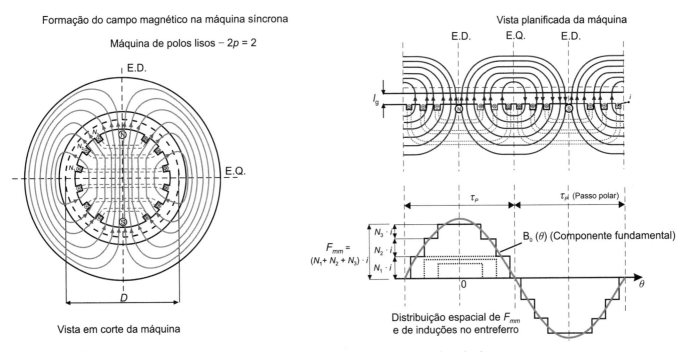

FIGURA 5.23 Distribuição de campo magnético no entreferro da máquina síncrona de polos lisos.

em que B_M, sua magnitude máxima, é ajustada pela corrente de excitação aplicada ao enrolamento de campo. A corrente de excitação é, assim, uma variável de controle do campo no entreferro e, como será visto adiante, também uma variável de controle da tensão gerada.

Independentemente do número de polos totais do gerador, o estudo de seu funcionamento fica caracterizado por completo se feito em um único par de polos, como mostrado na Fig. 5.24, facilitando a análise.

Como a distribuição de campo é periódica, um par de polos compreende um ciclo magnético completo (polo norte + polo sul), definindo assim o período da distribuição de campo sempre em 360° elétricos.[17]

---

[17] O ângulo **elétrico** está relacionado com o ângulo **geométrico** pelo número de pares de polos da máquina ($\theta_{elét} = p \cdot \theta_{geom}$). Em uma estrutura de 8 polos, por exemplo ($p = 4$), um ciclo de polos norte e sul fica compreendido em um ângulo geométrico de 90°. No entanto, do ponto de vista magnético, esse mesmo par de polos ocupa um ângulo elétrico de 360°, pois é parte completa de uma distribuição periódica. O conceito de ângulo elétrico é essencial no estudo das máquinas elétricas.

a) Geração de tensão na máquina síncrona

Estabelecido o campo magnético no entreferro da máquina, ao colocar o rotor em movimento, formam-se as condições em que se manifesta o efeito de tensão induzida por movimento, como descrito anteriormente nas interações eletromagnéticas fundamentais da Seção 5.1.3 [Fig. 5.12 e Eq. (5.17)]. No caso, os condutores são estacionários e estão reunidos na bobina alojada no estator, e o campo magnético é que se desloca em relação a eles, como indicado na Fig. 5.25.

Dado que existe movimento relativo entre um campo magnético e um condutor, induz-se nesse último uma tensão por efeito mocional. A tensão induzida nos terminais da bobina pode ser obtida a partir das Equações (5.17) e (5.19), resultando em:

$$E(\theta) = 2 \cdot N_{ef} \cdot L \cdot v \cdot B_M \cdot \cos\theta \qquad (5.20)$$

em que N_{ef} é o número de espiras da bobina, L seu comprimento ativo e v a velocidade tangencial do campo (ou da superfície do rotor) em relação ao estator. Como a distribuição espacial de fluxo é cossenoidal, a magnitude de campo a que o condutor está submetido varia conforme a posição relativa entre o rotor e a bobina.

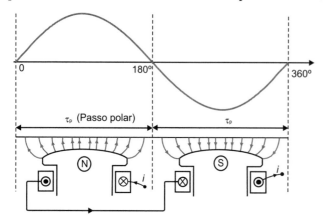

FIGURA 5.24 Caracterização do "ciclo magnético" de campo, compreendendo um duplo passo polar.

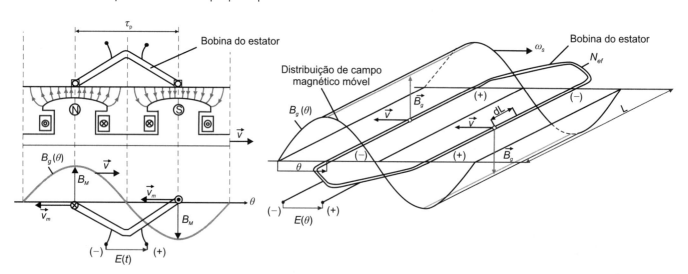

FIGURA 5.25 Geração da tensão na bobina do estator da máquina síncrona. Esquerda: momento em que os eixos dos polos em movimento passam sobre os lados da bobina estatórica. Direita: vista tridimensional do mesmo instante, indicando a interação de indução de f.e.m. mocional.

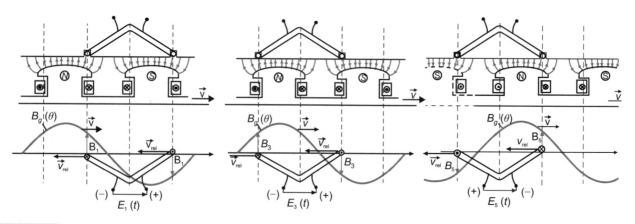

FIGURA 5.26 Evolução da tensão induzida na bobina ao longo do tempo, com o movimento do rotor. Da esquerda para a direita, ocorre a inversão da polaridade da tensão na bobina.

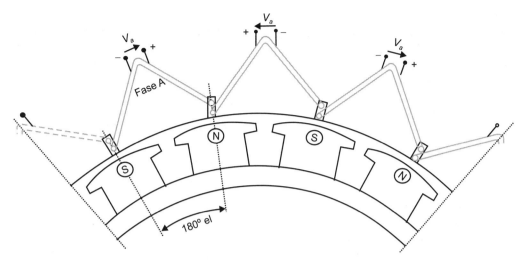

FIGURA 5.27 Enrolamento de uma fase completa em máquina com múltiplos pares de polos.

Como essa posição evolui ao longo do tempo,[18] a tensão induzida na bobina, observada nos seus terminais, evolui também no tempo. A Fig. 5.26 ilustra esse fato.

A tensão induzida na bobina pode ser reescrita, agora como:

$$E(\omega t) = 2 \cdot N_{fe} \cdot L \cdot v \cdot B_M \cdot \cos(\omega t) = E_M \cdot \cos \omega t \quad (5.21)$$

O processo de indução aqui descrito gera na máquina síncrona uma **tensão alternada** no tempo, razão pela qual essas máquinas são também denominadas alternadores.

Nota-se, ao longo da Fig. 5.26, que ocorreu a permutação de um polo sul por um polo norte na mesma posição relativamente à bobina. Os condutores dessa bobina ficam submetidos, por isso, a um mesmo valor de campo, porém com troca de sentido, o que ocasiona a inversão de polaridade da tensão induzida na bobina. Foi gerado, desse modo, meio ciclo da tensão alternada para o deslocamento de um polo do rotor. Sempre será gerado um ciclo completo de tensão quando sob a bobina tiver ocorrido translação total de um par de polos.

Desse modo, um gerador com "$2p$" polos (ou "p" pares de polos), e o rotor girando com velocidade angular, ω_s, produzirá uma tensão alternada com frequência angular $\omega = 2 \cdot \pi \cdot f = p \cdot \omega_s$. A frequência elétrica gerada será relacionada com o número de pares de polos por:

$$f[Hz] = p \cdot n_s[s^{-1}] = \frac{p \cdot N_s[\text{RPM}]}{60} \quad (5.22)$$

Na Equação (5.22), n_s e N_s designam a *rotação* síncrona da máquina, expressa, respectivamente, em RPS ou RPM.

As máquinas síncronas multipolares têm as bobinas do enrolamento induzido alojadas no estator em quantidade igual ao número de polos, para melhor aproveitamento do núcleo, como mostra a Fig. 5.27.

Todas essas bobinas têm a mesma tensão induzida, em módulo e fase, e são conectadas em série com as polaridades concordantes.[19]

Esse conjunto de bobinas forma um **enrolamento monofásico**, no qual é gerada apenas uma tensão entre os terminais do enrolamento completo.

Como os sistemas elétricos são trifásicos, há necessidade de se obter esse sistema de tensões já na geração. Para se induzir tensões na máquina síncrona com diferença de fase temporal, são necessárias bobinas adicionais alojadas no estator com deslocamento angular adequado, como ilustra a Fig. 5.28.

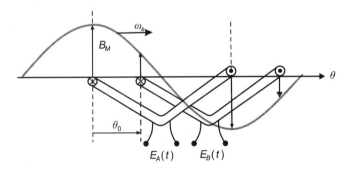

FIGURA 5.28 Defasagem de tensões em enrolamentos de máquinas síncronas.

Tomando a bobina A como referência, nela é induzida uma tensão alternada $E_A(t) = E_M \cdot \cos \omega t$. O valor máximo E_M ocorre no instante em que a distribuição de campo tem seus máximos, B_M, posicionados sobre cada lado da bobina, conforme a Fig. 5.28. Alojando uma segunda bobina B, idêntica à primeira e dela deslocada no estator de um ângulo θ_0 (graus elétricos), a tensão máxima sobre ela acontecerá mais tarde, quando a distribuição de campo se posicionar com os valores máximos sobre cada um de seus lados. Essa tensão pode ser escrita como $E_B(t) = E_M \cdot \cos(\omega t - \theta_0)$, caracterizando uma **defasagem temporal** de θ_0 em relação à primeira bobina.

O sistema trifásico de tensões é caracterizado por três tensões idênticas, defasadas no tempo de 120° entre si, conforme a Equação (5.23):

$$\begin{aligned} E_A &= E_M \cdot \cos \omega t \\ E_B &= E_M \cdot \cos(\omega t - 120°) \\ E_C &= E_M \cdot \cos(\omega t - 240°) \end{aligned} \quad (5.23)$$

---

[18] $\theta = \omega_s \cdot t$, em que ω_s é a velocidade angular do rotor, ou **rotação angular síncrona** [rad/s].

[19] Dependendo do enrolamento, as bobinas podem ser conectadas em associações série-paralelo.

Usando o princípio estabelecido na Fig. 5.28, para se gerar na máquina síncrona um sistema trifásico de tensões, alojam-se ao longo do estator três conjuntos de bobinas, idênticos entre si, porém deslocados no espaço de 120° elétricos. Na Fig. 5.29 são mostradas essas configurações para dois ou mais polos.

Os conjuntos de bobinas que formam as três fases são interconectados em ligação padrão do sistema trifásico, usualmente Y (estrela).

Exemplo 5.4

Um gerador síncrono trifásico de 88 polos tem diâmetro e comprimento do rotor, respectivamente: $Dr = 8$ m e $L = 1,2$ m. O enrolamento é simplificado, tendo uma bobina por polo e por fase, com $N_{ef} = 2$ espiras cada, e todas as bobinas de uma mesma fase são conectadas em série aditiva. O rotor produz uma distribuição de fluxo senoidal no entreferro, com valor máximo da densidade de fluxo $B_M = 0,87$ T. Sabendo que essa máquina vai operar em um sistema elétrico com frequência de 60 Hz, determinar:

a) a tensão gerada por fase quando o gerador estiver operando sem carga;
b) a tensão de linha correspondente.

Resolução:

Máquina síncrona, com 88 polos em rede de 60 Hz, deve rodar com a rotação determinada pela Equação (5.22):

$$N_s = 60 \cdot f/p = 60 \times 60 / 44 = 81,82 \text{ RPM}$$

A velocidade tangencial do rotor relativamente às bobinas do estator é dada por:

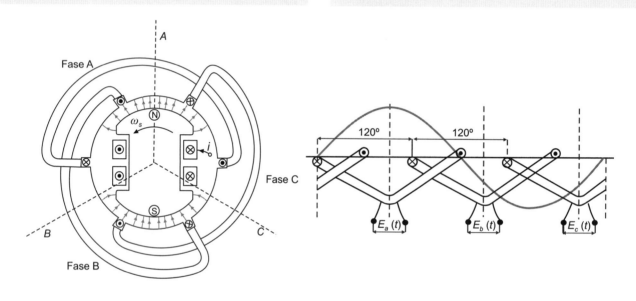

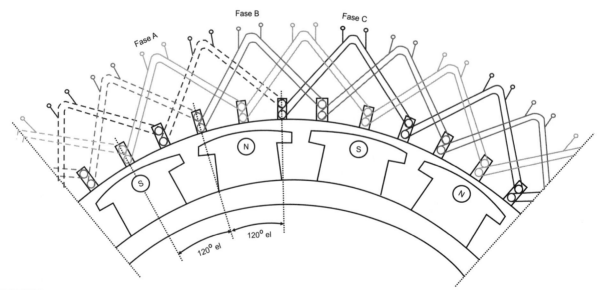

FIGURA 5.29 Formação do sistema trifásico de tensões na máquina síncrona. Acima: máquina com enrolamento de 2 polos. Abaixo: máquina síncrona com enrolamento de múltiplos pares de polos.

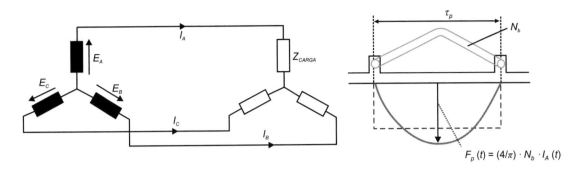

FIGURA 5.30 Máquina síncrona em carga. À direita, bobina de uma fase do estator com N_b espiras, conduzindo corrente $I_A(t)$, produzindo a F.m.m. de reação de armadura, com valor de pico $F_p(t)$.

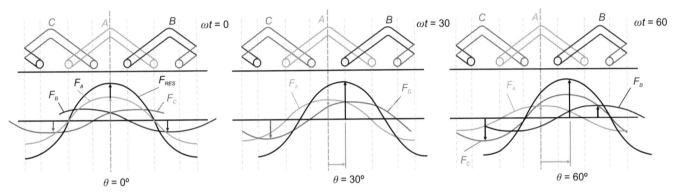

FIGURA 5.31 Onda de campo rotativo de reação de armadura, em deslocamento no entreferro.

$v = \pi \cdot D_r \cdot (RPM/60) = \pi \times 8 \times 81{,}82 / 60 = 34{,}27$ m/s

a) A tensão instantânea induzida em uma única bobina é fornecida pela Equação (5.21):

$E(\omega t) = 2 \cdot N_{ef} \cdot L \cdot v \cdot B_M \cdot \cos(\omega t) = 2 \times 2 \times 1{,}2 \times 34{,}27 \times 0{,}87$
$\times \cos(\omega t) = 143{,}1 \cdot \cos(\omega t)$ V/bobina

Em uma fase, existem 88 bobinas conectadas em série, resultando em uma tensão eficaz por fase:

$E_{fase} = 88 \cdot E / \sqrt{2} = 88 \times 143{,}1 / \sqrt{2} = 8904$ V/fase

b) A tensão terminal de linha resulta então: $E_L = \sqrt{3} \cdot E_{fase} = \sqrt{3} \times 8904 = 15.422$ V $= 15{,}42$ kV.

b) Máquina síncrona em carga

Quando as tensões trifásicas geradas pelo enrolamento induzido da máquina síncrona, dadas pela Equação (5.23), são aplicadas a impedâncias de carga, inicia-se a circulação de correntes pelas bobinas do estator:

$$I_A = I_M \cdot \cos(\omega t - \varphi)$$
$$I_B = I_M \cdot \cos(\omega t - 120° - \varphi) \quad (5.24)$$
$$I_C = I_M \cdot \cos(\omega t - 240° - \varphi)$$

em que φ é o ângulo de fase da impedância (que caracteriza seu fator de potência $\cos \varphi$) e I_M é o valor de pico dado por $I_M = E_M / Z_{Carga}$.

Cada bobina do estator passa agora a ser, individualmente, uma nova fonte de excitação do circuito magnético que age no entreferro, como mostrado na Fig. 5.30. Essa excitação, chamada força magnetomotriz de reação de armadura, é fixa no espaço com direção segundo o eixo da bobina e tem amplitude variável no tempo, dando origem a fluxos magnéticos próprios do estator. Como as correntes que circulam pelos enrolamentos do estator não são simultâneas, as magnitudes das F.m.m. individuais de cada fase são diferentes entre si a cada instante, conforme a evolução da sua corrente correspondente no tempo. Essa situação é esquematizada na Fig. 5.31.

Embora a distribuição de campo individual de cada fase seja estacionária no espaço e variável no tempo, ao se adicionar ponto a ponto a contribuição das três fases, o resultado é uma distribuição com **amplitude constante**, cujo eixo se desloca no espaço. Em carga, portanto, o estator da máquina síncrona produz uma **onda de campo magnético rotativa**, que se move com velocidade angular igual à do rotor,[20] e cuja expressão é dada por:

---

[20] Como a frequência das correntes que circulam pelo estator é determinada pela rotação do rotor, a onda de campo rotativo de reação de armadura é síncrona com a rotação do campo do indutor.

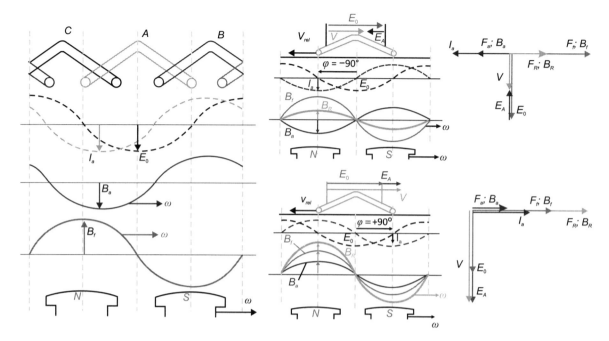

FIGURA 5.32 Composição dos campos no entreferro da máquina síncrona em carga. Esquerda: disposição dos campos para uma carga de natureza arbitrária. Centro acima: carga puramente indutiva (I_a atrasada 90° de E_0) – **efeito desmagnetizante de reação de armadura**. Centro abaixo: carga puramente capacitiva (I_a adiantada 90° de E_0) – **efeito magnetizante de reação de armadura**. Direita: diagramas de vetores de campo e de tensões induzidas correspondentes.

$$F_{\text{RES}} = \frac{3}{2} \cdot F_M \cdot \cos(\theta - \omega_s t) \quad (5.25)$$

F_M é o valor máximo da F.m.m. de uma fase isolada ($F_M = N_b \cdot I_M$), θ é a posição angular ao longo do entreferro em graus elétricos e ω_s é a rotação angular síncrona.

Esse campo magnético rotativo, criado pelas correntes de carga que circulam pelo estator, irá se confrontar com o campo magnético originalmente presente no entreferro, criado pelo indutor. O campo final daí resultante é que determinará a tensão nos terminais do enrolamento da máquina síncrona.[21] Os campos do indutor e do induzido giram na mesma velocidade e são estacionários um relativamente ao outro, de modo que a composição final será determinada por sua posição relativa, definida pelo fator de potência da carga. A Fig. 5.32 mostra esquematicamente a composição das distribuições de campo rotativas no entreferro. O campo criado pelo indutor, B_f, se compõe com o campo de reação de armadura, B_a, produzindo o campo resultante B_R.

Ao centro da Fig. 5.32 estão ilustradas as duas situações limite de confronto de campos. Quando a corrente de carga é puramente indutiva, o campo de reação de armadura é antagônico ao campo do indutor e o campo resultante tem menor magnitude, induzindo uma tensão em carga menor que a tensão em vazio. Quando a corrente de carga é puramente capacitiva, ocorre o inverso; a reação de armadura é aditiva com o campo do indutor, aumentando o campo resultante bem como a tensão em carga em relação à tensão em vazio. No primeiro caso, tem-se o denominado efeito desmagnetizante de reação de armadura, e no segundo, o efeito magnetizante de reação de armadura. A Fig. 5.33 representa a composição de vetores no entreferro e de tensões induzidas, para cargas usuais, parcialmente indutivas ou parcialmente capacitivas.[22]

A variação da tensão nos terminais do gerador com a carga, resultado da composição de campos no entreferro da máquina síncrona, pode ser estudada e quantificada sem a análise de fenômenos físicos que ocorrem no interior da máquina, por meio de um modelo de representação mais simples, que é o circuito equivalente por fase, mostrado na Fig. 5.34.

No modelo, a fonte ideal gera a tensão E_0, ajustada pela corrente de excitação imposta às bobinas de campo do rotor. Essa última, portanto, é a variável de controle da tensão da máqui-

---

[21] Por serem rotativos, os campos magnéticos existentes no entreferro induzem tensões nos enrolamentos de cada fase por efeito mocional. O campo do indutor, B_f, induz a tensão em vazio E_0. O campo de reação de armadura, B_a, se existisse isoladamente no entreferro, induziria a tensão E_a. O campo resultante da composição dos dois anteriores, B_R, induz a tensão resultante em carga, V. Na representação vetorial, as tensões são indicadas, por convenção, sempre com atraso de 90° em relação aos campos que lhes deram origem.

[22] Até mesmo com cargas de fator de potência qualquer, de maneira geral componentes de corrente indutiva sempre desmagnetizam a máquina síncrona, provocando uma queda de tensão em carga em relação à tensão em vazio, enquanto componentes de corrente capacitiva a magnetizam, incrementando a tensão em carga. A regulação de tensão é definida como: $R = (|E_0| - |V|)/|V|$.

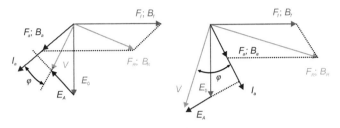

FIGURA 5.33 Composição de vetores de campo rotativo e tensões induzidas para cargas quaisquer.

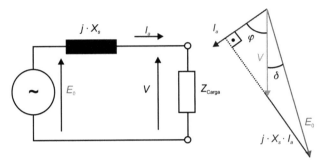

FIGURA 5.34 Modelo de circuito equivalente da máquina síncrona e diagrama fasorial associado.

na. O parâmetro X_S, denominado **reatância síncrona**, produz quedas de tensão quando da circulação de corrente, de modo a alterar a tensão terminal V resultante na carga.[23] A equação fasorial que representa o circuito é dada por:

$$\dot{E}_0 = \dot{V} + j \cdot X_S \cdot \dot{I}_a \qquad (5.26)$$

Desse modo, a reatância síncrona replica o comportamento físico das interações de campo no entreferro da máquina, pois correntes com componente indutiva produzirão quedas sobre ela em fase com a tensão na carga, fazendo com que $|\dot{V}| < |\dot{E}_0|$. Ocorre o inverso para correntes com componente capacitiva, também de acordo com as interações físicas no interior da máquina.

A partir do modelo por fase da Fig. 5.34,[24] explicitam-se as potências trifásicas aparente, ativa e reativa emitidas pelo gerador para a carga:

$$S = 3 \cdot V \cdot I_a;\ P_{at} = 3 \cdot V \cdot I_a \cdot \cos\varphi;\ Q_{reat} = 3 \cdot V \cdot I_a \cdot \sin\varphi \quad (5.27)$$

em que φ é o ângulo de fase da corrente em relação à tensão, e os valores de tensão e corrente são por fase. É possível ainda

---

[23] A reatância indutiva $j \cdot X_S$ produz uma queda de tensão entre seus terminais adiantada de 90° no tempo em relação à corrente que a circula, o avanço representado pela unidade imaginária "j". Nas máquinas utilizadas em geração, o valor da reatância fica entre 0,8 e 1,3 p.u. (valor por unidade).

[24] O modelo da Fig. 5.34 vale a rigor para a máquina de polos lisos. Para polos salientes, definem-se reatâncias próprias para cada eixo, X_d e X_q, respectivamente, para o eixo direto e em quadratura.

---

expressar a potência ativa em termos do chamado ângulo de carga, δ:[25]

$$P_{at} = 3 \cdot \frac{V \cdot E_0}{X_S} \cdot \sin\delta \qquad (5.28)$$

Essa potência ativa, desconsideradas as perdas, pode ser identificada com a potência mecânica no eixo da máquina, do que se conclui o torque eletromagnético apresentado pelo eixo da máquina síncrona:

$$C_{el} = 3 \cdot \frac{V \cdot E_0}{\omega_s \cdot X_S} \cdot \sin\delta \qquad (5.29)$$

Esse torque é o que deve ser suprido pela turbina para conservação da rotação síncrona ω_s quando a máquina fornece potência ativa à carga.

Exemplo 5.5

Um turbo gerador de potência nominal $S_n = 25$ MVA e tensão nominal $V_n = 13,8$ kV apresenta uma reatância síncrona de valor 1,3 p.u. Quando operando em vazio, a corrente contínua de excitação requerida no enrolamento de campo é $i_{f0} = 570$ Acc para que seja gerada a tensão nominal em seus terminais.

a) Determine a queda de tensão nos terminais quando o gerador alimenta uma carga de potência aparente 8 MVA em 13,8 kV, com fator de potência $\cos\Phi = 0,85$ indutivo.

b) Preveja a nova corrente de excitação requerida para a correção da tensão de volta ao valor nominal, considerando o circuito magnético da máquina linear.

A reatância síncrona deve estar expressa em ohm/fase, obtida por:

$$X_s\,[\Omega/f] = X_s\,[p.u.] \times Z_{base}$$

considerando-se a impedância de base dada por: $Z_{base} = (V_n)^2 / S_n$

$$X_s = 1,3 \times (13,8 \times 10^3)^2 / 25 \times 10^6 = 9,9\ \Omega/f$$

A impedância complexa equivalente da carga é dada por:
$Z_c = [(V_c)^2 / S_c] \cdot e^{j \cdot \arccos\Phi}$

$$Z_c = [(13,8 \times 10^3)^2 / 8 \times 10^6]\,e^{j \cdot \arccos 0,85} = 23,8\,e^{j \cdot 31,8°}\ \Omega/f$$

Resolução:

a) Utilizando o circuito equivalente apresentado na Fig. 5.34, a corrente absorvida resulta:

---

[25] O ângulo de carga tem uma interpretação física ligada a aspectos da conversão eletromecânica dentro da máquina. Corresponde ao ângulo entre o vetor de campo do indutor associado ao rotor e o vetor de campo resultante no entreferro associado ao estator. Pelo princípio do alinhamento magnético (Fig. 5.11) um torque se manifesta no eixo da máquina. No modelo de circuito equivalente da Fig. 5.34, existirá torque sempre que o fasor E_0 estiver deslocado do fasor V ($\delta \neq 0$).

130 CAPÍTULO 5

$I_a = E_0 / (j \cdot X_s + Z_c) = (13.800/\sqrt{3}) / (9{,}9\ e^{\ j \cdot 90°} + 23{,}8\ e^{\ j \cdot 31{,}8°}) = 263{,}7\ e^{\ j \cdot 48°}$ A/fase

A tensão em carga nos terminais do gerador resulta: $V = \sqrt{3} \cdot Z_c \cdot I_a$

$$V = \sqrt{3} \times 23{,}8\ e^{\ j \cdot 31{,}8°} \times 263{,}7\ e^{\ j \cdot 48°} = 10.870\ e^{\ j \cdot 16{,}2°}\ V$$

$$|V| = 10{,}87\ kV$$

b) Para a correção da tensão em carga do gerador, a tensão interna E_0 deve ser incrementada, compensando a queda produzida sobre a reatância síncrona.

A corrente nominal drenada pela carga sob tensão nominal será:

$$I_c = (V_n/\sqrt{3}) / Z_c = (13.800/\sqrt{3}) / 23{,}8\ e^{\ j \cdot 31{,}8°}$$
$$= 334{,}8 \cdot e^{\ -j \cdot 31{,}8°}\ A/fase$$

A tensão interna corrigida será dada pela Equação (5.26) já com os valores de linha:

$$E_0 = V_n + \sqrt{3} \cdot j \cdot X_s \cdot I_c = 13.800 + \sqrt{3} \times 9{,}9\ e^{\ j \cdot 90°} \times 334{,}8\ e^{\ -j \cdot 31{,}8°} = 17.518\ e^{\ j \cdot 16{,}2°}\ V$$

$$|E_0| = 17{,}52\ kV$$

Como o circuito magnético do gerador é considerado linear pode ser representado por: $if = f(E_0) = K \cdot E_0$, a nova corrente de excitação resultará:

$$i_{fc} = i_{f0} \cdot (|E_0| /|V_n|) = 570 \times (17{,}52 / 13{,}8) = 723{,}7\ Acc$$

Nota: esse incremento na corrente de excitação deve ser promovido pelo sistema regulador de tensão, logo que detectada a queda de tensão nos terminais do gerador quando da entrada em carga, conforme ilustrado pela Fig. 5.35.

5.2.3 Máquina síncrona operando de forma isolada

Quando o gerador supre cargas sem conexão com o sistema elétrico, por exemplo, alimentando uma instalação isolada, apresenta um comportamento conforme descrito anteriormente, no qual a tensão em seus terminais varia amplamente com a carga aplicada. Obviamente, as instalações têm limites de variação de tensão e frequência, obrigando a incorporação de sistemas de regulagem das variáveis citadas, como mostrado na Fig. 5.35.

O controle da tensão é feito a partir de uma fonte de corrente contínua que alimenta o enrolamento de campo da máquina síncrona. Esse elemento pode ser um retificador controlado (denominado excitatriz **estática**), ou um gerador de tensão contínua, independente ou solidário ao eixo do gerador principal (denominado excitatriz **rotativa**).[26]

---

[26] As excitatrizes rotativas usuais são alternadores auxiliares em construção "invertida", com o indutor fixo e induzido rotativo. Esse último, solidário ao eixo do gerador principal juntamente com os diodos, tem a saída retificada conectada diretamente ao campo do gerador principal, dispensando o uso de escovas e anéis coletores. São chamados, por essa razão, de excitatrizes *brushless*.

Associado à excitatriz de campo opera um sistema regulador, que, por meio da realimentação de um sinal de tensão medida nos terminais da máquina, comparada com um valor de referência, comanda o ajuste da corrente de excitação i_f no enrolamento de excitação. Desse modo, as variações da tensão com a carga são corrigidas, e o valor é mantido estabilizado dentro de faixas predeterminadas. A Fig. 5.36 ilustra o comportamento dinâmico do sistema para uma variação súbita da corrente de carga da máquina síncrona.

No momento da aplicação da corrente no estator, a tensão cai por causa do efeito desmagnetizante de reação de armadura descrito anteriormente. O controlador detecta a queda, incrementando na sequência a corrente de campo e corrigindo o nível de tensão após um período transitório que se acomoda em um tempo da ordem de 20 ciclos.

De maneira similar ao regulador de tensão, existe um sistema de controle da velocidade que age sobre a turbina, para regulação e estabilização da frequência gerada pela máquina. Quando o gerador entra em carga ativa, manifesta-se no eixo um torque eletromagnético, em função da interação entre campos no entreferro, dado pela Equação (5.29). Esse torque resistente provoca queda na rotação e, portanto, na frequência, requerendo da turbina o suprimento de um torque motriz de valor igual e contrário. Isso exige uma ação sobre o controle de potência da turbina para a recuperação da rotação, com um comportamento dinâmico semelhante ao da Fig. 5.36, apenas com a troca das variáveis de controle por aquelas próprias do sistema mecânico.

Na operação da máquina síncrona com carga isolada, tensão e frequência são, portanto, determinadas pela própria máquina, mediante atuação de seus reguladores. A potência ativa máxima que a máquina pode fornecer é limitada pela potência mecânica da turbina que a aciona. Ultrapassado esse limite, o sistema de regulação da rotação não responde mais ao aumento de demanda, e ocorre queda na frequência gerada, restrita pelo sistema de proteção do gerador, desligando-o. De modo similar, a potência reativa é determinada exclusivamente pela carga, e o valor máximo é limitado pelo sistema de excitação. Ultrapassado o limite, o regulador de tensão não consegue mais atender ao aumento de corrente de campo e ocorre queda da tensão gerada, delimitada também pelo sistema de proteção.

Nas instalações isoladas de maior porte é usual a utilização de geradores operando em paralelo, buscando-se aumentar a confiabilidade e disponibilidade do sistema. Para possibilitar um controle da divisão de carga entre geradores, é necessário que seus controladores possuam características de regulação positiva (ou estatismo) da variável controlada com a carga, como as mostradas na Fig. 5.37.

Essas funções são incorporadas aos controladores de tensão e velocidade, propiciando uma queda forçada da grandeza de interesse em função do carregamento. Para o regulador de tensão, provoca-se uma queda automática da tensão gerada com o aumento da potência reativa emitida pela máquina, enquanto para o regulador de frequência, promove-se uma queda na rotação da turbina com o aumento da potência mecânica. O ajuste típico dessa regulação é da

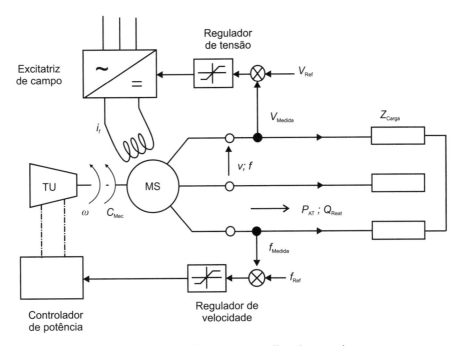

FIGURA 5.35 Máquina síncrona operando com cargas isoladas, e suas malhas de controle.

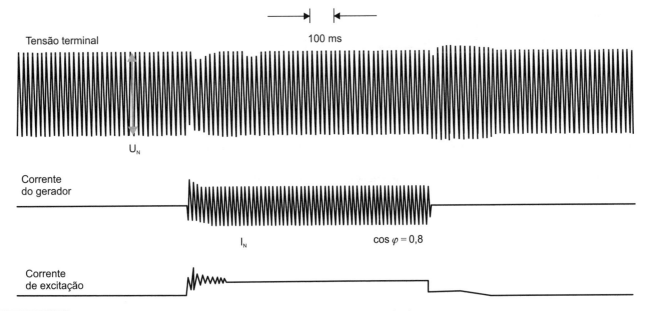

FIGURA 5.36 Ação do regulador de tensão sobre o gerador, para entrada e saída de carga.

ordem de 2 % da grandeza controlada para 100 % da potência considerada, podendo ser ajustados os valores de referência da variável de controle conforme a necessidade. Esse comportamento permite que o ponto de operação de cada máquina, quando funcionando em paralelo, esteja bem definido e possa ser variado de forma estável. A Fig. 5.38 ilustra a ação do ajuste das variáveis de controle sobre a divisão de carga entre dois geradores operando em paralelo. Para geradores idênticos, a igualdade de ajuste das referências de tensão ou frequência garante a igual repartição de carga reativa ou ativa entre máquinas.

Aumentando-se a referência da variável de controle de uma das máquinas (G2) na mesma medida em que se reduz a referência da outra (G1), altera-se a divisão de carga, transferindo potência de G1 para G2, mantendo conservada a tensão e/ou a frequência do conjunto.

5.2.4 Máquina síncrona operando conectada ao sistema elétrico

Quando a máquina síncrona opera no sistema elétrico, é considerada interligada a um **barramento infinito**.[27]

---
[27] Barramento infinito é, por definição, um sistema elétrico que aceita ou fornece qualquer valor de potência ativa e/ou reativa trocada com a máquina, conservando constantes a tensão e a frequência no ponto de conexão.

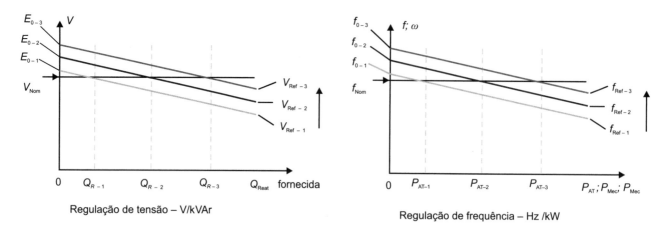

FIGURA 5.37 Características de regulação em carga para os controladores de tensão e frequência.

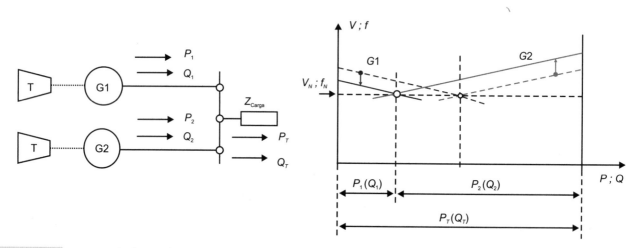

FIGURA 5.38 Variação da divisão de carga entre geradores, por meio do ajuste das referências das variáveis de controle.

Diferentemente do caso anterior, a tensão e a frequência nos terminais da máquina serão constantes, independentemente da ação que ela exerça sobre o sistema no ponto de conexão. O diagrama com os reguladores e o circuito equivalente utilizado para análise do comportamento da máquina síncrona é o mesmo já descrito, apenas os terminais da máquina agora conectam-se a uma fonte de tensão e frequência absolutamente constantes, como mostrado na Fig. 5.39.

A Equação (5.26) ($\dot{E}_0 = \dot{V} + j \cdot X_S \cdot \dot{I}_a$) representativa da máquina e o diagrama fasorial anteriores também são os mesmos, com a tensão terminal V tomada como referência. Os reguladores de tensão e frequência agora não atuam diretamente sobre essas grandezas, dado que são impostas pelo barramento. Em vez disso, sua ação determinará os controles de potência reativa e ativa, respectivamente.

A conexão da máquina síncrona a uma rede elétrica energizada requer um procedimento de **sincronização** ou **paralelismo** com o barramento. Previamente à conexão física, a máquina deve ter seus valores de tensão e frequência ajustados identicamente aos da rede, de forma que os diagramas de fasores que representam os sistemas trifásicos de ambas fiquem síncronos, como ilustrado na Fig. 5.40.

Um ajuste incremental da rotação da máquina ($\omega_m \approx \omega_r$) minimiza a diferença de fase entre as tensões ($\Delta\gamma_{r-m} \approx 0$) superpondo os diagramas, quando a conexão física da máquina pode ser então realizada.[28] Com esses ajustes, a máquina síncrona entra na rede em uma condição chamada flutuação no barramento. Em razão da identidade de tensões em módulo e fase, conclui-se pelo circuito equivalente da Fig. 5.39 que não há circulação de corrente nem troca de potências entre a máquina e a rede.

A partir da condição de flutuação da máquina (quando a corrente de excitação tem o valor i_{f0} e o torque no eixo é nulo), ela pode interagir com o barramento por meio de ação nas variáveis de controle.

a) Influência da corrente de excitação – troca de potência reativa

Aumentando a corrente de excitação da máquina ($i_f > i_{f0}$ – condição **superexcitada**), a tensão interna E_0 é incrementada em relação à tensão do barramento V, e a corrente resultante injetada na rede torna-se atrasada de 90° em relação à tensão, portanto puramente indutiva. A máquina síncrona então **emite**

---
[28] A detecção da coincidência entre os sistemas de tensões da máquina e do barramento ($\Delta\gamma_{r-m} \approx 0$) é feita usualmente por instrumentos denominados sincronoscópios.

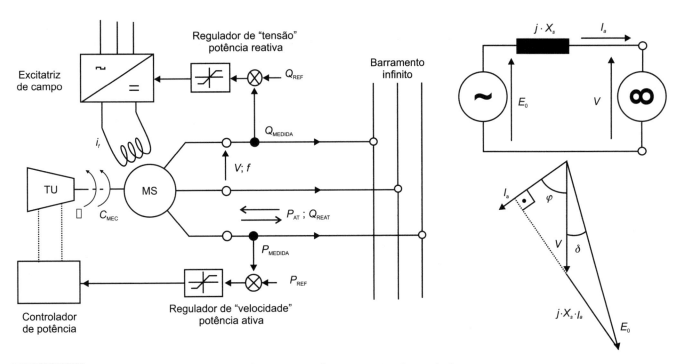

FIGURA 5.39 Máquina síncrona interligada ao barramento infinito e seu circuito equivalente.

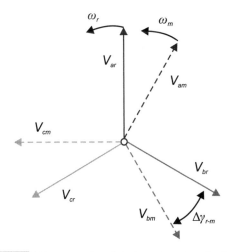

FIGURA 5.40 Diagramas fasoriais da rede e da máquina, previamente à sincronização.

potência reativa para o barramento, comportando-se como um **capacitor** ou **condensador síncrono**.[29]

Ao diminuir a corrente de excitação ($i_f < i_{f0}$ – condição **subexcitada**) a tensão E_0 torna-se menor que a tensão da rede V e, consequentemente, a corrente injetada na mesma resulta adiantada de 90° em relação à tensão. Nessa condição, a máquina **absorve potência reativa** do barramento, comportando-se como um **indutor** ou **reator síncrono**.[30]

Nos dois modos anteriormente citados, a máquina opera no modo geral denominado **compensador síncrono**, trocando com o barramento exclusivamente potência reativa. Como os fasores de tensão interna E_0 e de linha V se diferenciam apenas em módulo, conservando-se em fase, o ângulo de carga é nulo, bem como o fator de potência, não havendo envolvimento de potência ativa nessa troca. Não existe assim a necessidade de potência mecânica ou torque no eixo da máquina.

b) Influência do torque no eixo – troca de potência ativa

Aplicando ao eixo da máquina síncrona, através de uma turbina, por exemplo, um torque motriz externo que impulsione seu rotor, as interações eletromagnéticas internas promoverão o surgimento de um torque eletromagnético em oposição ao torque externo que o equilibra. Essa condição é caracterizada pelo ângulo de carga $\delta > 0$ que, no diagrama fasorial da máquina síncrona, é representado pelo fasor de tensão interna E_0 avançado em relação ao fasor de tensão da rede V. Pelo diagrama fasorial da Fig. 5.39, existirá agora potência elétrica ativa positiva fornecida para o barramento, que é convertida a partir da potência mecânica injetada no eixo pela turbina. A máquina opera assim no modo **gerador síncrono**.

Se o eixo da máquina for freado por um torque externo resistente, aplicado por uma carga mecânica, por exemplo, o

---

[29] No circuito equivalente da máquina (Fig. 5.39) está arbitrada a convenção "fonte". Desse modo, ao *injetar na rede corrente em atraso*, a máquina é percebida pelo barramento como um receptor que *absorve corrente em avanço* ($I_{a\text{-inj}} \angle{-90°} \equiv I_{a\text{-abs}} \angle{+90°}$). A rede identifica, portanto, um capacitor no ponto de conexão que é um elemento fornecedor de potência reativa indutiva.

[30] O fornecimento para a rede de corrente em avanço é percebido pelo barramento como um receptor que absorve corrente em atraso ($I_{a\text{-inj}} \angle{+90°} \equiv I_{a\text{-abs}} \angle{-90°}$). A rede identifica então um indutor no ponto de conexão, elemento absorvedor de potência reativa indutiva.

rotor será retardado até que se manifeste um torque eletromagnético motor que sustente o torque externo. No modelo da máquina essa situação será caracterizada pelo atraso do fasor E_0 em relação ao fasor V, resultando em um ângulo de carga $\delta < 0$. Novamente existirá potência elétrica ativa, porém negativa pela convenção do circuito equivalente, o que significa que é absorvida da rede e convertida pela máquina em potência mecânica disponível no eixo para o acionamento da carga externa. A máquina opera agora no modo **motor síncrono**.

A ação do torque no eixo sobre o comportamento da máquina síncrona promove principalmente a troca de potência ativa com o barramento. Tal ação pode acarretar de forma concomitante uma troca de reativos, dependendo do valor da corrente de excitação. Essas situações são quantificadas pelas Equações (5.26) a (5.28), representativas da operação da máquina síncrona.

O diagrama fasorial ilustrado na Fig. 5.41 apresenta a condição da máquina fornecendo potência ativa no modo gerador, ao mesmo tempo em que, superexcitada, fornece também potência reativa.[31]

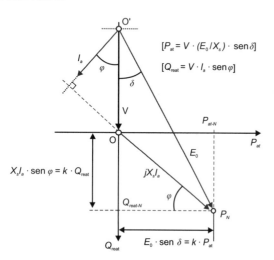

FIGURA 5.41 Caracterização das potências ativa e reativa no diagrama fasorial. O eixo horizontal indica potência ativa e o eixo vertical indica potência reativa.

O comportamento geral da máquina síncrona interligada ao barramento infinito é caracterizado por quatro quadrantes de operação, cada um representando um modo quanto à potência ativa e um modo quanto à potência reativa. Quando a máquina fornece simultaneamente potências ativa e reativa para a rede, opera de forma concomitante nos modos gerador e capacitor. Pode operar como gerador absorvendo reativos, além de motor fornecendo ou absorvendo reativos. As trocas de potência ativa e reativa são controladas independentemente pela corrente de excitação e pelo torque aplicado ao eixo. A Fig. 5.42 ilustra os quadrantes operacionais, e o quadrante II é o usual para as máquinas síncronas que funcionam no sistema elétrico de potência.

Independentemente do quadrante de funcionamento, as máquinas síncronas apresentam limites operacionais ligados aos aspectos térmicos de seus enrolamentos, à disponibilidade de potência mecânica no seu eixo e a questões de estabilidade no barramento.

O enrolamento do estator tem suas bobinas dimensionadas para um valor de corrente nominal[32] que determina a potência aparente nominal da máquina. No diagrama fasorial, os lugares geométricos do fasor $j \cdot X_s \cdot I_a$, **imagem da corrente de armadura**, para qualquer condição de operação, são círculos concêntricos com centro no ponto O, origem dos eixos de potência. Existe então um círculo limite, quando a corrente é igual à nominal, que determina a fronteira de utilização da máquina nos aspectos térmicos do estator, como mostrado na Fig. 5.43.

Da mesma forma, o enrolamento de campo do rotor é dimensionado para determinado valor de corrente de excitação. No diagrama fasorial, a grandeza associada diretamente à corrente de excitação é a tensão interna E_0, cujo lugar geométrico também é um círculo, com centro no ponto O'. O limite de corrente de excitação determina então um círculo limite de E_0 que define a fronteira de utilização térmica do rotor, também indicado na Fig. 5.43.

A potência ativa que a máquina síncrona fornece ao barramento é dada pela Equação (5.28) $\left(P_{at} = 3 \cdot \dfrac{V \cdot E_0}{X_S} \cdot \text{sen}\, \delta\right)$ e, para certo valor de excitação E_0, atinge o máximo quando o ângulo de carga $\delta = 90°$. Isso corresponde ao máximo torque eletromagnético que a máquina pode oferecer em seu eixo para equilibrar o torque externo aplicado, seja por uma turbina ou por uma carga mecânica. Se o ângulo de carga exceder 90°, o torque oferecido pela máquina síncrona diminui, não conseguindo mais equilibrar o torque externo, levando à perda de sincronismo com o barramento.[33] Desse modo, o ângulo $\delta = 90°$ define o chamado **limite de estabilidade** teórico da máquina, no qual qualquer pequena perturbação na potência ativa promove oscilações do ângulo de carga, podendo levar à perda de sincronismo. Para operação segura da máquina, é necessário conservar-se uma margem de estabilidade ou reserva de potência ativa da mesma, de modo a garantir o sincronismo, ainda que ocorram perturbações transitórias.

---

[31] A solução da Equação (5.26) é dada pelo ponto P_N do diagrama da Fig. 5.41, a partir do qual é possível representar as potências ativa e reativa em dois eixos, passando pelo ponto de origem O. A projeção do ponto P_N sobre o eixo horizontal é proporcional à potência ativa, enquanto a projeção no eixo vertical indica um valor proporcional à potência reativa. Valores positivos representam os modos gerador e capacitor, e valores negativos os modos motor e indutor.

[32] Corrente nominal é aquela que produz uma perda joule nas bobinas que, submetidas ao sistema de resfriamento normal da máquina, em regime contínuo, eleva a temperatura do enrolamento até o valor limite da classe térmica dos materiais isolantes aplicados em sua fabricação. A corrente nominal não deve ser excedida em regime, sob risco de redução da vida útil do enrolamento.

[33] A perda de sincronismo significa a evolução contínua do ângulo de carga com o tempo, indicando que a rotação angular da máquina se torna diferente da síncrona, definida pela frequência do barramento. Se estiver operando no modo gerador, o torque da turbina acelera a máquina levando-a ao disparo. Se estiver operando no modo motor, o torque da carga externa desacelera a máquina, fazendo-a estacionar.

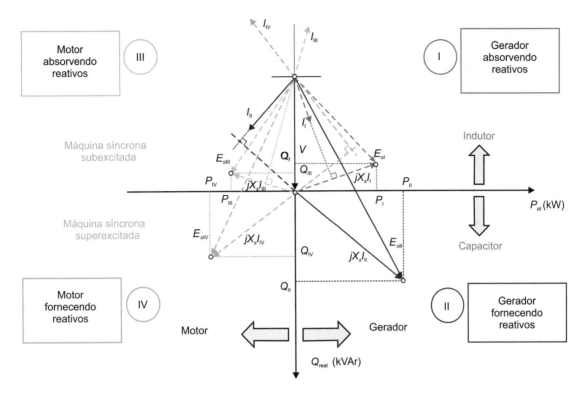

FIGURA 5.42 Quadrantes de operação da máquina síncrona conectada ao barramento infinito.

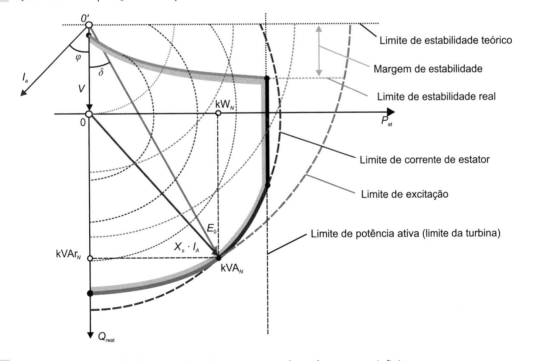

FIGURA 5.43 Diagrama de capabilidade do gerador síncrono operando no barramento infinito.

Essa margem em potência define uma linha limite para o ângulo de carga, chamado **limite de estabilidade real**, indicado na Fig. 5.43.

Adicionalmente aos limites da própria máquina síncrona, a sua operação no barramento pressupõe uma disponibilidade de potência mecânica no eixo para o suprimento da potência ativa emitida. A máxima potência fornecida pela turbina determina um limite para a potência ativa da máquina elétrica, delimitada no diagrama da Fig. 5.43 por uma linha vertical passando por esse ponto limite.

Todos os limites citados anteriormente definem uma fronteira de operação da máquina, na qual seu funcionamento está garantido em aspectos térmicos e eletromagnéticos. Essa fronteira define o chamado diagrama de **capabilidade da máquina síncrona**, mostrado na Fig. 5.43 para operação no modo gerador em uma máquina de polos lisos. Para o modo motor, a curva deve ser espelhada para a esquerda do eixo vertical. A Fig. 5.44 ilustra dois diagramas de capabilidade de máquinas reais de média potência. A máquina síncrona de polos salientes apresenta algumas diferenças no seu diagrama, pelo fato de a variação das permeâncias magnéticas nos eixos direto e em quadratura produzirem uma componente de torque adicional de relutância, o que aumenta a estabilidade no modo subexcitado.

A máquina síncrona deve operar sempre dentro das fronteiras do diagrama de capabilidade, quando em regime permanente.

Exemplo 5.6

O mesmo turbogerador do Exemplo 5.5 (S_n = 25 MVA; V_n = 13,8 kV; X_s = 1,3 p.u.), que possui dois polos, é agora conectado a uma rede elétrica energizada (barramento infinito) de tensão nominal 13,8 kV e frequência 60 Hz. A corrente de excitação no enrolamento de campo, que garante a condição de flutuação da máquina no barramento, é i_{f0} = 570 Acc.

a) Preveja a nova corrente de excitação requerida para a operação da máquina fornecendo à rede potência ativa de 22 MW e emitindo potência reativa de 11,5 MVAr. Considerar o circuito magnético da máquina linear.

b) Determine a potência e o torque requeridos no eixo a serem fornecidos pela turbina, considerando rendimento global do gerador como 98,7 %.

A potência aparente fornecida pelo gerador e seu fator de potência são dados por:

$$S^2 = (P_{at})^2 + (Q_{reat})^2 \; ; \; \cos\Phi = P_{at}/S$$

$$S = \sqrt{(22^2 + 11{,}5^2)} = 24{,}82 \text{ MVA}; \; \cos\Phi = 22/24{,}82 = 0{,}886$$
(indutivo)

A corrente complexa de armadura do gerador é dada por:

$$I_a = [S/(V_n \cdot \sqrt{3})] \cdot e^{-j \cdot \arccos 0{,}886} = 24{,}82 \cdot 10^6 / (13.800 \times \sqrt{3}) = 1038{,}4 \; e^{-j \cdot 27{,}63°} \text{ A/f}$$

Resolução:

a) A tensão interna do gerador será dada pela Equação (5.26), já com os valores de linha:

$$E_0 = V_n + \sqrt{3} \cdot j \cdot X_s \cdot I_a = 13.800 + \sqrt{3} \times 9{,}9 \; e^{j \cdot 90°} \times 1038{,}4 \; e^{-j \cdot 27{,}63} = 27.118 \; e^{j \cdot 35{,}6°}$$

$$|E_0| = 27{,}12 \text{ kV}$$

Como o circuito magnético do gerador é considerado linear: $i_f = f(E_0) = K \cdot E_0$, a nova corrente de excitação para atual condição de carga resultará:

$$i_{f\,carga} = i_{f0} \cdot |E_0|/|V_n| = 570 \times 27{,}12 / 13{,}8 = 1120{,}2 \text{ Acc}$$

b) A potência mecânica da turbina deve suprir a potência ativa fornecida pelo gerador somada com as perdas totais, resultando:

$$P_{mec} = P_{at} / \eta$$

em que η é o rendimento global do gerador

$$P_{mec} = 22 / 0{,}987 = 22{,}3 \text{ MW} = 29.880 \text{ CV}$$

O torque requerido da turbina, então, é:

$$C_{turb} = P_{mec} / \omega_s = 22{,}3 \cdot 10^6 / (2 \times \pi \times 3600/60) = 59{,}15 \text{ kN} \cdot \text{m}$$

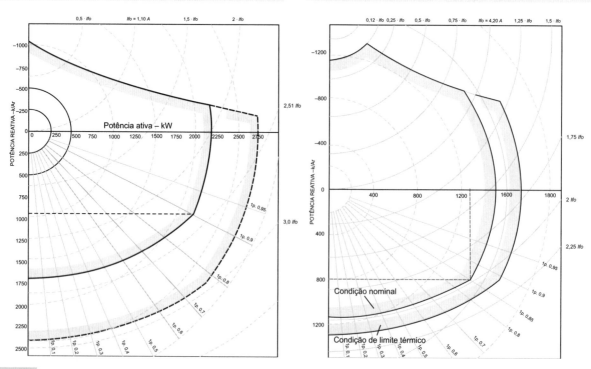

FIGURA 5.44 Diagramas de capabilidade típicos de geradores de média potência. Esquerda: máquina de polos lisos. Direita: máquina de polos salientes.

5.3 Construção e funcionamento de máquinas assíncronas

As máquinas assíncronas ou **máquinas de indução** constituem o maior parque de máquinas elétricas instaladas em nível mundial. Operando principalmente no modo motor, representam mais de 90 % de todos os motores elétricos aplicados em acionamentos industriais, em qualquer segmento. Se consideradas as aplicações comerciais e residenciais, nas quais se incluem os motores de indução monofásicos de potência fracionária, essa participação aumenta ainda mais. As máquinas de indução podem operar também no modo gerador, embora a utilização nesse modo seja incipiente, restrita a pequenos aproveitamentos hidráulicos ou eólicos.[34]

Existem várias razões para o uso disseminado da máquina de indução, e o principal é seu custo reduzido quando comparado com os demais tipos de motores. A máquina assíncrona é, entre todas, a de construção mais simples, em especial a variante com rotor em curto-circuito (que será caracterizada mais à frente). A maior simplicidade construtiva aumenta a robustez e a confiabilidade da máquina, reduzindo custos operacionais com manutenções e paradas. Nas potências até a ordem de 300 kW, os motores de indução têm construção padronizada e são produzidos em grandes séries por diversos fabricantes ao redor do mundo. Essa escala contribui fortemente para a disponibilidade e o baixo custo de aquisição desse tipo de motor.

No entanto, o motor de indução, em particular com rotor em curto-circuito, apresenta algumas dificuldades inerentes quando alimentado de forma direta a partir de linhas trifásicas. Nessa forma de utilização, apresenta velocidade de rotação essencialmente constante, além de ter sérias dificuldades de partida, como baixo torque e elevada corrente de arranque, causando forte impacto na rede elétrica durante a aceleração. Apesar disso, como sua característica se adapta muito bem à maioria das cargas mecânicas, que em geral não exigem variação de velocidade e ainda têm pequena incidência de partidas, o motor de indução tem aplicação garantida. Atualmente, com o advento dos conversores de frequência estáticos, baseados em eletrônica de potência e de controle, torna-se possível operar os motores de indução em velocidade variável, sem o impacto das partidas na rede, ampliando ainda mais a sua aplicabilidade.

5.3.1 Aspectos construtivos das máquinas assíncronas

A máquina assíncrona trifásica tem, como toda máquina elétrica, dois componentes básicos que compõem sua parte ativa, o estator e o rotor. O primeiro, constituído de um núcleo de material ferromagnético de simetria cilíndrica, é muito similar ao estator da máquina síncrona, já descrito e mostrado na Fig. 5.17. Seu enrolamento será alimentado pela rede trifásica, cuja função será criar um campo magnético rotativo que promova a interação com o rotor. O enrolamento do estator da máquina assíncrona é o único que recebe alimentação da rede.[35]

O rotor da máquina assíncrona possui duas variantes construtivas, adotadas de acordo com as características desejadas do motor para cada aplicação – o rotor de anéis e o rotor em gaiola, mostrados na Fig. 5.45.

O **rotor bobinado**, ou **de anéis**, tem um núcleo cilíndrico de material ferromagnético com ranhuras na periferia, em que são alojadas bobinas formando um enrolamento trifásico convencional, similar ao do estator. Os terminais do enrolamento rotórico são conectados a um conjunto de três anéis rotativos, solidários ao eixo, que fazem contato com escovas estacionárias fixadas à estrutura do motor. O acesso ao enrolamento através dos contatos deslizantes permite a conexão de elementos externos de circuito, tipicamente resistores, que promovem a variação de parâmetros do motor. Desse modo, torna-se possível a alteração de suas características, conferindo maior versatilidade ao acionamento.

O **rotor em curto-circuito**, ou **rotor em gaiola**, difere do anterior pelo tipo particular de enrolamento ali configurado,

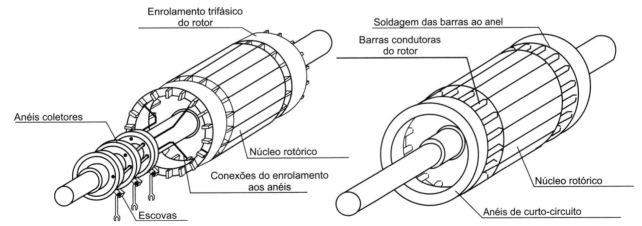

FIGURA 5.45 Variantes de rotor da máquina assíncrona. Esquerda: rotor bobinado ou de anéis. Direita: rotor em curto-circuito ou em gaiola.

---

[34] Geradores de indução são comuns nos aproveitamentos de vazão sanitária em usinas hidrelétricas, com potências em geral menores que 1 MW. Na geração eólica com máquinas assíncronas, as potências usuais situam-se entre 0,5 e 3 MW.

[35] As tensões de alimentação nominais usadas em motores de indução vão de 220 a 440 V em baixa-tensão para máquinas de pequena potência, e de 2,3 a 6,6 kV em média tensão para motores de potências médias e grandes, podendo chegar a 13,8 kV em potências mais elevadas.

FIGURA 5.46 Exemplos de motores de indução. Esquerda acima: motores de anéis de grande porte (2200 CV, 1790 RPM). Esquerda abaixo: rotor bobinado com os anéis coletores. Direita acima: motor de gaiola de pequeno porte (65 CV, 880 RPM). Direita abaixo: rotor em gaiola de motor de médio porte (800 CV, 714 RPM).

constituído de barras condutoras de cobre ou alumínio alojadas nas ranhuras e conectadas, em cada extremidade do rotor, a anéis condutores dos mesmos materiais. As barras são inseridas diretamente nas ranhuras do núcleo, sem nenhum tipo de isolação, o que confere ao conjunto elevada robustez e simplicidade.[36] Nesse tipo de execução, não há qualquer acesso ao rotor, resultando em uma máquina com parâmetros definidos na construção e características fixas, sem possibilidade de ajuste. A Fig. 5.46 ilustra alguns motores de indução típicos.

5.3.2 Funcionamento das máquinas assíncronas

O rotor das máquinas assíncronas não é conectado a nenhuma fonte de alimentação, de modo que as tensões e correntes nele presentes devem ser produzidas por **indução** a partir do estator. Uma forma de promover o processo de indução nos condutores rotóricos se dá por meio de um campo magnético estabelecido no entreferro que se movimente relativamente ao rotor, usando a interação eletromagnética de f.e.m. mocional dada pela Equação (5.17). Esse campo magnético em movimento será formado pelo estator a partir de correntes de magnetização trifásicas absorvidas da linha de alimentação.

a) Formação do campo magnético girante ou rotativo no entreferro

A estrutura mais simples de uma máquina assíncrona é aquela que forma no entreferro uma distribuição de campo com **dois polos** magnéticos. Nesse caso, o enrolamento é composto no mínimo por três bobinas equidistantes alojadas na periferia do estator, como mostrado na Fig. 5.47.

Cada uma das bobinas ocupa o plano diametral do estator e é alimentada por corrente alternada. Na fase A, a corrente $I_A(t) = I_M \cdot \cos \omega t$ que percorre as N_f espiras da bobina produz a força magnetomotriz de excitação do circuito magnético $F_A(t) = N_f \cdot I_A(t)$. Essa estabelece o fluxo por polo distribuído ao longo da estrutura, como mostrado à direita na Fig. 5.47. Forma-se assim um campo magnético de dois polos, cuja posição é fixa no espaço na direção do eixo da bobina da fase A, com magnitude e polaridade variáveis no tempo conforme a evolução da corrente.

Os campos produzidos por cada fase podem ser representados por um vetor equivalente, dado genericamente por:

$$\vec{F}_i(\theta, t) = N_f \cdot I_i(t) \cdot e^{j \cdot \theta} \qquad (5.30)$$

em que $e^{j \cdot \theta}$ é o vetor unitário de posição, e θ é sua direção no espaço.[37]

Para a fase A, se sua orientação coincidir com o eixo de referência de ângulos, $\theta = 0°$, o vetor de campo resulta:

$$\vec{F}_A(\theta, t) = N_f \cdot I_A(t) \cdot e^{j \cdot \theta} = N_f \cdot I_M \cdot \cos \omega t \cdot e^{j \cdot 0°} \qquad (5.31)$$

---

[36] Os materiais isolantes são a parte mais frágil da máquina elétrica, apresentando baixa resistência mecânica e deterioração acelerada com temperaturas elevadas. A não necessidade de isolamento no rotor em gaiola lhe confere elevada robustez, capacidade de sobrecargas térmicas e baixo custo de fabricação. Em rotores de produção seriada, a gaiola é obtida por fundição de alumínio.

[37] O significado da Equação (5.30) é um vetor com magnitude variável no tempo $N_f \cdot I_i(t)$, com orientação fixa no espaço segundo a direção θ.

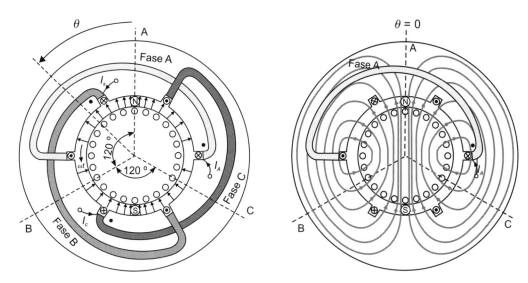

FIGURA 5.47 Esquerda: execução elementar do enrolamento trifásico de 2 polos. Direita: distribuição de campo produzida exclusivamente pela fase A.

Nas fases B e C, orientadas segundo seus respectivos eixos deslocados no espaço e excitadas por correntes defasadas no tempo conforme o sistema trifásico, os vetores de campo são dados por:

$$\vec{F}_B(\theta,t) = N_f \cdot I_B(t) \cdot e^{j \cdot (\theta + 120°)} = N_f \cdot I_M \cdot \cos(\omega t - 120°) \cdot e^{j \cdot 120°}$$
$$\vec{F}_C(\theta,t) = N_f \cdot I_C(t) \cdot e^{j \cdot (\theta + 240°)} = N_f \cdot I_M \cdot \cos(\omega t - 240°) \cdot e^{j \cdot 240°} \quad (5.32)$$

Os vetores de campo de cada fase atuam concomitantemente no entreferro, de modo que o campo resultante em função da ação conjunta das três fases é a soma vetorial dos componentes individuais:

$$\vec{F}_{Res}(\theta,t) = \vec{F}_A(\theta,t) + \vec{F}_B(\theta,t) + \vec{F}_C(\theta,t) = \frac{3}{2} F_M \cdot e^{j \cdot (\theta + \omega t)} \quad (5.33)$$

considerando-se $F_M = N_f \cdot I_M$ a magnitude máxima do campo individual de cada fase. O campo resultante é representado então por um vetor com **magnitude constante** $1,5 \cdot F_M$ e **rotativo no espaço** com velocidade angular ω em rad/s, chamada rotação síncrona do campo girante.[38] A Equação (5.33) é a expressão da onda ou vetor de campo rotativo no entreferro.

A formação do campo girante no entreferro pode também ser vista de forma qualitativa a partir da composição gráfica dos vetores de cada fase, considerando suas direções e magnitudes, mostrada na Fig. 5.48.

Os vetores de campo individuais são representados em instantes sucessivos no tempo, com suas magnitudes determinadas pela intensidade da corrente que os produz. No instante inicial, $\omega t = 0$, a corrente na fase A é máxima e positiva enquanto nas fases B e C seu valor é negativo com metade da magnitude máxima. O campo F_A é máximo ($F_A = F_M$), orientado na direção positiva do eixo dessa fase, enquanto os componentes de campo F_B e F_C têm amplitude $0,5 \cdot F_M$ e estão orientados no sentido negativo dos seus respectivos eixos, deslocados simetricamente em 60° do eixo da fase A. Suas projeções na direção desse eixo resultam em $0,5 \cdot F_M \cdot \cos 60° = 0,25 \cdot F_M$. O vetor resultante totaliza assim $(F_M + 0,25 \cdot F_M + 0,25 \cdot F_M) = 1,5 \cdot F_M$, e sua direção coincide com a do eixo da fase A no instante considerado.

Em instante posterior, $\omega t = 30°$, correspondente a 1,39 ms, mais tarde no sistema de 60 Hz, as correntes na fase A e na fase C assumem o mesmo valor em módulo, $\sqrt{3}/2$ de seu máximo, com seus sentidos originais. Nesse instante, a corrente na fase B passa por zero e não contribui para o campo. Os vetores de campo das fases A e C assumem o mesmo valor $0,866 \cdot F_M$, o primeiro no sentido positivo do seu eixo e o segundo no sentido negativo. As componentes desses dois vetores de campo agem na direção de sua bissetriz, de modo que suas contribuições individuais resultam em $0,866 \cdot F_M \cdot \cos 30° = 0,75 \cdot F_M$. O vetor de campo resultante totaliza $(0,75 \cdot F_M + 0,75 \cdot F_M) = 1,5 \cdot F_M$, o mesmo valor anterior. No entanto, sua direção mudou no espaço, orientando-se agora com um deslocamento de 30° em relação ao eixo da fase A, como mostrado no diagrama central da Fig. 5.48. Continuando essa análise ao longo do tempo, observar-se-á a conservação da magnitude do vetor resultante e seu progressivo deslocamento no espaço com o passar do tempo, identificando-o então como um **vetor rotativo**.

Na configuração de dois polos da Fig. 5.48, é verificado que, ao se completar um ciclo das correntes trifásicas ($\omega t = 360°$), o vetor de campo resultante terá efetuado uma volta completa ao longo da circunferência. Sua velocidade de rotação síncrona será então $\omega_s = \omega$.

Para formar no entreferro distribuições de campo com maior número de polos, a configuração da Fig. 5.47 pode ser replicada tantas vezes quantas forem necessárias. A Fig. 5.49 ilustra a obtenção de quatro polos.

Na replicação de 2 para 4 polos, a quantidade de bobinas de cada fase é duplicada, enquanto sua abertura ou passo é reduzido à metade. Cada bobina ocupa então um quadrante do estator, e resultam no mínimo duas bobinas para cada fase, posicionadas de modo diametralmente oposto, como ilustrado

---

[38] O argumento do vetor resultante é função do tempo, $\alpha = \theta + \omega t$. Sua orientação no espaço é, portanto, variável, com velocidade de rotação $\omega_s = d\alpha/dt = d(\theta + \omega t)/dt = \omega$.

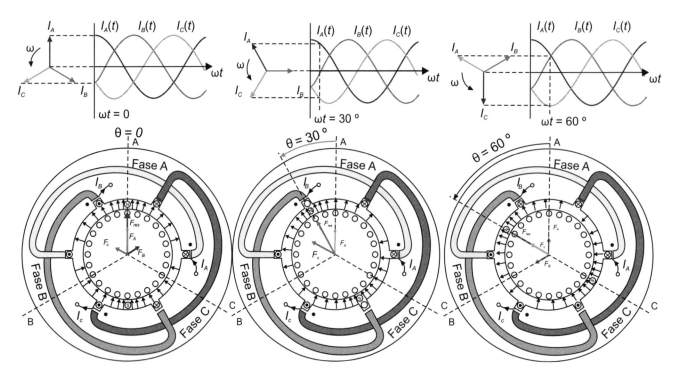

FIGURA 5.48 Formação do campo rotativo no entreferro. Acima: andamento no tempo das correntes de fase. Abaixo: vetores de campo individuais e o resultante se deslocando ao longo do entreferro.

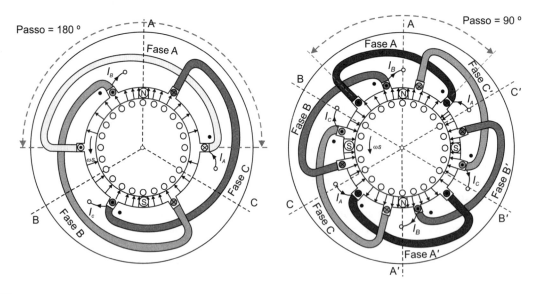

FIGURA 5.49 Formação do campo rotativo no entreferro com número de polos maior que 2. Esquerda: configuração mínima de 2 polos. Direita: configuração de 4 polos.

à direita da Fig. 5.49. As bobinas da mesma fase são interligadas geralmente em série, de modo a serem percorridas pela mesma corrente quando alimentadas. Essa nova configuração produzirá também um campo rotativo quando alimentada por correntes trifásicas, distribuído em 4 polos (um polo por quadrante), e seu deslocamento espacial será de meia-volta a cada ciclo completo de correntes, ou, de outra forma, serão necessários dois ciclos da corrente para que o campo complete uma revolução.[39] Em 4 polos, portanto, a rotação síncrona é metade daquela obtida em 2 polos.

---

[39] Independentemente do número de polos do enrolamento, o campo girante translada no entreferro uma distância correspondente a uma *sequência completa de fases A-B-C-A a cada ciclo da corrente*. Em 2 polos, essa sequência corresponde a uma volta completa, e em 4 polos apenas a meia-volta.

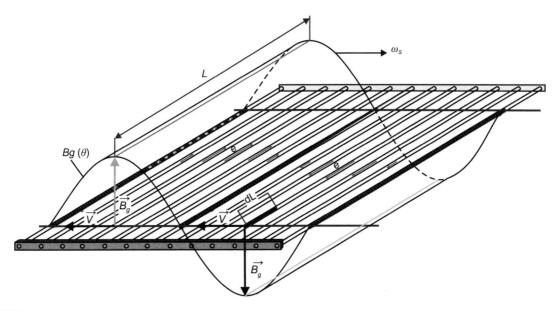

FIGURA 5.50 Efeito do campo rotativo sobre as barras do rotor. Tensões induzidas por movimento.

De maneira geral, quando o enrolamento for configurado com um número de polos 2p, o campo rotativo formado completará uma volta após p ciclos das correntes trifásicas. Para uma frequência angular das correntes igual a $\omega = 2\pi \cdot f$, a rotação síncrona será sempre $\omega_s = \omega/p$, em que p é o número de pares de polos. Com relação à alimentação do estator com frequência $f_1 = 60$ Hz, ($\omega = 377$ rad/s) resultam as rotações:

2 polos $p = 1$	4 polos $p = 2$	6 polos $p = 3$	8 polos $p = 4$	10 polos $p = 5$
$\omega_s = 377$ rad/s	$\omega_s = 188,5$ rad/s	$\omega_s = 125,7$ rad/s	$\omega_s = 94,3$ rad/s	$\omega_s = 75,4$ rad/s
$n_s = 60$ rps	$n_s = 30$ rps	$n_s = 20$ rps	$n_s = 15$ rps	$n_s = 12$ rps
$N_s = 3600$ RPM	$N_s = 1800$ RPM	$N_s = 1200$ RPM	$N_s = 900$ RPM	$N_s = 720$ RPM

b) Interação do campo no entreferro com os condutores do rotor

O campo magnético rotativo no entreferro interage com qualquer enrolamento presente nas imediações do entreferro, induzindo ali tensões por efeito mocional. No estator, induz uma f.e.m. em cada fase que equilibra a tensão imposta pela linha de alimentação, permitindo a absorção das correntes trifásicas necessárias para a magnetização da máquina e para a formação do próprio campo girante.

No rotor, o campo em movimento induz também tensões por efeito mocional e, como seu circuito é sempre fechado,[40] dará origem à circulação de correntes pelo mesmo. A interação é similar tanto no rotor de anéis como no de gaiola, mas descreve-se aqui o efeito sobre esse último por ser o tipo mais comum. A Fig. 5.50 mostra o campo em deslocamento sobre a gaiola, em vista planificada.

O campo girante tem distribuição espacial cossenoidal, $B_g(\theta) = B_M \cdot \cos\theta$. Ao se deslocar sobre as barras do rotor, de comprimento L, induz nelas uma tensão $e_b(\theta_i) = B_g(\theta_i) \cdot L \cdot v_{rel}$ [Eq. (5.17)], em que v_{rel} é a velocidade relativa entre o campo e a barra. Em dado instante, cada barra está submetida a uma magnitude de campo diferente, dependendo de sua posição θ_i em relação a ele. Desse modo, a distribuição de tensões ao longo das barras, também cossenoidal, se move junto com o campo.

A Fig. 5.51, à esquerda, ilustra a situação das tensões induzidas, com a gaiola do rotor mostrada esquematicamente em corte e em planta. A cada instante, todas as barras sob a ação de um polo magnético (N) têm as tensões induzidas com as polaridades orientadas na mesma direção, enquanto as barras sob a ação do polo complementar (S) têm tensões induzidas com polaridade invertida. As barras têm seu circuito elétrico fechado pelos anéis de curto em cada extremidade do rotor.

Admitindo inicialmente que as barras tenham apenas resistência ôhmica,[41] a tensão sobre cada barra dará origem a uma corrente que circula pela mesma, dada por $I_b(\theta_i) = e_b(\theta_i) / R_b$. As correntes de cada barra em cada instante também se distribuem cossenoidalmente ao longo da gaiola, com valor dado por $I_b(\theta_i) = I_{bM} \cdot \cos\theta_i$, e a distribuição se move juntamente com o campo magnético. O valor máximo da corrente é dado por $I_{bM} = B_M \cdot L \cdot v_{rel} / R_b$.

A circulação de corrente pelas barras do rotor dá origem a forças mecânicas que atuam sobre as mesmas, pelo fato de estarem imersas em campo magnético. Cada barra contribui com uma força de magnitude $F_{mec}(\theta_i) = B_g(\theta_i) \cdot L \cdot I_b(\theta_i)$ em

---

[40] No rotor de anéis, o circuito é sempre fechado externamente, ou por meio de resistores ou curto-circuitando os terminais das escovas. No rotor em gaiola, o circuito é fechado por construção.

[41] Considerar as barras do rotor dotadas apenas com resistência ôhmica é uma aproximação que será corrigida mais à frente. As barras têm também reatância, em geral predominante, compondo uma impedância complexa.

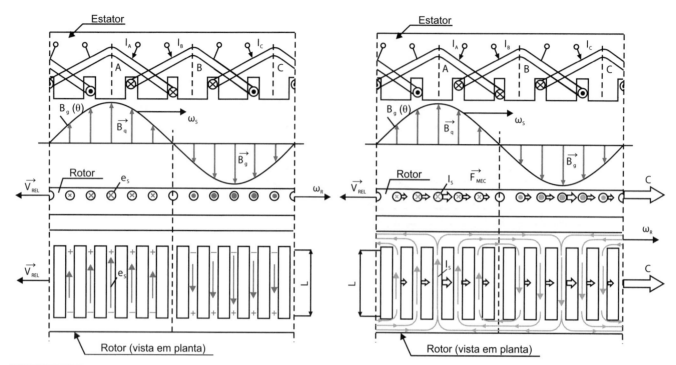

FIGURA 5.51 Esquerda: distribuição de tensões induzidas nas barras do rotor. Direita: correntes circulando com fechamento pelos anéis de curto e forças mecânicas nas barras.

direção e sentido determinados pelo produto vetorial dado na Equação (5.18). Conforme mostrado à direita, na Fig. 5.51, a contribuição das forças de todas as barras se dá no mesmo sentido, pois sob a ação de polos magnéticos opostos circulam correntes invertidas.

A soma das forças de cada barra que agem no raio externo do rotor resulta no torque total que atua sobre ele e que se manifesta **na mesma direção** do campo magnético rotativo. A expressão do torque para barras discretas no rotor é dada por:

$$C = \sum_{i=1}^{i=Q_b} F_{\text{mec}}(\theta_i) \cdot R = \sum_{i=1}^{i=Q_b} B_g(\theta_i) \cdot L \cdot I_b(\theta_i) \cdot R \quad (5.34)$$

considerando-se Q_b a quantidade total de barras e R, seu raio externo. Para um rotor com quantidade elevada de barras, a expressão mais geral fica:

$$C = \frac{Q_b \cdot R \cdot L}{2 \cdot \pi} \cdot B_M \cdot I_{bM} \cdot \int_0^{2\pi} \cos^2(\theta) \cdot d\theta = \sqrt{2} \cdot B_M \cdot I_{b\text{ef}} \cdot L \cdot R \cdot Q_b \quad (5.35)$$

em que $I_{b\text{ef}}$ é o **valor eficaz** da corrente que circula pelas barras rotóricas. Na Fig. 5.52 é mostrado o rotor em corte esquemático, com a ação conjunta das correntes em cada barra submetidas a campo magnético, compondo o torque total manifestado no rotor.

As interações anteriormente descritas acontecem sempre que há movimento relativo entre o campo magnético e os condutores do rotor, caracterizado como diferença entre a velocidade tangencial síncrona do campo e a velocidade tangencial do rotor, $v_{\text{rel}} = v_s - v_r$. Como $v = \omega \cdot R$, pode-se caracterizar a relatividade de movimento pela rotação angular relativa, $\omega_{\text{rel}} = \omega_s - \omega_r$, em que ω_s é a velocidade de rotação síncrona do campo girante e ω_r é a rotação do rotor.

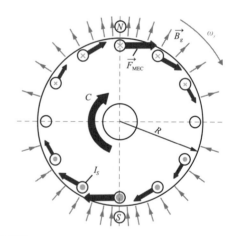

FIGURA 5.52 Torque desenvolvido no rotor. A distribuição das correntes e das forças sobre cada barra é rotativa na mesma velocidade e direção do campo girante.

Quando o rotor está em repouso, $\omega_r = 0$, a velocidade relativa é máxima e igual à própria síncrona. Nessas condições, a tensão induzida nas barras será máxima, e a frequência das tensões e correntes no rotor, f_2, será igual à frequência de alimentação do estator ($f_2 = f_1$).[42] As correntes que circulam pelo rotor e o torque que se manifesta são chamados, respectivamente, **corrente**

---

[42] Como as barras do rotor ficam submetidas a um campo magnético multipolar em movimento, as tensões ali induzidas serão alternadas no tempo e sua frequência determinada pelo número de polos do campo e por sua rotação relativa às barras [Eq. (5.22)]. Para o *rotor em repouso*, a rotação relativa é a própria síncrona, de modo que a frequência do rotor é idêntica à de alimentação do estator.

e **torque de partida**. Sob a ação desse torque, o rotor inicia a aceleração tracionando a carga conectada ao eixo do motor.

Ao atingir determinada rotação ω_r, todas as interações com o rotor continuam existindo, adequadamente modificadas. A tensão induzida sobre as barras diminui em magnitude, dado que depende diretamente da velocidade relativa entre campo e condutores que agora é menor do que na situação de rotor em repouso. A velocidade fica afetada por um fator que é a razão entre as rotações relativas atual e original, denominado escorregamento da máquina assíncrona, que se define como:

$$s = \frac{\omega_{\text{rel-atual}}}{\omega_{\text{rel-original}}} = \frac{\omega_s - \omega_r}{\omega_s} \quad (5.36)$$

Desse modo, a nova tensão induzida no rotor e_{bs} torna-se $e_{bs} = s \cdot e_{bo}$, em que e_{bo} era a tensão originalmente induzida com o rotor em repouso. A frequência no rotor também diminui na mesma razão, $f_2 = s \cdot f_1$ dado que as barras percebem o campo magnético trasladar sobre as mesmas em menor velocidade. A corrente nas barras e o torque desenvolvido se alteram de acordo com a tensão induzida e na mesma proporção se forem consideradas apenas com suas resistências ôhmicas. A ação motora da máquina permanece, e o rotor continuará a acelerar até que o torque resistente aplicado ao eixo pela carga equilibre o torque eletromagnético nele desenvolvido, estabilizando sua rotação e escorregamento. Se houver uma variação do torque resistente para mais, o torque desenvolvido fica menor que o da carga, e o motor reduz sua velocidade, aumentando seu escorregamento até o ponto em que o aumento correspondente da tensão induzida sobre as barras imponha uma corrente suficiente para produzir um torque igual ao externamente aplicado. A Fig. 5.53 mostra essas características do motor assíncrono.[43]

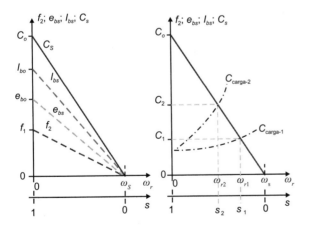

FIGURA 5.53 Curvas características do motor de indução – comportamento com a carga no eixo.

Se o torque resistente no eixo for retirado, o rotor continuará a acelerar até que se aproxime da velocidade síncrona, porém sem atingi-la. Quando o escorregamento tende a zero,

---

[43] As características da Fig. 5.53 valem apenas para a hipótese de barras rotóricas dotadas exclusivamente de resistência ôhmica.

Exemplo 5.7

Um motor de indução de 75 kW operando em rede de alimentação de 60 Hz apresenta rotação no eixo quando em plena carga igual a 505 RPM. Determine:

a) o número de polos do motor e a rotação síncrona;
b) o escorregamento nominal e a frequência das correntes no rotor;
c) o torque e a potência no eixo quando a rotação for de 508 RPM.

Resolução:

a) A relação entre rotação síncrona do campo girante, o número de pares de polos e a frequência de alimentação é dada por:

$$f \text{ [Hz]} = p \cdot N_s \text{ [RPS]}$$

No motor de indução, sabe-se que a rotação nominal do rotor é sempre muito próxima da rotação síncrona. Desse modo, pode-se escrever:

$$p \approx f / N_r = 60 / (505/60) = 7,13$$

Como o número de pares de polos deve ser necessariamente inteiro, resulta $p = 7$ e, portanto, o número de polos do motor é: $2 \cdot p = 14$ polos.

A rotação síncrona resulta então para alimentação sob 60 Hz:

$$N_s = 60 / 7 = 8,57 \text{ RPS} = 8,57 \times 60 = 514,29 \text{ RPM}$$

b) O escorregamento nominal, dado pela Equação (5.36), resulta:

$$s = (N_s - N_r) / N_s = (514,29 - 505) / 514,29 = 0,0181$$
$$\text{ou } 0,0181 \times 100 = 1,81 \%$$

A frequência elétrica no circuito do rotor vale sempre: $f_2 = s \cdot f_1$. Resulta então:

$$f_2 = 0,0181 \times 60 = 1,09 \text{ Hz}$$

c) Para rotação de 508 RPM, o escorregamento resulta: $(514,29 - 508) / 514,29 = 0,0122$.

Na região de baixos escorregamentos, o motor de indução apresenta torque proporcional ao escorregamento, como mostrado na Fig. 5.53. Desse modo, o torque nessa condição será:

$$C = (0,0122/0,0181) \times C_n = 0,676 \times C_n$$

O torque nominal é dado por:

$$C_n \text{ [N·m]} = P_n \text{ [W]} / N_n \text{ [rd/s]} = 75.000 / (2 \cdot \pi \times 505/60) = 1418 \text{ N·m}$$

Na nova condição, resultará então: $C = 0,676 \times 1418 = 958,3$ N·m

A nova potência no eixo fica: $P = 958,3 \times 2 \cdot \pi \times 508 /60 = 50.979$ W $= 50,98$ kW.

144 CAPÍTULO 5

QUADRO 5.1 Situações de operação e escorregamento

Velocidade do rotor ω_r	Escorregamento s	Tensão induzida nas barras e_b	Frequência do rotor f_2	Torque desenvolvido C	Potência mecânica no eixo P_{mec}	Potência elétrica na linha P_{el}	Modo de operação
0	1	e_0	f_1	C_0	0	Absorvida	Partida
$(1-s)\omega_s$	$1 > s > 0$	$s \cdot e_0$	$s \cdot f_1$	C_s	Fornecida	Absorvida	Motor
ω_s	0	0	0	0	0	≈ 0	–
$(1+|s|)\omega_s$	$s < 0$	$s \cdot e_0$	$|s| \cdot f_1$	$-C_s$	Absorvida	Fornecida	Gerador

a velocidade do rotor tende à síncrona, anulando a velocidade relativa entre campo e condutores. Com isso, a tensão induzida tende a zero, bem como a corrente e o torque desenvolvidos, cessando a ação motriz da máquina de indução, a qual, portanto, só possui ação motora se estiver com o rotor escorregando em relação ao campo girante, ou, em outros termos, fora da velocidade síncrona, daí sua denominação **máquina assíncrona**.

O rotor da máquina de indução pode ser forçado a rodar em rotação superior à síncrona, por exemplo, por meio de injeção de potência mecânica no eixo através de uma turbina. Nessa condição, o escorregamento torna-se negativo, e voltam a ocorrer as interações entre campo e barras do rotor. Nesse ponto, porém, o rotor se move mais rapidamente que o campo girante, invertendo o sentido da velocidade relativa entre ambos, o que provoca a inversão de fase da tensão induzida e da corrente no rotor. Essa inversão resulta em torque negativo no eixo (a máquina de indução "resiste" ao torque imposto pela turbina), e a inversão de fase da corrente, referida ao estator, inverte o fluxo da potência elétrica, que deixa de ser absorvida e passa a ser fornecida, operando no modo **gerador assíncrono**.

As várias situações de operação e escorregamento são resumidas no Quadro 5.1.

Nas máquinas reais, as barras da gaiola não têm somente resistência ôhmica, mas também indutância, pois se trata de condutores alojados em ranhuras de material ferromagnético. A indutância das barras se manifesta no circuito elétrico do rotor como uma reatância indutiva na sua frequência, dada por $X_{bs} = 2 \cdot \pi \cdot f_2 \cdot L_b = 2 \cdot \pi \cdot s \cdot f_1 \cdot L_b = s \cdot X_{b0}$, em que L_b é a indutância da barra e $X_{b0} = 2 \cdot \pi \cdot f_1 \cdot L_b$ é a reatância medida na frequência da rede, ou com o rotor estacionário, quando $f_2 = f_1$. A impedância complexa das barras é então dada por:

$$\dot{Z}_{bs} = R_b + j \cdot s \cdot X_{b0} \rightarrow |\dot{Z}_{bs}| = \sqrt{R_b^2 + s^2 \cdot X_{b0}^2} \quad (5.37)$$

A Equação (5.37) indica que a natureza do circuito elétrico do rotor é variável com o escorregamento do motor. Para pequenos valores desse, fica o rotor preponderantemente resistivo, enquanto para escorregamentos elevados, torna-se fortemente reativo. A região de escorregamentos pequenos é a região normal de operação sob carga, em regime de motor ou gerador. Desse modo, operando com escorregamentos baixos (na faixa de 0,01 a 0,05 ou 1 a 5 %), vale a hipótese feita anteriormente que considerava as barras puramente resistivas. As características externas, como a corrente e o torque desenvolvido, ficam proporcionais ao escorregamento, como mostrado na Fig. 5.53.

No entanto, ao se aumentar gradativamente o escorregamento, a frequência rotórica aumenta e a reatância se manifesta, limitando a corrente por aumento da impedância, além de introduzir um atraso na mesma em relação à tensão induzida nas barras.[44] A Fig. 5.54 ilustra esse efeito sobre o rotor do motor de indução.

O efeito do atraso nas correntes é que sua interação com o campo magnético não se dá mais em fase no espaço. A barra que conduz a máxima corrente em dado instante não está mais sob a ação do campo máximo, como ocorria antes, porém se encontra deslocada de um ângulo φ, mostrado na Fig. 5.54. O torque desenvolvido no rotor fica então:

$$C_s = \int_0^{2\pi} \frac{Q_b}{2\pi} \cdot B_M \cdot \cos(\theta) \cdot L \cdot I_{bM} \cdot \cos(\theta - \varphi) \cdot R \cdot d\theta$$

$$C_s = \sqrt{2} \cdot B_M \cdot I_{b\,ef} \cdot \cos\varphi \cdot L \cdot R \cdot Q_b \quad (5.38)$$

Na Equação (5.38), o produto $I_{b\,ef} \cdot \cos\varphi$ é chamado **componente ativa** da corrente, significando a parcela da mesma em fase com a tensão e, portanto, com o máximo valor de campo magnético que age sobre as barras. A corrente é agora dada por $I_{bs} = e_{bs} / Z_{bs} = s \cdot e_{b0} / Z_{bs}$, com Z_{bs} dada pela Equação (5.37). O comportamento da corrente com o escorregamento descreve um lugar geométrico denominado diagrama circular, mostrado na Fig. 5.55.

Observa-se no diagrama que a corrente na barra é sempre crescente, porém deixa de ser proporcional ao escorregamento quando o mesmo aumenta, como mostrado na curva característica à direita da Fig. 5.55. Ainda observando o diagrama circular, nota-se que, embora a corrente total seja crescente, sua componente ativa cresce inicialmente, passa por um máximo e volta a diminuir. Como o torque é proporcional à corrente

---

[44] A reatância nos circuitos elétricos tem a propriedade de oferecer oposição à passagem de corrente alternada, já que é a reação de uma indutância às variações de fluxo magnético produzidas por essa mesma corrente. Além de limitar o valor da corrente, provoca um atraso dela no tempo em relação à tensão aplicada sobre o circuito.

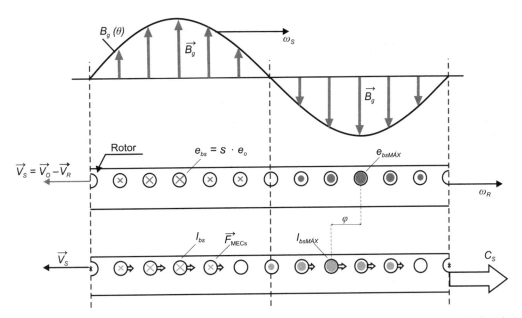

FIGURA 5.54 Tensões e correntes induzidas no rotor real, com impedância complexa das barras. As tensões induzidas estão em fase com o campo magnético, porém a corrente se atrasa em relação a ele, reduzindo a interação de força mecânica.

ativa, na Equação (5.38), terá um comportamento inicialmente crescente com o escorregamento e proporcional a ele para pequenos valores, passando por um máximo para, em seguida, diminuir, como mostra o gráfico inferior à direita da Fig. 5.55.

As características reais da máquina assíncrona ilustram algumas propriedades dela.[45] Em regime de baixo escorregamento, a corrente e o torque são essencialmente proporcionais a ele. Ao aumentar o escorregamento, a curva de torque apresenta uma inflexão, passando por um valor máximo, tipicamente entre 1,8 e 2,5 vezes o valor nominal, caracterizando uma capacidade de sobrecarga momentânea do motor. Esse máximo ocorre em um escorregamento particular denominado **escorregamento crítico**, a partir do qual o torque cai até o valor de partida. Em geral, o torque de partida é relativamente baixo, usualmente menor que o nominal, em particular em máquinas de grande porte. Ao mesmo tempo, na partida, a corrente atinge valores elevados, entre 4 e 7 vezes o valor nominal em carga, o que significa um forte impacto na rede de alimentação se o motor for conectado diretamente a ela. Esses dois aspectos principais, o baixo torque e a elevada corrente na condição de partida, são fatores limitantes em algumas aplicações, requerendo medidas corretivas para o uso adequado do motor de indução.

---

[45] Embora as características de corrente consideradas até aqui sejam relativas ao rotor, elas se refletem ao estator de modo proporcional, da mesma forma que a corrente secundária se reflete ao primário em um transformador. A característica de corrente do estator é praticamente uma imagem da curva de corrente do rotor. O comportamento elétrico da máquina assíncrona é similar ao comportamento de um transformador. A operação com o eixo livre ($s = 0$) equivale ao transformador operando com o secundário em aberto. A condição de partida da máquina ($s = 1$) equivale ao transformador operando com o secundário em curto-circuito. O motor de indução operando em carga normal ($0 < s < 1$) corresponde ao transformador alimentando carga resistiva no secundário, com potência elétrica igual à mecânica produzida no eixo da máquina assíncrona.

c) Adequação das características do motor assíncrono

Métodos de partida
As características naturais do motor de indução apresentam algumas inconveniências já citadas anteriormente, em particular na condição de partida. Soluções desenvolvidas para melhorar esse desempenho compreendem o uso do motor assíncrono de rotor bobinado ou anéis, ou os motores de gaiola com projetos específicos do rotor visando à alteração das características de torque.

O motor de indução de anéis permite acesso ao enrolamento do rotor, possibilitando a alteração de suas características. A inclusão de resistores externos no circuito do rotor atenua os efeitos da manifestação da reatância e a degradação da característica de torque. Esses resistores são fracionados e chaveados de acordo com o escorregamento para que se obtenha a característica mais adequada, como mostra a Fig. 5.56.

As curvas mais à direita nas características são as naturais do motor. A inserção das resistências modifica as curvas, aumentando o torque de partida e diminuindo ao mesmo tempo a corrente drenada da linha. Como as resistências podem ser chaveadas dinamicamente, o motor pode partir e acelerar com torque e corrente médios praticamente constantes, em valores próximos ou mesmo superiores aos nominais. Esse tipo de motor assíncrono se aplica nas cargas que tenham elevado momento de inércia, em que seja requerida partida suave, como moinhos, fornos rotativos, grandes ventiladores e prensas com volante. Também são utilizados em equipamentos de levantamento e transporte, como pontes rolantes, guindastes e pórticos de carga, pois permitem uma elevada incidência de partidas sem solicitações excessivas na rede.

No motor assíncrono com rotor em gaiola, não há a possibilidade de acesso ao rotor. Desse modo, a gaiola já deve ser construída com critérios que favoreçam a característica

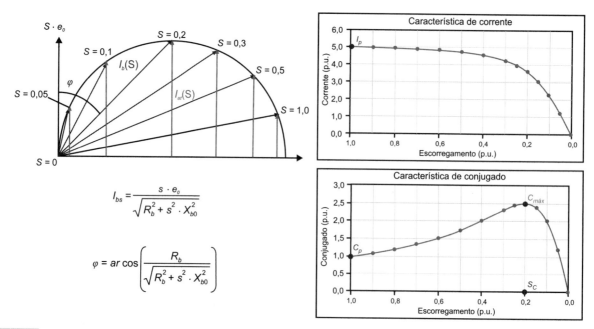

FIGURA 5.55 Esquerda: diagrama circular de correntes da máquina de indução e expressões da corrente e do ângulo de fase. Direita: características externas de corrente e torque da máquina real.

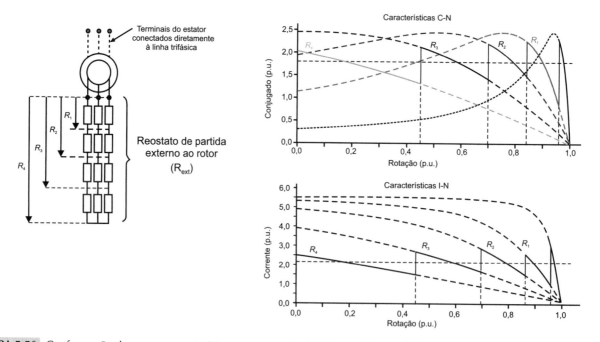

FIGURA 5.56 Conformação das curvas características com o motor de indução de rotor bobinado.

desejada, em especial o torque. A Fig. 5.57 mostra as construções mais comuns.

Os diversos tipos de gaiola são classificados por categorias padronizadas de torque. A especificação da categoria do motor define o tipo de rotor com que deve ser construído e, portanto, a característica externa que deve apresentar, de acordo com sua aplicação. O motor de gaiola simples de categoria A é utilizado, em geral, em acionamentos com pequeno requisito de torque de partida e pequena inércia, como bombas e ventiladores de uso geral e pequena potência. O rotor com gaiola de barras profundas de categoria B tem uma geometria que favorece o efeito de adensamento de corrente, um fenômeno eletromagnético que incrementa fortemente a resistência do condutor quando o mesmo opera com elevada frequência, e que se atenua com a redução dessa. Esse comportamento de frequência variável é identificado no rotor do motor assíncrono e a frequência mais elevada na partida reduz-se na proporção da aceleração. Isso aumenta o torque de partida apreciavelmente, tornando esse tipo de motor adequado a cargas mais exigentes na aceleração, como grandes ventiladores e compressores de inércia elevada. O motor de dupla gaiola de categoria C tem duas gaiolas de características antagônicas consorciadas no mesmo rotor, promovendo um torque de partida muito elevado, em geral maior que 2,5 vezes o nominal.

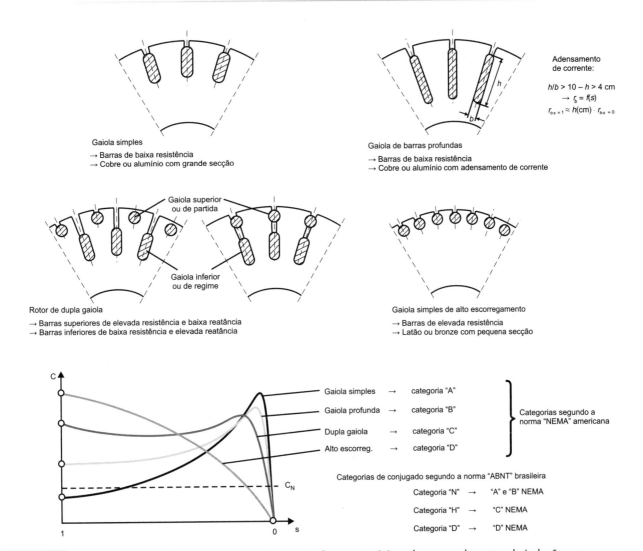

FIGURA 5.57 Diferentes construções da gaiola para adequação das características de torque do motor de indução e as curvas características obtidas.

Aplica-se assim a cargas de partida difícil, como compressores a pistão, máquinas operatrizes e na tração de mecanismos de baixa inércia que requerem elevado torque, não se prestando ao acionamento de grandes inércias por causa da pequena capacidade térmica de sua gaiola superior de partida. O motor de categoria D de alto escorregamento é específico para cargas que exigem torques muito elevados e que possam operar com escorregamento alto, em geral entre 8 e 13 %. São aplicados em acionamentos de potências pequenas e médias, em geral de uso intermitente, como talhas, guinchos, gruas, elevadores e motorrolos transportadores siderúrgicos.

Embora as curvas dos motores de gaiola possam ser conformadas, as diferentes construções apenas permitem a adequação da curva de torque. A curva de corrente não sofre efeito significativo nas diferentes categorias, sempre impondo um forte impacto de corrente de partida nas linhas de alimentação. As correntes de partida são progressivamente menores entre as categorias A e D, porém, até mesmo nessa última, ainda atinge usualmente entre 3 e 4 vezes a corrente nominal. Para limitar os impactos da partida na rede, adotam-se, portanto, nos motores de gaiola, alguns métodos específicos, todos baseados na redução da tensão nos terminais do motor no momento do arranque, mostrados na Fig. 5.58.

A partida direta é restrita, em baixa-tensão, a motores de potência reduzida, até poucas dezenas de kW. Em média tensão, utiliza-se em motores de potências média e elevada, em virtude das maiores capacidades de curto-circuito dessas linhas. Nesse método, o impacto da corrente de partida é integral, e a curva de torque fica preservada. O método de partida com chave estrela-triângulo é comum em motores pequenos e médios em baixa-tensão, exigindo que o motor mantenha disponíveis todos os terminais das fases. Limita a corrente de partida na linha a 1/3 do valor com partida direta, favorecendo a instalação, mas a curva de torque fica também atenuada por causa da redução de tensão sobre o motor na partida. O método da chave compensadora é similar ao anterior e mais flexível, uma vez que é possível escolher a relação do transformador de partida, graduando a corrente aos valores permissíveis da instalação. A curva de torque também se atenua, mas a possibilidade de ajuste na relação de transformação favorece o acionamento. É utilizado em motores de potências médias e elevadas, em baixa e média tensões. O dispositivo de partida

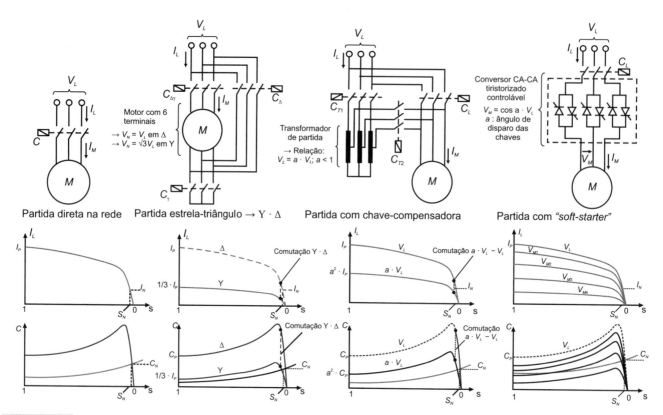

FIGURA 5.58 Diferentes métodos de partida utilizados para motores de indução de gaiola.

suave (*soft-starter*) é baseado no recorte da tensão da rede por tiristores em antiparalelo, com controle do ângulo de fase, produzindo nos terminais do motor uma tensão média resultante continuamente variável. Isso promove a possibilidade de ajuste contínuo das curvas de torque e corrente do motor, que, associado a uma malha de controle, garante partidas com mínimo impacto na rede. É utilizado em motores médios e grandes, em baixa e média tensões.

d) Variação de velocidade dos motores de indução

O motor assíncrono apresenta, em regime normal de operação, uma velocidade essencialmente constante, com pequenos escorregamentos em relação à sua velocidade síncrona, definida pelo número de polos e pela frequência de alimentação da rede. Estando conectado diretamente à rede, não há como se promover variação de sua velocidade, excetuando-se alguns poucos casos especiais em que se força o motor a escorregar em uma faixa relativamente estreita, por redução da tensão de alimentação ou por inserção de resistências permanentes no rotor, quando o mesmo for de anéis. É um método dissipativo e pouco controlável, no qual a variação da velocidade depende fortemente do torque resistente no eixo.

Outra possibilidade de variação da velocidade de motores de indução, em especial de gaiola, é a execução com múltiplos enrolamentos de diferentes números de polos, alojados nas mesmas ranhuras no estator. Pelo fato de o rotor em gaiola responder ao campo magnético que se move sobre ele, seja qual for o número de polos, pode-se escolher a velocidade síncrona e, portanto, a do rotor, alimentando o enrolamento com o número de polos adequado. A variação de velocidade obtida é discreta, e esse método é empregado com frequência em aplicações nas quais não seja requerida variação contínua, mas ocasional da rotação, como elevadores, gruas de construção civil, máquinas operatrizes mais simples e sistemas de bombeamento de água com demanda sazonal.

A variação da velocidade do motor assíncrono que produz o melhor desempenho é conseguida por meio de sua alimentação sob frequência variável. Desse modo, é modificada a velocidade síncrona do campo rotativo, e o rotor interage com o mesmo da forma usual, mantendo um pequeno escorregamento. Com isso obtém-se uma variação contínua da rotação em larga faixa, operando de maneira controlável e com elevado rendimento. A configuração básica de um conversor estático é mostrada na Fig. 5.59. A tensão e a frequência constantes da rede de alimentação são retificadas por uma ponte de diodos, formando um elo de corrente contínua a partir do qual o inversor propriamente dito sintetiza a tensão e a frequência variáveis, por meio de chaves eletrônicas de potência.[46]

O funcionamento da máquina de indução alimentada com frequência variável é exatamente o mesmo visto antes. Todas as interações do campo magnético rotativo com o rotor acontecem em função da diferença de velocidade das barras ali alojadas em relação ao campo, qualquer que seja a sua velocidade absoluta. Conservada a magnitude do campo girante,

---

[46] Atualmente, os tipos mais utilizados de chaves eletrônicas são os transistores do tipo IGBT (*insulated gate bipolar transistor*). Graças à evolução desses componentes, os inversores atingiram um nível de potência e custo que possibilita seu uso de maneira muito disseminada.

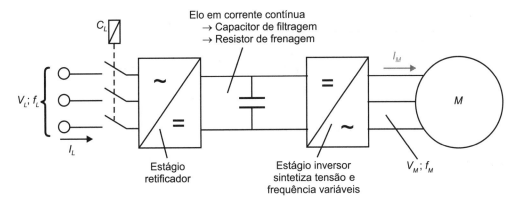

FIGURA 5.59 Configuração básica do conversor de frequência estático.

não importa se esse campo modifica a sua velocidade, o rotor sempre manterá a mesma rotação relativa para induzir nas barras uma tensão suficiente que imponha a corrente ativa requerida à produção de determinado torque. A conservação da magnitude do campo magnético rotativo formado pelo enrolamento do estator exige que a tensão de alimentação seja variada concomitantemente com a frequência.[47] Desse modo, desprezando efeitos secundários, como a resistência do estator, as curvas características do motor assíncrono alimentado sob frequência variável são ilustradas pela Fig. 5.60.

Operando em regime com certo torque de carga no eixo, o rotor roda com uma diferença de rotação $\Delta\omega$ em relação ao campo girante, para que a tensão induzida e a corrente circulante nas barras produzam o torque exigido. Se a frequência de alimentação for reduzida à metade, por exemplo, a rotação síncrona do campo cai para a metade. Para que o motor continue sustentando o mesmo torque anterior, o rotor diminuirá sua rotação mantendo a mesma diferença $\Delta\omega$ original. Do ponto de vista do rotor nada se alterou, pois continua com a mesma tensão induzida, a mesma frequência f_2 e as barras com a mesma corrente. Esse processo pode continuar a princípio até que a frequência de alimentação do estator seja reduzida ao valor da frequência rotórica f_2, quando o rotor estaria em repouso, e o campo girante do estator rodando com velocidade $\Delta\omega$. Novamente, para o rotor nada muda, e a tensão induzida, a corrente e o torque ficam preservados no valor original. Conclui-se que nessa forma de operação o motor de indução pode manifestar o torque nominal já na partida, absorvendo corrente também nominal, não existindo mais o impacto da corrente de partida sobre a alimentação. Para qualquer torque exigido do motor, esse processo é o mesmo, e o rotor se acomoda com a diferença de velocidade necessária, inclusive para o torque máximo. A Fig. 5.60 mostra esse comportamento, que significa em síntese que as curvas de torque se deslocam horizontalmente preservando sua forma, quando a frequência é variada em conjunto com a tensão.

Na prática, no entanto, existem alguns aspectos secundários que interferem na conservação da magnitude do campo girante no entreferro, como a resistência ôhmica do estator. Seu efeito faz com que, em frequências muito baixas, mesmo

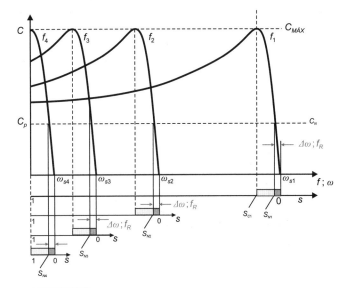

FIGURA 5.60 Curvas características de torque com alimentação sob tensão e frequência variáveis.

com a tensão proporcional, o fluxo no entreferro não se conserve, acarretando uma degradação das curvas nessa região, como mostrado na Fig. 5.61.

Esse problema é resolvido a contento com um incremento da razão V/f quando a frequência se reduz, o que é implementado geralmente pelo sistema de controle dos inversores estáticos na sua parametrização.

Com o recurso do inversor de frequência estático, é possível ainda operar o motor de indução acima de sua frequência nominal, estendendo a faixa de velocidades. Entretanto, nesse modo, não é possível conservar a razão entre tensão e frequência, pois isso significaria aumentar a tensão acima de seu valor nominal. Isso tem implicações sobre o sistema isolante que pode falhar, e também como a tensão é sintetizada a partir do elo de corrente contínua do conversor, não há tensão suficiente ali para esse aumento. Ao se explorar, portanto, a faixa de velocidade acima da nominal, a frequência é aumentada sob tensão constante, conservada no limite nominal. Por conseguinte, o fluxo no entreferro se reduz, e, para não incorrer em sobrecarga de correntes no motor, o torque utilizável deve ser reduzido na proporção do aumento da rotação. Esse modo é chamado operação a **potência constante**, ilustrado na Fig. 5.62.

---

[47] Veja a Equação (5.9) e nota de rodapé nº 6. Em qualquer sistema alimentado com tensão alternada, existe uma relação unívoca entre fluxo magnético, tensão e frequência, de modo que Φ = cte → V/f = cte.

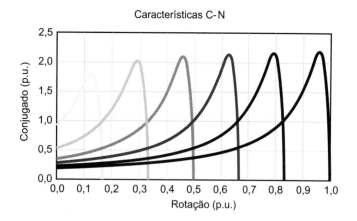

FIGURA 5.61 Degradação das curvas com alimentação sob V/f = cte. Sem correção da tensão em baixas frequências, o fluxo no entreferro se atenua por causa do efeito de queda de tensão na resistência ôhmica do estator e o torque máximo se reduz.

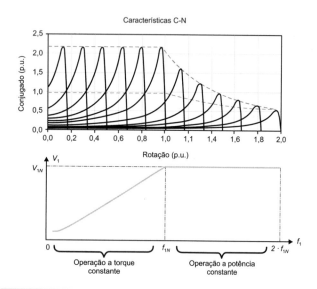

FIGURA 5.62 Faixa de operação ampliada do motor de indução sob frequência variável.

O torque máximo depende do quadrado do valor do fluxo magnético no entreferro. A atenuação do campo, promovida na proporção inversa do aumento da frequência, provoca então uma redução mais forte no torque máximo que no torque disponível, reduzindo a reserva de torque momentânea de que o motor dispõe. Desse modo, ao aumentar a frequência com tensão constante, há uma frequência limite máxima que pode ser utilizada, que ocorre quando o torque máximo coincide com o utilizável. A frequência limite é dada por $f_{máx} = (C_{máx}/C_n) \cdot f_n$, em que a razão entre o torque máximo e o nominal deve ser tomada na condição de tensão e frequência nominais do motor. A frequência de alimentação do limite real deve ter uma margem de segurança em relação à máxima, de aproximadamente $f_{máx-real} \approx 0{,}8 \cdot f_{máx}$.

Exemplo 5.8

Um motor assíncrono de gaiola de dois polos aciona uma bomba de água cujas características encontram-se na figura. Na condição nominal, a bomba fornece uma vazão de 1,1 m³/s, com altura manométrica de 290 kPa e rotação de 3550 RPM. O regime de trabalho do sistema é contínuo, de 24 horas por dia, com vazão nominal ao longo de sete meses do ano, e os cinco meses restantes operam com vazão reduzida para 0,6 m³/s. O rendimento hidráulico da bomba pode ser assumido constante e igual a 88 %, em todas as condições de operação.

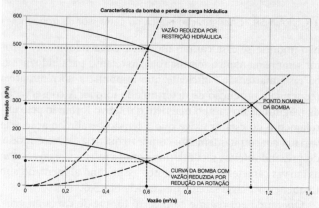

O motor é alimentado em rede trifásica de 440 V – 60 Hz e tem um rendimento global também assumido constante de 96 %, em qualquer condição de operação. Originalmente, o controle da vazão é feito por meio de válvula hidráulica, e a curva de perda de carga correspondente também é apresentada na figura. Determine:

a) a potência necessária do motor para o acionamento;
b) o consumo anual de energia, considerando o regime de trabalho.

Visando aumentar a eficiência energética do sistema, pretende-se alimentar o motor a partir de um conversor de frequência estático, para reduzir a vazão nos períodos de baixo consumo de água por meio da redução da rotação do eixo da bomba. Determine:

c) a nova rotação do eixo do motor e a potência mecânica necessárias nesse período de baixo consumo de água;
d) a frequência e a tensão de alimentação do motor, na condição de rotação reduzida;
e) o consumo anual de energia, considerando o regime de trabalho com uso do conversor de frequência.

Resolução:

a) No ponto nominal da bomba, a potência hidráulica é dada por: $P_h = Q_n \cdot H_n$ e a potência mecânica requerida no eixo da bomba é $P_{mec-n} = P_h / \eta_h$, considerando-se Q_n, H_n e η_h, respectivamente, a vazão, altura manométrica e rendimento da bomba. A potência necessária do motor resulta:

$P_{mot} = 1{,}1 \times 290.000 / 0{,}88 = 362.500$ W $= 362{,}5$ kW

Na condição de vazão reduzida por meio de válvula, a curva da bomba associada à perda de carga indica que a pressão requerida para 0,6 m³/s é de 490 kPa. Desse modo, assumindo o rendimento hidráulico da bomba constante, a nova potência do motor fica:

$$P'_{mot} = 0,6 \times 490.000 / 0,88 = 334.100 \text{ W} = 334,1 \text{ kW}$$

b) O consumo anual de energia, considerando o regime de trabalho e o rendimento do motor constante em qualquer condição de trabalho, resulta:

$$E_{anual} = (P_{mot} / \eta_m) \times 24 \text{ h/dia} \times 30 \text{ dias/mês} \times 7 \text{ meses} + (P'_{mot} / \eta_m) \times 24 \text{ h/dia} \times 30 \text{ dias/mês} \times 5 \text{ meses}$$

$$E_{anual} = (362,5 / 0,96) \times 24 \times 30 \times 7 + (334,1 / 0,96) \times 24 \times 30 \times 5 = 3.156.000 \text{ kWh} = 3156 \text{ MWh}$$

c) Para a bomba hidráulica, a redução de vazão se obtém por redução proporcional da rotação do eixo. A nova rotação do motor fica:

$$N' = (Q_{red} / Q_n) \cdot N_n = (0,6 / 1,1) \times 3550 = 1936 \text{ RPM}$$

A altura manométrica da bomba para a vazão de 0,6 m³/s é, pela curva da bomba com vazão reduzida por velocidade, igual a 85 kPa. A potência requerida do motor agora resulta:

$$P''_{mot} = 0,6 \times 85.000 / 0,88 = 57.950 \text{ W} = 57,95 \text{ kW}$$

d) Ao se reduzir a rotação do motor por redução da frequência de alimentação, a diferença entre a velocidade síncrona do campo rotativo e a velocidade do rotor, ΔN, fica conservada se o torque exigido for mantido constante, como mostra a Fig. 5.60. No entanto, o torque requerido por uma bomba hidráulica se reduz com o quadrado da redução da velocidade. Desse modo, a diferença entre as velocidades do campo e do rotor se reduz na proporção da redução do torque. Assim:

$$\Delta N = \Delta N \cdot (C'/C_n) = \Delta N \cdot (N'/N_n)^2 = (N_s - N_n) \cdot (N'/N_n)^2$$

em que N_s é a rotação síncrona nominal, igual a 3600 RPM para o motor de dois polos em 60 Hz. Substituindo os valores numéricos, tem-se:

$$\Delta'N = (3600 - 3550) \times (1936 / 3550)^2 = 14,9 \text{ RPM}$$

A nova rotação síncrona do campo girante com frequência de alimentação reduzida fica:

$$N'_s = N' + \Delta'N = 1936 + 14,9 = 1950,9 \text{ RPM}$$

A frequência de alimentação resulta então: $f' = (N's/Ns) \cdot f_n = (1950,9 / 3600) \times 60 = 32,5 \text{ Hz}$.

Na alimentação do motor de indução com frequência variável, deve-se conservar a razão V/f:

$$V' = V_n \cdot (f' / f_n) = 440 \times (32,5 / 60) = 238,4 \text{ V}$$

e) Novo consumo anual de energia, considerando o uso do conversor de frequência:

$$E'_{anual} = (P_{mot} / \eta_m) \times 24 \text{ h/dia} \times 30 \text{ dias/mês} \times 7 \text{ meses} + (P''_{mot} / \eta_m) \times 24 \text{ h/dia} \times 30 \text{ dias/mês} \times 5 \text{ meses}$$

$$E'_{anual} = (362,5 / 0,96) \times 24 \times 30 \times 7 + (57,95 / 0,96) \times 24 \times 30 \times 5 = 2.120.000 \text{ kWh} = 2120 \text{ MWh}$$

Observa-se, assim, que o uso do motor com inversor de frequência propicia uma economia de energia de 1036 MWh por ano, o que significa uma redução de 32,8 % no consumo.

e) Máquina assíncrona operando no modo gerador

A máquina assíncrona pode operar no modo gerador se tiver seu eixo acionado em velocidade superior à síncrona. Esse modo só é possível se for injetada potência mecânica em seu eixo, por meio de uma turbina, por exemplo. Como já discutido, a operação com a velocidade do rotor superior à do campo rotativo provoca a inversão de fase das tensões e correntes induzidas nos condutores rotóricos, invertendo o torque no eixo, que se opõe ao aplicado pela turbina. Ao mesmo tempo, inverte-se o fluxo de potência ativa no estator, que passa a ser injetada na rede elétrica, através da conversão da potência mecânica introduzida no eixo.

Para essa operação, o campo magnético rotativo precisa estar presente no entreferro, o que pressupõe a máquina conectada a uma linha já energizada,[48] fornecendo a potência reativa necessária para excitar o circuito magnético. Desse modo, o gerador de indução só pode fornecer potência ativa para a rede, sempre absorvendo os reativos dela.

Uma vez ligada à rede e impulsionada acima da rotação síncrona, a máquina de indução opera de forma similar ao modo motor, ajustando o escorregamento para que o torque eletromagnético equilibre o torque externo aplicado pela turbina. A Fig. 5.63 ilustra esse comportamento.

Como a máquina precisa escorregar para promover a conversão, a turbina não necessita ter rotação fixa, como ocorre com as máquinas síncronas, podendo excursionar em pequena faixa, uma vez que o escorregamento é reduzido. Essa pequena excursão restringe, em geral, o uso do gerador de indução, conectado diretamente à rede, às aplicações com pequenas turbinas hidráulicas.

Quando a excursão de rotação é maior, como a requerida por turbinas eólicas, uma solução é conectar a máquina de

---

[48] A máquina de indução pode também operar como gerador isolado da rede, desde que tenha em seus terminais um banco de capacitores para fornecer os reativos necessários, e que disponha ainda de algum magnetismo residual em seu rotor para desencadear o processo de excitação inicial, chamado **escorvamento**. Esse modo não será tratado aqui.

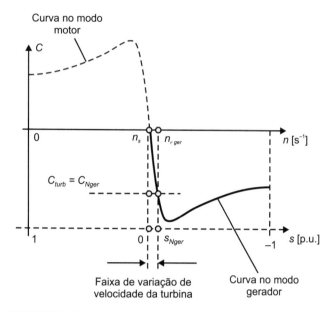

FIGURA 5.63 Operação da máquina assíncrona no modo gerador – conexão direta à rede.

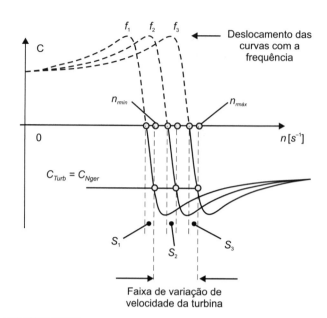

FIGURA 5.64 Operação da máquina assíncrona no modo gerador – conexão à rede via inversor.

indução à rede, por meio de um conversor de frequência estático, bidirecional. Nesse conversor existe um conversor do lado da rede e outro do lado da máquina, com o elo de corrente contínua (CC) entre os dois. Ambos os conversores podem operar como retificadores controlados ou como inversores propriamente ditos. Desse modo, o estator da máquina de indução é alimentado com frequência variável, e a potência reativa necessária é suprida pela rede ou pelos capacitores presentes no elo CC. A potência ativa produzida trafega no sentido inverso, indo da máquina para o elo CC, e desse para a rede por meio do inversor de frequência fixa sincronizado nela.

A alimentação da máquina com frequência variável permite uma ampliação considerável da faixa de rotações, como mostra a Fig. 5.64, melhorando muito o aproveitamento de potência da turbina.

Embora tal sistema seja interessante por usar máquina de indução com rotor em gaiola mais robusta e econômica, o conversor entre máquina e rede precisa permitir o tráfego da potência integral do sistema, o que aumenta excessivamente o custo, em especial em grandes potências. Outra solução muito utilizada, especialmente na geração eólica, faz uso da máquina assíncrona de anéis em uma configuração duplamente alimentada. O estator fica conectado de forma direta à rede elétrica de frequência fixa, enquanto o rotor é conectado a ela por um conversor bidirecional. A Fig. 5.65 ilustra essa topologia. A vantagem dessa configuração é que a potência que trafega pelos conversores do circuito do rotor é apenas uma fração da potência total do sistema.

Os conversores do rotor na configuração duplamente alimentada, denominada DFIG,[49] são dimensionados pelo escorregamento permitido na máquina, e, portanto, pela faixa de rotação pretendida. Se a excursão de velocidade for, por

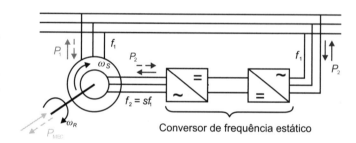

FIGURA 5.65 Máquina assíncrona de anéis duplamente alimentada.

exemplo, 30 % acima e abaixo da rotação síncrona, o escorregamento da máquina será $s = \pm 0{,}3$, e a potência do conversor, 30 % da potência total do sistema, tornando o conjunto mais econômico.

Com a máquina duplamente alimentada, o rotor é suprido com frequência reduzida, dada por $f_2 = s \cdot f_1$. O enrolamento trifásico do rotor produz um campo rotativo com velocidade síncrona $s \cdot \omega_s$ em relação ao rotor. O estator produz o seu próprio campo rotativo com velocidade ω_s em relação ao estator. Os campos magnéticos girantes do estator e do rotor sincronizam-se, resultando na rotação do rotor $(1-s) \cdot \omega_s$. Como a frequência do rotor pode ser ajustada pelo conversor, a rotação também o será. A Fig. 5.66 mostra os diversos modos de operação possíveis com a máquina duplamente alimentada.

Qualquer que seja a frequência ajustada no rotor, ele se move com rotação rigorosamente fixada. Dependendo das ações no eixo, a máquina opera no modo motor ou gerador. Se o eixo for freado, a operação ocorre no modo motor. Se o eixo for impulsionado, a operação muda para o modo gerador de forma similar à máquina síncrona no barramento infinito. Se o escorregamento imposto pelo conversor do lado do rotor for positivo, a rotação resulta inferior à síncrona, se for negativo resulta superior, caracterizando os modos de operação subsíncrono e supersíncrono.

---

[49] DFIG – *Doubly Fed Induction Generator*.

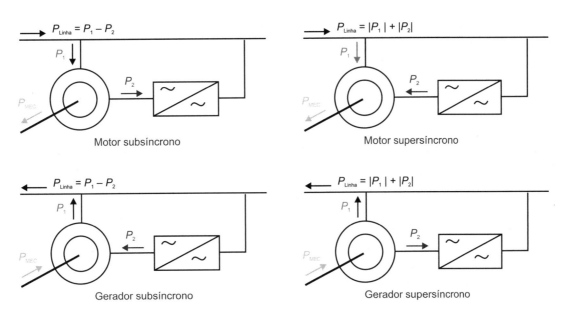

FIGURA 5.66 Modos de operação da máquina assíncrona de anéis duplamente alimentada.

Problemas propostos

5.1 Um núcleo magnético similar ao da Fig. 5.2 tem massa total de aço silicioso de 3900 kg. As duas colunas verticais e as culatras horizontais têm comprimentos médios de 0,8 e 0,45 m, respectivamente, e a densidade do aço equivale a 7,8 g/cm³. Pretende-se construir com tal núcleo um transformador monofásico em 60 Hz, de relação 33 kV / 13,8 kV. Como o material utilizado é capaz de suportar no máximo uma densidade de fluxo magnético de 1,55 T, pede-se:

a) Determine o número de espiras de cada enrolamento.

b) Determine a corrente de magnetização, em valor eficaz, do lado da alta-tensão, sabendo que a permeabilidade magnética do aço silício é 2700 μ_0.

5.2 O rotor (ou armadura) de um dínamo de corrente contínua tem construção similar à apresentada na Fig. 5.14. O núcleo magnético do rotor tem diâmetro igual a 200 mm e o seu comprimento axial é de 350 mm. O rotor, com configuração magnética de dois polos, é dotado de 24 ranhuras, nas quais se alojam 24 bobinas de duas espiras cada. O campo magnético estabelecido no entreferro tem magnitude de 0,65 Wb/m² e distribuição uniforme ao longo do passo polar. Sabendo que o circuito elétrico do rotor é composto de dois conjuntos de bobinas em paralelo, cada conjunto com metade das bobinas totais conectadas em série, pede-se:

a) Determine a tensão instantânea induzida no circuito do rotor, quando ele é acionado em rotação de 3600 RPM.

b) Se o condutor de cada bobina estiver dimensionado para 10 A, qual a potência instantânea máxima produzida por essa armadura?

c) Determine o torque instantâneo requerido pelo rotor dessa máquina.

5.3 Um hidrogerador trifásico é construído com 64 polos. No estator, existem 384 bobinas, de uma espira cada, com ligação série dentro de cada fase e as fases conectadas em Y. O diâmetro do rotor é de 5,4 m e o comprimento do núcleo é de 1,3 m. O enrolamento de excitação consegue impor uma distribuição de fluxo no entreferro de magnitude máxima igual a 0,90 T. Pede-se:

a) Determine a rotação da turbina acoplada ao eixo do gerador para que o conjunto possa operar no sistema elétrico nacional.

b) Determine a tensão eficaz de linha do sistema elétrico ao qual o gerador será conectado para que a máquina seja sincronizada ao barramento na condição de flutuação.

5.4 Um turbo gerador de quatro polos lisos tem potência nominal de 2,5 MVA na tensão de 6,6 kV e apresenta reatância síncrona igual a 2,2 p.u. A máquina alimenta uma instalação industrial isolada, cujas cargas consomem, em 60 Hz, potência ativa de 2 MW sob fator de potência 0,8 indutivo. Pede-se:

a) Conservada a corrente de excitação igual à requerida em carga, determine o valor da tensão nos terminais do gerador, na eventualidade de uma rejeição total de carga, antes da atuação do regulador automático de tensão.

b) Se o gerador for conectado em paralelo com uma rede elétrica, e mantida a corrente de excitação nominal, determine a máxima potência ativa possível quando atingido o limite de estabilidade, na iminência da perda de sincronismo do gerador com o barramento.

5.5 Um motor de indução trifásico com rotor de gaiola tem potência nominal igual a 112 kW e rotação de 708 RPM, quando alimentado sob 380 V e 60 Hz. Nessa condição de alimentação, a razão entre o seu torque máximo e o nominal é igual a 2,2. Pede-se:

a) Determine o número de polos, a rotação síncrona e o escorregamento nominal do motor.

b) Determine o torque nominal no eixo do motor, disponível para o acionamento da carga.

c) Alimentando o motor a partir de um inversor estático, determine a frequência e a tensão de alimentação, bem como a potência mecânica no eixo, de modo que a rotação seja de 400 RPM.

d) Qual a máxima frequência de alimentação permitida para esse motor, quando a operação se dá no modo potência constante? Qual a tensão nos terminais nessa situação?

e) Se a máquina operar no modo gerador de indução, com o torque nominal aplicado a seu eixo, qual deve ser a frequência e a tensão de alimentação para que a rotação seja de 350 RPM?

Bibliografia

CHAPMAN, S. J. *Electric machinery fundamentals*. New York: McGraw-Hill, 1991.

FALCONE, A. G. *Eletromecânica*. São Paulo: Edgard Blücher, 1996.

FINK, D. G.; BEATY, H. W. *Standard handbook for electrical engineer*. New York: McGraw-Hill, 1977.

JORDÃO, R. G. *Máquinas síncronas*. Rio de Janeiro: LTC, 2013.

LOBOSCO, O. S. *Seleção e aplicação de motores elétricos*. New York: McGraw-Hill, 1988.

NASAR, S. A. *Handbook of electric machine*. New York: McGraw-Hill, 1987.

SAY, M. G. *Alternating current machines*. London: Pitman Publishing, 1976.

WERNINCK, E. H. *Electric motor handbook*. New York: McGraw-Hill, 1978.

6
SISTEMAS DE ARMAZENAMENTO DE ENERGIA

GUSTAVO DE ANDRADE BARRETO
Laboratório de Sistemas Energéticos
Alternativos e Renováveis (SISEA)
Departamento de Engenharia Mecânica
da Escola Politécnica da Universidade
de São Paulo (Poli-USP)

GERHARD ETT
Área de Química, Petroquímica
e Refino
Centro Integrado de Manufatura e
Tecnologia – SENAI CIMATEC

JOSÉ AQUILES BAESSO GRIMONI
Departamento de Engenharia de
Energia e Automação Elétricas da Escola
Politécnica da Universidade de São
Paulo (Poli-USP)

As tecnologias de armazenamento de energia são fundamentais para viabilizar a utilização eficiente e sustentável de diversas fontes de energia. Esses sistemas têm a capacidade não apenas de absorver energia quando disponível em excesso, mas também de conservá-la por períodos prolongados, permitindo seu uso posterior, quando necessário. Além disso, proporcionam uma maneira eficaz de equilibrar a oferta e a demanda de energia em sistemas elétricos, contribuindo para a estabilidade e a confiabilidade do fornecimento de energia. Ao devolver essa energia armazenada para suas fontes de origem ou para usos finais, as tecnologias de armazenamento desempenham um papel crucial na otimização do aproveitamento de recursos energéticos e na promoção de práticas sustentáveis de consumo de energia.

A natureza intermitente e variável de várias fontes de energia renováveis representa um desafio maior para integrá-las de forma eficiente aos sistemas de distribuição em comparação com as fontes de energia tradicionais. Para mitigar essa questão e tornar o fluxo de energia mais confiável, os sistemas de armazenamento de energia têm sido cada vez mais integrados aos projetos de energia renovável ou instalados nas redes de distribuição próximas. Esses sistemas desempenham um papel crucial na estabilização do fluxo de energia, podendo agir como reguladores momentâneos ou operar em ciclos independentes de carga e descarga em diferentes períodos, proporcionando maior confiabilidade e flexibilidade ao sistema energético como um todo.

Este capítulo apresenta o estado atual das tecnologias de armazenamento, aborda as características desses sistemas, os parâmetros comparativos mais relevantes e, em linhas gerais, o modo de funcionamento dos sistemas atuais.

Tais sistemas de armazenamento são utilizados há muito tempo em redes elétricas como reguladores de fluxo e qualidade. Porém, em conjunto com as fontes renováveis, adquiriram um papel mais relevante, propiciando a continuidade do aumento de projetos que utilizam essas fontes.

Ao contrário dos sistemas ultrarrápidos, porém de pouca capacidade e que funcionam nas redes elétricas, os sistemas dedicados às fontes renováveis têm tomado outra direção, visando ao armazenamento de quantidades maiores de energia para confiabilidade e autonomia por períodos mais longos.

Podemos armazenar energia na forma em que se encontra ou transformá-la em outra forma de energia adequada ao meio de armazenamento. Ao recuperá-la do nosso sistema de armazenamento, ter-se-á novamente a opção de utilizá-la na forma em que se encontra ou transformá-la em outra mais conveniente à aplicação final. O número de diferentes formas primárias de energia, de modos de armazenamento e de solicitações nos usos finais, bem como a combinação desses parâmetros, eleva o número de rotas possíveis para cada cenário.

Como perdas ocorrem nesses processos de transformação, e no próprio armazenamento, o principal mote de desenvolvimento tecnológico visa à redução dessas perdas ou à seleção de uma rota de transformações que ofereça mais eficiência. Novas tecnologias estão em constante pesquisa e desenvolvimento, o que torna o assunto de armazenamento de energia tão empolgante quanto inesgotável.

Considera-se que a maneira como a energia é armazenada está mais diretamente ligada à fonte de energia e deve-se ter isso em mente para compreender as aplicações dos métodos de armazenamento apresentados a seguir.

1) *Armazenamentos de energia mecânica* são métodos de armazenagem de energia cinética e potencial. Nessa categoria estão incluídos os vários tipos de usinas hidrelétricas, rodas de inércia (ou volantes de inércia) e gases comprimidos.
2) *Armazenamentos eletroquímicos de energia* convertem energia química em eletricidade. Nessa categoria estão as baterias, primárias (não recarregáveis) e secundárias (recarregáveis), bem como as células a combustíveis.
3) *Armazenamentos diretos de energia elétrica* são métodos para manter a energia em um campo elétrico. Nessa categoria encontram-se os capacitores e supercapacitores, também conhecidos como capacitores de dupla camada elétrica, assim como as bobinas supercondutoras ou SMES (*Superconducting magnetic energy storage*).
4) *Armazenamentos de energia térmica* são os métodos de acumulação de energia térmica em um meio, de forma que se possa recuperar essa forma de energia para uso direto (por exemplo, aquecimento ambiental) ou para conversão em outra forma de energia (por exemplo, usinas termelétricas).
5) *Armazenamentos químicos de energia* são métodos para manter a energia em um elemento ou composto químico para posterior uso desse potencial visando à recuperação da energia originalmente empregada. Nessa categoria podemos citar o estoque de hidrogênio (cuja origem poderia ser de eletrólise da água ou de reforma de gás natural) para uso em células a combustível, gerando eletricidade. Existem muitos outros compostos químicos e rotas de reações químicas atualmente em desenvolvimento.

As seções seguintes apresentam um levantamento de técnicas de armazenamento, algumas mais consolidadas e outras ainda em evolução, bem como metodologias de comparação e mensuração usuais no setor, com o intuito de municiar o leitor de uma visão abrangente dos progressos e das possibilidades que o tema representa para o setor de energias renováveis.

6.1 Armazenamento de energia mecânica

O armazenamento de energia mecânica engloba todos os tipos de armazenamento nos quais a energia é convertida e/ou armazenada como energia cinética ou potencial (as formas mais comuns são potencial gravitacional e potencial elástica). Em muitos casos, os sistemas de armazenamento de energia mecânica são utilizados em conjunto com os sistemas de produção de energia elétrica, e seu funcionamento é condicionado à demanda de energia elétrica. Por essa razão, a forma de energia convertida em energia mecânica mais comum para armazenagem é a energia elétrica.

6.1.1 Armazenamento por bombeamento hidráulico

O armazenamento por bombeamento hidráulico consiste em acumular energia elétrica na forma de energia potencial gravitacional. As bombas bombeiam água e elevam sua altura manométrica, formando, desse modo, um reservatório de água de altura elevada. Posteriormente, em horário de alta demanda de energia elétrica, a água armazenada é turbinada para gerar energia elétrica. Algumas tecnologias baseadas neste princípio são detalhadas na sequência.

a) Usina hidrelétrica reversível (UHR)

Em uma Usina Hidrelétrica Reversível (UHR) existem dois reservatórios em alturas manométricas diferentes, cuja diferença de altura permite o armazenamento da energia potencial gravitacional. A geração de energia elétrica é feita quando a água do reservatório superior escoa por gravidade até o reservatório inferior e ativa as turbinas, transformando energia potencial gravitacional em energia elétrica. O armazenamento de energia, por sua vez, é feito quando as bombas realizam trabalho e transportam a água do reservatório inferior para o reservatório superior, transformando energia elétrica em energia potencial gravitacional. Na Fig. 6.1 é ilustrada a configuração de uma UHR convencional.

Os reservatórios, sobretudo o reservatório superior, têm grande influência na capacidade de armazenamento da UHR. Em geral, é preferível trabalhar com um reservatório pequeno e uma grande altura manométrica do que com um reservatório grande e uma altura manométrica baixa. Isso agrega uma série de vantagens, como: menor custo e impacto ambiental no que diz respeito ao reservatório; menor custo com tubulações e menor tamanho da bomba por se ter uma vazão menor para a mesma potência (Gallo, 2012).

As UHR convencionais são divididas, quanto ao bombeamento, em dois tipos: as *off-stream*, que realizam o bombeamento fora do curso de água e as *pump-back*, que fazem a inversão do curso de água. Um exemplo nessa última categoria, *pump-back*, é a Usina Elevatória de Pedreira, inaugurada em 1939 na cidade de São Paulo, considerada a primeira usina reversível em operação comercial no mundo.

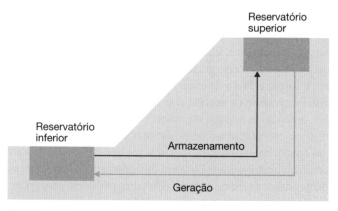

FIGURA 6.1 UHR convencional.

Independentemente do tipo, as UHR convencionais sofrem algumas restrições de uso: a necessidade de instalação de dois reservatórios com uma diferença de altura manométrica adequada e o fato de que a maioria das bombas reversíveis não é capaz de trabalhar com carga variada.

b) UHR com uso de água do mar

Esse tipo de UHR aproveita-se de desníveis geológicos presentes em costas marítimas para criar o reservatório superior em maré alta e utiliza o próprio mar como reservatório inferior na maré baixa. A primeira usina desse tipo foi construída no Japão e funciona de forma exatamente igual às UHR convencionais, porém questões como corrosão são muito mais relevantes.

c) UHR de velocidade variável

Essas usinas utilizam bombas reversíveis com velocidade de operação variável, o que é uma vantagem com relação às UHR convencionais, pois permite que elas acompanhem a curva do sistema elétrico e, por conseguinte, torna a operação da usina mais rápida e flexível.

d) UHR com reservatório aquífero

Nessas usinas um reservatório aquífero é utilizado como reservatório inferior, de modo que o armazenamento de energia é feito pelo bombeamento de água do aquífero até a superfície, e a geração é feita mediante a liberação de água da superfície de volta para o aquífero.

No que diz respeito a restrições geológicas, as UHR com reservatório aquífero podem ser instaladas em mais regiões do que uma UHR convencional, contudo há questões legais e ambientais quanto à perfuração e utilização de aquíferos que inviabilizam projetos desse tipo.

e) UHR com reservatório subterrâneo

As UHR com reservatório subterrâneo são similares à UHR com reservatório aquífero, porém contornam as questões legais e ambientais ao não utilizar uma estrutura previamente existente na natureza, e sim construir um reservatório subterrâneo com a finalidade de operar na usina. Uma representação esquemática de uma UHR com reservatório subterrâneo pode ser vista na Fig. 6.2.

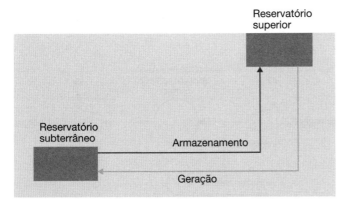

FIGURA 6.2 UHR com reservatório subterrâneo.

f) UHR com pistão hidráulico

Existe uma técnica de usar um poço ou cilindro pressurizado para acumular energia potencial. Para a geração de energia mecânica, o sistema de válvulas permite a movimentação ascendente de um pistão pelo bombeamento de água e posterior descida da água pressurizada passando por uma turbina hidráulica na alternativa de um poço subterrâneo [Fig. 6.3(a)], em que o sistema opera completamente em circuito fechado. Na alternativa da Fig. 6.3(b), a água é bombeada para um reservatório cilíndrico pressurizado, dotado de uma massa de material denso adicional instalado na cabeça do pistão, e, posteriormente, turbinada. A bomba pode também ser uma turbina, ou seja, um equipamento reversível para ambas as configurações. A grande vantagem é não requerer um grande reservatório na superfície.

6.1.2 Armazenamento de energia em ar comprimido (CAES)

Energia mecânica na forma de ar comprimido pode ser armazenada em reservatórios pressurizados ou até mesmo em cavernas abandonadas. Em termos de capacidade instalada, o armazenamento de energia em ar comprimido, ou, do inglês, *compressed air energy storage* (CAES), atinge aproximadamente 320 MW em uma instalação na Alemanha e 110 MW em uma instalação nos Estados Unidos (Gallo *et al.*, 2016).

Um sistema típico de CAES é apresentado na Fig. 6.4, sendo composto dos principais componentes: compressor, turbina ou turboexpansor, gerador elétrico, câmara de combustão e um reservatório para o armazenamento de ar. Para realizar o armazenamento de energia, o ar proveniente da atmosfera é armazenado em um reservatório com uso de um compressor acionado por energia elétrica proveniente da rede, em horário de baixa demanda, ou de uma fonte renovável. Para realizar a geração de energia elétrica, o ar comprimido é liberado para a câmara de combustão, onde sua temperatura (entalpia) é elevada para, finalmente, acionar a turbina, a qual, por sua vez, aciona o gerador. O aquecimento do ar comprimido se faz necessário porque, caso contrário, na saída da turbina o ar sairia com temperaturas muito baixas em função do processo de expansão na turbina.

Normalmente, o reservatório é uma formação subterrânea composta de rochas porosas, salinas, antigas minas ou rochas escavadas. Os custos de construção desse tipo de armazenamento são muito inferiores ao de utilizar reservatórios pressurizados na superfície, algo semelhante às jazidas de gás natural. Por outro lado, isso implica uma restrição geológica para a instalação. Não obstante, existem CAES compostos por vários tanques aéreos.

Outro ponto fraco é a necessidade de aquecimento pela turbina. O ar é armazenado em temperatura ambiente, mas, para expandir, precisa estar em temperatura elevada. A solução para isso é utilizar o ar diretamente na câmara de combustão da turbina a gás.

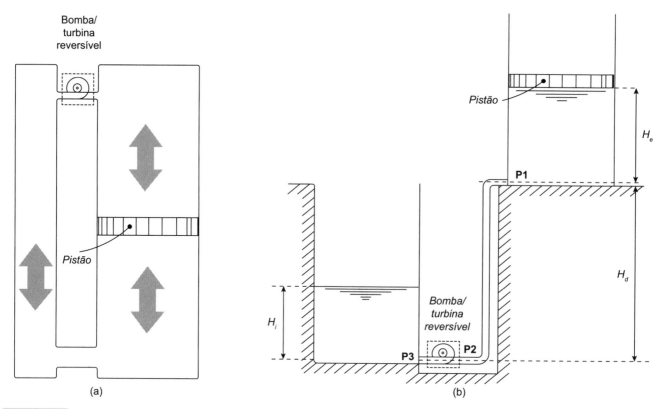

FIGURA 6.3 UHR com pistão hidráulico subterrâneo. (a) Poço subterrâneo. (b) Dois reservatórios.

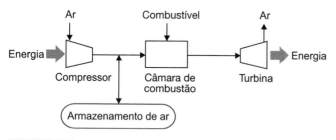

FIGURA 6.4 CAES clássico.

a) CAES assistido por energia solar

No CAES clássico, o aquecimento do ar comprimido é feito por combustíveis fósseis, o que faz com que essa forma não seja de armazenamento totalmente renovável. O uso da energia solar visa contornar essa característica, entretanto, em contrapartida, o custo do investimento eleva-se por causa do sistema heliotérmico. A Fig. 6.5 ilustra o funcionamento de um CAES assistido por energia solar.

Outro fator que deve ser levado em consideração em toda tecnologia que utiliza energia solar como fonte de energia é a disponibilidade. Uma vez que o objetivo de um sistema de armazenamento é armazenar energia quando há excedente e gerar energia quando há escassez, utilizar energia solar seria prejudicar essa flexibilidade, por causa da intermitência.

b) CAES adiabático

O CAES adiabático aproveita o calor dissipado no resfriamento do compressor em um sistema de armazenamento de energia térmica. No armazenamento, o ar é comprimido gerando um fluxo quente que passa através do sistema de armazenamento de energia térmica antes de ser armazenado no reservatório pressurizado. E, na geração, o ar é extraído do reservatório e passa pelo sistema de armazenamento de energia térmica antes de ser expandido pelas turbinas (Andrade, 2014). Esse processo de armazenamento e geração é ilustrado na Fig. 6.6.

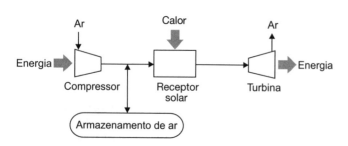

FIGURA 6.5 CAES assistido por energia solar.

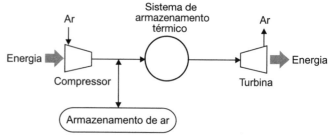

FIGURA 6.6 CAES adiabático.

Nessa configuração ocorrem dois tipos de armazenamento: o armazenamento mecânico de ar comprimido e o armazenamento térmico que é apresentado na Seção 6.2.

c) CAES isotérmico

O CAES isotérmico tenta resolver o problema da dissipação de calor na compressão mediante a minimização da variação de temperatura na compressão e na expansão. Como indicado na Seção 2.8.2 do Capítulo 2, a potência de compressão isotérmica (reversível) é inferior à de outras formas de compressão.

Motogeradores a pistão são utilizados para comprimir e expandir o ar, e com a pulverização de água esse processo consegue ser quase isotérmico. A água é armazenada em reservatórios isolados termicamente (mais um caso de armazenamento de energia térmica, portanto), e isso facilita muito a manutenção das variações de temperaturas baixas. Esse tipo de instalação é muito flexível do ponto de vista da restrição geológica, por utilizar canalizações ou reservatórios pressurizados com possibilidade de construção modular com associação dos módulos de potência.

d) CAES submarino

Essa solução se baseia no arranjo em que o reservatório seja instalado em um lago ou oceano, pois, em função da pressão hidrostática do fundo, as paredes do reservatório do ar comprimido serão submetidas a uma menor diferença entre a pressão interna e a externa, reduzindo consequentemente os custos estruturais do reservatório.

Assim como o CAES tradicional, seu uso também está condicionado a questões geológicas e seu maquinário também é semelhante, diferindo na redução dos custos de armazenamento.

6.1.3 Volante de inércia

As rodas de inércia são uma das mais antigas formas de armazenamento de energia usadas pelo ser humano, até hoje utilizadas em rodas de oleiro na produção de cerâmicas e em moinhos de pedra na produção de trigo.

Atualmente, os volantes de inércia são utilizados para armazenar energia elétrica na forma de energia cinética. Na geração, o motogerador é responsável por desacelerar o rotor e converter a energia elétrica em cinética, e, no armazenamento, a energia elétrica é utilizada para acelerar o rotor. A geometria, o material e a velocidade de rotação têm influência direta na quantidade de energia que pode ser armazenada, e os volantes de inércia são classificados em baixa velocidade (até 10.000 RPM) e alta velocidade (até 100.000 RPM) (Gallo, 2012).

O mancal magnético é a parte mais sensível em termos de eficiência do volante de inércia, pois, afinal, suporta o volante que gira de forma constante em alta velocidade, o que inevitavelmente provoca perdas de atrito. Essas perdas são traduzidas em taxas de autodescarga de 1 a 3 % da capacidade por hora, e são maiores na proporção da velocidade de operação do volante (Gallo, 2012).

6.2 Armazenamento de energia térmica

O armazenamento de energia térmica engloba todos os tipos de armazenamento nos quais a energia é convertida e/ou armazenada como energia interna (as formas mais comuns são energia sensível e latente). Em muitos casos, os sistemas de armazenamento de energia térmica são utilizados em conjunto com processos que necessitam de fornecimento de calor para operar, de modo que esses também realizam o ajuste e o controle da taxa de calor para atender às necessidades térmicas do sistema.

As tecnologias de armazenamento de energia térmica são divididas em duas grandes categorias entre as que realizam o armazenamento na forma de calor sensível – sem mudança de fase – e as que realizam o armazenamento na forma de calor latente – com mudança de fase (Haydamus, 2012).

6.2.1 Sem mudança de fase – sensível

Nesses sistemas, a energia térmica é armazenada por meio do aumento da temperatura de um sólido, um líquido ou um gás; ou seja, o armazenamento de energia é limitado em primeira instância pelo calor específico e densidade do material e pelo volume de armazenamento. Muitos sistemas de armazenamento são formados por leito rochoso (pedras britas) por meio do qual ar ou óleo quente circula para aquecê-lo. Posteriormente, a energia térmica acumulada é recuperada pela circulação do fluido de trabalho, que também pode ser ar ou óleo quente. É muito comum que a variação térmica venha a causar instabilidade do meio armazenado e, em geral, isso implica superdimensionamento do reservatório. Em temperaturas moderadas, 50 a 60 °C, por exemplo, são empregados tanques ou reservatórios de água quente para sistemas de aquecimento solar, como bem discutido na Seção 10.1.3.

6.2.2 Com mudança de fase – latente

Sistemas com mudança de fase são referidos por PCM (do inglês, *phase-change materials*). A energia térmica é armazenada pela mudança de fase de um material de sólido para líquido ou líquido para vapor; portanto, o armazenamento de energia se dá pela energia da mudança de fase que, em geral, é muito maior do que o armazenamento simples na forma de energia sensível, discutida no item anterior. Uma vantagem desses materiais é a possibilidade de estabelecer uma temperatura de armazenamento e descarga, ou seja, fixar uma temperatura para operação do sistema que permanece inalterada durante o processo de mudança de fase, como característico da mudança de fase de materiais simples (não multicomponentes), como apresentado nos diagramas termodinâmicos do Capítulo 2.

Os materiais do tipo PCM são classificados em materiais orgânicos e inorgânicos e têm aplicações específicas em função da temperatura de operação. Entre os materiais orgânicos, estão as parafinas e as gorduras animal (banha de porco) e vegetal. Já quanto aos compostos inorgânicos, são empregados sais fundidos, compostos metálicos, entre outros.

Os sais fundidos costumam ter elevada temperatura de fusão (500 a 600 °C) em comparação com outros PCM, podendo, assim, ser utilizados em processos de alta temperatura, por exemplo, em concentradores heliostáticos de torres solares (Seção 10.2.3). Do lado da aplicação em baixa temperatura, a energia solar captada em coletores solares de aquecimento de água também pode ser armazenada em materiais do tipo PCM de fusão em baixa temperatura (50 a 60 °C), muitos dos quais são feitos de compostos de parafina ou até de gorduras animal ou vegetal. No caso da aplicação solar, pretende-se eliminar o reservatório térmico (*boiler*) e diminuir o espaço necessário da instalação solar pelo uso de PCM.

6.2.3 Armazenamento de energia térmica de baixa temperatura para ar-condicionado

Existem sistemas que podem armazenar energia térmica de baixa temperatura para suprir a demanda de ar-condicionado em momentos em que a tarifa de eletricidade é mais elevada. Essas tarifas, também conhecidas como *tarifas horo-sazonais* (THS), são aplicadas para consumidores do grupo A (Tab. 18.1), ou seja, grandes consumidores de energia elétrica, como comércios, indústrias e condomínios. O preço da eletricidade é mais elevado no horário de pico, entre 17:00h e 20:00h. Nesse caso, uma solução usada com frequência é o armazenamento de *água gelada* (entre 4 e 6 °C) em tanques de aço ou concreto isolados termicamente, como ilustrado na Fig. 6.7. Nesta configuração, água gelada é geralmente produzida e armazenada de madrugada para ser usada nos sistemas de ar-condicionado dotados de *fan coils* no horário de pico, momento em que o sistema principal de ar-condicionado é desligado para economizar energia elétrica. A Fig. 6.7 mostra um *chiller* (termo comercial para um ciclo de refrigeração que produz água gelada) que produz água gelada, que é então bombeada para os ambientes ou recintos que devem ser condicionados, os quais são dotados de *fan coils*. Normalmente, o *chiller* produz a água gelada demandada, porém, nos horários de pico, as válvulas direcionais V_1 e V_2 transferem o consumo de água gelada armazenada no tanque para os *fan coils* dos recintos.

Outros projetos produzem e acumulam gelo no lugar de água gelada. O gelo é usado porque reduz o volume do tanque de armazenamento, já que se aproveita a energia de solidificação do gelo que, portanto, se comporta como um tipo de material PCM.

6.3 Energia eletroquímica

As baterias, usadas e conhecidas há mais de dois séculos, são dispositivos eletroquímicos projetados para armazenar energia elétrica na forma de produtos químicos e convertê-la posteriormente em energia elétrica quando necessário, e são analisadas nesta seção.

Ela é composta por uma ou mais células eletroquímicas, que consistem em eletrodos (um positivo e outro negativo) imersos em um eletrólito. Os componentes principais de uma bateria incluem:

- eletrodos: são as partes da bateria onde ocorrem as reações químicas durante o processo de carga e descarga. O eletrodo positivo é chamado cátodo e o negativo, ânodo;
- eletrólito: é o material que permite a movimentação de íons entre os eletrodos durante o processo de carga e descarga. O eletrólito pode ser líquido, gel ou sólido, dependendo do tipo de bateria;
- invólucro: é a estrutura externa que contém os componentes internos da bateria, fornecendo proteção mecânica e isolamento elétrico.

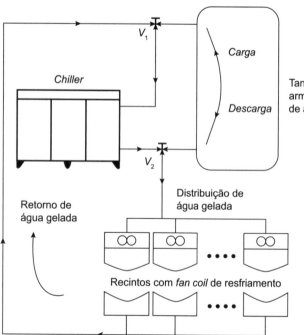

FIGURA 6.7 Sistema de armazenamento de água gelada de ar-condicionado.

A primeira bateria reconhecida foi inventada pelo cientista italiano Alessandro Volta em 1800, conhecida como "pilha de Volta". Consistia em uma série de discos alternados de zinco e cobre, separados por pedaços de tecido embebidos em solução salina ou ácido. Desde então, foram testadas várias reações entre diversos materiais na busca por eficiência e por características desejáveis a aplicações específicas.

Essas baterias subdividem-se primeiramente em primárias e secundárias. Nas primárias, a reação química não é reversível, ou seja, esse tipo de bateria não pode ser recarregado e, por isso, não é levado em consideração para o armazenamento de energia de outras fontes. Como o tema do capítulo é o armazenamento de energia, o principal foco serão as baterias secundárias, sobre as quais falaremos a seguir, pois permitem a recarga com energia externa.

6.3.1 Baterias secundárias

Esse grupo compreende diversas tecnologias, entre as quais as mais importantes são a bateria de chumbo-ácido (PbA), a de níquel-cádmio (NiCd), a de níquel-hidreto metálico (Ni-MH), a de íon lítio (Li-íon) ou sódio-ion, a de metal-ar e a de sódio-enxofre.

a) Bateria chumbo-ácido (PbA)

Hoje presente em quase todos os automóveis, é o tipo mais antigo de bateria secundária.

As fórmulas de reação químicas são as seguintes:

> **Ânodo, oxidação:** $Pb_{(s)} + HSO_4^-{}_{(aq)} + H_2O_{(l)}$
> $\rightarrow PbSO_{4(s)} + H_3O^+ \ 2e^-$

Os elétrons se deslocam, pelo círculo externo, para o eletrodo de óxido de chumbo (IV), onde provocam a redução do PbO_2:

> **Cátodo, redução:** $PbO_{2(s)} + 3H_3O^+{}_{(aq)} + HSO_4^-{}_{(aq)} + 2e^-$
> $\rightarrow PbSO_{4(s)} + 5H_2O_{(l)}$

A reação global (a seguir) que fornece a energia elétrica deixa os dois eletrodos revestidos por uma película aderente de sulfato de chumbo (II), branco, e consome o ácido sulfúrico:

> $Pb_{(s)} + PbO_{2(s)} + 2HSO_4^-{}_{(aq)} + 2H_3O^+{}_{(aq)}$
> $\rightarrow 2PbSO_{4(s)} + 4H_2O_{(l)}$

Apesar de pequenos melhoramentos construtivos que diferenciam produtos de diferentes fabricantes, considera-se essa tecnologia, cuja maturidade consiste em sua maior vantagem, como completamente desenvolvida (*Technology Readiness Level*, TRL = 9). Entretanto, existem novos desenvolvimentos para aumento de sua densidade energética e durabilidade em descargas profundas. A bateria de chumbo ácida ainda hoje é a mais utilizada no mundo e continua aumentando a sua produção, porém seu espaço no mercado vem sendo continuamente diminuído.

Por outro lado, as desvantagens apenas limitam uma aplicabilidade ainda maior: baixa densidade de energia armazenada e perda de capacidade quando descarregadas profundamente ou com alta potência. A preocupação ambiental com o chumbo parece ter sido resolvida com maior conscientização e programas de reciclagem.

Existem novos desenvolvimentos das baterias de chumbo ácido, denominadas baterias bipolares, pelas empresas Atraverda, Firefly e Electrocell, essa última baseada na tecnologia bipolar chumbo/carbono.

Apesar de a bateria de íon lítio apresentar maior durabilidade, a bateria de chumbo-ácido representa o maior mercado de baterias no mundo, em função de sua maior segurança e menor custo.

b) Baterias de níquel-cádmio (NiCd) e níquel-hidreto metálico (NiMH)

Inventada em 1899, a bateria de níquel-cádmio foi o segundo tipo de bateria recarregável a ser desenvolvida comercialmente. As características de densidade de energia, densidade de potência, tolerância a baixas temperaturas de vida útil com relação às de chumbo ácido foram aprimoradas, mas apresentam um efeito memória característico que restringe recargas parciais.

A toxicidade do cádmio e o indesejável efeito memória limitaram as aplicações desse tipo de bateria, apresentando restrições desde 1988 nos Estados Unidos. Foi, inclusive, proibido para o consumidor em 2006 na comunidade europeia.

Com o desenvolvimento das baterias de níquel-hidreto metálico (NiMH) nos anos 1990, essas logo se difundiram como substitutas das de cádmio, o que foi motivado primordialmente pelas pressões regulatórias ambientais. Tais regulações baniram o uso do cádmio em veículos elétricos e híbridos em vários países. Como resultado, os projetistas adaptaram rapidamente seus veículos para o uso de NiMH, tecnologia que prevalece ainda hoje.

A Tabela 6.1 resume informações para células e módulos baseados nas tecnologias NiCd e NiMH.

c) Baterias de íons de lítio (Li-íon)

As baterias de íons de lítio chegaram ao mercado em 1991, tendo uma grande contribuição tecnológica dos pesquisadores John B. Goodenough, químico alemão nascido em Jena, na Alemanha, do britânico M. Stanley Whittingham e do japonês Akira Yoshino, que em conjunto receberam o prêmio Nobel em Química em 2019, na época, armazenando mais que o dobro de energia que a NiMH, e rapidamente tomaram o posto da tecnologia níquel-hidreto metálico para aplicações portáteis e móveis. A principal razão reside na capacidade de armazenamento: o níquel tem uma densidade de energia menor que a do lítio, o que resulta em uma bateria de lítio menor e mais leve que outra de níquel, para uma mesma capacidade.

O princípio de funcionamento das baterias de íon de lítio baseia-se no fenômeno de intercalação iônica. Este fenômeno é descrito pela difusão dos íons de lítio (Li^+) por meio da rede cristalina tanto do cátodo como do ânodo, com a diferença de que quando intercala em um, desintercala do outro, e vice-versa. O eletrodo que recebe o íon intercalante, e consequentemente um elétron, é reduzido, enquanto o outro eletrodo que cede o íon intercalante é oxidado. Por esse movimento iônico de ora intercalar ora desintercalar esta bateria recebeu

TABELA 6.1 Informações sobre baterias NiCd e NiMH

Característica da tecnologia		Valores típicos		
		NiCd ventilada	NiCd selada	NiMH selada
Tensão nominal de uma célula (V)		1,2	1,2	1,2
Capacidade de uma célula (Ah)		2 – 1300	0,05 – 25	0,05 – 110
Potência de descarga (MW)		1 – 50	0,01 – 1	0,001 – 1
Capacidade de armazenamento (kWh)		150 – 4000	1 – 150	0,1 – 15
Tempo de descarga (ordem de grandeza)		De minutos a horas	Minutos	Minutos
Tempo de reação (ordem de grandeza)		Inferior a 1 s	Inferior a 1 s	Inferior a 1 s
Taxa de autodescarga		0,67 %/dia	0,67 %/dia	1 %/dia
Densidade de energia em volume (Wh/L)		15 – 80	80 – 110	80 – 200
Densidade de energia em massa (Wh/kg)		15 – 40	30 – 45	40 – 80
Densidade de potência (W/L)		75 – 700	N/D	500 – 3000
Eficiência energética (%)		60 – 80	60 – 70	65 – 75
Vida útil	(anos)	5 – 20	5 – 10	5 – 10
	(ciclos)	1500 – 3000	500 – 800	600 – 1200
Nível de maturidade		Comercial (TRL 9)	Comercial (TRL 9)	Comercial (TRL 9)
Custo de investimento em potência (€/kW)		140 – 1200	140 – 1200	1000 – 3000
Custo de investimento em armazenamento (€/kWh)		300 – 1900	300 – 1900	400 – 2000

Fonte: EPRI (2015); IEC (2011); IEA (2011).

originalmente o nome de "cadeira de balanço". O responsável pela oxirredução é o metal de transição, e não o lítio.

Outra característica importante da bateria de íon de lítio é a formação da interface sólida eletrolítica (SEI). Durante o primeiro ciclo de carregamento, a carga consumida excede a capacidade teórica para a formação de LiC_6 e, em decorrência, uma alta capacidade irreversível é obtida. Esta capacidade irreversível é resultado de reações paralelas envolvendo a decomposição do eletrólito, a qual induz a formação de um filme sólido passivo na interface no eletrodo/eletrólito, comumente chamada de interface sólida eletrolítica. Esta SEI é eletronicamente isolante, mas condutora ionicamente, previne futuras decomposições do eletrólito e permite a transferência iônica da solução (protege o grafite). A formação da camada de passivação é um efeito essencial, garantindo a estabilidade no seu número de ciclos do eletrodo de carbono, evitando que ocorram outras reações eletroquímicas, que diminuam a estabilidade de muitos eletrólitos comumente utilizados.

Além de representarem um avanço em densidade energética, também apresentam maior tensão por célula, 3,7 V, possibilitando diversos projetos eletrônicos com apenas uma célula.

Nas tecnologias anteriores, NiCd e NiMH, assim como nas de LiB, utiliza-se a associação de células em série e em paralelo para atender a várias aplicações portáteis, como nos celulares, baterias automotivas até em grandes sistemas de armazenamento de energia (*energy storage system* – ESS) de 100 MWh.

Em 2019, na primeira geração, a Toyota utilizou em seu veículo Mirai híbrido uma bateria de 1,6 kWh Ni-MH e célula a combustível de 128 kW. Na geração seguinte, em 2021, substituiu a bateria de NiMH por Li-íon com energia de 1,24 kWh, atingindo o recorde mundial (Guinness World Records™) de 1359 km de autonomia.

Essa tecnologia, apesar de muito presente no nosso cotidiano, ainda se encontra em desenvolvimento, principalmente por questões de segurança no seu uso e aumento da densidade energética.

Os materiais mais utilizados na bateria consistem:

- no ânodo, a grafita, amplamente utilizada, entretanto há novos materiais em desenvolvimento, como o Li_2TiO_3 e o $TiNb_2O_7$, todos tendo como coletor de corrente uma folha de cobre de aproximadamente 15 a 20 µm de espessura.

- nos materiais utilizados no cátodo, normalmente são utilizados os óxidos de metais de transição, distribuídos em uma folha de alumínio de aproximadamente 15 a 20 µm de espessura.

As baterias de íons de lítio são comumente classificadas com base no tipo de material utilizado para o cátodo, que é um dos principais componentes da bateria. Na Tabela 6.2, encontram-se informações sobre as células baseadas na tecnologia Li-íon.

Os tipos mais comuns de baterias são:

- baterias de óxido de cobalto de lítio ($LiCoO_2$, cujo acrônimo é LCO): estas baterias são comumente usadas em *laptops*, telefones celulares e outros eletrônicos portáteis;
- baterias de Óxido de Manganês Lítio ($LiMn_2O_4$, cujo acrônimo é LMO): estas baterias são comumente usadas em ferramentas elétricas e veículos elétricos;
- baterias de Fosfato de Ferro Lítio ($LiFePO_4$, cujo acrônimo é LFP): estas baterias são comumente usadas em veículos elétricos, sistemas de energia solar e sistemas de energia de reserva;
- baterias de Óxido de Alumínio ($LiNiCoAlO_2$, cujo acrônimo é NCA) (*lithium nickel cobalt aluminium oxide*): estas baterias são comumente usadas em veículos elétricos e em algumas ferramentas de alta potência;
- baterias de Óxido de Cobalto de Lítio Níquel Manganês ($LiNiMnCoO_2$, cujo acrônimo é NMC): estas baterias são comumente usadas em veículos elétricos, drones e outras aplicações de alta potência;
- baterias de Titanato de Lítio ($Li4Ti_5O_{12}$, cujo acrônimo é LTO): estas baterias são comumente usadas em ônibus e outros veículos de grande porte que requerem alta potência e tempos de carga rápidos.

As baterias de íon-lítio também podem ser classificadas em outros fatores, como tamanho, voltagem, capacidade e duração do ciclo da bateria, embora também existam outras exceções, como as células de polímero de íon-lítio (Li-Po), um tipo de bateria de íon-lítio que utiliza um eletrólito de polímero em vez de um eletrólito líquido.

Assim como qualquer tipo de bateria, não é recomendável atuar nos extremos, ou seja, descarregá-la ou carregá-la completamente. Ao descarregá-la completamente, inicia-se no ânodo o processo de corrosão do condutor de cobre com a introdução de íons de cobre no eletrólito, ocasionando um defeito irreversível e, ocasionalmente, a destruição da camada SEI. Carregando excessivamente a bateria, ocorre a formação de gases em ambos os eletrodos, podendo formar diversos gases combustíveis, dependendo do tipo da bateria, como hidrogênio, CO, CO_2, C_2H_6, C_2H_6 e CH_6 e CH_2. A formação destes gases estufa a bateria, aumentando sua resistividade interna e ocasionando também defeitos irreversíveis.

Estes são motivos para que nesta tecnologia seja necessário – para qualquer aplicação, desde automotiva até a estacionária –, o uso de BMS (*battery management systems*). O BMS, por meio de um microcontrolador digital, monitora e controla a tensão e a corrente de carga e descarga; temperatura interna, externa e do sistema; colisão; estado de saúde da bateria (*state of health* – SOH); estado de carga (*state of charge* – SOC); módulo de comunicação; relógio; entrada e saída de dados digitais e analógicos; e balanceamento das células individuais. O monitoramento pode ser classificado como passivo e ativo. No balaceamento ativo, utilizam-se circuitos externos para transportar ativamente a energia entre as células de modo a equilibrá-las. Removem a carga das pilhas de mais energia e entregam para células de energia mais baixa. No balanceamento passivo, o método desvia das células de maior energia para uma resistência *shunt*, até que

TABELA 6.2 Informações sobre baterias Li-íon

Característica da tecnologia		Valores típicos
Tensão nominal de uma célula (V)		3,7
Capacidade de uma célula (Ah)		0,05 – 100
Potência de descarga (kW)		2 – 20.000
Capacidade de armazenamento (kWh)		1 – 100.000
Tempo de descarga (ordem de grandeza)		Alguns minutos a mais de 1 hora
Tempo de reação (ordem de grandeza)		Inferior a 1 s
Taxa de autodescarga		0,33 %/dia
Densidade de energia em volume (Wh/L)		200 – 400
Densidade de energia em massa (Wh/kg)		60 – 200
Densidade de potência (W/L)		1300 – 10.000
Eficiência energética (%)		85 – 98
Vida útil	(anos)	5 – 15
	(ciclos)	500 – 10.000
Nível de maturidade		Comercial (TRL 7-9)
Custo de investimento em potência (€/kW)		1000 – 3000
Custo de investimento em armazenamento (€/kWh)		100 – 1200

Fonte: EPRI (2015); IEC (2011); ENEA (2012).

todas correspondam à célula com energia mais baixa. Existem algumas variações de métodos ativos, como: desvio de carga (*charge shunting*); transporte de carga (*charge shuttling*); conversor de energia (*energy converter*).

Por causa disso, os módulos contam com sistemas caros de monitoração e controle e, ocasionalmente, com invólucros antichama. Em futuro próximo, as baterias de íon de lítio poderão alcançar a impressionante densidade energética de 900 Wh/kg, considerada a geração V, quase quatro vezes a energia que utilizamos em nossos *laptops* e celulares.

Baterias de íon de sódio

d) Baterias de íons de sódio (Na-íon)
As baterias de íon de sódio, foram desenvolvidas desde 1970 em paralelo com as baterias de íon de lítio. Utilizando o mesmo princípio de funcionamento das baterias de íon de lítio, intercalação iônica. As baterias de Na-íon estão emergindo como uma alternativa promissora às baterias de íon de lítio em várias aplicações, principalmente devido ao menor custo.

Dados estatísticos mostram que a abundância do lítio na crosta terreste é de apenas 17 ppm e a sua distribuição extremamente desigual, com recursos mundiais de cerca de 80 milhões de toneladas, segundo a United States Geological Survey (USGS). Já o sódio, também um metal alcalino, possui reservas de 2,36 % da crosta terreste, considerado o quinto maior elemento da Terra. A concentração de sódio é 1180 maior que o lítio na crosta terreste e, no mar, 60.000 vezes mais.

As baterias de íon de sódio tendem a ser mais seguras do que as de íon de lítio, pois o sódio é um pouco menos reativo do que o lítio, o que reduz o risco de incêndios ou explosões durante o uso e carregamento das baterias.

Podem operar em uma faixa mais ampla de temperaturas em comparação com as baterias de íon de lítio, tornando-as mais adequadas para ambientes extremos.

e) Baterias metal-ar (M-Air)

Essa variedade de baterias compreende algumas tecnologias em desenvolvimento e outras em estágio mais maduro. A célula é composta de um ânodo de metal puro e o cátodo exposto ao oxigênio do ar para que ocorra a reação eletroquímica.

Na teoria, a célula lítio-ar é a que apresenta a maior densidade energética teórica, 11,14 kWh/kg, comparável em termos de energia a combustíveis líquidos, como a gasolina, cuja densidade energética é de aproximadamente 12 kWh/kg.

Entretanto, essa promissora variante ainda está em desenvolvimento. Já a variante baseada em zinco-ar está disponível comercialmente e tem potencial teórico de densidade energética de 1,35 kWh/kg.

Na prática, podem ser encontrados módulos pequenos, como baterias primárias para aparelhos de surdez e eletrônicos com densidades de 0,47 kWh. Os desenvolvimentos visam a levar os tipos secundários (recarregáveis) ao mercado, além de prover capacidades maiores.

Outros dados sobre a tecnologia zinco-ar são mostrados na Tabela 6.3.

TABELA 6.3 Informações sobre baterias zinco-ar

Característica da tecnologia	Valores típicos
Tensão nominal de uma célula (V)	1,0
Capacidade de uma célula (Ah)	1 – 100
Potência de descarga (kW)	1 – 1000
Capacidade de armazenamento (kWh)	1 – 6000
Tempo de descarga (ordem de grandeza)	Alguns minutos a mais de 1 hora
Tempo de reação (ordem de grandeza)	Inferior a 1 s
Densidade de energia em volume (Wh/L)	130 – 200
Densidade de energia em massa (Wh/kg)	130 – 200
Densidade de potência (W/L)	50 – 100
Eficiência energética (%)	50 – 70
Vida útil (anos)	> 30
Vida útil (ciclos)	> 5000
Nível de maturidade	P&D (TRL 3-5)
Custo de investimento em potência (€/kW)	1000 – 1700
Custo de investimento em armazenamento (€/kWh)	100 – 300

Fonte: EPRI (2015); IEC (2011).

f) Baterias de sódio-enxofre (NaS)

Esse tipo de bateria utiliza sais fundidos como ânodo e cátodo e é uma bateria de alta temperatura, pois opera na faixa de 300 a 350 °C.

O cátodo é composto de íons de enxofre e ânodo íons de sódio em meio de sais fundidos, que estão separados pelo eletrólito sólido de beta-alumina, como se observa na Fig. 6.8.

A necessidade de manter essa temperatura é considerada a maior dificuldade imposta por essa tecnologia. Mas, como os materiais empregados são de baixo custo, indica-se sua aplicação para grandes empreendimentos de regulação da rede elétrica.

As vantagens dessa tecnologia são a capacidade de armazenamento, significativamente maior que de outras baterias, a possibilidade de descargas profundas, alta eficiência energética, elevada densidade de energia e longa vida útil.

Mais informações sobre essa tecnologia encontram-se na Tabela 6.4.

O desenvolvimento dessa tecnologia se deu principalmente no Japão, onde são utilizadas em instalações de armazenamento de grande capacidade e potência, como na usina eólica Rokkasho-Futamata (51 MW) que recebeu um conjunto de baterias de 34 MW para equalização da intermitência.

g) Baterias de fluxo redução-oxidação (redox)

Mais recentemente, outro tipo de bateria tem merecido a atenção de pesquisadores e investidores: a bateria de fluxo redox ou, simplesmente, bateria de fluxo. Já pertencem ao nosso cotidiano e são comercializadas, mas estão em desenvolvimento contínuo e têm sido apontadas como promissoras em diversas aplicações. As baterias de fluxo foram concebidas no século XIX e voltaram a despertar interesse novamente na década de 1970. Nelas, a energia é armazenada fora da bateria, em eletrólitos (anólito e católito) contendo as espécies eletroquímicas, similar às células a combustível, em que o hidrogênio é contido em cilindros. No lado positivo (cátodo) contém um tanque denominado católito e no negativo (ânodo) o anólito. Durante o uso da bateria, o fluido anólito entra no polo negativo, onde ocorre a oxidação gerando o elétron, que atravessa um circuito externo e entra no católito, onde ocorre a redução do católito que entrou no compartimento catódico.

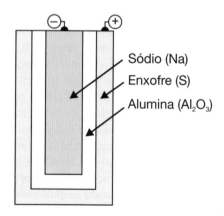

FIGURA 6.8 Composição da célula NaS. Para manter o sódio e o enxofre líquidos, esse tipo de célula opera a 350 °C.

TABELA 6.4 Informações sobre baterias NaS

Característica da tecnologia	Valores típicos
Tensão nominal de uma célula (V)	2,1
Capacidade de uma célula (Ah)	4 – 30
Potência de descarga (MW)	0,05 – 20
Capacidade de armazenamento (MWh)	0,3 – 1000
Tempo de descarga (ordem de grandeza)	Horas
Tempo de reação (ordem de grandeza)	Inferior a 1 s
Densidade de energia em volume (Wh/L)	150 – 300
Densidade de energia em massa (Wh/kg)	100 – 250
Densidade de potência (W/L)	120 – 160
Eficiência energética (%)	70 – 85
Vida útil (anos)	10 – 15
Vida útil (ciclos)	2500 – 4500
Nível de maturidade	Comercial (TRL 7-9)
Custo de investimento em potência (€/kW)	500 – 1500
Custo de investimento em armazenamento (€/kWh)	150 – 500

Fonte: EPRI (2015); IEC (2011).

Anólito e católito ficam em tanques separados e são bombeados para uma célula eletroquímica que faz a conversão da energia elétrica em química (carga) ou química em elétrica (descarga). A bateria de fluxo mais conhecida é a bateria de vanádio, utiliza como anólito um eletrólito de ácido sulfúrico contendo a espécie eletroativa V^{2+}, que na descarga da bateria é oxidado para V^{3+}, e no católito contém eletrólito contendo uma solução de ácido sulfúrico contendo a espécie eletroativa um V^{5+}, que na descarga é reduzido para /V^{4+}. Os eletrólitos (anólito e católito) são separados por uma membrana permeável a prótons, similar à tecnologia das células a combustível, o Nafion®.

A potência de carga/descarga é determinada pelo dimensionamento da célula eletroquímica, ao passo que a capacidade de armazenamento é determinada pelo volume dos reservatórios de fluido eletrolítico. O diagrama do fluxo eletrolítico está representado na Fig. 6.9.

Apesar de requerer uma série de controles ativos e relativos às bombas, o que não representa um problema para a tecnologia de hoje. Uma característica interessante é a opção de se trocar os eletrólitos ou recarregar a bateria com ela em funcionamento, pois a energia está armazenada nos tanques externos (anólitos e católitos).

Essa bateria, por possuir um tanque externo no qual são armazenadas as espécies eletroativas, externas à bateria, seria também adequada para veículos, pois a recarga da bateria poderia ser no mesmo tempo do enchimento do tanque de combustível líquido. O fluido sem carga seria recarregado conforme a disponibilidade de energia local e em horário mais propício. Entretanto, em razão da baixa densidade energética, existem poucas aplicações e desenvolvimento para esse uso. Existem protótipos de veículos com essas características, porém ainda não existe uma rede de postos para a opção de reabastecimento pela troca do fluido.

A bateria tem mostrado grande destaque para aplicações estacionárias, por possuir uma altíssima taxa de ciclagem e durabilidade superior a 20 anos. O detalhamento dessa tecnologia está contido na Tabela 6.5.

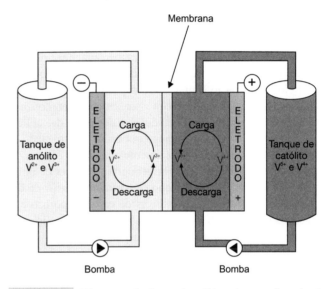

FIGURA 6.9 Diagrama de fluxo eletrolítico de uma bateria de fluxo redox.

TABELA 6.5 Informações sobre baterias de fluxo redox

Característica da tecnologia	Valores típicos
Tensão nominal de uma célula (V)	1,6
Capacidade de uma célula (Ah)	N/D
Potência de descarga (MW)	0,01 – 10
Capacidade de armazenamento (MWh)	0,1 – 1000
Tempo de descarga (ordem de grandeza)	Horas
Tempo de reação (ordem de grandeza)	Inferior a 1 s
Densidade de energia em volume (Wh/L)	20 – 70
Densidade de energia em massa (Wh/kg)	15 – 50
Densidade de potência (W/L)	0,5 – 2
Eficiência energética (%)	60 – 75
Vida útil (anos)	5 – 20
Vida útil (ciclos)	> 10.000
Nível de maturidade	Comercial (TRL 7 – 9)
Custo de investimento em potência (€/kW)	500 – 2300
Custo de investimento em armazenamento (€/kWh)	100 – 400

Fonte: EPRI (2015); IEC (2011).

6.3.2 Supercapacitores e supercondutores eletromagnéticos

Essas duas tecnologias acumulam energia elétrica diretamente e, por isso, são indicadas para sistemas elétricos os quais podem oferecer capacidade de armazenamento sem requerer nenhuma transformação da forma de energia e as inerentes perdas do processo.

Os supercapacitores armazenam a energia elétrica como cargas elétricas (eletrostática), e os supercondutores eletromagnéticos como um campo magnético.

a) Supercapacitores

Atendendo por nomes superlativos (supercapacitor, megacapacitor, ultracapacitor, supercondensador etc.), mas com um princípio de operação similar a um capacitor comum, os supercapacitores podem, à primeira vista, ser considerados uma evolução dos capacitores. Contudo, a maior parte das aplicações não justificaria o seu emprego por causa do alto custo de produção desses dispositivos realmente especiais.

Os compostos empregados exigem graus maiores de pureza, como os eletrodos de carbono construídos a partir da deposição de finas camadas sucessivas de carbono poroso que serão preenchidas com eletrólito. As formas de disposição do carbono mais encontradas nesses dispositivos são os nanotubos de carbono, o grafeno ou o aerogel de carbono, todos materiais consideravelmente porosos. Essa construção confere uma grande área de contato entre o material e o eletrólito (já ultrapassando 1000 m^2/g), permitindo uma grande movimentação de cargas em tempos reduzidos. Essa característica se traduz em alta taxa de resposta, alta densidade de potência e reduzidos tempos de carga e descarga.

Quanto à vida útil, apresentam ótima capacidade de ciclagem, mesmo com potências elevadas.

Comparando-as com as baterias de lítio, a densidade de energia dessa tecnologia ainda é menor, embora sua densidade de potência já seja superior.

No quesito de ciclagem também é muito superior e essa característica torna os supercapacitores indicados para sistemas de frenagem regenerativa em automóveis, elevadores etc., bem como na redução de variações bruscas de tensão, como as encontradas em várias fontes de energia renováveis.

A Fig. 6.10 compara a construção de um capacitor comum com um supercapacitor. Na Tabela 6.6 apresentamos informações para comparação com outras tecnologias.

b) Supercondutores eletromagnéticos (SMES)

Os supercondutores magnéticos armazenam a energia elétrica em um campo magnético formado pela passagem de uma corrente elétrica contínua (CC) em uma bobina supercondutora. Em função das características da supercondução, não haveria resistência ôhmica à passagem da corrente elétrica e, depois de formado o campo magnético, a bobina supercondutora pode armazenar a energia indefinidamente, sem perdas.

Em sistemas de corrente alternada (CA), seria necessário um retificador para carregar o sistema e um inversor para descarregá-lo, porém, mesmo considerando as perdas nesses dois

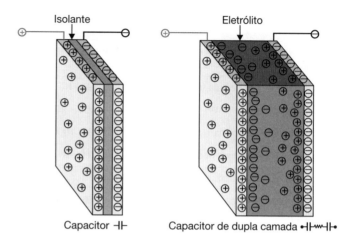

FIGURA 6.10 Esquemas das estruturas de um capacitor convencional e um capacitor de dupla camada (ou supercapacitor). A camada de eletrólito é fina, da ordem de alguns nanômetros.

TABELA 6.6 Informações sobre supercapacitores

Característica da tecnologia	Valores típicos
Tensão nominal de uma célula (V)	2,5
Capacidade de uma célula (F)	0,1 – 1500
Potência de descarga (MW)	0,01 – 5
Capacidade de armazenamento (kWh)	1 – 5
Tempo de descarga (ordem de grandeza)	Segundos
Tempo de reação (ordem de grandeza)	Inferior a 1 s
Densidade de energia em volume (Wh/L)	10 – 20
Densidade de energia em massa (Wh/kg)	1 – 15
Densidade de potência (W/L)	40.000 – 120.000
Eficiência energética (%)	60 – 75
Vida útil (anos)	4 – 12
Vida útil (ciclos)	10.000 – 100.000
Nível de maturidade	Comercial (TRL 7 – 9)
Custo de investimento em potência (€/kW)	100 – 500
Custo de investimento em armazenamento (€/kWh)	10.000 – 20.000

Fonte: EPRI (2015); IEC (2011).

dispositivos, os supercondutores magnéticos apresentam um rendimento superior a 95 % (Cheung *et al.*, 2003).

A geometria da construção da bobina pode ser a de um solenoide ou a de um toroide, escolha que dependerá basicamente da capacidade de energia do conjunto. Os modelos em forma toroidal são mais indicados para maiores capacidades por causa da superioridade das características mecânicas que a geometria confere aos enrolamentos. Tal resistência mecânica é necessária em função das forças de Lorentz, que atuam em condutores imersos em um campo magnético. Enquanto essas forças não são um grande problema para os condutores usuais, de cobre, para os supercondutores representam um desafio tecnológico, pois são compostos de material cerâmico pouco resistente à tração.

Esses condutores representam a maior parte do custo inicial do sistema, seguidos da estrutura mecânica e do sistema de resfriamento.

Como os supercondutores ainda necessitam de temperaturas criogênicas para manter sua supercondutividade, o sistema de resfriamento e a isolação térmica devem manter a bobina em temperaturas da ordem de 4 K ~ 70 K, dependendo da temperatura crítica de supercondutividade do material dos condutores. Novos materiais que apresentem supercondutividade a temperaturas maiores são objeto de constantes pesquisas.

O custo dessa tecnologia ainda é muito elevado para as grandes capacidades de armazenamento desejáveis em sistemas elétricos; entretanto, como a energia é disponibilizada quase instantaneamente e com altas potências de descarga, sistemas de 1 MWh têm sido utilizados para finalidades de controle de qualidade de energia e estabilidade de redes elétricas.

Um resumo de informações sobre essa tecnologia é dado na Tabela 6.7.

6.3.3 Armazenamento de hidrogênio

O uso de energia em reações químicas que geram elementos ou compostos químicos estocáveis, e o posterior uso desses produtos na geração de outras formas de energia, é classificado como armazenamento químico ou termoquímico de energia.

As formas convencionais de produção de hidrogênio, como a eletrólise, são abordadas detalhadamente no Capítulo 15. Formas não convencionais e promissoras de produção de gás hidrogênio também podem ocorrer por meio de ciclos metalúrgicos termoquímicos, como descrito na Seção 15.3 daquele capítulo, com o uso de energia solar concentrada, ou mesmo com o emprego de energia nuclear, também analisados no Capítulo 15. O gás hidrogênio produzido pode ser usado de imediato ou ser estocado para uso posterior. Portanto, o uso do elemento ou composto químico equivale à parte de descarga do sistema de armazenamento. Nesse, os gases seriam utilizados em algum uso final ou intermediário de geração de energia elétrica ou térmica. O gás hidrogênio, do ponto de vista do armazenamento, é um portador excelente, apresentando a maior densidade de energia por unidade de massa, isto é, MJ/kg ou kWh/kg. No entanto, sua extrema inflamabilidade e baixa densidade tornam o transporte e a estocagem do hidrogênio caros e perigosos, o que impõe barreiras ao seu uso.

A liquefação do gás hidrogênio só ocorre em temperaturas criogênicas extremamente baixas, inferiores a −240 °C (temperatura crítica). Dessa forma, o hidrogênio na temperatura ambiente estará sempre na fase gasosa, o que exige elevadas pressões de armazenamento. As alternativas seriam a utilização de hidretos, compostos, mais estáveis, que liberam o hidrogênio lentamente, ou a utilização desse hidrogênio em uma reação de Sabatier (Paul Sabatier, químico francês), na qual o dióxido de carbono (CO_2) reage com o hidrogênio e resulta em metano (CH_4) e água.

Atualmente, a indústria prefere a reforma de gás natural para produção de grandes volumes, ao passo que a eletrólise é empregada apenas quando se necessita de hidrogênio de alta pureza para processos específicos. Hoje no mundo a eletrólise representa 4 % da produção mundial de hidrogênio.

Entretanto, fica claro que essas avaliações de viabilidade dependem do custo da energia elétrica local. Com relação ao custo, as fontes renováveis poderiam representar um diferencial.

Na Fig. 6.11 é apresentado um fluxo energético em que energia elétrica de diversas fontes, hidrogênio puro e metano (gerado a partir do hidrogênio) são utilizados em rotas diferentes, funcionando como um sistema de armazenamento intermediário. A Tabela 6.8 apresenta informações técnicas do que pode ser obtido com as tecnologias atuais. O gás hidrogênio é abordado de forma mais detalhada no Capítulo 15.

TABELA 6.7 Informações sobre supercondutores magnéticos

Característica da tecnologia	Valores típicos	
	Micro-SMES	SMES
Potência de descarga (MW)	1 – 3	25 – 100
Capacidade de armazenamento (kWh)	0,8 – 1,6	28 – 112
Tempo de descarga (ordem de grandeza)	Segundos	
Tempo de reação (ordem de grandeza)	Inferior a 1 s	
Densidade de energia em volume (Wh/L)	~ 6	
Densidade de potência (W/L)	~ 2600	
Eficiência energética (%)	90 – 95	
Vida útil	20 – 30 anos	
Nível de maturidade	Comercial (TRL 8-9)	P&D (TRL 5-7)
Custo de investimento em potência (€/kW)	200 – 300	N/D
Custo de investimento em armazenamento (€/kWh)	> 700.000	N/D

Fonte: EPRI (2015); IEC (2011); IEA (2009).

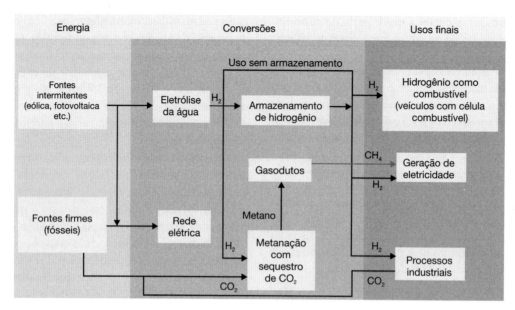

FIGURA 6.11 Fluxo de energia com armazenamento na forma de H_2 e SGN.
Fonte: IEC (2011).

TABELA 6.8 Estimativas para aplicações de armazenamento de hidrogênio e metano

Característica da tecnologia		Valores estimados[1]	
		Armazenamento via hidrogênio	Armazenamento via metano
Potência de descarga (MW)		0,5 – 800	1 – 1000
Capacidade de armazenamento	Pequena escala (MWh)	3 – 10	10 – 100
	Grande escala (GWh)	Até 100	Até 1000
Eficiência energética (%)		34 – 44	30 – 38
Densidade de energia em massa (Wh/kg)		33.330	10.000
Densidade de energia em volume (Wh/L)		600	18.001
Vida útil		10 – 30 anos	

[1] Armazenamento de hidrogênio e metano no estado gasoso pressurizado a 200 bar.
Fonte: EPRI (2015); IEC (2011).

6.4 Dimensionamento de um sistema de armazenamento de energia

A grande variedade de tecnologias envolvidas e de possíveis rotas de armazenamento de energia torna necessário o estabelecimento de uma metodologia para que se possa analisar um sistema de armazenamento, em parte ou no todo, e possibilitar a comparação com outros sistemas, outras tecnologias ou, ainda, com o próprio sistema à medida que esse evolui.

A seguir são apresentados critérios de mensuração, grandezas envolvidas e características pertinentes a esses sistemas.

- *Capacidade de armazenamento*

Refere-se à quantidade máxima de energia que pode estar contida em um sistema em determinado instante. Usualmente, é expressa em watts-hora (Wh) pelo Sistema Internacional de Unidades (SI).

Essa capacidade, em geral, sofre uma degradação com o passar do tempo, com os ciclos de carga/descarga ou, ainda, em função de condições de operação (temperatura, profundidade de descarga etc.). Essa informação é expressa em percentual da capacidade original por unidade de tempo ou por ciclagem, ou ainda graficamente, em curvas.

- *Potência de carga e de descarga*

Refere-se à taxa máxima com que a energia pode entrar ou sair do sistema, respectivamente, incluindo-se as taxas de transformação de forma de energia, se houver. É expressa em watts (W).

Em geral, os sistemas são classificados pela potência de descarga, para compatibilização com as características da carga a que estarão ligados. A maior parte dos sistemas apresenta potência de descarga maior que de carga.

- *Tempo de (re)carga e de descarga*

Exprime o tempo decorrido para que toda a **capacidade de armazenamento** seja carregada ou descarregada na taxa da **potência de carga** ou **descarga**, respectivamente.

O **tempo de descarga** é mais frequentemente comparado por demonstrar a autonomia de um sistema, ou seja, em situação de ilhamento. O tempo de carga também pode ser chamado de tempo de recarga, porém deve-se observar se a informação se refere a uma carga completa ou apenas a uma recarga parcial (profundidade de descarga).

- *Taxa de autodescarga*

Representa as perdas de energia armazenada. Dependendo da tecnologia empregada, perdas podem ocorrer por correntes elétricas de fuga, trocas de calor, reações químicas, atritos, vazamentos etc. São expressas em watt-hora (Wh) por unidade de tempo ou ainda em percentual da **capacidade de armazenamento** por unidade de tempo, que é mais útil para comparações de tecnologias (por exemplo, baterias de chumbo-ácido ≈ 0,1–0,3 %/dia; volantes de inércia ≈ 20–100 %/dia).

- *Tempo de resposta*

Esse parâmetro exprime o tempo de reação da saída do sistema a partir de uma condição estacionária, sem carga nem descarga, até o fornecimento da potência **nominal** de operação.

- *Taxa de resposta (ramp rate)*

Máxima taxa com a qual o sistema pode variar as potências de carga ou descarga durante a operação. Um sistema que suporte amplas variações de carga, por exemplo, é indicado para fontes solares ou eólicas. Parâmetro expresso em watts por segundo (W/s).

- *Energia específica ou densidade de energia*

Razão entre a **capacidade de armazenamento** e o volume ocupado ou o peso do sistema. Tem importância em projetos com restrições de peso (por exemplo, no topo de edifícios) ou volume (por exemplo, em veículos). É expressa como a energia armazenada por unidade de massa (Wh/kg) ou por unidade de volume (Wh/m^3).

- *Potência específica ou densidade de potência*

Relação entre a **potência de descarga** com o volume ocupado ou o peso do sistema. É expressa como potência de descarga por unidade de massa (W/kg) ou por unidade de volume (W/m^3).

- *Densidade de área (footprint)*

Exprime a área ocupada pelo sistema de armazenamento com relação à capacidade de armazenamento. É expressa em unidade de área por energia armazenada (m^2/Wh). Item importante em áreas muito urbanizadas ou valorizadas.

- *Eficiência energética*

Relação entre a energia empregada na carga e a energia fornecida em descarga nominal pelo sistema para cada ciclo.

- *Vida útil ou durabilidade*

Exprime o número de ciclos que o sistema pode realizar em condições nominais.

Há variações no modo pelo qual essa informação é fornecida a depender da tecnologia, o que pode ocorrer em número de ciclos (um ciclo corresponde a uma carga e a uma descarga, considerando-se a profundidade de descarga nominal), em tempo de operação, ou ainda em energia fornecida cumulativamente em descarga.

- *Profundidade de descarga*

Em algumas tecnologias, a retirada de toda a energia disponível é prejudicial ao sistema e impacta negativamente a sua durabilidade, caso clássico das baterias de chumbo-ácido. Nesses casos, o projetista estabelece um nível máximo de descarga considerando determinada vida útil nominal, em geral fornecendo outras curvas de compromisso entre descargas mais ou menos profundas e a respectiva vida útil cogitada para o conjunto em cada situação.

Em algumas tecnologias pode-se praticamente exaurir o armazenamento, se a aplicação tiver flexibilidade para tolerar uma diminuição dos níveis de potência de descarga ao fim do ciclo.

Na Fig. 6.12, podem-se observar alguns exemplos do efeito da profundidade das descargas na vida útil de baterias de

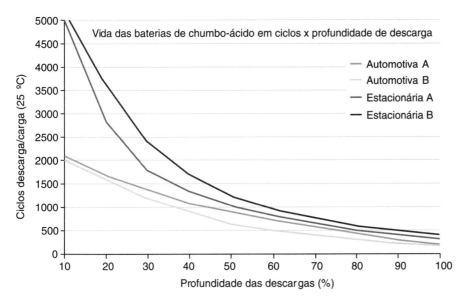

FIGURA 6.12 Exemplos da influência da profundidade das descargas na vida útil de baterias. Elaborada a partir de dados técnicos de fabricantes.

chumbo-ácido e também o melhor desempenho das baterias estacionárias, mais avançadas, com relação às automotivas.

• *Nível de maturidade da tecnologia*

Por vezes, uma tecnologia promissora para certa aplicação ainda não se encontra em fase comercial ou tem apenas um fornecedor, o que impõe riscos aos investidores.

Para saber determinar o nível de maturidade das tecnologias, foi estabelecida uma escala crescente de dez estágios, desde as bases científicas (princípios) até o estágio em que a tecnologia se torna um produto disponível comercialmente.

Tal escala é chamada *Technology Readiness Level* (TRL) e tem sido aceita pela comunidade científica e governos.

No entanto, é mais comum o emprego de uma escala simplificada de apenas três grandes níveis quando se pretende comparar tecnologias de armazenamento: o primeiro, até o estágio de prova de conceito; o segundo, até o projeto piloto (escala 1:1); o terceiro, de comercialização.

Existe também a escala *Manufacturing Readiness Level* (MRL), que pretende determinar a inserção das tecnologias no mercado (viabilidade de produção industrial) possibilitando a investidores identificar os riscos envolvidos.

• *Flexibilidade de implantação*

Esse critério avalia a existência de restrições geográficas (relevo ou subsolo característicos necessários) e técnicas (essencialmente questões de conexão à rede elétrica), e de que forma essas restrições afetam a implantação da tecnologia.

• *Impactos ambientais*

Neste tópico resumem-se os impactos ambientais durante a instalação, operação e eventual desinstalação e descarte, incluindo-se as possibilidades de reciclagem de partes e produtos em todas essas fases.

6.4.1 Classificações das aplicações de armazenamento

Os sistemas de armazenamento podem ser conectados a: redes de transmissão e distribuição (T&D), intermunicipais ou maiores, ou a sistemas isolados. Por sistema isolado entende-se uma rede de distribuição de pequenas proporções e isolada de outras redes maiores, como pequenas comunidades atendidas por geração própria ou edifícios que gerem a energia que consomem e operem sem necessitar da energia da rede na maior parte do tempo.

Também é comum classificar o armazenamento por sua portabilidade e mobilidade. A maioria das aplicações é conectada a determinado ponto no sistema de T&D, porém existem aplicações temporárias, para demanda eventual, ou aplicações móveis como as do setor automotivo.

Porém, o mais usual é classificar as aplicações pela quantidade de energia armazenada e pelo tempo de descarga. Esses dois parâmetros servem para balizar a escolha, entre as tecnologias disponíveis, do sistema mais adequado a determinada aplicação.

Da mesma maneira, os diagramas que representam em um mesmo gráfico as diversas tecnologias, posicionando-as conforme suas capacidades, custos etc. são úteis na avaliação inicial de soluções de armazenamento. A seguir apresentamos algumas dessas ferramentas.

Como os dois parâmetros técnicos mais relevantes para a definição da tecnologia a ser utilizada são a potência de descarga e a capacidade de armazenamento, a classificação de tecnologias de armazenamento indicadas na Fig. 6.13 é a mais

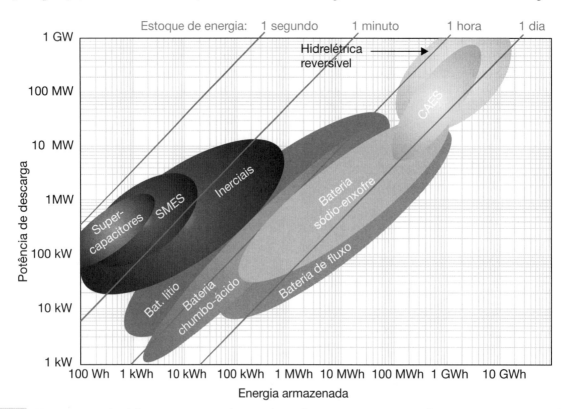

FIGURA 6.13 Diagrama conceitual de posicionamento das tecnologias de armazenamento com relação à energia e potência de descarga.

utilizada para o projeto conceitual. Porém, ressaltamos que essas características podem mudar com o passar do tempo, em especial para tecnologias de ponta.

Dependendo da perspectiva desejada e dos dados disponíveis para avaliação, outros tipos de gráficos podem ser encontrados, como o de capacidade pelo tempo de descarga, mostrado na Fig. 6.14, com a indicação de aplicação mais usual, bem como a potência nominal do sistema.

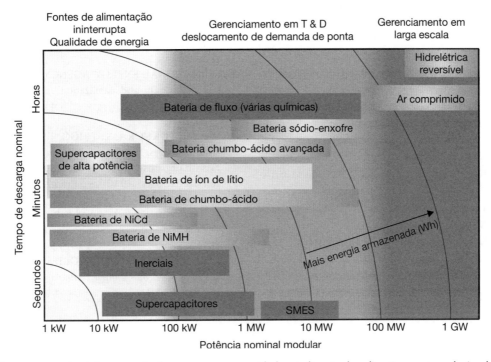

FIGURA 6.14 Diagrama conceitual de tempo de descarga *versus* capacidade e indicação de aplicação para tecnologias de armazenamento.

Problemas propostos

6.1 Quais são as principais formas de armazenamento de energia?

6.2 Qual a importância do armazenamento de energia com relação às fontes intermitentes e defasagem consumo/produção?

6.3 Compare valores típicos atuais de custos de instalação (R$/kW) e de energia (R$/kWh) e de tempos de carga/descarga da energia armazenada das principais formas de armazenamento de energia.

6.4 Descreva o armazenamento hidráulico.

6.5 Quais são as vantagens e desvantagens da utilização do sistema CAES?

6.6 Qual a aplicação de um *volante de inércia* no armazenamento de energia? Que forma de energia ele armazena?

6.7 O que são PCMs? Como e em que são empregados?

6.8 Compare as características dos principais tipos de tecnologias de bateria atuais.

6.9 O que são supercapacitores?

6.10 Considerando a curva de profundidade de carga (Fig. 6.12) da bateria estacionária A, determine o número de ciclos de carga/descarga (vida útil) se ela opera com 50 % de profundidade de carga. Se cada ciclo representa um dia, qual a vida útil dessa bateria? E se a profundidade de carga fosse alterada para apenas 10 %, qual seria o novo ciclo de carga/descarga? E a vida útil?

6.11 Pesquise na internet e faça uma análise comparativa de projetos de armazenamento de energia no Brasil de pelo menos cinco companhias de distribuição de energia quanto às características técnicas de cada projeto no que concerne aos tipos de sistemas de armazenamento de energia que foram ou estão sendo implementados e à ordem de grandeza das implementações e, se possível, custos relativos.

6.12 A ANEEL pretende regulamentar o armazenamento de energia no país, incluindo a energia de fontes renováveis. Levante a situação regulamentária do setor.

Bibliografia

ANDRADE, L. S. *Armazenamento de energia em ar comprimido*. Monografia de conclusão do curso de Energias Renováveis, Geração

Distribuída e Eficiência Energética. São Paulo: PECE – Escola Politécnica da USP, 2014.

CHEUNG, K. Y.; CHEUNG, S. T.; NAVIN DE SILVA, R. G.; JUVONEN, M. P.; SINGH, R.; WOO, J. J. *Large-Scale Energy Storage Systems*. Imperial College London, 2003.

CONNOLLY, D. *A review of energy storage technologies:* for the integration of fluctuating renewable energy. Limerick: University of Limerick, 2010.

ENEA CONSULTING. *Le stockage d'énergie*: enjeux, solutions techniques et opportunités de valorisation. Paris: Enea Consulting, 2012.

EPRI-DOE. *Handbook of energy storage for transmission & distribution applications*. Electrical Power Research Institute (EPRI), 2015.

GALLO, A. B. *Análise crítica do estado da arte das tecnologias de armazenamento de energia*. Trabalho de conclusão de curso em Engenharia Mecânica da Escola Politécnica da USP, 2012.

GALLO, A. B.; SIMÕES-MOREIRA, J. R.; COSTA, H. K. M; SANTOS, M. M.; SANTOS, E. M. Energy storage in the energy transition context: a technology review. *Renewable and Sustainable Energy*, v. 65, p. 800-872, 2016.

GRAVITY POWER. *Technology-gravity power*. Disponível em: http://www.gravitypower.net/. Acesso em: fev. 2024.

HAYDAMUS, P. E. *Desenvolvimento de um sistema de armazenamento térmico para ser integrado à planta solar de geração de energia elétrica*. Trabalho de conclusão de curso em Engenharia Mecânica da Escola Politécnica da USP, 2012.

HYDROSTOR. *Technology overview*. Disponível em: http://hydrostor.ca/technology/. Acesso em: fev. 2024.

INTERNATIONAL ELECTROTECHNICAL COMMISSION (IEC). *Electrical energy storage*. Geneva: White, 2011. Disponível em: https://webstore.iec.ch/publication/32028. Acesso em: 8 jan. 2021.

INTERNATIONAL ENERGY AGENCY (IEA). *Prospects for large-scale energy storage in decarbonised power grids. In:* INAGE, S. for IEA, 2009.

INTERNATIONAL ENERGY AGENCY (IEA). The role of energy storage for mini-grid stabilization. *In:* MAYER, D.; ESPINAR, B. *International Energy Agency* – Photovoltaic Power Systems Program, 2011.

LOWE, M.; TOKUOKA, S.; TRIGG, T.; GEREFFI, G. *Batteries for electric vehicles:* the U.S. value chain. Disponível em: https://unstats.un.org/unsd/trade/s_geneva2011/refdocs/RDs/Lithium-Ion%20Batteries%20%28Gereffi%20-%20May%202010%29.pdf. Acesso em: fev. 2024.

NGK. Insulators. *Products – NaS batteries*. Disponível em: https://www.ngk-insulators.com/en/product/nas.html. Acesso em: Fev. 2024.

SANDIA NATIONAL LABORATORIES. *Characterization and assessment of novel bulk storage technologies. In:* AGRAWAL, P. *et al.* CA: Sandia, 2011.

7
GERAÇÃO DISTRIBUÍDA E REDES INTELIGENTES

JOSÉ AQUILES BAESSO GRIMONI
Departamento de Engenharia de Energia e Automação Elétricas da Escola Politécnica da Universidade de São Paulo (Poli-USP)

GUSTAVO DE ANDRADE BARRETO
Laboratório de Sistemas Energéticos Alternativos e Renováveis (SISEA)
Departamento de Engenharia Mecânica da Escola Politécnica da Universidade de São Paulo (Poli-USP)

7.1 Redes inteligentes

As redes inteligentes (do inglês, *smart grids*) são redes elétricas nas quais ocorre uma convergência das tecnologias das redes de energia elétrica e de Tecnologias da Informação e Comunicação (TIC), ou seja, as redes de energia elétrica e de TIC conduzem energia elétrica e dados que, mediante uma série de funções, permitem monitorar, supervisionar, controlar, proteger e atuar para uma melhor gestão do sistema elétrico.

As redes inteligentes incorporam funcionalidades, como:

- medição inteligente;
- qualidade de energia elétrica;
- autorrestabelecimento e autocura do sistema;
- mobilidade elétrica (carros elétricos);
- armazenamento de energia elétrica;
- gestão eficiente do sistema de iluminação pública;
- gestão da energia elétrica em consumidores (casas inteligentes);
- geração distribuída;
- integração com outros serviços (medição compartilhada, por exemplo).

No Brasil, entre as primeiras iniciativas, foi destacada a necessidade de regulamentar cada uma das áreas envolvidas no desenvolvimento da Rede Elétrica Inteligente. Nesse processo, a Agência Nacional de Energia Elétrica (ANEEL) publicou, entre outras:

- Resolução Normativa nº 464 (novembro de 2011), que regulamenta tarifas diferentes por horário de consumo. Revogada pela Resolução nº 1.000 (dezembro de 2021).
- Resolução Normativa nº 481 (abril de 2012), que regulamenta desconto de 80 % para os empreendimentos que entraram em operação comercial até 31 de dezembro de 2017, aplicável aos 10 primeiros anos de operação da usina na TUST e TUSD. Revogada pela Resolução nº 1.031 (julho de 2022).
- Resolução Normativa nº 482 (abril de 2012), que define as condições gerais de acesso a micro e minigeração de eletricidade, aprimorada pelas Resoluções nºs 517, 687 e 786. Revogada pela Resolução nº 1.059 (fevereiro de 2023).
- Resolução Normativa nº 502 (agosto de 2012), que regulamenta os requisitos básicos para medição eletrônica para o grupo B. Revogada pela Resolução nº 863.
- Resolução Normativa nº 1.000 (dezembro de 2021), que estabelece as regras de prestação do serviço público de distribuição de energia elétrica, revogando diversas normas anteriores.
- Lei nº 14.300 (janeiro de 2022), que instituiu o marco legal da microgeração e minigeração distribuída, o Sistema de Compensação de Energia Elétrica (SCEE) e o Programa de

Energia Renovável Social (PERS). Regulamentada pela Resolução nº 1.059 (fevereiro de 2023).

- Resolução Normativa nº 1059 (fevereiro de 2023), que basicamente regulamenta a Lei nº 14.300, revogando e alterando diversas normas anteriores.

No exercício das suas competências legais, portanto, a ANEEL promoveu a Consulta Pública nº 15/2010 (de 10 de setembro a 9 de novembro de 2010) e a Audiência Pública nº 42/2011 (de 11 de agosto a 14 de outubro de 2011), instauradas com o objetivo de debater os dispositivos legais que tratassem da conexão de geração distribuída de pequeno porte na rede de distribuição.

Como resultado desse processo de consulta e participação pública na regulamentação do setor elétrico, a Resolução Normativa ANEEL nº 482, de 17 de abril de 2012, estabeleceu as condições gerais para o acesso de micro e minigeração distribuída aos sistemas de distribuição de energia elétrica, e criou o sistema de compensação de energia elétrica correspondente.

Desde então, um novo modelo de geração elétrica, em que coexistem geração centralizada e geração descentralizada, teve início. Milhares de usuários já podiam ter geração própria, tornando-se simultaneamente produtores e consumidores de elétrica. São os chamados consumidores-geradores ou *prosumidores*, ou seja, produtores e consumidores. Este é o conceito de geração distribuída (GD).

O mercado de energia elétrica deverá fazer uso pleno de ambos, grandes produtores centralizados e pequenos produtores distribuídos, além do incremento de diferentes ações em eficiência energética e melhoria na qualidade do atendimento à demanda pela energia.

No entanto, a inserção de fontes renováveis na rede de distribuição, principalmente nas instalações em baixa-tensão, aumenta a complexidade da operação do sistema de distribuição de energia elétrica. Por isso, o sistema elétrico mundial tem experimentado mudanças significativas, provenientes da integração com as infraestruturas de TIC. Deve igualmente estar preparado para o advento dos veículos elétricos e o aumento significativo das fontes de geração distribuída, além de diferentes ações de eficiência energética. Essa nova concepção de rede transformará o sistema elétrico mundial em um sistema inteligente ou de redes inteligentes.

A implantação de redes elétricas inteligentes como principal instrumento de modernização do setor de energia elétrica é uma temática amplamente debatida no âmbito mundial. Trata-se de um modelo tecnológico com relativa complexidade conceitual, no âmbito do qual é considerada uma vasta diversidade de tecnologias, de equipamentos e de fabricantes, com inúmeros benefícios provenientes da efetiva implantação em toda a cadeia de fornecimento e consumo de energia elétrica.

No que tange à política energética nacional, o desenvolvimento do sistema de energia inteligente poderá trazer os seguintes benefícios:

- promoção da segurança energética;
- modicidade tarifária;
- redução da assimetria de informações;

- aperfeiçoamento dos processos regulatórios;
- promoção da diversificação da matriz energética;
- estímulo ao uso eficiente do sistema elétrico.

O Ministério de Minas e Energia (MME) coordenou um grupo técnico interministerial, criado pela Portaria nº 440 de 15 de abril de 2010, que teve como objetivo estudar o conceito por meio das diferentes visões dos parceiros, e que resultou em publicação disponível no *site* do MME. O ministério também participa de grupos de trabalho que estudam o desenvolvimento do tema no Brasil, incentivando igualmente esses grupos.

Projetos pilotos no Brasil

No Brasil existem vários projetos pilotos de redes inteligentes que se encontram finalizados pelas concessionárias de energia elétrica de vários estados. Os principais projetos são listados a seguir:

- *Minas Gerais*: Cidades do Futuro (Cemig), em Sete Lagoas (MG).
- *Rio de Janeiro*: Cidade Inteligente Búzios (Ampla/Endesa Brasil), Armação dos Búzios (RJ); Smart Grid Light (Light), no Rio de Janeiro (RJ).
- *Amazonas*: Parintins (Eletrobras Amazonas Energia), em Parintins (AM).
- *São Paulo*: Smart Grid (AES Eletropaulo), em Barueri e outras localidades (SP); InovCity (EDP Bandeirante), em Aparecida (SP).
- *Ceará*: Cidade Inteligente Aquiraz (Coelce/Endesa), em Fortaleza (CE).
- *Paraná*: Paraná Smart Grid (Copel), em Curitiba (PR).
- *Pernambuco*: Arquipélago de Fernando de Noronha (Celpe), na Ilha de Fernando de Noronha (PE).

Todos esses projetos incluem medição inteligente e outras funcionalidades, como carros elétricos; redes de comunicação que usam várias tecnologias de TIC com e sem fio; sistemas de monitoramento e supervisão da rede, inclusive de qualidade de energia; geração distribuída com geradores fotovoltaicos e eólicos; gestão de iluminação inteligente; sistemas de localização de defeitos; sistemas de autorrestabelecimento e rede autocurada; gestão inteligente de energia elétrica em residências.

7.2 Tecnologias de informação e comunicação

Com a evolução das tecnologias de informação e comunicação, em especial das tecnologias sem fio de curta e longa distância e da utilização da própria rede elétrica como meio para tráfego de informações mediante sistemas de *power line communication* (PLC), tornaram-se viáveis o uso e a integração com as redes de energia elétrica para uma melhor gestão da rede de energia.

Uma solução para transmissão de dados nas redes inteligentes de energia pode adotar simultaneamente diferentes tecnologias. Do ponto de vista do meio pelo qual trafega a informação, há soluções cabeadas (fibra óptica, cabo coaxial ou cabos metálicos) ou sem fio (redes de celulares, radiofrequência, como WiMax, ZigBee, Bluetooth, LoRa, satélites, entre outros). A escolha da tecnologia a ser adotada para a rede de comunicações implantada dependerá de vários fatores: custos envolvidos; distância entre sensores e medidores até o ponto concentrador de dados e desse até a rede da concessionária; topologia física do local; área de cobertura; taxa de transmissão; desempenho do sistema e atenuação de ruídos. A rede de comunicações deverá atender a requisitos de transmissão de dados bidirecional, largura de banda, escalabilidade (suportar o aumento de dispositivos sem redução de desempenho), latência (atraso para a transmissão dos dados), eventuais atualizações de *software*, tolerância a falhas, confiabilidade, segurança, entre outros.

A implementação da solução de redes inteligentes de energia é comumente delegada a um agente integrador, que realiza a aquisição de medidores de diferentes fornecedores, responsabilizando-se pela interoperabilidade desses com o sistema das concessionárias. Essa estratégia tende a acelerar a implantação da rede; todavia, quando essa solução é proprietária, há o risco de se tornar refém desse fornecedor centralizado.

Um estudo da Associação Brasileira de Distribuidores de Energia Elétrica (Abradee) propõe que haja um acordo multilateral entre governo, indústria e academia, no país, sobre o tema.

Na busca pelo estabelecimento de padrões para as redes inteligentes de energia, nos Estados Unidos, o *Instituto de Engenheiros Eletricistas e Eletrônicos* (IEEE) desenvolve o projeto denominado IEEE 2030 para a interoperabilidade das redes, e o projeto IEEE 1547 para a interconexão das redes elétricas inteligentes (REI). Na França estudam-se padrões de protocolos para serem usados pelas redes PLC e *Broadband over Power Line* (BPL), em um projeto denominado Sogrid.

No Brasil, a *Associação Brasileira da Indústria Elétrica e Eletrônica* (Abinee) mantém uma iniciativa em conjunto com os fabricantes de medidores que desenvolvem tecnologia no país, como Elo, Elster, Nansen, entre outros, para implantar um protocolo de comunicação aberto a ser usado pelos medidores de consumo residenciais, provisoriamente denominado Sibma (*Sistema Brasileiro de Medição Avançado*), em desenvolvimento pelo *Centro de Estudos e Sistemas Avançados do Recife* (Cesar). Em 2019, foi instituído o Plano Nacional de Internet das Coisas e criada a Câmara de Gestão e Acompanhamento do Desenvolvimento de Sistemas de Comunicação Máquina a Máquina (M2M) e Internet das Coisas (Câmara IoT), por meio do decreto presidencial nº 9.854/2019. Esse plano deve nortear esforços e promover o desenvolvimento ordenado das redes inteligentes.

7.3 Medições inteligentes

O mercado interno de venda de medidores era de 4 milhões de medidores/ano em 2010, e cerca de 90 % dos medidores vendidos eram eletrônicos. Entre os consumidores, de 2,5 a 3 milhões eram novos, e o mercado de substituição estava em torno de 1 milhão. Os primeiros medidores eletrônicos eram similares aos eletromecânicos em funcionalidade.

O conceito de medidores inteligentes traz grandes vantagens que excedem as funcionalidades básicas dos medidores eletromecânicos ou eletrônicos convencionais e respondem às necessidades latentes de melhoria de gestão e eficiência da medição, como:

- detecção de fraude;
- corte e religamento remoto;
- comunicação bidirecional;
- medição a distância.

A solução de medição inteligente (MI) a ser implantada prevê a adoção de tarifação pré-paga de energia (já regulamentada), possibilitando que o consumidor possa gerenciar seus gastos com esse insumo, que é essencial para a vida moderna. As redes LAN e WAN serão a base que permitirá às concessionárias realizar a gestão no ponto de entrega, possibilitando o corte e o religamento, a coleta de dados de energia, a identificação de eventos de fraude, a falta de energia em circuitos secundários e primários e outras funcionalidades ainda em fase de definição, de forma remota e instantânea.

A Resolução nº 502 da ANEEL regulamentou inicialmente os sistemas de medição eletrônica de energia elétrica de unidades consumidoras do Grupo B (residencial, rural e demais classes, exceto baixa renda e iluminação pública).

Os medidores inteligentes proporcionam uma série de benefícios para os consumidores de energia, como a criação das condições para difundir a microgeração distribuída, pela medição em duas direções, ou seja, a possibilidade de que consumidores também atuem como pequenos geradores com fontes alternativas de energia.

O novo sistema de medição possibilitará ao consumidor mais eficiência no consumo de energia, pois ele terá mais informações sobre o seu perfil de demanda. Outros benefícios são a possibilidade de atendimento remoto pela concessionária; o melhor monitoramento da rede pela distribuidora, em virtude do fluxo de comunicação consumidor-concessionária; a redução de perdas técnicas e não técnicas; e a oferta de novos serviços aos consumidores.

As distribuidoras tiveram 18 meses a partir da publicação da resolução para oferecer medidores eletrônicos aos seus consumidores. Seriam dois tipos de equipamentos: o primeiro, a ser instalado sem ônus, permitirá ao consumidor de baixa-tensão aderir à tarifa branca – tarifa horo-sazonal que está disponível a todos os consumidores do grupo B desde janeiro de 2020. O outro padrão de medidor, mais completo, propiciará acesso a informações específicas, individualizadas, sobre o serviço prestado, e a instalação poderá ser cobrada pela distribuidora.

Pré-pagamento de energia elétrica

Historicamente, o pré-pagamento de energia elétrica surgiu na Inglaterra. No Brasil, o pré-pagamento encontra-se nas telecomunicações, em princípio com a ideia do "orelhão" (telefone público) que utiliza fichas ou cartão. A mesma ideia foi utilizada pela telefonia celular móvel, com cartão e créditos.

Os países com maior número de consumidores na modalidade de pré-pagamento de energia elétrica são África do Sul, Nova Zelândia e Reino Unido. Na América Latina, o pré-pagamento é realidade na Argentina, na Bolívia, na Colômbia, no Peru e na Venezuela.

No sistema de pré-pagamento, o consumidor compra "crédito" de eletricidade nos pontos de venda. O ponto de venda é parte do sistema de informação disponível da concessionária. Essa é a chave para o sucesso de um sistema de pré-venda.

O consumidor entra com o código no medidor, que o decodifica de forma a registrar (creditar) a quantidade de energia em kWh que foi comprada no ponto de venda.

As principais vantagens para a concessionária nesse modelo de pré-pagamento são:

- eliminação de cortes e religamentos de serviço;
- redução de custos de operação, financeiros e de fraude;
- recuperação de clientes inativos;
- utilização racional dos recursos energéticos;
- oferecimento ao usuário de uma ferramenta que permite evitar a "exclusão social" que significa não ter acesso ao uso de energia elétrica.

As principais tecnologias utilizadas são:

- cartões magnéticos;
- cartões inteligentes;
- teclado digital (os medidores com teclado digital são os mais utilizados em todo o mundo).

A ANEEL aprovou, em 1º de abril de 2014, durante a Reunião Pública, a regulamentação das modalidades de pré-pagamento e pós-pagamento eletrônico de energia elétrica.

O assunto ficou em audiência pública no período de 28/06/2012 a 25/09/2012, com reuniões presenciais em dez capitais. Foram recebidas cerca de 1200 manifestações e contribuições de consumidores, distribuidoras de energia elétrica, órgãos e entidades de defesa do consumidor e demais setores da sociedade.

De acordo com o texto aprovado, a adesão do consumidor ao modelo de pré-pagamento é voluntária e sem ônus. Além disso, oferecer a modalidade em sua área de concessão depende de decisão da distribuidora.

O sistema funcionará da seguinte forma: o consumidor recebe um crédito inicial de 20 kWh, a ser quitado na compra subsequente. Posteriormente, poderá comprar novos créditos quando quiser e quantas vezes desejar, considerando-se 5 kWh o montante mínimo de compra. A venda dependerá da estratégia que a distribuidora adotar, o que pode ocorrer por meio de agentes credenciados pela distribuidora ou, inclusive, pela internet. A tarifa do pré-pagamento será igual à do pós-pagamento. No entanto, a distribuidora poderá conceder descontos por sua conta e risco para incentivar os consumidores a aderirem ao sistema.

No pré-pagamento, a notificação prévia ao esgotamento dos créditos ocorrerá por meio de alarmes visual e sonoro disponíveis no interior da unidade consumidora, a fim de que haja tempo hábil para providenciar uma nova recarga.

Além disso, quando houver o esgotamento dos créditos, o consumidor poderá solicitar à distribuidora um crédito de emergência de 20 kWh, que deverá ser disponibilizado em qualquer dia da semana e horário, e pago pelo consumidor na primeira compra subsequente. O retorno ao modelo convencional poderá ser solicitado a qualquer tempo e o pedido deve ser atendido em, no máximo, 30 dias.

Entre os principais benefícios do regulamento para os consumidores estão a melhoria do gerenciamento do consumo de energia; maior transparência em relação aos gastos diários por meio de informações em tempo real; flexibilidade na aquisição e no pagamento da energia; eliminação da cobrança de multas, juros de mora e taxas de religação. Em relação às distribuidoras, espera-se a redução dos custos operacionais; a diminuição da inadimplência e a melhoria do relacionamento entre a empresa e seus consumidores, ao se evitarem erros de leitura, faturamentos por estimativa, cortes indevidos e problemas de religação fora do prazo.

Além do pré-pagamento, a agência regulamentou o pós-pagamento eletrônico, modalidade em que o medidor informa o fechamento do ciclo de faturamento. De posse dessa informação (armazenada geralmente em cartão magnético), o consumidor deve se dirigir ao posto da distribuidora e realizar o pagamento da energia consumida na data de vencimento escolhida. Em seguida, o cartão magnético deve ser reinserido no medidor de modo a registrar o pagamento efetuado.

A regulamentação da modalidade de pré-pagamento pela agência por si só não garante a sua aplicação plena, já que há aspectos alheios à competência da ANEEL que devem ser solucionados. O primeiro deles refere-se à aprovação do regulamento técnico metrológico para medidores de pré-pagamento e a posterior certificação dos medidores pelo Instituto Nacional de Metrologia, Qualidade e Tecnologia (Inmetro).

7.4 Armazenamento de energia

De enorme importância para as redes inteligentes, a possibilidade de gestão de armazenamento de energia para uso futuro ou em horário de maior tarifação de forma eficiente e com custos competitivos sempre foi um objetivo a ser alcançado. Existem diversos modos de armazenamento de energia disponíveis hoje, com forma, eficiência e custos bem distintos. Entre eles, os principais são:

1. armazenamento de energia mecânica;
2. armazenamento eletroquímico;
3. armazenamento direto de energia elétrica;
4. armazenamento de energia térmica;
5. armazenamento químico.

O detalhamento dessas diversas formas de armazenamento de energia e de outras é tratado minuciosamente no Capítulo 6 deste livro.

7.5 Gestão eficiente do sistema de iluminação pública

Um dos principais consumidores de energia elétrica são os sistemas de iluminação pública das cidades, que têm um consumo constante e que, em geral, começam a atuar no horário de pico do sistema. Uma melhor gestão desse tipo de carga trará bons resultados em economia de energia e recursos.

O uso de tecnologias de iluminação mais adequadas, dependendo do tipo de aplicação, por exemplo, o uso de lâmpadas LED com controle de dimerização, sistemas de detecção de presença e sistemas de medição individual, além da possibilidade de corte e acionamento remoto de cada luminária, permitirão uma medição, controle do nível de iluminamento e desligamento ou acionamento de modo autônomo ou, ainda, programado em uma central. Esses sistemas permitirão reduzir o consumo e aumentar a vida útil das lâmpadas.

Hoje temos luminárias autossupridas com uso de painéis fotovoltaicos e baterias que permitem o uso de luminárias em regiões em que a rede não chega ou onde as possibilidades de se ter sistemas de energia zero são interessantes.

Sistemas georreferenciados permitirão a avaliação de uma central do consumo de energia e do nível de iluminamento de uma cidade, um bairro ou uma rua específica. Será possível programar o acendimento ou apagamento das luminárias, definindo um conceito novo de despacho de iluminação similar ao despacho de geração das usinas hidrelétricas. Também será possível avaliar e programar a manutenção do sistema de luminárias em função do nível de queima de lâmpadas e acessórios, e da vida útil e das intervenções feitas.

7.6 Veículos elétricos e híbridos

O carro elétrico nasceu praticamente na mesma época em que o carro com motor a explosão, movido a gasolina, e chegou a ser numericamente predominante em algumas cidades norte-americanas. No entanto, perdeu rapidamente sua primeira batalha para o carro a combustão interna, que era mais barato e tinha maior autonomia. A rede de abastecimento de gasolina e diesel rapidamente se expandiu, os problemas com o peso e o tempo de duração das baterias limitadas ao número de ciclos de carga e recarga, a autonomia do veículo e o tempo de recarga das baterias inviabilizaram o mercado de carros elétricos.

Existem vários tipos de carros elétricos e híbridos que podemos classificar nos modelos a seguir:

- Carro elétrico a bateria (CEB): usa energia de baterias carregadas na rede elétrica;
- Carro elétrico híbrido (CEH): a energia elétrica é fornecida por um gerador a bordo acionado por um motor de combustão interna (MCI) que usa um combustível convencional como fonte de energia;
- Carro elétrico híbrido, *plug-in* (CEHP): um CEH equipado com mais baterias que tanto usa energia da rede quanto do gerador embarcado;

- Carro elétrico com células a combustível (CECC): usa energia elétrica gerada por uma célula a combustível a partir de hidrogênio armazenado em alta pressão.

a) Benefícios para a sociedade

O custo do quilômetro rodado do carro elétrico é bem inferior ao equivalente com combustíveis fósseis, dependendo da relação entre os custos do combustível fóssil e o da energia elétrica e da eficiência dos veículos comparados.

Uma característica importante dos carros elétricos é que é possível utilizar a energia acumulada na bateria como fonte de energia elétrica de reserva para a residência ou para exportar para a rede elétrica, dependendo de sistemas que *conversem* com os sistemas de gestão de energia da residência ou da concessionária de energia, para viabilizar a recarga da bateria ou o uso da energia armazenada na bateria.

Há um ganho evidente na eficiência energética de toda a cadeia, principalmente na conversão da energia elétrica do veículo em força motriz nas rodas. O uso de veículos elétricos e híbridos aumentaria muito a eficiência do setor de transporte. Além disso, haveria redução de emissão de gases de combustão e melhoria de qualidade do ar nas grandes cidades, impactando o setor de saúde. A redução de emissões ocorre até mesmo com a utilização de energéticos análogos para geração de energia elétrica. Ter-se-ia também redução de ruído característico dos motores de combustão interna nos centros urbanos. A manutenção do veículo elétrico será muito diferente da manutenção do motor a explosão, pois haverá redução de partes mecânicas que sofrem maior desgaste. A indústria brasileira de veículos e componentes poderia participar da cadeia mundial de produção de veículos elétricos e híbridos e/ou de seus componentes, como motores, acionamentos e baterias.

b) Impactos

Haverá necessidade de implantação de novos pontos de abastecimento e de adaptação das instalações residenciais e dos sistemas de medição para permitir tarifas diferenciadas, como pré-pagamento. Haverá a possibilidade de se utilizar a energia das baterias como fonte suplementar de energia em residências, e para injetar na rede. Deverá ser feita uma modelagem da curva de carga e do impacto da carga de veículos, em função dos horários e hábitos dos usuários. O carregamento de madrugada será incentivado para evitar o horário de pico e o uso mais eficiente dos vales da curva de carga. Entretanto, é preciso fazer uma avaliação global da adoção exclusiva dos carros elétricos, uma vez que o parque gerador de energia elétrica será penalizado. Dependendo da matriz elétrica do país, poderá, inclusive, se ter um aumento nos índices de poluição. Países que dependem de termelétricas a carvão e óleo combustível serão mais impactados. O Brasil possui o excelente programa de etanol, combustível renovável que recicla praticamente todo carbono. Devem-se conciliar todas essas tecnologias de forma harmônica e buscar o interesse do país.

c) Baterias e carregadores

As baterias predominantes nos atuais carros elétricos e híbridos são as de íons de lítio, que têm maior densidade de carga e que, portanto, pesam menos e são de menor volume, além de suportarem mais ciclos de carga e recarga. São de custo muito alto, cerca de 60 % do valor do veículo, o que dificulta a redução do preço final dos carros elétricos. Existem experiências com outras baterias, por exemplo, a tipo Zebra, que utiliza sódio e necessita trabalhar em estado líquido, em temperaturas da ordem de 100 ºC. No Brasil, a Itaipu Binacional desenvolveu um projeto com a utilização dessa bateria em um Palio Weekend da Fiat convertido para elétrico e também em outras aplicações.

Existem quatro tipos básicos de carregadores:

- os portáteis, que vêm em alguns carros e que podem ser ligados diretamente em tomadas com a capacidade necessária, que são: doméstico, de carga lenta em CA, sem sinal de controle piloto até 16 A; e o não doméstico, baseado na norma IEC-60309-2, monofásicos (3,7 kW) e trifásicos (11 kW);
- não doméstico de carga lenta em CA até 32 A, com sinal de controle piloto segundo a norma SAE 1772, monofásicos (7,4 kW) e trifásicos (22 kW);
- não doméstico de carga lenta em CA até 32 A, com sinal de controle piloto segundo a norma SAE 1772, monofásicos (7,4 kW), trifásicos (22 kW) e monofásicos de 63 A (14,5 kW);
- não doméstico de carga rápida em CA de 250 A e em CC de 400 A.

Os de carga lenta levam até oito horas para carregar a bateria. Os de carga rápida levam até 15 minutos, dependendo da carga inicial da bateria. Esses carregadores exigem instalações especiais, em geral com estações transformadoras ligadas à rede primária das distribuidoras de energia. A padronização dos tipos de carregadores, tipos de conectores e cabos tem avançado bastante, e já há várias normas internacionais, como as da SAE, sobre o assunto. No Brasil, está publicada a norma ABNT NBR 17019:2022.

d) Incentivos e subsídios

Vários países oferecem incentivos e subsídios para troca de veículos a combustão interna por veículos híbridos ou elétricos. Existem subsídios financeiros, como abatimento na troca do valor do veículo, com redução de impostos. Liberação para circulação do veículo em algumas áreas das cidades, como no caso da Dinamarca, onde se constatou recentemente que a frota de veículos elétricos vem ocupando intensamente as faixas dedicadas aos ônibus. Alguns países criaram frotas próprias de veículos para o setor de serviços públicos, como correio, empresas de energia, de água, entre outros. Alguns países também implantaram redes de postos públicos de abastecimento. Existem iniciativas na Europa de uso de carros elétricos compartilhados espalhados por cidades, como em Fortaleza ou Paris, por exemplo.

7.7 Qualidade de energia

Com os medidores inteligentes será permitido melhor monitoramento de parâmetros ligados à qualidade da energia, tanto no quesito de qualidade de serviço como no de produto.

Na qualidade de serviço são avaliados os indicadores ligados à continuidade do serviço, como a duração e a frequência de desligamentos equivalentes (DEC e FEC) e individuais (DIC e FIC) e ao tempo de restabelecimento do serviço.

Na qualidade do produto poderemos avaliar também os indicadores ligados à qualidade da tensão fornecida, por exemplo, a flutuação da tensão dentro de limites aceitáveis; o nível de harmônicas do sistema; o nível de cintilação (*flicker*); os afundamentos ou elevações de tensão (SAGs e *swells*); surtos ocasionados por manobras ou surtos atmosféricos. Dessa maneira é possível monitorar a cadeia de eventos que pode causar problemas que se propagam na rede, levando a situações que possam danificar equipamentos ou prejudicar processos, e ainda poderemos determinar a cadeia de responsabilidades, definindo com isso ressarcimentos de prejuízos e buscando ações de mitigação.

7.8 Autorrestabelecimento e autocura do sistema

O autorrestabelecimento de zonas escuras pode ser feito com a automação de chaves de transferência associadas a sistemas inteligentes que detectam e isolam as faltas na rede, permitindo em seguida fazer transferências de blocos de carga que foram desligados para outros circuitos, ou seja, dessa maneira ocorre uma autocura do sistema, com as zonas consideradas desligadas e que estavam às escuras voltando a ser energizadas, isolando dessa forma a menor área em falha possível.

Os principais benefícios de um sistema com autocura são as reduções dos tempos de restabelecimento do serviço de fornecimento de energia elétrica, dos custos operacionais para o restabelecimento e do número de clientes afetados pelas interrupções do fornecimento.

7.9 Geração distribuída

As dificuldades de custo, perdas e infraestrutura da transmissão de energia elétrica de longas distâncias para os grandes centros de consumo no Brasil – uma vez que a maior parte do potencial que resta de usinas hidrelétricas se encontra na Amazônia – e a dificuldade de se terem usinas com grandes reservatórios em função de pressões ambientais e sociais levaram o país a diversificar sua matriz de energia elétrica com o aumento da presença do gás natural e o incentivo ao aumento de energias renováveis, como a biomassa do bagaço de cana, particularmente em São Paulo em associação com o setor sucroalcooleiro, a energia solar e a energia eólica que se concentram hoje nas regiões Nordeste e Sul e nas proximidades dos vales de alguns rios, como o rio São Francisco. Essa mudança permite que as fontes estejam mais próximas dos centros de consumo. O país tem passado por uma mudança de paradigma no setor elétrico, pois ocorre a mudança de um sistema centralizado com grandes blocos de energia distante dos centros de consumo, para um modelo descentralizado e mais próximo dos centros de carga, o que caracteriza a geração distribuída.

A possibilidade de o consumidor gerar sua própria energia para atender às necessidades de consumo e até exportar a energia excedente já existe no Brasil com relação às grandes empresas de energia. Um exemplo clássico são as usinas do setor sucroalcooeiro que queimam bagaço e palha de cana para gerar energia elétrica e vapor de processo (cogeração – Seção 13.8) por meio de um ciclo térmico de potência para atender à própria demanda de consumo de vapor e eletricidade e que, em muitos casos, exportam o excedente para a rede de energia elétrica. O arcabouço legal atual permite que pequenos consumidores também produzam e exportem energia elétrica para uso em outra unidade de consumo do próprio consumidor. Inicialmente, a ideia é abater o que é exportado na conta de consumo, mas o marco regulatório da Lei nº 14.300/2022 já prevê a possibilidade de venda do excedente à concessionária em que a micro ou minigeração está conectada.

A possibilidade de venda do excedente de energia elétrica pode mudar a forma de planejamento do investimento pelo (hoje) consumidor, já que, até então, não era vantagem investir em geração maior que o próprio consumo em determinada distribuidora pelas características do sistema de compensação.

Os consumidores de energia elétrica no Brasil são classificados em duas grandes classes de consumo, segundo a Tabela 7.1 (ANEEL, 2021), que depende do nível de tensão com que são alimentados e da potência instalada dos sistemas e da energia consumida. Em função dessa classificação, temos duas formas de tarifação: a tarifa monômia aplicada na baixa-tensão (classe B) que está associada somente ao consumo da energia, dado em kWh, e uma tarifa binômia, aplicada à alta-tensão (classe A), que além do consumo da energia, tem outro componente para remunerar o serviço e a infraestrutura, que leva em conta a demanda contratada em kW. Uma tabela mais detalhada, incluída a área rural, está no Capítulo 18 (Tab. 18.1).

TABELA 7.1 Classe de tarifação em função da tensão de alimentação

Classe do consumidor	Tipo de consumidor e padrão de tensão de alimentação
A1	Tensão de fornecimento igual ou superior a 230 kV
A2	Tensão de fornecimento de 88 a 138 kV
A3	Tensão de fornecimento de 69 kV
A3a	Tensão de fornecimento de 30 a 44 kV
A4	Tensão de fornecimento de 2,3 a 25 kV
AS	Tensão de fornecimento inferior a 2,3 kV, atendida a partir de sistema subterrâneo de distribuição e faturada no Grupo A, excepcionalmente
B1	Tensão de fornecimento inferior a 2,3 kV, residencial e residencial baixa renda – baixa-tensão
B2	Rural, cooperativa de eletrificação rural e serviço público de irrigação – baixa-tensão
B3	Demais classes – baixa-tensão
B4	Iluminação pública – baixa-tensão

A classe A de consumidores tem várias opções tarifárias, muitas delas com características horo-sazonais, ou seja, que dependem da hora do dia (período de pico de consumo, que tem três horas por dia, e período fora do pico de consumo). O Brasil tem hoje cerca de 60 concessionárias de distribuição de energia elétrica que praticam tarifas diferenciadas, em função das diferentes proporções das áreas atendidas, diferentes mercados com diferentes hábitos de consumo e poder aquisitivo dos diversos setores, entre outras características.

A Resolução Normativa ANEEL nº 482/2012 (ANEEL, 2012a) estabeleceu as condições gerais para o acesso de microgeração e minigeração distribuída aos sistemas de distribuição de energia elétrica e o sistema de compensação de energia elétrica, entre outras providências.

As seguintes definições iniciais (aprimoradas mais tarde por regulamentação posterior) se fazem necessárias para o melhor entendimento dessa resolução:

I) Microgeração distribuída: é uma central geradora de energia elétrica, com potência instalada menor ou igual a 100 kW, que utiliza fontes com base em energia hidráulica, solar, eólica, biomassa ou cogeração qualificada, conforme regulamentação da ANEEL, conectada à rede de distribuição por meio de instalações de unidades consumidoras.

II) Minigeração distribuída: é uma central geradora de energia elétrica, com potência instalada superior a 100 kW e menor ou igual a 1 MW para fontes com base em energia hidráulica, solar, eólica, biomassa ou cogeração qualificada, conforme regulamentação da ANEEL, conectada na rede de distribuição por meio de instalações de unidades consumidoras.

III) Sistema de compensação de energia elétrica: é um sistema no qual a energia ativa gerada por unidade consumidora com microgeração distribuída ou minigeração distribuída compensa o consumo de energia elétrica ativa.

As distribuidoras tiveram de adequar seus sistemas comerciais e elaborar ou revisar normas técnicas para tratar do acesso de microgeração e minigeração distribuída e publicar as referidas normas técnicas em seu endereço eletrônico, utilizando como referência os Procedimentos de Distribuição de Energia Elétrica no Sistema Elétrico Nacional (Prodist), as normas técnicas brasileiras e, de forma complementar, as normas internacionais dentro de um prazo de 240 dias, contados da publicação da Resolução. Após esse prazo, a distribuidora deverá atender às solicitações de acesso para microgeradores e minigeradores distribuídos nos termos da Seção 3.7 do Módulo 3 do Prodist (ANEEL, 2012b).

Segundo a Resolução, no faturamento de unidade consumidora integrante do sistema de compensação de energia elétrica, deveriam ser observados os seguintes procedimentos:

I) Deverá ser cobrado, no mínimo, o valor referente ao custo de disponibilidade para o consumidor do grupo B (baixa-tensão), ou da demanda contratada para o consumidor do grupo A (alta e média tensões), conforme o caso.

II) O consumo a ser faturado, referente à energia elétrica ativa, é a diferença entre a energia consumida e a injetada, por posto horário, quando for o caso, devendo a distribuidora utilizar o excedente que não tenha sido compensado no ciclo de faturamento corrente para abater o consumo medido em meses subsequentes.

III) Caso a energia ativa injetada em determinado posto horário seja superior à energia ativa consumida, a diferença deverá ser utilizada, preferencialmente, para compensação em outros postos horários dentro do mesmo ciclo de faturamento, devendo, ainda, ser observada a relação entre os valores das tarifas de energia, se houver.

IV) Os montantes de energia ativa injetada que não tenham sido compensados na própria unidade consumidora poderão ser utilizados para compensar o consumo de outras unidades previamente cadastradas para esse fim e atendidas pela mesma distribuidora, cujo titular seja o mesmo da unidade com sistema de compensação de energia elétrica, ou cujas unidades consumidoras forem reunidas por comunhão de interesses de fato ou de direito.

V) O consumidor deverá definir a ordem de prioridade das unidades consumidoras participantes do sistema de compensação de energia elétrica.

VI) Os créditos de energia ativa gerada por meio do sistema de compensação de energia elétrica expirarão 36 meses após a data do faturamento, não fazendo jus o consumidor a qualquer forma de compensação após o seu vencimento, e serão revertidos em prol da modicidade tarifária.

VII) A fatura deverá conter a informação de eventual saldo positivo de energia ativa para o ciclo subsequente, em quilowatt-hora (kWh), por posto horário, quando for o caso, e também o total de créditos que expirarão no próximo ciclo.

VIII) Os montantes líquidos apurados no sistema de compensação de energia serão considerados no cálculo de contratação de energia para efeitos tarifários, sem reflexos na Câmara de Comercialização de Energia Elétrica (CCEE), devendo ser registrados contabilmente, pela distribuidora, conforme disposto no Manual de Contabilidade do Serviço Público de Energia Elétrica.

Aplicam-se de forma complementar as disposições da Resolução Normativa ANEEL nº 414, de 9 de setembro de 2010 (ANEEL, 2010), relativas aos procedimentos para faturamento.

Os custos referentes à adequação do sistema de medição, necessários para implantar o sistema de compensação de energia elétrica, são de responsabilidade do interessado. O custo de adequação é a diferença entre o custo dos componentes do sistema de medição requerido para o sistema de compensação de energia elétrica e o custo do medidor convencional utilizado em unidades consumidoras do mesmo nível de tensão. Os equipamentos de medição instalados deverão atender às especificações técnicas do Prodist e da distribuidora. Os equipamentos deverão ser cedidos sem ônus às respectivas concessionárias e permissionárias de distribuição, as quais farão o registro contábil no ativo imobilizado, tendo como

contrapartida as Obrigações Vinculadas à Concessão de Serviço Público de Energia Elétrica. Após a adequação do sistema de medição, a distribuidora será responsável por sua operação e manutenção, incluindo os custos de eventual substituição ou adequação. A distribuidora deverá adequar o sistema de medição dentro do prazo para realização da vistoria e ligação das instalações, e deverá iniciar o sistema de compensação de energia elétrica assim que for aprovado o ponto de conexão, conforme procedimentos e prazos estabelecidos na Seção 3.7 do Módulo 3 do Prodist (ANEEL, 2012b).

As três formas possíveis atualmente para tarifação da geração própria, inclusive nas usinas acima de 5 MW, são as seguintes:

- Leilão de energia elétrica no qual a energia é vendida no mercado de comercialização e no qual se aplicam as tarifas e os requisitos técnicos para esse tipo de conexão. Recentemente, na chamada 13/2011 da ANEEL foram registrados 18 projetos (ANEEL, 2011) de várias usinas fotovoltaicas em diversas regiões do Brasil, como mostrado na Tabela 7.2 (ANEEL, 2011).

- Tarifação *net metering*. Nesse sistema há um medidor de consumo da residência e outro que mede o que foi produzido e eventualmente exportado para a rede. No fim do mês, o consumidor paga a diferença entre o que consumiu e o que produziu. Para tanto é necessário um medidor (quatro quadrantes) que pode mensurar a energia que entra e sai da instalação. No caso do Brasil, o consumidor, segundo a Resolução Normativa ANEEL nº 482/2012, terá 60 meses para utilizar a energia que exportou para a rede. A Fig. 7.1 mostra um diagrama desse tipo de tarifação para uma instalação com geração solar fotovoltaica.

- Tarifa *feed-in*. Foi criada na Europa, e o sistema de medição é similar ao do *net metering*, mas o consumidor tem uma tarifa especial de geração de energia elétrica e outra de venda do excedente exportado para a rede, superiores ao da tarifa de energia consumida, o que torna esse sistema extremamente vantajoso. A Fig. 7.2 mostra um diagrama com esse tipo de tarifação para instalação em geração solar fotovoltaica.

Em 17 de dezembro de 2012, expirado o prazo de 240 dias citado na Resolução Normativa ANEEL nº 482, várias concessionárias haviam publicado normas técnicas, novas ou revisadas, para tratar do acesso de microgeração e minigeração distribuída.

7.9.1 Incidência de impostos federais e estaduais

O setor de geração distribuída demanda uniformidade de regras tributárias, mas a definição sobre a cobrança de impostos e tributos federais e estaduais foge das competências da ANEEL, cabendo à Receita Federal do Brasil e às Secretarias de Fazenda Estaduais tratar da questão. A seguir, são apresentadas informações relativas ao ICMS e PIS/Cofins.

TABELA 7.2 Projetos cadastrados no P&D Estratégico nº 13/2011 – "Arranjos Técnicos e Comerciais para Inserção da Geração Solar Fotovoltaica na Matriz Energética Brasileira"

PE	Código DUTO	Tipo	Empresa	Sigla	Arquivo XML	Código ANEEL	Chamada P&D	Título do projeto	Avaliação inicial?	Duração (meses)	Segmento	Tema	Fase da cadeia	Tipo de produto	Custo do projeto	Capacidade instalada (MWp)
S	385	P	Elektro Eletricidade e Serviços S/A.	ELEKTRO	APLPED0385_PROJETOPED_0045_S02.xml	PD-0385-0045/2011	013/2011	PUCSOLAR	SIM	36	G		OP	PA	ME	R$ 8.253.250,00	0,500
S	394	P	Furnas Centrais Elétricas S.A.	FURNAS	APLPD0394_PROJETOPED_1113_S00.xml	PD-0394-1113/2011	013/2011	Arranjos Técnicos e Comerciais para a Inserção da Geração Solar Fotovoltaica na Matriz Energética Brasileira	SIM	36	G		FA	PA	SM	R$48.224.047,14	3,000
S	39	P	Companhia Energética do Ceará	COELCE	APLPED0039_PROJETOPED_0053_S01.xml	PD-0039-0053/2011	013/2011	Arranjo Técnico e Comercial para a Inserção da Geração Solar Fotovoltaica na Matriz Energética do Estado do Ceará – Usina Castelão	SIM	36	G		FA	PA	CM	R$ 12.059.720,36	1,500
S	47	P	Companhia de Eletricidade do Estado da Bahia	COELBA	APLPED0047_PROJETOPED_0060_S05.xml	PD-0047-0060/2011	013/2011	Arranjos Técnicos e Comerciais para a Inserção da Geração Solar Fotovoltaica na Matriz Energética Brasileira	SIM	36	G		FA	PA	ME	R$ 24.509.878,72	1,000
S	48	P	Companhia Hidro Elétrica do São Francisco	CHESF	APLPED0048_PROJETOPED_1013_S01.xml	PD-0048-1013/2011	013/2011	Central Fotovoltaica da Plataforma Solar de Petrolina	SIM	36	G		FA	PA	CM	R$ 44.552.168,00	3,000
S	61	P	Companhia Energética de São Paulo	CESP	APLPED0061_PROJETOPED_0034_S10.xml	PD-0061-0034/2011	013/2011	Desenvolvimento e Instalação piloto de geração fotovoltaica para modelo estratégico de referência tecnológica, regulatória, econômica e comercial, inserindo essa energia na matriz energética nacional	SIM	36	G		FA	PA	SM	R$ 9.563.926,38	0,723
S	68	P	Companhia de Transmissão de Energia Elétrica Paulista	CTEEP	APLPED0068_PROJETOPED_0029_S02.xml	PD-0068-0029/2011	013/2011	Desenvolvimento de competências e avaliação de arranjos técnicos e comerciais em geração distribuída com sistemas fotovoltaicos conectados à rede	SIM	36	G		FA	PA	CM	R$ 10.003.664,00	0,600
S	390	P	Eletropaulo Metropolitana Eletricidade de São Paulo S.A.	ELETROPAULO	APLPED0390_PROJETOPED_1061_S02.xml	PD-0390-1061/2011	013/2011	Arranjos Técnicos e Comerciais para a Inserção da Geração Solar Fotovoltaica na Matriz Energética Brasileira	SIM	36	G		FA	PA	CM	R$ 23.381.047,85	1,000
S	553	P	Petróleo Brasileiro S.A.	PETROBRAS	APLPED0553_PROJETOPED_0017_S02.xml	PD-0553-0017/2011	013/2011	Estudo do impacto da geração fotovoltaica centralizada no sistema elétrico	SIM	36	G		FA	PA	CM	R$ 21.250.00.00	1,100

(continua)

TABELA 7.2 Projetos cadastrados no P&D Estratégico nº 13/2011 – "Arranjos Técnicos e Comerciais para Inserção da Geração Solar Fotovoltaica na Matriz Energética Brasileira" (*continuação*)

PE	Código DUTO	Tipo	Empresa	Sigla	Arquivo XML	Código ANEEL	Chamada P&D	Título do projeto	Avaliação inicial?	Duração (meses)	Segmento	Tema	Fase da cadeia	Tipo de produto	Custo do projeto	Capacidade instalada (MWp)
S	403	P	Tractebel Energia S.A.	TRACTEBEL	APLPED0403_PROJETOPED_0027_S04.xml	PD-0403-0027/2011	013/2011	Implantação de usina solar fotovoltaica (FV) de 3 MWp e avaliação do desempenho técnico e econômico da geração FV em diferentes condições climáticas na matriz elétrica brasileira	SIM	36	G	FA	PA	ME	R$ 60.247.400,00	3,000
S	402	P	Eletrosul Centrais Elétricas S.A.	ELETROSUL	APLPED0402_PROJETOPED_1311_S03.xml	PD-0402-1311/2011	013/2011	Ampliação da usina Megawatt Solar com novas soluções tecnológicas e estratégias comerciais (Projeto SOL+)	SIM	36	G	FA	PA	CM	R$ 2.623.002,00	1,024
S	4950	P	CEMIG Distribuição S.A.	CEMIG-D	APLPED4950_PROJETOPED_0713_S02.xml	PD-4950-0713/2011	013/2011	Projeto estratégico: Arranjos Técnicos e Comerciais para a Inserção da Geração Solar Fotovoltaica na Matriz Energética Brasileira	SIM	36	G	FA	PB	CM	R$ 8.275.540,00	0,500
S	5785	P	Companhia Estadual de Geração e Transmissão de Energia Elétrica	CEEE-GT	APLPED5785_PROJETOPED_1113_S05.xml	PD-5785-1113/2011	013/2011	Inserção da geração solar fotovoltaica urbana conectada à rede em Porto Alegre	SIM	36	G	FA	PA	ME	R$ 11.356.889,00	0,550
S	6491	P	Copel Geração e Transmissão S.A.	COPEL-GT	APLPED6491_PROJETOPED_0249_S05.xml	PD-6491-0249/2011	013/2011	PE 13 – Comparação da geração de energia elétrica por fonte solar fotovoltaica e sua disponibilização na rede de distribuição sem e com acumulação em banco de bateria vanádio de ciclo ilimitado	SIM	36	G	FA	PA	ME	R$ 50.592.997,02	3,000
S	6491	P	Copel Geração e Transmissão S.A.	COPEL-GT	APLPED6491_PROJETOPED_0251_S07.xml	PD-6491-0251/2011	013/2011	Aplicação de células fotovoltaicas de fabricação nacional para geração de energia elétrica interligada à rede de distribuição no estádio Joaquim Américo do Clube Atlético Paranaense	SIM	36	G	FA	PA	SM	R$ 24.627.579,48	1,000
S	6981	P	MPX PECEM II Geração de Energia S.A.	MPX	APLPED6981_PROJETOPED_0002_S06.xml	PD-6981-0002/2011	013/2011	Arranjos Técnicos e Comerciais para a Inserção da Geração Solar Fotovoltaica na Matriz Energética Brasileira	SIM	36	G	FA	PA	CM	R$ 8.422.678,00	1,000
S	2937	P	Companhia Piratininga de Força e Luz	CPFL-Piratininga	APLPED2937_PROJETOPED_0045_S05.xml	PD-2937-0045/2011	013/2011	Inserção Técnico-Comercial de Geração Solar Fotovoltaica na Matriz Energética Brasileira	SIM	36	G	FA	PA	CM	R$ 11.373.000,00	1,081
S	6072	P	Celg Distribuição S.A.	CELG	APLPED6072_PROJETOPED_0280_S08.xml	PD-6491-0251/2011	013/2011	Arranjos Técnicos e Comerciais para a Inserção da Geração Solar Fotovoltaica na Matriz Energética Brasileira	SIM	36	G	FA	PA	CM	R$ 15.997.384,05	1,000
														TOTAL	R$ 395.904.384,05	24,578

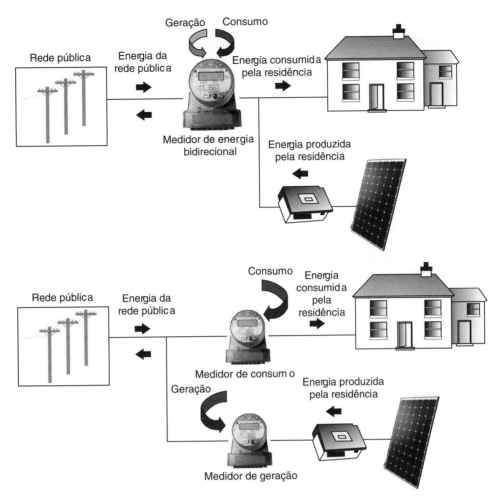

FIGURA 7.1 Diagrama de tarifação *net metering* para instalação com geração solar fotovoltaica com um ou dois medidores.

FIGURA 7.2 Diagrama de tarifação *feed-in* para instalação com geração solar fotovoltaica.

a) ICMS

O Imposto sobre Circulação de Mercadorias e Serviços (ICMS) é um tributo estadual que se aplica à energia elétrica. Com respeito à micro e minigeração distribuída, é importante esclarecer que o Conselho Nacional de Política Fazendária (Confaz) aprovou o Convênio ICMS 6, de 5 de abril de 2013, estabelecendo que o ICMS apurado tenha como base de cálculo toda energia que chega à unidade consumidora proveniente da distribuidora, sem considerar nenhuma compensação de energia produzida pelo microgerador. Com isso, a alíquota aplicável do ICMS incide sobre toda a energia consumida no mês.

Deve-se ressaltar que a ANEEL tem entendimento diverso em relação à cobrança do ICMS no âmbito do sistema de compensação, esclarecendo que a energia elétrica injetada é cedida, por meio de empréstimo gratuito, à distribuidora, e posteriormente compensada com o consumo dessa mesma unidade consumidora ou de outra unidade consumidora com a mesma titularidade da unidade consumidora na qual os créditos foram gerados.

Como não há venda ou mudança de titularidade não haveria fato gerador desse imposto. Por motivos políticos ou estratégicos, alguns estados têm se posicionado de forma isolada sobre o tema, inclusive diferenciando as modalidades de geração distribuída (geração junto à carga; autoconsumo remoto; geração compartilhada e o Empreendimento com Múltiplas Unidades Consumidoras – EMUC) no tocante à incidência do imposto. Por isso, o entendimento ainda está sob júdice no Superior Tribunal Federal.

É importante destacar a iniciativa do estado de Minas Gerais ao publicar a Lei nº 20.824, de 31 de julho de 2013, estabelecendo que o ICMS no estado deva ser cobrado apenas sobre a diferença positiva entre a energia consumida e a energia injetada pelos micro e minigeradores, inicialmente pelo prazo de cinco anos e depois renovado até 2032 (quatro anos para os estados PR e SC). Até julho de 2018, vários outros estados também assumiram a posição do estado de Minas Gerais quanto à isenção de ICMS, por meio da adesão ao convênio Confaz 16/2015, como a seguir registrado:

- a partir de 27/04/2015: Goiás, Pernambuco e São Paulo (data da publicação do convênio);
- a partir de 23/06/2015: Rio Grande do Norte;
- a partir de 21/07/2015: Ceará e Tocantins;
- a partir de 26/11/2015: Bahia, Maranhão, Mato Grosso e Distrito Federal;
- a partir de 30/12/2015: Acre, Alagoas, Minas Gerais, Rio de Janeiro e Rio Grande do Sul;
- a partir de 24/05/2016: Roraima;
- a partir de 13/09/2016: Pará;
- a partir de 10/11/2016: Mato Grosso do Sul;
- a partir de 03/05/2017: Amapá;
- a partir de 05/01/2018: Espírito Santo;
- a partir de 01/07/2018: Amazonas, Paraná e Santa Catarina.

Este convênio se baseou na primeira versão da Resolução Normativa ANEEL nº 482 e prevê a isenção apenas quando da geração de energia de forma individual (geração junto à carga e autoconsumo remoto), e não nas formas coletivas (geração compartilhada e EMUC). Limitou-se ainda a isenção somente para as unidades geradoras de até 1 MW, e a incidência da isenção exclusivamente sobre a base de cálculo da tarifa de energia, desconsiderando todos os outros componentes tarifários.

b) PIS/Cofins[1]

Com a publicação das Leis nºs 10.637/2002 e 10.833/2003, o Programa de Integração Social (PIS) e a Contribuição para o Financiamento da Seguridade Social (Cofins) passaram a obedecer ao regime de tributação não cumulativo, isto é, cada etapa da cadeia produtiva se apropria dos créditos decorrentes das etapas anteriores.

As alíquotas estabelecidas são:

$$PIS = 1,65\ \%$$
$$Cofins = 7,60\ \%$$
$$PIS + Cofins = 9,25\ \%$$

Após essa alteração, a ANEEL determinou às concessionárias de distribuição de energia uma nova fórmula de cálculo para essas contribuições, tendo em vista que as alíquotas efetivas passaram a variar mensalmente em função dos créditos adquiridos nas etapas anteriores da cadeia. O custo do PIS e da Cofins passou, então, a ser calculado mensalmente.

A forma de cálculo adotada pela ANEEL teve como objetivo repassar aos consumidores exatamente o custo suportado pelas concessionárias em razão das contribuições ao PIS e à Cofins.

Atualmente, para o cálculo do montante de impostos a pagar, algumas distribuidoras aplicam a tarifa final com impostos (PIS/Cofins e ICMS) para todo o consumo, deduzindo-se o montante equivalente ao valor do consumo total, com a tarifa, sem impostos.

Por fim, apesar de não ser competência dessa agência, a visão da ANEEL é de que a tributação deveria incidir apenas sobre a diferença, se positiva, entre os valores finais de consumo e energia excedente injetada (geração). Caso a diferença entre a energia consumida e gerada seja inferior ao consumo mínimo, a base de cálculo dos tributos (PIS/Cofins e ICMS) deveria ser apenas o valor do custo de disponibilidade.

Os tempos de retorno de sistemas de energia solar fotovoltaica e sistemas eólicos para microgeração e minigeração vêm caindo com o aumento de escala e concorrência entre empresas, bem como pelo aumento do custo da energia.

Desde o início de 2015, o MME acena com a possibilidade de evoluir do sistema de compensação de energia injetada na rede para o sistema de venda de energia, o que vem se concretizando em 2023. As mudanças climáticas têm comprometido o consumo de água e também o nível dos reservatórios de energia das hidrelétricas, afetando, assim, a segurança de fornecimento para o período seco. Isso tem obrigado o Operador Nacional do Sistema Elétrico (ONS) a despachar as usinas térmicas, tornando os custos de geração muito maiores do que se fossem feitos pelas hidrelétricas. Com a implantação das bandeiras tarifárias, que permitem repassar, de imediato, os custos maiores de geração a todos os consumidores, para resolver o problema de repasse dos custos do uso excessivo das térmicas e com o aumento previsto das tarifas, houve um aumento substancial das tarifas em todo o país. Com essa nova situação, o mercado de geração distribuída de micro e minigeração deverá ter um aumento substancial de

---

[1] A tributação deve ser atualizada com a aprovação da reforma tributária pelo Congresso nacional.

procura, pois os tempos de retorno deverão continuar caindo no longo prazo.

Por outro lado, depois de um período de intenso debate, foi aprovada a cobrança da tarifa de uso do sistema de distribuição (TUSD) sobre a energia circulante do SCEE. A porcentagem dessa cobrança deve aumentar paulatinamente, chegando a 100 % da TUSD até 2030. Os sistemas de geração distribuída que protocolaram requisição de acesso até 07 de janeiro de 2023 irão manter o sistema de compensação anterior, obtendo 100 % dos créditos pela energia injetada, até 2045. Isso deve prolongar o tempo de retorno de sistemas novos.

Já no fim de 2015, a Resolução Normativa ANEEL nº 482/2012 foi alterada e as novas regras, que começaram a valer em 1º de março de 2016, preveem que a denominação **microgeração distribuída** refere-se a centrais geradoras com potência instalada até 75 quilowatts (kW) e **minigeração distribuída** aquela com potência acima de 75 kW e menor ou igual a 5 MW (3 MW para a fonte hídrica), conectadas na rede de distribuição por meio de instalações de unidades consumidoras.

Com as novas regras, o prazo de validade dos créditos passou de 36 para 60 meses, e eles também podem ser usados para abater o consumo de unidades consumidoras do mesmo titular situadas em outro local, desde que na área de atendimento de uma mesma distribuidora. Esse tipo de utilização dos créditos foi denominado "autoconsumo remoto".

Outra inovação diz respeito à possibilidade de instalação de geração distribuída em condomínios (empreendimentos de múltiplas unidades consumidoras). Nessa configuração, a energia gerada pode ser repartida entre os condôminos em porcentagens definidas pelos próprios consumidores.

Foi criado também o conceito de "geração compartilhada", possibilitando que diversos interessados se unam em um consórcio ou em uma cooperativa, instalem uma micro ou minigeração distribuída e utilizem a energia gerada para redução das faturas dos consorciados ou cooperados.

O prazo total para a distribuidora conectar usinas de até 75 kW, que era de 82 dias, foi reduzido para 34 dias. Adicionalmente, a partir de janeiro de 2017, os consumidores podem fazer a solicitação e acompanhar pela internet o andamento de seu pedido junto à distribuidora.

Outras formas de incentivo foram a redução de Imposto de Produtos Industrializados (IPI), de PIS/Pasep e da Cofins para painéis fotovoltaicos e outros componentes dessa modalidade de energia renovável fabricados no país e a isenção de Imposto de Importação para componentes ou bens de capital fabricados em outros países, **até que haja similar nacional** equivalente ao importado, em padrão de qualidade, conteúdo técnico, preço e capacidade produtiva. Também, governos estaduais isentaram os painéis solares do ICMS, bem como sobre a energia gerada no sistema de compensação de energia.

Para produtores maiores que 5 MW, Independentes (PIE), não se aplica o sistema de compensação, mas também têm seus incentivos, como descontos na Tarifa de Uso dos Sistemas de Transmissão (TUST) e na Tarifa de Uso dos Sistemas de Distribuição (TUSD).

Tais incentivos são válidos por períodos específicos ou aplicáveis a determinado tipo ou tamanho de geração, mas, de modo geral, ajudaram a alavancar novos projetos e a cadeia de suprimento de componentes e mão de obra especializada.

7.9.2 Questão dos incentivos tarifários

Após os aprimoramentos na Resolução Normativa ANEEL nº 482/2012 pelas Resoluções Normativas ANEEL nºs 517, 687 e 786, estava prevista uma revisão da Resolução para avaliar a evolução da área e a necessidade de aprimoramentos, a entrar em vigor em 2020. Em 2019, esse debate teve lugar por meio de discussões junto à sociedade.

Como ponto de partida, a ANEEL fez uma consulta pública, um seminário internacional e uma audiência pública para discussão da Análise de Impacto Regulatório (AIR) 004/2018, publicada em dezembro de 2019. Nesse documento, são levantados, de forma sistemática e embasados em evidências, os riscos e as implicações de ações regulatórias e aperfeiçoamentos considerados. Um ponto de destaque nesse documento foi a constatação de que o crescimento da potência instalada estava mais rápido que a previsão mais otimista da agência, com a marca de 500 MW atingida mais de um ano antes do previsto, indicando certa urgência na revisão.

A sociedade se mobilizou em torno do assunto durante 2019, e as atenções se concentraram na geração fotovoltaica pois, apesar de a Resolução ANEEL nº 482/2012 tratar de diversas fontes, naquele ano a fonte solar respondia por 98 % das conexões.

O problema de como o incentivo proposto inicialmente para alavancar a GD se configura em um subsídio custeado por todos os usuários do sistema elétrico é real, e já havia sido identificado em outros países e regiões com a redução dos incentivos à medida que o mercado evoluía.

Ao utilizar o sistema de distribuição como uma bateria ideal (de onde se obtém 100 % da energia injetada), os usuários com GD geram custos para as concessionárias, que serão rateados entre todos na sua área de concessão. Esse rateio é proporcional à energia tarifada (R$/kWh) e as unidades consumidoras (UCs) com GD abatem a energia injetada na rede de suas contas, isto é, as excluem desse rateio, deixando as UCs sem GD arcarem com essa conta. Note-se que, ao fim de 2019, havia 171 mil UCs com GD para 84,5 milhões de UCs no Brasil, ou a potência instalada de 2,16 GW diante de 170 GW no país.

Esse problema torna-se ainda maior quando a GD, além de se isentar de ratear os custos na distribuição, ainda contribui para aumentar esses custos, como quando a geração é remota e de maior porte, ou seja, quando a energia é gerada em uma parte da rede e consumida em outro(s) ponto(s). No ponto de geração remota de maior porte, há necessidade de novos recursos físicos e de engenharia para reforço da rede de modo a comportar o acréscimo local de potência, uma vez que, em geral, é instalada na periferia da rede da distribuidora, onde a rede não estaria preparada para um grande fluxo de potência.

O debate se concentra no Sistema de Compensação de Energia Elétrica que contabiliza a energia injetada pelo consumidor e faz o abatimento, na conta mensal, enquanto houver créditos. Do ponto de vista do consumidor, a rede funciona como uma bateria: a mesma quantidade de energia que foi injetada pode ser consumida, em kWh. Portanto, a valoração da energia injetada é a mesma da energia proveniente da concessionária caso não houvesse GD, ou seja, esse valor cheio engloba todas as componentes tarifárias. Esse valor integral do kWh também é utilizado para cálculos do tempo de retorno do investimento inicial no sistema de GD, independentemente da fonte escolhida: eólica, solar etc.

O valor integral da tarifa é composto de vários componentes que visam custear os serviços de transporte e distribuição, as perdas e os encargos. A Tabela 7.3 apresenta um quadro geral dos componentes tarifários e as seis alternativas propostas (0 a 5) em análise pela ANEEL. A alternativa zero representa a situação vigente desde 2012. A área cinza-claro corresponde ao percentual do valor da tarifa que é recuperado para cada kWh injetado na rede.

A agência acredita que a GD deve arcar com uma parcela maior dos custos, reduzindo o subsídio. Porém, o debate é sobre calibrar o quanto é justo ou apropriado, quando deve ser aplicada a redução de subsídios e para quem. Primeiramente, as UCs sem GD estão arcando com esse subsídio, mas a GD também traz benefícios a todos. Se for cedo demais para retirar incentivos, podemos estar reprimindo a GD. Se a retirada for para todos indistintamente, pode representar insegurança jurídica e financeira, frustrando aqueles que já instalaram e desencorajando outros. Quantificar esses fatores e encontrar um equilíbrio foi o desafio também em outros países, como está sendo aqui.

A seguir, são listados os principais pontos apresentados nas audiências públicas (2019) pela ANEEL e por meio das contribuições da sociedade:

- adiamento de investimentos em sistemas de transmissão e distribuição;

- redução de perdas e do carregamento das redes;

- se o tempo de retorno de investimento aumenta, desencoraja novas instalações;

- o mercado de GD está ou não consolidado e maduro;

- impacto na criação de empregos e renda diretos e indiretos;

- impacto nas emissões evitadas de carbono;

- impacto na tarifa em razão do maior uso das térmicas (bandeiras);

- impacto no cumprimento de compromissos internacionais do Brasil quanto ao uso de renováveis.

Uma maneira de mitigar a sensação não só de insegurança jurídica, mas também de que é muito cedo para retirar os incentivos, consistiu em diferenciar os sistemas instalados antes e depois de vigorar a revisão e os sistemas remotos e locais, criando um gatilho em potência instalada a partir do qual os incentivos seriam

reduzidos. A Tabela 7.4 apresenta como exemplo a proposta apresentada pela ANEEL, em outubro de 2019, com esses mecanismos.

Considerando a proposta da ANEEL resumida na Tabela 7.4, a percepção do mercado ao fim de 2019 era de que haverá forte redução na atratividade econômica e aumento de importância do fator simultaneidade para viabilizar o investimento. A simultaneidade quantifica a coincidência no tempo de geração e consumo local da energia. A potência consumida no momento da geração ainda será valorada como antes, com tarifa cheia, uma vez que é uma compra evitada (de energia). Logo, empreendimentos comerciais e indústrias teriam uma vantagem maior em relação ao residencial, no qual a simultaneidade é geralmente menor.

Vale ressaltar, porém, que, se o consumidor quiser gerar energia desconectada da rede (*off grid*) ou quiser a simultaneidade máxima, ou seja, toda energia é consumida localmente e nenhuma energia é injetada na rede, deve usar armazenamento. No entanto, o investimento em baterias e sua manutenção acarretaria um custo cerca de nove vezes maior do que se atuar conectado à rede de distribuição, segundo a ANEEL. A falta de simultaneidade faz com que o excedente seja exportado para a rede da concessionária. Esse fluxo reverso, se não consumido localmente, pode acarretar uma inversão de fluxo no transformador abaixador. Essa possibilidade é um argumento para a concessionária recusar a instalação do sistema. O excesso de recusas culminou com a publicação da resolução 1098 (ANEEL, 2024), que tenta mitigar as divergências entre integradores e concessionárias. O limite de até 7,5 kW foi estabelecido que não há necessidade de estudo de reversão de fluxo.

7.10 Casas inteligentes e cidades inteligentes

As casas inteligentes têm sistemas de serviços e sistemas de segurança automatizados, que proporcionam uma melhor qualidade de vida a seus usuários. O uso de sensores e atuadores acoplados a sistemas automatizados que permitam o controle automático de acesso, nível de iluminação de ambientes, padrão adequado de conforto ambiental, controle de consumo de energia elétrica, gás natural ou GLP e água são a base do conceito de casas inteligentes. O conceito de "Internet das coisas" também faz parte da ideia da casa inteligente, pois permite que os eletrodomésticos da residência se comuniquem e tomem decisões com base na inteligência incorporada a cada um ou por meio de um sistema de gestão da residência.

TABELA 7.3 Componentes da tarifa e alternativas propostas pela ANEEL

Tarifa				0	1	2	3	4	5
	TE	Energia	38 %						
		Encargos	12 %						
	TUSD	Perdas	8 %						
		Encargos	8 %						
		Transp. Fio A	6 %						
		Transp. Fio B	28 %						

TE = tarifa de energia; TUSD = tarifa de uso do sistema de distribuição.

TABELA 7.4 Carências e gatilhos propostos

	Instalados pré-revisão	Instalados pós-revisão
Geração local	• Alternativa 0 até 2030 • Alternativa 5 após 2030	• Alternativa 2 até adição de 4,7 GW desde a revisão, ou 2030 • Alternativa 5 após gatilho
Geração remota	• Alternativa 0 até 2030 • Alternativa 5 após 2030	• Alternativa 5

As casas inteligentes permitem uma melhor gestão do uso da energia elétrica com equipamentos que permitem ao usuário observar seu padrão de consumo e de demanda todos os dias do ano e, desse modo, atuar sobre os hábitos de consumo e modificar a intensidade e o tempo de uso de equipamentos. Outra possibilidade de redução do uso seria a troca dos equipamentos por outros mais eficientes, que realizam a mesma função com a mesma qualidade de serviço, porém despendendo menos energia elétrica. Outra alternativa possível seria a troca do energético-eletricidade por outro energético, quando for vantajoso, tanto no quesito eficiência energética quanto na questão econômica, o que indica a utilização de sistemas híbridos ou flexíveis, trocando-se de energético quando se quiser ou ainda trabalhando de forma complementar. Um exemplo disso são os carros híbridos com motor a combustão a gasolina e elétricos. No caso de aquecimento de água para banho, existem também sistemas híbridos solar-gás natural ou GLP ou solar-elétrico, nos quais a energia solar é a fonte energética principal e as outras são complementares.

Algumas empresas já oferecem soluções para a gestão de energia elétrica da residência com medição dos circuitos que alimentam a casa saindo do quadro de distribuição de energia elétrica e, em alguns casos, medidores em pontos específicos de consumo. Esses sistemas permitem acompanhar a demanda e a energia consumida, permitindo ao usuário saber quais são os principais consumos da casa, em que hora do dia ou dia da semana, e também as flutuações em função de hábitos diferentes nos dias úteis e fins de semana e em diferentes estações do ano, em função das mudanças de temperatura ambiente, o que facilita a gestão da energia elétrica. Alguns sistemas incorporam a possibilidade de controlar o horário de pontos de consumo da casa, por exemplo o horário de banho das pessoas. Esse tipo de função pode ser importante quando se têm tarifas diferentes em diferentes períodos do dia, como no caso da tarifa branca que foi implantada no Brasil, que prevê três tarifas diferentes para o dia, conforme a Fig. 7.3, que mostra a comparação da tarifa convencional com a tarifa branca.

Futuramente, as casas inteligentes poderão também "conversar" com os sistemas das empresas de energia ou ainda com o mercado de compra e venda de energia elétrica para adquirir e vender energia quando produzida, por geração própria solar ou eólica, por exemplo, e/ou armazenada nas residências, nas baterias residenciais ou dos veículos elétricos.

As cidades inteligentes já incorporam gestão de todos os serviços da cidade para seus moradores, como transporte, fornecimento de energia elétrica, água e saneamento, gás, telefonia, coleta de resíduos, iluminação pública, segurança, sistemas de saúde etc.

Alguns países adotaram sistemas de medição de serviços integrados utilizando calhas técnicas com todos os serviços, o que reduz custos de implantação, manutenção e operação. O uso de sistemas georreferenciados integrados e bancos de dados associados permite minimizar efeitos de intervenções em uma ou mais redes de serviço sobre as outras.

Por fim, a meta de tornar inteligentes as redes elétricas do país tem caminhado de forma tímida e sem planejamento nos últimos 20 anos, o que impede o aproveitamento dos benefícios oriundos da otimização e racionalização energética, o que também tornaria esse insumo mais barato. A instalação de medidores inteligentes não tem um planejamento centralizado da agência reguladora, ficando a cargo das distribuidoras a sua implantação, conforme suas prioridades internas. Tal substituição massiva seria necessária para implantar programas de tarifas mais racionais, como a universalização da tarifa binômia e tarifa branca, e do controle do fator de potência em baixa-tensão, bem como a divulgação de serviços de

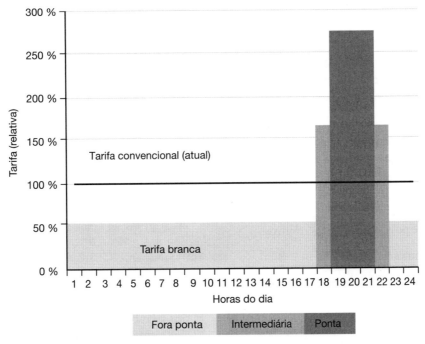

FIGURA 7.3 Comparação entre a modalidade tarifária convencional e a tarifa branca.
Fonte: ANEEL (2011).

pré-pagamento e monitoramento de perfil de consumo pelos consumidores, tornando todos os consumidores igualmente conscientes e responsáveis por essa infraestrutura essencial.

Problemas propostos

7.1 Defina geração distribuída.

7.2 Cite as principais vantagens da geração distribuída em relação à geração centralizada.

7.3 Segundo dados da ANEEL, no período de 2012-2022, os seguintes números de unidades consumidoras com geração distribuída foram acrescidos em cada ano:*

Ano	UCs com GD	UCs creditadas	Potência (kW)
2012	6	7	467,22
2013	59	72	1494,66
2014	307	335	3484,41
2015	1464	1737	11.415,21
2016	6759	7698	65.498,12
2017	13.974	21.971	155.667,38
2018	35.587	46.287	420.435,42
2019	121.184	157.411	1.550.652,24
2020*	227.025	293.417	2.986.088,49
2021	457.709	588.454	4.728.626,57
2022	789.620	1.053.489	8.300.532,55

* Disponível em: https://www.gov.br/aneel/pt-br/centrais-de-conteudos/relatorios-e-indicadores/geracao. Acesso em: 19 set. 2024.

Procure no *site* da ANEEL dados atualizados sobre a evolução dos sistemas de GD no Brasil e faça uma análise da evolução desses sistemas quanto ao tipo de GD, à potência dos sistemas e às características técnicas por região do país.

7.4 Avalie o impacto da revisão da Resolução Normativa ANEEL nº 482, de 2012, na atratividade de investimento em GD e na curva de crescimento com base nos dados do Exercício 7.3 (antes da revisão) e período subsequente.

7.5 Pesquise nos *sites* de dados oficiais e faça uma análise comparativa dos projetos-piloto de pelo menos cinco companhias de distribuição de energia quanto às características técnicas de cada projeto no que concerne ao tipo de componentes de uma rede inteligente que foram ou estão sendo implementados e à ordem de grandeza das implementações e, se possível, dos custos relativos.

7.6 Defina redes inteligentes.

7.7 Quais são os principais componentes de uma rede inteligente?

7.8 Quais as principais características da Resolução Normativa ANEEL nº 482/2012 e como ela evoluiu nos anos seguintes no que se refere às redes inteligentes?

Bibliografia

AGÊNCIA NACIONAL DE ENERGIA ELÉTRICA (ANEEL). *Cadernos temáticos Aneel*: micro e minigeração distribuída: sistema de compensação de energia elétrica. Brasília: Aneel, 2014.

AGÊNCIA NACIONAL DE ENERGIA ELÉTRICA (ANEEL). *Módulo 3 do Prodist*. (2012b). Disponível em: https://www2.aneel.gov.br/cedoc/aren2021956_2_2.pdf. Acesso em: 24 jan. 2024.

AGÊNCIA NACIONAL DE ENERGIA ELÉTRICA (ANEEL). *Projetos cadastrados no P&D estratégico nº 13/2011*: arranjos técnicos e comerciais para inserção da geração solar fotovoltaica na matriz energética brasileira. Disponível em: https://www.cogen.com.br/content/upload/1/documentos/Solar/Solar_COGEN/PD_Est_013_2011.pdf. Acesso em: 24 jan. 2024.

AGÊNCIA NACIONAL DE ENERGIA ELÉTRICA (ANEEL). *Relatório de Análise de Impacto Regulatório nº 0004/2018*. Disponível em: https://git.aneel.gov.br/publico/centralconteudo/-/raw/main/manuaisminstrucoes/air/Modelo_AIR_SRD_Geracao_Distribuida.pdf. Acesso em: 24 jan. 2024.

AGÊNCIA NACIONAL DE ENERGIA ELÉTRICA (ANEEL). *Resolução nº 414/2010*. Disponível em: http://www2.aneel.gov.br/cedoc/ren2010414.pdf. Acesso em: 24 jan. 2024.

AGÊNCIA NACIONAL DE ENERGIA ELÉTRICA (ANEEL). *Resolução Normativa nº 482/2012*. (2012a). Disponível em: http://www2.aneel.gov.br/cedoc/ren2012482.pdf. Acesso em: 24 jan. 2024.

AGÊNCIA NACIONAL DE ENERGIA ELÉTRICA (ANEEL). *Resolução nº 687/2015*. Disponível em: http://www2.aneel.gov.br/cedoc/ren2015687.pdf. Acesso em: 24 jan. 2024.

AGÊNCIA NACIONAL DE ENERGIA ELÉTRICA (ANEEL). *Resolução nº 1000/2021*. Disponível em: https://www2.aneel.gov.br/cedoc/ren20211000.pdf. Acesso em: 23 jan. 2024.

AGÊNCIA NACIONAL DE ENERGIA ELÉTRICA (ANEEL). *Resolução nº 1059/2023*. Disponível em: https://www2.aneel.gov.br/cedoc/ren20231059.pdf. Acesso em: 23 jan. 2024.

AGÊNCIA NACIONAL DE ENERGIA ELÉTRICA (ANEEL). *Resolução Normativa nº 1098/2024*. Disponível em: https://www2.aneel.gov.br/cedoc/ren20241098.html. Acesso em: 19 ago. 2024.

BRASIL. *Lei nº 14.300*, de 6 de Janeiro de 2022. *Marco Legal da Microgeração e Minigeração Distribuída*. Disponível em: https://www.planalto.gov.br/ccivil_03/_ato2019-2022/2022/lei/l14300.htm. Acesso em: 24 jan. 2024.

CENTRO DE GESTÃO E ESTUDOS ESTRATÉGICOS (CGEE). *Redes elétricas inteligentes*: contexto nacional. *Ciência, Tecnologia e Inovação*. v. 16, 2012. (Série Documentos Técnicos)

COMPANHIA PAULISTA DE FORÇA E LUZ (CPFL). *Fornecimento em tensão secundária de distribuição 2010*. Disponível em: https://www.cpfl.com.br/sites/cpfl/files/2021-12/GED-13.pdf. Acesso em: 24 jan. 2024.

MANZ, D.; PIWKO, R.; MULLER, N. Look before you leap: the role of energy storage in the grid. *IEEE Power and Energy Magazine*, v. 10, n. 4, p. 75-84, 2012.

REDES INTELIGENTES. *Rede Inteligente*: por que, como, quem, quando, onde? Disponível em: https://civil.uminho.pt/urbenere/wp-content/uploads/2015/12/4_Smart_Grid.pdf. Acesso em: 24 jan. 2024.

SAN MARTIN, J. I. *et al.* Tecnologias de armazenamento de energia para aplicações elétricas. *Revista Eletricidade Moderna*, ago. 2012.

UC-ISR. *Armazenamento de energia*. Coimbra: Departamento de Engenharia Electrotécnica e de Computadores da Universidade de Coimbra, 2012.

8

ENERGIA EÓLICA

ELIANE APARECIDA FARIA AMARAL FADIGAS
Grupo de Energia (GEPEA)
Departamento de Engenharia de Energia e
Automação Elétricas da Escola Politécnica da
Universidade de São Paulo (Poli-USP)

DEMETRIO CORNILIOS ZACHARIADIS
Laboratório de Sistemas Energéticos Alternativos e
Renováveis (SISEA)
Laboratório de Engenharia do Vento (LEVE)
Departamento de Engenharia Mecânica da Escola
Politécnica da Universidade de São Paulo (Poli-USP)

8.1 Histórico do desenvolvimento de turbinas eólicas

A energia eólica, ou energia contida nos ventos, consiste em energia cinética resultante do deslocamento das massas de ar com velocidades variáveis no tempo e no espaço, provocadas por efeitos climáticos oriundos do aquecimento da Terra por radiação solar incidente, rotação e translação da Terra, bem como pelos efeitos de superfície (rugosidade do terreno, obstáculos, gradiente térmico, entre outros).

A energia eólica é usada há muito tempo pelo ser humano. Nos primórdios da civilização, era utilizada como energia mecânica, nos barcos a vela e moinhos de vento, com aplicação na moagem de grãos, no bombeamento de água, na indústria de vidro e de ferro, entre outras.

Ao fim do século XIX, passou a ser usada também na geração de eletricidade, e, na atualidade, é a fonte que mais vem se expandindo no mercado de energia, em função dos avanços tecnológicos, da redução de custos e da preocupação com os impactos ambientais.

Este capítulo apresenta um resumo do histórico do desenvolvimento da energia eólica no mundo e explica as equações básicas que caracterizam o potencial eólico de uma região e a produção de energia de uma turbina eólica, o processo de conversão da energia eólica em energia elétrica e a tecnologia adotada nas turbinas eólicas, as principais aplicações da energia eólica e aspectos econômicos e comerciais. Ao fim, apresenta os impactos ambientais mais evidentes causados por uma usina eólica.

8.1.1 Energia mecânica e moinhos de vento

A primeira informação confiável extraída de fontes históricas é a de que os moinhos de vento nasceram na Pérsia há 200 anos a.C., tendo sido usados na moagem de grãos e no bombeamento de água. Esses moinhos eram muito primitivos, com baixa eficiência e de eixo de rotação vertical, como mostrado na Fig. 8.1.

Os tradicionais moinhos de vento de eixo de rotação horizontal foram provavelmente inventados na Europa. A primeira informação documentada registra seu aparecimento no ano 1180, no *Duchy of Normandy*, hoje região da Normandia, França. As máquinas primitivas de eixo vertical persistiram até o século XII, quando os moinhos de vento

FIGURA 8.1 Moinho de vento modelo usado na Pérsia.

de eixo horizontal do tipo holandês passaram a ser usados em larga escala em vários países da Europa, como Inglaterra, França, Holanda.

Estima-se que, em meados do século XIX, aproximadamente 200 mil moinhos de vento estivessem em operação na Europa, o que demonstra a importância desse equipamento na economia do continente europeu.

Com o surgimento da máquina a vapor no século XIX, iniciou-se o declínio da energia eólica nos países europeus. Hoje, muitos dos moinhos existentes são preservados como monumentos históricos. A Fig. 8.2 mostra um moinho de vento do tipo holandês.

Apesar do declínio no uso dos moinhos de vento na Europa, houve uma expansão na utilização desses equipamentos na mesma época nos Estados Unidos. Nesse país, os moinhos foram aperfeiçoados, tornando-se mais simples, menos pesados, mais eficientes e menos custosos. O equipamento denominado *Eclipse*, desenvolvido pelo Reverendo Leonhard R. Wheeler, de Wisconsin, semelhante aos cata-ventos utilizados atualmente no bombeamento de água, tornou-se padrão para a turbina eólica norte-americana (Hau, 2005). A Fig. 8.3 mostra o modelo de cata-vento multipás utilizado atualmente no bombeamento de água.

FIGURA 8.3 Cata-vento multipás usado no bombeamento de água.

8.1.2 Energia elétrica e turbinas eólicas

O pontapé inicial no desenvolvimento das turbinas eólicas aplicadas na geração de eletricidade foi dado pela Dinamarca, na figura de Poul La Cour, professor de um centro educacional de adultos de Askov, que, em 1881, construiu um protótipo de turbina eólica acoplada a um gerador CC, cuja energia gerada era utilizada na eletrólise e no armazenamento do gás hidrogênio utilizado em lâmpadas.

Na Alemanha, antes da Primeira Guerra Mundial, iniciou-se a fabricação de turbinas eólicas que nada mais eram que modelos norte-americanos de cata-ventos adaptados para geração de eletricidade.

Todavia, a maior contribuição alemã foi no campo da física teórica. Albert Betz, em 1920, provou que a máxima eficiência obtida do aproveitamento da energia dos ventos por um disco circular é de 59,3 %.

Na Rússia, em 1931, desenvolveu-se o aerogerador *Balaclava*. Era um modelo avançado de três pás de 30 m de diâmetro, 100 kW de potência, conectado por uma linha de transmissão de 6,3 kV de 30 km a uma usina térmica de 20 MW.

Nos Estados Unidos, um dos projetos bem-sucedidos foi o aerogerador Jacobs (Fig. 8.4), desenvolvido em 1920 pelos irmãos Marcellus e Joseph Jacobs. O aerogerador Jacobs possuía três pás do tipo hélice de madeira, controle centrífugo de passo e diâmetro de 4 m. Esse aerogerador foi sucesso de venda nos Estados Unidos. Entre 1920 e 1960, foram comercializados milhares de modelos com potências nominais entre 1,8 e 3 kW. Em 1960, essa turbina deixou de ser utilizada quando o Ato de Eletrificação Rural nos Estados Unidos permitiu suprir as fazendas e residências rurais com energia elétrica de menor custo.

Em 1941, foi instalado na colina chamada Grandpa's Knob, de Vermont, um dos estados do nordeste dos Estados Unidos, o aerogerador Smith-Putnam, cujo modelo apresentava 53,3 m de diâmetro, uma torre de 35,6 m de altura e duas pás de aço com 16 toneladas. Possuía um gerador síncrono de 1250 kW, com rotação constante de 28 rpm, que funcionava em corrente alternada, conectado diretamente à rede elétrica local. A Fig. 8.5 mostra o aerogerador Smith-Putnam.

FIGURA 8.2 Moinho de vento do tipo holandês.

Após a Segunda Guerra Mundial, as disponibilidades e os baixos preços do petróleo e do carvão mineral tornaram a geração de eletricidade com base nesses combustíveis economicamente mais interessante, e fizeram com que o desenvolvimento de turbinas eólicas ficasse restrito às pesquisas, que, àquela altura, se voltavam para o aprimoramento de técnicas aeronáuticas de operação e desenvolvimento de pás, além do aperfeiçoamento do sistema de geração.

Na década de 1970, as sucessivas crises do petróleo propiciaram a retomada de investimentos em energia eólica e outras fontes geradoras de energia em diversos países, primordialmente Estados Unidos, Alemanha e Suécia.

O Programa Federal de Energia Eólica dos Estados Unidos possibilitou o estudo de turbinas na faixa de megawatts de potência. O Projeto Mod-1 foi instalado em 1979 em uma pequena montanha perto da cidade de Boone, Carolina do Norte. Tratava-se de um aerogerador de eixo horizontal de 2 MW e rotor de duas pás, com 61 m de diâmetro. Outros projetos foram implementados por meio da cooperação NASA-DOE, como o projeto Mod-2 (2,5 MW de potência e diâmetro de 91,4 m) e o Mod-5b (3,5 MW de potência, diâmetro de 100 metros), implementado na Ilha de Oahu, no Arquipélago do Havaí, em 1987.

Pesquisas com turbinas eólicas de eixo vertical utilizando o modelo Darrieus foram iniciadas no Centro de Pesquisas Langley, da NASA, já no início da década de 1970.

O modelo de pás curvas para aerogeradores de eixo vertical foi patenteado por G. J. M. Darrieus, na França, em 1925, e, nos Estados Unidos, em 1931; foi aperfeiçoado na década de 1960 por South e Raj Rangi, membros do National Research Council do Canadá (Spera, 1994). Um modelo Darrieus de turbina de eixo vertical é mostrado na Fig. 8.6.

FIGURA 8.4 Aerogerador Jacobs, utilizado na década de 1930.

Fonte: Hau, 2005 *apud* Fadigas, 2011.

FIGURA 8.5 Aerogerador Smith-Putnam (1941), primeira turbina de grande porte desenvolvida.

Fonte: Fadigas (2011).

FIGURA 8.6 Turbina de eixo vertical, modelo Darrieus.

O Sandia National Laboratories, instalado na cidade de Albuquerque, no Novo México, tornou-se o maior centro dedicado à pesquisa e desenvolvimento de turbinas eólicas de eixo vertical nos Estados Unidos. Pesquisas iniciais foram feitas em um modelo pequeno de 17 m de diâmetro e 100 kW, cuja principal finalidade estava na adaptação de formas e materiais para que o modelo Darrieus de eixo vertical se tornasse competitivo como os modelos de eixo horizontal. No início dos anos 1980, foram instalados, no estado da Califórnia, Estados Unidos, aproximadamente 600 modelos Darrieus com potência total instalada superior a 90 MW (Hau, 2005).

Em 1982, foi construída na Alemanha a maior turbina eólica até então instalada, a Große Windenergieanlage, da Growian. Tratava-se de um modelo que representava as mais altas tecnologias disponíveis até o momento.

O comércio das turbinas eólicas no mundo se desenvolveu rapidamente em tecnologia e tamanho no decorrer dos últimos anos. As turbinas modernas são mais confiáveis, custam menos e são mais silenciosas. Apesar de todo o nível tecnológico atingido, os aperfeiçoamentos tecnológicos e o aumento de tamanho de rotor continuam. A Fig. 8.7 mostra o impressionante desenvolvimento do tamanho e da potência de turbinas eólicas desde a década de 1980. Já existem atualmente turbinas em operação na faixa de 10 MW na Europa. Em termos gerais, as turbinas eólicas ainda não alcançaram seus limites de tamanho, tanto em aplicação *onshore* quanto *offshore*, como mostra a projeção futura de potência e dimensões indicada na figura.

8.2 Energia eólica no mundo e no Brasil

8.2.1 Situação mundial

Nos últimos 20 anos, a energia eólica tem sido uma das fontes de energia elétrica de maior ritmo de expansão no mundo, apresentando incremento exponencial da potência instalada. Ao fim de 2020, a capacidade total mundial acumulada atingiu 906 GW, 842 GW em plantas *onshore* e 64 GW em plantas *offshore*. A Fig. 8.8 apresenta a evolução da capacidade eólica instalada e a taxa de crescimento das usinas instaladas em terra (*onshore*) e no mar (*offshore*) nos últimos 22 anos.

A Fig. 8.9(a) apresenta a participação percentual dos dez primeiros países em capacidade total acumulada das instalações *onshore* em 2022 e a Fig. 8.9(b), das instalações *offshore*. Na Ásia, observa-se a forte expansão da geração eólica, em função da elevada participação da China (40 %) e da Índia (5 %). Na América Latina e na África, a participação da fonte eólica em nível mundial é ainda pequena, porém a participação do Brasil nos últimos cinco anos vem crescendo em taxas expressivas, colocando-o na quinta posição do *ranking* mundial. Em instalações *offshore*, a China lidera com 49 % seguida do Reino Unido com 22 %.

8.2.2 Energia eólica no Brasil

A primeira iniciativa do governo brasileiro no sentido de impulsionar a fonte eólica no País se deu a partir da criação do Programa de Incentivo às Fontes Alternativas de Energia Elétrica (Proinfa), por meio da Resolução ANEEL nº 10.438/2002.

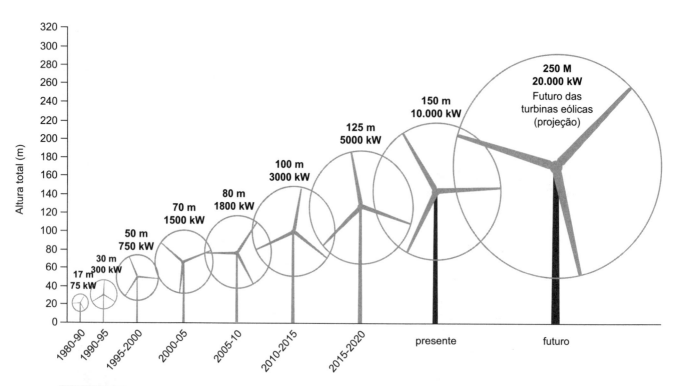

FIGURA 8.7 Evolução do diâmetro do rotor, altura da nacele e capacidade de potência dos aerogeradores.

Fonte: adaptada de IEA (2013).

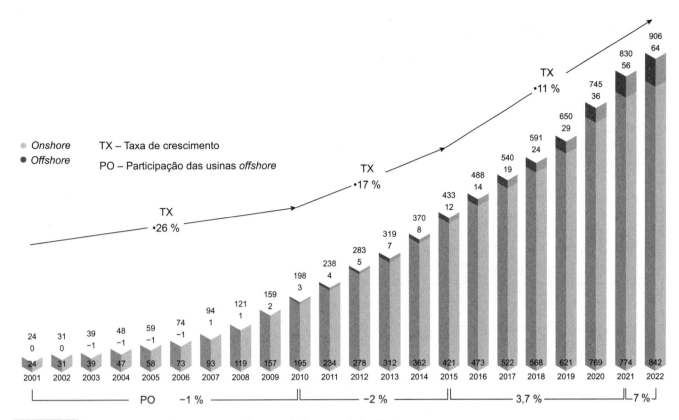

FIGURA 8.8 Evolução mundial da potência eólica instalada acumulada (GW).

Fonte: GWEC (2023).

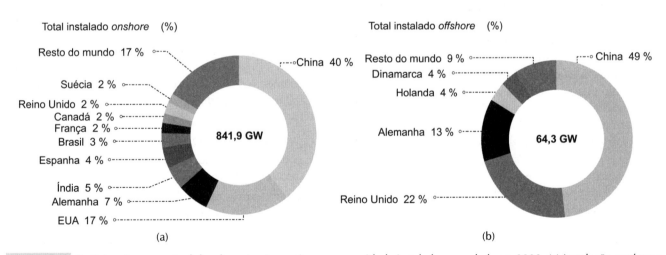

FIGURA 8.9 Participação percentual dos dez primeiros países em capacidade instalada acumulada em 2022. (a) Instalação *onshore* e (b) instalação *offshore*.

Fonte: GWEC (2023).

No âmbito do Proinfa, foram vendidos 1430 MW de capacidade eólica, adquirida e repassada ao setor consumidor pela Eletrobras.

A partir de 2009, o governo federal, por intermédio do Ministério de Minas e Energia (MME) e da Agência Nacional de Energia Elétrica (ANEEL), instituiu o Sistema de Leilões de Energia Elétrica, energia a ser adquirida pelas empresas distribuidoras de energia elétrica para atendimento de seu mercado cativo. A Fig. 8.10 apresenta a evolução histórica da capacidade eólica instalada, considerando as usinas em operação e as vendidas nos leilões e previstas para entrarem em funcionamento até 2029.

Ao fim de 2022, a potência eólica instalada totalizou 25.632 MW. Com essa potência, a geração eólica atingiu neste ano uma participação de 13,3 % na matriz elétrica brasileira. O *Atlas do potencial eólico brasileiro*, elaborado em 2001 pelo

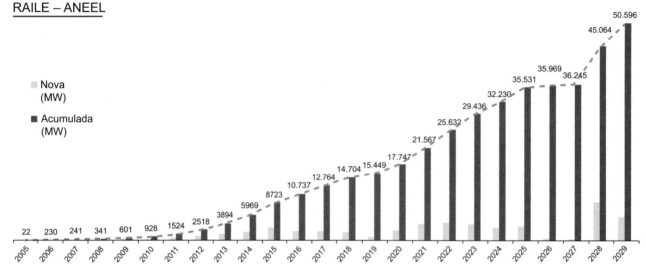

FIGURA 8.10 Evolução da capacidade adicionada e acumulada no Brasil até 2029 (MW).

Fonte: ABEEólica (jun. 2023).

Centro de Pesquisas em Energia Elétrica (Cepel, vinculado à Eletrobras), indicava um potencial eólico a ser aproveitado de 143 GW, não incluído o montante *offshore*.

O levantamento levou em conta a tecnologia de geração eólica, então predominante na época, que se limitava a turbinas eólicas de menores potências, instaladas a 50 m do solo. Em 2013, o Ministério da Ciência, Tecnologia e Inovação (MCTI) promoveu a atualização do *Atlas eólico brasileiro* considerando alturas superiores a 50 m e as novas tecnologias de turbinas eólicas disponíveis na época. O projeto foi realizado pelo Cepel e financiado pela Financiadora de Estudos e Projetos (Finep). Considerando o uso de torres de 100 m de altura, o potencial pode ser multiplicado por 2, atingindo um valor próximo de 350 GW de potência. A Fig. 8.11 apresenta o mapa do *Atlas do potencial eólico brasileiro – simulações 2013*, indicando para todo o Brasil a velocidade média dos ventos em uma altura de 100 m. Em função do potencial eólico, disponibilidade de infraestrutura para transporte de equipamentos, acesso às usinas, conexão com rede, incentivos governamentais, entre outros fatores, as usinas eólicas até o momento têm sido instaladas majoritariamente nas Regiões Nordeste e Sul do Brasil. A Fig. 8.12 mostra os estados brasileiros que possuem usinas eólicas com informações sobre potência total instalada, número total de fazendas e turbinas eólicas instaladas ao fim de 2022.

8.3 Características dos recursos eólicos

8.3.1 Modelos de circulação dos ventos

O movimento das massas de ar na atmosfera é percebido como "ventos", e sua formação tem como causas o aquecimento da Terra, a rotação da Terra e a influência de efeitos térmicos.

Os ventos que sopram na Terra podem ser classificados como ventos de circulação global e local. Os ventos de circulação global são resultantes das variações de pressão, temperatura e densidade causadas pelo aquecimento desigual da Terra pela radiação solar, que varia em função da distribuição geográfica, período do dia e sua distribuição anual. A Fig. 8.13 ilustra o comportamento dos ventos de circulação global que cobrem todo o planeta.

A velocidade e direção dos ventos locais, que acontecem próximos à superfície da Terra, sofrem a influência de diversos parâmetros do local, que devem ser conhecidos. Os fatores que influenciam o perfil vertical da velocidade dos ventos em determinado local são:

- obstáculos próximos ao local de medição;
- rugosidade do terreno: tipo de vegetação, tipo de utilização da terra e construções;
- orografia, existência de colinas e depressões;
- estabilidade térmica da atmosfera.

Informações sobre as condições de contorno do local podem ser obtidas por meio de mapas topográficos, dados de satélites ou visitas ao local de instalação.

A variação da velocidade do vento com a altura com relação ao solo causa impacto não apenas no conteúdo energético do recurso eólico, como também no projeto da turbina eólica e, consequentemente, na escolha da turbina mais adequada ao perfil do vento, considerando-se a velocidade média, a densidade do ar e o índice de turbulência. Atualmente, em projetos de parques eólicos, há a exigência em que seja instalado mais de um anemômetro na torre anemométrica, um deles na altura do eixo da turbina eólica a ser instalada. Caso isso não ocorra, há necessidade de se corrigir a velocidade do vento com a altura.

FIGURA 8.11 Mapa do *Atlas do potencial eólico brasileiro –* Simulações 2013, para altura de 100 m.

Fonte: Cepel (2017).

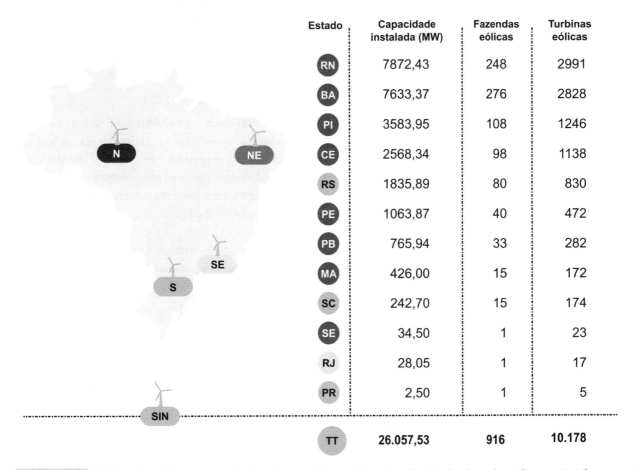

Estado	Capacidade instalada (MW)	Fazendas eólicas	Turbinas eólicas
RN	7872,43	248	2991
BA	7633,37	276	2828
PI	3583,95	108	1246
CE	2568,34	98	1138
RS	1835,89	80	830
PE	1063,87	40	472
PB	765,94	33	282
MA	426,00	15	172
SC	242,70	15	174
SE	34,50	1	23
RJ	28,05	1	17
PR	2,50	1	5
TT	26.057,53	916	10.178

FIGURA 8.12 Potência instalada, número de fazendas e turbinas eólicas e localização das fazendas eólicas no Brasil.

Fonte: ABEEólica (jun. 2023).

Em estudos de aproveitamento energético dos ventos, dois modelos ou "leis" matemáticas são comumente utilizados para representar o perfil vertical dos ventos: a Lei de Potência e a Lei Logarítmica.

A Lei de Potência representa o modelo mais simples e resultou de estudos da camada limite sobre uma placa plana. É a mais simples de ser aplicada, porém sem uma precisão muito apurada. A Lei de Potência é expressa pela Equação (8.1):

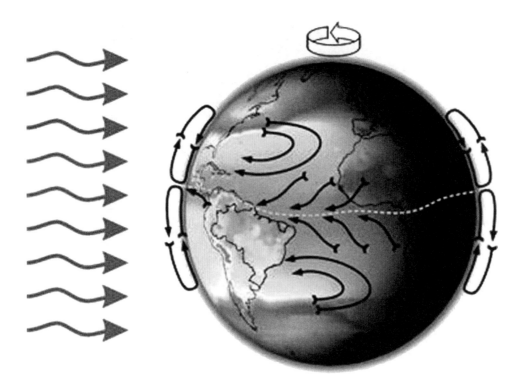

FIGURA 8.13 Formação dos ventos em razão do deslocamento das massas de ar.

Fonte: Cresesb (2024).

$$V = V_r \left(\frac{H}{H_r}\right)^n \quad (8.1)$$

em que:

V = velocidade do vento na altura H;
V_r = velocidade do vento na altura de referência (medida);
H = altura desejada;
H_r = altura de referência;
n = expoente da Lei de Potência – coeficiente de rugosidade.

A Tabela 8.1 apresenta coeficientes de rugosidade para vários planos.

TABELA 8.1 Coeficiente de rugosidade ou de atrito para vários terrenos

Descrição do terreno	n
Calma superfície aquática ou solo suave	0,10
Grama alta ao nível do solo	0,15
Arbustos e cercas	0,20
Áreas rurais com muitas árvores	0,25
Pequenas cidades com árvores e arbustos	0,30
Grandes cidades com prédios elevados	0,40

Fonte: Pinto (2013).

Cuidados devem ser tomados ao se usar a Lei de Potência em locais que apresentam orografia elevada, ou seja, terrenos com elevações e depressões e valores de H maiores que 50 m.

O modelo com base na Lei Logarítmica é aplicado a terrenos complexos, com orografia mais acentuada, e leva em conta que o escoamento na atmosfera é altamente turbulento (Fadigas, 2011).

Para velocidades elevadas, o perfil vertical do vento segundo a Lei Logarítmica é calculado pela seguinte equação,

$$V(z) = \frac{V_0}{K_c} \ln \frac{z}{z_0} \quad (8.2)$$

em que $V(z)$ é a velocidade do vento na altura z, z_0 é o comprimento de rugosidade (caracteriza a rugosidade do terreno), K_c é a constante de von Kármán ($K_c = 0{,}4$) e V_0 é a velocidade de atrito relacionada com a tensão de cisalhamento na superfície e a massa específica do ar.

Quando se deseja usar a Lei Logarítmica para estimar a velocidade do vento de uma altura de referência Z_r para outro nível de altura (Z), a seguinte equação é utilizada:

$$\frac{V(z)}{V(z_r)} = \frac{\ln\left(\dfrac{z}{z_0}\right)}{\ln\left(\dfrac{z_r}{z_0}\right)} \quad (8.3)$$

A Tabela 8.2 apresenta valores de comprimento de rugosidade para diferentes tipos de terrenos.

TABELA 8.2 Comprimento de rugosidade z_0 para diferentes tipos de terrenos

Descrição do terreno	z_0 (mm)
Liso, gelo, lama	0,01
Mar aberto e calmo	0,20
Mar agitado	0,50
Neve	3,00
Gramado	8,00
Pasto acidentado	10,00
Campo em declive	30,00
Cultivado	50,00
Poucas árvores	100,00
Muitas árvores, poucos edifícios, cercas	250,00
Florestas	500,00
Subúrbios	1500,00
Zonas urbanas com edifícios altos	3000,00

Fonte: adaptada de Manwell *et al.* (2004).

Na Fig. 8.14, observa-se a influência da mudança da rugosidade de um valor z_{01} (por exemplo, terreno gramado) para z_{02} (por exemplo, terreno com árvores) no perfil vertical do vento.

Os obstáculos também causam impacto no perfil de escoamento da velocidade dos ventos provocando o efeito de sombreamento. Deve-se analisar a posição do obstáculo relativo ao ponto de interesse, suas dimensões (altura, largura e comprimento) e sua porosidade, essa última definida como a relação entre a área livre e a área total de um obstáculo. Como exemplo de obstáculos, destacam-se edifícios, silos, árvores, entre outros. Manwell *et al.* (2004) apresentam os resultados obtidos em estudos que demonstram a redução na velocidade e potência do vento, bem como efeitos de turbulência a jusante de uma edificação de determinada altura. Esse efeito está representado na Fig. 8.15, retirada e adaptada de Manwell *et al.* (2004).

8.3.2 Estimativa do potencial eólico

Os sistemas de medição e aquisição de dados coletam continuamente as velocidades do vento, porém, como procedimento usual, fornecem a cada intervalo de tempo ou período de amostragem (por exemplo, 10 min, 1 h) um valor médio. Dessa forma, pode-se verificar a variabilidade da velocidade do vento em diferentes períodos. O regime de vento pode ser caracterizado por fatores geográficos, indicações de direção em que sopram, altura de medição, características do terreno, parâmetros atmosféricos (temperatura, pressão), dados que são utilizados não apenas para estimar a produtividade energética de determinada turbina, como também para escolher o melhor local de sua instalação, considerando também os custos, impactos ambientais, entre outros aspectos.

A potência é definida como a razão pela qual a energia é usada ou convertida por unidade de tempo, por exemplo, joules/s. A unidade da potência é o watt (W), e um watt é igual a 1 joule/s, de acordo com o Sistema Internacional de Unidades (SI). A energia contida no vento é a energia cinética, ocasionada pela movimentação de massas de ar.

A energia cinética do vento (E) é dada pela seguinte equação:

$$E = \frac{1}{2}mV^2 \text{(joule)} \quad (8.4)$$

em que:

m = massa de uma partícula de ar, em kg;
V = sua velocidade, em m/s.

A energia por unidade de tempo é igual à potência. Assim,

$$P = \frac{E}{\Delta t} = \frac{1}{2}\dot{m}V^2 \text{(watts)} \quad (8.5)$$

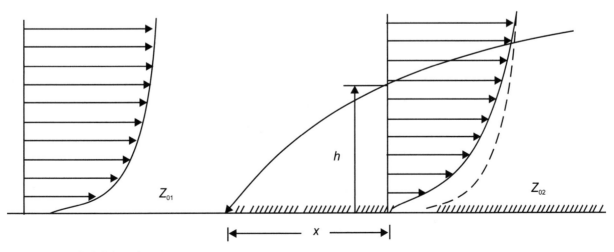

FIGURA 8.14 Influência da mudança da rugosidade no perfil vertical do vento.

Fonte: Dewi, 2001 *apud* Fadigas, 2011.

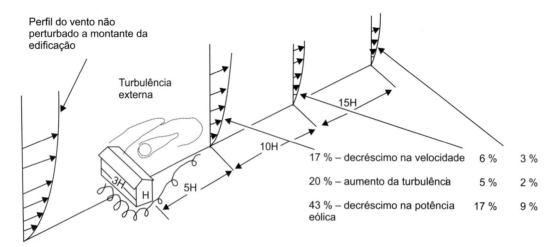

FIGURA 8.15 Efeitos na velocidade, potência e turbulência do vento a jusante de uma edificação.

Fonte: adaptada de Manwell et al. (2004).

considerando-se:

$\dot{m}$ = fluxo de massa ou vazão mássica, em kg/s;
P = potência, em watts.

Pode-se calcular a energia cinética do vento se, em primeiro lugar, imaginarmos o ar atravessando um anel circular de uma área A, normal à direção do vento (digamos de 100 m^2) a uma velocidade V (digamos de 10 m/s), como ilustrado na Fig. 8.16. À medida que o ar se movimenta a velocidade de 10 m/s, um cilindro de ar com um comprimento de 10 m vai se formando a cada segundo. Portanto, um volume de ar de 100 × 10 = 1000 m^3 passará pela área circular a cada segundo. Multiplicando esse volume pela massa específica do ar, obtemos a massa de ar movendo-se pelo anel a cada segundo, que é igual ao produto da massa específica do ar × área × distância percorrida pelo ar a cada segundo (velocidade do ar), ou seja:

$$\dot{m} = \rho A V \qquad (8.6)$$

em que ρ é a massa específica do ar; V é sua velocidade em m/s e A a área (em m^2). O produto AV representa a taxa de fluxo volumétrico de ar passando pelo anel circular.

Substituindo a equação do fluxo de massa $\dot{m}$ da Equação (8.6) na Equação (8.5), resulta na Equação (8.7):

$$P = \frac{1}{2}\rho A V^3 \qquad (8.7)$$

Em uma turbina eólica do tipo "hélice de eixo horizontal", a área A do anel circular da Fig. 8.16 é a área formada pelo giro de suas pás (Fig. 8.17). Essa área é calculada por meio da Equação (8.8):

$$A = \frac{\pi}{4}D^2 \qquad (8.8)$$

em que D é o diâmetro (m) do rotor eólico.

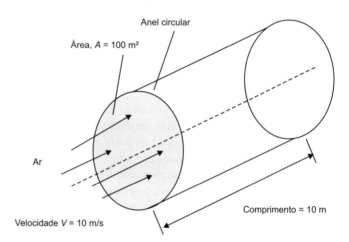

FIGURA 8.16 Fluxo de ar através de uma área A (circular).

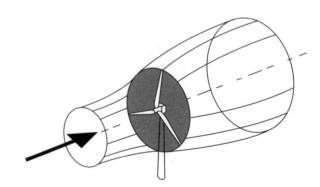

FIGURA 8.17 Área varrida pelas pás de uma turbina de eixo horizontal.

Fonte: Burton, 2001 apud Fadigas, 2011.

Tendo em vista que locais que apresentam a mesma velocidade média dos ventos podem apresentar diferentes potências eólicas em função da variação na massa específica do ar, é mais adequado comparar o potencial eólico desses locais por intermédio da potência por unidade de área ou densidade de potência (P/A).

$$\frac{P}{A} = \frac{1}{2}\rho V^3 \; (\text{W/m}^2) \tag{8.9}$$

P/A é a potência contida no vento que atinge a parte frontal da turbina. Varia linearmente com a massa específica do ar e com o cubo da velocidade do vento. Como é visto na seção seguinte deste capítulo, apenas uma parte dessa potência é aproveitada nas pás do rotor. A parte não aproveitada é levada pelo ar que deixa as pás movendo-se com velocidade reduzida.

A massa específica ou densidade do ar ρ varia com a pressão e a temperatura, conforme a lei dos gases perfeitos [veja também a Equação (2.10)]:

$$\rho = \frac{p}{R \cdot T} \tag{8.10}$$

em que:

p = pressão do ar, em kPa;
T = temperatura em escala absoluta, em K;
R = constante particular do gás, 0,287 kJ/kg K para o ar.

Em condições-padrão [no nível do mar, 15 °C e 101,325 kPa [(1 atm) de pressão], a massa específica do ar é de 1,2256 kg/m³.

Como a temperatura do ar e a pressão atmosférica variam com a altura, turbinas eólicas instaladas em um mesmo local, porém, em diferentes alturas, podem captar energia com diferentes densidades de potência em função da variação na massa específica e velocidade do ar.

Os aspectos mais relevantes são que a potência do vento depende da área de captação e é proporcional ao cubo de sua velocidade. Pequenas variações da velocidade do vento podem ocasionar grandes alterações na potência.

A Fig. 8.18 ilustra o comportamento da densidade de potência do vento com a variação de sua velocidade. Para uma velocidade do vento de 8 m/s, por exemplo, a densidade de potência (ao nível do mar) é de 314 W/m². Com o dobro da velocidade do vento (16 m/s), a densidade de potência aumenta para 2509 W/m², ou seja, torna-se oito vezes maior. Desse modo, confirma-se a importância de os dados de vento medidos serem inteiramente confiáveis.

A série de dados coletada de determinada estação anemométrica pode ser usada para calcular os parâmetros a seguir, com os quais é possível determinar a produção de energia de uma turbina eólica:

a) Velocidade média

A velocidade média $\overline{V}$ dos ventos medidos em determinado período (por exemplo, um ano) pode ser calculada pela seguinte equação:

$$\overline{V} = \frac{1}{N}\sum_{i=1}^{N} V_i \tag{8.11}$$

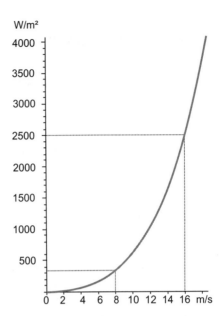

FIGURA 8.18 Curva de potência do vento por unidade de área em função de sua velocidade.

Fonte: Danish Wind Industry Association, 2010 apud Fadigas, 2011.

em que:

N = número de observações ou registros de velocidade de vento no período de medição considerado (por exemplo, um ano);
V_i = cada valor médio da velocidade do vento, fornecido a cada intervalo de tempo (por exemplo, valor médio a cada 10 min (Δt)).

b) Desvio-padrão

O desvio-padrão σ_V de uma velocidade média individual pode ser calculado pela Equação (8.12):

$$\sigma_V = \sqrt{\frac{1}{N-1}\sum_{i=1}^{N}\left(V_i - \overline{V}\right)^2} = \sqrt{\frac{1}{N-1}\left\{\sum_{i=1}^{N} V_i^2 - \overline{NV}^2\right\}} \tag{8.12}$$

O desvio-padrão representa a variabilidade de determinado conjunto de valores da velocidade do vento. A variância é definida como média dos quadrados dos desvios $\left(S_V^2\right)$ e caracteriza a dispersão dos valores da variável V_i. Dessa forma, um pequeno valor de S_V^2 indica que os valores da variável se concentram nas proximidades de um valor médio.

c) Densidade média de potência

A densidade média de potência $\dfrac{\overline{P}}{A}$ [W/m²] é calculada por meio da Equação (8.13):

$$\frac{\overline{P}}{A} = \left(\frac{1}{2}\right)\rho \frac{1}{N}\sum_{i=1}^{N} V_i^3 \tag{8.13}$$

em que ρ é igual à massa específica do ar (kg/m³), considerada constante nesse caso.

Da mesma maneira, pode-se calcular a energia eólica disponível por unidade de área para um dado período $N\Delta t$ pela Equação (8.14):

$$\frac{\overline{E}}{A} = \frac{1}{2}\rho \sum_{i=1}^{N} V_i^3 \Delta t = \left(\frac{\overline{P}}{A}\right)(N\Delta t) \qquad (8.14)$$

Existem várias funções de distribuições probabilísticas que podem ser utilizadas para representar o comportamento do vento, e cada uma delas representa certo padrão eólico. Ou seja, o comportamento do vento em determinado local pode ser mais bem retratado por certa distribuição probabilística; enquanto para outro local com diferente comportamento eólico, uma segunda distribuição pode fornecer resultados melhores.

A busca de uma única distribuição que retratasse satisfatoriamente o maior número de comportamentos dos ventos fez com que pesquisadores analisassem de forma aprofundada os diversos métodos probabilísticos. Esses estudos constataram que a distribuição de Weibull conseguia retratar muito bem um grande número de padrões de comportamento dos ventos. Isso porque a distribuição de Weibull incorpora tanto a distribuição exponencial ($k = 1$) quanto a distribuição de Rayleigh ($k = 2$), além de fornecer uma boa aproximação da distribuição normal (quando o valor de k é próximo de 3,5). Outra grande utilidade da função de Weibull é retratar o comportamento de ventos extremos.

A função densidade de probabilidade de Weibull requer o conhecimento de dois parâmetros: k, fator de forma e c, fator de escala. Esses parâmetros são função da velocidade média ($\overline{V}$) e do desvio-padrão (σ^2).

A função densidade de probabilidade de Weibull é definida pela expressão da Equação (8.15):

$$p(V) = \left(\frac{k}{c}\right) \times \left(\frac{V}{c}\right)^{k-1} \times e^{-\left(\frac{V}{c}\right)^k} \qquad (8.15)$$

A seguir, apresenta-se uma das formas para cálculo dos parâmetros k e c. Manwell *et al.* (2004) descrevem com mais detalhes e apresentam outras formas para cálculo dos parâmetros da função de Weibull. Os parâmetros k e c podem ser calculados analiticamente pelas Equações (8.16) e (8.17), respectivamente:

$$k = \left(\frac{\sigma_v}{\overline{V}}\right)^{-1,086} \qquad (8.16)$$

$$c = \frac{\overline{V}}{\Gamma(1+\frac{1}{k})} \qquad (8.17)$$

em que $\Gamma(x)$ = função gama.

A Fig. 8.19 apresenta o comportamento da função de distribuição de Weibull para diversos valores de k, considerando c constante. Analisando as curvas, verifica-se que, à medida que o parâmetro de forma k aumenta de valor, a distribuição tende a se concentrar, indicando uma grande ocorrência de registros em torno do valor da velocidade média.

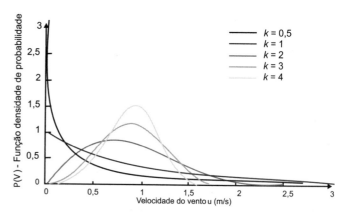

FIGURA 8.19 Curvas de função de distribuição de densidade de probabilidade de Weibull para diferentes valores de k.

Fonte: Silva, 2003 *apud* Fadigas, 2011.

8.3.3 Prospecção de áreas e medição das grandezas eólicas

Para o cálculo da viabilidade técnica e econômica da implantação de um parque eólico, é necessário ter conhecimento, com a maior exatidão possível, do regime de vento do local de interesse. Não é demais recordar que a energia gerada por uma turbina é proporcional ao cubo da velocidade do vento.

No entanto, nem sempre esses dados estão disponíveis na forma mais adequada e, assim, lançamos mão de informações obtidas de organismos que fornecem uma série de dados a cada intervalo de tempo ou em formato reduzido (por exemplo, média e desvio-padrão), dados que não são resultantes de procedimentos de medição na maioria dos casos, e sim de extrapolações, correlações e outras técnicas utilizadas para, a partir de dados medidos de um ou mais locais, se obter dados para outros locais de interesse.

Os dados obtidos de atlas eólicos fornecem uma boa estimativa do potencial eólico, porém não se trata de dados precisos que possam ser usados em projeto de usinas eólicas, e sim para serem usados na etapa de prospecção de potenciais áreas/subáreas (etapa realizada em escritório) a serem selecionadas para serem investigadas por meio de uma pesquisa em campo. Nessa etapa de prospecção realizada em escritório, também são usados dados obtidos de estações vizinhas pertencentes a órgãos públicos e privados.

A inspeção em campo tem como objetivo verificar *in loco* as informações (coletadas na etapa anterior) via observações e anotações dos dados e conversas com todos os potenciais intervenientes.

Em campo, as seguintes atividades são realizadas e informações, levantadas (Bohme *et al.*, 2016):

- condições de acesso à área;
- condições do terreno;
- proximidade com edificações e áreas residenciais;
- conexão com rede elétrica;
- condições ambientais, entre outras.

Analisadas as informações coletadas em campo e identificado algum impedimento para o desenvolvimento do projeto, deve-se redefinir as áreas de interesse buscando concentrar as atividades nas áreas de melhores ventos. Possíveis tipos de impedimento: dificuldades de acesso, distância da rede elétrica, restrição ambiental, uso atual da terra etc.

Antes de realizar quaisquer pesquisas em campo, o(s) proprietário(s) das áreas de interesse precisa(m) ser consultado(s) e informado(s) dos objetivos da pesquisa (instalação de torres anemométricas e, possivelmente, turbinas eólicas) para obtenção de autorização. Obtida a autorização, deve ser feito um contrato contendo várias cláusulas referentes a (Copel; Lactec; Camargo Schubert, 2007):

- direito de acesso ao sítio para realização dos trabalhos;
- cuidados e procedimentos dos proprietários das áreas perto da torre de medição;
- tempo de medição e tempo de operação do parque eólico;
- propriedade dos dados;
- compensações financeiras (pagamento de aluguel da área, ressarcimento por danos causados à propriedade).

Após o término do levantamento das informações, é gerado um relatório e são selecionadas ou redefinidas as áreas em função das restrições observadas.

Com as informações de velocidade e direção dos ventos, rugosidade, orografia e presença de obstáculos obtidos na inspeção de campo e de mapas de mesoescala, deve-se elaborar um *layout* com a definição da posição das turbinas e dos melhores locais para instalação das torres anemométricas.

Obs.: torre anemométrica, de acordo com o padrão exigido, tem um custo elevado. Portanto, é comum instalar uma ou, no máximo, duas torres. Se o terreno é complexo, constituído de parte plana, subidas e descidas e elevada rugosidade, a identificação do melhor local para instalação da(s) torre(s) deve ser feita por profissional qualificado. Esta torre deve ser colocada no lugar mais representativo das condições de vento da área. Este procedimento constitui-se no primeiro com o objetivo de reduzir as incertezas da produção de energia do parque eólico. Principalmente em terrenos complexos, uma simulação numérica do vento, usando modelagem de mesoescala, deve ser realizada. Após a medição e tratamento dos dados de ventos, é feito um refinamento do posicionamento das turbinas eólicas através de estudos de extrapolação horizontal e vertical dos ventos medidos (*micrositing*) (Bohme et al., 2016).

A etapa de medição e avaliação dos recursos eólicos é de extrema importância na realização do projeto eólico. Nessa aplicação, é exigido um nível de exatidão elevado. Um pequeno desvio na medição do vento causa uma grande variação (incerteza) na previsão de geração de energia do parque eólico, aumentando, assim, o risco na avaliação técnico-econômica do empreendimento.

A montagem e instrumentação da estação anemométrica devem seguir as orientações descritas na IEC 61400-12-1 e na Measuring Networking of Wind Energy Institutes (Measnet).

A publicação *Instalação de estações anemométricas: boas práticas* (EPE/MME, 2015) fornece um guia que reúne informações e práticas recomendadas por empresas especializadas no desenvolvimento de campanhas de medição e em projetos e instalação de estações anemométricas destinadas ao conhecimento do vento como recurso energético.

Alguns aspectos gerais a serem observados nas medições de vento:

- inexistência de obstáculos para as medições;
- escolha de torre de qualidade, com baixa distorção de fluxo nas medições;
- escolha de anemômetros de qualidade;
- boa prática na instalação da torre e dos equipamentos de medição, garantindo a qualidade dos dados medidos;
- acompanhamento da campanha de medições, com inspeções e manutenções adequadas, para evitar a perda ou degradação dos dados.

Uma torre anemométrica para aplicações de energia eólica contém os seguintes tipos de instrumentos:

- anemômetros para medir a velocidade do vento;
- lemes para medir a direção do vento;
- termômetro para medir a temperatura do ar;
- barômetro para medir a pressão do ar;
- sistema para aquisição e armazenamento de dados.

A Fig. 8.20 ilustra um modelo de estação anemométrica.

Em uma mesma torre, na maioria dos casos, são incluídos conjuntos de medição que medem as grandezas em diferentes alturas, com uma das medidas realizada na altura do cubo (eixo) da turbina eólica no intuito de aumentar a precisão das informações obtidas.

FIGURA 8.20 Modelo de estação anemométrica.

Os tipos de torres podem variar de autoportantes, treliçadas ou tubulares a treliçadas estaiadas. Essas torres devem ser projetadas especificamente para medição do potencial eólico. Devem ser leves e de fácil movimentação. Requerem uma pequena fundação, podendo ser instaladas em um dia (NREL, 1991).

A Fig. 8.21 apresenta o modelo de sensor de velocidade de vento mais utilizado na aplicação da energia eólica. Trata-se do modelo do tipo três conchas, constituído de três braços horizontais montados em um pequeno eixo vertical, cada braço possuindo na extremidade uma concha de metal. Esse sensor tem em torno de 15 cm de diâmetro. Sua precisão (medida em ensaios realizados em túnel de vento) apresenta valores próximos a ± 2 %.

A International Electrotechnical Commission (IEC) introduziu, mediante a norma IEC 61400-12-1, uma classificação para os anemômetros, que considera as condições locais da velocidade do vento, intensidade de turbulência, temperatura, densidade do ar e inclinação do escoamento incidente. É recomendável a utilização dos anemômetros Classe "1". Conforme a norma, o anemômetro dessa classe é calibrado em túnel de vento para várias faixas de inclinação de vento, intensidade de turbulências e temperatura (IEC, 2005).

Os anemômetros sônicos *Sound Detection and Ranging* (Sodar) e *Light Detection and Ranging* (Lidar) são sensores pertencentes a uma geração mais recente. Como são equipamentos de fácil mobilidade, já vêm sendo usados pelos empreendedores de parques eólicos para refinar os estudos de *micrositing* (distribuição das turbinas no parque eólico), principalmente em terrenos complexos, auxiliando na determinação do gradiente vertical do vento com medições em vários pontos do parque eólico. Para o processo de certificação das medições de vento, o uso desses equipamentos móveis ainda não é aceito pela Empresa de Pesquisa Energética (EPE) em substituição às estações anemométricas com anemômetros de copos Classe 1.

Os sensores de direção da velocidade do vento normalmente utilizados têm formato de leme. Um leme é acoplado a um eixo vertical. Do lado oposto ao leme, coloca-se um contrapeso para criar um balanço na junção do leme com o eixo. A Fig. 8.22 apresenta um modelo desse tipo ao lado de um anemômetro de conchas ou copo.

Os dados medidos de direção da velocidade dos ventos são representados por meio do uso do gráfico do tipo "rosa dos ventos", que consiste em um diagrama que mostra a distribuição temporal da direção dos ventos e a distribuição azimutal da velocidade do vento para um dado local, com base em informações coletadas em uma estação de medição. A Fig. 8.23 ilustra um exemplo de diagrama da rosa dos ventos. Na sua forma mais comum, a rosa dos ventos consiste em diversos círculos concêntricos, igualmente espaçados, com 16 linhas radiais intercaladas de maneira uniforme. O comprimento da linha é proporcional à frequência do vento com relação ao ponto central (ponto do compasso), com os círculos formando uma escala. A linha mais longa indica a direção predominante do vento. A rosa dos ventos é utilizada, em geral, para representar dados mensais, sazonais e anuais.

Os sistemas de aquisição de dados têm a função de registrar e armazenar os valores das grandezas eólicas medidas que serão utilizados para análise e tratamento posteriores. Existem vários tipos que empregam diferentes métodos para armazenamento dos dados, em que os mais sofisticados englobam múltiplos registros sequenciais e processados. Os dados podem ser apresentados em diferentes formatos, como dados instantâneos brutos, dados com tratamento estatístico, diferentes intervalos de integração, entre outros, segundo uma programação interna. A Fig. 8.24 apresenta um modelo de sistema de aquisição de dados utilizado para medição de grandezas eólicas.

Existem normas internacionais específicas que regem os procedimentos de instalação de torres anemométricas, coleta

FIGURA 8.21 Anemômetro do tipo três conchas.

FIGURA 8.22 Modelo de sensor de direção da velocidade do vento.

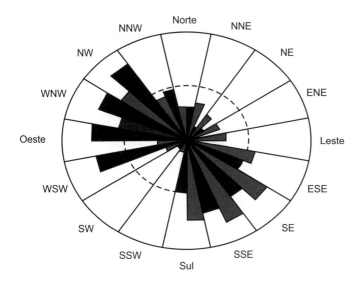

FIGURA 8.23 Rosa dos ventos.

Fonte: NREL, 1991 *apud* Fadigas, 2011.

e tratamento de dados de vento. A padronização da coleta inclui procedimentos de escolha do local de medição, seleção dos equipamentos, condições de instalação e manutenção dos equipamentos de medição, período de integração e taxa de amostragem dos dados medidos.

Há uma variedade de programas computacionais que podem ser usados para estimar as condições de vento de um local quando se têm apenas os dados de locais vizinhos. Esses programas, uma vez estimadas as condições do vento no local desejado, possuem também a capacidade de otimizar a distribuição das turbinas eólicas em um parque eólico (estudos de *micrositing*).

Os dados de estações de medição mais próximas, juntamente com a descrição dos efeitos topográficos, são utilizados, e os efeitos topográficos dos locais de interesse são levados em conta com a finalidade de se obterem dados de vento para esses locais. Usados com cuidado, esses modelos podem ser úteis para uma avaliação inicial e identificação de locais com potencial para a instalação de turbinas eólicas. Há vários modelos disponíveis, podendo-se citar: WAsP, Windpro, Windmap, Windfarmer, entre outros.

Além dos modelos de microescala aqui citados, há outros procedimentos, como os modelos mesoescala, por exemplo, MM5, ETA, HIRLAM, KAMM, que utilizam dados de satélites. De maneira geral, esses procedimentos requerem muito esforço computacional, mas possibilitam descrições extensivas do movimento do fluido em três dimensões, em particular para terrenos montanhosos mais complexos, e possuem boa aplicação em diferentes condições climáticas (Copel; Lactec; Camargo Schubert, 2007).

8.4 Conversão da energia eólica

A produção de energia em turbinas eólicas depende da interação do rotor com os ventos. O vento pode ser considerado uma composição da velocidade média e de flutuações em torno da velocidade média. Experiências têm mostrado que os principais aspectos relacionados com a eficiência de uma turbina eólica (potência e esforços mecânicos) são determinados pelas forças aerodinâmicas geradas pela velocidade média. As diversas forças induzidas nos componentes de uma turbina, sejam causadas pela velocidade média dos ventos, pela flutuação dos ventos, pelo modo de operação da turbina e pelos efeitos dinâmicos, são fontes de fadiga e fatores que contribuem para o pico de carga a que a turbina está sujeita. Esses fatores só são compreendidos quando a aerodinâmica da operação da turbina no regime estável é compreendida.

8.4.1 Energia mecânica extraída do vento por uma turbina eólica

A Equação (8.18), já apresentada na Seção 8.3.2, define a potência contida nos ventos, ou potência eólica, que é função da massa específica do ar, área de captação e velocidade do vento ao cubo. Essa velocidade do vento da Equação (8.18) se refere ao vento livre, ou seja, aquele livre do obstáculo, no caso a turbina eólica. Ao passar pelo rotor da turbina eólica, o vento livre terá seu perfil modificado. Nessa passagem, parte da potência eólica será transformada em potência mecânica no eixo da turbina, em função do torque e da rotação resultantes.

$$P = \frac{1}{2}\rho A V^3 \qquad (8.18)$$

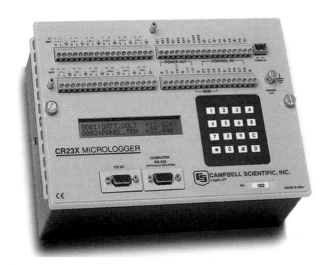

FIGURA 8.24 Modelo de um sistema de aquisição de dados (*datalogger*).

Fonte: Fadigas (2011).

Quanto de potência mecânica pode ser extraída do fluxo livre de ar por um rotor eólico? Existem alguns modelos de análise, entre os quais a aplicação da "Teoria do Momento Linear".

A Fig. 8.25 representa o fluxo de ar passando por uma turbina eólica de eixo horizontal. A vazão de ar pode ser representada pelo tubo de vazão mostrado na figura.

No modelo, considera-se que dentro do tubo a vazão é constante e flui de forma laminar. Também se admite que não há fluxo de ar através dos limites do tubo de vazão. O rotor eólico é tratado como um "disco atuador", em que, por meio deste, ocorre uma mudança de pressão à medida que a energia é extraída e um consequente decréscimo no momento linear do vento. Nessa representação, tem-se que:

A_1 = área da seção transversal do tubo de vazão na posição em que o vento é livre (não afetado pelo rotor eólico) (m²);
A = área formada pelo giro das pás do rotor eólico (m²);
A_2 = área da seção transversal do tubo de vazão do ar atrás do rotor eólico (m²);
V_1 = velocidade do vento livre (m/s);
V = velocidade do vento no rotor eólico (m/s);
V_2 = velocidade do vento na seção transversal do tubo de vazão atrás do rotor eólico (m/s).

Em que $V_1 > V > V_2$.

Em função das considerações citadas, a lei de continuidade de fluxo estabelece que:

$$\rho A V = \rho_1 A_1 V_1 = \rho_2 A_2 V_2 = \dot{m} \left[\frac{kg}{s}\right] \quad (8.19)$$

como a velocidade do vento é reduzida ao passar pelo rotor eólico, portanto, $A_1 < A < A_2$, ou seja, este ar ocupará uma seção transversal maior de tal forma a manter a igualdade da Equação (8.19).

Para o cálculo da energia extraída pelo rotor eólico, os seguintes passos são necessários (Twidell; Weir, 2006):

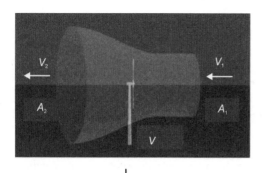

FIGURA 8.25 Perfil do vento em função da extração da energia mecânica.

Fonte: Danish Wind Industry Association *apud* Fadigas, 2011.

Passo 1: Determinação de V

A força F na turbina eólica consiste na redução do momento por unidade de tempo do fluxo de massa $\dot{m}$.

$$F = \dot{m} V_1 - \dot{m} V_2 \quad (8.20)$$

Essa força é aplicada por um fluxo de ar assumido uniforme de velocidade V. A potência extraída pelo rotor eólico é:

$$P_T = FV = \dot{m}(V_1 - V_2)V \quad (8.21)$$

A perda de energia por unidade de tempo no rotor pela corrente de ar é igual a:

$$P_w = \frac{1}{2}\dot{m}(V_1^2 - V_2^2) \quad (8.22)$$

Essa perda de energia é igual à potência extraída pelo rotor eólico.

Portanto, igualando (8.21) com (8.22), temos:

$$\dot{m}(V_1 - V_2)V = \frac{1}{2}\dot{m}(V_1^2 - V_2^2) = \frac{1}{2}\dot{m}(V_1 - V_2)(V_1 + V_2) \quad (8.23)$$

Assim:

$$V = \frac{1}{2}(V_1 + V_2) \quad (8.24)$$

Observando a Equação (8.24), conclui-se, de acordo com a teoria do momento linear, que a velocidade do ar através do rotor eólico (disco atuador) não pode ser menor do que a metade da velocidade do vento livre (V_1).

Passo 2: Conhecendo V_1, calcula-se a potência extraída do vento. A massa de ar fluindo através do rotor eólico por unidade de tempo é dada pela Equação (8.25):

$$\dot{m} = \rho A V \quad (8.25)$$

Assim, substituindo a Equação (8.25) na Equação (8.21), tem-se a Equação (8.26):

$$P_T = \rho A V^2 (V_1 - V_2) \quad (8.26)$$

Isolando V_2 da Equação (8.24) e substituindo na Equação (8.26), resulta na Equação (8.27):

$$P_T = \rho A V^2 \left[V_1 - (2V - V_1)\right] = 2\rho A V^2 (V_1 - V) \quad (8.27)$$

O fator de interferência a consiste na diminuição fracionária da velocidade do vento V_1 na turbina. Portanto,

$$a = (V_1 - V)/V_1 \quad (8.28)$$

e

$$V = (1 - a)V_1 \quad (8.29)$$

Igualando a Equação (8.29) com a Equação (8.24), resulta:

$$a = (V_1 - V_2)(2V_1) \quad (8.30)$$

O fator *a* também é conhecido como *fator de indução* ou *perturbação*.

Substituindo a Equação (8.29) na Equação (8.27), tem-se que:

$$P_T = 2\rho A(1-a)^2 V_1^2 \left[V_1 - (1-a)V_1\right]$$
$$= \left[4a(1-a)^2\right]\left(\frac{1}{2}\rho A V_1^3\right) \quad (8.31)$$

Da Equação (8.31),

$\frac{1}{2}\rho A V_1^2$ é a potência contida no vento livre.

Portanto, $[4a(1-a)^2]$ é a fração da potência extraída do vento livre pelo rotor eólico.

Essa fração é conhecida como "Coeficiente de potência" (C_p) ou "Eficiência de Betz", ou seja:

$$C_p = [4a(1-a)^2] \quad (8.32)$$

O máximo valor de C_p é determinado tomando a derivada do coeficiente de potência [Eq. (8.32)] com relação à *a* e igualando a 0, o que resulta $a = 1/3$. Portanto:

$$C_{pmáx} = \frac{16}{27} = 0,5926 \quad (8.33)$$

Quando $a = 1/3$:

$V = 2/3 \ V_1$
$V_2 = 1/3 \ V_1$

O resultado indica que, se um rotor ideal for projetado e operado de tal forma que a velocidade do vento no rotor (V) seja 2/3 da velocidade do vento livre (V_1), então operará no ponto de máxima potência.

A Fig. 8.26 mostra uma curva do coeficiente de potência (eficiência máxima teórica) em função da velocidade do vento.

Na prática, são obtidas eficiências inferiores, pois elas dependem de:

- perfil aerodinâmico das pás;
- número de pás;
- rotação da esteira atrás do rotor;
- força de arrasto diferente de 0, entre outros parâmetros de projeto de rotor.

A eficiência do rotor (C_p) não é constante, e é função da velocidade específica (razão entre a velocidade tangencial na ponta da pá e a velocidade do vento incidente).

Note que a eficiência total de uma turbina eólica, η_{total}, é função de C_p (eficiência do rotor eólico) e da eficiência do sistema de transmissão mecânico (*drivetrain*), esse formado pelos eixos de rotação, caixa de engrenagem (se houver) e gerador elétrico.

Portanto:

$$\eta_{total} = \frac{Potência_{saida}}{\frac{1}{2}\rho A V_1^3} = \eta_{mec} C_p \quad (8.34)$$

Logo:

$$Potência_{saida} = \frac{1}{2}\rho A V_1^3 \left(\eta_{mec} C_p\right) \quad (8.35)$$

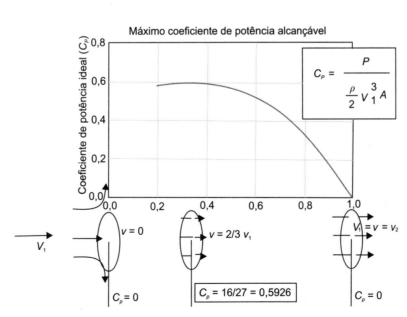

FIGURA 8.26 Curva ideal de C_p em função da velocidade do vento.

Fonte: Dewi, 2001 *apud* Fadigas, 2011.

8.4.2 Aerodinâmica de uma turbina eólica

Para entender como turbinas eólicas operam, dois termos da aerodinâmica devem ser entendidos: arrasto e sustentação.

Um objeto imerso em uma corrente de ar está sujeito a uma força provocada pelo impacto do fluxo de ar nesse objeto (Fig. 8.27). Podemos considerar que essa força possui duas componentes que atuam em direção perpendicular uma à outra, conhecidas como força de arrasto e força de sustentação.

A magnitude dessas forças depende da forma do objeto, sua orientação com relação ao fluxo de ar e da velocidade desse fluxo de ar.

A força de arrasto é a força experimentada por um objeto imerso em um fluxo de ar, que se encontra alinhada com a direção do fluxo de ar.

A força de sustentação é a força experimentada por um objeto imerso em um fluxo de ar, que está perpendicular à direção formada pelo fluxo de ar.

A Fig. 8.28 apresenta o corte transversal de uma pá imersa em um fluxo de ar.

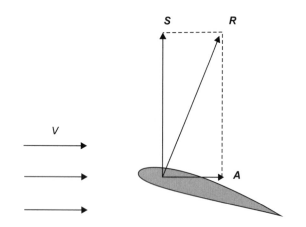

FIGURA 8.27 Forças que atuam em um objeto imerso em fluxo de ar: S = sustentação; A = arrasto; R = força resultante.

Fonte: Boyle, 1996 apud Fadigas, 2011.

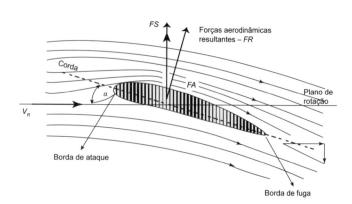

FIGURA 8.28 Seção transversal de uma pá.

Fonte: adaptada de Molly (2009).

O ângulo (α) que o objeto faz com a direção do vento resultante (V_R), medido com relação a uma linha de referência no objeto, é chamado ângulo de ataque. A linha de referência de uma seção de aerofólio é usualmente chamada linha de corda. A linha de corda une as duas extremidades da pá (borda de fuga e de ataque), ou seja, é o comprimento da seção transversal da pá. A face ou lado superior da pá é conhecida como zona de pressão negativa, ou sucção, e a face inferior é conhecida como zona de pressão positiva.

As características de sustentação e arrasto das várias formas de aerofólios para uma faixa de ângulo de ataque são determinadas a partir de medições realizadas em testes em túnel de vento.

A Fig. 8.29 apresenta uma seção transversal de pá com os parâmetros de elemento de pá.

Da Fig. 8.29, define-se:

F_S = força de sustentação;
F_a = força de arrasto;
F_R = força resultante;
F_{ax} = força axial (desenvolvida ao longo do eixo da turbina);
F_p = força de potência (desenvolvida na direção do plano de rotação das pás).

Quando uma turbina eólica está parada, o vento resultante (V_r) está alinhado com o vento (V_1) que incide em direção perpendicular ao plano de rotação. Porém, uma vez que as pás comecem a girar, o vento resultante (V_r) passa a ser a componente vetorial resultante do vento incidente, perpendicular ao plano de rotação do rotor eólico (V_1), e o vento resistente (V_t) ao movimento das pás, paralelo ao plano de rotação. O vento resistente constitui uma resistência das massas de ar ao movimento da pá, e, portanto, uma função de sua velocidade, bem como do perfil específico com relação ao raio da pá, e é crescente no sentido eixo do rotor (raiz da pá, em que a mesma está afixada) para a ponta da pá. A velocidade pode ser representada graficamente por uma seta – cujo comprimento é proporcional à velocidade – e a posição indica a direção.

O ângulo que o vetor velocidade relativa faz com a linha de corda é o ângulo de ataque α. O ângulo β é formado entre

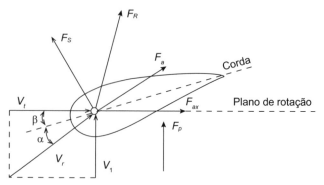

FIGURA 8.29 Corte transversal de uma pá em outra posição dentro do fluxo de ar com outros parâmetros de posicionamento.

Fonte: adaptada de Fadigas (2011).

o plano de rotação e a corda do perfil aerodinâmico da pá (linha de corda), denominado ângulo de passo da pá. $\alpha + \beta$ é o ângulo que o vetor velocidade do vento resultante faz com o plano de rotação.

O plano de rotação em operação normal é mantido perpendicular à direção do vento livre.

Na ponta da pá, a velocidade tangencial (velocidade de vento resistente), cuja direção é perpendicular à direção do vento livre, é calculada pela seguinte expressão:

$$V_t = \omega \times R \quad (8.36)$$

em que:

V_t = velocidade tangencial de ponta de pá, em m/s;
ω = velocidade angular da pá, em rad/s;
R = raio (comprimento) da pá, em metros.

Para geração de eletricidade, as turbinas são projetadas de modo que a velocidade tangencial de ponta de pá atinja valores de cinco a dez vezes superiores à velocidade do vento livre.

A razão entre a velocidade de ponta de pá e a velocidade do vento livre é denominada velocidade específica da turbina eólica, ou razão de velocidade de ponta de pá, calculada pela seguinte equação:

$$\lambda = \frac{\omega \times R}{V_1} \cot(\alpha + \beta) \quad (8.37)$$

O melhor desempenho para a seção de aerofólio ocorre quando o ângulo de ataque α é mantido constante, isto é, a velocidade específica λ é mantida constante em seu valor ótimo, significando que a velocidade de rotação da turbina poderia variar diretamente com a velocidade do vento livre.

A Fig. 8.30 mostra uma curva de C_p versus velocidade específica para vários tipos de turbinas eólicas. Em determinado sítio eólico, a velocidade do vento pode variar de zero a valores elevados (rajadas de vento). Para capturar uma potência elevada nas altas velocidades de vento, o rotor deve girar em velocidade mais alta, de forma que λ (velocidade específica), ou razão entre a velocidade de ponta de pá e a velocidade do vento livre, seja mantida constante em seu valor ótimo.

Tomando como exemplo a curva de eficiência da turbina do tipo hélice na Fig. 8.30, observa-se que, para determinada velocidade de vento, há um único valor de λ ou velocidade angular correspondente que fornece eficiência máxima. Como a velocidade do vento varia de maneira instantânea, para manter a turbina operando com uma eficiência máxima que resulte em potência máxima, é necessária uma atuação do sistema de controle, modificando-se a velocidade angular de tal modo que o valor de λ seja continuamente igual ao valor que fornece a máxima potência. O λ para extração da máxima potência é de aproximadamente "um" para turbinas multipás, e de baixa rotação, até valores próximos a seis, para turbinas modernas de três e duas pás.

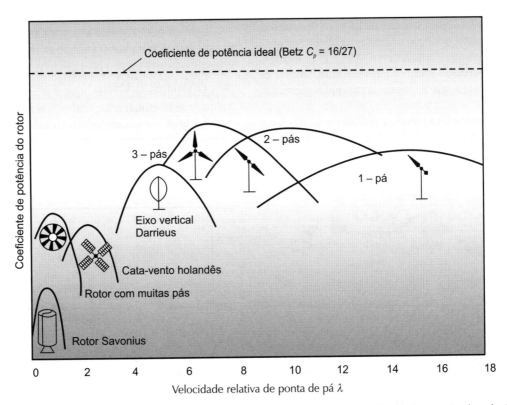

FIGURA 8.30 Diagrama $C_p - \lambda$. Eficiência do rotor C_p versus razão entre V_t e V_1 (λ = razão de velocidade de ponta de pá).

Fonte: Molly (2009).

A potência mecânica (P_T) no eixo da turbina, definida na Equação (8.31), pode também ser calculada a partir da seguinte equação:

$$P_t = \tau \times \omega \quad (8.38)$$

em que:

τ = torque, em Nm;
ω = velocidade angular do rotor, em rad/s.

A mesma potência pode ser gerada com um alto torque e baixa velocidade ou pequeno torque e alta velocidade. As características torque-rpm do rotor devem combinar-se com as características de torque-rpm do gerador.

A potência mecânica e a velocidade angular da turbina eólica podem ser controladas por intermédio de dois mecanismos de controle:

* controle pelo processo de estolamento das pás;
* controle pelo ajuste do ângulo de passo das pás (β).

Em turbinas controladas por estol, as pás são projetadas com determinado perfil aerodinâmico para que, acima da velocidade nominal do vento, quando a turbina atinja sua potência nominal, as pás se tornem menos eficientes quando o ângulo de ataque do vento se aproxima do ângulo de estol. Na condição normal de funcionamento, o vento tem um perfil laminar nas pás. Quando a velocidade do vento atinge o valor nominal, o perfil do vento se descola das pás, apresentando um comportamento turbulento (efeito estol). O resultado é a perda da força de sustentação e o aumento da força de arrasto, o que diminui, portanto, o torque na região na qual a turbina se encontra em processo de estolamento. A Fig. 8.31 mostra o perfil do vento escoando sobre as pás de forma laminar e em processo de estolamento. A fim de evitar que o efeito do estolamento ocorra em todas as posições radiais das pás, o que reduziria significativamente a potência produzida, as pás têm uma pequena torção longitudinal, de modo a suavizar o desenvolvimento desse efeito.

As turbinas projetadas para controle de velocidade e potência produzida pelo **ajuste do ângulo de passo** contam com um dispositivo mecânico de variação do ângulo de passo por meio do qual as pás são giradas longitudinalmente em torno dos seus eixos, de forma que, reduzindo-se o ângulo de ataque mediante o aumento do ângulo de passo, reduz-se também a potência produzida pela turbina.

8.4.3 Energia elétrica gerada por uma turbina eólica

A estimativa do potencial para geração de energia com o uso dos ventos consiste na determinação da produtividade (energia e potência gerada) por certa turbina em determinado sítio, no qual estão disponíveis os dados de velocidade de vento em uma das diversas formas – por exemplo, série de dados medidos ou representados por sua função de densidade de probabilidade – conforme apresentado na Seção 8.3.2.

A potência contida no vento é $P = \frac{1}{2}\rho A V^3$, conforme já mostrado. Na prática, a potência elétrica P_e gerada por uma turbina é indicada por sua curva de potência ou curva de desempenho em função da velocidade do vento livre. A curva de potência de uma turbina eólica normalmente é levantada por meio de testes de operação da turbina em campo, como descrito em IEC 61400-12 (2005). A Fig. 8.32 apresenta, em um mesmo gráfico, curvas de potência elétrica típicas de turbinas eólicas, bem como a curva de potência eólica e potência mecânica máxima utilizável por unidade de área de captação.

A curva de potência elétrica de uma turbina eólica ilustra três características da velocidade do vento:

* velocidade *cut-in*: velocidade do vento em que a turbina começa a gerar eletricidade;
* velocidade nominal: velocidade do vento a partir da qual a turbina gera energia em sua potência nominal. Frequentemente, mas nem sempre, trata-se da máxima potência;
* velocidade *cut-out*: velocidade do vento mediante a qual a turbina é desligada para proteção das cargas e do gerador

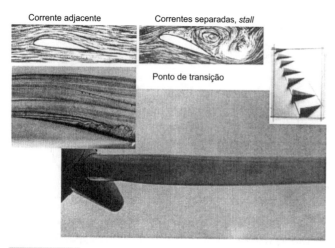

FIGURA 8.31 Perfil do vento escoando sobre as pás.

Fonte: Molly (2009).

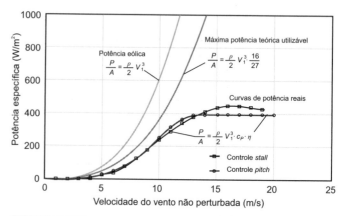

FIGURA 8.32 Curvas de potência: eólica, máxima potência mecânica utilizável, curvas de potência reais.

Fonte: Molly (2009).

elétrico e para manter a integridade física da turbina dentro dos limites de segurança ou fora dos limites de danos aos seus diversos componentes.

Para uma dada função de distribuição do regime de vento $p(v)$ e uma curva de potência conhecida de uma turbina eólica, a potência elétrica média gerada em determinado período pode ser calculada pela seguinte expressão:

$$\overline{P_e} = \int_0^\infty P_e(V)p(V)dV \quad (8.39)$$

em que:

$P_e(V)$ = potência elétrica gerada (extraída da curva de potência) em função de V (vento livre);
$p(V)$ = função densidade de probabilidade de ocorrência de V.

Em que $V = V_1$ (vento livre).

É possível determinar a curva de potência da turbina com base na potência eólica e no coeficiente de potência C_p a partir da equação já demonstrada na Seção 8.4.1 [Eq. (8.35)]. A Equação (8.40) expressa esta relação:

$$P_e(V) = 1/2 \rho A C_p \eta_{mec} V^3 \quad (8.40)$$

em que η_{mec} é a eficiência do sistema de transmissão mecânico (incluído gerador) e C_p, como já descrito, é função da velocidade específica da turbina eólica, $\lambda = \dfrac{w \times R}{V}$. Portanto, assumindo um valor constante para a η_{mec} e ρ, pode-se obter outra expressão para o cálculo da potência elétrica média gerada pela turbina eólica em determinado período.

$$\overline{P_e} = \frac{1}{2} \rho A \eta_{mec} \int_0^\infty C_p(\lambda) V^3 p(V) dV \quad (8.41)$$

A partir dessa equação, é possível utilizar os métodos estatísticos para estimar, com um mínimo de informações, a energia gerada por determinada turbina eólica instalada em determinado sítio. Apresenta-se a seguir a equação para cálculo da estimativa da energia gerada por uma turbina, com base no perfil de velocidade de vento segundo a função densidade de probabilidade de Weibull.

$$\overline{P_e} = \frac{1}{2} \rho A \eta_{mec} \int_0^\infty C_p(\lambda) V^3 \left[\left(\frac{k}{c}\right) \times \left(\frac{V}{c}\right)^{k-1} \times e^{-\left(\frac{V}{c}\right)^k} \right] dV \quad (8.42)$$

8.4.4 Tecnologia de turbinas eólicas

As máquinas eólicas são conhecidas como turbinas eólicas, sistemas de conversão de energia eólica ou aerogeradores, distinguindo-se das máquinas tradicionais.

As turbinas eólicas são, em grande parte, equipamentos utilizados para gerar eletricidade. Variam desde pequenas turbinas de potências nominais na ordem de dezenas ou centenas de kW, utilizadas principalmente em áreas rurais para aplicações autônomas, até turbinas consideradas de grande porte com potências nominais na ordem de alguns MW e que, em geral, se interconectam à rede elétrica.

As turbinas eólicas que vêm sendo utilizadas para geração de energia elétrica apresentam-se em duas configurações básicas, conforme a orientação do eixo com relação ao solo: turbinas de eixo horizontal e turbinas de eixo vertical. A Fig. 8.33 apresenta modelos de turbinas eólicas de eixo horizontal.

As turbinas de eixo horizontal geralmente possuem uma, duas ou três pás, embora haja também turbinas desse tipo com maior número de pás. Em geral, turbinas eólicas com um grande número de pás são utilizadas na conversão de energia eólica em energia mecânica, com aplicação usual no bombeamento de água usada em sítios e fazendas, e são conhecidas como cata-ventos ou turbinas multipás.

As turbinas de eixo vertical possuem vantagens e desvantagens com relação às de eixo horizontal. Uma das vantagens

FIGURA 8.33 Turbinas eólicas de eixo horizontal: multipás, três, duas e uma pá.

Fonte: Boyle (1996).

consiste na possibilidade de aproveitar os ventos vindos de qualquer direção, sem a necessidade de um mecanismo que direcione o rotor na direção do vento incidente. A Fig. 8.34 apresenta alguns modelos de turbinas de eixo vertical (exceto os dois primeiros modelos de turbinas que são do tipo eixo horizontal – turbinas multipás e de três pás). As turbinas de eixo vertical são usadas em aplicações de baixa potência. Para aplicações de alta potência, as turbinas de eixo horizontal de três pás são mais eficientes.

Os principais componentes ou subsistemas de uma turbina de eixo horizontal são mostrados na Fig. 8.35 e incluem:

- rotor: pás, cubo (suporte) em que elas são acopladas, mecanismo de controle de passo da pá e freios aerodinâmicos;
- sistema de transmissão mecânico (*drivetrain*): inclui as partes rotativas da turbina, excluindo-se o rotor. Fazem parte os eixos (alta e baixa rotação), caixa multiplicadora de velocidade (quando usada), acoplamentos, freio mecânico, gerador elétrico e sistema de orientação do rotor (*yaw*);
- nacele: compartimento no qual estão alojados os vários componentes, excluindo-se o rotor. Composta por uma caixa (formato variável) e base;
- controles (supervisório e dinâmico) da turbina;
- suporte estrutural (torre).

A turbina eólica, em função de sua aplicação, necessita de componentes adicionais para fazer o acondicionamento da potência gerada para atendimento direto das cargas ou conexão à rede elétrica. São cabos, chaves, disjuntores, transformador e, quando usados, banco de capacitores, conversores de potência, filtros de harmônicos.

Existem algumas opções de configuração relacionadas com o projeto de uma turbina eólica que são escolhidas de acordo com a aplicação e os estudos técnicos e econômicos, quais sejam:

- número de pás do rotor;
- orientação do rotor com relação à torre;
- material de que são feitas as pás, método de construção, perfil do aerofólio;
- projeto do cubo: rígido, flexível, em balanço;
- controle do torque aerodinâmico: estol e controle de passo;
- velocidade do rotor: fixa ou variável;
- orientação do rotor com relação à direção do vento: livre ou mecanismo ativo (*yaw*);
- gerador elétrico: síncrono ou assíncrono (gaiola de esquilo ou rotor bobinado);

FIGURA 8.34 Modelos de turbinas de eixo vertical (montados com base em Mr. Sukit Lertsakhon | 123RF).

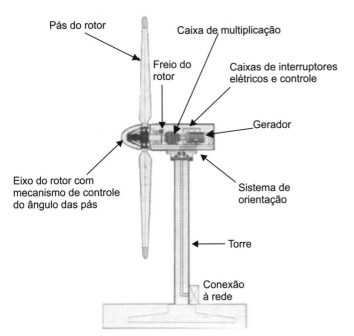

FIGURA 8.35 Principais componentes ou subsistemas de uma turbina eólica de eixo horizontal.

Fonte: Molly, 2009 *apud* Fadigas, 2011.

- multiplicação de velocidade do rotor: com caixa de engrenagem (eixo paralelo ou planetário), sem caixa de engrenagem (acoplamento direto do gerador elétrico ao eixo de baixa rotação).

A Fig. 8.36 apresenta detalhes de uma turbina eólica de eixo horizontal, com destaque para os componentes alojados dentro da nacele.

8.5 Energia eólica e suas aplicações

Pode-se classificar a aplicação das turbinas eólicas para:

- alimentação de cargas autônomas – cargas individuais isoladas;
- alimentação de minirredes elétricas isoladas;
- conexão em rede elétrica de transmissão/distribuição.

8.5.1 Aplicações autônomas

Consistem na utilização de turbinas eólicas para alimentação de cargas em locais remotos nos quais a extensão da rede elétrica convencional ainda é uma alternativa dispendiosa. Tendo em vista a produção intermitente desse tipo de fonte geradora, em geral, nessa aplicação, a fonte eólica está associada a um banco de baterias ou a outro tipo de fonte geradora (por exemplo, solar fotovoltaica, grupo gerador diesel).

Aplicações autônomas incluem: suprimento de casas, escolas, postos de saúde, estações repetidoras de sinal (telecomunicações), unidades de bombeamento de água, unidade de dessalinização de água, fabricação de gelo, cercas elétricas, entre outras. A Fig. 8.37 apresenta um sistema híbrido eólico-solar fotovoltaico-baterias alimentando tanto cargas CC quanto cargas CA.

8.5.2 Minirredes isoladas

O suprimento de energia em áreas remotas, ilhas e regiões distantes das áreas servidas pelas redes convencionais de energia – em grande parte, situadas em países em desenvolvimento, a exemplo de áreas isoladas da Região Amazônica – a depender da demanda por energia e de quanto a população do povoado está espacialmente dispersa, muitas vezes se torna mais econômico, em vez de atender à demanda de forma individualizada, instalar uma minirrede elétrica que possa ser alimentada por uma ou mais fontes de energia. Em suma, uma minirrede é uma rede de potência e alcance pequenos formada por cargas e fontes distribuídas ao longo do seu alimentador (fio condutor). A Fig. 8.38 apresenta duas topologias ou arquiteturas de minirredes.

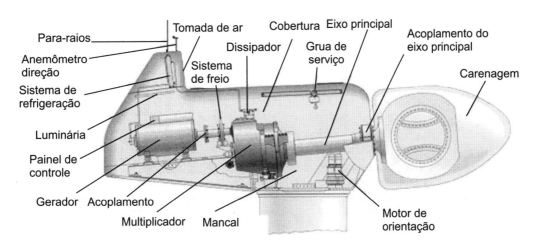

FIGURA 8.36 Detalhes da nacele de uma turbina eólica de eixo horizontal.

Fonte: Fadigas (2011).

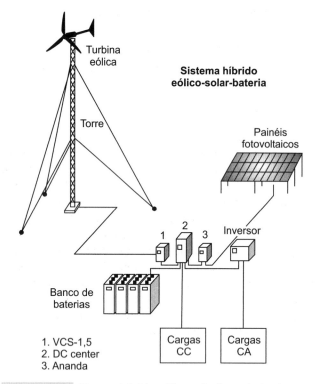

FIGURA 8.37 Sistema híbrido eólico-solar fotovoltaico-baterias.

Fonte: Cresesb, 2010 apud Fadigas, 2011.

8.5.3 Rede elétrica de transmissão/distribuição

O termo *parque*, *usina* ou *fazenda eólica* denota a concentração de várias turbinas em um mesmo local, interligadas eletricamente, injetando energia no mesmo ponto da rede elétrica. Sua distribuição espacial é feita com base em estudos técnicos e econômicos que levam em conta aspectos como: maximização da energia produzida, eficiência, redução dos custos, redução de impactos ambientais (inclusive, impacto visual), redução de ruído, entre outros. Atualmente, as usinas são constituídas por turbinas eólicas de capacidade de potência acima de 2 MW, formando uma central geradora de diversas capacidades de potência, na maioria acima de 30 MW. A Fig. 8.39 mostra um parque eólico instalado em terra (*onshore*).

Há 15 anos, países europeus situados no Mar do Norte iniciaram investimentos em parques eólicos *offshore* (instalados no mar). Umas das razões argumentadas para o fato de as turbinas estarem migrando para o mar reside na indisponibilidade de terras, para o desenvolvimento de plantas de grande porte em alguns países. Recentemente, outros países (fora da Europa) começaram instalar turbinas no mar, com destaque para a China. A exploração da energia eólica com instalações em terra ainda permanecerá dominante por muitos anos, pois existem vários países (inclusive na Europa) com grande potencial a ser explorado.

Outro argumento para a instalação de fazendas no mar está no excelente potencial eólico (ventos com velocidades mais altas). Esse argumento é correto e importante, mas não é o motivo decisivo. Um terceiro argumento para a instalação de plantas no mar vem aumentando de significância nas discussões públicas e aparenta tornar-se de fato o impulso ao

FIGURA 8.39 Parque eólico de Osório (RS), com capacidade de 150 MW.

Fonte: Fadigas (2011).

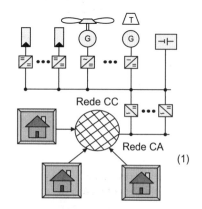
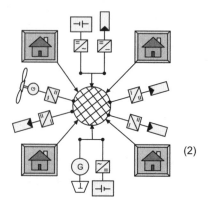

FIGURA 8.38 Arquitetura de minirrede: (1) sistema CC centralizado e (2) sistema CA distribuído.

Fonte: Vandenbergh et al., 2008 apud Fadigas, 2011.

desenvolvimento. O uso de turbinas eólicas no mar possibilita a construção de parques com potências superiores a 1000 MW, atingindo, portanto, capacidades semelhantes às das plantas convencionais de energia instaladas em terra. As turbinas desenvolvidas e adequadas para instalação no mar atingem potências unitárias bem superiores às usadas em terra. Essa perspectiva tem atraído investidores para esse mercado. A Fig. 8.40 apresenta um parque eólico *offshore*.

8.6 Produção de energia de um parque eólico

No Brasil, para a conclusão de um projeto de parque eólico, é necessário obter a certificação das medições anemométricas e a certificação da produção de energia. Essas certificações devem ser apresentadas no cadastramento para obtenção de habilitação para participação em leilões de energia.

Todos os procedimentos, critérios, normas e cálculos utilizados nas certificações deverão seguir as recomendações de entidades como:

- International Electrothecnical Commission (IEC);
- International Energy Agency (IEA);
- Network of European Measuring Institutes (Measnet);
- American Wind Energy Association (AWEA);
- Associação Brasileira de Normas Técnicas (ABNT);
- Instituto Nacional de Metrologia, Qualidade e Tecnologia (Inmetro), entre outras.

Da certificação da produção de energia devem constar, obrigatoriamente, para cadastro na Empresa de Pesquisa Energética (EPE) as seguintes informações (EPE, 2017):

- as incertezas padrão na Estimativa de Produção Anual de Energia para o curto prazo (um ano) e para o longo prazo (período contratual);
- os valores de energia anual certificados que são excedidos com probabilidades de 50, 75 e 90 % para uma variabilidade futura levando em conta todo o período contratual (P50, P75, P90), que devem considerar as condições meteorológicas locais, a densidade do ar, a degradação das pás e as perdas aerodinâmicas do próprio parque e decorrentes de parques vizinhos (efeito esteira);
- os valores de produção anual bruta e certificada (P50), conforme definição do item anterior, de cada aerogerador, identificando o fabricante/modelo, torre de referência, velocidade média anual do vento livre, perdas aerodinâmicas e degradação das pás, conforme modelo no documento;
- um anexo contendo a "Curva de potência × Velocidade do vento" referente à densidade do ar padrão de 1,225 kg/m^3, com intervalo de 1 m/s, emitida e garantida pelo fabricante de cada modelo de aerogerador ou, se houver, a curva emitida por uma instituição com credenciamento ISO/IEC 17025, essa última medida conforme os procedimentos da norma IEC 61400-12:1998 (IEC *Systems for Conformity Testing and Certification of Wind Turbines*) e da Measnet. Além dos dados de potência, deve ser informado também o

FIGURA 8.40 Parque eólico *offshore*.

coeficiente de empuxo (*thurst coefficient*) para cada velocidade na curva de potência;

- declaração do fabricante de aerogerador atestando a adequação da classe da turbina, selecionada conforme norma IEC 61400, para o local onde será construído o parque eólico, ou, caso possua, certificação de tipo (*type certification*), conforme norma IEC 61400-22, das turbinas eólicas;
- o desenho do *micrositing* do parque eólico indicando a localização dos aerogeradores, com as respectivas coordenadas (UTM) e identificação. Também deve ser apresentada a rosa dos ventos;
- a produção mensal certificada (P50), em MWh, deverá considerar as condições meteorológicas locais, a densidade do ar, a degradação das pás e as perdas aerodinâmicas no próprio parque e decorrentes dos parques vizinhos (esteira). Esse valor de produção certificada em MWh serve de base para a sazonalização da garantia física;
- devem ser apresentados, para todos os parques eólicos vizinhos considerados na estimativa de produção de energia, coordenadas (UTM-SIRGAS2000), modelo/fabricante e altura do eixo do cubo dos aerogeradores, bem como deve constar o mapa de localização e arranjo.

Obs.: as Certificações de Medições Anemométricas e de Produção Anual de Energia deverão ser emitidas por Entidade(s) Certificadoras(s) independente(s), especializadas em projetos de energia eólica, reconhecidas nacional e internacionalmente. Não são aceitas as Certificações de Medições Anemométricas e de Produção Anual de Energia emitidas por Entidades Certificadoras que tenha participação societária direta ou indiretamente no empreendimento, ou que seja, ou tenha sido, responsável pelo **desenvolvimento do projeto**, objeto de Habilitação Técnica (Bohme *et al.*, 2016).

8.6.1 Garantia física de empreendimentos eólicos

O documento *Empreendimentos eólicos: instruções para solicitação de cadastramento e habilitação técnica com vistas à participação nos leilões de energia elétrica* (EPE, 2017) apresenta a metodologia de cálculo para obtenção da produção líquida de energia de um parque eólico denominada "Produção Anual Certificada".

A seguir, apresenta-se a metodologia de cálculo:

$$E_{P50} = (1 - LP_{50})P_T \times 8760 \qquad (8.43)$$

$$L_{P50} = 1 - (1 - L_{pás})(1 - L_{WE}) \qquad (8.44)$$

em que:

E_{P50} = produção anual certificada referente ao valor de energia anual que é excedido com uma probabilidade de ocorrência igual ou maior a 50 % para um período de variabilidade futura de 20 anos, em MWh/ano;
L_{P50} = perdas por degradação das pás ($L_{pás}$) e perdas aerodinâmicas do parque (L_{WE}) (adimensional);
8760 = número total de horas de um ano convencional, em horas.

O cálculo do *P50* serve de base para o cálculo do *P90* [Eq. (8.45)], uma medida mais conservadora que engloba outros fatores de incerteza que se acumulam por todo o processo da avaliação dos recursos eólicos e que, somados, compõem a incerteza-padrão.

$$E_{P90} = E_{P50}(1 - (1,28155 \times \text{incerteza-padrão})) \qquad (8.45)$$

em que:

E_{P90} = produção anual certificada referente ao valor de energia anual que é excedido com uma probabilidade de ocorrência igual ou maior a 90 % para um período de variabilidade futura de 20 anos, em MWh/ano;
1,28155 = variável padronizada da distribuição normal, considerando a probabilidade de ocorrência de 0,1 (adimensional);
Incerteza-padrão = valor da composição de todas as incertezas consideradas, em %.

O *P90*, por sua vez, é necessário para definir o montante máximo de energia que a usina pode vender ao Sistema Interligado Nacional (SIN), ou Garantia Física (GF).

$$GF = \frac{E_{P90}(1 - TEIF)(1 - IP) - \Delta P}{8760} \qquad (8.46)$$

em que:

GF = garantia física, em MW médios;
$TEIF$ = taxa equivalente de indisponibilidade forçada;
IP = indisponibilidade programada;
ΔP = estimativa anual de consumo interno e perdas elétricas até o ponto de conexão da usina eólica com o sistema elétrico, em MWh.

O cálculo da incerteza padrão deve levar em consideração o maior número de incertezas possíveis de identificação e contabilização, seguindo o padrão da Equação (8.47):

$$\text{incerteza-padrão} = \sqrt{\sum_{K=1}^{G} u_k^2} \qquad (8.47)$$

considerando-se:

u_k = incerteza u para cada tipo k identificado (adimensional);
G = número total de incertezas identificadas (adimensional).

Um indicador de desempenho usado pelo setor para avaliar a produtividade energética de um parque eólico é o *FC* (fator de capacidade). Mede a relação entre a energia que o parque gera em determinado período e a máxima que poderia gerar.

$$FC = \frac{GF}{PN} \qquad (8.48)$$

em que:

FC = fator de capacidade de um parque eólico;

GF = previsão de geração anual pelas turbinas do parque eólico, em MW médios;
PN = potência nominal do parque eólico, em MW.

Na Fig. 8.41 é possível verificar as variações mensais do FC ao longo de um ano e de um ano para outro de usinas eólicas no Brasil.

A Tabela 8.3 apresenta os valores típicos de incertezas associadas a cada fase de um projeto de parque eólico.

TABELA 8.3 Incertezas na determinação da velocidade do vento

Incerteza	Faixa típica (%)
Calibração do anemômetro em túnel de vento	0,5-3,0
Seleção do anemômetro (influência do fluxo vertical e da turbulência)	0,5-4,0
Montagem do anemômetro	0,2-3,0
Seleção do local de medição	0,5-5,0
Seleção do período de medição	0,3-3,0
Coleta e avaliação dos dados	0-2,0
Correlação de dados de longo termo	0,5-5,0
Transferência para os aerogeradores em outra posição e altura do cubo (*micrositing*)	1,0-10,0

Fonte: Custódio (2013).

8.7 Aspectos econômicos e comerciais

Após o cálculo da previsão de energia produzida por um parque eólico, o qual determina a viabilidade técnica do empreendimento, parte-se para a análise do desempenho econômico mediante a realização de uma análise econômico-financeira do projeto. É necessário levantar todos os parâmetros técnicos e econômicos para o cálculo dos indicadores de mérito que determinam a atratividade econômica do negócio e definem a tarifa que garanta o retorno do investimento.

Segundo Copel, Lactec e Camargo Schubert (2007), a atratividade econômica está ligada ao fato de o investidor de empreendimentos de geração eólica estar perdendo a oportunidade de auferir retornos pela aplicação do mesmo capital em outros projetos ou aplicações financeiras. O empreendimento para ser atrativo deve render, no mínimo, a taxa de juros equivalente à rentabilidade das aplicações correntes e de pouco risco. Essa é a taxa mínima de atratividade, também conhecida como custo de oportunidade ou taxa de desconto (TMA).

Existem vários indicadores de mérito utilizados pelos profissionais da área econômico-financeira, entre eles:

- Valor Presente Líquido (VPL);
- *Payback* descontado;
- Taxa Interna de Retorno (TIR);
- Custo anual de geração de energia (R$/MWh);
- entre outros, que avaliam o risco do negócio.

Para o cálculo dos indicadores de mérito, é necessário montar o fluxo de caixa do projeto, contabilizando entradas (receitas) e saídas (despesas) ao longo da vida útil econômica (normalmente 20 anos). O Capítulo 19 deste livro apresenta a metodologia de cálculo para análise de investimentos aplicados a projetos de energia.

8.7.1 Estrutura de custos de um parque eólico

A Fig. 8.42 apresenta uma forma de estruturar os custos de um projeto eólico.

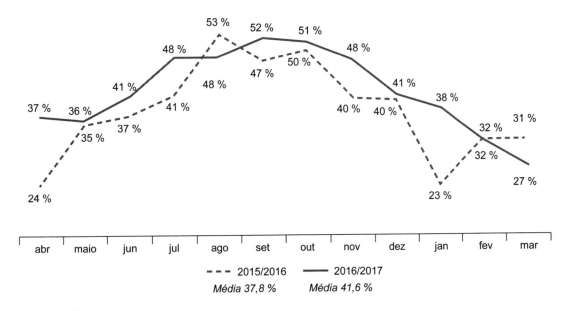

FIGURA 8.41 *FCs* de usinas eólicas instaladas no Brasil.

Fonte: ABEEólica (2017).

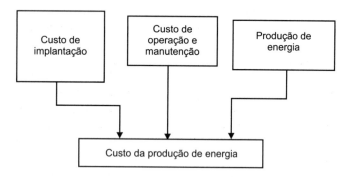

FIGURA 8.42 Estrutura de custos de uma central eólica.

O **custo de implantação (R$/kW)** leva em conta somente as despesas com a implantação da usina. Inclui todos os dispêndios com planejamento, compra de equipamentos e instalação de uma usina eólica. De forma geral, abrange os custos:

- de aquisição de área (quando for o caso);
- de levantamentos topográficos, cálculo e análise do potencial eólico;
- das turbinas entregues e instaladas na área escolhida;
- da conexão com o sistema elétrico (subestação e linhas);
- das edificações de apoio à operação e manutenção;
- do estoque de peças de reposição;
- de licenciamentos, de seguros e financeiros;
- de consultorias, viagens, mão de obra, projetos, obras civis, comissionamento.

O custo de implantação é utilizado na fase inicial para selecionar áreas candidatas quando se dispõe de poucos dados para a tomada de decisão. Esse custo dependerá:

- da escala do projeto;
- das dificuldades impostas pelo terreno local e acesso;
- da disponibilidade e capacidade da rede elétrica;
- da sofisticação dos equipamentos.

De acordo com Dutra (2001), o custo de implantação pode ser mais bem detalhado em:

a) Custos incorridos no estudo de viabilidade

- Investigação de locais
- Avaliação de potencial eólico
- Avaliação ambiental
- Projetos preliminares
- Detalhamento dos custos
- Relatórios
- Projeto gerencial
- Viagem
- Outros

b) Custos incorridos em negociações e parcerias

- *Power Purchase Agreement*
- Permissões e aprovações
- Direito ao uso da terra
- Projeto de financiamento
- Suporte legal e contábil
- Viagem
- Outros

c) Levantamentos dos custos e projetos de engenharia

- Estudo de *micrositing*
- Projeto mecânico
- Projeto elétrico
- Projeto de obras civis
- Orçamento e contratos
- Supervisão de construção
- Outros

d) Custos dos equipamentos

- Turbinas eólicas (nacele, torre)
- Reservas de custo
- Transporte
- Outros

e) Instalação e infraestrutura

- Fundações
- Instalação
- Construção de vias de acesso
- Construção de linhas de transmissão

f) Despesas diversas

- Treinamento
- Viagens e acomodações
- Outros

A Tabela 8.4 apresenta a participação percentual dos diversos custos no custo total de implantação de uma usina eólica. Observa-se que, independentemente do tamanho da usina, a maior parcela de custos corresponde à dos equipamentos (turbina/torre).

TABELA 8.4 Participação percentual das diversas parcelas de custos de uma central eólica

Categoria de custos iniciais de projeto	Fazenda eólica de médio/ grande porte (%)	Fazenda eólica de pequeno porte (%)
Estudo de viabilidade	Menos de 2	1 – 7
Negociações de desenvolvimento	1 – 8	4 – 10
Projeto de engenharia	1 – 8	1 – 5
Custo de equipamentos	67 – 80	47 – 71
Instalações e infraestrutura	17 – 26	13 – 22
Diversos	1 – 4	2 – 15

Fonte: elaborada a partir de CTEE (2010).

Os **custos operacionais** são despesas que ocorrem ao longo da vida útil da usina, necessárias para honrar compromissos comerciais da empresa, bem como o pleno funcionamento dos equipamentos. Os custos operacionais incluem:

- manutenção preventiva e corretiva nos equipamentos;
- manutenção nas linhas de transmissão;
- custos do uso da terra (quando houver);
- custos gerais e administrativos;
- seguros com ruptura mecânica, interrupção de operação;
- taxas contábeis e legais envolvidas no comércio de energia;
- encargos, por exemplo, taxa de uso do sistema de transmissão/distribuição;
- encargos setoriais.

No que se refere aos custos de manutenção e operação, pode-se dividir a manutenção em:

- preventiva;
- corretiva;
- revisões gerais.

8.7.2 Comercialização da energia eólica

A Fig. 8.43, extraída do documento da Câmara de Comercialização de Energia (CCEE, 2018), *Obrigações fiscais na comercialização de energia*, ilustra o ambiente de comercialização da energia no qual os empreendedores desse setor podem comercializar a energia produzida.

Em síntese:

a) *Ambiente de Contratação Regulada* (ACR): a contratação de energia no ACR é formalizada por meio de contratos bilaterais regulados, celebrados entre os agentes vendedores de energia (produtores, comercializadores e importadores) e distribuidores de energia que participam de leilões de compra e venda de energia elétrica. A energia comprada pelas empresas distribuidoras via leilões é destinada aos consumidores cativos.

b) *Ambiente de Contratação Livre* (ACL): nesse ambiente, são atendidos os consumidores livres. Participam do ACL os agentes de geração, comercializadores, importadores e exportadores de energia elétrica, além dos consumidores livres e especiais. Os volumes e preços da energia são livremente negociados entre as partes envolvidas.

c) *Mercado de curto prazo* (MCP): ocorre a liquidação das diferenças apuradas entre a energia medida e contratada por cada agente, com valoração via preço de liquidação das diferenças (PLD).

Existem vários tipos de leilões de energia elétrica. São eles:

- leilão de energia nova (A-5, A-3, A-1);
- leilão de fontes alternativas (LFA);
- leilão de reserva (LER);
- leilão de energia existente, entre outros.

Na página da CCEE, obtêm-se a definição e regulação associada a cada tipo de leilão.

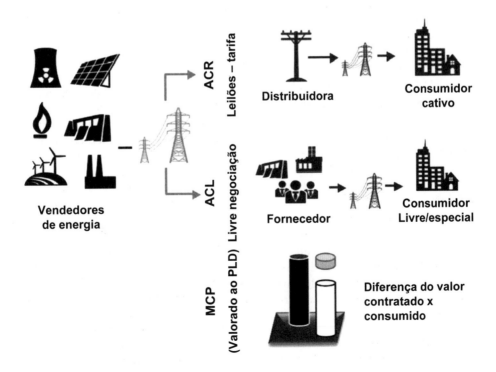

FIGURA 8.43 Ambiente de comercialização de energia.
Fonte: CCEE (2018).

Turbinas eólicas de pequena potência também podem ser instaladas nas edificações (edifícios residenciais, comerciais, industriais, entre outros). Trata-se de geração distribuída (GD), para a qual existe regulação específica para sua aplicação.

Em 2012, com o objetivo de incentivar os empreendimentos de pequena capacidade de potência, bem como fontes renováveis, a exemplo da solar fotovoltaica, a ANEEL editou a Resolução Normativa nº 482, que foi atualizada em novembro de 2015, resultando na aprovação da Resolução Normativa nº 687. Essa última introduziu algumas modificações na primeira, e as mais diretamente relacionadas com a constituição física de GD (tipos de fontes e capacidades) são:

- **Microgeração distribuída:** central geradora de energia elétrica, com potência instalada menor ou igual a 75 kW e que utilize cogeração qualificada, conforme regulação ANEEL, ou fontes renováveis de energia elétrica, conectadas na rede de distribuição por meio de instalações consumidoras.

- **Minigeração distribuída:** central geradora de energia elétrica com potência instalada superior a 75 kW e menor ou igual a 3 MW para fontes hídricas ou menor ou igual a 5 MW para cogeração qualificada, conforme regulamentação ANEEL, ou para as demais fontes renováveis de energia, conectada na rede de distribuição por meio de instalações de unidades consumidoras.

- **Empreendimento com múltiplas unidades consumidoras:** caracterizado pela utilização da energia elétrica de forma independente, no qual cada fração com uso individualizado constitua uma unidade consumidora e as instalações para atendimento das áreas de uso comum constituam uma unidade consumidora distinta, de responsabilidade do condomínio, da administração ou do proprietário do empreendimento, com microgeração ou minigeração distribuída desde que as unidades consumidoras estejam localizadas em uma mesma propriedade ou em propriedades contíguas e seja vedada a utilização de vias públicas, de passagem aérea ou subterrânea e de propriedades de terceiros não integrantes do empreendimento.

- **Geração compartilhada:** caracterizada pela reunião de consumidores dentro de uma mesma área de concessão ou permissão, por meio de consórcio ou cooperativa, composta por pessoa física ou jurídica, que possua unidade consumidora com microgeração ou minigeração distribuída em local diferente das unidades consumidoras nas quais a energia excedente será compensada.

- **Autoconsumo remoto:** caracterizado por unidades consumidoras de titularidade de uma mesma pessoa jurídica, incluídas matriz e filial, ou pessoa física que possua unidade consumidora com microgeração ou minigeração distribuída em local diferente das unidades consumidoras, dentro da mesma área de concessão ou permissão, nas quais a energia excedente será compensada.

Na geração distribuída, funciona o **Sistema de Compensação de Energia**. Caso o consumidor gere mais energia do que consome, o excedente é injetado na rede elétrica. Essa sobra de energia é contabilizada pela concessionária de distribuição (vem indicada na conta de energia) e, então, usada para compensar o consumo de energia nos meses subsequentes quando do o consumo de energia do cliente for maior que a geração. Ou seja, não se vende energia para a concessionária. A energia excedente é cedida para seu uso, e é feita a compensação (uso dos créditos de energia) pelo consumidor nos próximos meses.

Vários estados da Federação aderiram ao convênio que isenta a geração distribuída de ICMS. O Convênio ICMS 16/2015 do Conselho Nacional de Política Fazendária (Confaz) isenta o pagamento desse tributo sobre o excedente de energia gerada por sistemas de geração distribuída. Essa modalidade de imposto é aplicada apenas sobre a energia que o consumidor recebe da rede elétrica. A Tabela 8.5 apresenta a situação da geração distribuída (GD) ao fim de 2018. Na GD, a participação das turbinas eólicas é pequena, ou seja, 0,819 % do total de capacidade de potência instalada e 0,0547 % do total de usinas geradoras instaladas.

TABELA 8.5 Unidades consumidoras com geração distribuída

Tipo	Quant.	Quant. de UCs que recebem créditos	Potência instalada (kW)
CGH	93	7677	88.022,60
EOL	57	100	10.314,40
UFV	103.858	130.638	1.113.781,63
UTE	170	3850	46.999,54
Total de usinas instaladas = 104.178			
Capacidade total de potência instalada = 1.299.118,17 kW			

Fonte: ANEEL (2019).

8.8 Aspectos ambientais da energia eólica

O aproveitamento da energia cinética dos ventos como fonte de geração de eletricidade é um dos mais interessantes e promissores em nível mundial.

Embora seja uma fonte de energia renovável, de maneira não diversa das demais fontes, a energia eólica também apresenta impactos ambientais negativos. Contudo, é entendida como alternativa limpa tendo em vista que, de forma direta, não causa impactos nocivos ao meio ambiente, como emissões de poluentes na atmosfera.

Ao se considerar toda a fase de implantação, verificamos que, indiretamente, a energia eólica usada na produção de eletricidade causa impactos negativos indiretos, oriundos das fases de preparação do sítio eólico e instalação das turbinas.

Não é fácil medir e valorar os benefícios ambientais de uma central geradora de energia. Em geral, os benefícios ambientais da energia eólica são calculados em função das emissões que se deixa de produzir quando essa substitui as outras fontes de energia poluidoras, a exemplo das centrais termelétricas que usam combustíveis fósseis.

A implantação de parques eólicos pressupõe que todos os projetos sejam precedidos de estudos ambientais, cujas características, em profundidade e abrangência, devem depender das especificidades de cada projeto e dos efeitos resultantes de sua localização.

A realização de estudos de impacto ambiental decorre da aplicação da legislação ambiental vigente. Na fase do estudo de viabilidade, obtêm-se as primeiras informações do local, e estudos são feitos para se verificar a melhor forma de mitigar os impactos. A obtenção de licenças ambientais é um dos requisitos fundamentais para que os projetos sejam aprovados. São três as licenças ambientais necessárias: licença prévia, licença de instalação e licença de operação. O Capítulo 21 aborda os quesitos ambientais de projetos de energia.

8.8.1 Principais impactos ambientais de usinas eólicas

Os impactos positivos e negativos da energia eólica ocorrem na fase de construção e operação dos parques. Os principais impactos ambientais (IA, 2002) que ocorrem na fase de instalação e operação nesse tipo de empreendimento podem ser divididos em:

8.8.1.1 Paisagem

Fase de construção

- Alteração da forma da paisagem;
- desordem visual resultante da execução de obras de construção civil, fundação de torres dos aerogeradores, edifício de comando e subestações;
- destruição da cobertura vegetal;
- presença, movimentação e circulação de máquinas pesadas;
- emissão de poeiras associadas à execução de obras.

Fase de operação

A presença de aerogeradores, subestações, edifício de comando e estradas pode causar impacto sobre a estrutura biofísica da paisagem. Do ponto de vista paisagístico, os aerogeradores são elementos de apreciação subjetiva e a magnitude de seus impactos depende de maior ou menor visibilidade do parque eólico, da frequência e do número de observadores a partir dos locais adjacentes (aglomerados populacionais e vias de acesso).

8.8.1.2 Ecologia: fauna e flora

Fase de construção

- Flora: destruição da cobertura vegetal por conta da necessária movimentação de terras e dos desmatamentos associados às intervenções indicadas.
- Fauna: perturbação dos locais de repouso, alimentação e reprodução de todas as espécies, esmagamentos ou ferimento de vários animais, como répteis, anfíbios e pequenos mamíferos.

Fase de operação

- Flora: facilitação da circulação de veículos e pessoas na zona do parque eólico, que geralmente corresponde a locais pouco frequentados (cumes de serras), podendo ocorrer pisoteio até mesmo de espécies protegidas.
- Fauna: facilitação da circulação de veículos e pessoas na zona do parque eólico, que geralmente corresponde a locais pouco

frequentados (cumes de serras), podendo afetar as populações existentes; possibilidade de colisão de aves contra aerogeradores e redes elétricas; perturbações causadas às aves que utilizam a zona para alimentação, repouso e reprodução.

8.8.1.3 Ruído

Fase de construção

Aumento dos níveis de ruído contínuo e pontual em razão da utilização de maquinários pesados e tráfego de veículos para transporte de pessoas, materiais e equipamentos; utilização eventual de explosivos para abertura de cavidades para a fundação das torres, subestações, edifícios de comando e caminhos.

Fase de operação

Ruído gerado pelas turbinas eólicas, ou seja, ruído aerodinâmico e ruído mecânico.

8.8.1.4 Solo

Fase de construção

Ocupação e utilização definitiva de zonas de implantação das obras, como: fundações das torres, subestações, edifício de comando, caminhos, valas para cabos elétricos; restrição aos usos preexistentes; rejeição de diversos tipos de resíduos; movimentação de terras e terraplanagem; exposição do solo a fenômenos erosivos; ocorrência de derrames de óleos e combustíveis resultantes da utilização de máquinas e veículos.

Fase de operação

Eventuais despejos de óleos e produtos afins nas operações de manutenção e reparo; rejeição eventual de produtos sólidos; restrição aos potenciais usos da terra.

8.8.1.5 Recursos hídricos

Fase de construção

Impactos nas redes de água/córregos, por conta de efluentes de estaleiros; eventuais derramamentos de óleos, combustíveis e produtos semelhantes; águas residuais resultantes da lavagem das betoneiras; sedimentos arrastados pelas chuvas.

Fase de operação

Eventuais despejos de óleos e produtos afins nas operações de manutenção e reparo.

8.8.1.6 Qualidade do ar

Fase de construção

Deve-se à utilização de maquinário pesado e aumento do tráfego de veículos pesados que contribuem para a emissão de gases, como CO, CO_2, NO_x, partículas sólidas, entre outras.

Fase de operação

Não há impactos negativos decorrentes da exploração de um parque eólico sobre a qualidade do ar.

8.8.1.7 Socioeconômico

Fase de construção

Receitas locais resultantes dos contratos de arrendamento dos terrenos; utilização de mão de obra local para as obras de construção civil (pavimentação e abertura de estradas, construção de subestações, edifício de comando e fundação da torre); montagem das torres, dos aerogeradores e das redes elétricas requer mão de obra especializada, que, em geral, corresponde a pessoas de fora da região; incentivo ao desenvolvimento do comércio de localidades vizinhas e de atividades hoteleiras pela presença de trabalhadores na obra.

Fase de operação

Receitas locais resultantes dos contratos de arrendamento dos terrenos; geração de postos de trabalho para operação e manutenção dos parques eólicos; produção de energia elétrica a partir de uma fonte de energia renovável, sem emissão de poluentes atmosféricos, beneficiando a qualidade de vida da população em geral.

8.8.1.8 Patrimônio arqueológico, arquitetônico, etnológico

Fase de construção

Eventuais danos aos elementos patrimoniais existentes na zona de implantação do parque eólico.

Fase de operação

Divulgação do patrimônio existente, que deverá ser documentado, sinalizado e conservado; eventuais danos aos elementos patrimoniais na zona de implantação do parque eólico.

Além da licença ambiental exigida para instalação das turbinas eólicas, também se faz necessária a obtenção de licenças ambientais para instalação das torres anemométricas, rede de distribuição interna e rede de extensão para conexão da usina na rede principal.

O Capítulo 21 deste livro discorre com mais detalhes sobre questões ambientais e licenciamento ambiental no Brasil.

8.9 Diretrizes para a concepção e síntese estrutural de turbinas eólicas de grande porte

8.9.1 Introdução

A concepção e a síntese estrutural de uma turbina eólica de eixo horizontal de grande porte (*horizontal axis wind turbine* – HAWT) são fortemente condicionadas pelas massas dos componentes da nacele e pelas cargas atuantes nas conexões ou interfaces consideradas críticas, a saber: interfaces pá/cubo, cubo/eixo principal, eixo principal/caixa multiplicadora, eixo principal/*bed plate*, nacele/torre e torre/fundações.

Na interface pá/cubo, está montado o sistema de controle de passo da pá (controle de *pitch*), essencial para o controle do nível dos carregamentos atuantes na turbina e para a produção de energia em velocidades do vento superiores à nominal.

A interface cubo/eixo principal recebe os carregamentos do rotor e transmite a potência mecânica do rotor para o *power train*. O projeto estrutural da *bed plate* está intimamente associado à sustentação das cargas suportadas pelo eixo principal; idealmente, o único esforço transmitido pelo eixo principal para a caixa de multiplicação de velocidades deveria ser o torque mecânico aplicado pelo rotor. O sistema que possibilita orientar o rotor relativamente ao vento é denominado plataforma de guinada ou *yaw*; tal plataforma conecta a nacele à torre e está sujeita a elevados carregamentos estáticos e dinâmicos. Finalmente, a torre e sua conexão com as fundações estão submetidas aos maiores carregamentos atuantes na turbina, e suas dimensões influenciam significativamente tanto o comportamento dinâmico do equipamento quanto seus custos de aquisição e instalação.

Há dois modelos consagrados de HAWTs, com arranjos estruturais distintos: turbinas convencionais com caixa de multiplicação de velocidades e turbinas sem caixa de multiplicação de velocidades (turbinas *direct drive*). Essas últimas costumam integrar os mancais do eixo principal e do rotor do gerador a uma estrutura de *bed plate* tubular, que pode envolver o rotor ou ser interna a ele. Neste capítulo, serão abordados apenas os modelos com caixa de multiplicação de velocidades para aplicações *onshore*, dada a maior disponibilidade de dados e propriedades divulgados na literatura.

A premissa para o projeto estrutural de HAWT é que os equipamentos estarão sujeitos a elevados níveis de vibrações durante toda a sua vida útil. A causa dessas vibrações é a configuração das turbinas de eixo horizontal, nas quais uma grande concentração de massa (nacele e rotor), sustentada por uma torre alta e relativamente esbelta, fica sujeita a carregamentos intensos provenientes dos pesos das partes, do vento e de sua interação com o rotor e com a torre, somados às cargas provenientes das ações do sistema de controle e de segurança. A intensidade das vibrações da turbina determina as tensões mecânicas cíclicas que limitam a vida em fadiga de seus componentes e que devem ser calculadas de modo a garantir a operação segura do equipamento durante toda sua vida útil. A concepção e síntese estrutural de uma HAWT parte de requisitos básicos do projeto, como a potência do equipamento, sistema de transmissão de potência mecânica, opções de geradores etc., que são os dados de entrada do projeto preliminar do aerogerador. A partir desses requisitos, são estimadas as dimensões, massas e cargas consideradas no primeiro ciclo do projeto, adotando-se dados e propriedades de turbinas com características semelhantes.

8.9.2 Estimativa das massas dos principais componentes de turbinas eólicas de eixo horizontal de grande porte

Independentemente do modelo de turbina e do grau de sofisticação tecnológica de seus componentes, os seus custos de fabricação, transporte, montagem e até posterior manutenção estão diretamente relacionados com sua massa. Os fabricantes de turbinas costumam fazer estimativas iniciais das massas dos componentes de um novo modelo baseando-se em dados divulgados de características de turbinas já existentes. Os gráficos das Figs. 8.44 a 8.46, adaptados de Willey (2010), fornecem estimativas de valores

ENERGIA EÓLICA 221

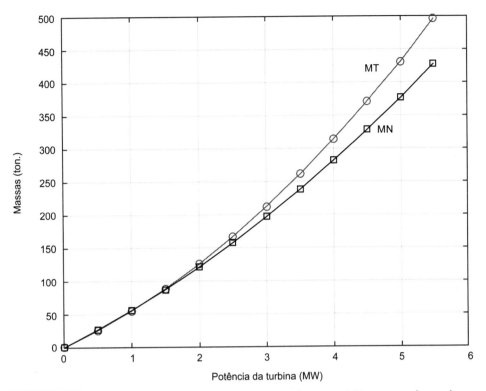

FIGURA 8.44 Massas da torre e da nacele; MT = massa da torre e MN = massa da nacele.

Fonte: adaptada de Willey (2010).

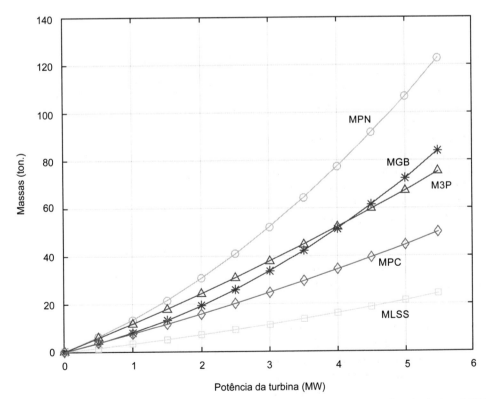

FIGURA 8.45 Massas dos componentes (ton) em função da potência (MW): estrutura da nacele e *bed plate* (MPN), *gear box* (MGB), conjunto de 3 pás (M3P), eixo principal, ou *low speed shaft* (MLSS), e cubo sem o sistema de *pitch* (MPC).

Fonte: adaptada de Willey (2010).

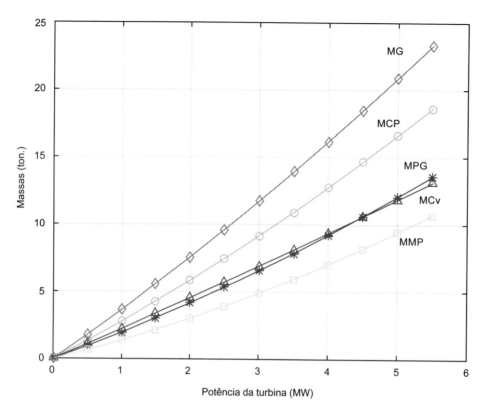

FIGURA 8.46 Massas dos componentes (ton) em função da potência (MW): gerador (MG), sistema de controle de *pitch* (MCP), plataforma de guinada (MPG), conversor (MCv) e mancal principal do LSS (MMP).

Fonte: adaptada de Willey (2010).

das massas de componentes e sistemas de turbinas convencionais com potências de até aproximadamente 5 MW e servem como referência para o projeto preliminar de novas turbinas.

Apenas a título de exemplo, os valores das massas dos componentes de uma turbina de 3 MW são apresentados na Tabela 8.6.

As estimativas das massas dos componentes da HAWT, e também as primeiras estimativas de suas dimensões, constituem os dados de entrada dos modelos desenvolvidos para calcular os carregamentos atuantes no aerogerador. A seguir, serão comentados os tipos de carregamentos mais relevantes e apresentados alguns exemplos de simulações do comportamento dinâmico de uma HAWT.

8.9.3 Descrição dos carregamentos atuantes em turbinas eólicas de eixo horizontal de grande porte

A estrutura e os componentes da turbina devem ser dimensionados para que o equipamento tenha uma vida útil de, no mínimo, 20 anos. Antes de apresentar exemplos de cálculos das cargas que normalmente são consideradas no projeto do aerogerador, segue uma breve descrição dos principais carregamentos que influenciam o comportamento da turbina.

Carregamentos gravitacionais

Os carregamentos gravitacionais são determinísticos, isto é, podem ser calculados a partir do conhecimento das propriedades

TABELA 8.6 Massas dos componentes de uma turbina de 3 MW

Componente	Massa (ton)
Torre (MT)	212,35
Nacele (MN)	196,80
Estrutura da *bed plate* e nacele (MPN)	52,14
Gear box (MGB)	33,71
Plataforma de guinada (MPG)	6,58
Pás (M3P) = 37,8288	37,83
Cubo sem sistema de *pitch* (MPC)	24,80
Sistema de controle de *pitch* (MCP)	9,17
Conversor (MCv)	6,92
Gerador (MG)	11,74
Eixo principal (MLSS)	11,38
Mancal principal (MMP)	4,91

geométricas, físicas e operacionais da turbina. Os pesos das partes não rotativas da turbina, como a nacele (desconsiderando seu movimento de guinada), a torre, o cabeamento e os equipamentos elétricos posicionados dentro da torre constituem carregamentos constantes. Por outro lado, considerando a operação da turbina, os pesos das pás provocam nelas carregamentos cíclicos de tração-compressão, flexão e torção. Dessa forma, a cada volta completa do rotor, as pás sofrem um ciclo completo de esforços alternados que são transmitidos também ao cubo e ao eixo principal e, por meio dele, aos mancais e à estrutura da nacele, à plataforma de guinada e à torre e suas fundações. A torre é comprimida pelo próprio peso e pelo peso do rotor e da nacele, transmitidos pela plataforma de guinada em conjunto com momentos, que variam periodicamente no tempo, além de suportar carregamentos aerodinâmicos laterais. O empuxo no rotor é o mais significativo, de modo que está sujeito à flambagem associada à flexão.

Carregamentos centrífugos e desbalanceamento

Considerando que o rotor gire com frequência angular Ω constante, se as forças centrífugas atuantes em cada pá tivessem valores idênticos, a força resultante aplicada ao cubo seria nula, e o único efeito seria a elongação das pás, somada a um efeito conhecido como enrijecimento centrífugo, que altera suas propriedades dinâmicas. Como as massas das pás apresentam valores ligeiramente distintos, uma força resultante centrífuga de frequência angular Ω é aplicada ao cubo e transmitida ao restante da estrutura da turbina. Essa força provoca vibrações laterais na torre e, consequentemente, afeta também a velocidade com que o vento incide sobre as pás.

Carregamentos aerodinâmicos

Os carregamentos aerodinâmicos atuantes sobre o rotor e a torre podem ser classificados como periódicos, estocásticos e transientes. Quando a turbina opera submetida a ventos não turbulentos, os carregamentos aerodinâmicos periódicos têm frequências múltiplas da frequência angular do rotor. Tais carregamentos são determinísticos. Considera-se também que o empuxo atuante sobre o rotor e a torre, associado à velocidade média do vento – descrita pela função de probabilidade de Weibull – é constante ou periódico, com uma frequência muito baixa. Em linhas gerais, é possível associar os carregamentos aerodinâmicos a duas componentes da velocidade $v(t)$ do vento incidente sobre o rotor por meio da Equação (8.49):

$$v(t) = v_s(t) + v_t(t) \qquad (8.49)$$

em que:

$v_s(t)$ = componente de baixa frequência;
$v_t(t)$ = componente turbulenta ou de alta frequência.

Os carregamentos aerodinâmicos estocásticos e transientes, cujas frequências independem de características da operação das turbinas, requerem um estudo mais aprofundado de escoamentos turbulentos que ultrapassa o escopo deste capítulo.

Em razão da rugosidade do terreno e da existência de esforços tangenciais nos fluxos de ar de baixa altitude, ocorre um aumento da velocidade com o aumento da altura medida a partir da base da turbina, de modo que a velocidade do vento incidente sobre uma pá quando ela se encontra na vertical

acima do cubo é superior à velocidade incidente sobre a mesma pá quando ela se encontra na posição diametralmente oposta. Dessa forma, em determinada seção da pá, a velocidade varia entre um valor máximo $v_{máx} = v_{cubo} + \Delta_{v+}$ e um valor mínimo $v_{mín} = v_{cubo} - \Delta_{v-}$, e pode ser avaliada por, aproximadamente, $v = v_{cubo} + \Delta_v \operatorname{sen}(\Omega t)$, em que Δ_v é o valor médio entre Δ_{v+} e Δ_{v-} e Ω é a frequência angular do rotor. Essa diferença de carregamentos decorrente das posições das pás intensifica-se em turbinas de duas pás: quando as duas pás encontram-se em posições diametralmente opostas na vertical, ocorre a máxima diferença entre os valores máximo e mínimo da velocidade do vento, o que maximiza o "desbalanceamento aerodinâmico"; quando as duas pás encontram-se na horizontal, os carregamentos aerodinâmicos são idealmente iguais.

Em uma turbina de três pás, a diferença dos respectivos carregamentos aerodinâmicos provoca uma flutuação de frequência Ω nos esforços aplicados por cada pá no sistema de transmissão de torque, defasados de 120°. Idealmente, a soma dos torques variáveis resulta em um torque constante, o que caracterizaria uma vantagem das turbinas de três pás com relação às de duas.

A presença da torre afeta o escoamento do vento após a passagem pelo rotor (em turbinas *up wind*), acarretando uma variação intensa e de curta duração do carregamento aerodinâmico nas pás cada vez que uma delas passa defronte à torre. Esse esforço "pulsante" na pá é representado por uma série harmônica na qual prevalece o termo de frequência angular Ω, podendo haver participação significativa de harmônicos de ordens superiores ($2 \Omega, 3 \Omega, 4 \Omega$ etc.).

Em virtude da mesma causa, a nacele e a torre sofrem um carregamento "pulsante" de frequência 3Ω (frequência de passagem das pás), acompanhado por seus harmônicos de frequências angulares $6 \Omega, 9 \Omega, 12 \Omega$ etc.

A passagem do vento pela torre pode provocar o desprendimento sequencial de vórtices, em razão do descolamento do fluxo, originando a denominada esteira de vórtices de von Kármán. Em determinadas condições, o desprendimento de vórtices ocorre periodicamente por um tempo suficientemente longo, causando carregamentos laterais na torre; se a frequência de desprendimento de vórtices coincidir com uma frequência natural da turbina, o sistema pode vibrar com amplitudes elevadas.

Rajadas de vento

Rajadas de vento são descritas por oscilações intensas de velocidade, com duração da ordem de 3 a 20 segundos, e com extensão lateral de até 100 m. As rajadas são consideradas muito intensas quando a velocidade do vento incidente duplica ou até triplica de valor em poucos segundos. Esses eventos extremos são previstos no projeto das turbinas e podem ser modelados de forma determinística empregando-se funções do tipo $v(t) = v_m + \Delta_v(1 - \cos(wt))$, em que $v(t)$ é a velocidade incidente durante o intervalo de duração T da rajada, v_m é a velocidade média, Δ_v é a amplitude do aumento da velocidade e w é uma frequência apropriada.

Carregamentos transientes decorrentes de manobras

As manobras de guinada da nacele com o intuito de manter o plano do rotor perpendicular ao vento incidente, as ações de controle do ângulo de ataque das pás para provocar ou limitar o estolamento (*stall*), o acionamento de freios para limitar a velocidade angular do rotor e outras intervenções do sistema de controle da turbina destinadas a otimizar a captação de energia ou preservá-la de carregamentos aerodinâmicos ou centrífugos excessivos devem ser planejadas e simuladas durante o projeto do equipamento. Se tais manobras não forem corretamente planejadas ou se ocorrerem falhas em sua execução, podem surgir efeitos opostos aos desejados e carregamentos mais intensos que aqueles que se pretendiam evitar. Como exemplos, as manobras de guinada devem prever a atuação de momentos giroscópicos em componentes como o cubo do rotor, e a aplicação de frenagens na linha de eixos em situações de emergência não podem gerar acelerações angulares intensas a ponto de as tensões mecânicas nas raízes das pás ultrapassarem seus valores máximos admissíveis.

8.9.4 Estudo do comportamento dinâmico de turbinas de grande porte

Análises de vibrações livres e forçadas

A análise de vibrações livres da turbina e de seus principais componentes fornece resultados úteis durante a fase de projeto do equipamento, pois permite prever as ocorrências de ressonâncias com alguns carregamentos normalmente causadores de falhas graves. Dessa forma, o projeto poderá ser alterado ainda em suas fases mais iniciais, evitando-se onerosas mudanças nas fases de detalhamento de componentes. As atenções concentram-se nos cálculos de frequências e modos naturais das pás e do conjunto "rotor + nacele + torre", incluindo modelos simplificados do sistema de transmissão de potência e da plataforma de guinada.

O cálculo da resposta em regime permanente permite identificar os picos de vibrações da turbina e quantificar os esforços solicitantes e tensões mecânicas em seus componentes. O cálculo da resposta no domínio da frequência adota, normalmente, modelos lineares, e é menos exigente em termos de capacidade de processamento computacional. Por essa razão, pode ser efetuado durante o projeto básico da turbina para testar diferentes configurações e propriedades do equipamento. Já as simulações do comportamento dinâmico no domínio do tempo recomendadas pela norma IEC 61400 e pelas diretrizes de projeto de centros de pesquisas (Hansen et al., 2015; DNVGL, 2016) requerem computadores com maior capacidade de processamento e são onerosas em termos de tempo de simulação.

8.9.5 Valores típicos dos carregamentos máximos

A partir de dados fornecidos pelos fabricantes de aerogeradores, foram feitas análises estatísticas (Willey, 2010) que permitem estimar os carregamentos atuantes nas conexões críticas de turbinas convencionais, como mostrado nos gráficos das Figs. 8.47 a 8.49. Tais estimativas balizam os cálculos de cargas e esforços solicitantes nos primeiros estágios do projeto de novos modelos de turbinas.

A Tabela 8.7 exemplifica os valores dos esforços nas conexões críticas de uma turbina convencional de 3 MW.

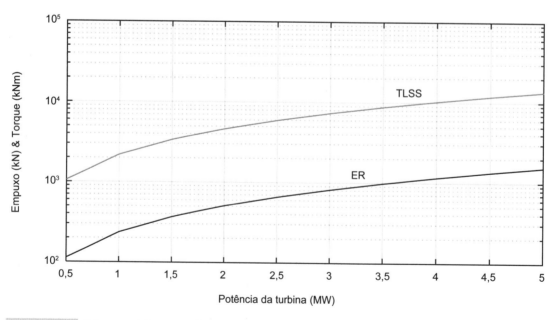

FIGURA 8.47 Esforços máximos x potência. Empuxo no rotor (ER) e torque no eixo principal (TLSS).

Fonte: Willey (2010).

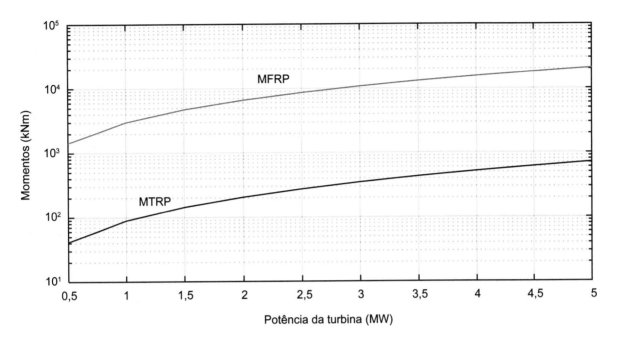

FIGURA 8.48 Esforços máximos x potência. Momentos fletor (MFRP) e torsor (MTRP) na raiz da pá.

Fonte: Willey (2010).

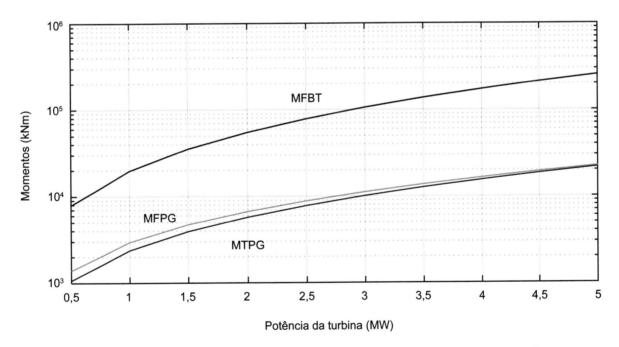

FIGURA 8.49 Esforços máximos x potência. Momento fletor na base da torre (MFBT) e momentos fletor (MFPG) e torsor (MTPG) na plataforma de guinada.

Fonte: Willey (2010).

TABELA 8.7 Esforços nas conexões críticas de uma turbina convencional de 3 MW

Esforços máximos	Valores
Empuxo no rotor (ER)	816.5490 kN
Torque no eixo principal (TLSS)	7.3286e+03 kNm
Momento fletor na raiz da pá (MFRP)	1.0733e+04 kNm
Momento torsor na raiz da pá (MTRP)	348.4470 kNm
Momento fletor na plataforma de guinada (MFPG)	1.1143e+04 kNm
Momento torsor na plataforma de guinada (MTPG)	1.0081e+04 kNm
Momento fletor na base da torre (MFBT)	1.0612e+05 kNm

8.10 Exemplo de simulação do comportamento dinâmico de uma turbina eólica de grande porte no domínio do tempo

A determinação dos carregamentos máximos e o estudo da vida em fadiga dos componentes de uma HAWT devem seguir procedimentos descritos nas normas IEC 61400, como um requisito básico para que a turbina seja certificada e possa ser comercializada. Centros de pesquisas ligados a universidades, como a Technical University of Denmark (DTU), e empresas de consultoria na área eólica, como a Det Norske Veritas – Germanischer Loyd (DNVGL), publicam periodicamente diversos estudos detalhando a aplicação das normas IEC e sugerindo análises complementares às indicadas pela norma (Hansen *et al.*, 2015; DNV-GL, 2016). Conforme a norma IEC 61400 e os estudos citados, os carregamentos considerados no dimensionamento da turbina devem ser determinados a partir de simulações do comportamento da turbina no domínio do tempo e levam em conta tanto as situações de operação normal da turbina quanto situações de ventos extremos, rajadas, falhas do sistema de controle, paradas emergenciais, transporte das peças da turbina, entre outras, resultando em centenas de processamentos cujos resultados são em seguida analisados com o uso de ferramentas estatísticas, análises harmônicas etc. Cada situação simulada constitui um "caso de carregamento de projeto" (*design load case* - DLC). A Tabela 8.8, extraída parcialmente de Hansen *et al.* (2015), exemplifica DLCs recomendados pela DTU Wind Energy. Cada DLC descrito pode estar associado à ocorrência de falhas. Por exemplo, o DLC23 simula a queda da rede de energia à qual a turbina está conectada. É indicada também a duração do tempo de operação da turbina ($T(s)$) que deve ser simulado em cada DLC; por exemplo, o DLC11 simula dez minutos (600 s) de operação da turbina em condições normais. A última coluna da Tabela 8.8

TABELA 8.8 Apresentação de DLCs recomendados pela DTU Wind Energy; *yaw* = guinada da nacele; *pitch* = passo da pá; *startup* = processo de partida da turbina; *shut down* = processo de desligamento da turbina; *parked* = turbina parada com freios acionados

Nome da DLC	Descrição	Falha	Duração (s)	Arquivos
DLC11	Produção de energia	Não	600	216
DLC21	Desconexão da rede	Desconexão em $t = 10s$	100	144
DLC22p	Variação brusca de *pitch*	Máx. a mín. *pitch* em $t = 10s$	100	96
DLC22y	Erro extremo de *yaw*	Desvio anormal de *yaw*	600	276
DLC22b	Uma pá não varia *pitch*	Uma pá não acompanha *pitch* das demais	600	144
DLC23	Desconexão da rede	Desconexão da rede em três instantes distintos	100	9
DLC24	Produção de energia com grande erro de *yaw*	Grande erro de *yaw*	600	72
DLC31	*Startup* da turbina	não	100	3
DLC32	*Startup* em 4 instantes distintos	não	100	16
DLC41	*Shut down* da turbina	não	100	3
DLC42	*Shut down* em 6 instantes distintos	não	100	18
DLC51	*Shut down* emergencial	não	100	36
DLC61	Turbina *parked* sob a ação de vento extremo	não	600	12
DLC62	Turbina *parked* desconectada da rede	não	600	24
DLC63	Turbina *parked* com grande desvio de *yaw*	não	600	12
DLC64	Turbina *parked*	não	600	192
DLC71	Rotor travado e desvio de *yaw* extremo	Rotor travado e desvio de *yaw* de 0:30:90 graus	600	96
DLC81	Manutenção	Manutenção	600	12
	Totais		6800	1381

Fonte: adaptada de Hansen *et al.* (2015).

mostra que serão gerados 1381 arquivos de resultados que deverão ser analisados; segundo Hansen *et al.* (2015), em uma análise completa de todos os DLCs recomendados pela norma IEC 61400, são simuladas 259 horas de operação da turbina, que originam 1880 arquivos de resultados.

Para ilustrar os resultados de uma simulação no domínio do tempo, foi adotada uma turbina de referência (*baseline model*) de 3 MW cujas propriedades principais, mostradas na Tabela 8.9, foram extraídas de Rinker e Dykes (2018) e Malcolm e Hansen (2006).

Foi empregado nessa análise ilustrativa o *software* de acesso livre (*open source*) FAST (acrônimo para *Fatigue, Aerodynamics, Structures and Turbulence*) (Jonkman *et al.*, 2005) integrado a uma plataforma de programas pré e pós-processadores desenvolvida para uso do Laboratório de Engenharia do Vento (LEVE) do Departamento de Engenharia Mecânica da Escola Politécnica da USP. O FAST inclui rotinas que permitem a descrição do vento turbulento incidente sobre a turbina, o cálculo dos carregamentos nas pás, a interação das deflexões das pás com o vento incidente, os esforços no sistema de transmissão de potência mecânica, a atuação do sistema de controle e a interação dos diversos componentes da turbina modelados por um sistema multicorpos. As simulações correspondem a um período de operação da turbina com duração de 600 s (Imamura; Zachariadis, 2019).

A análise detalhada dos resultados requer a consideração de diversos sistemas de coordenadas solidários a diferentes componentes do aerogerador. Apenas a título de ilustração, a Fig. 8.50 apresenta o sistema de coordenadas fixo à base da torre e o sistema de coordenadas do eixo principal; esses sistemas de coordenadas são suficientes para visualizar os resultados apresentados adiante, embora não permitam interpretações mais precisas dos valores calculados, o que fugiria do escopo dessa descrição.

Descrição das condições operacionais da turbina

Escolheu-se uma condição de operação normal da turbina, conforme descrito a seguir:

- velocidade média do vento: 11 m/s na altura do cubo; esta velocidade foi adotada por ser próxima da velocidade nominal da turbina de referência, situação na qual os esforços costumam atingir seus valores máximos nas condições normais de operação;
- índice de turbulência: 20,15 % – Vento classe A, segundo norma IEC 6400; a Fig. 8.51 mostra o gráfico da variação da velocidade do vento incidente em função do tempo;
- controle de *pitch* ativo: na velocidade média de 11 m/s, em função da turbulência, o controle de *pitch* é acionado para garantir

TABELA 8.9 Propriedades da turbina de referência

Parâmetro	
Nº de pás	3
Potência	3,0 MW
Velocidade	variável
Diâmetro do rotor	99 m
Altura do cubo	119 m
Balanço do cubo	4,65 m
Massa do rotor	101.319 kg
Massa da nacele	132.598 kg
Massa da torre	351.798 kg
Diâmetro do cubo	4,95 m
Massa da pá	13.238 kg
Massa do cubo	61.670 kg
Diâmetro da torre na base	8,0 m
Diâmetro da torre no topo	3,7 m

Fonte: Rinker; Dykes (2018); Malcolm; Hansen (2006).

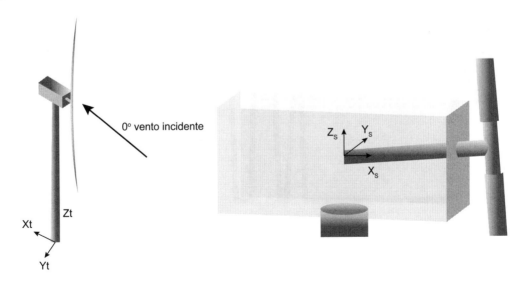

FIGURA 8.50 Sistemas de coordenadas: (X_t, Y_t, Z_t) solidário à base da torre; (X_s, Y_s, Z_s) solidário à nacele com X_s alinhado ao eixo principal.

Fonte: adaptada de Jonkman *et al.* (2005).

que os valores da velocidade de rotação, do empuxo e do torque nominais permaneçam dentro da margem de aceitabilidade.

A Fig. 8.52 mostra o ângulo de passo (*pitch*) das pás, que varia em função do acionamento intermitente do sistema de controle. Observa-se claramente que o acionamento é feito quando a velocidade do vento ultrapassa o valor da velocidade nominal. De maneira análoga, a potência fornecida pelo gerador, apresentada na Fig. 8.53, varia de forma a não ultrapassar excessivamente o seu valor nominal; os detalhes do sistema

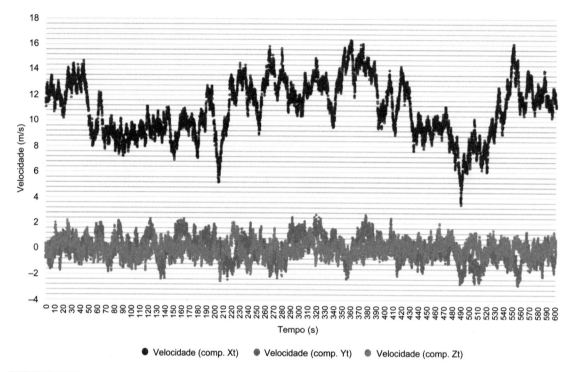

FIGURA 8.51 Descrição do vento incidente: velocidade em função do tempo.

Fonte: Imamura; Zachariadis (2019).

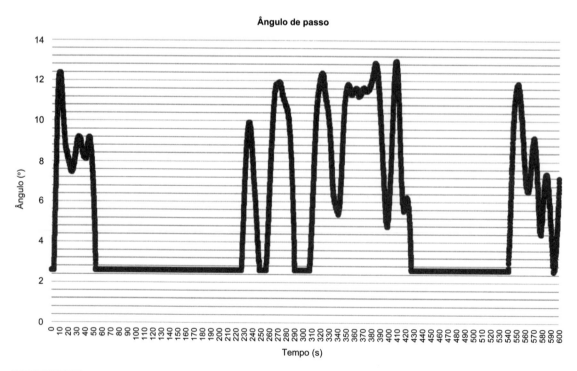

FIGURA 8.52 Variação do ângulo de passo (*pitch*) das pás.

Fonte: Imamura; Zachariadis (2019).

de controle de *pitch* adotado são descritos em Rinker e Dykes (2018) e Malcolm e Hansen (2006).

Nos gráficos das Figs. 8.54 a 8.63 (Imamura; Zachariadis, 2019), são apresentados os esforços nas conexões críticas da

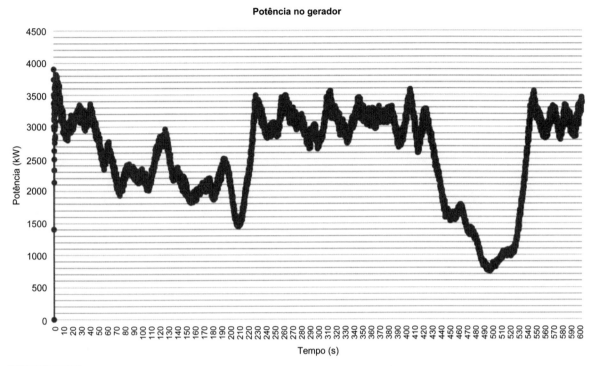

FIGURA 8.53 Variação da potência fornecida pelo gerador.
Fonte: Imamura; Zachariadis (2019).

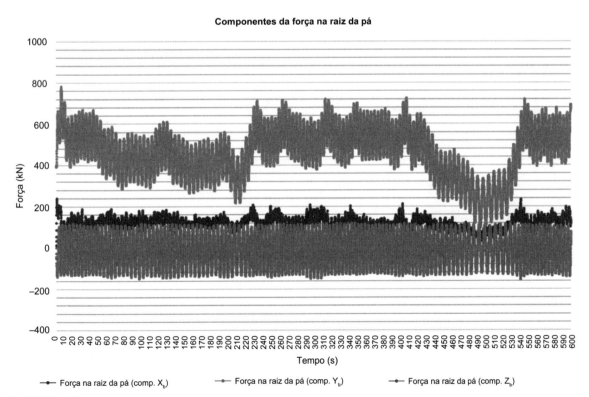

FIGURA 8.54 Componentes da força na raiz da pá; a componente Z_b fornece a força normal na raiz da pá (o eixo Z_b do sistema de coordenadas rotativo solidário ao cubo indica a direção do eixo longitudinal da pá).
Fonte: Imamura; Zachariadis (2019).

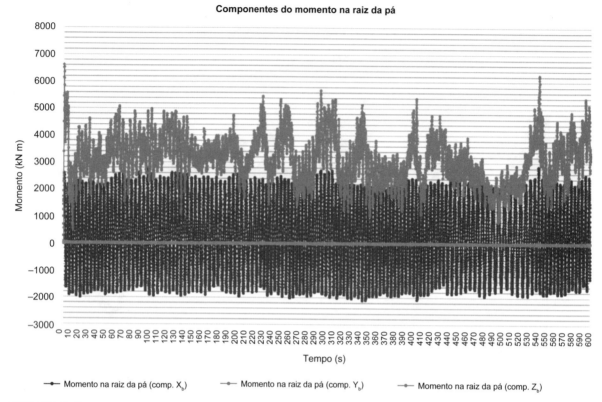

FIGURA 8.55 Componentes do momento na raiz da pá; a componente Z_b fornece o momento torsor na raiz da pá.

Fonte: Imamura; Zachariadis (2019).

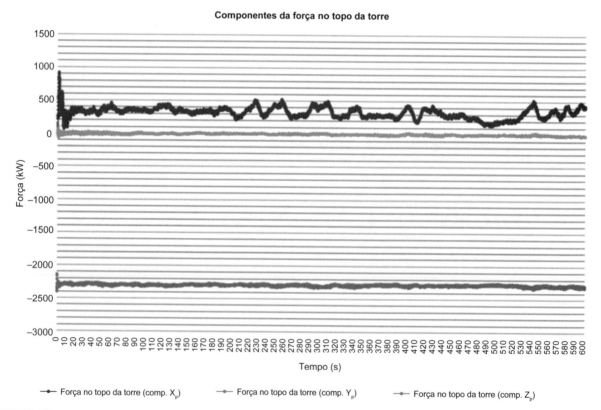

FIGURA 8.56 Componentes da força na plataforma de guinada (topo da torre); a componente Z_b corresponde à força normal.

Fonte: Imamura; Zachariadis (2019).

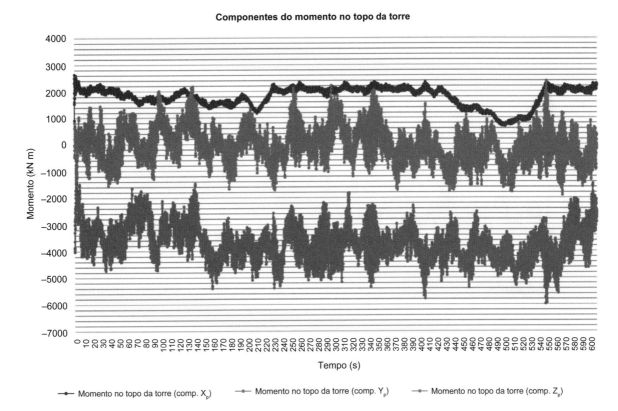

FIGURA 8.57 Componentes do momento na plataforma de guinada (topo da torre); a componente Z_b fornece o momento torsor.

Fonte: Imamura; Zachariadis (2019).

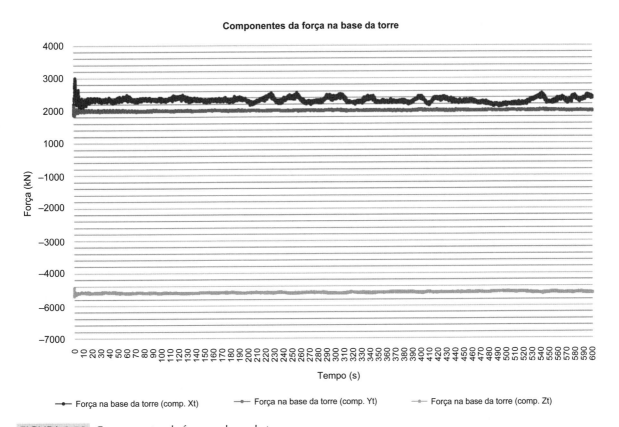

FIGURA 8.58 Componentes da força na base da torre.

Fonte: Imamura; Zachariadis (2019).

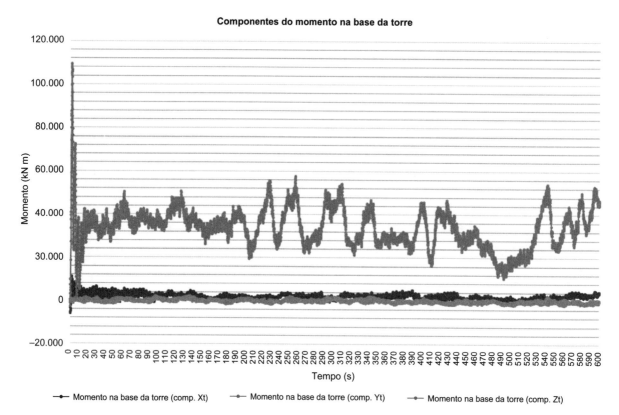

FIGURA 8.59 Componentes do momento na base da torre.

Fonte: Imamura; Zachariadis (2019).

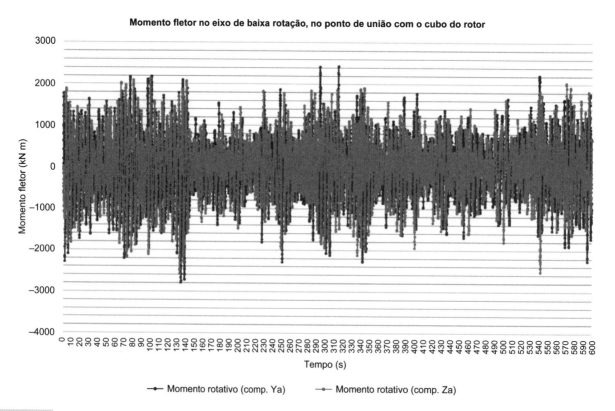

FIGURA 8.60 Componentes do momento na conexão do cubo com o eixo principal (sistema de coordenadas rotativo solidário ao eixo).

Fonte: Imamura; Zachariadis (2019).

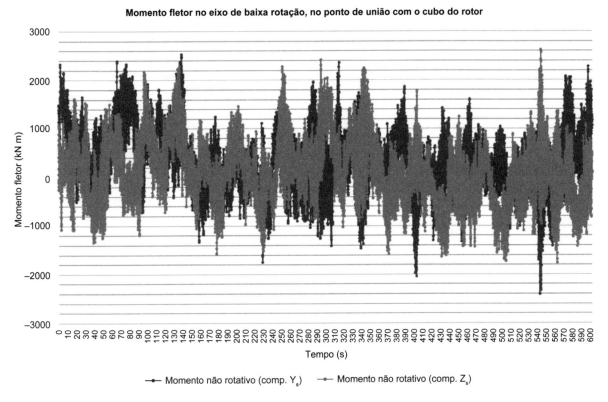

FIGURA 8.61 Componentes do momento na conexão do cubo com o eixo principal (sistema de coordenadas solidário à nacele).

Fonte: Imamura; Zachariadis (2019).

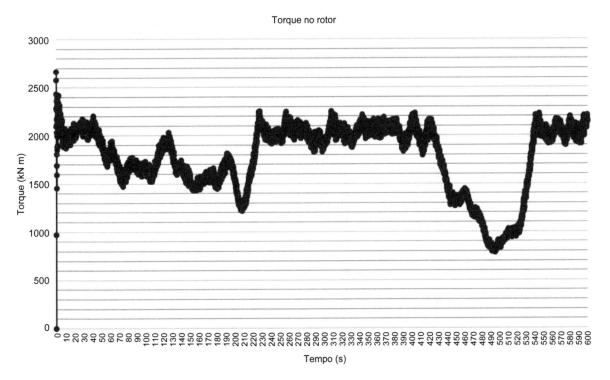

FIGURA 8.62 Momento torsor na conexão do cubo com o eixo principal.

Fonte: Imamura; Zachariadis (2019).

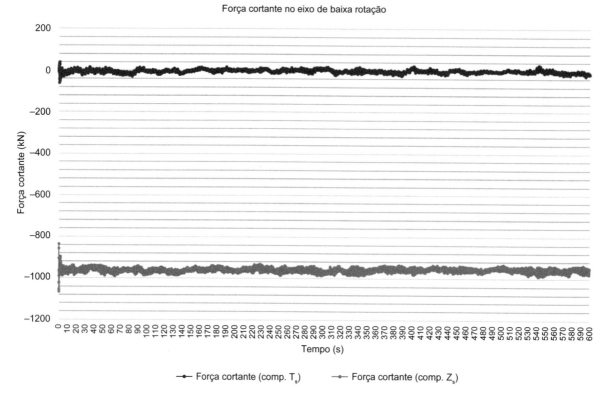

FIGURA 8.63 Componentes da força cortante na conexão do cubo com o eixo principal.

Fonte: Imamura; Zachariadis (2019).

turbina juntamente com as informações necessárias para visualizar suas componentes.

Além das simulações do comportamento dinâmico no domínio do tempo, a análise de vibrações lineares fornece resultados que auxiliam na interpretação dos gráficos de resposta e apresenta diretrizes para o projeto e desenvolvimento da turbina. A Fig. 8.64 (Rinker; Dykes, 2018) apresenta o diagrama de Campbell da turbina *baseline*, no qual são mostradas as frequências naturais da turbina (calculadas com o rotor parado, uma pá na vertical acima do cubo). As linhas 1P/3P/6P representam as

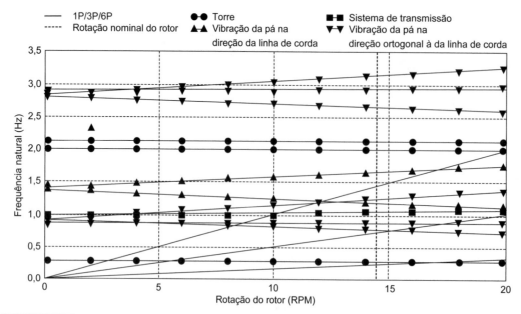

FIGURA 8.64 Diagrama de Campbell mostrando as primeiras frequências naturais da turbina de referência e as excitações mais relevantes nas frequências de 1x, 3x e 6x a rotação do rotor.

Fonte: Rinker; Dykes (2018).

excitações na frequência de rotação (1P), frequência de passagem das pás (3P) e frequência 6P; a linha vertical tracejada próxima a 15 rpm mostra a velocidade de rotação nominal da turbina (~14,6 rpm). As linhas mais escuras mostram as frequências dos modos nos quais prevalecem as deflexões da torre; as linhas *edge* e *flap* identificam as frequências dos modos *edgewise* (no plano do rotor) e *flapwise* (normal ao plano do rotor) das pás, e a linha *drivetrain* identifica o modo de vibração torcional do sistema de transmissão de torque da turbina. O cálculo das frequências e modos naturais deve levar em consideração o enrijecimento centrífugo das pás e os efeitos giroscópicos associados à flexão + rotação delas; o momento giroscópico atuante sobre o rotor decorrente das manobras de *yaw* da nacele também deve ser avaliado nas análises.

Os exemplos apresentados ilustram as análises que devem ser efetuadas durante o desenvolvimento e o projeto de uma turbina eólica *onshore*. Turbinas para aplicações *offshore* requerem ainda a consideração da ação dos esforços das ondas e correntes marítimas sobre as estruturas de sustentação das turbinas.

Problemas propostos

8.1 Quais são os parâmetros ambientais básicos medidos nas campanhas de medição dos recursos eólicos? Quais tipos de equipamentos são usados nas torres anemométricas para realização das medições?

8.2 Qual a finalidade de se instalar um anemômetro na altura do cubo de um aerogerador?

8.3 Suponha que, em determinado sítio, a distribuição da frequência das velocidades do vento apresente um k igual a 1,3. As velocidades dos ventos nesse sítio são mais ou menos variáveis com relação a um sítio com k igual a 2,3? Assuma que os dois sítios possuam uma velocidade média de 9 m/s. Um vento de 12 m/s é mais ou menos provável de ocorrer no primeiro sítio com relação ao segundo? Qual sítio tem maior probabilidade de gerar mais energia?

8.4 Qual o impacto da densidade do ar na energia cinética disponível no vento? Para a mesma frequência de ocorrência de velocidades, é possível um sítio de alta densidade de ar ou baixa densidade de ar produzir mais energia para a mesma velocidade média do vento? Por quê?

8.5 Uma torre anemométrica possui um anemômetro instalado a uma altura de 58,5 m e indica uma velocidade de vento de 7,1 m/s. Outro anemômetro instalado nessa mesma torre a uma altura de 32,2 m indica uma velocidade de vento de 6,2 m/s. Usando a Equação (8.1), calcule o valor de n.

8.6 Quais informações importantes devem ser levantadas em um trabalho de campo para definir se o sítio é viável ou não para instalação de torres anemométricas e futura instalação de turbinas eólicas? Discuta sua resposta.

8.7 Usando a Equação (8.39) e os dados de distribuição anual da frequência dos ventos, e a curva de potência da turbina apresentada na tabela a seguir, calcule a energia anual gerada e o FC. Despreze as perdas e incertezas nesse caso.

Velocidade do vento na altura do cubo (m/s)	Frequência (%)	Potência da turbina (kW)
1	0,06	0
2	1,06	0
3	4,06	0
4	10,09	3
5	17,29	73,6
6	18,42	192
7	14,35	346,5
8	11,92	537,5
9	9,66	764
10	5,92	1008
11	3,44	1182,5
12	2,34	1360
13	1,65	1428,5
14	1,09	1469
15	0,75	1500
16	0,51	1500
17	0,30	1500
18	0,19	1500
19	0,13	1500
20	0,07	1500
21	0,04	1500
22	0,03	1500
23	0,02	1500
24	0,01	1500
25	0,00	1500

8.8 De acordo com a Equação (8.33), o coeficiente de Betz (Cp) de uma turbina eólica é de 59,26 %. Explique o que vem a ser este coeficiente e os fatores que limitam na prática a conversão da energia do vento em energia rotacional mecânica de uma máquina eólica.

8.9 Qual a importância de se medir a direção dos ventos? Explique.

8.10 A Fig. 8.32 apresenta as várias curvas de potência envolvidas no processo de conversão eólica de energia em função da velocidade do vento livre de obstáculos (vento não perturbado). Explique o que vem a ser cada curva, as variáveis envolvidas e seu formato em função da velocidade do vento.

8.11 Aponte os vários fatores que implicam perdas no cálculo da garantia física das usinas eólicas.

8.12 Apresente uma explicação sucinta do atual mercado de venda de energia eólica gerada.

8.13 Por que é importante elaborar os estudos ambientais? Quais os principais estudos que devem ser realizados e os tipos de licenças ambientais exigidas?

8.14 Estime os valores das massas dos componentes de uma turbina de 4 MW; compare o valor da massa da nacele com a somatória das massas de seus componentes e interprete o resultado.

8.15 Estime os valores dos carregamentos máximos atuantes em uma turbina de 5 MW e compare com os valores correspondentes à turbina *base line model* de 5 MW disponibilizados em Rinker e Dykes (2018) e Malcolm e Hansen (2006).

Bibliografia

AGÊNCIA NACIONAL DE ENERGIA ELÉTRICA (ANEEL). *Resolução Normativa nº 482*, de 17 de abril de 2012.

AGÊNCIA NACIONAL DE ENERGIA ELÉTRICA (ANEEL). *Resolução Normativa nº 687*, de 24 de novembro de 2015.

AGÊNCIA NACIONAL DE ENERGIA ELÉTRICA (ANEEL). *Unidades consumidoras de geração distribuída*. Disponível em: https://www.aneel.gov.br/geracao-distribuida. Acesso em: 3 set. 2019.

ASSOCIAÇÃO BRASILEIRA DA INFRAESTRUTURA E INDÚSTRIAS DE BASE (ABDIB). Curso de Especialização em Energia Eólica [aula da professora Marta Dalbem]. *Análise econômico-financeira de projetos de geração eólica*. São Paulo, 2010.

ASSOCIAÇÃO BRASILEIRA DA INFRAESTRUTURA E INDÚSTRIAS DE BASE (ABDIB). Curso de Especialização em Energia Eólica [aula do professor Selênio Rocha Santos]. *Sistemas elétricos de aerogeradores*. São Paulo, 2010.

ASSOCIAÇÃO BRASILEIRA DE ENERGIA EÓLICA (ABEEólica). *ABEEólica*. 2019. Disponível em: abeeolica.org.br/wp-content/uploads/2019/02/ABEEolica-02-2019.pdf. Acesso em: ago. 2019.

ASSOCIAÇÃO BRASILEIRA DE ENERGIA EÓLICA (ABEEólica). *Energia eólica*. Contexto Brasileiro, 2015.

ASSOCIAÇÃO BRASILEIRA DE ENERGIA EÓLICA (ABEEólica). *Setor elétrico e a indústria eólica no Brasil*. São Paulo, 2017.

ASSOCIAÇÃO BRASILEIRA DE ENERGIA EÓLICA (ABEEólica). *ABEEólica*. 2023. Disponível em: https://abeeolica.org.br/energia-eolica/dados-abeeolica/. Acesso em: jun. 2023.

ASSOCIAÇÃO BRASILEIRA DE ENERGIA EÓLICA (ABEEólica). *Windpower tech Brasil*. 3. ed. São Paulo: Fórum Prático, 2014.

BOHME, G. S.; MELO, J. L.; OSHIRO, C. R. *et al*. Análise das etapas de desenvolvimento de projetos de energia eólica: estudo de caso. *XVIII ENGEMA*, São Paulo, dez. 2016.

BOYLE, G. *Renewable energy*: power for a sustainable future. UK: Oxford University, 478 p., 1996.

CÂMARA DE COMERCIALIZAÇÃO DE ENERGIA (CCEE). *Obrigações fiscais na comercialização de energia*: consumidores livres e especiais. São Paulo: CCEE, 2018.

CAMPBELL SCI. *CR1000 datalogger*. Disponível em: https://www.campbellsci.com.br/cr1000. Acesso em: ago. 2019.

CENTRO DE PESQUISA EM ENERGIA ELÉTRICA (CEPEL). *Atlas do potencial eólico brasileiro*: Simulações 2013. Cepel/Eletrobras, ago. 2017.

CENTRO DE REFERÊNCIA PARA AS ENERGIAS SOLAR E EÓLICA SÉRGIO DE S. BRITO (CRESESB). *O recurso eólico*. Disponível em: http://www.cresesb.cepel.br/. Acesso em: fev. 2024.

CENTRO DE TREINAMENTO E ESTUDOS EM ENERGIA (CTEE). *Desenvolvimento de negócios em energia eólica* [aula do engenheiro Tadeu Matheus]. São Paulo: Grupo CanalEnergia, 2010.

COPEL; LACTEC; CAMARGO SCHUBERT. *Manual de avaliação técnico-econômica de empreendimentos eólio-elétricos*. Curitiba: LACTEC; Camargo Schubert Energia Eólica, 2007.

COSTA, A. C. A. *Metodologia de análise e projeto de sistemas híbridos eólico-solar-bateria para a geração de energia elétrica*. 2001. Dissertação (Mestrado) – Universidade Federal de Pernambuco, Recife, 2001.

CUSTÓDIO, R. S. *Energia eólica para produção de energia elétrica*. 2. ed. Rio de Janeiro: Synergia, 2013.

DANISH WIND INDUSTRY ASSOCIATION. *Wind energy reference manual*. Disponível em: http://guidedtour.windpower.org/. Acesso em: mar. 2010.

DEUTCHES WINDENERGIE-INSTITUT (DEWI). *Energia eólica*: técnica, planejamento e riscos. Rio de Janeiro: Seminário, 2008.

DNVGL. *DNVGL-ST-0437. Loads and site conditions for wind turbines*, nov. 2016.

DUTRA, R. M. *Propostas de políticas específicas para energia eólica no Brasil após a primeira fase do Proinfa*. 415 p. Tese (Doutorado) – Universidade Federal do Rio de Janeiro, Rio de Janeiro, 2007.

DUTRA, R. M. *Viabilidade técnico-econômica da energia eólica face ao novo marco regulatório do setor elétrico brasileiro*, 259 p. Dissertação (Mestrado) – Universidade Federal do Rio de Janeiro, Rio de Janeiro, 2001.

EMPRESA DE PESQUISA ENERGÉTICA (EPE). *Expansão da geração*. Empreendimentos eólicos. Instruções para solicitação de cadastramento e habilitação técnica com vistas à participação nos leilões de energia elétrica. Rio de Janeiro, ago. 2017.

EMPRESA DE PESQUISA ENERGÉTICA (EPE). *Instalação de estações anemométricas*: boas práticas. Rio de Janeiro, 2015.

EMPRESA DE PESQUISA ENERGÉTICA (EPE). MME. *Nota Técnica PRE 01/2009*. Proposta para a expansão da geração eólica no Brasil. Rio de Janeiro, 2009.

FADIGAS, E. A. F. A. *Energia eólica*. São Paulo: Manole, 2011. (Série Sustentabilidade)

GLOBAL WIND ENERGY COUNCIL (GWEC). *Global Wind Energy Outlook*, 2015.

GLOBAL WIND ENERGY COUNCIL (GWEC). *Global Wind Report 2018*. Apr. 2019. Disponível em: https://gwec.net/wp-content/uploads/2019/04/GWEC-Global-Wind-Report-2018.pdf. Acesso em: 16 ago. 2019.

GLOBAL WIND ENERGY COUNCIL (GWEC). *Global Wind Report 2023*. Apr. 2023. Disponível em: https://gwec.net/wp-content/uploads/2023/03/GWR-2023_interactive.pdf. Acesso em: 23 jun. 2023.

HANSEN, M. H.; THOMSEN, K.; NATARAJAN, A.; BARLAS, A. Design load basis for onshore turbines: revision 00. DTU Wind Energy. *DTU Wind Energy E.*, nº 0074(EN), 2015.

HAU, E. *Wind turbine applications*: fundamentals, technologies, application, economics. 2. ed. Germany: Springer, 2005.

IMAMURA Jr., M.; ZACHARIADIS, D. C. *Comunicação interna*. Laboratório de Engenharia do Vento (LEVE), Departamento de Engenharia Mecânica da Escola Politécnica da USP, 2019.

INSTITUTO DO AMBIENTE (IA). *Guia de orientação para avaliação ambiental*: a energia eólica e o ambiente. Portugal: Alfragide, 2002.

INTERNATIONAL ELECTROTECHNICAL COMMISSION (IEC). *IEC 61400-12-1*. Part 12-1: Power performance measurements of electricity producing wind turbines. First edition, Dec. 2005.

INTERNATIONAL ENERGY AGENCY (IEA). *Technology Roadmap*: Wind Energy – 2013 Edition.

JONKMAN, J.; BUHL Jr., M. L. *FAST User's Guide*. Technical Report NREL/EL-500-38230. National Renewable Energy Laboratory, Golden, Colorado, Oct. 2005.

MACEDO, W. N. *Estudo de sistemas de geração de eletricidade utilizando a energia solar fotovoltaica e eólica*, 152 p. Dissertação (Mestrado) - UFPA/CT/PPGEE, Belém, 2002.

MALCOLM, D. J.; HANSEN, A. C. *WindPACT Turbine Rotor Design Study*. Subcontract Report NREL/SR-500-32495, revised april 2006.

MANWELL, J. F.; MCGOWAN, G.; ROGERS, A. L. *Wind energy explained*: theory, design and applications. London: Wiley, 2004.

MIGUEL, J. V. P. *A influência da duração da campanha de medição anemométrica na avaliação de recursos eólicos com base em aplicação de MCP*. Dissertação (Mestrado), Instituto de Energia e Ambiente, Universidade de São Paulo, São Paulo, 2016.

MOLLY, J. P. Energia eólica: técnica, planejamento, economia e riscos. *Seminário da DEWI*, Rio de Janeiro, 2009. Disponível em: cresesb.cepel.br/download/noticias/2009/20090710_dewi.pdf. Acesso em: dez. 2020.

NATIONAL RENEWABLE ENERGY LABORATORY (NREL). *Wind resource assessment handbook*. New York: AWS Scientific, 1991.

PINTO, M. *Fundamentos da energia eólica*. Rio de Janeiro: LTC, 2013.

RINKER, J.; DYKES, K. *WindPACT Reference Wind Turbines*. Technical Report NREL/TP-5000-67667, april 2018.

SILVA, G. R. *Características de vento da Região Nordeste*: análise, modelagem e aplicações para projetos de centrais eólicas. 2003. Dissertação (Mestrado) – Universidade Federal de Pernambuco, Recife, 2003.

SILVA, K. F. *Controle e integração de centrais eólicas à rede elétrica com geradores de indução duplamente alimentados*. Tese (Doutorado) – Universidade de São Paulo, São Paulo, 2005.

SPERA, D. A. *Wind turbine technology*: fundamental concepts of wind turbine engineering. New York: ASME Press, 1994.

TWIDELL, J.; WEIR, T. *Renewable energy resources*. 2. ed. London, New York: Taylor & Francis, 2006.

VANDENBERGH, M.; BEVERUNGEN, S.; BUCHHOLZ, B.; COLIN, H. *et al*. Expandable hybrid systems for multi-user mini-grids. *In*: ZACHARIAS, P. *Use of Electronic-Based Power Conversion for Distributed and Renewable Energy Sources, chap.7*: Microgrids and Hybrid Systems, ISET, p. 311-320, 2008.

WILLEY, L. D. Design and development of megawatt wind turbines. *WIT Transactions on State of the Art in Science and Engineering*, v. 44, WIT Press, 2010.

9
FUNDAMENTOS DA UTILIZAÇÃO DE ENERGIA SOLAR

CLAUDIO ROBERTO DE FREITAS PACHECO

Professor do Curso de Especialização Energias Renováveis, Geração Distribuída e Eficiência Energética do Programa de Educação Continuada em Engenharia (PECE) da Escola Politécnica da USP
Consultor industrial e colaborador do Laboratório de Sistemas Energéticos Alternativos e Renováveis (SISEA) da Escola Politécnica da USP

Este capítulo aborda os conceitos científicos e técnicos considerados mais significativos para a compreensão da utilização da energia solar no abrangente âmbito deste livro. Aqui se desenvolve, como primeira abordagem, o tema da avaliação do potencial de energia solar em uma localidade e os conceitos de troca de calor aplicados a esse tema. Dessa forma, este capítulo permite ao leitor, que procura uma vasta formação no assunto de energias alternativas e eficiência energética, um conhecimento em reduzido tempo dos principais conceitos que permitem o entendimento das tecnologias solares em seus detalhes científicos. As aplicações e usos da energia solar térmica e fotovoltaica são apresentadas nos capítulos seguintes.

Sugere-se que as Seções 9.1 e 9.2 sejam lidas de forma intercalada, de maneira que a radiação solar seja compreendida a partir da transmissão de calor por radiação térmica.

9.1 Avaliação do potencial de energia solar em uma localidade

Toda instalação para uso da energia solar via térmica ou fotovoltaica passa pela avaliação da demanda de energia térmica ou energia elétrica a ser atendida, segundo um perfil de consumo, por um sistema de conversão de energia solar.

A instalação de conversão situa-se em um local da superfície terrestre sujeito a uma irradiância solar que disponibilizará certa quantidade de energia dentro de um período de tempo. A estimativa dessa quantidade de energia é o que se discutirá a seguir.

A Tabela 9.1 apresenta um formulário de todas as equações apresentadas nesta seção para facilitar a consulta.

9.1.1 Expressões e definições básicas referentes ao posicionamento relativo Sol-Terra

A Fig. 9.1 mostra um esquema, muito comum nos livros sobre esse assunto, do posicionamento da Terra em sua órbita no início das diferentes estações do ano. Nessa figura, observe o Plano da eclíptica ou Plano da órbita com as quatro representações do globo terrestre. Cada representação do globo terrestre apresenta uma linha tracejada perpendicular ao plano da órbita e uma linha cheia representando o eixo polar de rotação terrestre. Aqui se encontra o primeiro fato significativo para a utilização da energia solar: **o eixo polar de rotação terrestre forma um ângulo constante com a perpendicular ao plano da órbita de 23,45°, e a direção do eixo polar de rotação se mantém ao longo da órbita.**

A linha tracejada perpendicular ao plano da órbita é uma referência à separação de onde é dia e de onde é noite. Um ponto qualquer sobre a superfície terrestre é caracterizado por sua latitude, longitude e altitude em relação ao nível médio dos mares. Em razão da inclinação do eixo polar de rotação terrestre e da constância de sua direção, a duração do dia em um ponto qualquer sobre a superfície terrestre varia ao longo do ano.

FUNDAMENTOS DA UTILIZAÇÃO DE ENERGIA SOLAR   239

TABELA 9.1 Resumo do formulário de expressões para avaliação do potencial solar

Grandeza	Símbolo	Unidade	Expressão
1. Longitude local	L	°	$0° \leq L \leq 360°$
2. Longitude hora legal	L_0	°	
3. Latitude	ϕ	°	$-90° < \phi < 90°\ N > 0$
4. Inclinação da superfície	β	°	$0° \leq \beta = 180°$ inclinação maior do que 90° são superfícies com plano posterior ativo
5. Azimute da superfície	γ	°	$-180° \leq \gamma \leq 180°$ medido a partir do $S = 0°$. Sentido anti-horário $E < 0$, sentido horário $W > 0$ Nota: $N = 180°$
6. Mês	Mês	Mês	1 a 12
7. Dia	Dia	Dia	1 a 28, 29, 30 ou 31
8. Dia do ano Int = menor inteiro contido	n		Se Mês $= 2 \rightarrow$ Cor $=$ Int(Mês/2) Se $2 <$ Mês $= 8 \rightarrow$ Cor $=$ (Int(Mês/2) $-$ 2) Se Mês $> 8 \rightarrow$ Cor $=$ (Int(Mês/2 $+$ 1/2) $-$ 2) $n = \text{Dia} + (\text{Mês} - 1) \times 30 + \text{Cor}$
9. Hora legal	HL	h	hora, fração de hora
10. Hora solar	HS	h	hora, fração de hora HS = HL + Corhora Corhora $= (4 \times (L_0 - L) + E)/60$ $E = 9{,}87 \times \text{sen}(2B) - 7{,}53 \times \cos B - 1{,}5 \times \text{sen}(B)$ $B = \left(\dfrac{360}{364}(n - 81)\right)$
11. Ângulo horário	ω	°	$\omega = (HS - 12) \times 15$ manhãs < 0 tardes > 0
12. Declinação solar	δ	°	$\delta = 23{,}45 \times \text{sen}\left(\dfrac{360}{365} \times (284 + n)\right)$ $-23{,}45 \leq \delta \leq 23{,}45$
13. Ângulo zenital	θ_Z	°	$\cos\theta_z = \text{sen}\delta\ \text{sen}\phi + \cos\delta\ \cos\phi\ \cos\omega$ $0° \leq \theta_Z \leq 90°$
13*. Ângulo do azimute solar	γ_S	°	$-180° \leq \gamma_S \leq +180°$. A direção S possui $\gamma_S = 0°$. Se $+$, medir no sentido horário a partir de S. Se $-$, medir no sentido anti-horário a partir de S. Sinal: usar o sinal de ω Módulo: $\gamma_s = \arccos\left(\dfrac{\cos\theta_z \text{sen}\Phi - \text{sen}\delta}{\text{sen}\theta_z\ \cos\phi}\right)$
14. Ângulo de incidência	θ	°	$\cos\theta = \text{sen}\delta\ \text{sen}\phi\ \cos\beta - \text{sen}\delta\ \cos\phi\ \text{sen}\beta\cos\gamma$ $\quad + \cos\delta\ \cos\phi\ \cos\beta\ \cos\omega$ $\quad + \cos\delta\ \text{sen}\phi\ \text{sen}\beta\ \cos\gamma\ \cos\omega$ $\quad + \cos\delta\ \text{sen}\beta\ \text{sen}\ \gamma\ \text{sen}\omega$
15. Ângulo de incidência para face SUL $\gamma = 0°$			$\cos\theta = \cos(\phi + \beta)\cos\delta\ \cos\omega + \text{sen}(\phi + \beta)\text{sen}\delta$
16. Ângulo de incidência para face NORTE $\gamma = 180°$			$\cos\theta = \cos(\phi + \beta)\cos\delta\ \cos\omega + \text{sen}(\phi + \beta)\text{sen}\delta$
17. Ângulo horário do pôr do sol	ω_S		$\cos\omega_s = -\tan\phi\ \tan\delta$ Nota: o ângulo horário do nascer do Sol é igual em módulo, porém com sinal negativo.

(Continua)

240 CAPÍTULO 9

TABELA 9.1 Resumo do formulário de expressões para avaliação do potencial solar (*continuação*)

Grandeza	Símbolo	Unidade	Expressão
18. Duração da insolação	N	h	$N = \dfrac{2}{15}\omega_s$
19. Irradiância solar (ver índices)	G	W/m²	G, G_B, G_D plano horizontal total direta difusa; G_{BN} direta na direção da incidência solar; G_T, G_{BT}, G_{DT} superfície inclinada com a horizontal, total, direta e difusa
20. Constante solar	G_{SC}	W/m²	1367
21. Razão entre irradiâncias	G_{BT}/G_B	R_b	$\dfrac{\cos\theta}{\cos\theta_z}$
22. Irradiância extraterrestre sobre superfície horizontal	G_0	W/m²	$G_{SC}\left[1+0,033\cos\left(\dfrac{360n}{365}\right)\right]\cos\theta_z$
23. Irradiação extraterrestre integrada diária sobre superfície horizontal	H_0	J/m²	$2,75\times10^4 G_{SC}\left[1+0,033\cos\left(\dfrac{360n}{365}\right)\right]\left[1,75\times10^{-2}\,\omega_s\,\mathrm{sen}\delta\;\mathrm{sen}\phi\right.$ $\left.+\cos\delta\,\cos\phi\,\mathrm{sen}\omega_s\right]$ Nota: média mensal $\bar{H}_0$
24. Irradiação extraterrestre integrada horária sobre superfície horizontal	I_0	J/m²	$I_0 = 1,38\times10^4 G_{SC}\left[1+0,033\cos\left(\dfrac{360n}{365}\right)\right]\left[1,75\times10^{-2}\,(\omega_2-\omega_1)\,\mathrm{sen}\delta\;\mathrm{sen}\phi\right.$ $\left.+\cos\delta\,\cos\phi\,(\mathrm{sen}\omega_2-\mathrm{sen}\omega_1)\right]$
25. Irradiação integrada diária sobre superfície horizontal	H	J/m²	Medida por piranômetro
26. Índice de claridade diário	K_T		$K_T = \dfrac{H}{H_0}$
27. Irradiação integrada média mensal sobre superfície horizontal	$\bar{H}$	J/m²	Calculada a partir de medições por piranômetros
28. Índice de claridade diário média mensal	$\overline{K_T}$		$\overline{K_T} = \dfrac{\bar{H}}{H_0}$
29. Irradiação integrada horária sobre superfície horizontal	I	J/m²	Medida por piranômetro Direta I_b; Difusa I_d
30. Índice de claridade horário	k_T		$k_T = \dfrac{I}{I_0}$
31. Irradiação sobre superfície inclinada	I_T	(J/m²)	$R = \dfrac{I_T}{I}; R_b = \dfrac{I_{bT}}{I_b}; R_d = \dfrac{I_{dT}}{I_d}$
32. Razão I_d/I			Para $k_T < 0,35\;\dfrac{I_d}{I} = 1,0 - 0,249k_T$ Para $0,35 < k_T < 0,75\;\dfrac{I_d}{I} = 1,557 - 1,84k_T$ Para $k_T > 0,75\;\dfrac{I_d}{I} = 0,177$
33. Razão $\bar{H}_T/\bar{H}$			$\bar{R} = \dfrac{\bar{H}_T}{\bar{H}} = \left(1 - \dfrac{\bar{H}_d}{\bar{H}}\right)\bar{R}_b + \dfrac{\bar{H}_d}{\bar{H}}\left(\dfrac{1+\cos\beta}{2}\right) + \rho\left(\dfrac{1-\cos\beta}{2}\right)$
34. Irradiação sobre superfície inclinada média mensal			$\bar{H}_T = \bar{H}\left(1 - \dfrac{\bar{H}_d}{\bar{H}}\right)\bar{R}_b + \bar{H}_d\left(\dfrac{1+\cos\beta}{2}\right) + \bar{H}\rho\left(\dfrac{1-\cos\beta}{2}\right)$
35. Sup. Hemisfério Norte com ($\gamma = 0°$)			$\bar{R}_b = \dfrac{\cos(\phi-\beta)\cos\delta\;\mathrm{sen}\omega_s^* + \left(\dfrac{\pi}{180}\right)\omega_s^*\mathrm{sen}(\phi-\beta)\mathrm{sen}\delta}{\cos\phi\,\cos\delta\;\mathrm{sen}\omega_s + \left(\dfrac{\pi}{180}\right)\omega_s\;\mathrm{sen}\phi\,\mathrm{sen}\delta}$

(*Continua*)

FUNDAMENTOS DA UTILIZAÇÃO DE ENERGIA SOLAR 241

TABELA 9.1 Resumo do formulário de expressões para avaliação do potencial solar *(continuação)*

Grandeza	Símbolo	Unidade	Expressão
36. Escolha do valor ω_s^*	ω_s^*		Mínimo entre: $\omega_s^* = $ mínimo entre: $\arccos[-\tan\theta\,\tan\delta]$ e $\arccos[-\tan(\phi-\beta)\tan\delta]$
37. Sup. Hemisfério Sul com ($\gamma = 180°$)			$\overline{R_b} = \dfrac{\cos(\phi+\beta)\cos\delta\,\mathrm{sen}\,\omega_s^* + \left(\dfrac{\pi}{180}\right)\omega_s^*\mathrm{sen}(\phi+\beta)\mathrm{sen}\,\delta}{\cos\phi\,\cos\delta\,\mathrm{sen}\,\omega_s + \left(\dfrac{\pi}{180}\right)\omega_s\,\mathrm{sen}\,\phi\,\mathrm{sen}\,\delta}$
38. Escolha do valor ω_s^*	ω_s^*		Mínimo entre: $\omega_s^* = $ mínimo entre: $\arccos[-\tan\phi\,\tan\delta]$ e $\arccos[-\tan(\phi+\beta)\tan\delta]$

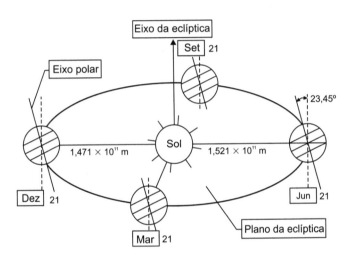

FIGURA 9.1 Posicionamento da Terra em sua órbita no início das diferentes estações do ano.

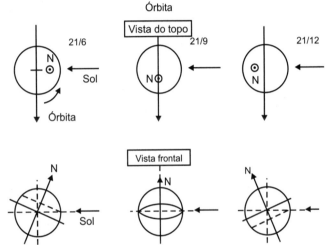

FIGURA 9.2 Posicionamento do eixo de rotação terrestre ao longo do ano.

A Fig. 9.2 mostra um esquema do globo terrestre em três situações do ano. A figura superior seria uma imagem de topo, e a inferior uma vista frontal. A direção da órbita terrestre é indicada com uma seta para baixo nas figuras superiores. Observe que:

- Na data 21/6, solstício de verão para Hemisfério Norte e de inverno no Hemisfério Sul, o polo norte e todos os pontos no interior do círculo polar Ártico estão permanentemente na zona iluminada. A respectiva figura inferior mostra que a incidência solar se faz diretamente na latitude +23,45°. Todos os pontos dessa latitude, chamada Trópico de Câncer, têm o Sol ao meio-dia a pino, ou seja, na perpendicular ao plano horizontal naquele ponto. Meio-dia é o momento em que o disco solar se posiciona no meridiano da longitude do local, também chamado passagem meridiana. Para latitudes maiores, o Sol nunca estará a pino em qualquer época do ano.

- Na data 21/12, solstício de inverno no Hemisfério Norte e de verão no Hemisfério Sul, o polo norte permanece na zona escura. Analogamente ao já comentado, a figura inferior a essa data mostra que a incidência solar se faz diretamente na latitude −23,45°. Todos os pontos dessa latitude, chamada Trópico de Capricórnio, têm o Sol ao meio-dia a pino. Para latitudes menores (atenção, pois no Hemisfério Sul essas latitudes são negativas), o Sol não estará a pino em nenhuma época do ano. Todos os pontos do círculo polar Antártico estão iluminados permanentemente nessa data.

- Na data 21/9, equinócio de outono no Hemisfério Norte e de primavera no Hemisfério Sul, a projeção do eixo polar de rotação no plano da órbita é paralela à trajetória. Embora o plano do Equador permaneça inclinado de 23,45° em relação ao plano da órbita, todos os pontos sobre o Equador têm o Sol ao meio-dia a pino, e a duração do dia é igual à duração da noite em todas as latitudes. Essa situação é similar à de 21 de março, equinócio de primavera no Hemisfério Norte e de outono no Hemisfério Sul.

Entre essas datas, ocorrem situações intermediárias da posição do Sol em sua passagem meridiana. Para um observador sobre a superfície da Terra, a passagem meridiana do Sol sofre um movimento cíclico ao longo do ano. Para obter outros ciclos do movimento terrestre, consulte os ciclos de Milankovitch.

A Fig. 9.3 mostra com um ponto cinza a posição de um observador na superfície terrestre com latitude ϕ e longitude L em certa hora do dia. Nesse momento, o Sol está em sua passagem meridiana indicada por um ponto hachurado em uma longitude que difere daquela do observador por um ângulo ω, denominado ângulo horário do observador.

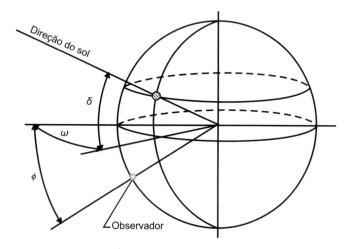

FIGURA 9.3 Ângulos de latitude, declinação solar e horário.

A medida do ângulo δ entre a direção do Sol e o plano do Equador é denominada declinação solar daquele dia. A variação da declinação solar ao longo do ano está entre os limites de $-23,45° < \delta < +23,45°$.

Em resumo, os ângulos mostrados na Fig. 9.3 são:

- Latitude (ϕ): ângulo de vértice no centro da Terra, formado pela semirreta com direção do ponto considerado e o plano do Equador. Positivo no Hemisfério Norte.
- Ângulo horário (ω): ângulo diedro com aresta no eixo de rotação da Terra, formado pelo semiplano que contém o Sol e o semiplano que contém o meridiano local. Negativo nas manhãs.
- Declinação solar (δ): ângulo de vértice no centro da Terra, formado pela semirreta determinada pela direção do Sol e o plano do Equador. Positivo de 21/3 a 21/9.

Como calcular o ângulo horário ω e a declinação solar δ?
Declinação solar do DIA (1 a 31) do MÊS (1 a 12):

a) Calcule o dia n do ano com a sequência

$$n = \text{Dia} + (\text{Mês} - 1) \times 30 + \text{Cor} \quad (9.1)$$

Se Mês ≤ 2 → Cor = Int(Mês/2)
Se 2 < Mês = 8 → Cor = (Int(Mês/2) − 2)
Se Mês > 8 → Cor = (Int(Mês/2 + 1/2) − 2)

em que Int é o menor inteiro contido no número obtido.
Por exemplo, para 25 de outubro:

Cor = (Int (10/2 + ½) − 2) = 3; n = 25 + (10 − 1) × 30 + 3 = 298.

b) Calcule a declinação δ: $-23,45 \leq \delta \leq 23,45$

$$\delta = 23,45 \times \text{sen}\left(\frac{360}{365} \times (284 + n)\right) \quad (9.2)$$

Em 25 de outubro, $\delta = -13,12°$.

Ângulo horário na longitude L, na hora legal HL, referente à longitude da hora legal L_0.

c) Calcule a hora solar HS dada em hora e fração de hora

$$\text{HS} = \text{HL} + \text{Corhora} \quad (9.3)$$

$$\text{Corhora} = \frac{(4 \times (L_0 - L) + E)}{60} \quad (9.4)$$

$$E = 9,87 \times \text{sen}(2B) - 7,53 \times \cos B - 1,5 \times \text{sen}(B) \quad (9.5)$$

$$B = \left(\frac{360}{364}(n - 81)\right) \quad (9.6)$$

Para a cidade de São Paulo, temos:

Latitude $\phi = -23,57°$ (S)
Longitude L = 46,73° (W)

Longitude hora legal L_0 = 45° (W) (Atenção: quando for horário de verão, L_0 = 30°.)

A HS correspondendo a HL = 14h30min = 14,5 do dia 25 de outubro (L_0 = 45°) seria:

n = 298; B = 214,62; E = 16,21; Corhora = 0,156; HS = 14,5 + 0,156 = 14,66

d) Calcule o ângulo horário ω, $-180° \leq \omega \leq 180°$, manhãs < 0, tardes > 0

$$\omega = (HS - 12) \times 15° \quad (9.7)$$

No exemplo $\omega = (14,66 - 12) \times 15° = 39,90°$.

Como já comentado, a duração do dia em um local de latitude ϕ varia no decorrer do ano. Podemos calcular:

e) O ângulo horário do pôr do sol ω_S

$$\cos \omega_S = -\tan\phi \tan\delta \quad (9.8)$$

O ângulo horário do nascer do Sol é igual em módulo, porém com sinal negativo.

f) A duração da insolação N:

$$N = \frac{2}{15} \omega_S \quad (9.9)$$

Portanto, temos no exemplo trabalhado: ω_S = 95,83° e N = 12,78 h.

9.1.2 Expressões fundamentais para o cálculo do posicionamento da incidência da radiação solar referente a um ponto sobre a superfície terrestre

Nas utilizações da energia solar em certa posição sobre a superfície terrestre, aproximamos a área da aplicação por um plano horizontal.

A Fig. 9.4 mostra o ângulo que descreve a incidência solar sobre um plano horizontal dado pela direção do Sol com a perpendicular ao plano horizontal, denominado ângulo zenital θ_Z, $0° \leq \theta_Z \leq 90°$, que é calculado pela Equação (9.10).

$$\cos\theta_z = \text{sen}\delta\ \text{sen}\phi + \cos\delta\ \cos\phi\ \cos\omega \quad (9.10)$$

O ângulo θ_Z é função de:

$$\theta_Z = F(\delta,\phi,\omega) \quad (9.11)$$

O ângulo complementar de θ_Z é denominado altitude solar α:

$$\alpha = 90° - \theta_z \quad (9.12)$$

O ângulo formado pela projeção da direção do Sol no plano horizontal e o meridiano N-S é denominado azimute solar, γ_S, e é medido a partir do meridiano local, tendo a direção S o valor $\gamma_S = 0$. Seu valor em módulo pode ser calculado pela Equação (9.13):

$$\gamma_S = \text{arc}\cos\left(\frac{\cos\theta_z\text{sen}\Phi - \text{sen}\delta}{\text{sen}\theta_z\cos\phi}\right) \quad (9.13)$$

O sinal deverá ser o sinal de ω. A variação é de $-180° \leq \gamma_S = +180°$. A direção S possui $\gamma_S = 0°$. Se (+), medir no sentido horário a partir de S. Se (−), medir no sentido anti-horário a partir de S.

Observe que a direção da sombra de uma estaca de altura (h) é dada pelo ângulo do azimute solar γ_S e seu comprimento (S) dados pelo produto (h) $\tan\theta_Z$.

A superfície receptora da radiação solar pode estar inclinada em relação à horizontal. Em muitas utilizações da energia solar, a superfície receptora está inclinada de um ângulo β com relação à horizontal e, no caso mais geral, a projeção de sua reta normal com o plano horizontal forma um ângulo γ com o meridiano N-S. Esse ângulo γ é denominado ângulo azimutal da superfície. Sua variação é de: $-180° \leq \gamma \leq 180°$ e é medido a partir do S = 0°. Sentido anti-horário E < 0; sentido horário W > 0.

O ângulo de incidência solar θ sobre uma superfície de inclinação β com a horizontal e azimute γ é calculado pela Equação (9.15). O ângulo de incidência θ é função de:

$$\theta = F(\delta,\phi,\omega,\beta,\gamma) \quad (9.14)$$

$$\cos\theta = \text{sen}\delta\ \text{sen}\phi\ \cos\beta - \text{sen}\delta\ \cos\phi\ \text{sen}\beta\ \cos\gamma + \\ \cos\delta\ \cos\phi\ \cos\beta\ \cos\omega + \cos\delta\ \text{sen}\phi\ \text{sen}\beta\ \cos y\ \cos\omega + \\ \cos\delta\ \text{sen}\beta\ \text{sen}\gamma\ \text{sen}\omega$$

$$(9.15)$$

Dois casos importantes devem ser destacados:

a) Superfície no Hemisfério Sul diretamente voltada para o N, $\gamma = 180°$ tem ângulo de incidência θ calculado pela Equação (9.17). Nesse caso:

$$\theta = F\left[(\phi+\beta),\delta,\omega\right] \quad (9.16)$$

$$\cos\theta = \cos(\phi+\beta)\cos\delta\ \cos\omega + \text{sen}(\phi+\beta)\text{sen}\delta \quad (9.17)$$

b) Superfície no Hemisfério Norte diretamente voltada para o S, $\gamma = 0°$ tem o ângulo de incidência θ calculado pela Equação (9.19). Nesse caso:

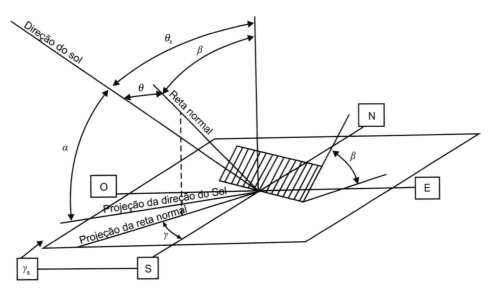

FIGURA 9.4 Ângulos para posicionamento da incidência da radiação solar sobre um plano horizontal da superfície terrestre.

$$\theta = F\left[(\phi-\beta), \delta, \omega\right] \quad (9.18)$$

$$\cos\theta = \cos(\phi-\beta)\cos\delta \cos\omega + \text{sen}(\phi-\beta)\text{sen}\delta \quad (9.19)$$

Qual o significado, em utilizações da energia solar, de se inclinar uma superfície de um ângulo β com relação à horizontal?

Observe a Fig. 9.5, na qual, em um ponto de latitude ϕ, coloca-se uma superfície inclinada de um ângulo β com relação à horizontal. Pelo ponto O tracemos o raio AO correspondente à latitude ϕ e a reta OB perpendicular à reta AB, prolongamento do segmento que define a superfície inclinada. Essa reta OB encontra a superfície terrestre no ponto C e equivale ao raio de uma latitude $(\phi - \beta)$. O segmento CD perpendicular à reta OC resulta paralelo ao segmento AB e, portanto, suas retas normais são paralelas. Desse modo, o ângulo de incidência θ sobre a superfície horizontal de latitude $(\phi - \beta)$ resulta igual ao ângulo de incidência sobre a superfície inclinada de β em uma latitude ϕ. Ou seja, é como se a superfície inclinada fosse uma superfície horizontal na latitude $(\phi - \beta)$.

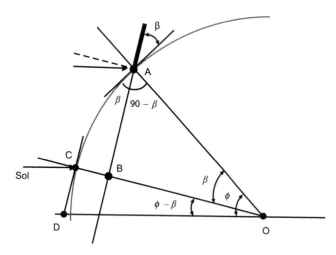

FIGURA 9.5 Significado de se inclinar uma superfície em relação à horizontal com respeito à incidência da radiação solar.

Exemplo 9.1

O laboratório de energia solar da University of Wisconsin, Madison, onde atuaram os professores John Duffie e William Beckman, situa-se nas seguintes coordenadas:

Latitude $\phi = +43°$ (N)

Longitude $L = 89,4°$ (W)

Longitude hora legal = 90° (W)

Para o dia 13 de fevereiro, às 10h42min, calcule:
a) o dia do ano n;
b) a hora solar;
c) o ângulo horário;
d) a declinação solar;
e) o ângulo zenital;
f) o ângulo horário do pôr do sol;
g) a duração da insolação.

Resolução:

a) n = dia + (mês – 1) × 30 + Cor = 13 + (2 – 1) × 30 + 1 = 44.

$$\text{Mês} \leq 2 \rightarrow \text{Cor} = \text{int}(\text{mês}/2) = \text{int}(2/2) = 1$$

b) HS = HL + Corhora = 10,70 – 0,20 = 10,50 h

$$HL = 10{:}42 = 10{,}70 \text{ h}$$

$$B = ((360/364) \times (n-81)) = ((360/364) \times (44-81)) = -36{,}59$$

$$E = 9{,}87 \times \text{sen}(2B) - 7{,}53 \times \cos(B) - 1{,}5 \times \text{sen}(B)$$

$$E = 9{,}87 \times \text{sen}(2 \times (-36{,}59°)) - 7{,}53 \times \cos(-36{,}59°) - 1{,}5 \times \text{sen}(-36{,}59°) = -14{,}60$$

$$\text{Corhora} = (4 \times (L_0 - L) + E)/60 = (4 \times (90 - 89{,}4) + (-14{,}60))/60 = -0{,}2033.$$

c) ω = (HS – 12) × 15 = (10,50 – 12) × 15 = –22,50°

d) $\delta = 23{,}45° \times \text{sen}\left(360/365 \times (284+n)\right)$

$$\delta = -13{,}95°.$$

e) $\cos\theta_Z = \text{sen}\delta \ \text{sen}\phi + \cos\delta \cos\phi \cos\omega$

$$\cos\theta_Z = \text{sen}(-13{,}95°)\text{sen }43° + \cos(-13{,}95°)\cos 43° \cos(-22{,}5°) = 0{,}4927$$

$$\theta_Z = 60{,}48°.$$

f) $\cos\omega_S = -\tan\phi \tan\delta$

$$\cos\omega_S = -\tan 43° \tan(-13{,}95°) = 0{,}2316$$

$$\omega_S = 76{,}60°.$$

g) $N = (2/15)\, \omega_S = (2/15)\, 76{,}60 = 10{,}21$ h.

Nas mesmas condições do item anterior, qual o ângulo de incidência da radiação direta para uma superfície inclinada com a horizontal com 55°, voltada para o S, e com um azimute de 10° E?

Resolução:

$$\gamma = 10° \text{ E} = -10°$$

$$\cos\theta = \text{sen}\delta \ \text{sen}\phi \cos\beta - \text{sen}\delta \cos\phi \ \text{sen}\beta \cos\gamma$$
$$+ \cos\delta \cos\phi \cos\beta \cos\omega$$
$$+ \cos\delta \ \text{sen}\phi \ \text{sen}\beta \cos\gamma \cos\omega + \cos\delta \ \text{sen}\beta \ \text{sen}\gamma \ \text{sen}\omega$$

$$\cos\theta =$$
$$\text{sen}(-13{,}95°)\ \text{sen}\ 43°\ \cos 55° -$$
$$\text{sen}(-13{,}95°)\ \text{sen}\ 43°\ \text{sen}\ 55°\ \cos(-10°) +$$
$$\cos(-13{,}95°)\ \cos 43°\ \cos 55°\ \cos(-22{,}5°) +$$
$$\cos(-13{,}95°)\ \text{sen}\ 43°\ \text{sen}\ 55°\ \cos(-10°)\ \cos(-22{,}5°) +$$
$$\cos(-13{,}95°)\ \text{sen}\ 55°\ \text{sen}(-10°)\ \text{sen}(-22{,}5°) = 0{,}9701$$

$$\theta = 14{,}05°.$$
$$\theta = 14{,}1°\ \text{para}\ \beta = 55°\ \text{e}\ \gamma = -10°.$$

9.1.3 Irradiação solar extraterrestre

A enorme distância da Terra ao Sol e seu pequeno diâmetro quando comparado ao do Sol permitem que se faça a aproximação de que a irradiação solar seja constituída por um feixe de raios paralelos, conforme o esquema da Fig. 9.6.

FIGURA 9.6 Aproximação dos raios solares como um feixe paralelo.

A **constante solar** (G_{SC}) é a energia proveniente do Sol, por unidade de tempo, recebida por unidade de área em uma superfície perpendicular à direção de propagação da radiação, na distância média Terra-Sol, fora da atmosfera. $G_{SC} = 1367\ W/m^2$ é um valor recomendado para os cálculos de engenharia.

A **irradiância extraterrestre sobre uma superfície horizontal em um ponto da Terra** G_0 (W/m^2) pode ser calculada pela Equação (9.21), que é função de:

$$G_0 = F(G_{SC}, n, \theta_Z) \qquad (9.20)$$

$$G_0 = G_{SC}\left[1 + 0{,}033\ \cos\left(\frac{360n}{365}\right)\right]\cos\theta_Z \qquad (9.21)$$

A irradiação extraterrestre integrada diária sobre superfície horizontal H_0 (J/m^2) pode ser calculada pela Equação (9.23), que é função de:

$$H_0 = F(G_{SC}, n, \phi, \delta, \omega_S) \qquad (9.22)$$

$$H_0 = 2{,}75\ 10^4 G_{SC}\left[1 + 0{,}033\ \cos\left(\frac{360n}{365}\right)\right]$$
$$\left[1{,}75\ 10^{-2}\omega_S\ \text{sen}\delta\ \text{sen}\phi + \cos\delta\ \cos\phi\ \text{sen}\omega_S\right] \qquad (9.23)$$

em que ω_S é medido em graus.

A irradiação extraterrestre integrada horária sobre superfície horizontal I_0 (J/m^2) pode ser calculada pela Equação (9.25), que é função de:

$$I_0 = F(G_{SC}, n, \phi, \delta, \omega_1, \omega_2) \qquad (9.24)$$

$$I_0 = 1{,}38\ 10^4 G_{SC}\left[1 + 0{,}033\ \cos\left(\frac{360n}{365}\right)\right]\left[1{,}75\ 10^{-2}(\omega_2 - \omega_1)\ \text{sen}\delta\ \text{sen}\phi +\right.$$
$$\left.\cos\delta\ \cos\phi\ (\text{sen}\omega_2 - \text{sen}\omega_1)\right]$$
$$(9.25)$$

em que ω é medido em graus.

Para estimativas da **irradiação extraterrestre diária média mensal**, $\overline{H}_0$, usa-se o gráfico da Fig. 9.7. Para esses cálculos, o dia médio do mês é obtido na Tabela 9.2.

TABELA 9.2 Dia médio do mês

Mês	Jan.	Fev.	Mar.	Abr.	Maio	Jun.	Jul.	Ago.	Set.	Out.	Nov.	Dez.
Dia	17	16	16	15	15	11	17	16	15	15	14	10

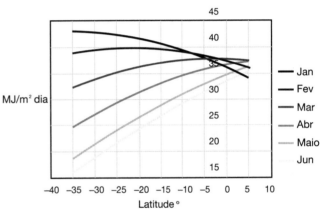

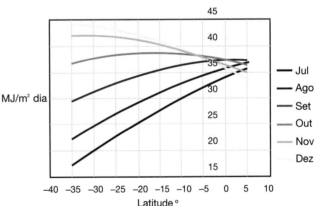

FIGURA 9.7 Irradiação extraterrestre média mensal $H_0 = F(\phi, \text{mês})$. Latitudes do Brasil.

Exemplo 9.2

O laboratório de energia solar do Instituto de Pesquisas Tecnológicas (IPT), de São Paulo (SP), está situado nas seguintes coordenadas:

Latitude $\phi = -23{,}57°$ (S)
Longitude L = 46,73° (W)

Longitude hora legal = 45° (W) (Atenção: no horário de verão, corresponde a 30°.)

Para o dia 15 de julho, às 14h30min, calcule:
a) o dia do ano n;
b) a hora solar;
c) o ângulo horário;
d) a declinação solar;
e) o ângulo zenital;
f) o ângulo horário do pôr do sol;
g) a duração da insolação.

Respostas: a) $n = 196$; **b)** HS = 14,3 h; **c)** $\omega = 34,4°$; **d)** $\delta = 21,5°$; **e)** $\theta_Z = 56,1°$; **f)** $\omega_S = 80,1°$; **g)** $N = 10,7$ h.

Para as mesmas condições do item anterior, qual o ângulo de incidência da radiação direta para uma superfície inclinada com horizontal de 40°, voltada para o N, e com azimute de 10° E($\gamma = -170°$)?

Respostas: $\theta = 39,2°$ para $\beta = 40°$ e $\gamma = -170°$.

Nas condições do item anterior, qual o ângulo de incidência da radiação direta para uma superfície inclinada com horizontal de 40°, voltada para o N, e com azimute de 0° ($\gamma = -180°$), quais os valores de R_B, G_0 e H_0?

Resolução:

$$\cos\theta = \cos(\phi+\beta)\cos\delta\cos\omega + \sen(\phi+\beta)\sen\delta$$

$$\cos\theta = \cos(-23,57° + 40)\cos 21,5° \cos 34,4° +$$
$$\sen(23,57° + 40°)\sen 21,5° = 0,8400$$

$$\theta = 32,89°.$$

$$\cos\theta_Z = \sen\delta\,\sen\phi + \cos\delta\,\cos\phi\,\cos\omega$$

$$\cos\theta_Z = \sen 21,5°\sen(-23,57°)\cos 21,5°\cos(-23,57°)\cos 34,4° = 0,5571$$

$$\theta_Z = 56,14°$$

$$R_B = \frac{\cos\theta}{\cos\theta_Z} = \frac{0,8400}{0,5571} = 1,50$$

$$G_0 = 1367\left[1 + 0,033\cos\left(\frac{360n}{365}\right)\right]\cos\theta_Z = 729,6\,\frac{W}{m^2}$$

$$H_0 = 2,75\times 10^4 G_{sc}\left[1 + 0,033\cos\left(\frac{360n}{365}\right)\right][1,75\times 10^2\,\omega_s\,\sen\delta\,\sen\phi + \cos\delta\,\cos\phi\,\sen\omega_s]$$

$$H_0 = 2,75\times 10^4 \times 1367\left[1 + 0,033\cos\left(\frac{360\times 196}{365}\right)\right]$$
$$[1,75\times 10^{-2}\times 80,1\,\sen 21,5°\,\sen(-23,57°) +$$
$$\cos 21,5°\cos(-23,57°)\sen 80,1°] = 23,09\times 10^6\,\frac{J}{m^2}$$

9.1.4 Irradiação solar sobre a superfície terrestre

A influência da atmosfera em atenuar o espectro de radiação incidente extraterrestre é mostrada de forma simplificada na Fig. 9.8.

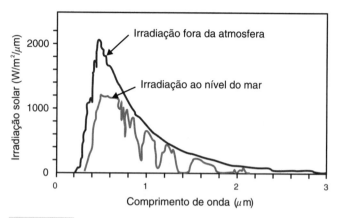

FIGURA 9.8 Influência da atmosfera na radiação solar extraterrestre.

A atenuação da irradiação solar pela atmosfera terrestre ocorre fundamentalmente por dois mecanismos:

- espalhamento atmosférico pelas moléculas do ar, vapor d'água e poeira. De forma geral, quanto menor for o comprimento de onda, maior o espalhamento. Na faixa visível, é a cor azul que mais se espalha, dando a cor azul do céu;
- absorção atmosférica por ozônio, vapor de água e gás carbônico.

A faixa de irradiação sobre a superfície terrestre encontra-se essencialmente entre:

$$0,29 \leq \lambda \leq 2,5\,\mu m$$

Abaixo desse limite ocorre absorção por O_3 e N_2, e acima passa muito pouco em virtude da absorção por CO_2 e H_2O.

A irradiação solar direta na direção da incidência é representada por G_{BN} (W/m²); a componente no plano horizontal é representada por G_B (W/m²); e a componente em uma superfície inclinada é representada por G_{BT} (W/m²).

Logo, temos:

$$G_B = G_{BN}\cos\theta_Z \quad \text{e} \quad G_{BT} = G_{BN}\cos\theta \qquad (9.26)$$

e, portanto:

$$R_B = \frac{G_{BT}}{G_B} = \frac{\cos\theta}{\cos\theta_Z} \qquad (9.26a)$$

A irradiância solar total sobre o plano horizontal G (W/m²) é constituída de uma parcela de irradiação direta G_B (W/m²) e por uma parcela de irradiação difusa G_D (W/m²). Portanto:

$$G = G_B + G_D \qquad (9.27)$$

A medida da irradiância solar total G sobre o plano horizontal é feita por um instrumento chamado piranômetro, cujo esquema é mostrado na Fig. 9.9.

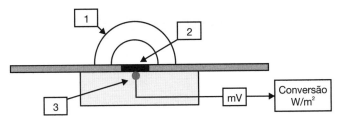

FIGURA 9.9 Esquema de piranômetro. (1) Coberturas transparentes; (2) sensor; (3) termopar acoplado ao sensor.

A medida da irradiância solar direta na direção da incidência G_{BN} é feita com um instrumento chamado pireliômetro. A medida da irradiância solar difusa G_D sobre o plano horizontal é realizada com um piranômetro provido de haste de sombreamento.

Com as medições de G e G_D, pode-se calcular G_B pela diferença:

$$G_B = G - G_D \quad (9.28)$$

Com os valores de G, G_B e G_D obtidos ao longo do dia, podemos, por integração de registros, encontrar, para determinada estação de medição, os valores integrados em certa hora I, I_B, I_D (J/m²), ou integrados ao longo do dia, H, H_B, H_D (J/m²), como também podemos calcular uma média mensal da irradiação diária $\overline{H}$ (J/m²).

A partir dos registros de diferentes estações pelo Brasil e dados de satélites, foram elaborados bancos de dados como os do Cresesb e do Atlas Brasileiro de Energia Solar (Pereira *et al.*, 2017).

A Fig. 9.10 foi elaborada a partir das informações existentes e demonstra, de maneira esquemática, em MJ/m² dia, o valor médio diário anual nas diferentes regiões brasileiras. Os números mostrados na Fig. 9.10 indicam os MJ/m² de radiação solar média anual daquela região que está delimitada por linhas tracejadas. Por exemplo, a área indicada pelo número 16, que representa boa parte do estado de São Paulo, Minas Gerais e sul da Bahia, demonstra que ocorrem 16 MJ/m² dia de radiação solar média nessa região. Valores mensais disponíveis em: http://www.cresesb.cepel.br/sundata/index.php. Acesso em: 20 set. 2024.

9.1.5 Avaliações das frações direta e difusa no plano horizontal a partir da irradiação total no plano horizontal

Alguns equipamentos que utilizam energia solar captam tanto a radiação direta como a difusa, como, por exemplo, coletores solares planos térmicos ou fotovoltaicos, enquanto outros captam apenas a radiação direta, por exemplo, coletores solares concentradores térmicos.

Como determinar as frações de radiação solar direta e difusa sobre a superfície horizontal a partir de radiação total sobre superfície horizontal medida por piranômetros?

FIGURA 9.10 Distribuição esquemática da radiação solar média diária anual, em MJ/m² dia, no Brasil.

9.1.5.1 Índices de claridade

Razão entre a radiação integrada em certo intervalo de tempo sobre o plano horizontal e seu valor equivalente de radiação extraterrestre.

Define-se:

Índice de claridade horário: $k_T = \dfrac{I}{I_0}$ (9.29)

Índice de claridade diário: $K_T = \dfrac{H}{H_0}$ (9.30)

Índice de claridade diário média mensal: $\overline{K_T} = \dfrac{\overline{H}}{\overline{H_0}}$ (9.31)

9.1.5.2 Componente difusa da radiação horária

Os resultados dos estudos de Orgill e Hollands (1977) fornecem uma correlação suficientemente precisa da função:

$$\dfrac{I_d}{I} = f(k_T) = f\left(\dfrac{I}{I_0}\right) \quad (9.32)$$

Essa função pode ser representada pelas equações:

Para $k_T \leq 0{,}35$ $\dfrac{I_d}{I} = 1 - 0{,}24 k_T$ (9.33)

Para $0{,}35 < k_T < 0{,}75$ $\dfrac{I_d}{I} = 1{,}557 - 1{,}84 k_T$ (9.34)

Para $k_T > 0{,}75$ $\dfrac{I_d}{I} = 0{,}177$ (9.35)

Observe-se que este estudo conclui que, por mais que brilhe o Sol, teremos no mínimo 17,7 % da radiação que chega ao plano horizontal como radiação difusa, e, por mais escuro que esteja o dia, teremos no mínimo 4 % de radiação direta.

9.1.5.3 Componentes de radiação direta e difusa média diária

Os resultados dos estudos de Collares Pereira e Rabl (1979a,b) permitem avaliar a fração da radiação difusa no plano horizontal média diária a partir da radiação total no plano horizontal.

A função para diferentes faixas de K_T pode ser expressa pelas equações a seguir:

$$K_T \leq 0,17: \frac{H_d}{H} = 0,99 \tag{9.36}$$

$$0,17 < K_T \leq 0,75: \frac{H_d}{H} = 1,188 - 2,272 K_T +$$
$$+ 9,473 K_T^2 - 21,865 K_T^3 + 14,648 K_T^4 \tag{9.37}$$

$$0,75 < K_T < 0,8: \frac{H_d}{H} = -0,54 K_T + 0,632 \tag{9.38}$$

$$K_T \geq 0,8: \frac{H_d}{H} = 0,2 \tag{9.39}$$

9.1.5.4 Componentes de radiação direta e difusa diária média mensal

Os mesmos estudos de Collares Pereira e Rabl (1979a,b) permitem a estimativa da radiação difusa no plano horizontal média mensal a partir da Equação (9.40) em função de $\overline{K}_T$ e ω_S.

$$\frac{\overline{H_d}}{\overline{H}} = 0,775 + 0,00606 (\omega_S - 90°) -$$
$$- \left[0,505 + 0,00455 (\omega_S - 90°) \right] \cos \left[115 \overline{K}_T - 103 \right] \tag{9.40}$$

9.1.5.5 Estimativa da radiação horária I (MJ/m²) no plano horizontal a partir da radiação diária H (MJ/m²)

Estudos desenvolvidos por Liu e Jordan (1960), Whillier (1956, 1965) e Hottel-Whillier (1958) permitem a estimativa da radiação total horária e da radiação difusa horária no plano horizontal a partir da radiação total diária e da radiação difusa horária no plano horizontal.

A razão

$$r_t = \frac{I}{H} \tag{9.41}$$

pode ser expressa por:

$$r_t = \frac{\pi}{24} (a + b \cos \omega) \frac{\cos \omega - \cos \omega_S}{\mathrm{sen}\,\omega_S - \frac{\pi \omega_S}{180} \cos \omega_S} \tag{9.42}$$

em que:

$$a = 0,409 + 0,5016 \, \mathrm{sen} \left(\omega_S - 60° \right) \tag{9.43}$$

$$b = 0,6609 - 0,4767 \, \mathrm{sen} \left(\omega_S - 60° \right) \tag{9.44}$$

A razão

$$r_d = \frac{I_d}{H_d} \tag{9.45}$$

pode ser expressa por:

$$r_d = \frac{\pi}{24} \frac{\cos \omega - \cos \omega_S}{\mathrm{sen}\,\omega_S - \frac{\pi \omega_S}{180} \cos \omega_S} \tag{9.46}$$

Nessas equações, ω é expresso em graus.

9.1.6 Radiação total horária sobre superfícies inclinadas

Os dispositivos de captação da energia solar apresentam, com frequência, a superfície de captação com certa inclinação em relação ao plano horizontal.

Como estimar a disponibilidade de energia solar em um plano inclinado a partir de informações no plano horizontal é o que se verá a seguir.

Definem-se os subscritos: b (*beam*), radiação direta; d, radiação difusa; e T (*tilt*), sobre superfície inclinada.

Definem-se os índices R das razões entre a radiação no plano inclinado e no plano horizontal como:

Radiação direta: $R_b = \dfrac{I_{bT}}{I_b}$ (9.47)

com $R_b = \dfrac{\cos \theta}{\cos \theta_Z}$ (9.48)

Radiação difusa: $R_d = \dfrac{I_{dT}}{I_d}$ (9.49)

Radiação total: $R = \dfrac{I_T}{I} = \dfrac{I_b}{I} R_b + \dfrac{I_d}{I} R_d$ (9.50)

Observe-se que:

$$I_T = I_{Tb} + I_{Td} \tag{9.51}$$

$$I_T = R_b I_b + R_d I_d \tag{9.52}$$

Usando a notação da Equação (9.32), pode-se escrever:

$$I_T = \left(R_b \left(1 - f(k_T) \right) + R_d f(k_T) \right) I \tag{9.53}$$

Ou seja, se em intervalo de uma hora, definido pelo ângulo horário médio $\omega = \dfrac{\omega_1 + \omega_2}{2}$, dispusermos do valor I a partir de um piranômetro, poderemos avaliar k_T calculando I_0 no referido intervalo de tempo pela Equação (9.25) e, por conseguinte, $f(k_T)$ pelas Equações (9.33) a (9.35). Como o valor de R_b pode ser calculado pela Equação (9.48), o valor pendente para finalizar o cálculo de I_T é R_d.

9.1.7 Três modelos para a radiação difusa horária

Como o índice para a radiação direta é dependente apenas dos ângulos de incidência e zenital, a questão é remetida para a avaliação da fração da radiação difusa. Três modelos de avaliação foram propostos pelos pesquisadores.

9.1.7.1 Primeiro modelo

Para um dia muito claro, pode-se supor que a maior parte da radiação difusa viria de uma região do céu circunsolar, isto é, a maioria da radiação vem da direção do Sol. Dessa forma, a radiação na superfície inclinada é tratada como se fosse toda radiação direta, com

$$R_d \sim 0 \text{ e } R = R_b \qquad (9.54)$$

Esse modelo superestima a radiação sobre a superfície inclinada, pois supõe que $f(k_T) = 0$, enquanto os estudos apontam para essa função um valor mínimo de 0,177. Esse valor serve apenas como ordem de grandeza da radiação incidente em um plano inclinado em dia claro.

Exemplo 9.3

Estime o valor de R em uma superfície inclinada de $\beta = 30°$, voltada para o Equador, na latitude 35° S às 9h30min da manhã (hora solar), em 15 de agosto, supondo que a radiação difusa esteja concentrada na região circunsolar.

Resolução:

Nesse caso, pode-se assumir $R = R_b$

$$R_b = \cos\theta \Big/ \cos\theta_z$$

Ângulo de incidência para a face SUL $\gamma = 180°$

$$\cos\theta = \cos(\phi+\beta)\cos\delta \ \cos\omega + \sen(\phi+\beta)\sen\delta$$

$$\cos\theta_z = \sen\delta \ \sen\phi + \cos\delta \ \cos\phi \ \cos\omega$$

Temos que: $\delta = 13,78°, \omega = -37,5°, \phi = -35°, \beta = 30°$

Efetuando o cálculo: $\cos\theta_z = 0,4945$ e $\theta_z = 60,36°$;

$$\cos\theta = 0,7468 \text{ e } \theta = 41,68°$$

Finalmente: $R_b = \dfrac{0,7468}{0,4945} = 1,51$

9.1.7.2 Segundo modelo

A radiação difusa sobre o plano inclinado é igual à do plano horizontal. Nessa condição,

$$R_d = 1 \text{ e } I_T = I_b R_b + I_d \qquad (9.55)$$

Esse modelo não considera a radiação refletida pelo solo. Pode ser usado em dias de névoa uniforme para avaliação da ordem de grandeza sobre o plano inclinado.

Exemplo 9.4

Com os dados do Exemplo 9.3, estime R, supondo que 0,35 da radiação solar total seja direta, e que 0,65 seja difusa ($k_T = 0,49$), em dia de nebulosidade uniforme.

Resolução:

Nessa situação, podemos supor que $R_d = \dfrac{I_{dT}}{I_d} = 1$ (radiação difusa isotrópica).

$$R = \dfrac{I_T}{I} = \dfrac{I_b}{I}R_b + \dfrac{I_d}{I}R_d = 0,35 \times 1,51 + 0,65 \times 1,00 = 1,18$$

9.1.7.3 Terceiro modelo

Liu e Jordan (1962) consideraram a hipótese de que a radiação total sobre uma superfície inclinada se compusesse da radiação direta mais a radiação solar difusa isotrópica e mais a radiação solar refletida difusamente pelo solo, com refletividade ρ. Portanto:

$$I_T = I_b R_b + I_d\left(\dfrac{1+\cos\beta}{2}\right) + (I_b + I_d)\rho\left(\dfrac{1-\cos\beta}{2}\right) \quad (9.56)$$

$$R = \dfrac{I_T}{I} = \dfrac{I_b}{I}R_b + \dfrac{I_d}{I}\left(\dfrac{1+\cos\beta}{2}\right) + \rho\left(\dfrac{1-\cos\beta}{2}\right) \quad (9.57)$$

Esse modelo considera a radiação difusa do céu como isotrópica, com intensidade igual, qualquer que seja a direção, e que as diferentes superfícies que "olham" para a superfície inclinada tenham uma refletividade média ρ.

Nesse modelo, temos $R_d = \dfrac{1+\cos\beta}{2}$ e $R_{dS} = \dfrac{1-\cos\beta}{2}$, em que R_{dS} é a razão entre a radiação difusa proveniente do solo e a radiação total incidente no plano horizontal.

Exemplo 9.5

Com os dados do Exemplo 9.4, estime o valor de R, supondo que a refletividade do solo seja 0,2 (vegetação) ou 0,7 (neve ou gelo).

250 CAPÍTULO 9

Resolução:

$$R = \frac{I_T}{I} = \frac{I_b}{I} R_b + \frac{I_d}{I}\left(\frac{1+\cos\beta}{2}\right) + \rho\left(\frac{1-\cos\beta}{2}\right)$$

$$R = \frac{I_T}{I} = 0,35\times1,51 + 0,65\times\left(\frac{1+\cos30^\circ}{2}\right) + 0,2\times\left(\frac{1-\cos30^\circ}{2}\right) = 1,15$$

$$R = \frac{I_T}{I} = 0,35\times1,51 + 0,65\times\left(\frac{1+\cos30^\circ}{2}\right) + 0,7\times\left(\frac{1-\cos30^\circ}{2}\right) = 1,18$$

9.1.8 Radiação média diária mensal sobre uma superfície inclinada fixa

A maioria dos métodos para dimensionamento de sistemas de aquecimento por meio de energia solar utiliza como base de cálculo da energia disponível o fator $\overline{R}$, razão entre a radiação diária média mensal sobre uma superfície inclinada $\overline{H}_T$, e a radiação diária média mensal sobre uma superfície horizontal $\overline{H}$.

Liu e Jordan (1962) propuseram as seguintes equações, aprimoradas por Klein (1977).

Se as superfícies estão voltadas para o Equador e as radiações difusa e refletida puderem ser consideradas isotrópicas, tem-se que:

$$\overline{R} = \frac{\overline{H}_T}{\overline{H}} = \left(1 - \frac{\overline{H}_d}{\overline{H}}\right)\overline{R}_b + \frac{\overline{H}_d}{\overline{H}}\left(\frac{1+\cos\beta}{2}\right) + \rho\left(\frac{1-\cos\beta}{2}\right) \quad (9.58)$$

$$\overline{H}_T = \overline{H}\left(1 - \frac{\overline{H}_d}{\overline{H}}\right)\overline{R}_b + \overline{H}_d\left(\frac{1+\cos\beta}{2}\right) + \overline{H}\rho\left(\frac{1-\cos\beta}{2}\right) \quad (9.59)$$

A razão $\overline{H}_d\big/\overline{H}$ é função de $\overline{K}_T$ conforme a Equação (9.40). Liu e Jordan (1962) assumiram também que a razão $\overline{R}_b = \dfrac{\overline{H}_{bT}}{\overline{H}_b}$ fosse estimada pelo seu valor sem a atmosfera, ou seja,

$$\overline{R}_b = \frac{\overline{H}_{0T}}{\overline{H}_0} \quad (9.60)$$

Para superfícies no Hemisfério Norte, inclinadas diretamente para o Equador ($\gamma = 0°$), temos:

$$\overline{R}_b = \frac{\cos(\phi-\beta)\cos\delta\,\text{sen}\omega_S^* + \left(\dfrac{\pi}{180}\right)\omega_S^*\,\text{sen}(\phi-\beta)\text{sen}\delta}{\cos\phi\,\cos\delta\,\text{sen}\omega_S + \left(\dfrac{\pi}{180}\right)\omega_S\text{sen}\phi\,\text{sen}\delta}$$

$$(9.61)$$

Nessa expressão, o símbolo (ω_S^*) representa o ângulo horário do pôr do sol para a superfície inclinada no dia médio do mês, conforme Tabela 9.1, que pode ser calculado por:

$$\omega_S^* = \text{mínimo entre:} \quad \begin{array}{l} \text{arccos}\,[-\tan\phi\,\tan\delta]\ \text{e} \\ \text{arccos}\,[-\tan(\phi-\beta)\,\tan\delta] \end{array} \quad (9.62)$$

Para superfícies no Hemisfério Sul, inclinadas diretamente para o Equador ($\gamma = 180°$), temos:

$$\overline{R}_b = \frac{\cos(\phi+\beta)\cos\delta\,\text{sen}\omega_S^* + \left(\dfrac{\pi}{180}\right)\omega_S^*\,\text{sen}(\phi+\beta)\text{sen}\delta}{\cos\phi\,\cos\delta\,\text{sen}\omega_S + \left(\dfrac{\pi}{180}\right)\omega_S\,\text{sen}\phi\,\text{sen}\delta} \quad (9.63)$$

$$\omega_S^* = \text{mínimo entre:} \quad \begin{array}{l} \text{arccos}\,[-\tan\phi\,\tan\delta]\ \text{e} \\ \text{arccos}\,[-\tan(\phi-\beta)\,\tan\delta] \end{array} \quad (9.64)$$

Exemplo 9.6

Planeja-se instalar um sistema de coletores solares planos na região da cidade de São Paulo, latitude $\phi = -23,6°$, voltados diretamente para o Equador $\gamma = 180°$, com inclinação de $\beta = 30°$ em relação à horizontal. Para o mês de agosto, a radiação diária média mensal na superfície horizontal é estimada em $\overline{H} = 10,3$ MJ/(m^2 dia). A refletividade do solo é estimada em $\rho = 0,2$. Calcule o valor da radiação diária média mensal nesse mês na superfície inclinada proposta.

Resolução:

Dados $\phi = -23,6°$, $\beta = 30°$, $\overline{H} = 10,3\,\dfrac{\text{MJ}}{\text{m}^2\text{dia}}$, $\rho = 0,2$

Vamos necessitar dos seguintes valores:

$$\delta, \omega_S^*, \omega_S, \overline{K}_T, \overline{H}_d\big/\overline{H}, \overline{H}_0$$

Para o mês de agosto, temos, pela Tabela 9.2, que o dia médio é 16, $n = 228$ e $\delta = 13,5°$.

Portanto,

ω_S^* = mínimo entre: arccos $[-\tan\phi\,\tan\delta]$ e arccos $[-\tan(\phi+\beta)\,\tan\delta]$
arccos $(-\tan(-23,6°)\tan(13,5°)) = 84,0°$; e arccos $(-\tan 6,5°\tan 13,5°) = 91,6°$

Então, $\omega_S^* = 84°$ e $\omega_S = 84°$

$$\overline{R}_b = \frac{\cos(\phi+\beta)\cos\delta\,\text{sen}\omega_S^* + \left(\dfrac{\pi}{180}\right)\omega_S\,\text{sen}(\phi+\beta)\text{sen}\delta}{\cos\phi\,\cos\delta\,\text{sen}\omega_S + \left(\dfrac{\pi}{180}\right)\omega_S\,\text{sen}\phi\,\text{sen}\delta}$$

Para facilidades de cálculo, coloquemos que: $\overline{R}_b = A/B$

$$A = \cos6,3°\times\cos13,5°\times\text{sen}84,0° + \frac{\pi}{180°}\times84,0°\times\text{sen}6,4°\,\text{sen}13,5°$$
$$= 0,9610 + 0,0382 = 0,9992$$

$$B = \cos(-23,6°)\times\cos13,5°\times\text{sen}84° \frac{\pi}{180°}\times84°\times\text{sen}(-23,6°)\text{sen}13,5°$$
$$= 0,8862 - 0,1370 = 0,7492$$

$$\overline{R}_b = \frac{0,9992}{0,7492} = 1,3337$$

A radiação extraterrestre pode ser interpolada pela Fig. 9.7.

$\phi°$	MJ/(m² dia)
−20	28,8
−23,6	27,3
−25	26,7

$$\overline{K_T} = \frac{\overline{H}}{\overline{H_0}} = \frac{10,3}{27,3} = 0,38$$

$$\frac{\overline{H_d}}{\overline{H}} = 0,775 + 0,00606\,(\omega_s - 90°) - [0,505 + 0,00455(\omega_s - 90°)]$$
$$\cos[115\overline{K_T} - 103°]$$

$$\frac{\overline{H_d}}{\overline{H}} = 0,775 + 0,00606\,(84_s - 90°) - [0,505 + 0,00455(84°-90°)]$$
$$\times \cos[115 \times 0,38 - 103°] = 0,49$$

Então: $\overline{R} = \frac{\overline{H_T}}{\overline{H}} = \left(1 - \frac{\overline{H_d}}{\overline{H}}\right)\overline{R_b} + \frac{\overline{H_d}}{\overline{H}}\left(\frac{1+\cos\beta}{2}\right) + \rho\left(\frac{1-\cos\beta}{2}\right) = 1,15$

e: $\overline{H_T} = \overline{R}\overline{H} = 1,15 \times 10,3 = 11,8 \frac{MJ}{m^2 dia} = 3,28 \,kWh/m^2 dia$

ou seja, o fato de inclinarmos o coletor de $\beta = 30°$ em relação à horizontal permite um aumento de 15 % da coleta da radiação solar em relação ao plano horizontal. A energia coletada como radiação direta é de 0,51 × 1,3337 × 10,3 = 7,0 MJ/(m² dia) = 1,94 kWh/m² dia.

A Fig. 9.11 mostra o resultado da influência do ângulo β de inclinação de uma superfície plana com relação à horizontal na radiação média mensal coletada. A superfície apresenta um azimute 0° e está localizada na latitude +45°. É importante ressaltar que se tem a hipótese de que o índice de claridade médio mensal é igual a 0,50 para todos os meses.

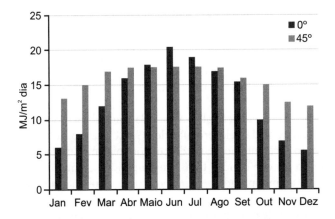

FIGURA 9.11 Variação da radiação média diária mensal para superfícies com várias inclinações em função da época do ano na latitude 45° N, $\overline{K_T} = 0,5$ constante para todos os meses, voltada diretamente para o S.

Observa-se que a inclinação da superfície "suaviza" a variação da energia coletada ao longo do ano.

Como regra prática, pode-se dizer que, considerando-se uma localidade com $\overline{K_T}$ constante ao longo do ano:

- para a máxima captação anual de energia, a inclinação da superfície igual à latitude é melhor;
- para a máxima captação de energia no verão, a inclinação da superfície deve ser de 10° a 15° menor do que a latitude;
- para a máxima captação de energia no inverno, a inclinação da superfície deve ser de 10° a 15° maior do que a latitude.

Desvios no ângulo do azimute da superfície de 10° a 20° com relação ao N (Hemisfério Sul) ou ao S (Hemisfério Norte) têm pequeno efeito sobre a energia coletada.

Para a situação geral em que $\overline{K_T}$ varia mês a mês, a busca pela condição desejada precisa ser estimada pelos métodos descritos.

9.2 Modelo da analogia elétrica para a transferência de calor

9.2.1 Introdução

O fluxo de radiação solar deve ser coletado em dispositivos denominados coletores solares térmicos ou coletores solares fotovoltaicos. Os primeiros, em geral, transferem essa energia para um fluido de trabalho que tem sua energia interna aumentada, e os segundos transferem essa energia para elétrons, movendo-os da banda de valência para a banda de condução.

Em qualquer dos casos, ocorrem fluxos de calor por esses dispositivos, que determinam sua eficiência. Esse é o motivo pelo qual a literatura que aborda a utilização de energia solar dedica fração significativa do texto à transferência de calor. Neste capítulo, desenvolveremos os conceitos básicos de transferência de calor para que o leitor possa acessar a literatura sem maiores dificuldades. Para um resumo mais completo da transferência de calor aplicada à energia solar, ver Duffie e Beckman (2006) e, para um estudo mais aprofundado desse assunto, ver Simões Moreira e Zavaleta Aguilar (2023).

9.2.2 Coletor solar plano

Instalações de aquecimento de água para uso residencial são muito comuns, e há fotos facilmente disponíveis. Nessas fotos, se destaca o coletor solar plano amplamente utilizado em todo o mundo.

A Fig. 9.12 mostra o corte transversal de um coletor solar plano. Nessa figura, observa-se uma caixa no interior da qual há uma placa absorvedora unida a tubos por onde circula o fluido, no caso água. Na parte superior, a caixa é fechada com uma ou duas coberturas de um material transparente à luz solar, como vidro, por exemplo, e, na parte inferior, uma camada de material isolante térmico colocada entre a placa absorvedora e o fundo da caixa. No Brasil, geralmente se emprega somente cobertura de apenas um vidro.

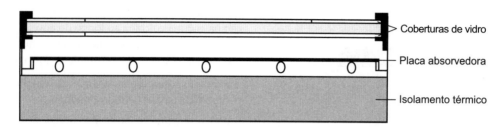

FIGURA 9.12 Corte de um coletor solar plano com uma cobertura dupla de vidro.

Parte da radiação solar incidente atravessa o vidro e é absorvida pela placa absorvedora, que, por sua vez, transfere parte da radiação absorvida para o fluido de trabalho, e parte é perdida para o ambiente.

Apesar de ser um dispositivo simples, a engenharia térmica a ele associada é muito complexa. O desconhecimento dessa engenharia é o que explica um número significativo de coletores de baixo desempenho no mercado.

No Brasil, os coletores comercializados devem ter o selo do Inmetro. Entre as características fornecidas pelo órgão, encontram-se os parâmetros $F_R(\tau\alpha)$ e $F_R U_L$. A compreensão do que eles significam e pelo que são influenciados é a base para a correta análise de avaliação desses equipamentos.

9.2.3 Rendimento térmico de um coletor solar plano

O coletor solar plano instalado no topo de uma residência opera em regime transitório, como qualquer outro sistema de utilização de energia solar. A radiação incidente G_T (W/m²) sobre sua área de abertura, a velocidade do vento no local v_W e a temperatura da água T_{fi} (°C) que entra no coletor variam continuamente no decorrer do tempo de sua operação, fazendo com que a temperatura da água na saída do coletor T_{fo} (°C) também varie continuamente. Apesar desse fato, é muito útil observar o comportamento do coletor em regime permanente, em que as grandezas G_T, T_{fi}, v_W, entre outras, são mantidas com valores constantes, conforme a prescrição das normas de ensaio.

A Fig. 9.13 mostra um esquema para coletor solar plano operando em regime permanente em uma bancada de ensaio.

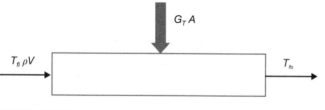

FIGURA 9.13 Esquema de um coletor solar plano operando em regime permanente em bancada de ensaio.

A taxa de energia transferida ao fluido de trabalho, ou taxa de energia útil Q_U (W), pode ser obtida pela Equação (9.65),

$$Q_U = \rho V C_P \left(T_{fo} - T_{fi}\right) \quad (9.65)$$

em que:

ρ = densidade da água ou do fluido de trabalho, em kg/m³;
V = vazão volumétrica do fluido de trabalho através do coletor solar, em m³/s;
C_P = calor específico da água ou fluido de trabalho, em J/kg °C.

A taxa de radiação incidente na área de abertura A (m²) do coletor solar é dada pelo produto $G_T A$ (W) e, portanto, o rendimento térmico do coletor pode ser dado pela Equação (9.66):

$$\eta = \frac{Q_u}{G_T A} \quad (9.66)$$

Observe que as medidas de vazão volumétrica, temperaturas e radiação no plano do coletor são feitas por instrumentos de medida e, por isso, o rendimento térmico pode ser avaliado. As normas de ensaio descrevem meticulosamente o procedimento desses ensaios.

Quando se pensa em esmiuçar os aspectos construtivos de um coletor solar, é possível elaborar um modelo aproximado, tomando-se como referência a placa absorvedora do coletor solar que estaria a uma temperatura média T_P (°C). Essa temperatura média da placa absorvedora é um parâmetro físico simplificado para se fazer uma análise, pois o perfil de temperaturas na placa varia tanto transversalmente entre os tubos como longitudinalmente ao longo da direção dos tubos.

Nessa condição, poderíamos fazer um balanço térmico simplificado em regime permanente, utilizando a placa como referência, conforme a Equação (9.67).

[taxa de radiação absorvida pela placa absorvedora] = [taxa de energia útil] + [taxa de calor perdida para o ambiente] (9.67)

A taxa de radiação absorvida pela placa absorvedora pode ser aproximada pelo produto de $(G_T A)$, que é a taxa de radiação incidente no plano do coletor solar multiplicada pela fração (τ) que o vidro transmite, supondo-se uma única cobertura, multiplicada pela fração (α) que a placa absorve, ou $(G_T A)(\tau\alpha)$.

A taxa de calor perdida para o ambiente à temperatura T_a (°C) pode ser expressa em termos de um coeficiente global de troca de calor U_L (W/m² °C) entre a placa absorvedora na temperatura T_P (°C) e o ambiente, pelo produto $U_L A (T_P - T_a)$.

Desse modo, a Equação (9.67) poderá ser reescrita na forma da Equação (9.68):

$$G_T A(\tau\alpha) = Q_u + U_L A(T_P - T_a) \quad (9.68)$$

Isolando-se, na Equação (9.68), o valor de Q_U, e substituindo-o na Equação (9.66), obtém-se a Equação (9.69) para o rendimento térmico do coletor (η):

$$\eta = (\tau\alpha)_N - U_L \frac{(T_P - T_a)}{G_T} \quad (9.69)$$

A Equação (9.69) revela que o rendimento térmico de um coletor solar operando em regime permanente depende das propriedades ópticas do vidro (τ), da superfície absorvedora (α), das suas trocas de calor com o ambiente U_L, do fluxo de radiação incidente G_T e das temperaturas T_P e T_a. O índice (N) no produto $(\tau\alpha)_N$ indica que esse valor é medido para um ângulo de incidência da radiação igual a zero, e a norma de ensaio indica as condições em que essa restrição é considerada como atendida.

A avaliação do rendimento térmico do coletor com a Equação (9.69) apresenta uma dificuldade relativa à temperatura média de placa (T_P), de trabalhosa avaliação. Para superar essa dificuldade e obter uma expressão com valores facilmente mensuráveis, é definido o fator de remoção de calor (*heat removal factor*) F_R pela Equação (9.70):

$$F_R = \frac{Q_u}{G_T A(\tau\alpha)_N - U_L A(T_{fi} - T_a)} \quad (9.70)$$

Isolando o valor de Q_U na Equação (9.70) e substituindo na Equação (9.66), temos a Equação (9.71) para o rendimento térmico:

$$\eta = F_R (\tau\alpha)_N - F_R U_L \frac{(T_{fi} - T_a)}{G_T} \quad (9.71)$$

Os coletores solares comercializados no Brasil possuem um selo do Inmetro, e suas características obtidas em teste normatizado são apresentadas no *site* http://www.inmetro.gov.br/consumidor/tabelas.asp. Acesso em: 20 set. 2024.

A Tabela 9.3 mostra exemplos de valores copiados da página do Inmetro referente a sistemas e equipamentos para aquecimento solar de água - coletores solares.

A Fig. 9.14 mostra graficamente a variação do rendimento térmico dos coletores solares exemplificados em função do parâmetro $(T_{fi} - T_a)/G_T$, em m² °C/W.

TABELA 9.3 Exemplos de características de coletores solares planos

Fabricante	$F_R (\tau\alpha)_N$	$F_R U_L$ (W/m² °C)	A (m²)
X	0,636	3,782	2,01
Y	0,740	6,235	1,51
Z	0,780	14,726	2,36

Admita-se, para o coletor X, que a transmitância do vidro seja de $\tau = 0,95$, e que a absortividade de sua placa seja de $\alpha = 0,9$, condições que resultariam em $\tau\alpha = 0,855$. Como, para o coletor X, o dado de ensaio revela ser o valor de produto $F_R(\tau\alpha)_N = 0,636$, segue-se que $F_R = 0,744$. Por outro lado, $F_R U_L = 3,782$, a partir do que se estima que $U_L = 5,08$ (W/m² °C).

A Fig. 9.15 apresenta a variação do rendimento térmico do coletor X para diferentes condições de radiação solar G_T (W/m²) e temperaturas da água T_{fi} (°C) em sua alimentação, mantendo constante a temperatura do ar ambiente, $T_a = 20$ °C. Observe-se então o cuidado que se deve ter quando se menciona rendimento térmico de coletor solar, pois é preciso ter em mente a questão de o dado valer para uma condição de regime de operação permanente e variar com os parâmetros mencionados.

Quando para a faixa de utilização de um coletor solar plano específico, U_L, puder ser aproximado por uma função linear da diferença entre a temperatura média do fluido T_m e a temperatura ambiente T_a, usa-se uma curva de rendimento térmico de três parâmetros, ou seja, uma parábola.

Assim a Equação (9.71) fica substituída pelas correspondentes:

a) Temperatura média do fluido dada pela Equação (9.71a)

$$T_m = \frac{T_{fi} + T_{fo}}{2} \quad (9.71a)$$

b) Equação do rendimento de coletores solares térmicos pela Equação (9.71b)

$$\eta = \eta_0 - a_1 \frac{(T_m - T_a)}{G_T} - a_2 \frac{(T_m - T_a)^2}{G_T} \quad (9.71b)$$

Os parâmetros η_0, a_1, a_2 são obtidos por ajuste estatístico pelo método dos mínimos quadrados dos pontos experimentais de rendimento térmico. Estes parâmetros não têm significado físico como aqueles dos parâmetros do ajuste de primeira ordem.

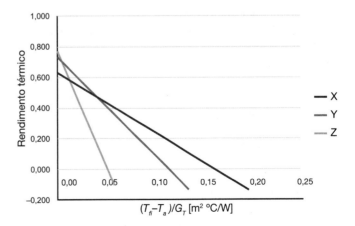

FIGURA 9.14 Exemplos de curva de rendimento térmico de coletores solares planos.

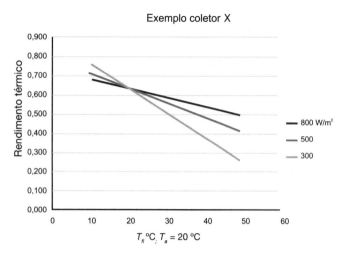

FIGURA 9.15 Variação do rendimento térmico do coletor solar X com diferentes níveis da radiação solar G_T, temperaturas de alimentação de água T_{fi} e temperatura do ar ambiente constante $T_o = 20\ °C$.

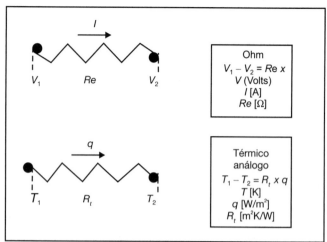

FIGURA 9.16 Conceito de resistência térmica análoga.

9.2.4 Representação de um coletor solar plano pelo modelo de resistências térmicas

Como se mostrou, o rendimento térmico de um coletor solar plano depende de parâmetros ópticos, como o produto da transmitância do vidro pela absortividade da placa $(\tau\alpha)_N$ e o coeficiente global de troca de calor, U_L.

A análise do coletor solar, para entender seu rendimento em função dos fundamentos da transmissão de calor, se apoia na analogia elétrica com o conceito de resistência térmica.

A Fig. 9.16 mostra o conceito da resistência térmica análoga a um resistor elétrico, e a expressão térmica análoga à Lei de Ohm, conforme a Equação (9.72):

$$q = \frac{Q}{A} = \frac{\Delta T}{R_t} \qquad (9.72)$$

em que:

q = fluxo de calor que circula pela resistência térmica R_t em função da diferença de temperatura ΔT entre seus extremos, em W/m²;
Q = taxa de troca de calor através da área de troca de calor A, em W;
A = área por meio da qual ocorre a troca de calor, em m²;
ΔT = diferença de temperatura entre os extremos da resistência térmica, em °C;
R_t = resistência térmica, em °C m²/W.

A Fig. 9.17 mostra as expressões a serem usadas para o cálculo de resistências térmicas equivalentes em associações em série e em paralelo.

A Tabela 9.4 mostra a notação que será usada para identificar a resistência térmica com a natureza do mecanismo de troca de calor.

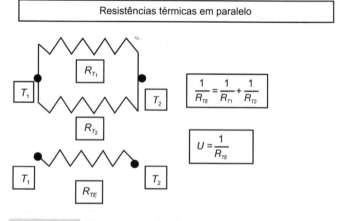

FIGURA 9.17 Resistências térmicas equivalentes para associações em série e em paralelo.

Com esses conceitos, pode-se construir o circuito térmico equivalente de um coletor solar plano para avaliar o valor do coeficiente global de troca de calor U_L, conforme mostrado na Fig. 9.18.

Na Fig. 9.18, podemos observar as temperaturas médias da placa T_P, do vidro T_V, do fundo da caixa T_B e do ar T_a. Também são indicadas as taxas de calor componentes da perda.

| TABELA 9.4 | Notação para as resistências térmicas segundo diferentes mecanismos de transferência de calor |

Resistências térmicas R_t para os diferentes mecanismos de troca de calor (m² K/W)		
Radiação	Convecção	Condução
$1/h_R = R_{tr}$	$1/h_C = R_{tc}$	$e/k = R_{tk}$
h_R (W/m² K) coeficiente de troca de calor por radiação	h_C (W/m² K) coeficiente de troca de calor por convecção	k (W/m K) condutibilidade térmica do material e (m) espessura da parede através da qual ocorre a transmissão de calor por condução

A resolução desse circuito permitirá que se chegue ao circuito equivalente mostrado na parte inferior da Fig. 9.18.

A partir da Fig. 9.18, podem-se escrever as seguintes equações:

$$Q_{r1} + Q_{c1} = Q_{r2} + Q_{c2} \quad (9.73)$$

$$Q_k = Q_{c3} \quad (9.74)$$

$$Q_P = \frac{(T_P - T_a)}{R_{te}} \quad (9.75)$$

$$Q_P = Q_{r2} + Q_{c2} + Q_{c3} \quad (9.76)$$

Dessa forma, para que a análise seja feita, é necessário que se calcule cada uma das resistências térmicas mencionadas e, com isso, se explique o motivo pelo qual os coletores solares X, Y, Z apresentam diferentes curvas de rendimento.

9.2.5 Transferência de calor por radiação térmica

9.2.5.1 Mecanismos: onda eletromagnética e fótons

A natureza da luz ainda é um fato controvertido na ciência. Todavia, as explicações dos fenômenos físicos observados na luz podem ser bem descritos pelos assim chamados: modelo ondulatório e modelo de partícula quântica.

a) Modelo ondulatório – onda eletromagnética

Atribui-se ao matemático holandês Christiaan Huygens (1629-1695) a argumentação de que a luz teria um comportamento explicável pelo conceito de ondas, hoje denominado Princípio

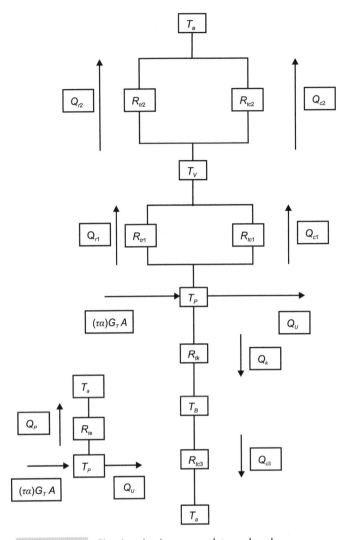

FIGURA 9.18 Circuito térmico para coletor solar plano.

Huygens-Fresnel. Posteriormente, o matemático e físico escocês James Clerk Maxwell (1831-1879) formulou a teoria eletromagnética clássica, que demonstra que os campos elétrico e magnético se deslocavam pelo espaço como ondas a uma velocidade constante e igual à da luz. Maxwell propôs que a luz é uma ondulação de natureza eletromagnética.

A partir desse modelo, construiu-se toda a tecnologia que pode ser representada pelo espectro eletromagnético mostrado na Fig. 9.19.

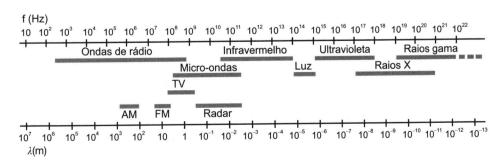

FIGURA 9.19 Espectro eletromagnético.

A relação entre a frequência da onda ν (s^{-1}), seu comprimento de onda λ (m) e a velocidade da luz c (m/s) é dada pela Equação (9.77):

$$\lambda = \frac{c}{\nu} \qquad (9.77)$$

b) Modelo de fótons – objeto quântico

O físico alemão Max Karl Ernst Ludwig Planck (1858-1947), um dos fundadores da teoria quântica, pela qual recebeu o Prêmio Nobel de Física em 1918, descreveu a luz como um objeto quântico denominado fóton. O fóton é uma partícula quântica elementar, estável, com interação eletromagnética de massa e carga elétrica zero.

A energia transportada por um mol de fótons de frequência ν (s^{-1}) é dada pela Equação (9.78):

$$E = h\nu N_A \qquad (9.78)$$

em que:

E = energia de um mol de fótons de frequência ν, em J/mol;
N_A = número de Avogadro = 6,02 10^{23}, em mol^{-1};
h = constante de Planck = 6,6256 10^{-34}, em Js.

Exemplo 9.7

Quanta energia é transportada por um mol (J/mol) nas seguintes radiações?

a) ultravioleta $\nu = 5,5 \times 10^{15}$ s^{-1}
b) amarela $\lambda = 600$ nm
c) infravermelho próximo $\lambda = 780$ nm
d) rádio FM 99,5 mHz
e) rádio AM 115 kHz
f) fonte de raios X – $\lambda = 3,44 \times 10^{-9}$ m
g) fonte de forno de micro-ondas $\lambda = 6,71 \times 10^{-2}$ m.

Resolução:

Quando a radiação for definida por sua frequência, podemos escrever:

$$E = h\nu N_A = 6,626 10^{-34} \times 6,022 \times 10^{23} \nu = 3,99 \times 10^{-10} \nu \left[\frac{J}{mol}; s^{-1}\right]$$

Quando a radiação for definida pelo seu comprimento de onda λ, temos:

$$E = h\frac{c}{\lambda} N_A = 6,626 \times 10^{-34} \frac{2,998 \times 10^8}{\lambda} 6,022 \times 10^{23} = \frac{0,12}{\lambda}\left[\frac{J}{mol}; m\right]$$

Respostas (em J/mol):

a) ultravioleta $\nu = 5,5 \times 10^{15}$ s^{-1} .... 2,19 × 10^6
b) amarela $\lambda = 600$ nm .... 0,20 × 10^6
c) infravermelho próximo $\lambda = 780$ nm........ 0,15 × 10^6
d) rádio FM 99,5 mHz .... 3,97 × 10^{-2}
e) rádio AM 115 kHz .... 4,59 × 10^{-5}
f) fonte de raios X $\lambda = 3,44 \times 10^{-9}$ m .... 34,9 × 10^6
g) fonte de forno micro-ondas $\lambda = 6,71 \times 10^{-2}$ m .... 1,79.

Observe que a energia transportada por um mol de uma fonte de raios X é dez vezes maior que a de um mol de radiação ultravioleta, e que um mol de fótons de luz amarela transporta 100 mil vezes a energia de um mol de fótons gerado por um forno de micro-ondas.

No caso do efeito fotovoltaico em células de silício, apenas fótons associados a comprimentos de onda menores do que 1,2 μm possuem energia suficiente para transferir elétrons da banda de valência para a banda de condução. Esse é o primeiro fator a colocar um limite superior para a eficiência de conversão elétrica de uma célula fotovoltaica.

9.2.5.2 Fenômenos resultantes da incidência de radiação sobre uma superfície

A Fig. 9.20 mostra que um feixe de radiação incidente sobre uma superfície gera um feixe refletido, outro feixe absorvido e um terceiro transmitido.

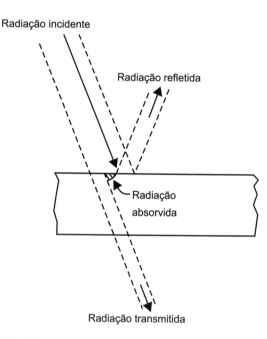

FIGURA 9.20 Fenômenos resultantes da incidência de radiação sobre uma superfície.

Para a superfície em questão, definem-se as seguintes propriedades:

α = fração do fluxo de energia incidente que é absorvido;
ρ = fração do fluxo de energia incidente que é refletido;
τ = fração do fluxo de energia incidente que é transmitido.

Evidentemente, entre essas propriedades, existe a relação:

$$\alpha + \rho + \tau = 1 \qquad (9.79)$$

Cada uma dessas propriedades, de maneira geral, é função do comprimento de onda λ, da radiação incidente e do ângulo de incidência θ.

A maioria dos materiais tem a fração absorvida a em sua primeira camada superficial inferior a 1,5 mm.

Chama-se corpo opaco um conceito ideal, no qual a fração da radiação transmitida seria zero. Assim, para um corpo opaco vale a relação:

$$\alpha + \rho = 1 \tag{9.80}$$

Certos materiais são praticamente opacos para determinados comprimentos de onda de radiação incidente.

É por meio da medida da refletividade ρ de um corpo opaco que se avalia a sua absortividade.

9.2.5.3 Conceito de corpo negro

O conceito de corpo negro, conforme introduzido pelo físico alemão Gustav Kirchhoff (1824-1887), é o fundamento sobre o qual se construiu a teoria da troca de calor por radiação.

A Fig. 9.21 mostra o esquema de uma região hipotética no espaço, em vácuo, isolada do meio, isto é, a radiação de qualquer natureza não pode atravessá-la. Dentro dessa região denominada cavidade, imaginam-se dois pequenos corpos opacos, 1 e 2.

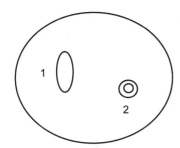

FIGURA 9.21 Interações no interior de uma cavidade.

Suponhamos, inicialmente, que a superfície interna da cavidade e os corpos 1 e 2 estejam em temperaturas diferentes. Após algum tempo, a cavidade e os dois corpos 1 e 2 estarão em equilíbrio térmico, situação indicada pela igualdade de suas temperaturas. Nessa situação, para qualquer ponto no interior da cavidade em qualquer direção haverá uma irradiação uniforme G (W/m^2).

Para cada um dos corpos 1 e 2, a energia radiante absorvida deverá ser igual à energia emitida, pois, assim, não haverá alteração em sua temperatura, uma vez que se encontram em equilíbrio térmico. Podemos escrever, considerando A (m^2) área superficial, E (W/m^2) potência emissiva e α, absortividade:

$$\text{Corpo 1:} \quad A_1 G \alpha_1 = E_1 A_1 \quad \text{ou} \quad G = \frac{E_1}{\alpha_1} \tag{9.81}$$

$$\text{Corpo 2:} \quad A_2 G \alpha_2 = E_2 A_2 \quad \text{ou} \quad G = \frac{E_2}{\alpha_2} \tag{9.82}$$

Concluímos, portanto, que no equilíbrio térmico:

$$\frac{E_1}{\alpha_1} = \frac{E_2}{\alpha_2} \quad \text{(Primeira Lei de Kirchhoff)} \tag{9.83}$$

Ora, o maior valor possível para a absortividade α é 1. Por isso, se o corpo 1 tivesse $\alpha_1 = 1$, poderíamos escrever $E_1 = E_2/\alpha_2$. Como $\alpha_2 < 1$, segue que $E_1 > E_2$. Ou seja, para determinada temperatura, há um limite máximo para a potência emissiva E (W/m^2) de um corpo. O corpo ideal que, em certa temperatura, apresenta a potência emissiva máxima possível para aquela temperatura é denominado corpo negro. Sua potência emissiva só depende da temperatura do corpo.

Chamando por $E_n(T)$, em W/m^2, potência emissiva do corpo negro em certa temperatura T, podemos escrever:

$$E_n(T) = \frac{E_1}{\alpha_1} = \frac{E_2}{\alpha_2} \tag{9.84}$$

Por outro lado, a potência emissiva E_1 (W/m^2) de um corpo em certa temperatura T poderia ser apresentada na forma de uma fração ε_1, chamada emissividade do corpo 1 na temperatura T, ou seja $E_1 = \varepsilon_1 E_n(T)$.

Assim, podemos escrever:

$$E_n(T) = \frac{E_1}{\alpha_1} = \frac{\varepsilon_1 E_n(T)}{\alpha_1} \tag{9.85}$$

ou

$$1 = \frac{\varepsilon_1}{\alpha_1} \quad \text{ou} \quad \alpha_1 = \varepsilon_1 \tag{9.86}$$

Desse modo, em determinada temperatura, a absortividade de um corpo é igual à sua emissividade (Segunda Lei de Kirchhoff).

9.2.5.4 Potência emissiva total de um corpo negro. Equação de Stefan-Boltzmann

A partir dos conceitos de corpo negro, absortividade e emissividade, é possível tratar os problemas de transmissão de calor por radiação. Para tanto, é necessário que se calcule a potência emissiva de um corpo negro a certa temperatura.

O físico austríaco Josef Stefan (1835-1893) deduziu em 1879 a expressão da potência emissiva de um corpo negro em certa temperatura a partir dos experimentos do físico irlandês John Tyndal (1829-1893). Em 1884, a expressão foi deduzida a partir da Termodinâmica, por seu aluno, o físico austríaco Ludwig Eduard Boltzmann (1844-1906).

A expressão conhecida como Lei de Stefan-Boltzmann é dada pela Equação (9.87):

$$E_n = \sigma T^4 = 5{,}6697 \times 10^{-8} T^4 \left[\frac{W}{m^2}\right]; T[K] \tag{9.87}$$

CAPÍTULO 9

Exemplo 9.8

Estime o valor do fluxo de calor radiante entre dois planos paralelos no vácuo, que poderiam ser aproximados por corpos negros, mantidos a temperaturas constantes nos seguintes casos:

a) $T_1 = 50\ °C$, $T_2 = 30\ °C$;
b) $T_1 = 35\ °C$, $T_2 = 30\ °C$;
c) $T_1 = 500\ °C$, $T_2 = 30\ °C$.

Resolução:

Considerando-se dois corpos negros, temos que a troca de calor entre eles será dada por:

$$Q_{1\to2} = A_2 F_{2\to1} E_{n2} - A_1 F_{1\to2} E_{n1} \tag{9.88}$$

em que:

$Q_{1\to2}$ = taxa de troca de calor por radiação do corpo 1 (referência) com o corpo 2, em W;
$F_{1\to2}$ = fator de forma do corpo 1 para o corpo 2;
$F_{2\to1}$ = fator de forma do corpo 2 para o corpo 1. O fator de forma é geométrico e mostra como um corpo "enxerga" o outro.

A chamada regra da reciprocidade estabelece que:

$$F_{1\to2} A_1 = F_{2\to1} A_2 \tag{9.89}$$

Portanto,

$$Q_{1\to2} = A_1 F_{1\to2} (E_{n2} - E_{n1}) \tag{9.90}$$

no caso de dois planos paralelos nos quais a extensão é maior que a distância entre eles, tem-se que: $F_{1\to2} = 1$.

Temos então:

$$q_{1\to2} = \frac{Q_{1\to2}}{A_1} = 5,6697 \times 10^{-4} \left(T_2^4 - T_1^4\right) \tag{9.91}$$

a) $-139,2\ W/m^2$ $\Delta T = 20\ °C$ $T_1 = 50\ °C$ $T_2 = 30\ °C$
b) $-32,3\ W/m^2$ $\Delta T = 5\ °C$ $T_1 = 35\ °C$ $T_2 = 30\ °C$
c) $-19,8\ 103\ W/m^2$ $\Delta T = 470\ °C$ $T_1 = 500\ °C$ $T_2 = 30\ °C$.

O valor (–) da troca líquida de calor entre o corpo 1 (referência) e o corpo 2 mostra que 1 está fornecendo energia para 2. Evidentemente, $Q_{2\to1} = -Q_{1\to2}$. Observe o efeito da quarta potência da temperatura no fluxo de calor trocado.

9.2.5.5 Potência emissiva monocromática de corpo negro. Equação de Planck e potência emissiva monocromática máxima. Lei de Wien

A conciliação entre a potência emissiva de um corpo negro em determinada temperatura com a distribuição de fótons que a transporta foi feita por Max Planck.

$$\int_0^\infty E_{\lambda n}\, d\lambda = \sigma T^4 \tag{9.92}$$

A chamada Equação de Planck para a radiação permite o cálculo do poder ou da potência emissiva monocromática para um corpo negro e é dada pela Equação (9.93), com $E_{\lambda n}$ [(W/m²)/μm]; λ [μm]; T [K].

$$E_{\lambda n} = \frac{3,7405 \times 10^8}{\lambda^5 \left[\exp\left(\dfrac{1,43879 \times 10^4}{\lambda T}\right) - 1 \right]} \tag{9.93}$$

A Fig. 9.22, de Simões Moreira e Zavaleta Aguilar (2023), mostra a distribuição do poder ou da potência emissiva monocromática para diversas temperaturas.

Observe-se que, para certa temperatura T, o comprimento de onda λ, no qual ocorre a potência emissiva máxima, é dado pela Lei do Deslocamento de Wien, proposta pelo físico alemão Wilhelm Carl Otto Fritz Franz Wien (1864-1928), Prêmio Nobel de Física em 1911 por seu trabalho sobre troca de calor por radiação. A expressão é dada por:

$$\lambda_{máx} T = 2897,8 \left[\mu m.K\right] \tag{9.94}$$

A obtenção dessa lei é relativamente simples, bastando, para isso, realizar a derivada parcial da Equação (9.93) em relação a λ para uma isotérmica.

Exemplo 9.9

Aproxime a superfície do Sol por um corpo negro na temperatura $T = 5762$ K. Considere a região do ultravioleta entre 0,33 e 0,38 μm, do visível entre 0,38 e 0,78 μm e o infravermelho próximo entre 0,78 e 2,22 μm. Estime o percentual de energia emitido em cada uma dessas regiões.

Resolução:

μm até 0,33	ultravioleta 0,33 - 0,38	visível 0,38 - 0,78	infravermelho 0,78 - 2,22	acima de 2,22
5,2	4,7	46,4	39,0	4,7

Os percentuais solicitados são dados pela expressão:

$$\frac{\int_{\lambda1}^{\lambda2} E_{\lambda n} d\lambda}{\sigma T^4} = \frac{\int_0^{\lambda2} E_{\lambda n} d\lambda}{\sigma T^4} - \frac{\int_0^{\lambda1} E_{\lambda n} d\lambda}{\sigma T^4} = f\left(0 - \lambda_2 T\right) - f\left(0 - \lambda_1 T\right) \tag{9.95}$$

A função

$$f\left(0 - \lambda T\right) = \frac{\int_0^\lambda E_{\lambda n} d\lambda}{\sigma T^4} \tag{9.96}$$

está tabelada no Anexo A ao final deste capítulo.

λ	λT	$\phi(0 - \lambda T)$	$\Delta \times 100$
μm	μm K		%
0,33	1901	0,0521	5,2
0,38	2190	0,0991	4,7
0,78	4494	0,5633	46,4
2,22	12.792	0,9529	39,0

Portanto, 90 % da radiação emitida por um corpo negro a 5762 K, temperatura superficial do Sol, é emitida no intervalo de comprimento de onda $0,38 < \lambda < 2,22$. Desse modo, é importante observar o comportamento óptico dos materiais (ρ, α, ε) nessa faixa de comprimento de onda.

9.2.5.6 Modelo simplificado para transferência de calor por radiação entre duas superfícies cinzentas

Hipóteses

1. As superfícies são cinza, ou seja, a fração da radiação de corpo negro emitida por essas superfícies em qualquer comprimento de onda é constante, e sua potência emissiva é fornecida pela expressão:

$$E_G = \varepsilon \sigma T^4 \qquad (9.97)$$

em que ε consiste na emissividade da superfície.

2. As superfícies são especularmente difusas, ou seja, a intensidade de radiação é a mesma qualquer que seja a direção.

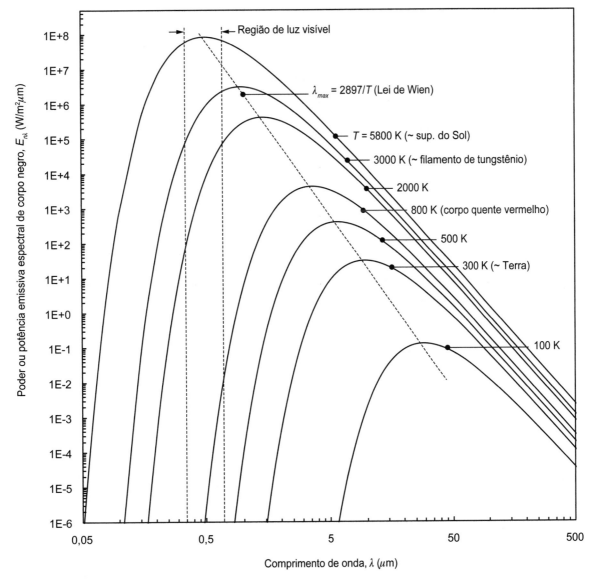

FIGURA 9.22 Distribuição do poder ou da potência emissiva monocromática e a Lei de Wien, conforme Simões Moreira e Zavaleta Aguilar (2023).

3. As temperaturas são uniformes sobre as superfícies.
4. A energia radiante incidente sobre cada superfície é uniforme (independentemente da direção).

Sob essas condições, a troca líquida de calor entre elas pode ser avaliada pela expressão:

$$Q_{12} = -Q_{21} = \frac{\sigma\left(T_2^4 - T_1^4\right)}{\frac{1-\varepsilon_1}{\varepsilon_1 A_1} + \frac{1}{A_1 F_{1-2}} + \frac{1-\varepsilon_2}{\varepsilon_2 A_2}} \qquad (9.98)$$

em que:

Q_{12} = taxa de energia radiante líquida trocada pela superfície 1 na temperatura T_1 com a superfície 2 na temperatura T_2, em W;
Q_{21} = taxa de energia radiante líquida trocada pela superfície 2 na temperatura T_2 com a superfície 1 na temperatura T_1, em W;
ε_1 e ε_2 = emissividades das superfícies 1 e 2, respectivamente, nas temperaturas T_1 e T_2;
A_1 e A_2 = área das superfícies 1 e 2;
F_{1-2} = fator de forma da superfície 1 para a superfície 2. (Nota: $A_1 F_{1-2} = A_2 F_{2-1}$.)

Observe-se que, se $T_2 > T_1$ $Q_{12} > 0$, indica que o corpo 1 recebe energia radiante nesse balanço, em caso contrário, $T_2 < T_1$ e $Q_{12} < 0$ indica que o corpo 1 cede energia nesse balanço.

Como exemplo de cálculo de fator de forma, a Fig. 9.23 fornece a avaliação do fator de forma para duas superfícies retangulares de dimensões idênticas, de acordo com Simões Moreira e Zavaleta Aguilar (2023). Para as mais diferentes geometrias, essa referência apresenta expressões matemáticas e ábacos que facilitam as estimativas.

Casos particulares importantes

a) Dois retângulos paralelos muito próximos, como no caso de coletores solares planos nos quais se deseja avaliar a troca de calor entre o vidro (superfície 1) e a placa absorvedora (superfície 2): $A_1 = A_2$ e $F_{1-2} = 1$, temos:

$$\frac{Q_{12}}{A_1} = \frac{\sigma\left(T_2^4 - T_1^4\right)}{\frac{1}{\varepsilon_1} + \frac{1}{\varepsilon_2} - 1} \qquad (9.99)$$

b) Quando a superfície 2 (céu) envolve completamente uma pequena superfície 1 (coletor solar), em que $A_1/A_2 \sim 0$ e $F_{1-2} = 1$, temos:

$$\frac{Q_{12}}{A_1} = \varepsilon_1 \sigma\left(T_2^4 - T_1^4\right) \qquad (9.100)$$

Observe-se que o fato de a temperatura do céu T_2 ser mais baixa que a da superfície do coletor T_1, $Q_1 < 0$ indica que essa superfície está perdendo calor por radiação para o céu.

9.2.5.7 Resistência equivalente na radiação

Das expressões anteriores, podemos avaliar R_{tr}, a resistência térmica de radiação usada nos modelos de troca de calor com diferentes componentes. De:

$$\frac{Q_{12}}{A_1} = h_R\left(T_2 - T_1\right) \qquad (9.101)$$

Podemos escrever, comparando com a expressão anterior, e deduzir

$$h_R = \frac{\sigma\left(T_2^2 + T_1^2\right)\left(T_2 + T_1\right)}{\frac{1-\varepsilon_1}{\varepsilon_1} + \frac{1}{F_{1-2}} + \frac{1-\varepsilon_2}{\varepsilon_2}\frac{A_1}{A_2}} \qquad (9.102)$$

Da qual se podem obter, respectivamente, as expressões para os dois casos particulares citados.

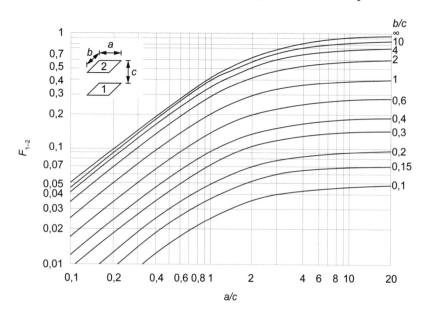

FIGURA 9.23 Fator de forma para duas superfícies retangulares paralelas, conforme Simões Moreira e Zavaleta Aguilar (2023).

a) Dois retângulos paralelos muito próximos $A_1 = A_2$ e $F_{1-2} = 1$:

$$h_R = \frac{\sigma\left(T_2^2 + T_1^2\right)\left(T_2 + T_1\right)}{\dfrac{1}{\varepsilon_1} + \dfrac{1}{\varepsilon_2} - 1} \qquad (9.103)$$

b) Quando a superfície 2 (céu) envolve completamente uma pequena superfície1 (coletor solar), em que $A_1/A_2 \sim 0$ e $F_{1-2} = 1$, temos:

$$h_R = \frac{\sigma\left(T_2^2 + T_1^2\right)\left(T_2 + T_1\right)}{\dfrac{1}{\varepsilon_1}} \qquad (9.104)$$

Para outras geometrias, consultar Simões Moreira e Zavaleta Aguilar (2023), ou o VDI Heat Atlas (2010) para estimar o valor do fator de forma.

Exemplo 9.10

Estime a resistência térmica e o fluxo de troca de calor por radiação entre duas placas planas, paralelas, a inferior estando a $T_1 = 100\ °C$, e a superior a $T_2 = 50\ °C$. As placas são muito extensas quando comparadas com o seu espaçamento e se comportam:

a) como corpos negros;

b) a inferior com emissividade $\varepsilon_1 = 0,2$ e a superior com emissividade $\varepsilon_2 = 0,8$.

Resolução:

a) Se os corpos forem negros, temos que: $\varepsilon_1 = \varepsilon_2 = 1$. Aproximando o fator de forma $F_{1-2} = 1$, temos:

$$h_R = \sigma\left(T_2^2 + T_1^2\right)\left(T_2 + T_1\right)$$

$$T_2 = 273 + 50 = 323\ K;\ T_1 = 100 + 273 = 373\ K$$

$$h_R = 5,6697 \times 10^{-8}\ (323^2 + 373^2)\ (323 + 373) = 9,6\ W/(m^2K)$$

$$R_{tr} = 1/h_R = 0,10\ (m^2K)/W$$

$$q_{R12} = h_R\ (T_2 - T_1) = 9,6\ (323 - 373) = -480\ W/m^2.$$

b) No caso de não serem negros com emissividades $\varepsilon_1 = 0,2$; $\varepsilon_2 = 0,8$; e $F_{1-2} = 1$, teremos:

$$h_R = \frac{\sigma\left(T_2^2 + T_1^2\right)\left(T_2 + T_1\right)}{\dfrac{1-\varepsilon_1}{\varepsilon_1} + \dfrac{1}{F_{1-2}} + \dfrac{1-\varepsilon_2}{\varepsilon_2}\dfrac{A_1}{A_2}} =$$

$$= \frac{5,669710^{-8}\left(323^2 + 373^2\right)\left(323 + 373\right)}{\dfrac{0,8}{0,2} + 1 + \dfrac{0,2}{0,8}} = \frac{9,6}{5,25} = 1,83$$

$$h_R = 1,83\ W/(m^2K)$$

$$R_{tr} = 1/h_R = 0,55\ (m^2K)/W$$

$$q_R = h_R\left(T_2 - T_1\right) = 1,83(323 - 373) = -91,5\left[\frac{W}{m^2}\right]$$

Observe-se que as propriedades ópticas influenciam sobremaneira a troca de calor por radiação. Nesse exemplo, a resistência térmica é 5,5 vezes superior à de corpos negros, e, consequentemente, o fluxo térmico trocado é 19 % daquele dos corpos negros.

9.2.5.8 Radiação do céu. Temperatura equivalente do céu

O céu pode ser aproximado por um corpo negro na temperatura T_{SKY}.

A troca de calor entre uma superfície 1 à temperatura T_1, com área A_1 de emissividade ε_1 e o céu (S), é dada por:

$$\frac{Q_{1S}}{A_1} = \varepsilon_1 \sigma\left(T_{SKY}^4 - T_1^4\right) \qquad (9.105)$$

A atmosfera é transparente na faixa de comprimento de onda entre 8 e 14 μm, onde se concentra a emissão de radiação da superfície terrestre e de objetos em temperatura ambiente.

A estimativa da temperatura do céu isento de nuvens T_{SKY} pode ser feita por expressões, conforme Duffie e Beckman (2006), nas quais todas as temperaturas devem estar em K:

$$T_{SKY} = 0,05527\ T_{ar}^{1,5} \qquad (9.106)$$

$$T_{SKY} = T_{ar}\left[0,8 + \frac{T_{orv} - 273}{250}\right]^{0,25} \qquad (9.107)$$

em que T_{ar} é a temperatura do ar e T_{orv} a temperatura de orvalho do ar.

A presença de nuvens tende a elevar a temperatura T_{SKY}.

Exemplo 9.11

Estime a temperatura do céu isento de nuvens, em São Paulo, em um dia, com o ar a 15 °C e umidade relativa de 60 %.

Resolução:

São Paulo $T = 15\ °C$, $W_\varphi = 60\ \%$. Da carta psicrométrica para São Paulo, temos: temperatura de orvalho $T_{orv} = 7,8\ °C = 280,8\ K$.

Usando as equações

$$T_{SKY} = 0,05527 T_{ar}^{1,5} = 0,05527(15 + 273)^{1,5} = 269,8K = -3,2\ °C$$

$$T_{SKY} = T_{ar}\left[0,8 + \frac{T_{orv} - 273}{250}\right]^{0,25}$$

$$T_{SKY} = (15+273)\left[0,8 + \frac{280,8 - 273}{250}\right]^{0,25} = 274,99K = 2,0\ °C$$

Esses valores explicam o fato de os sistemas de coletores solares para aquecimento de água possuírem dispositivos para evitar o congelamento da mesma em seu interior, por meio de drenagem, ou quando a inserção de anticongelantes for aplicável.

9.2.6 Transferência de calor por condução e convecção

Enquanto, na transferência de calor por radiação, as superfícies envolvidas não necessitam de um meio material entre si, a transferência de calor por convecção ocorre por uma combinação de fenômenos que envolvem o contato da superfície com o meio fluido e as condições de escoamento do mesmo.

9.2.6.1 Fenômenos de transporte molecular

a) Transporte de massa molecular (Lei de Fick)

A Fig. 9.24 mostra um frasco aberto na parte superior com um líquido A no fundo e o restante preenchido com um gás B.

Na camada de gás imediatamente acima da superfície do líquido, o gás apresenta vapor do líquido no estado saturado, com uma concentração C_0 (mols/cm³) em X_0. Sobre a boca do frasco, o gás escoa com uma concentração do vapor de líquido de C_∞ (mols/cm³) em X_∞.

Observe a região do frasco compreendida pelas duas linhas tracejadas. Essa região possui uma concentração C, da espécie A. Na linha tracejada inferior, as moléculas de A cruzam-se nos dois sentidos; contudo, estatisticamente, o número de moléculas que cruzam no sentido ascendente é maior que o número de moléculas no sentido descendente, uma vez que a concentração C é inferior à concentração abaixo daquela linha. Na linha tracejada superior, o número de moléculas que cruzam no sentido ascendente é maior do que o número de moléculas que cruzam no sentido descendente, pois a concentração C é maior que a concentração de A acima daquela linha. Desse modo, a despeito do movimento errático das moléculas de A no gás B, existe um fluxo molecular ascendente que resulta dos fatos mencionados. Esse fluxo molecular ascendente $N_{AX}\left(\frac{mols}{cm^2 s}\right)$, indicado na Fig. 9.24 pela seta, não é mensurável diretamente.

O fisiologista alemão Adolf Eugen Fick (1829-1901) propôs uma correlação entre essa grandeza microscópica não mensurável e grandezas mensuráveis, conhecida como Lei de Fick,

$$N_{AX} = -D_{AB}\frac{\Delta C_A}{\Delta X} \quad (9.108)$$

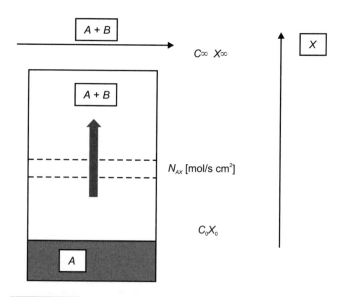

FIGURA 9.24 Esquema de difusão molecular de massa.

em que:

N_{AX} = fluxo molar do componente A na direção X, em mol/(m² s);
C_A = concentração do componente A, em mol/m³;
$\Delta C_A = CA_\infty - C_{A0}$;
$\Delta X = X_\infty - X_0$, em m;
D_{AB} = difusividade do componente A no meio B, em m²/s.

O fluxo molar do componente A na direção X é proporcional ao gradiente da concentração molar de A na direção X e, no sentido contrário, do gradiente de concentração.

b) Transporte de energia térmica (Lei de Fourier)

A Fig. 9.25 mostra um sólido de espessura (e), no qual as temperaturas superficiais são, respectivamente, T_1 e T_2 com $T_1 > T_2$. Por esse fato, haverá um fluxo de calor q (W/m²) entre as superfícies, indicado pela seta.

O matemático e físico francês Jean Baptiste Joseph Fourier (1768-1830) desenvolveu a matemática para a solução das

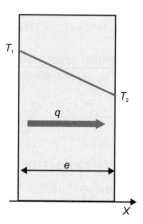

FIGURA 9.25 Fluxo de calor por condução em um sólido.

questões de transferência de calor em sólidos e vibrações mecânicas e é atribuída a ele a descoberta do efeito estufa.

O fluxo de calor na geometria da Fig. 9.25 é dado pela chamada Lei de Fourier.

$$q = -k \frac{\Delta T}{\Delta X} \qquad (9.109)$$

em que:

q = fluxo de calor por condução, em W/m^2;
k = condutibilidade térmica do sólido, em W/m °C;
$\Delta T = T_2 - T_1$, em °C;
$\Delta X = X_2 - X_1 = e$, em m.

Observe que o fluxo de calor pode ser escrito da seguinte forma:

$$q_X = -k \frac{\Delta T}{\Delta X} = -\frac{k}{\rho C_P} \frac{\Delta(\rho C_p T)}{\Delta_X} = -\alpha \frac{\Delta(\rho C_p T)}{\Delta_X} \qquad (9.109a)$$

em que:

q_X (W/m^2) = fluxo de energia, em J/(sm^2);
$\rho C_p T$ (kg/m^3) (J/(kg K)) K = concentração de energia, em J/m^3;
α = difusividade térmica, em m^2/s.

O fluxo de energia na direção X é proporcional ao gradiente da concentração de energia na direção X, no sentido contrário do gradiente.

Observe a analogia entre a difusividade térmica e a difusividade do componente A no meio B, ambas medidas em m^2/s.

c) **Transporte de quantidade de movimento molecular (Lei de Newton)**

A Fig. 9.26 mostra o escoamento de um fluido em contato com uma superfície sólida. A superfície sólida coincide com o eixo X. O perfil de velocidades muito próximo da superfície está sendo aproximado como linear e, em cada cota y, temos um valor da componente x da velocidade $u_X(y)$. Próximo à parede, $u_X(0) = 0$.

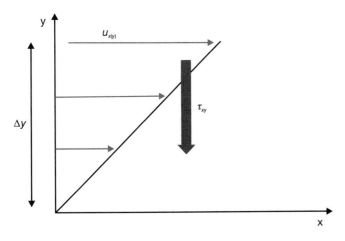

FIGURA 9.26 Perfil de velocidades de escoamento em contato com superfície sólida.

Entre camadas de fluido com diferentes velocidades há, na direção Y, mistura molecular. Moléculas de uma camada que vão para uma camada superior de velocidade de escoamento maior diminuem a componente X da quantidade de movimento dessa camada, ou seja, existe um transporte, na direção Y, de quantidade de movimento da componente X. O inverso se dá com moléculas de uma camada que vão para uma camada inferior, que aumentam a componente X da quantidade de movimento dessa camada.

O fluxo de quantidade de movimento da componente X na direção Y é representado por τ_{xy} (kg m/s)/(m^2 s) e indicado pela seta da Fig. 9.26. Essa grandeza originada da mistura molecular é avaliada por grandezas mensuráveis pela expressão conhecida como Lei de Newton da viscosidade:

$$\tau_{xy} = -\mu \frac{\Delta u_x}{\Delta y} \qquad (9.110)$$

em que:

τ_{xy} = fluxo de quantidade de movimento componente X transferida na direção Y, em N/m^2 = kg (m/s^2)/m^2 = (kg m/s)/(m^2 s);
μ = viscosidade dinâmica do fluido, em kg/m s;
$\Delta u_x = u_x(y_1) - u_x(y_2)$;
$\Delta y = y_1 - y_2$.

Podemos escrever a expressão da Lei de Newton da viscosidade na forma:

$$\tau_{xy} = -\mu \frac{\Delta u_x}{\Delta L} = -\frac{\mu}{\rho} \frac{\Delta(\rho u_x)}{\Delta L} = -\nu \frac{\Delta(\rho u_x)}{\Delta L} \qquad (9.110a)$$

Observe-se que ρu_x = fluxo de quantidade de movimento, em (kg/m^3) (m/s) = (kg m/s)/m^3, e ν = viscosidade cinemática, em m^2/s. Ou seja, o fluxo de quantidade de movimento da componente X transferida na direção Y é proporcional ao gradiente da concentração da quantidade de movimento na direção X, e no sentido contrário desse gradiente.

Observe-se também que a viscosidade cinemática, a difusividade térmica e a difusividade do componente A no gás B são medidas em m^2/s.

Analogia entre os transportes moleculares de massa, energia e quantidade de movimento.

Do exposto, pode-se observar que os três fenômenos de transporte podem ser expressos na forma:

[Fluxo de massa ou energia ou quantidade de movimento] = –[propriedade de difusividade de massa ou térmica, ou viscosidade cinemática] × [gradiente de concentração de massa ou energia ou quantidade de movimento].

Note-se também que as propriedades de difusividade de massa, térmica e a viscosidade cinemática são medidas nas mesmas unidades.

Esse fato mostra uma analogia entre os três fenômenos de transporte que possibilita um equacionamento matemático similar. O desenvolvimento aprofundado pode ser encontrado em Bird *et al.* (1960).

d) Expressões de troca de calor na forma adimensional

As expressões para cálculo dos coeficientes de troca de calor por convecção h_C são apresentadas na forma de adimensionais construídos a partir das características dos escoamentos combinados com os aspectos da difusão térmica e quantidade de movimento no contato entre fluido e superfície sólida. Um maior desenvolvimento desse assunto é encontrado em Simões Moreira e Zavaleta Aguilar (2023) e Bird *et al.* (1960).

9.2.6.2 Convecção natural

A troca de calor por convecção natural ocorre quando o campo de velocidades do escoamento se estabelece em razão da diferença de densidades no meio fluido.

a) Fenômeno

A Fig. 9.27 apresenta um esquema simplificado para explicar os fundamentos da transferência de calor entre duas placas planas e paralelas, por convecção natural, estando a inferior na temperatura T_1 e a superior a T_2, com $T_1 > T_2$. O espaço entre elas é preenchido por um fluido.

Como $T_1 > T_2$, haverá um fluxo de calor da placa inferior para a placa superior, fluxo composto por uma parcela de radiação e por outra de convecção natural.

A parte inferior esquerda dessa figura mostra uma macropartícula de fluido em contato com a placa inferior. Por condução de calor intensificada pela difusão molecular, essa partícula recebe energia térmica, com isso sua temperatura aumenta e a partícula se expande, ficando com uma densidade menor que o fluido em seu entorno. Nessa situação, a força de flutuabilidade F_B tem sentido para cima e faz a partícula fluida se deslocar. Opõe-se a esse movimento a força viscosa de sentido contrário à velocidade da partícula fluida. Desse modo, essa partícula fluida sobe com velocidade V até encontrar a placa superior que está na temperatura T_2, menor que a dela. Nessas condições, a partícula fluida troca calor com a placa superior por condução intensificada pela difusão molecular. Com isso, a partícula fluida tem a temperatura diminuída e se contrai pelo aumento de sua densidade, que aumenta em relação às das partículas em seu entorno. Nesse caso, a força de flutuabilidade F_B tem sentido para baixo e a partícula fluida desce. A força viscosa que se opõe ao sentido da velocidade agora está voltada para cima. A partícula encontra a placa inferior e o ciclo recomeça. Na figura, uma linha tracejada representa essa circulação de fluido que se estabelece em função das diferenças de densidade entre as duas placas.

b) Número de Grashof (Gr)

O campo de velocidades desse fenômeno é estabelecido pelo balanço entre forças de flutuabilidade e viscosidade.

A força de flutuabilidade (*buoyancy force*) resulta da diferença entre a força de empuxo sobre a partícula e seu peso, e pode ser dada pela Equação (9.111):

$$F_B = E - P = gL^3 \Delta \rho \qquad (9.111)$$

Utilizando-se a definição do coeficiente de expansão volumétrica β' do fluido:

$$\beta' = -\frac{1}{\rho}\left(\frac{\Delta \rho}{\Delta T}\right)_P \qquad (9.112)$$

temos:

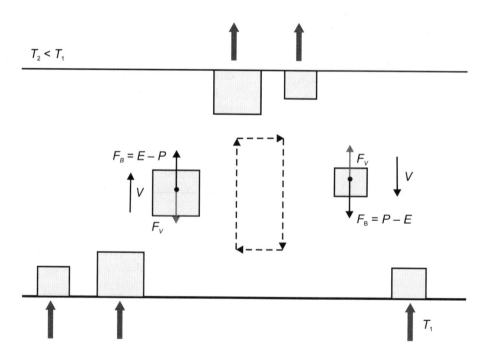

FIGURA 9.27 Esquema simplificado de transferência de calor entre duas placas paralelas por convecção natural.

$$\Delta\rho = \beta'\rho\Delta T \qquad (9.113)$$

Desse modo, pode-se exprimir a força de flutuabilidade F_B como:

$$F_B = gL^3\beta'\rho\Delta T \qquad (9.114)$$

Por sua vez, a força viscosa F_V pode ser expressa como:

$$F_V = \mu L^2 \frac{\Delta u}{\Delta L} = \mu L u \qquad (9.115)$$

De forma geral, podemos expressar dimensionalmente qualquer força como:

$$\text{Força} = \text{massa} \times \text{aceleração} =$$
$$\text{massa} \times (\text{velocidade})^2/\text{comprimento} \qquad (9.116)$$

Portanto, tem-se:

$$F_V = \mu L u = \rho L^3 \frac{u^2}{L} \qquad (9.117)$$

ou seja, dimensionalmente se tem:

$$u = \frac{\mu}{\rho L} \qquad (9.118)$$

e, por isso:

$$F_V = \mu L \frac{\mu}{\rho L} = \frac{\mu^2}{\rho} \qquad (9.119)$$

O campo de velocidades na convecção natural se estabelece pelo balanço entre a força de flutuabilidade e a força viscosa.

A razão entre as duas é denominada número de Grashof, em homenagem a Franz Grashof (1826-1893), engenheiro alemão da Technishe Hochschule Karlsruhe, um dos precursores dos estudos de transferência de calor por convecção.

Tem-se:

$$Gr = \frac{gL^3\beta'\Delta T}{\frac{\mu^2}{\rho^2}} = \frac{gL^3\beta'\Delta T}{\nu^2} \qquad (9.120)$$

c) Número de Prandtl (Pr)

Por sua vez, a intensificação da transferência de calor por condução pela difusão molecular envolve a difusão viscosa e a difusão térmica. A razão desses dois coeficientes é denominada número de Prandtl (Pr), em homenagem a Ludwig Prandtl (1875-1953), cientista alemão pioneiro no desenvolvimento matemático da aerodinâmica com o conceito de camada-limite.

$$Pr = \frac{\nu}{\alpha} = \frac{\text{taxa de difusão viscosa}}{\text{taxa de difusão térmica}} = \frac{c_p\mu}{k} \qquad (9.121)$$

d) Número de Rayleigh (Ra)

A convecção natural, nas correlações adimensionais, é expressa então por uma combinação dos números de Gr e Pr e o produto desses números é denominado número de Rayleigh. Esse nome é homenagem a John William Strutt, Terceiro Barão de Rayleigh (1842-1919), físico inglês, Prêmio Nobel de Física em 1904. Assim:

$$Ra = Gr\,Pr = \frac{gL^3\beta'\Delta T}{\nu\alpha} \qquad (9.122)$$

e) Número de Nusselt (Nu)

A resistência térmica por convecção R_{tc} possui o valor do inverso do coeficiente de convecção h_c. Na forma adimensional, o coeficiente de convecção é dado pelo número de Nusselt. Ernst Kraft Wilhelm Nusselt (1882-1957) foi um engenheiro alemão que colaborou no desenvolvimento da análise dimensional aplicada à transferência de calor.

O número de Nu foi definido em função da intensificação da condução pura, consistindo na razão entre o coeficiente de convecção (h_c) e o coeficiente de condução (k/e)

$$h_c = Nu\frac{k}{e} \qquad (9.123)$$

Dessa forma:

$$Nu = \frac{h_c e}{k} \qquad (9.124)$$

Todos os experimentos visando à determinação de correlações de troca de calor por convecção natural para diferentes geometrias são expressos na forma:

$$Nu = \phi\left(Ra, \frac{L}{L'}\right) \qquad (9.125)$$

na qual L e L' são dimensões que caracterizam a geometria, podendo também ser um ângulo.

f) Convecção natural entre duas placas paralelas inclinadas

A convecção natural entre duas placas paralelas e inclinadas com um fluido em seu interior foi estudada e publicada por Hollands *et al.* (1976). A correlação a que chegaram é dada por:

$$Nu = 1 + 1,44\left[1 - \frac{1708}{Ra\,\cos\beta}\right]^+\left[1 - \frac{1708}{Ra\,\cos\beta}(\operatorname{sen}1,8\beta)^{1,6}\right] +$$
$$+ \left[\left(\frac{Ra.\cos\beta}{5830}\right)^{1/3} - 1\right]^+ \qquad (9.126)$$

em que:

+ usar o valor se o número no colchete for positivo, e usar zero se negativo;

ΔT = diferença de temperatura entre as placas para a obtenção de Ra;
avaliar propriedades ν, α e β' na temperatura média das placas;
L = distância entre as placas;
β = ângulo de inclinação das placas.

Para gás perfeito (com T em kelvin):

$$\beta' = \frac{1}{T} \qquad (9.127)$$

Exemplo 9.12

Estime o fluxo de troca de calor entre duas placas planas paralelas, em que a inferior está a $T_1 = 100$ °C e a superior a $T_2 = 50$ °C, nas seguintes condições:
a) Posição horizontal, espaçamento e = 20 mm;
b) Posição horizontal, espaçamento e = 50 mm;
c) Posição inclinada a 45°, espaçamento e = 20 mm;
d) inclua uma comparação com troca de calor por condução e radiação.

Resolução:
Hipóteses
As placas são muito extensas quando comparadas com o seu espaçamento e se comportam como corpos negros. O espaço entre as placas é ocupado por ar a 1 atm. Propriedades do ar a 75 °C: k = 30,0 10⁻³ W/(mK); β' = 1/T = 1/348 = 2,874 10⁻³ K⁻¹; ν = 20,92 10⁻⁶ m²/s; α = 29,9 10⁻⁶ m²/s.

A Fig. 9.28 mostra um esquema no qual a placa inferior está a $T_1 = 100$ °C, e a placa superior a $T_2 = 50$ °C. Haverá um fluxo de calor q (W/m²) da placa inferior para a placa superior, por meio dos mecanismos de convecção natural e radiação, de modo que:

A temperatura na qual as propriedades do ar deverão ser avaliadas será:

$$T_M = \frac{(T_1 + T_2)}{2} = 75 \,°C$$

Cálculo do número de Ra:

$$Ra = \frac{gL^3 \beta' \Delta T}{\nu a} = \qquad (9.128)$$

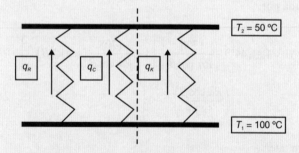

FIGURA 9.28 Esquema para troca de calor entre duas placas paralelas. O fluxo por condução é hipotético.

R_{a1}, espaçamento e = 20 mm, ou seja, $L^3 = (20 \times 10^{-3})^3 = 8 \times 10^{-6}$ m³ e $\Delta T = 50$ K.
$R_{a1} = (9,8 \times 8 \times 10^{-6} \times 2,874 \times 10^{-3} \times 50)/(20,92 \times 10^{-6} \times 29,9 \times 10^{-6}) = 1,80 \times 10^4$.

R_{a2}, espaçamento e = 50 mm, ou seja, $L^3 = (50 \times 10^{-3})^3 = 1,25 \times 10^{-4}$ m³ e $\Delta T = 50$ K.
$R_{a2} = (9,8 \times 1,25 \times 10^{-4} \times 2,874 \times 10^{-3} \times 50)/(20,92 \times 10^{-6} \times 29,9 \times 10^{-6}) = 28,14 \times 10^4$.

O número $Pr = \nu/\alpha = (20,92 \times 10^{-6}/29,9 \times 10^{-6}) = 0,70$.
Podemos também calcular $Gr = R_a/Pr$: $Gr_1 = 2,576 \times 10^4$ e $Gr_2 = 40,26 \times 10^4$.

A Tabela 9.5 apresenta o valor de Nu calculado pela expressão de Hollands et al. e os valores de h_C e R_{TC} para cada uma das condições solicitadas.

É apresentado o resultado para R_{TR}, calculado pelas expressões de radiação e R_{tk} da condução hipotética.

O valor da resistência térmica equivalente a R_t foi calculado pela condição de resistências térmicas em paralelo:

$$\frac{1}{R_t} = \frac{1}{R_{tc}} + \frac{1}{R_{tR}} = \frac{1}{0,243} + \frac{1}{0,1} = 14,11$$

Ou $R_t = 0,0708$ (m² K/W), valor numérico do item a). De maneira semelhante, foram calculados os itens (b) e (c).

Os fluxos de calor foram calculados, respectivamente, pelas expressões:

$$q_c = \frac{(T_1 - T_2)}{R_{tC}}$$

$$q_R = \frac{(T_1 - T_2)}{R_{tR}}$$

$$q = \frac{(T_1 - T_2)}{R_t}$$

Nota: na última coluna q_i, i = a, b, c; $q_a = 706$ W/m².

Observe-se que, nesse exemplo, quando se comparam as situações:

• a inclinação 0° com a inclinação β = 45°, o fluxo por convecção diminui de 206 W/m² para 178 W/m²;
• o espaçamento 20 mm com e = 50 mm, o fluxo por convecção diminui de 206 W/m² para 152 W/m².

Percebe-se também a importância das propriedades ópticas dos materiais, pois, se as placas se comportarem como corpos negros, a radiação será responsável por mais de 70 % do calor trocado, como mostra a coluna q_R/q.

Apesar de o ar ser um bom isolante térmico, observe-se o erro de não considerar a convecção natural, supondo que a troca se dê por condução. O fluxo de calor por convecção é 2 a 5 vezes maior do que se fosse apenas por condução, como mostra a coluna q_C/q_k.

TABELA 9.5 Resultados para as diferentes condições

	T_1	T_2	e	β	Tm	Tm	$\beta' \times 10^3$	$k \times 10^3$	ΔT	$\nu \times 10^6$	$\alpha \times 10^6$
	°C	°C	mm	°	°C	K	K^{-1}	W/(mK)	K	m²/s	m²/s
a	100	50	20	0	75	348	2,874	30,0	50	20,92	29,9
b	100	50	50	0	75	348	2,874	30,0	50	20,92	29,9
c	100	50	20	45	75	348	2,874	30,0	50	20,92	29,9

	Pr	$Gr \times 10^{-4}$	$R_a \times 10^{-4}$	Nu	h_C	$R_{tc} = 1/h_C$	$R_{tr} = 1/h_R$	$R_t = 1/U$	$R_{tk} = e/k$
					W/m²K	m²K/W	m²K/W	m²K/W	m²K/W
a	0,70	2,576	1,80	2,75	4,12	0,243	0,10	0,0708	0,67
b	0,70	40,26	28,14	5,06	3,04	0,329	0,10	0,0767	1,67
c	0,70	2,576	1,80	2,38	3,57	0,280	0,10	0,0737	0,67

	q_C	q_R	q (soma)	q	q_C/q	q_R/q	q_K	q_C/q_K	q_i/q_a
	W/m²	W/m²	W/m²	W/m²	%	%	W/m²	%	%
a	206	500	706	706	29	71	74,6	276	100
b	152	500	652	652	23	77	29,9	508	92,3
c	178	500	678	678	26	74	74,6	238	96,0

9.2.6.3 Transferência de calor por convecção forçada

A troca de calor entre um fluido e uma superfície sólida é chamada de convecção forçada quando o campo de velocidades do fluido é imposto por um agente externo ao escoamento, por exemplo, quando o escoamento de água no interior de um tubo é imposto pela ação de uma bomba.

a) Conceito de convecção forçada

A Fig. 9.29 mostra uma superfície sólida, por exemplo, a parede de um tubo de seção transversal circular, na temperatura T_S. O fluido escoa em seu interior, por exemplo, pela ação de uma bomba, com um perfil radial de velocidades na direção axial, na qual se distinguem três regiões: núcleo turbulento, zona de amortecimento e subcamada laminar. A espessura dessas regiões está representada de maneira didática e as da zona de amortecimento e da subcamada laminar sao muito pequenas.

No centro do tubo, a velocidade do escoamento é u_∞ e decresce radialmente até zero junto à parede. No núcleo turbulento, ocorre mistura intensa de macropartículas de fluido, na zona de amortecimento ocorre uma mistura moderada de macropartículas de fluido, e na subcamada laminar há apenas mistura de fluido no nível molecular.

Se no centro do tubo a temperatura for T_∞, maior que a temperatura T_S da superfície do tubo, haverá um fluxo de calor q (W/m²) do fluido para a parede do tubo. Esse fluxo de calor q é expresso por:

$$q = h_c (T_\infty - T_S) \qquad (9.129)$$

no qual h_c (W/(m² °C)) é o coeficiente de troca de calor por convecção forçada entre o fluido e a parede sólida, e seu valor é o inverso do valor da resistência térmica por convecção forçada $R_{tc} = 1/h_c$ ((m² °C)/W).

Tanto no núcleo turbulento como na zona de amortecimento, a energia é transportada por mistura de macropartículas de fluido, porém, na subcamada laminar, a energia é transportada pelo mecanismo de condução de calor intensificado pela difusão molecular. Esse último mecanismo é o que oferece mais resistência ao fluxo de calor e é aquele que controla sua intensidade. Disso se depreende a importância da subcamada laminar na troca de calor por convecção forçada.

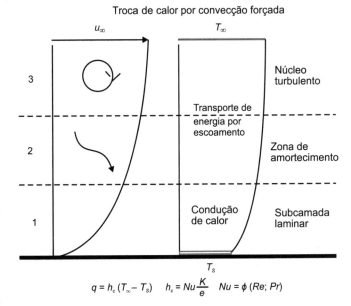

FIGURA 9.29 Conceito de convecção forçada.

b) Número de Reynolds (Re)

Osborne Reynolds (1842-1912) foi um estudioso da mecânica dos fluidos e troca de calor. Um de seus estudos mais conhecidos foi a transição do escoamento laminar para o escoamento turbulento.

Um campo de velocidades imposto por um agente externo resulta da ação entre forças inerciais que podem ser representadas por $L^2\Delta P$ e forças viscosas. A razão entre essas forças foi denominada número de Reynolds (Re).

$$Re = \frac{L^2 \Delta P}{F_V} = \frac{\rho L^2 u^2}{\mu L u} = \frac{\rho L u}{\mu} = \frac{Lu}{\nu} \quad (9.130)$$

Para um tubo circular de diâmetro D:

$$Re = \frac{\rho D u}{\mu} \quad (9.131)$$

Para escoamento no interior de tubos, os estudos de Reynolds estabeleceram o seguinte critério:

Regime laminar $Re < 2200$, no qual há apenas difusão molecular.
Regime turbulento $Re > 4000$ (turbulência plena $Re \sim 10.000$), no qual há mistura de macropartículas de fluido.

A Fig. 9.30 ilustra a diferença entre os perfis de velocidade para o escoamento turbulento e o escoamento laminar no interior de um tubo de seção transversal circular.

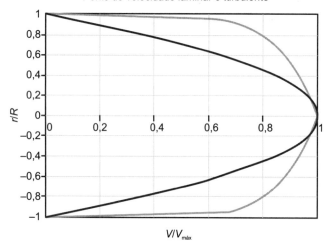

FIGURA 9.30 Exemplo de perfis de velocidade laminar e turbulento. Perfil interno, escoamento laminar; perfil externo, escoamento turbulento.

c) Troca de calor entre um fluido e a parede de um tubo

Como comentado anteriormente, a maior resistência ao fluxo de calor é oferecida pela subcamada laminar, na qual o transporte de energia se faz por condução intensificada pela difusão molecular. Dessa maneira, exprime-se o coeficiente de troca de calor por convecção forçada na forma:

$$h_c = Nu \frac{k_f}{D} \quad (9.132)$$

O número de Nusselt (Nu), por sua vez, é função da razão entre as taxas de difusão viscosa e térmica dadas pelo número de Prandtl (Pr), e do campo de velocidades imposto por agente externo dado pelo número de Reynolds (Re). Portanto, Nu é expresso na forma:

$$Nu = f(Re; Pr) \quad (9.133)$$

Em regime turbulento, uma expressão recomendada pelos experimentos de Petukhov (1970), válida para $0,5 \leq Pr \leq 2000$ e $10^4 \leq Re \leq 5 \times 10^6$ e propriedades do fluido avaliadas na temperatura $T_M = 0,5\,(T_\infty + T_S)$ que faz estimativas com erros da ordem de 10 %, é dada pela Equação (9.134).

$$Nu = \frac{\left(\dfrac{f}{8}\right) Re\, Pr}{1,07 + 12,7\sqrt{\left(\dfrac{f}{8}\right)}\left[Pr^{2/3} - 1\right]} \quad (9.134)$$

em que f, fator de atrito, é dado por:

$$f = [0,79\ \ln Re - 1,64]^{-2} \quad 3000 \leq Re \leq 5 \times 10^6 \quad (9.135)$$

Para tubos não circulares, é possível usar o conceito de diâmetro hidráulico:

$$D_H = \frac{4(\text{área de escoamento})}{(\text{perímetro molhado})} \quad (9.136)$$

Uma correção deverá ser introduzida no caso de tubos curtos, $L/D_H < 50$

$$Nu_{curto} = Nu_{longo}\left[1 + \left(\frac{D}{L}\right)^{0,7}\right] \quad (9.137)$$

O coeficiente de convecção entre um fluido e a parede de um tubo de seção circular em regime laminar $Re < 2200$ pode ser estimado pelas expressões seguintes:

Temperatura constante de parede $Nu = 3,7$
Fluxo de calor constante $Nu = 4,4$

Exemplo 9.13

Foi-lhe enviado o relato de que um coletor solar plano para piscina possui tubos de cobre cobertos com uma placa muito fina desse material, enegrecida por tinta automotiva. O coletor possui oito tubos em paralelo, com diâmetro interno de 10 mm e externo de 11 mm, e 1,8 m de comprimento. A temperatura superficial média sobre os tubos, medida com um termômetro por radiação, indicou 59 °C. A água que saía do coletor apresentava vazão de 2 L/min, medida com tambor e cronômetro. A temperatura da água da piscina e a do interior do tambor, medidas com termômetro de líquido (toluol), foram de 20 °C e 45 °C, respectivamente. Essas informações estão coerentes?

Resolução:

Temos aqui uma situação que não é de projeto de equipamento ou dimensionamento de sistema, mas de percepção da confiabilidade de uma informação que está sendo passada.

Com os conhecimentos de transmissão de calor pode-se fazer uma avaliação do informe dado da seguinte maneira:

a) Análise
Considerando-se:

Q_{u1} = taxa de energia útil fornecida pelo coletor, em kcal/s;
ρ = densidade da água = 1000 kg/m³;
V = vazão volumétrica de líquido pelo coletor, em m³/s;
C_P = calor específico da água = 1,0 kcal/kg °C;
T_S = temperatura média da água na seção de saída do coletor, em °C;
T_P = temperatura média da água na seção de entrada do coletor, admitida igual à temperatura da piscina, em °C.

temos que:

$$Q_{u1} = \rho V C_p (T_S - T_P)$$

Por outro lado, denominando:

Q_{u2} = taxa de energia transferida pela placa absorvedora para a água, em kcal/s;
U = coeficiente global de troca de calor entre a placa absorvedora e a água, em kcal/m² s °C;
A = área da superfície interna de um tubo do coletor solar, em m²;
N = número de tubos no coletor solar;
T_{sup} = temperatura média da placa absorvedora, em °C;
T_f = temperatura média da água no interior do coletor, em °C;
T_{supi} = temperatura média superficial da parede interna do tubo, em °C.

temos que:

$$Q_{u2} = U A N (T_{sup} - T_f)$$

O valor de U pode ser obtido a partir da resistência térmica equivalente $R_{te} = 1/U$; do circuito mostrado na Fig. 9.31.

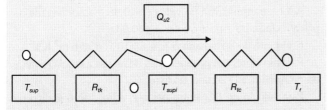

FIGURA 9.31 Circuito térmico simplificado para troca de calor entre a placa e a água.

Na figura, R_{tk} é a resistência térmica por condução da placa para a superfície interna do tubo, e R_{tc} a resistência térmica por convecção entre a superfície interna do tubo e a água.

A coerência das informações prestadas existirá se $Q_{u1} = Q_{u2}$.

b) Cálculo da velocidade média da água no interior dos tubos

$$V = 2 \text{ L/min} = 3,33 \times 10^{-5} \text{ m}^3/\text{s}$$

Vazão por tubo = $[V/8] = 4,17 \times 10^{-6}$ m³/s tubo

Área de seção transversal de um tubo $S = \pi D^2/4 = \pi\, 0,01^2/4 = 7,85 \times 10^{-5}$ m²

Velocidade média da água em um tubo $V_{el} = [V/8]/S = 4,17 \cdot 10^{-6}/7,85 \times 10^{-5} = 0,0531$ m/s

c) Cálculo dos números de Re e Nu

$$T_f = (20 + 45)/2 = 32,5 \text{ °C}$$

Viscosidade cinemática da água a 32,5 °C $\nu = 1 \times 10^{-6}$ m²/s
número de Prandtl para água a 32,5 °C: Pr = 5,8
Condutibilidade térmica da água a 32,5 °C k_f = 0,6 W/mK = 0,51 kcal/h mK = 1,42 × 10⁻⁴ kcal/s mK

$$Re = \frac{VD}{\nu} = \frac{0,0531 \times 0,01}{1 \times 10^{-6}} = 530$$

Re = 530 < 2200 (regime laminar), então Nu = 4,4

$$h_c = \frac{k}{D} Nu = (1,42 \times 10^{-4}/0,01)\, 4,4 = 0,0625 \text{ kcal/m}^2\text{s K}$$

$$= 224,9 \text{ kcal/m}^2\text{h K}$$

d) Cálculo da resistência térmica equivalente a R_{te}, coeficiente global de troca de calor U resistência térmica de convecção

$$R_{tc} = 1/h_C = 16 \text{ m}^2\text{s K/kcal}$$

Resistência térmica de condução simplificada apenas pelo tubo

Condutibilidade térmica do cobre $k_t = 9,22 \times 10^{-2}$ kcal/m² s °C

$$R_{tk} = \frac{\pi DL \ln \frac{D_e}{D_i}}{2\pi k L} = \frac{\pi \times 10^{-2} \times 1,8 \times \ln \frac{1,110^{-2}}{10^{-2}}}{2 \times \pi \times 9,22 \times 10^{-2} \times 1,8} = 5,169 \times 10^{-3} \left[\frac{sm^2 \text{ °C}}{kcal}\right]$$

ou seja,

$$R_{te} = R_{tc} + R_{tk} = 16 + 0,00517 = 16 \text{ m}^2\text{s K/kcal}$$

Portanto, $U = 0,0625$ kcal/sm² K

e) Cálculo da taxa de calor transferida pela placa para a água

$$Q_{u2} = U A N (T_{sup} - T_f)$$

$$Q_{u2} = 0,0625 \times 0,0565 \times 8 \times (59 - 32,5) = 0,7488 \frac{kcal}{s}$$

em que $A = \pi \times 0,01 \times 1,8 = 0,0565$ m²

f) Cálculo da taxa de energia útil transferida pelo coletor para a água

$$Q_{u1} = \rho V\, pC_p(T_S - T_P) = 1000 \times 3,33 \times 10^{-5} \times 1 \times (45 - 20) =$$

$$0,8325 \frac{kcal}{s}$$

g) Conclusão

Supondo uma estimativa do valor correto e a média entre eles, 0,79 kcal/s, a discrepância seria de 5 %, afastamento coerente com cálculos estimativos como o realizado.

As informações prestadas, portanto, podem ser consideradas coerentes entre si.

Nota: foi feita a simplificação de que a resistência térmica por condução fosse dada apenas pelo tubo por motivos didáticos. A forma elaborada considerando a aleta é descrita em Duffie e Beckman (2006), item 6.5.

Exemplo 9.14

Exemplo de engenharia térmica aplicada à análise de coletor solar plano. O esquema da Fig. 9.32 representa o circuito térmico de um coletor solar composto por uma placa absorvedora em cobre, pintado com tinta negra automotiva, um vidro, isolamento de lã de vidro, montados em uma caixa metálica.

Esse coletor solar possui uma área de absorção de radiação de $A = 1{,}42$ m² ($1 \times 1{,}42$ m). Foi colocado com uma inclinação $\beta = 45°$ em relação à horizontal em um sistema de testes com radiação solar simulada por lâmpadas em um recinto fechado. A irradiância incidente, medida diretamente sobre o plano do coletor, foi de $G_T = 900$ W/m² (773,7 kcal/hm²). O fluxo absorvido pela placa pode ser aproximado por $S = (\tau\alpha)\,A\,G_T$. A temperatura superficial medida sobre a superfície da placa é $T_{placa} = 90$ °C. A placa absorvedora possui uma emissividade média de ε (placa) = 0,95 nessa temperatura. A placa de vidro possui uma emissividade média para radiação de onda longa de ε (vidro) = 0,90, e está montada a $L = 14$ cm de distância da placa absorvedora. O isolamento térmico de lã de vidro tem espessura $e = 5$ cm e uma condutibilidade térmica de $k = 0{,}04$ kcal/(m h °C). A temperatura do ar no recinto do teste é de $T_{ar} = 20$ °C, igual à temperatura das paredes e teto do mesmo recinto. o coeficiente de convecção natural entre a parte inferior da caixa do coletor solar e o ar pode ser admitido com o valor de $h_{c3} = 6$ kcal/(m² h °C). O coeficiente de convecção natural entre o vidro e o ar pode ser admitido com o valor de $h_{c2} = 14$ kcal/(m² h °C).

a) Calcule todas as resistências térmicas individuais em (m² h°C)/kcal. Para as resistências térmicas por radiação, você deverá adotar inicialmente uma temperatura para o vidro (intermediária entre T_{placa} e T_{ar}), que será verificada na sequência de cálculos.

b) Calcule as resistências térmicas equivalentes em cada tramo (m² h °C)/kcal, isto é, entre T_{placa} e T_{ar} (via isolamento térmico); T_{placa} e T_{vidro}; e entre T_{vidro} e T_{ar}.

c) Calcule a resistência térmica global $1/U = $ (m² h °C)/kcal. Note que as resistências térmicas equivalentes placa-ar via isolamento térmico e placa-ar via vidro estão em paralelo.

d) Calcule então a taxa de calor global perdida para o ambiente Q_p (kcal/h).

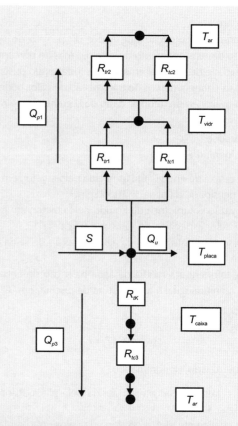

FIGURA 9.32 Esquema de circuito equivalente de coletor solar plano.

e) Calcule a taxa de calor perdida pelo isolamento térmico Q_{p3} (kcal/h).

f) Calcule a taxa de calor perdida pelo vidro Q_{p1} (kcal/h). Use o balanço térmico $Q_{p1} = Q_p - Q_{p3}$.

g) Calcule, então, a temperatura T_{vidro}, com a equação que relaciona Q_{p1} [$T_P - T_V$] e recalcule R_{tr1}, comparando com o valor anterior e verificando se é ou não necessário refazer os cálculos. Volte ou não ao item a).

h) Estime a taxa de energia útil Q_u (kcal/h) transferida para a água com $Q_U = S - Q_P$.

i) Estime a eficiência térmica do coletor $\eta = \dfrac{Q_u}{G_T A}$.

Adote: transmitância do vidro $\tau = 0{,}96$ e absortividade da placa na faixa do espectro solar $\alpha = 0{,}94$.

Constante de Boltzmann $\sigma = 4{,}88\ 10^{-8}$ kcal/(h m² K⁴).

Para os valores das propriedades do ar, use a tabela fornecida no Apêndice D ao final do livro.

Para cálculo de F_{1-2} entre placa e vidro, use o gráfico da Fig. 9.23.

Orientação para resolução:

a) O cálculo dos valores de R_{tk}, R_{tc3}, R_{tc2} são imediatos.

b) Adote um valor para T_{vidro} menor que T_{placa} e maior que T_{ar}.

c) Com esse valor, você poderá calcular: R_{tr1} com a Equação (9.102) e R_{tr2} com a Equação (9.104).

d) Calcule, com a tabela do Apêndice D ao final do livro, as propriedades do ar na temperatura $(T_{placa} + T_{vidro})/2$.
e) Calcule R_{tc1} com a Equação (9.126).
f) Calcule em seguida as resistências térmicas equivalentes àquelas em paralelo e, na parte do vidro, a equivalente àquelas em série.
g) Finalmente, calcule a resistência equivalente global pela associação dos dois tramos que estão em paralelo. Ambos estão entre T_{placa} e T_{ar}.
h) Calcule então Q_p.
i) Calcule Q_{p3}, perda pelo lado do isolamento térmico.
j) Calcule $Q_{p1} = Q_p - Q_{p3}$.
k) Com o valor de Q_{p1}, T_p e da resistência térmica equivalente entre placa e vidro, calcule o valor de T_{vidro}. Se o resultado for igual ao adotado, prossiga. Se o resultado não for igual ao adotado, adote esse valor e refaça os passos (c) até (k).
l) Calcule então S, Qu e η.

Respostas:

a) $R_{tc1} = 0{,}503$; $R_{tc2} = 0{,}071$; $R_{tc3} = 0{,}167$; $R_{tr1} = 0{,}187$; $R_{tr2} = 0{,}205$; $R_{tk} = 1{,}25$ unidade (m² h °C)/kcal ou (m² h K)/kcal.
b) R_t (placa-ar, via isolamento térmico) = $1{,}417$; R_t (placa-vidro) = $0{,}136$; R_t (vidro-ar) = $0{,}053$; R_t (placa-ar, via vidro) = $0{,}189$ unidade (m² h °C)/kcal ou (m² h K)/kcal.
c) $R_{te} = 1/U = 0{,}167$ unidade (m² h °C)/kcal ou (m² h K)/kcal.
d) $Q_p = 595{,}4$ kcal/h.
e) $Q_{p3} = 70{,}16$ kcal/h.
f) $Q_{p1} = 525{,}3$ kcal/h
g) $T_{vidro} = 39{,}6$ °C.
h) $S = 993$ kcal/h; $Q_u = 398$ kcal/h;
i) $\eta = 0{,}36$.

9.3 Desempenho de sistemas de captação de energia solar com armazenamento de energia por meio de calor sensível

Será descrito nesta seção um conceito, entre outros, para previsão aproximada de desempenho térmico de um campo de coletores solares planos acoplados a um reservatório de armazenamento de energia por meio de calor sensível, com água e com uma carga térmica dada.

A Fig. 9.33 mostra, de maneira esquemática, esse sistema, que é composto de:

a) campo de coletores de energia solar A (m²);
b) reservatório para armazenamento de energia, volume V (m³) e temperatura $T_S(t)$;
c) trocador de calor para fornecimento de energia térmica ao usuário;
d) bomba de transferência do fluido térmico de (b) para (a);

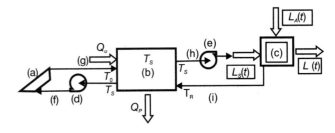

FIGURA 9.33 Esquema do sistema de utilização de energia solar.

e) bomba de transferência do fluido térmico de (b) para (c);
f) tubulação de interligação de (b) para (a). Fluido suposto $T_i(t) = T_S(t)$;
g) tubulação de interligação de (a) para (b). Fluido suposto a $T_o(t)$;
h) tubulação de interligação de (b) para (c). Fluido suposto a $T_S(t)$;
i) tubulação de interligação de (c) para (b). Fluido suposto a $T_R(t)$.

Sejam:

$L(t)$ = carga térmica do processo, em kW;
$L_S(t)$ = carga térmica do processo atendida pela energia solar, em kW;
$L_A(t)$ = carga térmica do processo atendida pela energia auxiliar primária, em kW;
$Q_U(t)$ = taxa de energia transferida pelo campo de coletores ao fluido de trabalho, em kW;
$Q_P(t)$ = taxa de energia térmica perdida para o ambiente pelo reservatório e pela superfície externa da tubulação, em kW.

Temos que um balanço térmico no trocador de calor (c) é dado pela Equação (9.138):

$$L(t) = L_S(t) + L_A(t) \quad (9.138)$$

Adotando-se a hipótese simplificadora de o reservatório de armazenamento ser de mistura perfeita, mantendo-se sua temperatura uniforme, pode-se admitir que a temperatura da água na entrada dos coletores $T_i(t) = T_S(t)$ e que a temperatura da água enviada ao trocador de calor (c) também sejam iguais à $T_S(t)$.

Se T_{Sm} for a temperatura mínima para a água fornecer energia térmica útil ao trocador de calor (c), temos que a energia armazenada no reservatório em certo instante $Q_S(t)$, em kJ, será dada pela Equação (9.139):

$$Q_S(t) = MC_p \, \Delta T_S(t) \quad (9.139)$$

em que:

M = massa de fluido térmico presente no reservatório, em kg;
C_p = calor específico médio do fluido térmico, em kJ/kg °C;

$$\Delta T_S(t) = T_s - T_{sm}$$

Um balanço térmico aproximado no reservatório de armazenamento de energia é dado pela Equação (9.140):

$$\left(MC_p\right)\frac{dT_S}{dt} = Q_U(t) - L_S(t) - Q_P(t) \qquad (9.140)$$

Essa equação diferencial pode ser expressa na forma de uma aproximação numérica de primeira ordem pelas Equações (9.141) e (9.142):

$$\frac{dT_S}{dt} = \frac{T_S^+ - T_S}{\Delta t} \qquad (9.141)$$

em que:

T_S = temperatura em (b) na data t;
T_S^+ = temperatura em (b) na data $t + \Delta t$;
Δt = intervalo de tempo considerado nessa aproximação em uma hora.

O balanço térmico com aproximação numérica pode ser escrito pela Equação (9.142):

$$T_S^+ = T_S + \frac{\Delta t}{\left(MC_p\right)}\left[Q_U(\Delta t) - L_S(\Delta t) - Q_P(\Delta t)\right] \qquad (9.142)$$

em que $Q_U(\Delta t)$, $L_S(\Delta t)$ e $Q_P(\Delta t)$, em kJ, são valores médios integrados ao espaço de tempo Δt.

A estimativa do valor de $Q_U(\Delta t)$ pode ser feita pela Equação (9.143):

$$Q_U(\Delta t) = \eta I_T \qquad (9.143)$$

em que:

η = eficiência do coletor solar;
I_T = irradiação total sobre superfície inclinada na hora considerada e avaliada, conforme a Seção 9.1.6.

A eficiência do coletor solar na hora considerada pode ser avaliada de forma aproximada pela função de rendimento dada pela Equação (9.144):

$$\eta = \left[F_R(\tau\alpha)\right] - \left[F_R U_L\right]\frac{(T_i - T_a)}{G} \qquad (9.144)$$

em que:

$$G = \frac{I_T}{3600} \quad \text{G (W/m}^2\text{) e } I_T \text{ (J(na hora));}$$

$T_i = T_S$.

Desse modo, com uma descrição de $L_S(\Delta t)$ na forma discreta e deduzindo-se $Q_U(\Delta t)$, pode-se estimar de forma simplificada o perfil de temperaturas $T_S(\Delta t)$ no interior do reservatório de armazenamento de energia.

ANEXO A Fração da energia irradiada por corpo negro entre zero e λT (Simões Moreira e Zavaleta Aguilar, 2023)

λT (μmK)	$F_{[0-\lambda]}$	$\dfrac{E_{\lambda n}}{\sigma_T^5}$ (μmK)$^{-1}$	λT (μmK)	$F_{[0-\lambda]}$	$\dfrac{E_{\lambda n}}{\sigma_T^5}$ (μmK)$^{-1}$
200	0,0000	$1,18\times10^{-27}$	6200	0,7542	$7,85\times10^{-5}$
400	0,0000	$1,54\times10^{-13}$	6400	0,7692	$7,26\times10^{-5}$
600	0,0000	$3,27\times10^{-9}$	6600	0,7832	$6,72\times10^{-5}$
800	0,0000	$3,11\times10^{-7}$	6800	0,7962	$6,22\times10^{-5}$
1000	0,0003	$3,72\times10^{-6}$	7000	0,8082	$5,77\times10^{-5}$
1200	0,0021	$1,65\times10^{-5}$	7200	0,8193	$5,35\times10^{-5}$
1400	0,0078	$4,22\times10^{-5}$	7400	0,8296	$4,97\times10^{-5}$
1600	0,0197	$7,83\times10^{-5}$	7600	0,8392	$4,61\times10^{-5}$
1800	0,0393	$1,18\times10^{-4}$	7800	0,8481	$4,29\times10^{-5}$
2000	0,0667	$1,55\times10^{-4}$	8000	0,8563	$4,00\times10^{-5}$
2200	0,1009	$1,85\times10^{-4}$	8500	0,8747	$3,35\times10^{-5}$
2400	0,1402	$2,07\times10^{-4}$	9000	0,8901	$2,83\times10^{-5}$
2600	0,1831	$2,20\times10^{-4}$	9500	0,9031	$2,40\times10^{-5}$
2800	0,2279	$2,26\times10^{-4}$	10.000	0,9143	$2,05\times10^{-5}$
3000	0,2732	$2,26\times10^{-4}$	10.500	0,9238	$1,76\times10^{-5}$
3200	0,3181	$2,22\times10^{-4}$	11.000	0,9320	$1,52\times10^{-5}$
3400	0,3617	$2,14\times10^{-4}$	11.500	0,9390	$1,32\times10^{-5}$
3600	0,4036	$2,04\times10^{-4}$	12.000	0,9452	$1,14\times10^{-5}$
3800	0,4434	$1,93\times10^{-4}$	13.000	0,9552	$8,78\times10^{-6}$

(continua)

ANEXO A Fração da energia irradiada por corpo negro entre zero e λT (Simões Moreira e Zavaleta Aguilar, 2023) *(continuação)*

λT (μmK)	$F_{[0-\lambda]}$	$\dfrac{E_{\lambda n}}{\sigma T^5}$ (μmK)$^{-1}$	λT (μmK)	$F_{[0-\lambda]}$	$\dfrac{E_{\lambda n}}{\sigma T^5}$ (μmK)$^{-1}$
4000	0,4809	$1,82 \times 10^{-4}$	14.000	0,9630	$6,84 \times 10^{-6}$
4200	0,5160	$1,70 \times 10^{-4}$	15.000	0,9691	$5,40 \times 10^{-6}$
4400	0,5488	$1,58 \times 10^{-4}$	16.000	0,9739	$4,32 \times 10^{-6}$
4600	0,5793	$1,47 \times 10^{-4}$	18.000	0,9809	$2,85 \times 10^{-6}$
4800	0,6076	$1,36 \times 10^{-4}$	20.000	0,9857	$1,96 \times 10^{-6}$
5000	0,6338	$1,26 \times 10^{-4}$	25.000	0,9923	$8,69 \times 10^{-7}$
5200	0,6580	$1,16 \times 10^{-4}$	30.000	0,9954	$4,41 \times 10^{-7}$
5400	0,6804	$1,08 \times 10^{-4}$	40.000	0,9981	$1,49 \times 10^{-7}$
5600	0,7011	$9,94 \times 10^{-5}$	50.000	0,9990	$6,33 \times 10^{-8}$
5800	0,7202	$9,18 \times 10^{-5}$	75.000	0,9998	$1,32 \times 10^{-8}$
6000	0,7379	$8,49 \times 10^{-5}$	100.000	1,0000	$4,27 \times 10^{-9}$

Problemas propostos

9.1 A figura a seguir mostra esquematicamente a locação em planta de um prédio (A) de forma paralelepipédica com $H = 30$ m de altura, localizado em Porto Alegre ($\phi = -30,0°$; $L = 51,2°$ W). Em um terreno horizontal (B) ao S dessa edificação, deseja-se captar energia solar. Avalie a menor distância (X) para que não haja sombra do prédio (A) no terreno (B) no dia 21 de junho, das 10:00 às 14:00 horas no horário local (LO = 45° W).

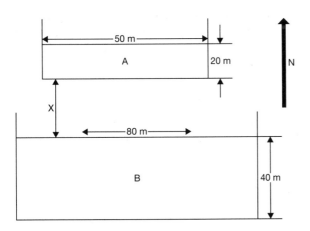

9.2 Considere a hipótese de que o vidro de silício transmita $\tau = 0,92$ da radiação incidente na faixa de comprimento de onda entre 0,35 e 2,7 μm e que seja opaco, $\tau = 0$ nos comprimentos de onda maiores e menores. Estime a porcentagem de radiação solar que esse vidro transmitirá. Para tal, faça a simplificação de que a radiação incidente possua uma distribuição espectral de um corpo negro a temperatura de 5500 K.

9.3 Uma superfície seletiva pode ter sua absortividade/emissividade espectral dada pela seguinte função:

$\alpha_{\lambda,1} = \varepsilon_{\lambda,1} = 0,95$ para $0 < \lambda < 1,8$ μm
$\alpha_{\lambda,2} = \varepsilon_{\lambda,2} = 0,05$ para $1,8 < \lambda < \infty$ μm

Calcule a absortividade α da superfície para a luz solar extraterrestre fazendo a aproximação de que o Sol seja um corpo negro a $T = 5777$ K. Calcule a emissividade ε dessa superfície na temperatura de $T = 150$ °C = 423 K.

9.4 Avaliação de desempenho de um coletor solar plano e estimativa da área de coleta.

Pretende-se instalar um sistema de conversão térmica de energia solar utilizando-se coletores planos com área de abertura $A_C = 1,5$ m². Esses coletores foram testados e seu certificado Inmetro fornece os seguintes dados $F_R(\tau\alpha)_N = 0,740$; $F_R U_L = 6,235$ (W/m² °C). Deseja-se estimar o número dos coletores que devem ser utilizados para atender a uma carga térmica de $Q_S = 1250$ MJ/dia no dia representativo do mês de **maio**. A temperatura de referência é $T_{fi} = 50$ °C; o local da instalação é Brasília (L = 47°54' W; $\phi = -15°48'$; LO = 45° W).

Pense nos seguintes passos:

a) A avaliação do potencial solarimétrico em Brasília pode ser feita por meio do *site* do Cresesb. Use os dados da estação mais próxima do empreendimento. A partir da tabela fornecida, escolha a inclinação para os coletores que forneça a maior energia por m² no mês de maio.

b) Usando os dados climáticos de Brasília (por exemplo, Wikipedia), estabeleça uma distribuição horária de temperatura do ar supondo a temperatura máxima ocorrendo às 14,5h e a mínima às 4,5h.

c) A partir de H para o plano horizontal, calcule H_d e H_b.

d) Calcule pelo método Liu e Jordan o valor de H_T e compare com o valor fornecido pelo Cresesb.

e) Construa a Tabela 1 Disponibilidade Horária de Energia Útil mostrada a seguir.

f) Calcule a disponibilidade diária de energia útil Σq_U e o rendimento médio $\eta = \Sigma q_U/\Sigma I_T$ do coletor solar.

g) Avalie a área de coleta $A = Q_S/\Sigma q_U$ e o número de coletores $N = A/A_C$.

TABELA 1 Disponibilidade horária de energia útil

Maio	T_{fi} (°C)	50												
HS	ω	r_t	r_d	I	I_d	I_b	Cos (θ)	R_b	I_T	G_T	T_a	$(T_{fi}-T_a)/G_T$	η	q_U
h				MJ/m² h	MJ/m² h	MJ/m² h			MJ/m² h	W/m²	°C	°C m²/W		MJ/m² h
6,5	−82,5													
7,5	−67,5													
8,5	−52,5													
9,5	−37,5													
10,5	−22,5													
11,5	−7,5													
12,5	7,5													
13,5	22,5													
14,5	37,5													
15,5	52,5													
16,5	67,5													
17,5	82,5													

9.5 Um coletor solar plano é constituído por uma placa metálica enegrecida colocada em uma caixa isolada termicamente no seu fundo e nas laterais, com a face superior coberta por um vidro. Esse dispositivo é exposto ao Sol em um arranjo que o mantém inclinado em relação à horizontal por um ângulo $\beta = 45°$.

A placa metálica enegrecida possui emissividade $\varepsilon_1 = 0,10$ na sua temperatura de equilíbrio $T_1 = 110$ °C e $\varepsilon_1 = 0,90$ na temperatura de 5500 °C.

O vidro na parte superior está espaçado da placa de uma distância $d = 30$ mm.

Sua temperatura de equilíbrio é de $T_2 = 40$ °C e sua emissividade nessa temperatura $\varepsilon_2 = 0,88$.

Entre o vidro e a placa existe uma camada de ar.

A perda de calor pelo isolamento térmico do fundo é desprezível em relação às outras perdas de calor.

A temperatura ambiente e do céu é de $T_3 = 15$ °C.

a) Calcule o fluxo de calor q_{r1} (W/m²) por radiação entre a placa e o vidro. Suponha que as dimensões da placa e do vidro sejam muito maiores do que a separação entre eles. Calcule a resistência térmica de radiação entre eles R_{tr1} (m² K/W).

b) Calcule o fluxo de calor q_{1c} (W/m²) por convecção entre a placa e o vidro. Pela expressão analítica, calcule a resistência térmica por convecção entre eles R_{tc1} (m² K/W). O vidro troca calor com o meio ambiente por radiação e convecção.

c) Calcule o fluxo de calor q_{r2} (W/m²) por radiação entre o vidro e o céu. Calcule a resistência térmica de radiação entre eles R_{tr2} (m² K/W).

d) Calcule o fluxo de calor q_{2c} (W/m²) por convecção entre vidro e o ar ambiente. Calcule a resistência térmica por convecção entre eles R_{tc2} (m² K/W).

Propriedades do ar a 75 °C (348 K) são as seguintes:

ρ	C_p	$\mu\ 10^7$	$\upsilon\ 10^6$	$k\ 10^3$	$\alpha\ 10^6$	Pr	β
kg/m³	kJ/kg·K	N s /m²	m²/s	W/mK	m²/s		K⁻¹
0,9950	1,009	208,2	20,92	30,0	29,9	0,700	0,0029

Bibliografia

BIRD, A. B; STEWART, W. E.; LIGHTFOOT, E. N. *Transport phenomena*. New Jersey: Wiley, 1960.

BROWNSON JEFFREY, R. S. *Solar energy conversion systems*. Oxford: Elsevier Oxford, 2014.

COLLARES PEREIRA, M.; RABL, A. The average distribution of solar radiation: correlations between diffuse and hemispherical and between daily and hourly insolation values. *Solar Energy*, v. 22, n. 155, 1979a.

COLLARES PEREIRA, M.; RABL, A. Simple procedure for predicting long term average performance of nonconcentrating and concentrating solar collectors. *Solar Energy*, v. 23, n. 235, 1979b.

DUFFIE, J. A.; BECKMAN, W. A. *Solar engineering of thermal processes*. 3. ed. New Jersey: Wiley, 2006.

HOLLANDS, K. G. T.; UNNY, T. E.; RAITHBY, G. D.; KONICEK, L. Transactions of the American Society of Mechanical Engineers: free convection heat transfer across inclined air layers. *Journal of Heat Transfer*, v. 98, p. 189-193, 1976.

HOTTEL, H. C.; WHILLIER, A. Evaluation of flat-plate collector performance. *Trans. the conference on the use of solar energy*, University of Arizona Press 2, v. 74, 1958.

IQBAL, M. *An introduction to solar radiation*. Toronto: Academic Press, 1983.

KALOUGIROU SOTERIS, A. *Solar energy engineering process and systems*. 2. ed. Oxford: Elsevier Oxford, 2014.

KLEIN, S. A. Calculation of monthly average insolation on tilted. *Solar Energy*, v. 19, n. 4, p. 325-329, 1977.

LIU, B. Y. H.; JORDAN, R. C. The interrelationship and characteristics distribution of direct, diffuse and total solar radiation. *Solar Energy*, v. 4, n. 3, p. 1-19, 1960.

LIU, B. Y. H.; JORDAN, R. C. Daily insolation or surfaces tilted toward the Equator. *ASHRAE Journal*, v. 3, n. 10, p. 53-56, 1962.

ORGILL, J. F.; HOLLANDS, K. G. T. Correlation equation for hourly diffuse Radiation on a horizontal. *Solar Energy*, v. 19, n. 4, p. 357-359, 1977.

PEREIRA, E. B.; MARTINS, F. R.; GONÇALVES, A. R.; COSTA, R. S.; LIMA, F. L.; RÜTHER, R.; ABREU, S. L.; TIEPOLO, G. M.; PEREIRA, S. V.; SOUZA, J. G. *Atlas brasileiro de energia solar*. 2. ed. São José dos Campos: INPE, 2017.

PETUKHOV, B. S. *In*: IRVINE, T. F.; HARTNETT, J. P. (ed.). *Advances in heat transfer*. New York: Academic Press, 1970. v. 6.

SIMÕES MOREIRA, J. R.; ZAVALETA AGUILAR, E. W. *Fundamentos de Transferência de Calor para Engenharia*. Rio de Janeiro: GEN-LTC, 2023.

VDI HEAT ATLAS. 2. ed. Springer, 2010.

WHILLIER, A. The determination of hourly values of total radiation from daily summations. *Arch. Met. Geoph. Biokl*, Series B, v. 7, n. 197, 1956.

WHILLIER, A. Solar radiation graphs. *Solar Energy*, v. 9, p. 164, 1965.

Sites **indicados**

Dados solarimétricos. Disponível em: http://www.cresesb.cepel.br/sundata/index.php. Acesso em: 20 set. 2024.

Programa Brasileiro de Etiquetagem (PBE) do Inmetro. Disponível em: http://www.inmetro.gov.br/consumidor/tabelas.asp. Acesso em: 20 set. 2024..

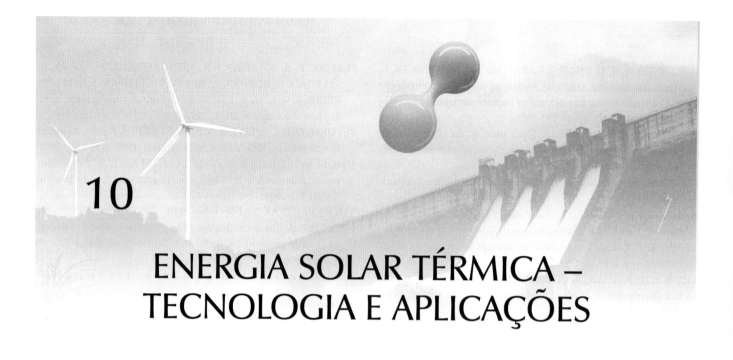

10

ENERGIA SOLAR TÉRMICA – TECNOLOGIA E APLICAÇÕES

DANIEL SETRAK SOWMY
Instituto de Pesquisas Tecnológicas do Estado de São Paulo (IPT)
Escola Politécnica da Universidade de São Paulo (Poli-USP)

PAULO JOSÉ SCHIAVON ARA
Instituto de Pesquisas Tecnológicas do Estado de São Paulo (IPT)

Os fundamentos de energia solar foram abordados no Capítulo 9, que fornece as bases teóricas do presente texto, o qual tem por objetivo apresentar as tecnologias e aplicações da energia solar térmica. No Capítulo 11 serão abordadas as tecnologias de energia solar fotovoltaica.

Este capítulo está organizado em cinco seções. Na Seção 10.1, são apresentadas tecnologias e aplicações de aproveitamento da energia solar térmica para baixas temperaturas, inferiores a 100 °C. Na Seção 10.1, apresenta-se a energia solar para aplicações de aquecimento de água voltadas ao consumo humano. A Seção 10.2 trata das tecnologias que utilizam concentradores solares para obtenção de temperaturas mais elevadas para acionamento de ciclos térmicos e produção de eletricidade. Na Seção 10.3, são abordadas as tecnologias e aplicações de aquecimento solar para processos industriais. Na Seção 10.4, são apresentados os sistemas de ar-condicionado solar. Por fim, a Seção 10.5 versa sobre outras formas de aproveitamento solar térmico, como aplicações em aquecimento distrital e tecnologias inovadoras.

10.1 Aquecimento solar a baixas temperaturas

Nesta seção é abordado o emprego da energia solar para o aquecimento de água para uso humano, por exemplo, para banho, lavadora de roupas, lavadora de louças e aquecimento de piscinas. Para essas aplicações, os sistemas operam em temperaturas inferiores a 100 °C.

10.1.1 Sistema de aquecimento solar

Os principais componentes do sistema de aquecimento solar de água são:

- *Coletor solar*: responsável por captar e absorver a radiação solar que incide sobre sua área, transmitindo-a na forma de energia térmica para a água que circula no seu interior.
- *Reservatório térmico*: armazena a água do sistema que circulará durante todo o dia pelos coletores para elevação gradual de sua temperatura.
- *Circuito hidráulico primário*: tubulação que conecta os coletores ao reservatório térmico.
- *Conexão com a rede de água fria*: abastecimento de água em temperatura ambiente para o sistema.
- *Conexão com a rede de água quente*: abastecimento de água quente para a rede de distribuição interna da edificação até os pontos de utilização.
- *Dispositivos de segurança*: válvulas de alívio de pressão, válvulas limitadoras de temperatura da água e dispositivos de proteção contra congelamento.
- *Sistema de apoio*: aquecedor que utiliza outra fonte de energia (elétrica ou gás combustível) para complementar a produção de água quente caso a energia solar não seja suficiente para atender à demanda.

Para o bom aproveitamento da captação da energia solar incidente nessa aplicação, os aspectos que devem ser avaliados são:

- *Sombreamento*: verificar se na área disponível para instalação do sistema há efetiva incidência de radiação solar, evitando áreas com sombra durante longos períodos do dia.
- *Área coletora*: deve ser dimensionada para atender à demanda de energia térmica da edificação. Adotam-se valores da ordem de 70 % de participação da energia solar no total de energia utilizada para aquecimento de água.
- *Orientação da superfície absorvedora*: preferencialmente, os coletores devem estar direcionados para o Norte (no caso do Brasil, que está no Hemisfério Sul). Como regra prática, propõe-se que a inclinação dos coletores seja igual à latitude do local mais 10° para potencializar a produção de água quente no inverno, época do ano em que a demanda é maior.
- *Armazenamento*: é necessário prever a área para instalação do reservatório de água quente, denominado reservatório térmico, que será o centro de armazenamento e de distribuição de água quente para a edificação.
- *Qualidade e durabilidade*: os materiais utilizados no sistema, bem como os acessórios de instalação, devem ser compatíveis com o local de uso, ou seja, se necessário, devem resistir às intempéries.
- *Desempenho*: coletores solares e reservatórios térmicos são objeto de avaliação compulsória no Brasil e devem apresentar a etiqueta padronizada do Inmetro.
- *Custo e benefício*: com boa disponibilidade de radiação solar, um sistema de aquecimento solar de água para uma residência, com reserva de água inferior a 1000 litros, usualmente gera uma economia que paga o investimento em até cinco anos.

O circuito hidráulico primário pode operar de forma passiva (termossifão) ou ativa (circulação forçada), como descrito nas subseções que se seguem.

10.1.1.1 Natural (termossifão)

Configuração que depende do aquecimento da água no coletor e sua consequente diminuição de densidade, para que esta circule pelo circuito hidráulico primário e retorne ao reservatório em uma cota mais elevada. A água que está no reservatório, mais fria e, portanto, também mais densa, tende a descer para o coletor, completando o ciclo – trata-se, portanto, do aproveitamento da ação da gravidade. Esse fenômeno viabiliza a operação do sistema sem gasto de energia para bombeamento de água entre o coletor e o reservatório. Outro fator positivo é ser autorregulado, pois só há circulação de água quando a incidência de radiação solar é suficiente para aquecer a água no coletor. Essa alternativa é viável em sistemas de pequeno porte para atender a uma unidade habitacional, conforme apresentado na Fig. 10.1.

A Fig. 10.2 ilustra o esquema de um sistema de aquecimento solar por termossifão. O abastecimento do sistema ocorre

FIGURA 10.1 Fotografia de um sistema de pequeno porte por termossifão.

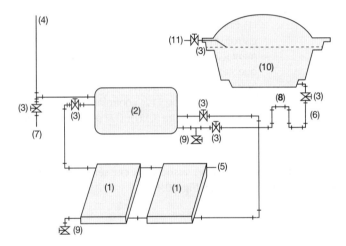

FIGURA 10.2 Esquema do sistema por termossifão. (1) Coletor solar; (2) reservatório térmico; (3) registro; (4) respiro; (5) tampão ou plugue; (6) alimentação de água fria; (7) consumo de água quente; (8) sifão (mínimo de 30 cm); (9) dreno; (10) caixa d'água fria; (11) alimentação de água fria com válvula boia.

pela caixa d'água fria (10), a circulação de água se dá dos coletores (1) para o reservatório (2) e o fluxo de água fria da parte inferior do reservatório térmico para os coletores.

10.1.1.2 Ativo (circulação forçada)

Essa configuração depende do acionamento de uma bomba hidráulica para promover a circulação de água no circuito primário. O acionamento da bomba ocorre quando uma diferença predeterminada de temperatura entre a saída e a entrada da água nos coletores é atingida. Com isso, torna-se necessário o uso de um controlador dotado de um sensor diferencial de temperatura (CDT), ou temporizador para ativar essa circulação. Esse arranjo permite a associação de um número maior de coletores e não tem restrição de diferença de cotas manométricas dos coletores e do reservatório. É, comumente, a alternativa adotada em sistemas de grande porte. A Fig. 10.3 ilustra o esquema do sistema.

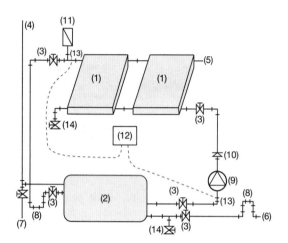

FIGURA 10.3 Esquema do sistema com circulação forçada. (1) Coletor solar; (2) reservatório térmico; (3) registro; (4) respiro; (5) tampão ou plugue; (6) alimentação de água fria; (7) consumo de água quente; (8) sifão (mínimo de 30 cm); (9) bomba hidráulica; (10) válvula de retenção; (11) válvula eliminadora de ar; (12) controlador por diferencial de temperatura (CDT); (13) sensor de temperatura; (14) dreno.

Os coletores podem ser associados em série ou paralelo, conforme os esquemas da Fig. 10.4.

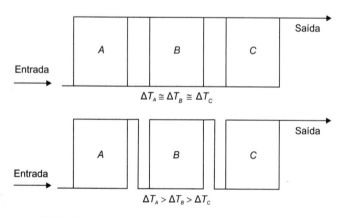

FIGURA 10.4 Arranjo de coletores solares em paralelo (acima) e série (abaixo).

O arranjo em paralelo promove o abastecimento dos coletores com praticamente a mesma temperatura de entrada, o que os coloca em condição térmica de operação e eficiência similares. Dessa maneira, todos os coletores operam na mesma temperatura, permitindo um aumento na vazão de água que circula pelo arranjo.

O arranjo em série configura os coletores de tal forma que a temperatura da água na saída do primeiro coletor seja a temperatura de entrada no segundo, o que coloca os coletores operando em temperaturas crescentes e eficiência térmica decrescente. Assim, a elevação da temperatura da água na saída do arranjo é maior, porém a eficiência média dos coletores é menor em função das maiores perdas convectivas que ocorrem na operação de temperaturas de água mais elevadas (Seção 9.2.3).

É possível também que o sistema de aquecimento solar seja do tipo indireto, no qual o fluido que circula nos coletores não é o mesmo que abastece os pontos de consumo, como é muito comum na Europa. Nesse caso, um trocador de calor deve ser incorporado ao sistema. Em alguns casos, o sistema de aquecimento solar pode também ter apenas a função de preaquecimento da água. A Fig. 10.5 mostra um sistema indireto com preaquecimento. Quando há disponibilidade de energia solar, os coletores fornecem água quente para os reservatórios e, quando não há energia térmica suficiente, o sistema auxiliar passa a operar.

Configurações desse tipo reduzem significativamente o consumo de energia para aquecimento, quando adequadamente dimensionados. Note que, nesse caso, a proteção contra congelamento pode ser feita circulando, pelo circuito do coletor, um fluido que apresente temperatura de congelamento mais baixa do que a água, já que ele não se destina ao consumo, como etilenoglicol misturado com água. Porém, há de se tomar cuidado para que não haja mistura da água do circuito secundário com a que contém etilenoglicol em face de sua toxidade.

Nas próximas subseções são detalhados os componentes principais do sistema de aquecimento solar: coletor solar e reservatório térmico.

10.1.2 Coletor solar plano

O coletor solar é o componente responsável pela conversão da energia solar em energia térmica. A incidência de radiação solar no absorvedor do coletor faz com que este se aqueça e transmita o calor para a água que circula no seu interior.

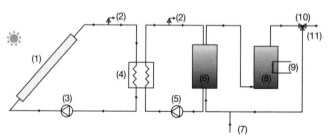

FIGURA 10.5 Sistema indireto para preaquecimento. (1) Coletor solar; (2) dispositivo de alívio de pressão; (3) bomba hidráulica do circuito do coletor; (4) trocador de calor; (5) bomba hidráulica do circuito de armazenamento; (6) reservatório de preaquecimento; (7) alimentação de água fria; (8) reservatório térmico; (9) aquecimento auxiliar; (10) válvula misturadora; (11) saída de água quente.

O mercado brasileiro oferece três tipos de coletores descritos a seguir:

- *Coletor solar plano fechado* (Fig. 10.6): utilizado para o aquecimento de água para banho, pias de cozinha e banheiro. Possui uma caixa que abriga o absorvedor, com isolamento térmico no fundo (e, eventualmente, na lateral), e uma superfície transparente na frente que gera o efeito estufa no seu interior. Seu absorvedor é normalmente de alumínio, com pintura escura, circuito hidráulico de cobre, caixa de alumínio e cobertura de vidro. Tem eficiência superior ao coletor aberto, exceto quando se trata de temperaturas de água de piscina, e pode operar com temperaturas de até 90 °C, aproximadamente.

FIGURA 10.6 Coletor solar plano fechado.

- *Coletor solar plano aberto* (Fig. 10.7): utilizado para o aquecimento de piscinas, não possui proteção para perdas térmicas, é construído com material polimérico, tem eficiência térmica média inferior em relação ao coletor fechado e opera com temperaturas de até 50 °C, aproximadamente, porém seu custo é menor, viabilizando instalações com grande área coletora (da mesma ordem de grandeza da piscina a que se destina o aquecimento de água).

FIGURA 10.7 Coletor solar plano aberto para aquecimento de piscina.

- *Coletor solar com tubos a vácuo* (Fig. 10.8): com participação reduzida no mercado nacional, opera de forma semelhante ao coletor fechado e é adequado para a mesma aplicação. Esse tipo de coletor é dotado de um absorvedor tubular de radiação solar inserido em um tubo transparente. O espaço anular entre os tubos é evacuado, o que propicia um excelente isolamento térmico. Lembrando que considerável perda de eficiência dos coletores planos se deve pela convecção interna entre os tubos aquecidos e o vidro, conjugado com convecção externa sobre o vidro (Seção 9.2).

O espaço interior ao tubo pode ser preenchido com água (coletor com tubos a vácuo do tipo *all glass*), ou pode incorporar um tubo de calor contendo um fluido de mudança de fase, que transfere calor para a água em sua parte superior (coletor com tubos a vácuo do tipo "tubo de calor" ou *heat pipe*), conforme a Fig. 10.9. Em geral, os primeiros trabalham em baixa pressão (até 50 kPa) e os últimos suportam pressões mais elevadas (até 400 kPa).

Todo coletor solar possui duas áreas relevantes a serem consideradas: a área de abertura pela qual é admitida a radiação solar e a área receptora pela qual a radiação solar é absorvida. Para os coletores planos fechados (Fig. 10.6), as áreas de abertura e receptora são equivalentes, porém para um coletor concentrador (conforme será visto na Seção 10.2 deste capítulo), a área de abertura é significativamente maior que a área receptora.

10.1.3 Reservatório térmico

O reservatório térmico armazena e mantém a temperatura da água quente. Ele possui um tanque interno de aço inoxidável, cujo volume é o disponível para armazenar a água, uma camada de isolamento térmico de poliuretano e um acabamento externo em chapa metálica ou material plástico. A sua configuração mais comum apresenta quatro conexões hidráulicas,

FIGURA 10.8 Coletor solar com tubos a vácuo.

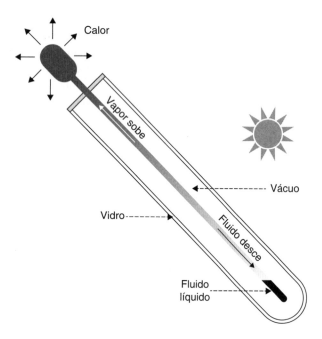

FIGURA 10.9 Esquema de um tubo a vácuo do tipo "tubo de calor" (ou *heat pipe*).

quais sejam: entrada de água fria, fornecimento de água quente, saída e retorno dos coletores.

Podem ser configurados com ou sem apoio elétrico, que se constitui em uma resistência elétrica associada a um termostato, acionada quando o sistema não atinge a temperatura da água quente desejada.

No Brasil, os reservatórios térmicos são predominantemente horizontais (Fig. 10.10) e classificados como:

- *Fechado*: opera sempre cheio de água e depende da pressão de entrada de água fria para o fornecimento de água quente. Deve ser instalado em cota inferior ao nível da caixa d'água que o abastece. Pode ser de baixa pressão, 50 kPa, ou alta pressão, 400 kPa.

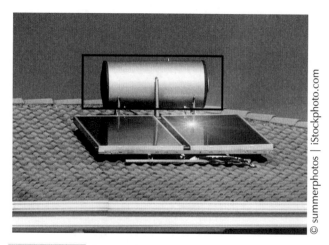

FIGURA 10.10 Reservatório térmico horizontal.

- *Nível*: possui dispositivo hidráulico que possibilita o consumo de água quente mesmo sem abastecimento de água fria até o seu esgotamento.
- *Sem apoio elétrico*: não tem o apoio elétrico instalado e é usado exclusivamente para aquecimento solar.

10.1.4 Dimensionamento – norma brasileira

A norma ABNT NBR 15569:2020 Sistema de aquecimento solar de água em circuito direto - Requisitos de projeto e instalação sugere um método simplificado de dimensionamento que será apresentado a seguir.

1. Cálculo do volume diário de consumo ($V_{consumo}$):

$$V_{consumo} = \sum \left(Q_{pu} \times T_u \times \text{frequência de uso} \right) \quad (10.1)$$

em que:

$V_{consumo}$ = volume total de água quente consumido diariamente, em litros (L);
Q_{pu} = vazão da peça de utilização, em litros por minuto (L/min);
T_u = tempo médio de uso diário da peça de utilização, em minutos (min);
frequência de uso = número total de utilizações da peça.

2. Cálculo do volume armazenado:

$$V_{armaz} = \frac{V_{consumo} \times (T_{consumo} - T_{ambiente})}{(T_{armaz} - T_{ambiente})} \quad (10.2)$$

em que:

$V_{consumo}$ = volume de consumo diário, em litros (L);
V_{armaz} = volume de armazenamento do sistema, em litros (L) (sugere-se que $V_{armaz} \geq 75\% \ V_{consumo}$);
$T_{consumo}$ = temperatura de consumo de utilização, em °C;
T_{armaz} = temperatura de armazenamento da água, em °C (sugere-se que $T_{armaz} \geq T_{consumo}$);
$T_{ambiente}$ = temperatura ambiente média anual do local de instalação em °C.

3. Cálculo da energia térmica útil armazenada no sistema:

$$E_{útil} = \frac{V_{armaz} \times \rho \times C_p \times (T_{armaz} - T_{ambiente})}{3600} \times 30 \quad (10.3)$$

sendo que:

$E_{útil}$ = energia útil, em kWh/mês;
V_{armaz} = volume do sistema de armazenamento do SAS, em litros (L);
ρ = massa específica ou densidade da água (kg/L);
C_p = calor específico a pressão constante da água (kJ/kg °C);

T_{armaz} = temperatura de armazenamento da água, em °C;
$T_{ambiente}$ = temperatura ambiente média anual do local de instalação em °C.

4. Perdas térmicas no sistema:

$$E_{perdas} = 0,15 \times E_{útil} \qquad (10.4)$$

sendo que:

$E_{útil}$ = energia útil, em kWh/mês;
E_{perdas} = somatório das perdas térmicas dos circuitos primário e secundário, em KWh/mês.

5. Fator de correção para inclinação e orientação do coletor solar:

$$FC_{Instal} = \frac{1}{1-[1,2\times10^{-4}\times\left(\beta-\beta_{ótimo}\right)^2+3,5\times10^{-5}\times\alpha^2]} \qquad (10.5)$$

em que:

β = inclinação do coletor em relação ao plano horizontal, em graus ($15° < \beta < 90°$);
$\beta_{ótimo}$ = inclinação ótima do coletor para o local de instalação em graus, ou seja, latitude local + 10°;
α = ângulo de orientação dos coletores solares em relação ao norte geográfico, em graus.

6. Produção mensal específica de energia (PMEE):

A tabela vigente de Sistemas e Equipamentos para Aquecimento Solar de Água do Inmetro, que lista todos os produtos etiquetados, informa a produção mensal específica de energia dos coletores (PMEE), em kWh/m² mês. O valor da PMEE também se encontra na Etiqueta Nacional de Conservação de Energia (ENCE).

7. Cálculo da área coletora:

$$A_{coletora} = \frac{\left(E_{útil} + E_{perdas}\right) \times FC_{instal} \times 4,89}{PMEE \times I_G} \qquad (10.6)$$

em que:

$A_{coletora}$ = área coletora, em m²;
$E_{útil}$ = energia útil, em kWh/mês;
E_{perdas} = somatória das perdas térmicas dos circuitos primário e secundário, em kWh/mês;
FC_{instal} = fator de correção de instalação dos coletores;
PMEE = produção mensal específica de energia, em kWh/mês m²;
I_G = valor da irradiação global diária em média anual para o local de instalação, em kWh/m² dia. Pode ser obtido de banco de dados climáticos ou por medição direta.

Exemplo 10.1

Dimensionar um sistema de aquecimento solar para uma residência localizada na cidade de São Paulo (SP), com as seguintes características:

- 5 moradores;
- orientação: norte geográfico;
- inclinação de instalação dos coletores solares 30°;
- água quente na ducha, pia do banheiro e cozinha;
- dados do coletor solar: PMEE = 83,6 kWh/m² mês;
- irradiação solar para o local: I_G = 3,85 kWh/ m² dia.

Resolução:

a) Cálculo do volume de diário de consumo ($V_{consumo}$):

Ducha:
- Tempo médio de banho: 10 minutos
- Vazão da ducha: 6,6 L/min
- Frequência de uso: 2 banhos por usuário

$$V_{ducha} = 6,6 \frac{L}{min} \times 10 \, min \times 2 \, banhos \times 5 \, usuários = 660 \, litros$$

Pia do banheiro:
- Tempo médio de uso: 2 minutos;
- Vazão: 3,0 L/min;
- Frequência de uso: 3 utilizações por usuário.

$$V_{pia} = 3,0 \frac{L}{min} \times 2 \, min \times 3 \, usos \times 5 \, usuários = 90 \, litros$$

Pia da cozinha:
- Tempo médio de uso: 5 minutos;
- Vazão da cozinha: 3,0 L/min;
- Frequência de uso: 1 utilização por usuário.

$$V_{cozinha} = 3,0 \frac{L}{min} \times 5 \, min \times 1 \, uso \times 5 \, usuários = 75 \, litros$$

$$V_{consumo} = 660 + 90 + 75 = 825 \, L/dia$$

b) Cálculo do volume armazenado:

$$V_{armaz} = \frac{825 \times (40-20)}{50-20} = 550 \, L/dia$$

Porém, 550 L é um volume menor do que o recomendado pela norma, ou seja, 75 % do volume consumido. Para ajustar o volume, consideramos os 75 % (620 L) e calculamos novamente a temperatura de armazenamento.

$$620 = \frac{825 \times (40-20)}{(T_{armaz} - 20)}$$

$$T_{armaz} = 46,6 \, °C$$

c) Cálculo da energia térmica útil armazenada no sistema:

$$E_{útil} = 620 \times 1 \times 4,18 \times \left(46,6-20\right) \times 30 / 3600 = 574 \, kWh / mês$$

d) Perdas térmicas no sistema:

$$E_{perdas} = 0,15 \times 574 = 86 \, kWh/mês$$

e) Fator de correção para inclinação e orientação do coletor solar:

$$FC_{\text{Instal}} = \frac{1}{1 - [1,2 \times 10^{-4} \times (33 - 30)^2 + 3,5 \times 10^{-5} \times 0^2]} = 1,001$$

f) Produção média mensal de energia específica do coletor: Esse valor é obtido da Etiqueta Nacional de Conservação de Energia (ENCE), fixada no coletor ou da Tabela de Eficiência Energética do Inmetro publicada em seu *site*. Para esse exemplo, o valor é de 83,6 kWh/m² mês, conforme o enunciado.

g) Cálculo da área coletora:

$$A_{\text{coletora}} = \frac{(574 + 86) \times 1,001 \times 4,89}{83,6 \times 3,85} = 10,0 \text{ m}^2$$

Considerando um coletor solar com 2 m² de área, chegamos a cinco coletores.

10.1.5 Acumulação térmica com PCM

Uma tecnologia de acumulação de água quente de sistemas de aquecimento solar tem como base os materiais que mudam de fase (em inglês, *phase change materials* – PCM). Nesse caso, o reservatório térmico é substituído, em parte ou na sua totalidade, por um sistema preenchido com PCM por meio do qual circula a água do coletor solar em uma serpentina para aquecê-lo e, para o consumo, água é aquecida pela circulação no sentido oposto. Basicamente, um PCM é um material que se torna líquido quando aquecido, ou seja, muda de fase configurando uma elevada capacidade de armazenar alta densidade de energia térmica e manter a temperatura constante durante este processo. Evidentemente, quando há demanda de água quente para consumo, o PCM transfere sua energia latente para a serpentina de água de consumo enquanto se solidifica. Há muitos materiais que podem ser empregados tanto orgânicos como inorgânicos, como mais bem discutido na Seção 6.2.2. Na Europa, é comum o uso de armazenamento pelo emprego de PCM.

10.2 Aquecimento solar a altas temperaturas

Quando são demandadas maiores temperaturas do fluido de trabalho, é necessário que o coletor solar produza incrementos de temperatura significativos, mesmo para temperaturas de operação elevadas. A tendência é que um coletor solar perca sua capacidade de aquecer o fluido com o aumento da temperatura da água que circula pelo coletor. Isso pois, nessa condição, as perdas térmicas para o ambiente tornam-se cada vez maiores.

Para que o coletor, portanto, possa aquecer o fluido a altas temperaturas (acima de 100 °C), deve-se concentrar a radiação solar no absorvedor (ou receptor) do coletor solar, pelo uso de coletores concentradores. Isto é, o coletor admite radiação por uma área de abertura, reflete os raios solares por meio de uma superfície, os concentra em um elemento absorvedor, pontual ou linear, pelo qual escoa o fluido de troca de calor.

Dessa forma, o fluido sai do coletor concentrador com uma temperatura elevada.

10.2.1 Concentração solar

Para os concentradores, o ganho de energia térmica (taxa de energia transferida ao fluido de trabalho) depende das seguintes variáveis (já definidas no Capítulo 9):

- irradiância solar direta (parcela não difusa da radiação total G_T) recebida pelo coletor (G), em W/m²: depende da radiação solar no local de instalação e do ângulo de incidência θ com o qual a radiação direta atinge o coletor. Trata-se do recurso solar disponível;
- eficiência óptica do coletor (η_o), adimensional: depende da configuração do coletor, da geometria da instalação e do ângulo de incidência θ com o qual a radiação direta atinge o coletor. Trata-se da eficiência da reflexão de radiação da superfície refletora e de sua absorção pelo receptor;
- fator de remoção de calor do coletor (F_R), adimensional: leva em conta a capacidade do coletor de transferir calor recebido no receptor para o fluido de trabalho. Pode ser definido como a razão entre o ganho de energia real do coletor pelo ganho que teria se todo o receptor estivesse a temperatura de entrada do fluido;
- coeficiente global de troca de calor (U_L), em W/m² °C: leva em conta todas as perdas térmicas do receptor para o ar ambiente;
- área de abertura do coletor (A_a), em m²: corresponde à área que admite radiação solar;
- área do receptor (A_r), em m²: corresponde à área da superfície absorvedora;
- temperaturas em °C de entrada da água (T_{fi}), ambiente (T_a) e temperatura do receptor (T_r).

Sem perdas ópticas e térmicas, o ganho de calor do coletor, em Watts, seria:

$$Q_U = G \times A_a \tag{10.7}$$

Considerando as perdas ópticas, tem-se:

$$Q_U = G \times A_a \times \eta_o \tag{10.8}$$

Admitindo que as perdas térmicas do receptor para o ambiente podem ser escritas como $A_r \times U_L \times (T_r - T_a)$, tem-se:

$$Q_U = [G \times A_a \times \eta_o] - [A_r \times U_L \times (T_r - T_a)] \tag{10.9}$$

Introduzindo o fator de remoção de calor F_R, obtém-se:

$$Q_U = F_R \times [G \times A_a \times \eta_o - A_r \times U_L \times (T_{fi} - T_a)] \tag{10.10}$$

Dividindo ambos os lados por GA_a e sabendo que a eficiência térmica η do coletor é Q_U/GA_a, fica desenvolvida a equação de eficiência:

$$\eta = F_R \eta_o - \frac{F_R U_L}{\left(A_a / A_r\right)} \times \frac{\left(T_{fi} - T_a\right)}{G} \qquad (10.11)$$

Uma vez que A_a/A_r, F_R, U_L e η_o são constantes, pode-se dizer, então, que a eficiência η é uma função linear de $\frac{\left(T_{fi} - T_a\right)}{G}$ e que o coeficiente angular da reta é $F_R U_L / C$, em que $C = A_a/A_r$ é a razão de concentração do coletor solar. Para o coletor plano $C = 1$, e para coletores concentradores $C > 1$.

Exemplo 10.2

Considere um coletor concentrador de calha parabólica operando nas condições apresentadas a seguir e determine a temperatura do fluido na saída do coletor:

- temperatura do fluido na entrada = 90 °C;
- razão de concentração = 20;
- coeficiente global de troca de calor = 3,35 W/m² °C;
- fator de remoção de calor do coletor = 0,91;
- eficiência óptica = 80 %;
- temperatura ambiente = 35 °C;
- calor específico do fluido = 3,3 kJ/kg °C;
- vazão de fluido de trabalho = 0,05 kg/s;
- área de abertura = 25 m²;
- irradiância direta no plano de abertura do coletor = 700 W/m².

Nota: a eficiência térmica a ser considerada nesse exemplo é relativa à área de abertura e à irradiância direta.

Resolução:

Usando os dados do enunciado, tem-se que a eficiência térmica instantânea é:

$$\eta = F_R \eta_o - \frac{F_R U_L}{C} \times \frac{\left(T_{fi} - T_a\right)}{G}$$

$$= 0,91 \times 0,80 - \frac{0,91 \times 3,35}{20} \times \frac{\left(90 - 35\right)}{700}$$

$$= 0,728 - 0,1524 \times 0,0786$$

$$= 0,728 - 0,012 = 0,716$$

Portanto, o coletor está operando com eficiência de 71,6 %. A eficiência térmica pode ser escrita como:

$$\eta = \frac{\dot{m} C_p \left(T_{fo} - T_{fi}\right)}{A_a G}$$

E, assim, a temperatura de saída do fluido pode ser calculada por:

$$T_{fo} = \frac{\eta A_a G}{\dot{m} C_P} + T_{fi}$$

$$T_{fo} = \frac{0,716 \times 25 \times 700}{0,05 \times 3300} + 90$$

$$T_{fo} = 76 + 90 = 166 \,^{\circ}C$$

O fator de remoção de calor F_R pode ser obtido pelo produto de outros dois adimensionais do coletor concentrador, F' e F'', definidos a seguir:

- Fator de eficiência (F'): trata-se da razão entre o ganho de calor real do coletor e o ganho de calor que teria se o receptor estivesse na temperatura local média do fluido:

$$F' = \frac{\dfrac{1}{U_L}}{\dfrac{1}{U_L} + \dfrac{D_e}{h \times D_i} + \left(\dfrac{D_e}{2k} \ln \dfrac{D_e}{D_i}\right)} \qquad (10.12)$$

em que:

U_L = coeficiente global de troca de calor do coletor, em W/m² °C;
k = condutividade térmica do material do receptor, em W/m °C;
D_e = diâmetro externo do receptor, em m;
D_i = diâmetro interno do receptor, em m;
h = coeficiente de transferência de calor por convecção na parede interna do receptor em W/m² °C.

A Equação (10.12) envolve coeficientes globais de troca de calor, coeficiente convectivo, condução de calor e geometria do coletor. Na prática, F' é a razão entre a resistência térmica externa do receptor do coletor para o ambiente e a soma dela com a resistência térmica interna do receptor com o fluido.

- Fator de vazão (F''): trata-se da razão entre o fator de remoção de calor (F_R) e o fator de eficiência (F'):

$$F'' = \frac{\dot{m} C_p}{A_r U_L F'} \left[1 - \exp\left(-\frac{A_r U_L F'}{\dot{m} C_p}\right)\right] \qquad (10.13)$$

com:
C_p = calor específico à pressão constante do fluido de trabalho, em J/kg °C;
$\dot{m}$ = vazão do fluido, em kg/s.

E as demais variáveis foram definidas anteriormente nesta seção.

Além do produto entre F' e F'', outra maneira de calcular F_R é desenvolvendo a Equação (10.10) de forma que:

$$F_R = \frac{\dot{m} C_p \left(T_{fo} - T_{fi}\right)}{\left[G \times A_a \times \eta_o - A_r \times U_L \times \left(T_{fi} - T_a\right)\right]} \qquad (10.14)$$

em que:

T_{fo} = temperatura de saída do fluido, em °C;
T_{fi} = temperatura de entrada do fluido, em °C.

E as demais variáveis foram definidas anteriormente nesta seção.

Rearranjando os termos da Equação (10.14) e chamando $\dfrac{\dot{m} C_p C}{A_a U_L}$ de K_1 e $\dfrac{CG \eta_o}{U_L}$ de K_2, tem-se que:

$$F_R = K_1 \frac{[K_2 - \Delta T_i] - [K_2 - \Delta T_o]}{[K_2 - \Delta T_i]} \quad (10.15)$$

em que:

ΔT_i = diferença de temperatura entre entrada e ambiente, em °C;
ΔT_o = diferença de temperatura entre saída e ambiente, em °C.

Por fim, a temperatura de saída do fluido pode ser calculada por:

$$T_{fo} = T_{fi} + \frac{Q_U}{\dot{m} C_p} \quad (10.16)$$

Note-se, porém, que a temperatura do fluido é função da temperatura do receptor, que, por sua vez, influencia o coeficiente global de troca de calor do coletor. Assim, o valor de U_L deve ser adequadamente utilizado de forma que não seja incompatível com as temperaturas do coletor. Também o valor de h deve ser compatível com as condições fluidodinâmicas do escoamento do fluido de trabalho.

10.2.2 Rastreamento solar

A maioria dos sistemas de aproveitamento de energia solar é do tipo estacionário, ou seja, têm uma orientação fixa em relação ao Norte e inclinação fixa em relação ao plano horizontal. Como a maior intensidade de radiação solar ocorre nos horários próximos ao meio-dia, costuma-se adotar a posição que propicie melhor desempenho nesse horário.

Porém, quando há a necessidade de maximizar o aproveitamento da energia solar, pode-se adotar um sistema de rastreamento (*tracking*) para acompanhar a trajetória do Sol, e, assim, manter a máxima incidência de radiação possível para determinado horário e localização.

Os sistemas podem aplicar o rastreamento de um ou dois eixos, um na direção Leste-Oeste, que acompanha a altitude solar, e o outro, na direção Norte-Sul, que acompanha a trajetória do Sol desde a alvorada até seu ocaso, como bem ilustrado na Fig. 10.11.

Apesar do aumento de radiação incidente e, consequentemente, da produção de energia térmica, os sistemas de rastreamento aumentam o custo de operação de forma significativa, pois implicam um consumo de energia elétrica para movimentação do arranjo de coletores, assim como a necessidade de manutenção periódica de seu mecanismo. Não obstante esse aumento de complexidade, essa solução geralmente é adotada nos sistemas que usam concentradores de radiação solar.

10.2.3 Geração de eletricidade a partir de concentradores

Os concentradores (em inglês, *concentrated solar power* – CSP) são dispositivos ópticos que direcionam a radiação solar para o receptor do coletor. Em geral, são construídos com materiais com superfície de elevada refletividade, obtendo-se como resultado prático um efeito multiplicador da radiação incidente no coletor. Esse ganho é expresso pela razão de concentração, conforme apresentado na Seção 10.2.1.

Os concentradores utilizam sistemas de rastreamento solar, dependendo de sua construção, geometria do receptor e coletor. O fluido de trabalho (água, óleo, vapor etc.) atinge temperaturas elevadas e pode ser utilizado para acionamento de ciclos térmicos e consequente produção de eletricidade. A energia elétrica produzida pode abastecer imediatamente a rede de distribuição elétrica, ou a energia térmica pode ser armazenada para sua posterior utilização, seja para geração de eletricidade, seja para outros processos térmicos.

A Fig. 10.12 mostra a configuração simplificada de uma usina solar térmica como integração de um campo de coletores concentradores de calha parabólica, com um sistema de armazenamento térmico (por exemplo, por meio de sais fundidos) e os sistemas de geração de eletricidade a partir do vapor d'água.

O campo de coletores pode utilizar diversos tipos de concentradores, com rastreamento em um eixo ou dois eixos.

Entre concentradores com sistema de rastreamento de um eixo, estão:

- O refletor linear Fresnel, com absorvedor tubular, razão de concentração de 10 a 40 vezes e temperatura de operação de 60 a 250 °C, como indicado nas Figs. 10.13 e 10.14.

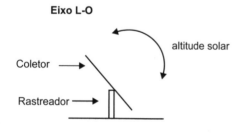
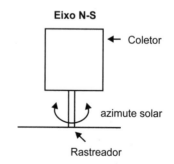

FIGURA 10.11 Sistemas de rastreamento nos eixos Norte-Sul e Leste-Oeste.

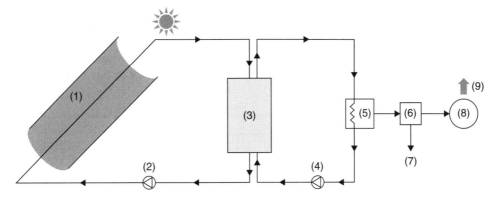

FIGURA 10.12 Usina solar térmica para geração de eletricidade. (1) Campo de coletores solares concentradores; (2) bomba hidráulica do circuito do coletor; (3) reservatório térmico para altas temperaturas; (4) bomba hidráulica do circuito de armazenamento; (5) gerador de vapor; (6) turbina a vapor; (7) calor retirado do processo; (8) gerador elétrico; (9) energia elétrica gerada.

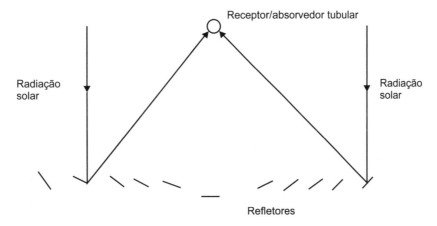

FIGURA 10.13 Esquema de um refletor linear Fresnel.

FIGURA 10.14 Planta solar experimental com refletor linear Fresnel.

Fonte: cortesia do prof. Júlio C. Passos (UFSC).

O refletor linear Fresnel é considerado um sistema com menor custo de manutenção e pode ser dimensionado de forma a otimizar a absorção de calor pelo receptor, seja incorporando um refletor sobre o receptor, seja posicionando os refletores de forma que as perdas ópticas sejam minimizadas.

- O refletor de calha cilíndrica parabólica, com absorvedor tubular, razão de concentração de 15 a 50 vezes e temperatura de operação de 60 a 300 °C (Fig. 10.15).
- O refletor de calha parabólica, com absorvedor tubular, razão de concentração de 10 a 85 vezes e temperatura de operação de 60 a 400 °C (Fig. 10.16).

A tubulação na qual escoa o fluido de trabalho deve ser isolada termicamente de forma que sejam reduzidas as perdas de calor do fluido quente após a saída do campo de concentradores. O isolamento térmico também é importante na entrada do campo solar para evitar possíveis elevações de temperatura do fluido frio, pois a entrada de água em temperatura mais baixa nos concentradores conduz a eficiências maiores de conversão térmica.

O concentrador de calha parabólica é o tipo de sistema mais disseminado no mundo. Entretanto, seu custo de instalação, operação e manutenção é elevado. Cuidados devem ser tomados com o acúmulo de sujidades nas superfícies refletoras, ainda mais por serem normalmente instalados em regiões secas e desérticas, onde há abundância de radiação solar.

Entre os concentradores com sistema de rastreamento de dois eixos, estão:

- o refletor de disco parabólico, com absorvedor no ponto focal, razão de concentração de 600 a 2000 vezes e temperatura de operação de 100 a 1500 °C, como esquematizado na Fig. 10.17 e ilustrado pela fotografia da Fig. 10.18;

- o campo de heliostatos refletores, com absorvedor no topo de uma torre central, razão de concentração de 300 a 1500 vezes e temperatura de operação de 150 a 2000 °C, está ilustrado na Fig. 10.19. Na Fig. 10.20, vê-se o emprego de heliostatos em plantas solares.

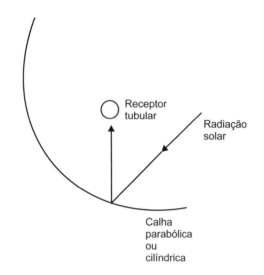

FIGURA 10.15 Esquema de um concentrador de calha parabólica ou cilíndrica.

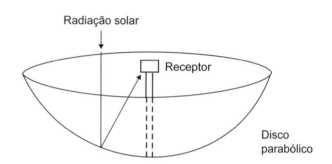

FIGURA 10.17 Esquema de um refletor de disco parabólico.

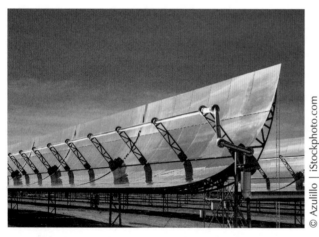

FIGURA 10.16 Planta solar com refletor de calha parabólica.

FIGURA 10.18 Refletores de disco parabólico.

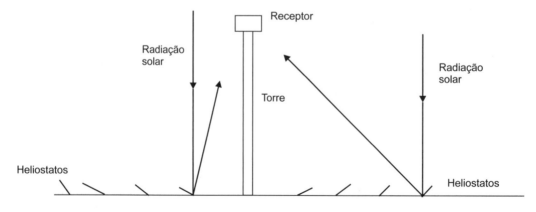

FIGURA 10.19 Esquema de um campo de heliostatos refletores e torre com receptor.

FIGURA 10.20 Plantas solares com heliostatos e torres.

Existe ainda um tipo de concentrador, o parabólico composto, que pode ser estacionário ou utilizar rastreamento solar de um eixo. Ele possui absorvedor tubular, razão de concentração de até 15 vezes e temperatura de operação de 60 a 300 °C, como esquematizado na Fig. 10.21.

O uso de concentradores permite atingir temperaturas de operação próximas àquelas necessárias para o processo que será atendido. Outro aspecto positivo é a possibilidade de maximizar o aproveitamento de energia solar em uma área de absorção reduzida. Apesar disso, deve ser levado em consideração o aumento de custo operacional. Esse decorre do aumento na frequência de limpeza das superfícies refletoras, manutenção e consumo de energia dos sistemas de rastreamento.

As plantas de concentração solar para produção de eletricidade podem adicionalmente fornecer calor para processos, constituindo-se em usinas de eletricidade e calor combinados (*combined heat and power* – CHP) ou cogeração, com configurações variadas, como reaproveitamento de calor e funcionamento híbrido com outras tecnologias renováveis. A hibridização de sistemas renováveis é uma tendência para o futuro, com a qual diversas fontes renováveis possam atuar em conjunto, a fim de que a demanda seja atendida de maneira contínua, estável e renovável. A Fig. 10.22 ilustra o projeto conceitual de um sistema de cogeração para produção de eletricidade e vapor d'água para pequenos abatedouros.

Uma questão importante a se considerar em usinas solares com concentradores é o armazenamento da energia térmica, já que a disponibilidade da radiação solar é intermitente. Para esse objetivo, é possível armazenar energia em tanques na forma de calor sensível, calor latente (mudança de fase) ou por meio de reações químicas apropriadas.

A seguir, são apresentados alguns exemplos de usinas térmicas com concentradores para geração de eletricidade:

- *Jemalong Solar Thermal Station* (Austrália): faz uso da tecnologia de torre central (cinco torres com cerca de 30 metros de altura cada) e campos de heliostatos refletores (3500 refletores no total) para fornecer calor para geração de eletricidade por meio de um ciclo de Rankine. O fluido de trabalho é o sódio líquido e a capacidade de armazenamento da usina é de três horas. A usina, cuja capacidade nominal é de 1,1 MW, foi financiada pela Agência Australiana de Energias Renováveis (ARENA) e iniciou sua operação em 2017.

- *eLLO Solar Thermal Project* (França): trata-se de uma usina com refletores Fresnel lineares. O fluido de trabalho (água) é aquecido no receptor até uma temperatura próxima a 300 °C ao receber a radiação solar proveniente dos refletores. O campo solar é composto por 27 linhas de refletores com

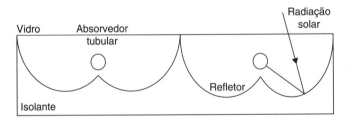

FIGURA 10.21 Esquema de um coletor concentrador parabólico composto.

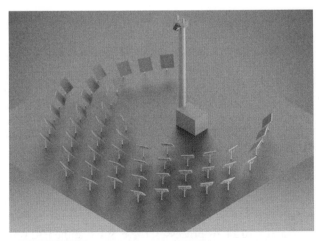
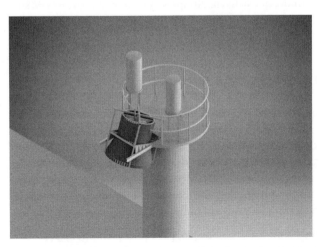

FIGURA 10.22 Concepção de uma planta solar experimental de cogeração de vapor e eletricidade para abatedouros. Na imagem da esquerda, vê-se o campo de espelhos refletores e o receptor. Na da direita, é possível ver detalhes da torre do receptor.

Fonte: cortesia do prof. Celso E. L. Oliveira (USP).

340 metros de comprimento cada uma. A usina iniciou sua operação em 2019, com capacidade nominal de 9 MW.

- *Kathu Solar Park* (África do Sul): utiliza a tecnologia de refletores de calha parabólica para aquecer o fluido de trabalho (óleo) a temperaturas de quase 400 °C, a fim de fornecer calor para um ciclo de Rankine. O uso de sais fundidos e dois reservatórios de armazenamento possibilita o armazenamento térmico por cinco horas. Passou a operar em 2019, e sua capacidade nominal é de 100 MW.

- *Cerro Dominador* (Chile): a usina, inaugurada em 2021, com capacidade nominal de 110 MW, está situada no deserto do Atacama, no Chile, e faz uso da tecnologia de torre central e heliostatos refletores. Sua localização favorece o aproveitamento da energia solar em função da elevada irradiação solar da região (cerca de 3000 kWh/m^2/ano). O campo de heliostatos ocupa uma área de mais de 7 km^2 (10.600 heliostatos) ao redor da torre de 250 m de altura. O armazenamento térmico de 17,5 horas e a operação conjunta com uma usina fotovoltaica no mesmo local possibilita o fornecimento de energia elétrica durante o dia e a noite.

- *Noor I, II, III* (Marrocos): trata-se de um complexo de usinas solares térmicas com concentradores, totalizando 510 MW de capacidade instalada. A usina *Noor I* entrou em operação em 2015 e as usinas *Noor II* e *Noor III* em 2018, sendo que as duas primeiras utilizam a tecnologia de refletores de calha parabólica e a última faz uso de um campo de heliostatos e torre central. Todas possuem sistema de armazenamento térmico e operam em conjunto com uma usina fotovoltaica (*Noor IV*).

Embora os custos envolvidos na implantação de usinas solares com concentradores estejam em declínio e mesmo com as evoluções na tecnologia (p. ex., por meio do aprimoramento das formas de armazenamento de energia térmica), o crescimento do mercado para essa aplicação apresenta desde 2015 uma tendência de desaceleração. Em 2021, observou-se que a soma da capacidade instalada das usinas em operação ao redor do mundo, que já havia ultrapassado o montante de 6 GW, sofreu pela primeira vez uma redução, desde o estabelecimento da tecnologia na década de 1980.

10.3 Processos industriais

Uma das aplicações mais importantes e promissoras da energia solar térmica é o uso para processos industriais, como ilustrado pela instalação da Fig. 10.23. Os coletores utilizados podem ser planos ou concentradores, conforme a aplicação. Há uma vasta gama de aplicações industriais para as quais pode-se utilizar energia solar térmica, dependendo da demanda de temperatura do processo industrial:

- abaixo de 150 °C: ebulição, pasteurização, esterilização, sanitização, secagem, lavagem, entre outras;
- de 150 a 400 °C: destilação, fusão de nitrato, tingimento, compressão, entre outras;

FIGURA 10.23 Sistema solar térmico em planta industrial.

- acima de 400 °C: processos de transformação de materiais, entre outros.

Em instalações industriais, atenção especial deve ser tomada para que a tecnologia utilizada (coletores planos, tubos a vácuo, Fresnel linear, entre outros) corresponda à demanda de temperatura exigida pela aplicação. Como ponto de partida, a implantação da tecnologia solar deve ser precedida por medidas de eficiência energética nos processos industriais. Cuidados especiais devem ser tomados no que tange à resistência à pressão, aos dispositivos de segurança, superaquecimento e estagnação, assim como à resistência estrutural adequada à carga imposta pela instalação. Outra questão importante é a decisão sobre em quais pontos do processo se deve integrar a energia térmica solar:

- em nível do processo: integração direta ou por trocador de calor diretamente no processo industrial;
- em nível do fornecimento: fornecimento de energia na rede de suprimento e retorno dos processos.

É essencial que se entenda, antes da integração de energia solar térmica na indústria, qual o perfil de carga, a demanda de temperatura, pressão e energia de cada processo. Em geral, a integração em nível do processo resulta em maiores frações solares, isto é, a porcentagem de participação da energia solar no consumo total de energia térmica, porém a temperatura de entrega é menor. Já a integração em nível do fornecimento exige um sistema que trabalha a temperaturas mais elevadas, resultando em eficiências reduzidas de conversão solar, entretanto apresenta mais flexibilidade e menor interferência nos processos.

A Fig. 10.24 ilustra um esquema de um circuito industrial de água e vapor e os possíveis pontos de integração da energia solar.

Na Fig. 10.24, os processos 1, 2 e N são alimentados individualmente, cada um com sua temperatura, vazão e pressão necessárias. Os pontos de integração 1, 2 e N correspondem à integração do sistema solar ao nível do processo, o que implica

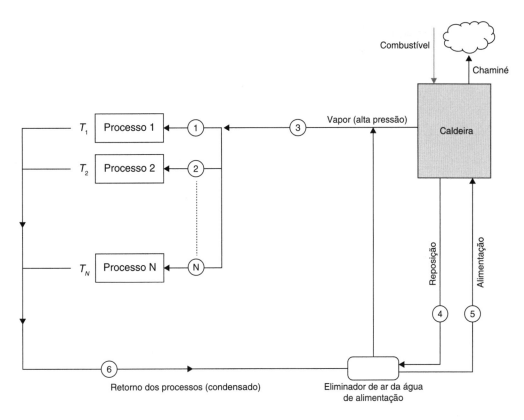

FIGURA 10.24 Esquema de um processo industrial com uso de energia solar térmica.

maior interferência na instalação industrial. Os pontos de integração 3 a 6 são as possibilidades de integração em nível do fornecimento, o que exige maiores temperaturas de entrega, demandando provavelmente o uso de concentradores solares.

10.4 Condicionamento de ar

Uma aplicação possível da energia solar térmica é o aquecimento ou resfriamento do ar ambiente, com o objetivo de obter o conforto térmico em edificações. Quando se trata de aquecimento ambiental, é muito comum a utilização da tecnologia de coletores a ar, na qual o fluido de trabalho que escoa no coletor é o próprio ar, que, posteriormente, é insuflado no ambiente. Outra alternativa é o aquecimento indireto do recinto por água aquecida nos coletores, sendo que a troca de calor do ar ambiente com a água se dá em trocadores de calor.

Quando se trata, porém, de refrigeração do ar ambiente (*solar cooling*), a tecnologia mais disseminada é a do ciclo de absorção de calor (*chiller* de absorção), cujo esquema de funcionamento é mostrado na Fig. 10.25, embora outras, como ciclo de adsorção, também possam ser utilizadas.

No ciclo de refrigeração convencional de compressão de vapor, o compressor é o responsável por elevar a pressão do fluido refrigerante. Porém, no ciclo de absorção de calor (Fig. 10.25), o compressor é substituído por uma sequência de processos térmicos que, em vez de demandar energia elétrica, funcionam à base de energia térmica proveniente dos aquecedores solares.

As demais etapas (dispositivo de expansão, condensador e evaporador) do ciclo de compressão de vapor são mantidas. Há alteração apenas na etapa de pressurização do vapor (região dentro do retângulo tracejado), em que ocorrem os seguintes processos:

- a absorção do refrigerante por um fluido "absorvente";
- elevação da pressão da solução por uma bomba hidráulica;
- a liberação do refrigerante (alta pressão) por meio do fornecimento de calor (vindo dos coletores solares).

No ciclo de absorção de brometo de lítio-água, $LiBr-H_2O$, o fluido refrigerante é a água. O absorvente é a solução de brometo de lítio com água. A solução que chega no gerador é rica em água e a que sai do gerador e retorna ao absorvedor é pobre em água. Já no ciclo de absorção amônia-água, NH_3-H_2O, o fluido refrigerante é a amônia. O absorvente é a solução de água com amônia, que absorve vapor de NH_3 a baixa pressão no absorvedor e libera vapor de NH_3 a alta pressão no gerador, à custa do fornecimento de energia térmica advinda dos coletores solares. Outros detalhes do princípio de funcionamento dos ciclos de absorção de calor e comparação entre tecnologias são apresentados na Seção 3.10 deste livro.

A necessidade de fornecimento de energia térmica torna possível o uso de coletores solares, constituindo o chamado ar-condicionado solar. O Exemplo 10.3 mostra o estudo de um sistema de ar-condicionado solar. No exemplo, utiliza-se o conceito de *coefficient of performance* (COP) do *chiller* de absorção,

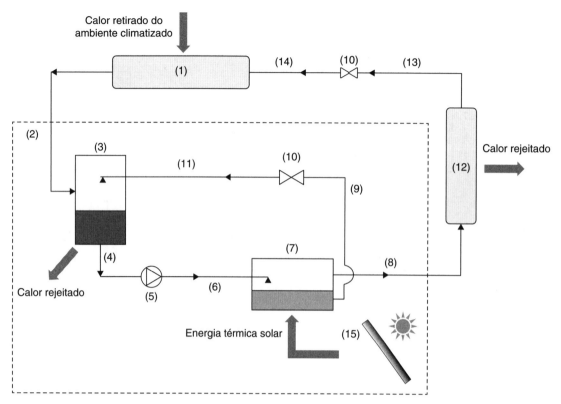

FIGURA 10.25 Ciclo de absorção alimentado por energia solar. (1) Evaporador; (2) refrigerante (vapor baixa pressão); (3) absorvedor; (4) solução rica em refrigerante (baixa pressão); (5) bomba de recirculação; (6) solução rica em refrigerante (alta pressão); (7) gerador; (8) refrigerante (vapor alta pressão); (9) solução pobre em refrigerante (alta pressão); (10) válvula de expansão; (11) solução pobre em refrigerante (baixa pressão); (12) condensador; (13) refrigerante (líquido alta pressão); (14) refrigerante (líquido baixa pressão); (15) coletores solares térmicos.

definido como a carga térmica retirada da edificação dividida pela quantidade de energia térmica vinda dos coletores solares.

Exemplo 10.3

Calcule o número máximo de andares inteiros que podem ser climatizados de um edifício de escritórios no qual será instalado um sistema de ar-condicionado solar (com *chiller* de absorção) com coletores apenas na cobertura.

- COP do *chiller* = 0,9;
- cada pavimento do prédio possui 15 m × 15 m;
- utilize o valor de 1 TR de carga térmica para cada 20 m² de pavimento;
- os coletores solares produzem 0,7 kW$_{th}$/m² de área de abertura;
- considere que 100 m² de cobertura comportarão 40 m² de área de abertura de coletores;
- a fração solar do sistema será de 50 %.

Dado: 1 TR = 3,2 kW$_{th}$

a) Cálculo da demanda total de refrigeração do prédio (Q_{rp}):

A demanda de refrigeração do prédio é a energia ou potência que deve ser retirada da edificação para manter a temperatura ambiente no nível desejado. No caso do exemplo, Q_{rp} pode ser obtida pelo produto da área a ser atendida pelo ar-condicionado (15 × 15 m) pelo número de pavimentos *n*, dividido pela área de escritório correspondente a 1 TR. Para isso, deve-se utilizar o valor de 1 TR (tonelada de refrigeração) para cada 20 m² de área de pavimento, conforme o enunciado.

$$Q_{rp} = \frac{15 \times 15}{20} \times n = 11,25 n \text{ (em TR), considerando-se } n \text{ a quantidade de andares.}$$

Como cada TR corresponde a 3,2 kW térmicos (kW$_{th}$), tem-se que:

$$Q_{rp} = 11,25\, n \times 3,2 = 36\, n \text{ (em kW}_{th})$$

b) Cálculo da demanda de refrigeração a ser atendida pelo solar (Q_{rs}):

A parcela da demanda que será atendida pela energia solar térmica corresponde à fração solar do sistema (50 % pelo enunciado), de forma que a potência a ser efetivamente atendida pelo ar-condicionado solar é de:

$$Q_{rs} = 36\,n \times 0{,}5 = 18\,n \text{ (em kW}_{th}\text{)}$$

c) Cálculo da demanda de calor solar (Q_s):

Pela definição do COP, o *chiller* de absorção demandará uma quantidade de energia solar Q_s inversamente proporcional a seu COP e proporcional à carga térmica a ser "retirada" da edificação Q_{rs}.

$$COP = \frac{Q_{rs}}{Q_s}$$

$$Q_s = \frac{Q_{rs}}{COP} = \frac{18n}{0{,}9} = 20n \text{ (em kW}_{th}\text{)}$$

d) Cálculo da produção de energia térmica dos coletores (P_s):

Considerando, agora, o fornecimento de calor pelos coletores solares, tem-se que a área coletora – conforme o enunciado – é de 0,4 m² de coletores para cada m² de área de cobertura. Como a cobertura tem 225 m², poderão ser instalados 90 m² de área coletora. A potência (térmica) produzida por esses coletores pode ser deduzida do fator fornecido no enunciado de 0,7 kW$_{th}$/m² de área coletora, de forma que a produção de energia do sistema solar será de:

$$P_s = 90 \times 0{,}7 = 63 \text{ kW}_{th}$$

e) Cálculo do número de pavimentos (*n*):

Para que a instalação solar atenda à demanda do *chiller*, tem-se que a produção solar deve ser maior que a quantidade de calor solar demandada, ou seja, $P_s \geq Q_s$, portanto:

$$20\,n \leq 63 \rightarrow n \leq 3{,}15$$

Assim, o prédio pode ter, no máximo, três andares atendidos pelo ar-condicionado solar.

Com relação ao Exemplo 10.3, o número de andares é uma limitação dos sistemas de ar-condicionado solar, já que conforme aumenta a quantidade de andares, aumenta a carga térmica para refrigeração, porém a área disponível de cobertura do prédio permanece a mesma. Isso pode ser resolvido com a adoção de tecnologias de integração de coletores solares na fachada ou disponibilização de área maior para os coletores, pela elevação do COP do *chiller* ou pelo aprimoramento da eficiência térmica dos coletores solares.

Uma técnica de aquecimento e resfriamento passivo de ambientes se baseia na parede de Trombe. O arranjo, como ilustrado na Fig. 10.26, consiste em uma ampla janela de vidro transparente em frente de uma parede (*massa térmica*) que pode ser feita de rocha ou de concreto e, preferencialmente, pintada de uma tinta de cor negra altamente absorvedora de radiação solar. No inverno [Fig. 10.26(a)], radiação solar incidente aquece a parede e promove a circulação natural do ar ambiente, que o aquece e retorna ao próprio ambiente, agora mais aquecido. Além disso, a parede também irradia calor para o ambiente. No verão [Fig. 10.26(b)], por meio de um jogo de abertura e fechamento de válvulas borboletas, ar interior é aquecido junto à parede e lançado para fora, enquanto ar externo é induzido para o interior do ambiente através de uma abertura inferior, permitindo a ventilação natural do recinto.

10.5 Novas tecnologias e aplicações térmicas da energia solar

Entre as inúmeras possibilidades de tecnologias e aplicações da energia solar térmica, encontram-se algumas alternativas ainda incipientes, porém promissoras, apresentadas a seguir.

- *Aquecimento solar distrital* (*district solar heating*): trata-se de instalações solares térmicas de médio ou grande porte que produzem água quente para utilização em um distrito residencial, comercial ou industrial (Fig. 10.27). Em geral, são necessários coletores planos ou de tubos evacuados, não concentradores, já que o objetivo é a produção de água quente, não de vapor ou óleo quente. A água quente é armazenada em grandes reservatórios térmicos a fim de prover energia térmica para aquecimento ambiente e consumo humano por meio de um sistema de circulação bombeado.

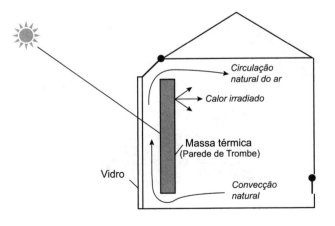
(a) Operação no inverno

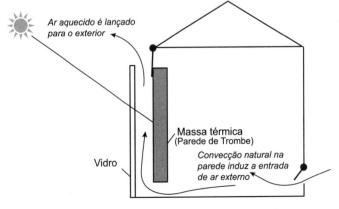
(b) Operação no verão

FIGURA 10.26 Princípio de operação de uma parede de Trombe no inverno (a) e no verão (b).

FIGURA 10.27 Planta de coletores térmicos para produção de água quente para aquecimento distrital.

- *Secagem e cozimento solar*: processos milenares de secagem de produtos como grãos, frutas, carne e peixes e roupas são secos ou desidratados pela exposição direta à radiação solar. Além do processo de secagem propriamente dito, a exposição direta aos raios ultravioleta do Sol inibe a proliferação de muitas bactérias e vírus. Os coletores solares também têm sido usados para secagem de grãos e frutas em gabinetes cobertos por vidro, como indicado na Fig. 10.28(a). Entre as vantagens dessa técnica, está a proteção do produto contra insetos e também por formar uma estufa que mantém o produto mais aquecido e, portanto, tem o processo de secagem acelerado. Finalmente, a Fig. 10.28(b) mostra um forno solar para cozimento de alimentos. Tipicamente, a panela é colocada no foco de um concentrador parabólico. Há diversas outras configurações de fornos solares também disponíveis.
- *Coletores com nanofluidos*: consiste na utilização de fluidos com nanopartículas de diferentes composições químicas capazes de absorver radiação solar e aumentar o ganho de calor do fluido de trabalho.
- *Reatores químicos*: processos químicos podem ser acionados à energia solar como fonte de energia para as reações endotérmicas.
- *Dessalinizadores*: técnicas de dessalinização da água marinha ou de purificação de água salobra podem ser empregadas usando energia solar para vaporizar a água e posterior condensação para a obtenção de água pura, isenta de impurezas ou sais. No caso de consumo humano, deve-se adicionar posteriormente à água sais minerais nas proporções demandadas pelo corpo humano.
- *Integração com edificações* (ou *building integrated solar thermal colectors* – BIST): trata-se da utilização de sistemas solares térmicos como componentes construtivos de fachadas, coberturas e elementos arquitetônicos, atribuindo uma dupla função ao elemento construtivo. Esta integração também ocorre como painéis fotovoltaicos (Seção 11.2.3).
- *Painel fotovoltaico térmico* (*PVT*): a eficiência das células fotovoltaicas aumenta com a diminuição da temperatura, como visto na Seção 11.7.2, o que sugere o resfriamento das células por circulação de água em canais instalados ou construídos na própria estrutura do painel. Assim, o coletor solar e o painel fotovoltaico são conjugados em um mesmo produto, conferindo produção de água quente e eletricidade.

Problemas propostos

10.1 Um coletor solar possui perdas ópticas e perdas térmicas. Quais seriam as tecnologias com menores perdas ópticas e menores perdas térmicas, respectivamente:

a) Coletor aberto e coletor fechado.

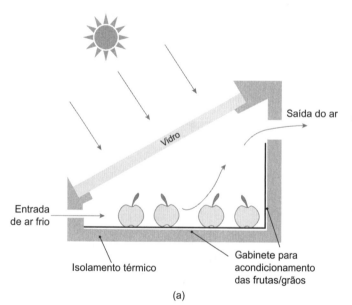
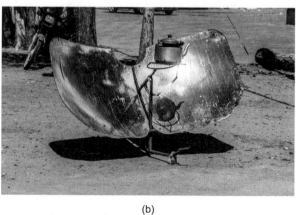

FIGURA 10.28 Secagem e cozimento solar. (a) Secagem de frutas/grãos e (b) forno solar.

b) Coletor tubo a vácuo e coletor aberto.

c) Coletor fechado e coletor tubo a vácuo.

d) Coletor aberto e coletor tubo a vácuo.

e) Coletor fechado e coletor aberto.

10.2 Duas tecnologias com coletores concentradores operam lado a lado em um campo solar. Uma delas usa refletores Fresnel lineares e outra utiliza coletores de calha parabólica. Os dados técnicos dos sistemas são apresentados na tabela a seguir. As condições ambientais típicas do local da instalação são 30 °C de temperatura ambiente e irradiância solar direta de 800 W/m^2. Considerando que a temperatura de abastecimento de água fria é a mesma para ambos os sistemas, qual a temperatura máxima da água na entrada dos coletores para que o sistema Fresnel seja mais eficiente termicamente que o sistema de calha parabólica?

Parâmetro	Fresnel	Calha
Razão de concentração	15	70
Coeficiente global de troca de calor do coletor (W/m² °C)	2,9	2,7
Eficiência óptica (%)	52	49
Fator de remoção de calor do coletor (%)	89	93

10.3 Dimensione a quantidade de coletores para um sistema de aquecimento solar de uma edificação com 20 moradores localizada na cidade de São Paulo (irradiação global média anual de 3,85 kWh/m^2 dia), considerando que os coletores estarão orientados com um desvio de 50° em relação ao norte geográfico, a inclinação de instalação dos coletores solares será de 20° e a água quente é utilizada apenas para os chuveiros (tempo médio de banho: 10 minutos; vazão da ducha: 5 L/min; 2 banhos por usuário/dia). O coletor solar a ser instalado tem PMEE de 80,9 kWh/m^2 mês, de acordo com as Tabelas de Eficiência Energética do Inmetro e 1,5 m^2 de área. As temperaturas de consumo, armazenamento e ambiente são, respectivamente, 40 °C, 45 °C e 25 °C.

10.4 Determine a temperatura máxima de entrada da água em um coletor cilíndrico parabólico para que a eficiência seja maior que zero com as seguintes características, operando a temperatura ambiente de 30 °C e irradiância solar direta de 700 W/m^2:

- coeficiente global de perda de calor do coletor = 5,2 W/m^2 °C;
- eficiência óptica do coletor = 0,4;
- fator de remoção de calor do coletor = 0,7;
- razão de concentração = 10.

10.5 O projeto de um coletor concentrador parabólico composto (CPC) definiu os valores do fator de vazão do coletor de 0,92, do fator de eficiência do coletor de 0,95 e

eficiência óptica de 50 %. Nessas condições, qual a eficiência máxima teórica que pode ser obtida pelo coletor?

10.6 Considere um sistema de aquecimento solar instalado em uma indústria química. Acerca do ponto de integração da energia solar térmica no sistema, pode-se considerar como verdadeiro:

a) A integração em nível do processo implica menor interferência no sistema e demanda por temperaturas maiores provenientes dos coletores solares.

b) A integração em nível do fornecimento implica maior interferência no sistema e demanda por temperaturas maiores provenientes dos coletores solares.

c) A integração em nível do processo implica maior interferência no sistema e demanda por temperaturas maiores provenientes dos coletores solares.

d) A integração em nível do fornecimento implica maior interferência no sistema e demanda por temperaturas menores provenientes dos coletores solares.

e) A integração em nível do processo implica maior interferência no sistema e demanda por temperaturas menores provenientes dos coletores solares.

10.7 Calcule a expansão da área climatizada decorrente de melhorias em um sistema de ar-condicionado solar correspondentes à substituição de um *chiller* de absorção de COP = 0,7 para 0,9 e da expansão da capacidade instalada de coletores solares de 70 para 100 kW$_{th}$. O sistema é integralmente alimentado por energia solar e a área condicionada é proporcional ao calor retirado do ambiente.

10.8 Determinada aplicação exige que a razão de concentração solar seja de 500 a 600 vezes. Quais tecnologias poderiam ser selecionadas:

a) Concentradores Fresnel e torre.

b) Concentradores de calha parabólica e cilíndrica.

c) Torre e discos parabólicos.

d) Concentradores parabólicos compostos e Fresnel.

e) Torre com heliostatos e calha parabólica.

10.9 Selecione a alternativa que **não** apresenta uma forma de aumentar a temperatura de saída do fluido em um coletor concentrador:

a) Pintura da superfície refletora de forma que se eleve sua absorção de radiação solar.

b) Instalação de um refletor atrás dos tubos a vácuo.

c) Aumento da transmissividade do vidro que envolve o tubo receptor.

d) Elevação da razão de concentração.

e) Incorporação de rastreamento solar.

10.10 Determine a vazão mínima, em kg/s, de escoamento do fluido de trabalho para que o fator de remoção de calor seja 70 %, em um coletor concentrador com razão de concentração de 30, área de abertura de 20 m^2 e eficiência óptica de 60 % operando com coeficiente global de perda de calor de 2,5 W/m^2 °C, sob 800 W/m^2 de radiação solar direta incidente. Considere que a temperatura de entrada do fluido é 50 °C maior que a temperatura ambiente e que o fluido tem um acréscimo de 30 °C ao percorrer o coletor.

Dado: calor específico do fluido = 1,2 kJ/kg °C.

10.11 Considere dois coletores solares térmicos A e B. O coletor A é do tipo fechado plano e sua aplicação é aquecimento de água para banho. O coletor B é do tipo concentrador de calha parabólica com receptor tubular metálico encapsulado por um tubo de vidro. No coletor B, há vácuo entre o receptor e o tubo de vidro externo a ele. Considerando as curvas de eficiência térmica de ambos coletores A e B em função de $(T_e - T_a)/G$, em que T_e é a temperatura de entrada da água no coletor em °C, T_a é a temperatura ambiente em °C e G é a irradiância solar incidente em W/m^2 na abertura do coletor, assinale a alternativa incorreta:

a) Quando $T_e = T_a$, a eficiência térmica do coletor B é menor do que a eficiência térmica do coletor A.

b) Quando T_e se eleva, permanecendo T_a e G constantes, a redução da eficiência térmica é mais acentuada no coletor A do que no coletor B.

c) Quando T_e diminui, permanecendo T_a e G constantes, a eficiência de ambos os coletores aumenta.

d) O valor de $(T_e - T_a)/G$ para o qual a eficiência térmica se iguala a zero é menor para o coletor B do que para o coletor A.

e) A eficiência óptica do coletor A é maior do que a eficiência óptica do coletor B.

Bibliografia

ASSOCIAÇÃO BRASILEIRA DE NORMAS TÉCNICAS (ABNT). *NBR 15569*: Sistema de aquecimento solar de água em circuito direto – Requisitos de projeto e instalação. 2021.

CENTRO DE REFERÊNCIA PARA AS ENERGIAS SOLAR E EÓLICA SÉRGIO DE S. BRITO (CRESESB). Disponível em: http://www.cresesb.cepel.br/. Acesso em: 06 fev. 2024.

DUFFIE, J. A.; BECKMAN, W. A. *Solar engineering of thermal processes*. 4. ed. New Jersey: John Wiley & Sons, 2013.

GOSWAMI, D. Y.; KREITH, F.; KREIDER, J. F. *Principles of solar engineering*. 2. ed. Philadelphia: Taylor & Francis, 2000.

INSTITUTO NACIONAL DE METROLOGIA, QUALIDADE E TECNOLOGIA (INMETRO). Disponível em: https://www.gov.br/inmetro/pt-br. Acesso em: 06 fev. 2024.

KALOGIROU, S. A. *Solar energy engineering: processes and systems*. 2. ed. Academic Press, Elsevier, 2013.

KALOGIROU, S. A. *Solar converters and devices to gain energy and power*. São Paulo School of Advanced Science on Renewable Energies, São Paulo, EPUSP, 2018.

REN21. *Renewables 2023 Global Status Report*. Disponível em: https://www.ren21.net/gsr-2023/. Acesso em: 06 fev. 2024.

PEREIRA, E. B.; MARTINS, F. R.; GONÇALVES, A. R.; COSTA, R. S.; LIMA, F. L.; RÜTHER, R.; ABREU, S. L.; TIEPOLO, G. M.; PEREIRA, S. V.; SOUZA, J. G. *Atlas brasileiro de energia solar*. 2.ed. São José dos Campos: INPE, 2017. 80p. Disponível em: http://labren.ccst.inpe.br/. Acesso em: 20 set. 2024.

SOLARPACES. *Concentrated Solar Power Projects*. Disponível em: https://solarpaces.nrel.gov/. Acesso em: 06 fev. 2024.

SOLAR PAYBACK. *Energia termossolar para a indústria*. Disponível em: https://www.solar-payback.com/. Acesso em: 06 fev. 2024.

11

PRINCÍPIOS DOS GERADORES FOTOVOLTAICOS CONECTADOS À REDE ELÉTRICA

ALVARO NAKANO
Professor do Programa de Educação
Continuada em Engenharia
(PECE) da Escola Politécnica
da Universidade de São Paulo
(Poli-USP)

CLAUDIO ROBERTO DE FREITAS PACHECO
Professor do Curso de Especialização Energias
Renováveis, Geração Distribuída e Eficiência
Energética do Programa de Educação
Continuada em Engenharia (PECE) da Escola
Politécnica da USP
Consultor industrial e colaborador do Laboratório
de Sistemas Energéticos Alternativos e Renováveis
(SISEA) da Escola Politécnica da USP

JOSÉ AQUILES BAESSO GRIMONI
Departamento de Engenharia de
Energia e Automação Elétricas da
Escola Politécnica da Universidade
de São Paulo (Poli-USP)

Os painéis fotovoltaicos comerciais trouxeram uma verdadeira revolução à indústria de produção, distribuição e comercialização de energia elétrica. Possibilitaram que o consumidor passivo de energia elétrica conectado à rede de distribuição passasse a ser um ente ativo, não só para gerar a sua própria energia elétrica, como também injetar o seu excedente na rede local. Este novo panorama exigiu que a legislação do setor fosse atualizada com a introdução do conceito *geração distribuída*, a partir da Resolução Normativa ANEEL nº 482/2012. A partir desta Resolução, os geradores fotovoltaicos conectados à rede elétrica (GFVCR) se tornaram uma realidade no país, que, a cada ano, incorpora uma potência crescente e cujo acumulado já é presente no leque das fontes geradoras de energia elétrica no país.

Este cenário requer a formação de profissionais capacitados para lidar com as diferentes questões técnicas e regulatórias relacionadas com a utilização dessa tecnologia. Nesse sentido, este capítulo abrange os aspectos técnicos essenciais para o entendimento da tecnologia envolvida, bem como o projeto e a instalação do sistema fotovoltaico de acordo com as normas técnicas pertinentes que regulam o assunto.

11.1 Princípio de funcionamento e tecnologias de painéis fotovoltaicos

A célula fotovoltaica (FV) moderna foi desenvolvida pela empresa norte-americana Bell Lab em 1954, embora o efeito fotovoltaico tenha sido descoberto ainda no século XIX pelo francês Becquerellar. Inicialmente, a tecnologia fotovoltaica foi empregada em espaçonaves e satélites pelos norte-americanos, mas, hoje, se encontra em pleno uso comercial e em franca expansão.

Um painel fotovoltaico (FV) converte a energia luminosa do Sol em energia elétrica por meio de materiais semicondutores. Um painel é formado pela integração de várias células fotovoltaicas, as quais constituem o coração do sistema em que ocorre a conversão. Um único elemento fotovoltaico é conhecido como uma célula ou *wafer*. Uma célula fotovoltaica individual geralmente é de pequena capacidade, normalmente produzindo cerca de 1 ou 2 watts de potência. As células não podem ser expostas diretamente às intempéries e, dessa forma, elas são mecanicamente instaladas entre materiais de proteção, como o vidro ou polímeros, que lhes conferem resistência e durabilidade. Em função do material semicondutor e da tecnologia construtiva, os painéis fotovoltaicos podem ser classificados de forma ampla em três gerações, como proposto originalmente por Green (2001). A Fig. 11.1, adaptada do trabalho deste pesquisador, mostra a eficiência de cada geração tecnológica em função do custo por unidade de área.

Sinke (2019) resume as três gerações, de acordo com as tecnologias construtivas e materiais:

- *tecnologias de primeira geração (I)*: formadas pela célula de silício cristalino, ainda a tecnologia com participação mais relevante no mercado mundial;
- *tecnologias de segunda geração (II)*: compõem as tecnologias denominadas filmes finos, como silício amorfo e microcristalino, telureto de cádmio, seleneto de índio e cobre (CIS) e seleneto de índio, cobre e gálio (CIGS);
- *tecnologias de terceira geração (III)*: chamadas de emergentes, são compostas de tecnologias mais recentes, por exemplo, as células de multijunção e as de *organic photovoltaic* (OPV).

Como se depreende da Fig. 11.1, células da geração I têm eficiência maior do que as da geração II, porém a um custo mais elevado. As tecnologias de segunda geração apresentam como características principais a flexibilidade mecânica, a diversidade de cores e a possibilidade de ajuste do grau de transparência. No entanto, a fabricação com essas características personalizadas eleva o custo final do produto.

Dentro do grupo de terceira geração, a tecnologia de OPV está ganhando espaço no mercado por se tratar de uma opção com menor custo de fabricação, mantendo as características da segunda geração. Além disso, esta tecnologia já possui fabricação totalmente nacional.

Como aponta Sinke (2019), esta primeira classificação em gerações, datada de 2001, foi importante para agrupar o rápido desenvolvimento das células fotovoltaicas, mas, hoje, é preciso fazer uma revisão em função do rápido desenvolvimento de novas tecnologias. O laboratório nacional de energias renováveis dos Estados Unidos (NREL, 2023) mantém atualizado um gráfico da evolução das tecnologias ao longo do tempo, com a indicação dos laboratórios e grupos que as desenvolveram. O diagrama deles é continuamente atualizado e está reproduzido na Fig. 11.2.

Alguns exemplos de tipos de painéis fotovoltaicos comerciais estão indicados na Fig. 11.3. Destacam-se, entre outras tecnologias: os painéis de filmes finos flexíveis, que permitem uma integração melhor com as edificações sem necessidade de estruturas de suporte robustas; os painéis de perovskita, um mineral de uso promissor, que pode atingir eficiências superiores aos de silício; painéis bifaciais, em que tanto a parte frontal como a traseira do painel FV absorvem a radiação solar. Na figura, a reflexão solar do chão (albedo) também gera energia fotovoltaica na parte traseira do painel. Por isso, o chão geralmente é formado por material reflexivo.

11.2 Tipos de sistemas fotovoltaicos

Os sistemas fotovoltaicos (SFV) podem ser classificados tecnicamente quanto a sua topologia e configuração, conforme mostrado na Fig. 11.4.

Existem, basicamente, dois critérios para essa classificação: o primeiro relativo à condição de conexão no ponto de saída do gerador, e outro relacionado com a quantidade de fontes e o grau de integração dos sistemas. Na figura são apresentadas duas classificações amplas entre os sistemas conectados à rede e os sistemas isolados, os quais são objeto de estudo nas próximas subseções.

11.2.1 Sistemas fotovoltaicos de fonte única

A primeira grande configuração dos Sistemas Fotovoltaicos se relaciona com sua forma de conexão: o sistema fotovoltaico conectado à rede elétrica (SFCR), também conhecido como *grid-tied* ou *on-grid*, conforme mostrado na Fig. 11.5(a), e o sistema isolado, também conhecido como autônomo, isolado ou *stand-alone* (SFA), mostrado na Fig. 11.5(b).

Segundo a definição da ABNT NBR 16149:2013, a expressão "ponto de conexão à rede" significa o ponto comum de interligação do SFV, da unidade consumidora e do sistema público de fornecimento de energia local.

O SFCR, regulamentado no Brasil em 2012, por meio da pioneira Resolução Normativa ANEEL nº 482, permitiu ao consumidor usufruir do regime de compensação de energia elétrica dentro do conceito de geração distribuída (Capítulo 7), isto é, era cobrada do consumidor somente a parcela equivalente à diferença entre a energia elétrica consumida e a gerada ao fim de cada mês, sendo o excedente acumulado. Com a instituição do marco legal da microgeração e minigeração distribuída por meio da Lei nº 14.300, de 6 de janeiro de 2022, e regulamentada pela Resolução Normativa da ANEEL nº 1.059, de 7 de fevereiro de 2023, foram estabelecidas novas

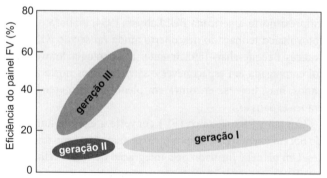

FIGURA 11.1 Visão comparativa da eficiência como função do custo para as três gerações de tecnologias de painel fotovoltaico.

Fonte: adaptada de Green (2001).

PRINCÍPIOS DOS GERADORES FOTOVOLTAICOS CONECTADOS À REDE ELÉTRICA 297

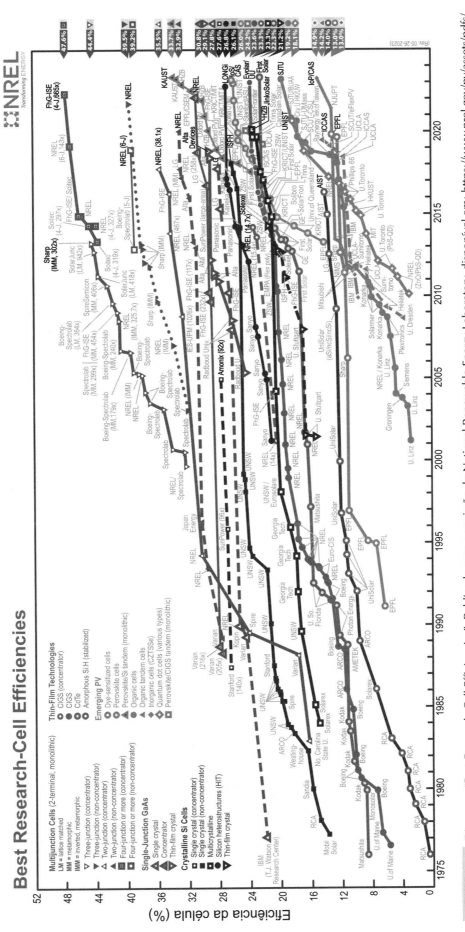

FIGURA 11.2 Diagrama "Best Research-Cell Efficiencies". Publicada com permissão do National Renewable Energy Laboratory, disponível em: https://www.nrel.gov/pv/assets/pdfs/best-research-cell-efficiencies.pdf. Acesso em: 20 set. 2024.

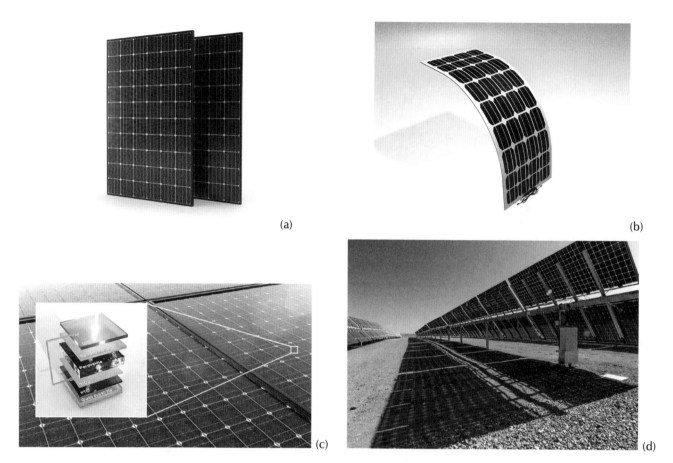

FIGURA 11.3 Algumas tecnologias de painéis fotovoltaicos comerciais. (a) Convencional de silício (KangeStudio | iStockPhoto); (b) filme flexível (alejomiranda | iStockPhoto); (c) célula de perovskita (audioundwerbung | iStockPhoto); (d) painel fotovoltaico bifacial (abriendomundo | iStockPhoto).

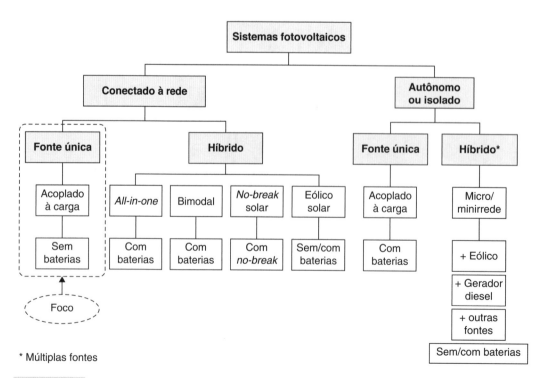

* Múltiplas fontes

FIGURA 11.4 Classificação dos sistemas fotovoltaicos.

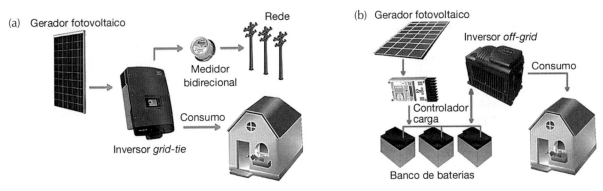

FIGURA 11.5 Sistemas fotovoltaicos conforme sua condição de conexão: (a) conectado à rede (SFCR); (b) sistema autônomo (SFA).

regras relativas à tributação da energia injetada à rede e seus respectivos cronogramas de transição.

Já o sistema fotovoltaico autônomo (SFA) necessita de um elemento para acumular a energia elétrica gerada durante o período de irradiação solar durante o dia para posterior consumo à noite ou quando o consumo for menor do que a geração. A técnica mais usual é o emprego de um banco de baterias estacionárias. Esse tipo de sistema é geralmente aplicado em locais remotos sem disponibilidade da rede elétrica, por exemplo, eletrificação de cercas rurais e estações repetidoras de sinal, e nos casos em que a distribuição elétrica é inviabilizada, como em sistemas de bombeamento e postes de iluminação pública.

Os SFVs podem ser também classificados em função de sua integração com outras fontes geradoras de energia elétrica: os de fonte única (ou puros) e os de fontes múltiplas, e do grau de integração de sistemas: os conectados às redes convencionais e os híbridos.

O sistema fotovoltaico convencional de fonte única é o mais aplicado no mercado e utiliza somente um tipo de fonte para a geração de energia elétrica, neste caso a solar fotovoltaica.

11.2.2 Sistemas fotovoltaicos híbridos

O sistema fotovoltaico híbrido (SFH) integra, total ou parcialmente, as características de um sistema isolado com as de um sistema conectado à rede elétrica. O grau de integração dependerá da aplicação e da configuração de cada fabricante e modelo. Esse tipo de sistema, apesar do custo mais elevado com relação ao do sistema fotovoltaico convencional, pode oferecer maior economia utilizando-se fontes de energia complementares (hidrogênio, solar, eólica, biomassa, entre outras) e maior autonomia com uso de banco de baterias ou de fontes de energia secundária (gerador a diesel) operando em eventos de queda de energia da rede local de distribuição.

Atualmente, os fabricantes de SFHs oferecem uma variedade de configurações de sistema conforme cada aplicação específica, podendo o sistema, de acordo com o caso, ser personalizado. Entre os vários tipos de sistemas fotovoltaicos híbridos, podem ser citados:

- SFH compacto ou *all-in-one*: combina as características do SFCR e do SFA com baterias, mantendo as funções de ambos e com ampla faixa de potência. Normalmente, utiliza a fonte solar com complementação de uma fonte secundária, por exemplo, um gerador a diesel.

- SFH *bimodal*: dispõe de inversor do tipo conectado à rede com função bimodal e banco de baterias e é direcionado geralmente para as cargas prioritárias do local. O gerador fotovoltaico tem a função de abastecer o banco de baterias.

- SFH *nobreak* solar: tem uma configuração semelhante à do bimodal, com exceção da via de conexão com a rede elétrica em que a energia flui somente em uma direção, isto é, somente para o consumo.

- Sistema eólico-solar híbrido: integra as funções de um SFA com as de um SFCR, com armazenamento de energia por meio de um banco de baterias, usufruindo do potencial local eólico e solar.

- Sistema híbrido ou microrrede: envolve mais de uma fonte de energia, integrando os conceitos de geração distribuída e de SFA com banco de baterias, além da possibilidade de um sistema para atendimento em momentos de queda de energia da rede elétrica, que pode ser um gerador a diesel. Com o rápido desenvolvimento das tecnologias de hidrogênio, este gás também pode ser acumulado para uso posterior em combinação com o sistema fotovoltaico.

O mercado dispõe normalmente de sistemas pré-montados e previamente homologados pelo fabricante, fornecedor e instituições. No entanto, havendo necessidade de desenvolvimento personalizado, será indispensável a aprovação por um engenheiro especializado e a homologação do projeto junto aos órgãos competentes locais.

Esta seção do livro tratará dos assuntos com foco no sistema fotovoltaico conectado à rede elétrica (SFCR) com fonte única.

11.2.3 BIPV e BAPV

Os projetos de sistemas fotovoltaicos apresentam dois fatores preponderantes que vêm influenciando as decisões da melhor topologia a ser adotada: o relevante índice de ocupação de área dos módulos fotovoltaicos por energia elétrica gerada e a acelerada evolução da tecnologia em busca de maiores eficiências dos módulos e células fotovoltaicas.

Aproveitando-se desse panorama e considerando a questão de ocupação de área pelo sistema fotovoltaico, começaram a surgir elementos voltados à cadeia produtiva da construção civil inserindo ou agregando essas tecnologias em seus produtos, por exemplo, telhas e vidros fotovoltaicos. Diante disso, surgiram dois conceitos fundamentais em função da topologia da disposição dos módulos fotovoltaicos aplicados em uma edificação: o *building integrated photovoltaic* (BIPV) e o *building attached/adapted photovoltaic* (BAPV).

O sistema fotovoltaico integrado à edificação (BIPV) tem por conceito a substituição de partes de construção por elementos fotovoltaicos com a função adicional de gerar energia elétrica.

Conforme a European Construction Product Regulation CPR nº 305/2011, os tipos de integração na edificação são classificados em função de sua finalidade:

- *integração funcional*: quando os elementos fotovoltaicos substituem partes do envoltório da edificação;

- *integração estética*: nos casos em que há somente a influência no conceito arquitetônico de aparência visual.

Um aspecto importante é que as soluções BIPV devem ter características de forma a satisfazer a proteção contra a degradação decorrente de chuva e intempéries por todo seu ciclo de vida, e ser instaladas de maneira a permitir um fluxo de ar na parte posterior dos módulos a fim de reduzir as perdas de eficiência em função do aumento de temperatura das células.

Outra preocupação que os projetistas devem ter na aplicação desse conceito é o pleno atendimento das propriedades funcionais dos elementos fotovoltaicos às exigências normativas do setor de construção civil, no que tange a segurança e eficiência.

Um sistema fotovoltaico anexado à edificação (BAPV) é formado por elementos adicionados ao envoltório dos edifícios com a função de gerar energia elétrica. A adoção desse conceito oferece maior flexibilidade de instalação, menor perda de eficiência em função da ventilação na parte posterior do módulo e permite a aplicação de tecnologias mais maduras.

Tanto o BIPV quanto o BAPV surgem para contribuir no atendimento aos requisitos de desempenho do setor de construção civil no que tange a sustentabilidade e eficiência energética, além de favorecer o balanço energético brasileiro dentro do contexto do consumo de energia elétrica. No entanto, sua aplicação deverá sempre atender aos requisitos normativos com relação à segurança e aos aspectos técnicos do setor.

11.2.4 Sistemas fotovoltaicos flutuantes

O início das aplicações dos sistemas fotovoltaicos flutuantes ou usinas solares flutuantes (USF) datam de 2007 com a instalação de uma usina experimental de 20 kWp na província de Aichi, no Japão, e, em 2008, no estado da Califórnia, nos Estados Unidos, com a construção de outra usina solar flutuante com a finalidade de aumentar a eficiência energética de uma vinícola (Trapani; Santafé, 2014). A técnica consiste, basicamente, na disposição dos módulos FV sobre a superfície da água de um reservatório ou uma lagoa.

Segundo o relatório da International Hydropower Association (IHA, 2022), o Brasil sustenta o segundo posto entre os maiores produtores mundiais de energia elétrica provenientes de fontes hídricas. As usinas hidrelétricas (UHE) em operação no país, com área útil de reservatório superior a 0,01 km², somam 165 empreendimentos com 30.338 km² de área total (Strangueto, 2016). Estes indicadores evidenciam um potencial significativo para o desenvolvimento da tecnologia fotovoltaica flutuante no território brasileiro.

No Brasil, esse tipo de aplicação começou com a construção de uma usina com potência nominal de 304 kWp, composta de 1150 módulos FV distribuídos em uma lagoa artificial em Cristalina (GO). Mais recentes são as usinas de Rosana, localizada em Rosa (SP), na área de concessão da Companhia Energética de São Paulo (Cesp), com potência de 51 kWp e ocupando uma área de 505 m²; de Balbina, sob concessão da Eletronorte, em Presidente Figueiredo (AM), com potência instalada de 1 MW (ampliação até 5 MW), dispondo 19.292 módulos FV sobre 2712 estruturas flutuantes construídas em polietileno de alta densidade (PEAD) e ocupando uma área de aproximadamente 50 mil m²; de Sobradinho (BA), sob concessão da Companhia Hidrelétrica do São Francisco (Chesf), com potência de 1 MWp (ampliação até 2,5 MWp), formada por 3792 módulos FV distribuídos em 11 mil m² de superfície de reservatório da UHE (Pintiokina, 2018); e a UFV Veredas Sol e Lares (MG) com potência instalada de 1,2 MWp e composta por 3050 painéis fotovoltaicos distribuídos em 11 mil m² de área do lago (Creral, 2023).

11.2.5 Sistemas fotovoltaicos com seguidor solar

Sistemas de rastreamento solar ou seguidor solar (*sun tracking*) são mecanismos dinâmicos, formados por equipamentos eletroeletrônicos, mecânicos e de tecnologia da informação, tendo como finalidade movimentar os módulos fotovoltaicos posicionando-os de forma a maximizar a captação de radiação solar, o que ocorre na posição de incidência perpendicular à radiação solar. Apesar de seu custo de investimento não ser baixo, há benefício com o aumento na eficiência do sistema gerador em comparação com os sistemas fixos.

Em função do grau de liberdade do movimento, os sistemas de rastreamento solar podem ser classificados em dois tipos principais, a saber:

- *Sistemas de eixo único*: executam o rastreamento do Sol (geralmente o movimento diário) usando um único eixo de rotação. Podem ser com eixo horizontal, vertical (ou de azimute) ou inclinado, mas é mais usual o horizontal de sentido N-S.

- *Sistemas de eixo duplo*: rastreiam o Sol por meio de dois eixos distintos (normalmente eixos horizontais e verticais), oferecendo dois pontos de articulação.

Existem três conceitos principais de sistema de acionamento do rastreador solar para sistemas fotovoltaicos, em função da tecnologia de rastreamento aplicada:

- *ativo*: utiliza conjunto de sensores óptico-elétricos, fotorresistores, piranômetros ou células fotovoltaicas auxiliares que geram informações sobre a posição do Sol em tempo real a um controlador microprocessado, acionando os motores elétricos para movimentação do eixo;
- *manual*: conceito baseado no uso de engrenagens manuais para ajustes do ângulo de inclinação e/ou de orientação dos módulos fotovoltaicos;
- *cronológico*: método baseado em algoritmos formados por dados cronológicos e solares, pré-programados em controladores microprocessados (posições de rastreamento diário e/ou mensal no tempo a uma taxa fixa), que comandam atuadores ou motores para movimentação dos eixos. No Capítulo 9, são apresentadas as equações do movimento aparente do Sol, o que permite realizar, de forma precisa, o acompanhamento do movimento aparente do Sol ao longo do dia e do ano.

11.3 Base normativa para sistemas fotovoltaicos e GD

Um projeto bem concebido deve garantir ao usuário segurança, funcionalidade adequada e conservação de bens. Para tanto, deverá ser desenvolvido à luz das normas técnicas e regulamentações vigentes do setor.

O conceito de geração distribuída com regime de compensação de energia elétrica foi primeiramente regulamentado no país em 2012, por meio da Resolução Normativa ANEEL nº 482. Desde então, outras bases normativas foram sendo emitidas ou adequadas ao novo cenário, culminando na Lei nº 14.300 de 6 de janeiro de 2022, que instituiu o marco legal da micro e minigeração distribuída, o sistema de compensação de energia elétrica (SCEE) e o programa de energia renovável social (PERS), sendo regulamentada em 7 de fevereiro de 2023 por meio da Resolução Normativa ANEEL nº 1.059. A tecnologia fotovoltaica, que se tornou mais evidente a partir desta regulamentação, traz algumas bases conceituais anteriores.

Outros aspectos não menos relevantes estão relacionados com o grau de segurança das instalações elétricas e dos trabalhadores intervenientes, aplicáveis em toda a cadeia produtiva de sistemas fotovoltaicos, desde a sua concepção até a fase de comissionamento e manutenção.

Diante deste panorama, é importante que o projetista de sistemas fotovoltaicos tenha uma visão global dos requisitos mínimos estabelecidos por essas bases e suas metodologias.

A Fig. 11.6 resume as principais bases normativas vigentes do setor, agrupadas nas respectivas entidades de classe.

11.3.1 Normas técnicas e regulamentações em GD

A pioneira Resolução Normativa ANEEL nº 482/2012 teve como finalidade estabelecer no país o conceito de geração distribuída (GD), o que possibilitou não somente descentralizar a geração de eletricidade, reduzindo ou postergando os investimentos nas redes de transmissão, como também proporcionar alternativa para as soluções com o uso de equipamentos de armazenamento de energia elétrica. Como base principal para as diretrizes do setor, foi submetida a diversas revisões, culminando na Lei nº 14.300, de 6 de janeiro de 2022, que instituiu o marco legal da microgeração e minigeração distribuída, o sistema de compensação de energia elétrica (SCEE) e

Marco legal da MMGD

- Lei nº 14.300/2022: Marco legal da MMGD, o Sistema de Compensação de Energia Elétrica (SCEE) e o Programa de Energia Renovável Social (PERS)
  RN 482/2012
  - REN 1.000/2021
  - REN 1.059/2023

Fonte: DOU

Notas técnicas das concessionárias

- CNC-OMBR-MAT-22-1398-EDSP: ENEL
- ND 64 e 65: ELEKTRO
- PT.DT.PDN.03.14.012: EDP
- GED-15303: CPFL Energia

Norma regulamentadora

- NR 10: Segurança em instalações e serviços em eletricidade
- NR 35: Trabalho em altura

Procedimentos de distribuição de EE no sistema elétrico nacional PRODIST

- Módulo 3 – Conexão ao sistema de distribuição de energia elétrica (SDEE)
- Módulo 5 – Sistemas de medição
- Módulo 8 – Qualidade do fornecimento de energia elétrica

Fonte: http://www.aneel.gov.br

Normas técnicas brasileiras (ABNT)

- NBR 16149/2013: Interface de conexão com a rede
- NBR 16150/2013: Ensaio de conformidade da interface
- NBR 16274/2014: Comissionamento e inspeção
- NBR 16690/2019: Instalações elétricas de arranjos fotovoltaicos
- NBR 16612/2020: Cabos de potência para SFV
- NBRIEC 61643/2022: DPS de c.c. para instalações FV
- NBR 5410/2008: Instalações elétricas de baixa-tensão
- NBR 5419/2015: Proteção contra descargas atmosféricas
- NBR 14039/2021: Instalações elétricas de média tensão

Fonte: http://www.abntcatalogo.com.br

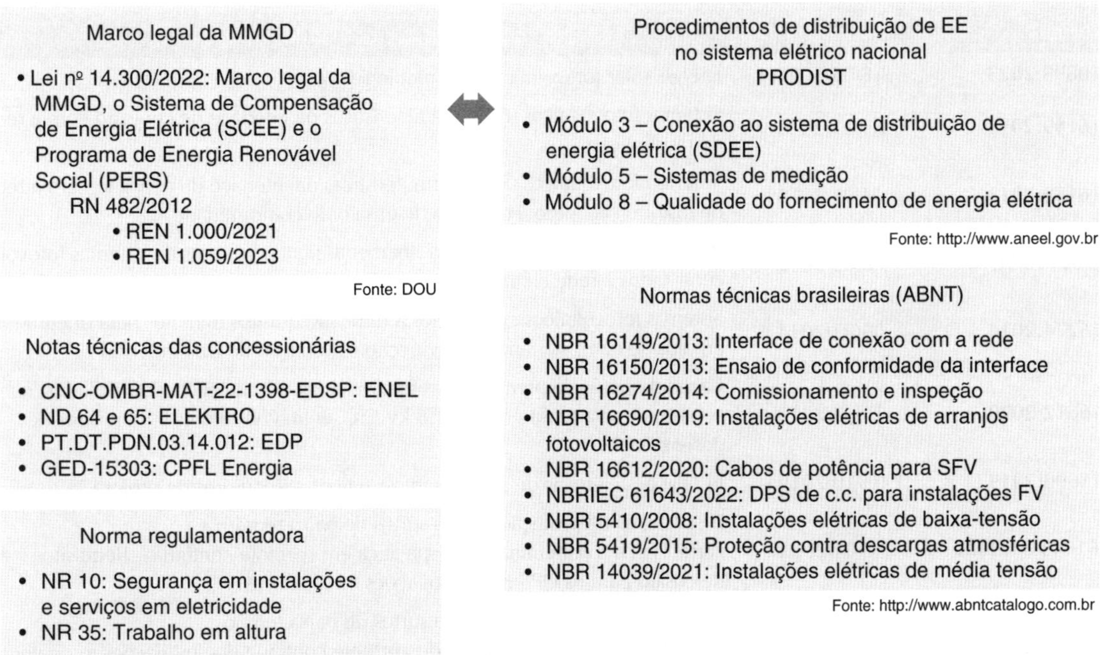

FIGURA 11.6 Principais normas e regulamentações para sistemas fotovoltaicos em geração distribuída.

302 CAPÍTULO 11

o programa de energia renovável social (PERS), sendo regulamentada em 7 de fevereiro de 2023 por meio da Resolução Normativa ANEEL nº 1.059. Essas resoluções da ANEEL e a Lei foram emitidas com os seguintes títulos transcritos de forma simplificada:

- **Resolução Normativa ANEEL nº 482, de 17 de abril de 2012**: estabelece as condições gerais para o acesso de microgeração e minigeração distribuída aos sistemas de distribuição de energia elétrica e ao sistema de compensação de energia elétrica.

- **Resolução Normativa ANEEL nº 687, de 24 de novembro de 2015**: altera a Resolução Normativa nº 482, e os módulos 1 e 3 dos Procedimentos de Distribuição – PRODIST.

- **Resolução Normativa ANEEL nº 1.000, de 7 de dezembro de 2021**: estabelece as Regras de Prestação do Serviço Público de Distribuição de Energia Elétrica; revoga as Resoluções Normativas ANEEL nº 414, nº 470 e nº 901.

- **Lei nº 14.300, de 6 de janeiro de 2022**: institui o marco legal da microgeração e minigeração distribuída, o sistema de compensação de energia elétrica (SCEE) e o programa de energia renovável social (PERS).

- **Resolução Normativa ANEEL nº 1.059, de 7 de fevereiro de 2023**: aprimora as regras para a conexão e o faturamento de centrais de microgeração e minigeração distribuída em sistemas de distribuição de energia elétrica, bem como as regras do Sistema de Compensação de Energia Elétrica; altera as Resoluções Normativas nº 920, nº 956, nº 1.000 e nº 1.009.

- **Resolução Normativa ANEEL nº 1.098, de 23 de julho de 2024**: entre outras normativas, estabelece que a microgeração distribuída que se enquadre na modalidade autoconsumo local, com potência instalada de geração igual ou inferior a 7,5 kW, não necessita de estudo de inversão de fluxo.

Essas resoluções normativas e a própria Lei aprovam e consolidam os Procedimentos de Distribuição de Energia Elétrica no Sistema Elétrico Nacional (Prodist). Os Procedimentos Prodist são documentos classificados em módulos, elaborados pela ANEEL com a finalidade de padronizar as atividades técnicas relacionadas com o funcionamento e desempenho dos sistemas de distribuição de energia elétrica.

A partir da regulamentação de geração distribuída e das adequações do Prodist pela ANEEL, as concessionárias de energia elétrica foram obrigadas a emitir seus padrões e procedimentos sintonizados com essas diretrizes técnicas. Em função de certas peculiaridades nos procedimentos de cada concessionária, o projetista de sistemas fotovoltaicos conectados à rede deve se familiarizar com a norma local antes de iniciar o projeto.

11.3.2 Normas técnicas de sistemas fotovoltaicos

Um projeto de sistema fotovoltaico em geração distribuída ou conectado à rede elétrica (SFCR) deve atender aos requisitos mínimos estabelecidos pela Associação de Normas Técnicas Brasileiras (ABNT), conforme referido na Tabela 11.1.

11.4 Parâmetros de projeto de sistemas fotovoltaicos conectados à rede elétrica

11.4.1 Enquadramento como central em geração distribuída (GD)

A Resolução Normativa ANEEL nº 482, de 2012, em sua revisão RN nº 687, de 2015, forneceu partes importantes para a

TABELA 11.1 Principais normas ABNT relativas aos sistemas fotovoltaicos

Normas	Vigência	Título
NBR 10899:2023	18/05/2023	Energia solar fotovoltaica – Terminologia
NBR 16149:2013	01/03/2013	Sistemas fotovoltaicos (FV) – Características da interface de conexão com a rede elétrica de distribuição
NBR 16150:2013	04/03/2013	Sistemas fotovoltaicos (FV) – Características da interface de conexão com a rede elétrica de distribuição – Procedimento de ensaio de conformidade
NBR IEC 62116:2012	06/03/2012	Procedimento de ensaio de anti-ilhamento para inversores de sistemas fotovoltaicos conectados à rede elétrica
NBR 16274:2014	06/03/2014	Sistemas fotovoltaicos conectados à rede – Requisitos mínimos para documentação, ensaios de comissionamento, inspeção e avaliação de desempenho
NBR 16612:2020	16/03/2020	Cabos de potência para sistemas fotovoltaicos, não halogenados, isolados, com cobertura, para tensão de até 1,8 kV C.C. entre condutores – Requisitos de desempenho
NBR 16690:2019	03/10/2019	Instalações elétricas de arranjos fotovoltaicos – Requisitos de projeto
NBR IEC 61643-31:2022	17/01/2022	Dispositivos de proteção contra surtos de baixa tensão Parte 31: DPS para utilização específica em corrente contínua – Requisitos e métodos de ensaio para os DPS para instalações fotovoltaicas
NBR IEC 61643-32:2022	24/08/2022	Dispositivos de proteção contra surtos de baixa tensão Parte 32: DPS conectado no lado corrente contínua das instalações fotovoltaicas – Princípios de seleção e aplicação

formação da Lei nº 14.300, que estabelece os conceitos para o enquadramento das unidades consumidoras interessadas em usufruir do regime de compensação de energia elétrica por meio de sua própria central geradora, devendo atender a duas condições básicas simultaneamente, como descritas a seguir.

11.4.1.1 Enquadramento em função da potência do sistema fotovoltaico

O sistema de compensação de energia elétrica, no qual a energia ativa gerada e injetada na rede da concessionária é cedida a título de empréstimo gratuito à distribuidora local e, posteriormente, compensada com a quantidade de energia consumida, é permitido somente para unidades consumidoras, possuindo uma microgeração ou minigeração distribuída. Portanto, o sistema fotovoltaico deve ser enquadrado como:

- *Microgeração distribuída*: central geradora fotovoltaica conectada ao sistema de distribuição de energia elétrica, com potência nominal em corrente alternada de até 75 kW. Nesta faixa de potência, se enquadram normalmente os consumidores residenciais, comerciais e pequenas indústrias.

- *Minigeração distribuída*: central geradora fotovoltaica conectada ao sistema de distribuição de energia elétrica com potência nominal em corrente alternada maior que 75 kW e menor ou igual a 3 MW tanto para fontes despacháveis quanto para fontes não despacháveis. Esta gama de potência geralmente abrange os consumidores industriais e comerciais de grande porte.

Os sistemas fotovoltaicos com potência nominal acima desses patamares são considerados **usinas fotovoltaicas**, devendo seguir procedimentos técnicos e de outorga específicos junto à ANEEL e não usufruindo do regime de compensação de energia elétrica.

Conforme definição da Lei nº 14.300, as fontes de geração fotovoltaica despacháveis são limitadas à potência em corrente alternada de 3 MW, cujos montantes de energia despachada aos consumidores apresentam capacidade de modulação de geração por meio do uso de banco de baterias correspondente no mínimo a 20 % de sua geração mensal.

11.4.1.2 Enquadramento em função do tipo de consumidor

Além do requisito descrito na seção anterior, a microgeração ou minigeração distribuída deve se enquadrar, em função do tipo de consumidor, em uma das opções a seguir. Os textos foram simplificados com relação ao conteúdo da Lei.

- *Autoconsumo local* (*ACL*): caracterizado por unidade consumidora que possua uma central geradora local, cuja compensação ou crédito de energia injetada ocorra para o mesmo consumidor-gerador local.

- *Empreendimento com múltiplas unidades consumidoras* (*EMUC*): conjunto de unidades consumidoras localizadas em uma mesma propriedade ou em propriedades contí-

guas, cuja medição do consumo de energia elétrica ocorre de forma independente e individualizada, cujas áreas de uso comum constituem uma unidade consumidora distinta de responsabilidade do condomínio, e por meio das quais se conecta a micro ou a minigeração distribuída.

- *Geração compartilhada* (*GC*): caracterizada pela reunião de consumidores, por meio de consórcio, cooperativa, condomínio civil voluntário ou edilício ou outra forma de associação civil, composta de pessoas físicas ou jurídicas que possuam unidade consumidora com micro ou minigeração distribuída, com atendimento de todas as unidades consumidoras do grupo pela mesma distribuidora.

- *Autoconsumo remoto* (*ACR*): caracterizado por unidades consumidoras de titularidade de uma mesma pessoa jurídica ou pessoa física que possua unidade consumidora com central geradora que atenda a todas as unidades consumidoras pela mesma distribuidora.

11.4.2 Tipos de conexão ao sistema de distribuição de energia elétrica

Os Procedimentos de Distribuição de energia elétrica (Prodist) definem que o "ponto de conexão das centrais geradoras deve ser na interseção das instalações de conexão de interesse restrito, de propriedade do acessante, com o sistema de distribuição acessado", isto é, em local mais próximo possível da entrada de energia elétrica do consumidor.

A classe de tensão de fornecimento da concessionária de energia elétrica varia em função da potência instalada do consumidor: as unidades de consumo com potência instalada de até 75 kW são, por regra, atendidas em baixa tensão, cujo nível de tensão nominal é igual ou inferior a 1000 V em corrente alternada. Os consumidores cuja potência instalada seja maior que 75 kW, salvo exceções, são abastecidos com níveis de tensão nas classes de média tensão (padrão entre 2,3 e 69 kV) ou alta tensão (padrão acima de 88 kV), dependendo do nível de demanda contratada.

Em função de sua classe de tensão de fornecimento, há um padrão correspondente para conexão de centrais geradoras ao sistema de distribuição de energia elétrica (rede), as quais foram estabelecidas por cada concessionária contendo algumas peculiaridades locais. Os padrões básicos de conexão de microgeração e minigeração distribuída são comentados a seguir.

- Padrões de conexão de microgeração em clientes de baixa tensão: dependendo da distância entre o inversor do sistema fotovoltaico e a entrada de energia elétrica.

- Padrões de conexão de microgeração e minigeração em clientes de média tensão.

- Padrões de conexão de microgeração e minigeração em clientes de baixa tensão com multimedição.

Os clientes abastecidos na classe de alta tensão devem solicitar estudos junto à concessionária local e seguir procedimentos específicos.

Para consumidores atendidos na área de sistema subterrâneo reticulado, por razões técnicas do sistema, qualquer tipo de geração distribuída não é permitido e é necessário realizar uma análise específica que pode resultar em um impedimento da conexão no sistema reticulado.

11.4.3 Componentes do sistema fotovoltaico

Um sistema fotovoltaico em geração distribuída é, em linhas gerais, composto pelos seguintes subsistemas, conforme ilustrado na Fig. 11.7 e detalhados a seguir:

- *Subsistema gerador fotovoltaico*: formado pelo conjunto de módulos fotovoltaicos interligados em série (séries fotovoltaicas) e em paralelo, resultando nos subarranjos fotovoltaicos.
- *Subsistema condicionador de potência*: composto pelas unidades de condicionamento de potência (UCP) ou inversores, do tipo conectado à rede, contendo, em sua maioria, as funções de seguidor do ponto de máxima potência (SPMP), de supervisão dos parâmetros elétricos e de proteções e comandos relacionados com os desvios dos níveis permitidos de qualidade de energia elétrica, em obediência aos requisitos normativos.
- *Subsistema de conexão à rede elétrica*: contempla o ponto de conexão com o sistema de distribuição de energia elétrica da concessionária local, onde geralmente é o ponto comum entre rede e cargas, conectado a um dispositivo de proteção na saída do sistema fotovoltaico.
- *Subsistema de armazenamento de energia*: aplicado em sistemas fotovoltaicos isolados ou híbridos, abrange o banco de baterias, controlador de carga e suas respectivas proteções.
- *Infraestrutura elétrica*: corresponde a todos os elementos das instalações elétricas do sistema fotovoltaico, incluindo principalmente: os circuitos das interfaces de corrente contínua (DC/CC) e os de corrente alternada (CA), os dispositivos de proteção elétrica e contra os efeitos das descargas atmosféricas, caixas de junção e eventuais transformadores.
- *Infraestrutura mecânica*: envolve todos os elementos mecânicos do sistema fotovoltaico, por exemplo: estruturas, suportes, perfis, grampos e acessórios para fixação dos módulos fotovoltaicos na superfície da edificação, sistemas de dutos elétricos, caixas e quadros e eventuais pisos técnicos. O sistema construtivo deve garantir os aspectos de segurança e estabilidade estrutural, facilidade de acesso à manutenção e grau de robustez perante influências climáticas, térmicas, de maresia e de outros agentes nocivos presentes no ambiente.

A norma ABNT NBR 16690:2019 conceitua arranjo fotovoltaico como um "conjunto de módulos fotovoltaicos ou de subarranjos fotovoltaicos mecânica e eletricamente integrados, incluindo a estrutura de suporte". Portanto, corresponde à parte do sistema fotovoltaico até a entrada em corrente contínua da UCP.

11.4.4 Componentes do projeto de instalações elétricas

O projeto de instalações elétricas de um sistema fotovoltaico conectado à rede requer perícia e conhecimento técnico, e deve ser desenvolvido de forma a garantir segurança e atender às recomendações das normas técnicas da ABNT.

Basicamente, os principais elementos envolvidos neste projeto englobam:

- circuitos elétricos de corrente contínua (CC);
- circuitos elétricos de corrente alternada (CA);
- unidade de condicionamento de potência (UCP);
- dispositivos de manobra e proteção;

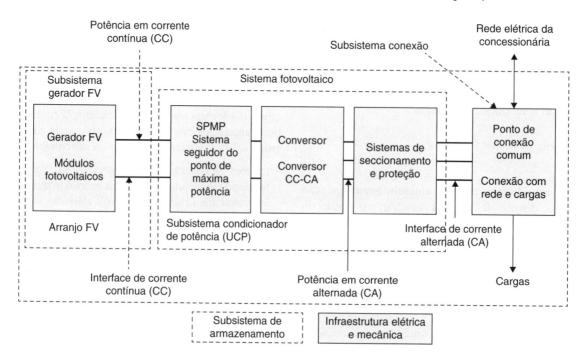

FIGURA 11.7 Diagrama de blocos básico do sistema fotovoltaico e seus subsistemas.

- caixas de junção;
- conectores fotovoltaicos;
- proteção contra descargas atmosféricas (PDA);
- dispositivos de proteção contra surtos elétricos (DPS);
- sistemas de aterramento.

A Fig. 11.8 apresenta, em forma de diagrama trifilar, os elementos básicos envolvidos em um projeto de instalações elétricas do sistema no padrão de arranjo fotovoltaico com UCP, com múltiplas entradas em corrente contínua e com SPMP individuais (ABNT, 2019), sem isolação galvânica via transformador. As principais bases normativas estão relacionadas com os elementos.

11.4.4.1 Circuitos elétricos de corrente contínua (CC)

Conjunto de dutos e condutores elétricos cuja finalidade é conduzir, de forma segura, a energia gerada pelos módulos fotovoltaicos até as conexões de entrada da UCP, subdividido basicamente em dois trechos: (1) circuito de corrente contínua das séries fotovoltaicas com capacidade de condução de corrente elétrica compatível à do módulo, e (2) circuito de corrente contínua dos subarranjos fotovoltaicos cuja capacidade de condução de corrente corresponde à somatória das séries fotovoltaicas ligadas em paralelo.

O cabo elétrico recomendado para esse tipo de circuito é do tipo específico para aplicações em sistemas fotovoltaicos em função de seu grau de exposição aos efeitos climáticos e térmicos, com expectativa de vida útil superior a 25 anos: não halogenados e isolados com cobertura para tensão de até 1,8 kV em corrente contínua entre condutores, conforme especificado pela norma ABNT NBR 16612:2020. Seu dimensionamento deve ser realizado, sempre que possível, seguindo as especificações dos fabricantes. Como opção, a citada norma apresenta critérios para cálculo e valores de capacidade de condução de corrente dos cabos, em função do método e do modo de instalação, temperatura ambiente e no condutor em regime permanente, e resistividade térmica do terreno e do eletroduto.

Outros fatores de perda são indicados na norma ABNT NBR 5410:2008 e recomendações complementares relativas ao arranjo fotovoltaico são descritas na norma ABNT NBR 16690:2019.

Os efeitos causados pelo ambiente local como maresia, areia, amônia e outros agentes nocivos devem ser considerados para a adequada especificação dos elementos da instalação sujeitos à exposição, quer sejam condutores, quer sejam dutos.

11.4.4.2 Circuitos elétricos de corrente alternada (CA)

Compostos fundamentalmente por dutos e cabos elétricos com a finalidade de conduzir a energia convertida em corrente alternada pela UCP até o ponto de conexão com a rede elétrica da concessionária local, podendo ser monofásica, bifásica ou trifásica.

O condutor aplicado nesse tipo de circuito pode ser do tipo convencional com camada externa de proteção em cloreto de polivinila (PVC) cuja temperatura máxima para operação contínua é de 70 °C, polietileno reticulado (XLPE) ou borracha etileno-propileno (EPR) com temperatura de 90 °C, além da classe de isolação para 0,75 kV ou 1 kV, selecionado em função, principalmente, do método de instalação e exposição aos efeitos térmicos.

Assim como no caso do circuito de corrente contínua, é recomendado ser dimensionado seguindo as especificações dos fabricantes. No entanto, a norma ABNT NBR 5410:2008 define critérios para cálculos e valores de capacidade de condução de corrente dos cabos, em função do método de instalação, temperatura ambiente, agrupamento de circuitos, queda de tensão, entre outras perdas.

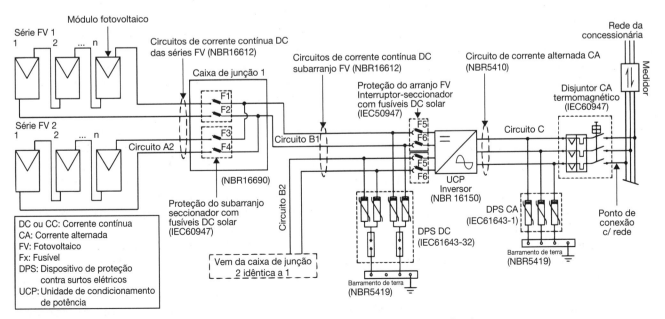

FIGURA 11.8 Diagrama elétrico trifilar de um sistema fotovoltaico típico em geração distribuída.

11.4.4.3 Unidade de condicionamento de potência (UCP) ou inversor

O inversor solar ou fotovoltaico tem como função básica converter a energia elétrica de corrente contínua (CC), produzida pelo arranjo fotovoltaico, em corrente alternada (CA) compatível com as características da rede elétrica local.

O mercado atual oferece, basicamente, três tipos de unidades de condicionamento de potência (UCP) ou inversores para as aplicações em sistemas fotovoltaicos conectados à rede elétrica: inversor de *string*, inversor central e microinversor.

O inversor de *string*, composto geralmente de uma a quatro entradas independentes com seguidor do ponto de máxima potência (SPMP), extrai a máxima potência de uma série fotovoltaica, que é limitada ao módulo fotovoltaico da respectiva série que esteja sob as piores condições de desempenho. Mais voltado às aplicações de sistemas de microgeração distribuída, em função da gama de potência disponibilizada pelos fabricantes, é possível também ser adotado em centrais geradoras de maior porte a fim de usufruir da estratégia para redução do grau de impacto na queda de desempenho do arranjo fotovoltaico em eventuais falhas ocasionadas pelo sistema.

O microinversor atua individualmente em cada módulo fotovoltaico e, portanto, resulta em um melhor desempenho global do sistema. Apesar de elevar os custos de investimento inicial da central geradora e de manutenção em função de dificuldades de acesso e efeitos climáticos, oferece algumas vantagens com relação às aplicações com os demais tipos de UCPs, por exemplo: aumento no aspecto de segurança dos circuitos elétricos do arranjo fotovoltaico em razão dos baixos níveis de tensão, redução no uso de dispositivos aplicados em corrente contínua que apresentam preços mais elevados, redução das perdas por incompatibilidade técnica entre os módulos de uma mesma série fotovoltaica (*mismatch*), possibilidade da construção do sistema por modularidade e nos casos em que haja necessidade de diversificar orientações entre os módulos fotovoltaicos. O módulo fotovoltaico contendo o microinversor é denominado módulo CA solar.

Os inversores centrais são geralmente aplicados em sistemas fotovoltaicos de maior porte, ou seja, nas minigerações distribuídas e usinas geradoras, pois apresentam uma gama de potência mais elevada com relação aos tipos já descritos. Além de um número maior de entradas SPMP, reúne as funções de monitoramento e supervisão remota, meios de comunicação sem fio, comunicação com redes industriais, aplicativos móveis entre outras, em um mesmo equipamento.

A ANEEL estabeleceu que toda UCP aplicada em sistemas fotovoltaicos em geração distribuída e com potência nominal de até 10 kW deve, por regra, possuir sua certificação junto ao Instituto Nacional de Metrologia, Qualidade e Tecnologia (Inmetro), abrindo a alternativa de uma certificação emitida por outros órgãos internacionais acreditados pelo Inmetro.

A seleção do tipo e do modelo de inversor adequado a cada aplicação deve considerar, além dos aspectos relacionados com o tipo de ambiente e as condições climáticas, a compatibilidade de sua geração de energia com os parâmetros elétricos do sistema de distribuição de energia elétrica local e com os requisitos de desempenho, de proteção e de qualidade de energia elétrica estabelecidos nas normas técnicas vigentes.

Além disso, é recomendado que alguns fatores relevantes sejam analisados previamente na escolha do fabricante da UCP, tais como: custo do produto e peças, período de garantia e sua abrangência no território brasileiro, facilidades de manutenção, assistência técnica e suporte técnico local, prazos de atendimento às solicitações e de peças de reposição e histórico de taxa de falhas.

11.4.4.4 Dispositivos de proteção e manobra

A corrente contínua elétrica apresenta um comportamento unidirecional e um valor constante no tempo, diferentemente da corrente alternada, cujo perfil oscila periodicamente com passagens naturais da corrente pelo zero. Essa característica da corrente alternada propicia a extinção espontânea do arco voltaico que é formado em uma manobra para interromper a corrente elétrica de um circuito, o que não ocorre em um circuito de corrente contínua. A elevada energia de um arco voltaico gerado pela interrupção da corrente contínua deve ser absorvida pelo dispositivo de manobra e, portanto, seu conceito construtivo deve ser orientado a suportar elevadas tensões e arcos das manobras. Essas questões devem ser consideradas na seleção do modelo apropriado de dispositivo a ser aplicado em cada tipo de circuito.

Os dispositivos interruptores-seccionadores, definidos pela norma ABNT NBR IEC 60947-3:2014, são dispositivos de comutação mecânica capazes de conduzir e interromper, com segurança, as correntes em condições normais de carga e de sobrecarga, além de suportar as condições anormais de curto-circuito sem interrupção. Já os seccionadores são dispositivos de abertura mecânica do circuito elétrico, que oferecem o grau de isolamento seguro na posição aberta, porém incapazes de interromper a corrente em condições normais de carga. São dispositivos para manobras sem carga. Ambos os modelos de dispositivo podem oferecer a função de proteção, com a inclusão de fusíveis DC solar de 1000 V para corrente contínua.

Os disjuntores, padronizados pelas normas ABNT IEC 60898-3:2021 ou 60898-2:2019, apresentam as mesmas funções dos interruptores-seccionadores, porém incorporando a função de proteção térmica ou termomagnética.

A norma ABNT NBR 16690:2019 determina o modelo apropriado de dispositivo para manobra de cada circuito de corrente contínua do arranjo fotovoltaico, em função do valor de sua tensão nominal. Para o circuito de corrente alternada, é recomendado aplicar dispositivo interruptor-seccionador com proteção contra sobrecorrente no ponto de conexão com a rede elétrica da concessionária e para o transformador, caso aplicável.

Os elementos de proteção contra sobrecorrente devem ser dimensionados considerando os fatores de seletividade e a capacidade de condução dos cabos e a corrente nominal do respectivo circuito, além da compatibilidade com a tensão nominal e nível de suportabilidade à corrente de curto-circuito presumida.

Outros aspectos devem ser ponderados na determinação da especificação técnica dos componentes, por exemplo: temperatura de operação, grau de proteção do invólucro, atuadores remotos, relés de proteção, entre outros.

11.4.4.5 Caixas de junção

Localizadas nas proximidades do gerador fotovoltaico, reúnem os circuitos de corrente contínua das séries fotovoltaicas ligando-os em paralelo por meio de bases fusíveis seccionáveis do tipo DC solar de 1000 V. Normalmente, contêm seccionadora de manobra para corrente contínua do circuito de saída da caixa de junção (subarranjos fotovoltaicos) e dispositivos de proteção contra surtos elétricos (DPS).

11.4.4.6 Conectores fotovoltaicos

Os conectores fotovoltaicos são aplicados nas terminações, derivações e emendas dos cabos do arranjo fotovoltaico. Padronizados como modelo MC-4, são construídos em conformidade com as normas IEC 62852:2020, e são apropriados para aplicação em circuitos de corrente contínua, oferecendo facilidade de manuseio, alto grau de confiabilidade funcional e de segurança, e proteção contra efeitos climáticos e ambientais. Devem ser dimensionados em função da capacidade de condução de corrente do respectivo cabo e da tensão nominal do circuito.

11.4.4.7 Proteção contra descargas atmosféricas

Segundo o Instituto Nacional de Pesquisas Espaciais (INPE), o território brasileiro é atingido por cerca de 50 milhões de descargas atmosféricas anualmente, ocasionando danos nas edificações acompanhados de vítimas, muitas vezes fatais. A descarga atmosférica para a terra corresponde a uma descarga elétrica de origem atmosférica entre uma nuvem e a terra, constituída por um ou mais impulsos (ou raios) de elevado valor de corrente elétrica.

A norma da ABNT que trata da proteção contra descargas atmosféricas (PDA) é a NBR 5419:2015, que apresenta os requisitos para a determinação da proteção contra descargas atmosféricas, procedimentos para análise de risco, medidas para redução de danos físicos e riscos à vida, e para proteção contra sobretensões indesejadas nos sistemas eletroeletrônicos, ocasionados pelos efeitos gerados pelo impacto das descargas atmosféricas.

A extensão dos danos e perdas depende das características das estruturas na edificação: materiais da construção e seu conteúdo, finalidade do local e linhas externas conectadas à estrutura, e das características da descarga atmosférica, que pode variar em função do ponto de impacto na estrutura e do perfil da descarga atmosférica. Segundo a ABNT, um sistema de proteção, mesmo que projetado e instalado obedecendo aos requisitos da norma, "não pode assegurar a **proteção absoluta** de uma estrutura, de pessoas e bens", e sim "**reduzir** de forma significativa os riscos" de danos causados por descargas atmosféricas.

Um estudo para concepção de uma proteção contra descargas atmosféricas deve abranger dois conjuntos de medidas: o sistema de proteção contra descargas atmosféricas (SPDA) e as medidas de proteção contra surtos elétricos (MPS).

A Fig. 11.9 mostra os assuntos da PDA relacionados com cada aspecto principal da norma ABNT NBR 5419:2015.

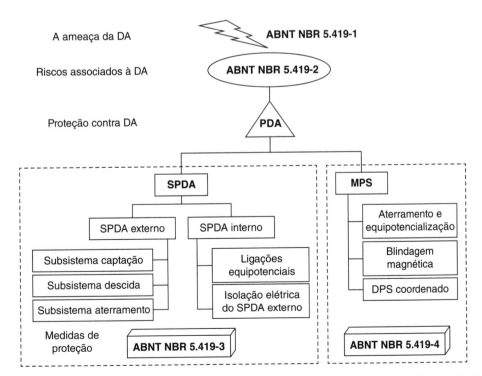

FIGURA 11.9 Aspectos principais relacionados com o conteúdo da norma ABNT NBR 5.419:2015.

O SPDA externo é a parte do sistema mais exposta ao ambiente e tem a finalidade de interceptar a descarga atmosférica, conduzi-la e dispersá-la no solo. Sua composição é baseada em três subsistemas básicos: subsistemas de captação, de descidas e de aterramento. Já o SPDA interno, baseado nos conceitos de equipotencialização e de isolação elétrica, tem a função de evitar centelhamento perigoso criado por uma descarga atmosférica. Um SPDA externo deve ser concebido de forma isolada (ou afastada) da estrutura a ser protegida, nos casos em que os efeitos térmicos e de explosão no ponto de impacto colocam em risco a estrutura ou o seu conteúdo, ou quando necessitar de uma redução do campo eletromagnético induzido causado pelo percurso da corrente de descarga nos condutores.

As MPS compreendem o sistema de aterramento e sua equipotencialização, as blindagens magnéticas e a aplicação de DPS, os quais são projetados e adotados conforme a necessidade de cada caso e o nível de suscetibilidade dos equipamentos eletroeletrônicos a serem protegidos contra os efeitos das descargas atmosféricas.

Pela própria característica dos sistemas fotovoltaicos, cuja arquitetura apresenta, na maioria dos casos, elementos do arranjo fotovoltaico expostos ao ambiente externo e no topo de edificações ou em campos abertos, esses conceitos relativos à PDA devem ser considerados no desenvolvimento dos projetos em locais onde houver riscos relacionados com as descargas atmosféricas.

Um exemplo de aplicação do SPDA externo ao sistema fotovoltaico em geração distribuída é apresentado na Fig. 11.10.

Na Fig. 11.10, pode-se notar que os subsistemas fotovoltaicos estão sendo abrangidos no campo de proteção do SPDA, denominadas zonas de proteção (ZPR), originadas pela adoção de uma série de medidas de proteção (MPs). A ZPR 0A corresponde ao espaço não protegido do sistema. O espaço a jusante das MPs apresenta uma redução significativa dos efeitos gerados pela descarga atmosférica. Quanto maior a classe da ZPR, menor será a influência eletromagnética sobre os equipamentos, seguindo esta sequência crescente: ZPR 0B, ZPR 1, ZPR 2, ZPR 3...

No exemplo da Fig. 11.10, as medidas de proteção do SPDA formadas por mastros com captores do tipo Franklin e devidamente aterrados do gerador fotovoltaico, e do tipo gaiola de Faraday da edificação, bem como as blindagens magnéticas compostas por painéis metálicos aterrados, determinam a classe da ZPR: gerador fotovoltaico está protegido em uma ZPR 0B; o inversor (UCP) e os painéis elétricos da edificação estão situados em uma ZPR 0B e seus componentes eletroeletrônicos internos estão inseridos em uma ZPR 1.

11.4.4.8 Dispositivos de proteção contra surtos elétricos (DPS)

Os surtos elétricos podem causar destruição ou redução da vida útil dos módulos fotovoltaicos, inversores (UCP) e componentes eletroeletrônicos do sistema, gerando custos adicionais de manutenção, aumento do tempo de amortização dos investimentos e transtornos em seu regime de operação. Nos sistemas fotovoltaicos em geração distribuída, as sobretensões transitórias podem ser originadas por uma descarga atmosférica no SPDA externo, nos arredores da estrutura, direta ou próxima à linha proveniente da rede de distribuição de energia elétrica, ou ainda por faltas ou chaveamentos na rede.

O DPS tem por finalidade limitar as sobretensões transitórias em níveis compatíveis com os equipamentos e desviar as correntes de surto para terra, e deve ser instalado tão perto quanto possível do equipamento a ser protegido. Os critérios de dimensionamento e os métodos de aplicação estão descritos nas normas ABNT NBR 5419:2015, NBR 5410:2008, IEC 60664:2020, NBR 16690:2019 e NBR IEC 61643-32:2022, essas duas últimas voltadas aos arranjos e sistemas fotovoltaicos.

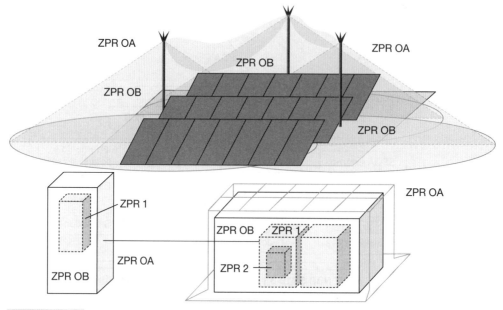

FIGURA 11.10 SPDA externo aplicado em um sistema fotovoltaico em geração distribuída.

Para a proteção dos circuitos de corrente contínua de um sistema fotovoltaico, os DPS devem ser claramente classificados para uso em corrente contínua. Se houver outras redes conectadas, como sistemas de telecomunicações, automação ou sinalização, um DPS específico deve ser aplicado para proteger o equipamento de tecnologia da informação, neste caso, em conformidade com os requisitos da respectiva norma.

Alguns modelos de UCP são fornecidos com o DPS já embutido. Mesmo assim, uma avaliação dos riscos locais pode resultar na necessidade de dispositivos externos adicionais, que, se aplicados, devem ser especificados atendendo aos critérios técnicos de coordenação e seletividade entre os diferentes DPS.

Os principais tipos de DPS no mercado em função da tecnologia aplicada são:

- *Tipo comutador de tensão* (ou *spark gaps*): DPS do tipo curto-circuitante que apresenta alta impedância em condição normal de funcionamento, e sofrendo redução brusca diante de um surto de tensão. Dentro deste grupo, estão os centelhadores ou centelhadores encapsulados a gás.

- *Tipo limitador (ou atenuador) de tensão*: DPS do tipo não curto-circuitante, tendo por característica uma alta impedância em condição normal de funcionamento, e reduzindo de forma constante enquanto a tensão é incrementada durante um surto de tensão. Sua composição se baseia em varistores ou diodos supressores.

- *Tipo combinado*: DPS que reúne ambas as características com o uso das duas tecnologias: centelhador e varistor. Oferece grande poder de dissipação de energia agregado a uma proteção com limitação de tensão.

Os DPS também podem ser classificados com relação a sua funcionalidade, como descrito a seguir.

- *Classe I*: limitam surtos de tensão relacionados com as descargas atmosféricas diretas e são especificados com base no valor de sua corrente de impulso (Iimp). Na maioria dos casos são aplicados nas proximidades do quadro da entrada de energia elétrica e, portanto, são parte integrante do subsistema de conexão com a rede nos sistemas fotovoltaicos em geração distribuída.

- *Classe II*: protegem os equipamentos contra surtos de tensão e são dimensionados em função da corrente máxima (Imáx) presumida das descargas atmosféricas do local. Geralmente instalados em ponto próximo à UCP do sistema fotovoltaico.

- *Classe III*: normalmente são aplicados como proteção exclusiva e individual de cargas terminais específicas, por exemplo, os equipamentos eletrônicos e de tecnologia da informação.

- *Classe I+II*: dispositivos combinados que associam a capacidade de escoamento de um DPS classe I e o nível de proteção de um DPS classe II.

- *Classe I/II*: apresentam as mesmas características do DPS classe I+II, porém são destinados a instalações que exigem menor capacidade de escoamento das correntes de surto.

Segundo a ABNT NBR 16690:2019, o DPS "deve possuir autoproteção ao final de sua vida útil que garanta a desconexão em qualquer condição de operação do arranjo fotovoltaico".

Os DPS baseados em varistor, ao chegarem ao fim do seu ciclo de vida, se tornam curtos-circuitos e podem se inflamar caso não sejam desconectados. Em razão do comportamento característico do sistema fotovoltaico, sua corrente de curto-circuito pode variar em função do nível de irradiância solar, dificultando o dimensionamento de um dispositivo de proteção (fusível) em série com o DPS. Uma proteção por fusível dimensionado com base na corrente de curto-circuito do arranjo fotovoltaico pode não atuar em condições de baixa irradiância. Portanto, um DPS aplicado no lado de corrente contínua de um arranjo fotovoltaico deve ser constituído para atender aos requisitos da EN 50539-11:2013, com desconexão mecânica e câmara de extinção de arco em seu interior, por exemplo, os DPS combinados para corrente contínua ligados em Y com comutadores de três estágios.

A ABNT NBR 16690:2019 recomenda que nos circuitos longos (50 metros ou mais) do arranjo fotovoltaico sejam instalados DPS. Uma solução completa em termos de proteção do lado em corrente contínua é a aplicação de DPS entre condutores ativos e entre os condutores ativos-terra, próximos à saída do arranjo fotovoltaico e à entrada da UCP.

O DPS deve ser selecionado com base nas seguintes características: nível de proteção (Up), máxima tensão de operação em regime contínuo (Uc), suportabilidade a sobretensões temporárias, corrente nominal de descarga (In), corrente de impulso (Iimp) ou corrente máxima (Imáx), e suportabilidade à corrente de curto-circuito presumida no ponto da instalação.

As Figs. 11.11 e 11.12 apresentam exemplos de aplicação de DPS a um sistema fotovoltaico em geração distribuída, divididos em circuitos de corrente contínua e de corrente alternada. A configuração básica mostra a existência de SPDA externo com nível de proteção II/III, estrutura dos módulos fotovoltaicos equipotencializados ao SPDA, sistema DC com polos não aterrados, rede da concessionária de energia elétrica com esquema de aterramento TN-S.

11.4.4.9 Sistemas de aterramento

O sistema de aterramento deve ser projetado visando soluções necessárias para reduzir os riscos de sobretensão e tensões perigosas à vida. A configuração básica ideal contempla o eletrodo horizontal em forma de anel, enterrado (contato com o solo em 80 % no mínimo do percurso total) a meio metro de profundidade do solo com interligação às sapatas da estrutura da edificação, distanciado, no mínimo, de 1 m da parede da estrutura e comprimento total calculado com base nos métodos recomendados pelas normas técnicas da ABNT NBR 5419:2015 e NBR 5410:2008, sempre tendo como premissa os valores de resistividade elétrica do solo do local em estudo.

A obtenção desses valores pode ser efetuada por meio de diversos métodos, entre os quais o mais usual é o método dos quatro eletrodos, principalmente no caso em que a área do terreno seja mais extensa. Nesse método, há dois arranjos principais: o de Wenner, que adota espaçamentos iguais entre os eletrodos de ensaio, e o de Schlumberger, com espaçamentos variáveis.

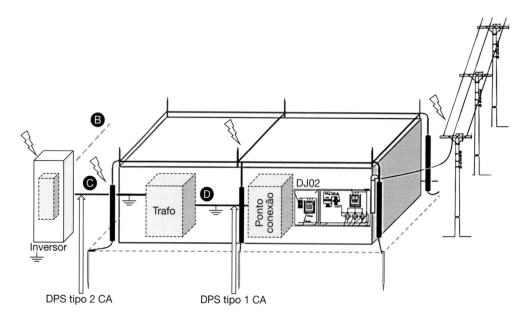

FIGURA 11.11 Exemplo de aplicação de DPS nos circuitos CA de um sistema fotovoltaico.

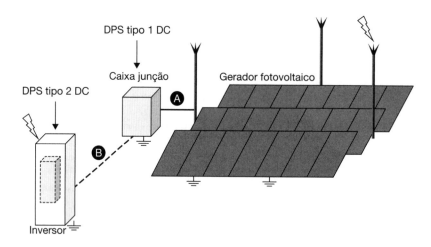

FIGURA 11.12 Exemplo de aplicação de DPS nos circuitos CC de um sistema fotovoltaico.

Do conteúdo das normas citadas, as principais recomendações relacionadas com o sistema fotovoltaico são: aterramento dos elementos metálicos externos não energizados do sistema fotovoltaico com eventual sistema de detecção de correntes de fuga, barras de equipotencialização, sistema de aterramento contendo malhas distribuídas ao longo das fileiras de módulos, sistema de supervisão da resistência de isolamento, aterramento para PDA, aterramento funcional de um polo do arranjo FV quando aplicável, resistência de aterramento medida individualmente, e em qualquer época do ano não deve ser superior a 10 ohms.

11.5 Procedimentos para aprovação do projeto

11.5.1 Normas das concessionárias de energia elétrica

Todo projeto de sistema fotovoltaico em geração distribuída deve, obrigatoriamente, atender aos procedimentos de informação, aprovação, autorização e/ou registro junto à concessionária de energia elétrica local.

A partir da edição da Resolução Normativa ANEEL nº 482, de 2012, as concessionárias de energia elétrica foram obrigadas a se adequarem ao conceito de geração distribuída, resultando em uma série de normas, cada uma delas abrangendo uma área de concessão. Esses procedimentos, submetidos a uma revisão recente com base na Lei nº 14.300, de 6 de janeiro de 2022, estabelecem os requisitos para os projetos de conexão de microgeradores ou minigeradores à rede elétrica da distribuidora local, apresentando como pontos comuns suas regras básicas. No entanto, existem especificidades em função da concessionária e da região envolvida.

Certas etapas no desenvolvimento do projeto também remetem a consultas de outras normas ou padrões da respectiva concessionária, por exemplo: os padrões da distribuidora no fornecimento de energia elétrica e sua lista de materiais homologados.

Portanto, o passo inicial de qualquer projeto fotovoltaico conectado à rede elétrica deve conduzir um estudo pormenorizado da norma de microgeração e minigeração distribuída da concessionária local, em sua edição mais recente.

Segundo a Resolução Normativa ANEEL nº 1.000/2021, a potência máxima de um sistema fotovoltaico em geração distribuída está limitada tanto ao nível de potência disponibilizado pela distribuidora para a respectiva unidade consumidora ou empreendimento de múltiplas unidades consumidoras com conexão à rede em baixa tensão, quanto à demanda contratada para os consumidores de média tensão.

11.5.2 Consulta e solicitação de acesso

O procedimento Prodist, em seu módulo 3, estabelece as diretrizes básicas para a conexão ao sistema de distribuição de energia elétrica e seus prazos para atendimento ao acessante, as quais estão refletidas nas normas sobre geração distribuída das concessionárias, devendo ser estudado com o apoio dos procedimentos descritos nas condições gerais de fornecimento de energia elétrica da distribuidora local.

As etapas que constituem os procedimentos de acesso ao sistema de distribuição de energia elétrica são, na sequência: consulta de acesso que gera a informação de acesso e solicitação de acesso que resulta no parecer de acesso, dependendo do tipo do acessante.

A consulta de acesso é exigida para o acessante do tipo central geradora voltada à comercialização de energia elétrica. Para conexão de central geradora pertencente a uma unidade consumidora (geração distribuída), a etapa de consulta preliminar é, por regra, opcional, porém é recomendada por diversas concessionárias, dependendo da potência nominal do sistema fotovoltaico ou do grau de criticidade da entrada do consumidor ou da rede de distribuição de energia elétrica local. Em resposta a essa consulta preliminar, a concessionária emite um documento denominado informação de acesso, indicando: os possíveis pontos de conexão, recomendações técnicas preliminares do sistema de conexão e porte das obras para adequação da rede de distribuição, bases para uma análise preliminar de investimentos e para orientação do projeto executivo.

A solicitação de acesso deve ser formalizada à distribuidora de energia elétrica local por todos os interessados em acessar o sistema de distribuição, para obtenção do correspondente documento de parecer de acesso. Para isso, devem ser apresentados os estudos pertinentes ao acesso, a depender do montante de demanda que será contratado e do nível de tensão da conexão, e cujos cálculos quase sempre estão alinhados ao projeto executivo. O parecer de acesso tem por finalidade consolidar a avaliação sobre a viabilidade técnica da conexão, envolvendo as adequações necessárias no sistema elétrico para atendimento ao acessante e aos requisitos estabelecidos no Prodist, bem como a participação financeira do consumidor e suas responsabilidades. Nos casos de microgeração distribuída, a concessionária poderá optar pelo parecer simplificado de acesso, e os custos de eventuais adequações na rede de distribuição e no sistema de medição correrão por conta da concessionária, exceto para os sistemas de geração compartilhada.

Com a emissão do documento de parecer (ou parecer simplificado) de acesso, já é possível celebrar os contratos: contrato de acordo operativo para uma minigeração distribuída e contrato de relacionamento operacional, no caso de microgeração distribuída.

Após a conclusão das obras, incluindo seu comissionamento técnico, deve-se formalizar uma solicitação de vistoria junto à concessionária, para obtenção do relatório de vistoria, que indicará a permissão para a efetivação da conexão da central geradora à rede elétrica e suas orientações.

Deve-se recorrer aos procedimentos Prodist e às normas da concessionária local para averiguação dos prazos para atendimento de cada etapa do processo, e suas variantes, em função da categoria de geração distribuída e da necessidade de adequação da rede de distribuição de energia elétrica.

11.5.3 Garantia de fiel cumprimento

A Lei nº 14.300, de 6 de janeiro de 2022 estabeleceu que todos os interessados em implantar projetos de minigeração distribuída cuja potência instalada seja superior a 500 kW são obrigados a apresentar à distribuidora local a garantia de fiel cumprimento nos montantes que variam em função da potência da central geradora.

A ANEEL regulamentou a Lei por meio da Resolução Normativa nº 1.059, de 7 de fevereiro de 2023, e apresentou detalhamentos importantes, tais como:

- a garantia de fiel cumprimento deve ser apresentada na ocasião do protocolo da solicitação de orçamento de conexão e deve ser mantida por 30 dias após a vistoria realizada e aprovada e a instalação do medidor, isto é, após a conexão do empreendimento ao sistema de distribuição;
- modalidades opcionais para a garantia: caução em dinheiro, títulos de dívida pública sob forma escritural, fiança bancária de instituição aceita pela distribuidora;
- existem exceções quanto aos projetos de minigeração distribuída nas modalidades de geração compartilhada e de empreendimentos de múltiplas unidades consumidoras.

11.5.4 Estudos técnicos

Os estudos técnicos de projeto devem estar em consonância, principalmente, com os requisitos dos procedimentos Prodist em seus módulos 3 – Conexão ao Sistema de Distribuição de Energia Elétrica e 8 – Qualidade do Fornecimento de Energia Elétrica, normas da ABNT relacionadas com os sistemas fotovoltaicos conectados à rede e as normas da concessionária de energia elétrica local. O grau de complexidade e abrangência pode variar em função da potência nominal do sistema fotovoltaico, do tipo de consumidor, da existência de cargas perturbadoras, da concessionária e sua rede de distribuição.

Esses estudos básicos são de responsabilidade do acessante, que deve avaliar o comportamento elétrico tanto da rede na interface de conexão como da área de influência de sua própria geração no sistema elétrico acessado, abrangendo os seguintes aspectos: nível de curto-circuito presumido dentro do limite permitido no ponto de conexão, capacidade dos dispositivos de desconexão, interrupção e proteção, de condutores, do transformador (para minigeração) e das malhas de aterramento, coordenação de proteção e seletividade, limites e padrões de qualidade da energia elétrica, segundo os critérios técnicos e operacionais básicos relacionados na sequência:

- sincronização adequada do sistema fotovoltaico conectado à rede com o sistema de distribuição de energia elétrica local;

- existência de um sistema de proteção anti-ilhamento (perda de tensão da rede);

- compatibilidade com tensão e frequência de operação da rede;

- resposta à variação de tensão e de frequência da rede na interface de conexão;

- características de geração dentro dos limites de fator de potência, de frequência, de injeção de componente de corrente contínua na rede e de distorção harmônica total de tensão.

Nos casos de sistemas de minigeração com potência nominal superior a 500 kW, podem ser requeridos, a critério da concessionária, estudos como: proteções contra desequilíbrio de corrente, desbalanço de tensão, sobrecorrente direcional e sobrecorrente com restrição de tensão.

As proteções, na sua totalidade ou em parte, podem estar contidas nos inversores, o que torna desnecessária sua redundância nos casos das microgerações distribuídas.

Os acessantes que possuam cargas potencialmente perturbadoras à rede de distribuição devem notificar a concessionária para a realização de estudos específicos de qualidade da energia elétrica, no intuito de avaliar seu potencial impacto da conexão e operação ao sistema elétrico.

Os sistemas em microgeração distribuída, em geral, estão dispensados de apresentar o estudo de conexão, salvo exceções a critério da concessionária, diferentemente dos sistemas de minigeração distribuída, que possuem essa obrigatoriedade.

Todos os estudos técnicos pertinentes a cada projeto devem ser apresentados para avaliação e aprovação pela concessionária de energia elétrica local.

11.5.5 Documentações de projeto

Os projetos destinados à conexão de sistema fotovoltaico em microgeração ou minigeração distribuída são caracterizados como sistemas de paralelismo permanente com a rede de distribuição de energia elétrica, e devem incluir, basicamente, os seguintes documentos:

- diagrama unifilar ou trifilar das instalações elétricas do arranjo fotovoltaico, unidade de condicionamento de potência, sistemas de corrente alternada e de conexão à rede;

- diagrama unifilar ou trifilar do sistema de proteção contra surtos elétricos e sistema de equipotencialização de terra;

- diagrama funcional do sistema de paralelismo, compreendendo funções de sincronismo rede-gerador da unidade de condicionamento de potência para conexões em baixa tensão ou do quadro de transferência automático para conexões em média tensão;

- características técnicas dos transformadores de potencial, dos transformadores de corrente e dos disjuntores que fazem parte do sistema de paralelismo, quando aplicáveis;

- características técnicas dos módulos fotovoltaicos e suas caixas de conexão, caixas de junção, unidades de conversão de potência, dispositivos de desconexão ou de interrupção, fusíveis ou disjuntores, condutores e dutos elétricos, conectores, dispositivos de proteção contra surtos elétricos, componentes de proteção contra descargas atmosféricas e do sistema de aterramento, e transformadores, quando aplicáveis;

- memorial descritivo do projeto, com lista de especificações dos materiais;

- memorial de cálculo do projeto elétrico e do arranjo fotovoltaico;

- memorial de parametrização e proteção das funções de supervisão de qualidade de energia elétrica das unidades de condicionamento de potência para as conexões em baixa tensão ou dos relés de proteção indireta para as conexões em média tensão;

- potência e dados de geração de energia no ponto de conexão;

- desenhos do projeto de instalação elétrica, dos painéis elétricos e do arranjo fotovoltaico;

- desenho de localização da instalação do gerador, painéis e do sistema de conexão, contendo área ocupada pelo gerador fotovoltaico, número de arranjos fotovoltaicos, quantidade de módulos fotovoltaicos;

- desenhos do projeto de proteção contra descargas atmosféricas e do sistema de aterramento com memorial de cálculo, quando aplicável;

- desenhos com especificações da estrutura mecânica e do sistema de fixação dos módulos fotovoltaicos;

- números de registro das unidades de condicionamento de potência e dos módulos fotovoltaicos pelo Inmetro;

- outros estudos específicos a serem determinados pela concessionária;

- anotações de Responsabilidade Técnica (ART) referentes ao projeto e a execução.

Esse conjunto de documentos corresponde ao padrão exigido em um projeto executivo e está sujeito a variações em função das exigências da distribuidora de energia local ou da necessidade do projeto.

11.5.6 Testes de comissionamento

A etapa de comissionamento do sistema fotovoltaico é regida pela ABNT NBR 16274:2014 Sistemas fotovoltaicos conectados à rede – Requisitos mínimos para documentação, ensaios de comissionamento, inspeção e avaliação de desempenho, que estabelece as informações e a documentação mínimas que devem ser registradas após a instalação de um sistema fotovoltaico conectado à rede, com a finalidade de avaliar a segurança da instalação e a correta operação do sistema.

Essa norma foi desenvolvida para aplicação nos circuitos de corrente contínua e de corrente alternada em baixa tensão dos sistemas fotovoltaicos e destinada às etapas de pós-instalação, nas posteriores inspeções, na manutenção ou em alterações no sistema.

O acervo da documentação do sistema deve reunir, no mínimo, os seguintes assuntos: dados do sistema, diagramas e esquemas do sistema fotovoltaico, conjunto de folhas de dados técnicos que reúne as especificações técnicas dos catálogos dos fabricantes dos principais componentes do sistema, projeto mecânico com detalhes técnicos relativos aos sistemas de montagem do arranjo fotovoltaico e de rastreamento, documentos relativos a operação e manutenção do sistema, resultados dos ensaios e dados do comissionamento e avaliação de desempenho quando aplicável.

Toda instalação deve ser verificada durante a montagem, no final da obra antes de ser posta em serviço e periodicamente, com referência a essa norma e à IEC 60364-6:2017, e executada por um profissional treinado, com competência em verificação. Essa etapa deve ser executada seguindo dois passos: inspeção e ensaios de comissionamento.

A inspeção deve preceder os ensaios de comissionamento e ser realizada antes da energização da instalação, envolvendo os processos de projeto, suas especificações e de instalação nos seguintes elementos: sistemas de corrente contínua e de corrente alternada, proteção contra sobretensão e choque elétrico, etiquetagem e identificação, e instalação mecânica.

Os ensaios de comissionamento da instalação elétrica de um sistema fotovoltaico devem atender aos requisitos da IEC 60364-6:2017 e seu regime é adequado em função de sua escala, tipo, localização e nível de complexidade do sistema. A ABNT NBR 16274:2014 especifica dois regimes de ensaio, além de outros ensaios adicionais, desde que a sequência padrão esteja concluída.

- Ensaios da categoria 1: conjunto padrão de ensaios, correspondendo à sequência mínima de ensaios que deve ser aplicada a todos os sistemas.
- Ensaios da categoria 2: conjunto de ensaios adicionais, aplicáveis, na totalidade ou em parte, normalmente em sistemas de maior porte ou com maior grau de complexidade, adicionalmente e após os ensaios do regime categoria 1.

Além do conjunto padrão de ensaios já mencionados, há possibilidade de se realizarem outros ensaios adicionais, dependendo das circunstâncias, a pedido do cliente ou como um meio de detecção de eventuais falhas.

Ao término do processo de verificação, deve ser elaborado um relatório.

Os sistemas de grande porte, como as usinas fotovoltaicas, por exemplo, requerem uma avaliação do desempenho, com a finalidade de analisar o comportamento dos principais elementos do sistema e de fornecer estimativas anuais de produção de energia. A ABNT NBR 16274:2014 indica dois procedimentos para a avaliação de desempenho:

- avaliação de desempenho tipo 1: indicada para sistemas fotovoltaicos com apenas uma unidade de conversão de potência (um subsistema) e um medidor de energia;
- avaliação de desempenho tipo 2: aplicável para sistemas fotovoltaicos com múltiplos subsistemas, cada um com medidor de energia próprio.

11.6 Estudos de viabilidade técnico-econômica

A solução técnica de um projeto de sistema fotovoltaico dependerá da potência instalada do sistema e da energia elétrica que será gerada por ele nas condições de instalação durante um ano, avaliando-se a influência na produção em função da alteração da irradiação solar durante as diferentes estações do ano. Integram como aspectos fundamentais desta avaliação a escolha dos painéis fotovoltaicos em função de sua potência, rendimento e área, as associações em série e paralelo e a escolha do número de inversores.

O uso de vários inversores pode aumentar os custos, mas permite aumentar a confiabilidade do sistema em termos de aumento da energia assegurada em função de uma probabilidade menor de desligamento em virtude das taxas de falhas de cada equipamento.

No caso de instalações que utilizam telhados das edificações, a limitação de potência total e da capacidade e produção de energia é muito dependente da área disponível do telhado e de sua orientação.

Para avaliar a viabilidade econômica de sistemas fotovoltaicos, deve-se levar em conta o custo do investimento pelo empreendedor, bem como os custos de operação e manutenção do sistema em função da vida útil dos diversos componentes dentro de um horizonte de estudo adotado.

A remuneração do investimento se dá pelo não pagamento de parcela da fatura de energia elétrica fornecida pela distribuidora em função da tarifa, portanto o valor da tarifa da concessionária, bem como seu regime tributário e eventuais despesas decorrentes da garantia de fiel cumprimento, ambos estabelecidos pela Lei nº 14.300, de 6 de janeiro de 2022, são variáveis muito importantes no cálculo dos indicadores que permitem avaliar a viabilidade econômica como o método do retorno simples (*payback*), método do valor presente, método do *payback* descontado, método da taxa interna de retorno (TIR), como apresentados detalhadamente no Capítulo 19 deste livro.

Estudos de sensibilidade de variáveis importantes de análise, por exemplo, a tarifa da distribuidora, as taxas de juros, os custos do investimento dos equipamentos e de mão de obra, costumam ser elaborados para se ter melhor avaliação da viabilidade do empreendimento.

11.7 Painel fotovoltaico típico de silício (PF)

Nesta seção, são avaliadas as características elétricas, de conexão e desempenho de painéis fotovoltaicos, bem como problemas resolvidos de aplicação.

11.7.1 Características elétricas do painel fotovoltaico (PF)

A parte ativa de um painel fotovoltaico é seu conjunto de células fotovoltaicas (CF). A fotografia da Fig. 11.13 mostra um PF composto por 72 células fotovoltaicas arranjadas em série. Portanto, a tensão elétrica entre os terminais do PF será a soma das tensões elétricas de todas as células.

A Tabela 11.2 mostra as características gerais de um PF como apresentadas em uma folha de dados (*data sheet*) de um PF disponível comercialmente. Nessa folha, as CF são identificadas como policristalinas, diferenciando-as daquelas monocristalinas e de filme fino. O painel possui 60 células em série dispostas em seis fileiras contendo dez células cada uma. A conexão deste PF com outros componentes do sistema é feita por conectores padrão MC4.

As características elétricas dos PF são fornecidas em dois padrões: *Standard Test Condition* (STC) e *Nominal Operating Cell Temperature* (NOCT).

TABELA 11.2 Características gerais de um PF comercial

Exemplo de painel fotovoltaico comercial – dados mecânicos	
Célula utilizada	Silício policristalino
Arranjo	60 células (6 × 10)
Dimensões	1638 × 982 × 40 mm
Peso	18 kgf
Caixa de conexão	IP 67 com 3 diodos
Cabeamento	4 mm²
Conectores	MC4

Exemplo 11.1

Com os dados da Tabela 11.2, estime:
a) a área A_{PF} de coleta de energia solar do PF;
b) a área A_C de uma CF;
c) a carga P_C (kgf/m²) colocada sobre uma laje plana, se o painel estiver inclinado β com relação à horizontal ($\beta = 22°$).

Resolução:
a) $A_{PF} = 1{,}638 \times 0{,}982 = 1{,}6085$ m².
b) $A_C = 1{,}6085/60 = 0{,}0268$ m² células quadradas de 163,7 mm.
c) $P_C = 18/(1{,}6085 \times \cos 22°) = 12{,}06$ kgf/m².

A Fig. 11.14 mostra o conceito das condições padrão STC. O PV em um dispositivo de teste é mantido na temperatura $T_c = 25$ °C, submetido a uma irradiância $G°_T = 1000$ W/m²

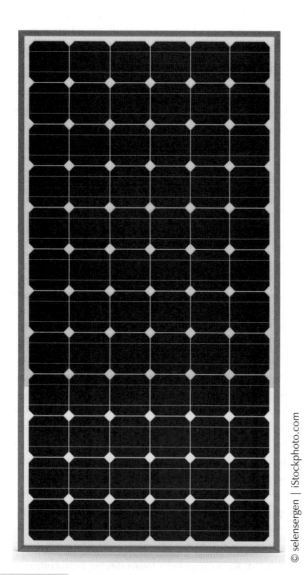

FIGURA 11.13 Vista frontal de um painel fotovoltaico.

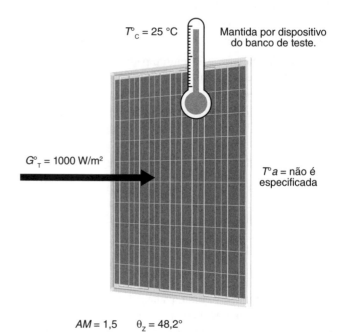

FIGURA 11.14 Condições-padrão (STC) ambientais e de radiação de testes.

em um espectro equivalente a uma massa de ar $AM = 1,5$. Os dados expressos em STC terão o símbolo (°).

A Tabela 11.3 mostra um exemplo das informações de dados em STC para um PF comercial.

Observando a Tabela 11.3, pode-se verificar que, considerando-se $P°mp = 250$ W, tem-se cerca de 155,4 W/m² de área de painel. Como $V°mp = 30,1$ V e existem 60 células em série, temos 0,50 V por célula, valor típico para células de silício. Por sua vez, como a área de uma célula é 0,0266 m², tem-se uma densidade de corrente de (8300 mA)/(266 cm² célula) = 31,2 mA/cm², para uma irradiância de 1000 W/m².

TABELA 11.3 Exemplo de dados de especificação STC de um PF comercial de silício policristalino. Irradiância $G_T = 1000$ W/m², temperatura de célula $T = 25$ °C e massa de ar $AM = 1,5$

Potência máxima nominal	$P°mp$	250	W
Voltagem em potência máxima	$V°mp$	30,1	V
Corrente em potência máxima	$I°mp$	8,30	A cc
Voltagem de circuito aberto	$V°oc$	37,2	Vcc
Corrente de curto-circuito	$I°sc$	8,87	A cc
Eficiência do módulo FV		15,54	%
Faixa de temperatura de operação		−40 até +85	°C
Voltagem máxima do sistema		1000	V

A eficiência de um painel fotovoltaico é dada pela Equação (11.1).

$$\eta_{mp} = \frac{P_{mp}}{G_T A_{PF}} \quad (11.1)$$

Na condição STC, para o PF da Tabela 11.3, temos que:

$\eta°_{mp} = 250/(1000 \times 1,6085) = 0,1554$ ou 15,54 %, que é o valor apresentado na Tabela 11.3.

Os valores de máxima potência são apenas uma das possibilidades de operação do painel. Dependendo da carga elétrica a que ele estiver ligado, outras possibilidades são possíveis. O ponto de operação é dado pelo encontro da curva característica do PF com a curva característica da carga.

A Fig. 11.15 mostra um exemplo de diferentes pontos de operação para um PF conectado a uma carga resistiva. Os pontos de operação permitem que a curva característica $I = f(V)$ do PF possa ser traçada.

A Fig. 11.16 mostra o conceito do padrão NOCT. O PF em um dispositivo de teste é submetido à irradiância $G*_T = 800$ W/m² em um espectro equivalente a uma massa de ar $AM = 1,5$. O PF é exposto em um ambiente na temperatura $Ta* = 20$ °C e um deslocamento de ar com velocidade $Vw = 1$ m/s. Nessas condições, o painel atinge a temperatura de equilíbrio denominada temperatura nominal de operação de célula, $T*c$. Os dados expressos em NOCT terão o símbolo (*).

A Tabela 11.4 mostra um exemplo das informações de dados em NOCT para um PF comercial. Pode-se observar que a

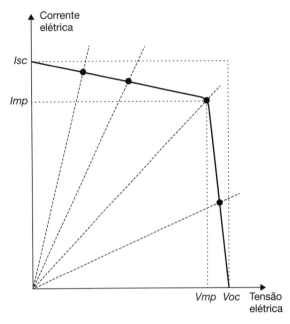

FIGURA 11.15 Curva característica de um PF em que são assinalados os pontos de operação para uma carga resistiva em diferentes situações.

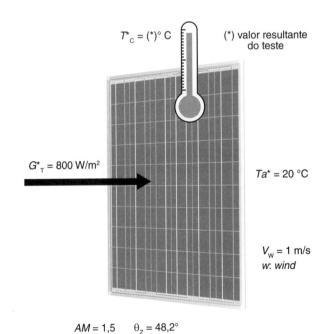

FIGURA 11.16 Conceito das condições NOCT.

alteração do valor da irradiância G_T e da temperatura de célula T_c provocam alteração significativa na potência máxima $Pmáx$ disponibilizada pelo PF.

A partir da curva característica $I = f(V)$, é possível construir a curva característica da potência disponibilizada por um PF em função da voltagem entre seus terminais $P = f(V)$. A Fig. 11.17 mostra o aspecto dessa curva na qual se vê o ponto de operação de potência máxima $Pmáx$.

TABELA 11.4 Exemplo de dados NOCT de um PF comercial de silício policristalino. Irradiância $G_T = 800$ W/m², temperatura de ambiente $Ta^* = 20$ °C, massa de ar $MA = 1{,}5$ e velocidade do vento $Vw = 1$ m/s

Potência máxima nominal	P^*mp	181	W
Voltagem em potência máxima	V^*mp	27,5	V
Corrente em potência máxima	I^*mp	6,60	Acc
Voltagem de circuito aberto	V^*oc	34,2	Vcc
Corrente de curto-circuito	I^*sc	7,19	Acc
Temperatura nominal de operação da célula	T^*c	45 ± 2	°C

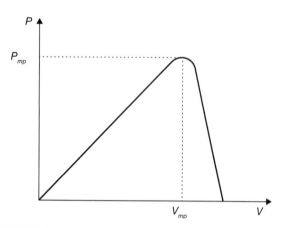

FIGURA 11.17 Curva característica $P = f(V)$ de um PF.

Assim, um PF fica caracterizado pelos valores de teste STC: $P°máx$, $V°mp$, $I°mp$, $V°oc$, $I°sc$, $\eta°$ e pelos valores de teste NOCT: P^*mp, V^*mp, I^*mp, V^*oc, I^*sc e T^*c. É a partir desses dados de teste que as estimativas de dimensionamento de geradores deverão ser feitas.

11.7.2 Fatores que influem no desempenho e na curva característica do PF

Durante o funcionamento diário do PF, ele é exposto a uma contínua variação de irradiação G_T, temperatura ambiente T_a e, consequentemente, alteração da temperatura de célula T_c, alterações que ocasionam uma variação contínua de sua potência máxima P_{mp}. É, portanto, necessário que se saiba estimar os valores característicos em uma condição qualquer de irradiação G_T e temperatura ambiente T_a.

A Tabela 11.5 mostra uma comparação entre os valores STC e NOCT. Observe que a razão entre as irradiações G_T é praticamente aquela das razões entre os valores de I_{mp} e entre os valores de I_{sc}. Este fato não surpreende, pois a irradiância pode ser imaginada como o número de fótons que são proporcionais aos valores de G_T. Assim, o número de elétrons que passam da banda de valência para a banda de condução para constituir a corrente elétrica é aproximadamente proporcional ao valor de G_T. Como a razão entre os valores de I_{sc} é

TABELA 11.5 Comparação das condições STC com NOCT

	T_c	V_{mp}	V_{oc}	I_{mp}	I_{sc}	P_{mp}	η	G_T
	°C	V	V	A	A	W		W/m²
STC	25	30,1	37,2	8,30	8,87	250	0,1554	1000
NOCT	45	27,5	34,2	6,60	7,19	181	0,1407	800
Razão				1,26	1,23			1,25

um pouco menor, cerca de 1,5 %, do que aquela das irradiações, isso pode ser atribuído à diferença de temperatura T_c entre as duas condições.

Por outro lado, os valores experimentais mostram que a variação de V_{oc} com a irradiação G_T é muito pequena, porém mais significativa com a temperatura T_c, pois, com seu aumento, diminui o valor do campo elétrico da junção PN. Assim, no exemplo da Tabela 11.5, temos que, na $T_c = 25$ °C, a tensão por célula é $37{,}2/60 = 0{,}62$ V e, na $T_c = 45$ °C, este valor é de $34{,}2/60 = 0{,}57$ V.

A queda de tensão das células é a responsável pela queda de rendimento do painel, enquanto o valor da irradiação afeta a potência disponibilizada pelo PF, mas não seu rendimento.

Para avaliar a influência de temperatura, são definidos os coeficientes de temperatura do PF:

Tensão de circuito aberto γ_{oc} [°C⁻¹]

$$\gamma_{OC} = \frac{1}{V_{OC}^0}\left(\frac{V_{OC} - V_{OC}^0}{T_C - T_C^0}\right) \qquad (11.2)$$

Corrente de curto-circuito γ_{sc} [°C⁻¹]

$$\gamma_{SC} = \frac{1}{I_{SC}^0}\left(\frac{I_{SC} - I_{SC}^0}{T_C - T_C^0}\right) \qquad (11.3)$$

Potência máxima γ_{mp} [°C⁻¹]

$$\gamma_{mp} = \frac{1}{P_{mp}^0}\left(\frac{P_{mp} - P_{mp}^0}{T_C - T_C^0}\right) \qquad (11.4)$$

A Tabela 11.6 mostra exemplos de valores desses coeficientes de temperatura para um painel fotovoltaico.

Utilizando os valores da Tabela 11.6, pode-se calcular o valor de V_{oc} para $T_c = 45$ °C e irradiação $G_T = 1000$ W/m². Substituindo os valores na Equação (11.2),

$$\gamma_{OC} = \frac{1}{V_{OC}^0}\left(\frac{V_{OC} - V_{OC}^0}{T_C - T_C^0}\right) = \frac{1}{37{,}2}\left(\frac{V_{OC} - 37{,}2}{45 - 25}\right) = -0{,}0043 \quad (11.5)$$

TABELA 11.6 Exemplos de características de temperatura em um painel fotovoltaico

Coeficiente de temperatura P_{mp}	γ_{mp}	−0,0043	°C⁻¹
Coeficiente de temperatura V_{oc}	γ_{oc}	−0,0034	°C⁻¹
Coeficiente de temperatura I_{sc}	γ_{sc}	+0,00065	°C⁻¹

tem-se o valor $V_{oc} = 34,0$ V. Comparando com o valor de $V_{oc} = 34,2$ V para $G_T = 800$ W/m² e $T_c = 45$ °C, observa-se uma diferença de 0,6 % entre os valores, sugerindo uma pequena influência da irradiação em V_{oc}.

Utilizando os valores da Tabela 11.6, pode-se calcular o valor de I_{sc} para $T_c = 45$ °C e irradiação $G_T = 1000$ W/m². Substituindo os valores na Equação (11.3),

$$\gamma_{SC} = \frac{1}{I_{SC}^0}\left(\frac{I_{SC}-I_{SC}^0}{T_C-T_C^0}\right) = \frac{1}{8,87}\left(\frac{I_{SC}-8,87}{45-25}\right) = +0,00065 \quad (11.6)$$

tem-se o valor $I_{sc} = 8,985$ A. Comparando com o valor de $I_{sc} = 7,19$ A para $G_T = 800$ W/m² e $T_c = 45$ °C, observa-se uma razão de 1,25, que é a razão entre as irradiações. Ou seja, existe uma proporcionalidade entre I_{sc} e a mesma T_c para diferentes irradiações.

Utilizando os valores da Tabela 11.6, pode-se calcular o valor de P_{mp} para $T_c = 45$ °C e irradiação $G_T = 1000$ W/m². Substituindo os valores na Equação (11.4),

$$\gamma_{mp} = \frac{1}{P_{mp}^0}\left(\frac{P_{mp}-P_{mp}^0}{T_C-T_C^0}\right) = \frac{1}{250}\left(\frac{P_{mp}-250}{45-25}\right) = -0,0043 \quad (11.7)$$

tem-se o valor $P_{mp} = 228,5$ W. Comparando com o valor de $P_{mp} = 181$ W para $G_T = 800$ W/m² e $T_c = 45$ °C, observa-se uma razão de 1,26, que é a praticamente a razão entre as irradiações. Ou seja, existe uma proporcionalidade entre P_{mp} e a irradiação G_T para PF operando à mesma temperatura.

Para se estimar o valor de V_{mp} em uma temperatura e irradiação, poder-se-ia estender, em aproximação, para V_{mp} o fato de V_{oc} variar pouco com a irradiação e também usar o valor de γ_{oc} para este cálculo. Assim, para estimarmos o valor de V_{mp} para $G_T = 800$ W/m² e $T_c = 45$ °C, escreveríamos

$$\gamma_{OC} \cong \gamma_{mp} = \frac{1}{V_{mp}^0}\left(\frac{V_{mp}-V_{mp}^0}{T_C-T_C^0}\right) = \frac{1}{30,1}\left(\frac{V_{mp}-30,1}{45-25}\right) = -0,0043 \quad (11.8)$$

e tem-se o valor $V_{mp} = 28,0$ V. Comparando com o valor de $V_{mp} = 27,5$ V para $G_T = 800$ W/m² e $T_c = 45$ °C, observa-se uma diferença de 1,8 % entre os valores, sugerindo uma boa aproximação para cálculos de engenharia.

Tendo estimado o valor da V_{mp}, pode-se calcular o valor de I_{mp} pela razão:

$$I_{mp} = \frac{P_{mp}}{V_{mp}} \quad (11.9)$$

No exemplo aqui trabalhado, ter-se-ia o valor $I_{mp} = 181/28,0 = 6,46$ A, que, comparado com o valor $I_{mp} = 6,60$ A medido, mostra uma diferença de 2,1 %.

Assim, a estimativa das condições operacionais de um PF para um valor qualquer de G_T e T_C dados pode ser feita, então, com o auxílio dos valores de coeficientes de temperatura do PF, os dados de ensaio em condições STC e NOCT e as considerações feitas nesta seção.

11.7.3 Curva característica de um PF para valores de G_T e T_a dados

A natureza transitória da irradiação solar conduz à necessidade de estimarmos os parâmetros operacionais do PV para as diferentes condições às quais ele é submetido no decorrer do dia. Um modelo de aproximação dessa variabilidade é considerar um regime quase permanente no período de uma hora, correspondendo a um intervalo de ângulo horário de $\Delta\omega = 15°$. No Capítulo 9, foi apresentado o método de como calcular a radiação média horária no plano do PF, I_T (Wh), a partir da radiação solar média diária H $(Wh/m²dia)$. O número que exprime I_T em Wh é o mesmo número que exprime G_T (W) médio naquela hora. A partir de dados climáticos, podem-se obter valores médios mensais da temperatura ambiente máxima e mínima e, com isso, uma estimativa horária da temperatura T_a, supondo, por exemplo, que a máxima ocorra por volta das 14h30min e a mínima por volta das 04h30min.

O conjunto das Equações (11.2) a (11.4) necessita da estimativa da temperatura T_C para valores do par G_T e T_a. Para este cálculo, Zilles *et al.* (2012) recomendam a Equação (11.10).

$$T_C = T_a + \frac{G_T}{800}\left(T_C^* - 20\right) \times 0,9 \quad (11.10)$$

em que:

T_C = temperatura da célula, em °C;

T_a = temperatura ambiente, em °C;

T_C^* = temperatura nominal de operação da célula TNOC, em °C;

G_T = radiação solar média no plano de célula, em W/m².

A Tabela 11.7 reúne as equações que necessitamos para estimar as características de operação do PV em uma situação de G_T e T_C dados.

TABELA 11.7 Equações para estimar valores operacionais de um PF para o par T_C e G_T

$T_C = T_a + \dfrac{G_T}{800}\left(T_C^* - 20\right) \times 0,9$	(11.11)
$P_{mp} = P_{mp}^0 \dfrac{G_T}{1000}\left[1 + \gamma_{mp}\left(T_C - T_C^0\right)\right]$	(11.12)
$V_{OC} = V_{OC}^0\left[1 + \gamma_{oc}\left(T_C - T_C^0\right)\right]$	(11.13)
$I_{SC} = I_{SC}^0 \dfrac{G_T}{1000}\left[1 + \gamma_{SC}\left(T_C - T_C^0\right)\right]$	(11.14)
$V_{mp} \cong V_{mp}^0\left[1 + \gamma_{OC}\left(T_C - T_C^0\right)\right]$	(11.15)
$I_{mp} = \dfrac{P_{mp}}{V_{mp}}$	(11.16)

Exemplo 11.2

Um gerador fotovoltaico, usando um PF com as características descritas nas Tabelas 11.2, 11.3, 11.4 e 11.6, foi instalado em Sinop (MT). Às 14h30min de um dia de janeiro, a temperatura do ar era de $T_a = 35{,}1\,°C$ e a irradiação $G_T = 865\,W/m^2$. Estime:

a) temperatura de célula T_c (°C);
b) P_{mp} (W);
c) V_{OC} (V);
d) I_{SC} (A);
e) V_{mp} (V);
f) I_{mp} (A);
g) rendimento na máxima potência;
h) a energia fornecida pelo gerador das 14 às 15 horas, supondo que G_T fosse o valor médio nesta hora e que o PF estivesse operando em sua potência máxima nessas condições;
i) esboce a curva característica do painel nestas condições.

Resolução:
Os itens a) até g) são apresentados na Tabela 11.8.

TABELA 11.8 Resultados do Exemplo 11.2

$$T_C = T_a + \frac{G_T}{800}\left(T_C^* - 20\right)0{,}9$$

$$T_C = 35{,}1 + \frac{865}{800}(45-20)\times 0{,}9 = 35{,}1 + 24{,}3 = 59{,}4\,°C$$

$$P_{mp} = P_{mp}^0 \frac{G_T}{1000}\left[1 + \gamma_{mp}\left(T_C - T_C^0\right)\right]$$

$$P_{mp} = 250\frac{865}{1000}\left[1 - 0{,}0043(59{,}4 - 25)\right] = 250 \times 0{,}865 \times 0{,}8521 = 184{,}3\,W$$

$$V_{OC} = V_{OC}^0\left[1 + \gamma_{OC}\left(T_C - T_C^0\right)\right]$$

$$V_{OC} = 37{,}2 \times \left[1 - 0{,}0034(59{,}4 - 25)\right] = 37{,}2 \times 0{,}8830 = 32{,}8\,V$$

$$I_{SC} = I_{SC}^0 \frac{G_T}{1000}\left[1 + \gamma_{SC}\left(T_C - T_C^0\right)\right]$$

$$I_{SC} = 8{,}87\frac{865}{1000}\left[1 + 0{,}00065(59{,}4 - 25)\right] = 8{,}87 \times 0{,}865 \times 1{,}0224 = 7{,}84\,A$$

$$V_{mp} \cong V_{mp}^0\left[1 + \gamma_{OC}\left(T_C - T_C^0\right)\right]$$

$$V_{mp} \cong 30{,}1\left[1 - 0{,}0034(59{,}4 - 25)\right] = 30{,}1 \times 0{,}8830 = 26{,}6\,V$$

$$I_{mp} = \frac{P_{mp}}{I_{mp}}$$

$$I_{mp} = \frac{184{,}3}{26{,}6} = 6{,}92\,A$$

$$\eta_{mp} = \frac{P_{mp}}{G_T A_{PF}}$$

$$\eta_{mp} = \frac{184{,}3}{865 \times 1{,}6085} = 0{,}132$$

---

h) Se G_T for o valor médio da irradiação no plano do PV de 14 às 15 horas, a energia E fornecida nessa hora seria $E = P_{mp}\,(W) * 1\,(h) = 181\,Wh$, numericamente igual a P_{mp};

i) A Fig. 11.18 mostra o esboço da curva característica do PF nas condições do exemplo.

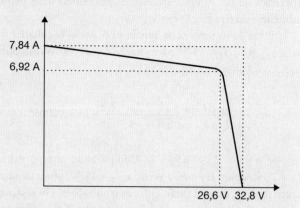

FIGURA 11.18 Esboço da curva característica do PF nas condições do exemplo.

Saber esboçar a curva característica do PF em qualquer condição (G_T, T_c) significa conceitualmente avaliar a disponibilidade de energia durante sua operação transitória do dia.

11.7.4 Conceito de gerador fotovoltaico GFV

Um gerador fotovoltaico, GFV, é composto de PF associados em série e/ou paralelo de maneira a atender especificações de tensão elétrica e de corrente elétrica.

Quando se associam dois ou mais PF em série, a tensão elétrica nos terminais extremos da associação é a soma das tensões individuais de cada PF e a corrente elétrica é a mesma em todos os PF da associação.

Quando se associam em paralelo dois PF de mesma tensão elétrica, a corrente elétrica da associação é a soma das correntes elétricas individuais de cada PF e a tensão elétrica é a dos painéis individuais da associação.

Por razões de compatibilidade elétrica, em geral, os GFV são compostos de PF iguais. A curva característica do GFV pode, então, ser obtida pelas curvas características individuais dos PF a partir dos princípios de associação descritos anteriormente.

11.7.5 Fluxograma conceitual de um GFV conectado à rede elétrica de distribuição. Inversores CC-CA

Um GFV apresenta entre seus terminais uma tensão elétrica V_{GFV} e uma corrente elétrica I_{GFV} em CC. Para conectar-se à rede elétrica, é necessário um inversor CC/CA, também denominado unidade condicionadora de potência (UCP), que transforme a energia elétrica recebida do GFV em CC para CA.

A Fig. 11.19 mostra o fluxograma conceitual da conexão de um GFV a uma rede de distribuição CA.

O sucesso dessa aplicação de GFV conectados à rede elétrica GFVCR deve-se às funções instaladas nos inversores CC/CA, que possibilitam:

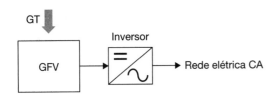

FIGURA 11.19 Fluxograma conceitual da conexão de um GFV a uma rede de distribuição CA.

1. Anti-ilhamento: rede inoperante, o inversor interrompe injeção de corrente na rede, que só retorna com seu restabelecimento.
2. Sincronização: CA injetada em fase com a CA da rede.
3. Harmônicos: fidelidade do perfil senoidal injetado com aquele da rede.
4. Possibilidade de conexão em rede mono, bi ou trifásica.
5. MPPT ou SPMP seguidor do ponto de potência máxima garante que, instantaneamente, os PF operem em seu ponto de máxima potência em diferentes T_C e G_T.

A Tabela 11.9 mostra um exemplo das características de um inversor CC/CA disponível comercialmente.

TABELA 11.9 Exemplo de características técnicas de um inversor CC/CA

Entrada CC	
Máxima voltagem	1000 V
Potência nominal CC	20.750 W
Número de SPMP	2
Número de entradas	4
Faixa de operação SPMP 1	480 a 800 V (12.000 W)
Faixa de operação SPMP 2	350 a 800 V (12.000 W)
Máxima corrente de curto-circuito por SPMP	30,0 A
Saída CA	
Potência nominal CA	20.000 W
Conexão com rede	Trifásica
Faixa de tensão de saída	320/480 V
Corrente máxima de saída	33 A
Frequência	50/60 Hz
Eficiência	
Máxima eficiência	98,2 %
Eficiência europeia	98,0 %
Eficiência SPMP	> 99,0 %
Consumo stand-by	< 8 W

A função seguidora do ponto de máxima potência (SPMP) permite que o GFV opere na sua potência máxima para diferentes condições de irradiação. O seu rendimento η_{SPMP}, por exemplo, 99 %, pode ser interpretado como se 99 % do tempo o GFV disponibilizasse sua potência máxima e 1 % de tempo potência zero.

Outro aspecto do SPMP é que ele necessita que o GFV esteja dentro de uma faixa de tensão especificada. No exemplo da Tabela 11.9, o SPMP 1 necessita de 480 a 800 V e o SPMP 2 de 350 a 800 V. Portanto, nas quatro entradas que o inversor possui é necessário ajustar uma sequência de PF em série cuja tensão da associação fique nas faixas especificadas.

O inversor também possui um limite de corrente por SPMP que limita o número de fileiras de PF que podem ser associadas em paralelo.

O inversor para sua operação consome energia, e seu rendimento de conversão depende da razão entre a potência entregue pelo GFV ao inversor em um dado momento e sua potência nominal, chamada fração de carga. O rendimento do inversor também depende da temperatura de operação e tensão elétrica de sua conexão CA. A eficiência europeia de um inversor é uma média ponderada das eficiências do inversor para certo perfil normalizado de frações de carga no decorrer do tempo.

11.7.6 Exemplo de dimensionamento preliminar de um GFVCR

A consideração inicial para a instalação de um GFVCR é um entendimento correto da legislação aplicável a esses sistemas, a qual passa por constantes revisões. Além disso, é necessário conformidade com as regras estabelecidas pela concessionária de energia elétrica no local da instalação.

A energia a ser injetada na rede elétrica E_{rede} em base anual (kWh/ano) deve ser avaliada em função de diversos aspectos, entre eles, energia elétrica consumida atualmente, área disponível para o GFV e disponibilidade de recursos financeiros.

Suponha-se neste exemplo que se deseje um dimensionamento preliminar de um GFV a ser instalado na cidade de Piracicaba (SP), de latitude $\phi = 22,7°$ S e longitude $L = 47,6°$ O. O empreendedor concluiu pela injeção na rede elétrica de 90 % de seu consumo anual de 35,8 MWh/ano, ou seja, deverá ser injetada na rede elétrica uma energia de $E_{rede} = 32,2$ MWh/ano, ou 88,22 kWh/dia. Em princípio, não há restrições de espaço e os PV são orientados para o Norte.

O potencial solar da cidade de Piracicaba, conforme dados do Cresesb, aponta uma radiação média anual no plano horizontal de $H = 4,79$ kWh/m² dia, com o máximo obtido para um ângulo de inclinação $\beta = 22°$ no valor $H_T = 5,05$ kWh/m² dia.

Para efeito didático, imagine que o PF escolhido seja aquele cujas características são apresentadas nas Tabelas 11.3, 11.4 e 11.6. Este PF possui uma $P°mp = 250$ W (STC). Esta potência prevê uma irradiação $G_T = 1000$ W/m² e uma $T_C = 25$ °C, situação que praticamente não ocorre durante a operação do PF no decorrer dos dias. O Cresesb desenvolveu o conceito de horas de sol pleno (HSP), de forma a se ter um método simplificado para o dimensionamento preliminar de um GFVCR.

HSP é o número de horas com irradiação $G_T = 1$ kW/m², que possibilita uma radiação no plano do PF igual a H_T (kWh/m² dia). Assim, no exemplo que estamos considerando, temos: $H_T = (HSP) \times G_T$ ou $(HSP) = 5,05$ h.

A expressão para estimarmos o número N de PF segundo o método de HSP seria a da Equação (11.17).

$$E_{rede} = N \times P_{mp}^o \times (HSP) \times (TD) \qquad (11.17)$$

O parâmetro experimental (TD), denominado taxa de desempenho (*performance ratio*), é definido pela Equação (11.18).

$$(TD) = \frac{\left(\text{energia real fornecida pelo sistema}\right)}{\left(\text{energia máxima teórica possível}\right)} \qquad (11.18)$$

TD leva em consideração o rendimento do inversor, o rendimento do SPMP, temperatura de operação do PF, diferenças entre módulos de um mesmo modelo, perdas no cabeamento, sujeira na superfície do PF, entre outros fatores.

Para o Brasil, o Cresesb recomenda valores na faixa $0,7 < TD < 0,8$.

No exemplo que estamos desenvolvendo, adotando $TD = 0,75$, pode-se estimar como cálculo preliminar o número N de painéis FV pela Equação (11.17).

$$E_{rede} = N \times P_{mp}^o \times (HSP) \times (TD)$$

$$88,22 \left(\frac{\text{kWh}}{\text{dia}}\right) = N \times 0,250 (\text{kW}) \times 5,05 \left(\frac{\text{h}}{\text{dia}}\right) \times 0,75$$

ou

$$N = 93,2 \text{ PF}$$

Uma modificação da Equação (11.17) consiste em explicitar o rendimento do inversor, o rendimento do SPMP e a influência da temperatura T_c.

Assim, se usarmos o valor da temperatura média máxima anual para a cidade de Piracicaba $T_{amáx} = 28,9$ °C e uma irradiação de $G_T = 1000$ W/m², a P_{mp} do painel seria dada pelas Equações (11.11) e (11.12).

$$T_C = T_a + \frac{G_T}{800} (T_C^* - 20) \times 0,9 \qquad (11.11)$$

$$T_C = 28,9 + \frac{1000}{800} (45 - 20) \times 0,9 = 57,0 \text{ °C}$$

$$P_{mp} = P_{mp}^0 \frac{G_T}{1000} \left[1 + \gamma_{mp} \left(T_C - T_C^0\right)\right] \qquad (11.12)$$

$$P_{mp} = 250 \times \frac{1000}{1000} \left[1 - 0,0043 (57,0 - 25)\right] = 215,6 \text{ W}$$

Admitindo para o inversor uma eficiência $\eta_{inv} = 0,95$ e para o SPMP $\eta_{SPMP} = 0,99$, pode-se fazer a estimativa preliminar do número N de PF considerando a energia que o GFV deve entregar para o inversor pela Equação (11.19).

$$E_{GFV} = \frac{E_{rede}}{\eta_{inv}} \qquad (11.19)$$

Em nosso exemplo:

$$E_{GFV} = \frac{88,22}{0,95} = 92,86 \text{ (kWh/dia)}$$

E a Equação (11.17) seria escrita na forma da Equação (11.20)

$$E_{GFV} = \eta_{SPMP} \times N \times P_{mp} \times (HSP) \times (TD)^* \qquad (11.20)$$

em que TD^* é a taxa de desempenho, corrigida neste caso pela Equação (11.21):

$$(TD)^* = (TD) \times \frac{P_{mp}^0}{P_{mp}} \times \frac{1}{\eta_{inv}} \times \frac{1}{\eta_{SPMP}} \qquad (11.21)$$

Em nosso exemplo, teríamos:

$$(TD)^* = 0,75 \times \frac{250}{215,6} \times \frac{1}{0,95} \times \frac{1}{0,99} = 0,9247$$

ou seja, as demais perdas que deverão ser explicitadas no projeto executivo são estimadas em 7,5 %.

O número N de PF fornecidos pela Equação (11.20) poderia ser estimado:

$$92,86 = 0,99 \times N \times 0,2156 \times 5,05 \times 0,9247$$

resultando em:

$$N = 93,2 \text{ PF}$$

A forma da Equação (11.20) permite explicitar E_{GFV} e incorporar valores que levam em conta a temperatura do local e rendimentos do inversor e do SPMP. Se o projetista entender que as demais perdas são menores ou maiores que o resultante do cálculo de TD^*, poderá usar outro valor de TD dentro do intervalo sugerido.

No exemplo considerado, o número $N = 93,2$ de PF deverá ser ajustado para um número inteiro que melhor aproveite as características do inversor escolhido. Levando em conta as quatro entradas do inversor, as propostas $N_1 = 92$ PF e $N_2 = 96$ PF podem ser analisadas por serem números múltiplos de 4.

Define-se potência pico do GFV P_{pGFV} pela Equação (11.22)

$$P_{pGFV} = N \times P_{mp}^0 \qquad (11.22)$$

Em nossas duas propostas, teríamos então: $P_{pGFV1} = 92 \times 250 = 23.000$ Wp e $P_{pGFV2} = 96 \times 250 = 24.000$ Wp.

Define-se fator de dimensionamento do inversor (FDI) como a razão dada pela Equação (11.23)

$$(\text{FDI}) = \frac{P_{InCA}}{P_{pGFV}} \qquad (11.23)$$

A quantidade de energia anual disponibilizada à rede por um gerador fotovoltaico por kWp de potência instalada é denominada produtividade anual do gerador fotovoltaico, Y_F (kWh ano/kWp).

Estudos de Zilles *et al.* (2012) mostram a influência de FDI em Y_F para diferentes localidades. Veja na Fig. 11.20 um esquema da tendência de $YF = f(FDI)$, em que a maior produtividade encontra-se no intervalo $0{,}6 \leq FDI \leq 0{,}9$ e o limite superior é indicado em 1,05. Como já mencionado, as perdas de um inversor estão relacionadas com seu fator de carga e com seu consumo próprio, entre outros fatores.

Ambas as propostas estão na faixa recomendada. Considerando o preço do inversor, ele será mais bem aproveitado com a proposta 2.

No Atlas Brasileiro de Energia Solar (Pereira *et al.*, 2017, p. 64), é possível consultar o potencial de geração solar fotovoltaica. Para a localidade do exemplo, tem-se uma faixa entre $1500 \leq Y_F \leq 1550$ (kWh ano/kWp). Este valor está associado a um valor de $TD = 0{,}8$. Se usarmos $TD = 0{,}75$, a faixa corrigida seria $1.406 \leq Y_F \leq 1453$ (kWh ano/kWp). Considerando a imprecisão de leitura no gráfico, teríamos uma energia estimada de: $E_{\text{rede1}} = 1430 \times 23 = 32.890$ kWh/ano e $E_{\text{rede2}} = 1430 \times 24 = 34.320$ kWh/ano. Por outro lado, usando a Equação (11.20), a produtividade seria $Y_F = 1455$ (kWh ano/kWp), dentro da faixa prevista na precisão do gráfico.

Adotaremos $N = 96$ PF. Já a configuração deverá respeitar o fato de que as fileiras do PF que compõem o GFV deverão ficar entre os limites de tensão do SPMP do inversor escolhido, neste exemplo SPMP1 de 480 a 800 V, SPMP2 de 350 a 800 V.

O número de PF em série deverá estar no intervalo dado pela Equação (11.24):

$$\frac{V_{SPMP}(\text{mínima})}{V_{mp}(T_c\text{máxima})} < N_{PF}(\text{série}) < \frac{V_{SPMP}(\text{máxima})}{V_{mp}(T_c\text{mínima})} \quad (11.24)$$

Em nosso exemplo, a temperatura máxima média do local ocorre em fevereiro, $T_{a\text{máxima}} = 30{,}9$ °C, e a mínima em julho, $T_{a\text{mínima}} = 11{,}4$ °C.

Usando a Equação (11.11) com $G_T = 1000$ W/m² e $T_C{}^* = 45$ °C, calculam-se os valores: $T_{C\text{máxima}} = 59{,}0$ °C e $T_{C\text{mínima}} = 39{,}5$ °C.

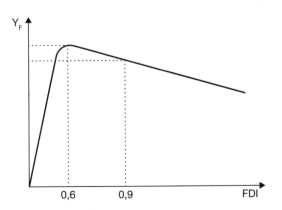

FIGURA 11.20 Influência do FDI em Y_F

Usando a Equação (11.15), calculam-se os valores V_{mp} $(T_{C\text{máxima}}) = 26{,}6$ V e $V_{mp}(T_{C\text{mínima}}) = 28{,}6$ V.

No exemplo para o *SPMP1*, teríamos:

$$\frac{480}{26{,}6} = 18{,}0 < N_{PF}(\text{série}) < \frac{800}{28{,}6} = 27{,}97$$

No exemplo para o *SPMP2*, teríamos:

$$\frac{350}{26{,}6} = 13{,}1 < N_{PF}(\text{série}) < \frac{800}{28{,}6} = 27{,}97$$

Como $N = 96$, podem-se fazer quatro fileiras (*strings*) de 24 PF.

O número de fileiras em paralelo em cada SPMP deverá somar uma corrente inferior ao limite de entrada do SPMP, no exemplo $I_{SC\text{máx}} < 30{,}0$ A.

O número de fileiras em paralelo pode ser estimado pela Equação (11.25):

$$N_{\text{fileiras}}(\text{paralelo}) \leq \frac{I_{SPMP}}{I_{SC}(STC)} \quad (11.25)$$

No exemplo considerado, para o PF escolhido, $I_{SC}(STC) = 8{,}87$ A. Usando a Equação (11.25), temos:

$$N_{\text{fileiras}}(\text{paralelo}) \leq \frac{30{,}0}{8{,}87} = 3{,}38$$

A proposta de duas fileiras para cada SPMP atende a essa exigência.

A maior tensão de circuito aberto ocorrerá durante a noite, na temperatura média menor. No exemplo, para $T_C = T_a = 11{,}4$ °C, temos, usando a Equação (11.13):

$$V_{OC\text{máx}} = 37{,}2 \times [1 - 0{,}0034 \times (11{,}4 - 25)] = 38{,}9 \text{ V}$$

Serão associados 24 PF em série e, assim, teremos ($V_{OC\text{máx}} \times N$) = $38{,}9 \times 24 = 933{,}6$ V, menor do que o limite de 1000 V do inversor.

Assim, a configuração preliminar do GFV para atender à solicitação seria:

96 PF de 250 Wp (STC) acoplados a um inversor de potência nominal 20.000 Wca, configurados em quatro fileiras de 24 PF em série, duas para cada SPMP.

A questão do autossombreamento, área ocupada e espaçamento entre fileiras pode ser avaliada com os métodos descritos no Capítulo 9 deste livro.

Observe que, com essa especificação, consegue-se estimar o custo desses itens e da parte de interconexão elétrica do GFV com o inversor. Do conversor com a rede elétrica, os custos poderão ser estimados mediante as normas mencionadas nas seções anteriores.

Após aprovação do projeto técnico-econômico preliminar, passa-se ao projeto executivo, atendendo aos requisitos das seções anteriores. Cálculos de desempenho podem ser verificados com a utilização de *softwares* discutidos na literatura citada.

11.8 Simbologia

A Tabela 11.10 apresenta a simbologia adotada neste capítulo.

TABELA 11.10 Símbolos

A_C	m²	Área de uma célula
A_{PF}	m²	Área do painel fotovoltaico
E	Wh	Energia fornecida pelo PF
FDI		Fator de dimensionamento do inversor
G_T	W/m²	Irradiação solar sobre o PF
GFV		Gerador fotovoltaico
GFVCR		Gerador fotovoltaico conectado à rede elétrica
HSP	h	Horas de sol pleno
I_{mp}	A cc	Corrente em potência máxima
I_{GFV}	A cc	Corrente GFV
I_{sc}	A cc	Corrente de curto-circuito
N		Número de PF
PF		Painel fotovoltaico
P_{InCA}	W	Potência nominal do inversor em CA
P_{mp}	W	Potência máxima do PF
P_{pGFV}	W	Potência pico do GFV
T_a	°C	Temperatura do ar ambiente
T_c	°C	Temperatura da célula fotovoltaica
V_{GFV}	Vcc	Voltagem GFV
V_{mp}	Vcc	Voltagem do PF em potência máxima
V_{oc}	Vcc	Voltagem de circuito aberto
Y_F	kWh ano/kWp	Produtividade anual do GFV
γ_{mp}	°C^{-1}	Coeficiente de temperatura P_{mp}
γ_{oc}	°C^{-1}	Coeficiente de temperatura V_{oc}
γ_{sc}	°C^{-1}	Coeficiente de temperatura I_{sc}
η		Rendimento do PF
°		Condições STC
*		Condições NOCT

Problemas propostos

11.1 Compondo um PF. Imagine que se deseja compor um painel fotovoltaico tal que $V°_{mp} = 12$ V e $I°_{mp} = 6$ A. Para isso, dispõe-se de CF com $V°_{cmp} = 0,5$ V. Sabe-se que uma célula quadrada de 163,7 mm de lado produz $I°_{cmp} = 8,3$ A. Qual o número de células a ser usado e de que tamanho?

11.2 Como seria configurado um GFV de 48 V_{mp} e 18 A_{mp} que usasse os PF do Problema 11.1?

11.3 Calcule a eficiência do PF cujos dados estão expressos nas Tabelas 11.3, 11.4 e 11.6 nas seguintes condições: (G_T (W/m^2); T_a (°C)): (1000;35), (1000;10), (600;35), (600;10); (200;10).

11.4 No exemplo da Seção 11.7.6, qual o número máximo de PF que poderia ser conectado ao inversor escolhido? Nessa condição, quais seriam os valores da P_{pGVF} e do FDI?

Bibliografia

AGÊNCIA NACIONAL DE ENERGIA ELÉTRICA (ANEEL). *RN nº 482*: Estabelece as condições gerais para o acesso de microgeração e minigeração distribuída aos sistemas de distribuição de energia elétrica, o sistema de compensação de energia elétrica. Brasília, 2012.

AGÊNCIA NACIONAL DE ENERGIA ELÉTRICA (ANEEL). *REN nº 687*: Altera a Resolução Normativa nº 482, e os Módulos 1 e 3 dos Procedimentos de Distribuição – Prodist. Brasília, 2015.

AGÊNCIA NACIONAL DE ENERGIA ELÉTRICA (ANEEL). *REN nº 956*: Estabelece os Procedimentos de Distribuição de Energia Elétrica no Sistema Elétrico Nacional – Prodist. Brasília, 2021.

AGÊNCIA NACIONAL DE ENERGIA ELÉTRICA (ANEEL). *REN nº 1.000*: Estabelece as Regras de Prestação do Serviço Público de Distribuição de Energia Elétrica. Brasília, 2021.

AGÊNCIA NACIONAL DE ENERGIA ELÉTRICA (ANEEL). *REN nº 1.059*: Aprimora as regras para a conexão e o faturamento de centrais de microgeração e minigeração distribuída em sistemas de distribuição de energia elétrica, bem como as regras do Sistema de Compensação de Energia Elétrica. Brasília, 2023.

AGÊNCIA NACIONAL DE ENERGIA ELÉTRICA (ANEEL). *PRODIST*: Procedimentos de Distribuição de Energia Elétrica no Sistema Elétrico Nacional – módulo 3: Conexão ao Sistema de Distribuição de Energia Elétrica. Brasília, 2021.

AGÊNCIA NACIONAL DE ENERGIA ELÉTRICA (ANEEL). *PRODIST*: Procedimentos de Distribuição de Energia Elétrica no Sistema Elétrico Nacional – módulo 8: Qualidade do Fornecimento de Energia Elétrica. Brasília, 2021.

AGÊNCIA NACIONAL DE ENERGIA ELÉTRICA (ANEEL). Resolução Normativa nº 1098/2024. Disponível em: https://www2. aneel.gov.br/cedoc/ren20241098.html. Acesso em: 19 ago. 2024.

ASSOCIAÇÃO BRASILEIRA DE NORMAS TÉCNICAS (ABNT). *NBR 5410*: Instalações elétricas de baixa tensão. 2008.

ASSOCIAÇÃO BRASILEIRA DE NORMAS TÉCNICAS (ABNT). *NBR 5419*: Proteção contra descargas atmosféricas. 2015.

ASSOCIAÇÃO BRASILEIRA DE NORMAS TÉCNICAS (ABNT). *NBR 10899*: Energia fotovoltaica – Terminologia. 2023.

ASSOCIAÇÃO BRASILEIRA DE NORMAS TÉCNICAS (ABNT). *NBR 16149*: Sistemas fotovoltaicos (FV) – Características da interface de conexão com a rede elétrica de distribuição. 2013.

ASSOCIAÇÃO BRASILEIRA DE NORMAS TÉCNICAS (ABNT). *NBR 16150*: Sistemas fotovoltaicos (FV) – Características da interface de conexão com a rede elétrica de distribuição – Procedimento de ensaio de conformidade. 2013.

ASSOCIAÇÃO BRASILEIRA DE NORMAS TÉCNICAS (ABNT). *NBR 16274*: Sistemas fotovoltaicos conectados à rede – Requisitos mínimos para documentação, ensaios de comissionamento, inspeção e avaliação de desempenho. 2014.

ASSOCIAÇÃO BRASILEIRA DE NORMAS TÉCNICAS (ABNT). *NBR 16612*: Cabos de potência para sistemas fotovoltaicos, não halogenados, isolados, com cobertura, para tensão de até 1,8 kV C.C. entre condutores – Requisitos de desempenho. 2020.

ASSOCIAÇÃO BRASILEIRA DE NORMAS TÉCNICAS (ABNT). *NBR 16690*: Instalações elétricas de arranjos fotovoltaicos – Requisitos de projeto. 2019.

ASSOCIAÇÃO BRASILEIRA DE NORMAS TÉCNICAS (ABNT). *NBR IEC 60898-X*: Dispositivos elétricos – Disjuntores para a proteção contra as sobrecorrentes para instalações domésticas e análogas – Parte 2: Disjuntores para funcionamento em corrente alternada e em corrente contínua. 2019. Parte 3: Disjuntores para funcionamento em corrente contínua. 2021.

ASSOCIAÇÃO BRASILEIRA DE NORMAS TÉCNICAS (ABNT). *NBR IEC 60947-3*. Dispositivos de manobra e controle de baixa tensão – Parte 3: Interruptores, seccionadores, interruptores-seccionadores e unidades combinadas com fusíveis. 2014.

ASSOCIAÇÃO BRASILEIRA DE NORMAS TÉCNICAS (ABNT). *NBR IEC 61643-31*: Dispositivos de proteção contra surtos em baixa tensão – Parte 31: DPS para utilização específica em corrente contínua – Requisitos e métodos de ensaio para os DPS para instalações fotovoltaicas. 2022.

ASSOCIAÇÃO BRASILEIRA DE NORMAS TÉCNICAS (ABNT). *NBR IEC 61643-32*: Dispositivos de proteção contra surtos em baixa tensão – Parte 32: DPS conectado no lado corrente contínua das instalações fotovoltaicas – Princípios de seleção e aplicação. 2022.

BRASIL. Presidência da República. *Lei nº 14.300*: Institui o marco legal da microgeração e minigeração distribuída, o Sistema de Compensação de Energia Elétrica (SCEE) e o Programa de Energia Renovável Social (PERS); altera as Leis nos 10.848, de 15 de março de 2004, e 9.427, de 26 de dezembro de 1996; e dá outras providências. Brasília, 6 jan. 2022.

BRITISH STANDARDS INSTITUTION (BS). *BS EN 50521*: Connectors for photovoltaic systems – Safety requirements and tests. 2008.

CENTRO DE REFERÊNCIA PARA ENERGIA SOLAR E EÓLICA SÉRGIO DE S. BRITO (CRESESB). *Manual de Engenharia para Sistemas Fotovoltaicos*. 2014.

COOPERATIVA DE GERAÇÃO DE ENERGIA E DESENVOLVIMENTO (CRERAL). *Creral e Mil Engenharia colocam em operação a maior usina solar flutuante do Brasil*. 2023. Disponível em: https://www.creral.com.br/Noticia/creral-e-mil-engenharia-colocam-em-operacao-a-maior-usina-solar-flutuante-do-brasil. Acesso em: 15 maio 2023.

EUROPEAN ELECTROTECHNICAL STANDARDS COMMITTEE (CENELEC). *EN 50539-11*: Low-voltage surge protective devices – Surge protective devices for specific application including d.c. – Part 11: Requirements and tests for SPDs in photovoltaic applications. Oct. 2013.

GREEN, A. M. Third generation photovoltaics: ultra-high conversion efficiency at low cost. *Photovoltaics Res. Appl*, v. 9, n. 2, p. 123-35, 2001.

HAFEZ, A. Z.; YOUSEF, A. M.; HARAG, N. M. Solar Trecking Systems: Technologies and Trackers Drive Types – A Review. *Renewable and Sustainable Energy Reviews*, v. 91, p. 754-82, 2018.

INTERNATIONAL ELECTROTECHNICAL COMMISSION (IEC). *IEC 60364-6*: Low voltage electrical installations – Part 6: Verification. Apr/2016.

INTERNATIONAL ELECTROTECHNICAL COMMISSION (IEC). *IEC 60664*: Insulation coordination for equipment within low-voltage systems. Oct/2020.

INTERNATIONAL ELECTROTECHNICAL COMMISSION (IEC). *IEC 62852*: Connectors for DC: application in photovoltaic systems – Safety requirements and tests. 2014.

INTERNATIONAL HYDROPOWER ASSOCIATION (IHA). *2022 Hydropower Status Report* – Sector trends and insights. 2022. Disponível em: https://www.hydropower.org/publications/2022-hydropower-status-report. Acesso em: 20 abr. 2023.

PEREIRA, E.; MARTINS, F. R.; COSTA, R. S. *et al. Atlas Brasileiro de Energia Solar*. 2. ed. São José dos Campos: INPE, 2017.

PHB SOLAR. *Gerador fotovoltaico híbrido PHB*. 2016. Disponível em: https://www.energiasolarphb.com.br/gerador-fotovoltaico-hibrido.php. Acesso em: 05 jan. 2019.

PINTIOKINA, F. F. M. *Análise do desempenho energético de uma usina fotovoltaica flutuante*. 2018. Monografia (Especialização) – Curso de Energias Renováveis, Geração Distribuída e Eficiência Energética, Escola Politécnica da USP, São Paulo, 2018.

SCUOLA UNIVERSITARIA PROFESSIONALE DELLA SVIZZERA ITALIANA (SUPSI). *Building Integrated Photovoltaics*. 2015. Disponível em: http://www.bipv.ch/index.php/en/9-home. Acesso em: 14 fev. 2019.

SINKE, W. C. Development of photovoltaic technologies for global impact. *Renewable Energy*, v. 138, p. 911-14, 2019.

STRANGUETO, K. M. *Estimativa do potencial brasileiro de produção de energia elétrica através de sistemas fotovoltaicos flutuantes em reservatórios de hidroelétricas*. 2016. 147 f. Tese (Doutorado) – Curso de Planejamento de Sistemas Energéticos, Unicamp, Campinas, 2016.

THE EUROPEAN PARLIAMENT AND THE COUNCIL OF THE EUROPEAN. *Regulation (EU) n. 305/2011 of the European Parliament and of the Council*. 2011. Disponível em: https://eur-lex.europa.eu/legal-content/EN/TXT/?uri=celex%3A32011R0305. Acesso em: 20 dez. 2019.

THE NATIONAL RENEWABLE ENERGY LABORATORY (NREL). *Best Research-Cell Efficiency Chart*. 2023. Disponível em: https://www.nrel.gov/pv/cell-efficiency.html. Acesso em: 26 junho 2024.

TRAPANI, K.; SANTAFÉ, M. R. A review of floating photovoltaic installations: 2007-2013. *Progress in Photovoltaics*: Research and Applications, v. 15, p. 659-76, 2014.

VILLALVA, M. G. *Energia solar fotovoltaica*. 2. ed. São Paulo: Saraiva, 2016.

ZILLES, R.; MACÊDO, W. N.; GALHARDO, M. A. B.; OLIVEIRA, S. H. F. *Sistemas fotovoltaicos conectados à rede elétrica*. São Paulo: Oficina de Textos, 2012.

12 GERAÇÃO DE ELETRICIDADE A PARTIR DE BIOMASSA NO BRASIL: SITUAÇÃO ATUAL, PERSPECTIVAS E BARREIRAS

SUANI T. COELHO
Grupo de Pesquisa em Bioenergia,
Instituto de Energia e Ambiente,
Universidade de São Paulo (GBio)
Research Centre for Greenhouse Gas
Innovation – RCGI

JAVIER F. ESCOBAR
Faculdade de Engenharia e Ciências
Aplicadas da Universidade Harvard

VANESSA P. GARCILASSO
Grupo de Pesquisa em Bioenergia,
Instituto de Energia e Ambiente,
Universidade de São Paulo (GBio)

DANILO PERECIN
Grupo de Pesquisa em Bioenergia,
Instituto de Energia e Ambiente,
Universidade de São Paulo (GBio)

JOÃO MAURÍCIO PACHECO
Grupo de Pesquisa em Bioenergia,
Instituto de Energia e Ambiente,
Universidade de São Paulo (GBio)

ALESSANDRA C. DO AMARAL
Programa de Educação Continuada da
Escola Politécnica da Universidade de
São Paulo (PECE)

ANDREA C. GUTIERREZ-GOMEZ
Grupo de Pesquisa em Bioenergia,
Instituto de Energia e Ambiente,
Universidade de São Paulo (GBio)

12.1 Geração de energia elétrica a partir de biomassa

12.1.1 Introdução

Apesar do contínuo progresso do emprego das energias renováveis no setor energético, o aumento da demanda global tem sido atendido principalmente com combustíveis fósseis (carvão, petróleo e gás): 78,5 % do consumo mundial de energia em 2020 se originaram destas fontes, 9 % de outras (nuclear e biomassa tradicional) e 12,6 % das energias renováveis modernas (hidráulica, solar, biomassa, eólica, geotérmica e oceano) (REN21, 2022). O uso de combustíveis fósseis apresentava crescimento anual de cerca de 2 % (média em 20 anos), e nos últimos cinco anos cresceu 3 %. China, Estados Unidos e Índia juntos representaram quase 70 % do total desse incremento, em razão do aumento do consumo (REN21, 2019).

Essa é uma situação que não pode continuar, não apenas por causa da exaustão gradativa das reservas de combustíveis fósseis e do aumento acentuado nos preços, mas também por potenciais efeitos negativos ao meio ambiente, como muito se discute ultimamente. Há também problemas relacionados com a segurança no suprimento de energia, que desempenha papel relevante na geopolítica energética, uma vez que ela está ligada ao fato de a produção de petróleo estar concentrada em poucos países, como também na centralização de consumo, em que os maiores importadores se encontram em países da União Europeia, Estados Unidos, Japão, China e Coreia.

As energias renováveis apresentam inúmeras vantagens ambientais, sociais, econômicas e estratégicas. Entre elas, a bioenergia, que é a energia produzida a partir de material orgânico (biomassa) procedente de culturas agrícolas, resíduos orgânicos e resíduos florestais. A bioenergia assume papel especial em vista da elevada geração de empregos e das possibilidades de sua produção local, em particular nos países em desenvolvimento. Além disso, a biomassa é também uma fonte de geração de eletricidade tanto no Sistema Interligado como nos Sistemas Isolados, por ser energia firme e em problemas de intermitência. O uso responsável da biomassa pode ser uma ferramenta importante para combater as mudanças climáticas, ao mesmo tempo que oferece oportunidades para as comunidades rurais (IEA, 2023).

As energias renováveis e a biomassa ainda têm participação reduzida na matriz elétrica mundial. Em 2021, a participação da energia renovável representou 28,3 % na geração de eletricidade global. Desse total, 15 % correspondem à hidrelétrica e 10 % à energia solar e eólica, o restante (3 %) faz referência à bioenergia e energia geotérmica (REN21, 2022).

No caso do Brasil, a participação das energias renováveis na matriz energética foi marcada pela queda da oferta de energia hidráulica associada à escassez hídrica e ao acionamento das usinas termelétricas. De acordo com o Balanço Energético Nacional – BEN (EPE, 2022), conforme a Fig. 12.1, em 2022, 11 % da oferta interna de energia foram provenientes da energia hidráulica, aproximadamente 25 % de biomassa (biomassa de cana, lenha e carvão vegetal) e 8,7 % de outras renováveis, atingindo um total de cerca de 45 % de energias renováveis.

A bioenergia é um pilar importante de descarbonização na transição energética, como um combustível de emissão quase nula, já que envolve o uso de diferentes materiais biológicos com fins energéticos, incluindo resíduos da agricultura e da silvicultura, resíduos orgânicos sólidos e líquidos (incluindo resíduos sólidos urbanos e esgoto), e culturas que são produzidas especialmente para fins energéticos, fornecendo, assim, substitutos para os combustíveis fósseis. Isto acontece porque as emissões de carbono provenientes da biomassa são reabsorvidas no processo de fotossíntese no crescimento da planta (carbono biogênico). A biomassa pode ser convertida em vários produtos para geração de energia útil e compostos químicos. Existem alguns fatores que influenciam a escolha de uma tecnologia de conversão a ser aplicada na biomassa, a saber: qualidade e quantidade da matéria-prima de biomassa, disponibilidade, escolha de produtos finais, economia do processo e questões ambientais.

Neste capítulo, apresenta-se uma visão geral da geração de eletricidade a partir de biomassa no Brasil, analisando os principais setores envolvidos. Em seguida, são discutidos os aspectos econômicos e regulatórios, a partir dos quais as barreiras existentes são analisadas e, por fim, são propostas políticas adequadas para sua implementação.

12.1.2 Situação da geração de eletricidade a partir de biomassa no Brasil

A bioenergia tem sido parte integrante da matriz energética brasileira por um longo tempo, em consequência de políticas introduzidas no país, em particular o Programa Nacional do Álcool (Proálcool) e o Programa Nacional de Produção e Uso do Biodiesel (PNPB). Além disso, no setor elétrico, por muitos anos a fonte predominante foi a hidráulica, com a construção de grandes hidrelétricas. Esta é a razão pela qual os gases de efeito estufa (GEE) provenientes da produção de energia no Brasil eram relativamente reduzidos quando comparado com outros países. Entretanto, por conta do uso crescente de térmicas acionadas a combustíveis fósseis para geração de eletricidade em detrimento das térmicas a biomassa, as emissões no setor de energia vêm crescendo, como indicam as estatísticas.

Esse fato passou a ser mais relevante com a participação do país no Acordo de Paris, apresentando a sua *Nationally Determined Contribution* (NDC), aprovada pelo Congresso Nacional em 2016. Segundo a NDC do Brasil, há o compromisso de reduzir as emissões de GEE na nossa matriz energética em 37 % até 2025 e em 43 % até 2030, além de aumentar a participação de biocombustíveis na matriz energética para 18 % até 2030. Entretanto, as previsões são para aumento nas emissões de carbono, ao contrário do previsto na NDC.

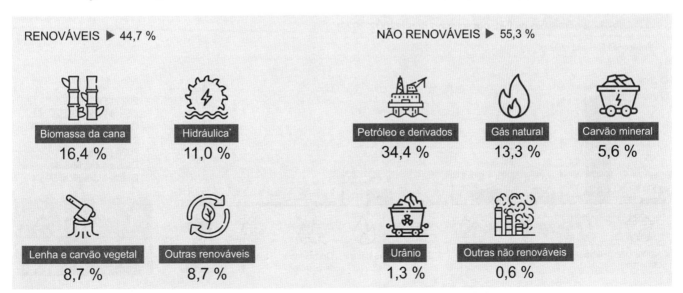

FIGURA 12.1 Repartição da oferta interna de energia no Brasil.
*Inclui importação de eletricidade. Fonte: EPE (2022).

De acordo com o Sistema de Estimativa de Emissões de Gases de Efeito Estufa do Observatório do Clima (SEEG Brasil, 2023), o Brasil aumentou suas emissões em 24,5 % no ano de 2021 quando comparado com o ano de 2017. A Fig. 12.2 ilustra as variações das emissões de carbono no país de 2007 a 2021, nas quais se verifica uma tendência de incremento das emissões a partir de 2017 até 2021 influenciada pelo setor de mudança de uso da terra e florestas. Observa-se também que as emissões do setor de energia caíram em 4,7 % de 2019 a 2020, possivelmente em função do *lockdown* da pandemia do Coronavírus. Em seguida, aumentaram 2,2 % de 2020 a 2021, em razão, principalmente, do uso das termelétricas a combustível fóssil utilizadas para complementar as usinas hidrelétricas.

Segundo a EPE (2022), a geração elétrica a partir de fontes não renováveis representou 22,6 % do total nacional.

Apesar de sua importância estratégica, ambiental e social, a participação da bioenergia na matriz de energia elétrica ainda é reduzida, com 8,2 % contra 53,4 % da hidroeletricidade, 10,6 % de eólica e 2,5 % de solar, como ilustra a Fig. 12.3.

Destaca-se que a escassez de chuvas em 2021 provocou uma redução no nível dos reservatórios das principais hidrelétricas do país e a consequente redução da oferta de hidroeletricidade,

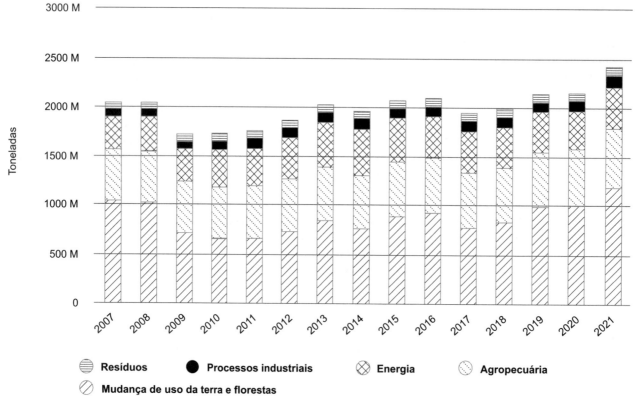

FIGURA 12.2 Emissões de GEE por setor no Brasil (2007-2021).

Fonte: SEEG Brasil (2023).

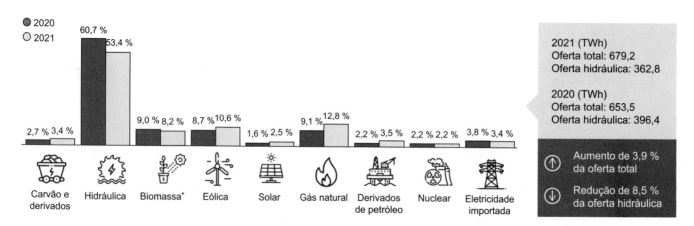

FIGURA 12.3 Oferta interna de energia elétrica no Brasil.

*Inclui lenha, bagaço de cana, lixívia, biodiesel e outras fontes primárias. Fonte: EPE (2022).

a qual foi compensada pelo aumento da oferta de carvão, gás natural, eólica e solar fotovoltaica. No Brasil, a biomassa (em particular, o bagaço de cana) apresenta uma estratégia interessante, pois o período de geração de eletricidade nas usinas das regiões Sudeste e Centro-Oeste corresponde ao período da safra de cana (entre abril e novembro), que, por sua vez, é justamente a época de chuvas mais reduzidas, em que os níveis das hidrelétricas estão mais baixos e, portanto, correspondem a uma oferta menor, como mostra a Fig. 12.4.

A geração de eletricidade a partir de biomassa apresenta significativa diversidade, como ilustra a Fig. 12.5. Dos diferentes tipos de biomassa, o bagaço de cana é o que responde pela

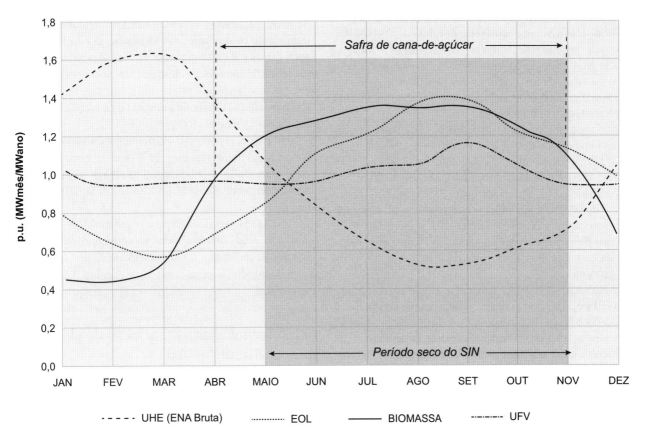

FIGURA 12.4 Complementaridade das fontes de energia elétrica no Brasil.
Fonte: ONS (2022).

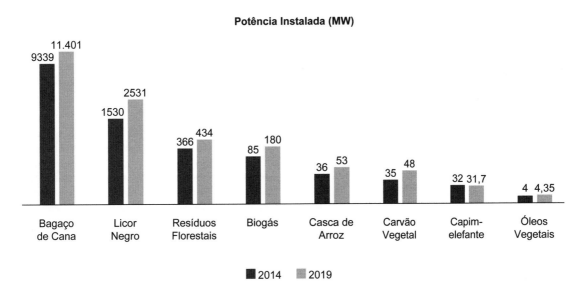

FIGURA 12.5 Potência instalada por fonte, em MW (2014-2019).
Fonte: elaborada a partir de SIGA ANEEL (2019/2014).

maior potência instalada no país. Essa geração de eletricidade com bagaço de cana é consequência da produção de açúcar e etanol, pois o bagaço é o principal produto da moagem da cana nesse processo.

Considerando o potencial instalado segundo SIGA ANEEL[1] para o ano de 2019, o bagaço de cana-de-açúcar continua em primeiro lugar, com capacidade de 11.401 MW (consumo próprio e geração de excedentes nas usinas de açúcar e álcool). Em segundo lugar, o licor negro (setor de celulose – 2531 MW), seguido por resíduos de madeira (em serrarias e movelarias – 434 MW), biogás (principalmente aterros sanitários – 180 MW) e casca de arroz (em usinas beneficiamento de arroz – 53 MW), essas últimas localizadas principalmente nas regiões Sul e Centro-Oeste do país.

Ao se comparar a evolução do potencial instalado do bagaço de cana no período de 2014/2019, verifica-se um acréscimo de 2062 MW, equivalente a um aumento de 18 % em cinco anos (Fig. 12.5). Os aumentos mais significativos foram observados no biogás (acréscimo de quase 53 %) e no licor negro (aumento de 40 %). Observou-se queda no potencial instalado referente ao capim-elefante, por volta de 1 % em cinco anos, certamente pelas dificuldades em garantir a oferta da biomassa que ainda não apresenta uma quantidade suficiente de variedades agronômicas.

Os gráficos ainda indicam que, em uma comparação entre os anos 2014 e 2019, houve aumento significativo do potencial instalado do bagaço de cana-de-açúcar, licor negro e biogás. Isso demonstra uma evolução nesses setores, tanto na parte de investimentos em áreas agricultáveis como investimentos em tecnologias.

O bagaço de cana é usado para cogeração de eletricidade nas usinas (Seção 13.8), sendo que a geração excedente de eletricidade é exportada para a rede elétrica. Na safra de 2015/2016, as 378 usinas de cana em operação (correspondendo a uma moagem de 651 milhões de toneladas de cana) foram responsáveis pela geração de 36,2 TWh de energia elétrica. Das usinas, 56 % operaram como autoprodutoras (gerando 15 TWh) e 44 % geraram excedentes de 21,2 TWh, fornecidos ao sistema interligado.[2] É importante lembrar que, mesmo no caso das usinas autogeradoras, sua contribuição é relevante, pois o seu consumo se refere a uma *demanda evitada* no Sistema Interligado.[3]

O mesmo processo ocorre no setor de papel e celulose, em que os resíduos do processo de produção de celulose (resíduos de madeira e licor negro) também são usados para geração de energia elétrica por cogeração. Em 2018, havia 2623 MW instalados no setor (SIGA ANEEL, 2019). Há também geração de excedentes nas plantas de celulose.

Em todos os casos, a utilização dos resíduos para geração de energia apresenta uma vantagem ambiental e uma sinergia importante com o saneamento básico; se não fossem usados para geração de energia elétrica, mas descartados de forma inadequada, haveria as dificuldades de disposição conhecidas.[4] O caso do biogás produzido a partir de resíduos urbanos e rurais (em particular de animais) é emblemático, como discutido em Coelho *et al.* (2018).

Entretanto, o potencial existente para a produção de bioenergia a partir de resíduos de biomassa é muito superior à atual capacidade instalada, como pode ser verificado no Atlas de Bioenergia do Brasil (CENBIO/IEE/USP, 2012a), ilustrado na Fig. 12.6.

Resultados expressivos para o potencial de eletricidade a partir de biogás foram obtidos recentemente para o estado de São Paulo, indicando o enorme potencial de biogás e biometano no estado (Coelho *et al.*, 2019).[5] A Fig. 12.7 ilustra esses resultados.

12.2 Tecnologias para geração de eletricidade a partir de biomassa

As tecnologias comercializadas para geração de eletricidade a partir de biomassa dependem, basicamente, do tipo de biomassa e da escala da unidade (potência a ser instalada).

Neste capítulo, não serão discutidas as tecnologias para cogeração a partir de biomassa, já que estão contempladas no Capítulo 13. Também não serão analisadas as configurações de ciclo de potência de Rankine a vapor d'água, abordadas nos Capítulos 3 e 13.

As opções para aproveitamento energético de resíduos rurais e urbanos são apresentadas na Seção 12.4.

No caso de matéria orgânica, a tecnologia comercializada mais indicada para a conversão energética é a biodigestão

---

[1] SIGA ANEEL (2019): Disponível em: https://www.gov.br/aneel/pt-br/centrais-de-conteudos/relatorios-e-indicadores/geracao. Acesso em: set. 2024.

[2] Informações gentilmente fornecidas por Zilmar de Souza (União da Indústria Canavieira – UNICA). Disponível em: www.unica.com.br.

[3] O sistema elétrico brasileiro é dividido em Sistema Isolado (SI) e Sistema Interligado Nacional (SIN). Denomina-se sistema isolado o sistema elétrico que, em sua configuração normal, não está conectado ao sistema interligado nacional. Atualmente, segundo a EPE (http://www.epe.gov.br/pt/publicacoes-dados-abertos/publicacoes/sistemas-isolados, acesso em 23 set. 2024), há cerca de 250 localidades isoladas no Brasil, a maior parte na região Norte, tendo sua base em geração elétrica descentralizada com combustíveis fósseis, predominantemente óleo diesel. O sistema de produção e transmissão de energia elétrica do Brasil é um sistema hidro-termo-eólico de grande porte, com

predominância de usinas hidrelétricas e com múltiplos proprietários. O SIN é constituído por quatro subsistemas: Sul, Sudeste/Centro-Oeste, Nordeste e a maior parte da região Norte (Operador Nacional do Sistema Elétrico – ONS, disponível em: http://www.ons.org.br/paginas/sobre-o-sin/o-que-e-o-sin. Acesso em: 10 abr. 2024).

[4] O caso das cascas de arroz corresponde a uma situação interessante, em que o uso energético foi viabilizado considerando o custo evitado da disposição em aterros (Mayer *et al.*, 2007).

[5] Resultados obtidos no Projeto 27 "As perspectivas de contribuição do biometano para aumentar a oferta de gás natural" no âmbito do Research Center for Gas Innovation (RCGI), centro de pesquisa e inovação em gás da USP, financiado pela Fapesp e Shell (www.usp.br/rcgi). Projeto coordenado pela Profª Drª Suani Teixeira Coelho e em desenvolvimento pelo Grupo de Pesquisa em Bioenergia (GBio), do Instituto de Energia e Ambiente (IEE), da Universidade de São Paulo (USP).

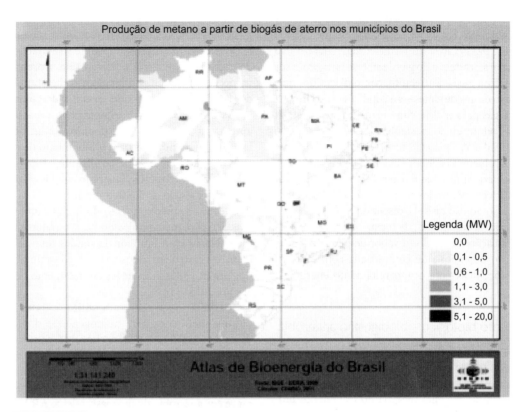

FIGURA 12.6 Atlas de Bioenergia no Brasil.
Fonte: CENBIO/IEE/USP (2012a).

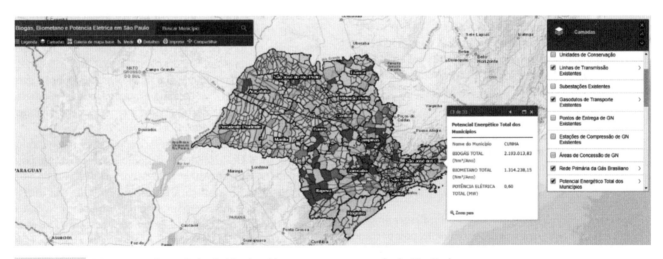

FIGURA 12.7 Mapa georreferenciado de biogás e biometano para o estado de São Paulo.
Fonte: Coelho et al. (2019).

anaeróbia (BA) dos resíduos. Em Coelho et al. (2018), há uma discussão ampla e detalhada a respeito da BA; na Seção 12.2.1 daquela obra, apresenta-se um resumo dos principais aspectos desta tecnologia.

Para biomassa sólida, consideram-se, basicamente, as tecnologias de tratamento térmico (combustão e gaseificação). De forma simplificada, considerando-se a disponibilidade de equipamentos comercializados no país, podem-se dividir essas tecnologias em dois grandes grupos, dependendo da potência instalada:

- *Potência disponível abaixo de 200 kW*: sistemas de gaseificação de pequeno porte (ainda não disponibilizados comercialmente no Brasil, apenas fabricados no exterior).
- *Potência disponível acima de 200 kW*: ciclos a vapor ou gaseificação acoplados a ciclos a vapor, como o caso de RSU.[6]

---

[6] No Brasil, essa é a menor potência elétrica para a qual há turbinas a vapor para serem usadas em ciclos a vapor.

No caso de aproveitamento energético de biomassa, a tecnologia de ciclo combinado (Seção 3.8), que corresponde ao processo mais eficiente para conversão termelétrica, requer o uso de gaseificadores para produção do gás de síntese (*syngas*), a ser alimentado na turbina a gás. Entretanto, como discutido mais adiante, a produção de gás de síntese em condições[7] de alimentar uma turbina a gás para o ciclo combinado não se mostrou viável nas plantas piloto então existentes, o que fez com que elas fossem desativadas em passado recente (e, em muitos casos, também por problemas econômicos). As plantas existentes utilizam o syngas para Síntese de *Fischer-Tropsch* para produção de biocombustíveis avançados ou para combustão em caldeiras, como no caso do uso de RSU, discutido adiante.

Assim, aqui serão apresentadas, de forma resumida, as tecnologias de gaseificação e de ciclos a vapor de pequeno porte aplicadas à geração de energia descentralizada com biomassa, tecnologias específicas para o aproveitamento energético de biomassa.

12.2.1 Tratamento biológico – biodigestão anaeróbia

Existem diversos tipos de tratamento biológico, podendo ser aeróbio ou anaeróbio (via biodigestores). O tratamento biológico aeróbio consiste na decomposição da matéria orgânica em meio à presença de oxigênio livre. Já no tratamento biológico anaeróbio, a degradação da matéria orgânica é realizada por microrganismos estritamente anaeróbios, ou seja, microrganismos que desenvolvem suas atividades em meio sem a presença de oxigênio. É nesse tipo de sistema que ocorre a produção de biogás (Coelho *et al.*, 2018).

Para o tratamento de efluentes líquidos, o emprego de lagoas é o mais usual no Brasil, principalmente para esgoto sanitário e resíduos de criação animal. De acordo com Coelho *et al.* (2018), os principais tipos de lagoas existentes são:

- Lagoa aeróbia:
  - lagoa aerada: geralmente, opera em regime de mistura completa e possui aeração mecânica ou aeração por ar difuso a fim de manter os sólidos em suspensão e distribuir o oxigênio dissolvido por todo o efluente para garantir o meio aeróbio;
  - lagoa de maturação: possui aeração natural e geralmente é utilizada como pré-tratamento do efluente, pois permite a redução de bactérias, de sólidos em suspensão e da DBO.[8]
- Lagoa facultativa: a estabilização da matéria orgânica ocorre em duas etapas. A primeira etapa ocorre na camada superior da lagoa, em que se dá o tratamento aeróbio, com oxigênio dissolvido, e a segunda etapa acontece no fundo da lagoa em condições anaeróbias, no qual ocorre a digestão anaeróbia.
- Lagoa anaeróbia: ocorre o processo de fermentação anaeróbia por toda a lagoa, não existindo a presença de oxigênio dissolvido.

Outro método utilizado para a digestão anaeróbia é o emprego de biodigestores, que, com frequência, são câmaras cilíndricas feitas a partir de diversos tipos de materiais, em que ocorre a degradação da matéria orgânica sem a presença de oxigênio, tendo como produtos o biogás e o digestato (que, dependendo das características, pode ser utilizado como biofertilizante).

Os biodigestores correspondem a uma tecnologia muito antiga. Os primeiros equipamentos foram desenvolvidos pelos chineses e indianos para o tratamento de dejetos animais e consequente produção de fertilizante. Os biodigestores indiano (a) e chinês (b) estão ilustrados na Fig. 12.8.

Outro modelo de biodigestor disponível é o reator contínuo de mistura completa (CSTR, do inglês *continuous stirred tank reactor*), geralmente utilizado para o tratamento de substratos mais densos com um teor de sólidos totais (ST) de até 20 %, como é o caso de resíduos de produção animal e vegetal e de lodos provenientes de estações de tratamento de esgoto sanitário (Feam, 2015).

O CSTR possui cobertura utilizada como gasômetro e agitadores mecânicos para homogeneizar o substrato que será digerido (Fig. 12.9), proporcionando condições constantes e homogêneas em todo o reator, o que resulta em maior produtividade do biogás.

O biodigestor modelo UASB (*up-flow anaerobic sludge blanket*, ou reator anaeróbio de fluxo ascendente – RAFA) é a tecnologia predominante relacionada com os sistemas anaeróbios no Brasil e o mais difundido para o tratamento de esgoto sanitário, podendo também ser utilizado para o tratamento de matéria orgânica presente em resíduos urbanos e rurais. A alimentação ocorre pelo fundo do biodigestor, atravessa um leito de biomassa ativa e é descartado no topo do biodigestor, após passar por um sistema de placas defletoras que atuam como separadores trifásicos, separando as fases líquida (efluente tratado), sólida (lodo) e gasosa (biogás). A Fig. 12.10 apresenta o esquema geral do biodigestor UASB, e a Fig. 12.11 mostra a vista interna desse equipamento (Nova Era Ambiental, 2018; Coelho *et al.*, 2018).

A digestão anaeróbia da matéria orgânica permite a diminuição da quantidade de sólidos, bem como a redução de seu potencial poluidor, além da recuperação da energia na forma de biogás.

O biogás é uma mistura de gases resultante da digestão anaeróbia da matéria orgânica, cuja composição varia em função do tipo de substrato e das condições de reação. De forma geral, é composto majoritariamente por metano (CH_4) e dióxido de carbono (CO_2). A presença do metano torna o biogás um potente gás de efeito estufa, caso liberado diretamente para a atmosfera, mas também lhe confere a condição de combustível. Portanto, a produção controlada de biogás e sua captura para utilização como fonte energética são capazes de reduzir emissões[9] da decomposição natural

---

[7] As turbinas a gás necessitam de um gás extremamente limpo de modo a ser alimentado nos bicos de injeção delas, o que se revelou muito difícil, como discutido adiante.

[8] Demanda Biológica de Oxigênio (DBO).

[9] A utilização do biogás significa combustão do CH_4 (GWP100 = 28), convertendo-se em CO_2 (GWP100 = 1). GWP100 corresponde a *Global Warming Potential* para um horizonte de 100 anos, e é dado por unidade de massa. Como a massa molar do CO_2 é cerca de 2,75 vezes maior que a do CH_4 (CH_4 = 16 g/mol, CO_2 = 44 g/mol), o efeito da combustão do metano é de uma redução no impacto de aquecimento global de cerca de dez vezes (28 ÷ 2,75).

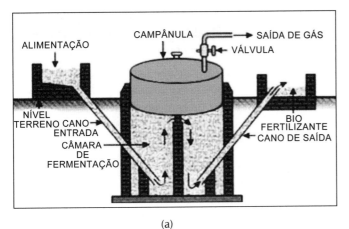 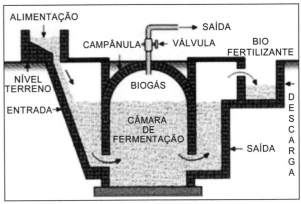

FIGURA 12.8 Esquema de concepção de biodigestores modelo indiano (a) e modelo chinês (b).
Fonte: Perlingeiro (2014).

FIGURA 12.9 Esquema de um reator CSTR com agitadores mecânicos e cobertura de membranas.
Fonte: Probiogás (2015).

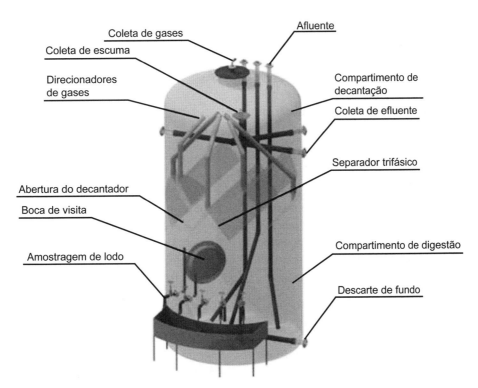

FIGURA 12.10 Esquema geral do biodigestor UASB.
Fonte: Nova Era Ambiental (2018).

FIGURA 12.11 Vista interna do biodigestor UASB.
Fonte: Nova Era Ambiental (2018).

de resíduos orgânicos, bem como substituir, de forma renovável, fontes fósseis de energia e suas emissões associadas.

Sistemas adequados de produção de biogás trazem também os benefícios do saneamento, com a coleta e a redução da carga orgânica de resíduos pelo processo de digestão anaeróbia. Pode-se ainda, em alguns casos, usar o digestato efluente do processo como biofertilizante agrícola. Por esses motivos, o modelo ideal de produção de biogás, realizado de forma integrada, oferece benefícios ambientais diversos e é considerado uma solução sustentável sob múltiplas perspectivas, e um elemento-chave para tornar realidade conceitos como economia circular e bioeconomia (Fagerström *et al.*, 2018; McCabe; Schmidt, 2018).

Como fonte de energia, o biogás apresenta diversas alternativas. Pode ser utilizado diretamente para geração de energia térmica (calor) ou como combustível para geração de energia elétrica em motores ou turbinas a gás. Alguns contaminantes presentes no biogás em pequena quantidade, como o sulfeto de hidrogênio (H_2S), são danosos para os equipamentos e geralmente precisam ser removidos em um processo de limpeza, que deve estar planejado e dimensionado de acordo com a composição do biogás e as características dos materiais envolvidos.

Outra possibilidade é a purificação (*upgrading*) do biogás para torná-lo um combustível rico em metano. De composição regulamentada no Brasil pela Agência Nacional de Petróleo, Gás Natural e Biocombustíveis (ANP, 2015; 2017), o chamado biometano[10] deve ter concentrações de metano acima de 90 %, entre outros requisitos, para ser considerado intercambiável com o gás natural – combustível de origem fóssil responsável por 22,2 % da energia primária mundial (IEA, 2019) e 13,0 % da oferta interna de energia do Brasil (EPE, 2018a).

Transformado em biometano, as oportunidades para o biogás se expandem com o compartilhamento da infraestrutura de gasodutos e de consumo de gás, isto é, termelétricas, uso veicular e instalações de uso residencial, comercial e industrial. Essa opção faz com que o biogás venha sendo

---

[10] A ANP usa o termo "biometano" na regulamentação, mas é comum encontrar referências a "gás natural renovável" para fins comerciais e na literatura científica internacional.

avaliado como uma das alternativas para a descarbonização do setor de gás natural, que requer soluções para justificar sua viabilidade no longo prazo (Lambert, 2017; Stern, 2019).

12.2.2 Tratamento térmico para aproveitamento energético da biomassa

12.2.2.1 Gaseificação de biomassa

A gaseificação é um processo termoquímico que corresponde à combustão incompleta de um material, em que o carbono é oxidado parcialmente a monóxido de carbono (CO) e o hidrogênio passa a gás hidrogênio (H_2), produzindo um gás combustível chamado gás de síntese (*synthesis gas* ou *syngas*).

Os gaseificadores podem ser de fluxo contínuo ou batelada; a técnica mais comum para a oxidação parcial é a utilização de um agente de gaseificação (oxigênio, ar ou vapor d'água), sempre em quantidades inferiores à estequiométrica para garantir a combustão incompleta (mínimo teórico para combustão). Os principais componentes do gás de síntese são o monóxido de carbono e o hidrogênio, contendo também dióxido de carbono e, dependendo das condições, metano, hidrocarbonetos leves, nitrogênio e vapor de água em diferentes proporções. De maneira geral, a composição média do gás de síntese pode ser vista na Tabela 12.1.

TABELA 12.1 Composição média do gás de síntese (*syngas*)

Componentes	Concentração (%)
CO	8 a 25
H_2	13 a 15
CH_4	3 a 9
CO_2	5 a 10
N_2	45 a 54
H_2O	10 a 15

Fonte: Miranda (2014).

A composição dos gases e a produção concomitante de combustíveis sólidos (carvão) e líquidos condensáveis (pirolenhosos) dependem dos seguintes fatores: tipo de gaseificador, forma de fornecimento de energia ao processo, uso ou não de vapor de água junto com o comburente (ar, O_2), tempo de retenção da carga, sistema de retirada de gases e outros produtos da matéria orgânica utilizada (Miranda, 2014). A Tabela 12.2 apresenta algumas características gerais dos gaseificadores.

Na maioria dos sistemas instalados atualmente, o agente gaseificador é o ar, o que faz com que o gás produzido seja de baixo/médio poder calorífico tendo em vista a presença do gás nitrogênio. Além disso, todos operam à pressão atmosférica, pois os sistemas de grande porte que operavam pressurizados foram desativados. O tipo de biomassa alimentada depende basicamente do tipo de gaseificador, que pode ser de leito fixo ou de leito fluidizado.

TABELA 12.2 Características das tecnologias de gaseificadores

Características	Variações
Poder calorífico do gás produzido	Baixo: até 5 MJ/Nm^3 (997 kcal/kg)
	Médio: 5 a 10 MJ/Nm^3 (997 a 1993 kcal/kg)
	Alto: 10 a 40 MJ/Nm^3 (1993 a 7972 kcal/kg)
Tipo de agente gaseificador	Ar, vapor d'água, oxigênio, hidrogênio
Tipo de leito	Fixo: corrente paralela ou contracorrente
	Fluidizado: borbulhante ou circular
Pressão de trabalho	Baixa: pressão atmosférica
	Pressurizado: até 6 MPa (59,2 atm)
Origem da biomassa	Resíduos agrícolas, industriais ou sólidos urbanos
	Biomassa *in natura*, peletizada ou pulverizada

Fonte: Miranda (2014).

Os principais tipos de gaseificadores são:

Gaseificadores de leito fixo: a matéria a ser gaseificada move-se por ação da gravidade. Esses gaseificadores são construídos com um leito fixo constituído pela própria biomassa, em que o combustível é suportado por uma grelha, podendo ser de fluxo ascendente (*up-draft*) ou descendente (*down-draft*) com relação ao gás produzido. É uma tecnologia difundida, conhecida e dominada operacionalmente, a qual tem sido implementada principalmente em pequenas escalas, por ser de fácil instalação e uso em regiões remotas para geração de energia.

Esses sistemas de pequeno porte são comercializados basicamente por empresas indianas, com a tecnologia de leito fixo *down-draft*. As unidades, com potência geralmente abaixo de 200 kW, operam, na maioria dos casos, alimentando motores diesel em sistema dual (diesel-gás de síntese),[11] mas há algumas experiências com motor a gás adaptado (não completamente comprovado). Esses sistemas são de simples operação e podem ser usados para geração de energia na zona rural e em sistemas isolados em países em desenvolvimento. Há vários exemplos de sistemas instalados na Índia (Bangalore) (IISc, 2010), Brasil/Amazônia (CENBIO/IEE/USP, 2006) e, recentemente, em Cuba (GEF/UNIDO, 2014).[12] Os resultados obtidos a partir da operação dessas plantas reforçam a conclusão de que esses sistemas são indicados apenas para pequeno porte.

Os gaseificadores de leito fixo de fluxo descendente ou concorrentes (*downdraft*) possuem o oxidante (ar) e o gás produzido fluindo para baixo (conforme ilustra a Fig. 12.12), gerando gases com teores de alcatrão e de material particulado relativamente baixos. O baixo rendimento, em torno de 15-20 % (IEE/USP, 2006), a dificuldade de manuseio (alimentação manual) e as cinzas geradas são problemas comuns nesses pequenos gaseificadores descendentes.

Esses gaseificadores de leito fixo necessitam uma granulometria adequada e umidade até 25 %. Para biomassas menos densas como gramíneas ou para alguns tipos de resíduos agrícolas, esses gaseificadores requerem que a mesma seja compactada ou peletizada, o que, na maior parte dos casos, inviabiliza o balanço energético e econômico.

Mais detalhes sobre gaseificadores de leito fixo encontram-se em Miranda (2014) e Soares (2012), entre outros.

Gaseificadores de leito fluidizado: nesses equipamentos, utiliza-se um material mantido suspenso em um leito de partículas inertes (em geral, areia), que permanecem em movimento pelo fluxo de ar ascendente. Nesse movimento, a biomassa é arrastada de forma semelhante às caldeiras de leito fluidizado. Esses gaseificadores podem ser do tipo borbulhante ou circulante, conforme a velocidade com que o material atravessa o leito. No tipo borbulhante, a velocidade é de até 3 m/s, e, no circulante, o material atravessa em velocidade mais alta (acima de 3 m/s), permitindo melhor mistura do ar com o combustível a ser gaseificado.

Os gaseificadores de leito fluidizado podem ser pressurizados ou atmosféricos, dependendo da pressão de trabalho, como indicado na Tabela 12.2. Entretanto, a experiência mostrou que os gaseificadores pressurizados apresentam dificuldades técnicas quanto ao sistema de alimentação da biomassa e ao sistema de limpeza do gás a alta pressão/temperatura.

A gaseificação de biomassa teve seu interesse renovado na década de 1980,[13] a partir de resultados promissores com a gaseificação de carvão (visando reduzir as emissões poluentes e aumentar a eficiência de conversão termelétrica com a utilização dos ciclos combinados com turbina a gás). Entretanto, apesar da ideia inicial de que essa seria uma tecnologia promissora, todas as plantas de gaseificação de grande porte foram desativadas, na maioria dos casos por problemas técnicos na alimentação (caso dos gaseificadores pressurizados) e na necessária limpeza para alimentação na turbina a gás. Assim, foram desativadas as plantas de Maui[14] (Estados Unidos), Värnamo[15] (Suécia), Choren[16] (Alemanha) e Arbre[17] (Reino Unido), entre outras (Sims, 2003; Soares, 2012).

A biomassa *in natura* ou pulverizada pode ser usada em **gaseificadores de leito fluidizado**. No *site* da IEA Bioenergy (Task 33 – IEA, 2014) são apresentados os projetos existentes no mundo (em operação, em construção, planejados e fora de operação). A partir de tais informações, pode-se verificar que a maioria das plantas em operação atualmente tem como

---

[11] 80 % gás de síntese, 20 % diesel.

[12] Projeto GEF/UNIDO. Nesse projeto, a unidade de 50 kW em Cocodrilo, Isla de la Juventud, opera de forma satisfatória (visita pessoal de S. Coelho, 2014).

[13] Durante a Segunda Guerra Mundial, gaseificadores rústicos foram utilizados em automóveis, substituindo derivados de petróleo por biomassa, com emissões de poluentes muito elevadas.

[14] Gaseificação de bagaço de cana em sistemas de leito fluidizado pressurizado.

[15] Gaseificação de madeira em sistemas de leito fluidizado pressurizado (SEA, 2009; GCEP, 2004).

[16] Detalhes da tecnologia não divulgados (*Energy Trends*, 2011).

[17] Gaseificação de biomassa em sistemas de leito fluidizado atmosférico (*Biomass Magazine*, 2010).

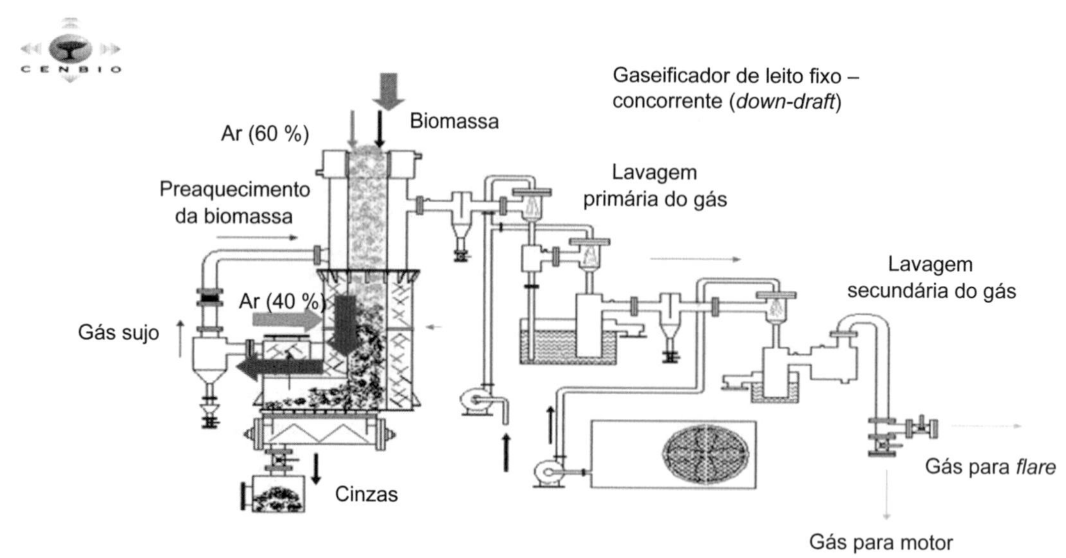

FIGURA 12.12 Gaseificador de leito fixo *down-draft* – Projeto Gaseifamaz.

Fonte: CENBIO/IEE/USP (2006).

objetivo a síntese de biocombustíveis, e apenas algumas visam à geração de eletricidade em motores, como uso do gás de síntese em turbinas a gás.

As outras unidades de maior escala são para geração de energia térmica. Isso ocorre porque o grande gargalo tecnológico é a limpeza adequada do gás de síntese para alimentar o motor elétrico; por esse motivo (dificuldade de limpeza dos gases), as plantas de grande porte construídas com a expectativa de alimentação em turbinas a gás foram desativadas.

Mais detalhes sobre sistemas de gaseificação de biomassa e o cenário atual no mundo encontram-se em Soares (2012), Worley e Yale (2012) e Bain (2012). Adiante neste capítulo, será analisado o uso da gaseificação de resíduos sólidos urbanos e a experiência brasileira.

12.2.2.2 Combustão de biomassa – ciclos a vapor

A conversão energética por meio de ciclos a vapor (ciclos Rankine) é discutida no Capítulo 3. Aqui, são apresentadas as aplicações de ciclos a vapor para o aproveitamento energético de biomassa, em sistemas de pequeno e grande porte.

- **Ciclos a vapor de pequeno porte**

Os ciclos a vapor de pequeno porte, disponíveis para potências a partir de 200 kW, já são comercializados no país. O primeiro projeto desse tipo foi instalado na Amazônia, na Ilha de Marajó (Comunidade de Breves), estado do Pará, no Projeto Enermad (CENBIO/IEE/USP, 2008), onde foi instalado um sistema a vapor de 200 kW (Figs. 12.13 e 12.14).

A Fig. 12.15 apresenta o fluxograma simplificado do sistema instalado. O rendimento desse ciclo é reduzido (16 %, conforme CENBIO/IEE/USP, 2008), mas deve ser considerado que o principal objetivo é o aproveitamento energético de resíduos da serraria, que, de outro modo, não teriam um destino ambientalmente adequado. Na figura somente está indicada a parte do vapor. Energia elétrica é gerada a partir do acoplamento de um gerador elétrico com o eixo da turbina a vapor.

FIGURA 12.13 Ciclo a vapor de 200 kW instalado no Projeto Enermad, Comunidade de Breves, estado do Pará. Caldeira de biomassa.

Fonte: EBMA (2008).

FIGURA 12.14 Comunidade de Porto Alegre de Curumu, Projeto Enermad, Comunidade de Breves, estado do Pará.

Fonte: EBMA (2008).

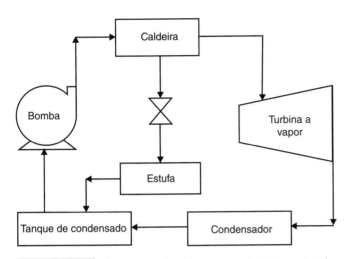

FIGURA 12.15 Fluxograma do ciclo a vapor de 200 kW instalado no Projeto Enermad, Comunidade de Breves, estado do Pará.

Fonte: CENBIO/IEE/USP (2008).

Outros sistemas de pequeno porte, em torno de 200 kW, têm sido instalados em indústrias de arroz, operando com casca de arroz (subproduto do beneficiamento) (Mayer *et al.*, 2007; Silva *et al.*, 2012).

Entretanto, apesar dos poucos casos ainda existentes, essa tecnologia é uma opção interessante para pequenos municípios, como analisado no Projeto BREA (IEE, 2016) em que foi analisado o potencial de aproveitamento energético de resíduos nos pequenos municípios do Brasil, todos com valores de Índice de Desenvolvimento Humano (IDH) abaixo da média no país.

- **Ciclos a vapor de grande porte**

Na maioria dos casos, os ciclos a vapor de grande porte são sistemas de cogeração instalados em plantas industriais, como analisado na Seção 12.3. Entretanto, há também casos de usinas termelétricas com resíduos florestais instaladas na região Centro-Oeste, responsável por uma potência de 80,9 MW, em que o Mato Grosso aparece com a maior capacidade instalada da região (66,9 MW), seguido por Goiás (8 MW) e Mato Grosso do Sul (6 MW) (SIGA ANEEL, 2019).

Os casos de combustão de RSU (incineração) são analisados adiante.

12.3 Geração de energia a partir de biomassa nos setores industriais

A seguir, serão analisados os principais setores industriais que utilizam a biomassa (resíduos) para geração de eletricidade, o que ocorre, principalmente, em processos de cogeração, muitas vezes com geração de excedentes, como será analisado em cada caso.

12.3.1 Setor sucroalcooleiro

No setor sucroalcooleiro, o bagaço de cana, que é o resíduo da moagem da cana,[18] é utilizado em sistemas de aquecimento e geração de energia combinados (cogeração) nas usinas para fornecer a energia térmica e eletromecânica dentro das usinas[19] e vender o excedente de energia elétrica para a rede comercial, com a vantagem de que este processo contribui para o elevado balanço energético do etanol de cana.[20] As Figs. 12.16 e 12.17 ilustram as moendas de cana, onde é produzido o bagaço, e o transporte do bagaço em esteiras até a caldeira. Observa-se também a enorme quantidade de bagaço produzida, aproximadamente 30 % da cana moída. A palha da cana, antes deixada no campo, também se tornou um energético de grande valor ao ser misturada com o bagaço de cana para a geração de vapor d'água na caldeira da usina.

FIGURA 12.16 Moendas em uma usina de cana.

Fonte: acervo pessoal de S. Coelho.

FIGURA 12.17 Transporte do bagaço para a caldeira.

Fonte: acervo pessoal de S. Coelho.

---

[18] O bagaço de cana corresponde a aproximadamente 30 % da cana moída, com umidade em torno de 50 %.

[19] Uma usina média no Brasil tem moagem de 300 toneladas de cana por hora, produzindo 90 toneladas de bagaço.

[20] O balanço de energia (relação entre a energia produzida na forma de etanol e a energia fóssil consumida no processo) no caso do etanol de cana é de 8-10, enquanto para os outros tipos de etanol (milho, trigo, beterraba etc.) esse valor é em torno de 1-2, pois o consumo de energia no processo de produção de etanol é à base de energia fóssil (carvão e/ou gás natural).

TABELA 12.3 Evolução da eletricidade exportada pelo setor sucroalcooleiro no Brasil

	2005	2006	2007	2008	2009	2010	2011	2012	2013*
MW médios	126	143	366	503	670	1002	1133	1381	1720
MWh	1.103.760	1.252.680	3.206.160	4.418.352	5.869.200	8.777.520	9.925.080	12.097.560	15.067.200
GWh	1104	1253	3206	4418	5869	8778	9925	12.098	15.067
Variação anual		13,5 %	155,9 %	37,8 %	32,8 %	49,6 %	13,1 %	21,9 %	24,5 %

Fonte: elaborada por UNICA a partir de dados do MME.[21]

A Fig. 12.5 ilustra a evolução da capacidade instalada no Brasil, onde se pode verificar a expressiva contribuição do setor sucroalcooleiro na geração de eletricidade com biomassa.

Importante ressaltar que os dados de capacidade instalada se referem à potência total. Parte dessa capacidade instalada é para uso próprio, uma vez que todas as usinas de açúcar e álcool são autossuficientes em termos de energia térmica e elétrica. O restante corresponde à geração de excedentes. A Tabela 12.3 indica a evolução da bioeletricidade no setor sucroalcooleiro a partir de biomassa de cana-de-açúcar no Brasil.

As primeiras tecnologias implantadas para geração de energia elétrica utilizando o bagaço visavam apenas a autossuficiência da usina, empregando a tecnologia de turbinas de contrapressão com vapor de média pressão (18–22 bar), produzindo pouco ou nenhum excedente. Com a liberalização da economia e as mudanças estruturais no setor elétrico brasileiro, bem como os incentivos às fontes renováveis de energia, foram estimulados os investimentos para aumentar a quantidade desse excelente. Esse incremento foi realizado frequentemente com um *retrofit*[22] dos sistemas existentes, mantendo a tecnologia de contrapressão e elevando a pressão até 40 bar. Atualmente, algumas usinas já passaram da tecnologia de contrapressão para condensação e aumentaram a pressão atingindo 100 bar.

A cogeração no setor sucroalcooleiro visa garantir a energia térmica para o processo (vapor a 1,5 bar_{man}), energia mecânica (para acionamento de moendas, picadores e outros equipamentos) e energia elétrica para o consumo geral. As turbinas a vapor usadas para acionamento mecânico são turbinas de contrapressão alimentadas com vapor a 21 bar_{man}; assim, quando se eleva a pressão da caldeira, frequentemente tem-se uma turbina de extração (a 21 bar_{man}) para as turbinas de acionamento. Os turbogeradores podem ser de contrapressão ou condensação, com a devida extração de vapor para as turbinas de acionamento. Se o turbogerador for de contrapressão, todo o vapor que passa pelas turbinas vai para o processo; se for de condensação (no caso extração-condensação), pode-se gerar maior quantidade de excedentes, em vista da maior flexibilidade.

A quantidade de excedentes em eletricidade que pode ser disponibilizada à rede depende da tecnologia adotada para a conversão e do consumo de vapor no processo. Poderia ser obtida uma melhoria substancial adotando-se uma tecnologia mais eficiente para a geração, combinada com eletrificação do processo e redução da demanda de vapor, podendo atingir geração de excedentes de até 126 kWh por tonelada de cana, durante a safra e a entressafra, conforme a Fig. 12.18. Essa figura ilustra um processo de cogeração com caldeiras de pressão mais elevada (80 bar) e turbina de extração-condensação, em que a extração de vapor alimenta a turbina de acionamento.

Importante notar que, neste caso, o consumo de biomassa é significativamente maior. No caso ilustrado na Fig. 12.18, é preciso utilizar todo o bagaço disponível (aproximadamente 30 % da cana moída) e uma parte da palha e ponta (40 %, com 15 % de umidade). Também é necessária a redução no consumo de vapor de processo (de 500 kg por tonelada de cana para 340 kg/tc).[23] Mais detalhes de configurações e dos balanços energéticos encontram-se em Coelho (1999).

A colheita de cana crua, introduzida em São Paulo em 2002 e aos poucos se expandindo para outras regiões, colabora para a maior disponibilidade de biomassa, com o possível aproveitamento energético da palha de cana.[24] Esse aproveitamento certamente poderia aumentar os excedentes gerados, inclusive com a geração de energia na entressafra. O fator econômico (custos de recolher e transportar a palha para a usina) parece ser um fator impeditivo atualmente.

Algumas usinas já aproveitam a palha e analisam a possibilidade de aumentar o período de geração de excedentes, o que certamente seria importante na matriz elétrica brasileira, podendo reduzir a geração de energia em termelétrica a combustíveis fósseis,[25] contribuindo para o país atingir os objetivos de sua NDC no Acordo de Paris.

---

[21] Informação pessoal de Eduardo Leão (União da Indústria Canavieira – UNICA). Disponível em: www.unica.com.br.

[22] Processo de modernização: troca de caldeiras e turbinas por equipamentos mais eficientes, com pressões mais elevadas.

[23] tc: tonelada de cana.

[24] A palha de cana corresponde a aproximadamente 30 % da cana moída, com umidade aproximada de 15 %. Com a colheita de cana crua, é necessário deixar uma fração da palha no campo para proteção do solo. Essa quantidade oscila entre 40 e 60 %, dependendo do tipo de solo.

[25] Há atualmente em desenvolvimento sistemas de uso do bagaço excedente e da palha para produção de etanol de segunda geração. Entretanto, deve ser garantida sua disponibilidade para a geração de energia na planta de produção de etanol, de forma a garantir a manutenção do balanço positivo de energia do etanol de cana do Brasil, o que corresponde a uma grande vantagem ambiental e estratégica perante o etanol de milho, trigo e/ou beterraba.

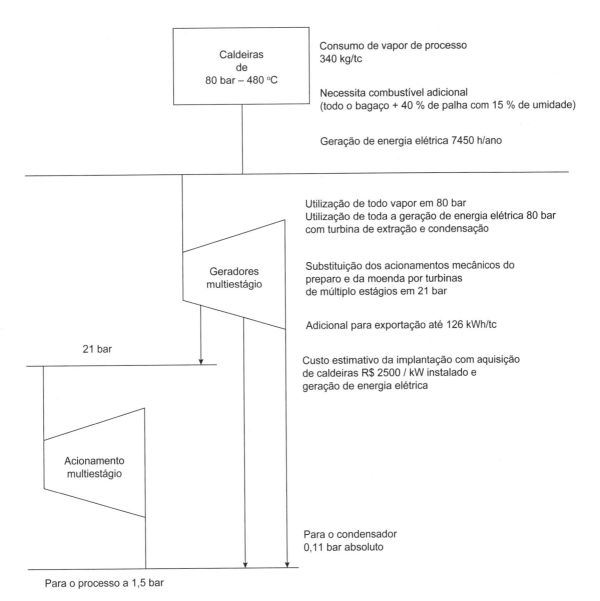

FIGURA 12.18 Esquema de cogeração em usina de açúcar e álcool, com caldeira de alta pressão e turbina de extração-condensação.
Fonte: Coelho (1999).

12.3.2 Setor de papel e celulose

No setor de papel e celulose, a situação é diferente da situação do setor sucroalcooleiro, pois, dependendo do tipo de indústria, o consumo de energia elétrica é muito variável.

Há diferenças importantes entre os perfis energéticos em indústrias de celulose, de papel e indústrias integradas (produtoras de papel e celulose). Nas indústrias de celulose e nas integradas, há uma elevada quantidade de energia gerada a partir do licor negro e da biomassa. Como nas indústrias de celulose o consumo é menor, há a possibilidade de geração de excedentes; por outro lado, nas integradas, apesar da elevada geração de eletricidade com os resíduos, não há possibilidade de geração de excedentes em razão do elevado consumo interno. Já nas indústrias de papel, por não terem disponibilidade de resíduos (o único combustível é o gás natural), não há energia gerada e toda a eletricidade é fornecida pela rede.

Assim, nas plantas de produção de celulose, há disponibilidade de biomassa (licor negro[26] e resíduos de madeira[27]) e a possibilidade de geração de excedentes é maior, já existindo unidades que geram energia para a rede.

Em 2016, do total de resíduos reaproveitados pela indústria, 66 % foram destinados à energia (destaque ao licor negro) e 34 % disponibilizados para outros segmentos

---

[26] O licor negro é o subproduto da produção de celulose e seu uso energético se dá nas caldeiras de recuperação, onde ele é queimado para recuperar os produtos químicos do processo de digestão para a produção da celulose.

[27] Os resíduos de madeira na indústria são provenientes do descascamento e demais resíduos de processo. Algumas empresas aproveitam também resíduos de colheita florestal, mas é variável, pois depende dos custos de transporte até a fábrica.

industriais, pois as serrarias também geram resíduos utilizados no processo.

Na Fig. 12.5, verifica-se que é elevada a capacidade instalada para geração com licor negro, 2530,7 MW (SIGA ANEEL, 2019), mas a geração de excedentes não está disponível. Na Fig. 12.19, observa-se que a matriz energética do setor de papel e celulose é predominantemente baseada no licor negro, gás natural e resíduos de floresta.

O estado do Paraná aparece em primeiro lugar na geração de energia no setor de papel e celulose (integradas e produtoras de papel), alcançando um total de 469 MW em 2019. São Paulo encontra-se no segundo lugar, com uma grande diversidade de combustíveis (388,7 MW), seguido por Santa Catarina (123,3 MW) (Fig. 12.20). Ao comparar São Paulo com Paraná e Santa Catarina, percebe-se uma utilização muito maior de combustíveis fósseis no estado paulista, com uma utilização expressiva do gás natural nas plantas. Paraná e Santa Catarina basicamente utilizam biomassa provenientes do setor florestal (SIGA ANEEL, 2019).

A Fig. 12.21 ilustra a configuração típica de uma planta de cogeração em uma indústria integrada de papel e celulose.

Há a caldeira de recuperação do licor negro e a caldeira de biomassa, além de uma terceira caldeira (complementar), que, anteriormente, era alimentada a óleo combustível e que, atualmente, vem sendo substituída por caldeiras a biomassa, visando reduzir as emissões de carbono.[28]

Diferentemente das usinas do setor sucroalcooleiro, as plantas de papel e celulose necessitam de vapor em dois níveis de pressão, em função das características do processo, como ilustra a Fig. 12.21.

12.3.3 Setor madeireiro

De acordo com o SIGA ANEEL (2019), o setor madeireiro ocupa o terceiro lugar em potencial instalado entre as biomassas sólidas e os resíduos de florestas aparecem em destaque com 434 MW. O carvão vegetal ocupa a sexta posição, com um potencial instalado de 48 MW, seguido pela lenha, com 40 MW. Essas três biomassas advindas de florestas são responsáveis por uma geração total de 522 MW, ainda incipiente, apesar das grandes possibilidades e da disponibilidade de resíduos. Se comparado com o ano 2013, há um aumento de 156 MW, acréscimo de 26 MW ao ano em média.

As estimativas da disponibilidade de resíduos de madeira e resíduos florestais são incertas e dependem das circunstâncias locais. Há pouca informação disponível sobre estes parâmetros, decorrente principalmente na dispersão desse material no vasto território nacional. Sabe-se que as oportunidades estão inicialmente concentradas no aproveitamento dos resíduos dentro dos setores industriais que dispõem da matéria-prima sem necessidade de transportá-la.

---

[28] As indústrias integradas que fazem essa substituição, em geral, aproveitam e solicitam os créditos de carbono correspondentes ao Mecanismo de Desenvolvimento Limpo.

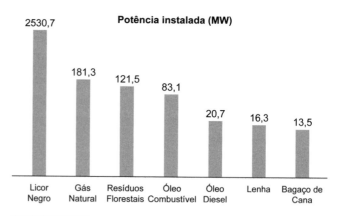

FIGURA 12.19 Matriz energética do setor de papel e celulose por fonte e potência instalada (MW).

Fonte: elaborada a partir de SIGA ANEEL (2019).

Em 2016, 33,7 milhões de toneladas de resíduos florestais foram gerados em operações a campo no país, somente 0,3 % do potencial foi aproveitado (IBÁ, 2017). Normalmente, as companhias depositam os resíduos em terrenos que poderiam ser destinados ao cultivo, acarretando perdas de áreas cultiváveis. Em geral, os resíduos são baldeados ou mesmo depositados de forma heterogênea sobre o terreno, o que dificulta sua incorporação no solo em virtude de suas dimensões.

Os resíduos de madeira gerados anualmente no Brasil são estimados em 30 milhões de toneladas. A principal fonte de resíduos é a indústria da madeira, que contribui para 91 % dos resíduos gerados, representada pelos seguintes setores (IBÁ, 2017):

- *indústrias florestais*: geração de resíduos provenientes do processo industrial da madeira. Nessa classe, estão serrarias, laminadoras, painéis, compensados, entre outros;
- *reflorestamento*: origem dos resíduos gerados na colheita florestal;
- *exploração de florestas nativas*: fonte de resíduos gerados na extração e na gestão florestal.

Além desses setores, têm-se os resíduos de madeira provenientes da construção civil (3 %) e os gerados em áreas urbanas (8 %) (MMA, 2009; STCP, 2011; SAE, 2011).

A Tabela 12.4 ilustra a porcentagem de resíduos de madeira gerados anualmente no Brasil, onde se verifica a enorme disponibilidade de resíduos não aproveitados adequadamente.

Apenas parte do volume de resíduos gerados tem alguma exploração econômica, social ou ambiental. A maioria dos resíduos de madeira gerados na Região Amazônica, por exemplo, é abandonada ou queimada sem fins energéticos.

Nesse setor, cumpre observar o significativo potencial de geração de eletricidade com os resíduos de manejo de florestas nativas, os quais chegam a atingir até 8 m^3 por cada m^3 de madeira (incluindo os processos de extração e serrarias). As grandes empresas da indústria madeireira na Amazônia aproveitam este potencial para produção de carvão vegetal (Silva *et al.*, 2007; Numazawa, 2009). Em particular, no caso de regiões

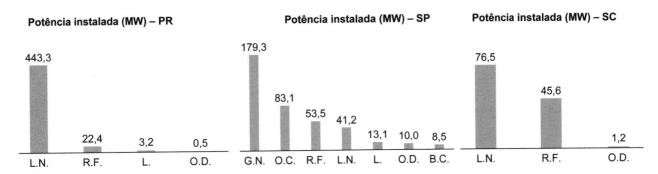

FIGURA 12.20 Potência instalada por biocombustível nos três principais estados produtores de energia em plantas de papel e celulose. L. N.: licor negro, R. F.: resíduos florestais, L.: lenha, O. D.: óleo diesel, G. N.: gás natural, O. C.: óleo combustível, B. C.: bagaço de cana-de-açúcar.

Fonte: elaborada a partir de SIGA ANEEL (2019).

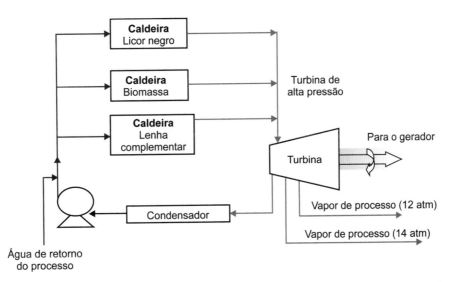

FIGURA 12.21 Configuração típica de uma planta de cogeração em uma indústria integrada de papel e celulose.

Fonte: Coelho et al. (1996).

TABELA 12.4 Estimativa da quantidade de resíduos de madeira gerados no Brasil

Setor	Resíduos de madeira (10³ t/ano)	%
Indústria madeireira	27.750	90,7
Construção civil	923	3,0
Áreas urbanas	1950	6,3

Fonte: Escobar (2016).

isoladas, esse excedente pode ser usado para aumentar o acesso à energia das comunidades, como discutido na Seção 12.2.

Atualmente, com os avanços conquistados na área da silvicultura no Brasil, tornam-se promissoras as expectativas quanto ao uso da biomassa florestal como insumo para geração de energia, substituindo os combustíveis tradicionais, não somente por suas características energéticas, mas também pelo potencial de redução dos gases de efeito estufa.

O Brasil é um dos maiores produtores de madeira proveniente de florestas plantadas, com aproximadamente 7,8 milhões de hectares, dos quais 5,8 milhões são certificados. Desse total, 35 % são direcionados à fabricação de celulose e papel, 30 % produtores independentes, 13 % destinados à siderurgia, 9 % provenientes de investidores financeiros, 6 % painéis e pisos laminados, 4 % produtos sólidos de madeira e 3 % outras utilidades (IBÁ, 2018). O país se destaca na produção do *Eucalyptus* spp., com uma área plantada de aproximadamente 5,8 milhões de hectares, e do gênero *Pinus* spp., com cerca de 1,6 milhão de hectares (IBÁ, 2017).

A utilização da biomassa florestal como fonte de energia é, sem dúvida, a alternativa que contempla a vocação natural do Brasil. Além disso, o custo da madeira plantada é baixo, em torno de 20 R$/tonelada, em razão da curva de aprendizado de mais de 60 anos em melhoramento genético no gênero *Eucalyptus* spp., que, hoje, pode ser produzido em diversas regiões do país (Macedo, 2001; Escobar, 2013).

No caso das florestas energéticas, trata-se de uma fonte de biomassa decorrente de plantações de curta rotação (2 a 3 anos), isto é, florestas de crescimento rápido, apresentando maior número de plantas por hectare, visando maior produção de massa seca em menor área útil.

As chamadas "florestas energéticas" para o cultivo de *Eucalyptus* e *Pinus*, espécies com longa tradição no Brasil, poderiam ser destinadas à produção de florestas de crescimento rápido, que estão atingindo valores próximos a 120 m³/ha (45 toneladas por hectare, massa seca) em ciclos de apenas um ano. Nesse contexto, as florestas plantadas para fins energéticos apresentam cenário muito positivo. O desenvolvimento de uma produção em escala de *Eucalyptus* e *Pinus* que aperfeiçoe a obtenção de energia a partir da biomassa florestal é fundamental para o aproveitamento desse potencial.

Os avanços tecnológicos alcançados na geração de eletricidade a partir da biomassa sólida e o desenvolvimento do setor florestal brasileiro (aumento de produtividade, melhoramento genético, redução de custos etc.) possibilitam imaginar um cenário favorável para o desenvolvimento das plantações energéticas como fonte de matéria-prima para a produção de biomassa florestal em grande escala, que possa atender à demanda térmica de alguns setores nacionais e/ou internacionais de forma competitiva ante os combustíveis tradicionais (Muller, 2005; Escobar, 2013).

Na região Centro-Oeste, verifica-se atualmente um interesse significativo pelo aproveitamento energético de resíduos florestais, não apenas do manejo de florestas nativas como também de florestas plantadas. No Mato Grosso, por exemplo, há nove empresas que aproveitam os resíduos de floresta para geração de energia, totalizando 66.975 kW de potencial instalado. O município de Aripuanã possui a maior representatividade, com um total de três empresas (Usina Termelétrica Nortão, Guaçu Geração de Energia e Usina Termelétrica Conselvan), gerando juntas 32.775 kW. O município é responsável por metade da geração do estado do Mato Grosso (SIGA ANEEL, 2019).

Na Fig. 12.22, estão indicadas as termelétricas que utilizam resíduos de floresta registradas pela ANEEL no ano de 2019. Observa-se uma elevada concentração de termelétricas na parte sul do país, provavelmente em função das extensas áreas de cultivo florestal (*Pinus* spp. e *Eucalyptus* spp.). Os cinco maiores produtores de energia a partir de resíduo de floresta no Brasil são: Santa Catarina, Mato Grosso, Paraná, São Paulo e Minas Gerais.

Para o ano de 2019, estão registradas pela ANEEL 58 usinas que funcionam a partir de resíduo de floresta. A maior capacidade instalada se encontra no estado de Santa Catarina, com um total de 112.650 kW. Essa região é conhecida por suas extensas áreas de reflorestamento, disponibilizando matéria-prima para geração de energia. Com relação ao Mato Grosso (segundo maior potencial instalado), há poucas áreas destinadas a cultivo de florestas de rápido crescimento se comparado aos outros estados, concentrando-se na parte central e sul do estado. Como a maioria das termelétricas movidas a resíduos de floresta encontra-se na região Norte, basicamente são alimentadas por resíduos de manejo de florestas nativas, como ilustrado na Fig. 12.23.

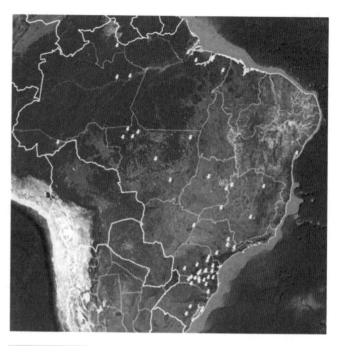

FIGURA 12.22 Localização das termelétricas movidas a resíduo de florestas no Brasil.

Fonte: elaborada a partir de SIGA ANEEL (2019).

12.4 Aproveitamento energético de resíduos urbanos e rurais

12.4.1 Resíduos rurais/animais

Atualmente, o Brasil possui uma forte indústria produtora de proteína animal, graças ao investimento realizado em organização, tecnologia e desenvolvimento de produtos ao longo de pelo menos seis décadas, por cooperativas e indústrias chamadas "integradoras".[29]

A questão ambiental passou a ser encarada sob a ótica da necessidade de se conciliar o desenvolvimento de uma nação com o aumento no consumo de água e energia, e associado à geração de resíduos, agravando-se o aspecto relativo ao aumento de poluição. Nesse sentido, os diversos setores da produção animal começaram a se organizar para atender a dois requisitos com o objetivo de que seus produtos pudessem competir e tivessem boa aceitação no mercado: questões legais e exigência dos mercados interno e externo (Lucas Jr.; Santos, 2000).

Esses dois requisitos devem se associar à questão de sustentabilidade ambiental diretamente ligada à disposição adequada dos resíduos, bem como ao seu uso como fonte de energia sustentável. Os resíduos pecuários são aqueles resultantes da

---

[29] Em decorrência dessa mudança no modelo de produção, o país está bem situado no mercado internacional e vem conseguindo aproveitar o crescimento da demanda que está acompanhando tanto o deslocamento da produção, por sua inviabilização ambiental na Europa e alguns países da Ásia, quanto o crescimento da renda.

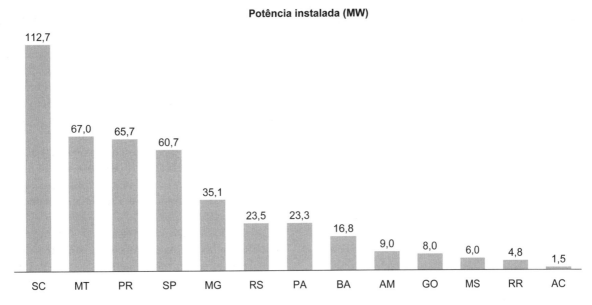

FIGURA 12.23 Potência instalada por estado, em MW, a partir de resíduos de floresta.
Fonte: elaborada a partir de SIGA ANEEL (2019).

atividade pecuária intensiva ou extensiva, como esterco e outros produtos resultantes da atividade biológica dos bovinos, suínos, aves, entre outros. Esse tipo de resíduo é importante matéria-prima para a produção de biogás, que pode ter papel fundamental no suprimento energético da zona rural.

O lançamento dos resíduos pecuários e agroindustriais sem tratamento prévio em corpos hídricos provoca a elevação da DBO da água, além da eutrofização e proliferação de doenças veiculadas pela água. A atividade mais importante para a produção e a utilização do biogás é o manejo e disposição dos dejetos suínos, em função de seu alto potencial poluidor e também por serem criados em confinamento.

Segundo o estudo desenvolvido pelo GBio/IEE/USP (2019), apenas no que se refere aos resíduos provenientes da suinocultura no estado de São Paulo existe um potencial disponível de 7 MW, ou seja, cerca de 49 mil MWh por ano de energia (Coelho et al., 2019).

No entanto, a criação que possui maior potencial é a bovinocultura de corte, que gera cerca de 268 m³ de biogás ao ano por animal. Porém, a dificuldade de utilização é que o principal sistema de criação se dá de forma extensiva, no qual o resíduo permanece no campo e é utilizado como adubo. Para o estado de São Paulo, existe um potencial disponível de 34 MW, que pode gerar 253 mil MWh por ano de energia (Coelho et al., 2019).

Na avicutura de corte e poedeira, por mais que a geração por cabeça seja baixa (0,32 m³ de biogás/ ano/ animal), a quantidade de cabeças do país é significativa, podendo ter uma contribuição maior do que bovinos e suínos. Para o estado de São Paulo, existe um potencial disponível de 45 MW (36 MW para aves poedeiras e 9 MW para aves de corte), que pode gerar aproximadamente 335 mil MWh por ano de energia nos dois sistemas de criação (Coelho et al., 2019).

No entanto, essas criações são unidades isoladas (granjas avícolas e de suínos), o que dificulta o tratamento do efluente para a geração de biogás, além de a viabilidade desse tipo de projeto depender de grande disponibilidade dos resíduos. Assim, talvez seja mais indicada uma solução integrada com diversos criadores.

Esse modelo de solução foi utilizado pelo CIBiogás, no Condomínio de Agroenergia para Agricultura Familiar da Microbacia do Rio Ajuricaba, criado pela Itaipu em parceria com a Unesco[30] (CIBiogás, 2014). Recentemente, esse centro iniciou os estudos e testes do ônibus movido a biometano[31] (PTI, 2014).[32]

Para que esse projeto seja implantado em diversas regiões do Brasil, há necessidade de fortalecimento da cadeia de produção de biogás, bem como melhoria na regulamentação.

---

[30] O projeto é composto de 33 propriedades rurais que somam um plantel de aproximadamente 400 vacas e 5000 cabeças de suínos. Na área da Microcentral, o biogás produzido possui três possibilidades de conversão: energia elétrica, energia térmica e uso veicular.

[31] A ação faz parte de um projeto executado, de maneira conjunta, por Itaipu Binacional, Fundação Parque Tecnológico Itaipu, Scania do Brasil, Granja Haacke e Centro Internacional de Energias Renováveis – Biogás (CIBiogás-ER). O objetivo é demonstrar, monitorar e regulamentar a produção de biogás, transformado em biometano por meio de filtros específicos, em uma alternativa para a mobilidade rural e urbana.

[32] Ainda segundo o PTI (2014), o biometano utilizado na iniciativa é produzido na Granja Haacke, localizada no município de Santa Helena (PR) e integrante do conjunto de unidades de demonstração do CIBiogás-ER. A granja tem um plantel com mais de 80 mil galinhas poedeiras e 750 bovinos de corte, que produzem ao todo 960 metros cúbicos de biometano por dia com os dejetos gerados.

Cabe ressaltar que cada região brasileira possui sistemas de criações diferenciados e deve-se respeitar essas diferenças para estimular a produção de biogás. Além disso, essa atividade produtiva é constante e sempre se mantém em expansão, o que a torna importante para a balança comercial do país.

Infelizmente, os motivos para maior difusão e utilização são carência de informações dos criadores, pouco acesso a tecnologias adequadas de tratamento, baixa capacidade de investimento e a falta de incentivo. Caso os dejetos provenientes da pecuária fossem totalmente tratados e aproveitados para geração de energia, contribuiria para o aumento da renda dos criadores, bem como o fortalecimento da geração distribuída e alívio no consumo de energia da rede do Sistema Interligado Nacional (SIN).

Em termos de tecnologia, a mais usada nos projetos mencionados é a biodigestão anaeróbia em reatores UASB, apresentados na Seção 12.2.1. Nos (poucos) projetos em desenvolvimento, trata-se de um motor a gás adaptado para biogás (CENBIO/IEE/USP, 2007; Lemos, 2013), o que pode representar uma barreira pela reduzida disponibilidade desses motores no país.

12.4.2 Resíduos urbanos

12.4.2.1 Esgoto sanitário

As profundas desigualdades regionais existentes na infraestrutura de saneamento fazem da universalização e da melhoria dos serviços de abastecimento de água, esgotamento sanitário, limpeza urbana, coleta de lixo e drenagem urbana um objetivo a ser alcançado, ainda hoje, pelo Estado e conquistado pela sociedade brasileira (IBGE, 2011).

Conforme a publicação "Diagnóstico Temático – Serviço de Água e Esgoto", do Sistema Nacional de Informações sobre Saneamento (SNIS), a população total atendida com rede coletora de esgoto no país (urbano e rural) foi de 55 % em 2020. Já o índice de atendimento urbano de coleta de esgoto corresponde a 63,2 % da população (SNIS, 2021).

O documento aponta ainda que o índice médio de tratamento de esgoto coletado, que indica a parcela de esgoto tratado com relação à parcela de esgoto coletado, foi de 79,8 % em 2020 (SNIS, 2021). A Tabela 12.5 apresenta os níveis de atendimento com rede de esgoto dos municípios em 2020, segundo as regiões geográficas.

Observa-se, portanto, que pouco mais da metade da população é atendida com a coleta de esgoto no país. Isso significa que o esgoto não coletado referente a 45 % dos municípios brasileiros tem destinos diversos e incorretos, como lançamento em rede de águas pluviais e disposição direta no solo ou nos corpos d'água (SNIS, 2021; ANA, 2017).

Ainda sobre os dados apresentados na Tabela 12.5, observa-se que boa parte (20,2 %) do esgoto coletado no Brasil não é tratado antes de ser lançado em corpos d'água, acarretando poluição dos recursos hídricos e afetando diretamente a saúde da população (SNIS, 2021).

Esses dados revelam que o sistema de tratamento de esgoto sanitário ainda continua insuficiente para atender à demanda do setor, uma vez que somente a metade dos municípios brasileiros faz coleta de esgoto e que grande parte do esgoto coletado não recebe tratamento adequado antes de ser lançado nos corpos d'água.

De acordo com o Instituto Trata Brasil (2018), por meio da publicação "Benefícios Econômicos e Sociais da Expansão de Saneamento no Brasil", o número de brasileiros sem acesso a esses serviços ainda é significativo e o desafio da universalização, cada vez maior. Esse estudo analisa a evolução do saneamento no país entre 2004 e 2016 e seus impactos sobre a sociedade, focando, principalmente, nos reflexos sobre a economia. O estudo também traz um balanço dos benefícios sociais e econômicos que a população brasileira terá com a universalização do saneamento no longo prazo.

Diante de diversas alternativas para o tratamento do efluente, a digestão anaeróbia pode ser a mais viável nas grandes cidades, onde a questão do espaço urbano é mais complexa.

O potencial de produção de biogás pelas ETEs é escassamente aproveitado e tem destinação insatisfatória. Para o estado de São Paulo, existe um potencial disponível de 50 MW, que pode gerar cerca de 350 mil MWh por ano de energia (Coelho *et al.*, 2019). Entretanto, há alternativas tecnologicamente viáveis para o aproveitamento energético do biogás produzido nas ETEs, tais como uso em caldeiras, injeção na rede existente de gás natural ou uso como combustível veicular. Cada uma

TABELA 12.5 Níveis de atendimento com rede de esgoto dos municípios em 2017, por região geográfica

Macrorregião	Índice de atendimento com rede (%)		Índice de tratamento de esgoto (%)
	Coleta de esgoto		Esgoto coletado
	Total	Urbano	Total
Norte	10,2	13,0	84,6
Nordeste	26,9	34,8	80,8
Sudeste	78,6	83,2	67,3
Sul	43,9	50,6	93,3
Centro-Oeste	53,9	59,5	92,6
Brasil	52,4	60,2	73,7

Fonte: elaborada a partir de SNIS (2021).

dessas alternativas de utilização implica, por sua vez, diferentes tipos de tratamentos do biogás, de forma a atingir os requisitos técnicos para tal destinação.

Para cada um dos usos finais do biogás existem distintas rotas tecnológicas e se faz necessária uma comparação dos aspectos de sustentabilidade entre as opções. Por exemplo, no caso de uso de biogás para fins térmicos, as experiências existentes utilizam o biogás sem separação do CO_2, enquanto para uso veicular, há necessidade de separação/purificação do CH_4.

No Brasil, existem alguns projetos interessantes de geração de energia elétrica em ETE:

- ETE da Companhia de Saneamento Básico do Estado de São Paulo (Sabesp), no município de Franca (SP): nessa ETE, há uma planta piloto em um projeto conjunto com o Instituto Fraunhofer de Stuttgart, Alemanha, para produção de biogás e biometano destinados a utilização em veículos. Recentemente, foi implantado o sistema de purificação do biogás, produzindo o biometano,[33] utilizado como combustível para veículos na frota da Sabesp da região de Franca, reduzindo o consumo de combustível e as emissões de poluentes (Sabesp, 2014; Miki *et al.*, 2019).

- ETE da Companhia de Saneamento de Minas Gerais (Copasa): esse sistema de cogeração de energia elétrica da Copasa tem por objetivo evitar que gases de efeito estufa (liberados no processo de tratamento de esgoto) sejam emitidos ao meio ambiente, além de fornecer 90 % da energia consumida pela ETE Arrudas. O biogás gerado é canalizado para a estação termelétrica instalada na ETE, onde é queimado, acionando as turbinas (turbinas a gás) que produzem eletricidade. A ETE Arrudas é a única estação, de toda a América Latina, a contar com essa tecnologia. O sistema tem capacidade de produção de 2,4 MW, o suficiente para abastecer cerca de 3000 residências (Copasa, 2013).

Na verdade, essa tecnologia de uso de turbinas a gás para biogás das ETEs foi trazida pela primeira vez para o Brasil por meio do projeto piloto EnerBiog em 2001-2005, realizado pelo CENBIO/IEE/USP e pela Sabesp (Cenbio/IEE/USP, 2012b), custeado pela Financiadora de Estudos e Projetos (Finep), que pela primeira vez na América Latina implantou turbinas a gás para biogás.

Considerando o potencial de energia elétrica disponível a partir do tratamento de esgoto sanitário no estado de São Paulo, conforme resultados apresentados por Coelho *et al.* (2019), seria possível suprir cerca de 1 % da energia elétrica consumida no setor residencial do estado em 2017. De acordo com o Balanço Energético do Estado de São Paulo 2018 – Ano Base 2017 (BEESP, 2018), o consumo residencial de eletricidade no estado, em 2017, foi de 38.988 GWh.

Quanto ao biometano disponível a partir do tratamento de esgoto sanitário no estado de São Paulo (0,102 bilhão de Nm^3, em 2017), seria possível suprir cerca de 2 % do gás natural consumido no estado, em 2017. Segundo o Anuário de Energéticos por Município no Estado de São Paulo 2018 – Ano Base 2017, o consumo de gás natural no estado, em 2017, foi de aproximadamente 5 bilhões de Nm^3 (Governo do Estado de São Paulo, 2018).

12.4.2.2 Resíduos sólidos

Os resíduos sólidos de origem domiciliar, poda, varrição, comercial e industrial não perigosos são denominados resíduos sólidos urbanos (RSU), de acordo com a classificação estabelecida no art. 13 da Política Nacional de Resíduos Sólidos (PNRS) – Lei nº 12.305, de 2 agosto de 2010, regulamentada pelo Decreto nº 7404, de 23 dezembro de 2010.

De acordo com o Panorama dos Resíduos Sólidos no Brasil 2022, lançado pela Associação Brasileira de Empresas de Limpeza Pública e Resíduos Especiais, o Brasil gerou 224 mil t de RSU diariamente, acarretando 81,8 milhões de toneladas geradas no ano (ABRELPE, 2022).

Do total de resíduo gerado em 2022, cerca de 76,1 milhões de toneladas foram coletadas (208.543 t diárias). Isso significa que aproximadamente 93 % do RSU gerado foi coletado, ou seja, cerca de 5,7 milhões de toneladas receberam um destino incerto e sanitariamente inadequado, tornando-se vetores de doenças e poluição do meio ambiente (ABRELPE, 2022).

Ainda segundo a Abrelpe (2022), de todos os RSU coletados no país, apenas 61 % (ou 46,4 milhões de toneladas) foram destinados a aterros sanitários em 2022 e, anualmente, mais de 30,18 milhões de toneladas (correspondentes a 39,5 % do RSU coletado) são enviados a aterros controlados ou lixões, onde não recebem o tratamento final adequado, o que resulta em elevado potencial de poluição ambiental e impactos negativos à saúde, conforme discutido adiante.

O consumo de alguns materiais em maior proporção que outros, além de afetar as taxas de geração de resíduos, afeta também a composição gravimétrica média deles, sendo que o principal componente dos resíduos brasileiros é a fração orgânica (45,3 %), a qual abrange resíduos de alimentos, resíduos verdes e de madeira, seguida pelos resíduos secos (33,6 %). Dentro dos resíduos secos se encontram plásticos, papel/papelão, vidro, metal e embalagens multicamadas (ABRELPE, 2020).

Na 27ª Conferência das Partes – COP27 da Convenção-Quadro das Nações Unidas sobre Mudanças Climáticas, realizada no Egito, o Brasil confirmou seu compromisso de reduzir 37 % dos níveis de emissões de GEE até 2025 e 50 % até 2030, em comparação com 2005 (332 milhões de toneladas de CO_2-eq) e alcançar a neutralidade em 2050, aumentando a participação da bioenergia sustentável em sua matriz energética (UNFCCC, 2022). Entretanto, em 2021 o setor de resíduos foi responsável por 4% do total de emissões de GEE no Brasil (SEEG, 2023).

Em diversos países, há esforços para diminuir por lei a quantidade de resíduos destinados a aterros sanitários assim

---

[33] Remoção de impurezas, umidade, ácido sulfídrico (H_2S) e dióxido de carbono (CO_2) para que o biogás se transforme em biometano (Coelho *et al.*, 2018). No Brasil, o biometano deve ter concentrações de metano acima de 90 %, segundo resoluções da ANP (ANP, 2015; 2017).

como o uso de locais inadequados, permitindo que ocorra desenvolvimento acelerado de alternativas diversas para o seu uso. No caso do Brasil (Fig. 12.24), a Lei nº 12.305/2010 instituiu a Política Nacional de Resíduos Sólidos (PNRS), que estabelece claramente a distinção entre resíduo/rejeito e destinação final/disposição final. O resíduo, após a destinação final, se torna o rejeito que deverá ter a disposição final em aterros sanitários. A destinação e a disposição devem obedecer às normas operacionais específicas de modo a minimizar os impactos ambientais adversos e a evitar danos ou riscos à saúde pública e à segurança. Além disso, a PNRS apresenta a hierarquia de: não geração, redução, reutilização, reciclagem e tratamento dos resíduos sólidos, também a disposição final ambientalmente adequada deles; adoção, desenvolvimento e aprimoramento de tecnologias limpas como forma de minimizar os impactos ambientais; e incentivar o desenvolvimento de sistemas de gestão ambiental e empresarial para a melhoria dos processos produtivos e o reaproveitamento dos resíduos sólidos, incluindo a recuperação e o aproveitamento energético. Também estabeleceu prazos limites ou temporais para algumas ações, tais como a eliminação de lixões e a consequente disposição final ambientalmente adequada dos rejeitos até 2 de agosto de 2014.

A PNRS estabeleceu importantes instrumentos, como o Plano Nacional de Resíduos Sólidos (PLNRS) (MMA, 2012). Em 2011, foi apresentada a versão preliminar do PLNRS, o qual tinha vigência por prazo indeterminado e horizonte de vinte anos. De acordo com diagnóstico apresentado no Plano, identificaram-se 2906 lixões no Brasil, distribuídos em 2810 municípios. Em números absolutos, o estado da Bahia é o que apresenta mais municípios com presença de lixões (360), seguido por Piauí (218), Minas Gerais (217) e Maranhão (207) (MMA, 2012). No entanto, a maior parte dos municípios, por falta de quadros técnicos e por insuficiência de recursos financeiros, não conseguiu cumprir a determinação legal de disposição final ambientalmente adequada, sendo prorrogado o prazo de eliminação de lixões por mais dois anos, mediante o projeto de Lei do Senado nº 425, de 2014 (BRASIL, 2014).

A proposta inicial era apenas prorrogar por mais dois anos o prazo para a disposição final, no entanto, em 2015, mediante o Projeto de Lei do Senado nº 2289/2015 (BRASIL, 2015) foram definidos novos prazos para implementação de métodos de disposição final ambientalmente adequados:

1. até 31 de julho de 2018, para capitais de estados e municípios integrantes de Região Metropolitana ou de Região Integrada de Desenvolvimento de capitais;
2. até 31 de julho de 2019, para municípios com população superior a 100.000 habitantes no Censo 2010, bem como para municípios cuja mancha urbana da sede municipal esteja situada a menos de 20 km da fronteira com outros países limítrofes;
3. até 31 de julho de 2020, para municípios com população entre 50.000 e 100.000 habitantes no Censo 2010;
4. até 31 de julho de 2021, para municípios com população inferior a 50.000 habitantes no Censo 2010.

Entretanto, o prazo inicial estabelecido pela Lei não foi cumprido pela maioria dos municípios. Em janeiro de 2018, o Ministério da Transparência, Fiscalização e Controladoria-Geral da União divulgou o resultado de avaliação da atuação do Ministério do Meio Ambiente (MMA) e do Ministério das Cidades (MCid) na execução da meta, prevista na PNRS, de destinação final ambientalmente correta dos resíduos urbanos (eliminação dos lixões e aterros controlados e sua substituição por aterros sanitários) (CGU, 2018).

O tema foi selecionado em razão de que o descumprimento da Lei nº 12.305/2010 acarreta danos não só ao meio ambiente, mas também à saúde pública. Os auditores consideraram, ainda, critérios de materialidade (custos de universalização de quase R$ 12 bilhões até 2031 em infraestrutura) e de criticidade (os órgãos responsáveis apresentam dificuldades administrativas, restrições fiscais e quadro técnico despreparado) (CGU, 2018). Apesar dos novos prazos, o art. 54 da Lei nº 12.305/2010 (BRASIL, 2010) foi atualizado em 2020 pela

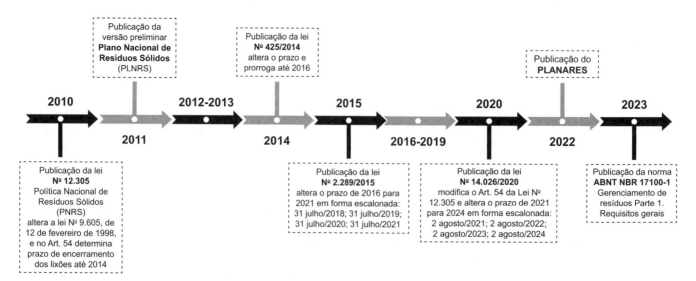

FIGURA 12.24 Linha do tempo do marco legal da eliminação de locais inadequados para disposição final dos resíduos sólidos urbanos.

Lei nº 14.026/2020 (BRASIL, 2020). A lei definiu novos prazos sobre a disposição final ambientalmente adequada dos rejeitos:

1. até 2 de agosto de 2021, para capitais de Estados e Municípios integrantes de Região Metropolitana ou de Região Integrada de Desenvolvimento de capitais;
2. até 2 de agosto de 2022, para municípios com população superior a 100.000 habitantes no Censo 2010, bem como para municípios cuja mancha urbana da sede municipal esteja situada a menos de 20 km da fronteira com outros países limítrofes;
3. até 2 de agosto de 2023, para municípios com população entre 50.000 e 100.000 habitantes no Censo 2010;
4. até 2 de agosto de 2024, para municípios com população inferior a 50.000 habitantes no Censo 2010.

A ausência de coleta seletiva adequada na fonte faz com que materiais com elevado valor agregado se misturem às demais frações de resíduos, prejudicando seu aproveitamento em processos de recuperação ou reciclagem, ou até mesmo impossibilitando a sua utilização, pois essa mistura de materiais dificulta a separação pelos processos de triagem e, como consequência, gera resíduos que devem ser descartados. No Brasil, 1692 (30,37 %) municípios não possuem nenhum tipo de iniciativa de coleta seletiva e 3878 (69,63 %) municípios não cumprem as diretrizes totais recomendadas pela PNRS para o gerenciamento de resíduos sólidos (Costa; Dias, 2020). O país vem aumentando a produção de resíduos, a reciclagem ainda é incipiente (< 3 %) e cerca de 2600 lixões existentes no Brasil, que deveriam ter sido erradicados, continuam em atividade.

O prazo inicial para encerramento de lixões, conforme a Lei nº 12.305/2010, foi 2 de agosto de 2014, e, partir dessa data, os rejeitos deveriam ter uma disposição final ambientalmente adequada. Esse prazo fez parte das metas dos planos estaduais ou municipais de resíduos sólidos, que devem prever desde a distribuição ordenada de rejeitos em aterros, a fim de evitar danos ou riscos à saúde pública, à segurança e a minimizar os impactos ambientais adversos, até a coleta seletiva. Além disso, o município deve estabelecer metas de redução da geração de resíduos sólidos.

A PNRS não trata expressamente de encerramento de lixões, mas essa é uma consequência da disposição final ambientalmente adequada dos rejeitos, a qual deve estar refletida nas metas para eliminação e recuperação desses lixões em seus respectivos planos de resíduos sólidos.

Com o intuito de resolver os problemas de gerenciamento e disposição final de forma adequada dos resíduos, em 2022 foi apresentado o Plano Nacional de Resíduos Sólidos (Planares), uma estratégia de longo prazo em âmbito nacional para operacionalizar as disposições legais, princípios, objetivos e diretrizes da PNRS. O Planares, com base em premissas consideradas, apresenta nove metas, diretrizes, projetos e ações voltadas à consecução dos objetivos da Lei para um horizonte de 20 anos (até 2040).

Dentro das metas estabelecidas no Planares, destacam-se: aumentar a capacidade de gestão dos municípios; eliminar práticas de disposição final inadequada e encerrar lixões e aterros controlados (novo prazo 2 de agosto de 2024); recuperar 48,1 % da massa total de RSU, de forma escalonada, em âmbito nacional até 2040; recuperar 20 % de recicláveis secos, com relação à massa total de RSU, até 2040; recuperar 13,5 % da fração orgânica, com relação à massa total de RSU, até 2040; aproveitar energeticamente mais do 60 % do biogás gerado em processos de digestão anaeróbia e nos aterros sanitários; e aumentar a recuperação e o aproveitamento energético por meio de tratamento térmico de RSU (14,6 % dos RSU em âmbito nacional).

Nesse sentido, a hierarquia de gestão de resíduos estabelecida na Diretiva 2008/98/EC aborda cinco princípios fundamentais: prevenção, reutilização, reciclagem, valorização de resíduos e descarte ambientalmente adequado. A conversão de resíduos em energia (*Waste-to-Energy* – WtE) dentro de um plano de gestão de resíduos é considerada um tipo de recuperação de recursos que deve ser analisada antes da disposição final dos resíduos.

De acordo com a Renewable Energy Policy Network for the 21st Century (REN21, 2022), os RSU são uma mistura de materiais renováveis à base de biomassa e materiais de origem fóssil cujas proporções variam segundo as condicionantes locais. Em geral, pressupõe-se que 50 % do material que compõe o fluxo de resíduos são renováveis. Dessa forma, do ponto de vista energético, os RSU fazem parte do grupo de fontes de bioenergia modernas, os quais contribuem na oferta global de energia de fontes renováveis na forma de calor e/ou eletricidade (12,6 % da geração mundial de energia renovável) (REN21, 2022).

As tecnologias WtE disponíveis para o tratamento de RSU compreendem tratamentos termoquímicos (combustão/incineração, gaseificação e pirólise) e bioquímicos (digestão anaeróbia e mecânico-biológico), os quais são empregados em conjunto com a reciclagem. Assim, possibilita-se a recuperação energética de resíduos que, por motivos de contaminação, não têm possibilidade de reaproveitamento (Reddy, 2015). Mais detalhes sobre esse assunto encontram-se disponíveis em Coelho *et al.* (2019).

A seguir, apresentam-se as tecnologias mais usadas para aproveitamento de RSU.

Combustão/incineração

Entre os processos termoquímicos, a tecnologia dominante e disponível comercialmente para a recuperação de energia é a combustão/incineração. A combustão de resíduos é a oxidação dos produtos combustíveis contidos no fluxo de RSU, convertendo a energia armazenada nas ligações químicas em energia térmica, que pode ser empregada na forma de calor e/ou eletricidade (Branchini, 2015). Os sistemas utilizados podem ser divididos em duas categorias, baseadas nas características do combustível: Combustível Derivado de Resíduo (CDR); e combustão direta (*mass burning*). Nos sistemas de combustão de CDR, os RSU são usualmente triturados para reduzir o tamanho e segregados para recuperar e remover metais, vidro e outros produtos. Este processamento advém da concentração de componentes combustíveis que constituem os RSU, resultando em um combustível com maior Poder Calorífico Inferior (PCI) (12 – 14 MJ·kg^{-1}). Nos sistemas de combustão direta, os RSU são alimentados diretamente dentro de um forno e queimados em uma grelha móvel sem pré-tratamento (PCI = 6 – 10 MJ·kg^{-1}) com geração de vapor superaquecido, o qual alimenta uma turbina a vapor em um ciclo de Rankine operando com superaquecimento (Branchini, 2015).

De acordo com a Fig. 12.25, nas usinas de conversão de resíduos em energia, os RSU coletados nas cidades em veículos coletores são colocados em um fosso gigante, e logo são conduzidos com um guindaste ao sistema de alimentação que direciona o resíduo até a zona de combustão. O calor gerado é absorvido pela água na parede da câmara de combustão, produzindo vapor saturado que, na sequência, é superaquecido e direcionado às turbinas gerando eletricidade e/ou calor, para sistemas de calefação, em alguns casos particulares. Os gases de combustão produzidos juntamente com as cinzas volantes são direcionados aos equipamentos de recuperação de calor, enquanto as cinzas de fundo são recuperadas na parte inferior da grelha. Os gases de combustão, após passarem pelos equipamentos de recuperação de calor, são direcionados ao processo de limpeza de gases, onde o material particulado (cinzas volantes) e poluentes são coletados, ou neutralizados, emitindo para a atmosfera gases de exaustão dentro dos limites regulamentados (Reddy, 2015).

O êxito da incineração dos RSU depende, primeiramente, dos dados precisos da taxa de geração e suas características, já que essas são a base para o projeto da planta de incineração. Para que a planta de incineração opere em forma contínua, a geração de resíduos deve ser estável durante o ano. É necessário realizar estudos completos para estabelecer se é possível incinerar durante todo o ano, já que a sazonalidade pode afetar significativamente a combustibilidade dos RSU. O fluxo médio anual de resíduos não deve ser menor que 50 mil toneladas, e as variações entre as semanas no fornecimento de resíduos não devem exceder 20 % (Rand et al., 2000).

Os RSU devem cumprir com certos requisitos básicos. A capacidade para manter um processo de combustão sem combustível suplementar depende de vários parâmetros físicos e químicos, cujo valor do poder calorífico inferior é o mais importante. A composição variável dos RSU afeta a eficiência operativa do sistema de combustão, onde cada componente do fluxo de resíduos apresenta seu próprio valor energético (Gutierrez-Gomez et al., 2021), que demanda uma determinada quantidade de oxigênio para assegurar a combustão adequada e eficiente. Para garantir o consumo do combustível, o fluxo de RSU deve ser homogêneo (misturar antes da combustão). A característica dos RSU dos países em desenvolvimento é seu alto teor de umidade (aproximadamente 50 %) comparado com o teor de umidade dos RSU gerados nos Estados Unidos e em países europeus, que varia na faixa de 20 a

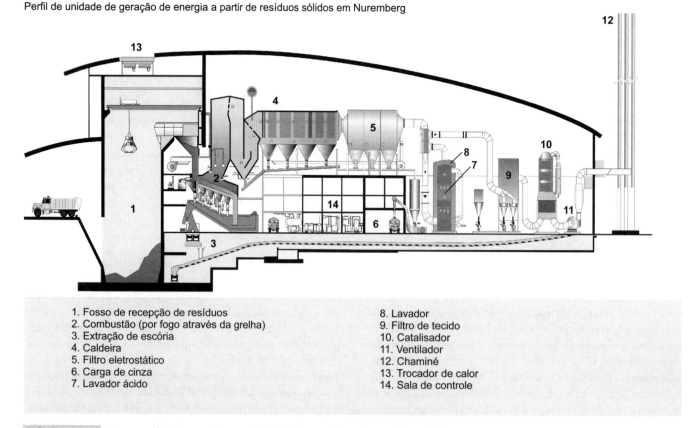

FIGURA 12.25 Processo de incineração para RSU (planta em Nuremberg, Alemanha).

Fonte: notas de aula de S. Coelho.

30 % (Gutierrez-Gomez, 2016). O teor de umidade alto reduz a temperatura máxima de combustão (temperatura adiabática de combustão), influi no volume do gás de combustão gerado por unidade de energia e incrementa o tempo de residência na câmara de combustão (van Loo; Koppejan, 2008). Além disso, o alto teor de umidade pode causar combustão incompleta, eficiências térmicas globais baixas, emissões excessivas e formação de produtos como alcatrões, que podem interferir no sistema de combustão (Branchini, 2015).

A combustão/incineração dos RSU é uma alternativa importante no tratamento dos resíduos, já que permite diminuir cerca de 90 % do seu volume e 75 % do peso. A quantidade de energia recuperada da combustão de RSU pode variar significativamente com as características do resíduo alimentado na caldeira (vazão mássica, composição, poder calorífico inferior), a tecnologia de combustão, a configuração e as características da caldeira de recuperação (adiabático ou integrado), e as características do ciclo termodinâmico (Reddy, 2015). Em algumas situações, a separação na fonte (reciclagem) não é uma prática comum e o RSU é descartado em uma instalação *mass burning*; assim, todo o vidro, metal e materiais não combustíveis são conduzidos pelo forno de grelha móvel, resultando em cinzas de fundo que podem ou não conter metais e vidro não recuperados.

A queima de aproximadamente 1 tonelada de RSU origina entre 250 e 300 kg de cinzas de fundo, 20 a 40 kg de resíduos do controle de poluição de ar e o restante é emitido como gás de combustão (Valorsul, 2020). As cinzas de fundo, geralmente formadas pelos componentes inorgânicos dos resíduos, possuem metais ferrosos e não ferrosos que podem ser separados e destinados para reciclagem. As cinzas e o pó de filtro (material particulado proveniente dos equipamentos de controle de poluição ambiental) são rejeitos e precisam ser depositados em aterro industrial.

As substâncias presentes nos resíduos podem variar a composição dos gases emitidos na combustão, já que os resíduos contêm diversos elementos como halogênios, enxofre, fósforo, metais pesados (chumbo, cádmio e arsênio) e metais alcalinos que podem levar à produção de HCl (ácido clorídrico), HF (ácido fluorídrico), cloretos, compostos nitrogenados, óxidos de metais e outros subprodutos da combustão, os quais devem ser controlados para evitar emissões que possam causar danos à saúde e ao meio ambiente (Reddy, 2015). Nesse sentido, os gases de combustão devem ser limpos de poluentes e material particulado até se atingirem os níveis impostos pela legislação antes de serem emitidos na atmosfera. Nesse ponto, é importante uma legislação rígida para controle das emissões de poluentes (principalmente metais pesados, dioxinas e furanos), como ocorre no estado de São Paulo. A Resolução SMA nº 079, de 4 de novembro de 2009, estabelece as diretrizes exigidas no licenciamento, condições operacionais, limites de emissão, critérios de controle e monitoramento (São Paulo, 2010).

No Brasil, encontra-se atualmente em construção a Usina de Recuperação de Energia Barueri, que terá capacidade para tratar 825 toneladas diárias de RSU e potência instalada de 20 MW, suficiente para abastecer 80 mil residências no município de Barueri (SP) (ABES, 2019). Por outro lado, há previsão da construção de uma termelétrica que converterá 1,3 mil toneladas de resíduos em eletricidade por dia, com potência instalada de 30 MW, a qual será instalada na Companhia Municipal de Limpeza Urbana (Comlurb) do Caju (RJ), com o objetivo de abastecimento energético para cerca de 200 mil habitantes. Além disso, a cidade de Mauá (SP) contará com uma planta com capacidade instalada para tratar 4000 toneladas diárias e potência instalada de 80 MW (MMA, 2020). No município de Santos (SP), será construída uma planta de termovalorização de 2000 toneladas por dia de RSU proveniente da Baixada Santista, com capacidade de geração de 50 MWh de energia elétrica, que poderá atender a demanda energética de uma cidade de 250 mil habitantes (Valoriza Energia, 2021).

Gaseificação de RSU

A tecnologia de gaseificação no Brasil começa a ser testada, em particular em plantas piloto como a da Carbogas (Carbogas, 2014), em Mauá (SP) (Fig. 12.26). Essa planta piloto possui um gaseificador de leito fluidizado, de 1 MWt,[34] que opera com RSU[35] (combustível derivado de resíduo – CDR), produzindo gás de síntese que é alimentado em um motor ciclo Otto de 200 kW para geração de eletricidade.

Em sequência à experiência da planta piloto, encontra-se em construção uma planta de 1 MWe no município de Boa Esperança (MG), em um projeto P&D Furnas ANEEL/Carbogas. A planta irá tratar 55 t/dia de RSU, a partir de resíduos do lixão do município, previamente convertidos em CDR por meio de processos de secagem e moagem. Essa preparação é necessária para o processo de gaseificação de RSU. Os benefícios sociais e ambientais do projeto são evidentes. No entorno do lago de Furnas, há 32 municípios, todos com lixões e os impactos negativos decorrentes. Em sequência a essa planta, as perspectivas do projeto envolvem o tratamento dos RSU dos demais municípios. Esse projeto é considerado um exemplo extremamente positivo da sinergia existente entre o aproveitamento energético de RSU e o saneamento básico, possível de ser replicado em outros municípios brasileiros.

Observe-se que essas duas tecnologias têm faixas de capacidades diferentes e são adequadas para situações distintas. Os sistemas de incineração devem ter uma potência mínima de 5–10 MW, pela experiência internacional; os sistemas abaixo dessa potência não parecem ter viabilidade econômica pelo investimento elevado nos sistemas de limpeza. No momento em que este capítulo estava sendo elaborado, outras plantas da Carbogás estavam sendo iniciadas, como, por exemplo, a unidade em Extrema, Minas Gerais.

Assim, a tecnologia mais indicada para sistemas abaixo dessa potência parece ser a gaseificação. No Brasil, a maioria dos municípios é de pequeno e médio porte, abaixo de 50 mil habitantes, o que corresponde, em média, a 55 t/dia de RSU

---

[34] MW térmico.

[35] *Refused derived fuel*, em inglês.

FIGURA 12.26 Planta de gaseificação de RSU (Carbogas, Mauá).

Fonte: acervo pessoal de S. Coelho (2014).

(considerando uma média de produção de RSU de 1 kg/hab/dia). Uma simulação das tecnologias mostra as possibilidades existentes.

A Tabela 12.6 ilustra as diferentes opções de aproveitamento energético para pequenos municípios no país.

A partir dos resultados da Tabela 12.6, verifica-se que apenas para os grandes municípios (ou consórcios) a incineração se viabiliza. Para municípios menores, há opção da gaseificação. Entretanto, segundo informações da Carbogas (informações pessoais), a planta de 1 MWt (200 kWe) seria a menor planta possível tecnicamente de ser operada; entretanto, a viabilidade econômica parece existir apenas para plantas de 1 MWe (o que corresponde a uma vazão de 55 t/dia de RSU, como a de Boa Esperança). Assim, permanece a necessidade de se encontrarem soluções para os municípios menores. O consórcio de municípios é de fato uma opção, mas depende de questões de logística envolvendo, principalmente, a distância entre os municípios, considerando-se as dimensões continentais do país.

TABELA 12.6 Tecnologias adequadas para pequenos municípios no Brasil

Quantidade de RSU	Potencial de geração de eletricidade
1200 t/dia (grandes municípios)	20 MW (incineração)
60 t/dia (município de 60.000 pessoas)	1 MW
5 t/dia (município de 5000 pessoas)	75 kW aprox.

Fonte: notas de aula de S. Coelho.

Tratamento mecânico biológico

O aproveitamento energético de RSU por processo biológico se dá por meio do processo de digestão anaeróbia realizado em digestores fechados, podendo ser dividido em quatro fases: pré-tratamento, digestão dos resíduos, recuperação do gás e tratamento dos resíduos. O pré-tratamento envolve a separação mecânica do material não digerível (a fim de remover os materiais indesejáveis e aqueles que podem ser reciclados, como vidros, metais, plásticos etc.) e a trituração da fração orgânica para obtenção de um material homogêneo. Assim, tal método ficou conhecido como Tratamento Mecânico Biológico (TMB): a parte mecânica é o pré-tratamento e a parte biológica, a decomposição da fração orgânica do RSU.

A matéria orgânica separada no processo mecânico e triturada é encaminhada ao tratamento biológico, no qual sofre decomposição anaeróbia em biodigestores, produzindo biogás e um subproduto sólido e outro líquido. O material sólido é geralmente maturado e comercializado como composto orgânico. O efluente líquido também pode ser usado como biofertilizante, ou precisa ser enviado para estação de tratamento de esgoto. Os rejeitos sólidos são encaminhados para aterros sanitários. Com a entrada em vigor da PNRS, esses rejeitos devem ser tratados por meio do processo de incineração ou gaseificação.

Alternativamente, a matéria orgânica também pode ser destinada à compostagem, porém, por ser um processo aeróbio, não ocorre a formação de biogás e, portanto, não há geração de energia.

É importante frisar que o objetivo maior desses processos não é a geração de energia, e sim a destinação final (tratamento) dos RSU, isto é, transformar os resíduos em rejeitos para disposição final nos aterros sanitários, seguindo as diretrizes da PNRS.

Aterros sanitários

O aterro sanitário consiste em confinamento do material depositado no solo, compactado e coberto com camadas de terra, isolando-o do meio ambiente. Por enquanto, os aterros sanitários recebem os RSU *in natura*, sem nenhum pré-tratamento, o que não ocorrerá mais com o cumprimento do que foi estabelecido na PNRS e no Planares.

O aterro sanitário deve atender normas ambientais e operacionais específicas, como impermeabilização do solo e extração de biogás e chorume, de modo a evitar danos à saúde pública e à segurança, minimizando os impactos negativos.

A coleta de biogás em um aterro sanitário ocorre por exaustão forçada, promovida pelos sopradores instalados no sistema, em seguida há o transporte por uma rede de tubulação conectada à planta de extração de biogás, promovendo, posteriormente, sua queima em *flare*, ou, então, destinando-se a outros usos finais, como o aproveitamento energético.

Note que, quando o aterro sanitário passar a receber apenas rejeitos, a tendência é que não ocorra mais produção de biogás, uma vez que a matéria orgânica dos rejeitos será nula ou uma digestão anaeróbia muito pequena. Entretanto, a matéria orgânica que já havia sido aterrada continuará a produzir biogás, que deve ser captado e, posteriormente, queimado em *flare*, ou ser utilizado para outros fins energéticos.[36]

A energia proveniente dos RSU ganha importância perante as novas políticas de geração de energia a partir de biomassa e outras fontes renováveis, visto que podem reduzir o consumo de combustíveis fósseis. Geralmente, os aterros sanitários possuem alta capacidade de geração de energia elétrica a partir do biogás. A energia gerada pode diminuir a sobrecarga das concessionárias, além de reduzir a emissão de gases de efeito estufa, pois o metano, principal constituinte do biogás, é transformado em gás carbônico, com potencial de aquecimento global 28 vezes menor. Além disso, há possibilidade de o aterro comercializar a energia elétrica excedente para a concessionária local.

Considerando o potencial de energia elétrica disponível a partir dos RSU depositados em aterro sanitário no estado de São Paulo, conforme resultados apresentados por Coelho *et al.* (2019), seria possível suprir cerca de 8 % da energia elétrica consumida no setor residencial do estado em 2017.

Quanto ao biometano disponível a partir dos RSU em aterro sanitário no estado de São Paulo (0,785 bilhão de Nm^3 em 2017), seria possível suprir quase 16 % do gás natural consumido no estado em 2017 (Coelho *et al.*, 2019).

Uma questão frequentemente levantada se refere aos aspectos sociais das tecnologias de aproveitamento energético considerando a importante questão social dos catadores. Há

---

[36] A partir do momento em que os RSU são dispostos em aterro sanitário, a matéria orgânica presente começa a entrar em decomposição, gerando o biogás. A curva de produção de biogás em um aterro sanitário é crescente até o encerramento de suas atividades, ou seja, até parar de receber RSU. Após seu encerramento, a curva de biogás começa a cair e, dependendo das condições do aterro e de outros fatores, como composição dos resíduos, fatores climáticos, entre outros, ainda haverá produção de biogás por mais de dez anos. O mesmo acontecerá com a curva de biogás quando os aterros sanitários passarem a receber apenas rejeitos. A partir desse momento, a curva de produção de biogás irá começar a declinar, pois não haverá mais produção de biogás a partir de novos RSU, que serão depositados, e sim apenas da matéria orgânica, que já se encontra aterrada.

frequentemente o temor de que essas tecnologias eliminem o trabalho dessas pessoas, que, apesar de ser uma questão insalubre, ainda corresponde à única fonte de renda de trabalhadores não qualificados. Entretanto, é importante notar que, mesmo na União Europeia onde a incineração ocupa um espaço cada vez maior, sua implantação ocorre em conjunto com a coleta seletiva.

Os estados-membros da União Europeia (UE-28) diminuíram sua dependência dos aterros sanitários utilizando conjuntamente a reciclagem e as plantas de conversão de resíduo em energia (WtE), já que estas ajudam a desviar os resíduos (que, por motivos de contaminação, não têm possibilidade de reaproveitamento) dos aterros para serem usados na geração de energia. Os estados que atenuaram a dependência dos aterros sanitários em maior proporção o fizeram mediante a combinação da reciclagem com tratamentos biológicos, como a compostagem e a digestão anaeróbia junto à conversão térmica em energia. A quantidade de resíduos reciclados quase triplicou e os aterros foram reduzidos pela metade nas últimas décadas. A combustão/incineração de resíduos aumentou de 32 milhões de toneladas (67 kg·hab^{-1}·dia^{-1}) em 1995 para 64 milhões de toneladas (128 kg·hab^{-1}·dia^{-1}) em 2016. Assim, a quantidade total de RSU depositado no aterro caiu 84 milhões de toneladas, ou 58 %, de 146 milhões de toneladas (302 kg·hab^{-1}·dia^{-1}) para 62 milhões de toneladas (120 kg·hab^{-1}·dia^{-1}) no mesmo período (Eurostat, 2019). De acordo com Scarlat *et al.* (2019), o uso do potencial energético dos RSU como estratégia de gestão de resíduos trouxe valor adicional para o alcance das metas de energia renovável na UE, mesmo que apenas uma pequena fração dos resíduos seja enviada à combustão (com recuperação de energia). Prevê-se que a contribuição da energia renovável aumente na UE para, pelo menos, 27 % até 2030, e o uso dos RSU poderá ter uma participação considerável.

Com a implementação da valorização energética dos RSU como método de tratamento, deve-se incentivar a educação ambiental nos lares brasileiros, bem como investimentos em reciclagem e em campanhas de consumo responsável na procura de aprimorar as características dos RSU brasileiros como matéria-prima em usinas de energia, visto que a reciclagem e a recuperação de energia não estão competindo como tecnologias, mas devem ser consideradas complementares.

12.5 Aspectos econômicos e regulatórios

Como já citado, a biomassa ganhou destaque no Brasil, principalmente com a expansão da cana-de-açúcar para a produção de etanol. Com a evolução da eficiência energética no processo de cogeração, os empreendedores notaram que a energia gerada poderia suprir não somente o consumo interno, mas também gerar excedentes, trazendo um importante aumento de receita para o setor sucroalcooleiro.

Nesse contexto, a Lei Estadual nº 11.241, de 19 de setembro de 2002, instituída pelo governo de São Paulo, trouxe uma importante contribuição para a evolução da biomassa no setor elétrico, uma vez que essa lei determinou o fim gradual da queimada dos resíduos da colheita de cana-de-açúcar e o fim da colheita manual, tornando o processo mais eficiente. A Lei nº 11.241 ainda foi complementada pelo Protocolo Agroambiental de 2007, que antecipou os prazos legais paulistas para a eliminação da prática da queima.

O grande precursor da fonte de biomassa na matriz energética brasileira foi o Programa de Incentivo a Fontes Alternativas de Energia Elétrica (Proinfa), criado pelo governo federal em 2002, por meio da Lei nº 10.438. O intuito do programa era incentivar as fontes: eólica, biomassa e pequenas centrais hidrelétricas (PCH), com a contratação de 3300 MW de potência instalada (1100 MW de cada fonte). O programa resultou na contratação de 685 MW da fonte de biomassa no lugar de 1100 MW, pois os preços baixos ofertados afastaram os investidores, fazendo com que o restante fosse dividido entre eólica e PCH.

A partir de 2004, a expansão da matriz energética brasileira passou a ser realizada em leilões. Até o certame A-5, em novembro de 2014, as ofertas eram realizadas em um único produto: a garantia física do empreendimento, devendo os vendedores competir entre si, independentemente da tecnologia, porte, localização e fonte. Ao longo desse período, as eólicas, altamente subsidiadas (Kawana, 2013), levaram grande vantagem sobre as demais fontes. O retrato dessa vantagem foi o resultado dos Leilões de Energia Nova (LEN), 12º LEN, 13º LEN, 15º LEN, 16º LEN, 17º LEN, 18º LEN e 19º LEN, retratado por Amaral (2014), mostrando que quase 50 % da energia nova viabilizada nesse período provieram da fonte eólica, em grande parte na região Nordeste do país, como ilustram os gráficos da Fig. 12.27.

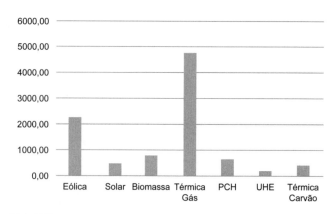

FIGURA 12.28 Garantia física contratada nos 20 LEN a 29º LEN.

Fonte: elaborada a partir de CCEE (2019).

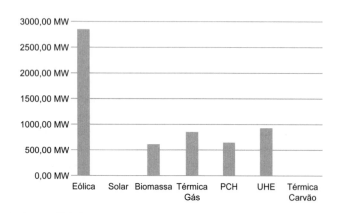

FIGURA 12.27 Garantia física contratada nos 12º LEN a 19º LEN.

Fonte: elaborada a partir de CCEE (2019).

A partir do 20º LEN, esse cenário se alterou, e as fontes passaram a não mais competir entre si, mas sim ter produtos específicos, resultando em 62 % da contratação provinda de térmicas, 50 % a gás, 3 % carvão e 8 % biomassa, conforme indicação na Fig. 12.28.

Nota-se, no período em que houve 17 leilões de energia nova, a perda de representatividade na expansão das grandes hidrelétricas (UHE). Como demonstrado na Fig. 12.29, as UHE levaram somente 7 % da energia nova contratada (aproximadamente 1100 MWmed). Outro destaque é o surgimento da energia solar (contratação de quase 500 MWmed), que,

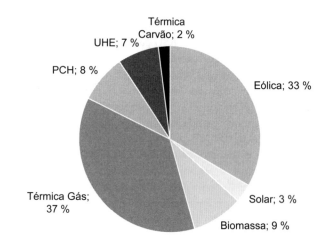

FIGURA 12.29 Expansão de cada fonte de geração de energia elétrica (%).

Fonte: elaborada a partir de CCEE (2019).

com a evolução tecnológica e redução de custos das placas fotovoltaicas, passou a ser uma importante fonte renovável para o país.

12.6 Barreiras e propostas de políticas

Os temas ambientais estão evidentes não somente no Brasil, mas no mundo. Exemplo disso foi o Acordo de Paris, aprovado por 195 países, para reduzir as emissões de gases de efeito estufa (GEE). Mais recentemente, na COP 28 em Dubai, foi aprovado o banimento do uso do carvão, mas infelizmente a menção às outras fontes fósseis foi muito tímida, pela pressão da OPEP. O Brasil, como participante, se comprometeu em reduzir 37 % das emissões de GEE até 2025 e 43 % até 2030, usando 2005 como ano base para comparação. Nesse sentido, a busca por expansão da matriz elétrica baseada em fontes renováveis de baixo impacto está no foco do governo brasileiro.

Ao longo de muitas décadas, a matriz elétrica brasileira se baseou nas grandes hidrelétricas, e seus reservatórios eram basicamente boa parte da segurança de suprimento do país. Em 2001, após um grande apagão de energia, o Brasil teve que promover um programa de racionamento e, a partir daquele momento, ficou clara a necessidade de investimento estrutural no setor, diversificando a matriz elétrica. A Fig. 12.30 mostra que, ao longo dos anos 2001 a 2016, o armazenamento de água para hidrelétricas cresceu cerca de 22 % perante o consumo do país, que cresceu quase 64 %.

Com a mudança de visão do governo – em que grandes hidrelétricas com grandes reservatórios deixaram de ser o foco para expansão da matriz brasileira, mas ainda mantendo a matriz renovável e dependente de recursos naturais –, passou-se a abrir espaço para outras fontes renováveis: biomassa, PCH, eólicas e solar. Como já demonstrado, ao longo de muitos leilões de expansão da matriz elétrica brasileira, em função do subsídio dado às eólicas e da competição desigual, essa fonte se destacou quando comparada às demais renováveis.

A justificativa era garantir "modicidade tarifária", isto é, o preço mais baixo da energia produzida que, em tese, favoreceria as camadas mais pobres da população. No entanto, fatores de segurança de suprimento, local de geração e necessidade de investimento em linhas de transmissão não foram analisados.

Nesse sentido, é importante frisar que grande parte dos projetos viabilizados de eólicas localiza-se na região Nordeste do país, em face do potencial meteorológico da região, enquanto grande parte do consumo se situa na região Sudeste. Esse cenário, dentro do planejamento de expansão do Brasil, retrata que haverá futuramente um descasamento entre garantia física e carga, em que, obrigatoriamente, a energia gerada terá que percorrer grandes distâncias até seu ponto de consumo. Pode-se também afirmar que o custo de construção de linhas de transmissão e das perdas dessa transferência de energia em grandes distâncias não foi contabilizado nos leilões (Amaral, 2014).

O resultado da falta de investimento em energia de base, somado a um período de chuvas abaixo da média ao longo dos anos 2013 a 2015, trouxe forte insegurança de suprimento, obrigando o país a utilizar todo seu recurso de geração térmica (inclusive as mais caras), gerando abrupto aumento nas tarifas de energia.

Nesse sentido, a biomassa pode ter importante papel na segurança do fornecimento de energia ao país, uma vez que o plano de expansão da matriz brasileira visa ao mantimento das renováveis, porém reduzindo a participação das hidrelétricas diante das demais fontes. Como a eólica se configura como uma fonte intermitente e a solar fotovoltaica possui também pouca flexibilidade operacional, a biomassa pode ser uma solução para o fornecimento de energia em horários de pico.

No Plano Decenal de Expansão de Energia para 2027 (EPE, 2018b), prevê-se uma redução na participação com relação ao total de aproximadamente 64 % para 52 % da fonte hídrica. As eólicas devem aumentar sua participação em cerca de 3 % com relação ao total, bem como a solar. No documento do planejamento, surge também o conceito de "atendimento de horário pico", que somente pode ser realizado por fontes térmicas ou tecnologias de armazenamento (ainda em avanço tecnológico). Na Fig. 12.31, demonstra-se que 6 % da capacidade instalada do país deverá ser reservada para esse tipo de suprimento.

Enfim, há necessidade de políticas públicas adequadas para a efetivação da bioenergia na matriz energética nacional. Vários países estão criando incentivos financeiros e políticos para aumentar a participação da biomassa, seja para colaborar no acesso à energia, seja para a redução de gases de efeito estufa, diferentemente do que ocorre no Brasil, apesar de seu enorme potencial de biomassa.

12.6.1 Caso do biogás

No Brasil, o desenvolvimento do biogás se deu de forma errática entre o final da década de 1970 e o início dos anos 2000. Na primeira década do século XXI, os incentivos do Mecanismo de Desenvolvimento Limpo e consolidações institucionais proporcionaram condições para a implantação de projetos importantes como aprendizado para uma fase mais recente de estruturação do setor. Atualmente, políticas específicas para o biogás têm sido lançadas, a indústria se organizou em associações, e há uma série de iniciativas de pesquisa e

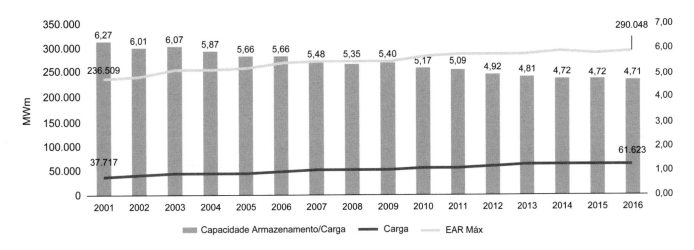

FIGURA 12.30 Evolução da relação capacidade de armazenamento/carga.

Fonte: elaborada a partir de ONS (2002 a 2017).

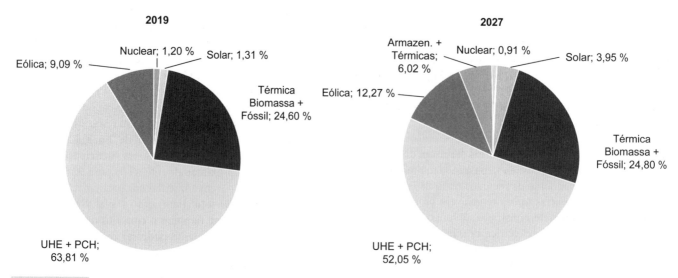

FIGURA 12.31 Participação de cada fonte na capacidade instalada.

Fonte: elaborada a partir de SIGA ANEEL (2019) e EPE (2018b).

desenvolvimento (Oliveira; Negro, 2019) que se traduzem em um momento atual positivo do setor, com a expansão de projetos de diversas características em termos de matéria-prima, escala e aproveitamento energético do biogás.

A geração distribuída (GD) de energia elétrica é uma das características do setor, e muitos projetos se desenvolveram sob as regras[37] estabelecidas pela ANEEL a partir de 2012. Na Resolução Normativa nº 482/2012, foi criado o sistema de compensação de energia elétrica para micro e minigeração de até 5 MW de potência instalada, em que se permite a geração de uma unidade abater diretamente seu consumo (ANEEL, 2012). Com a posterior alteração pela Resolução Normativa nº 687/2015, se tornou possível o armazenamento de créditos por até 60 meses, a geração compartilhada entre consumidores, e o autoconsumo remoto, ou seja, o abatimento de consumo em outra unidade consumidora do mesmo titular desde que na mesma área de concessão (ANEEL, 2015).

Apesar dos registros de geradores a biogás no cadastro de geração distribuída da ANEEL a partir de 2014, o setor passou a apresentar maior número de projetos a partir de 2016, como mostra a Fig. 12.32. Ao final de setembro de 2019, eram 153 instalações, somando 23,3 MW de capacidade instalada de geração elétrica a biogás – média de 152 kW por planta.

No Sistema de Informações de Geração da ANEEL (SIGA), estão cadastradas as plantas de geração elétrica que não participam do sistema de geração distribuída. O registro aponta, em julho de 2023, 52 unidades somando 295,6 MW de capacidade de geração, conforme a Tabela 12.7. As maiores plantas são de resíduos urbanos, baseadas em captura e queima do gás de aterros sanitários. A maior delas, a Termoverde Caieiras, em São Paulo, com capacidade de geração de 29,5 MW, seguida por unidades de 28,5, 24,6 e 20 MW. Destaca-se também uma planta de biogás na agroindústria, em Guariba (SP), do Grupo Raizen, com capacidade de geração de 20 MW a partir de resíduos da cana-de-açúcar.

O quadro atual é de um setor de biogás diversificado, mesmo considerando apenas a geração de energia elétrica: por um lado, plantas de pequeno porte que se aproveitaram do sistema de geração distribuída aparecem em grande número, principalmente a partir de resíduos animais; por outro, há unidades de grande porte, a maior parte do aproveitamento do gás de aterros sanitários. Portanto, as políticas para o biogás devem ser capazes de abordar suas diferentes realidades, pois há especificidades em termos das barreiras que enfrentam, dos motivadores para investimento e dos incentivos necessários para desenvolvê-los, entre outras razões que impedem uma abordagem única.

Com importante impacto previsto para o setor de biogás, a nova Política Nacional de Biocombustíveis (RenovaBio) foi aprovada em lei em dezembro de 2017. Ela se baseia em dois instrumentos principais para seu funcionamento: a definição de metas nacionais de redução das emissões da matriz de combustíveis, que se convertem em metas individuais para as distribuidoras proporcionais à participação no mercado; e a certificação dos biocombustíveis produzidos, que recebem uma nota referente à redução de emissões no ciclo de vida comparada às emissões de seu substituto fóssil.[38] O produtor receberá créditos de descarbonização (CBIOs) em função dessa nota e do volume comercializado, que deverão ser comprados pelas distribuidoras segundo suas metas transformadas em

---

[37] A ANEEL tem sugerido mudanças de regras no sistema de geração distribuída ao longo de 2019, de forma que o atual modelo de compensação, em que a geração abate o consumo para todos os componentes da tarifa (energia, encargos e sistema de distribuição), seria substituído para permitir apenas a compensação da tarifa de energia. Há também propostas intermediárias e de transição, mas a tendência é que as regras passem a ser menos favoráveis à geração distribuída que as atuais.

[38] Por exemplo, o combustível fóssil de referência para o etanol é a gasolina.

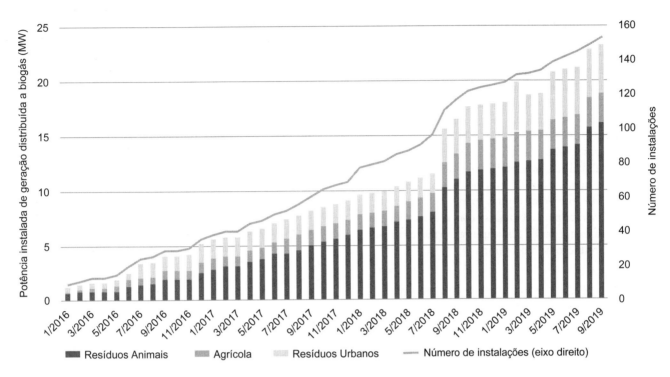

FIGURA 12.32 Capacidade instalada acumulada de GD a biogás no Brasil (2016-2019).

Fonte: elaborada a partir de ANEEL (2019).

TABELA 12.7 Unidades de geração de energia elétrica a biogás no Brasil

Fonte	Capacidade instalada (kW)	Número de plantas	Média por planta (kW)
Resíduos animais	4481	14	320
Agroindustriais	10.974	3	3658
Resíduos urbanos	170.253	22	7739
Total biogás (BIG)	185.708	39	4762

Fonte: elaborada a partir de SIGA ANEEL (2019).

quantidade de CBIOs (MME, 2017). Dessa forma, será precificada a redução de emissões dos biocombustíveis, incentivando o aumento da produção e processos mais eficientes e menos intensivos em carbono.

O biometano é um dos biocombustíveis que podem gerar CBIOs ao serem comercializados. Nesse contexto, a RenovaBio dará estímulo econômico à produção de biogás com esse fim. Há também oportunidade para o uso do biogás na cadeia de produção de outro biocombustível, por exemplo, em usinas de cana-de-açúcar: soluções como a substituição do diesel de caminhões por biometano e a geração de energia elétrica com biogás reduzirão as emissões do ciclo de vida do etanol produzido nessas condições, que gerará mais CBIOs. Portanto, há expectativas com a RenovaBio não só de melhorar a viabilidade da produção de biometano para venda, bem como de adoção de tecnologias para biodigestão da vinhaça e outros resíduos do setor sucroenergético, que constituem o maior potencial do setor no país – incluindo aqueles com destino à geração de eletricidade. Os tipos de projeto de biogás favorecidos pela RenovaBio, nessas configurações, são geralmente os de grande porte, seja entre os que viabilizam o tratamento para produção e comercialização de biometano, sejam os ligados à indústria da cana-de-açúcar.

Por fim, como perspectiva para a relação da produção de biogás com o setor elétrico, cabe notar a atenção dedicada na literatura à possibilidade de usá-la como fonte flexível diante do desafio da introdução em larga escala de fontes renováveis variáveis, como eólica e solar fotovoltaica. Diversos estudos têm avaliado as alternativas do biogás nesse contexto, tais como: produção de biogás sob demanda, formas de armazenamento do combustível, a capacidade de resposta de curto prazo dos geradores, e os benefícios econômicos ao gerador e ao sistema de uma operação dessas plantas com despacho planejado. Esse atributo poderia aumentar a viabilidade dos projetos e fornecer um serviço essencial para o futuro do setor elétrico de forma renovável, tornando o biogás um ativo valorizado no planejamento da operação e expansão rumo à descarbonização da geração de eletricidade.

12.7 Soluções avançadas para o aproveitamento da biomassa no contexto da transição energética

A transição energética em curso é um processo potencializado pela evolução tecnológica, mas conduzido fundamentalmente pela necessidade de mitigação das mudanças climáticas. A busca pela neutralidade em carbono exige ações de todos os setores que produzem ou consomem energia e introduz novas funções essenciais para que seja viabilizada.

Nesse contexto, a contribuição da biomassa como fonte de energia também tende a sofrer transformações. Novos cultivos, tecnologias e produtos, ou formas diferentes de utilizá-los, poderão ser mais adequados às necessidades da transição do que os sistemas atuais.

As incertezas sobre os caminhos que serão seguidos se somam à versatilidade da bioenergia, reforçando a multiplicidade de cenários para o papel da fonte no futuro da energia.

A seguir, são apresentadas duas rotas com potencial de se tornarem relevantes para a biomassa com o avanço da transição energética: a bioenergia com captura e armazenamento de carbono e a produção de hidrogênio.

12.7.1 Bioenergia com captura e armazenamento de carbono (BECCS)

A bioenergia com captura e armazenamento de carbono (BECCS, do inglês *bioenergy with carbon capture and storage*) é um conceito que engloba um conjunto de tecnologias capaz de realizar a "conversão da biomassa em produtos ou serviços energéticos combinada à separação seletiva do CO_2 proveniente desse processo, com o objetivo de estocá-lo para impedir que retorne à atmosfera" (Perecin; Mascarenhas; Coelho, 2023). A principal destinação que efetua o armazenamento permanente do CO_2 é sua injeção em reservatórios geológicos.

Na conversão tradicional da biomassa em energia, as emissões de CO_2 são biogênicas, ou seja, se referem a um carbono que foi fixado pela planta por meio da fotossíntese. Portanto, teoricamente, a bioenergia pode ser neutra em carbono.[39] No caso da combinação com a captura e o armazenamento do CO_2, a bioenergia pode viabilizar um fluxo de carbono da atmosfera até a estocagem, caracterizando, portanto, a remoção de CO_2 da atmosfera. As soluções capazes de obter esse resultado também são chamadas de tecnologias de emissões negativas.

A demanda por essas tecnologias aparece de forma proeminente nos modelos de avaliação integrada, ferramentas que permitem a representação de interações entre os sistemas econômico, energético e climático. Muito usados para a construção de cenários, esses modelos se tornaram centrais entre os trabalhos consolidados pelo Painel Intergovernamental para a Mudança do Clima (IPCC). As simulações cujo objetivo é o cumprimento das metas do Acordo de Paris – manter o aumento da temperatura média global "bem abaixo" de 2 °C e envidar esforços para limitá-lo a 1,5 °C – apontam a necessidade de

implementação da remoção de CO_2 da atmosfera em grande escala, sendo BECCS a opção de maior destaque.

Particularmente nos cenários em que se projeta a mitigação por outros meios ocorrendo de forma mais lenta, o desenvolvimento de BECCS passa a níveis muito expressivos, contemplando a captura e o armazenamento de bilhões de toneladas de CO_2 (tCO_2) por ano. Nessa escala, o uso da terra pode se tornar um limite à produção de biomassa, considerando a competição com outros usos.

Por isso, no caso da adoção de BECCS como tecnologia para a remoção de CO_2 da atmosfera, torna-se imperativo maximizar as emissões negativas que os sistemas de bioenergia podem oferecer. Este desafio vai muito além da mera redução de emissões com relação ao uso de um combustível fóssil, e se soma a outros habitualmente ligados à bioenergia.

Conforme apresentado, BECCS é um conceito, e sua realização prática permite diversas configurações. Combinando-se biomassas, tecnologias de conversão e de obtenção do CO_2, além de vetores energéticos resultantes, há múltiplos sistemas de BECCS que poderão se viabilizar. Essa variedade permitiria, concomitantemente, a remoção de CO_2 da atmosfera e o suprimento das demandas pelas outras soluções que a biomassa pode oferecer ao sistema energético – desde energia elétrica a biocombustíveis de aviação.

Uma das rotas de BECCS é a queima direta da biomassa com obtenção do CO_2 da mistura gasosa da exaustão – chamada de captura pós-combustão. Uma das vantagens é o potencial de captura com relação ao conteúdo de carbono da biomassa. Por outro lado, as condições do CO_2 nessa mistura não são favoráveis, já que normalmente se apresenta em concentrações relativamente baixas. Neste caso, o processo de separação seletiva do CO_2 tende a ter custos elevados, se tornando o mais oneroso dos elementos da cadeia de captura, transporte e armazenamento do CO_2.

Outras tecnologias de conversão da biomassa geram correntes de CO_2 em concentrações mais elevadas. Uma delas é a gaseificação visando à produção de hidrogênio, que, inclusive, exige a retirada de CO_2 para obtenção do produto em alta pureza, o que pode favorecer a captura. Um caso similar é o do biogás, que apresenta cerca de 40 % de CO_2 em sua composição. Na purificação no nível de biometano, que o torna intercambiável com o gás natural, o principal processo é a separação do CO_2. Essa corrente poderia ser direcionada ao armazenamento.

Em termos de pureza do CO_2, a fermentação alcoólica é um caso particular. A conversão dos açúcares realizada por leveduras produz etanol, que permanece majoritariamente diluído no mosto para posterior destilação, e libera CO_2 em concentrações elevadas. Em dornas fechadas, já utilizadas para permitir a recuperação do arraste de etanol, tem-se uma oportunidade única para obtenção de CO_2 biogênico a baixo custo, dado que dispensa processos complexos de separação de gases.

Assim, o Brasil, segundo maior produtor global de etanol, deve ter como impulsionador de projetos de BECCS a indústria sucroenergética e a do emergente etanol de milho. No caso da indústria à base do cereal, a produção ao longo de todo o ano, combinada ao grande porte das novas plantas, tende a trazer vantagens na viabilidade da infraestrutura adicional.

---

[39] Na prática, sabe-se que os sistemas atuais de bioenergia envolvem emissões na cadeia de produção, particularmente referentes ao uso da terra e de insumos como fertilizantes e combustíveis de origem fóssil. A melhor técnica para contabilização dessas emissões é a realização de avaliações de ciclo de vida, que permitem comparar o impacto climático, por exemplo, da biomassa com o de combustíveis fósseis, ou de sistemas de bioenergia entre si, entre outras análises.

Considerando o potencial de captura de cerca de 25 milhões de toneladas de CO_2 por ano a partir da fermentação (Moreira *et al.*, 2016), a adoção da tecnologia por centenas de usinas no país poderia representar uma contribuição relevante em termos de emissões negativas. E, apesar dos maiores custos envolvidos, esse potencial se multiplicaria se combinado a outras fontes de CO_2 dentro da indústria, particularmente o uso da biomassa para cogeração.

12.7.2 Produção de hidrogênio a partir da biomassa

O hidrogênio tem sido apontado como uma das opções mais promissoras para descarbonizar o sistema energético do futuro. Apesar das controvérsias que o cercam, em teoria, ele oferece três soluções principais (van Renssen, 2020): armazenar energia elétrica renovável excedente, ajudar a descarbonizar setores de difícil eletrificação e substituir fontes fósseis como matéria-prima de baixo carbono para produção de químicos e, em particular, fertilizantes combustíveis.

Trata-se de um vetor energético, cuja produção pode ocorrer por diversas rotas. Para diferenciá-las, foi difundida a classificação do hidrogênio por cores. Dentre elas, destaca-se o hidrogênio verde, denominação para o processo que realiza a eletrólise da água com o suprimento de energia realizado por fontes renováveis. Existe também o hidrogênio produzido a partir da biomassa, por reforma de biogás ou biometano, reforma de etanol, eletrólise usando a eletricidade de biomassa e a gaseificação de biomassa sólida. O aumento do interesse pelo hidrogênio se adiciona à trajetória de ganho de escala e redução de custos das fontes eólica e solar fotovoltaica, visto que projetos de renováveis e de hidrogênio podem se ajudar mutuamente.

A classificação por cores (veja a Tabela 15.1 do Capítulo 15) vem dando lugar à classificação pela intensidade de carbono do hidrogênio produzido, sob metodologias de avaliação de ciclo de vida. Há uma disputa de espaço pela participação no suprimento de hidrogênio, e o desempenho em termos de emissões constitui uma base comparativa fundamental, decisiva na busca por incentivos.

O que a medida por intensidade de carbono busca mostrar é que, mesmo dentro de uma rota ou cor, há nuances que precisam ser avaliadas, pois têm impacto no desempenho ambiental do hidrogênio. No caso do hidrogênio verde, uma das questões é a adicionalidade da eletricidade gerada por fontes renováveis que supre a eletrólise. O hidrogênio azul, produzido a partir da reforma a vapor do gás natural com captura e armazenamento de CO_2, apenas com elevadas taxas de captura, entre outros condicionantes, poderia ser classificado dessa forma (EPE, 2022). A biomassa, por sua vez, produz hidrogênio por meio de diversas matérias-primas e processos, e cada rota deve ser avaliada individualmente – tendência que deve ser seguida para a produção de biocombustíveis de forma geral.

Algumas rotas de produção de hidrogênio a partir da biomassa mencionadas anteriormente merecem atenção, por razões diferentes, particularmente com relação ao caso brasileiro.

O biogás, com seu destacado potencial a partir de resíduos, pode passar por processos de reforma para gerar hidrogênio. Um dos processos é a reforma a vapor do metano, tecnologia responsável pela maior parte da produção global de hidrogênio atual, mas a partir do gás natural fóssil. O biometano, derivado da purificação do biogás, pode se aproveitar da infraestrutura de gás e dos reformadores existentes para compor o suprimento de hidrogênio – inclusive, descarbonizando uma demanda já conhecida, vinculada a essas instalações. Parte relevante do potencial de biogás do país está concentrado no setor sucroenergético, com os subprodutos vinhaça e torta de filtro.

O setor também é o principal responsável pela produção de etanol, que, combinado à produção a partir do milho, supre cerca de 40 % da demanda de energia de veículos leves do país. Também pelo processo de reforma, o etanol pode ser utilizado para a produção de hidrogênio pelo processo de reforma a vapor do etanol. Essa opção contorna o desafio do transporte de hidrogênio, uma das principais barreiras ao seu desenvolvimento. O etanol, como combustível líquido, poderia se tornar um portador de hidrogênio a longas distâncias, oferecendo também facilidades na estocagem de energia e uma solução para a produção do hidrogênio sob demanda.

Outra rota que tem a biomassa como matéria-prima é a gaseificação. O processo gera o gás de síntese, que, após os processos adequados de separação do hidrogênio, permite a obtenção do hidrogênio em pureza elevada.

O hidrogênio gerado pela biomassa pode ter uma associação importante com a captura e armazenamento de carbono. BECCS combinado à produção de hidrogênio tem, teoricamente, o maior benefício possível em termos de emissões negativas. Isso porque se trata de um produto livre de carbono, o que significa poder maximizar a captura de CO_2 durante o processo de conversão. Assim, é possível aproveitar plenamente o conteúdo de carbono da biomassa como veículo de remoção de CO_2 da atmosfera.

De fato, essa característica pode fazer do hidrogênio da biomassa um vetor energético de intensidade de carbono significativamente negativa. Uma estimativa coloca o processo de gaseificação combinada a BECCS na faixa de 500 gramas de CO_2-equivalente por megajoule (gCO_2eq/MJ), enquanto, a título de comparação, esse valor é de cerca de 28 gCO_2eq/MJ para o etanol de primeira geração a partir da cana no Brasil (CCC, 2018; ANP, 2023). Um exemplo de resultado a partir dessa constatação é o estudo de Larson *et al.* (2020), da Universidade de Princeton, que analisou cinco cenários para zerar emissões até a metade do século XXI nos Estados Unidos. No ano de 2050, em pelo menos três dos cenários, a gaseificação com BECCS usa a maior parte da biomassa destinada à energia e se trata da principal rota de produção de hidrogênio do país.

Portanto, as transformações em curso no setor energético e o aumento da demanda por soluções de descarbonização, inclusive de emissões negativas, podem ter impacto direto nos sistemas de bioenergia. O Capítulo 15 é dedicado ao gás hidrogênio e contém informações adicionais.

Problemas propostos

12.1 Descreva os tipos de tratamento biológico da matéria orgânica. Em qual caso ocorre a produção de biogás e por quê?

12.2 Descreva os principais usos do biogás e a importância da substituição dos combustíveis fósseis pelo biogás/biometano.

12.3 Qual fonte de biomassa sólida possui o maior potencial instalado no Brasil? E de que maneira essa biomassa é utilizada pela indústria?

12.4 Qual é o principal resíduo produzido pelas indústrias de celulose? E como ele é reutilizado?

12.5 Considerando a diversidade de características da produção e do aproveitamento energético do biogás no Brasil, analise as consequências para a formulação de políticas voltadas para o desenvolvimento do setor.

12.6 Discuta as oportunidades da geração de energia elétrica a partir do biogás/biometano no contexto dos incentivos à redução das emissões na produção de biocombustíveis e da descarbonização do setor elétrico.

12.7 Discuta o plano de expansão da matriz elétrica brasileira, tendo em vista a perspectiva de mantimento das renováveis como foco, porém apontando como pode-se manter a segurança de suprimento em horários de pico.

12.8 Em uma usina de açúcar e álcool moendo 1000 tc/h (toneladas de cana por hora), os conjuntos de turbinas a vapor para acionamento de equipamentos foram substituídos por motores hidráulicos, de modo que todo o vapor da caldeira é alimentado em uma turbina a vapor para um turbogerador. A turbina do turbogerador é uma turbina de contrapressão, em que o vapor de saída vai para o processo (vapor a 2,5 bar abs). O vapor que alimenta o turbogerador é gerado na caldeira a vapor a 60 bar e 450 °C, em uma vazão correspondente a 500 kg de vapor por tc. Considerando a turbina como isentrópica (ideal) e admitindo que o consumo de energia elétrica total seja de 25 kWh/tc moída, pede-se:

  a) Qual a vazão de vapor que alimenta o turbogerador?

  b) Qual a potência produzida pelo turbogerador?

  c) Considerando o consumo de energia elétrica no processo conforme mencionado no enunciado, haverá excedente para a venda? Se houver, calcule a potência excedente.

Bibliografia

AGÊNCIA NACIONAL DE ÁGUAS (ANA). *Atlas esgotos*: despoluição de bacias hidrográficas. Secretaria Nacional de Saneamento Ambiental. Brasília: ANA, 2017.

AGÊNCIA NACIONAL DE ENERGIA ELÉTRICA (ANEEL). *Sistema de Informações de Geração da ANEEL* (SIGA). Brasília: ANEEL, 2014. Disponível em: https://bit.ly/2IGf4Q0. Acesso em: 2014 e 2019.

AGÊNCIA NACIONAL DE ENERGIA ELÉTRICA (ANEEL). *RN nº 482*: Estabelece as condições gerais para o acesso de microgeração e minigeração distribuída aos sistemas de distribuição de energia elétrica, o sistema de compensação de energia elétrica. Brasília, 2012.

AGÊNCIA NACIONAL DE ENERGIA ELÉTRICA (ANEEL). *REN nº 687*: Altera a Resolução Normativa nº 482, e os módulos 1 e 3 dos Procedimentos de Distribuição – Prodist. Brasília, 2015.

AGÊNCIA NACIONAL DE ENERGIA ELÉTRICA (ANEEL). *Unidades consumidoras com geração distribuída*. Brasília: ANEEL, 2019. Disponível em: http://www2.aneel.gov.br/scg/gd/GD_Fonte.asp. Acesso em: nov. 2020.

AGÊNCIA NACIONAL DO PETRÓLEO, GÁS NATURAL E BIOCOMBUSTÍVEIS (ANP). *Resolução ANP nº 8*, de 30 de janeiro de 2015.

AGÊNCIA NACIONAL DO PETRÓLEO, GÁS NATURAL E BIOCOMBUSTÍVEIS (ANP). *Resolução nº 685*, de 29 junho de 2017. Biometano. ANP, 2017.

AGÊNCIA NACIONAL DO PETRÓLEO, GÁS NATURAL E BIOCOMBUSTÍVEIS (ANP). *Painel Dinâmico RenovaBio* – Nota Eficiência Energética. 2023. Disponível em: https://www.gov.br/anp/pt-br/centrais-de-conteudo/paineis-dinamicos-da-anp/. Acesso em: mar. 2023.

AMARAL, A. C. *Barreiras e propostas de políticas de inserção da biomassa como fonte de energia*. 2014. Monografia – Curso de Especialização em Energias Renováveis, Geração Distribuída e Eficiência Energética - Programa de Educação Continuada (PECE), Escola Politécnica da USP, São Paulo, 2014.

ASSOCIAÇÃO BRASILEIRA DE ENGENHARIA SANITÁRIA E AMBIENTAL (ABES). URE – Barueri (Unidade de Recuperação Energética). Disponível em: http://www.abes-mg.org.br/visualizacao-de-clipping/ler/5808/ure-barueri-unidade-de-recuperacao-energetica-de-residuos-solidos. Acesso em: jun. 2019.

ASSOCIAÇÃO BRASILEIRA DE EMPRESAS DE LIMPEZA PÚBLICA E RESÍDUOS ESPECIAIS (ABRELPE). *Panorama de resíduos sólidos no Brasil 2020-2022*. Disponível em: https://abrelpe.org.br/panorama/. Acesso em: jul.2023.

BAIN, R. *U.S. biomass gasification status*. Apresentação na IEA Bioenergy Task 33, april 2012.

BALANÇO ENERGÉTICO DO ESTADO DE SÃO PAULO (BEESP). *Balanço Energético do Estado de São Paulo 2022 – Ano Base 2021*. Secretaria de Energia e Mineração, São Paulo, 2022.

BALANÇO ENERGÉTICO DO ESTADO DE SÃO PAULO (BEESP). *Balanço Energético do Estado de São Paulo 2018 – Ano Base 2017*. Secretaria de Energia e Mineração, São Paulo, 2018.

BRASIL. *Lei nº 11.445*, de 05 de janeiro de 2007. Estabelece as diretrizes nacionais para o saneamento básico. Diário Oficial da União, Brasília, DF, 08/01/2007.

BRASIL. *Lei nº 14.026*, de 15 de julho de 2020. Atualiza o marco legal do saneamento básico e altera a Lei nº 12.305, de 2 de agosto de 2010, para tratar dos prazos para a disposição final ambientalmente adequada dos rejeitos. Diário Oficial da União, Brasília, DF, 2020.

BRASIL. *Lei nº 2.289 de 2015*. Prorroga o prazo para a disposição final ambientalmente adequada dos rejeitos de que trata o art. 54 da Lei nº 12.305, de 2 de agosto de 2010. Diário Oficial da União, Brasília, DF, 2015.

BRASIL. *Lei nº 425 de 2014*. Prorroga o prazo para a disposição final ambientalmente adequada dos rejeitos de que trata o art. 54 da Lei nº 12.305, de 2 de agosto de 2010. Diário Oficial da União, Brasília, DF, 2014.

BRASIL. *Lei nº 12.305*, de 2 de agosto de 2010. Institui a Política Nacional de Resíduos Sólidos; altera a Lei nº 9.605, de 12 de fevereiro de 1998; e dá outras providências. Diário Oficial da União, Brasília, DF, 2010.

BIOMASS MAGAZINE. *Biomass gasification in the UK*: where are we now? 2010.

BRANCHINI, L. *Waste to energy*: advanced cycles and new design concepts for efficient power plants. Springer, 2015.

CÂMARA DE COMERCIALIZAÇÃO DE ENERGIA ELÉTRICA (CCEE). *Banco de dados de leilões*. Disponível em: http://ccee.org.br. Acesso em: 2019.

CARBOGAS. *Gaseificação de resíduos sólidos urbanos*. Disponível em: http://www.carbogas.com.br. Acesso em: 2014.

CENTRO NACIONAL DE REFERÊNCIA EM BIOMASSA/INSTITUTO DE ENERGIA E AMBIENTE/UNIVERSIDADE DE SÃO PAULO (CENBIO/IEE/USP). *Atlas de Bioenergia do Brasil*. São Paulo, 66 p., 2012a. Disponível em: http://cenbio.iee.usp.br/download/atlasbiomassa2012.pdf. Acesso em: set. 2014.

CENTRO NACIONAL DE REFERÊNCIA EM BIOMASSA/INSTITUTO DE ENERGIA E AMBIENTE/UNIVERSIDADE DE SÃO PAULO (CENBIO/IEE/USP). *Geração de energia elétrica a partir de biogás proveniente do tratamento de esgoto utilizando microturbina a gás*. 2012b. Disponível em: http://cenbio.iee.usp.br/download/documentos/apresentacoes/4ocongressocogeracao_workshop.pdf. Acesso em: 2014.

CENTRO NACIONAL DE REFERÊNCIA EM BIOMASSA/INSTITUTO DE ENERGIA E AMBIENTE/UNIVERSIDADE DE SÃO PAULO (CENBIO/IEE/USP). 2006. Disponível em: https://cetesb.sp.gov.br/biogas/wp-content/uploads/sites/3/2014/01/osvaldo.pdf. Acesso em: 2014.

CENTRO NACIONAL DE REFERÊNCIA EM BIOMASSA/INSTITUTO DE ENERGIA E AMBIENTE/UNIVERSIDADE DE SÃO PAULO (CENBIO/IEE/USP). 2007. Disponível em: https://gbio.webhostusp.sti.usp.br/?q=pt-br/compara%C3%A7%C3%A3o-entre-tecnologias-de-gaseifica%C3%A7%C3%A3o-de-biomassa-existentes-no-brasil-e-no-exterior-e. Acesso em: 2014.

CENTRO NACIONAL DE REFERÊNCIA EM BIOMASSA/INSTITUTO DE ENERGIA E AMBIENTE/UNIVERSIDADE DE SÃO PAULO (CENBIO/IEE/USP). 2008. Disponível em: https://gbio.webhostusp.sti.usp.br/?q=pt-br/enermad-implanta%C3%A7%C3%A3o-de-um-sistema-de-manejo-florestal-sustent%C3%A1vel-e-de-uma-central-termel%C3%A9trica-de. Acesso em: 2014.

CONTROLADORIA GERAL DA UNIÃO (CGU). *CGU avalia execução da Política Nacional de Resíduos Sólidos*. 2018. Disponível em: https://www.cgu.gov.br/noticias/2018/01/cgu-avalia-execucao-da-politica-nacional-de-residuos-solidos. Acesso em: fev. 2019.

CENTRO INTERNACIONAL DE ENERGIAS RENOVÁVEIS (CIBIOGÁS). *Condomínio de agroenergia para agricultura familiar/Ajuricaba*. Disponível em: http://cibiogas.org/?q=node/40. Acesso em: dez. 2014.

COELHO, S.; SANCHES-PEREIRA, A.; MANI, S. K. *et al. Municipal solid waste energy conversion in developing countries*: technologies, best practices, challenges and policy. Rio de Janeiro: Elsevier, 2019. v. 1.

COELHO, S. T.; CORTEZ, C. L.; GARCILASSO, V. P. *et al.* Biomassa e bioenergia. *In*: REIS, L. B. (org.) *Energia e sustentabilidade*. Barueri: Manole, 2014.

COELHO, S. T. (coord.); GARCILASSO, V. P.; FERRAZ JUNIOR, A. D. N. *et al. Tecnologias de produção e uso de biogás e biometano*. São Paulo: IEE-USP, 2018. Disponível em: https://gbio.webhostusp.sti.usp.br/?q=pt-br/noticia/e-book-tecnologias-de-produ%C3%A7%C3%A3o-e-uso-de-biog%C3%A1s-e-biometano. Acesso em: 26 set. 2024.

COELHO, S. T.; SANTOS, M. M.; GARCILASSO, V. P. *et al. Mapa georreferenciado de biogás, biometano e potência elétrica para o estado de São Paulo*. Grupo de Pesquisa em Bioenergia/IEE/USP. Projeto 27. Research Center on Gas Innovation/Fapesp/Shell. São Paulo, 2019. Disponível em: https://gbio.webhostusp.sti.usp.br/?q=pt-br/noticia/mapas-interativos-biog%C3%A1s-biometano-e-pot%C3%AAncia-el%C3%A9trica-em-sp. Acesso em: 2019.

COELHO, S. T. *Análise dos mecanismos para a incorporação da cogeração a partir da biomassa na produção de energia elétrica no estado de São Paulo*. Tese (Doutorado) – Programa Interunidades de Pós-graduação em Energia (PIPGE) do Instituto de Eletrotécnica e Energia (IEE), Universidade de São Paulo (USP), São Paulo, 1999.

COELHO, S. T.; ZYLBERSZTAJN, D.; VELÁZQUEZ, S. M. S. G. *et al.* Cogeneration in Brazilian Pulp and Paper Industry from Biomass Origin to Reduce CO_2 Emissions. *In*: Developments in Thermochemical Biomass Conversion, 1996, Banff. *Anais*, v. 3. p. 1073-1085, 1996.

COMMITTEE ON CLIMATE CHANGE (CCC). *Hydrogen in a low-carbon economy*. London: Committee on Climate Change, 2018. Disponível em: https://www.theccc.org.uk/publication/hydrogen-in-a-low-carbon-economy/. Acesso em: mar. 2023.

COMPANHIA DE SANEAMENTO DE MINAS GERAIS (COPASA). *Copasa é premiada por sistema de cogeração de energia*. 2013. Disponível em: http://www.copasa.com.br/cgi/cgilua.exe/sys/start.htm?sid=31. Acesso em: set. 2014.

COSTA, I. M.; DIAS, F. M. Evolution on the solid urban waste management in Brazil: a portrait of the Northeast Region. *Energy Reports*, v. 6, Suppl. 1, p. 878-84, 2020. Disponível em: https://doi.org/10.1016/j.egyr.2019.11.033. Acesso em: jun. 2020.

DIRECTIVE 2008/98/EC. *European Parliament and of the Council on Waste and Repealing Certain Directives* – Annex II. 19 november 2008.

EMPRESA DE PESQUISA ENERGÉTICA (EPE). *Balanço Energético Nacional 2018*: Ano Base 2017. Rio de Janeiro: EPE, 2018a.

EMPRESA DE PESQUISA ENERGÉTICA (EPE). *Plano Decenal de Expansão de Energia 2027*. Rio de Janeiro: MME/EPE, 2018b.

EMPRESA DE PESQUISA ENERGÉTICA (EPE). *Balanço Energético Nacional 2022*: Ano Base 2021. Rio de Janeiro: EPE, 2022.

EMPRESA DE PESQUISA ENERGÉTICA (EPE). *Hidrogênio Azul*: produção a partir da reforma do gás natural com CCUS. Rio de Janeiro: EPE, 2022.

ENERGY TRENDS. *What happened at Choren?* Disponível em: http://www.energytrendsinsider.com/2011/07/08/what-happened-at-choren/. Acesso em: 2014.

ESCOBAR, J. Biomasa lignocelulósica en Brasil perspectivas de uso para pellets y briquetas en el sector industrial. *The Bioenergy International*, n. 18, p. 38-39, 2013.

ESCOBAR, J. *A produção sustentável de biomassa florestal para energia no Brasil: o caso dos pellets de madeira.* Tese (Doutorado em Energia) – Programa de pós-graduação em Energia do Instituto de Energia e Ambiente, Universidade de São Paulo (USP), São Paulo, 2016.

EUROSTAT. *Serviço de Estatística da União Europeia.* 2017. Disponível em: http://ec.europa.eu/eurostat. Acesso em: jun. 2019.

FAGERSTRÖM, A.; SEADI, T. A.; RASI, S.; BRISEID, T. The role of anaerobic digestion and biogas in the circular economy. *IEA Bioenergy Task 37*, 2018.

FUNDAÇÃO ESTADUAL DE MEIO AMBIENTE (FEAM). *Guia técnico ambiental de biogás na agroindústria.* FEAM/FIEMG e cooperação alemã para o desenvolvimento sustentável (GIZ). Belo Horizonte, 2015.

GEF/UNIDO. PROJETO GEF – Cuba. 2014. Disponível em: http://www.cubaheadlines.com/2014/10/08/38930/opened_seminar_about_biomass_gasification_in_havana.html; http://gasifiers.bioenergylists.org/cubaenergia. Acesso em: 2014.

GLOBAL CLIMATE AND ENERGY PROJECT (GCEP). *Biomass IGCC at Värnamo, Sweden* – past and future. 2004. Disponível em: http://gcep.stanford.edu/pdfs/energy_workshops_04_04/biomass_stahl.pdf. Acesso em: 2014.

GOVERNO DO ESTADO DE SÃO PAULO. *Anuário de Energéticos por Município no Estado de São Paulo*, 2018 – Ano Base 2017. Secretaria de Energia e Mineração. São Paulo, 2018.

GRUPO DE ENERGIA, BIOMASSA E MEIO AMBIENTE (EBMA) DA UNIVERSIDADE FEDERAL DO PARÁ. Acervo pessoal, 2008.

GUTIERREZ-GOMEZ, A. C; GALLEGO, A. G; PALACIOS-BERECHE, R. *et al.* Energy recovery potential from Brazilian municipal solid waste via combustion process based on its thermochemical characterization. *Journal of Cleaner Production*, v. 293, n. 126145, 2021.

GUTIERREZ-GOMEZ, A. C. *Caracterização da fração combustível de Resíduos Sólidos Urbanos úmidos do município de Santo André visando seu aproveitamento energético por processos termoquímicos.* 90 p. Dissertação (Mestrado em Energia – Centro de Engenharias. Modelagem e Ciências Sociais Aplicadas. Pós-graduação em Energia. Universidade Federal do ABC). Santo André, SP, 2016.

IEA BIOENERGY. *What is the role in clean energy transitions?* 2023. https://www.iea.org/energy-system/renewables/bioenergy#tracking. Acesso em: 2023.

IEA BIOENERGY. *Thermal gasification of biomass.* 2014. Disponível em: http://www.ieatask33.org/. Acesso em: 2014.

INDIAN INSTITUTE OF SCIENTE (IISc). *Biomass gasification.* 2010. Disponível em: http://cgpl.iisc.ernet.in/site/Technologies/BiomassGasification/tabid/68/Default.aspx. Acesso em: 2014.

INDÚSTRIA BRASILEIRA DE ÁRVORES (IBÁ). *Relatório 2017.* São Paulo, 2017. Disponível em: http://iba.org/images/shared/Biblioteca/IBA_RelatorioAnual2017.pdf. Acesso em: jul. 2019.

INDÚSTRIA BRASILEIRA DE ÁRVORES (IBÁ). *Sumário executivo*, p. 6, 2018. Disponível em: https://www.iba.org/datafiles/publicacoes/relatorios/digital-sumarioexecutivo-2018.pdf. Acesso em: 25 out. 2020.

INTERNATIONAL ENERGY AGENCY (IEA). *World Energy Outlook.* 2022. Disponível em: https://iea.blob.core.windows.net/assets/830fe099-5530-48f2-a7c1-11f35d510983/WorldEnergyOutlook2022.pdf. Acesso em: julho 2023.

INTERNATIONAL ENERGY AGENCY (IEA). *IEA Bioenergy.* 2017. Disponível em: https://www.ieabioenergy.com/publications/bioenergy-for-sustainable-development/. Acesso em: set. 2019.

INTERNATIONAL ENERGY AGENCY (IEA). *Key World Energy Statistics.* IEA, 2019.

INSTITUTO DE ENERGIA E AMBIENTE (IEE) DA UNIVERSIDADE DE SÃO PAULO. *Biomass residues as energy source to improve energy access and local economic activity in low HDI regions of Brazil and Colombia* (BREA), 2016. Disponível em: http://gbio.webhostusp.sti.usp.br/?q=pt-br/biomass-residues-energy-source-improve-energy-access-and-local-economic-activity-low-hdi-regions. Acesso em: nov. 2020.

INSTITUTO BRASILEIRO DE GEOGRAFIA E ESTATÍSTICA (IBGE). *Atlas de saneamento 2011.* Diretoria de Saneamento. Rio de Janeiro: IBGE, 2011.

INSTITUTO TRATA BRASIL. *Benefícios econômicos e sociais da expansão do saneamento no Brasil.* 2018.

KAREKEZI, S.; LATA, K.; COELHO, S. T. Traditional biomass energy: improving its use and moving to modern energy use. *In*: Renewables 2004. *International Conference for Renewable Energies*, Thematic Background Papers, Bonn, 2004. Disponível em: http://www.renewables2004.de/pdf/tbp/TBP11-biomass.pdf. Acesso em: 25 out. 2020.

KAWANA, S. A. *Avaliação energética do aumento da participação eólica no sistema interligado nacional, com ênfase na concentração de plantas geradoras na Região Nordeste e rebatimento nas condições de atendimento da demanda de pico.* Tese (Doutorado) – Escola Politécnica da Universidade de São Paulo, EPUSP, 2013.

KOHLER, L. Solid waste management in Bavaria. *In: Seminário Internacional*: Perspectivas para o aproveitamento energético dos resíduos sólidos urbanos, São Paulo, nov. 2010.

LAMBERT, M. Biogas: a significant contribution to decarbonising gas markets? *Energy Insight*: 15. Oxford Institute for Energy Studies, 2017.

LARSON, E.; GREIG, C.; JENKINS, J. *et al. Net-Zero America*: Potential Pathways, Infrastructure, and Impacts. Interim Report. Princeton: Princeton University, 2020. Disponível em: https://netzeroamerica.princeton.edu/the-report. Acesso em: mar. 2023.

LEMOS, M. V. D. L. *Uso eficiente de biogás de esgoto em motores geradores.* Monografia (Graduação em Engenharia Mecânica) – Escola Politécnica da UFRJ, Rio de Janeiro, 2013.

LUCAS JR., J.; SANTOS, T. M. B. Aproveitamento de resíduos da indústria avícola para produção de biogás. *In: Simpósio sobre Resíduos da Produção Avícola*, Concórdia, SC, 2000.

MACEDO, I. C. *Geração de energia elétrica a partir de biomassa no Brasil*: situação atual, oportunidades de desenvolvimento. Brasília, DF: CGEE, 2001.

MAYER, F. D.; CASTELLANELLI, C.; HOFFMANN, R. Geração de energia através da casca de arroz: uma análise ambiental. *In: XXVII Encontro Nacional de Engenharia de Produção*, Foz de Iguaçu, out. 2007.

MCCABE, B.; SCHMIDT, T. Integrated biogas systems: local applications of anaerobic digestion towards sustainable solutions. *IEA Bioenergy Task 37*, 2018.

MIKI, R. E.; REAMI, L.; CASON, M. M. A. Produção de biometano de biogás de estação de tratamento de esgoto: implantação do projeto e resultados preliminares. *In: 30º Congresso Brasileiro de Engenharia Sanitária e Ambiental*, ABES, Natal, RN, 2019.

MIRANDA, L. H. T. G. *Aproveitamento energético de resíduos sólidos urbanos: estudo de caso no município de Itanhaém-SP*. Monografia apresentada no Curso de Especialização em Energias Renováveis, Geração Distribuída e Eficiência Energética da Escola Politécnica da USP, São Paulo, 2014.

MINISTÉRIO DO MEIO AMBIENTE (MMA). *Plano Nacional de Resíduos Sólidos (Planares)*. Brasília, DF, set. 2022. Disponível em: https://sinir.gov.br/informacoes/plano-nacional-de-residuos-solidos/.

MINISTÉRIO DO MEIO AMBIENTE (MMA). *Projeto PNUD 00/20*: levantamento sobre a geração de resíduos provenientes da atividade madeireira e proposição de diretrizes para políticas, normas e condutas técnicas para promover o seu uso adequado. Curitiba: MMA, p. 35, 2009.

MINISTÉRIO DO MEIO AMBIENTE (MMA). *Plano Nacional de Resíduos Sólidos*. Versão Pós-Audiências e Consulta Pública para Conselhos Nacionais. Fev. 2012. Disponível em: https://conama.mma.gov.br/index.php?option=com_sisconama&task=documento.download&id=4640. Acesso em: Mar. 2013.

MINISTÉRIO DO MEIO AMBIENTE (MMA). *Secretaria da Qualidade Ambiental*. Consulta Pública Plano Nacional de Resíduos Sólidos – PLANARES. 2020. Disponível em: http://consultaspublicas.mma.gov.br/planares/wp-content/uploads/2020/07/PlanoNacional-de-Res%C3%ADduos-S%C3%B3lidos-Consulta-P%C3%BAblica.pdf. Acesso em: set. 2023.

MINISTÉRIO DE MINAS E ENERGIA (MME). *Nota explicativa sobre a proposta de criação da política nacional de biocombustíveis*. 2017. Disponível em: https://antigo.mme.gov.br/documents/36224/460049/RenovaBio+-+Nota+Explicativa.pdf/08c6adbe-afea-5456-514e-e2bc9b6a30d0?version=1.0. Acesso em: out. 2019.

MOREIRA, J. R.; ROMEIRO, V.; FUSS, S. *et al.* BECCS potential in Brazil: Achieving negative emissions in ethanol and electricity production based on sugar cane bagasse and other residues. *Applied Energy*, 2016; 179:55-63. Disponível em: http://dx.doi.org/10.1016/j.apenergy.2016.06.044. Acesso em: jun. 2020.

MULLER, M. D. *Produção de madeira para geração de energia elétrica numa plantação clonal de eucalipto em Itamarandiba, MG*. 94 f. Tese (Doutorado) – Universidade Federal de Viçosa, Minas Gerais, 2005.

NOVA ERA AMBIENTAL. *Biodigestor RAFA e Lagoa Anaerobia LAFA*. Mensagem recebida por engenharia@novaeraambiental.com.br, em 18 de julho de 2018.

NUMAZAWA, S. *Resíduos de exploração florestal: avaliação e determinação de índices*. Relatório Técnico. Belém, PA: FUNPEA-UFRA, 2009.

OLIVEIRA, L.; NEGRO, S. Contextual structures and interaction dynamics in the Brazilian Biogas Innovation System. *Renewable and Sustainable Energy Reviews*. 2019; 107:462-81.

OPERADOR NACIONAL DO SISTEMA ELÉTRICO (ONS). *Plano Anual de Operação Energética (PEN)*. 2002 a 2017. Disponível em: https://www.ons.org.br/paginas/conhecimento/acervo-digital/documentos-e-publicacoes. Acesso em: Ago. 2019.

OPERADOR NACIONAL DO SISTEMA ELÉTRICO (ONS). *Plano da Operação Energética 2021/2025 – PEN 2021*. 2022. Relatório das Condições de Atendimento. Disponível em: https://www.ons.org.br/AcervoDigitalDocumentosEPublicacoes/Relat%C3%B3rio%20PEN%202021.pdf#search=Complementariedade%20das%20fontes%20de%20energia%20el%C3%A9trica%20no%20Brasil. Acesso em: jul. 2023.

PARQUE TECNOLÓGICO DE ITAIPU (PTI). *Ônibus movido a biometano começa a circular pelo PTI*. Disponível em: http://www.pti.org.br/imprensa/noticias/onibus-movido-biometano-comeca-circular-pelo-pti. Acesso em: dez. 2014.

PERECIN, D.; MASCARENHAS, K. L.; COELHO, S. T. Oportunidades e desafios do BECCS na transição energética e percepção pública no Brasil. *In:* PEYERL, D.; MASCARENHAS, K. L.; MOUTINHO DOS SANTOS, E. *Transição energética, percepção pública e governança*. Rio de Janeiro: Synergia, 2023.

PERLINGEIRO, C. A. G. (org.). *Biocombustíveis no Brasil*: fundamentos, aplicações e perspectivas. Rio de Janeiro: Synergia, 2014.

PROBIOGÁS. Tecnologias de digestão anaeróbia com relevância para o Brasil: substratos, digestores e uso de biogás. Brasília: Ministério das Cidades, 2015.

RAND, T.; HAUKOLHL, J.; MARXEN, U. *Municipal solid waste incineration*. Requeriments for a successful project. Washington. D.C.: The World Bank, 2000. 105 p.

REDDY, P. J. *Energy Recovery from Municipal Solid Waste by Thermal Conversion Technologies*. CRC Press, 2015.

REN21. *Renewables 2022 Global Status Report*. Paris, 2022.

REN21. *Renewables 2019 Global Status Report*. Paris, 2019.

SABESP. *Estação de tratamento de esgoto de Franca é sinônimo de eficiência e qualidade*. Disponível em: http://site.sabesp.com.br/site/imprensa/noticias-detalhe.aspx?secaoId=65&id=4025. Acesso em: ago. 2014.

SÃO PAULO – Secretaria de Estado do Meio Ambiente. *Resolução SMA nº 079*. 2010. Disponível em: https://smastr16.blob.core.windows.net/legislacao/sites/262/2022/07/2009resolucao_sma_079_2009-1.pdf. Acesso em: set. 2023.

SÃO PAULO (Estado). Secretaria de Infraestrutura e Meio Ambiente do Estado de São Paulo. *Resolução SMA nº 079*, de 4 de novembro de 2009.

SÃO PAULO (Estado). Secretaria de Infraestrutura e Meio Ambiente do Estado de São Paulo. *Protocolo agroambiental*. 2014.

SCARLAT, N.; FAHL, F.; DALLEMAND, J. F. *Status and Opportunities for Energy Recovery from Municipal Solid Waste in Europe*. Waste and Biomass Valorization. 2019; 10:2425-44.

SECRETARIA DE ASSUNTOS ESTRATÉGICOS DA PRESIDÊNCIA DA REPÚBLICA (SAE-PR). *Diretrizes para a estruturação de uma política nacional de florestas plantadas*. Brasília, p. 100, 2011.

SEEG BRASIL/OBSERVATÓRIO DO CLIMA. *Sistema de estimativa de emissão de gases de efeito estufa.* Disponível em: https://plataforma.seeg.eco.br/total_emission. Acesso em: jul. 2023.

SEEG BRASIL/OBSERVATÓRIO DO CLIMA. *Sistema de estimativa de emissão de gases de efeito estufa.* Disponível em: http://www.seeg.eco.br/dados-de-emissoes-brasileiras-estimados-pelo-oc-revelam-crescimento-em-todos-os-setores/. Acesso em: nov. 2019.

SIGA. *Sistema Informações de Geração da ANEEL,* 2019. Disponível em: https://bit.ly/2IGf4Q0. Acesso em: out. 2019.

SILVA, M. G.; NUMAZAWALL, S.; ARAUJO, M. M. *et al.* Charcoal from timber industry residues of three tree species logged in the municipality of Paragominas, PA. *Acta Amazonica,* v. 37, n. 1, p. 61-70, 2007.

SILVA, O. H.; ARDENGHI, T. C.; RITTER, C. M. *et al. Potencial energético da biomassa da casca de arroz no Brasil.* III Simpósio Ambiental da Universidade Tecnológica Federal do Paraná, 2012.

SIMS, R. E. H. Bioenergy options for a cleaner environment in developed and developing countries. *World Renewable Energy Network,* 2003.

SISTEMA NACIONAL DE INFORMAÇÃO SOBRE SANEAMENTO (SNIS). *Diagnóstico Temático Serviços de Água e Esgoto – 2021.* Visão Geral – ano de referência 2020. Brasília, DF: Ministério do Desenvolvimento Regional / Secretaria Nacional de Saneamento (SNS), 2021.

SOARES, D. H. *Gaseificação de biomassa de médio e grande porte para geração de eletricidade:* uma análise da situação atual no mundo. Monografia (Especialização) – Programa de Educação Continuada (PECE), Escola Politécnica da USP, São Paulo, 2012.

STCP. Brasil foco de investimento. *Informativo STCP,* 2011, n. 14, Curitiba.

STERN, J. Narratives for natural gas in decarbonising European energy markets. *OIES Paper:* NG141. Oxford Institute for Energy Studies, 2019.

SWEDISH ENERGY AGENCY (SEA). *The CHRISGAS project and the VÄRNAMO biomass gasification plant.* 2009. Disponível em: http://lnu.se/polopoly_fs/1.35418!overview.pdf. Acesso em: 2014.

UNITED NATIONS FRAMEWORK CONVENTION ON CLIMATE CHANGE (UFNCCC). *Nationally Determined Contributions Registry.* 2022. Disponível em: https://unfccc.int/sites/default/files/NDC/2022-06/Updated%20-%20First%20NDC%20-%20%20FINAL%20-%20PDF.pdf. Acesso em: jul. 2023.

UN SDG. *Sustainable development goals.* Disponível em: https://www.un.org/sustainabledevelopment/. Acesso em: 25 out. 2020.

UNITED NATIONS ENVIRONMENT PROGRAMME/GLOBAL ENVIRONMENT FACILITY/AFRICAN DEVELOPMENT BANK (UNEP/GEF/AfDB). *Cogeneration for Africa project.* Disponível em: http://cogen.unep.org/home. Acesso em: 2014.

UNIÃO DA INDÚSTRIA DE CANA-DE-AÇÚCAR (UNICA). *Boletim Mensal.* Bioeletricidade em Números – Setembro/2020. Disponível em: https://unica.com.br/wp-content/uploads/2020/10/BoletimUNICABioeletricidadeSETEMBRO2020.pdf. Acesso em: jul. 2023.

VALORIZA ENERGIA. *Unidade de Recuperação Energética (URE) Valoriza.* Fonte: Disponível em: https://www.valorizaenergia.com.br/a-empresa. 2021.

VALORSUL. *Valorização e Tratamento de Resíduos Sólidos das Regiões de Lisboa e do Oeste S. A.* Disponível em: https://www.valorsul.pt/. 2020.

VAN LOO, S.; KOPPEJAN, J. *The Handbook of Biomass Combustion and Co-firing.* UK: Earthscan, 2008.

VAN RENSSEN, S. The hydrogen solution? *Nature Climate Change,* v. 10, p. 799-801, 2020. Disponível em: https://doi.org/10.1038/s41558-020-0891-0. Acesso em: jun. 2020.

WORLEY, M.; YALE, J. Gasification technology assessment. Assessment. *Consolidated Report.* Colorado: National Renewable Energy Laboratory (NREL), 2012.

13
COGERAÇÃO DE ENERGIAS TÉRMICA E ELETROMECÂNICA

RONALDO ANDREOS
Mestre em Energia, especialista em Eficiência
Energética Industrial e Engenheiro Mecânico

13.1 Conceituação da cogeração

A cogeração consiste no processo de produção simultânea ou sequencial de duas ou mais formas de energia, térmica e mecânica, a partir de um único combustível, como óleo, carvão, gás natural ou liquefeito, biomassa e energia solar, considerando-se o gás natural o combustível mais utilizado nos processos de cogeração de energia. Por meio da cogeração é possível obter um aproveitamento de até 85 % da energia primária contida no combustível, a qual pode ser transformada em energia mecânica na forma de força motriz, ou eletricidade, mais energia térmica na forma de ar quente, água quente, vapor e água gelada, conforme ilustra a Fig. 13.1.

A cogeração combina os processos de produção de energia elétrica concomitantemente com outra forma de energia térmica de maneira a melhor transformar a energia química contida no combustível em energia útil. Por esse motivo, a cogeração é um processo recomendado quando se buscam a racionalização dos recursos energéticos, o uso eficiente da energia e a redução dos impactos ambientais.

A cogeração pode ser aplicada em qualquer empreendimento no qual exista demanda de energia elétrica e térmica simultaneamente. O resultado da operação da planta dependerá de um projeto criterioso, levando em consideração o balanço térmico e elétrico ideal, a disponibilidade e as condições econômicas alternativas dos insumos energéticos. Sua aplicação é indicada, em especial, para empreendimentos que buscam competitividade operacional, autossuficiência energética, segurança e qualidade da energia elétrica, além de sustentabilidade.

Os objetivos podem também ser mais amplos, quando se substitui a produção de eletricidade por energia mecânica para acionamento direto de compressores, bombas e transportadores, sem necessidade de conversão anterior em eletricidade.

Outro nome utilizado para a cogeração é *Combined Heat and Power* (CHP) e ainda *trigeneration* (eletricidade, resfriamento e aquecimento), quando três transformações ou aproveitamentos energéticos estão presentes.

13.1.1 Breve história da cogeração

O conceito de cogeração não é novo. Contrariamente ao que se poderia imaginar, é muito antigo, e há mais de um século as indústrias na Europa já usavam o rejeito térmico das centrais termelétricas para diversas finalidades. Mais tarde, esse conceito se estendeu aos Estados Unidos, pois as redes de distribuição de eletricidade daquela época eram limitadas e não podiam atender às necessidades da indústria, que optou por gerar sua própria energia.

Nos Estados Unidos, em 1900, a cogeração já representava cerca de 50 % da energia produzida. Com o aumento de centrais térmicas e a ampliação das redes de distribuição, a cogeração reduziu sua participação para menos de 4 % em 1970.

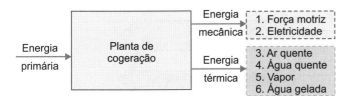

FIGURA 13.1 Planta de cogeração, energia mecânica e térmica.

A crise energética de 1970 reverteu a tendência e fez com que o mundo industrializado se preocupasse com o melhor uso da energia. Nos Estados Unidos, foi estabelecido o *National Energy Act*, em 1973, e depois o *Public Regulatory Policy Act* (PURPA), os quais estabeleceram normas de obrigatoriedade de compra da eletricidade produzida pelos grandes e pequenos cogeradores.

Em 2006, a cogeração nos Estados Unidos representou 9 % da capacidade total de produção de energia, totalizando 85 GWe de capacidade instalada. É esperado que em 2030 a capacidade instalada de cogeração aumente para 241 GWe, representando 20 % da capacidade total instalada no país.

Por ser um aproveitamento contínuo de fontes energéticas, o grande desenvolvimento da cogeração está associado ao fator tecnológico, aproveitando energias com grau de dificuldade cada vez maior para sua recuperação. Países com elevada dificuldade de obtenção de energias primárias possuem o maior desenvolvimento tecnológico na cogeração, e o Japão é um dos maiores expoentes.

13.1.2 Classificação dos sistemas de cogeração

Segundo a Agência Reguladora de Serviços Públicos do Estado de São Paulo (ARSESP), pode-se classificar a cogeração em quatro tipos distintos de sistemas:

a) Sistemas de companhias elétricas

Os sistemas de companhias elétricas foram difundidos, basicamente nos anos 1980, por meio de geradoras de vapor de baixa pressão para geração de energia elétrica, de maneira pouco eficiente. Com o passar dos anos e com o aumento da demanda, as companhias elétricas ficaram cada vez maiores, o que encareceu cada vez mais a produção dessa energia. A partir desse ponto, começaram a surgir investimentos para uso eficiente do combustível e aproveitamento de calor residual por intermédio de cogeração.

b) Sistemas industriais

Atualmente, a maioria das indústrias utiliza a energia elétrica da rede, porém a tendência de aumento do custo da energia elétrica em função do incremento da demanda, atrelada à necessidade de melhoria da eficiência na produção industrial, às exigências ecológicas, à necessidade de maior segurança e confiabilidade, tem motivado muitas indústrias a implantar projetos de cogeração. Da mesma forma, diversos países, preocupados com a diversificação da matriz energética, vêm aprovando leis no sentido de incentivar um maior número de aplicações de cogeração na indústria.

c) Sistemas de calefação

Os sistemas de cogeração para calefação se caracterizam por grandes centrais de calefação, nas quais o calor residual é utilizado para produção de energia elétrica e o calor principal é utilizado para suprir bairros com água quente por meio de sistemas de dutos pressurizados, alimentando residências, universidades, hospitais, conhecidos como *district heating*. Essas centrais também podem funcionar com a produção sequencial ou simultânea de água gelada para a climatização de ambientes dos mesmos usuários, sistema conhecido como *district cooling*. A utilização de calefação ou climatização depende das condições climáticas da região ou país, porém esse tipo de aplicação é observado em maior escala em países de clima frio.

d) Sistemas de energia total

Os sistemas de energia total referem-se a plantas de cogeração totalmente isoladas da rede elétrica que atendem à demanda elétrica do empreendimento, e o calor residual é recuperado na produção de calefação e/ou climatização para o mesmo. Dessa definição deriva o termo "sistema de energia total integrado", em que o sistema de cogeração é integrado à rede elétrica pública, podendo importar parte da energia elétrica da rede ou ainda exportar a energia elétrica excedente para a rede.

13.1.3 Dimensionamento da cogeração

No dimensionamento de uma planta de cogeração deve-se buscar o melhor balanço na produção energética, de forma a atender à demanda térmica e elétrica com o maior rendimento possível. Dessa forma, podemos utilizar dois tipos de dimensionamento básico:

a) Dimensionamento *topping cycle*

A cogeração chamada *topping cycle* é aquela em que a geração de base ou geração principal é a energia elétrica. Portanto, o combustível primário gera primeiramente a energia elétrica e o calor residual recuperado é utilizado na produção de energia térmica resultante. Esse ciclo é muito utilizado no setor terciário, comércio e serviços, nos quais a energia elétrica tem maior relevância e maior intensidade (Fig. 13.2).

b) Dimensionamento *bottoming cycle*

A cogeração chamada *bottoming cycle* é aquela em que a geração de base ou geração principal é a energia térmica. Logo, o combustível primário gera primeiramente a energia térmica, e o calor residual recuperado é utilizado na produção da

FIGURA 13.2 Cogeração e dimensionamento *topping cycle*.

energia elétrica resultante. Esse ciclo se viabiliza, particularmente, em processos cujo combustível possui baixo custo. Encontramos esse exemplo em usinas de cana-de-açúcar e na indústria de papel e celulose. Também pode ser aplicado em processos com grande fluxo de calor e altas temperaturas, como fornos de craqueamento petroquímico, fornos de vidro e fornos rotativos (Fig. 13.3).

Não existe padrão ou fórmula específica para o dimensionamento de uma planta de cogeração. O balanço energético operacional exige uma análise específica do empreendimento a ser aplicado, considerando-se, entre outros fatores:

- demandas elétricas e térmicas;
- perfil de consumo das utilidades de energia;
- temperaturas de processo;
- seleção das tecnologias disponíveis;
- espaço físico para instalação da planta;
- análise da interligação dos processos produtivos.

Em empreendimentos com intenso consumo de energia térmica, por exemplo, deve-se estudar a possibilidade de venda do excedente de produção de energia elétrica para que exista um balanço energético que atenda à demanda térmica na totalidade. Ou ainda é possível dimensionar o balanço energético com base na demanda de energia elétrica, criando-se um sistema de queima suplementar para geração adicional da demanda térmica.

Do ponto de vista econômico, é preciso considerar alguns aspectos, tais como:

- custo da energia elétrica;
- disponibilidade e preço de combustíveis;
- incentivos fiscais disponíveis;
- possibilidade de financiamento;
- venda de excedente de geração de energia elétrica;
- disponibilidade e custo de água.

Dentre os outros parâmetros a ser considerados, podem-se destacar:

- legislação vigente sobre cogeração;
- legislação para interconexão na rede elétrica da concessionária;
- questões ambientais.

Com base nesses parâmetros, podem-se verificar o tipo de equipamento necessário e a configuração mais adequada: motores de combustão interna, turbinas a gás, turbinas a vapor, ciclo convencional de refrigeração ou de absorção, ambos, apenas para citar os principais equipamentos. Nesse ponto, a equipe técnica responsável tem liberdade no uso de seus conhecimentos prévios e criatividade para um desenvolvimento ideal que atenda às necessidades técnicas e econômicas do empreendimento.

É recomendável que se estudem algumas configurações, e que o estudo termoeconômico contemple todas elas, considerando-se o custo do combustível, as tarifas de energia elétrica e os custos de manutenção, podendo-se, dessa maneira, calcular o gasto líquido anual e a possível economia operacional. Com o custo dos investimentos de equipamentos e serviços de instalação, é possível calcular o tempo de retorno dos investimentos.

No Brasil, um projeto de cogeração será interessante para a indústria se o tempo de retorno dos investimentos for algo entre três e cinco anos, podendo esse tempo ser maior com relação ao setor terciário. No entanto, em função da necessidade de redundância no fornecimento elétrico ou continuidade da operação, o fator segurança operacional pode ser mais relevante em detrimento do custo financeiro.

13.2 Fator de utilização de energia aplicado à cogeração

13.2.1 Fator de utilização de energia (FUE)

Nos arranjos típicos de cogeração, é empregada uma máquina térmica principal que transforma a energia química do combustível em energia mecânica ou térmica. Esse equipamento pode ser uma caldeira a vapor no ciclo de Rankine, uma turbina a gás no ciclo de Brayton ou um motor a combustão interna dos ciclos Otto ou Diesel, entre outros (veja o Cap. 3). Esses ciclos térmicos têm por objetivo principal a produção da energia eletromecânica, mas, por meio de cogeração, parte da energia que seria considerada rejeito térmico dos produtos de combustão é recuperada para a produção de outra forma de energia, aumentando o fator de utilização da energia fornecida ao ciclo contida no combustível. Nos ciclos de Rankine, a energia térmica de condensação pode também ser aproveitada em esquemas de turbinas de contrapressão (Seção 13.3.1).

Podemos definir a fração do aproveitamento da energia de um combustível por meio do fator de utilização de energia – FUE (EUF, do inglês, *energy utilization factor*), pela Equação (13.1).

FIGURA 13.3 Cogeração e dimensionamento *bottoming cycle*.

$$\text{FUE} = \frac{\dot{W} + \dot{Q}_u}{\dot{m} \times \text{PCI}} \qquad (13.1)$$

em que:

$\dot{W}$ = potência de eixo produzida pela máquina, em kW;
$\dot{Q}_u$ = taxa de calor útil produzido ou recuperado, em kW;
PCI = poder calorífico inferior do combustível, em kJ/kg;
$\dot{m}$ = vazão mássica de combustível, em kg/s.

Se o PCI do gás combustível for dado na base volumétrica, isto é, em kJ/Nm³, a expressão deve ser multiplicada pela densidade ρ_N do gás combustível nas condições normais de temperatura e pressão (CNTP) — pressão normal de 1 atm e temperatura de 0 °C. Dessa forma, a equação do fator de utilização de energia total é dada pela Equação (13.2a):

$$\text{FUE} = \rho_N \times \frac{\dot{W} + \dot{Q}_u}{\dot{m} \times \text{PCI}'} \qquad (13.2a)$$

em que:

PCI′ = poder calorífico inferior do combustível em base volumétrica, normal (CNTP) em kJ/Nm³;
ρ_N = densidade do gás combustível nas CNTP, em kg/Nm³.

Alternativamente, a vazão volumétrica normal do gás combustível pode ser fornecida, $\dot{\forall}$, em vez da vazão mássica, $\dot{m}$. Nesse caso, o FUE é dado pela Equação (13.2b):

$$\text{FUE} = \frac{\dot{W} + \dot{Q}_u}{\dot{\forall} \times \text{PCI}'} \qquad (13.2b)$$

em que:

$\dot{\forall} = \dfrac{\dot{m}}{\rho_N}$ = vazão volumétrica normal de gás combustível, em Nm³/s.

As plantas de cogeração possuem diversas configurações que propiciam vários balanços energéticos e seu objetivo principal é atingir um aproveitamento térmico que maximize o FUE, quando a análise se faz estritamente do ponto de vista energético. Em alguns casos, o FUE de uma planta de cogeração pode chegar a 0,85, ou seja, 85 % de aproveitamento da energia do combustível primário. Em casos que envolvem bombas de calor e ciclos de refrigeração, é possível ter um FUE superior à unidade, já que o *coefficient of performance* ou coeficiente de desempenho (COP) desses equipamentos é, geralmente, superior à unidade. É importante não confundir o FUE com a eficiência térmica da máquina térmica empregada na cogeração. A eficiência térmica se refere à razão entre a potência mecânica líquida que uma máquina térmica produz e a taxa de calor fornecida, conforme definição apresentada no Capítulo 3 [Eq. (3.3)] e é sempre inferior à unidade. Já o FUE diz respeito à razão entre a potência mecânica somada à taxa de calor útil aproveitável e a taxa energética liberada na queima do combustível.

A Fig. 13.4 ilustra uma planta de cogeração em que é utilizado um grupo motogerador a gás natural para produção de energia elétrica. Parte do calor rejeitado pelos gases de escape é recuperada em um *chiller* de absorção (ou ciclo de refrigeração de absorção de calor) que utiliza esse calor como fonte de energia para geração de água gelada (climatização), e o calor rejeitado pelo arrefecimento do bloco do motor é recuperado na forma de geração de água quente (aquecimento). Ou seja, a partir de uma única fonte primária, o gás natural, essa planta produz energia elétrica e energia térmica (água gelada e água quente) com FUE na ordem de 0,85.

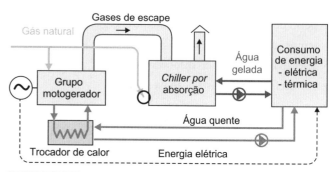

FIGURA 13.4 Planta de cogeração, energia elétrica e térmica.

13.2.2 FUE de termelétrica × cogeração

O Brasil possui um parque de geração de energia elétrica, basicamente hidráulica, com 56,2 % de participação na oferta. No entanto, como a geração hidrelétrica não é suficiente para atender à demanda total do país, faz-se necessária a geração complementar nas formas de biomassa (8,2 %), eólica (10,6 %), nuclear (2,2 %), solar (2,5 %) e, principalmente, termelétrica (19,7 %) (ano-base 2021). As plantas de geração termelétrica são compostas basicamente de usinas do ciclo de Rankine a gás natural, óleo combustível e carvão, além de usinas compostas de motores a combustão interna, movidas a óleo diesel e óleo combustível leve. Essas usinas têm como principal característica o baixo fator de utilização de energia e o alto custo de geração de energia elétrica.

No ciclo convencional de uma usina termelétrica de ciclo aberto, a eficiência térmica é de cerca de 40 %, enquanto, na cogeração, o FUE pode chegar a 85 %, conforme ilustrado na Fig. 13.5. Isso significa produzir o dobro de energia útil pelo mesmo consumo de combustível fóssil, o que também implica reduzir pela metade a emissão de CO_2 por unidade de geração de energia útil.

A cogeração se caracteriza por ser uma aplicação de geração distribuída, ou seja, sua implantação ocorre próxima do centro de carga, logo não existem perdas técnicas com transmissão e distribuição de energia elétrica por longas distâncias, como ocorre no Brasil. Já a geração termelétrica, pelo fato de ser centralizada, normalmente se encontra instalada longe do centro de carga, o que torna necessária a utilização do sistema de linhas de transmissão e distribuição, adicionando-se perdas técnicas por efeito joule de até 7 % sobre o conteúdo energético original do combustível ou 18 % sobre a energia elétrica

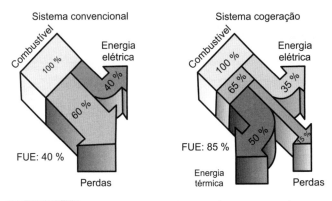

FIGURA 13.5 Eficiência térmica de termelétrica x FUE de cogeração.

Máquina térmica	η_e (%)	FUE (cogeração) (%)
MCI	25 a 45	85
TV	25 a 40	85
TG	30 a 40	85
μTG	25 a 33	85
Ciclo combinado	40 a 44	82

TABELA 13.1 Quadro resumo do η_e e FUE associado à cogeração

transmitida, conforme o esquema ilustrativo da parte superior da Fig. 13.6. Ao consumidor final, apenas cerca de 33 % do conteúdo energético do combustível está disponível na forma de eletricidade. Nessa situação, a cifra de energia útil gerada com a mesma quantidade de combustível pode chegar a 2,5 vezes com o emprego da tecnologia de cogeração em relação à geração termelétrica isolada, conforme ilustra o esquema inferior da Fig. 13.6. Uma parte dos rejeitos térmicos da central termelétrica pode ser empregada para outra finalidade de forma a se obter um FUE de até 85 %.

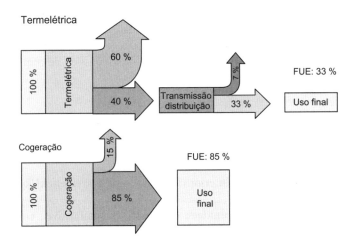

FIGURA 13.6 FUE cogeração × termelétrica + perdas técnicas.

13.2.3 Resumo da η_e e do FUE associado à cogeração

Considerando as principais máquinas térmicas para geração de energia elétrica que podem ser empregadas na cogeração, tem-se a possibilidade de utilização do motor à combustão interna (MCI) do ciclo Otto ou ciclo Diesel, a turbina a vapor (TV) do ciclo de Rankine, a turbina a gás (TG) do ciclo de Brayton, a microturbina a gás (μTG), bem como o ciclo combinado de Brayton e Rankine (veja o Cap. 3). Com base nessas possibilidades, a Tabela 13.1 resume a eficiência ou o rendimento médio de geração de energia elétrica em operação individual (η_e) e o FUE médio com aplicação da cogeração de energia.

13.2.4 Estudo de caso de emissões de CO_2 termelétrica × cogeração

Para efeito de estudo comparativo de emissões de CO_2 de determinado consumidor, considerou-se a hipótese de o suprimento de energia elétrica ser proveniente de uma termelétrica a gás natural, comparando-se as emissões de CO_2 para o mesmo consumidor, com suprimento de energia elétrica proveniente de uma planta de cogeração local.

O rendimento elétrico (η_e) médio da termelétrica adotado foi de 40 %, com base em uma termelétrica de ciclo de Rankine com TV ou ciclo de Brayton com TG. A hipótese foi analisada em dois tipos de cogeração:

- *Primeira*: cogeração com TG de eficiência elétrica igual a 30 %, demanda de potência elétrica igual a 1,0 MW e demanda de vapor igual a 2,5 t/h.
- *Segunda*: cogeração com MCI a gás de eficiência elétrica igual a 35 %, demanda de potência elétrica igual a 1,0 MW e demanda de água gelada igual a 270 TR.

Parâmetros adotados (Tab. 13.2):

- PCI, do gás natural = 8560 kcal/Nm³ (kJ/Nm³);
- geração de vapor a 1,0 bar = 12,7 kg de vapor/Nm³ de gás natural;
- perdas técnicas por efeito joule na transmissão e distribuição = 18 %;
- emissões de CO_2 da queima do GN = 1,99 kg/Nm³ de gás natural;
- geração de vapor na cogeração com TG = 2,5 kg de vapor/kWe gerado;
- produção de água gelada em TR na cogeração com MCI a gás = 0,27 TR/kWe gerado;
- *chiller* elétrico de COP = 4,51;
- *chiller* por absorção simples efeito, acionado com água quente de COP = 0,8.

Com base nessa comparação, conclui-se que a utilização da cogeração a gás natural em detrimento da geração termelétrica pode resultar em redução de 23 a 33 % na emissão de CO_2,

TABELA 13.2 Emissão de CO_2, termelétrica × cogeração

Cogeração com TG					
Demanda energética	Potência elétrica 1,0 MW	Produção de vapor 2,5 t/h	Consumo total	Emissão CO_2	Redução
Termelétrica η_e 40 %	306 m³/h	-	503 m³/h	1001 kg/h	REF
Caldeira	-	197 m³/h			
TG η_e 30 %	335 m³/h	-	335 m³/h	666 kg/h	33 %
Caldeira de recuperação	-	zero			

Cogeração com MCI					
Demanda energética	Potência elétrica 1,0 MW	Água gelada 270 TR	Consumo total	Emissão CO_2	Redução
Termelétrica η_e 40 %	306 m³/h	-	371 m³/h	738 kg/h	REF
CAG, cons. 0,78 kW/TR	-	65 m³/h			
MCI η_e 35 %	287 m³/h	-	287 m³/h	571 kg/h	23 %
ABS AQ, COP 0,8	-	zero			

além de reduzir o consumo do gás natural na mesma proporção ao atender à mesma demanda energética, porém de forma racional e eficiente.

13.3 Esquemas básicos e balanço energético

As possibilidades de esquemas para uma planta de cogeração são inúmeras. Como apresentado anteriormente, podem-se utilizar diferentes máquinas térmicas para geração da energia elétrica (MCI, TV, TG, μTG), ou até mesmo energia solar por meio de um concentrador, ou ainda energia geotérmica ou calor residual de processos produtivos. Esses equipamentos podem ter capacidades variadas, de acordo com o balanço energético idealizado, assegurando inúmeras possibilidades.

A produção de energia térmica e eletromecânica útil também pode ser muito variada, por exemplo: produção de vapor, água quente, ar quente, água gelada, força motriz e energia elétrica. Essas formas de energia ainda possuem variação em entalpia específica, com variações de fluxo de massa, temperatura (Cap. 2), e, por conseguinte, as possibilidades de recuperação de calor para geração das energias úteis residuais também são inúmeras.

Existem alguns exemplos nos quais, além da geração de energia térmica e elétrica, é possível a produção de CO_2 de uso industrial por meio da implantação de uma peneira molecular no escape dos produtos da combustão, que separa o CO_2 proveniente da queima do combustível utilizado na máquina térmica.

Outra opção importante do ponto de vista econômico é a possibilidade de idealizar um balanço energético com produção excedente de energia elétrica para comercialização no mercado livre, ou ainda para injeção na rede elétrica da concessionária e posterior consumo em outra planta de mesma propriedade em outra região, pagando-se apenas pelo uso do sistema de transmissão e distribuição, bem como os tributos fiscais.

Diante das muitas possibilidades de balanço energético, são apresentadas a seguir as principais máquinas térmicas com suas taxas médias de produção de trabalho e recuperação de energia térmica, bem como os principais esquemas básicos de cogeração, nos quais as indicações de quantificação de energias sofreram uma pequena modificação em relação à equação de definição do fator de utilização de energia [Eq. (13.1)]. No caso, a potência de eixo produzida e a taxa de calor útil produzido ou recuperado são divididas pelo fluxo mássico de combustível, $\dot{m}$, de forma que:

$$\text{FUE} = \frac{W + Q_u}{C} \qquad (13.3)$$

em que:

C = poder calorífico inferior (PCI) do combustível, em kJ/kg ou kcal/kg;
Q_u = calor útil por unidade de massa de combustível, em kJ/kg ou kcal/kg;
W = trabalho de geração eletromecânica por unidade de massa de combustível, em kJ/kg ou kcal/kg.

Entretanto, por simplificação, essas grandezas são indicadas nos esquemas discutidos nas seções a seguir, de forma adimensional, sempre sendo alimentadas com combustível com $C = 1$, que é a unidade de energia na forma de poder calorífico inferior. Assim, têm-se as grandezas adimensionais: trabalho extraído, W, e calor útil, Q_u, produzido e o FUE.

13.3.1 Esquemas básicos de cogeração com ciclo de Rankine

Nestas configurações são mencionadas as turbinas de condensação, de extração e de contrapressão, as quais foram apresentadas na Seção 3.2.8 desta obra.

- Esquema A

Ciclo de cogeração com extração de vapor na turbina. Para o exemplo, $Q_u = 0,1$, $W = 0,38$ e FUE = 0,48. Por outro lado, maiores valores de calor útil podem ser obtidos para taxas mais elevadas de extração de vapor.

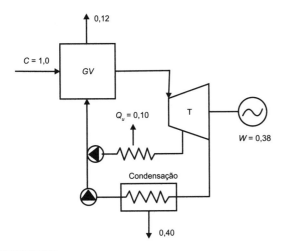

FIGURA 13.7 Planta de cogeração com TV de condensação.

- Esquema B

Ciclo de cogeração com turbina a vapor operando com uma pressão de descarga mais elevada (contrapressão) para produção de vapor a temperaturas mais elevadas. Nesse esquema, podem-se obter $W = 0,25$, $Q_u = 0,60$ e FUE = 0,85.

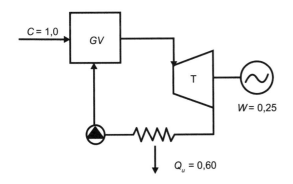

FIGURA 13.8 Planta de cogeração com TV de contrapressão.

13.3.2 Esquemas básicos de cogeração com ciclo de Brayton

- Esquema C

Ciclo de cogeração com turbina a gás e recuperador de calor para produção de calor útil. No exemplo, pode-se obter uma potência útil de $W = 0,30$, $Q_u = 0,55$ e FUE = 0,85.

- Esquema D

Ciclo combinado com produção de calor útil. Nesse esquema, parte dos gases de exaustão de uma turbina a gás

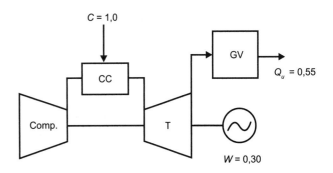

FIGURA 13.9 Planta de cogeração com TG.

alimenta uma caldeira de recuperação visando a produção de vapor para acionamento de uma turbina a vapor do tipo denominado contrapressão. A caldeira de recuperação recebe o nome de *heat recovery steam generator* (HRSG) na literatura inglesa. O calor rejeitado do ciclo da turbina a vapor juntamente com parte do calor produzido por meio dos gases de exaustão da turbina a gás é usado para produzir calor útil. No caso ilustrado, $Q_u = 0,42$, potência da turbina a gás (0,30) e potência da turbina a vapor (0,1) resultam em uma potência total de $W = 0,40$ e FUE = 0,82.

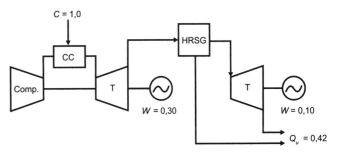

FIGURA 13.10 Planta de cogeração com ciclo combinado.

13.3.3 Esquemas básicos de cogeração com MCI

O MCI possui rendimento elétrico muito elástico (25 a 45 %), por causa do desenvolvimento tecnológico empregado com o objetivo de aumentar sua eficiência na geração de eletricidade. No entanto, para a cogeração, a eficiência elétrica do MCI pode ser pouco relevante, visto que, quanto menor a eficiência elétrica, maior será a recuperação de calor útil e, como consequência, o FUE pode ser o mesmo ou até inferior se a eficiência elétrica do MCI for muito alta, pois a recuperação de energia térmica é dificultada pela baixa entalpia dos gases de exaustão. Portanto, dependendo do balanço energético idealizado, um motor com baixa eficiência elétrica pode se encaixar melhor no esquema adotado.

- Esquema E

Ciclo MCI com produção de energia elétrica e água quente. Nesse esquema, a energia elétrica é produzida por acionamento do alternador do grupo gerador $W = 0,34$. Posteriormente, um circuito de água quente resfria o bloco do motor, recuperando parte da energia térmica $Q_u = 0{,}23$. Em seguida, recupera o calor dos gases de exaustão do escapamento de $Q_u = 0{,}25$, totalizando $Q_u = 0{,}48$ e FUE = 0,82.

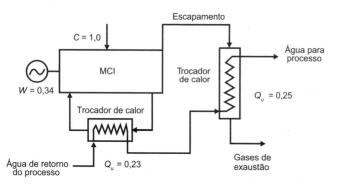

FIGURA 13.11 Planta de cogeração com MCI (água quente).

- Esquema F

Ciclo MCI com produção de energia elétrica e água gelada para climatização de ambientes. Nesse esquema, a energia elétrica é produzida pelo acionamento do alternador do grupo gerador $W = 0{,}34$ e, simultaneamente, um circuito de água de arrefecimento resfria o bloco do motor recuperando parte da energia térmica $Q_u = 0{,}23$. Em seguida, o mesmo circuito recupera parte do calor dos gases de exaustão do escapamento de $Q_u = 0{,}25$, totalizando $Q_u = 0{,}48$. A energia térmica recuperada aciona o ciclo do *chiller* por absorção, produzindo água gelada, o que resulta em um FUE = 0,82.

- Esquema G

Ciclo MCI com produção de energia elétrica, água quente e água gelada. Nesse esquema, a energia elétrica é produzida pelo acionamento do alternador do grupo gerador $W = 0{,}34$ e, simultaneamente, um circuito de água de arrefecimento resfria o bloco

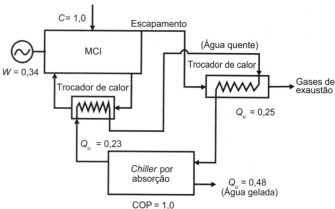

FIGURA 13.12 Planta de cogeração com MCI (água gelada).

do motor, recuperando parte da energia térmica ($Q_u = 0{,}23$). Na sequência, o mesmo circuito recupera parte do calor dos gases de exaustão do escapamento ($Q_u = 0{,}25$), totalizando $Q_u = 0{,}48$. Parte do calor total recuperado aciona o ciclo do *chiller* por absorção, produzindo água gelada, e a outra parte da energia recuperada produz água quente para consumo das utilidades, o que resulta em um FUE = 0,82.

- Esquema H

Ciclo MCI com produção de energia elétrica, água quente e água gelada. Nesse esquema, a energia elétrica é produzida por meio de acionamento do alternador do grupo gerador $W = 0{,}34$ e, simultaneamente, um circuito de água de arrefecimento resfria o bloco do motor, recuperando parte da energia térmica ($Q_u = 0{,}23$), produzindo água quente para consumo das utilidades. Na sequência, parte da energia térmica dos gases de exaustão é recuperada ($Q_u = 0{,}28$) diretamente no *chiller* por absorção, produzindo água gelada para climatização dos ambientes, o que resulta em um FUE = 0,85.

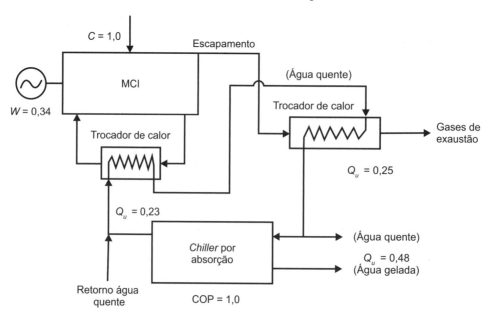

FIGURA 13.13 Planta de cogeração com MCI (trigeração 1).

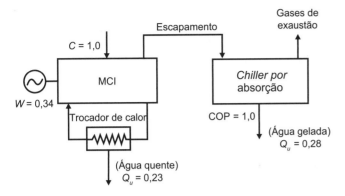

FIGURA 13.14 Planta de cogeração com MCI (trigeração 2).

Rocha *et al.* (2012) conduziram experimentos em dois sistemas de trigeração, um baseado em um MCI e outro, em uma microturbina. No estudo, gases de exaustão foram utilizados para acionar um sistema de refrigeração por absorção de amônia-água, primeiramente para produzir água gelada, e a energia térmica remanescente nos produtos de combustão foi empregada para produzir água quente, de onde decorre o termo trigeração, ou seja, produção de trabalho eletromecânico e produção de água quente e água gelada. O FUE do sistema com MCI foi de 44,2 % e para a microturbina foi de 56,3 %.

13.4 Combustíveis empregados na cogeração

A cogeração possui uma boa flexibilidade para utilização de combustíveis, sejam sólidos, líquidos ou gasosos. O que define o tipo específico de combustível a ser utilizado é a máquina térmica empregada na produção da energia principal e a disponibilidade do combustível na região da instalação da planta de cogeração. Aspectos técnicos do uso dos combustíveis e da teoria de combustão são abordados no Capítulo 4 desta obra.

13.4.1 Combustíveis sólidos

Os principais combustíveis sólidos utilizados na cogeração estão contidos na família da biomassa:

- bagaço de cana-de-açúcar;
- palha de cana-de-açúcar;
- lenha;
- *pellets* de madeira;
- carvão;
- RSU, resíduo sólido urbano.

As principais características que viabilizam esse tipo de combustível associado à cogeração são:

- baixo custo unitário, pelo fato de esses combustíveis serem, em geral, resíduos de processo;
- facilidade de emprego em caldeiras de geração de vapor para acionamento de turbinas no ciclo de Rankine, pois o ciclo possui queima externa;
- largo emprego nos ciclos *bottoming* pela grande demanda de geração de vapor, que é muito utilizado em processos industriais e usinas sucroalcooleiras;
- necessidade de infraestrutura complexa de transporte e armazenamento do combustível.

Na aplicação de combustíveis sólidos no Brasil se destaca a cogeração empregada na indústria sucroalcooleira, hoje representando 77 % das plantas de cogeração, principalmente pela disponibilidade do bagaço de cana-de-açúcar associada à necessidade de geração térmica para processamento da produção de açúcar e etanol. Parte da energia elétrica produzida é empregada nas utilidades da usina, e o restante da energia é exportado para a rede e vendido no mercado livre. Muitas caldeiras também queimam bagaço e palha de cana-de-açúcar e podem ser adaptadas para combustão de *pellets* de madeira no período de entressafra.

Outro fato relevante é o balanço líquido praticamente nulo de emissões de CO_2, em consequência de a biomassa ser um combustível renovável.

13.4.2 Combustíveis líquidos

Os principais combustíveis líquidos utilizados na cogeração são:

- derivados de petróleo, como óleo combustível e diesel;
- biocombustíveis, como etanol e biodiesel;
- resíduos de processo, como licor negro.

Ao contrário dos combustíveis sólidos, os derivados de petróleo e biocombustível possuem difícil viabilidade econômica; sua logística de abastecimento necessita de menor espaço, porém exige maior segurança operacional.

Os derivados de petróleo, além da emissão de CO_2, exigem tratamento especial dos produtos da combustão para controle de poluentes lançados na atmosfera.

Os biocombustíveis, como etanol e biodiesel, também são alternativas interessantes, em particular do ponto de vista ambiental.

Em termos de logística e viabilidade econômica, o licor negro, subproduto da indústria de papel e celulose, tem grande importância no custo operacional da planta. Em função da intensidade e da demanda térmica, o licor negro é muito empregado no ciclo *bottoming*.

13.4.3 Combustíveis gasosos

Os principais combustíveis gasosos utilizados na cogeração são:

- gás natural;
- biogás e biometano;
- resíduos de processo, como gás de coqueria, gás de alto-forno, gás de refinaria, entre outros.

O emprego de combustíveis gasosos torna a cogeração mais flexível, podendo ocorrer em todas as tecnologias de máquinas térmicas. Isso possibilita maior diversificação de soluções e maior viabilidade técnica e econômica.

Em termos de logística e viabilidade econômica, os gases de resíduos de processo, subproduto da indústria siderúrgica e química, possuem grande importância no custo operacional da planta.

O biogás apresenta excelente oportunidade econômica, tanto o gás proveniente de aterros sanitários como o gás proveniente de biodigestores na indústria agropecuária. Sua utilização requer cuidados especiais com relação à descontaminação de agentes tóxicos nocivos à operação do sistema e à saúde humana. O Capítulo 12 aborda estes assuntos em mais detalhes.

Dentre os combustíveis gasosos, o gás natural apresenta maior viabilidade técnico-econômica, por ser o combustível mais usado na cogeração em todo o mundo. Pode-se destacar a facilidade na logística de abastecimento, maior segurança operacional, menor emissão de poluentes entre os combustíveis fósseis e o fato de não requerer tratamento pré e pós-queima. A utilização do gás natural está sujeita à disponibilidade de rede de gás nas proximidades do empreendimento.

13.5 Legislação pertinente à cogeração

A cogeração está sujeita ao conjunto de leis brasileiras que regulamentam e definem as regras para sua implantação e operação. A maior parte delas determina sobre o território nacional, porém, alguns estados, como São Paulo e Rio de Janeiro, possuem leis estaduais específicas. O Capítulo 20 analisa detalhadamente a questão da legislação e regulação do setor elétrico de uma forma mais ampla. Nesta seção, a legislação no tocante à cogeração é apresentada de forma resumida.

13.5.1 Legislação brasileira pertinente à cogeração

- **Lei nº 9.074, de 7 de julho de 1995**: em sua seção II, define e classifica o produtor independente de energia (PIE), também define e classifica quais consumidores estão autorizados a comprar essa energia. Entre outras coisas, a lei define que o PIE pode vender a energia produzida para as concessionárias de serviços públicos e para os consumidores livres com demanda elétrica igual ou superior a 3000 kW. No caso de consumidores cativos, no entanto, a venda só poderá ocorrer com autorização prévia da concessionária de energia da região. Essa lei também assegura o livre acesso do PIE ao sistema de transmissão e distribuição.
- **Decreto nº 2.003, de 10 de setembro de 1996**: define e regulamenta a produção independente e a autoprodução de energia elétrica com fontes alternativas e renováveis. Esse decreto complementa a Lei nº 9.074, ampliando os acessos de produtores de energia industriais e comerciais.
- **Lei nº 9.478, de 6 agosto de 1997**: define a política energética nacional que determina as diretrizes do uso racional das fontes de energia, inclusive das tecnologias alternativas.
- **Decreto nº 5.163, de 30 de julho de 2004**: regulamenta a comercialização de energia elétrica, o processo de outorga de concessões e de autorizações de geração de energia elétrica e dá outras providências. Esse decreto define a geração distribuída como plantas com capacidade instalada inferior a 30 MW.

13.5.1.1 Principais mecanismos regulatórios da ANEEL

Com base na legislação vigente, a Agência Nacional de Energia Elétrica (ANEEL) estabelece diversos mecanismos regulatórios para fomentar a participação das fontes alternativas na geração de energia elétrica no país, conforme disposto a seguir:

- **Resolução Normativa ANEEL nº 77, de 18 de agosto de 2004**: estabelece os procedimentos vinculados à redução das tarifas de uso dos sistemas elétricos de transmissão e de distribuição para empreendimentos hidrelétricos e para aqueles baseados em fonte solar, eólica, biomassa ou cogeração qualificada, cuja potência injetada nos sistemas de transmissão e distribuição seja inferior ou igual a 30.000 kW.
- **Resolução Normativa ANEEL nº 167, de 10 de outubro de 2005**: essa resolução esclarece o processo de contratação de energia proveniente de geração distribuída. Entre outras providências, a resolução complementa o Decreto nº 5163, de 2004.
- **Resolução Normativa ANEEL nº 235, de 14 de novembro de 2006**: estabelece os requisitos para a qualificação de centrais termelétricas cogeradoras de energia e dá outras providências. Revoga a Resolução nº 021, de 20 de janeiro de 2000. Essa resolução visa a estabelecer os requisitos para o reconhecimento da qualificação de centrais termelétricas cogeradoras, com vistas à participação nas políticas de incentivo ao uso racional dos recursos energéticos.
- **Resolução Normativa ANEEL nº 247, de 21 de dezembro de 2006**: estabelece condições para a comercialização de energia elétrica oriunda de empreendimentos de geração que utilizem fontes primárias incentivadas, com unidade ou conjunto de unidades consumidoras cuja carga seja maior ou igual a 500 kW, e dá outras providências.

Essa resolução prevê uma redução de 50 % nas tarifas de uso dos sistemas de transmissão e distribuição para as gerações incentivadas, no caso da cogeração a gás natural. Para efeito de enquadramento, a capacidade da usina é limitada a 1000 kW, e esse fato também limita os benefícios da cogeração qualificada previstos na Resolução Normativa da ANEEL nº 77, de 2004.

- **Resolução Normativa ANEEL nº 390, de 15 de dezembro de 2009**: estabelece os requisitos necessários à outorga de autorização para exploração e alteração da capacidade instalada de usinas termelétricas e de outras fontes alternativas de energia, assim como os procedimentos para registro de centrais geradoras com capacidade instalada reduzida, além de outras providências.

Essa resolução estabelece a obrigatoriedade de registro para centrais com capacidade de geração de até 5 MW e de autorização para centrais com capacidade superior a 5 MW.

Foi criada para atualizar e completar os procedimentos contidos nas normas anteriores. Entre outras providências, estabelece a necessidade de emissão de licença ambiental para início de operação de planta, e revoga a Resolução nº 112, de 18 de maio de 1999.

- **Resolução Normativa ANEEL nº 482, de 17 de abril de 2012**: estabelece as condições gerais para o acesso de microgeração (75 kW) e minigeração (5 MW) distribuída aos sistemas de distribuição de energia elétrica e ao sistema de compensação de energia elétrica, além de outras providências.

Essa resolução foi um importante avanço na regulamentação brasileira relativa à cogeração. No entanto, existem alguns fatores limitantes, como a capacidade máxima instalada de 5000 kW, apesar de a geração distribuída ter limite de 30.000 kW.

Entre outros, essa resolução prevê o uso do sistema de medição bidirecional com o de compensação de energia na exportação para a rede, não podendo essa energia ser comercializada, apenas abatida do volume consumido.

- **Resolução Normativa ANEEL nº 687, de 24 de novembro de 2015**: altera a Resolução Normativa nº 482/2012 e os procedimentos de distribuição – PRODIST. Entre as principais melhorias está a implantação de sistema de compensação de energia em empreendimentos com múltiplas unidades consumidoras, o aumento da agilidade nos processos de aprovação por meio da diminuição da burocracia e o autoconsumo remoto, que permite a geração de energia em locais remotos, desde que esteja dentro da mesma área geográfica da concessionária de energia elétrica que atende à unidade consumidora.
- **Lei nº 14.300/2022**: com a publicação da Lei nº 14.300/2022, passa-se a ter uma legislação específica para a micro e a minigeração distribuída no Brasil. Ponto muito importante dessa nova lei é a modificação dos benefícios tarifários para empreendimentos protocolados junto à distribuidora a partir de janeiro de 2023. Esta lei prevê a introdução da cobrança gradativa da parcela fio (TUSD) para a energia injetada na rede. Tal medida visa remunerar as distribuidoras de energia elétrica para fins de operação e manutenção da rede, no entanto acaba impactando negativamente a viabilidade dos projetos de microcogeração projetados para utilizar o sistema de compensação de energia ou consórcio, inibindo o crescimento desta aplicação e direcionando os projetos para operação em ilha, sem exportação de excedente.
- **Resolução Normativa ANEEL nº 1.031, de 26 de julho de 2022**. Consolida os atos regulatórios relativos aos procedimentos vinculados à redução das tarifas de uso dos sistemas elétricos de transmissão e de distribuição, para empreendimentos hidrelétricos e aqueles com base em fonte solar, eólica, biomassa ou cogeração qualificada; e aos requisitos para a qualificação de centrais termelétricas cogeradoras de energia.

13.5.2 Requisitos para qualificação de centrais de cogeração

Conforme estabelecido na Resolução Normativa da ANEEL nº 1031, de 26 de julho de 2022, a central termelétrica cogeradora deverá atender aos seguintes requisitos para fins de enquadramento na modalidade de cogeração qualificada:

1. Estar regularizada perante a ANEEL, conforme o disposto na legislação específica e na Resolução nº 112 de 18 de maio de 1999, a qual foi revogada e substituída pela Resolução Normativa nº 390, de 15 de dezembro de 2009.
2. Atender aos requisitos mínimos de racionalidade energética mediante o cumprimento das Inequações (13.4) e (13.5), respectivamente:

$$\frac{Et}{Ef} \geq 15\ \% \qquad (13.4)$$

$$\left(\frac{Et}{Ef} \right) \div X + \frac{Ee}{Ef} \geq Fc\ \% \qquad (13.5)$$

em que:

Ef = energia da fonte: energia recebida pela central termelétrica cogeradora em seu regime operativo médio, em kWh/h, com base no conteúdo energético específico, que no caso dos combustíveis é o poder calorífico inferior (PCI);

Ee = energia da utilidade eletromecânica: energia cedida pela central termelétrica cogeradora, em seu regime operativo médio, em kWh/h, em termos líquidos, ou seja, descontando da energia bruta gerada o consumo em serviços auxiliares elétricos da central;

Et = energia da utilidade calor: energia cedida pela central termelétrica cogeradora em seu regime operativo médio, em kWh/h, em termos líquidos, ou seja, descontando das energias brutas entregues ao processo as energias de baixo potencial térmico que retornam à central;

$Fc\ \%$ = fator de cogeração: parâmetro definido em função da potência instalada e da fonte de energia primária da central termelétrica cogeradora que se aproxima do conceito de eficiência energética;

X = fator de ponderação: parâmetro adimensional definido em função da potência instalada e da fonte de energia primária da central termelétrica cogeradora, obtido da relação entre a eficiência de referência da utilidade calor e da eletromecânica, em processos de conversão para obtenção em separado dessas utilidades.

A Tabela 13.3 mostra o fator de ponderação e o fator de cogeração para diversos tipos de combustíveis e fontes de energia térmica recuperada.

13.6 Análise das aplicações de cogeração por setor

Por sua definição, a cogeração pode ser aplicada em qualquer empreendimento no qual tenha havido demanda térmica e eletromecânica simultaneamente, sendo assim, a maior quantidade de aplicações de cogeração está no setor secundário, indústria de transformação, e no setor terciário, comércio e serviços.

O potencial brasileiro para implantação de cogeração de energia é muito grande, visto que a maior parte do desenvolvimento

TABELA 13.3 Fatores Fc % e X da cogeração qualificada

Fonte/potência elétrica instalada	X	Fc %
Derivados de petróleo, gás natural e carvão		
Até 5 MW	2,14	41
Acima de 5 MW e até 20 MW	2,13	44
Acima de 20 MW	2,00	50
Demais combustíveis		
Até 5 MW	2,50	32
Acima de 5 MW e até 20 MW	2,14	37
Acima de 20 MW	1,88	42
Calor recuperado de processo		
Até 5 MW	2,60	25
Acima de 5 MW e até 20 MW	2,17	30
Acima de 20 MW	1,86	35

de geração de energia até o ano 2000 foi baseada no sistema hidrelétrico. Com a necessidade de incremento de capacidade instalada e complemento da geração de energia nos períodos secos, a cogeração distribuída aparece como excelente alternativa de solução com alto aproveitamento energético, uso racional de energia e sustentabilidade.

13.6.1 Aplicações no setor industrial

Na indústria, a maioria das aplicações está nas unidades com demanda de vapor e eletricidade para processo, tais como a indústria sucroalcooleira, de bebidas, alimentícia, de papel e celulose, têxtil e química. Também é possível a utilização da cogeração nas indústrias com alta intensidade de calor residual nos processos de fabricação, como a indústria siderúrgica, de vidros e cerâmica.

Os principais ciclos utilizados na indústria são os de Rankine e Brayton. Seu balanço energético baseia-se no dimensionamento *bottoming cycle* e, por consequência, podem-se utilizar os diversos tipos de combustíveis primários, como gasosos, líquidos, sólidos e até resíduos de processo. Essas características estão associadas à produção contínua de energia e à alta demanda térmica aplicada aos processos industriais.

Os principais segmentos da indústria com potencial para aplicação da cogeração são:

- química;
- papel e celulose;
- metalúrgica;
- alimentos;
- bebidas;
- têxtil;
- madeira;

- mineração;
- cerâmica;
- laminação e tratamento térmico;
- indústria do vidro;
- óleo e gás.

13.6.2 Aplicações no setor terciário

No setor terciário, a maioria das aplicações está nas unidades com demanda de eletricidade e frio (ar-condicionado), como escritórios comerciais, *shopping centers* e supermercados. Também é possível a aplicação para produção de água quente e eletricidade ou até mesmo a trigeração em segmentos como hotéis, hospitais e academias.

Os padrões de arquitetura modernos não preveem a climatização ou ventilação natural dos ambientes, exigindo o emprego de equipamentos de ar-condicionado movidos a eletricidade para o conforto térmico de pessoas. O emprego desses equipamentos, associado à demanda de energia para iluminação, elevadores, computadores, entre outros usos, faz com que a demanda e o consumo de energia elétrica aumentem significativamente, em particular quando existem altas taxas de ocupação, por exemplo, escritórios de *call center*. A utilização da cogeração, ou mesmo de equipamentos de ar-condicionado acionados a gás natural, reduzem a intensidade de energia elétrica consumida, diminuindo a demanda e melhorando o perfil operacional de consumo de energia.

O principal ciclo utilizado no setor terciário é o motor a combustão interna do ciclo de Otto, e seu balanço energético é baseado no dimensionamento *topping cycle*. Por conseguinte, são utilizados combustíveis primários líquidos ou gasosos, como o gás natural. Essas características estão associadas à operação com variação de carga, interrupção diária da operação e alta demanda elétrica aplicada ao segmento. Nas aplicações em que o funcionamento da planta é contínuo e a demanda térmica é alta (hospitais), recomenda-se a utilização de turbinas a gás do ciclo de Brayton com dimensionamento do balanço energético *bottoming cycle*.

Os principais segmentos do setor terciário com potencial para aplicação da cogeração são:

- supermercado;
- *shopping center*;
- hospital;
- hotel;
- edifício comercial e corporativo;
- *data center* e *call center*.

A Tabela 13.4 resume as principais aplicações da cogeração.

13.6.3 Principais características técnicas de aplicação

As configurações de aplicação da cogeração no setor industrial e terciário dependem das características de consumo

TABELA 13.4 Características técnicas de aplicação

Característica	Cogeração industrial	Cogeração setor terciário
Segmento típico	Química, papel e celulose, metalúrgica, alimentos, bebidas, têxtil, madeira, mineração, cerâmica, laminação e tratamento térmico, forno de vidro e refinaria de petróleo	Supermercado, *shopping center*, hospital, hotel, edifício comercial e corporativo, *data center* e *call center*
Facilidade de integração com energias renováveis e residuais	Moderada a alta (em particular energia de vapor de processo industrial)	Baixa a moderada
Nível de temperatura	Alto	Baixo a médio
Capacidade do sistema	1 a 500 MWe	até 10 MWe
Máquina térmica primária	Turbina a vapor, turbina a gás, ciclo combinado (sistemas maiores) e motor a combustão interna do ciclo de Diesel	Motor a combustão interna do ciclo de Otto, *motor stirling*, célula combustível e microturbina
Combustível de energia primária	Combustível gasoso, líquido ou sólido, gás residual de processo (gás de alto-forno)	Combustível gasoso ou líquido
Principais usos	Indústria (energia para as utilidades)	Usuários finais e utilidades
Balanço energético	*Bottoming cycle*	*Topping cycle*
Principal geração de energia	Vapor e eletricidade	Eletricidade, climatização e água quente

Fonte: adaptada de IEA (2009).

energético do empreendimento a ser realizado; no entanto, podemos resumir minimamente alguns parâmetros técnicos.

13.6.4 Principais parâmetros de aplicação

Os principais parâmetros para a análise da aplicação da cogeração, tanto na indústria como no setor terciário, são:

a) Programação de operação horária

No setor terciário, é importante que a programação horária cubra parte do horário de ponta, no qual o custo da energia elétrica é em média duas a quatro vezes superior ao custo da energia fora desse horário. Já na indústria, em que grande parte das contratações se encontra no mercado livre, a importância está na operação contínua: quanto maior o número de horas de operação por dia, maior será a economia operacional da solução e, consequentemente, menor o prazo para retorno do investimento.

b) Balanço energético

As demandas energéticas são fatores preponderantes para o balanço térmico/eletromecânico da solução. Para que haja uma viabilidade econômica atrativa, a planta de cogeração deve atender aos requisitos mínimos de racionalidade e eficiência energética.

c) Capacidade de investimento

Como as soluções de cogeração exigem um investimento inicial substancialmente maior que as das soluções convencionais, faz-se necessário que o empreendedor tenha disponibilidade de capital para os investimentos iniciais, e que possua visão estratégica a médio e longo prazos.

d) Economia operacional

Alguns empreendedores, apesar de possuírem perfil técnico e disponibilidade de capital para os investimentos iniciais na aplicação de cogeração, não têm foco no custo operacional (*shopping*), ou o custo operacional não representa grande impacto para o negócio do proprietário (hospital, edifício corporativo). Por outro lado, em ambientes nos quais o custo operacional se reflete diretamente no custo dos serviços prestados (indústria, supermercado e hotel), a economia operacional é um dos fatores fundamentais para a definição da solução a ser aplicada.

e) Segurança operacional

O fator de indisponibilidade dos insumos energéticos (energia elétrica e térmica) deve ser analisado em consonância com a estratégia de negócios do estabelecimento aplicado. Em alguns segmentos, quando o suprimento de energia é interrompido por períodos curtos, isso não impacta de forma significativa os negócios e a redundância das utilidades não é de vital importância (supermercado e *shopping center*). No entanto, em outros segmentos, como industrial, hospitalar, hoteleiro e de *data centers*, a interrupção dos insumos energéticos, mesmo que por um período curto, podem não somente acarretar prejuízos financeiros, como também colocar vidas humanas em risco.

f) Ciclo de negócio

A volatilidade do cenário econômico em alguns segmentos pode impedir a viabilidade da instalação de uma planta de cogeração. O investidor brasileiro tem como característica investir em projetos com expectativa de retorno de investimentos entre cinco e sete anos.

Empreendimentos com perspectiva de continuidade de negócio inferior a oito anos não consideram atrativa a solução da cogeração.

g) Qualidade da manutenção

A qualidade da manutenção prestada na cogeração é um dos fatores decisivos para a continuidade e a segurança na operação da planta. Para garantir a integridade da usina, pelo fato de a planta ser constituída por muitos equipamentos interligados, é necessário manter em dia toda a programação de manutenção recomendada pelo fabricante de cada parte que constitui o sistema, a fim de se obterem perfeito funcionamento e segurança da usina como um todo.

13.7 Indicadores de cogeração no Brasil e no mundo

O setor industrial e o terciário são os principais consumidores de energia elétrica no mundo todo. A necessidade de aumento de oferta de energia associada ao crescimento econômico dos países é uma das maiores preocupações dos dirigentes, e fazer isso de forma sustentável é tarefa ainda mais difícil. Nesse contexto, a cogeração vem contribuindo com soluções técnicas de alta eficiência, atendendo aos requisitos de sustentabilidade de forma aceitável.

13.7.1 Indicadores de cogeração no mundo

Atualmente, a cogeração representa cerca de 10 % da geração de energia elétrica mundial. Alguns países têm se destacado com a participação de 30 a 50 % do total de sua energia gerada. Alguns dos principais fatores dessas taxas são: as políticas energéticas de uso racional dos recursos energéticos; o incentivo ao aumento da eficiência energética nos processos produtivos; a dificuldade de obtenção de energia primária para a demanda do país.

A Fig. 13.15 mostra os principais países com participações de uso de cogeração em relação à energia elétrica produzida. O Brasil, nessa época, ou seja, em 2008, ocupava o último lugar, com menos de 2 % de participação, mas, em 2015, essa cifra já se encontrava acima dos 10 %.

Em termos de capacidade de cogeração instalada, com base nos dados coletados pela International Energy Agency (IEA) nos anos 2001, 2004, 2005 e 2006, temos os Estados Unidos como o país com a maior capacidade de cogeração instalada e o Brasil se posicionando em 29º lugar (Tab. 13.5).

13.7.2 Indicadores de cogeração no Brasil

Em 2023, o Brasil chegou a 20,5 GWe de capacidade instalada de cogeração em operação e, desse montante, 60,4 % (12.407 MWe) são oriundos da cogeração da biomassa de cana-de-açúcar concentrada nos estados de São Paulo, Minas Gerais, Mato Grosso do Sul e Goiás. Em 2001, a capacidade instalada de cogeração na indústria de cana-de-açúcar era de 1500 MWe, e, por isso, apresentou um crescimento de oito vezes em pouco mais de duas décadas. Já a cogeração a gás natural representa 15,3 % (3152 MWe) do total de cogeração no país.

A Fig. 13.16 ilustra o crescimento da potência instalada de cogeração em operação no Brasil nas últimas seis décadas.

A Tabela 13.6 e a Fig. 13.17 indicam o número de plantas de cogeração e suas respectivas capacidades instaladas por estados brasileiros em 2023, evidenciando a massiva aplicação em São Paulo, 36,8 % do total do país.

A Tabela 13.7 e a Fig. 13.18 mostram a capacidade instalada de cogeração em operação no Brasil por tipo de combustível em 2023, evidenciando a massiva participação da biomassa de cana-de-açúcar, com 60,4 % do total, seguida pela cogeração a licor negro com 16,6 % e a gás natural com 15,3 % de participação.

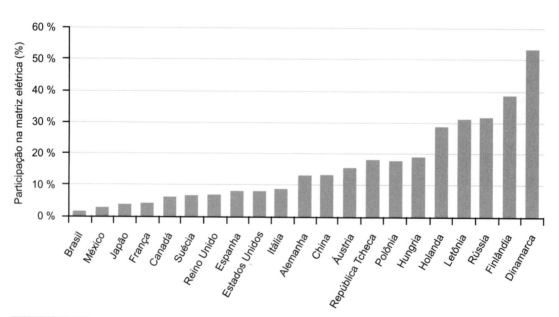

FIGURA 13.15 Participação da cogeração na geração de energia elétrica em vários países.

Fonte: adaptada de IEA (2009).

TABELA 13.5 Capacidade instalada de cogeração por país

Posição	País	Cap. (MWe)
1	Estados Unidos	84.707
2	Rússia	65.100
3	China	28.153
4	Alemanha	20.840
5	Índia	10.012
6	Japão	8723
7	Polônia	8310
8	Taiwan	7378
9	Holanda	7160
10	Canadá	6765
11	França	6600
12	Espanha	6045
13	Itália	5890
14	Finlândia	5830
15	Dinamarca	5690
16	Reino Unido	5440
17	Eslováquia	5410
18	Romênia	5250
19	República Tcheca	5200
20	Coreia do Sul	4522
21	Suécia	3490
22	Áustria	3250
23	México	2838
24	Hungria	2050
25	Bélgica	1890
26	Austrália	1864
27	Singapura	1602
28	Estônia	1600
29	Brasil	1316
30	Indonésia	1203
31	Bulgária	1190
32	Portugal	1080
33	Lituânia	1040
34	Turquia	790
35	Letônia	590
36	Grécia	240
37	Irlanda	110

Fonte: adaptada de IEA (2009).

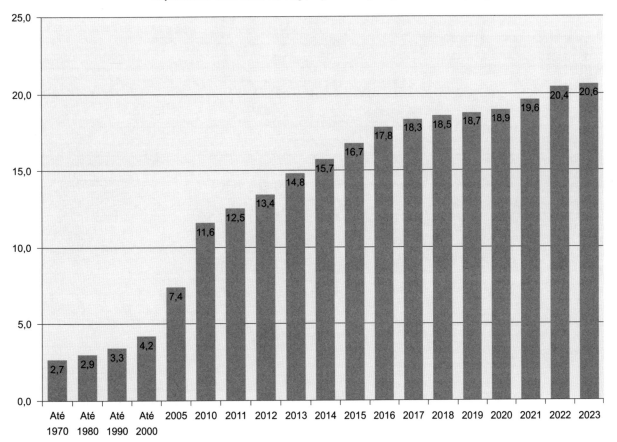

FIGURA 13.16 Capacidade instalada de cogeração em operação no Brasil.

Fonte: adaptada de Cogen (2023).

TABELA 13.6 Capacidade instalada de cogeração por estado em 2023

Estado	Plantas	Potência (MW)	Porção (%)
São Paulo	255	7564	36,8
Mato Grosso do Sul	29	1917	9,3
Minas Gerais	67	2054	10,0
Goiás	33	1478	7,2
Rio de Janeiro	25	1253	6,1
Paraná	45	1333	6,5
Bahia	15	1072	5,2
Rio Grande do Sul	27	469	2,3
Pará	13	355	1,7
Rio Grande do Norte	3	380	1,8
Alagoas	22	361	1,8
Pernambuco	24	374	1,8
Maranhão	7	309	1,5
Mato Grosso	26	445	2,2
Espírito Santo	7	297	1,4
Santa Catarina	25	271	1,3
Ceará	2	224	1,1
Paraíba	6	111	0,5
Tocantins	2	92	0,4
Sergipe	6	65	0,3
Amazonas	3	23	0,1
Piauí	1	18	0,1
Rondônia	4	38	0,2
Amapá	2	4	0,0
Roraima	6	50	0,2
Acre	1	2	0,0
Total Brasil	**656**	**20.559**	**100 %**

Fonte: adaptada de Cogen (2023).

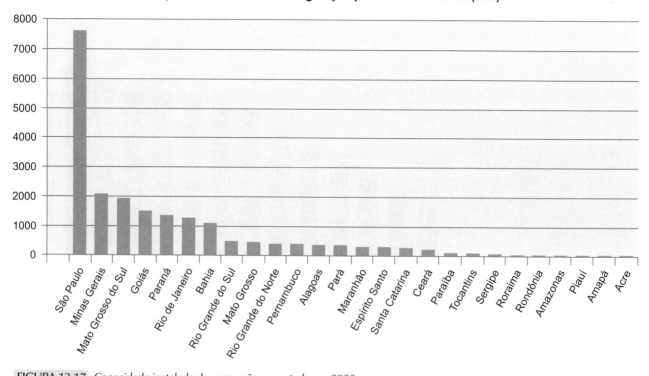

FIGURA 13.17 Capacidade instalada de cogeração por estado em 2023.

Fonte: adaptada de Cogen (2023).

COGERAÇÃO DE ENERGIAS TÉRMICA E ELETROMECÂNICA 377

TABELA 13.7 Capacidade instalada de cogeração por tipo de combustível em 2023

Combustível	Potência (MW)	Participação (%)
Bagaço de cana	12.407	60,4
Licor negro	3407	16,6
Gás natural	3152	15,3
Madeira	908	4,4
Biogás	376	1,8
Outros	299	1,5
Total Brasil	20.549	100

Fonte: adaptada de ANEEL (2023).

TABELA 13.8 Capacidade instalada de cogeração por segmento de atividade em 2023

Segmento	Potência (MW)	Porção (%)
Sucroalcooleiro	12.487	60,8
Papel e celulose	3262	15,9
Petroquímico	2305	11,2
Madeireiro	861	4,2
Alimentos e bebidas	638	3,1
Siderurgia	482	2,3
Saneamento	260	1,3
Biocombustíveis	70	0,3
Agropecuária	63	0,3
Comercial	57	0,3
Automobilística	21	0,1
Cerâmica	14	0,1
Outros	13	0,1
Total Brasil	20.533	100

Fonte: adaptada de ANEEL (2023).

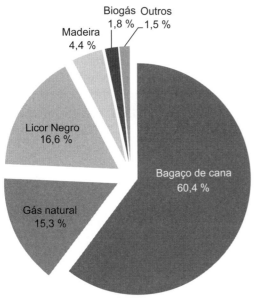

FIGURA 13.18 Capacidade instalada de cogeração por tipo de combustível em 2023.

Fonte: adaptada de ANEEL (2023).

A Tabela 13.8 indica a capacidade instalada de cogeração em operação no Brasil por tipo de segmento de atividade em 2023, também indicada na Fig. 13.19, evidenciando mais uma vez a massiva participação da indústria sucroalcooleira com 60,8 % do total, seguida pela indústria de papel e celulose com 15,9 % de participação.

13.8 Cogeração no setor sucroalcooleiro

A cogeração à biomassa de bagaço e palha de cana-de-açúcar representa mais de 60 % de toda a cogeração brasileira. Além de utilizar energia renovável, este tipo de aplicação aumenta a eficiência energética no setor sucroalcooleiro e amplia a participação das energias limpas nas matrizes energética e elétrica brasileiras.

A biomassa residual do processo de produção de açúcar e etanol é composta por palha e por bagaço, que representam, em média, 2/3 da energia contida na cana-de-açúcar. Este subproduto é empregado como combustível em uma caldeira para a geração de vapor d'água que aciona um ciclo de Rankine para a produção de energia elétrica. Parte do vapor gerado também supre as necessidades dos processos produtivos, aumentando o fator de utilização da energia do processo como um todo, o que também acarreta a diminuição do consumo de combustível da usina. O excedente de energia elétrica é exportado para a rede elétrica.

Basicamente, emprega-se o ciclo de Rankine convencional de vapor superaquecido (Seção 3.2.2) acionado pelo vapor produzido em uma ou mais caldeiras que queimam bagaço e palha de cana. O ciclo é formado por turbinas a vapor de múltiplos estágios, nos quais é possível fazer uma ou mais extrações de vapor em níveis de pressão e vazão (Seção 3.2.8), de acordo com as demandas dos processos da área de moagem do bagaço e de produção de álcool e açúcar, sempre buscando a maximização da eficiência global do processo e da geração de excedente elétrico para exportação de energia elétrica. Um esquema típico da instalação de uma usina sucroalcooleira é apresentado na Fig. 13.20 com apenas uma extração de vapor para o processo de produção de álcool e açúcar. Na figura, parte da energia elétrica produzida é consumida no próprio processo produtivo e o restante exportado para a rede. A pressão atual empregada nas cogerações com ciclos de maior eficiência varia entre 60 e 65 bar de pressão de vapor e temperatura de 480 °C, apesar de que existem estudos e projetos nos quais são praticadas pressões acima de 80 bar. Já as caldeiras empregadas nos processos atuais possuem capacidade de 150 a 250 t/h na geração de vapor, com eficiência média de 85 %.

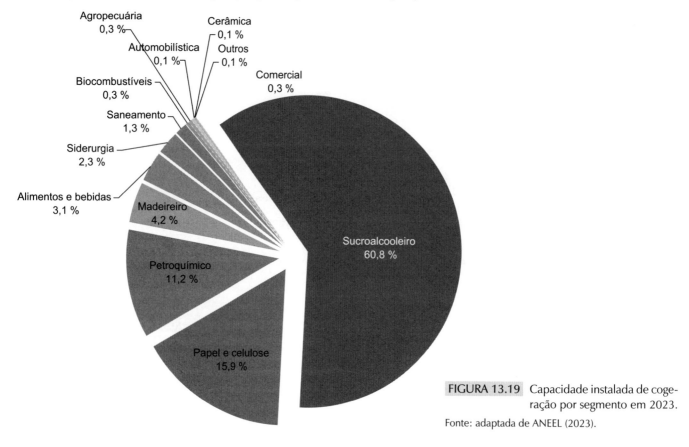

FIGURA 13.19 Capacidade instalada de cogeração por segmento em 2023.
Fonte: adaptada de ANEEL (2023).

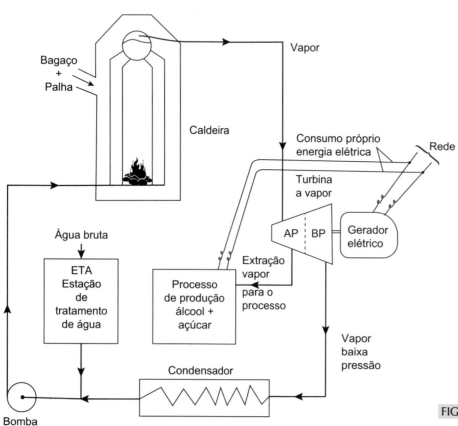

FIGURA 13.20 Arranjo típico da instalação de usina sucroalcooleira.

Novos estudos estão sendo desenvolvidos com maior pressão de trabalho e maior capacidade das caldeiras visando aumentar a geração de excedente e, consequentemente, incrementar o retorno financeiro do projeto.

A maior parte da energia elétrica produzida no Brasil provém das hidrelétricas, fazendo com que a matriz elétrica seja altamente dependente dos ciclos de chuvas e da capacidade de armazenamento dos reservatórios hidráulicos. Assim, a geração de energia elétrica por meio da cogeração de cana-de-açúcar pode contribuir para o equilíbrio no balanço da produção de eletricidade nos períodos secos em detrimento das termelétricas atuais que operam em ciclo aberto, com baixa eficiência e queimando combustíveis fósseis. Portanto, a cogeração do setor sucroalcooleiro atua de forma complementar à energia hidrelétrica, pois a safra e a produção ocorrem justamente no período seco, quando o nível dos reservatórios de água é menor, como mostrado no gráfico de complementaridade de fontes da Fig. 12.4.

A cogeração de cana-de-açúcar tem desempenhado um papel fundamental para a geração de energia limpa e sustentável, atrelado ao avanço tecnológico. As melhores configurações de pressão de trabalho e capacidade das caldeiras têm aumentado ainda mais a eficiência e a produção de excedente elétrico que geram receitas adicionais, promovendo seu crescimento e desenvolvimento, além de contribuir para a redução dos gases de efeito estufa e incremento na geração de emprego. No Capítulo 12, a geração e cogeração a partir da biomassa são discutidas em mais detalhes de modo a considerar outras fontes energéticas formadas por biomassa em um sentido mais amplo.

13.9 Benefícios, barreiras e propostas políticas para a cogeração no Brasil

13.9.1 Benefícios da cogeração

Os benefícios da cogeração são amplos, principalmente na cogeração distribuída, que, se aplicada em grande escala, pode contribuir não somente para o desenvolvimento sustentável do país, como também para o aumento da competitividade e segurança operacional do empreendimento, além da melhora de qualidade da energia, conforme segue:

a) Benefícios para o Brasil

A maior parte do potencial brasileiro de geração hidrelétrica encontra-se na região Norte do país, enquanto o maior centro de carga fica na região Sudeste, distante 3000 km. A geração termelétrica, por sua vez, além de menor FUE, em sua grande parte se encontra longe dos centros de consumo. O sistema de transmissão de energia elétrica brasileiro encontra-se em sua maior parte saturado, sem capacidade de incremento de carga. O benefício fundamental da cogeração distribuída é a aplicação da central cogeradora dentro do centro de carga, dispensando a necessidade de utilização do sistema de transmissão e distribuição de energia elétrica, proporcionando com isso:

- eliminação das perdas técnicas na transmissão e distribuição de energia elétrica, que chegam a 18 %;

- postergação dos investimentos na transmissão e distribuição de energia elétrica;

- postergação dos investimentos com implantação de novas termelétricas;

- maior disponibilidade de energia para o crescimento do país;

- diversificação da matriz energética;

- melhora do perfil de carga elétrica do país, deslocando a carga de pico quando aplicada na produção de climatização de ambientes. Em alguns empreendimentos, o ar-condicionado representa mais de 50 % da carga elétrica.

b) Benefícios para o empreendedor

Em função da concorrência acirrada no mercado econômico global, a visão do empreendedor foca nos custos operacionais de seus negócios. Na atualidade, há um número grande de empresas conscientes do papel da sustentabilidade, desenvolvendo projetos alinhados com a preservação ambiental. Outros aspectos também importantes, como segurança operacional e qualidade da energia elétrica gerada, são observados na cogeração distribuída:

- *Autossuficiência energética.* Nos grandes centros de consumo os apagões de energia elétrica têm se intensificado a cada ano, causando transtornos e prejuízos aos empreendimentos, em especial pela dependência da informática, necessidade de operação contínua da linha de produção e da arquitetura moderna projetada para funcionar com sistemas de ar-condicionado elétrico. A produção de energia para consumo próprio promove a garantia de continuidade do negócio, independentemente das intempéries do sistema de distribuição de energia elétrica.

- *Segurança e confiabilidade.* Gerando sua própria energia elétrica por intermédio de cogeração, o empreendedor pode optar por manter um paralelismo constante com a rede de distribuição de energia elétrica, proporcionando redundância e confiabilidade ao seu sistema próprio de geração.

- *Maior qualidade e estabilidade da energia.* A cogeração de energia garante melhor qualidade da energia produzida, sem grandes variações de tensão, frequência e interrupções por ser gerada próximo ao ponto de consumo.

- A cogeração pode *contribuir* para os processos de certificação de selos verdes e de eficiência.

c) Benefícios para o planeta

Ao se analisarem as questões ambientais, a cogeração distribuída tem muita relevância por ser um processo de produção de energia útil de alta eficiência e por não depender dos sistemas de transmissão e distribuição de energia elétrica. Já as a fontes convencionais se localizam a longas distâncias dos centros consumidores e, por muitas vezes, a energia elétrica é produzida em ciclos abertos de eficiência limitada, além de lançamentos atmosféricos. Dessa forma, podem-se verificar os benefícios da cogeração distribuída no Brasil conforme a seguir:

- *Diminuição da intensidade energética nacional.* Por causa do aumento da eficiência energética global na geração, já que a eficiência média das termelétricas convencionais é da ordem de 40 %, enquanto o FUE da cogeração pode chegar a 85 % em projetos balanceados.

- *Aumento da sustentabilidade.* O uso racional das energias primárias, aproveitando ao máximo o conteúdo energético no combustível, aumenta o tempo de vida útil das reservas energéticas, produzindo até o dobro de energia elétrica e outras formas de energia com a mesma quantidade de combustível utilizado nas termelétricas.

- *Menor impacto ambiental.* Quando comparada com a geração de energia termelétrica, a cogeração tem um ganho de mais de 50 %, o que significa a redução de emissões de gases de efeito estufa pela metade para a mesma quantidade de energia elétrica produzida.

13.9.2 Barreiras da cogeração

As principais barreiras da cogeração estão relacionadas com a questão cultural, a questão das dinâmicas de investimentos, da disponibilidade de equipamentos e do controle do preço dos combustíveis, a saber:

a) Equipamentos importados

Em razão da indisponibilidade de fabricação nacional, a maior parte dos equipamentos que compõem uma planta de cogeração é importada. Isso vem acarretando as seguintes dificuldades:

- as taxas de importação e o frete internacional oneram os custos com aquisição, diminuindo a competitividade da cogeração frente às soluções convencionais que dependem basicamente do mercado de peças e equipamentos nacionais;

- os prazos de entrega dos equipamentos são longos, de quatro a seis meses, em média. Somados ao tempo de implantação, exigem uma tomada de decisão pela cogeração com muita antecedência para não acarretar atraso ao cronograma da obra;

- dificuldade na reposição de peças. As empresas importadoras, em sua maioria, mantêm estoque de peças de reposição no Brasil. No entanto, é comum equipamentos importados ficarem parados por longos períodos, aguardando uma peça importada que não faz parte da lista de peças de reposição.

b) Custo de investimento inicial

Por se tratar de uma planta complexa, com diversos equipamentos interligados, partes importadas e necessidade de um sistema de controle e monitoramento sofisticado, a cogeração resulta em um alto investimento inicial quando comparada a soluções convencionais simples com peças nacionais, o que gera as seguintes barreiras:

- impacto financeiro inicial. Apesar de uma possível economia no custo operacional, o investidor brasileiro tende a pensar somente no custo inicial. Em alguns empreendimentos, como *shopping centers* ou edifícios comerciais, o custo operacional é repassado ao condômino, portanto, o construtor

e/ou empreendedor tende a optar pela solução com o menor custo inicial, dispensando a economia no custo operacional;

- retorno do investimento em médio e longo prazos. Mesmo tendo uma vida útil longa, em função da volatilidade e da concorrência em alguns segmentos do mercado, somente empreendedores arrojados investem em soluções de médio e longo prazos de retorno, e somente empreendimentos com maturação e continuidade de negócio consolidado optam pela solução de cogeração.

c) Operação complexa e dedicada

Em função do grau de complexidade e da questão de segurança e integridade dos equipamentos de uma planta de cogeração, são inevitáveis alguns controles, como:

- exige grande tecnologia de monitoramento e automação. O monitoramento é necessário para a preservação e o bom funcionamento das partes que compõem a planta de cogeração sem ultrapassagem de parâmetros vitais, como limite de temperatura, pressão, trepidação etc., e a automação é necessária para intervenções e manobras, como transferência de carga em rampa, inversão de válvulas de fluxo, partida de equipamentos, entre outros. De modo geral, esses equipamentos de controle são conectados a um *software* que é controlado por um operador em uma sala de controles na própria planta;

- necessidade de operador treinado 24 horas por dia. Em razão do alto custo do capital investido, da garantia de continuidade e de segurança ao processo das utilidades, é necessário manter um operador dedicado ao monitoramento e à operação da planta de cogeração para executar as manobras e intervir em momentos de emergência;

- maiores custos com manutenção. Como toda planta de cogeração exige maior número de partes, controle e peças, o custo com manutenção, quando comparado com as soluções convencionais, é, de fato, maior.

d) Dependência do custo do combustível

Praticamente de 50 a 65 % do custo operacional de uma planta de cogeração está relacionado com o custo do combustível, portanto, toda variação de preço de combustível reflete diretamente na viabilidade financeira do projeto, exigindo grande estabilidade no preço da energia primária.

e) Falta de acesso ao crédito

Pelo fato de o custo de investimento inicial ser muito alto, muitos investidores não possuem recursos financeiros para essa solução, obrigando-se a buscar investidores externos que acabam se remunerando de parte da economia, fato esse que tem diminuído a atratividade do negócio. Existem algumas linhas de crédito desenvolvidas para a indústria de cogeração sucroalcooleira, mas que ainda são discretas para o setor terciário.

f) Dificuldade de conexão com a rede

Também se observa uma grande dificuldade com relação ao atendimento dos requisitos de segurança exigidos pelas concessionárias de energia elétrica para conexão em paralelo entre a planta de cogeração e a rede de distribuição pública. Há demora nas respostas das consultas às concessionárias e exigências com investimentos na rede pública que inviabilizam a solução. Falta ainda uma regulamentação clara que defenda e ampare todas as partes envolvidas: usuário, operador da planta de cogeração e concessionária de energia elétrica.

g) Capacitação técnica

A mão de obra qualificada para cogeração, da área de engenharia à operação e manutenção, é carente de informações e conhecimento. Grande parte dos formadores de opinião, como arquitetos, projetistas, empresas de engenharia, construtoras, assim como o próprio empreendedor, desconhece os detalhes e benefícios da cogeração distribuída, excluindo essa alternativa da idealização do projeto.

Faz-se necessária uma capacitação profissional nas diversas áreas:

- engenharia;
- curso superior de especialização;
- curso técnico de especialização;
- formação de mão de obra para operação e manutenção.

13.9.3 Propostas políticas para a cogeração

Como a cogeração traz benefícios diretos para o meio ambiente, para a manutenção dos recursos energéticos e a garantia de suprimento da energia elétrica, contribuindo para o crescimento econômico do país, fazem-se necessários incentivos específicos por parte do governo federal, de forma a facilitar a implantação de centrais cogeradoras de maneira distribuída e em grande escala.

a) Desoneração fiscal

Para minimizar o impacto do custo inicial nos projetos de cogeração, a desoneração fiscal seria um mecanismo eficaz na redução do custo com os equipamentos que compõem a central cogeradora. Com a redução dos custos iniciais, o retorno dos investimentos será mais rápido e melhorará a atratividade dos projetos de cogeração.

b) Criação de mais linhas de crédito

Criação de mais linhas de crédito para o setor terciário com foco em centrais de cogeração de pequeno porte, até 5 MWe, com o objetivo de incentivar a cogeração nos pequenos e médios empreendimentos.

c) Reembolso compensatório

Programa de reembolso compensatório de parte dos investimentos da planta de cogeração para aquele empreendedor que atingir níveis de eficiência energética acima de uma referência de excelência. Esse incentivo contribuirá para projetos com maior FUE.

d) Subsídio em combustíveis aplicados à cogeração

Como o preço do combustível representa até 65 % do custo operacional, seria necessário um projeto para subsidiar o custo dos combustíveis empregados na cogeração e promover a continuidade desse subsídio, a fim de aumentar a segurança do investidor nas soluções de cogeração.

e) Obrigatoriedade de consumo de energia proveniente de cogeração

A exemplo dos mecanismos aplicados nos Estados Unidos, criar a obrigatoriedade de que os grandes consumidores consumam os blocos de carga de centrais cogeradores incentivadas, com objetivo de criar demanda para o autoprodutor via geração de excedente de energia elétrica.

f) Desconto no IPTU

Mecanismos de desconto ou isenção do Imposto Predial e Territorial Urbano (IPTU) proporcional à área ocupada pela planta de cogeração, já que a cogeração distribuída em grande escala reflete benefícios diretos na infraestrutura de fornecimento de energia do país. Esse mecanismo aumentará o retorno dos investimentos, melhorando a atratividade dos projetos de cogeração.

g) Criação de cursos para a capacitação técnica de mão de obra

Criar cursos de capacitação técnica de mão de obra especializada de cogeração em parceria com instituições de ensino tecnológico, com o objetivo de melhorar a qualidade da mão de obra, bem como de aumentar a difusão de cultura e conhecimentos técnicos sobre a cogeração de energia.

Problemas propostos

13.1 Se a instalação de uma turbina a gás, que opera segundo um ciclo de Brayton, produz potência elétrica de 10 MW e consome combustível que na combustão resulta em 31,25 MW de potência térmica, qual a eficiência elétrica da instalação?

13.2 Qual o consumo de combustível de um motogerador a gás natural de 1000 kW de potência elétrica e rendimento elétrico médio de 42 %, considerando o poder calorífico inferior de 8560 kcal/m³?

13.3 Qual o FUE de uma planta de cogeração que produz 1000 kW de potência elétrica e 950 kW de potência térmica de água gelada (*chiller* absorção) a partir de um grupo motogerador com eficiência elétrica média de 40 %?

13.4 Qual o FUE de uma planta de cogeração com MCI que produz energia elétrica com rendimento de 35 % e água quente por meio da recuperação de calor no bloco do motor em 25 % e nos gases de escape em 30 % de recuperação térmica?

13.5 Uma planta de cogeração que produz energia elétrica e vapor possui um FUE de 85 %, enquanto uma termelétrica possui um rendimento elétrico médio de 40 %, mas ainda acarreta perdas de 18 % na transmissão e distribuição até a energia chegar no centro de carga. Assim, quantas vezes a cogeração aproveita melhor o conteúdo energético do combustível que a termelétrica?

Bibliografia

AGÊNCIA NACIONAL DE ENERGIA ELÉTRICA. Brasília: ANEEL, 2023. Disponível em: http://aneel.gov.br. Acesso em: 18 dez. 2020.

AGÊNCIA REGULADORA DE SERVIÇOS PÚBLICOS DO ESTADO DE SÃO PAULO (ARSESP). São Paulo: ARSESP, 2016. Disponível em: http://www.arsesp.sp.gov.br. Acesso em: 18 dez. 2020.

ANDREOS, R. *Estudo de viabilidade técnico-econômica de pequenas centrais de cogeração a gás natural no setor terciário de São Paulo.* 2013. Dissertação (Mestrado em Energia) – Instituto de Energia e Meio Ambiente (IEE), Universidade de São Paulo, São Paulo, 2013.

ASSOCIAÇÃO DA INDÚSTRIA DE COGERAÇÃO DE ENERGIA (COGEN). São Paulo: COGEN, 2023. Disponível em: http://cogensp.com.br. Acesso em: 18 dez. 2020.

INTERNATIONAL ENERGY AGENCY (IEA): IEA, 2009. Disponível em: http://www.iea.org. Acesso em: 18 dez. 2020.

ROCHA, M. S.; ANDREO, R.; SIMÕES MOREIRA, J. R. Performance tests of two small trigeneration pilot plants. *Applied Thermal Engineering*, n. 41, p. 84-91, 2012.

14

ENERGIA DAS MARÉS E ONDAS

DEMETRIO CORNILIOS ZACHARIADIS
Laboratório de Sistemas Energéticos Alternativos e Renováveis (SISEA) e Laboratório de Engenharia do Vento (LEVE)
Departamento de Engenharia Mecânica da Escola Politécnica da Universidade de São Paulo (Poli-USP)

14.1 Introdução à energia das marés

As variações periódicas do nível dos oceanos, facilmente perceptíveis nas regiões costeiras, são denominadas marés. Os primeiros registros do aproveitamento da energia das marés datam da Idade Média, durante a qual foram construídos alguns moinhos de maré na França e na Inglaterra. Mais recentemente, a partir da década de 1930, tomaram corpo tentativas de se converter a energia das marés em energia elétrica, até que, em 1967, foi inaugurada a primeira central maremotriz, denominada usina maremotriz de La Rance, em Saint-Malo (Fig. 14.1), com uma capacidade de geração de 240 MW. Um ano depois, uma central de 400 kW foi instalada em Murmansk, na Rússia; outras centrais maremotrizes estão em operação na Nova Escócia (Canadá) e em Jangxia, no litoral da província chinesa de Zhejiang.

Atualmente, encontram-se em fase de projetos centrais de grande porte, como a usina maremotriz do Rio Severn, na Grã-Bretanha, que deverá ter capacidade nominal de 8,6 GW, capaz de suprir 5 % das necessidades de energia elétrica do país. O funcionamento das usinas maremotrizes baseia-se normalmente no represamento periódico da água e no aproveitamento de sua energia potencial, e também se cogita em aproveitar a energia cinética das correntes marítimas associadas às marés, como será comentado adiante.

Ainda que sujeitas a variações significativas, as marés têm comportamento previsível, o que as diferencia de outras fontes de energia renováveis; por exemplo, as tábuas de marés para os próximos 12 meses são disponibilizadas em sites de órgãos governamentais ou privados do Brasil, como o da Marinha do Brasil:https://www.marinha.mil.br/chm/tabuas-de-mare/1000 (acesso em: 13 ago. 2024).

FIGURA 14.1 Usina de La Rance, em Saint-Malo, França.
Fonte: Leite Neto et al. (2011).

Caracterizadas por amplitudes e períodos de subida e descida típicos que variam de região para região, as marés decorrem basicamente da atração gravitacional exercida pela Lua e pelo Sol, somada aos efeitos do movimento de rotação da Terra e da Lua ao redor do seu centro de massa comum. Em função de fatores denominados intensificadores de marés, em alguns locais a variação da altura do nível da água pode ser de até 16 metros, como na Baía de Fundy, no Canadá. Por outro lado, há localidades em que as diferenças no nível de água são bem menos intensas, com variações inferiores a um metro. A descrição das marés emprega uma terminologia específica. Na Tabela 14.1 e na Fig. 14.2 são apresentados os termos mais comuns.

TABELA 14.1 Terminologia da descrição das marés

Terminologia	Significado
Preamar ou maré alta	Nível máximo de uma maré-cheia
Baixa-mar ou maré baixa	Nível mínimo de uma maré vazante
Estofo	Período de curta duração durante o qual não ocorre nenhuma alteração no nível do mar
Maré enchente	Período entre uma baixa-mar e uma preamar sucessivas, durante o qual o nível do mar aumenta
Maré vazante	Período entre uma preamar e uma baixa-mar sucessivas, durante o qual o nível do mar diminui
Altura da maré	Altura instantânea do nível da água em relação ao plano do zero hidrográfico
Elevação da maré	Altura instantânea da superfície da água em relação ao nível médio do mar
Nível médio do mar	Calculado pela média das preamares e baixa-mares, considerando-se um longo período; corresponderia ao nível do mar se não existissem as marés
Amplitude da maré	Variação do nível da água entre uma preamar e uma baixa-mar imediatamente anterior ou posterior
Maré de quadratura	Maré de pequena amplitude, que se segue ao dia de quarto crescente ou minguante da Lua
Marés de sizígia	São as maiores amplitudes de maré verificadas durante as luas nova e cheia quando as influências do Sol e da Lua se reforçam mutuamente, produzindo as maiores marés altas e as menores marés baixas
Zero hidrográfico	Nível de referência a partir do qual se define a altura da maré. É variável em cada local e é definido pelo nível da mais baixa das baixa-mares registradas (média das baixa-mares de sizígia) durante um dado período de observação maregráfica

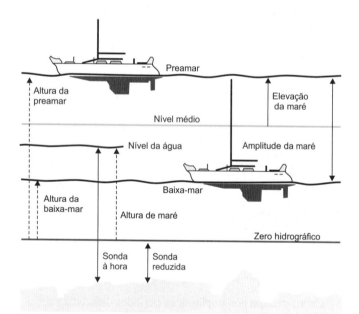

FIGURA 14.2 Visualização de alguns termos empregados na descrição das marés.

Fonte: Ferreira (2007).

14.2 Explicação qualitativa das causas das marés

O nível do oceano em cada ponto da costa varia de modo complexo. Tomam-se como exemplo as medições realizadas em diferentes localidades, mostradas nas Figs. 14.3(a) e 14.3(b). No entanto, a explicação detalhada das causas das marés é objeto de pesquisas há séculos, e, no presente, já se dispõe de modelos que permitem a interpretação e previsão quantitativa rigorosa do fenômeno. Os primeiros modelos, desenvolvidos por Isaac Newton e, posteriormente, aprimorados por diversos cientistas, já apontavam como causas principais a atração gravitacional da Lua e do Sol, além das forças ditas centrífugas, decorrentes da rotação da Terra e da Lua ao redor de seu centro de massa comum. Modelos mais complexos representam a variação temporal da altura das marés por meio da análise harmônica, empregando-se, por exemplo, a série de Fourier, segundo a qual a altura $A(t)$ da maré em função do tempo é dada pelo somatório de funções

$$A(t) = A_0 + \sum_{i=1}^{n} A_i \operatorname{sen}(\omega_i t + \varphi_i),$$

em que A_0 é uma constante, e A_i, ω_i e φ_i correspondem à amplitude, à frequência e à fase do i-ésimo harmônico, respectivamente.

Para entender de modo qualitativo como a atração gravitacional da Lua e as forças centrífugas afetam as águas do nosso planeta, parte-se de um modelo simplificado segundo o qual a superfície terrestre estaria uniformemente coberta de água. É necessário também recordar algumas características dos movimentos da Terra e da Lua que influem mais significativamente nas marés:

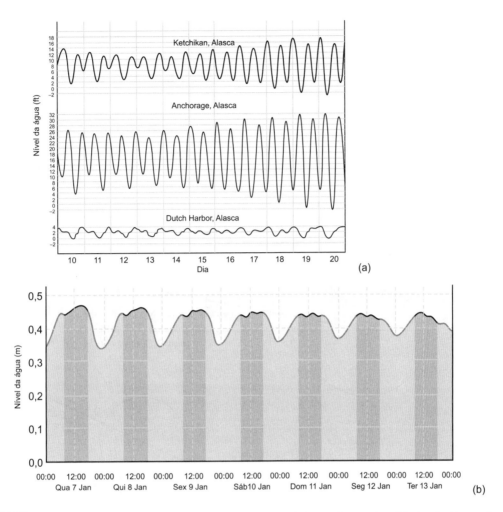

FIGURA 14.3 (a) Elevação da maré (em ft) ao longo de 10 dias medida em diversas localidades do Alasca, Estados Unidos; (b) idem (em m) em Alicante, Espanha, para a segunda semana de janeiro de 2015 (Marea Viva Net).

- Lua: rotação ao redor do próprio eixo (movimento de rotação) e translação ao redor da Terra (movimento de revolução), ambas com um período de idêntica duração.
- Terra: rotação ao redor do próprio eixo, com duração de 24 horas, e revolução ao redor do Sol, com período de aproximadamente 365 dias.

Como os movimentos de rotação e de revolução da Lua têm o mesmo período, a face da Lua visível a partir da Terra é sempre a mesma (a outra face é denominada face oculta da Lua). A Lua leva aproximadamente 29,5 dias para retornar à mesma situação na esfera celeste (mês sinódico, ou seja, tempo decorrido entre duas luas novas consecutivas), considerando-se o seu movimento ao redor do Sol em conjunto com a Terra. Adotando esse valor aproximado para o período de rotação e de revolução da Lua, unido à simplificação considerar que o plano da órbita lunar coincide com o plano equatorial da Terra, resulta que sua velocidade angular vale $\omega_L \cong \frac{2\pi}{T_L} = \frac{2\pi}{24 \times 29,5} = 0,0089$ rad/h, em que $T_L = 708$ h é o período lunar. Conforme mostrado na Fig. 14.4(a), no instante inicial as retas AB (reta que passa pelos pontos diametralmente opostos A e B da superfície terrestre no plano equatorial) e CD (reta que passa pelos pontos C e D diametralmente opostos da superfície lunar) são coincidentes. Após um dia terrestre com duração de $T_T = 24$ h, a posição relativa entre a Lua e a Terra é a mostrada na Fig. 14.4(b). O ângulo $\Delta\varphi$ entre as retas AB e CD é dado por $\Delta\varphi = \omega_L \times T_T = 0,2136$ rad, de modo que, para que as retas AB e CD voltem a estar alinhadas, deverá transcorrer ainda um intervalo de tempo $\Delta t = \dfrac{\Delta\varphi}{(\omega_T - \omega_L)} = 0,8446 = 50,7$ min, em que $\omega_T = 0,2618$ rd/h é a velocidade angular da Terra. Portanto, o ponto A confrontará o ponto C novamente após um lapso de tempo de aproximadamente 24h51min [Fig. 14.4(c)], denominado período diurno T_D das marés. Dessa maneira, a máxima atração gravitacional exercida pela Lua sobre a água localizada no ponto A ocorrerá em períodos de cerca de 24h51min, conforme representado na Fig. 14.5(a), dando origem a uma maré alta na face mais próxima da Lua. Convém lembrar que a superfície sólida da Terra também é atraída pela Lua, mas sofre deslocamentos ínfimos, quando comparados aos deslocamentos da superfície líquida.

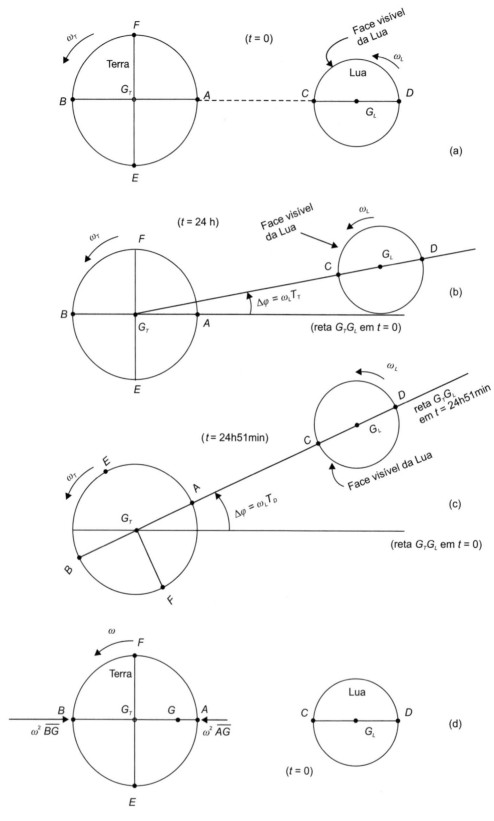

FIGURA 14.4 (a) Posição relativa entre a Terra e a Lua no instante inicial ($t = 0$); (b) idem, após 24 horas; (c) idem, após aproximadamente 24h51min; (d) acelerações normais dos pontos A e B da superfície da Terra no plano equatorial, considerando-se a rotação ao redor de G.

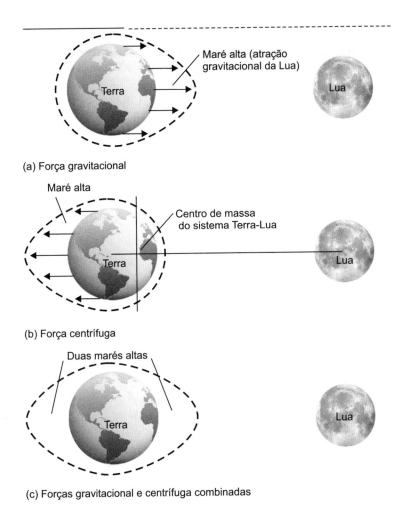

FIGURA 14.5 Efeito combinado da força de atração gravitacional da Lua com a força centrífuga decorrente da rotação da Terra e da Lua ao redor do centro de massa comum.

Fonte: Pinet (2014).

Por outro lado, considerando agora o movimento de rotação da Terra e da Lua ao redor do seu centro de massa comum G, mostrado na Fig. 14.4(d), resulta que, em $t = 0$, os módulos das acelerações normais dos pontos A e B são dados por $|\vec{a}_A| = \omega_L^2 \overline{AG}$ e $|\vec{a}_B| = \omega_L^2 \overline{BG}$. Para chegar a esses resultados, admite-se também que os centros de massa G_T e G_L coincidam com os centros geométricos da Terra e da Lua, respectivamente, de modo que G está sempre sobre a reta $G_T G_L$. Como a órbita da Lua é ligeiramente excêntrica, será adotada uma posição média de G, e assim as dimensões indicadas na Fig. 14.4(d) valem aproximadamente $\overline{BG_T} \cong 6,4 \times 10^3$ km (raio da Terra) e $\overline{GG_T} \cong 4,7 \times 10^3$ km, o que resulta em $\overline{AG} \cong 1,7 \times 10^3$ km e $\overline{BG} \cong 11,1 \times 10^3$ km. Substituindo esses valores nas expressões dos módulos das acelerações, verifica-se que $|\vec{a}_B| \cong 6,5|\vec{a}_A|$, isto é, o líquido situado no ponto B tende a ser expelido da superfície da Terra por uma força 6,5 vezes maior que a força atuante no ponto A. Esse efeito das denominadas forças centrífugas causa uma maré alta na face da superfície terrestre oposta à Lua, conforme mostrado na Fig. 14.5(b). O efeito combinado da atração gravitacional da Lua e das forças centrífugas resulta que em A e B ocorrem marés altas, enquanto nos pontos E e F do plano equatorial ocorrem marés baixas. Considerando-se novamente os movimentos da Terra e da Lua, após um período $T_D/4$ de aproximadamente 6h13min (medido a partir de $t = 0$), a posição relativa entre elas será tal que os pontos E e F ocuparão as posições anteriormente ocupadas pelos pontos A e B. Em E e F ocorrerão marés altas e em A e B, marés baixas. Após aproximadamente $T_D/2 = 12$h25min, os pontos A e B inverterão as posições ocupadas inicialmente (ou seja, as posições ocupadas em $t = 0$), mostradas na Fig. 14.4(a), ocorrendo novamente marés altas nesses pontos (maré alta em B em função da atração gravitacional e maré alta em A causada pela "força centrífuga"). Esse modelo simplificado fornece uma interpretação rudimentar dos períodos das marés observadas em diversas regiões, principalmente as próximas ao Equador, que costumam ocorrer com periodicidade semidiurna, isto é, duas preamares são verificadas a cada 12h25min, aproximadamente; a Tabela 14.2 ilustra esse resultado.

388 CAPÍTULO 14

TABELA 14.2 Tábua das marés em São Luís (MA) para a primeira semana de 2015

Previsões de Marés – São Luís (MA)			
Latitude: 02°31,6' S	Longitude: 044°18,7' W 36 componentes	Fuso: +03,0 Nível médio: 3,28 m	Ano: 2015 Carta: 004 12
Lua	Dia	Hora	Alt (m)
	QUI 01/01/2015	03:34	5,3
		09:47	1,1
		16:00	5,4
		22:28	0,8
	SEX 02/01/2015	04:32	5,4
		10:41	1,1
		16:56	5,4
		23:23	0,7
	SÁB 03/01/2015	05:24	5,5
		11:32	1,0
		17:47	5,5
	DOM 04/01/2015	00:11	0,7
		06:15	5,5
		12:17	0,9
		18:32	5,5
Cheia	**SEG** 05/01/2015	00:58	0,6
		07:02	5,5
		13:00	0,9
		19:08	5,5
	TER 06/01/2015	01:39	0,7
		07:45	5,5
		13:43	0,9
		19:45	5,5
	QUA 07/01/2015	02:11	0,7
		08:19	5,5
		14:15	0,9
		20:15	5,5

Duas preamares consecutivas com intervalo de 12h26min (03:34 → 5,3; 16:00 → 5,4)

Fonte: Diretoria de Hidrografia e Navegação (DHN); Centro de Hidrografia da Marinha (CHM); Banco Nacional de Dados Oceanográficos (BNDO). Disponível em: http://www.mar.mil.br/dhn/chm/box-previsão-mare/tabuas/30120Jan2015.htm. Acesso em: 28 dez. 2014.

Uma análise detalhada do efeito combinado da atração gravitacional com o do movimento de rotação ao redor de G foge ao escopo dessa discussão qualitativa. Prosseguindo com o estudo do modelo simplificado, seria possível demonstrar que tais efeitos combinados resultariam em uma amplitude de maré de no máximo 0,36 m, muito inferior aos valores típicos, que são da ordem de metros. Embora as causas das marés sejam de fato as apontadas, outros efeitos, associados principalmente ao relevo submarino e ao formato da região costeira, influem de modo mais decisivo no comportamento das marés, e permitem interpretações mais realistas do fenômeno.

Introduzindo no modelo anterior a consideração da inclinação do plano da órbita lunar em relação ao plano equatorial da Terra, obtêm-se os resultados qualitativos mostrados na Fig. 14.6, que apresenta a variação dos efeitos combinados da força de atração gravitacional e das forças centrífugas em função da latitude. Conforme a Fig. 14.6, em pequenas latitudes (ou seja, próximo ao Equador), as marés teriam periodicidade semidiurna (duas preamares a cada 12h25min, aproximadamente); à medida que a latitude aumenta, o nível da água passa a depender de uma combinação de marés semidiurnas com marés diurnas, enquanto, próximo aos polos, predominariam as marés de periodicidade diurna (cerca de duas preamares a cada 25h50min).

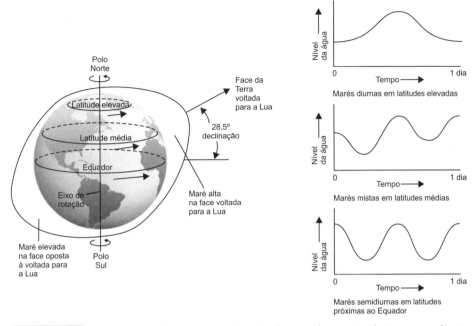

FIGURA 14.6 Efeito da consideração da inclinação do eixo de rotação da Terra em relação ao plano orbital da Lua sobre os períodos das marés.

Fonte: Pinet (2014).

Com relação à atração gravitacional exercida pelo Sol, embora tenha uma magnitude 177 vezes maior que a exercida pela Lua, sua variação entre faces opostas da Terra é muito menor (ou seja, o gradiente da atração gravitacional do Sol é muito menor que o da Lua), de modo que sua influência sobre as marés é menos relevante. A consideração da atração gravitacional exercida pelo Sol aprimora o modelo apresentado, permitindo cálculos mais realistas dos períodos entre preamares e baixa-mares. Considerações análogas aplicam-se ao efeito das forças centrífugas decorrentes da rotação da Terra e do Sol ao redor do seu centro de massa comum. É importante ressaltar que mesmo com o emprego de modelos sofisticados, há também a influência de fatores meteorológicos, de modo que as previsões das marés, embora confiáveis, não coincidem exatamente com as medições realizadas.

14.3 Efeitos intensificadores das marés

O modelo simplificado apresentado anteriormente considera que as marés ocorram de maneira quase estática, isto é, sem levar em consideração a velocidade da água ao passar de uma região de maré baixa para uma de maré alta.

Por esse motivo, o modelo anterior é denominado modelo de marés em equilíbrio. Isso porque o fluxo da água entre as diferentes regiões provoca as chamadas ondas de maré, cujas velocidades dependem em grande parte da profundidade e do relevo submarino. Ao chegar às regiões costeiras, as ondas de maré são afetadas pela plataforma continental e pelo formato da costa.

Há modelos que explicam as amplitudes das marés a partir da ocorrência de ressonâncias que dependem de como se dá a reflexão das ondas de maré ao passarem de regiões muito profundas para regiões menos profundas, bem como ao atingirem as encostas situadas na linha costeira, em particular em baías e canais que promovam o confinamento da água. A ressonância em sistemas fluidos tem aspectos similares à verificada em sistemas mecânicos do tipo massa-mola. Um experimento simples para verificar a ocorrência de ressonância em um sistema fluido consiste em produzir uma onda em um tanque e cronometrar o tempo necessário para que o nível da água na borda complete uma oscilação completa (equivalente a duas preamares consecutivas). Esse seria o período da onda a partir do qual seria calculada a frequência natural da oscilação da água no tanque. Se um dispositivo móvel produzir ondas similares continuamente, na frequência natural observada, a amplitude da onda aumentará, podendo provocar o transbordamento da água, e caso o dispositivo produza ondas em uma frequência muito diferente da frequência natural, o nível da água não variará de modo significativo, mas poderá haver borrifos em diferentes pontos da superfície. Ou seja, quando a excitação (movimentação do dispositivo) tiver uma frequência próxima à frequência natural de oscilação da água, ocorrerá a ressonância no sistema fluido, e a amplitude das vibrações aumentará.

Conforme esse modelo, se as causas principais das marés, apresentadas anteriormente, que provocam ondas com períodos diurnos T_D e semidiurnos $T_{SD} = \dfrac{T_D}{2}$, tiverem frequências próximas às frequências naturais da água contida nos oceanos, haverá ressonâncias nas frequências ω_D e ω_{SD}, respectivamente, com amplitudes bem superiores aos 36 cm previstos no modelo de marés em equilíbrio. Alguns estudos mostram que em determinadas regiões do Oceano Pacífico e do Oceano Atlântico seriam possíveis ocorrências dessas ressonâncias, e que, tal como observado nas medições, as maiores amplitudes das marés ocorreriam no Oceano Atlântico.

De maneira análoga, é possível a ocorrência de ressonâncias em regiões costeiras, em particular quando o relevo confina o fluido em baías e canais de formato afunilado. É o que se verifica em locais como o já mencionado estuário do Rio Severn, do Reino Unido, que mede aproximadamente 600 km, e cujo formato promove a concentração das águas de modo a provocar marés de grande amplitude.

Além da ocorrência de ressonâncias, o movimento relativo entre a água e a superfície da Terra provoca a acumulação do líquido em determinadas regiões, o que também contribui para aumentar a amplitude das marés.

Apesar de não serem facilmente modelados, os efeitos amplificadores das marés são estáveis ao longo do tempo, tanto que é possível fazer previsões de longo prazo das amplitudes das marés e, desse modo, identificar com segurança os locais onde seria viável a instalação de centrais maremotrizes. Graças à estabilidade e à previsibilidade das marés, é possível traçar mapas, como o mostrado na Fig. 14.7, que oferece uma visão global das amplitudes das marés medidas nas regiões costeiras dos continentes. De acordo com o mapa, predominam no Brasil as marés semidiurnas e mistas, e as regiões costeiras mais favoráveis para o aproveitamento da energia das marés localizam-se na Região Norte, estendendo-se desde o litoral do estado do Amapá até o do Maranhão, onde ocorrem marés de periodicidade semidiurna com amplitudes superiores a 4 m.

14.4 Usinas maremotrizes

O tipo mais comum de usina maremotriz consiste na construção de barragens em baías e estuários que aproveitam as marés enchentes para armazenar água em um reservatório. Em seguida, durante a vazante, a água represada passa por turbinas conectadas a geradores elétricos, em um processo de geração semelhante ao das centrais hidrelétricas, que transforma a energia potencial da água armazenada em energia elétrica. As comportas da barragem são fechadas ao término da maré enchente, antes que o nível do mar comece a descer. Iniciada a maré vazante, quando o desnível entre a água represada e a água externa ao reservatório for suficiente para o funcionamento eficiente das turbinas, essas entram em operação e assim permanecem até que a altura de queda da água se torne a mínima possível para a geração de energia elétrica. A partir desse ponto bloqueia-se a passagem da água através das turbinas e o processo é reiniciado na maré enchente seguinte, com a reabertura das comportas para a admissão de água. Esse tipo de processo é denominado geração em efeito simples, pois ocorre apenas durante a maré vazante. Um processo de geração em efeito simples análogo ocorreria em sentido inverso, com o acionamento das turbinas durante a maré enchente. A geração em efeito simples é intermitente, com períodos de produção de energia que duram aproximadamente 3 horas cada um, em locais de marés semidiurnas. Como os horários desses períodos de geração variam ao longo do tempo e não coincidem necessariamente com os picos de demanda de energia, eventuais excedentes de energia da rede poderiam ser aproveitados para bombear água para os reservatórios, aumentando a energia potencial da água represada. A geração em efeito simples, seja na vazante ou na enchente, é ilustrada nas Figs. 14.8(a) e (b). Na Fig. 14.8(c), é exemplificado o bombeamento de

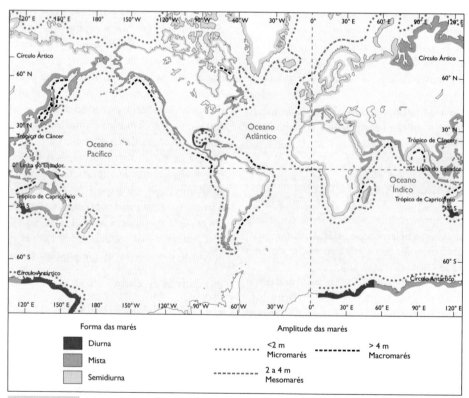

FIGURA 14.7 Mapa das amplitudes das marés medidas ao redor dos continentes.

Fonte: Pinet (2014).

água para aproveitamento da energia excedente na rede. A estratégia de geração de energia em usinas de efeito simples, ilustrada na Fig. 14.8, supõe que as turbinas funcionarão enquanto o desnível entre as águas do mar e da represa for de aproximadamente $\overline{H}$ (na Fig. 14.8: ~ $\overline{H}$).

As características das marés que determinam a viabilidade desse tipo de processo são a sua amplitude, que deve ser de no mínimo 5 m, e a sua periodicidade, com evidentes vantagens para as marés semidiurnas, às quais correspondem períodos de geração menos espaçados no tempo.

Para aumentar a frequência dos períodos de geração, podem-se empregar equipamentos reversíveis, que funcionem em ambos os sentidos do escoamento, seja na vazante ou na enchente. Tais centrais são denominadas de efeito duplo e permitem a geração de energia de modo mais uniforme ao longo do dia, desde que sejam adotados sistemas de controle

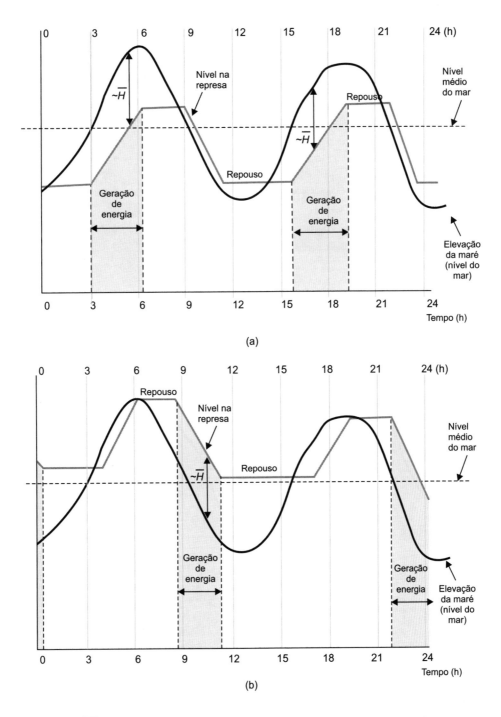

FIGURA 14.8 Gráfico representando o nível do mar, o nível da água represada no reservatório e os períodos de geração de energia em processos de efeito simples, durante a enchente (a) e a vazante (b). (*Continua*)

das comportas para que a altura de queda de água otimize o funcionamento das turbinas. Processos de duplo efeito são exemplificados na Fig. 14.9, com o eventual bombeamento para aproveitamento de energia disponível na rede; nesses casos, durante o bombeamento as turbinas giram no sentido contrário e atuam como motobombas. A principal desvantagem dos processos de duplo efeito, quando comparados aos de efeito simples, é a necessidade de se empregarem turbinas e instalações mais sofisticadas, e, portanto, mais caras, que possibilitem a operação reversível.

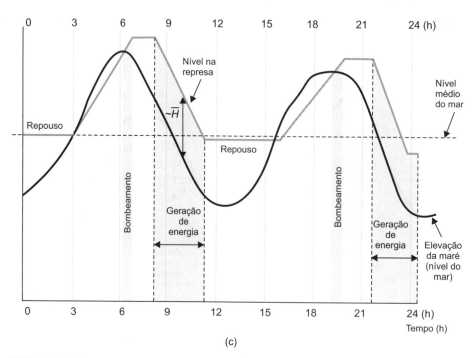

FIGURA 14.8 Em (c) é representada a geração durante a vazante com aproveitamento da energia excedente na rede para bombeamento. (*Continuação*)

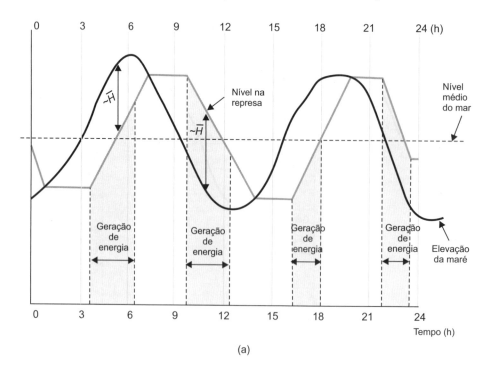

FIGURA 14.9 Gráfico representando o nível do mar, o nível da água represada no reservatório e os períodos de geração de energia em processos de duplo efeito: (a) sem bombeamento, (b) com bombeamento. O bombeamento pode ser empregado tanto na enchente quanto na vazante. (*Continua*)

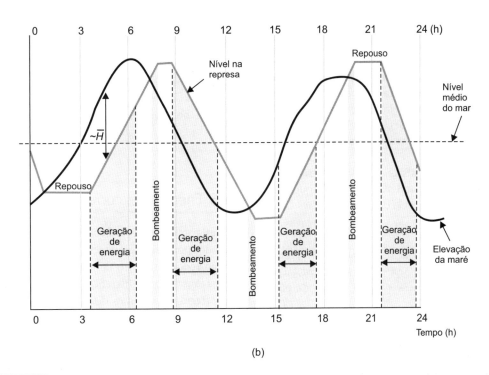

FIGURA 14.9 Gráfico representando o nível do mar, o nível da água represada no reservatório e os períodos de geração de energia em processos de duplo efeito: (a) sem bombeamento, (b) com bombeamento. O bombeamento pode ser empregado tanto na enchente quanto na vazante. (*Continuação*)

14.5 Estimativa da energia mecânica gerada

A energia potencial E_P da água represada que pode ser transformada em energia elétrica é aproximadamente calculada pela Equação (14.1) (Velasco, 2012):

$$E_P = \rho V g \frac{H}{2} \quad (14.1)$$

em que ρ é a densidade da água, V é o volume represado acima das turbinas, g é a aceleração da gravidade e H é a altura máxima do nível de água acima das turbinas. De modo simplificado, considerando-se A a área da superfície do reservatório, admite-se que $V \approx AH$, e que H seja igual à amplitude da maré, resultando em $E_P = \rho A g \dfrac{H^2}{2}$, e, desse modo, a potência média que poderia ser extraída pelas turbinas seria dada por

$$\overline{P} = \rho A g \frac{H^2}{2\tau} \quad (14.2)$$

considerando-se τ o período considerado. Por exemplo, se em uma região com maré semidiurna (T_{SD} = 12h25min), de amplitude H igual a 5 m, o reservatório tiver uma área A de aproximadamente 15 km², adotando os valores $\rho = 1030 \dfrac{kg}{m^3}$ e g = 9,8 m/s² chega-se a

$$\overline{P} = \frac{1030\dfrac{kg}{m^3} \times 1{,}5 \times 10^7 \; m^2 \times 9{,}8\dfrac{m}{s^2} \times 5^2 \; m^2}{2 \times \underbrace{(12 \times 60^2 + 25 \times 60)}_{T_{SD}} s} \cong 42{,}3 \; MW$$

No caso de centrais de efeito simples que operam na maré vazante, toda essa energia fica disponível apenas durante o esvaziamento da represa, entre a preamar e a baixa-mar, período cuja duração aproximada é de quatro a seis horas. Como a vazão é muito elevada, é necessário um grande número de turbinas para se aproveitar toda a energia do fluxo de água. Por exemplo, no já mencionado projeto da usina maremotriz do Rio Severn, está prevista a instalação de 216 turbinas de 40 MW cada, resultando em uma capacidade nominal instalada de 8,64 GW. A produção anual de energia será de aproximadamente 17 TWh, correspondente a um fator de carga de 22,5 % (17 TWh = 8,64 GW × 365 dias × 24 horas × 0,225). Note-se que o fator de carga de 22,5 % equivale a dizer que a usina operará com potência máxima durante cerca de 5h24min por dia (0,225 × 24 h), ou, 2h12min por maré, considerando-se que a maré local tenha periodicidade semidiurna.

O bombeamento de água para aumentar o nível do reservatório pode ser empregado em centrais de efeito simples ou duplo sempre que houver energia disponível na rede durante a preamar. Nessas condições, o bombeamento, que, em geral, levaria a uma perda de energia útil, resulta em um ganho líquido na produção de energia. Conforme ilustrado na Fig. 14.8(c), o bombeamento feito no decorrer da preamar resulta em um nível de água superior ao que seria atingido apenas em função da subida da maré, com um correspondente ganho de energia potencial. A água adicionada pelo bombeamento será liberada durante a maré vazante até que o nível mínimo compatível com a operação das turbinas seja atingido, de modo que a energia gasta no bombeamento seja menor que a energia potencial adicional do reservatório disponível para geração, como ilustrado no exemplo a seguir, adaptado de Velasco (2012).

Exemplo 14.1

Considere-se uma usina maremotriz, cujo reservatório tem uma área de 240 km² na preamar. Havendo energia disponível na rede, são gastos 100.000 kWh para bombear água do mar para dentro do reservatório. Considerando-se que o bombeamento tenha eficiência de 85 %, calcule:

a) o aumento do nível de água da represa causado pelo bombeamento;

b) a energia potencial da água adicionada pelo bombeamento;

c) a energia produzida pelas turbinas, admitindo que elas também tenham uma eficiência de 85 %.

Resolução:

a) Como a eficiência é de 85 %, dos 100.000 kWh gastos no bombeamento, apenas 85.000 kWh são aproveitados na forma de energia potencial da água bombeada para a represa:

$$E_{pb} = 85.000 \text{ kWh} = 85.000 \text{ kWh} \times 3,6 \times 10^6 \text{ J/kWh} = 3,06 \times 10^{11} \text{ J}$$

Essa energia potencial é medida a partir do nível do mar na preamar, com admissão constante durante o bombeamento. O aumento ΔH_b do nível da água represada correspondente a E_{pb} é avaliado a partir da relação

$$E_{pb} = M_b g \frac{\Delta H_b}{2} = r \, A\Delta H_b g \frac{\Delta H_b}{2} = r \, Ag \frac{(\Delta H_b)^2}{2},$$

em que M_b é a massa da água bombeada.

Portanto, ΔH_b é dado por $\Delta H_b =$

$$\left[\frac{2 \times 3,6 \times 10^{11} \text{ J}}{1000 \text{ kg/m}^3 \times 2,4 \times 10^8 \text{ m}^2 \times 9,8 \text{ m/s}^2} \right]^{1/2} = \sqrt{0,26},$$

ou seja, $\Delta H_b = 0,51$ m.

b) Estimado o valor de ΔH_b calcula-se o volume ΔV_b correspondente,

$$\Delta V_b = A \times \Delta H_b = 2,4 \times 10^8 \text{ m}^2 \times 0,51 \text{ m} = 1,224 \times 10^8 \text{ m}^3$$

A altura do centro de massa desse volume, medida a partir da profundidade mínima compatível com a operação das turbinas, permite calcular sua energia potencial. No entanto, como o desnível de água entre os dois lados da barragem varia durante o esvaziamento da represa, considere-se um valor médio $\overline{H}$; nesse exemplo, o valor adotado é $\overline{H} = 1,5$ m. Nessas condições, a energia potencial da água bombeada é dada por

$$E_{pb} = 1000 \text{ kg/m}^3 \times 1,224 \times 10 \text{ m}^3 \times 9,8 \text{ m/s}^2 \times 1,5 \text{ m} = 10^{12} \text{ J},$$

ou

$$E_{pb} \cong 500 \text{ MWh}$$

c) Como foi admitida uma eficiência de 85 % na conversão da energia potencial em energia elétrica, o bombeamento de água a partir da preamar permite gerar 0,85 ×

500 MWh, isto é, cerca de 426 MWh. Em comparação com os 100.000 kWh gastos no bombeamento, houve um ganho de aproximadamente 326 %, ou seja, a energia gerada seria mais de quatro vezes a energia consumida. Não se deve perder de vista que o aproveitamento dessa energia nem sempre será possível, pois os picos de produção dependem dos horários das marés, que não coincidem, em geral, com os picos de consumo.

14.6 Energia das correntes de maré

Os deslocamentos periódicos das massas de água dos oceanos causados por efeitos gravitacionais e pela rotação da Terra e da Lua ao redor do centro de massa comum, em conjunto com outras causas, como diferenças de temperatura e de salinidade, dão origem às correntes de maré, cuja energia cinética também poderia, em princípio, ser aproveitada e convertida em energia elétrica. Na Fig. 14.10 são representadas as principais correntes oceânicas. Essas correntes de maré são mais perceptíveis durante a enchente e a vazante, e podem ser afetadas por fatores geográficos, como canais e variações do relevo submarino, conforme exemplificado na Fig. 14.11.

Os dispositivos empregados para o aproveitamento dessa energia cinética seriam grandes rotores submersos que atuariam de maneira análoga às turbinas eólicas, e que seriam conectados ao fundo do mar por sistemas de ancoragem ou estruturas civis, como torres ou postes edificados sobre o fundo do mar, dispensando assim a construção de diques e barragens. A Fig. 14.12 ilustra ambos os sistemas de suporte das turbinas.

Para estimar a potência máxima que poderia ser extraída da corrente de maré, considere-se um cilindro que envolve um fluxo de água de massa m que se movimenta com velocidade v, mostrado na Fig. 14.13. Ao passar dentro de um cilindro de mesmo raio e largura dx, a energia cinética do fluido contido no cilindro diferencial é dada por $dE_{cin} = \frac{1}{2} dm v^2$, considerando-se $dm = \rho A dx$. A potência que pode ser extraída é definida como $P_{ot} = \frac{dE_{cin}}{dt}$, logo, $P_{ot} = \frac{1}{2} \rho A \underbrace{\frac{dx}{dt}}_{=v} v^2$, resultando em $P_{ot} = \frac{1}{2} \rho A v^3$.

O resultado anterior é idêntico ao obtido para as turbinas eólicas e, como ocorre nos geradores eólicos, há um limite máximo teórico para a potência que pode ser extraída do fluxo de água incidente na turbina, dado pela Lei de Betz, segundo a qual $P_{ot_{máx}} \cong 0,59 P_{ot}$. Esse valor da potência que pode ser aproveitada é reduzido ainda pelas perdas mecânicas e elétricas, de modo que a eficiência η do processo de conversão de energia é, em geral, próxima a 40 %. Deve-se lembrar também de que a velocidade v da corrente não é constante, mas varia segundo a periodicidade da maré envolvida. Uma análise simplificada pode ser feita admitindo-se que essa velocidade varie segundo a função $v = v_0 \text{sen}(\omega t)$, em que v_0 é a velocidade

ENERGIA DAS MARÉS E ONDAS 395

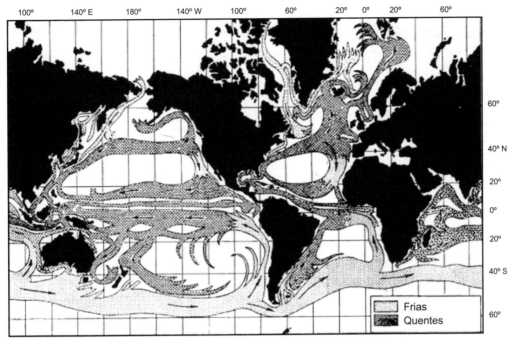

FIGURA 14.10 Principais correntes oceânicas.

Fonte: Mingues (1993).

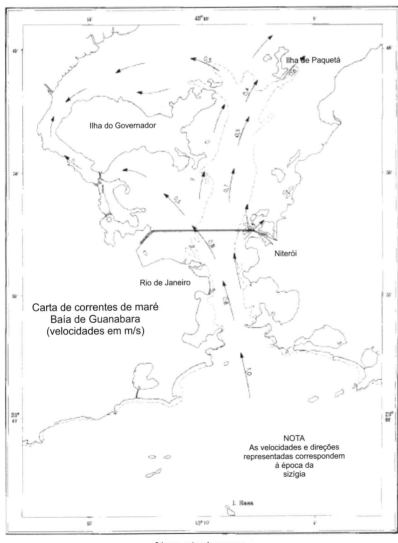

FIGURA 14.11 Exemplo de diminuição da corrente de maré na entrada da Baía de Guanabara.

Fonte: Mingues (1993).

396 CAPÍTULO 14

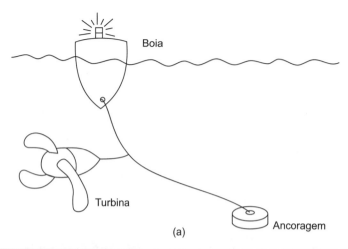

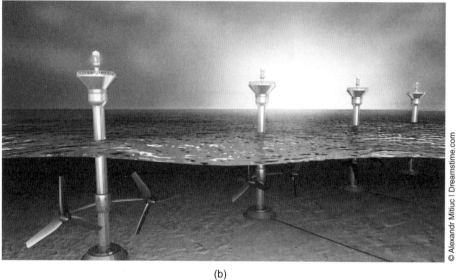

FIGURA 14.12 Sistemas de suporte de turbinas submersas para aproveitamento da energia das marés: (a) turbina presa por cabeamento e âncora; (b) turbinas suportadas por torres.

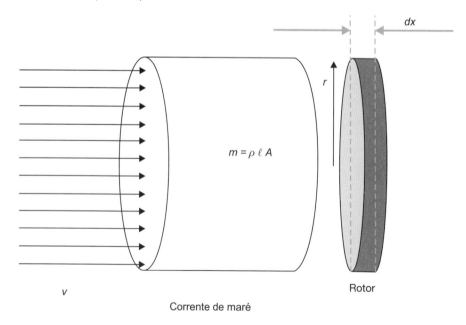

FIGURA 14.13 Modelo para calcular a energia cinética da corrente de maré: considera-se o fluido de densidade ρ contido em um cilindro de raio r e comprimento λ que se movimenta com velocidade v ao incidir sobre o rotor da turbina.

máxima da corrente e ω depende da periodicidade da maré. No caso de marés semidiurnas, cujo período é T_{SD} = 12h25min, tem-se $\omega = \omega_{SD} = \dfrac{2\pi}{T_{SD}}$.

Nessas condições, a densidade média de potência, definida como $\overline{q} = \dfrac{P_{ot}}{A}(\mathrm{kW/m^2})$, é dada por

$$\overline{q} = \frac{1}{2}h\rho \, \frac{4\displaystyle\int_{t=0}^{t=T_{SD}/4}(v_0\mathrm{sen}(\omega t))^3\,dt}{4\displaystyle\int_{t=0}^{t=T_{SD}/4}dt},$$

que resulta em

$$\overline{q} = \frac{1}{2}h\rho \, \frac{4}{3\pi}v_0^3. \qquad (14.3)$$

Considerando-se ρ = 1030 kg/m³ a densidade da água do mar, e adotando valores típicos para η e v_0, a saber, η = 0,4 e v_0 = 3 m/s, chega-se a $\overline{q} \cong 2,4$ kW/m². Para gerar 1 MW, bastaria, portanto, que a turbina tivesse um rotor de raio $r \approx 11,5$ m, ao qual corresponderia uma área varrida $A \approx 415$ m².

É interessante notar que existe certa complementariedade entre a energia gerada pelas correntes de maré e a energia gerada a partir de usinas maremotrizes, sejam de simples ou duplo efeito. Isso ocorre porque as velocidades das correntes de maré atingem os valores máximos nos períodos em que a elevação da maré (ver Tab. 14.1) é mínima, durante os quais as usinas não costumam operar. Dessa maneira, o aproveitamento simultâneo, em uma mesma região, da energia das correntes de maré e da energia armazenada em usinas maremotrizes possibilitaria um abastecimento de energia mais uniforme ao longo do dia. Por outro lado, o desenvolvimento de turbinas para o aproveitamento da energia das correntes de maré requer investimentos elevados, e ainda são necessários novos estudos para se definir em quais cenários tais investimentos seriam compensadores. Deve-se considerar também os possíveis impactos ambientais negativos decorrentes da instalação de rotores submersos, bem como a sua compatibilização com a circulação de embarcações e a realização de atividades pesqueiras.

14.7 Aproveitamento da energia das ondas

As ondas marítimas são provocadas principalmente pelos esforços tangenciais do vento que sopra sobre a superfície da água. Em algumas regiões, por exemplo, em porções do Oceano Atlântico, nas quais os ventos sopram de maneira uniforme por longas distâncias, há uma considerável transferência da energia cinética dos ventos para a água. O evidente poder destrutivo das ondas passou a ser encarado como fonte de energia alternativa a partir do fim do século XVIII, quando foi registrada a primeira patente de um dispositivo de captação da energia das ondas. Desde então, surgiram inúmeros equipamentos para o aproveitamento da energia das ondas, mas a

maioria deles não foi além dos estágios tecnológicos iniciais de concepção e construção de protótipos em escala real ou reduzida. O interesse pela energia das ondas cresceu em períodos de alta dos preços do petróleo, como durante a crise de 1973, e, assim como ocorreu com as demais formas de energias renováveis, requer ainda muitos investimentos em pesquisas para se tornar um dia economicamente viável.

A maioria dos dispositivos concebidos para o aproveitamento da energia das ondas visa à captação de sua energia mecânica, ou seja, energia cinética e potencial da água, por meio de boias e outros equipamentos oscilantes, para uma posterior conversão em energia elétrica. Há também instalações que captam a água e a armazenam em represas (para gerar energia de forma similar às usinas maremotrizes), e também sistemas que aproveitam as oscilações da superfície para a compressão de ar. Qualquer que seja o dispositivo ou instalação empregados no aproveitamento da energia das ondas, sua concepção deve levar em conta a possibilidade da ocorrência de ondas de dimensões muito superiores às médias observadas no local, o que pode ter consequências catastróficas.

14.8 Avaliação da energia extraída das ondas marítimas

O mecanismo responsável pela geração das ondas marítimas ainda não foi totalmente elucidado, mas sua causa principal é a ação do vento, que aplica esforços tangenciais na superfície da água inicialmente em repouso produzindo pequenas ondulações. Na Fig. 14.14 (Velasco, 2012) são apresentadas algumas das grandezas empregadas na descrição das ondas. À medida que as ondulações ganham amplitude, a ação do vento passa a ser obstruída pelas superfícies inclinadas laterais das ondas, que sofrem então uma ação mais intensa do vento e adquirem mais energia cinética. Durante esse processo, a altura, a largura e o comprimento das ondas sofrem alterações. As ondas superficiais em águas profundas, locais onde a profundidade é superior a 50 m, resultam da superposição de ondas de diferentes comprimentos, frequências, ou harmônicos, e amplitudes. Caso haja uma nítida predominância de um harmônico, a onda terá um aspecto claramente senoidal, como descrito na Fig. 14.14. Segundo o modelo consagrado da teoria ondulatória, as principais características das ondas de superfície que se propagam em águas profundas são:

- as partículas de água têm posição e velocidade perturbadas pela passagem da onda, mas não são transportadas por ela, a menos que haja correntes marítimas no local;

- a água que se encontra na superfície permanece na superfície;

- as partículas de água descrevem trajetórias circulares, cujo diâmetro é igual à altura h da onda próximo à superfície, decrescendo com o aumento da profundidade. Em águas rasas (onde a profundidade é inferior a 20 m), as trajetórias das partículas são elípticas;

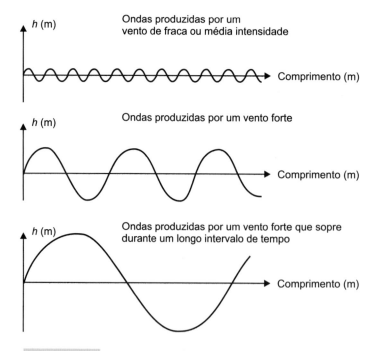

FIGURA 14.14 Características das ondas (apenas um harmônico).

- a amplitude $a = h/2$ da onda superficial depende primordialmente do regime de ventos que gerou as ondulações. Em geral, $a < \lambda/10$ em águas profundas (onde a profundidade é superior a 50 m).

O lapso de tempo medido entre dois picos de elevação do nível da água em um mesmo ponto corresponde ao período τ da onda, e a velocidade de propagação da onda, denominada velocidade de fase, é dada por $v = \lambda/\tau$, ou $v = \lambda f$, em que $f = 1/\tau$ é a frequência da onda. Se a profundidade H for $H \geq \lambda/2$, demonstra-se que $\tau = \sqrt{\dfrac{2\pi\lambda}{g}}$; como $v = \lambda/\tau$, resulta em $v = \sqrt{\dfrac{g\lambda}{2\pi}}$, isto é, quanto maior for o comprimento da onda maior será a sua velocidade de fase.

Conforme já mencionado, as partículas de água descrevem trajetórias circulares quando a onda passa por determinado ponto da superfície, e, em seguida, retornam à sua posição inicial. A água se move no sentido de propagação da onda nos picos ou cristas, e, no sentido oposto, nos vales ou cavalos. A energia mecânica transportada pela onda se move com a velocidade de grupo u, definida como $u = v/2 = \lambda/2\tau$, e é dada por:

$$E_{mec} = E_{cin} + E_{pot} = \frac{\rho g a}{2}.$$

A potência disponível corresponde, portanto, a $P = E_{mec}u = \left(\frac{\rho g a^2}{2}\right)\left(\frac{1}{2}\frac{g\tau}{2\pi}\right)$, ou seja,

$$P = \frac{\rho g^2 h^2 \tau}{32\pi}\left[\frac{W}{\text{comprimento de frente de onda}}\right].$$

Adotando valores típicos para a densidade da água do mar, $\rho \approx 1030\frac{kg}{m^3}$, e para a aceleração da gravidade, $g \approx 9{,}82\frac{m}{s^2}$, resulta na expressão aproximada para a estimativa da potência transportada pela onda por unidade de comprimento de frente de onda, $P \approx 1000\, h^2\tau(W/m)$, ou $P \approx h^2\tau(kW/m)$. Lembrando que $\tau = \sqrt{\frac{2\pi\lambda}{g}} \approx 0{,}8\sqrt{\lambda}$, chega-se à Equação (14.4)

$$P \approx 0{,}8 h^2 \sqrt{\lambda} \qquad (kW/m) \qquad (14.4)$$

A Fig. 14.15 mostra curvas da Potência por metro de frente de onda em função do comprimento de onda λ, para diversas relações entre λ e altura de onda h.

14.9 Dispositivos para aproveitamento da energia das ondas

À medida que as ondas se aproximam da costa, perdem parte de sua energia mecânica, em função da interação da água com o fundo e com as barreiras rochosas. Por causa disso, recomenda-se a localização dos dispositivos para extração de energia das ondas em locais com profundidade superior a 50 m. Por outro lado, isso tende a encarecer as instalações e os custos de conexão entre os dispositivos de geração de energia e os pontos de consumo, de modo que os locais ideais para o posicionamento das centrais de energia das ondas são as zonas costeiras nas quais a profundidade aumenta abruptamente em regiões de ondas de grande comprimento λ. A Fig. 14.16 (Velasco, 2012) apresenta o resultado de estimativas baseadas em medições dos valores médios anuais de potência, em kW m^{-1} ano^{-1}. Conforme a Fig. 14.16, as regiões costeiras do Brasil não aparentam ser especialmente propícias para a instalação de centrais de energia das ondas, embora a quantidade de dados coletada ainda seja pouco representativa.

A maioria dos dispositivos concebidos para o aproveitamento da energia das ondas enquadra-se em um dos modelos descritos a seguir (Goodwin et al., 2013). A identificação de cada modelo, representado de forma esquemática na Fig. 14.17, descreve seu princípio de operação.

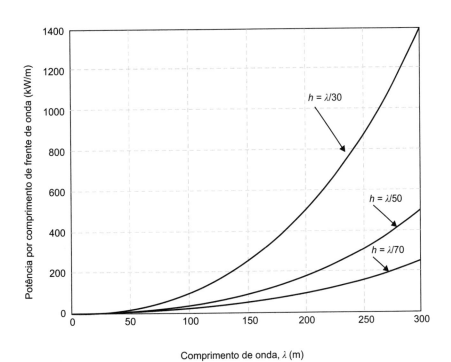

FIGURA 14.15 Potência por comprimento de frente de onda em função do comprimento de onda λ, para diversas relações entre λ e a altura de onda h.

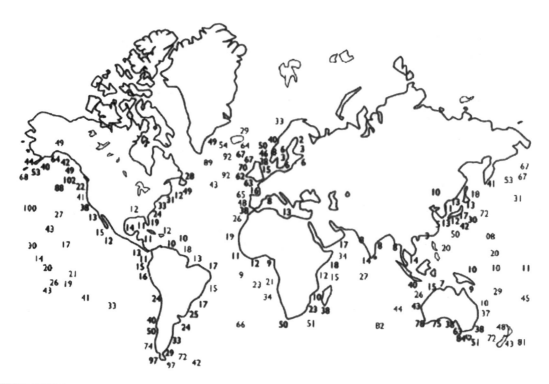

FIGURA 14.16 Valores médios anuais de potência, em kW m^{-1} ano^{-1}.

Fonte: Velasco (2012).

a) Pressão hidrostática diferencial

A pressão hidrostática nas câmaras à direita e à esquerda do dispositivo varia em função da passagem da onda, provocando o fluxo de líquido através de uma turbina que aciona um gerador. O fluxo de água é direcionado para que a turbina gire sempre no mesmo sentido.

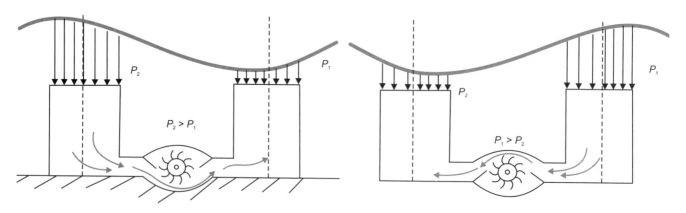

FIGURA 14.17 (a) Dispositivo do tipo pressão hidrostática diferencial. (*Continua*)

b) Alagamento/represamento

As ondas são conduzidas por um duto até ultrapassarem uma barragem e serem represadas, e o fluxo de água gira a turbina no mesmo sentido, tanto antes do alagamento quanto depois, quando o nível da água externa à barragem for inferior ao da água represada.

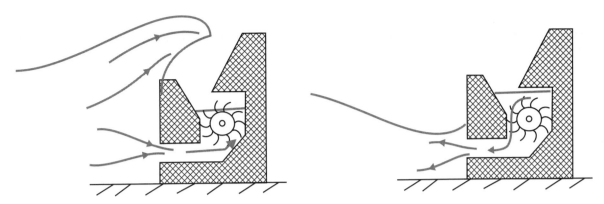

FIGURA 14.17 (b) Dispositivo do tipo alagamento/represamento. (*Continuação*)

c) Massa desbalanceada

O dispositivo, semelhante a um flutuador, inclina-se, movido pelas ondas, provocando a rotação de uma massa desbalanceada que aciona o eixo de um gerador. Um sistema análogo a uma catraca permite que o eixo vertical gire apenas em um sentido.

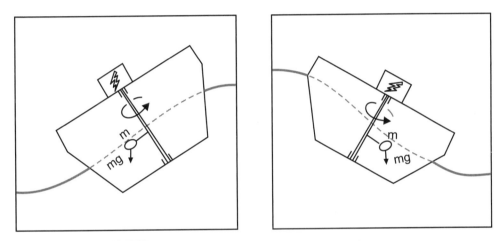

FIGURA 14.17 (c) Dispositivo do tipo massa desbalanceada. (*Continuação*)

d) Flutuadores verticais

Compostos de boias conectadas a bases fixas ou flutuantes, absorvem a energia mecânica das ondas, promovendo o movimento relativo entre as boias e as respectivas bases. O movimento vertical pode ser diretamente convertido em movimento de rotação, ou, como mostrado na figura, acionar um pressurizador hidráulico.

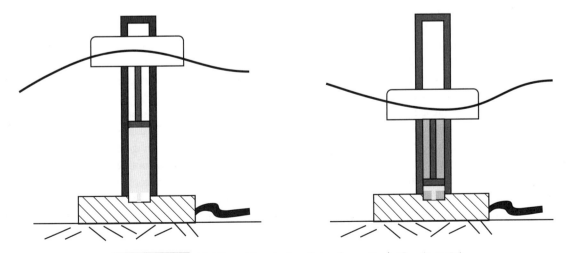

FIGURA 14.17 (d) Dispositivo do tipo flutuador vertical. (*Continuação*)

e) Flutuadores rígidos interconectados

Os flutuadores ou segmentos rígidos movimentam-se, uns em relação aos outros, à medida que a onda passa, movimentando atuadores hidráulicos ou geradores elétricos.

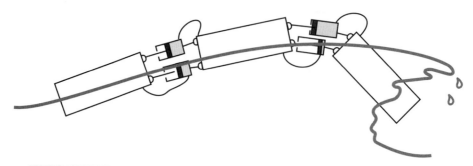

FIGURA 14.17 (e) Dispositivo do tipo flutuadores rígidos conectados. (*Continuação*)

f) Barreira vertical oscilante

A barreira vertical oscila movida pela onda, e aciona um pressurizador hidráulico. O fluido pressurizado é utilizado para acionar uma turbina.

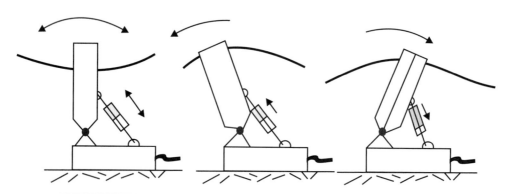

FIGURA 14.17 (f) Dispositivo do tipo barreira vertical oscilante. (*Continuação*)

Há espalhadas pelo mundo várias centrais de energia das ondas operando em caráter experimental que adotam dispositivos baseados nos modelos aqui descritos. Como exemplo, foi implantado no distrito de Pecém, em São Gonçalo do Amarante, a 60 km de Fortaleza, um dispositivo que acopla flutuadores a braços mecânicos que acionam um sistema hidráulico de pressurização de ar (Fig. 14.18). A oscilação vertical dos flutuadores capta ar do ambiente e o armazena em um reservatório pressurizado, parcialmente cheio de água, e a água pressurizada movimenta uma turbina que aciona o gerador elétrico. O projeto, desenvolvido pela Coppe/UFRJ em convênio com a Tractebel Energia S.A., previa a geração de aproximadamente 100 kW. A vantagem desse tipo de instalação é a facilidade de acesso aos equipamentos, que se encontram emersos, possibilitando a execução de serviços de inspeção e manutenção mesmo em situações climáticas adversas. Por outro lado, a proximidade da costa diminui a profundidade e, consequentemente, a energia mecânica das ondas, tornando necessária a construção de instalações de maior porte para que a energia gerada seja aproveitável.

O atual estágio das pesquisas relativas ao aproveitamento da energia das ondas de superfície das marés não permite prever quando essa fonte de energia virá a ser economicamente viável. Os projetos envolvem equipes multidisciplinares e ainda não há resultados conclusivos sobre quais tipos de dispositivos e instalações seriam mais promissores. No caso de instalações situadas longe da costa, sejam flutuantes ou submersas, dificuldades relativas a sistemas de ancoragem e de conexão das centrais geradoras de energia com o continente precisam ser estudadas com mais profundidade, bem como os possíveis impactos ambientais e socioeconômicos causados por restrições às atividades pesqueiras e de navegação nas proximidades dos empreendimentos.

FIGURA 14.18 Dispositivo para aproveitamento da energia das ondas instalado em Pecém (CE). Fonte: http://www.pensamentoverde.com.br/economia-verde/ceara-possui-primeira-usina-de-ondas-da-america-latina/. Acesso em: 01 maio 2018.

Problemas propostos

14.1 Considere uma onda que se propaga em águas profundas com período $\tau = 20$ s. Calcule sua velocidade de propagação e estime a máxima potência por metro de frente de onda, em kW/m.

14.2 Considere uma onda que se propaga em águas profundas com comprimento de onda $\lambda = 312$ m. Calcule sua velocidade de propagação e estime a máxima potência por metro de frente de onda, em kW/m.

14.3 Considere os gráficos da Fig. 14.3(a), que fornecem a elevação das marés em três localidades distintas do Alasca. Estime as amplitudes e os períodos das marés e calcule as potências médias correspondentes que poderiam ser extraídas por unidade de área, em kW/m², caso fossem instaladas usinas maré motrizes nessas localidades.

14.4 Considere a tábua das marés fornecida na Tabela 14.2 e trace um gráfico representativo da elevação da maré (m) em função do tempo (h) correspondente a um período de 24 horas. Calcule a potência média que poderia ser extraída por unidade de área, em kW/m².

14.5 Considerando o gráfico do problema anterior, avalie a potência que seria produzida em processos de simples efeito e de duplo efeito, caso fosse instalada uma usina maré motriz nessa localidade.

Bibliografia

BROWN, E.; COLLING, A.; PARK, D., PHILLIPS, J.; ROTHERTY, D.; WRIGHT, J. *Waves, tides and shallow-water processes*. 2nd ed. Oxford: Butterworth-Heinemann, 2006.

CLARK, R. H. *Elements of tidal-electric engineering*. New York: Wiley-IEEE Press, 2007.

COPPE/UFRJ. Material de divulgação. Disponível em: http://www.coppenario20.coppe.ufrj.br/?p=805.

FAITES LE PLEIN D'AVENIR. Le Blog des Energies Renouvables. *L'usine warémotrice de la rance:* La première usine marémotrice du monde. 2008.

FERREIRA, R. M. S. A. *Aproveitamento da energia das marés*. Estudo de caso: estuário do Bacanga (MA). Dissertação de Mestrado da UFRJ, 2007.

GOODWIN, B.; HILDEBRAND, K.; WALKINGSHAW, A. *A primer on wave energy*. Corvallis: Oregon State University, 2013.

LEITE NETO, P. B.; SAAVEDRA, O. R.; CAMELO, N. J.; RIBEIRO, L. A. S.; FERREIRA, R. M. Exploring tidal energy for electricity generation: basic issues and main concerns, ingeniare. *Revista Chilena de Ingeniería*, v. 19, n. 2, p. 219-232, 2011.

MAREA VIVA NET. *Tabla de mareas de alicante*. Disponível em: https://www.mareaviva.net/Tabla-de-Mareas-de-Alicante.html. Acesso em: 23 set. 2024.

MARINE CURRENT TURBINES. *Strangford lough marine current turbine-environmental statement* (non technical summary). 2005. Disponível em: http://www.seageneration.co.uk/.

MINGUES, A. P. *Navegação*: a ciência e a arte, v. I, Navegação costeira, estimada e em águas restritas. 1993. Disponível em: https://www.mar.mil.br/dhn/bhmn/publica_manualnav1.html. Acesso em: 15 jan. 2015.

PINET, P. R. *Essential Invitation to Oceanography*. Burlington: Jones & Bartlett Learning, 2014.

VELASCO, J. G. *Energias renovables*. Barcelona: Reverté, 2012.

15

HIDROGÊNIO E CÉLULAS A COMBUSTÍVEL[1]

GERHARD ETT
Área de Química, Petroquímica e Refino
Centro Integrado de Manufatura e Tecnologia –
SENAI CIMATEC

JOSÉ ROBERTO SIMÕES MOREIRA
Laboratório de Sistemas Energéticos Alternativos e
Renováveis (SISEA)
Departamento de Engenharia Mecânica da Escola
Politécnica da Universidade de São Paulo (Poli-USP)

15.1 Hidrogênio: um futuro promissor

As energias renováveis vão desempenhar um contínuo, crescente e relevante papel em futuro próximo nas matrizes energéticas das nações. Paralelamente e em adição ao crescente uso das energias renováveis, existe muito esforço também no sentido da, assim chamada, "economia sem carbono". Isto é, uma matriz energética não mais baseada em moléculas de carbono, mas em outros energéticos, cujo candidato principal é o gás hidrogênio. Primeiramente, o hidrogênio é o elemento químico mais abundante do Universo, constituindo 75 % de sua massa total. Em nosso planeta, o hidrogênio está presente em 70 % da superfície terrestre, seja na forma de água ou de compostos orgânicos. Em segundo lugar, em razão de sua flexibilidade de produção, já que pode ser obtido por meio de diferentes processos plenamente dominados pela nossa tecnologia. E, por último, o fato de não ser tóxico nem poluente no seu consumo final aumenta ainda mais o interesse pelo hidrogênio como fonte energética (Souza, 2009). Segundo as previsões do U.S. Department of Energy – DOE (Departamento de Energia dos Estados Unidos), o hidrogênio deve estar contribuindo com cerca de 8 – 10 % no mercado total de energia já em 2025, e essa participação deve atingir 35 % em 2050.

Além dos fatores já citados, que indicam o hidrogênio como a melhor alternativa em potencial para suprir a crescente demanda energética do planeta, historicamente é possível constatar que a humanidade já está caminhando no sentido da "descarbonização" de seus combustíveis, ou seja, do aumento do uso de hidrogênio e outros energéticos e da diminuição do uso do carbono de origem fóssil. A substituição do carvão pelo petróleo ao longo do século XX, a crescente participação do gás natural na matriz energética, o uso do etanol e, atualmente, a hibridização de veículos movidos por motores de combustão interna em âmbito mundial comprovam essa tendência.

O hidrogênio, no entanto, não constitui uma fonte de energia primária, já que não existe livremente na natureza, entretanto, existem reservatórios recentemente descobertos em cavernas, inclusive no Brasil, nos estados de Ceará, Roraima, Tocantins e Minas Gerais. Nos anos 1980, em Mali, na África, encontrou-se hidrogênio, durante a perfuração de poços artesianos, e hoje existem 18 poços para exploração industrial de hidrogênio, nas profundidades entre 100 e 1800 metros, com uma pureza de 98 % (sendo 1 % CH_4 e 1 % N_2) (Miranda, 2018). Assim, é chamado de fonte de energia secundária ou portador de energia, a exemplo da própria eletricidade, como discutido na Seção 1.2 do Capítulo 1. Porém, o fato de poder ser armazenado e transportado aumenta substancialmente seu campo de possíveis aplicações, pois isso permite que atue em complementaridade com outras fontes de energias renováveis, como solar e eólica, que são sazonais, intermitentes e diluídas. A Fig. 15.1 ilustra essas alternativas em que eletricidade é produzida pelas fontes intermitentes

---

[1] Na primeira edição desta obra, contribuíram parcialmente com este capítulo Julia H. Rodrigues, Tiago G. Goto e Vinícius E. Ribas

FIGURA 15.1 Sistema de armazenamento e produção de hidrogênio por eletrólise com o emprego de energia elétrica gerada a partir de geradores fotovoltaicos e eólicos.

solar e eólica, utilizada para produção de gás hidrogênio pela reação de eletrólise para, finalmente, ser armazenada quimicamente na forma de gás hidrogênio. O gás hidrogênio também pode ser produzido pela energia hidrelétrica aproveitando o excesso de água vertida no vertedouro em estações de cheia, que poderia, por exemplo, ser turbinada e gerar eletricidade para acionar eletrolisadores.

Do lado das desvantagens do gás hidrogênio está a demanda de água para produzi-lo. Analisando a equação estequiométrica [Eq. (15.1)], pode-se concluir que cada mol de gás hidrogênio é obtido a partir de 1 mol de água, mas, quando se consideram as massas moleculares das duas substâncias, o resultado é que a produção de 1 kg de gás hidrogênio demanda 9 kg de água purificada. Claro que 8 kg de gás oxigênio também são produzidos.

Economia do hidrogênio

A economia do hidrogênio refere-se ao uso generalizado do hidrogênio como fonte de energia e vetor energético em várias indústrias e setores. O hidrogênio é considerado uma fonte de energia versátil e limpa, pois sua combustão ou reação em células a combustível produz apenas água como subproduto.

A expressão economia do hidrogênio foi cunhada pela primeira vez na década de 1970 por engenheiros da General Motors, nos Estados Unidos, durante a crise do petróleo. Naquela época, com a fundação da Organização dos Países Exportadores de Petróleo (OPEP), o preço do petróleo disparou, e a preocupação com uma possível falta deste energético levou governos e indústrias a desenvolverem planos de aplicação do hidrogênio em um sistema energético mundial para seu armazenamento, distribuição e utilização como vetor energético (Souza, 2009). Uma transição para a economia do hidrogênio depende, em grande parte, do quanto serão valorizadas as questões ambientais no futuro, tanto por consumidores quanto por produtores, e da disponibilidade dos combustíveis fósseis para abastecer a crescente demanda energética do planeta e, por conseguinte, manter e melhorar o padrão de vida da humanidade. O ideal é que a economia do hidrogênio se estabeleça independentemente das questões ambientais, mas com aumento da eficiência e redução de custo dos processos tradicionais de produção e armazenamento desse energético. O DOE lançou em 2021 o objetivo audacioso "1×1×1", ou seja, gás hidrogênio ao custo de US$ 1 por 1 kg em 1 década, demonstrando que o gargalo dos custos de produção, armazenamento e transporte ainda preocupa o mercado.

Apesar de o gás hidrogênio ter sido descoberto em 1520 por Philippus A. Paracelsus, somente a partir de 1897 realmente abriram-se as possibilidades de se utilizar seu real potencial químico, com o desenvolvimento dos processos de hidrogenação (1897), o processo de Haber para fazer amônia (1910) e o hidrocraqueamento (1920).

Hoje, o hidrogênio é principalmente utilizado na síntese da ureia e amônia (65 %), para a produção de fertilizantes; refinarias de petróleo (25 %); na metalurgia para a redução de minérios (10 %); na produção de metanol, para a síntese de dimetil éter (DME), ácido acético, acetato de metila, formaldeído; solda de metais nobres; biocombustíveis sintéticos (SAF, do inglês *sustainable aviation fuel*); alimentos; vidros planos; entre outros propósitos.

Dados estatísticos mostram que sua produção triplicou desde a década de 1970, e seu custo poderá chegar próximo a US$ 0,50/kg nas próximas décadas, o que abrirá novas aplicações, pois se tornará ainda mais competitivo.

No entanto, a economia do hidrogênio ainda enfrenta alguns desafios significativos. Um deles é o custo da produção em grande escala, uma vez que a produção de hidrogênio é, atualmente, mais cara do que a produção de combustíveis fósseis. Além disso, a infraestrutura de armazenamento e distribuição de hidrogênio é limitada e precisa ser expandida para permitir um uso mais amplo.

Apesar dos desafios, muitos países estão investindo em pesquisa e desenvolvimento de tecnologias relacionadas com o hidrogênio e implementando políticas para impulsionar a economia do hidrogênio. Espera-se que, à medida que as tecnologias amadureçam e as economias de escala sejam alcançadas, o hidrogênio desempenhe um papel cada vez mais importante na transição global para uma economia de baixo carbono.

Produção do hidrogênio

O gás hidrogênio pode ser produzido a partir de fontes diversas de energia, incluindo combustíveis fósseis, energia nuclear, energia elétrica e energias renováveis, por meio de uma variedade de processos. Esses processos incluem a eletrólise da água, a reforma do gás natural, a gaseificação de carvão ou biomassa, a decomposição térmica da água em altas temperaturas (termólise), a decomposição térmica do metano por plasma, a fotoeletrólise e processos biológicos, como exemplificado no diagrama da Fig. 15.2.

De acordo com a Agência Internacional de Energia (IEA, 2023), a produção mundial de energia foi de 19.530 Mtoe, em 2020. Esse aumento foi impulsionado pelo carvão e o gás natural, ambos aumentando em mais de 120 Mtoe, em 2017. As energias renováveis, excluindo a hidrelétrica e a de biocombustíveis, cresceram pouco mais de 30 Mtoe. A produção de petróleo ficou estável e os combustíveis fósseis juntos representaram 81,3 % da produção, em 2017. Do total de combustíveis fósseis, 40 % são usados em processos químicos, 40 % em refinarias e 20 % para outros fins.

A maior parte desse hidrogênio é produzida *in loco* em refinarias e plantas químicas para o uso próprio. O World Energy Council classifica o gás hidrogênio em três categorias, conforme o processo de produção: (a) hidrogênio cinza – obtido da reforma do gás natural e da gaseificação do carvão, e responsável por 96 % da produção mundial; (b) hidrogênio azul – obtido pelos mesmos processos tradicionais, mas com a preocupação de captura e armazenamento do CO_2; e (c) hidrogênio verde – obtido por processos sem a emissão de CO_2, por exemplo, a eletrólise da água utilizando energia de fonte renovável como a hidroeletricidade, fotovoltaica ou eólica. Entretanto, existem outras classificações de cores de hidrogênio de acordo com sua origem. A Tabela 15.1 foi extraída de um documento elaborado pela Empresa de Pesquisa Energética – EPE (2021) com uma proposta de escala de cores considerando sua origem. Este mesmo documento destaca que há controvérsias na definição da escala, sobretudo no que se refere à produção de gás hidrogênio produzido de biomassa, biocombustíveis, com ou sem captura de carbono (CCUS – *carbon capture, utilization, and storage*), por meio de reforma catalítica, gaseificação ou biodigestão anaeróbia. A estes processos foi proposta a cor musgo. O IPHE (The International Partnership for Hydrogen and Fuel Cells in the Economy) desenvolveu um método padrão para calcular as emissões dos gases de efeito estufa (GEE) de diferentes rotas de produção, entretanto hoje ainda não existe uma metodologia acordada internacionalmente para calcular a intensidade dessas emissões. Hoje, na falta de normas internacionais, a ISO – International Organization for Standardization está desenvolvendo uma norma para classificar as emissões de CO_2 nos diversos processos de produção, em parceria com a IEA – International Energy Agency e o IPHE.

Atualmente, os combustíveis fósseis representam a principal matéria-prima para a produção de hidrogênio: o gás natural responde por 48 % da produção mundial, o petróleo por 30 % e o carvão por 18 %. Assim é que a preocupação ambiental de muitos possa ser pertinente, já que o CO_2 é um importante subproduto do processo. Dentre os combustíveis fósseis, o gás natural é o mais adequado para a produção de hidrogênio, em virtude de ter maior conteúdo relativo de átomos de hidrogênio (quatro) com relação ao carbono (um) por molécula e, também, porque as reservas mundiais comprovadas de gás natural já excedem as de petróleo. A Fig. 15.2 apresenta um resumo das diversas fontes energéticas e rotas e processos para a produção do gás hidrogênio.

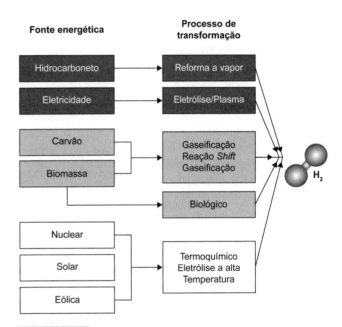

FIGURA 15.2 Produção de hidrogênio a partir de fontes energéticas e diversos processos.

A eletrólise da água e a reforma de gás natural despontam como tecnologias muito promissoras para iniciar o processo de transição para o hidrogênio como bem energético. A eletrólise é um processo que gera o hidrogênio de maior qualidade sem a necessidade de processos avançados de purificação, porém é mais cara para grandes volumes. Essa tecnologia responde por apenas 4 % da capacidade mundial de produção de H_2. Já o processo de reforma de gás é mais eficiente e barato para grandes volumes e, portanto, utilizado preferencialmente para a produção em grande escala. O processo de purificação do hidrogênio obtido nesse processo de reforma representa 30 a 50 % do investimento inicial. Outro processo que tem sido analisado em nível laboratorial é a decomposição térmica do gás metano em gás hidrogênio e negro de fumo (carvão) por meio de plasma.

No longo prazo, a fotoeletrólise e a hidrólise a partir da energia solar ou processos biológicos devem surgir como alternativas renováveis. A biomassa também pode ser usada diretamente para a produção de hidrogênio a partir de processos

TABELA 15.1 Código de cores do gás hidrogênio de acordo com sua origem

Classificação	Descrição
Hidrogênio preto	Produzido de carvão mineral (antracito) sem CCUS
Hidrogênio marrom	Produzido de carvão mineral (hulha) sem CCUS
Hidrogênio cinza	Produzido de gás natural sem CCUS
Hidrogênio azul	Produzido a partir de gás natural (eventualmente, também a partir de outros combustíveis fósseis) com CCUS
Hidrogênio verde	Produzido por eletrólise a partir de fontes renováveis (eólica e solar, entre outras)
Hidrogênio branco	Hidrogênio natural ou geológico
Hidrogênio turquesa	Produzido por craqueamento térmico do metano, sem gerar CO_2
Hidrogênio musgo	Produzido de biomassa ou biocombustíveis, com ou sem CCUS, por meio de reformas catalíticas ou biodigestão anaeróbica

Fonte: EPE (2021).

408   CAPÍTULO 15

de gaseificação. Outra fonte de combustível são os resíduos sólidos urbanos (RSU), abordados no Capítulo 12. Essa tecnologia já possui várias plantas em operação no mundo e se mostra como uma das mais promissoras no futuro próximo.

15.2 Decomposição da molécula da água

A decomposição da molécula da água é uma reação química altamente endotérmica, que, a partir apenas da molécula da água, produz gás hidrogênio e gás oxigênio. Essa equação balanceada é dada por

$$H_2O + Energia \rightarrow H_2 + \frac{1}{2}O_2 \qquad (15.1)$$

As fontes de energia para ativação dessa reação e os cenários nos quais a decomposição da água pode ocorrer são diversos, e os processos mais utilizados e estudados recebem nomes específicos. A fonte de energia pode ser a eletricidade na eletrólise, a irradiação de luz solar direta no caso da fotoeletrólise e, por último, a termólise, em que se utilizam elevadas temperaturas para fornecer energia suficiente para a quebra da molécula da água; essa energia térmica pode ser obtida por meio de energia nuclear, energia solar concentrada ou pela queima de um combustível.

Na sequência, é detalhado cada um desses processos e apresentam-se os usos atuais dessas tecnologias, mostrando-se também o que os estudos em desenvolvimento apontam para o futuro.

O desenvolvimento de técnicas eficientes e economicamente viáveis para a decomposição da molécula da água é um passo-chave para a implantação e o sucesso de uma economia baseada no hidrogênio. Como mencionado por Steinfeld (2005), esse é um objetivo de médio a longo prazo que demanda esforços e investimentos desde já.

15.2.1 Eletrólise da água

A eletrólise é um processo amplamente conhecido que converte a água em hidrogênio e oxigênio utilizando eletricidade. Nas últimas décadas, houve uma grande evolução da tecnologia de eletrólise, que provém da produção de cloro-soda e tem o hidrogênio comercializado como um subproduto. Com a busca de soluções tecnológicas para a produção de hidrogênio, o foco passou a ser a produção de hidrogênio, utilizando eletricidade oriunda de uma fonte renovável, classificada como hidrogênio verde.

15.2.2 Produção de cloro-soda

Na produção de cloro-soda, a obtenção dos produtos ocorre nos eletrodos (ânodo e cátodo) pela passagem de uma corrente elétrica de alta intensidade através de salmoura tratada (solução de NaCl) que circula uma chamada célula eletrolítica. Quando a matéria-prima utilizada é o cloreto de potássio (KCl), obtém-se a potassa cáustica (KOH) no lugar da soda

cáustica (NaOH). Nos processos industriais de cloro-soda são utilizados basicamente três tipos de tecnologias: célula de mercúrio (em desuso em razão de restrições ambientais), célula de diafragma (alcalina) [ver Fig. 15.3(a)] e célula de membrana [ver Fig. 15.3(b)].

Os produtos de reação obtidos são: no ânodo, a formação do gás cloro (Cl_2) e/ou oxigênio, e no cátodo, o hidrogênio e a soda cáustica (NaOH) ou no caso de se utilizar a matéria-prima KCl, como visto antes, o hidróxido de potássio (KOH). Para cada tonelada de cloro produzida no ânodo, são produzidas no cátodo 1,1 tonelada de soda cáustica e 0,03 % tonelada de hidrogênio. Segundo a Associação Brasileira da Indústria de Álcalis, Cloro e Derivados (Abiclor), no Brasil, a tecnologia mais utilizada pelo setor de cloro-soda é a de diafragma, que corresponde a 63 % da capacidade instalada, 9 % diafragma sem asbestos e 54 % com crisotila. Em seguida, vêm a tecnologia de membrana (23 %) e a de mercúrio (14 %).

15.2.3 Produção de hidrogênio

O processo de produção de hidrogênio por eletrólise é empregado há mais de 50 anos, tendo um rápido desenvolvimento a partir dos anos 1960, com a introdução do conceito de eletrólise avançada. Hoje, esse processo é responsável por aproximadamente 4 % da produção global de hidrogênio. Independentemente do tipo de eletrólise utilizado, os produtos finais do processo de eletrólise são exclusivamente os gases hidrogênio e oxigênio, ou seja, o balanço das reações químicas resulta unicamente na decomposição da água.

Na eletrólise convencional para a produção de hidrogênio, a tecnologia utilizada é semelhante à utilizada pela indústria de cloro-soda: a molécula da água é quebrada por meio de reações químicas ativadas por uma fonte de tensão elétrica externa. O fornecimento de corrente elétrica é feito através de eletrodos, entre os quais existe um meio condutor iônico, apartados por um separador iônico.

A técnica mais madura de eletrólise, denominada eletrólise alcalina, utiliza como eletrólito uma solução aquosa alcalina de hidróxido de potássio (KOH), na faixa de concentração de 25 a 30 %, pois, entre os meios básicos economicamente viáveis, esse é o que dissipa menos eletricidade em face de sua baixa resistência ôhmica. Em geral, operam entre 70 e 80 °C e apresentam rendimento de 70 a 80 %.

No caso de um meio condutor básico, as reações são:

No cátodo: $2H_2O(l) + 2e^- \rightarrow H_2(g) + 2OH^-(aq)$

No ânodo: $2OH^-(aq) \rightarrow 1/2O_2(g) + H_2O(l) + 2e^-$ (15.2)

Total: $H_2O(l) \rightarrow H_2(g) + 1/2O_2(g)$

- Separadores dos compartimentos dos eletrodos

Os separadores desempenham a função de separar os gases resultantes das reações dos compartimentos anódicos e catódicos. Normalmente a classificação dos eletrolisadores é determinada pelo tipo deste separador, conforme ilustrado na

Fig. 15.3. Esses separadores podem ser baseados em diafragmas, membranas ou óxidos cerâmicos, e têm a capacidade de operar em meio aquoso ou não, em pH ácido ou básico, além de operar em temperaturas ambiente ou elevadas.

a) Separador: diafragma: nesse processo, o diafragma de base polimérica de polissulfona e sulfeto de polifenileno divide a célula eletrolítica em dois compartimentos: o anódico e o catódico. O separador poroso de base polimérica mais comumente conhecido utiliza dióxido de zircônio (ZrO_2) e é comercializado sob o nome Zirfon^{TM} Perl UTP 500 (Agfa-Gevaert NV), sendo o mais utilizado para o AWE. O amianto foi muito utilizado e proibido na Alemanha desde 1993, na Europa desde 2005 e no Brasil também não se faz mais uso em novas plantas. O cloro é produzido no compartimento anódico. Os íons de sódio difundem-se para o compartimento catódico no qual a soda cáustica e o hidrogênio são

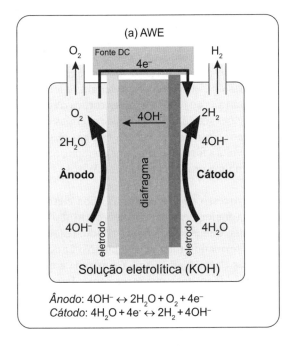

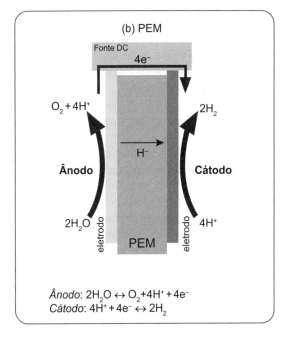

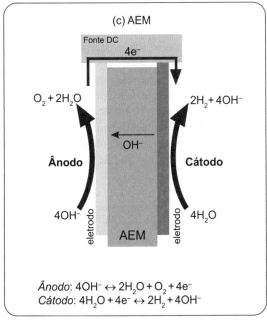

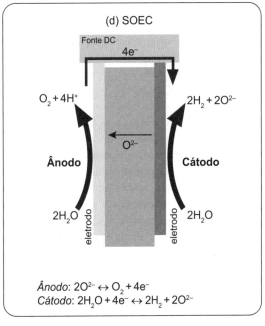

FIGURA 15.3 Classificação dos eletrolisadores por tipo de separador. (a) Célula de diafragma alcalina; (b) PEM – membrana de troca protônica (*proton exchange membrane*); (c) AEM – membrana de troca aniônica (*anion exchange membrane*); (d) SOEC – membrana cerâmica de óxido sólido (*solid oxide electrolyzer cell*).

Fonte: adaptada de Irena (2020).

produzidos. A soda cáustica produzida sai da célula com alta concentração de sal, que é posteriormente removido por filtragem. Devido à fragilidade da membrana, ele não pode operar a pressões elevadas.

b) Separador: membrana: as membranas são seletivas a cátions ou a ânions. No caso de seletividade a cátions, a mais utilizada é perfluorsulfônica – nome comercial Nafion® (Chemours – anteriormente uma divisão da DuPont). Esses polímeros são conhecidos por suas propriedades únicas, que os tornam amplamente utilizados em diversas aplicações, especialmente na área de eletroquímica. São excelentes condutores de íons, especialmente de íons H^+ (prótons), impermeáveis a gases como hidrogênio e oxigênio e possuem uma grande estabilidade química e flexibilidade. Uma outra membrana também muito utilizada, que tem como base os polímeros fluorados (perfluorcarboxílica), é o Flemion®, marca registrada de Asahi Chemical Corp. Em geral, opera em temperaturas de 80 a 120 °C e apresenta rendimentos de 80 a 90 %.

c) Separador: óxido sólido: o separador é uma membrana de zircônia (YSZ), também conhecida como óxido de zircônio (ZrO_2), material cerâmico que possui alta condutividade iônica de ânions de oxigênio, permitindo operar em temperaturas elevadas. YSZ é uma abreviação comum, em que uma fase da zircônia é estabilizada em altas temperatura pela Ytria, que em inglês é conhecida como *Yttria-Stabilized Zirconia*. A principal razão para adicionar ítrio à zircônia é a introdução de íons de ítrio (Y^{3+}) em sua estrutura cristalina. A zircônia, por natureza, tem uma tendência à transição de fase de tetragonal para monoclínica à medida que a temperatura aumenta. Isso pode resultar em expansão volumétrica e trincas no material, comprometendo sua estabilidade estrutural e, portanto, sua aplicação prática. Trata-se de um material cerâmico com notáveis propriedades, frequentemente utilizado como eletrólito sólido em células a combustível do tipo óxido sólido (SOFC) e em eletrolisadores (SOEC).

A função principal do YSZ nessas aplicações é servir como um eletrólito sólido, permitindo a condução eficiente de íons de oxigênio entre os compartimentos anódico e catódico da célula, enquanto impede a passagem de elétrons. Além disso, a estabilização da zircônia com ítrio contribui para melhorar suas propriedades, como a condutividade iônica em temperaturas elevadas, tornando-o um material eficaz para operação em condições extremas. Esses dispositivos eletroquímicos, utilizando o YSZ como componente crucial, têm aplicações em tecnologias de energia limpa, como células de combustível eletroquímicas e processos de eletrólise de óxido sólido (SOEC), contribuindo para a geração de energia mais eficiente e sustentável.

15.2.4 Tipos de eletrolisadores

A seguir, uma breve descrição das tecnologias empregadas para a produção de hidrogênio.

O eletrolisador alcalino (AWE) [do inglês, *alkaline water electrolysis*, Fig. 15.3(a)] é o mais difundido e de menor custo; o eletrolisador de membrana de troca protônica (PEM) [do inglês, *proton exchange membrane*, Fig. 15.3(b)] tem a maior perspectiva de crescimento e melhor durabilidade, e o SOEC [do inglês *solid oxide electrolyzer cell*, Fig. 15.3(d)] opera em alta temperatura e com maior eficiência.

Como é de conhecimento geral, existe uma preocupação global quanto a processos dependentes de consumo de água potável, na eletrólise a demanda de água para a produção de hidrogênio dá-se na razão de 9 kg de água purificada para cada 1 kg de gás hidrogênio produzido, de modo que a sua produção pode ser limitada pela escassez local de água. Daí resultam algumas pesquisas recentes na busca de eletrolisadores que possam operar diretamente com água do mar. Com isso, as plantas de eletrolisadores poderiam se localizar próximas à costa marinha ou junto a grandes corpos d'água em associação com regiões servidas por fontes de energias renováveis. Entretanto após o uso do hidrogênio, este gás reage com o oxigênio do ar e volta a formar a água, por exemplo, na célula a combustível, em uma proporção de 0,5 L/kWh.

a) **Processo de mercúrio:** na cuba eletrolítica, em razão da maior densidade, o mercúrio flui no fundo da célula, que atua como um cátodo, reagindo com o sódio e formando uma amálgama. No ânodo, é produzido o gás cloro. A amálgama é separada em outro reservatório (depositor), que reage com a água formando hidrogênio e soda cáustica. O mercúrio volta para o processo e a soda é filtrada.

No entanto, esse processo, por pressões ambientais, não é mais difundido, embora ainda seja utilizado. O Projeto de Lei nº 8.911/2017, aprovado pelo Congresso brasileiro, altera a Lei nº 9.976/2000, que regulamentava a produção de cloro no país pelo processo de eletrólise e proibiu a instalação de novas fábricas para produção de cloro pelo processo de eletrólise com tecnologia a mercúrio. Este Projeto de Lei estipula um prazo de cinco anos para a completa substituição da tecnologia de mercúrio por outra de menor potencial poluidor, tendo em vista que, para cada tonelada de cloro produzida, perde-se, no processo, 1,3 grama de mercúrio, poluindo, assim, o solo e cursos d'água, como córregos e rios.

b) **Processo PEM:** no caso dos eletrolisadores de membrana (PEM), a membrana possui um pH ácido. Eles utilizam catalisadores de metais nobres nos eletrodos; platina no cátodo, para a reação de evolução de hidrogênio, e óxido de irídio no ânodo, para a reação de evolução de oxigênio, consequentemente, apresentam maior eficiência de conversão da energia elétrica em hidrogênio. Entretanto existe uma grande pesquisa, denominada *PGM-free*, que tem o objetivo de redução de custo e não utiliza metais do grupo da platina (*platinum-group metals, PGM*).

Estes eletrolisadores necessitam de água ultrapura, pois são muito sensíveis a impurezas endógenas e exógenas tanto no ânodo quanto no cátodo. Estas impurezas são classificadas em três tipos principais: catiônicas, aniônicas e orgânicas. Nem todos os íons de impureza têm o mesmo impacto; a situação é pior para íons de valência mais elevada que são preferencialmente absorvidos.

Nessa eletrólise salina, a membrana polimérica permite maior aproximação entre os eletrodos (*zero gap*), diminuindo a impedância interna (resistência) na cuba eletrolítica sem formar curto-circuito e separa os gases com eficiência, formados do ânodo e no cátodo. O cloro é produzido no compartimento do ânodo, enquanto a soda cáustica e o hidrogênio são produzidos no compartimento do cátodo. No ânodo, são usados revestimentos especiais, como óxido de rutênio/irídio, com o objetivo de formar mais cloro e evitar a formação de oxigênio.

Uma vez que o eletrólito é sólido, este funciona também como uma membrana separadora, permitindo uma grande proximidade dos eletrodos, além de necessitar apenas de circulação de água deionizada no interior da célula, que fornece a água para a eletrólise, umedece a membrana, retira os gases e mantém a temperatura constante.

Nesse caso, as reações do processo ocorrem em meio condutor ácido:

No cátodo: $4H^+ + 4e^- \rightarrow 2H_2 \ (g)$
No ânodo: $2H_2O \ (l) \rightarrow O_2 \ (g) + 4H^+ + 4e^-$ (15.3)
Total: $2H_2O \ (l) \rightarrow 2H_2 \ (g) + O_2 \ (g)$

Existe uma grande preocupação em relação às flutuações da energia eólica e da solar, mas são suficientes para alimentar tanto os eletrolisadores AWE como os PEM. Entretanto, esta flexibilidade do sistema é limitada mais pelo equilíbrio da planta (p. ex., os compressores), e não tanto pelo eletrolisador. As metas de desenvolvimento para as futuras gerações de eletrolisadores PEM incluem custo menor (< US$ 200/kW), alta durabilidade (> 50 mil horas) e eficiência alta (próxima a 80 % do poder calorífico inferior – PCI). Isso exigirá economias de escala e maior automatização da escala de fabricação – hoje, já existem plantas totalmente automatizadas.

Dependendo do tamanho e do tipo do eletrolisador, para produzir 1 Nm^3 de hidrogênio são necessários 4 a 6 kWh de energia elétrica. Utilizando o poder calorífico superior (PCS) do hidrogênio, consomem-se 3,5 kWh/Nm^3 a uma eficiência de 58 a 87 %.

Nos processos convencionais de membrana, visando redução de custo, o material do eletrodo mais comum utilizado é o aço-carbono revestido no cátodo, em que há a evolução de hidrogênio e sua área exposta é dimensionada considerando-se a corrente a ser conduzida para cada célula. Ligas à base de níquel, ou revestimento de níquel, tanto amorfas quanto cristalinas, têm sido utilizadas com sucesso como cátodos para a eletrólise da água em razão da alta atividade eletrocatalítica em relação à reação de evolução de H_2: $2H^+ + 2e^- \rightarrow H_2$.

Para o ânodo, no qual há produção de O_2, é necessária uma proteção contra oxidação; em geral, essa proteção é feita pelo processo de niquelação das superfícies dele. Como é importante que o ânodo possua uma alta razão área/volume, são comumente empregadas superfícies rugosas ou porosas para esses eletrodos. Existem também os ânodos de titânio revestidos com óxido de metal misto, como irídio, rutênio, platina, ródio, tântalo; neste caso, a reação de produção de cloro é favorecida.

Como o gasto com eletricidade é o maior custo da eletrólise, é essencial a redução do consumo de energia requerida pelo processo. Isso pode ser alcançado por meio do desenvolvimento de novos materiais eletrocatalíticos para os eletrodos. Esses materiais devem exibir alta estabilidade eletroquímica, boas propriedades eletrocatalíticas, além de serem relativamente abundantes, baratos, fáceis de manipular e não poluentes.

A eficiência máxima teórica da eletrólise é de aproximadamente 85 %, mas os eletrolisadores atuais são consideravelmente menos eficientes. A eficiência atual de eletrolisadores alcalinos descentralizados, excluindo a pressurização do hidrogênio, gira em torno de 40 %, enquanto sistemas de larga escala alcançam até 50 %.

c) **Processo AEM:** eletrólise de membrana de troca aniônica (AEM) [do inglês, *anion exchange membrane*, Fig. 15.3(c)]. Considerada uma solução promissora para a produção de hidrogênio em larga escala a partir de recursos de energia renovável. No entanto, o desempenho da eletrólise AEM ainda é inferior ao que pode ser alcançado com as tecnologias convencionais. A tecnologia de eletrólise AEM opera em um ambiente alcalino (pH 10), o que torna possível o uso de eletrocatalisadores de metais não nobres, e utiliza uma arquitetura de *gap* zero (sem espaço entre os eletrodos e a membrana). A membrana utilizada neste tipo de eletrólise é uma membrana polimérica, contendo sais de amônio quaternário.

d) **Processo SOEC:** do inglês, *solid oxide electrolyzer cell*, esse processo utiliza uma membrana de óxido de zircônio (zircônia) estabilizada com ítria. Das tecnologias atuais é a que possui a melhor eficiência de processo, chegando a 89 %, enquanto as outras tecnologias variam entre 50 e 83 %. Entretanto, operam em baixa pressão (1 bar) e alta temperatura (900 °C), o que demanda pressurização e, consequentemente, diminuição da eficiência. Além disso, o alto custo em razão do emprego de materiais especiais constitui outra grande desvantagem, já que operam com módulos de baixa potência. Apesar do exposto, esta tecnologia permite o seu uso para a fabricação de combustíveis sintéticos de aviação (SAF).

15.2.5 Energia solar concentrada

O aproveitamento da energia solar apresenta algumas dificuldades em virtude da forma diluída e intermitente com que a luz do Sol atinge a Terra. Assim, um progresso significativo tem sido feito no desenvolvimento de aparatos ópticos para coletores de larga escala e concentradores da energia solar capazes de atingir concentrações da ordem de 5000 sóis ou mais. Esses fluxos intensos de radiação permitem a conversão da energia solar em reservatórios térmicos de 2000 K, temperatura suficiente para a ativação de muitas reações endotérmicas relacionadas com a produção de hidrogênio. Um simulador solar de lâmpadas de xenônio de elevada concentração (2000 sóis) para a produção de combustíveis solares foi desenvolvido por Varon *et al.* (2023).

A produção de gás hidrogênio por meio de energia solar pode ser obtida por, pelo menos, cinco rotas distintas (Steinfeld, 2005), as quais estão ilustradas no diagrama esquemático da Fig. 15.4.

A Fig. 15.4 destaca as fontes químicas originárias do H_2: a própria água, no caso da termólise e de ciclos termoquímicos solares; combustíveis fósseis para o craqueamento solar; e a combinação de combustíveis fósseis e vapor d'água para os processos de reforma e gaseificação solares. Todas essas rotas fazem uso da radiação solar concentrada como fonte de calor de alta temperatura para as reações endotérmicas envolvidas no processo.

A seguir, essas rotas alternativas para obtenção do hidrogênio são separadas em dois grupos conforme a fonte química do H_2, e explicadas uma a uma. Cabe ressaltar que, em alguns dos processos indicados na Fig. 15.4, pode-se obter também o gás de síntese (*syngas*), quando há reações com a presença de carbono.

- **H_2 a partir de H_2O**: com os avanços da tecnologia dos concentradores solares, têm-se alcançado em laboratório de 2000 a 5000 sóis (1 sol = 1 kW/m²) no foco desses equipamentos. Portanto, são atingidas temperaturas acima da necessária (2300 K) para os ciclos termoquímicos e metalúrgicos em duas etapas, utilizando reações redox metal-óxido. Os ciclos de duas etapas são os descritos pelo par de Equações (15.3) de oxirredução. A primeira etapa endotérmica da Equação (15.3) é a dissociação térmica solar do óxido metálico MO_x em metal puro, M, ou em um óxido metálico de menor valência, MO_{x-y}, como representado naquela equação. A segunda, etapa exotérmica não solar, é a hidrólise do metal para formar H_2 e o correspondente óxido metálico, MO_x, o que regenera o reagente metálico original, fechando o ciclo. Os detalhes dessa rota são apresentados na Seção 15.3. Note que os gases H_2 e O_2 são formados em etapas distintas, o que elimina o risco de acidente e a necessidade de separação da mistura desses gases em alta temperatura, como ocorre na reação de termólise direta.

- **H_2 a partir de combustíveis fósseis**: de acordo com a classificação de Steinfeld (2005), são considerados três processos termoquímicos solares para produção de hidrogênio utilizando combustíveis fósseis como a fonte química: craqueamento, reforma e gaseificação.

O craqueamento solar consiste na decomposição térmica do gás natural (GN), petróleo e outros hidrocarbonetos, e pode ser representada pela reação global simplificada:

$$C_xH_y \rightarrow xC(gr) + \frac{y}{2}H_2 \quad (15.4)$$

O craqueamento produz uma fase condensada rica em carbono e uma fase gasosa rica em hidrogênio. O produto carbonáceo sólido pode ser sequestrado, sem a liberação de CO_2, ser usado como *commodity* material ou, ainda, ser aplicado como agente redutor em processos metalúrgicos. A mistura gasosa rica em hidrogênio pode ser processada em hidrogênio de alta pureza e, assim, usada em célula a combustível.

Enquanto os métodos de reforma de vapor/gaseificação requerem etapas adicionais para o deslocamento do CO e separação do CO_2, o craqueamento realiza a remoção do carbono em uma única etapa. Por outro lado, o maior inconveniente do método de decomposição térmica é a perda de energia associada com o sequestro do carbono. De acordo com Steinfeld (2005), a energia penalizada para evitar completamente a liberação de

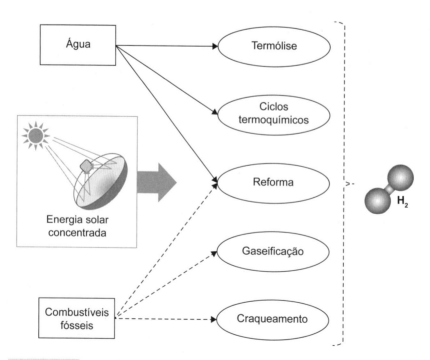

FIGURA 15.4 Rotas de produção de gás hidrogênio solar.

CO_2 chega a 30 % da produção elétrica em comparação ao uso direto do gás natural para abastecer um ciclo combinado Brayton-Rankine com eficiência de 55 %. Assim, o craqueamento solar deve ser a opção preferida para gás natural e outros hidrocarbonetos com altas proporções H_2/carbono.

É importante ressaltar que algumas dessas rotas para a produção de hidrogênio já são atualmente praticadas em escala industrial, porém sem a adoção da energia solar como fonte térmica para o processo. Em vez disso, porção significativa da própria matéria-prima sofre o processo de combustão para geração da energia térmica (calor) necessária. Dois tipos de configuração são possíveis, nesse caso: a combustão pode ocorrer no interior ou no exterior do reator. A combustão interna ao reator tem como desvantagem a contaminação dos produtos gasosos, enquanto a combustão externa resulta em menor eficiência térmica em face das irreversibilidades associadas à transferência de calor indireta.

Como alternativa, o uso da energia solar como fonte de calor nesses processos oferece vantagem tripla: a combustão adicional é evitada, os produtos gasosos não são contaminados e o poder colorífico do combustível é incrementado pela adição da energia solar em uma quantidade igual à energia da reação.

15.2.6 Termólise

A termólise é a quebra da molécula da água em decorrência de sua exposição a elevadas temperaturas (acima de 2000 °C). A fonte de calor para o processo pode ser a energia nuclear, a energia solar concentrada ou a queima de um combustível.

A combustão, que teoricamente representa uma alternativa para o fornecimento de altas temperaturas, é praticamente descartada pelos pesquisadores, uma vez que o alto consumo de combustível nesse nível de temperatura inviabiliza o balanço energético e econômico do processo, ou seja, a quantidade de combustíveis fósseis ou biomassa que seria queimada para obtenção dessas temperaturas seria tão elevada que o hidrogênio produzido não seria energeticamente vantajoso. Assim, as alternativas mais estudadas são a energia nuclear e a energia solar concentrada. A primeira possui alta densidade energética e produz energia térmica de maneira relativamente limpa (se os subprodutos forem adequadamente destinados). Já o Sol é uma fonte renovável e inesgotável; dessa forma, com a utilização e o aperfeiçoamento das técnicas de concentração solar, é possível se obter altas temperaturas para o processo de termólise, sem custo adicional da fonte de calor.

A termólise solar representa um método absolutamente renovável e livre de emissões de carbono e, por isso, se mostra como a técnica mais promissora para estabelecer uma matriz energética limpa e "descarbonizada". O aperfeiçoamento desse processo para utilização em escala comercial é uma meta ambiciosa que deve ser perseguida em médio e longo prazo. Porém, atualmente, ainda existe demanda por melhorias nos equipamentos de concentração de energia. Além disso, a principal dificuldade do processo de termólise da água é que os gases hidrogênio e oxigênio são altamente reativos e formam uma mistura explosiva em alta temperatura. Dessa forma, é preciso separar esses elementos rapidamente ainda em altas temperaturas. Por fim, em função de temperaturas acima de 2000 °C no processo, os materiais capazes de suportar o aquecimento e os choques térmicos são poucos e caros. Vale mencionar que a intermitência solar é um inconveniente para se estabelecer uma produção de hidrogênio de forma contínua e torna necessário armazenar os produtos gerados.

Visando contornar essas barreiras, diversas linhas de pesquisa visam ao aproveitamento solar para produção de hidrogênio por meio de rotas alternativas, tais como ciclos termoquímicos, metalúrgicos e gaseificação solar. Essas técnicas serão abordadas nas seções subsequentes.

15.3 Ciclos metalúrgicos

Os ciclos termoquímicos de decomposição da água produzem o hidrogênio por meio de uma série de etapas de processos de reação química endotérmica e exotérmica, tendo como resultado a reação global dada pela Equação (15.5), produzindo os gases hidrogênio e oxigênio e consumindo apenas água e energia térmica.

$$H_2O \rightarrow H_2 + \frac{1}{2}O_2 \tag{15.5}$$

As reações de uma única etapa perfazem o processo de termólise, já discutido anteriormente na Seção 15.2.6. Esse processo demanda uma fonte de energia térmica de alta temperatura, em torno de 2000 °C, para obter uma taxa de reação razoável, ao custo de um ambiente altamente explosivo em função da mistura de H_2 e O_2 em altas temperatura (Steinfeld, 2005).

Os ciclos metalúrgicos, por outro lado, são compostos de duas ou mais etapas de reação e operam em temperaturas menores. As etapas são basicamente a redução de um óxido metálico e a oxidação, também chamada de hidrólise. Uma delas é uma reação endotérmica e a outra, exotérmica, respectivamente. Nas reações da Equação (15.6), apresentam-se os ciclos de duas etapas, considerados os mais simples, enquanto as Equações (15.7) e (15.8) representam as reações químicas generalizadas de três etapas que utilizam outro elemento como catalisador, em que M é um metal. Um estudo experimental foi apresentado por Goto *et al.* (2017) para a produção de gás hidrogênio na etapa de oxirredução com vapor d'água.

$$MO_x \rightarrow MO_{x-y} + \frac{y}{2}O_2 \left(\text{etapa de redução}\right)$$
$$MO_{x-y} + yH_2O \rightarrow MO_x + yH_2 \left(\text{etapa de oxidação}\right) \tag{15.6}$$

$$H_2O + MY \rightarrow MO + YH_2$$
$$YH_2 + M \rightarrow MY + H_2 \left(\text{etapa de oxidação}\right) \tag{15.7}$$
$$MO \rightarrow M + \frac{1}{2}O_2 \left(\text{etapa de redução}\right)$$

$$H_2O + M \rightarrow MO + H_2 \left(\text{etapa de oxidação}\right)$$
$$MO + Y \rightarrow M + YO \tag{15.8}$$
$$YO \rightarrow Y + \frac{1}{2}O_2 \left(\text{etapa de redução}\right)$$

Em geral, na primeira etapa de reação da Equação (15.6), tem-se a reação endotérmica, que é a etapa de redução, em que um óxido metálico MO_x é reduzido ao metal puro, M, ou em um óxido metálico de valência menor, MO_{x-y}, produzindo o gás oxigênio, O_2. Já na segunda etapa, o metal, M, ou o óxido metálico MO_{x-y} produzido reage com vapor d'água, do que resulta em uma separação do gás hidrogênio concomitantemente com a regeneração do óxido metálico original, MO_i, ou o metal puro, M, fechando o ciclo como apresentado na Fig. 15.5. Como ainda pode-se observar na figura, a produção dos gases O_2 e H_2 acontece em etapas distintas, não ocorrendo, portanto, sua mistura, eliminando-se a necessidade de separação de gases e os riscos de explosão.

Como regra geral, quanto maior a quantidade de etapas, menores são as temperaturas de reação, mas, em contrapartida, aumenta-se a complexidade dos ciclos e seus custos. Outra desvantagem dos ciclos de maior número de etapas é a redução da eficiência global do processo, em função das perdas em cada etapa. Além disso, quanto menor quantidade de etapas, maior será a facilidade de reciclagem do material (Abanades et al., 2006; Silva, 1991).

As pesquisas de produção de hidrogênio por decomposição termoquímica da água por ciclos metalúrgicos surgiram com a crise do petróleo na década de 1970 até o começo dos anos 1980, quando se instalou uma preocupação com a dependência excessiva do petróleo. Segundo Abanades et al. (2006), a maior parte das pesquisas foi desenvolvida e continuada no Japão. Foram propostas algumas centenas de ciclos, mas apenas alguns foram estudados com mais detalhes e experimentalmente. Abanades et al. (2006) realizaram uma ampla pesquisa e compilaram um banco de dados com 280 ciclos. A partir do banco de dados, os autores propuseram alguns critérios de seleção, descrevendo 30 ciclos como os mais favoráveis para a utilização com energia solar concentrada.

Como descrito anteriormente, todos os ciclos possuem uma etapa com reação endotérmica consumindo elevada quantia de energia térmica e justificando, portanto, o uso de energia solar com concentrador como fonte de calor de alta temperatura nos ciclos (Steinfeld, 2005).

Nigro (2015) selecionou alguns dos ciclos mais promissores para serem implementados tendo como fonte de calor a energia solar concentrada. Foram levantados os prós e contras de cada ciclo metalúrgico, como apresentado na Tabela 15.2. De forma geral, os ciclos propostos para serem utilizados com energia solar seguem o fluxograma da Fig. 15.6, na qual os blocos indicados mostram os processos importantes, desde a concentração da energia solar em uma cavidade negra reatora instalada no foco de um concentrador solar, na qual a etapa de redução ocorre, seguida pela etapa de oxidação e, finalmente, um exemplo de uso final do hidrogênio em uma célula a combustível. Claro que o gás hidrogênio produzido pode ser empregado para outras finalidades, ou mesmo armazenado para uso posterior. Dos ciclos metalúrgicos, alguns possuem particularidades, como o ciclo ZnO/Zn, que necessita ser resfriado após a etapa de redução para evitar a recombinação do O_2 com Zn.

Há um grande número de pesquisadores estudando ciclos e desenvolvendo a tecnologia do hidrogênio solar, mas ainda não há nenhuma planta comercial em operação, de forma que os ciclos metalúrgicos, por enquanto, estão confinados apenas aos experimentos em escala laboratorial, como no SISEA. No entanto, há um grande potencial investigativo e de pesquisa inovadora neste campo.

15.4 Reforma do gás natural, biometano e biocombustíveis

Como vertente energética, a biomassa traz diversos benefícios para o meio ambiente, à medida que possui um ciclo fechado de carbono. O CO_2 liberado na queima de biomassa em processos termoquímicos é absorvido pela planta sob incidência solar durante a fotossíntese, formando glicose e liberando oxigênio. Para cada 1,0 kg de glicose formado, consome-se 1,5 kg de CO_2 nas reações de fotossíntese.

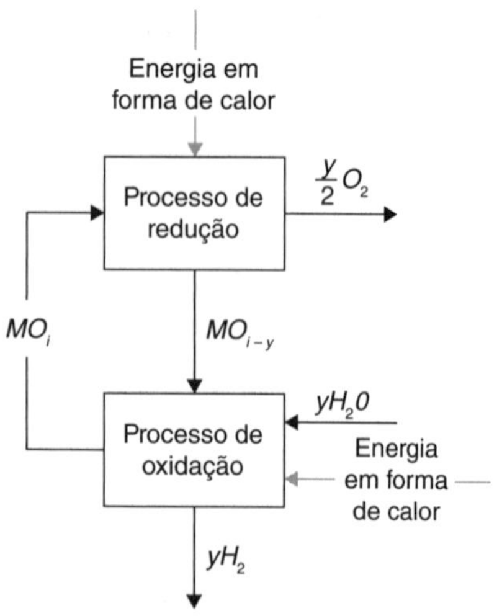

FIGURA 15.5 Fluxograma de ciclos termoquímicos de decomposição da água em duas etapas.

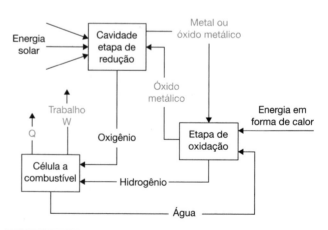

FIGURA 15.6 Fluxograma geral dos ciclos metalúrgicos utilizando energia solar concentrada para a produção de hidrogênio, com exemplo de aplicação em célula a combustível.

HIDROGÊNIO E CÉLULAS A COMBUSTÍVEL   415

TABELA 15.2 Comparação entre os ciclos metalúrgicos favoráveis à utilização com energia solar concentrada

Ciclos metalúrgicos	Reações	Temperatura de reação	Vantagens	Desvantagens
Fe_3O_4/FeO	$Fe_3O_4 \rightarrow 3FeO + 0,5O_2$ $H_{2O} + 3FeO \rightarrow Fe_3O_4 + H_2$	(2200 °C) (400 °C)	Produção de hidrogênio relativamente alta; evita reações de recombinação e irreversibilidades associadas com o resfriamento. Óxidos.	Maior temperatura para etapa de redução; rápido desgaste das partículas ao longo de vários ciclos; sinterização e fusão severas durante a decomposição térmica do Fe_3O_4; faz-se necessário moagem ou granulação para obtenção de taxas razoáveis de conversão para hidrólise de FeO.
ZnO/Zn	$ZnO \rightarrow Zn_{(g)} + 0,5O_2$ $Zn + H_2O \rightarrow ZnO + H_2$	(2000 °C) (1100 °C)	Potencial alta eficiência exegética de conversão.	Temperatura relativamente alta para dissociação térmica; é preciso haver rápido resfriamento para evitar recombinação de Zn com oxigênio; requer técnica de separação de Zn e oxigênio eficiente; limitada taxa de reação de hidrólises graças à formação de camada de ZnO sólido.
SnO_2/SnO	$SnO_2 \rightarrow SnO + 0,5O_2$ $SnO + H_2O \rightarrow SnO_2 + H_2$	(1600 °C) (550 °C)	Temperatura relativamente baixa de redução; alta taxa de conversão química (e menos dependente da taxa de resfriamento que o ZnO); não há vaporização de SnO_2 durante a redução; rápida cinética de reação (não há fenômenos de passivação ocorrendo na superfície de nanopartículas).	Baixo calor exotérmico (–49 kJ/mol a 500 °C) que desfavorece o autoaquecimento da reação; reação oposta inibe o processo de hidrólise a baixas temperaturas.
CeO_2/Ce_3O_4	$2CeO_{2(s)} \rightarrow Ce_2 - O_{3(s)} + 0,5O_2$ $H_2O_{(g)} + Ce_2O_{3(s)} \rightarrow CeO_2 + H_{2(g)}$	(2000 °C) (400-600 °C)	Sem reação reversa durante o resfriamento dos produtos; reatividade alta do Ce_2O_3 com vapor d'água, resultando em altas taxas de produção de hidrogênio; pode ser usado em produção no local de demanda de H_2; evita complicações associadas a transportes longos e armazenamento de H_2.	Alta temperatura necessária para redução de óxido de Ce(IV) para Ce(III); redução não observada a pressões mais altas; vaporização parcial de CeO_2 durante redução.
W/WO_3	$WO_{3(s)} \rightarrow W_{(s)} + 0,5 O_{2(g)}$ Decomposição da água: $W_{(s)} + 3H_2O_{(g)} \rightarrow WO_{3(s)} + 3H_{2(g)}$ Decomposição do dióxido de carbono: $W_{(s)} + 3CO_{2(g)} \rightarrow WO_{3(s)} + 3CO_{(g)}$	(900 °C) (700 °C) (800 °C)	Temperatura relativamente baixa de redução; sem reação reversa durante o resfriamento dos produtos; maior produtividade comparada com outros pares redox.	Volatização do tungstênio e dados sobre o comportamento físico-químico da reação foram desenvolvidos apenas em caráter teórico, demandando mais estudos em laboratório.

Fonte: Nigro (2015).

A maior parte do gás hidrogênio produzido no mundo em escala industrial é realizada pelo processo de reforma a vapor, a partir de gás natural. A reforma a vapor utiliza energia térmica (calor) obtida da queima seletiva de hidrocarbonetos para obter hidrogênio e monóxido de carbono e envolve a reação desses combustíveis com vapor em superfícies catalíticas, como níquel ou platina. O primeiro passo da reação decompõe o combustível em pequena quantidade de hidrogênio e monóxido de carbono (CO). Uma segunda reação, com injeção de vapor, transforma o monóxido de carbono e a água em dióxido de carbono (CO_2) e hidrogênio (H_2). Essas reações ocorrem a altas temperaturas, de 500 a 800 °C.

- **Reforma do etanol em hidrogênio**: o etanol normalmente é produzido pela fermentação da cana-de-açúcar, milho, beterraba ou outras matérias-primas, e tem sido usado por décadas como combustível para transporte em várias partes do mundo. A maior parte do etanol produzido nos Estados Unidos é oriunda da fermentação do milho, processo mais dispendioso. O Brasil é o maior produtor mundial de cana-de-açúcar e obtém dela açúcar e etanol (álcool etílico). O etanol é, hoje, importante fonte de combustível automotivo no Brasil, o que diminui sua dependência do petróleo e deixa a gasolina dos veículos 27 % mais renováveis, em função de sua adição.

O principal benefício ambiental do uso de etanol é que o dióxido de carbono produzido no processo foi antes removido da atmosfera pela cana-de-açúcar e, portanto, trata-se de uma reciclagem perfeita da molécula de carbono. O etanol é a aposta brasileira primária como combustível alternativo para a produção de hidrogênio ou para acionar diretamente os motores de combustão interna. A área cultivada atualmente no País é superior a 10,2 milhões de hectares (2017), responsáveis pela produção de aproximadamente 621 milhões de toneladas de cana-de-açúcar (safra 2018/2019), com aproximadamente 50 mil plantadores e 304 usinas processadoras espalhadas pelo Brasil, a maioria no Sudeste, no Paraná, no Nordeste e com forte crescimento na região Centro-Oeste.

A reforma do álcool é considerada estratégica para o Brasil, por ser um combustível renovável com ciclo fechado de emissão de dióxido de carbono, cujo balanço de carbono é praticamente nulo, uma vez que o gás carbônico emitido foi antes removido da atmosfera pela cana-de-açúcar na fotossíntese. A reação de *shift*, ou seja, a adição de água na forma vapor no processo de reforma, pode ser obtida como produto de reação da célula a combustível (gera 0,5 litro de H_2O/kWh).

Na reforma do etanol, são necessários 0,41 litro de etanol para a geração de 0,65 Nm^3 de gás hidrogênio, volume necessário para a geração de 1 kW pela célula a combustível tipo PEM (Seção 15.8). A reforma do etanol acontece em uma reação dele com vapor d'água a temperatura de 500 °C e em presença de um catalisador (normalmente níquel), gerando gás hidrogênio.

Reforma do etanol:

$$C_2H_5OH + H_2O \rightarrow CO + 4\,H_2$$

$$CO + H_2O \rightarrow CO_2 + 2H_2 \tag{15.9}$$

- **Reforma de gás natural (metano)**: o gás metano proveniente do gás natural (CH_4) é uma fonte de energia rica em hidrogênio molecular, com a relação de um átomo de carbono (C) para quatro átomos de hidrogênio (H). É um dos combustíveis fósseis mais utilizados no mundo, com uma participação na matriz energética mundial de aproximadamente de 23 %, atrás apenas do petróleo, que detém 40 %. Dentre os principais combustíveis fósseis, como o petróleo e o carvão, o gás natural é o que possui a melhor *pegada de carbono* entre os demais combustíveis hidrocarbonetos, o que significa ser o emissor da menor quantidade de gás carbônico por unidade energética produzida na forma de energia térmica (PCI) no processo de combustão. Hoje, cerca da metade da produção de hidrogênio no mundo provém do gás natural. Para ser utilizado em uma célula a combustível

do tipo PEM, o gás natural passa pelo processo de reforma para obtenção do hidrogênio. Nas células a combustível de óxido sólido (SOFC) ou carbonato fundido (MCFC), a reforma a vapor ocorre internamente em razão da alta temperatura – entre 600 e 1000 °C. O catalisador utilizado nessa temperatura pode ser o níquel, mais barato que a platina, como discutido na Seção 15.8. O processamento de metano pode ser obtido do biogás, do biometano e do gás natural, embora o biogás possa conter gases sulforosos, que devem ser removidos.

A reforma do gás natural (metano) consiste na reação química dele com vapor d'água em alta temperatura (500 a 600 °C) e em presença de um catalisador, o que gera o gás hidrogênio.

Reforma do gás natural:

$$CH_4 + H_2O \rightarrow CO + 3H_2$$

$$CO + H_2O \rightarrow CO_2 + 2H_2 \tag{15.10}$$

A reforma do gás natural demanda 0,18 m^3 de gás natural, de alta pureza, para a geração de 0,65 m^3 de H_2, volume necessário para a geração de 1 kWh pela célula a combustível tipo PEM.

A reação de reforma do gás natural, formado basicamente por metano, é atualmente a técnica mais utilizada para obtenção de hidrogênio, responsável pela produção de 48 % de todo montante deste gás. A reforma de metano é muito utilizada para a produção de gás de síntese (*synthesis gas* ou *syngas*), uma mistura dos gases hidrogênio e monóxido de carbono. A reação principal do processo de reforma de metano, que ocorre entre 700 e 850 °C e entre 3 e 25 bar, é dada pela Equação (15.11):

$$CH_4 + H_2O \rightarrow CO + 3H_2 \tag{15.11}$$

Como o *syngas* é uma matéria-prima importante na indústria química, muitas vezes não se faz necessária a separação dos gases finais para a obtenção de hidrogênio puro, com o ajuste estequiométrico da razão H_2/CO.

Existem, basicamente, três tipos de processos de reforma:

- Reforma a vapor

  $C_2H_5OH + 3H_2O \rightarrow 2CO_2 + 6H_2 = 173,4$ kJ/mol

  Vantagem: alto rendimento de H_2

  Desvantagem: reação fortemente endotérmica

- Reforma parcial

  $C_2H_5OH + 1,5O_2 \rightarrow 2CO_2 + 3H_2 = -551$ kJ/mol

  Vantagens: tempo de resposta rápido, reator mais compacto

  Desvantagem: larga faixa dos limites de inflamabilidade

- Reforma autotérmica

  $C_2H_5OH + 2H_2O + \frac{1}{2}O_2 \rightarrow 2CO_2 + 5H_2 = -50$ kJ/mol

  Vantagens: alto rendimento de H_2 e melhor balanço térmico

  Desvantagem: controle mais difícil, pois se trata de uma queima subestequiométrica

Para aplicações que requerem maior pureza, o processo utilizado é o de reforma a vapor. A reação de deslocamento com vapor d'água (*water gas shift reaction*, WGSR), dada pela Equação (15.12), é muito utilizada para a conversão de monóxido de carbono (CO) em gás carbono (CO_2) e o aumento da concentração de hidrogênio.

$$CO + H_2O \rightarrow CO_2 + H_2 \qquad (15.12)$$

15.5 Gaseificação

O processo de gaseificação consiste na transformação de um combustível sólido ou líquido rico em carbono em uma mistura de gases de maior poder calorífico. Dentre as vantagens desse processo, destacam-se a logística de uso final e a qualidade superior do combustível obtido. O gás-produto desse processo, assim como na reforma de metano, é o gás de síntese (*syngas*), uma mistura de monóxido de carbono e hidrogênio, que possui um bom poder calorífico, grande aplicabilidade em diversos processos industriais ou acionamento de motores de combustão interna e turbinas a gás, além da produção de vapor pela queima direta. Esse é um processo que envolve tanto reações endotérmicas de redução nas fases gasosa e sólida quanto reações exotérmicas de oxidação, requer altas temperaturas de ativação e no qual o combustível é aquecido na presença subestequimétrica de oxigênio.

Nos processos tradicionais de gaseificação, a fonte de energia térmica (calor) se origina do processo de combustão de uma parte do próprio combustível, que pode ser interno ou externo ao reator. No caso da combustão externa, a eficiência térmica é menor em razão das irreversibilidades associadas à transferência indireta de calor dos produtos de combustão aquecidos para o leito de gaseificação. Por outro lado, a combustão interna, mais utilizada atualmente, é iniciada por meio da queima de uma fração dos reagentes no reator na presença de oxigênio, em quantidades inferiores à estequiométrica. Apesar da maior eficiência energética, segundo Zedtwitz e Steinfeld (2003), esse método consome até 30 % do combustível introduzido e gera a contaminação dos produtos gasosos pelo gás carbônico e outros particulados.

Carvão, petróleo, resíduos sólidos urbanos e biomassa são os compostos carbônicos mais empregados no processo de gaseificação. Dentre essas substâncias, destaca-se a gaseificação do carvão (fonte da produção de 18 % do hidrogênio). O petróleo, por ser líquido, apresenta aplicações mais nobres na indústria de energia; normalmente, o RASF (resíduo asfáltico, subproduto utilizado na planta de Araucária da Petrobras, no Paraná) e o coque são destinados à gaseificação. Existe um grande interesse em aprimorar a gaseificação de biomassa, pois isso viabilizaria o aproveitamento energético de muitos rejeitos da indústria agrícola, madeira e resíduos sólidos urbanos, como discutido na Seção 12.2.

Na presença de catalisadores adequados, esse passo tem um rendimento de cerca de 85 %. O combustível pode ser sólido, líquido ou gasoso, bastando adaptar o equipamento para cada um desses estados.

No caso da gaseificação solar, o vapor d'água é a substância mais indicada e utilizada. A reação de gaseificação com vapor d'água pode ser simplificada pela Equação (15.13).

$$CH_xO_y + (1-y)H_2O \rightarrow (x/2+1-y)H_2 + CO \qquad (15.13)$$

em que a composição do gás de síntese depende da especificação do teor de hidrogênio (x) e de oxigênio (y) do combustível.

Quando o combustível a ser gaseificado é sólido, como no caso do carvão e da biomassa, a etapa de pirólise da matéria-prima antecede a gaseificação. Já no caso de combustíveis líquidos, como o petróleo, essa etapa não se faz necessária. Por isso, frequentemente refere-se ao processo de gaseificação de combustíveis líquidos pelo nome de oxidação parcial do combustível.

O *syngas* produzido por gaseificação de carvão, resíduos de petróleo (RASF) ou gás natural é muito utilizado no mundo em diversos setores, tais como:

- 50 mil MWth para produtos químicos;
- 35 mil MWth para combustíveis líquidos;
- 30 mil MWth para energia;
- 10 mil MWth para combustíveis gasosos.

15.6 Energia nuclear

Vários países possuem programas de energia nuclear (Cap. 17), voltados exclusivamente para gerar energia elétrica, mas é possível utilizá-la como fonte de energia térmica (calor) para outras utilidades, como a produção de gás hidrogênio. Em horário fora de ponta ou em época em que a demanda de energia elétrica é baixa, ou seja, quando sobra energia, a produção de hidrogênio para armazenamento e uso posterior em células a combustíveis em momento de alta demanda constitui uma alternativa atrativa (Orhan *et al.*, 2009; Naterer *et al.*, 2013). Dois métodos possíveis de serem implementados para produção de hidrogênio por decomposição química da água são: eletrólise e ciclos termoquímicos.

O processo de eletrólise, já discutido em detalhes na Seção 15.2.1, pode ser usado com a energia elétrica gerada em horas de baixo consumo pela usina nuclear para a produção de hidrogênio. Já os ciclos termoquímicos são uma alternativa à eletrólise, pois não utilizam energia elétrica diretamente. A limitação dos ciclos para essa aplicação é a temperatura, que não pode ultrapassar 850 °C (Abanades *et al.*, 2006), o que torna necessários ciclos de três a quatro etapas. Entre os ciclos que se destacam: o *Adiabatic UT-3* desenvolvido por Kaneyama e Yoshida da University of Tokyo; o *ciclo I-S* (*iodine-sulphur*) proposto pela General Atomics; e o *ciclo Cu-Cl* (*copper-chlorine*), em desenvolvimento pela Atomic Energy of Canada Limited (AECL), Argonne National Laboratory (ANL) e University of Ontario e Institute of Technology (UOIT). Esses ciclos estão indicados na Tabela 15.3, com suas respectivas reações e temperatura de operação.

Ciclos termoquímicos têm se tornando uma opção promissora para produção de hidrogênio em larga escala, utilizando reatores nucleares, principalmente com o desenvolvimento de novos reatores nuclear HTGR (*helium gas cooled reactor*) de alta temperatura. Segundo Abanades *et al.* (2006), a eficiência estimada do ciclo *Adiabatic UT-3* pode variar entre 35 e

TABELA 15.3 Ciclos termoquímicos para uso com energia nuclear

Ciclos	Reações	Temperatura
Adiabatic UT-3	$CaBr_2(s)+H_2O(g) \rightarrow CaO(s)+2HBr(g)$	700-750 °C
	$CaO(s)+Br_2(g) \rightarrow CaBr_2(s)+0{,}5O_2(g)$	500-600 °C
	$Fe_3O_4(s)+8HBr(g) \rightarrow 3FeBr_2(s)+Br_2(g)+4H_2O(g)$	200-373 °C
	$3FeBr_2(s)+4H_2O \rightarrow Fe_3O_4(s)+H_2(g)+6HBr(g)$	560-600 °C
I-S	$2H_2O+SO_2+I_2 \rightarrow H_2SO_4+2HI$	120 °C
	$H_2SO_4 \rightarrow H_2O+SO_2+1/2O_2$	830-900 °C
	$2HI \rightarrow H_2+I_2$	300-450 °C
Cu-Cl	$2CuCl_2(s)+H_2O(g) \rightarrow Cu_2OCl_2(s)+2HCl(g)$	400 °C
	$Cu_2OCl_2(s) \rightarrow 2CuCl(l)+1/2O_2(g)$	500 °C
	$4CuCl(s)+H_2O \rightarrow 2CuCl_2(aq)+2Cu(s)$	Ambiente
	$2CuCl_2(aq) \rightarrow 2CuCl_2(s)$	> 100 °C
	$2Cu(s)+2HCl(g) \rightarrow 2CuCl(l)+H_2(g)$	430-475 °C

Fonte: adaptada de Abanades *et al.* (2006).

50 %, dependendo de vários fatores, como a membrana de separação de gases, ainda em desenvolvimento.

15.7 Plasma

Uma tecnologia promissora que vem atraindo a atenção é a pirólise de metano (gás natural) por meio de plasma. Um plasma é formado entre dois eletrodos em um meio preenchido com gás metano, propiciando uma fonte energética de elevada temperatura para a quebra da molécula do metano, do que resulta gás hidrogênio e negro de fumo. A energia elétrica que produz o plasma pode advir de uma fonte renovável, como solar, eólica e hidráulica, o que o torna competitivo entre os demais. Além da obtenção do gás hidrogênio propriamente dito, o negro de fumo resultante do processo possui um grande mercado na produção industrial de borracha e pigmentos de tinta, entre outros.

15.8 Utilização do hidrogênio como fonte de energia

Nos últimos 20 anos, houve uma grande mudança no mercado de hidrogênio. Até a década de 1980, o fornecimento de H_2 pelas refinarias era suficiente para atender à demanda. Com o endurecimento das leis ambientais, no que diz respeito às emissões automotivas (exigindo menos aromáticos e compostos de enxofre na gasolina) e emissões de NO_x, as refinarias passaram a exercer maior demanda pelo hidrogênio para os processos de hidrodessulfurização e hidrodesnitrogenação, ao mesmo tempo em que a produção de hidrogênio diminuía, em virtude da queda na produção de aromáticos. Assim, as refinarias, vistas como as maiores produtoras de H_2, passaram a ser as maiores consumidoras, havendo um déficit entre oferta e demanda no mercado mundial (Souza, 2009).

Além do grande mercado do hidrogênio para uso em refinarias, ele é também matéria-prima essencial nas indústrias químicas (sobretudo para síntese de amônia e metanol),

siderurgias (fabricação do aço) e também na indústria de alimentos (hidrogenação de óleos e gorduras). Porém, o grande potencial da utilização do hidrogênio como fonte de energia está atrelado atualmente à sua aplicação em células a combustível, tecnologia que tende a se tornar fundamental no cenário energético mundial em face de suas vantagens: alta eficiência e confiabilidade, aplicações diversas e isenta de emissões atmosféricas ou acústicas. Veja a seguir o princípio de funcionamento da célula a combustível e suas características.

O gás hidrogênio também pode deslocar compostos hidrocarbonetos no processo de combustão industrial e mesmo residencial e comercial, graças ao apelo ambiental de potencial de emissão nula (subproduto é basicamente água). Em princípio, o hidrogênio pode também ser usado em todos os tipos de equipamentos que empregam gás natural, misturando-o com o próprio gás natural que é distribuído por meio de gasodutos. O gás natural pode, portanto, ser enriquecido com o gás hidrogênio, diminuindo a dependência do carbono na economia com a vantagem de aumento do seu poder calorífico. De acordo com a Agência Internacional de Energia – IEA (IEA, 2022), enquanto pequenas adições podem ser facilmente acomodadas do ponto de vista técnico, adições mais substanciais podem requerer modificações nos queimadores e nos controles em diversos tipos de equipamentos. Dessa forma, o gás hidrogênio pode ainda ser usado para a geração de vapor em caldeiras de gás natural ou em unidade de geração combinada de energia elétrica e calor (cogeração), ou em termelétricas.

Finalmente, motores de combustão interna, tanto estacionários como automotivos, também podem ser alimentados com o gás hidrogênio ou mesmo com o *syngas* (CO + H_2). Grandes indústrias automobilísticas têm investido em projetos de veículos a células a combustíveis, a maioria em fase de cabeças de série e protótipos atualmente. No caso automotivo, há de se resolver ainda o problema do armazenamento desse gás para permitir uma autonomia viável, já que o gás hidrogênio possui uma temperatura crítica muito baixa (-240 °C), estando, portanto, sempre na fase gasosa nas condições ambientes. Para uma autonomia competitiva com outros combustíveis automotivos, elevadas pressões nos cilindros devem ser atingidas, em torno de 700 bar, o que passa a ser um grande desafio de desenvolvimento de materiais e equipamentos para atender a essa necessidade em grande escala.

15.8.1 Propriedades do hidrogênio

O gás hidrogênio é o que possui a maior densidade energética na base mássica (poder calorífico) de todos os combustíveis, como indicado na Tabela 15.4. Para efeitos de comparação com os demais combustíveis listados, ao hidrogênio dá-se o fator 1,00 para seu poder calorífico. Como se visualiza na Tabela 15.4, a próxima molécula é o metano, com um poder calorífico de cerca de 40 % do gás hidrogênio na base mássica. Porém, se a comparação for realizada na base volumétrica, ou seja, densidade energética por unidade de volume (poder calorífico na base volumétrica), o hidrogênio estará em desvantagem em virtude de sua baixíssima densidade em condições próximas da atmosférica, o que justifica estudos para armazená-lo em nível comercial.

TABELA 15.4 Comparação entre poderes caloríficos (base mássica) de vários combustíveis

Combustível	(MJ/kg, 25 °C)	Fator
Hidrogênio	141,90	1,00
Metano	55,53	0,39
Gás natural	52,34	0,37
Gasolina	45,72	0,32
Querosene	46,00	0,32
Carvão	31,38	0,22
Etanol	29,70	0,21
Metanol	22,69	0,16
Madeira	17,12	0,12

Outras características únicas do gás hidrogênio são:

- o hidrogênio é o mais abundante dos elementos químicos, constituindo aproximadamente 75 % da massa elementar do Universo;
- terceiro elemento mais abundante na Terra;
- incolor, inodoro, insípido;
- baixa densidade, 0,0899 g/L (11,24 % do ar atmosférico, 14,4 menos denso que o ar);
- 1 kg de H_2 contém energia equivalente a 3,5 L de petróleo, 2,1 kg de gás natural ou 2,8 kg de gasolina;
- inflamabilidade: 4,1 a 74,2 % de H_2 em volume de ar seco, temperatura de ignição espontânea em torno de 565-579 °C;
- combustão: chama azul clara, quase invisível.

15.9 Célula a combustível

A tecnologia das células a combustível é promissora para reduzir a participação de combustíveis fósseis nas matrizes elétricas e energéticas. Ao contrário das tecnologias tradicionais baseadas em combustão, as células a combustível produzem eletricidade com emissões muito baixas ou nulas. Imposição de políticas ambientais contribui para acelerar a disseminação de células a combustível, fornecendo incentivos financeiros e apoio regulatório para seu uso e desenvolvimento. Por exemplo, políticas que incentivam o uso de combustíveis renováveis, como o hidrogênio, podem estimular o desenvolvimento de tecnologias de células a combustível que podem usar o gás hidrogênio e os biocombustíveis, como o etanol. Além disso, políticas públicas e de Estado, que promovem a implantação de células a combustível em transporte, geração elétrica estacionária e outras aplicações, podem ajudar a criar demanda pela tecnologia, o que pode reduzir custos pelo aumento de escala, bem como o desenvolvimento de novos materiais e tecnologias construtivas.

Células a combustível são dispositivos eletroquímicos, onde ocorrem reações de oxirredução, similares a uma bateria, porém a massa ativa é externa, normalmente na forma de gás hidrogênio. São equipamentos que transformam energia química de combustíveis diretamente em energia elétrica, com uma eficiência teórica de 83 % e com a possibilidade de aproveitamento da energia térmica (calor) residual gerada que pode ser aproveitada na forma de cogeração, contribuindo para um elevado fator de utilização de energia, FUE (Seção 13.2), do equipamento. Células comerciais normalmente operam com eficiência de 40 a 60 %, uma faixa de eficiências superior à das máquinas térmicas.

Com as novas tecnologias em desenvolvimento, especialmente a nanotecnologia aplicada a materiais, estima-se que em poucos anos alcançará custos de equipamento iguais ou até inferiores aos do motor de combustão interna, que revolucionou todo o sistema de transporte nos últimos 100 anos, estimando-se que alcance algo em torno de 100 US$/kW. Dessa forma, o gargalo do custo de produção ainda preocupa o mercado, bem como o armazenamento e transporte do seu principal combustível, que é o gás hidrogênio. O hidrogênio, ao ser utilizado como fonte de energia em uma célula a combustível, libera energia e não gera emissões à base de carbono, mas somente vapor d'água. A reação química resultante dessa operação produz, além de energia elétrica, calor e vapor d'água.

A geração de energia elétrica por meio das células a combustível ocorre em duas reações eletroquímicas parciais de transferência de carga, em dois eletrodos separados em um eletrólito apropriado, ou seja, a oxidação de um combustível no ânodo e a redução de um oxidante no cátodo. Escolhendo-se, por exemplo, hidrogênio como combustível e oxigênio (do ar ambiente) como oxidante, têm-se, na denominada célula ácida, a formação de água e produção de calor, além da liberação de elétrons para um circuito externo, que podem gerar trabalho elétrico. As células a combustíveis são classificadas conforme o tipo de eletrólito, como pode ser visto no esquema da Fig. 15.7.

Existem, atualmente, vários tipos de células a combustível comerciais, classificadas conforme seu eletrólito:

- células a combustível de membrana polimérica (PEM);
- células a combustível de ácido fosfórico (PAFC);

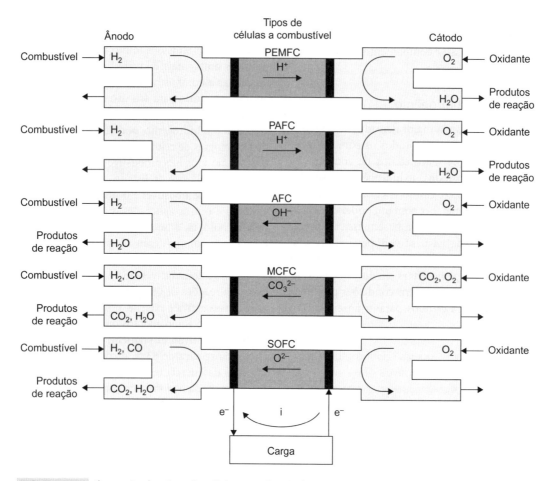

FIGURA 15.7 Ilustração dos tipos de célula a combustível.

- células a combustível de carbonato fundido (MCFC);
- células a combustível de óxido sólido (SOFC);
- células a combustível alcalinas (AFC);
- célula a combustível de membrana polimérica (PEMFC).

15.9.1 Células a combustível de membrana polimérica (PEM)

A célula de combustível de membrana de troca de prótons (PEMFC, do inglês *proton-exchange membrane fuel cell*) é a versão mais conhecida da célula a combustível ácida.

As primeiras PEM empregaram eletrólitos baseados em polímeros como o polietileno; por exemplo, as células de combustível iniciais da NASA eram operadas com poliestireno sulfonado ácido. Em 1967, a DuPont introduziu um novo polímero fluorado baseado em uma estrutura de politetrafluoretileno (PTFE) com a renomada marca Nafion™. O Nafion se tornou um padrão mundial da indústria de célula a combustível e na de cloro-soda.

Entretanto, o Nafion é um material caro para produzir e tem certas limitações, como a necessidade de ser hidratado e, portanto, sendo funcional apenas abaixo de 80 °C. Por essas razões, muitos materiais de eletrólitos alternativos têm sido estudados, como as membranas de alta temperatura (HTPEM, do inglês *high temperature proton-exchange membrane fuel cell*) à base de polibencimidazol impregnadas com ácido fosfórico (PBI/H_3PO_4).

As células HTPEM típicas operam em uma faixa de temperatura entre 100 e 200 °C, que permite a cogeração de energia térmica e energia elétrica. Por operarem a altas temperaturas, são mais tolerantes a impurezas dos combustíveis. Outro ponto interessante é que essas membranas não necessitam de umidificação, diminuindo o custo dos periféricos.

Um esquema simplificado de célula a combustível de eletrólito polimérico (PEM) sólido é apresentado na Fig. 15.8. Os prótons produzidos na reação anódica são conduzidos pelo eletrólito até o cátodo, onde se combinam com o produto da redução do oxigênio, formando água (H_2O) como produto final.

A célula a combustível do tipo PEM apresenta grande vantagem em virtude de sua simplicidade de funcionamento. O eletrólito utilizado neste tipo de célula de combustível é uma membrana de troca iônica (polímero ácido sulfônico fluorizado ou outro polímero similar), que é boa condutora de prótons do ânodo para o cátodo. Por sua vez, o combustível utilizado é o hidrogênio com elevado grau de pureza (Kordesch; Simader, 1996).

Além do hidrogênio como combustível, as células a combustível PEM, Fig. 15.8, podem trabalhar com combustíveis alternativos, desde que sejam previamente convertidos em hidrogênio. Os combustíveis utilizados nas PEM indiretas podem ser, por exemplo, metanol, etanol, metano, propano, biocombustível, entre outros.

Uma variante importante da PEM é a célula de combustível com alimentação direta de metanol (DMFC, do inglês *direct methanol fuel cell*). Como combustível, o metanol tem diversas vantagens em relação ao hidrogênio – por ser líquido a temperatura ambiente e poder ser facilmente transportado e armazenado (Hirschenhofer *et al.*, 1998). Os principais problemas das DMFC são o sobrepotencial eletroquímico no ânodo, o que reduz sua eficiência, e o fato de o metanol difundir através da membrana de troca iônica (MEA) do ânodo para o cátodo. Atualmente, novos desenvolvimentos poderão ser em breve apresentados e progressos importantes deverão fazer com que esse tipo de célula a combustível seja utilizado em dispositivos eletrônicos portáteis e, também, na área de transportes (Larminie; Dicks, 2003).

Outro tipo de célula a combustível, que nos últimos anos tem sido objeto de muito interesse pela comunidade científica e pelo governo brasileiro, é a baseada nas células alimentadas diretamente por etanol (DEFC, do inglês *direct etanol fuel cell*), que têm a vantagem de ser um combustível não tóxico e sustentável. Além disso, o Brasil possui toda uma logística de produção e distribuição de etanol, destacando-se como um dos maiores produtores mundiais desse produto. Entretanto, em função da complexidade e baixa durabilidade das DEFC, a célula a combustível tipo SOEC tem sido a mais indicada para uso com etanol. No entanto, em face da possível formação de coque no ânodo, se operar a baixa temperatura e com pouco vapor d'água, optou-se por operar com um pré-reformador.

Reações PEM

$$\text{Ânodo: } H_2(g) \rightarrow 2\ H^+(aq) + 2e^-$$
$$\text{Cátodo: } 1/2\ O_2(g) + 2\ H^+(aq) + 2\ e^- \rightarrow H_2O(l)$$

Reações DMFC

$$\text{Ânodo: } CH_3OH(aq) + H_2O(l) \rightarrow CO_2(g) + 6\ e^- + 6\ H^+(aq)$$
$$\text{Cátodo: } 6\ H^+(aq) + 6\ e^- + 3/2\ O_2(g) \rightarrow 3\ H_2O(l)$$

A célula PEM, por poder operar a temperatura ambiente e possuir a maior densidade energética, tem maior potencial de uso no meio automobilístico.

Na Fig. 15.9, mostra-se a maior célula a combustível tipo PEM produzida e desenvolvida no Brasil pela empresa Electrocell.

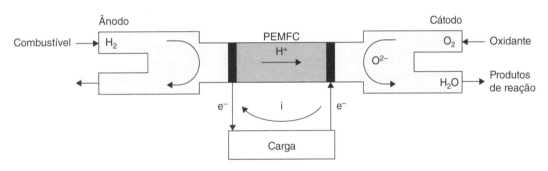

FIGURA 15.8 Célula a combustível tipo PEM (membrana polimérica).

FIGURA 15.9 Célula a combustível de 50 kW produzida pela Electrocell para o grupo AES em 2004.

Fonte: cortesia Electrocell – imagens Thais Falcão/Olho do Falcão.

15.9.2 Células a combustível alcalinas (AFC)

As primeiras referências às células a combustível alcalinas (AFC, do inglês *alkaline fuel cell*) são datadas em meados de 1902, mas foi obra de F.T. (Tom) Bacon, na Universidade de Cambridge (1946-1955) e depois em Marshall of Cambridge Limited (1956-1961), que as levou à primeira demonstração prática da tecnologia.

A célula Bacon foi adotada no programa espacial Apollo da NASA. Posteriormente, essa célula foi extensivamente utilizada em demonstrações em veículos agrícolas, tratores, aplicações *offshore* e barcos, entretanto, questões como custo, confiabilidade, facilidade de uso, robustez e segurança provaram ser um desafio. Com o desenvolvimento de novas tecnologias de células a combustível – por exemplo, a célula tipo PEM, de menor e maior eficiência –, aos poucos ela deixou de ser produzida, embora prossigam desenvolvimentos da tecnologia.

Nas células a combustível alcalinas, Fig. 15.10, o eletrólito utilizado é uma solução concentrada de hidróxido de potássio (KOH 85 % em peso) para operar em temperaturas elevadas (aproximadamente 250 °C) e soluções menos concentradas (35-50 % em peso) para temperaturas inferiores a 120 °C (Larminie; Dicks, 2003). As pilhas AFC utilizadas no programa Apollo da NASA utilizavam uma solução de KOH 85 % em peso e funcionavam à temperatura de 250 °C (Kordesch; Simader, 1996).

O problema das baixas velocidades de reação (baixas temperaturas) é superado com a utilização de eletrodos porosos de platina. Nesse tipo de célula a combustível, a redução do oxigênio no cátodo é mais rápida em eletrólitos alcalinos, comparativamente com os ácidos e, por essa razão, existe a possibilidade da utilização de metais não nobres (Larminie; Dicks, 2003). As principais desvantagens dessa tecnologia são o fato de os eletrólitos alcalinos (por exemplo, NaOH e KOH) dissolverem o gás carbônico (CO_2) e a circulação do eletrólito na célula, tornando seu funcionamento mais complexo (Larminie; Dicks, 2003). No entanto, o eletrólito apresenta custos reduzidos.

Reações AFC

Ânodo: $H_2(g) + 2\ OH^-(aq) \rightarrow 2\ H_2O(l) + 2\ e^-$

Cátodo: $1/2\ O_2(g) + H_2O(l) + 2\ e^- \rightarrow 2\ OH^-(aq)$

15.9.3 Células a combustível de ácido fosfórico (PAFC)

As células a combustível de ácido fosfórico (PAFC, do inglês *phosphoric acid fuel cell*), Fig. 15.11, foram as primeiras a serem produzidas comercialmente e apresentam uma ampla aplicação em nível mundial. Muitas unidades de 200 kW produzidas pela empresa International Fuel Cells Corporation estão instaladas nos Estados Unidos, em hospitais, bases militares, escritórios, fábricas e até prisões, na Europa (Larminie; Dicks, 2003) e no Brasil (Rio de Janeiro e Curitiba).

Nesse tipo de célula a combustível, o eletrólito utilizado é o ácido fosfórico cuja concentração pode atingir 100 %. Opera com temperaturas entre 160 e 220 °C, uma vez que, em temperaturas mais baixas, o ácido fosfórico é um mau condutor iônico e o envenenamento da platina pelo monóxido de carbono (CO) no ânodo torna-se mais severo. A temperatura de operação moderada do PAFC requer o uso de catalisadores metálicos nobres, e, assim como na PEMFC, eles serão envenenados por qualquer carbono monóxido (CO) que possa estar no gás combustível.

A estabilidade relativa do ácido fosfórico é elevada em comparação com outros ácidos comuns e, consequentemente, a

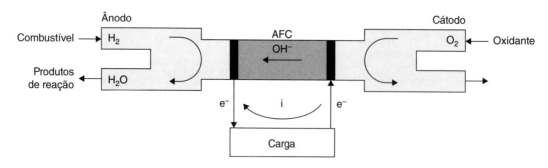

FIGURA 15.10 Célula a combustível tipo AFC (alcalina).

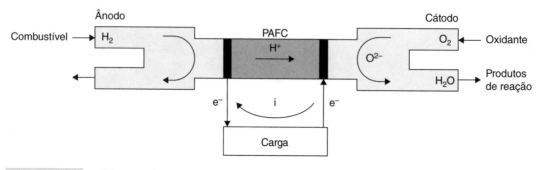

FIGURA 15.11 Célula a combustível tipo PAFC (ácido fosfórico).

célula de combustível do tipo PAFC pode produzir energia elétrica a temperaturas elevadas (220 °C). A utilização de um ácido concentrado minimiza a pressão de vapor da água, facilitando a gestão da água na célula. O suporte utilizado universalmente para o ácido é o carbeto de silício, e o eletrocatalisador utilizado no ânodo e no cátodo é a platina (Kordesch; Simader, 1996).

Como fonte de combustível, a PAFC pode operar com hidrogênio proveniente da reforma a vapor do gás natural e é tolerante ao CO_2. O gás natural tem como vantagem ser encontrado nos gasodutos em quase todas as grandes cidades. Porém, o equipamento necessário para essa operação acrescenta à célula custos consideráveis, maior complexidade e tamanho superior (Larminie; Dicks, 2003). No entanto, esses sistemas apresentam as vantagens associadas à simplicidade de funcionamento da tecnologia das células a combustível, disponibilizando um sistema de produção de energia elétrica seguro e que envolve baixos custos de manutenção. Alguns desses sistemas funcionaram continuamente por muitos anos sem a necessidade de qualquer manutenção ou intervenção humana (Larminie; Dicks, 2003).

Reações PAFC

$$\text{Ânodo: } H_2(g) \to 2\ H^+(aq) + 2\ e^-$$

$$\text{Cátodo: } 1/2\ O_2(g) + 2\ H^+(aq) + 2\ e^- \to H_2O(l)$$

15.9.4 Célula a combustível de carbonato fundido (MCFC)

O eletrólito da célula a combustível de carbonato fundido (MCFC, do inglês *molten carbonate fuel cell*) é uma mistura de carbonatos de metais alcalinos – geralmente uma mistura binária carbonato de lítio e potássio, ou carbonato de lítio e sódio – retida em uma matriz cerâmica de aluminato de lítio ($LiAlO_2$).

Em altas temperaturas operacionais (geralmente 600-700 °C), os carbonatos alcalinos formam um sal fundido altamente condutor, contendo íons de carbonato CO_3^{2-} e proporcionando uma elevada condução iônica.

As reações de ânodo e cátodo são mostradas esquematicamente na Fig. 15.12. Observe que, ao contrário de outros tipos comuns de célula a combustível, o dióxido de carbono (CO_2) deve ser fornecido ao cátodo, bem como ao oxigênio, e isso se converte em íons carbonatos, que migram para o ânodo em que ocorre a reconversão ao CO_2.

Em temperaturas elevadas, pode-se utilizar o níquel como catalisador no ânodo, óxido de níquel no cátodo e não é necessária a utilização de metais nobres (Hirschenhofer *et al.*, 1998). Por causa da elevada temperatura de operação, é possível utilizar diretamente, nesse tipo de sistema, o gás natural, não havendo, portanto, a necessidade de "reformadores" externos. No entanto, essa simplicidade é contraposta pela natureza do eletrólito, uma mistura quente e corrosiva de lítio, potássio e carbonatos de sódio.

Reações MCFC

$$\text{Ânodo: } H_2(g) + CO_3^{2-} \to H_2O(g) + CO_2(g) + 2\ e^-$$

$$\text{Cátodo: } 1/2\ O_2(g) + CO_2(g) + 2\ e^- \to CO_3^{2}$$

15.9.5 Células a combustível de óxido sólido (SOFC)

As células a combustível de óxido sólido (SOFC, do inglês *solid oxide fuel cell*) são definidas por possuírem um eletrólito sólido com condutores de íons de oxigênio (O^{2-}). Operam com temperaturas elevadas, entre 600 e 1000 °C, possibilitando, assim, velocidades de reação elevadas sem a utilização de catalisadores nobres (Hirschenhofer *et al.*, 1998). O eletrólito utilizado neste tipo de célula é uma cerâmica à base de óxido de zircônio (ZrO_2) estabilizado com ítria (Y_2O_3), que estabiliza a fase cúbica da zircônia, passando a ser condutora de O^{2-}, acima de 800 °C (Fig. 15.13). Em temperatura elevada de funcionamento, ocorre o transporte dos íons de oxigênio do cátodo para o ânodo.

O metano pode ser utilizado diretamente e não é necessária a utilização de uma unidade de reforma externa (Larminie; Dicks, 2003). No entanto, os materiais cerâmicos que constituem essas células acarretam dificuldades adicionais na sua utilização, envolvendo custos elevados de fabricação e a necessidade de outros equipamentos para que a célula produza energia elétrica. Esse sistema extra engloba o preaquecimento do combustível e do ar e o sistema de arrefecimento. Apesar de funcionar a temperaturas superiores a 1000 °C, o eletrólito da SOFC mantém-se permanentemente no estado sólido. Em geral, tem-se como ânodo o $ZrO_2/Y_2O_3/Ni$ e como cátodo o $LaSrMnO_3$ (Kordesch; Simader, 1996).

O catalisador do ânodo é o componente que está diretamente em contato com o combustível e é um dos componentes mais importantes da SOFCs. Os ânodos convencionais à base de Ni são os mais utilizados, em virtude de suas excelentes características eletroquímicas e do baixo custo. Essa tecnologia

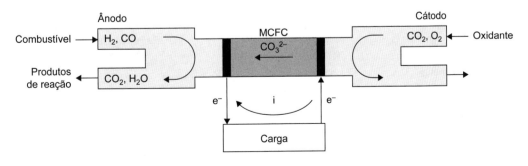

FIGURA 15.12 Célula a combustível tipo MCFC (carbonato fundido).

está em desenvolvimento visando evitar a sinterização do níquel, grandes gradientes de dilatação térmica que podem causar trincas e delaminação, deposição de coque e envenenamento por enxofre.

As antigas tecnologias operavam com temperaturas próximas de 1000 °C, utilizando materiais do cátodo tipo LSM ($La_{1-x}Sr_xMnO_3$) de 50 μm, e um eletrólito de 200 μm. As novas gerações de SOFC operam com temperaturas mais baixas, 800 °C, e material do cátodo tipo LSCF $(La,Sr)(Co,Fe)O_3$ de 50 μm. Uma significativa diferença foi o eletrólito, que reduziu a espessura de 500 μm para 10 μm e é suportado pelo ânodo YSY/NiO de 500 μm.

Reações SOFC

$$\text{Ânodo: } H_2(g) + O^{2-} \rightarrow H_2O(l) + 2\ e^-$$

$$\text{Cátodo: } 1/2\ O_2(g) + 2\ e^- \rightarrow O^{2-}$$

15.9.6 Comparação entre as propriedades das células a combustível

Dadas as diversas tecnologias de células a combustível, é relevante que se faça uma comparação dos diversos tipos de células e suas vantagens e desvantagens, como indicado na Tabela 15.5. Nessa tabela, podem-se ver o tipo de combustível empregado, as vantagens e as desvantagens de cada tecnologia.

15.9.7 Vantagens da utilização de células a combustível

Uma célula a combustível pode converter, teoricamente, em torno de 83 % da energia contida em um combustível em energia elétrica e calor, pois não há dependência como no ciclo de Carnot (Kordesch; Simader, 1996). Hoje, as células a combustíveis podem operar com eficiência de 65 % e com todo o sistema integrado, 60 %.

Centrais de produção de energia a partir de células a combustível, por não possuírem partes móveis, apresentam maiores níveis de confiabilidade se comparados aos de motores de combustão interna e às de turbinas a gás. Essas não sofrem paradas bruscas em razão do atrito ou de falhas das partes móveis durante sua operação.

A substituição das centrais termelétricas convencionais que produzem eletricidade a partir de combustíveis fósseis por células a combustível melhorará a qualidade do ar em virtude da ausência da emissão de poluentes particulados no ar (fuligem), como óxidos nitrosos e sulfurosos que causam chuvas ácidas e *smog*, e reduzirá o consumo de água e efluentes (Kordesch; Simader, 1996).

As emissões de uma central elétrica de células a combustível são dez vezes menores do que as normativas ambientais mais restritas. Além disso, as células a combustível produzem um nível muito inferior de dióxido de carbono, e seu funcionamento permite

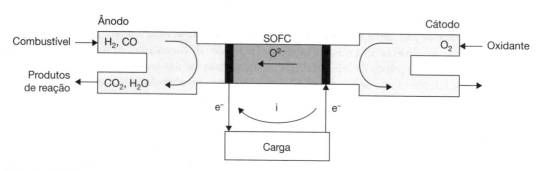

FIGURA 15.13 Célula a combustível tipo SOFC.

TABELA 15.5 Comparação de vantagens e desvantagens entre os tipos de células a combustível

	Combustível	**Vantagens**	**Desvantagens**
PEMFC (Polímero sólido)	H_2 e gás natural, metanol ou etanol reformado	Alta densidade de corrente Operação flexível	Contaminação do catalisador com CO (< 10 ppm) Custo da membrana
AFC (Alcalina)	H_2	Alta eficiência (83 % teórica)	Sensível a CO_2 (< 50 ppm) Gases ultrapuros
PAFC (Ácido fosfórico)	Gás natural ou H_2	Maior desenvolvimento tecnológico	Moderada tolerância ao CO (< 2 %) Corrosão dos eletrodos
DMFC (Metanol direto)	Metanol	Utilização de metanol direto	Baixa eficiência, baixo tempo de vida útil da membrana
MCFC (Carbonato fundido)	Gás natural, Gás de síntese	Tolerância a CO e CO_2	Materiais resistentes Reciclagem de CO_2
SOFC (Óxido sólido)	Gás natural, Gás de síntese	Alta eficiência A reforma do combustível pode ser feita na célula	Totalmente tolerante ao CO Expansão térmica Problema de materiais

a eliminação de muitas fontes de ruídos associadas aos sistemas convencionais de produção de energia por intermédio do vapor.

A flexibilidade no planejamento, incluindo a modulação, resulta em benefícios financeiros estratégicos para as unidades de células a combustível e para os consumidores. As células a combustível podem ser desenvolvidas para funcionarem a partir de etanol, metanol, gás natural, gasolina ou outros combustíveis de baixo custo para extração e transporte. Um reformador químico que produz hidrogênio enriquecido possibilita a utilização de vários combustíveis gasosos ou líquidos, com baixo teor de enxofre (Kordesch; Simader, 1996). Na qualidade de tecnologia alvo de interesse recente, as células a combustível apresentam um elevado potencial de desenvolvimento. Em contraste, as tecnologias competidoras das células a combustível, incluindo turbinas de gás e motores de combustão interna, já atingiram um estado avançado de desenvolvimento.

15.10 Simulador solar

O Laboratório de Sistemas Energéticos Alternativos e Renováveis (SISEA) desenvolveu um simulador solar de alto fluxo de radiação térmica. Esse simulador é composto por oito lâmpadas Skylight de potência nominal de 4 kWe cada uma, que emitem raios colimados em respectivos refletores espelhados de formato paraboloide. Os refletores, por sua vez, concentram os raios luminosos em uma cavidade negra reatora projetada para reações termoquímicas de alta temperatura e posicionada no foco comum de todos os refletores. O arranjo do simulador está indicado na Fig. 15.14. A Fig. 15.14(a) mostra o conjunto das oito lâmpadas de xenônio; na Fig. 15.14(b) podem ser vistos os segmentos de espelhos paraboloides refletores. A operação integrada do conjunto pode ser vista de forma esquemática na Fig. 15.14(c).

Esse simulador permite a obtenção de mais de 2000 sóis, o que permite alcançar, em teoria, temperaturas de até 2000 °C no interior da cavidade negra, onde ocorrem as reações termoquímicas, como a produção de gás de síntese (*syngas*) e gás hidrogênio em ciclos metalúrgicos.

15.11 Armazenamento e transporte de hidrogênio

A economia do hidrogênio é uma rota promissora para diminuir a dependência de fontes fósseis. No entanto, sua implementação envolve muitos desafios, como a logística de armazenamento, transporte e distribuição. Prevê-se que esta redução de custo dar-se-á com uma maior produção em escala comercial, e, nesse sentido, devem-se desenvolver alternativas para facilitar a logística e a distribuição de hidrogênio.

O hidrogênio hoje é transportado e armazenado principalmente na fase gasosa, armazenado em cilindros de alta pressão (200–700 bar), tendo uma capacidade volumétrica de aproximadamente 40 kg H_2/m^3. A fim de aumentar capacidade de armazenamento, o gás pode sofrer um processo de liquefação, o que ocorre em temperaturas extremamente baixas (–253 °C), tendo uma capacidade volumétrica de aproximadamente 71 kg H_2/m^3. Ambas as tecnologias de armazenamento físico

deste gás necessitam de uma infraestrutura complexa e de elevado investimento e custo operacional. O seu transporte por gasodutos possui um alto custo, chegando a R$ 1 milhão por km na terra e R$ 7 milhões por km quando submerso. Além disso, ligas metálicas especiais e outros materiais são necessários para evitar a fragilização do material.

Estas limitações de manuseio têm incentivado o desenvolvimento de novos compostos e materiais a serem utilizados como portadores de hidrogênio (*hydrogen carriers*). Possuem capacidade volumétrica de aproximadamente 80 a 160 kg H_2/m^3, ou seja, quatro vezes superior ao hidrogênio gasoso comprimido.

Os portadores de hidrogênio são materiais ou compostos químicos que podem armazenar ou transportar hidrogênio. Como o hidrogênio na temperatura e pressão ambiente está na forma gasosa, os portadores de hidrogênio oferecem uma maneira de superar este desafio ligando quimicamente materiais ao hidrogênio e permitindo armazená-lo ou transportá-lo na forma sólida ou líquida, o que for conveniente.

Existem vários tipos de portadores de hidrogênio:

- **Compostos ricos em hidrogênio:** são substâncias que contêm uma elevada proporção de átomos de hidrogênio em comparação com outros elementos, por exemplo, etanol (C_2H_5OH), metano (CH_4), propano (C_3H_8), amônia (NH_3), peróxido de hidrogênio (H_2O_2), metanol (CH_3OH), entre outros.

  O Brasil possui uma ampla rede de distribuição de etanol, 40 mil postos de abastecimento, o que facilita a distribuição desse biocombustível. Conta com uma malha de 110 gasodutos, em que 48 (9486 km) são utilizados para transporte e 62 (2246 km) para transferência. Esses gasodutos são responsáveis por levar o gás a 187 pontos de entrega (*citygates*), 33 estações de compressão, 14 plantas de processamento, com capacidade de 96 milhões m^3/dia e três terminais de regaseificação de gás natural liquefeito (GNL), com capacidade de 47 milhões m^3/dia. O país também conta com uma logística de distribuição de gás liquefeito de petróleo (GLP). A amônia é vista como uma das principais rotas de portadores de hidrogênio via transporte marítimo, por não possuir carbono na sua composição, porém, o hidrogênio representa apenas 17,6 % do peso da amônia. No destino final, a molécula de amônia é *quebrada* para recuperar o hidrogênio armazenado em nível molecular. A produção de gás hidrogênio a partir da biomassa é discutida na Seção 12.7.2 do Capítulo 12.

- **Portadores líquidos orgânicos de hidrogênio:** são líquidos que podem absorver o hidrogênio, conhecidos como *liquid organic hydrogen carriers* (LOHC) – dibenziltolueno, os pares benzeno/ciclohexano e tolueno/metilciclohexano, N-etil carbazol e o n-(metilbenzil)piridina. Estes portadores, que operam em temperatura relativamente baixa, são estudados como uma alternativa para ligar o hidrogênio a um portador líquido sem a necessidade de se utilizarem tanques gasosos à alta pressão. Os processos se dão por absorção, alguns dos quais já comerciais.

- **Hidretos:** os hidretos são compostos químicos que contêm hidrogênio com um ou mais elementos. Existem diversos tipos de hidretos, desde hidretos de compósitos intermetálicos, hidretos intersticiais, hidretos iônicos que são ligados aos metais alcalinos. Os hidretos metálicos também são utilizados em baterias de NiMH. Basicamente, são compostos

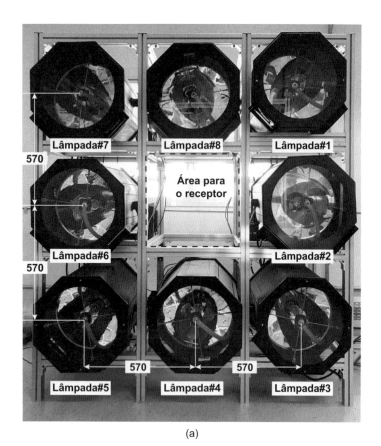
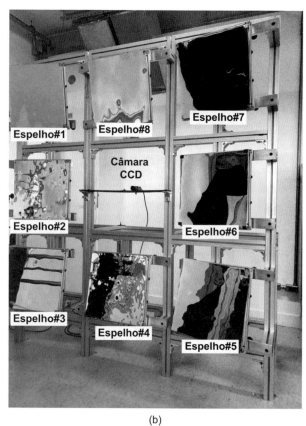
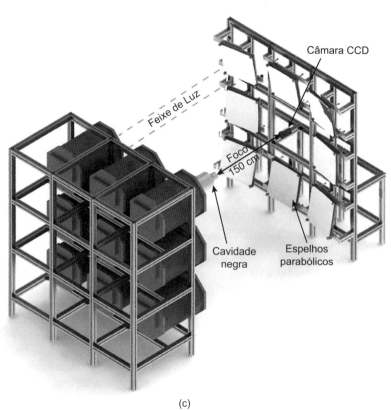

FIGURA 15.14 Diagrama esquemático do simulador de alto fluxo (HFSS): (a) conjunto das oito lâmpadas de xenônio; (b) espelhos refletores paraboloides; (c) esquema geral do simulador. (Projeto FAPESP, proc. 2021/12473-7.)

por dois tipos: liga da classe AB5 (tipo LaNi5) e liga da classe AB2, em que tanto a parte A como a parte B podem ser metais de transição, por exemplo a liga $ZrNi_2$. Possuem uma densidade gravimétrica de hidrogênio de > 9 wt% H_2.

- **Portadores químicos de hidrogênio:** são compostos que podem liberar hidrogênio por meio de uma reação química, como o borohidreto de sódio ($NaBH_4$). O borohidreto de lítio ($LiBH_4$) possui uma densidade por peso de 18,4 wt%, podendo-se também empregar o uso de catalisadores e temperaturas mais elevadas (350 °C).

Cada tipo de portador de hidrogênio apresenta suas vantagens e desvantagens, dependendo da aplicação específica. As pesquisas estão em andamento para encontrar os portadores de hidrogênio mais eficientes e práticos para várias aplicações, incluindo transporte, armazenamento de energia e geração de energia.

15.12 Aplicações do gás hidrogênio

Existem várias aplicações potenciais para o hidrogênio na economia mundial.

a) Mobilidade: uma delas é como um substituto para combustíveis fósseis em veículos, tanto em veículos movidos por células a combustível quanto em veículos equipados com motores de combustão interna adaptados para funcionar com hidrogênio. A utilização do hidrogênio como combustível pode ajudar a reduzir a dependência de petróleo e reduzir as emissões de gases de efeito estufa no setor de transporte.

b) Energia: o hidrogênio pode ser usado para armazenar energia renovável excedente, como a energia gerada por parques eólicos e solares, permitindo um suprimento constante e confiável de eletricidade, mesmo quando as condições climáticas não são favoráveis para a produção de energia renovável. O hidrogênio pode ser produzido por meio de eletrólise da água, usando eletricidade gerada a partir de fontes renováveis.

c) Petroquímica: o hidrogênio desempenha um papel essencial na indústria petroquímica. Ele é usado em várias etapas de produção para aprimorar processos químicos e auxiliar na fabricação de produtos petroquímicos. Aqui estão algumas das principais aplicações do hidrogênio na petroquímica:

- o hidrogênio é utilizado no processo de hidrocraqueamento, fundamental na produção de gasolina, diesel e outros combustíveis. Nesse processo, moléculas de hidrocarbonetos são quebradas em moléculas menores com a adição de hidrogênio, resultando em produtos de maior qualidade e com menor teor de enxofre;
- o hidrogênio é utilizado para hidrogenar intermediários petroquímicos, como olefinas e aromáticos, que são matérias-primas essenciais para a produção de plásticos, fibras sintéticas, resinas e outros materiais.

d) Alimentação: a hidrogenação é um processo no qual o hidrogênio é adicionado a compostos orgânicos insaturados, como óleos vegetais ou gorduras animais, para converter esses compostos em produtos com maior estabilidade e ponto de fusão, como margarina ou gorduras sólidas para alimentos processados.

e) Fertilizantes: o hidrogênio é utilizado na produção de amônia pelo processo de Haber-Bosch. Nesse processo, o hidrogênio reage com o nitrogênio atmosférico em alta pressão e temperatura, produzindo amônia, um componente-chave para a fabricação de fertilizantes, produtos de limpeza e explosivos.

f) Metalurgia: o hidrogênio também desempenha um papel na indústria metalúrgica, especialmente: como agente redutor na redução de minérios de metais, como ferro, níquel e tungstênio; no refino de metais para remover impurezas indesejadas; como atmosfera protetora em tratamentos térmicos de metais, como têmpera e revenimento; em processos de soldagem, como soldagem a arco submerso e soldagem por fusão a *laser*.

15.13 Normas

Existem organizações internacionais e nacionais que discutem as normas e procedimentos de uso de hidrogênio e células a combustível, ressaltando-se:

- ISO/TC 197 – cujo foco é o gás hidrogênio: desde tanques de hidrogênio líquido como combustível para veículos terrestres, dispositivos de conexão de reabastecimento de veículos terrestres de hidrogênio gasosos, qualidade do combustível de hidrogênio, geradores de hidrogênio usando eletrólise de água, entre outros.
- IEC/TC 105 – cujo foco são tecnologias de células a combustível: desde módulos de células a combustível – segurança, sistemas estacionários de energia, sistemas de armazenamento de energia, entre outros.
- ABNT/CEE-067 – comitê técnico de tecnologias de hidrogênio: desde métodos de ensaio, geradores de hidrogênio usando eletrólise da água, tecnologias de hidrogênio, entre outros.

Problemas propostos

15.1 Considere o ciclo metalúrgico de duas etapas do esquema da Fig. 15.5. Suponha que o metal usado seja o zinco (Zn). Determine a quantidade em massa de gás hidrogênio e de gás oxigênio produzido por quilograma de Zn.

15.2 Repita o problema anterior para o ciclo envolvendo cério (Ce).

15.3 Considere a produção de gás de síntese – *syngas* [Eq. (15.11)] a partir do processo de reforma a vapor do gás natural (metano). Determine o poder calorífico inferior (PCI) por quilograma do *syngas* produzido por quilograma de metano reagente. Compare com o PCI do metano puro. É maior ou menor? Comente o caso da fonte de energia ser energia solar concentrada.

15.4 Uma empresa automobilística de veículos elétricos deseja substituir o banco de baterias de íon lítio por célula a combustível. Ela utilizará um motor elétrico cuja potência de pico é de 48 kW e, para 400 A, necessita de 120 VDC.

a) Qual é a área catalítica necessária em cada placa bipolar?

b) Quantas placas bipolares da célula a combustível em série a empresa utilizará?

c) Qual a densidade de potência específica do *stack* (kW/L)?

Entretanto, em função do custo do hidrogênio, ela solicita que a eficiência elétrica de conversão seja de 50 % para um poder calorífico inferior (PCI). Serão utilizadas as membranas desenvolvidas de um fornecedor estratégico, cuja curva de polarização do fabricante está a seguir, para uma pressão de H_2 de 4 bar. Para o *stack*, será utilizada uma placa bipolar metálica de espessura de 1 mm (incluindo vedação):

Curva de polarização a 4 bar:

I (A·cm^{-2})	0,2	0,35	0,6	0,8	1,0	1,2	1,4	1,6	1,8
E (V)	0,82	0,78	0,75	0,7	0,68	0,65	0,60	0,55	0,45

15.5 Referente ao problema anterior, para a configuração do *stack* obtido:

a) Qual a densidade de corrente do *stack* para uma corrente de 100 A?

b) Qual a eficiência desse mesmo *stack* se operado com uma corrente de 100 A?

c) Qual a tensão desse mesmo *stack* se operado com uma corrente de 100 A?

15.6 Determine a quantidade água em quilogramas para produzir 1 kg de gás hidrogênio.

Bibliografia

ABANADES, S.; CHARVIN, P.; FLAMANT, G.; NEVEAU, P. Screening of water-splitting thermochemical cycles potentially attractive for hydrogen production by concentrated solar energy. *Energy*, v. 31, n. 14, p. 2805-22, 2006.

ANTUNES, R. A.; OLIVEIRA, M. C. L.; ETT, G.; ETT, V. Bipolar plates and PEM fuel cell efficiency. *In*: JOHNSON, A. E.; WILLIAMS, E. C. (org.). *Fuel cell efficiency*. New York: Nova Science, 2012.

ASSOCIAÇÃO BRASILEIRA DA INDÚSTRIA DE ÁLCALIS, CLORO E DERIVADOS (ABICLOR). *Tecnologias de produção*. 2020. Disponível em: http://www.abiclor.com.br/tecnologias-de-producao/#diafragma. Acesso em: 21 nov. 2020.

BASU, P. *Biomass gasification and pyrolysis: practical design and theory*. Oxford: Elsevier, 2010.

DINCER, I.; JOSHI, A. S. Hydrogen. *In*: *Solar based hydrogen production systems*. New York: Springer, p. 1-5, 2013.

EMPRESA DE PESQUISA ENERGÉTICA (EPE). *Baseline to support the Brazilian Hydrogen Strategy*, Ministério de Minas e Energia, 2021.

ETT, G.; ETT, V.; JARDINI, J. A. Uso do hidrogênio para transporte de energia gerada a partir de usinas hidroelétricas. *In*: JARDINI, J. A. (org.). *Alternativas não convencionais para transmissão de energia elétrica*: estudos técnicos e econômicos. Brasília: Teixeira, 2012.

ETT, G.; REIS, L. B. *In*: *Energia e sustentabilidade*. Barueri: Monole, 2016.

FORSBERG, C. Futures for hydrogen produced using nuclear energy. *Progress in Nuclear Energy*, v. 47, n. 1, p. 484-95, 2005.

GOTO, T.; MOURÃO, M. B.; SIMÕES MOREIRA, J. R. *Experimental investigation of iron oxidation to produce hydrogen*. 30th International Conference on Efficiency, Cost, Optimization, Simulation and Environmental Impact of Energy Systems (ECOS 2017), San Diego, 2017.

HIRSCHENHOFER, J. H.; STAUFFER, D. B.; ENGLEMAN, R. R.; KLETT, M. G. *Fuel cell handbook*. 4. ed. Virginia: Parsons Corporation, 1998.

INTERNATIONAL ENERGY AGENCY (IEA). *Global Hydrogen Review*. IEA, 2022.

INTERNATIONAL ENERGY AGENCY (IEA). *World Energy Outlook*. IEA, 2023.

INTERNATIONAL RENEWABLE ENERGY AGENCY (IRENA). *Green Hydrogen Cost Reduction*: Scaling up Electrolysers to Meet the 1.5°C Climate Goal. Abu Dhabi: IRENA, 2020.

IPHE. The International Partnership for Hydrogen and Fuel Cells in the Economy. *Methodology for Determining the Greenhouse Gas Emissions Associated With the Production of Hydrogen* – IPHE Hydrogen Production Analysis Task Force. Version 3 – July 2023. Disponível em: https://www.iphe.net/_files/ugd/45185a_8f96088 47cbe46c88c319a75bb85f436.pdf. Acesso em set. 2024.

KODAMA, T.; GOKON, N. Thermochemical cycles for high-temperature solar hydrogen production. *Chemical Reviews*, v. 107, n. 10, p. 4048-77, 2007.

KORDESCH, K.; SIMADER, G. *Fuel Cells and their applications*. VCH Publishers, 1996.

LARMINIE, J.; DICKS, A. *Fuel Cell Systems Explained*, SAE International, 2. ed., 2003.

LINARDI, M. *Introdução à ciência e tecnologia de células a combustível*. São Paulo: Artliber, 2010. v. 1.

MIRANDA, P. E. *Science and Engineering of Hydrogen-Based Energy Technologies*: Hydrogen Production and Practical Applications in Energy Generation. KDPPR, 2018.

NATERER, G. F.; DINCER, I.; ZAMFIRESCU, C. *Hydrogen production from nuclear energy*. New York: Springer, 2013.

NIGRO, L. G. *Concepção de um receptor de cavidade para concentração de energia solar para aplicação em reatores químicos*. Dissertação de Mestrado, Programa de Pós-graduação em Engenharia Mecânica, Escola Politécnica, Universidade de São Paulo, São Paulo, 2015.

ORHAN, M. F.; DINCER, I.; ROSEN, M. A. Efficiency analysis of a hybrid copper-chlorine (Cu-Cl) cycle for nuclear-based hydrogen production. *Chemical Engineering Journal*, v. 155, n. 1, p. 132-7, 2009.

SILVA, E. P. *Introdução à tecnologia e economia do hidrogênio*. Campinas: Unicamp, 1991.

SOUZA, M. M. V. M. *Tecnologia do hidrogênio*. Rio de Janeiro: Synergia, 2009. p. 132.

STEINFELD, A. Solar thermochemical production of hydrogen: a review. *Solar Energy*, v. 78, n. 5, p. 603-15, 2005.

VARON, L. M.; NARVÁEZ-ROMO, B.; COSTA-SOBRAL, L; BARRETO, G.; SIMÕES-MOREIRA, J. T. Novel high-flux indoor solar simulator for high temperature thermal processes. *Applied Thermal Engineering*, v. 234, p. 121-188, 2023.

WINTER, C. J.; NITSCH, J. (ed.). Hydrogen as an energy carrier: technologies, systems, economy. *Springer Science & Business Media*, 2012.

WORLD ENERGY COUNCIL. *World Energy Scenarios 2019*: exploring innovation pathways to 2040. 2019.

ZEDTWITZ, P. V; STEINFELD, A. The solar thermal gasification of coal: energy conversion efficiency and CO_2 mitigation potential. *Energy*, v. 28, n. 5, p. 441-56, 2003.

16 HIDRELÉTRICAS

JOSÉ AQUILES BAESSO GRIMONI
Departamento de Engenharia de Energia e
Automação Elétricas da Escola Politécnica da
Universidade de São Paulo (Poli-USP)

LINEU BELICO DOS REIS
Departamento de Engenharia de Energia e
Automação Elétricas da Escola Politécnica da
Universidade de São Paulo (Poli-USP)

16.1 Introdução

O uso da energia hidráulica em moinhos de água para aplicações como irrigação e moagem de grãos – por exemplo, moer trigo para produzir farinha de trigo – é uma das primeiras aplicações registradas na história. O mesmo ocorreu com o aproveitamento em moinhos de vento na produção de energia mecânica para a moagem de grãos. Outras aplicações utilizando energia mecânica gravitacional foram implementadas, por exemplo, nos aquedutos romanos, que permitiam levar água para as cidades localizadas em regiões ocupadas em toda Europa e no Mediterrâneo, nas costas da África e até na Ásia.

Algumas das primeiras inovações no uso da água para geração de energia mecânica foram concebidas na China durante a Dinastia Han, entre 202 a.C. e 9 d.C. Martelos movidos por uma roda d'água vertical foram usados para triturar e descascar grãos, quebrar minério e fabricar papel. Já o aproveitamento da energia hidráulica em turbinas acopladas a geradores elétricos ocorreu no final do século XIX, quando se desenvolveram os primeiros geradores elétricos na Europa e nos Estados Unidos. A indústria elétrica prosperou rapidamente no início do século XX e se espalhou em todos os cantos do planeta por meio dos sistemas de geração hidrelétrica, transmissão e distribuição de energia elétrica, constituindo um dos sistemas mais complexos criados pela humanidade.

Alguns dos principais desenvolvimentos na tecnologia hidrelétrica ocorreram na primeira metade do século XIX. Em 1827, o engenheiro francês Benoit Fourneyron desenvolveu uma turbina capaz de produzir cerca de 6 HP de potência – a versão mais antiga da turbina de reação Fourneyron. Em 1849, o engenheiro britânico-americano James Francis desenvolveu a primeira turbina hidráulica moderna – a turbina Francis – que, ainda hoje, continua sendo a turbina hidráulica mais amplamente utilizada no mundo. Na década de 1870, o inventor norte-americano Lester Allan Pelton desenvolveu a roda Pelton, uma turbina de água de impulso, patenteada em 1880.

O ano de 1878 foi o marco em que a energia hidrelétrica foi usada pela primeira vez para fins práticos. Na vila de Cragside, em Northumberland, Inglaterra, William Armstrong usou água de um lago perto de sua casa para alimentar um dínamo Siemens que gerava energia elétrica para uma lâmpada de arco único em sua galeria de arte. Em 1880, uma turbina hidráulica foi usada para fornecer iluminação de um teatro e uma loja em Grand Rapids, Michigan, e em 1881 uma turbina hidráulica usada em um moinho de farinha começou a fornecer iluminação pública em Niagara Falls, Nova York.

Com o advento da iluminação elétrica, surgiu uma nova demanda para a criação de centrais elétricas centralizadas. Thomas Edison construiu a primeira usina elétrica do mundo, no estado de Nova York, inaugurando-a em 4 de setembro de 1882. Apenas algumas semanas depois, em 30 de setembro de 1882, a primeira usina hidrelétrica do mundo começou a operar no rio Fox, em Appleton, Wisconsin. A usina hidrelétrica foi construída pelo fabricante de papel Appleton H. J. Rogers, que mais tarde seria chamada de Appleton Edison Light Company.

A descoberta da corrente alternada, empregada até hoje, permitiu que a energia elétrica fosse transmitida por distâncias maiores, o que fomentou a primeira instalação comercial dos Estados Unidos: uma usina hidrelétrica de corrente alternada na Redlands Power Plant, na Califórnia, em 1893. A Redlands Power Plant utilizou turbinas Pelton e um gerador trifásico que garantiu o fornecimento de energia elétrica.

Os primeiros sistemas de geração formados principalmente por usinas térmicas acionadas por máquinas a vapor, que utilizaram inicialmente carvão, óleo combustível e gás natural, se tornaram a principal fonte de energia primária para produzir energia elétrica em vários países. Já os países que tinham potenciais hidráulicos viáveis economicamente apostaram na geração hidrelétrica, principalmente com usinas de reservatório. Poucos países do mundo têm a produção de energia elétrica predominantemente baseada em usinas hidrelétricas, como ocorre no Brasil.

No século XX, o professor austríaco Viktor Kaplan desenvolveu a turbina Kaplan em 1913 – uma turbina do tipo hélice com pás ajustáveis.

Usinas hidrelétricas no Brasil

No Brasil, a primeira usina hidrelétrica entrou em operação em 1883. Ela foi construída no ribeirão do Inferno, afluente do rio Jequitinhonha, na cidade de Diamantina (MG). Foi instalada em uma queda de 5 m e possuía dois dínamos Gramme de 8 HP cada, que geravam energia capaz de movimentar bombas d'água para o desmonte das formações rochosas das minas de diamante. Mais tarde, a usina passou a gerar energia elétrica e distribuí-la para abastecimento da cidade por meio de uma linha de transmissão com 2 km de extensão.

Dando prosseguimento ao período de investimento em pequenas hidrelétricas, foram instaladas em 1885, em Viçosa (MG), a usina hidrelétrica da Companhia Fiação e Tecidos São Silvestre e, em 1887, em Nova Lima (MG), a hidrelétrica Ribeirão dos Macacos, usina de 500 HP sob uma queda de 40 m, para atender a uma empresa mineradora de ouro e para iluminar residências de seus empregados.

Em 1889, quando da Proclamação da República, entrava em funcionamento a hidrelétrica Marmelos Zero, no rio Piabanha (MG), pertencente à Companhia Mineira de Eletricidade (CME). Marmelos foi a primeira usina de "maior porte", com dois grupos geradores de 125 kW, tendo sido implementada por Bernardo Mascarenhas, um industrial mineiro da área têxtil, que conseguiu em 1888 a concessão para os serviços de iluminação em Juiz de Fora por um período de 35 anos. A energia elétrica gerada por esta usina, dotada de maquinaria da empresa norte-americana Max Nothman & Co., iluminava Juiz de Fora por meio de 180 lâmpadas incandescentes. A novidade agradou tanto que, em 1891, outras 700 lâmpadas já tinham sido instaladas para uso particular, levando a CME a investir em um terceiro grupo gerador de 125 kW, permitindo a utilização da energia também para fins industriais.

16.2 Água – distribuição na Terra

A água cobre cerca de 70 % da superfície do planeta, compreendendo oceanos, mares e águas continentais (rios e lagos em terra firme). Há também as águas subterrâneas em grandes reservas ou aquíferos, como o Guarani, localizado no Brasil, e em rios subterrâneos. A água encontrada no planeta pode estar em estado líquido, em estado sólido ou, ainda, em forma de vapor. O ciclo da água consiste na evaporação da água para formar as nuvens, que depois precipitam-se em forma de chuva e neve sobre a parte continental do planeta, sendo absorvida pelo solo e formando mares, lagos, rios e bacias hidrográficas. Assim é que a água é transportada dos oceanos, mares, lagos e rios para as partes altas dos continentes, permitindo um contínuo abastecimento do precioso líquido. A Fig. 16.1 mostra as porcentagens

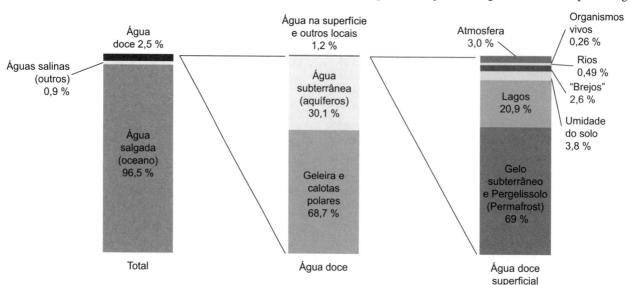

FIGURA 16.1 Porcentagens de água doce e salgada no planeta e como a água doce se distribui, bem como se distribui a água na atmosfera e na superfície.

Fonte: Shiklomanov (1993). Disponível em: https://www.usgs.gov/special-topics/water-science-school/science/where-earths-water. Acesso em: 24 set. 2024.

de água doce e salgada no planeta, a distribuição da água doce, bem como a distribuição da água na atmosfera e na superfície.

16.2.1 Principais usos da água

Apenas uma pequena parte das barragens do mundo é empregada para geração de energia hidrelétrica; a maioria é usada para irrigação, abastecimento de água, controle de enchentes e outros fins. Por outro lado, cerca de 60 % de toda a eletricidade global renovável é gerada por energia hidrelétrica. O setor produz em torno de 16 % da geração total de eletricidade de todas as fontes.

A capacidade instalada de hidrelétricas no mundo atingiu 1330 gigawatts (GW) em 2020, com a geração atingindo um recorde de 4370 terawatts-hora (TWh). China, Brasil, Estados Unidos, Canadá e Índia são os maiores produtores hidrelétricos por capacidade instalada, como indicado na Tabela 16.1.

De acordo com a Agência Internacional de Energia Renovável (Irena), a capacidade hidrelétrica existente no mundo precisará crescer cerca de 60 % até 2050 para atingir 2150 GW.

TABELA 16.1 Maiores potências instaladas de energia hidrelétrica por país, em GW

País	Capacidade instalada (GW)
China	356
Brasil	109
EUA	102
Canadá	81
Índia	50
Japão	50
Rússia	50
Noruega	33
Turquia	28
França	26
Itália	22
Espanha	20
Demais países	381

Os principais rios de superfície no Brasil, onde estão os aproveitamentos hidrelétricos, formam importantes bacias hidrográficas com seus afluentes, como mostrado na Fig. 16.2.

A Fig. 16.3 mostra dados de área alagada e potência instalada das maiores usinas hidrelétricas brasileiras, incluindo sua localização. Estes dados podem ser usados para calcular um indicador importante da usina, no contexto ambiental, que é a relação da potência instalada pela área do lago formado pela barragem.

A energia produzida ao longo do tempo vai depender muito do ciclo de águas de cada rio e do despacho da usina, estabelecido pelo Operador Nacional do Sistema Elétrico (ONS).

Atlântico NE Ocidental
Atlântico NE Oriental
Amazônica
Parnaíba
Tocantins Araguaia
São Francisco
Atlântico Leste
Paraguai
Paraná
Atlântico Sudeste
Uruguai
Atlântico Sul

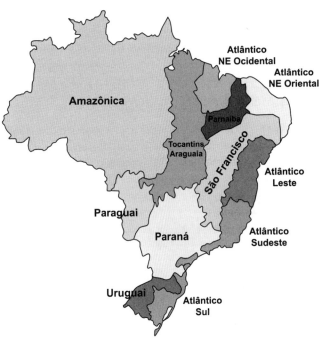

FIGURA 16.2 Principais bacias hidrográficas no Brasil.

Fonte: https://www.cpt.com.br/artigos/quais-sao-as-principais-bacias-hidrograficas-do-brasil. Acesso em: maio.2024.

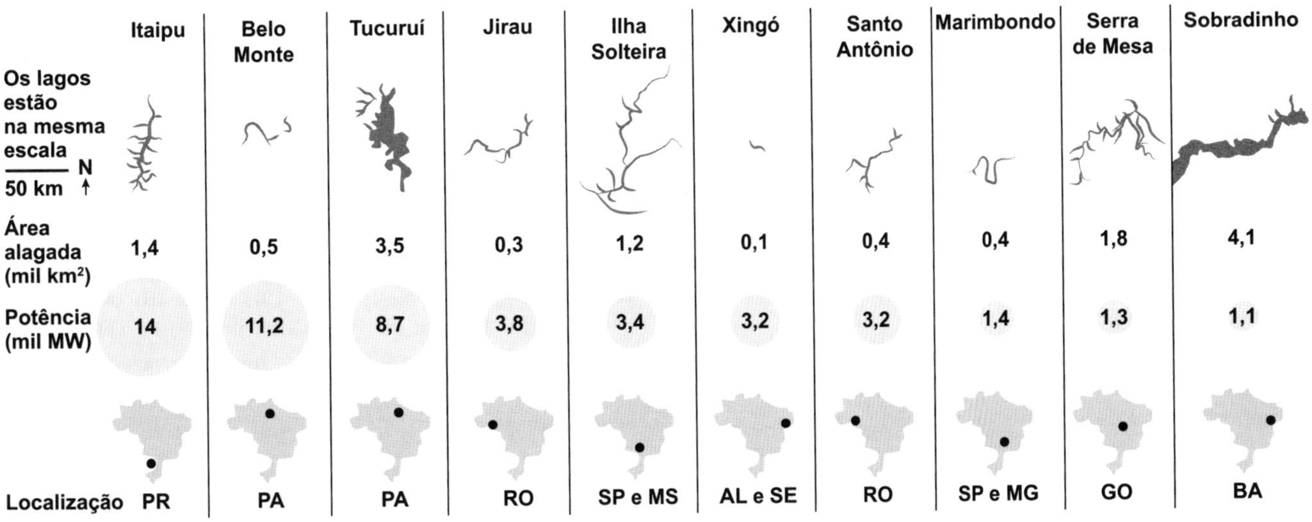

Itaipu
Belo Monte
Tucuruí
Jirau
Ilha Solteira
Xingó
Santo Antônio
Marimbondo
Serra de Mesa
Sobradinho
Os lagos estão na mesma escala
50 km
N
Área alagada (mil km²)
1,4
0,5
3,5
0,3
1,2
0,1
0,4
0,4
1,8
4,1
Potência (mil MW)
14
11,2
8,7
3,8
3,4
3,2
3,2
1,4
1,3
1,1
Localização
PR
PA
PA
RO
SP e MS
AL e SE
RO
SP e MG
GO
BA

FIGURA 16.3 Dados de área alagada e potência instalada das maiores usinas brasileiras e suas localizações.

Fonte: https://infoamazonia.org/2013/12/16/a-batalha-de-belo-monte/. Acesso em: jan. 2024.

Estas variáveis determinarão a energia produzida por cada usina ao longo de sua vida útil, assim como seu fator de capacidade, definido como a relação energia e potência instalada. O fator de capacidade é um indicador muito importante para avaliar o aproveitamento energético de qualquer tipo de geração elétrica: quanto maior o fator de capacidade, tanto maior a energia produzida e menor a necessidade de complementação de energia.

Importante lembrar que diversas alternativas de geração elétrica apresentam como característica principal sua intermitência, ou seja, quando a geração acontece somente no momento que o recurso utilizado para geração de energia estiver disponível. No contexto geral da operação, papel do ONS, um dos principais desafios consiste em gerenciar o grande conjunto de tipos de geração elétrica, de forma econômica e, principalmente, confiável, em um país de dimensões continentais como o Brasil.

16.2.2 Maiores usinas hidrelétricas

A Tabela 16.2 indica as dez maiores usinas hidrelétricas atuais, com sua capacidade instalada em termos de potência. O Brasil figura com três usinas: Itaipu, Belo Monte e Tucuruí.

TABELA 16.2 As dez maiores usinas hidrelétricas do mundo, em 2023

Usina hidrelétrica	Potência (MW)
Usina de Três Gargantas – China	18.200
Usina de Itaipu – Brasil	14.000
Belo Monte – Brasil	11.233
Guri – Venezuela	10.200
Tucuruí I e II – Brasil	8370
Grand Coulee – Estados Unidos	6494
Sayano-Shushenskaya – Rússia	6400
Krasnoyarsk – Rússia	6000
Churchill Falls – Canadá	5428
Usina La Grande 2 – Canadá	5328

Para exemplificar o que foi comentado anteriormente sobre o fator de capacidade, veja o caso de duas destas maiores hidrelétricas do mundo: apesar de possuir potência instalada maior, a usina de Três Gargantas na China produz menos energia que a usina binacional de Itaipu em alguns anos.

16.3 Hidrologia

A Hidrologia é a ciência que estuda a distribuição, circulação e comportamento da água no sistema terrestre, suas propriedades físico-químicas e sua interação com o maio ambiente (biótico e abiótico).

A Hidrologia é subdividida em seis componentes: a **Hidrometeorologia**, que estuda a água na atmosfera; a **Oceanografia**, que estuda os oceanos; a **Limnologia**, que estuda águas interiores (lagos e reservatórios); a **Fluviologia**, que estuda rios e cursos d'água; a **Glaciologia**, que estuda água na forma de neve e gelo; e a **Hidrogeologia**, que estuda águas subterrâneas.

O ciclo hidrológico é um fenômeno global de circulação da água em suas três fases: gasosa (vapor), líquida (chuva e escoamento) e sólida (gelo e neve). É um sistema fechado apenas em nível global. A Fig. 16.4 mostra uma representação dos principais componentes do ciclo de água que ocorre no planeta.

As principais variáveis hidrológicas consideradas e suas unidades de medição no ciclo hidrológico são:

- evaporação dos oceanos, rios e lagos, em mm/dia;
- evapotranspiração de plantas, animais, superfícies, em mm/dia;
- umidade do ar, em g/kg;
- precipitação (chuva), em mm e mm/h;
- escoamento superficial, em m^3/s;
- infiltração no solo, em mm/h.

Considerando certo volume de controle, por exemplo, um reservatório formado no curso de um rio por uma barragem, pode-se fazer um balanço de todas as variáveis. O volume, o nível e a área do espelho d'água no reservatório dependerão das variáveis que alimentam ou retiram água dele.

As medições da água precipitada pela chuva e da água que chega pela vazão do rio alimentada por sua bacia são importantes para construir o balanço das águas no reservatório. O ONS faz o monitoramento dos reservatórios das usinas hidrelétricas brasileiras e a Agência Nacional de Águas e Saneamento Básico (ANA) mantém dados abertos de pluviometria e vazão dos rios, por bacia hidrográfica, que permitem elaborar estudos e acompanhar a situação dos rios e suas bacias.

Existem equipamentos voltados para registrar a precipitação da chuva, como os pluviômetros e pluviógrafos, que, respectivamente, medem a água acumulada (mm) em um período, ou a distribuição no tempo de chuva que se precipita (mm/h).

Com a medição de precipitação é possível também determinar o escoamento da água na superfície, considerando que parte da água precipitada é absorvida pelo solo. Na Fig. 16.5, temos um exemplo de curva de precipitação de chuva e uma curva de escoamento de água associada.

Existem diversos métodos para a medição da vazão em determinada subseção do rio. A simplicidade ou complexidade destes métodos depende da magnitude da vazão: desde bastante simples em pequenos riachos até bastante complexas, envolvendo tecnologias mais sofisticadas, em rios com grande volume de água. Nestes últimos, por exemplo, a medição pode ser feita por molinetes, que medem a vazão em várias partes na seção do rio para compor a distribuição de velocidade e permitir, assim, determinar o valor médio da vazão no tempo. Também é possível medir a vazão de um rio com aparelhos de efeito doppler.

Outro método importante para conhecer a vazão ao longo do tempo é a **curva-chave**, ilustrada na Fig. 16.6, que relaciona a vazão Q (m^3/s) com a cota de nível h (cm). Nesse método, réguas são distribuídas ao longo dos rios ou se implantam medidores sonares de profundidade. Esta curva pode incluir

HIDRELÉTRICAS 433

FIGURA 16.4 Representação do ciclo da água e seus principais componentes.
Fonte: adaptada de United States Geological Survey (USGS).

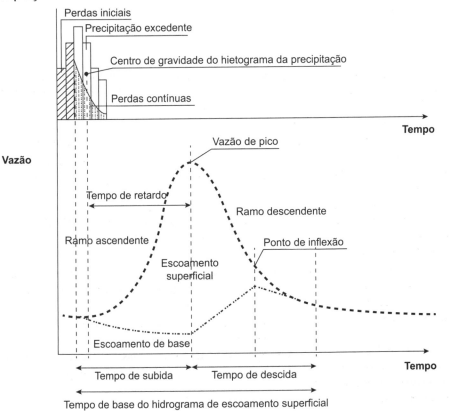

FIGURA 16.5 Exemplo de uma curva de precipitação de chuva (Ietograma) e uma curva de escoamento de água associada (hidrógrada).
Fonte: adaptada de Portela (2006).

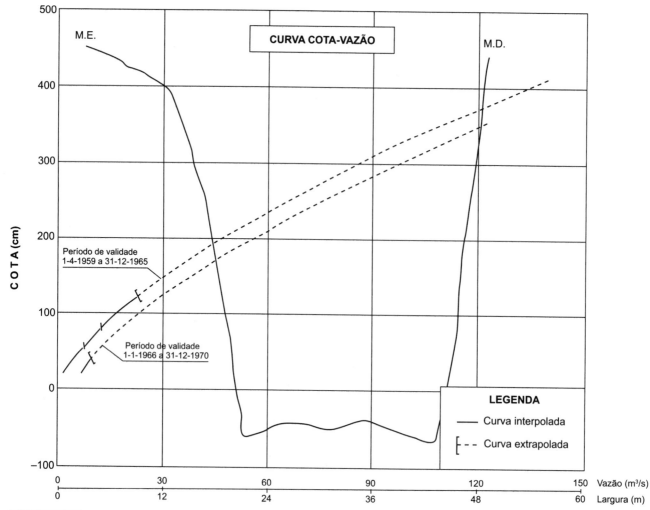

FIGURA 16.6 Curva-chave – cota de nível (cm) × vazão (m³/s), com destaque para a largura da seção de um rio. M. D. – margem direita; M. E. – margem esquerda.

Fonte: adaptada de Porto et al. (2001).

também em outro eixo a área ocupada pela lâmina de água, definida por uma **curva de nível** do rio na seção de medição.

As curvas plurianuais de vazão dos rios, conforme exemplo na Fig. 16.7, alimentam bases de dados históricas com medições diárias, mensais e anuais, que permitem produzir **curvas de permanência**, conforme mostradas na Fig. 16.8. As curvas de permanência são feitas a partir de uma releitura das curvas plurianuais de vazão. As vazões são reunidas em uma tabela de forma decrescente associadas aos tempos que elas ocorrem no período de análise e, a partir desta tabela, é montado um gráfico de vazão decrescente pelo tempo até atingir 100 % do período de estudo. Para 95 % do tempo se faz a leitura da **vazão firme** e, associada a ela, pode-se determinar a **energia firme** de um aproveitamento por meio da expressão que permite calcular a potência (P = gQH) pelo produto da vazão, a altura do aproveitamento e a aceleração da gravidade.

Os **diagramas de Rippl**, conforme exemplo na Fig. 16.9, são curvas de vazão acumulada elaboradas a partir das curvas de vazão de um rio, de modo a estimar o tamanho de reservatórios em função da vazão desejada no aproveitamento.

Em bacias hidrográficas com múltiplos aproveitamentos nos rios principais e em seus afluentes são realizados estudos para a otimização da produção de energia elétrica, pois a água dos reservatórios mais a montante acaba suprindo os reservatórios e usinas mais a jusante. Existem modelos matemáticos implementados em programas computacionais que fazem este tipo de análise de otimização energética.

16.4 Variáveis energéticas básicas de uma hidrelétrica e seu cálculo

O balanço de energia básico de uma hidrelétrica se fundamenta na transformação da energia potencial da água a montante da usina em energia cinética fornecida às pás da turbina. Para a hipótese de um sistema ideal, seu equacionamento, sem perdas, é apresentado na sequência.

A energia potencial de uma massa de água m no topo do reservatório de uma usina hidrelétrica é dada por:

$$E = m\,g\,H \qquad (16.1)$$

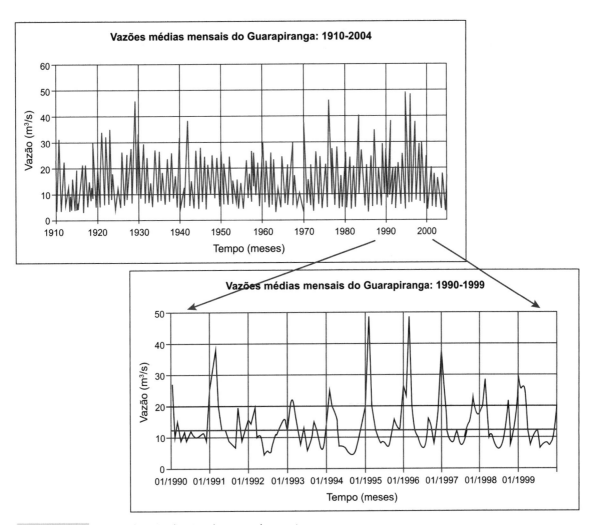

FIGURA 16.7 Curva plurianual típica de vazão de um rio.
Fonte: adaptada de Porto *et al*. (2001).

em que:
m = massa de água, em kg;
g = aceleração da gravidade, em m/s²;
H = altura (desnível entre as alturas a montante e a jusante da usina), em m.

Quando esta massa de água entra na tubulação da tomada de água, desce pelo duto forçado e se choca com as pás da turbina, a energia potencial é transformada em energia cinética dada por:

$$E = m\frac{V^2}{2} \quad (16.2)$$

em que V é a velocidade da água, em m/s.

A potência (P) associada à energia potencial gravitacional é dada pela derivada da energia no tempo, então

$$P = \frac{dE}{dT} = gH\frac{dm}{dt} \quad (16.3)$$

A derivada da massa de água no tempo, por sua vez, corresponde a:

$$\frac{dm}{dt} = \rho Q \quad (16.4)$$

em que:
ρ = densidade da água, em kg/m³;
Q = vazão volumétrica de água, em m³/s.

Substituindo na expressão de potência e sabendo que densidade da água é 1000 kg/m³,

$$P\,(\text{kW}) = g\,Q\,H \quad (16.5)$$

Com esta expressão, podemos estimar a potência hidráulica de uma massa de água que atinge uma vazão Q em uma altura H no nível do reservatório com relação ao nível da turbina. Mas, na realidade, as perdas não são nulas e estão presentes no caminho da água, na tubulação e na transformação da energia hidráulica em mecânica na turbina. Além disso, também na transformação de energia mecânica em elétrica efetuada pelo gerador elétrico acoplado a turbina. Estas perdas definem três rendimentos que devem ser considerados no equacionamento final: um da tubulação hidráulica (η_H), outro da turbina (η_T) e outro do gerador elétrico (η_G).

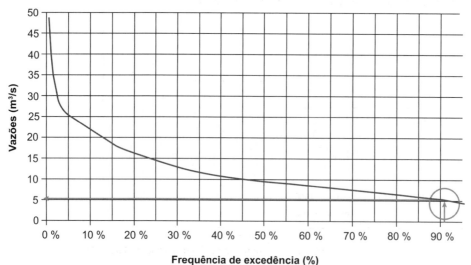

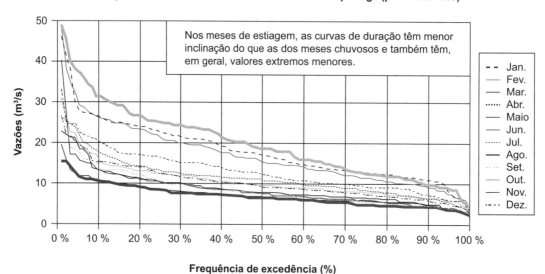

FIGURA 16.8 Curvas de permanência de um rio.
Fonte: adaptada de Porto et al. (2001).

Portanto, a potência elétrica na saída do gerador será dada por:

$$P \text{ gerador elétrico (kW)} = \eta_H \, \eta_T \, \eta_G \, Q \, H \qquad (16.6)$$

Na prática, as faixas de cada um dos rendimentos estão entre:

$$\eta_H > 0{,}96$$
$$0{,}88 < \eta_T < 0{,}94$$
$$0{,}9 < \eta_G < 0{,}97$$

Logo, considerando $\eta_{total} = \eta_H \cdot \eta_T \cdot \eta_G$, a faixa de variação do rendimento total é:

$$0{,}76 < \eta_{total} < 0{,}87$$

O fator de capacidade (FC), que pode ser diário, mensal ou anual, de uma usina é dado por

$$FC = \frac{\text{energia}}{P_{\text{máxima}} \times \text{número de horas}} = \frac{P_{\text{média}}}{P_{\text{máxima}}} \qquad (16.7)$$

Lembre-se de que, quanto maior for o fator de capacidade, mais eficiente do ponto de vista energético é a usina, pois permite maior produção de energia elétrica com a mesma capacidade instalada.

16.4.1 Classificação de usinas hidrelétricas

As usinas hidrelétricas podem ser classificadas por diversos critérios e características, como abordado a seguir:

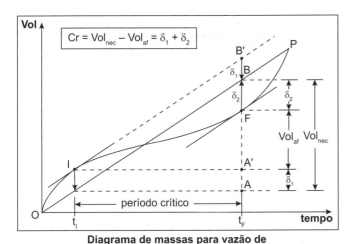

FIGURA 16.9 Diagrama de Rippl ou de massa para determinação do volume de reservatório.

Fonte: adaptada de Barbosa Jr. (2015).

- Quanto à forma de uso das vazões naturais:
  - Usina a fio d'água: embora possa ter reservatório de acumulação, não é utilizada no sentido de regularizar as vazões. Utiliza na maior parte do tempo somente as vazões naturais do rio. Usa a vazão primária do rio (vazão disponível, sem regularização, entre 90 e 100 % do tempo). A energia associada a esta vazão recebe o nome de energia primária. Neste caso, energia firme coincide com a energia associada à vazão primária.
  - Usina de acumulação: tem reservatório com tamanho suficiente para acumular água na época das cheias para uso na época da estiagem. Portanto, pode dispor de vazão firme substancialmente maior do que a vazão mínima natural. E, consequentemente, maior energia firme.
  - Usina reversível, ou com armazenamento bombeado: esta usina, que intercala períodos de geração com períodos de bombeamento da água do nível de jusante para o nível de montante, opera com base na variação de custo da energia elétrica: permite conversão da energia de baixo valor econômico das horas de baixa demanda em energia de alto valor econômico nas horas de pico.

- Quanto à potência instalada:
  - microcentrais com potências abaixo de 100 kW;
  - minicentrais com potências entre 100 e 1000 kW;
  - pequenas centrais hidrelétricas (PCH) com potências entre 1000 e 30.000 kW;
  - médias centrais (usinas) com potências entre 30.000 e 100.000 kW; e
  - grandes centrais (usinas) com potências acima de 100.000 kW.

- Quanto à altura de queda d'água:
  - baixíssima queda, menores que 10 m;
  - baixa queda, de 10 a 50 m;
  - média queda, de 50 a 250 m; e
  - alta queda, acima de 250 m.

- Quanto à forma de captação da água:
  - de leito de rio ou de barramento; e
  - de desvio ou em derivação: capturam parte da água em um trecho do rio ou no reservatório a montante e a devolvem a jusante, na saída das turbinas.

- Quanto à função na operação do sistema de geração de energia:
  - usinas de operação na base, praticamente garantindo um suprimento firme de energia quase todo o tempo;
  - usinas em operação flutuante, com operação intermediária entre a base e a ponta da carga, dependendo de uma programação de despacho definida pelo operador nacional do sistema elétrico (ONS) ou, ainda, da atuação do sistema de controle próprio; e
  - usinas de operação na ponta, que só entram no horário de ponta para aumentar a capacidade de suprimento do sistema.

16.4.2 Usinas reversíveis e armazenamento de energia potencial

Como já comentado, as usinas reversíveis atuam como consumidoras de energia elétrica nos períodos de menor custo energético para então fornecer energia nos períodos de ponta, nos quais a energia é mais cara. Dependendo de suas características e tecnologias, estes períodos podem ser diários, semanais e sazonais. Além disso, conforme sua concepção, podem também ser usadas como suporte à integração de fontes renováveis intermitentes ao sistema elétrico.

Do ponto de vista de configuração, as usinas reversíveis têm sempre dois reservatórios: um a montante e outro a jusante. Nas horas de ponta do sistema, a água do reservatório a montante aciona a turbina hidráulica. Em horas fora de ponta, a água, agora no reservatório a jusante, é bombeada para o reservatório superior a montante. Existem projetos que permitem integrar em um mesmo eixo um aparato especial que funciona como turbina e como bomba. Historicamente, a primeira usina reversível foi construída na década de 1890, na Suíça. Já a primeira turbobomba surgiu na década de 1930.

O uso de usinas reversíveis com operação integrada em sistemas híbridos com energias intermitentes, como a eólica e a solar fotovoltaica, torna a composição mais segura e permite soluções com maior energia firme, tais como nas hidrelétricas de reservatório e nas térmicas.

No caso das reversíveis de ciclo diário, e até mesmo semanal, a capacidade de armazenamento deste tipo de usina é normalmente reduzida (capacidade de geração continuada limitada a algumas horas ou dias) e o sistema de bomba-turbina apresenta uma eficiência em torno de 70 a 85 %.

Com relação ao potencial de aproveitamento de hidrelétricas reversíveis no Brasil, o último levantamento amplo foi realizado pela Eletrobras. Nos estudos intitulados "Levantamento do Potencial de Usinas Hidrelétricas Reversíveis", realizados entre 1987 e 1988, foram analisadas as regiões Sul, Sudeste e Nordeste do país, nas quais foram identificados 642 projetos que somavam uma potência de 1355 GW.

16.4.3 Potencial de PCH no Brasil

As Pequenas Centrais Hidrelétricas (PCH) são usinas hidrelétricas de tamanho e potência relativamente reduzidos, conforme classificação feita pela Agência Nacional de Energia Elétrica (ANEEL), em 1997.

Esses empreendimentos têm, obrigatoriamente, entre 5 e 50 megawatts (MW) de potência instalada e devem ter menos de 13 km² de área inundada pelo reservatório. Apesar do nome, que carrega o "pequenas", as PCH são, hoje, responsáveis por cerca de 3,5 % de toda a capacidade instalada do sistema interligado nacional.

A aceleração da exploração desse potencial das PCH no Brasil se deu a partir de 1997, quando foi extinto o monopólio do Estado no setor elétrico e centenas de empresas empenharam recursos na elaboração de estudos e projetos de geração de energia renovável. Daquela época até hoje, mais de R$ 1 bilhão foram aplicados por investidores privados na elaboração e no licenciamento ambiental de cerca de 1000 projetos de PCH, totalizando mais de 9000 MW em empreendimentos protocolados na ANEEL – destes, porém, cerca de 7000 MW ainda aguardam análise da aprovação final pelo orgão regulador.

As Centrais Geradoras Hidrelétricas (CGH) também são geradoras de energia que utilizam o potencial hidrelétrico para sua produção. A diferença é que as CGH são ainda menores que as PCH, tanto em termos de tamanho quanto de potência. De acordo com a classificação da ANEEL, esses empreendimentos podem ter o potencial de gerar de 0 até 5 MW de energia.

O Brasil conta com 732 unidades de CGH em operação instaladas em todo seu território, que representam 808.665,67 kilowatts (kW) de potência instalada.

A Tabela 16.3 indica também os dados dos potenciais de PCH e CGH. Pode-se verificar que o país possui um total considerável de potência em operação, distribuindo energia para todo o território brasileiro e sendo uma fonte de baixos impactos ambientais. Em termos de potência já instalada, as PCH estão situadas em quinto lugar entre as fontes de energia do país, com pouco mais de 7 GW de potência outorgada. E as CGH ocupam o sétimo lugar, com pouco mais de 800 MW outorgados. Importante lembrar que a Tabela 16.3 se refere à potência instalada, independentemente do fator de capacidade, ou seja, da denominada energia firme.

16.5 Construção e componentes de hidrelétricas

Mais adiante no capítulo serão tratadas todas as etapas de um projeto de aproveitamento hidrelétrico, incluindo a questão de aprovação de impactos sociais e ambientais, bem como as questões de ressarcimento dos afetados e ajustes de condutas.

16.5.1 Construção

O processo de construção de uma usina exige um projeto conjugado de engenharia de grande monta para fazer desvios do curso original do rio de modo a formar uma área denominada *ensecadeira*, onde se dá o início da construção da barragem. A ensecadeira pode ser composta por vários segmentos, com materiais diferentes, como concreto armado na barragem principal e, ainda, uso de rochas e terra compactada em barragens intermediárias.

Construída a barragem, ocorre o processo de recomposição do curso do rio para o seu curso original. Ao encontrarem a estrutura da barragem, as águas se acumulam e dão início ao processo de enchimento do lago. Porém, antes do enchimento do lago propriamente dito, deve ocorrer o processo de ressarcimento e de transferência das terras inundadas, que pode envolver cidades, áreas agropecuárias, sítios de interesse histórico e áreas de reserva indígena ou terras de unidades de conservação ambiental, por exemplo. Normalmente, também é realizado um trabalho de retirada de animais selvagens e de árvores de madeira nobre de grande valor comercial, tanto previamente como *a posteriori*, neste caso com mergulhadores no lago já formado.

TABELA 16.3 Dados da ANEEL com a indicação do número de usinas, potências outorgadas e fiscalizadas por tipo de usina

Tipo	Quantidade	Potência outorgada (kW)	Potência fiscalizada (kW)	% (potência fiscalizada)
UHE	220	103.530.521,00	103.195.357,00	53,23
UTE	3118	56.076.826,61	46.359.367,01	23,91
EOL	1548	51.521.888,86	26.038.023,86	13,43
UFV	20.894	126.030.921,77	9.637.505,27	4,97
PCH	531	7.228.189,22	5.762.767,56	2,97
UTN	3	3.340.000,00	1.990.000,00	1,03
CGH	712	880.255,44	868.396,44	0,45
Total	**27.026**	**348.608.602,90**	**193.851.417,14**	**100,00**

UHE – Usina Hidrelétrica; UTE – Usina Termelétrica; EOL – Central Geradora Eólica; UFV – Central Geradora Solar Fotovoltaica; PCH – Pequena Central Hidrelétrica; UTN – Usina Termonuclear, CGH – Central Geradora Hidrelétrica.

Fonte: https://dadosabertos.aneel.gov.br/dataset/siga-sistema-de-informacoes-de-geracao-da-aneel. Acesso em: 27 jul. 2023.

16.5.2 Componentes de usinas hidrelétricas

A Fig. 16.10 ilustra o diagrama de corte de uma usina com seus principais componentes.

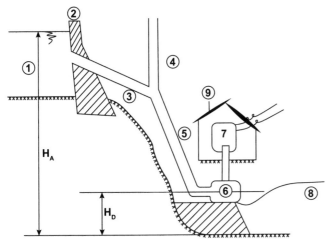

FIGURA 16.10 Corte de uma usina hidrelétrica com seus principais componentes.

1 – reservatório superior; 2 – barragem; 3 – tubulação de pressão; 4 – chaminé ou tubulação de equilíbrio; 5 – tubulação forçada; 6 – turbina de reação; 7 – gerador elétrico; 8 – canal de fuga; 9 – casa de máquinas.

Uma usina hidrelétrica compõe-se, basicamente, das seguintes partes:

- barragem, represa a água no reservatório;
- reservatório formado em usinas de acumulação;
- tomada da água e conduto forçado, que leva a água para as turbinas dos diversos conjuntos de turbina e gerador;
- comportas, que controlam a vazão que vai atingir as turbinas;
- chaminé ou tubulação de equilíbrio (em alguns casos, principalmente PCH), para evitar pressões elevadas na tubulação que leva a água até a turbina. Em alguns tipos de turbina (Kaplan e Francis), existe uma estrutura em caracol que leva água até as pás da turbina;
- conjunto turbina, mancais e gerador elétrico, na casa de máquinas da usina;
- conjuntos de palhetas (Kaplan e Francis) e injetores (Pelton e Michell-Banki) das turbinas;
- canal de adução, que captura a água depois do choque com as turbinas e a devolve para o rio a jusante;
- normalmente existe uma subestação elevatória, que liga o conjunto de geradores às linhas de transmissão que conectarão a usina ao sistema interligado.

16.5.3 Barragens

As barragens são compostas essencialmente de concreto armado, mas algumas muito extensas têm também trechos com rochas e terra compactada. As barragens de hidrelétricas podem ser de gravidade, contraforte ou de arco.

As barragens de gravidade requerem fundação eficiente e são geralmente construídas em locais onde há restrição de espaço. Sua constituição é de concreto, podendo ser de paredes maciças ou vazadas. Sua resistência está nas próprias paredes que a constituem com relação ao empuxo horizontal da água, transmitindo as tensões para a fundação.

As barragens de contraforte de concreto são constituídas por lajes de concreto e sustentadas por contrafortes, responsáveis por receber as tensões provenientes do acúmulo da água sobre a laje. Esse é um tipo de barragem que necessita de grande preparo da fundação.

As barragens de arco são aquelas construídas em vales estreitos e que transferem os esforços para as paredes laterais do vale formado, em geral, por rochas. Possuem estrutura de concreto e necessitam de grandes escavações para atingirem a rocha sã, em razão de os esforços sobre a fundação serem maiores para esse tipo de barragem, necessitando de fundações resistentes.

16.5.4 Tipos de turbinas

As **turbinas de ação** são aquelas utilizadas quando o escoamento através do rotor ocorre sem variação de pressão, como as do tipo Pelton ou Michell-Banki. Já as **turbinas de reação** são utilizadas quando o escoamento através do rotor ocorre com a variação de pressão, como as do tipo Francis e Kaplan.

A Fig. 16.11 mostra imagens dos quatro principais tipos de turbinas, isto é, Pelton, Francis, Kaplan e Michell-Banki. Nestas imagens, é possível perceber os aspectos construtivos de cada tipo de turbina.

A seleção do tipo de turbina depende de alguns aspectos operacionais, principalmente a altura manométrica do desnível, as vazões disponíveis e potências das máquinas, conforme ilustrado no diagrama na Fig. 16.12.

Do ponto de vista construtivo, as turbinas Pelton possuem um jato de água incidindo nas pás da turbina. A Fig. 16.13 mostra o detalhamento e os componentes do injetor que produz o jato de uma turbina Pelton.

16.5.5 Velocidade específica

Uma turbina é escolhida para atender a determinados valores de altura manométrica ou queda (H) e de vazão de descarga (Q), as quais dependem das condições próprias da usina onde ela é instalada. Esta escolha depende ainda de outra grandeza, que é o número de rotações por minuto do gerador elétrico (n) do gerador que a turbina acionará.

Turbinas geometricamente semelhantes são turbinas desenvolvidas sob o mesmo desenho, com alteração de suas dimensões e de suas potências, ou, ainda, são turbinas cujas dimensões se alteram simultânea e proporcionalmente sem que sejam alteradas suas formas geométricas. Trata-se de uma turbina hipotética, geometricamente semelhante a uma família de turbinas, que, operando a uma altura disponível $H = 1$ m,

FIGURA 16.11 Imagens de turbinas. (a) Pelton (Satakorn | iStockPhoto), (b) Francis (Hajdarowicz | iStockPhoto), (c) Kaplan (KarelGallas | iStockPhoto), (d) Michell-Banki (cortesia de SHEM sarl, França).

fornece potência mecânica motriz igual a 1 CV, operando em condições semelhantes a todos os outros membros da família. A turbina unidade é a mesma para todas as turbinas geometricamente semelhantes de uma família e que constituem uma série de turbinas. Quando analisados, todos os membros da família operam com o mesmo rendimento. Sempre que se mencionar turbina unidade de uma série, estar-se-á referindo a turbinas semelhantes e em condições normais de funcionamento, isto é, trabalhando com o máximo rendimento. A velocidade específica é a velocidade real da turbina unidade e a velocidade qualificatória de todas as turbinas que lhe sejam geometricamente semelhantes. Assim, se uma família de turbinas Pelton tem as mais variadas potências, aquela turbina da família que, sob uma altura disponível de $H = 1$ m, fornece em seu eixo mecânico uma potência igual a 1 CV será a turbina unidade da família. A velocidade dessa turbina será numericamente igual à velocidade específica da família.

Todas as turbinas de uma mesma família poderão ter outras potências e outras velocidades próprias, mas terão a velocidade específica definida pela turbina unidade. A velocidade específica de uma família geometricamente semelhante de turbinas é um elemento extremamente importante para a sua classificação. Assim, uma turbina a ser especificada é classificada a partir de sua velocidade específica. Tome-se, por exemplo, uma turbina de reação da família Francis, que tenha uma velocidade específica igual a 400 rpm. Essa é a velocidade específica ou rotação. Essa informação permite classificar a citada turbina e todas que lhe sejam geometricamente semelhantes. Por outro lado, essa turbina referida, real, em face de sua potência nominal, de sua vazão nominal e da queda disponível necessária para uma operação normal, tem uma **velocidade angular nominal de 72 rpm.**

A Equação (16.8) permite calcular a velocidade específica (n_s) dada por:

HIDRELÉTRICAS

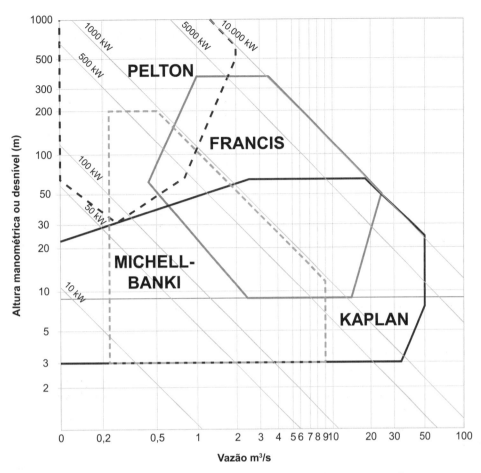

FIGURA 16.12 Diagrama para escolha das turbinas Pelton, Kaplan, Francis e Michell-Banki em função da vazão de água, altura manométrica (desnível) e potências envolvidas.

Fonte: adaptada de https://www.electricalelibrary.com/. Acesso em: jan. 2024.

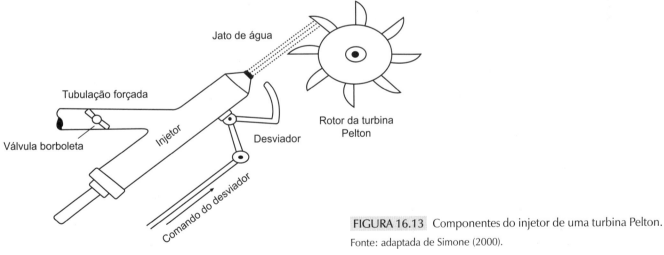

FIGURA 16.13 Componentes do injetor de uma turbina Pelton.

Fonte: adaptada de Simone (2000).

$$n_s = \frac{n\sqrt{P_{mec}}}{H_{top}\sqrt[4]{H_{top}}} \qquad (16.8)$$

em que:
n_s = velocidade específica, em rpm;
P_{mec} = potência mecânica, em CV;

H_{top} = altura dada pela diferença do nível de água do reservatório com relação à turbina afetada pelo rendimento da perda da tubulação, em m;
n = rotação do gerador elétrico, em rpm.

Existem também expressões empíricas para cada tipo de turbina que só dependem de H_{top}, como mostra a Tabela 16.4.

TABELA 16.4 Expressões empíricas de velocidade específica de turbinas

$n_s = \dfrac{2300}{\sqrt[2]{H_{top}}}$ Francis	$n_s = \dfrac{2600}{\sqrt[2]{H_{top}}}$ Hélices
$n_s = \dfrac{3100}{\sqrt[2]{H_{top}}}$ Kaplan	$n_s = \dfrac{\sqrt[2]{ro}\,510}{\sqrt[2]{H_{top}}}$ Pelton em que *ro* é o número de injetores

Fonte: adaptada de Simone (2000).

Para definirem o campo de aplicação das turbinas Francis, alguns autores optam por utilizar a grandeza característica K em lugar de n_s, dada pela Equação (16.9):

$$K = n\sqrt{H_{top}} \qquad (16.9)$$

A seguir, alguns valores típicos de K de usinas:

$K = 2600$ para Paulo Afonso III (410 MW) e Itaipu (715 MW)
$K = 2400$ para Ilha Solteira (165 MW) e Estreito (231 MW)
$K = 2220$ para Marimbondo (178 MW) e São Simão (381 MW)

A Tabela 16.5 foi construída a partir da velocidade específica e da altura disponível. Esses dados de aproveitamento permitem uma escolha mais adequada da turbina para determinado aproveitamento.

TABELA 16.5 Velocidades específicas típicas de famílias de turbinas mais adequadas para determinadas alturas disponíveis de aproveitamento

Modo de operar	Velocidade específica (rpm)	Tipo de turbina	Altura disponível do aproveitamento (m)
A	Até 18	Pelton 1 injetor	Até 800
A	18 a 25	Pelton 1 injetor	400 a 800
A	26 a 35	Pelton 1 injetor	100 a 400
A	26 a 35	Pelton 2 injetores	400 a 800
A	36 a 50	Pelton 2 injetores	100 a 400
A	51 a 72	Pelton 4 injetores	100 a 400
R	55 a 70	Francis Lentíssima	200 a 400
R	70 a 120	Francis Lenta	100 a 200
R	120 a 200	Francis Media	50 a 100
R	200 a 300	Francis Veloz	25 a 50
R	300 a 400	Francis Ultraveloz	15 a 25
R	400 a 500	Hélice Veloz	Até 15
R	270 a 500	Kaplan Lenta	15 a 50
R	500 a 800	Kaplan Veloz	5 a 15
R	800 a 1100	Kaplan Velocíssima	Até 5

R – reação; A – ação.

Fonte: adaptada de Simone (2000).

O Brasil ainda tem um grande potencial de exploração de usinas hidrelétricas na Região Amazônica, mas, em virtude dos requisitos de Licenciamento Ambiental, estas usinas não deverão implicar grandes reservatórios. Os projetos mais recentes de grandes usinas na região tiveram que limitar a potência instalada ou mesmo outras alternativas tecnológicas para as turbinas. Houve necessidade de diversas limitações no projeto da Usina de Belo Monte, 11.233 MW, no rio Tocantins. Assim como nas usinas do rio Madeira, Santo Antonio, 3568 MW, e Jirau, 3750 MW, que utilizaram turbinas de fluxo de água do tipo bulbo, com dimensões e potências bem menores que as turbinas utilizadas em outras usinas de grandes reservatórios, por exemplo, Itaipu, 14 mil MW.

A Fig. 16.14 mostra uma típica turbina tipo bulbo, muito parecida com a turbina Kaplan, mas montada em eixo horizontal.

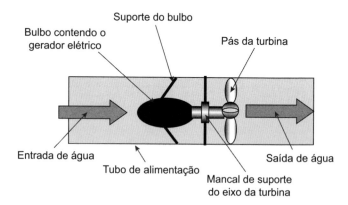

FIGURA 16.14 Imagem de uma típica turbina tipo bulbo.

16.5.6 Gerador elétrico e controladores de velocidade e de tensão

Os geradores elétricos produzem energia elétrica utilizando o princípio de indução de corrente elétrica em um circuito fechado pela variação de um campo magnético interno e perpendicular ao plano da bobina.

No caso dos geradores elétricos, o campo magnético é produzido pelas bobinas do rotor da máquina, que gira em velocidade síncrona com relação aos enrolamentos do estator, parte fixa do gerador. As bobinas girantes do rotor são alimentadas por uma fonte de corrente contínua, criando no entreferro do gerador um campo de excitação que gira em velocidade síncrona.

Dessa forma, cada enrolamento do estator "vê" um fluxo concatenado variável que vai induzir tensão nos terminais do próprio enrolamento estatórico, e, consequentemente, corrente senoidal, se o enrolamento estiver fechado. Na realidade, são três os enrolamentos do estator, cada um formado por um conjunto de bobinas defasadas entre si de 120° para gerar tensões trifásicas. Este sistema trifásico de corrente alternada, no qual as fases são denominadas fase A, fase B e fase C, é o preponderante mundialmente para transmissão de energia elétrica.

A fonte de corrente contínua que alimenta as bobinas do rotor do gerador elétrico pode ser rotativa, acoplada ao próprio eixo do gerador, ou gerada por uma fonte estática de eletrônica de potência, o que obriga a existência de um conjunto de anéis e escovas, normalmente de carvão, no eixo da máquina para permitir a injeção da corrente nas bobinas do rotor.

As máquinas síncronas podem ter polos lisos ou salientes. Sua velocidade mecânica é proporcional ao número de polos, segundo a expressão (16.10):

$$n = \frac{60f}{p} \quad (16.10)$$

em que:
n = rotação, em rpm;
f = frequência, no caso do Brasil 60 Hz;
p = número de pares de polos do rotor.

Durante seu funcionamento, o controle do campo das máquinas permite controlar a tensão produzida pelos geradores e a potência reativa que é injetada ou absorvida do sistema ao qual o gerador está conectado. Este controle é denominado regulador de tensão.

Por outro lado, os reguladores de velocidade das turbinas permitem atuação sobre a injeção de água nas turbinas de forma a controlar sua potência mecânica e velocidade, assim como a frequência dos geradores.

Este duplo controle, de potência mecânica das turbinas e de tensão elétrica dos geradores, possibilita a operação mais adequada das diversas usinas hidrelétricas do sistema elétrico como um todo durante todas as situações da carga consumidora.

Mais detalhes de funcionamento, componentes dos geradores e dos controladores de velocidade e de tensão estão apresentados no Capítulo 5 – Motores e Geradores Elétricos.

A Fig. 16.15 mostra a evolução do tamanho dos hidrogeradores ao longo dos anos.

16.6 Impacto ambiental

Uma vez que envolve parte significativa dos impactos ambientais das hidrelétricas, antes de prosseguir é importante rever a Seção 16.5.1, que apresenta uma visão bastante simplificada do processo de construção das hidrelétricas.

O fluxograma do processo de aprovação ambiental de um empreendimento hidrelétrico deve seguir os passos e tempos mostrados na Fig. 16.16:

Licença Prévia – LP: concedida na fase preliminar de planejamento do empreendimento ou atividade por um prazo máximo de 5 anos; aprova sua localização e concepção, atesta por um prazo máximo de 5 anos; aprova sua localização e estabelece os requisitos básicos e condicionantes a serem atendidos nas fases seguintes da implantação.

Licença de Instalação – LI: autoriza a instalação do empreendimento ou atividade de acordo com as especificações dos planos, programas e projetos aprovados, incluindo as medidas de controle ambiental e demais condicionantes.

Licença de Operação – LO: autoriza a operação da atividade ou empreendimento após a verificação do cumprimento das exigências das licenças anteriores, conforme as medidas de controle ambiental e condicionantes determinadas para a operação. A Licença de Operação do empreendimento deverá ser renovada dentro do prazo legal estabelecido pelo órgão ambiental competente, podendo variar de 4 a 10 anos.

A Tabela 16.6 mostra os prazos necessários para os projetos hidrelétricos, de acordo com a etapa.

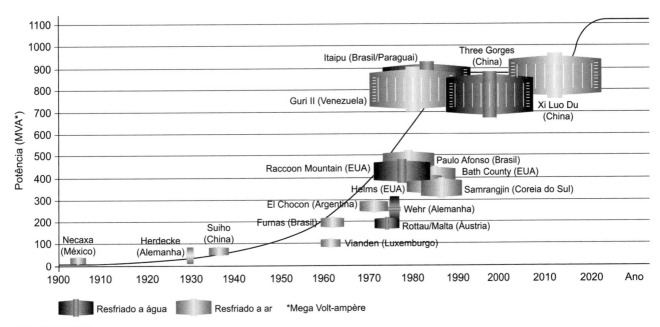

FIGURA 16.15 Evolução do tamanho dos hidrogeradores ao longo dos anos.
Fonte: adaptada de Voith Siemens (2020).

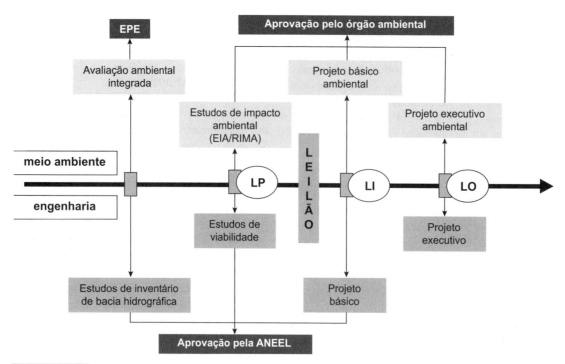

FIGURA 16.16 Fluxograma do processo de aprovação ambiental de um empreendimento hidrelétrico.
Fonte: adaptada de EPE (2008).

TABELA 16.6 Prazos mínimos e máximos adotados para os projetos hidrelétricos

Etapas	Prazos mínimos (meses)	Prazos máximos (meses)
Estudo de viabilidade e EIA/RIMA	14	24
Obtenção da Licença Prévia (LP)	6	20
Projeto Básico e Projeto Básico Ambiental (PBA)	8	8
Obtenção da Licença de Instalação (LI)	6	10
Construção; Plano de Controle Ambiental (PCA) e Obtenção da Licença de Operação (LO) — UHE < 100 MW	30	30
Construção; Plano de Controle Ambiental (PCA) e Obtenção da Licença de Operação (LO) — UHE > 100 MW	40	40

Fonte: Estudos associados ao Plano Decenal – PDE 2007/2016. Estudos Socioambientais. Análise Processual – Estimativa de Prazos para Estudos, Desenvolvimento dos Projetos e Licenciamento Ambiental de Empreendimentos de Geração e Transmissão. EPE, adaptada em 2007.

Os principais **impactos ambientais** causados por empreendimentos hidrelétricos abrangem:

1. Área alagada – área do reservatório (m^2) e potência instalada das usinas (MW).
2. Perda de vegetação – área da vegetação alagada pelo reservatório das usinas (km^2) e área da vegetação suprimida para implantação da usina (km^2).
3. Trecho alagado – trecho do rio a ser alagado para a formação do reservatório (km).
4. Interferência em unidades de conservação (UC) – distância entre a usina e a UC (km) e tipo de UC afetada.
5. Interferência em área(s) prioritária(s) para conservação da biodiversidade (APCB) – distância entre a usina e a APCB (km) e tipo de APCB afetada.

Os principais **impactos socioeconômicos** causados por empreendimentos hidrelétricos e variáveis associadas compreendem:

1. População afetada – número de pessoas atingidas pela formação do reservatório.
2. Interferência em terras indígenas (TI) – distância entre a usina e a TI afetada, porcentagem da TI.
3. Interferência em assentamentos do Instituto Nacional de Colonização e Reforma Agrária (Incra) – distância entre a usina e o assentamento do Incra, porcentagem do assentamento do Incra.
4. Interferência na infraestrutura – número de pessoas atraídas pela implantação da usina (mil pessoas), população residente no(s) município(s) de apoio às obras (mil pessoas).
5. Potencial de empregos para a população local – população desocupada dos municípios atingidos (mil pessoas) e população economicamente ativa (PEA) dos municípios (mil pessoas).
6. Interferência em áreas urbanas – tipo de interferência em área urbana.

7. Interferência na circulação e comunicação regional – tipo de interferência do empreendimento na circulação e comunicação regional.

8. Impacto temporário na arrecadação minicipal – ISS previsto para os municípios da casa de força e do canteiro de obras (R$) e soma das receitas orçamentárias dos municípios que vão receber o ISS (R$).

9. Impacto permanente na arrecadação municipal – compensação financeira prevista para os municípios (R$) e soma das receitas orcamentárias dos municípios que vão receber a compensação financeira (R$).

10. Perda de área produtiva – área produtiva alagada (m^2) e área produtiva do(s) município(s) atingido(s) (km^2).

16.7 Revitalização e repotenciação de UHE

Existem duas definições para repotenciação de usinas hidrelétricas:

- redefinição da potência nominal originalmente projetada, por meio da adoção de avanços tecnológicos e de concepções mais modernas de projeto;
- elevação da potência máxima de operação, em função de folgas devidamente comprovadas no projeto originalmente concebido, sem incorporar novas tecnologias e unidade geradora.

À cada definição está associada uma motivação ou conteúdo distinto, a saber:

- operar a instalação dentro de padrões mais elevados de produtividade total, com redução de custos operacionais, maior flexibilidade operativa e observando os aspectos ambientais;
- atender situações de maior rigor de solicitação operacional, em virtude de insuficiência de investimentos na expansão da geração e/ou no sistema de transmissão de energia elétrica. Nesse caso, acredita-se que o investimento em Revitalização e Modernização (R&M) nestas usinas, com envolvimento de novas tecnologias, não será atrativo.

A gama de intervenções possíveis de R&M é muito grande, podendo incluir:

- substituição do estator e reisolamento de bobinas polares de geradores: para estes casos, é inerente o aumento de potência do gerador, em razão da utilização de isolantes de menor espessura e melhor condutividade de calor;
- manutenção geral na turbina e em seus componentes mecânicos, sem ganho de potência;
- manutenção geral na turbina com estudos para se aumentar a potência total gerada, porém sem alteração de rendimento, aproveitando-se a folga de potência disponível do gerador pela reforma dos seus componentes. Em outras palavras, esta repotenciação possibilitaria maior geração nos horários de ponta (aumentando-se o turbinamento nesse horário), porém sem aumento de energia assegurada da usina;

- reforma geral da turbina com troca do rotor e/ou otimização do desenho das pás, com correspondentes aumentos de potência nominal e rendimento, ou seja, aumento da energia gerada para a mesma quantidade de água turbinada. O ganho em rendimento médio nas unidades geradoras pode ser computado como um ganho de energia assegurada da usina e do sistema;

- substituição ou reisolamento de transformadores elevadores.

Por outro lado, do ponto de vista estritamente gerencial, pode-se dizer que existem, basicamente, quatro opções a serem consideradas para decisão após uma avaliação do desempenho global de uma usina hidrelétrica e de suas unidades geradoras individualmente. Estas opções são:

- desativação;
- reparo e prosseguimento operacional;
- reconstrução;
- reabilitação ou restauração.

As duas primeiras opções são autoexplicativas e representam geralmente inconsistência na disponibilidade futura das máquinas, isto é, baixa confiabilidade e baixo fator de capacidade, de forma irreversível, não justificando novos investimentos no empreendimento (final de vida).

A opção de reconstrução envolve essencialmente a construção de uma usina nova, com a total substituição de seus principais componentes e de estruturas importantes para a otimização do recurso. Esta opção é mais aplicada em pequenas centrais hidrelétricas (PCH).

A opção reabilitação (ou restauração) deve resultar em extensão da vida útil, melhoria do rendimento, incremento da confiabilidade, redução da manutenção e simplificação da operação. Em certos casos, inclui também uma repotenciação. Esta opção é mais aplicada em grandes centrais hidrelétricas (UHE).

Com a repotenciação/modernização, podem ser obtidos:

- ganhos de rendimento;
- ganhos na queda líquida;
- ganhos na vazão turbinada;
- ganhos na disponibilidade.

Por outro lado, a modernização de uma usina hidrelétrica consiste na utilização de novas tecnologias para automação e operação da usina, tornando-a até mesmo desassistida, a partir da digitalização da informação de seus controles e comandos. A modernização está presente na reconstrução ou reabilitação de usinas, mas não chega a se constituir uma repotenciação. Outros autores, entretanto, definem modernização como uma estratégia em que as usinas hidrelétricas podem se tornar mais produtivas e eficientes por meio de ações de recondicionamento, atualizações tecnológicas onde é aplicável, elevação da capacidade nominal de componentes com idade avançada, assim como extensão da vida útil. Nesse caso, a modernização incluirá também uma repotenciação, quando aplicável.

Problemas propostos

16.1 Calcule a energia assegurada de uma usina hidrelétrica para a qual a curva de permanência de vazões é dada pelo gráfico a seguir. Considere uma eficiência de conversão de energia de 80 % e uma altura de queda de 40 metros.

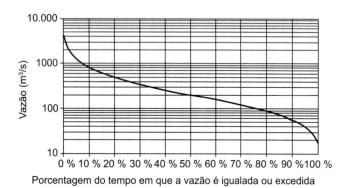

16.2 Calcule a energia assegurada de uma usina hidrelétrica para a qual a curva de permanência de vazões é dada pelo gráfico a seguir. Considere uma eficiência de conversão de energia de 79 % e uma altura de queda de 98 metros.

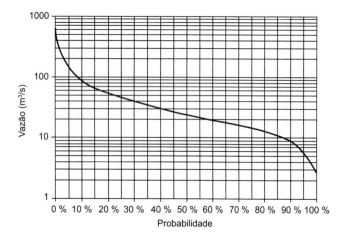

16.3 Uma usina hidrelétrica foi construída em um rio, conforme o arranjo da figura a seguir. Observe que a água do rio é desviada em uma curva, sendo que a vazão turbinada segue o caminho A, enquanto o restante da vazão do rio (se houver) segue o caminho B, pela curva. A usina foi dimensionada para turbinar a vazão exatamente igual a 95 % do tempo. Por questões ambientais, o Ibama está exigindo que seja mantida uma vazão não inferior a 20 m³/s na curva do rio situada entre a barragem e a usina.

Considerando que para manter a vazão ambiental na curva do rio é necessário, por vezes, interromper a geração de energia elétrica, isto é, a manutenção da vazão ambiental tem prioridade sobre a geração de energia, qual é a porcentagem de tempo que a usina vai operar nessas novas condições, considerando válida a curva de permanência da figura que se segue?

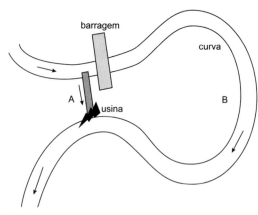

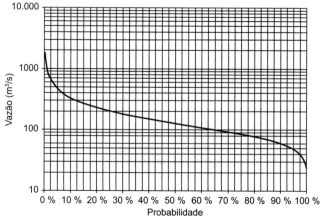

16.4 Uma usina hidrelétrica utiliza turbina Pelton com um único injetor acionando o rotor Pelton. Determine:

  a) a potência elétrica do gerador, em VA;

  b) o número de polos do gerador elétrico;

  c) a corrente elétrica do gerador elétrico se ele trabalha na tensão nominal de 13,8 kV.

Dados:

Altura topográfica: 480 m

Rendimento da canalização: 76 %

Perdas energéticas na tomada de água: 1,5 % da altura topográfica

Vazão: 2 m³/s

Rendimento da turbina: 90 %

Rendimento do gerador elétrico: 94 %

16.5 As turbinas da hidrelétrica de Sobradinho, no rio São Francisco, possuem as seguintes características:

Queda nominal: 27,2 m

Vazão nominal: 715 m³/s

Potência nominal: 242.000 CV

Rotação nominal: 75 rpm

Pede-se:

a) o rendimento da turbina (%) e o número de polos do gerador;

b) a velocidade específica da turbina (rpm) utilizando a fórmula mais rigorosa;

c) analisando as fórmulas empíricas para a rotação específica e considerando o resultado do item (b), determine o tipo de turbina utilizado em Sobradinho;

d) a potência elétrica da máquina de Sobradinho (MW) a partir da vazão e altura da queda, adotando o rendimento de 95 % para o gerador e o rendimento mecânico calculado no item (a). Assuma a aceleração de gravidade de 9,8 m/s².

16.6 As turbinas da hidrelétrica de São Simão, no rio Paranaíba, possuem as seguintes características:

- Queda nominal: 72 m (queda disponível)
- Perdas na tomada de água: 2 %
- Perdas no conduto: 1,5 %
- Vazão nominal: 420 m³/s
- Potência nominal: 370.491 CV
- Pares de polos: 38

a) Calcule o rendimento do conjunto (turbina e no circuito hidráulico) da usina (%) e a rotação nominal das máquinas.

b) Calcule a velocidade específica das turbinas (rpm) utilizando a fórmula mais rigorosa e compare com o resultado da fórmula empírica.

c) Analise as fórmulas empíricas para a rotação específica e, considerando o resultado do item (b), determine o tipo de turbina utilizada em São Simão.

d) Calcule a potência elétrica de cada máquina de São Simão a partir da vazão e da altura de queda, adotando rendimentos de 95 % para o gerador e 90 % para turbina e o rendimento mecânico calculado no item (a).

Assuma a aceleração da gravidade de 9,8 m/s².

16.7 Um aproveitamento de reação trabalha com uma turbina Francis. Determine para esse aproveitamento:

a) as perdas na tomada de água;

b) as perdas na tubulação de adução;

c) a altura líquida disponível;

d) a potência mecânico-hidráulica, em CV.

Dados:

Rendimento conduto forçado($\eta_{conduto}$): 78 %

H_{top}: 132 m

Perda na tomada de água: 3 % H_{top}

Q: 3 m³/s

16.8 A tabela a seguir apresenta as vazões máximas registradas durante 19 anos no rio dos Patos, em um posto fluviométrico localizado em Prudentópolis (PR). Utilizando as probabilidades empíricas, determine a vazão de 10 anos de tempo de retorno neste local.

Ano	Vazão máxima	Ano	Vazão máxima
1931	226	1940	46,7
1932	230	1941	146,8
1933	52,4	1942	145,2
1934	152	1943	119
1935	226	1944	128
1936	117,5	1945	250
1937	305	1946	176
1938	226	1947	206
1939	212	1948	190
		1949	59,3

16.9 A usina de Itaipu tem 20 máquinas de 750 MW de potência elétrica cada uma e os rendimentos da tubulação, do gerador elétrico e da turbina valem 0,9 cada um. Sabendo-se que a altura do nível da água do reservatório até a turbinas é de 196 m, determine:

a) a vazão de uma das máquinas para produzir 650 MW de energia elétrica;

b) a potência máxima gerada pela usina, sabendo que o fator de capacidade anual da usina é 0,71 e sua produção anual, em 2016, foi de 8 a 9 milhões de MWh;

c) qual deve ser a energia firme da usina assumindo que a vazão mínima 95 % do tempo é de 100 m³/s em cada uma das máquinas.

16.10 Em uma central hidrelétrica de 200 MW de potência, o gerador tem as seguintes características:

Rendimento do gerador: 0,95

Rendimento da turbina: 0,90

Rendimento do sistema de adução: 0,96

Altura de queda de água: 30 m

Determine:

a) as potências no eixo e a potência disponível;

b) a vazão;

c) as alturas de queda líquida;

d) o rendimento do aproveitamento;

e) as potências perdidas em cada componente.

Bibliografia

AGÊNCIA NACIONAL DE ÁGUAS E SANEAMENTO BÁSICO (ANA). *Dados abertos*. Disponível em: https://dadosabertos.ana.gov.br/. Acesso em: 28 jun. 2023.

AGÊNCIA NACIONAL DE ÁGUAS E SANEAMENTO BÁSICO (ANA). *Hidroweb*. Disponível em: https://www.snirh.gov.br/hidroweb/apresentacao. Acesso em: 28 jun. 2023.

AGÊNCIA NACIONAL DE ENERGIA ELÉTRICA (ANEEL). *Sistema de Informações de Geração da ANEEL (SIGA)*. Disponível em: https://dadosabertos.aneel.gov.br/dataset/siga-sistema-de-informacoes-de-geracao-da-aneel. Acesso em: 28 jun. 2023.

AGÊNCIA NACIONAL DE ENERGIA ELÉTRICA (ANEEL) – Dados Abertos – Disponível em: https://dadosabertos.aneel.gov.br/dataset/siga-sistema-de-informacoes-de-geracao-da-aneel. Acesso em: 27 jul. 2023.

ASSOCIAÇÃO BRASILEIRA DE PCHs e CGHs (ABRAPCH). *Cenário de PCHs e CGHs no Brasil*. Disponível em: https://abrapch.org.br/o-setor/cenario-de-pchs-e-cghs-no-brasil/. Acesso em: 28 jun. 2023.

BANCO MUNDIAL. *Licenciamento ambiental de empreendimentos hidrelétricos no Brasil*: uma contribuição para o debate (em três volumes): Volume I: Relatório Síntese, 2008.

BARBOSA JR., A. B. *Hidrologia Aplicada* – CIV 226, Regularização de vazão. São Paulo: ESALQ-USP. 2015. Disponível em: https://www.esalq.usp.br/departamentos/leb/disciplinas/Fernando/leb1440/Aula%206/Regularizacao%20de%20Vazoes.pdf. Acesso em: 17 jan. 2024.

ESTUDOS DO MEIO AMBIENTE (EPE). *Nota técnica DEA 21/10*. Metodologia para avaliação da sustentabilidade socioeconômica e ambiental de UHE e LT. Rio de Janeiro: EPE, 2010. (Série Estudos do Meio Ambiente)

ESTUDOS DO MEIO AMBIENTE (EPE). *Nota técnica DEN 03/08*. Considerações sobre repotenciação e modernização de usinas hidrelétricas. Rio de Janeiro: EPE, 2008.

ESTUDOS DO MEIO AMBIENTE (EPE). *Nota técnica DEA 015/17*. Análise socioambiental das fontes energéticas do PDE 2026. Rio de Janeiro: EPE, 2017.

HYDROPOWER. *Discovery History of Hydropower*. Disponível em: https://www.hydropower.org/iha/discover-history-of-hydropower. 2022. Acesso em: 28 jun. 2023.

INTERNATIONAL HYDROPOWER ASSOCIATION (IHA). *Facts about Hydropower*. Disponível em: https://www.hydropower.org/iha/discover-facts-about-hydropower. Acesso em: 28 jun. 2023.

ITAIPU BINACIONAL. *Produção de Energia de Itaipu*. Disponível em: www.itaipu.gov.br. Acesso em: 04 ago. 2023.

OPERADOR NACIONAL DO SISTEMA ELÉTRICO (ONS). *Resultados de operação*. Disponível em: http://www.ons.org.br/Paginas/resultados-da-operacao/historico-da-operacao/energia_armazenada.aspx. Acesso em: 28 jun. 2023.

OPERADOR NACIONAL DO SISTEMA ELÉTRICO (ONS). *Reservatórios*. Disponível em: http://www.ons.org.br/paginas/energia-agora/reservatorios. Acesso em: 28 jun. 2023.

PEREIRA, G. M. *Projeto de usinas hidrelétricas*: passo a passo. São Paulo: Oficina de Texto, 2015.

PORTELA, M. M. *Modelação hidrológica*. Lisboa: Instituto Superior Técnico, 2006.

PORTO, R. L. L.; ZAHED FILHO, K.; SILVA, R. M. da. *Medição de vazão e curva-chave*. 49 p. Apostila (Disciplina Hidrologia Aplicada) – Departamento de Engenharia Hidráulica e Ambiental. Escola Politécnica da Universidade de São Paulo, São Paulo, 2001.

REN 2021. *Renewables Global Status Report 2021*. Disponível em: chrome-extension://efaidnbmnnnibpcajpcglclefindmkaj/https://www.ren21.net/wp-content/uploads/2019/05/GSR2021_Full_Report.pdf. Acesso em: 28 jun. 2023.

SHIKLOMANOV, I. World fresh water resources. *In*: GLEICK, P. H. (ed.). *Water in crisis: a guide to the world's fresh water resources*. 1993. Disponível em: https://www.usgs.gov/special-topics/water-science-school/science/where-earths-water. Acesso em: 24 set. 2024.

SIMONE, G. A. *Centrais e aproveitamentos hidrelétricos*: uma introdução ao estudo. São Paulo: Érica, 2000.

U.S. GEOLOGICAL SURVEY – USGS – Water Cycle Diagram. Disponível em: https://www.usgs.gov/special-topics/water-science-school/science/water-cycle-diagrams. Acesso em: 17 jan. 2024.

U.S. DEPARTMENT OF ENERGY. *History of Hydropower*. 2020. Disponível em: https://www.energy.gov/eere/water/history-hydropower. Acesso em: 28 jun. 2023.

VOITH SIEMENS. *Generators 2020*. Disponível em: https://voith.com/corp-de/Generators.pdf. 2020. Acesso em: 17 jan. 2024.

17

ENERGIA NUCLEAR

JOSÉ CARLOS MIERZWA
Departamento de Engenharia Hidráulica e Ambiental
Escola Politécnica da Universidade de São Paulo (Poli-USP)

17.1 Introdução

Dentre as fontes de energia disponíveis, a nuclear é, sem dúvida, a mais relevante sob qualquer ponto de vista, em função do seu papel fundamental na existência do Universo e da vida em nosso planeta. Esta condição é verificada considerando a importância do Sol nos diversos processos que viabilizaram o ser humano e outros organismos a prosperarem, possibilitando que a humanidade atingisse um nível de desenvolvimento tecnológico, econômico e social que não seria possível sem essa fonte primordial de energia. Muitos leitores podem ter dúvidas sobre essa afirmação, questionando sobre a relação entre a energia luminosa e térmica do Sol e a energia nuclear. Isto é compreensível, já que a maioria da população mundial não se preocupa em entender os mecanismos que ocorrem no Sol, para que ele disponibilize essas formas de energia para o nosso planeta. Contudo, deve-se entender que o Sol nada mais é do que um reator nuclear, que utiliza a energia disponível no núcleo de elementos leves, principalmente os isótopos de hidrogênio, por meio de reações de *fusão nuclear*, as quais liberam grande quantidade de energia em função de condições específicas de temperatura e pressão existentes. Com os avanços ocorridos ao longo do tempo, também foi descoberto que era possível obter a energia do núcleo de certos elementos químicos pesados, a partir da sua divisão em condições específicas, o que se passou a denominar *fissão nuclear*. Em ambos os casos, a energia resultante está associada à perda de massa que ocorre no sistema, a qual pode ser calculada utilizando-se a equação básica de energia de Albert Einstein, que relaciona a transformação de massa de determinado material em energia e vice-versa (Kaw; Bandyopadhyay, 2012).

Assim, neste capítulo são tratados os aspectos relacionados com o uso da energia nuclear como uma opção para o atendimento da demanda energética da sociedade e as suas implicações para o meio ambiente. Para que isso seja possível, inicialmente, é feita uma abordagem geral sobre os princípios de conversão de energia pelos processos de fusão e de fissão nuclear, para posteriormente ser apresentado o método corrente de produção de energia térmica e elétrica por meio de reações nucleares, especificamente em reatores nucleares de potência.

17.2 Fusão nuclear

Considerando-se o que foi apresentado na introdução, o primeiro processo relacionado com a produção de energia a partir do núcleo dos átomos será a fusão nuclear, um processo primordial que contribuiu para a formação do Universo. Em linhas gerais, a fusão nuclear foi o processo responsável pela criação de todos os materiais que existem no Universo, a partir do elemento mais simples e abundante que existia e ainda existe, que é o hidrogênio, principalmente os seus isótopos, ou seja, o deutério (^2_1H ou D) e o trítio (^3_1H ou T), por meio de processos de fusão sucessivos. A representação esquemática da reação de fusão de átomos de deutério e trítio é apresentada na Fig. 17.1.

Nesse processo, a energia gerada é resultante da perda de massa no sistema, a qual pode ser calculada com a utilização da equação de Einstein, Equação (17.1), e a quantidade de massa convertida em energia, considerando-se as massas atômicas dos constituintes envolvidos, antes e depois da reação de fusão, representada pela Equação (17.2).

$$E = m \cdot C^2 \quad (17.1)$$

na qual E é a energia gerada no processo de fusão (J), m é a massa que foi convertida (kg) e C é a velocidade da luz (299.792.458 m/s).

$$^2_1H + ^3_1H \rightarrow ^4_2He + ^0n + energia \quad (17.2)$$

Para cada reação de fusão deve-se considerar a quantidade de massa envolvida na reação, levando em conta os reagentes utilizados e os produtos obtidos. As massas atômicas dos elementos deutério, trítio e hélio podem ser obtidas na página eletrônica do NIST (2023a), já a massa atômica do nêutron pode ser obtida em outra página da mesma instituição NIST (2023b), as quais são apresentadas na Tabela 17.1.

TABELA 17.1 Massas atômicas dos átomos e partículas envolvidas na reação de fusão nuclear

Elemento / partícula	Massa atômica (unidades)
Deutério (^2_1H)	2,014102
Trítio (^3_1H)	3,016049
Hélio (^4_2He)	4,002603
Nêutron (^0n)	1,008665

Considerando a reação apresentada na Equação (17.2), é possível avaliar a variação de massa que ocorre na fusão dos átomos de deutério e trítio, conforme apresentado a seguir:

$$\Delta m = massa\ dos\ produtos - massa\ dos\ reagentes \quad (17.3)$$

em que:

massa dos produtos = massa atômica do hélio + massa atômica do nêutron

massa dos reagentes = massa atômica do deutério + massa atômica do trítio

Substituindo os valores da Tabela 17.1 na Equação (17.3), sabendo-se que 1 unidade de massa atômica (u.m.a.) é equivalente a $1,66057 \times 10^{-27}$ kg, é possível obter a quantidade de energia produzida pela fusão dos átomos de D e T, utilizando a Equação (17.1), ou seja:

$\Delta m = (4,002603 + 1,008665) - (2,014102 + 3,016049)$
$\Delta m = -0,018883\ u.m.a.$
$E = -0,018883 \times 1,66057 \times 10^{-27} \times (2,99792458 \times 10^8)^2$, do que resulta:

$E = -2,818186 \times 10^{-12}$ Joules por fusão.

Para que seja possível obter uma estimativa da quantidade de energia por massa dos isótopos do hidrogênio, energia específica, basta dividir a quantidade de energia obtida pela soma das massas atômicas desses átomos em quilogramas, como dado pela Equação (17.4).

$$E_{especifica} = \frac{E}{\left(\sum\left(massa\ atômica\ ^2_1H + massa\ atômica\ ^3_1H\right) \times fator\ de\ conversão\left(\frac{kg}{u.m.a.}\right)\right)} \quad (17.4)$$

na qual E é a energia gerada por fusão (joules) e o fator de conversão $\left(\frac{kg}{u.m.a.}\right)$ é igual a $1,66067 \times 10^{-27}$.

$$E_{especifica} = \frac{-2,818186 \times 10^{-12}}{(2,014102 + 3,016049) \times 1,66057 \times 10^{-27}}$$

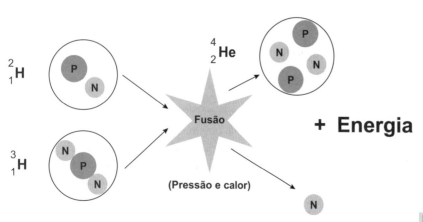

FIGURA 17.1 Representação esquemática da reação de fusão de átomos de $^2H_1$ e $^3H_1$.

$$E_{específica} = -3,373894 \times 10^{14} \text{ J/kg}$$
$$E_{específica} = -3,373894 \times 10^{8} \text{ MJ/kg}$$

O sinal negativo significa que o processo é exotérmico, ou seja, indica a quantidade de energia que é liberada pela reação de fusão de 1 kg de uma mistura equimolar de deutério e trítio. Apenas para efeito de comparação, a Tabela 17.2 apresenta a quantidade equivalente de combustíveis tradicionais para obtenção da mesma quantidade de energia produzida pelo processo de fusão.

TABELA 17.2 Quantidade equivalente de combustíveis para a produção de energia pela fusão da mistura deutério e trítio

Combustível	Energia específica (MJ/kg) [(1) e (2)]	Quantidade equivalente para a produção de energia gerada pela fusão da mistura de deutério e trítio (toneladas/kg)
Álcool etílico hidratado	27,837	12.120,18
Bagaço de cana	9,448	35.710,14
Carvão vegetal	28,465	11.852,78
Gás natural úmido	43,760	7710,00
Lenha	13,814	24.423,73
Petróleo	45,209	7462,88

(1) Fonte: EPE (2021).

(2) Foi utilizado o fator de conversão de 4,186 kJ/kcal, para conversão dos valores disponíveis em EPE (2021).

É importante destacar que existem outros tipos de reações que podem viabilizar a fusão nuclear, as quais estão apresentadas na Tabela 17.3.

Analisando-se os valores apresentados na Tabela 17.3, verifica-se que é bastante significativo o potencial de geração de energia pelo processo de fusão nuclear a partir de diversos isótopos existentes e que acabam sendo gerados no próprio processo de fusão, como ocorre nas estrelas.

A principal questão associada ao aproveitamento deste tipo de energia em estruturas desenvolvidas pelo ser humano é a construção de um dispositivo, reator de fusão, que possa ser operado de forma contínua e segura, como abordado na Seção 17.5.1, mais adiante.

17.3 Fissão nuclear

Assim como ocorre com a fusão, a tecnologia de fissão nuclear procura aproveitar a energia disponível no núcleo de elementos instáveis, só que por meio de sua fragmentação. Ao contrário da fusão, em que são considerados átomos de elementos leves, a fissão só ocorre nos átomos de elementos pesados, com massa atômica superior a 230 g/mol, sendo que as reações de

TABELA 17.3 Reações de fusão nuclear mais favoráveis

Reação	Quantidade de energia liberada (MJ/kg)
$D + D \rightarrow T + p \ (50\ \%)$	$4,826368 \times 10^7$
$\rightarrow {}_2^3He + n \ \ (50\ \%)$	$3,916184 \times 10^7$
$D + {}_2^3He \rightarrow {}_2^4He + p$	$3,510174 \times 10^8$
$T + T \rightarrow {}_2^4He + 2n$	$1,807452 \times 10^8$
${}_2^3He + {}_2^3He \rightarrow {}_2^4He + 2p$	$2,220494 \times 10^8$
${}_2^3He + T \rightarrow {}_2^4He + p + n \ (51\ \%)$	$9,870643 \times 10^7$
$\rightarrow {}_2^4He + D \ \ (43\ \%)$	$9,835453 \times 10^7$
$\rightarrow {}_2^4He + n + p \ \ (6\ \%)$	$1,372389 \times 10^7$
$D + {}_3^6Li \rightarrow 2\ {}_2^4He$	$2,691728 \times 10^8$
$p + {}_3^6Li \rightarrow {}_2^4He + {}_2^3He$	$5,495805 \times 10^7$
${}_2^3He + {}_3^6Li \rightarrow 2\ {}_2^4He + p$	$1,805512 \times 10^8$
$p + {}_5^{11}B \rightarrow 3\ {}_2^4He$	$6,985462 \times 10^7$

Fonte: adaptada de Kaw; Bandyopadhyay (2012).

fissão podem ser espontâneas, como no caso do califórnio, com massa atômica de 252 g/mol, ou induzidas, como no caso do urânio com massa atômica de 235 g/mol (Ahmed, 2015). A fissão induzida ocorre por meio da captura de um nêutron pelo núcleo do elemento físsil. Para que a fissão de elementos com massa atômica ímpar, U-233, U-235 e Pu-239, ocorra, é necessário que a energia de ligação do núcleo desses elementos após a captura do nêutron exceda a energia crítica de fissão, de forma que a captura de qualquer nêutron com baixa energia ou energia muito próxima de zero irá desestabilizar o núcleo do átomo e resultar na sua fissão. Na Tabela 17.4, são apresentados os valores críticos da energia de fissão para alguns elementos químicos pesados e a energia de ligação após a captura do nêutron (Feltus, 2003).

Os dados apresentados na Tabela 17.4 indicam que apenas os átomos de U-233, U235 e Pu-239 irão ser fissionados, uma vez que a energia resultante dos seus núcleos após a captura do nêutron irá superar a energia crítica de fissão. Para que o processo de fissão ocorra com os outros elementos, a energia do nêutron capturado somada à energia de ligação do núcleo deve superar a energia crítica de fissão, o que só irá ocorrer em condições específicas.

Também deve ser considerada a possibilidade de utilização de elementos férteis, ou seja, aqueles que, por meio de transmutação nuclear, podem ser convertidos em elementos físseis, caso específico do Tório-232, U-238, entre outros. Para exemplificar, é apresentada a seguir a reação de transmutação

TABELA 17.4 Valores críticos da energia de fissão e energia de ligação após a captura de nêutron

Elemento químico	Energia crítica de fissão (MeV)	Energia de ligação após a captura do nêutron (MeV)
Tório-232	5,9	5,1
Urânio-238	5,9	4,9
Urânio-235	5,8	6,4
Urânio-233	5,5	6,6
Plutônio-239	5,5	6,4

Fonte: Feltus (2003).

nuclear do Tório-232 para o Urânio-233 (Lamarsh; Baratta, 2012), Equação (17.5). O Tório-232 foi utilizado como exemplo pelo fato de sua seção de choque, região no entorno do átomo, para a ocorrência do processo de captura de nêutrons térmicos, ser maior que a do átomo U-238, o que aumenta a eficiência de produção de material físsil (IAEA, 2005).

$$^{232}_{90}Th + {}^{0}n \xrightarrow{\gamma} {}^{233}_{90}Th \xrightarrow{\beta^-} {}^{233}_{91}Pa \xrightarrow{\beta^-} {}^{233}_{92}U \quad (17.5)$$

Com relação aos elementos físseis, a Fig. 17.2 mostra a representação esquemática da reação de fissão nuclear do átomo de Urânio-235 pela captura de um nêutron.

Com base na experiência obtida ao longo dos anos, a Agência Internacional de Energia Atômica (International Atomic Energy Agency – IAEA) compilou os dados relativos à distribuição da produção dos principais fragmentos resultantes da fissão (FF-is) de vários elementos fissionáveis, disponibilizando essas informações em um banco de dados na sua página eletrônica (IAEA, 2023), o que possibilitou a obtenção da curva de distribuição dos produtos da fissão do U-235, apresentada na Fig. 17.3.

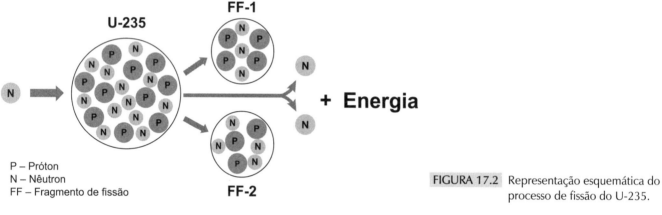

FIGURA 17.2 Representação esquemática do processo de fissão do U-235.

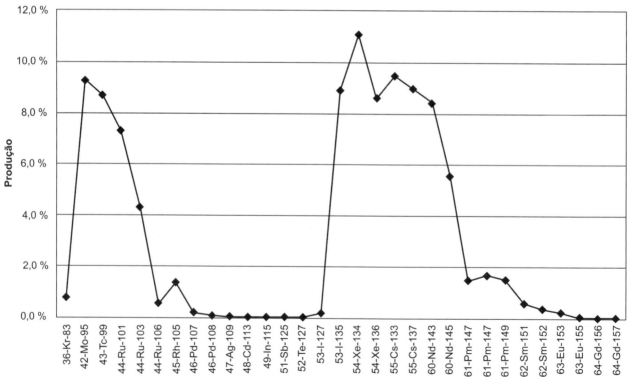

FIGURA 17.3 Distribuição percentual dos fragmentos da fissão do U-235.
Fonte: adaptada de IAEA (2023).

Pela análise do gráfico da Fig. 17.3, verifica-se que os fragmentos da fissão do U-235 estão dentro de duas faixas específicas de massas atômicas, uma entre 83 e 106 u.m.a. e outra entre 127 e 151 u.m.a., cuja soma fica próxima da massa atômica do U-235. Por exemplo, considerando-se o Ru-106 na primeira faixa de valores, o fragmento para a segunda faixa deve ser o I-127, cuja soma das massas atômicas chega a 233, menor que a massa atômica do U-235.

Considerando-se os dados disponíveis na literatura, uma vez que o gráfico da Fig. 17.3 não apresenta precisão suficiente para isso, os dois fragmentos mais prováveis na fissão do U-235, pela captura de um nêutron, são o $^{140}_{54}Xe$ e o $^{94}_{38}Sr$ (Ahmed, 2015). Com esta informação é possível estabelecer a reação de fissão associada, Equação (17.6), e obter uma estimativa da quantidade total de energia liberada no processo, como foi feito para o caso da fusão dos átomos de deutério e trítio.

$$^{235}_{92}U + \ ^{0}n \rightarrow \ ^{236}_{92}U \rightarrow \ ^{140}_{54}Xe + \ ^{94}_{38}Sr + 2 \ ^{0}n \qquad (17.6)$$

Com a utilização da Equação (17.3) e os dados relativos às massas atômicas dos elementos e partículas envolvidas na reação de fissão do urânio, pode-se calcular a variação de massa na fissão de um átomo de Urânio-235. A massa atômica do $^{140}_{54}Xe$ vale 139,921641 u.m.a.,[1] e a do $^{94}_{38}Sr$ vale 93,915361 u.m.a.,[2] então a variação de massa no processo de fissão do U-235 é:

$\Delta m = (139,921641 + 93,915361 + 2 * 1,008665) - (235,043930 + 1,008665)$, ou
$\Delta m = -0,198263 \ u.m.a.$

Portanto, da Equação (17.1), vem

$$E = -0,198263 \times 1,66057 \times 10^{-27} \times (2,99792458 \times 10^8)^2 \Rightarrow$$
$$E = -2,958968 \times 10^{-11} \text{ joules por fissão}$$

Para obter uma estimativa da quantidade de energia por massa de urânio fissionado, energia específica, basta dividir a quantidade de energia obtida no processo pela sua massa atômica, em quilogramas.

$$E_{especifica} = \frac{-2,958968 \times 10^{-11}}{235,043930 \times 1,66057 \times 10^{-27}} \Rightarrow$$
$$E_{especifica} = -7,581132 \times 10^{13} \text{ J/kg} = -7,581132 \times 10^7 \text{ MJ/kg}$$

Para comparação, na Tabela 17.5 são apresentados os valores equivalentes de combustíveis tradicionais para obtenção da mesma quantidade de energia produzida pelo processo de fissão nuclear.

TABELA 17.5 Quantidade equivalente de combustíveis para produção de energia pela fissão do U-235

Combustível	Energia específica (MJ/kg) [1] e [2]	Quantidade equivalente para a produção de energia gerada na fissão do urânio (toneladas/kg)
Álcool etílico hidratado	27,837	2723,4
Bagaço de cana	9,448	8024,1
Carvão vegetal	28,465	2663,3
Gás natural úmido	43,760	1732,4
Lenha	13,814	5488,0
Petróleo	45,209	1676,9

(1) Fonte: EPE (2021).

(2) Foi utilizado o fator de conversão de 4,186 kJ/kcal, para conversão dos valores disponíveis em EPE (2021).

A partir da análise dos dados apresentados na Tabela 17.5, constata-se que o poder energético da reação de fissão é ordem de grandeza superior ao dos combustíveis tradicionais, mesmo considerando que a energia liberada pela fissão é da ordem de 4,5 vezes inferior à gerada no processo de fusão do deutério e trítio. Destaca-se que o aproveitamento de energia pelo processo de fissão nuclear já ocorre em escala comercial no Brasil há mais de 40 anos (Eletronuclear, 2023), ou seja, já é uma tecnologia consolidada e com grande potencial para atendimento da demanda de energia no país.

17.4 Recursos nucleares disponíveis

Considerando-se que a obtenção de energia pelo processo de fusão nuclear ainda não está consolidado e irá requerer a comprovação da viabilidade de sua utilização em escala comercial, esta seção irá abordar apenas os recursos nucleares disponíveis para a geração de energia térmica e elétrica pelo processo de fissão nuclear.

Como recursos nucleares para geração de energia deve-se levar em conta tanto os materiais físseis, os quais podem ser diretamente empregados na fabricação de combustível nuclear para uso nos reatores, como também os materiais férteis, os quais podem ser transformados em físseis por meio de processos específicos. De maneira geral, o principal material físsil disponível naturalmente é o isótopo 235 do urânio, o qual representa uma pequena parcela presente no urânio natural, constituído por isótopos do U-234 (< 0,00037 %), U-235 (0,72527 %) e U-238 (~ 99,92710 %), valores obtidos a partir dos dados da caracterização realizada por Richter *et al.* (2008).

O U-238 também pode ser utilizado como combustível nuclear em reatores específicos, como ocorre nos reatores que utilizam "água pesada" como moderador, caso típico do modelo CANDU (*Canadian Deuterium Uranium System*). Contudo, para viabilizar a sua utilização é necessário um moderador

---

[1] Disponível em: https://www.radiochemistry.org/periodictable/elements/isotopes_data/54.html. Acesso em: abr. 2024.

[2] Disponível em: https://www.radiochemistry.org/periodictable/elements/isotopes_data/38.html. Acesso em: abr. 2024.

com elevada concentração de deutério (Knief, 2003), o que caracteriza o termo "água pesada", que só pode ser obtida pelo processo de enriquecimento isotópico da água. No entanto, a utilização desse projeto de reator é muito limitada, quando comparada aos reatores que utilizam urânio enriquecido como combustível nuclear (IAEA, 2021a).

De maneira geral, a maioria dos países avalia as suas reservas de urânio com base no Urânio-235, embora o Urânio-238 e o Tório-232 também tenham potencial para utilização como combustível nuclear, considerando-se o processo de transmutação, como apresentado anteriormente.

Com base nos dados disponíveis na publicação da Organização para Cooperação e Desenvolvimento Econômico (OCDE), as reservas mundiais de urânio, em 2021, eram de 7.917.500 toneladas, expressas em urânio (NEA/IAEA, 2023). Destaca-se que essas reservas são classificadas em função do custo associado à sua obtenção, que pode variar de US$ 40,00/t a US$ 260/t, conforme gráfico da Fig. 17.4.

Analisando-se os dados da Fig. 17.4 verifica-se que, aproximadamente, 77 % de todas as reservas mundiais de urânio no mundo têm um custo de obtenção inferior a US$ 130/t. Neste valor não estão incluídas as etapas de purificação, conversão, enriquecimento, reconversão e fabricação do combustível nuclear.

O material disponibilizado pela OCDE também detalha a disponibilidade de urânio em função dos países com reservas superiores a 10 mil toneladas, Fig. 17.5, construída a partir dos dados disponíveis em NEA/IAEA (2023).

Pela análise da Fig. 17.5 observa-se que poucos países concentram as maiores reservas mundiais de urânio, sendo que apenas dez países detêm mais de 80 % das reservas totais inferidas. O Brasil é o país com a oitava maior reserva de urânio do mundo, com um total de 276.800 toneladas. Considerando-se a composição isotópica previamente apresentada, as reservas brasileiras em U-235, o isótopo que efetivamente pode ser diretamente utilizado no processo de fissão, é de 2007,55 toneladas. Essa quantidade de U-235, levando-se em conta os fatores de conversão apresentados na Tabela 17.5, equivale a, aproximadamente, $3,37 \times 10^9$ toneladas de petróleo (TEP). Avaliando-se os dados disponíveis no Balanço Energético Nacional – BEN (EPE, 2021), verifica-se que o equivalente energético das reservas de urânio no país é de $2,15 \times 10^9$ TEP, valor que considera uma perda de 30 % no processo de extração e beneficiamento, o que resultaria em um valor bruto de $3,08 \times 10^9$ TEP, uma diferença inferior a 10 % com relação ao valor obtido com base nos dados da OCDE.

Apenas para uma comparação, na Tabela 17.6 são apresentados os recursos e reservas energéticas informadas no BEN (EPE, 2021), onde se constata a relevância das reservas de urânio no Brasil. É importante observar que o potencial energético apresentado se refere apenas ao aproveitamento do Urânio-235, visto que o Urânio-238, cuja parcela equivale a mais

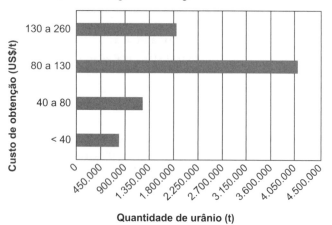

FIGURA 17.4 Estimativa das reservas mundiais de urânio em função do custo de obtenção.

Fonte: NEA/IAEA (2023).

FIGURA 17.5 Distribuição das maiores reservas de urânio no mundo, em 2021.

Fonte: NEA/IAEA (2023).

TABELA 17.6 Recursos e reservas energéticas do Brasil

Recurso	Disponibilidade (10^3 TEP)	%
Carvão mineral	7.018.361	56,85
Urânio	3.077.159	24,93
Petróleo	1.873.847	15,18
Gás natural	376.002	3,05
Total	12.345.369	100,00

Fonte: adaptada de EPE (2021).

de 99,9 % do urânio natural, também pode ser convertido em material físsil em reatores específicos, podendo ser considerado uma fonte estratégica para o país.

Como mencionado, além do urânio, o Tório-232, que é um isótopo fértil, também é um recurso energético relevante, pois é possível convertê-lo para U-233, como indicado na Equação (17.5). De acordo com a IAEA (2019), o tório é um material nuclear que apresenta diversas vantagens potenciais com relação ao urânio, incluindo a sua maior abundância, melhores propriedades física e nuclear e com baixa produção de plutônio e outros actinídeos. Uma questão importante a ser considerada é que poucos países no mundo fazem o levantamento da ocorrência de depósitos de tório, mas como este elemento está presente na estrutura da monazita, é possível fazer uma estimativa da sua disponibilidade, avaliando as reservas desse mineral. Estima-se que as reservas totais de tório no mundo totalizem mais de 6 milhões de toneladas, sendo as maiores reservas encontradas nos continentes americano e asiático, contabilizando mais de 68% das reservas estimadas. A Fig. 17.6, construída a partir dos dados disponibilizados em uma publicação da IAEA (2019), apresenta a distribuição das reservas inferidas de tório no mundo, considerando-se o limite de corte de 10 mil toneladas, destacando-se que no mapa os países que integram a Comunidade de Países Independentes da Ásia possuem uma reserva estimada de tório de $1,5 \times 10^6$ toneladas, pouco mais de 24 % das reservas inferidas. Consultando os dados disponibilizados, o Brasil é o detentor da terceira maior reserva de tório do mundo, totalizando 632 mil toneladas, considerando-se o agrupamento das reservas da Comunidade de Países Independentes da Ásia, constituída por 12 países, Armênia, Azerbaijão, Bielorrússia, Geórgia, Cazaquistão, Quirguistão, Moldávia, Rússia Ocidental, Tajiquistão, Turcomenistão, Ucrânia e Uzbequistão. Admitindo-se que seja possível fazer a transmutação do Th-232 para U-233 com 100 % de eficiência e que o potencial energético da fissão do U-233 seja o mesmo do U-235, o valor aproximado de energia que poderá ser obtido pelo uso desse recurso energético é de $1,06 \times 10^{12}$ TEP, o que equivale a, aproximadamente, 86 vezes a soma de todos os recursos energéticos do país (Tab. 17.6).

Em resumo, pode-se afirmar que os recursos nucleares disponíveis no Brasil constituem uma fonte energética relevante, devendo ser contemplados como uma opção prioritária nos planos de desenvolvimento estratégico, o que pode possibilitar um ganho de destaque de competitividade, bem como a melhoria da qualidade de vida da população.

17.5 Aproveitamento da energia nuclear

Os processos nucleares podem gerar grandes quantidades de energia térmica, a partir de pequenas quantidades de recursos, seja pela fusão de átomos leves ou pela fissão de átomos

FIGURA 17.6 Distribuição das principais reservas de tório no mundo.
Fonte: IAEA (2019).

pesados. No entanto, o desafio é promover o aproveitamento dessa energia para atendimento das demandas da sociedade. Em geral, como ocorre com outros tipos de recursos energéticos, o que se faz é aproveitar a energia térmica gerada nos processos nucleares convertendo-a em energia elétrica em usinas denominadas nucleoelétricas.

O processo de conversão de energia em usinas nucleoelétricas segue os mesmos princípios utilizados em usinas termelétricas, como descrito de forma bastante detalhada no Capítulo 3. Assim, nas seções subsequentes será feita a apresentação dos principais tipos de estruturas, denominadas reatores nucleares, utilizadas para a obtenção de energia elétrica a partir da utilização de combustíveis nucleares.

17.5.1 Reatores de fusão nuclear

Como demonstrado, a fusão nuclear gera, aproximadamente, 4,5 vezes mais energia que a fissão, considerando-se a mesma massa de combustível, o que, em princípio, permitiria atender de maneira plena e com menor potencial de impactos ambientais a demanda energética da sociedade brasileira. Contudo, deve-se considerar que a geração de energia por fusão nuclear em grande escala, apesar de ainda estar longe de ser viabilizada, é uma opção bastante promissora e poderá vir a ser maneira disruptiva e revolucionária, caso seja obtida de forma viável tecnológica e econômica. A maior dificuldade encontrada, já que a reação de fusão nuclear já foi produzida, infelizmente na forma de um dispositivo de destruição em massa, é assegurar que ela ocorra de modo controlado, mas para que isso ocorra uma das seguintes condições é necessária (IAEA, 2022a):

1. Uma pressão muito elevada para permitir que os átomos de deutério e trítio, isótopos mais promissores para a reação de fusão nuclear, possam se aproximar o suficiente para vencer a barreira energética de repulsão entre eles, como ocorre no Sol e em outras estrelas.
2. Uma temperatura próxima de 150 milhões de graus Celsius para que os núcleos de deutério e trítio se fundam, assegurando a manutenção de uma pressão e forças magnéticas capazes de confinar o plasma gerado e manter a reação de fusão por um tempo suficiente para produzir uma quantidade de energia maior que a consumida para iniciar a reação.

Assim, torna-se necessário projetar dispositivos que viabilizem o processo de fusão controlado, em que todas as pesquisas em andamento estão baseadas na segunda condição indicada, com o desenvolvimento de dispositivos específicos.

Os dois tipos principais de dispositivos estão resumidos na sequência (IAEA, 2022a; Kaw; Bandyopadhyay, 2012).

a) *Tokamaks*, concepção baseada em uma estrutura com formato toroidal, na qual se utiliza o princípio de confinamento magnético das partículas do plasma para evitar o contato com o material das paredes e, consequentemente, a sua fusão e perda de controle da reação. A Fig. 17.7 mostra uma representação esquemática da configuração Tokamak.

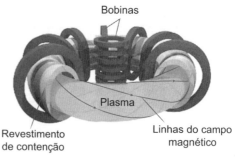

FIGURA 17.7 Representação esquemática da configuração Tokamak para reatores de fusão a plasma.

Fonte: adaptada de Xu (2016).

b) *Stellarators*, é uma variante da concepção de dispositivos com configuração toroidal, na qual a estrutura que gera o campo magnético de confinamento do plasma apresenta uma topologia não plana, ou seja, ela é helicoidal, sendo que são formadas superfícies magnéticas toroidais fechadas nas três dimensões pelas bobinas externas. Esta concepção apresenta condições mais favoráveis para o confinamento do plasma, uma forma mais avançada do que a utilizada nos *Tokamaks*. A Fig. 17.8 mostra a representação esquemática da configuração Stellarator.

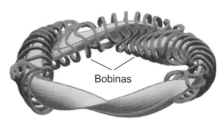

FIGURA 17.8 Representação esquemática da configuração Stellarator para reatores de fusão a plasma.

Fonte: adaptada de Xu (2016).

Independentemente da configuração da estrutura para confinamento do plasma, ainda há o desafio de manter a reação de fusão nuclear estável, permitindo o aproveitamento da energia térmica gerada, que deverá ser removida do reator por meio de um fluido térmico que poderá ser utilizado para a geração de vapor e, ao mesmo tempo, manter a temperatura do reator de fusão sob controle, como ocorre nas usinas termelétricas. A Fig. 17.9 apresenta uma representação esquemática de uma possível concepção de um reator de fusão nuclear para a geração de energia elétrica. Nessa concepção, o trítio é obtido pelo processo de transmutação nuclear do lítio, que é circulado em uma região interna do Tokamak, para ser submetido ao fluxo de nêutrons gerado pelas reações de fusão, Equações (17.7) e (17.8) (Dolan, 2017), nas quais foi considerada a composição isotópica do lítio natural, 7,42 % de $^{6}_{3}Li$ e 92,58 % de $^{7}_{3}Li$.

$$_{3}^{6}Li + {}^{0}n \ (térmico) \rightarrow {}_{2}^{4}He + {}_{1}^{3}H \qquad (17.7)$$

$$_{3}^{7}Li + {}^{0}n \ (rápido) \rightarrow {}_{2}^{4}He + {}_{1}^{3}H + {}^{0}n \qquad (17.8)$$

Atualmente, o Brasil desenvolve pesquisas com reatores nucleares de fusão experimentais em três instituições (IAEA, 2022a), Laboratório de Física de Plasmas da Universidade de São Paulo (TCABR), Laboratório de Plasma Térmico do Departamento de Física da Universidade Federal do Espírito Santo (NOVA-FURG, ou Tokamak-NOVA) e Laboratório Associado de Plasma do Instituto de Pesquisas Espaciais (Experimento Tokamak Esférico – ETE), a única que tem um equipamento completamente construído no país. Destaca-se que estes reatores são destinados a estudos associados à geração de plasma e suas interações com a parede do reator e não à geração de energia.

Em escala mundial, o maior esforço relacionado com o desenvolvimento de reatores nucleares de fusão está sendo feito no Reator Experimental Termonuclear Internacional – RETI (em inglês, ITER). Trata-se de um projeto que foi idealizado em meados da década de 1980, em uma reunião entre as superpotências mundiais em Genebra (ITER, 2023). O acordo para a sua construção na França ocorreu em 21 de novembro de 2006, com o início de sua construção em 2010, em Saint-Paul-lès-Durance, uma comunidade francesa na região administrativa da Provença-Alpes-Costa Azul. Detalhes sobre o projeto e o seu estágio de desenvolvimento podem ser obtidos na página eletrônica do ITER (https://www.iter.org/. Acesso em 24 set. 2024).

Ressalta-se que o objetivo do reator que está sendo construído pelo ITER não terá a função de geração de energia, mas sim obter dados e experiência sobre a produção de pulsos de plasma de longa duração e das possíveis tecnologias que serão necessárias para um reator em escala comercial, porém não será equipado com os componentes necessários para a produção de energia elétrica.

17.5.2 Reatores de fissão nuclear

Após a apresentação da energia nuclear na forma de um dispositivo de destruição em massa na Segunda Grande Guerra Mundial, em meados da década de 1940, com a explosão de duas bombas atômicas, a primeira em Hiroshima e a segunda em Nagasaki, no Japão, em 6 e 9 de agosto de 1945, respectivamente (ICAN, 2023), foi iniciado um esforço para a sua utilização como uma fonte de produção de energia elétrica nos Estados Unidos (Kok, 2009). Talvez o evento mais relevante relacionado com o uso pacífico da energia nuclear pela humanidade foi o lançamento do Programa Átomos para a Paz, pelo então Presidente norte-americano Eisenhower, com a assinatura do Decreto de Energia Atômica de 1954, o qual viabilizou os avanços das pesquisas sobre o uso da energia nuclear para a geração de energia (Kok, 2009), inclusive no Brasil. A partir do Programa Átomos para a Paz, em 1958 foi inaugurado pelo então Presidente Juscelino Kubitschek e o Governador do Estado de São Paulo, Jânio Quadros, o reator nuclear de pesquisa IEA-R1, no Instituto de Energia Atômica na Universidade de São Paulo (Marcolin, 2006).

Com os avanços das pesquisas na área nuclear, foram desenvolvidas diversas configurações de reatores para a produção de energia elétrica utilizando o processo de fissão nuclear. Deve ser destacado que o ciclo térmico de geração de energia elétrica a partir da fissão nuclear é similar ao utilizado em usinas termelétricas, ou seja, o reator nuclear gera energia térmica, a qual é convertida em vapor à alta pressão para acionamento de uma turbina acoplada a um gerador.

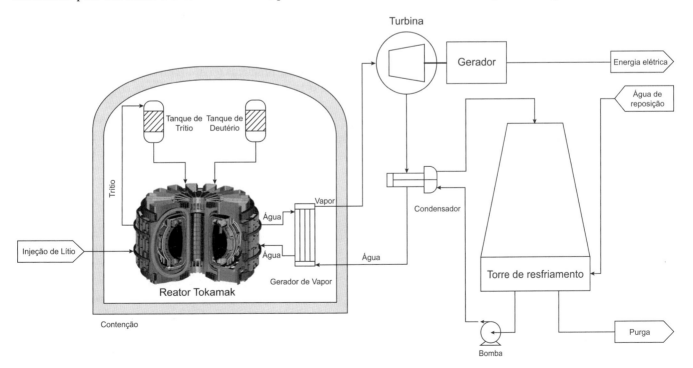

FIGURA 17.9 Possível concepção de um sistema de fusão nuclear para a geração de energia elétrica.

De maneira geral, a classificação dada aos reatores é fundamentada em algumas características associadas ao seu projeto, podendo ser com base no tipo de fluido de resfriamento, ciclo de vapor do sistema de geração de energia, moderador utilizado para atenuação da energia dos nêutrons, energia dos nêutrons e a possibilidade de produção de combustível, isto é, conversão de materiais férteis em físseis (Knief, 2003; Kok, 2009). Considerando-se estas características, os principais tipos de reatores com aplicações comerciais são (Knief, 2003):

- **Reator de água fervente (*Boiling water reactor* – BWR):**

  Foi uma das primeiras configurações utilizadas para a geração de energia. Nesse reator, que utiliza água leve, designação dada para água com composição isotópica natural, o vapor utilizado para produção de energia elétrica é gerado no próprio vaso do reator, ou seja, só há um circuito de resfriamento e geração de vapor, conhecido como ciclo direto. Contudo, para que seja possível obter a reação de fissão, é necessário utilizar urânio enriquecido, com um percentual variando entre 3 e 5 % de U-235. Esta configuração traz como vantagem a redução do número de componentes do sistema, porém tem maior potencial para a disseminação de contaminantes radioativos para o meio ambiente. Outra vantagem da utilização do reator BWR está associada ao menor volume de água no sistema, uma vez que no processo de evaporação a água absorve uma grande quantidade de energia, calor latente de vaporização. Por outro lado, há uma preocupação com relação ao potencial de a evaporação ocorrer na superfície do revestimento das barras de combustível, o que poderia causar falhas mecânicas e liberação de material radioativo para a água, além de ocorrer a redução da reatividade do núcleo, pois a redução da massa específica da água reduz a capacidade de moderação de nêutrons (Knief, 2003). Uma das formas de evitar esse problema é a operação do reator em pressões elevadas, por volta de 7 MPa (70 bar), condição que permite a vaporização mais estável da água. Com esta pressão, a temperatura do vapor saturado atinge, aproximadamente, 286 °C, podendo ser utilizado para movimentar a turbina que irá acionar o gerador de energia elétrica, sendo que a água condensada na turbina retorna para o reator. Com essa configuração, pode-se atingir uma eficiência global de até 34 % (Lamarsh; Baratta, 2012).

- **Reator de água pressurizada (*Pressurized water reactor* – PWR):**

  Esta configuração é uma evolução do reator do tipo BWR, principalmente no que se refere à maior segurança com relação à dispersão de contaminantes radioativos para os componentes da estrutura de geração de energia elétrica, ou seja, turbinas e condensadores. Em um reator PWR, existem dois circuitos de troca térmica, um para resfriamento do núcleo do reator e outro para a geração de energia térmica. No circuito de resfriamento do núcleo do reator, não é permitida a formação de vapor d'água, ou seja, a remoção de energia do circuito de resfriamento se dá pelo calor sensível. A geração de vapor para a conversão da energia térmica em elétrica ocorre em outro circuito, denominado circuito secundário,

sendo que o circuito de resfriamento do núcleo do reator é chamado circuito primário. A principal vantagem dessa configuração é o menor potencial de propagação de contaminantes radioativos para outras estruturas, porém, pelo fato de existir um maior número de componentes, ele se torna um pouco mais complexo. Para garantir uma maior eficiência de operação, o circuito primário opera com uma pressão da ordem de 15 MPa, e temperatura variando entre 290 e 325 °C, faixa de temperatura que possibilita a geração de vapor no circuito secundário. Contudo, esta concepção implica a necessidade de uma maior vazão de circulação de água no circuito primário, em comparação com o que ocorre no reator do tipo BWR. O circuito secundário opera com uma pressão próxima de 7,5 MPa (75 bar), gerando vapor saturado com temperatura de 291 °C. A eficiência de conversão de energia também é próxima de 34 %. Nesta configuração, também é necessário utilizar combustível com urânio enriquecido (3 a 5 % em U-235).

- **Reator de água pesada pressurizada (*Pressurized heavy-water moderated reactor* – PHWR):**

  O reator de água pesada funciona com a utilização de urânio natural como combustível, porém, para que as reações de fissão ocorram, ele não pode utilizar a água com composição isotópica natural como moderador e fluido de resfriamento, pelo fato de o hidrogênio apresentar maior seção de choque para a absorção de nêutrons térmicos, em comparação ao deutério. Assim, torna-se necessário promover o aumento da concentração de deutério na água, para que ela possa ser utilizada. Por outro lado, como o deutério é mais pesado que o hidrogênio, ele não é tão efetivo como moderador, visto que os nêutrons perdem muito menos energia durante uma colisão, o que implica a necessidade de um maior número de colisões para que seja possível obter nêutrons térmicos. Essa condição requer que o núcleo do reator de água pesada seja maior que o do reator de água leve, o que poderia resultar em um vaso de pressão também muito grande. A solução para este problema foi utilizar o conceito de tubo de pressão, no lugar do vaso de pressão. Nesta configuração, o reator consiste em um longo tubo de pressão, com um diâmetro relativamente pequeno, onde são inseridos os elementos combustíveis e é feita a circulação de água pesada, que funciona como moderador e fluido de resfriamento. Estes tubos, por sua vez, ficam inseridos dentro de um tanque cilíndrico, que também está preenchido com o moderador, porém em uma pressão muito menor do que o fluido que circula nos tubos com os elementos combustíveis. Nesta configuração, não é necessário pressurizar todo o reator, mas apenas os tubos nos quais os elementos combustíveis estão inseridos. Os demais componentes do reator, ou seja, o circuito de geração de energia, são similares às de um reator do tipo BWR, com a diferença da existência de um pressurizador no circuito de alta pressão. A Fig. 17.10, adaptada de Lamarsh e Baratta (2012), apresenta um diagrama esquemático da configuração de um reator de água pesada. Também é importante destacar que a eficiência do reator PHWR é ligeiramente menor que a dos reatores BWR e PWR, em função da perda

ENERGIA NUCLEAR 459

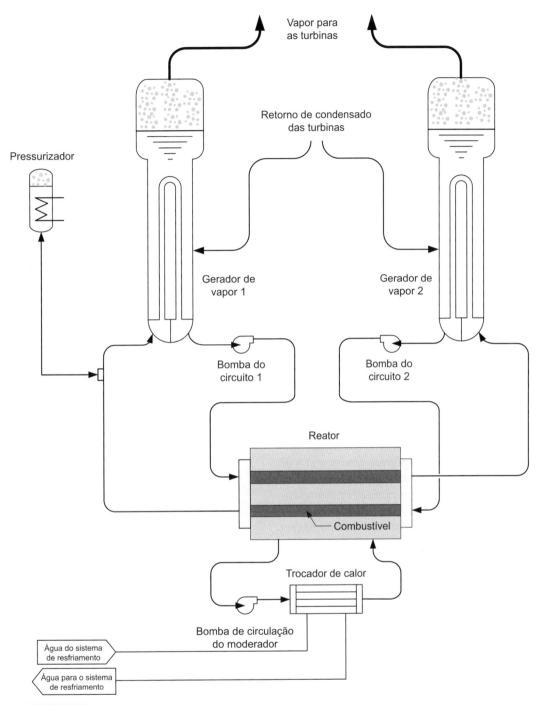

FIGURA 17.10 Representação esquemática do reator de água pesada.
Fonte: adaptada de Lamarsh; Baratta (2012).

de energia para o moderador que fica em um circuito separado e de restrições com relação à elevação da temperatura do moderador do circuito de geração de vapor.

- **Reator com resfriamento a gás (*Gas-cooled reactor* – GCR):**
Os reatores resfriados com gás foram desenvolvidos, inicialmente, para a conversão do U-238 em Pu-239, para fins militares, e utilizam o grafite como moderador e o gás carbônico como fluido de resfriamento. Esses reatores também foram utilizados como uma opção por países que não dominavam o processo de enriquecimento isotópico do urânio para a operação de reatores de água leve. Com o passar do tempo, o projeto dessa configuração de reator foi aprimorado, sendo desenvolvido o modelo de reator que operava em alta temperatura com resfriamento a gás (HTGR), possibilitando a obtenção de vapor superaquecido com temperaturas próximas de 540 °C e pressões de 16 MPa (160 bar), resultando em eficiências de conversão de energia de 40 %, similar ao que se obtém, hoje, em usinas termelétricas

que utilizam combustíveis fósseis. Atualmente, os reatores do tipo HTGR, desenvolvidos nos Estados Unidos, utilizam hélio como fluido de resfriamento e combustíveis contendo uma mistura de tório e urânio com alto enriquecimento, de maneira que o U-233 obtido a partir do tório acaba substituindo o U-235. Pelo fato de o HGTR utilizar urânio com alto grau de enriquecimento, ele acaba sendo mais compacto que os reatores resfriados a gás que utilizam urânio com baixo grau de enriquecimento ou natural. Outra característica desse projeto de reator é que o hélio que circula no sistema pode atingir temperaturas entre 815 e 870 °C, podendo ser utilizado diretamente em uma turbina a gás para o acionamento de um gerador elétrico, o que simplifica o processo de geração de energia. Deve-se considerar, também, que a energia residual presente no gás de exaustão das turbinas ainda é elevada, podendo ser utilizada em outras aplicações, permitindo a obtenção de eficiências energéticas próximas de 50 %, contudo, isso só pode ser viabilizado considerando-se o planejamento adequado da instalação do reator.

- **Reator de produção, incluindo os reatores de produção rápidos de metal líquido (*Liquid metal fast-breeder reactor* – LMFBR):**

Os reatores de produção recebem essa designação visto que eles podem converter materiais férteis em físseis, o que amplia a capacidade de geração de energia, tendo como principal característica a utilização de metal fundido, geralmente sódio, como fluido de troca térmica. O uso do sódio metálico se justifica pelo fato de ele apresentar baixa seção de choque para desaceleração de nêutrons rápidos, os quais são necessários para o processo de transmutação dos materiais férteis em físseis, além de ser um excelente material para transferência de calor. Com essas características, o núcleo de um reator desse tipo é significativamente menor que o núcleo dos reatores com outras configurações. Também deve ser considerado que o sódio apresenta elevado ponto de ebulição, 882 °C na pressão atmosférica, possibilitando a operação dos circuitos de resfriamento do reator em temperaturas muito elevadas e com baixas pressões, sem que ocorra a ebulição do sódio, o que elimina a necessidade de um vaso de pressão robusto. Essas características do fluido de resfriamento também resultam na possibilidade de produção de vapor em alta temperatura e pressão, com consequente aumento da eficiência energética. Um dos inconvenientes da utilização do sódio como fluido de resfriamento é o fato do seu ponto de fusão ser de 98 °C, significativamente superior à temperatura ambiente, de maneira que ele deve ser mantido aquecido o tempo todo, para evitar a sua solidificação. Outra preocupação com a utilização do sódio diz respeito a sua elevada reatividade química, sendo que o contato com a água resultará em uma reação com liberação de grande quantidade de energia e, quando exposto ao ar, entra em combustão, emitindo gases tóxicos. Por fim, deve-se considerar que o sódio pode absorver nêutrons, mesmo os de alta energia, ocorrendo a formação do isótopo $_{11}^{24}Na$, com meia-vida de 15 horas, decaindo com a emissão de radiação beta e gama. Em função disso, todos os reatores LMFBR utilizam dois circuitos de sódio, o primário contendo o sódio radioativo, responsável pelo resfriamento do núcleo do reator, e o secundário, utilizado para transferência de energia para o sistema de geração de vapor para produção de energia elétrica. Na Fig. 17.11 é apresentado um arranjo do reator LMFBR utilizado para geração de energia elétrica.

Para assegurar a reação em cadeia em um reator nuclear é necessário que existam nêutrons com energia adequada para serem capturados pelos núcleos dos átomos físseis presentes no combustível. Como visto na descrição do processo de fissão, uma vez que cada reação gera de dois a três nêutrons rápidos, os quais apresentam alta energia, é preciso reduzir essa energia para assegurar uma maior probabilidade para a ocorrência de reações de fissão adicionais. A perda de energia dos nêutrons é possibilitada pela utilização de uma substância denominada *moderador*, que apresenta baixa massa molecular, o que permite grande dissipação de energia durante a colisão de um nêutron com o seu núcleo atômico. Os materiais mais adequados para essa função incluem o hidrogênio, o deutério e o carbono. Como em um reator nuclear, também é importante utilizar um material para o seu resfriamento e produção de energia térmica. A água pode ser utilizada para cumprir as funções de moderador e fluido térmico, o que ocorre nos três primeiros tipos de reatores listados anteriormente, ou então, devem ser utilizadas substâncias diferentes para atuar como moderador e fluido de resfriamento, como no caso dos reatores moderados com grafite sólido e resfriados a gás.

No caso de reatores que utilizam nêutrons rápidos para o processo de fissão, deve-se evitar materiais que reduzam a energia dos nêutrons, como os que foram mencionados, devendo-se empregar o sódio fundido como fluido de resfriamento.

Outro aspecto a ser considerado é que qualquer reator que contenha material fértil no seu combustível, como o $_{92}^{238}U$ ou o $_{90}^{232}Th$, pode produzir alguma quantidade adicional de material físsil. Uma configuração especial de reator é o de produção (*breeder*), o qual acaba produzindo mais material físsil do que aquele que consome, sendo uma opção para viabilizar a utilização dos recursos de material fértil que o país dispõe.

Assim, o projeto de reatores nucleares para a geração de energia deve considerar uma combinação adequada de materiais físseis e férteis no combustível a ser utilizado, com o tipo de material de resfriamento e moderador, visando otimizar o aproveitamento dos nêutrons gerados nas reações de fissão. Também deverão ser levados em conta aspectos relacionados com as características dos materiais para a fabricação de todos os componentes do reator nuclear, principalmente as suas resistências química, térmica e mecânica, além de sua estabilidade à radiação. Todos esses aspectos devem ser ponderados quando do desenvolvimento de projetos de reatores nucleares para a geração de energia, além de todos aqueles relacionados com as demais instalações necessárias para assegurar o aproveitamento da energia gerada no reator para conversão em energia elétrica.

Em um levantamento feito pela IAEA (2022b), a geração nuclear respondia por, aproximadamente, 9,8 % da geração de

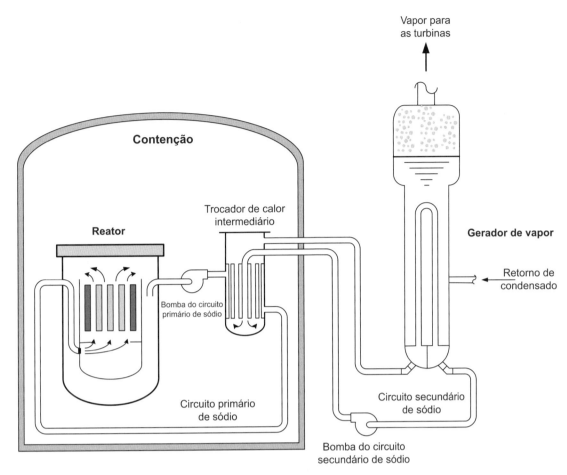

FIGURA 17.11 Arranjo de um reator LMFBR utilizado para geração de energia elétrica.

energia elétrica no mundo, equivalente a 2653 TWh. No ano de 2021, a energia nuclear foi a terceira principal fonte para a produção de energia elétrica no mundo, o que mostra a sua relevância para a sociedade. Os mapas da Fig. 17.12, construída a partir dos dados da IAEA (2022b), mostra a distribuição do número de usinas nucleares em operação no mundo e a capacidade líquida de produção de energia elétrica.

Com relação aos tipos de reatores em operação na atualidade e a respectiva potência média de geração elétrica, a IAEA mantém em sua página eletrônica um sistema de informações sobre reatores de potência, mostrando que os reatores na configuração PWR são os mais amplamente utilizados, respondendo por 73,4 % das unidades e 78,1 % da geração de energia, seguido pelos reatores BWR, que respondem por 10,0 % das unidades e 11,7 % da geração de energia. O gráfico da Fig. 17.13 mostra a distribuição do número de reatores e a potência elétrica gerada por tipo de configuração, obtida a partir dos dados disponíveis na base de dados da IAEA, Sistema de Informações sobre Reatores de Potência (IAEA/PRIS, 2023).

É importante ressaltar que para todas as configurações de reatores são necessários diversos componentes para garantir que a reação de fissão ocorra de forma controlada, podendo ser iniciada ou interrompida quando necessário, bem como a sua operação seja feita de modo seguro, levando-se em consideração as questões de contenção de radioatividade, remoção de calor do núcleo do reator e todas as operações necessárias para a sua manutenção, incluindo as operações de troca de combustível e gerenciamento dos rejeitos radioativos gerados, entre outras.

Uma descrição detalhada de todos os sistemas e componentes necessários para garantir a operação segura de um reator nuclear está fora do escopo deste capítulo, ressaltando-se que informações mais detalhadas poderão ser obtidas em referências específicas, como Lamarsh e Baratta (2012), Kok (2009) ou Knief (2003), e também na página eletrônica da IAEA, mediante consulta das publicações técnicas disponibilizadas em sua página eletrônica.[3]

De maneira geral, as configurações dos principais tipos de reatores nucleares são bastante similares e incluem o núcleo do reator, a estrutura de contenção ou vaso de pressão, que constituem o reator nuclear propriamente dito, o sistema de controle de reatividade, o circuito de resfriamento e o sistema de pressurização, no caso específico dos reatores que utilizam água para resfriamento.

Para cumprir o objetivo de geração de energia elétrica e a operação segura do reator, serão necessários outros componentes e sistemas, como a estrutura de contenção, o gerador de vapor, o sistema de conversão de energia e as estruturas de apoio, ou sistemas auxiliares, como sistema de tratamento de

---

[3] IAEA: Disponível em: https://www.iaea.org/publications/search/type/tecdoc-series?keywords=reactor+design. Acesso em: 28 jul. 2023.

FIGURA 17.12 (a) Número de instalações nucleares e (b) potência elétrica líquida.
Fonte: IAEA (2022b).

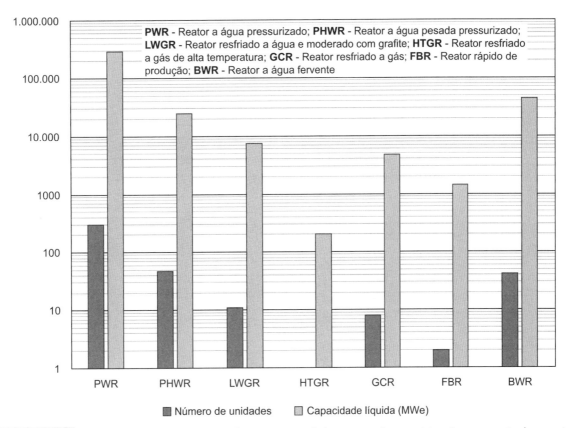

FIGURA 17.13 Distribuição das configurações de reatores instalados no mundo e participação na geração de energia.
Fonte: IAEA/PRIS (2023).

rejeitos radioativos, área para armazenagem de combustíveis novos e irradiados, sistemas de segurança, sala de controle e áreas de apoio, incluindo oficinas de manutenção, laboratórios, área de descontaminação de equipamentos e pessoal e área para escritórios e uso de pessoal técnico. Na Fig. 17.14, adaptada de El-Sefy *et al.* (2019), é apresentado um arranjo esquemático do módulo geração de energia de um reator nuclear, o qual pode ser válido para qualquer configuração, com as adaptações necessárias.

Atualmente, com as preocupações relacionadas com a utilização de combustíveis fósseis e a sua associação a problemas ambientais variados, uma nova concepção de reator nuclear foi desenvolvida, os reatores modulares compactos (RMC) (em inglês, *small modular reactors*). O RMC é uma configuração avançada dos modelos tradicionais de reatores, podendo ser construídos com uma capacidade de geração de energia elétrica de até 300 MW por unidade, comparada com a potência dos reatores convencionais de grande porte, cuja capacidade de produção de energia é superior a 700 MWe (Liou, 2021).

A principal vantagem dessa configuração de reatores é o fato de eles poderem ser fabricados de forma padronizada e testados em uma indústria antes do seu envio para o local de instalação, procedimento que resultaria na redução do tempo de construção com o aumento da qualidade, o que, por sua vez, resulta na redução dos custos da sua utilização, em comparação aos reatores de grande porte (IAEA, 2021b). Os RMC podem ser fabricados em qualquer uma das configurações previamente apresentadas e já existem vários projetos em diversos estágios de desenvolvimento no mundo (IAEA, 2020).

Como principal característica dos RMC, destaca-se o seu projeto integrado, ou seja, os módulos são constituídos pelo reator nuclear propriamente dito e o circuito primário de resfriamento, de maneira que todo o volume do fluido de resfriamento contido no circuito primário é significativamente maior do que o utilizado em um sistema com a configuração do circuito primário externo. Além disso, devem ser destacadas as seguintes características (IAEA, 2020):

- reator intrinsicamente seguro, a menor potência e maior relação entre a área de superfície e o volume do núcleo do reator resulta no aumento da eficiência dos sistemas passivos de segurança. Assim, a maior confiabilidade do sistema passivo de resfriamento possibilita um projeto menos complexo, permitindo procedimentos de operação e manutenção mais simplificados;

- menor inventário de combustível no núcleo do reator, com benefícios no local da instalação, como menor exigência com relação à blindagem contra a radiação, o que resultará em menores doses aos trabalhadores e fora do local da instalação. Esse menor inventário também reduz a probabilidade de ocorrência de acidentes e menor potencial para a liberação de material radioativo, o que reduz a abrangência do plano de emergência;

- maior flexibilidade, possibilitando o desenvolvimento de projetos otimizados, com sistemas com múltiplos reatores e

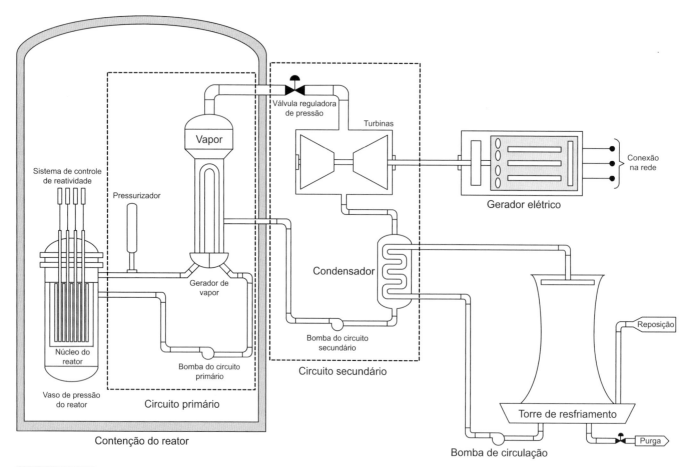

FIGURA 17.14 Arranjo esquemático do módulo de geração de energia de uma usina nuclear.
Fonte: adaptada de El-Sefy et al. (2019).

maior rapidez no processo de implantação, além da possibilidade de oferta de diferentes produtos, energia térmica para processos industriais e energia elétrica.

Talvez a questão mais relevante sobre os RMC seja a dispersão de diversos reatores pelo território, o que pode dificultar o processo de fiscalização da operação dos mesmos e, eventualmente, a dificuldade de obtenção de mão de obra devidamente qualificada para atuar nessas centrais de geração de energia. Na Fig. 17.15 é apresentado um dos possíveis arranjos para o RMC.

17.6 Questões ambientais relacionadas com a geração de energia elétrica em reatores nucleares

Em função da forma que a energia nuclear foi apresentada para a humanidade, há sempre uma preocupação com relação aos impactos que a utilização de reatores nucleares para a geração de energia elétrica pode ter para os seres humanos e para o meio ambiente. A primeira preocupação se refere ao potencial de uma explosão nuclear, o que, do ponto de vista científico, não é possível, simplesmente porque os combustíveis utilizados nos reatores não possuem a concentração isotópica de urânio físsil capaz de resultar em uma reação em cadeia descontrolada, o que ocorre apenas quando são obtidas condições específicas com relação ao teor de enriquecimento isotópico do urânio, a sua quantidade e a existência de uma fonte de nêutrons capaz de iniciar a reação em cadeia. Assim, a principal preocupação associada à operação dos reatores nucleares é a manutenção da temperatura do núcleo abaixo de valores que poderiam comprometer a integridade do revestimento dos elementos combustíveis, no caso de uma falha no sistema de resfriamento e de segurança. Essa condição ocorreu no reator nuclear de Fukushima no Japão, em março de 2011, por conta de um tsunami originado pela ocorrência de um terremoto na região, que causou danos às bombas de circulação de água do mar, responsáveis pela remoção do calor residual do núcleo dos reatores, além da perda de capacidade de acionamento dos geradores elétricos, o que inviabilizou a remoção do calor residual de três reatores, os quais tiveram a perda da integridade do revestimento das barras de combustível, ocasionando a liberação de material radioativo (WNA, 2023).

Outro acidente relevante, que também desperta preocupações com relação ao uso da energia nuclear para a produção de eletricidade, foi o do reator nuclear Chernobyl 4, em razão de um teste operacional mal executado em que houve desativação de mecanismos automáticos de desligamento do reator e um procedimento que resultou em um surto de potência.

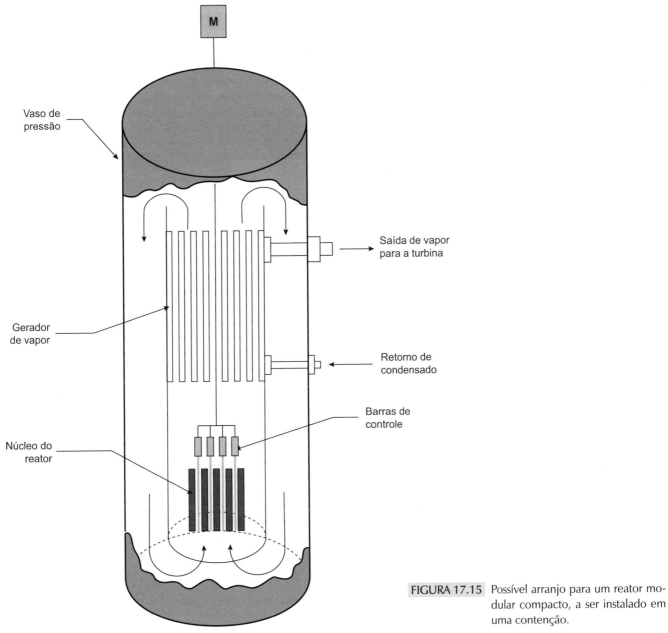

FIGURA 17.15 Possível arranjo para um reator modular compacto, a ser instalado em uma contenção.

A interação do combustível muito quente com a água de resfriamento levou a sua fragmentação com uma rápida geração de vapor e aumento da pressão no reator, que resultou em um deslocamento da sua cobertura, causando danos aos canais de combustível e emperramento às barras de controle, condição essa que resultou em uma explosão de vapor que liberou material radioativo para a atmosfera e uma segunda explosão foi responsável pelo lançamento de fragmentos do combustível e do moderador quente, grafite, para o ambiente (WNA, 2022).

No caso dos reatores mais modernos, em função de todos os requisitos de segurança que foram estabelecidos, o potencial de acidentes similares apresenta um risco muito baixo, em que a maior preocupação do ponto de vista ambiental está relacionada com os eventuais rejeitos radioativos gerados ao longo de sua operação, assim como com o combustível nuclear irradiado, após o exaurimento dos materiais físseis presentes.

Na maioria dos casos, os combustíveis irradiados são removidos do núcleo do reator e depositados em piscinas, localizadas em uma área conjugada ao reator, para serem resfriados e mantidos para decaimento radioativo até que possam ser transferidos para outro local, ou processados para a recuperação de materiais de interesse. Nos países que não fazem o processamento dos combustíveis irradiados para recuperação de materiais físseis, inclusive uma quantidade ainda significativa de U-235, os elementos combustíveis, após terem sido armazenados por tempo suficiente para o decaimento dos radioisótopos de meia-vida curta, o que reduz a emissão de calor de forma significativa, são armazenados a seco, em dispositivos denominados *canisters*, em uma área apropriada, ou então, depositados em repositórios profundos, para minimizar o potencial de contato com as pessoas e também para viabilizar a sua recuperação, caso seja oportuno (IAEA, 2018). A Fig. 17.16 ilustra uma estrutura para armazenagem a seco de combustíveis queimados.

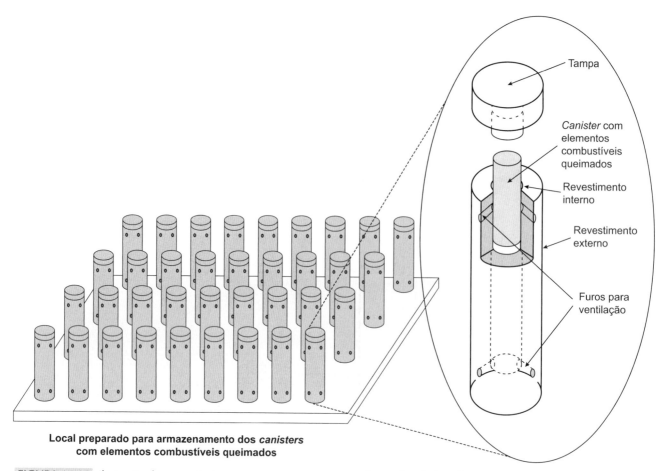

FIGURA 17.16 Ilustração de uma estrutura para armazenagem a seco de combustível nuclear irradiado.

Excluindo-se a questão dos rejeitos radioativos e combustíveis irradiados, um aspecto bastante relevante do processo de geração de energia elétrica em centrais nucleares é o fato de não ocorrer a emissão de gases de combustão, como no caso das usinas termelétricas que utilizam combustíveis fósseis ou biomassa. Este aspecto é bastante relevante do ponto de vista de poluição atmosférica, assim como para as questões da emissão de gases relacionados com o problema do "aquecimento global", amplamente discutido pela sociedade.

Considerando-se apenas o problema das emissões de poluentes atmosféricos que podem ter efeito direto sobre a saúde humana e meio ambiente, as usinas termelétricas convencionais têm potencial de emitir monóxido de carbono, dióxido de enxofre, óxidos de nitrogênio e material particulado, principalmente.

Além das emissões atmosféricas que ocorrem no processo de queima dos combustíveis tradicionais, deve-se considerar ainda os eventuais resíduos sólidos, principalmente as cinzas geradas pela queima de carvão e biomassa.

Destaca-se que essas emissões, mesmo que relevantes, são devidamente controladas e que a utilização de fontes convencionais de combustíveis para a geração de energia elétrica traz muito mais benefícios para a sociedade, em comparação ao que ocorreria caso não fossem utilizadas.

Assim, o aspecto mais relevante a ser considerado é que a utilização de recursos energéticos mais abundantes no país possibilita a obtenção de energia com menores custos de produção, o que viabiliza a implementação de ações que protejam o meio ambiente, assegurando o desenvolvimento econômico do país e a melhoria da qualidade de vida da população.

Problemas propostos

17.1 Quais são os desafios para a viabilização do processo de fusão nuclear para geração de energia elétrica no Brasil, levando-se em conta aspectos técnicos, econômicos e ambientais, inclusive a obtenção do combustível necessário?

17.2 Dentre as configurações de reatores nucleares disponíveis, qual ou quais deveriam ser priorizadas para produção de energia elétrica no Brasil? Apresente argumentos técnicos que justifiquem a sua resposta.

17.3 Considere a energia específica gerada pelo processo de fissão do U-235 e que os combustíveis utilizados em reatores nucleares de potência apresentam enriquecimento isotópico de 5 % em massa, sendo que reação em cadeia de fissão em um reator de potência só pode ser mantida enquanto a concentração de U-235 for superior 1 %. Faça uma estimativa do consumo de combustível para operar uma usina nuclear com potência de 1200 MWe por

40 anos, sabendo-se que a eficiência de conversão da energia do combustível em elétrica é de 32 %.

17.4 Apresente os principais desafios para viabilizar a utilização de reatores modulares compactos no país e como eles poderiam ser superados.

17.5 Por que, para muitas pessoas, a energia nuclear não é considerada uma opção para a obtenção de energia elétrica e que argumentos você utilizaria para mostrar que essa fonte de energia deve ser utilizada?

Bibliografia

AHMED, S. N. Properties and sources of radiation. Chapter 1. *In*: *Physics and engineering of radiation detection*. 2. ed. Elsevier, 2015. p. 1-64.

DOLAN, T. J.; PAZSIT, I.; RYKHLEVSKII, A.; YOSHIOKA, R. *Molten Salt Reactors and Thorium Energy*. Introduction. Chapter 1. Thomas J. Dolan (ed.). Elsevier, 2017. p. 1-12.

ELETRONUCLEAR. *Nossas atividades*. Informações de Angra 1. Disponível em: https://www.eletronuclear.gov.br/Nossas-Atividades/Paginas/Informacoes-de-Angra-1.aspx. Acesso em: 28 jul. 2023.

EL-SEFY, M.; EZZELIDIN, M.; EL-DAKHAKHNI, W.; WIEBE, L.; NAGASAKI, S. System dynamics simulation of the thermal dynamic processes in nuclear power plants. *Nuclear Engineering and Technology*, v. 51, p. 1540-53, 2019. Disponível em: https://doi.org/10.1016/j.net.2019.04.017. Acesso em: 28 jul. 2023.

EMPRESA DE PESQUISA ENERGÉTICA (EPE). *Balanço Energético Nacional 2021*: Ano Base 2020. Rio de Janeiro: EPE, 2021. Disponível em: https://www.epe.gov.br/sites-pt/publicacoes-dados-abertos/publicacoes/PublicacoesArquivos/publicacao-675/topico-638/BEN2022.pdf. Acesso em: 25 jul. 2023.

FELTUS, M. A. Fission reaction physics. Chapter Nuclear Technology. *In*: MEYERS, R. A. (ed.). *Encyclopedia of Physical Science and Technology*. 3. ed. Academic Press, 2003. p. 893-906.

INTERNATIONAL ATOMIC ENERGY AGENCY/POWER REACTOR INFORMATION. *In operation & Suspended Operation Reactors*. Disponível em: https://pris.iaea.org/PRIS/WorldStatistics/OperationalReactorsByType.aspx. Acesso em: 06 ago. 2023.

INTERNATIONAL ATOMIC ENERGY AGENCY (IAEA). *Fission products yields*. WIMS Library Update Project. IAEA Physics Section/Nuclear Data Section. Disponível em: https://www-nds.iaea.org/wimsd/fpyield.htm#T2. Acesso em: 26 jul. 2023.

INTERNATIONAL ATOMIC ENERGY AGENCY (IAEA). *World survey of fusion devices*. Vienna, 2022a.

INTERNATIONAL ATOMIC ENERGY AGENCY (IAEA). *Energy, electricity and nuclear power estimates for the period up to 2050*. Reference Data Series n. 1. Australia, 2022b.

INTERNATIONAL ATOMIC ENERGY AGENCY (IAEA). *Nuclear power reactors in the world*. Reference Data Series n. 2. Vienna, 2021a.

INTERNATIONAL ATOMIC ENERGY AGENCY (IAEA). *Technology roadmap for small modular reactor development*. IAEA Nuclear Energy Series n. NR-T-1.18. Vienna, 2021b.

INTERNATIONAL ATOMIC ENERGY AGENCY (IAEA). *Advances in small modular reactor technology developments*. A supplement to: IAEA Advanced Reactors Information System (ARIS). Australia, 2020. Disponível em: https://aris.iaea.org/Publications/SMR_Book_2020.pdf. Acesso: em 9 ago. 2023.

INTERNATIONAL ATOMIC ENERGY AGENCY (IAEA). *World thorium occurrences, deposits and resources*. IAEA TECDOC-1877. Vienna, 2019.

INTERNATIONAL ATOMIC ENERGY AGENCY (IAEA). *Options for management of spent nuclear fuels and radioactive waste for countries developing new nuclear power programs*. IAEA Nuclear Energy Series n. NW-T-1.24 (Rev. 1). Vienna, 2018.

INTERNATIONAL ATOMIC ENERGY AGENCY (IAEA). *Thorium fuel cycle* – Potential benefits and challenges. IEAE-TECDOC-1450. Vienna, 2005.

INTERNATIONAL CAMPAIGN TO ABOLISH NUCLEAR WEAPONS (ICAN). *The road to a world free of nuclear weapons*. Nuclear Weapons History. Disponível em: https://www.icanw.org/nuclear_weapons_history. Acesso em: 6 ago. 2023.

KAW, P. K.; BANDYOPADHYAY, I. The case for fusion. Chapter 1. *In*: KIKUCHI, M.; LACKNER, K.; TRAN, M. Q. *Fusion Physics*. IAEA. Vienna, 2012. Disponível em: https://nucleus.iaea.org/sites/fusionportal/SiteCollectionDocuments/Fusion%20Book.pdf. Acesso em: 25 jul. 2023.

KNIEF, R. A. Nuclear power reactors. Chapter Nuclear Technology. *In*: MEYERS, R. A. (ed.). *Encyclopedia of Physical Science and Technology*. 3. ed. Academic Press, 2003. p. 739-761.

KOK, K. D. Historical development of nuclear power. Chapter 1. *In*: KOK, K. D. (ed.). *Nuclear Engineering Handbook*. Boca Raton: CRC Press, 2009. p. 3-8.

LAMARSH, J. R.; BARATTA, A. J. *Introduction to nuclear engineering*. 3. ed. New Jersey: Prentice-Hall, 2012.

LIOU, J. *What are small modular reactors (SMRs)?* Nuclear Explained. Office of Public Information Communication. International Atomic Energy Agency, nov. 2021. Disponível em: https://www.iaea.org/newscenter/news/what-are-small-modular-reactors-smrs. Acesso em: 9 ago. 2023.

MARCOLIN, N. Átomos da paz – IPEN completa 50 anos com bons serviços prestados por meio da energia nuclear. *Revista Pesquisa FAPESP*, v. 129, p. 10-11, 2006. Disponível em: https://revistapesquisa.fapesp.br/atomos-da-paz/. Acesso em: 6 ago. 2023.

NATIONAL INSTITUTE OF STANDARDS AND TECHNOLOGY (NIST). *Atomic weights and isotopic compositions with relative atomic masses*. 2023a. Disponível em: https://www.nist.gov/pml/atomic-weights-and-isotopic-compositions-relative-atomic-masses. Acesso em: 11 ago 2023.

NATIONAL INSTITUTE OF STANDARDS AND TECHNOLOGY (NIST). *The NIST reference on constants, units, and uncertainty*. 2023b. Disponível em: https://physics.nist.gov/cgi-bin/cuu/Value?mmn. Acesso em: 11 ago. 2023.

NUCLEAR ENERGY AGENCY (NEA) / INTERNATIONAL ATOMIC ENERGY AGENCY (IAEA). *Uranium 2022*: resources, production and demand. Paris: OECD, 2023. Disponível em: https://doi.org/10.1787/2c4e111b-en. Acesso em: 11 ago. 2023.

RICHTER, S.; ALONSO-MUNOZ, A.; EYKENS, R.; JACOBSSON, U. *et al.* The isotopic composition of natural uranium samples – Measurements using new n(233U/n(236U) double spike IRMM-3636. *International Journal of Mass Spectrometry*, v. 269, n. 1-2, p. 145-8, 2008. Disponível em: https://www.sciencedirect.com/science/article/pii/S1387380607003855. Acesso em: 28 jul. 2023.

XU, Y. A general comparison between tokamak and stellarator plasmas. *Matter and Radiation at Extremes*, v. 1, p. 192-200, 2016. Disponível em: http://dx.doi.org/10.1016/j.mre.2016.07.001. Acesso em: 28. Jul. 2023.

WORLD NUCLEAR ASSOCIATION. *Chernobyl Accident 1986.* 2022. Disponível em: https://world-nuclear.org/information-library/safety-and-security/safety-of-plants/chernobyl-accident.aspx. Acesso em: 9 ago. 2023.

WORLD NUCLEAR ASSOCIATION. *Fukushima Daiichi Accident.* 2023. Disponível em: https://world-nuclear.org/information-library/safety-and-security/safety-of-plants/fukushima-daiichi-accident.aspx. Acesso em: 9 ago. 2023.

18 EFICIÊNCIA ENERGÉTICA

ALBERTO HERNANDEZ NETO
Departamento de Engenharia Mecânica da Escola Politécnica da Universidade de São Paulo (Poli-USP)

EDUARDO IOSHIMOTO
Departamento de Engenharia Civil da Escola Politécnica da Universidade de São Paulo (Poli-USP)

EDUARDO SEIJI YAMADA
Mestre em Engenharia de Sistemas Prediais e Engenheiro Civil pela Escola Politécnica da Universidade de São Paulo (Poli-USP). Professor do Programa de Educação Continuada (PECE) da Poli-USP. Membro da Diretoria das Associações ASHRAE Brasil Chapter e BCA Brasil Chapter. Gerente Técnico de Sistemas Prediais do Centro de Tecnologia de Edificações (CTE)

ENIO AKIRA KATO
Professor do Programa de Educação Continuada (PECE) da Escola Politécnica da Universidade de São Paulo (Poli-USP)
Associações: ABESCO, ASHRAE, ABNT, ISO e AEE Brazil Chapter
Diretor da Nittoguen Engenharia

LETICIA DE OLIVEIRA NEVES
Professora do Departamento de Arquitetura e Construção da Faculdade de Engenharia Civil, Arquitetura e Urbanismo (FECFAU) da Universidade Estadual de Campinas (Unicamp)

18.1 Eficiência energética e contexto energético

Os aspectos relacionados com o uso racional de recursos, principalmente água e energia, aumentaram em termos de importância, em função da demanda cada vez mais crescente e de suas limitadas fontes. Dessa forma, ações e movimentos da sociedade progridem na direção do aumento da eficiência dos diversos processos usados no dia a dia da população mundial.

Podem-se citar alguns fatores indutores desse movimento de busca por soluções mais eficientes no setor da energia, a saber:

- aumentos de custos da energia elétrica e mudanças da estrutura tarifária: o setor de produção e distribuição de energia vem aumentando seus custos em virtude de maior necessidade de investimentos para suprir o aumento da demanda, bem como da confiabilidade do sistema de geração e distribuição de energia. Some-se a isso o fato de que, recentemente, o setor de tarifação residencial passa por mudanças que acarretarão aumentos no custo da energia elétrica para o setor;

- crescimento de processos de certificação de edificações: o Brasil vem experimentando um crescimento significativo no número de edificações que pleiteiam ter seus projetos avaliados por processos de certificação sustentável, como LEED, AQUA e Procel-Edifica. Pode-se exemplificar esse crescimento ao se verificar que, no Brasil, em 2006, havia apenas uma edificação certificada pela Metodologia Internacional de Certificação Sustentável LEED e que, em janeiro de 2024, já eram 951 edificações entregues e certificadas, conquistando o 4º lugar no mundo em números de projetos certificados, fora os Estados Unidos (onde o LEED foi criado), atrás de China, Canadá e Índia (GBC, 2024);

- mudanças climáticas: mudanças climáticas vêm sendo atribuídas ao aumento natural da demanda por energia e água com o crescimento populacional. Nesse sentido, diversas ações coordenadas em nível mundial têm sido implantadas para reduzir o impacto dessas demandas, visando ao aumento da eficiência dos diversos setores produtivos.

No Brasil, a sociedade responde de modo a reduzir as demandas de energia e melhorar a eficiência energética dos equipamentos. O governo introduziu diversas ações para amenizar os impactos relacionados com o uso de energia no país, por exemplo:

- Programa de Etiquetagem de Equipamentos ou Programa Brasileiro de Etiquetagem (PBE): esse programa, coordenado pelo Inmetro e conhecido como Selo Procel de Energia, promove a avaliação de diversos equipamentos, como lâmpadas, eletrodomésticos de linha branca, entre outros, definindo os requerimentos mínimos de desempenho e limitando o consumo máximo de determinada aplicação. Com base em medições realizadas pelo Procel/Inmetro, os equipamentos são classificados em níveis de eficiência de A (mais eficiente) a E (menos eficiente). Essa informação e o consumo em cada nível são disponibilizados em uma etiqueta, mostrada na Fig. 18.1 (Procel, 2014a), que permite ao consumidor avaliar quão eficiente é o equipamento que ele pretende adquirir.

- Programa de Etiquetagem em Edificações: programa conhecido como Procel Edifica, promove o projeto de edificações mais eficientes por meio de avaliação da envoltória, do sistema de iluminação e do sistema de condicionamento de ar dos empreendimentos, com posterior concessão de selo de eficiência, que tem filosofia similar ao Selo Procel de Energia descrito anteriormente (Fig. 18.2 [Procel, 2014b]). O programa Procel Edifica passa atualmente por consulta pública para sua atualização e está em processo de aprovação.

Podem-se definir como ações de eficiência energética toda e qualquer ação que promova a redução do consumo de energia, mantendo-se o mesmo nível de serviço prestado. Pode-se afirmar que as ações para o aumento da eficiência energética promovem aumentos na razão entre o nível de energia produzida e o nível de energia consumida. Essas ações de eficiência energética concentram-se normalmente nos estágios de operação e manutenção de sistemas e podem promover, em conjunto com a redução de consumo dos insumos (energia, água, gás etc.), reduções nos custos de operação e/ou manutenção (menos reparos e aumento da eficiência dos sistemas e/ou equipamentos). As ações para melhoria da eficiência energética podem resultar também em aumentos de lucratividade associados à melhoria da qualidade e da confiabilidade dos processos.

Nesse sentido, técnicas vêm sendo desenvolvidas para avaliação e gestão da energia, permitindo o controle das demandas, principalmente em uma instalação comercial ou industrial. Essas técnicas são consolidadas, dando origem a normas que são mundialmente empregadas, como as famílias de normas ISO 14000 (ISO, 2014) e ISO 50001 (ISO, 2018).

Em um plano para aumento da eficiência energética de uma instalação, podem-se definir as seguintes atividades:

- definição de projeto alinhado aos objetivos da empresa na qual o plano será implantado;
- realização de diagnóstico preliminar e definição da linha base de consumo das instalações;
- realização de auditorias energéticas, inclusive entrevistas e reuniões com as diversas equipes da empresa;
- levantamentos de campo com avaliação de perfis de consumo de energia dos sistemas e equipamentos na empresa;
- definição de planos de ação com base em análises técnica e financeira;
- implantação das ações escolhidas;
- realização de acompanhamento das reduções atingidas por meio de processos de medição e verificação.

18.2 Edificações sustentáveis e certificações

A preocupação com o projeto e a operação de edificações eficientes e sustentáveis levou os diversos setores técnicos envolvidos a se organizarem e desenvolverem diretrizes voltadas para esses aspectos, como as normas ASHRAE 90.1 (ASHRAE, 2022) e 189.1 (ANSI/ASHRAE/USGBC/IES, 2020). Essas

FIGURA 18.1 Selo Procel de Energia.
Fonte: Procel (2014a).

FIGURA 18.2 Selo Procel Edifica.
Fonte: Procel (2014b).

normas sugerem parâmetros relacionados com a edificação, como características dos materiais de parede e vidros, área de envidraçamento, entre outros, além da definição dos níveis de eficiência com a qual os equipamentos de uma edificação devem atender ao projeto, à construção, à operação e à manutenção. Ademais, essas normas também sugerem o uso de sistemas de geração de energia renovável, incentivando a integração desses sistemas à edificação, buscando atingir o aumento do seu desempenho global e tendo como um dos objetivos a definição de diretrizes para a construção de edificações denominadas energia zero (*Zero Energy Buildings*). O nível de detalhamento dessas normas é alto, e pode-se exemplificar isso no caso da exigência que é feita, nas duas normas, para que a queda de tensão máxima de todos os condutores de alimentadores dos quadros/painéis elétricos da edificação seja dimensionada para 2 % da carga de projeto. No caso de circuitos terminais, todos os condutores de circuitos terminais deverão ser dimensionados para uma queda de tensão máxima de 3 % da carga de projeto.

A norma 90.1 serve de base para os quesitos relacionados com o consumo de energia dos diversos usos finais para a certificação LEED, que é um dos processos de certificação de edificações sustentáveis que mais têm crescido no Brasil e em outros países (GBC-Brasil, 2024). Essa norma define as características de uma edificação denominada referência (*baseline*), que servirá para verificar se a edificação proposta, juntamente com as diversas ações para redução de custo de operação anual – que, na maioria dos casos, se traduz em uma redução de consumo de energia –, tem custo de operação inferior ao da edificação referência. Com o avanço da tecnologia e o aumento da eficiência energética de equipamentos e sistemas ao longo do tempo, existe a necessidade de atualizar constantemente as referências técnicas de eficiência das normas. Por esse motivo, a ASHRAE emite novas atualizações das normas a cada três anos. Por exemplo, a ASHRAE 90.1-2007 foi usada como referência de eficiência energética na metodologia LEED na versão 3.0 ou 2009. Hoje, as versões mais recentes e atuais da certificação LEED, como a versão 4.0, que surgiu em 2016, e a versão 4.1, em 2019, referenciam as normas ASHRAE 90.1 2010 e ASHRAE 90.1-2016, respectivamente.

No caso do processo de certificação brasileiro, o Procel Edifica sofreu modificações e as instruções normativas INI-C (para edifícios comerciais) e INI-R (para edifícios residenciais). Na metodologia, a edificação analisada terá o seu consumo de energia anual comparado a outras quatro edificações que são definidas com base em método prescritivo (PROCEL, 2014b) nos níveis A (mais eficiente), B, C e D (menos eficiente). Assim, compara-se o consumo de energia anual da edificação proposta e das outras quatro edificações, definindo o nível em que a edificação proposta está e assim receber o selo correspondente. Na nova metodologia, o desempenho sazonal dos sistemas de climatização é considerado, tornando a análise mais detalhada e mais aderente ao comportamento das edificações.

Em ambas as certificações, LEED e Procel-Edifica, as comparações de desempenho energético podem ser realizadas por meio de simulações do comportamento energético das edificações, realizadas em ferramentas de simulações (*softwares*) validadas para esses processos, como o EnergyPlus, Trace, IES-VE e ESP-r. Com relação às certificações LEED e Procel Edifica, grande importância é dedicada aos aspectos de avaliação do desempenho energético, embora também se considerem os aspectos relacionados com o uso racional da água e com a qualidade do ambiente interior (qualidade do ar, conforto térmico, conforto lumínico, entre outros).

A certificação AQUA é baseada no sistema de acreditação francês HQE, que foi adaptado para as características do Brasil (Fundação Vanzolini, 2014). Esse sistema avalia diversos aspectos relacionados com sustentabilidade, consumo de energia e água, bem como a qualidade do ambiente interior, destacando critérios de avaliação mais qualitativos, tendo como base as normas brasileiras, e menos quantitativos, por meio de métricas e parâmetros mínimos, conforme utilizado pelas metodologias LEED e Procel-Edifica.

18.3 Normas para avaliação do desempenho de instalações

Diversas normas são utilizadas para a avaliação do desempenho de instalações. A norma ISO 50001 (ISO, 2018) foca as definições do sistema de gestão de energia e em como esse sistema pode auxiliar no melhor desempenho dos sistemas e/ou equipamentos instalados.

Os propósitos principais dessa norma podem ser assim definidos:

- permitir que a organização estabeleça sistemas e processos para melhoria do desempenho energético das suas instalações;
- conduzir o processo para a redução de custos da emissão de gases de efeito estufa e de outros impactos ambientais;
- ser aplicável a todos os tipos de organizações.

Dessa forma, a implantação das diretrizes da norma ISO 50001 permite o desenvolvimento e a implementação de políticas, objetivos, metas e planos de ação para gestão racional de energia, levando em consideração todos os requisitos legais e demais requisitos aplicáveis às instalações analisadas. Essa norma prevê a aplicação do conceito de melhoria contínua conhecido pela sigla PDCA (*Plan, Do, Check and Act*) e cujas atividades podem ser observadas na Fig. 18.3. Como principais resultados gerais da norma ISO 50001, podem-se citar:

- uso mais eficiente das fontes de energia disponíveis;
- melhoria da competividade das organizações;
- impacto positivo nas mudanças climáticas.

Deve-se ressaltar que a norma ISO 50001 não estabelece requisitos absolutos para desempenho energético, mas prevê que ocorra a integração com outros tipos de sistemas de gestão, como qualidade, meio ambiente, saúde e segurança e responsabilidade social. A norma pode ser usada para auxiliar a empresa na certificação, no registro e na autodeclaração de seu sistema de gestão de energia.

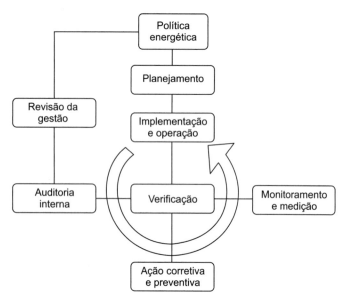

FIGURA 18.3 Fluxo de processos em um sistema de gestão de energia (ciclo PDCA).

De forma geral, a norma apresenta os passos e ações que devem ser realizados para a implantação de um sistema de gestão de energia, conforme ilustrado pela Fig. 18.4.

No quesito de funções, responsabilidade e autoridade apresentado na Fig. 18.4, a empresa deve indicar um representante, com adequados treinamento e competência, para:

- determinar critérios e métodos necessários para efetiva operação e controle;
- promover conscientização da política e objetivos em todos os níveis.

Já a política energética deve estabelecer o comprometimento da organização em atingir a melhoria do desempenho energético, enquanto a fase de planejamento deve contemplar as seguintes atividades:

- Revisão energética: consiste na identificação das áreas de significativo consumo de energia e daquelas que oferecem maior potencial de economia. Essa revisão deve ser documentada e atualizada em intervalos definidos ou no caso de modificações significativas na operação dos sistemas e/ou equipamentos da empresa. Para desenvolver a revisão, a empresa deve:
    - analisar o uso da energia com base em medições e outras informações;
    - identificar as áreas impactantes no uso de energia segundo as análises realizadas;

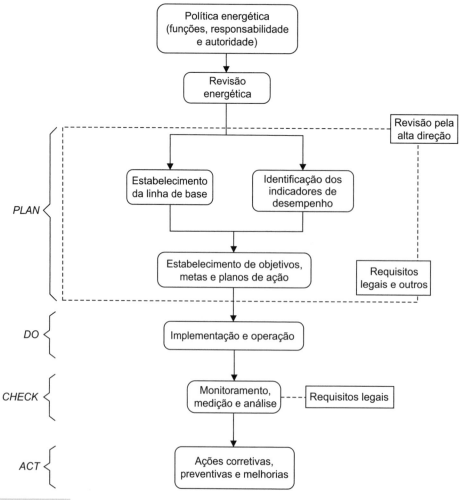

FIGURA 18.4 Representação das etapas do planejamento energético.

- identificar oportunidades para melhoria no desempenho, inclusive pelo uso de fontes de energia alternativas ou renováveis.
- Determinação da linha de base de energia: define a referência por meio da qual serão avaliadas as mudanças de desempenho de energia na empresa. Essa linha é estabelecida a partir das informações da revisão energética inicial, considerando um espaço de tempo adequado em função do uso e consumo de energia da empresa. Essa linha de base deve ser realizada periodicamente, ou quando houver mudanças significativas nas instalações, equipamentos, sistemas ou processos na empresa.
- Definição de indicadores de desempenho: esses indicadores são parâmetros quantitativos identificados pela empresa para avaliar o desempenho energético de seus sistemas/equipamentos, permitindo avaliar o progresso para se atingirem os objetivos e as metas estabelecidas. Alguns exemplos de indicadores são: consumo de energia anual (kWh), consumo específico (kWh/ano/peça, kWh/m^2).
- Atendimento a requisitos legais e a outros requisitos: a empresa deve atender a requisitos nacionais, internacionais, estaduais, municipais, entre outros, como requisitos de redução de impacto ambiental e acordos com associações de classe. A empresa deve ter um funcionário responsável por revisão e atualização desses requisitos em função de mudanças de leis e regulamentações.
- Definição dos objetivos e metas a serem atingidos e elaboração de plano de ação: a empresa deve estabelecer, implementar e manter objetivos e metas consistentes com a política e o perfil energéticos relativos às áreas de consumo de alto impacto, bem como elaborar um plano de ação para alcançar os objetivos e metas propostos. No processo de seleção desses objetivos e metas, a empresa deve levar em conta:
  - prioridades e critérios financeiros;
  - necessidades de manutenção e infraestrutura;
  - restrições e requisitos operacionais;
  - qualidade e adequação das fontes de energia;
  - possíveis impactos ambientais;
  - disponibilidade de recursos humanos e técnicos;
  - capacidade de avaliação das melhorias do desempenho.

18.4 Auditoria energética: conceitos e exemplos

Pode-se definir a auditoria energética como um exame detalhado dos tipos de fontes de energia utilizados em uma instalação e sua utilização para a realização dos diversos processos nessa mesma instalação. Existem diversos tipos de auditoria energética que variam em função da profundidade e da complexidade das ações realizadas na auditoria, com metodologias denominadas *bottom-up*, *top-down* e de verificação em varreduras. Na realização de uma auditoria energética busca-se conhecer de forma aprofundada aspectos relacionados com o uso da energia na instalação, como:

- linha de base do consumo para avaliação do perfil de consumo da instalação, que servirá como referência para análise do impacto da redução do consumo de energia e custo de operação das ações a serem definidas no plano estratégico de intervenção para redução de consumo de energia;
- caracterização do nível de eficiência dos equipamentos visando à prospecção de oportunidades para a redução de consumo;
- avaliação do contrato de fornecimento de energia realizado entre a empresa e as concessionárias de energia;
- separação dos perfis de consumo de energia em função dos processos e/ou produtos que são realizados e/ou fabricados;
- avaliação do desempenho dos sistemas de geração, transformação e distribuição de energia;
- avaliação da redução obtida pela implantação de ações de redução de consumo de energia.

Deve-se ressaltar que, além da redução de consumo de energia e de custos operacionais, a auditoria energética também pode auxiliar na definição de ações para a melhoria das condições do ambiente construído, ganhos de produtividade e aumento nas condições de segurança das instalações analisadas.

Como parte das fases de realização de uma auditoria energética, pode-se incluir a avaliação econômica das intervenções verificadas na fase de levantamento de caracterização do uso da energia na instalação, na qual podem ser definidos os seguintes itens:

- avaliação do tempo de retorno de investimento das ações para redução de consumo de energia;
- priorização das ações de redução de consumo de energia com base em critérios técnicos e econômicos, por exemplo, obtenção de menores tempos de retorno de investimento;
- definição do ciclo de vida das intervenções propostas;
- elaboração de plano de análise de riscos.

Com base nas avaliações realizadas em uma auditoria energética, pode-se desenvolver o plano de gestão de energia da empresa, no qual se incluem o planejamento das ações a serem implantadas, as alterações das fontes de energia e os processos para acompanhamento da implantação do plano de gestão.

18.5 Estrutura tarifária brasileira

Em toda análise de desempenho energético, o aspecto de custo de operação é fator decisivo na tomada de decisões para a definição de metas de redução de consumo, bem como da elaboração do plano de ação. Dessa forma, o entendimento da estrutura tarifária é muito importante, e alguns conceitos básicos relacionados com essa estrutura devem ser apresentados.

Define-se demanda como a média das potências elétricas, ativas ou reativas, solicitadas do sistema elétrico pela parcela da carga instalada em operação da unidade consumidora, durante um intervalo de tempo (Δt) especificado (kW ou kVAr). Na prática, a demanda média é calculada dividindo-se a energia consumida em certo intervalo de tempo Δt que, no caso do Brasil, é de 15 minutos (de acordo com o Decreto nº 62.724/1968) (Procel, 2001). Além disso, a demanda pode ser dividida em:

- Demanda máxima: maior valor de Demanda Ativa (DA) verificado durante um período (diário, mensal, anual etc.).

- Demanda média: razão entre a Energia Ativa (EA) total consumida (kWh) durante um período e total de horas desse período.

- Demanda medida: maior potência ativa, verificada por medição, integralizada no intervalo de 15 minutos durante o período de faturamento (kW), cujo ciclo deve ser de 30 dias com 720 h e 2880 intervalos de 15 min.

- Demanda contratada: demanda de potência ativa, obrigatória e disponibilizada continuamente pela concessionária, conforme valores e períodos estabelecidos no contrato, e que deverá ser paga de forma integral, seja ou não utilizada, durante o período de faturamento.

- Demanda faturável: valor de demanda de potência ativa, de acordo com critérios estabelecidos e considerados para fins de faturamento, com a aplicação da respectiva tarifa, expressa em kW.

Outro parâmetro importante na análise da estrutura tarifária e que afeta os custos de operação é o fator de potência ou $\cos\varphi$, definido como a razão entre a potência ativa (W) e a potência aparente (VA), essa última a soma vetorial das potências ativa (W) e reativa (VAr) de uma unidade consumidora. A concessionária elétrica controla esse fator e o consumidor que tiver um valor abaixo de um mínimo requerido pela concessionária [0,92 de acordo com a Resolução ANEEL nº 456 (ANEEL, 2000)] deverá pagar uma multa definida no contrato de concessão.

A estrutura tarifária brasileira ainda divide o dia em dois períodos, a saber:

- horário de ponta: período definido pela concessionária em virtude da grande demanda de energia, tendo em vista a capacidade restrita de fornecimento do sistema. Composto por três horas diárias consecutivas, excetuando-se sábados, domingos e feriados nacionais definidos por lei federal;

- horário fora de ponta: período composto pelas 21 horas diárias complementares ao horário de ponta.

A Resolução Homologatória nº 3.053/2022 da ANEEL apresenta os parâmetros anteriormente descritos relacionados com os horários de utilização de energia, bem como homologa o resultado de reajuste tarifário dos grupos e subgrupos, definidos em função dos níveis de tensão de fornecimento à unidade consumidora, como mostra a Tabela 18.1.

A Resolução Homologatória nº 1.319 da ANEEL, datada de 3 de julho de 2012, definiu uma nova estrutura tarifária por meio de bandeiras para os usuários do grupo A, que estava em fase de testes nos anos 2013 e 2014 e que entrou em vigor no início

de 2015, na qual não há mais diferenciação tarifária de períodos seco e úmido, conforme antes da resolução. O acionamento de cada bandeira tarifária será sinalizado mensalmente pela ANEEL, de acordo com informações prestadas pelo Operador Nacional do Sistema Elétrico (ONS), conforme a capacidade e condições de geração de energia elétrica do país pelas hidrelétricas e/ou termelétricas (ANEEL, 2012).[1] A diferenciação por bandeiras ocorreria segundo a seguinte estrutura proposta:

- Bandeira verde: produziria condições mais favoráveis para a geração de energia. A tarifa não sofre nenhum acréscimo e parte de um patamar mais baixo que a tarifa calculada pela metodologia atual.

- Bandeira amarela: produziria condições de geração de energia menos favoráveis. A tarifa sofreria acréscimo de R$ 0,01874 para cada quilowatt-hora (kWh) consumido (ANEEL, 2012);

- Bandeira vermelha: condições mais custosas de geração. A tarifa sofre acréscimo de R$ 0,03971 para cada quilowatt-hora consumido (Patamar 1 ou "Rosa"), ou R$ 0,09492 por quilowatt-hora consumido (Patamar 2) (ANEEL, 2012).

Ainda por determinação da ANEEL, a partir de 1º de setembro de 2012, a fatura de energia passou a apresentar, devidamente separados, o quanto se paga para que a energia chegue até a unidade consumidora, ou seja, pelo uso do sistema elétrico de transmissão de distribuição e pelo que foi efetivamente consumido. Para isso, foram criadas duas tarifas: a Tarifa de Uso do Sistema de Distribuição (TUSD) e a Tarifa de Energia (TE). A TUSD remunera todas as instalações, equipamentos, componentes e perdas da rede de distribuição utilizados para levar a energia com qualidade e continuidade até o consumidor, e a TE refere-se ao valor da energia efetivamente gerada e gasta pelo consumidor (ANEEL, 2012). Essa divisão foi estabelecida a fim de facilitar a criação e a expansão de novas usinas de geração distribuída, principalmente com a liberação do Mercado Livre de Energia, com o objetivo de disponibilizar uma forma de custeio separado do que é gerado nas usinas e do que é gasto nas linhas e equipamentos de transmissão e distribuição, que são de responsabilidade das concessionárias. Finalmente, a Resolução Homologatória nº 1319 da ANEEL determinou uma nova revisão da estruturação tarifárias, estabelecendo as modalidades apresentadas na Tabela 18.2.

---

[1] "Dando prosseguimento ao processo de Capitalização da Eletrobras [...] foi publicado o Decreto nº 10.791 de 13 de agosto de 2022, que cria a Empresa Brasileira de Participações em Energia Nuclear e Binacional (ENBpar). Esta nova estatal é necessária tendo em vista que determinadas atividades atualmente geridas pela Eletrobras não podem ser exercidas por empresas privadas. Assim, as atividades públicas que estão sob a gestão da Eletrobras deverão ser repassadas para um ente da União. A nova estatal foi desenhada como um modelo de *holding* que terá como objeto deter o capital social e a comercialização da usina hidrelétrica de Itaipu, ser a sócia majoritária na Eletronuclear, gerir os contratos da Reserva Global de Reversão (RGR) firmados até 2016 e os seguintes programas de governo: Programa Nacional de Conservação de Energia Elétrica (Procel), Programa de Incentivo às Fontes Alternativas de Energia Elétrica (Proinfa), Mais Luz para Amazônia e Mais Luz para Todos" (MME, 2022).

EFICIÊNCIA ENERGÉTICA 475

TABELA 18.1 Divisão de grupos tarifários – Resolução homologatória nº 3.053/2022 da ANEEL

Grupo A: tensão de fornecimento ≥ 2300 V		Grupo B: tensão de fornecimento ≤ 2300 V Modalidade Tarifária Convencional	Grupo B: tensão de fornecimento ≤ 2300 V Modalidade Tarifária Branca
Subgrupos	Tensão de fornecimento	Subgrupos	Subgrupos
A2	88 a 138 kV	B1 Residencial	B1 Residencial
A3a	30 a 44 kV	B1 Residencial – Baixa Renda	B2 Rural
A4	2,3 a 25 kV	B2 Rural	B2 Cooperativa de eletrificação rural
AS	Subterrâneo	B2 Cooperativa de eletrificação rural	B2 Serviço público
		B2 Serviço público de irrigação	B3 Demais classes
		B3 Demais classes	
		B4 Iluminação pública (B4a ou B4b)	

TABELA 18.2 Modalidades tarifárias de energia

I. Modalidade tarifária Horária azul	Aplicada às unidades consumidoras do Grupo A, caracterizada por tarifas diferenciadas de consumo de energia elétrica (R$/kWh) e de demanda de potência (R$/kW), de acordo com as horas de utilização do dia (diferenciação em horário de ponta ou fora de ponta).
II. Modalidade tarifária Horária verde	Aplicada às unidades consumidoras do Grupo A, caracterizada por tarifas diferenciadas de consumo de energia elétrica (R$/kWh), de acordo com as horas de utilização do dia (ponta ou fora de ponta), assim como de uma única tarifa de demanda de potência (R$/kW).
III. Modalidade tarifária Convencional Binômia	Aplicada às unidades consumidoras do Grupo A, caracterizada por tarifas de consumo de energia elétrica (R$/kWh) e demanda de potência (R$/kW), independentemente das horas de utilização do dia (sem diferenciação de ponta e fora de ponta).
IV. Modalidade tarifária Horária branca	Aplicada às unidades consumidoras do Grupo B, exceto os subgrupos B1 subclasse baixa renda e B4, caracterizada por tarifas diferenciadas de consumo de energia elétrica (R$/kWh), de acordo com as horas de utilização do dia (ponta ou fora de ponta).
V. Modalidade tarifária Convencional monômia	Aplicada às unidades consumidoras do Grupo B, caracterizada por tarifas de consumo de energia elétrica (R$/kWh), independentemente das horas de utilização do dia.
VI. Modalidade tarifária Geração	Aplicada às centrais geradoras conectadas aos sistemas de distribuição, caracterizada por tarifas de demanda de potência (R$/kW), independentemente das horas de utilização do dia.
VII. Modalidade tarifária Distribuição	Aplicada às concessionárias ou permissionárias de distribuição conectadas aos sistemas de outra distribuidora, caracterizada por tarifas diferenciadas de demanda de potência (R$/kW) e de consumo de energia elétrica (R$/kWh), de acordo com as horas de utilização do dia.

Observando a Tabela 18.2, verifica-se que foi também incluída uma nova modalidade para o Grupo de Baixa Tensão ou Grupo B, que é a modalidade tarifária branca. Nessa modalidade específica, ficou estabelecido um novo período de tarifação composto por três períodos ou postos:

- ponta: período de horário comercial ou a ser definido pelas distribuidoras;
- intermediária: período fora do horário comercial ou a ser definido pelas distribuidoras;
- fora de ponta: finais de semana e feriados nacionais.

Atualmente, o consumidor poderá decidir se desejará migrar para a modalidade branca ou permanecer na tarifa convencional monômia (R$/kWh). Porém, existe a necessidade de troca dos medidores convencionais (eletromecânicos) de energia por medidores eletrônicos, com o objetivo de armazenar as medições nos três períodos e processá-las para emissão das contas.

De acordo com a Resolução Normativa nº 733 da ANEEL, de setembro de 2016, a partir de janeiro de 2018 o consumidor que tiver interesse em migrar para a tarifa branca poderá solicitar a troca do medidor da seguinte forma:

- imediato, para novas ligações e unidades consumidoras com média anual de consumo superior a 500 kWh por mês;
- em até 12 meses, para unidades consumidoras com média anual de consumo superior a 250 kWh por mês;
- em até 24 meses, para as demais unidades consumidoras.

Finalmente, mediante estudos de levantamento do perfil de uso da energia ao longo do tempo dos sistemas elétricos de um dado projeto ou empreendimento, podem-se identificar várias estratégias de revisão tarifária, melhorando a produtividade e redução de custos de operação, como, por exemplo:

- otimização da demanda de potência: essa otimização pode se dar mediante a redução e a eliminação de ociosidades e ultrapassagens de demanda; monitoramento da demanda evitando-se a ultrapassagem do valor de demanda contratada; e monitoramento do fator de carga ou potência para que não se atinjam valores inferiores a 0,92;

- análise de opção tarifária: com base em medições e avaliações do perfil de consumo da instalação, é possível verificar se a estrutura tarifária está adequada ao perfil de consumo da empresa e propor mudanças, por exemplo, da estrutura tarifária azul para verde;

- avaliação e correção do fator de potência que, uma vez avaliado, possibilita verificar se se encontra abaixo do requerido e, se for esse o caso, propor mudanças, como a instalação de banco de capacitores, uso de motores assíncronos ou aumento da potência ativa.

Em dezembro de 2021, entrou em vigor a Resolução Normativa ANEEL nº 1.000 (ANEEL, 2021), que estabelece regras de prestação de serviço público de distribuição de energia elétrica, na qual encontram-se dispostos os direitos e deveres dos *stakeholders* envolvidos, tais como consumidores, centrais geradoras, distribuidoras, agentes exportadores e importadores. Esta Resolução descreve regras gerais, embasadas em outras resoluções, procedimentos (PRODIST – Procedimentos de Distribuição de Energia Elétrica no Sistema Elétrico Nacional; PRORET – Procedimentos de Regulação Tarifária) e leis (Lei nº 8.078/1990 – Código de Defesa do Consumidor; Lei nº 13.460/2017, que dispõe sobre a participação, proteção e defesa dos direitos do usuário dos serviços públicos), contendo, resumidamente, as seguintes abordagens:

- das modalidades de conexão;
- do contrato de uso do sistema de distribuição;
- da compra de energia;
- das tarifas, classes e dos benefícios tarifários;
- das modalidades tarifárias;
- da medição para faturamento;
- da leitura;
- do faturamento.
- da fatura e do pagamento;
- do inadimplemento;
- da suspensão do fornecimento;
- do serviço de atendimento ao consumidor e demais usuários;
- da qualidade do serviço;
- da iluminação pública;
- dos empreendimentos de múltiplas unidades;
- da conexão temporária;
- do atendimento por sistemas isolados;
- das instalações de recarga de veículos elétricos;
- do pré-pagamento e pós-pagamento eletrônico de energia elétrica;
- dos procedimentos irregulares;
- do ressarcimento de danos elétricos;
- dos serviços e atividades acessórias;
- das redes particulares.

18.6 Iluminação artificial: tipos de sistemas e ações para redução de consumo de energia

Os sistemas de iluminação artificial são responsáveis por fornecer o nível de iluminação desejada nos ambientes das edificações, de forma a garantir um ambiente adequado para a realização das tarefas a que o ambiente se propõe. Para caracterizar adequadamente um sistema de iluminação e sua eficiência tanto energética como lumínica, é necessário definir alguns parâmetros, a saber (Ganslandt; Hofmann, 1992):

- Intensidade luminosa (I): potência da radiação luminosa em determinada direção, cuja unidade é dada em candela (cd).

- Fluxo luminoso (Φ): potência de radiação total emitida por uma fonte de luz ou potência de energia luminosa de uma fonte percebida pelo olho humano, cuja unidade é dada em lumens (lm).

- Nível de iluminância ou iluminamento (E): relação entre o fluxo luminoso (Φ) incidente sobre uma superfície e a superfície sobre a qual esse fluxo incide, cuja umidade é dada por lumens/m^2 ou lux (lm/m^2 ou lux).

- Nível de luminância (L): intensidade luminosa emitida por unidade de área de uma superfície em direção específica, cuja unidade é dada em candela por metro quadrado (cd/m^2).

- A temperatura de cor expressa a aparência da cor da luz emitida pela fonte de luz. Essa definição baseia-se na relação entre a temperatura de um material hipotético e padronizado, conhecido como corpo negro radiador, e a distribuição de energia da luz emitida à medida que a temperatura do corpo negro é elevada a partir do zero absoluto. A unidade de medida da temperatura de cor é o kelvin (K). Quanto mais alta a temperatura de cor, mais clara é a tonalidade de cor da luz.

- Índice de reprodução de cor (IRC): parâmetro que classifica a qualidade de reprodução de cor de uma fonte, em comparação com uma fonte de referência de mesma temperatura de cor. O IRC identifica a aparência das cores dos objetos e pessoas quando iluminados pela fonte de luz de referência.

Com base nos parâmetros mencionados, pode-se selecionar a lâmpada mais adequada para a aplicação em determinado ponto. Há no mercado diversos tipos de lâmpadas, e uma das classificações disponíveis é mostrada na Fig. 18.5 (Ganslandt; Hofmann, 1992). Atualmente, entre as fontes de luz artificiais de destaque, as lâmpadas e luminárias LED têm se tornado uma tecnologia de grande demanda de aplicação em razão da sua elevada eficiência luminosa e longa vida útil, viabilizando a sua implementação. O LED (*Light Emitting Diode*) é um diodo semicondutor emissor de luz e foi descoberto na década de 1960, como uma fonte de baixíssimo consumo e elevada durabilidade, porém com baixa intensidade luminosa, frequentemente aplicado em circuitos e aparelhos eletrônicos. Somente no final do milênio, em 1999, é que o LED se tornou uma fonte de luz para aplicação em sistemas de iluminação. Hoje, a eficiência luminosa do LED está acima de 60 lm/W, chegando a luminárias LED de até 130 lm/W, apresentando

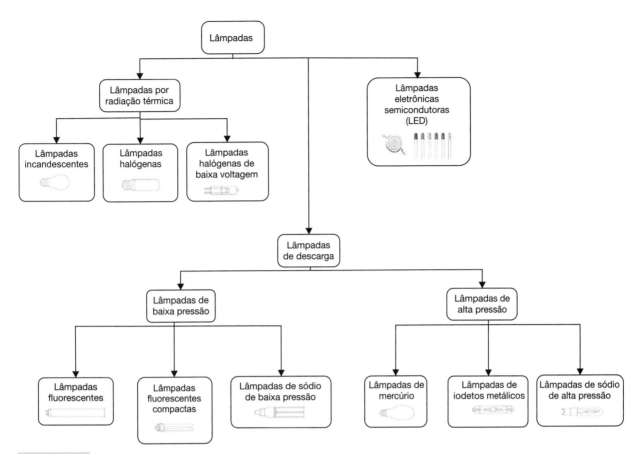

FIGURA 18.5 Tipos de lâmpadas.
Fonte: baseada em Ganslandt; Hofmann (1992).

tempo de vida útil médio de 50.000 h e IRC compatível com lâmpadas de filamento e fluorescentes. Entre outros benefícios do LED encontram-se: baixa depreciação luminosa, ou seja, praticamente não altera o brilho ao longo de sua vida útil; emissão nula de raios infravermelhos e ultravioletas, gerando menos calor nos ambientes e desgaste de materiais; e, finalmente, apresenta potencial de impacto ao meio ambiente baixo, por não possuir mercúrio e chumbo na sua fabricação, e sim componentes totalmente recicláveis na natureza, como sílica, gálio, alumínio e fósforo.

Contudo, além da escolha da lâmpada, deve-se selecionar corretamente a luminária, de forma a garantir que o conjunto lâmpada/luminária forneça a adequada luminosidade ao ambiente analisado. Dessa forma, ao se analisar o conjunto lâmpada/luminária, devem-se observar também os seguintes fatores:

- *Light Output Ratio* (LOR): razão que auxilia na definição da eficiência da luminária definida pela Equação (18.1):

$$LOR\% = \frac{\text{Fluxo luminoso total emitido pela luminária (lm)}}{\text{Fluxo luminoso total das fontes luminosas da luminária (lm)}} \times 100\% \quad (18.1)$$

- Fator de utilização (FU): razão que auxilia na definição da eficiência da luminária definida pela Equação (18.2):

$$FU\% = \frac{\text{Fluxo luminoso emitido pela luminária que atinge o plano iluminado (lm)}}{\text{Fluxo luminoso total das fontes luminosas da luminária (lm)}} \times 100\% \quad (18.2)$$

- Eficiência luminosa (EL): razão entre o fluxo luminoso total emitido por uma fonte de luz (lm) e a potência elétrica consumida (W).

O dimensionamento e a seleção dos conjuntos lâmpada/luminária podem ser realizados por dois métodos: método dos lumens ou métodos de simulação computacional. O método dos lumens baseia-se nos parâmetros mencionados anteriormente e em avaliações médias da luminosidade em ambientes internos, com uma avaliação relativamente simples de ser feita. Nesse método, os efeitos causados pelo mobiliário e divisões internas dos ambientes são mais complexos de serem considerados, e também não se avalia a contribuição da iluminação natural. O método computacional lança mão de ferramentas de simulação, como Dialux e Radiance, nos quais são levados em conta aspectos como ofuscamento, efeito do mobiliário e divisões internas e a contribuição da iluminação natural. Porém, para garantir a qualidade dos resultados obtidos, essas ferramentas exigem uma qualificação maior do usuário, tanto no conhecimento operacional das ferramentas como dos modelos físicos e matemáticos a elas incorporados.

No sentido de reduzir o consumo de energia e aumentar o desempenho energético de uma edificação, deve-se focar a redução da densidade de potência instalada (DPI) do sistema de iluminação e a manutenção de uma eficiência luminosa adequada para os ambientes analisados. A norma 90.1 (ASHRAE, 2022) sugere valores para essa densidade de potência instalada, por meio de duas metodologias: método da área total da edificação ou método de área por área. No primeiro método, é definida uma densidade de potência total para a edificação em função do tipo de ocupação, conforme exemplos mostrados na Tabela 18.3. No segundo método, a densidade de potência instalada é apresentada detalhadamente para diferentes ambientes, para cada tipo de edificação, como mostra a Tabela 18.4.

Dessa forma, o desafio do aumento da eficiência do sistema de iluminação está na correta escolha do método de dimensionamento, buscando-se reduzir a potência instalada de modo a garantir uma luminosidade adequada em todos os ambientes da edificação analisada.

Outra característica que tem grande relevância para a eficiência energética para o sistema de iluminação artificial se relaciona com os controles, já que estão vinculados ao uso do sistema ao logo do tempo. Existem, basicamente, os seguintes tipos de controles automáticos de iluminação:

- **Programação horária**: controle dos circuitos de iluminação local distribuído por meio de dispositivos do tipo *stand alone*, como programadores horários ou temporizadores (*timers*), ou comando remoto centralizado a partir da integração em sistemas supervisórios de automação predial.

- **Sensores de presença ou movimento**: controle por meio de dispositivos que acionam os circuitos de iluminação em ambientes internos em função da presença ou movimento. Existem vários tipos de sensores de presença em função da tecnologia de sensoriamento, como se segue:

  - Sensores de presença do tipo infravermelho passivo (IVP): são, basicamente, constituídos por dispositivos eletrônicos que acionam a iluminação a partir da sensibilidade do movimento dos raios infravermelhos (sensores do tipo *passive infrared sensor* – PIR) emitido pelos seres vivos (pessoas, animais etc.). Caso a fonte de calor não esteja em movimento, o sensor poderá detectar ausência e desligar a iluminação.

  - Sensores de presença do tipo ultrassônico: são constituídos por emissores e receptores de ondas ultrassônicas, que acionam a iluminação a partir da diferença de frequência emitida e recebida com a presença estática de pessoas ou objetos, em razão do rastreamento volumétrico do ambiente. Porém, esses sensores são pouco sensíveis à detecção de movimentos e são mais eficazes em ambientes com pouca movimentação de pessoas.

  - Sensores de presença com dupla tecnologia: são sensores que possuem as tecnologias infravermelho passivo e ultrassônico no mesmo sensor, possuindo, portanto, elevada sensibilidade e eficácia na detecção de presença estática ou de movimento de pessoas.

- **Sensores de vacância ou ausência**: são sensores de presença ou movimento que possuem uma lógica invertida de comando de iluminação, conjugado com acionamento manual. Ambientes que possuem esse tipo de sensor deverão, obrigatoriamente, ter um dispositivo de acionamento local, já que o acionamento é sempre manual, por meio de interruptores do tipo pulsador, e o desligamento é automático, pela desocupação (ausência) ou manual no pulsador. É a forma de controle que permite a maior economia de energia com relação ao sensor de presença ou movimento, pois a iluminação só é acionada com a efetiva ocupação do espaço. Seguem algumas situações para entendimento da economia com relação ao uso de sensores de presença: acionamento automático e desnecessário da iluminação se abrir a porta somente para ver se tem pessoas em uma sala; acionamento automático e desnecessário da iluminação de uma sala de reunião que possui divisória transparente com a passagem de uma pessoa fora da sala próxima à divisória. Com os sensores de vacância, o acionamento nos dois casos só acontecerá se a pessoa realmente for utilizar o espaço, já que o acionamento é manual local e o desligamento é automático ou manual (a pessoa, ao sair, pode acionar o pulsador para desligar).

- **Sensores de luminosidade ou nível de iluminância**: são sensores que realizam o balanço a compensação do nível de iluminância da luz artificial interna com o aproveitamento da luz natural, enviando um sinal analógico para dimerizar os reatores ou *drivers* (LED) das luminárias, reduzindo o consumo de energia. Precisam ser calibrados e configurados em épocas

TABELA 18.3 Exemplos de densidade de potência instalada (DPI) pelo método da área total da edificação

Tipo de edificação	DPI (W/m^2)
Ginásio	8,1
Hospital	9,9
Museu	6,0
Escritórios	6,7

Fonte: ASHRAE (2022).

TABELA 18.4 Exemplos de densidade de potência instalada (DPI) pelo método de área por área para um hospital

Tipo de área	DPI (W/m^2)
Sala de imagens	10,1
Sala de recuperação	12,7
Enfermaria	9,4
Sala de exames e tratamentos	14,3
Sala de espera de pacientes	8,3
Centro cirúrgico	24,9
Berçário	9,4
Sala de suprimentos médicos	6,0
Sala de fisioterapia	8,8

Fonte: ASHRAE (2022).

de maior e menor luminosidade externa (inverno e verão) de modo que o sistema opere de forma adequada e eficiente.

- **Relé fotoelétrico ou fotocélula**: são sensores que acionam ou desligam os circuitos de iluminação em função de um nível de iluminância preestabelecida (*setpoint*) da luz natural. São usados em ambientes externos, como postes públicos, iluminação de paisagismo, fachadas, de modo que a iluminação é acionada em baixo nível de iluminância ao escurecer, e desligada no período de nível de iluminância acima da iluminância preestabelecida.

A importância nos controles do sistema de iluminação é tanta que a norma ASHRAE 90.1, na versão 2016, obriga a utilização de sensores de presença ou movimento em determinados locais, como salas de reunião, depósitos, sanitários, garagens etc., e também o uso de sensores de vacância em áreas de ocupação permanente de pessoas, como áreas de escritórios, salas administrativas etc. Em ambientes externos, é obrigatória pela norma a utilização de relés fotoelétricos conjugados com programadores horários para desligamento da iluminação externa, como postes, iluminação de paisagismo, circulação, fachada etc. São exigências que demonstram a busca pela eficiência energética do sistema de iluminação por meio dos controles automáticos.

18.7 Motores elétricos

Com base no Balanço Energético Nacional (MME, 2014), pode-se avaliar, na Fig. 18.6, a contribuição de cada setor da sociedade para o consumo energético total brasileiro, no qual o setor industrial representa 40,7 % do total do consumo. Com relação a esse setor, pode-se verificar na Fig. 18.7 que o uso de motores representa 49 % do consumo total (MME, 2013).

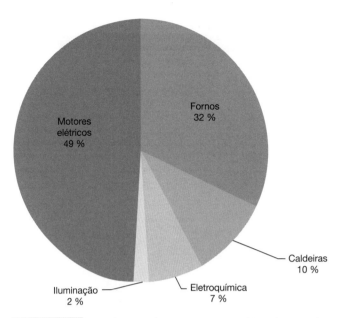

FIGURA 18.7 Distribuição do consumo energético do setor industrial no Brasil.

Fonte: MME (2013).

Avaliando o perfil de consumo de uma edificação comercial típica (Fig. 18.8), pode-se constatar que os motores elétricos estão presentes em vários usos finais e podem representar em torno de 43 % do consumo total de uma edificação comercial.

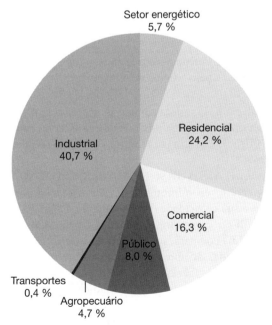

FIGURA 18.6 Distribuição, por setor, do consumo energético total no Brasil.

Fonte: MME (2013).

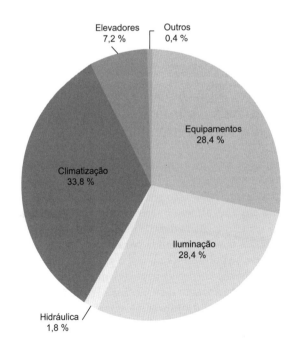

FIGURA 18.8 Distribuição do consumo energético de uma edificação comercial típica.

Fonte: MME (2013).

Avaliando o perfil de consumo de uma edificação residencial típica (Fig. 18.9), pode-se verificar que os motores elétricos estão presentes em vários usos finais e podem representar em torno de 10 % do consumo total de uma edificação residencial.

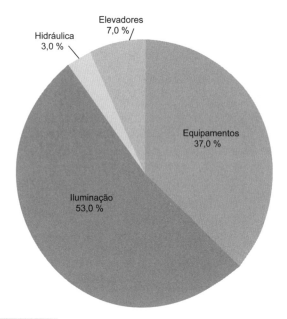

FIGURA 18.9 Distribuição do consumo energético de uma edificação residencial típica.

Dessa forma, pode-se inferir que aproximadamente 30 % do consumo energético total do Brasil estão relacionados com o acionamento de motores elétricos, o que representa um importante uso final a ser analisado, juntamente com a busca de ações para a redução do consumo de energia.

Mais detalhes sobre os tipos de motores elétricos e suas aplicações, bem como seu potencial de redução de consumo de energia, podem ser encontrados no Capítulo 5 desta obra.

18.8 Sistemas de climatização e ventilação mecânica: tipos de sistemas e ações para redução de consumo de energia

Os sistemas de climatização, ventilação, refrigeração e aquecimento são utilizados para promover o conforto térmico dos ocupantes de uma edificação por meio de sistemas de controle que garantam a regulagem da temperatura e da umidade relativa do ar interior. Além disso, a qualidade do ar no interior dos ambientes deve ser mantida por meio de sistemas de filtragem. Deve-se prever, mesmo que o ambiente não exija climatização, que seja fornecida aos ocupantes uma distribuição de ar (por ventilação natural ou mecânica) para a manutenção das condições de qualidade do ar interior. Todos esses aspectos devem contemplar a avaliação do desempenho energético das soluções disponíveis no mercado para reduzir o consumo de energia em uma instalação.

Do ponto de vista de dimensionamento do sistema de climatização, deve-se avaliar inicialmente a carga térmica do ambiente, que é a quantidade de calor que deve ser retirada do ambiente para manter os níveis adequados de temperatura de bulbo seco e umidade relativa, com um nível de renovação do ar que garanta qualidade do ar no interior dos ambientes climatizados. Os parâmetros que afetam essa avaliação são:

- Parâmetros externos:
  - clima associado à localização geográfica que engloba temperatura de bulbo seco, umidade relativa, radiação solar, entre outros fatores;
  - orientação da edificação;
  - envoltória, na qual devem ser considerados:
    - tipo de fachada: área envidraçada, existência de sombreamento etc.;
    - caracterização dos materiais opacos: transmitância térmica, cor, rugosidade, entre outras condições;
    - caracterização dos materiais transparentes: transmissividade térmica e de luz, refletividade etc.
- Parâmetros internos:
  - tipo de ocupação: variação do número de pessoas ao longo do ano, tipo de atividade desenvolvida na edificação etc.;
  - caracterização dos equipamentos: potência instalada, perfil de utilização ao longo do ano;
  - caracterização do sistema de iluminação: tipo de conjunto lâmpada/luminária, potência instalada, perfil de utilização ao longo do ano.

Definida a carga térmica, deve-se selecionar o equipamento adequado para a climatização do ambiente. Esse equipamento terá um sistema de refrigeração, como esquematizado na Fig. 18.10. Detalhes de funcionamento do ciclo de refrigeração por compressão a vapor foram abordados na Seção 3.9.

Essa seleção deve ser realizada com base nas tecnologias disponíveis de alto desempenho energético. Para o sistema de climatização, as alternativas de aumento da eficiência do sistema estão intrinsecamente ligadas ao tipo de sistema a ser utilizado e têm sua eficiência medida por meio do coeficiente de desempenho (COP) dado pela Equação (18.3). Portanto, quanto maior o valor do COP, mais eficiente será o sistema de climatização.

$$\mathrm{COP} = \frac{\text{Potência térmica retirada ou fornecida do ambiente climatizado}}{\text{Potência elétrica consumida pelo sistema de climatização}} \quad (18.3)$$

O COP é uma grandeza adimensional, sendo, portanto, necessário utilizar a mesma unidade de potência ou capacidade (kW, BTU/h, HP, kcal/h etc.) tanto na potência térmica como na elétrica.

A norma ASHRAE 90.1 (ANSI/ASHRAE/USGBC/IES, 2022) sugere níveis mínimos do COP em função do tipo de sistema e à sua capacidade de resfriamento. Para essa escolha, pode-se utilizar, como diretriz inicial, a Tabela 18.5, na qual se apresenta uma comparação de diversos sistemas de climatização. Em seguida, são apresentados alguns exemplos dos sistemas mostrados na Tabela 18.5.

Além do COP, deve-se avaliar o índice denominado IPLV (em inglês, *Integrated Part-Load Value*), que avalia a eficiência de um sistema de climatização com base no desempenho do sistema quando submetido a demandas menores que a capacidade nominal do sistema, definida como operação em carga parcial. A avaliação do IPLV é dada pela Equação (18.4) (AHRI, 2003):

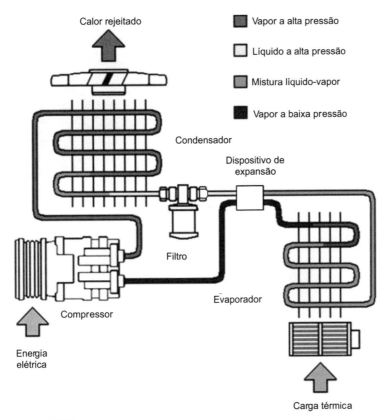

FIGURA 18.10 Esquema simplificado de um sistema de refrigeração.

TABELA 18.5 COP para diversos sistemas de climatização

Tipo de sistema	Capacidade	COP
Sistemas locais unitários de expansão direta	Até 65.000 BTU/h	3,6
Resfriadores com condensador a ar	Todas as capacidades	3,0
Resfriadores com torre de resfriamento e compressor alternativo	Até 75 TR	4,7
	≥ 75 e < 150 TR	4,9
	≥ 150 e < 300 TR	5,3
	Acima de 300 TR	6,3
Resfriadores com torre de resfriamento e compressor centrífugo	Até 150 TR	5,8
	≥ 150 e < 300 TR	5,8
	≥ 300 e < 600 TR	6,3
	Acima de 300 TR	6,3
Resfriadores por absorção de simples efeito com condensação a ar	Todas as capacidades	0,6
Resfriadores por absorção de simples efeito com torre de resfriamento	Todas as capacidades	0,7
Resfriadores por absorção de duplo efeito com queima indireta	Todas as capacidades	1,0
Resfriadores por absorção de duplo efeito com queima direta	Todas as capacidades	1,0

Fonte: adaptada de ANSI/ASHRAE/USGBC/IES (2020).

$$IPLV = 0,01A + 0,42B + 0,45C + 0,12D \quad (18.4)$$

em que:

A = COP a 100 % da capacidade nominal em condições determinadas pela norma AHRI 550/590 (AHRI, 2003);

B = COP a 75 % da capacidade nominal em condições determinadas pela norma AHRI 550/590 (AHRI, 2003);

C = COP a 50 % da capacidade nominal em condições determinadas pela norma AHRI 550/590 (AHRI, 2003);

D = COP a 25 % da capacidade nominal em condições determinadas pela norma AHRI 550/590 (AHRI, 2003).

Sistemas locais unitários são unidades autônomas de expansão direta que realizam a climatização de um ambiente sem necessidade de equipamentos adicionais. É o caso dos equipamentos denominados ar-condicionado de janela [Fig. 18.11(a)] e *split* [Fig. 18.11(b)]. Esses sistemas são utilizados normalmente em ambientes de pequeno porte, como edificações comerciais ou residências.

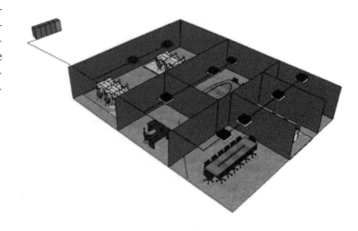

FIGURA 18.12 Sistema de expansão direta VRF.

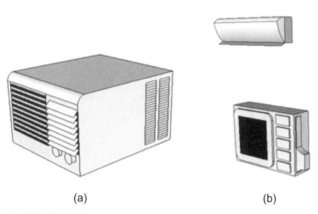

FIGURA 18.11 Sistemas de ar-condicionado de janela (a) e *split* (b).

O sistema VRF (vazão de refrigerante variável) é um sistema de expansão direta de maior capacidade que pode ser utilizado no atendimento de mais de um ambiente em uma edificação comercial (Fig. 18.12).

Os sistemas denominados *self-contained* são equipamentos compostos de um gabinete em cujo interior se encontra um sistema de refrigeração que resfria e filtra o ar a ser fornecido para o ambiente climatizado, por meio de um sistema de distribuição de ar. Esse sistema permite a renovação do ar por entrada de ar externo, filtrado, o que assegura uma qualidade de ar interno superior às dos sistemas de expansão direta mencionados anteriormente (Fig. 18.13).

Os resfriadores com condensador a ar ou com torre de resfriamento, e que podem utilizar compressores alternativos ou centrífugos, compõem uma parte de um sistema central de

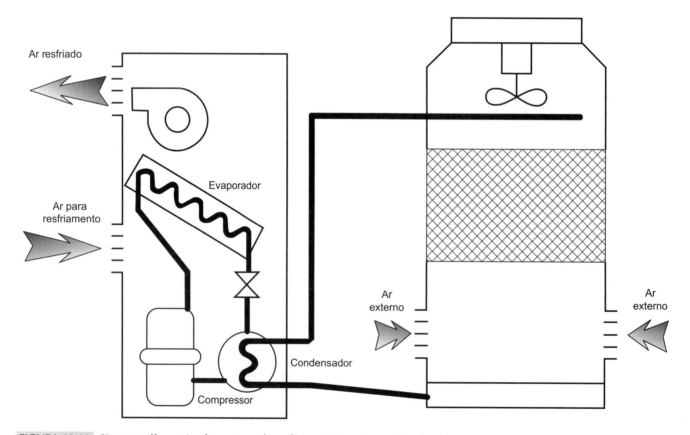

FIGURA 18.13 Sistema *self-contained* com torre de resfriamento (condensação a água).

água gelada ou de expansão indireta. Nesse sistema, um fluido secundário denominado água gelada (mistura de um sal com água) é resfriado pelo sistema de refrigeração e depois bombeado para equipamentos secundários (conhecidos como *fan-coil*) em cada andar a ser climatizado. Os *fan-coils* são responsáveis pela distribuição e filtragem do ar com a devida renovação de ar externo para garantir a qualidade do ar no interior dos ambientes climatizados (Fig. 18.14). A rejeição de calor nesses sistemas é feita por um condensador a ar ou por uma torre de resfriamento. A definição do equipamento a ser utilizado depende de uma análise técnica e econômica. Isso porque o uso da torre de resfriamento para quase todas as condições climáticas é mais eficiente energeticamente que o sistema com condensador a ar. No entanto, o uso da torre de resfriamento impõe custos adicionais à operação, custos esses relativos à reposição e ao tratamento da água que por ela circula.

O sistema de climatização por absorção utiliza-se de uma fonte quente (combustão direta, gases de combustão ou vapor) que fornece energia térmica para o gerador, promovendo a vaporização da água de uma mistura de água e um sal (usualmente brometo de lítio – LiBr). A solução mais rica em LiBr segue para o absorvedor através de uma válvula redutora de pressão e o vapor de água vai para o condensador. Em seguida, a água condensada tem a pressão reduzida na válvula de expansão. Agora em uma mistura de líquido e vapor, se dirige para o evaporador, onde, ao evaporar, a água retira a carga de refrigeração. Em seguida, o vapor de água encontra a solução rica em LiBr no absorvedor e é absorvida pela solução concentrada de LiBr de forma exotérmica, sendo o calor de absorção retirado pela água de resfriamento. Dessa forma, o calor pode ser retirado dos ambientes climatizados. A solução fraca de LiBr sai do conjunto absorvedor/evaporador e é bombeada para o gerador para repetir o ciclo (Fig. 18.15). A tecnologia de ciclos de absorção baseados na mistura de água e LiBr é muito difundida comercialmente. Por questões operacionais intrínsecas, essa tecnologia só se aplica a sistemas de ar-condicionado, cujas temperaturas de evaporação sejam superiores a alguns graus Celsius (5 °C). A segunda tecnologia encontrada comercialmente é a baseada na mistura água-amônia. Essa última tecnologia permite que temperaturas abaixo de zero sejam alcançadas e é usada não só em sistemas de ar-condicionado, como também em sistemas de refrigeração. Outros detalhes de funcionamento são discutidos na Seção 3.10.

No caso dos sistemas em que há possibilidade de distribuição de ar, existem duas opções: vazão de ar constante ou variável. No primeiro caso, a vazão do ar fornecido a cada ambiente é mantida constante independentemente das variações de temperatura e carga térmica a que esse ambiente seja submetido ao longo de sua ocupação. Já no sistema de vazão variável, a vazão do ambiente é controlada em função das variações de temperatura de cada ambiente, fornecendo-se apenas a vazão necessária para climatizar o ambiente. A redução do consumo de energia será maior quando da aplicação do sistema de vazão variável se a variação de carga térmica ao longo do período de ocupação for significativa, por exemplo, no caso de uma academia de ginástica. Para ambientes em que há espaço físico no andar, é possível utilizar o sistema de insuflamento pelo piso, muito comum em ambientes de centros de processamento de dados e que também

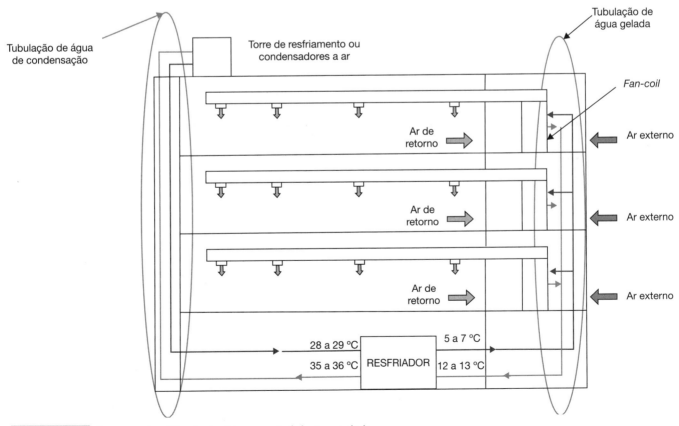

FIGURA 18.14 Esquema simplificado de sistema central de água gelada.

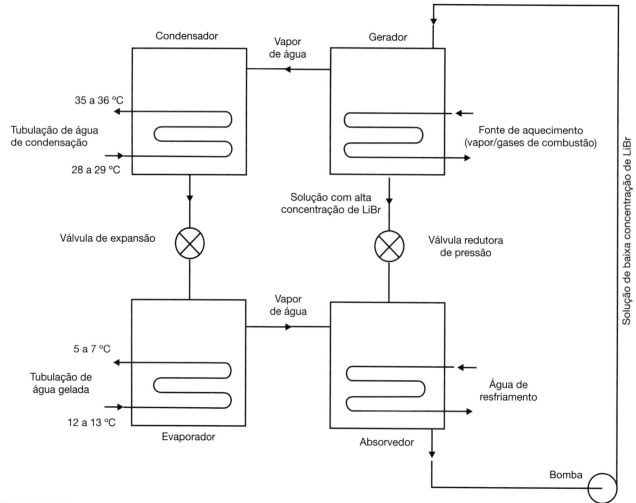

FIGURA 18.15 Esquema simplificado de sistema por absorção de tecnologia água-brometo de lítio.

tem sido utilizado para distribuição de ar em ambientes de escritório. Uma das vantagens desse sistema se encontra no aumento da temperatura de insuflamento do ar para os ambientes, o que reduz o consumo de energia do sistema de climatização. A desvantagem é a elevação do piso que se faz necessária para permitir a construção de um *plenum* de distribuição de ar, alternativa que pode encarecer a construção da edificação.

Com relação a ações para redução de consumo de energia em sistemas de climatização, podem-se citar ainda:

- sistemas dedicados de tratamento do ar externo: nesses sistemas o ar externo passa por processos de troca de calor (resfriamento ou aquecimento), alterando a sua temperatura e também umidade;
- controle da vazão de ar externo em função da qualidade do ar interior: com o uso de sensores de concentração de CO_2, promove-se a variação da vazão do ar externo, permitindo-se assim apenas a vazão necessária de ar para se garantir a qualidade do ar nos ambientes climatizados;
- variação da vazão no circuito primário de água gelada: fornecimento apenas da vazão necessária de água gelada para o resfriamento do ar para climatização;
- *free cooling*: em determinados períodos do dia, o ar externo está a uma temperatura suficientemente baixa, em que não há necessidade de resfriamento. Nesses períodos, o sistema de distribuição de ar pode insuflar o ar externo diretamente para o ambiente climatizado;
- otimização de operação dos resfriadores: uso de variador de frequência para operar os resfriadores em carga parcial e no seu ponto de operação de melhor eficiência, reduzindo o consumo de energia desses equipamentos;
- termoacumulação: armazenamento de água ou gelo nos períodos de menor custo operacional, ou horários fora de ponta, e redução do consumo nos horários de ponta pelo uso do "frio" armazenado para resfriar a água gelada, por meio do desligamento dos resfriadores;
- sistemas de cogeração: aproveitamento de expurgo de energia na forma de calor de queima de combustíveis para produção de energia com turbinas, e para geração de resfriamento nos resfriadores de absorção.

Além dessas estratégias, pode-se citar o uso de sistemas de resfriamento geotérmico, que permitem a rejeição de calor para o solo, em vez do uso de torres de resfriamento ou condensadores a ar. Como as temperaturas do solo são normalmente mais baixas que as temperaturas de bulbo seco do local, isso promove um aumento da eficiência do sistema de climatização para diferentes configurações (Sarbu; Sebarchievici, 2014). Os sistemas de resfriamento geotérmico podem ser classificados em:

- sistemas horizontais (tipo *slinky*): usados em sistemas de pequeno porte, usualmente em residências com baixa profundidade (3 a 5 metros abaixo do nível do solo) (Fig. 18.16);
- sistemas verticais em aquíferos: a rejeição de calor é feita para aquíferos em sistema com circuito aberto (Fig. 18.17), em profundidade dos aquíferos (em média, 200 a 300 metros);
- sistemas verticais em poços: a rejeição de calor é realizada para o solo em sistema com circuito fechado (Fig. 18.18), em profundidades entre 100 e 150 m;
- sistema água-água: a rejeição de calor é feita para lagos, rios ou mares, com sistema em circuito fechado ou aberto e níveis de profundidade pouco abaixo da superfície livre dos lagos, rios ou mares (Fig. 18.19).

Podem-se ainda incluir, como ações para melhoria do desempenho energético da edificação, as chamadas estratégias passivas, que, em sua maioria, podem ser implantadas sem onerar o consumo energético da edificação. A implantação dessas estratégias deve ser analisada criteriosamente, pois diversos aspectos devem ser considerados para que elas efetivamente sejam benéficas ao desempenho da edificação, tanto do ponto de vista energético como de conforto térmico, lumínico e acústico dos ambientes no interior das edificações. Dessa forma, sua escolha, avaliação e implantação devem ser pesquisadas em fontes bibliográficas adequadas e consultadas junto a profissionais devidamente formados na análise e aplicação das estratégias.

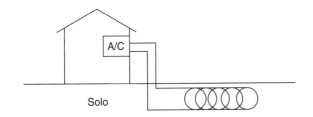

FIGURA 18.16 Sistema horizontal (*slinky*).

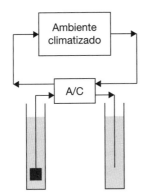

FIGURA 18.17 Sistemas verticais em aquíferos.

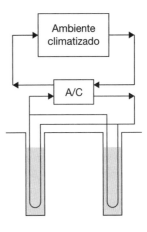

FIGURA 18.18 Sistemas verticais em poços.

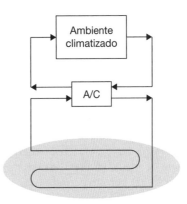

FIGURA 18.19 Sistemas água-água.

18.9 Medição e verificação: conceitos e exemplos

Pode-se definir medição e verificação (M&V) como o processo de utilização de medições para determinar, de modo seguro, a economia real criada no âmbito de uma instalação individual por um programa de gestão de energia. Nesse caso, a economia é determinada pela comparação do consumo medido antes e depois da implementação de um projeto, com ajustes adequados, tendo em conta alterações nas condições de operação da instalação (EVO, 2012).

As atividades de M&V consistem em algumas ou todas as seguintes ações:

- instalação, calibração e manutenção de medidores;
- coleta e tratamento de dados;
- desenvolvimento de um método de cálculo e estimativas de consumo de energia e água;
- cálculos com os dados medidos;
- relatórios, garantia de qualidade e verificação de relatórios por terceiros.

Além disso, a aplicação de M&V pode fornecer informações sobre instalações para se obterem, por exemplo:

- aumento da economia de energia;
- documentação de planos de gestão de energia;
- proposição de melhorias nos projetos a serem implantados, bem como no funcionamento e manutenção da instalação;
- gestão de gastos com energia.

Dentre as atividades de M&V, a avaliação de reduções de consumo de energia em uma ação de eficiência energética (AEE) em uma instalação é uma das mais utilizadas. Em uma AEE deve-se incluir, na avaliação da economia de consumo de energia, a variação do nível de produção, para que se obtenha a efetiva economia ou consumo evitado de energia.

Para avaliação de economia, deve-se utilizar a Equação (18.5):

$$\text{Economia} = (\text{Uso de energia ano-base}) - \\ (\text{Uso de energia pós-retrofit}) \pm \text{Ajustes} \quad (18.5)$$

em que:

- uso de energia ano-base: consumo de energia utilizado como referência, antes da implementação das ações de eficiência energética. Apesar de a referência ser feita ao ano-base, podem-se avaliar períodos diferentes de um ano e devem-se utilizar as metodologias previstas no Protocolo Internacional de Medição e Verificação de Performance (PIMVP) (EVO, 2012);
- uso de energia pós-retrofit: consumo de energia após a implementação das ações de eficiência energética, determinado por meio de medições previstas nas metodologias do PIMVP (EVO, 2012) por um período equivalente ao usado na definição do consumo para a definição do parâmetro uso de energia ano-base;
- ajustes: são correções que devem ser feitas em função de alterações nos processos analisados, como aumento de produção, alteração nos horários de operação dos equipamentos, entre outros.

Para a medição dos parâmetros de uso de energia ano-base e uso da energia pós-retrofit podem ser adotadas as opções descritas no PIMVP (EVO, 2012).

Para a avaliação de ajustes da Equação (18.5), devem-se considerar os seguintes aspectos:

- nível de precisão desejado;
- complexidade dos fatores que condicionam o consumo de energia;
- quantidade de equipamentos incluídos no cálculo das economias;
- orçamento disponível.

Para a elaboração de um PIMVP sugerem-se as seguintes etapas:

- Planejamento do processo de M&V:
  - estabelecimento do limite ou fronteira de medição;
  - definição da duração das medições.
- Calibração dos medidores:
  - calibração dos medidores de energia (a menos que se estejam usando somente os medidores da concessionária);

- calibração dos equipamentos para medição das variáveis independentes (por exemplo, registrador de temperatura de bulbo seco externa).
- Coleta de dados do período de referência relativo a todas as condições de uso da energia e de operação, provenientes da realização de uma auditoria energética:
  - perfis de consumo de energia e de demanda;
  - avaliação de variáveis independentes: dados de produção, clima, ocupação, entre outros;
  - fatores estáticos, como:
    - inventário de equipamentos;
    - características do prédio com perfil de ocupação;
    - procedimentos operacionais, ajustes, avarias.
- Elaboração do plano de M&V.

Para a estruturação do plano de M&V, sugere-se a estrutura apresentada na Fig. 18.20.

18.10 Estudo de caso de auditoria de energia no setor industrial[2]

A auditoria de energia é uma metodologia que foi desenvolvida a partir da década de 1970, em decorrência do impacto causado pela chamada crise do petróleo, notadamente nos países mais dependentes da importação do petróleo e derivados, e com a consequente necessidade de conscientização da importância estratégica da energia para a sociedade, tanto em uso nos setores de transportes e comercial quanto como importante fonte de energia e matéria-prima em diversos processos e cadeias produtivas do setor industrial.

Atualmente, a auditoria de energia continua a ser largamente aplicada, enquanto a questão energética passou a ser analisada em âmbito internacional, sob a ótica da segurança energética e como elemento de competitividade estratégica industrial em uma economia globalizada.

A auditoria de energia é reconhecida como uma forma de identificação de oportunidades de eficiência energética na indústria (Zolkowski, 2015), e há ainda outras formas que podem ser combinadas, as quais podem ser organizadas em quatro categorias:

1. Aplicação de oportunidades usuais: são oportunidades de conhecimento geral ou muito difundidas por representantes de fabricantes, experiência dos ocupantes (apague a luz ao sair) e planos de concessionárias. São aquelas de baixo risco, mas que ainda apresentam algum resultado quando bem implementadas.

2. Auditoria de energia: também de baixo esforço interno, usualmente com a colaboração de consultoria externa especializada, que apresenta um rol abrangente de oportunidades, embora possa haver tipos e níveis diferentes de auditorias,

---

2 Auditor de energia: Enio Akira Kato. Consultoria de auditoria de energia: Nittoguen Engenharia.

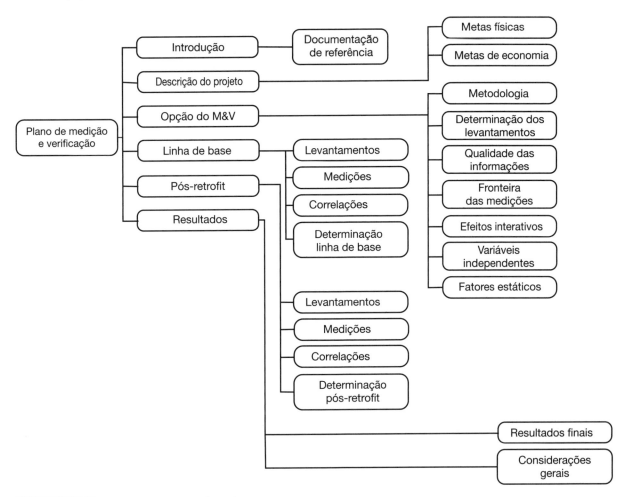

FIGURA 18.20 Estruturação de um plano de M&V.

o que requer algum cuidado na escolha e na definição de escopo da consultoria.

3. Engajamento de equipes próprias: envolve desde a simples caixa de sugestão ou torneios de caça ao tesouro com premiação até técnicas de manufatura e controle de qualidade. Requer o envolvimento da equipe e um esforço considerável de tempo na condução do processo interno, de forma a se atingirem os objetivos propostos e manter o incentivo das equipes envolvidas. Em empresas já envolvidas em processos de *lean manufacturing*, pode-se aplicar a metodologia *kaizen* em energia, na eliminação de desperdícios ou, em empresas que tenham um sistema *Six Sigma* implantado, pode-se aplicar o método nos processos de energia.

4. Análise de sistema: envolve conhecimento técnico aprofundado de um equipamento ou processo, tipicamente realizado por intermédio de medições, coleta de dados e investigação analítica de desempenho, aplicável não só a equipamento de processo, mas também à área de utilidades.

A aplicação progressiva por meio das quatro categorias permite que a indústria possa buscar oportunidades de eficiência energética dentro do conceito de melhoria contínua de desempenho energético, de forma integrada a um sistema de gestão de energia (Zolkowski, 2015), conforme definições da NBR ISO 50001 (ABNT, 2011).

Especificamente, a auditoria de energia trabalha na identificação das oportunidades de eficiência energética, tendo por objetivos:

- organizar e sistematizar a contabilização do uso e dos custos da energia utilizada, armazenada e produzida na planta industrial ao longo do tempo, quer sejam valores históricos, quer sejam valores futuros em intervalos de tempo regulares de controle (tipicamente, a exemplo dos controles contábeis: mensal, trimestral e anual);

- propor e aplicar métricas comparativas para *benchmark* em plantas de um mesmo segmento e tecnologia, ou para comparação com uma referência do setor;

- realizar um levantamento sistemático e técnico de oportunidades de economia de energia identificadas e analisadas com potencial para se tornarem medidas de eficiência energética (Kato, 1999), a serem adotadas em um plano de ação;

- avaliar cada oportunidade de acordo com critérios técnicos e financeiros apropriados à organização: custos e riscos de implantação; facilidade de adoção nas rotinas de operação; aumento da confiabilidade dos sistemas; benefícios econômicos e financeiros diretos e indiretos; redução de impactos ambientais e demonstração de responsabilidade no uso de recursos; envolvimento e participação de todos os níveis da organização;

- aplicar técnicas para apoio à tomada de decisão e na elaboração de um plano de ação sobre o portfólio de oportunidades elencadas na auditoria.

Nesse estudo de caso, a opção adotada foi a contratação de serviços especializados de auditoria de energia, combinada a um sistema de gestão de energia. Embora a norma internacional somente fosse publicada anos mais tarde, o modelo já continha subsídios de uma estrutura similar ao do ciclo PDCA (*Plan-Do-Check-Act*).

18.10.1 Normas e referências técnicas

No Brasil, a auditoria de energia, também conhecida como diagnóstico energético, está sistematizada em um guia elaborado pelo Procel (2009) e internacionalmente em diversas normas nacionais. Em 2014, foi publicada a norma internacional ISO sobre auditoria de energia e, ao final do mesmo ano, foi publicada a tradução da ISO Standard 50002 *Energy Audit*, como ABNT NBR ISO 50002 (ABNT, 2014).

O Programa de Eficiência Energética (PEE) é regulado pela ANEEL e conta atualmente com 168 projetos em execução cadastrados no sistema (Procel Info, 2014). Estima-se que em cada projeto foi aplicada ao menos uma auditoria de energia para caracterização e registro do projeto.

A CNI (2009), por sua vez, analisou 217 projetos de eficiência energética aplicados a 13 setores da indústria nos últimos dez anos, a maioria dentro do PEE, e concluiu que, apesar de não haver uma política governamental específica para a indústria, os projetos se mostraram viáveis com benefícios tanto para a indústria como para a sociedade. Em todos esses projetos foram aplicadas técnicas de auditoria de energia.

A auditoria de energia é uma ferramenta poderosa, tanto nas ações individuais de uma organização, como para políticas públicas de eficiência energética em âmbito municipal, estadual ou federal.

Durante o Simpósio Internacional de Eficiência Energética realizado na Irlanda em 2012, a delegação chinesa fez um pronunciamento com o compromisso oficial de realizar 3000 auditorias de energia em diversos segmentos industriais na China (Wang, 2012). Em 2006, somente na província de Shandong, foram realizadas auditorias de energia nas 1000 empresas que eram as maiores consumidoras de energia da região.

18.10.2 Estudo de caso no setor industrial

O presente estudo de caso foi elaborado sobre dados extraídos de um projeto real no setor industrial e que teve algumas referências e nomes omitidos por questão de sigilo. Com esse mesmo propósito, alguns dados e valores exatos foram alterados ou omitidos, porém as características gerais da auditoria foram mantidas.

A auditoria de energia foi aplicada em empresa da iniciativa privada, tradicional do setor petroquímico, com plantas em diversos países nos cinco continentes. O caso apresentado refere-se a uma planta no território brasileiro, que foi selecionada como planta-piloto, enquanto outras duas plantas localizadas em países distintos iniciaram a mesma atividade com defasagem de cerca de um mês.

A fase de levantamento de dados e análise foi realizada em aproximadamente três meses de trabalho, com um mês adicional de preparo das informações pela engenharia do próprio cliente, catalogando e relacionando os equipamentos instalados, tendo sido esse período solicitado pelo próprio cliente, antes dos inícios dos trabalhos de campo e conforme orientação de questionário prévio encaminhado pela empresa responsável pelo projeto.

No início dos trabalhos de campo, logo após processo de integração de segurança do trabalho, foi realizada uma reunião de apresentação da planta, organizada pela engenharia da empresa, que explicou os processos existentes por meio de diagramas de processo e de instrumentação.

A produção da planta está concentrada em um pequeno número de produtos. O processo produtivo é praticamente um só, no qual cada produto é obtido por variação dos parâmetros de produção e dosagem de matéria-prima. Na época da realização da auditoria, a planta estava em processo de expansão e uma nova linha de produção acabara de atingir o seu pico.

O contrato de fornecimento de energia elétrica estava enquadrado no subgrupo tarifário A2, que tem fornecimento dentro da faixa de tensão de 88 a 138 kV. A modalidade de fornecimento contratada era Azul, com demanda para o período de ponta (das 17h30min às 20h30min, com exceção de sábados, domingos e feriados nacionais) e fora de ponta, úmida e seca.

Como consumidor potencialmente livre, a empresa contratava energia elétrica no mercado livre com complemento no mercado *spot* para parte de suas necessidades.

A energia elétrica foi considerada a principal fonte de energia, apesar de haver considerável dispêndio com outros insumos, como óleo, gás natural e diesel, utilizados primordialmente como matéria-prima do processo e com apenas um pequeno percentual sendo usado como fonte de energia.

As principais características que foram consideradas fundamentais para o sucesso do projeto podem ser assim resumidas:

- envolvimento e participação de todos os níveis hierárquicos da empresa. A gerência sênior da empresa patrocinou cada passo do projeto em âmbito corporativo e acompanhou a direção local, com liderança e experiência na condução de projetos. A empresa possuía localmente equipe própria de engenharia, além de equipe de operação e manutenção, essa última contando com algumas equipes terceirizadas;

- contratação de empresa especializada em contratação de *performance* e auditoria de energia;

- opção de aprovação do projeto por etapas, a primeira delas de avaliação da conclusão e da apresentação de resultados da auditoria de energia;

- seleção de planta piloto no Brasil: o projeto abrangia inicialmente três plantas, e a brasileira foi a primeira a iniciar os trabalhos com outras duas no exterior, cujo início foi defasado em um mês, com possibilidade de extensão do projeto para as demais plantas, em função dos resultados obtidos;

- financiamento do projeto com recursos próprios, que não inclui entre os requisitos a obtenção de linha de financiamento específica, tanto na fase de levantamento e estudo de viabilidade quanto na implantação das oportunidades levantadas. Esse projeto não fez parte de nenhuma iniciativa das concessionárias ou de incentivos do PEE.

18.10.3 Barreiras e desafios

Embora a planta ocupasse uma área com menos do que 10.000 m², os equipamentos estavam organizados de forma compacta, com grande quantidade e variedade de sistemas e maquinaria – mais de 300 motores elétricos, com aplicação em diversos tipos de máquinas.

A empresa estava bem estruturada organizacionalmente, mas os diversos departamentos eram muito compartimentados quanto à questão de eficiência energética. Apesar da formação técnica das equipes de engenharia, compras e operação, cada uma delas trabalhava muitas vezes sem amparo, e não era processada a atualização periódica da documentação utilizada pelos demais departamentos.

A situação de expansão da produção da empresa também configurava um desafio para análise, uma vez que essa é uma situação que requer ajuste da linha de base de energia sobre a série histórica de consumo e de demanda, sem a qual não haveria uma referência para comparação presente e futura.

Várias oportunidades analisadas na auditoria de energia foram sugeridas pela Engenharia, em ideias e projetos que não foram implantados ou que estavam arquivados.

Um dos principais motivos é que todo o projeto que estivesse relacionado com a produção era exaustivamente questionado pela matriz, e alguns projetos estavam de fato fora do padrão estabelecido pela empresa e careciam de justificativa, situação que criava um desestímulo para o envio de projetos para análise.

Havia também um ambiente de descrédito por ações pontuais e fora do foco principal de engenharia, manutenção e operação.

Acompanhando a programação da produção, as equipes estavam muito comprometidas com a operação e manutenção do dia a dia, contando ainda com a ocorrência de quebras e paradas que exigiam correção imediata. Ou seja, o foco na produção impedia que iniciativas de eficiência energética fossem levadas adiante com esforço concentrado e contínuo. Nesse aspecto, a falta de orientação da alta gerência específica também não estimulava iniciativas mais aprofundadas na área.

18.10.4 Análise

Para que a auditoria fosse executada em pouco tempo, três frentes de trabalho foram abertas, duas delas de levantamento em campo e outra de análise de dados coletados.

A primeira análise realizada foi sobre os valores de consumo e demanda da planta. Inicialmente, os dados foram comparados somente contra as variáveis climáticas obtidas da estação meteorológica mais próxima. Foi aplicada a técnica de regressão multivariável, considerando-se a necessidade de aquecimento, *Heating Degree Day* (HDD), e de refrigeração, *Cooling Degree Day* (CDD), com os seguintes resultados para o consumo de energia elétrica.

Nota-se na Fig. 18.21 que, no período de março a agosto de 2007, os pontos das medições em branco não puderam ser considerados na regressão. Nesse período procurou-se então averiguar uma possível causa do desvio, observando-se principalmente a ampliação da produção, acréscimo de motores ou aumento de turnos.

Para a modelagem, uma vez identificada sua causa, deverá ser criada uma variável extra que explique o comportamento registrado.

Após o recebimento dos dados de produção, que aumentou com a expansão da linha de produção da fábrica, foi criada uma variável extra, e a modelagem foi refeita, conforme o resultado mostrado na Fig. 18.22, dessa vez com muito mais aderência da curva do modelo sobre os pontos medidos. A seguinte equação da regressão dos dados para o consumo energético no período, CE, resultou em:

$$\text{CE (kWh)} = (74.005{,}6 \times \text{dias}) + (109.937{,}6531 \times \text{HDD}) + (11.317{,}9121 \times \text{CDD}), R^2 = 0{,}867 \qquad (18.6)$$

Esta curva de regressão foi posteriormente refeita e notou-se a pouca importância estatística das variáveis climáticas para os valores de consumo da planta, enquanto as de maior relevância eram o tempo e a produção. Dessa forma, obteve-se o resultado apresentado na Fig. 18.23, para a nova regressão do consumo energético (CE):

$$\text{CE (kWh)} = (82.668{,}9 \times \text{dias}) + (8719{,}9 \times \text{ton}), R^2 = 0{,}917 \qquad (18.7)$$

Essa foi a forma apresentada do modelo que representava o consumo de energia do medidor principal de energia elétrica (kWh), o intervalo de tempo entre leituras (dias) e a produção fabril total das linhas de produção no período em toneladas (ton).

Nesse caso, essa curva foi adotada como referência para comparação de melhoria do desempenho. Note que ela está associada a um espaço de tempo diretamente pelo consumo, e não tão somente a um índice ou indicador específico.

No levantamento de dados foram estudadas cerca de 30 diferentes oportunidades de eficiência energética, algumas pré-selecionadas pela engenharia da planta e apresentadas na Tabela 18.6.

As oportunidades analisadas foram estudadas quanto aos aspectos técnicos, financeiros e contratuais, conforme Kato (1999).

Dessas oportunidades, aquela referente aos motores e que incluiu a elaboração de um plano de manutenção e troca é a que possui o mais prolongado período de implantação, uma vez que o plano indicava a troca quando o motor que estava em funcionamento queimasse ou apresentasse defeito.

490 CAPÍTULO 18

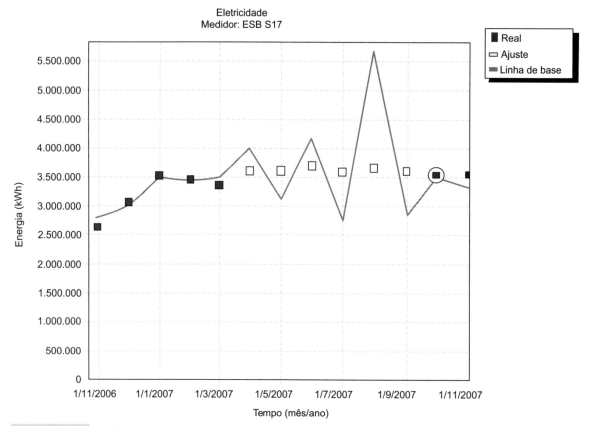

FIGURA 18.21 Análise malsucedida kWh × clima (cortesia de Nittoguen).

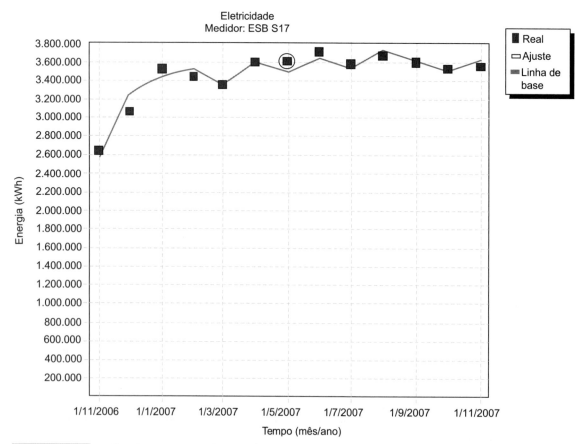

FIGURA 18.22 Análise de regressão multivariável: kWh, clima e produção (cortesia de Nittoguen).

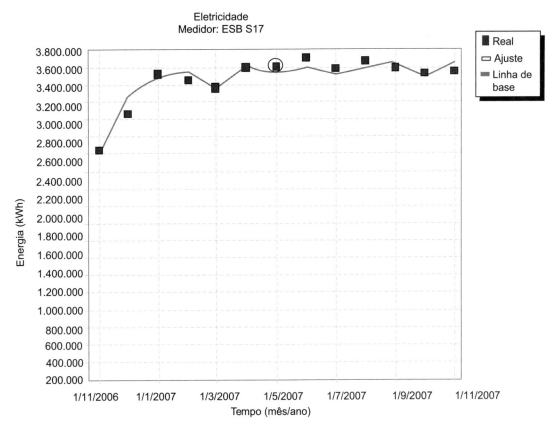

FIGURA 18.23 Análise de regressão multivariável: kWh e produção (cortesia de Nittoguen).

Após a oportunidade dos sopradores, referente à modernização dos sopradores existentes, a oportunidade de motores foi a que apresentou melhor resultado financeiro em volume.

Na época, os produtos de iluminação com a tecnologia LED ainda não estavam consolidados no mercado nacional, e havia a entrada de muitos produtos importados no mercado sem a devida comprovação técnica de resultados. Mormente, por esse motivo, esses produtos não foram considerados no estudo. Hoje, com o rápido desenvolvimento de produtos mais aperfeiçoados e mais confiáveis, talvez houvesse um volume de oportunidades muito maior na aplicação da tecnologia LED.

No total, essas oportunidades apresentaram retorno de investimento em um pouco mais do que três anos, com investimentos de cerca de meio milhão de dólares e com retorno financeiro anual de 165.000 dólares.

A economia gerada em termos de energia foi avaliada em cerca de 7 % do total consumido pela planta.

18.10.5 Resultados e conclusão

Os resultados dos estudos foram apresentados e discutidos em detalhes com a engenharia local e a alta gerência corporativa.

TABELA 18.6 Oportunidades de eficiência energética apontadas na auditoria de energia

Projeto	Custo de implantação (US$)	Economia projetada (US$ por ano)	Retorno de investimento (anos)
Ar-condicionado e iluminação	33.500	6030	5,5
Motores	275.000	64.900	4,2
Compressores	17.500	11.000	1,6
Sopradores	165.000	72.847	2,2
Sistema de combustão	15.964	5065	3,2
Sistema a vácuo	17.383	3633	4,8
Otimização de variadores	9240	2066	4,5
Total	**533.587**	**165.541**	**3,2**

Algumas observações e conclusões foram feitas durante a reunião de apresentação de resultados:

- a economia combinada de energia em kWh ganha importância estratégica na atual conjuntura do mercado de energia, pois, com os aumentos de custos gerais e volatilidade, a redução estimada tem resultado direto e significativo na redução de custos com energia;
- houve o reconhecimento da alta gerência sobre a participação e envolvimento de todos os níveis, local e internacional, da empresa no projeto;
- a auditoria de energia mostrou-se muito eficaz na identificação de oportunidades de eficiência energética, embora houvesse custos com consultoria, inclusive indiretos, no acompanhamento dos levantamentos, mas que trouxeram resultados expressivos com um mínimo esforço interno da corporação;
- a análise de um portfólio de projetos com forte possibilidade de aprovação, os quais, de forma isolada, dificilmente seriam considerados para análise;
- decisão da empresa em criar um departamento de energia na corporação.

Essa última observação reconhece a importância do tema energia e está alinhada com a implantação gradativa de um sistema de gestão de energia, com a criação de responsabilidades específicas.

Esse estudo de caso mostra como uma atividade de auditoria pode ser aplicada dentro de um conceito mais amplo de sistema de gestão, ao mesmo tempo em que promove os temas energia e eficiência energética na corporação.

18.11 Estudos de caso de estratégias de eficiência energética aplicadas em empreendimentos corporativos[3]

Os processos de certificação ambiental de edificações têm crescido consideravelmente nos últimos anos no Brasil. A certificação LEED (*Leadership in Energy and Environmental Design*), concedida por uma organização não governamental norte-americana, é a que atualmente possui maior abrangência no país e já conta com cerca de 852 edificações certificadas e 1908 registros acumulados (incluindo edificações já certificadas e processos em andamento). O total de registros existentes abrange 26 estados brasileiros, e mais de 50 % das edificações estão situadas no estado de São Paulo (GBC-Brasil, 2024).

O tema eficiência energética tem peso relevante no processo de certificação LEED. Para atender aos requisitos mínimos da certificação, exige-se a realização de uma avaliação preditiva global do consumo e custo anuais de energia da edificação e sua comparação com uma referência, determinada pela norma ASHRAE 90.1-2016 (referencial LEED versão 4.1, 2016). Para

isso, deve-se realizar uma simulação computacional da edificação, a fim de comparar o edifício de referência, denominado *baseline* e definido em norma, com o edifício concebido em projeto, por intermédio de avaliação energética da edificação proposta e de seus sistemas.

Segundo diretrizes do processo de certificação, é pré-requisito da certificação LEED *Core & Shell* que o *performance cost index* (PCI) do projeto proposto seja igual ou menor do que a meta estabelecida como referência. O PCI inclui tanto questões energéticas como de emissões de gases de efeito estufa. Vale destacar que a referência estabelecida pelo LEED possui elevado desempenho energético, superior à média, se comparada com outras edificações corporativas brasileiras que não possuem nenhum tipo de certificação ambiental.

A envoltória é um item significativo na análise de eficiência energética de uma edificação comercial, pois representa os ganhos de calor por incidência de radiação solar, interferindo diretamente no dimensionamento de carga térmica do sistema de ar-condicionado.

Atualmente, é recorrente no mercado brasileiro o projeto de edificações comerciais com alta porcentagem de área envidraçada na fachada, tendo em vista os padrões estéticos requeridos por grande parte dos clientes e usuários finais. Em vista disso, a área envidraçada na fachada representa uma média de aproximadamente 60 %, nos empreendimentos corporativos de alto padrão de São Paulo, e é pouco comum a adoção de peitoril constituído por material opaco nas fachadas de áreas regularmente ocupadas. Também é pouco comum, para essa tipologia de edificação, o uso de elementos de proteção solar externos, como *brises*, por exemplo.

Assim, tornam-se de grande importância as propriedades térmicas do vidro escolhido para instalação nas fachadas. O fator solar é uma propriedade térmica que representa a parcela de radiação solar que entra no ambiente, através do vidro, por transmissão direta e indireta (calor absorvido pelo vidro e reirradiado para o interior). Seu valor varia entre 0 e 100 %, considerando-se que, quanto mais baixo, maior o controle solar do elemento transparente. Nos empreendimentos corporativos em busca de certificação, na cidade de São Paulo, a média do fator solar dos vidros previstos é de 33 %, valor considerado de elevado controle solar para os padrões atuais de mercado.

A transmitância térmica (ou valor U, unidade em W/m^2K) é uma propriedade térmica que representa a parcela de energia que atravessa o material por condução e convecção. Isso significa que, quanto maior o valor U, maior a transferência de calor para o ambiente interno. Para vidros laminados simples, seu valor está em torno de 5,6 W/m^2K. Para vidros duplos, seu valor pode variar entre, aproximadamente, 1,5 e 3,0 W/m^2K. Não é de praxe no mercado de edificações comerciais de São Paulo a especificação de vidros duplos. Tal escolha se dá, em princípio, por causa da elevada diferença de custo entre vidros simples e duplos, não justificando a escolha da segunda opção para o clima em questão.

O sistema de iluminação artificial representa, para uma edificação comercial localizada em São Paulo, cerca de 25 % do consumo total de energia, conforme dados estimados pelo

---

[3] Autora: Leticia Neves. Participações: Eduardo Yamada, Edson Kurotsu e Tássia Marques. Consultoria de Eficiência Energética: Centro de Tecnologia de Edificações (CTE).

CTE por simulação. A média de densidade de potência de iluminação (W/m²) nas áreas de carpete (ambientes de escritório) é de 10 W/m². Os projetos contam com uso de lâmpadas T5 (28 W) ou T5 eco (25 W), mas é menos recorrente a especificação de lâmpadas e luminárias LED. Ainda não é comum a inclusão, no projeto, de estratégias de automação do sistema de iluminação nas áreas de escritório, como dimerização de luminárias próximas à fachada, sensores de presença ou sistemas digitais de endereçamento de luminárias.

O sistema de ar-condicionado representa, em média, 30 % do consumo total de energia para edificações comerciais localizadas em São Paulo. Os tipos de sistema de ar-condicionado mais recorrentes são: fluxo de refrigerante variável (VRF) com condensação a ar, VRF com condensação à água e central de água gelada com condensação à água. Para os projetos com VRF a ar, o coeficiente de desempenho (ou coeficiente de performance – COP) médio dos equipamentos instalados fica em torno de 3,6 W/W. A capacidade térmica instalada prevista em projeto é de, em média, uma tonelada de refrigeração (TR) para cada 18 m² de área de piso.

Duas estratégias de eficiência energética recorrentemente previstas para o sistema de ar-condicionado são: pré-tratamento de ar externo e controle de demanda de ar externo por monitoramento de gás carbônico (DCV, do inglês *demand control ventilation*). O pré-tratamento de ar externo é realizado pelo uso de roda entálpica ou trocador de placas. Esse sistema consiste na troca de calor entre o ar de exaustão, ou expurgo, e o ar externo, aproveitando-se a energia térmica do ar de exaustão para um resfriamento prévio do ar externo. No caso da roda entálpica, há também um controle passivo da umidade relativa do ar, por meio da desumidificação do ar ocasionada pela sílica gel presente na roda.

O controle da tomada de ar externo por monitoramento de gás carbônico consiste no ajuste da entrada de ar externo baseado no número de ocupantes do ambiente interno. Isso significa que, quando o ambiente apresenta ocupação reduzida com relação à capacidade máxima prevista em projeto, a ventilação de ar externo é reduzida, de forma a poupar energia com o tratamento do ar externo.

Com relação aos demais equipamentos comumente presentes em uma edificação comercial, observa-se o uso recorrente de estratégias de eficiência energética em elevadores, em especial o sistema de frenagem regenerativa. Nesse sistema, a energia é devolvida ao inversor pelo motor, durante o momento da frenagem, caindo na rede elétrica da edificação e com uso aproveitado para outras funções.

Apresentam-se, a seguir, os resultados numéricos específicos da análise de eficiência energética de duas edificações comerciais certificadas LEED na versão 3.0, de 2009.

18.11.1 Estudo de caso: edificação comercial localizada em São Paulo

Este estudo de caso consiste em uma edificação comercial de dez pavimentos, com 8000 m² de área construída, 3570 m² de área condicionada. A edificação foi certificada LEED Core & Shell nível ouro em 2017, na versão 3.0, e localiza-se na cidade de São Paulo.

Durante o processo de consultoria em eficiência energética, foram realizadas quatro etapas de análise: um diagnóstico de eficiência energética, feito em conjunto com a etapa de projeto básico de arquitetura; e três análises por simulação computacional térmica e energética, realizadas nas diferentes etapas de desenvolvimento dos projetos de arquitetura e instalações prediais, incluindo luminotécnica, elétrica, automação, ar-condicionado, ventilação e exaustão. As simulações computacionais térmicas e energéticas foram realizadas por meio do *software* EnergyPlus, de acordo com os procedimentos apresentados no apêndice G da norma ASHRAE 90.1-2007.

Na análise comparativa do projeto com a referência, determinada pela norma ASHRAE 90.1-2007(ASHRAE, 2007), o resultado obtido foi de 17,4 % de economia em consumo e custo anuais de energia. A intensidade de uso de energia (ou *Energy Use Intensity* – EUI, expressa em kWh por m² de área construída, por ano) resultante do projeto, na análise por simulação computacional, foi de 120 kWh/m²/ano.

O projeto apresenta as características apresentadas na Tabela 18.7.

A Fig. 18.24 mostra o modelo volumétrico esquemático utilizado na simulação, com as zonas térmicas. O zoneamento térmico é elaborado em função do sistema de ar-condicionado proposto e mediante os parâmetros descritos na norma ASHRAE 90.1-2007, que prevê o zoneamento por distância da fachada.

As simulações computacionais realizadas apontaram que, do total de energia consumida pela edificação, 41 % são destinados ao sistema de ar-condicionado, 24 % ao sistema luminotécnico e 35 % aos demais equipamentos (elevadores, bombas hidráulicas e cargas de tomada). A matriz de consumo desagregado da edificação é apresentada na Fig. 18.25.

A envoltória da edificação é composta por 32,8 % de área envidraçada, e o vidro selecionado para instalação é um vidro laminado com fator solar de 33 %. As fachadas de maior exposição à radiação solar estão voltadas para Leste e Oeste. Na Oeste, encontra-se o bloco de circulação (*core*), o que reduz a área envidraçada nessa fachada. A envoltória opaca consiste em um peitoril de 61 cm de altura.

Para escolha da especificação térmica do vidro a ser instalado, foi realizada uma análise por simulação, de modo a determinar seu impacto no desempenho energético da edificação. Avaliou-se a possibilidade de instalação de um vidro laminado na fachada, com fatores solares variando entre 30 e 35 %.

O impacto da variação em 5 % no fator solar do vidro foi de 2,1 % no consumo anual total de energia da edificação, e uma redução no consumo anual de energia do sistema de ar-condicionado de 6,4 %. Esse impacto representa aumento no consumo de energia do sistema de ar-condicionado, resultante do aumento na carga térmica da edificação, em função dos maiores ganhos de calor pela envoltória. Os resultados da análise podem ser observados na Fig. 18.26, na qual se destacam os valores de consumo e custo anual de energia para o sistema de ar-condicionado, bem como a economia proporcionada pela melhoria no desempenho do vidro.

TABELA 18.7 Características do projeto

Item	Dados de projeto
Parede externa (peitoril)	Revestimento externo de argamassa de 4 cm + alvenaria em bloco de concreto de 14 cm + revestimento interno de argamassa de 1 cm U = 2,73 W/m²K
Laje entrepisos	Laje nervurada de concreto de 42,5 cm U = 3,05 W/m²K
Cobertura	Ático, área sem jardim: laje nervurada de concreto, espessura total 50 cm/U = 3,65 W/m²K Ático, área de jardim: laje nervurada de concreto, espessura total 50 cm + sistema ecotelhado (espessura aprox. 30 cm) U = 0,75 W/m²K Barrilete: laje de concreto maciço de 15 cm/U = 2,57 W/m²K
Vidro	U = 5,5 W/m²K FS = 33 %
Área envidraçada fachada	32,8 %
Densidade de potência de iluminação	Escritórios: 7,6 W/m² Garagem: 1,8 W/m² Média para o edifício (incluindo garagens) = 5,1 W/m²
Sistema de ar-condicionado	Sistema de expansão direta do tipo VRF com condensação a ar e condicionadores de ar tipo *built-in* nos ambientes Pavimento-tipo: COP = 3,23 W/W
Estratégias de eficiência energética	Luminotécnica: sensores de presença: garagens, circulações/*halls* de elevadores dos quatro subsolos; vestiários localizados no 1º subsolo; banheiros do térreo e pavimentos-tipo Equipamentos: elevadores com frenagem regenerativa, com economia de 46,6 % com relação a um elevador sem frenagem, conforme estudo do fabricante
Tarifa	Convencional B3 – Eletropaulo

Definições:
U = transmitância térmica ou coeficiente global de transferência de calor;
FS = fator solar;
VRF = fluxo de refrigerante variável;
COP = coeficiente de *performance*.

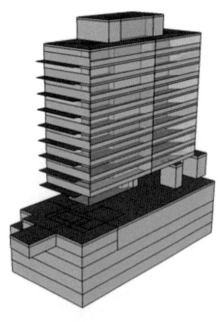

FIGURA 18.24 Modelo volumétrico esquemático utilizado na simulação computacional (cortesia de CTE).

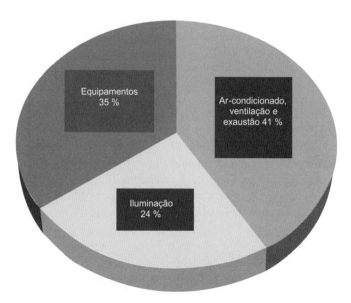

FIGURA 18.25 Matriz de consumo desagregado da edificação analisada.

O projeto executivo do sistema luminotécnico tem densidade de potência de iluminação, para áreas de escritório, de 7,6 W/m². Há previsão de instalação de sensores de presença nas áreas de garagem, circulações, vestiários e sanitários, de forma a reduzir o consumo de energia com iluminação artificial nesses espaços.

Avaliou-se, por meio de simulação computacional, o impacto ocasionado pela dimerização da fileira de luminárias localizada próxima à fachada, atrelada ao uso de um sensor de iluminação natural, de modo a reduzir o consumo com iluminação artificial pelo aproveitamento da luz natural nos horários do dia e épocas do ano em que as condições são favoráveis. Na ocasião da análise, o projeto luminotécnico contava com 9,5 W/m² de densidade de potência de iluminação nas áreas de escritório.

O uso dessa estratégia impactou uma redução de 5,8 % no consumo total de energia da edificação e uma redução no consumo anual de energia do sistema luminotécnico dos ambientes de escritório de aproximadamente 27,8 %. Essa estratégia também contribui, de maneira indireta, para a redução do consumo de energia do sistema de ar-condicionado, em função da redução da carga térmica do ambiente interno. Os resultados da análise podem ser observados na Fig. 18.27.

Avaliou-se também o impacto ocasionado pela dimerização das luminárias das garagens, atreladas ao uso de um sensor de presença, de modo a reduzir o uso da iluminação artificial nesses ambientes quando não houver ocupação. O uso dessa estratégia causou redução de 0,8 % no consumo total de energia da edificação e redução no consumo anual de energia do sistema luminotécnico das garagens de 14,7 %. Os resultados da análise são apresentados na Fig. 18.28.

O sistema de ar-condicionado é do tipo VRF com condensação a ar. O projeto conta com uma capacidade térmica instalada total de 211 toneladas de refrigeração, cada uma delas destinada a condicionar 17 m² de área de piso. O coeficiente de desempenho médio dos equipamentos instalados é de 3,23 W/W.

Avaliou-se o impacto causado pela instalação de um equipamento VRF a ar, do tipo *high*-COP, com coeficiente de desempenho de 4,27 W/W. A redução no consumo anual total de energia da edificação foi de 4,3 %, e a redução no consumo anual de energia do sistema de ar-condicionado de 13,2 %. Os resultados da análise são apresentados na Fig. 18.29.

As estratégias de dimerização de iluminação e de eficiência do equipamento de ar-condicionado anteriormente analisadas acabaram não sendo incorporadas ao projeto final, em razão

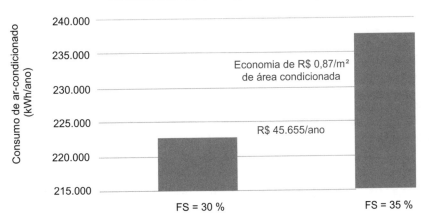

FIGURA 18.26 Análise de estratégias de eficiência energética – tipo de vidro.

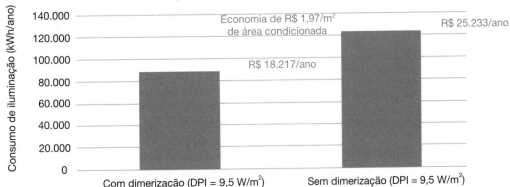

FIGURA 18.27 Análise de estratégias de eficiência energética – dimerização de iluminação em áreas de escritório.

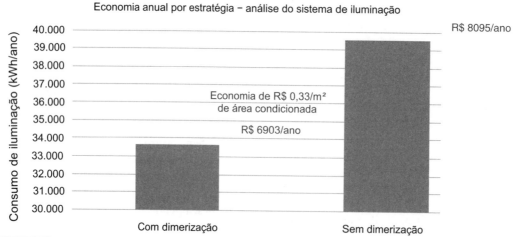

FIGURA 18.28 Análise de estratégias de eficiência energética – dimerização de iluminação em garagens.

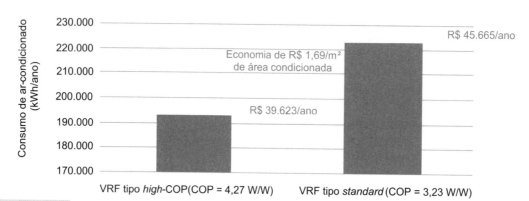

FIGURA 18.29 Análise de estratégias de eficiência energética – tipo de equipamento de ar-condicionado.

do elevado custo de instalação. O vidro selecionado para instalação é do tipo laminado, com fator solar de 33 %.

18.11.2 Estudo de caso: edificação comercial localizada no Rio de Janeiro

O estudo de caso aqui apresentado consiste em uma edificação comercial de 21 pavimentos, com 124.000 m² de área construída, dos quais 61.800 m² são de área condicionada. A edificação foi certificada LEED Core & Shell nível ouro em 2018, na versão 3.0, e localiza-se na cidade do Rio de Janeiro.

Na análise comparativa do projeto com a referência, determinada pela Norma ASHRAE 90.1-2007 (ASHRAE, 2007), o resultado obtido foi de 15,7 % de economia em custo anual de energia. A intensidade de uso de energia resultante do projeto, na análise por simulação computacional, foi de 134 kWh/ m²/ano.

O projeto apresenta as características apresentadas na Tabela 18.8.

A Fig. 18.30 apresenta o modelo volumétrico esquemático utilizado na simulação.

As simulações computacionais mostraram que, do total de energia consumida pela edificação, prevê-se 33 % destinados ao sistema de ar-condicionado, 20 % destinados ao sistema luminotécnico, 1 % destinado ao aquecimento de água e 46 % destinados aos demais equipamentos. A matriz de consumo desagregado pode ser observada no gráfico apresentado na Fig. 18.31.

A Fig. 18.32 apresenta um desenho esquemático, representando o funcionamento do sistema de ar-condicionado previsto para a edificação.

A envoltória da edificação é composta de 67,6 % de área envidraçada, cujo vidro selecionado para instalação nos pavimentos é do tipo duplo, com fator solar de 34 %. Todas as fachadas contam com elementos de proteção solar, cujo desenho varia de acordo com a fachada, proporcionando proteção parcial à incidência direta de radiação solar.

Para escolha da especificação térmica do vidro a ser instalado, foi realizada uma análise por simulação, de modo a determinar seu impacto no desempenho energético da edificação. Avaliou-se, como alternativa, a possibilidade de instalação de um vidro duplo, com fator solar de 29 %, nos pavimentos-tipo.

A redução de 5 % no fator solar do vidro dos pavimentos-tipo resultou em uma redução de 0,7 % no consumo anual total de energia da edificação e em redução de 2 % no consumo anual de energia específico do sistema de ar-condicionado. Os resultados da análise comparativa são apresentados na Fig. 18.33.

TABELA 18.8 Características do projeto

Item	Dados de projeto
Parede externa (peitoril)	*Shadow box* e concreto, espessura 30 cm $U = 1,44$ W/m²K
Laje entrepisos	Laje de concreto, espessura 23 cm $U = 2,8$ W/m²K
Cobertura	Laje de concreto, espessura 30 cm $U = 1,4$ W/m²K
Vidro	$U = 3,0$ W/m²K FS pavimento térreo $= 40$ % FS pavimento-tipo $= 34$ %
Área envidraçada fachada (%)	67,6 %
Densidade de potência de iluminação	Escritórios: 9,5 W/m² Garagem: 1,8 W/m² Salas de reunião: 12 W/m² Lojas: 45 W/m² Saguão: 9,6 W/m² Circulação: 6,5 W/m²
Sistema de ar-condicionado	CAG com *chillers* elétricos e condensação a água Sistema de distribuição por meio de caixas VAV COP $= 6,1$ W/W / IPLV $= 9,2$ W/W
Estratégias de eficiência energética	Equipamentos: elevadores com frenagem regenerativa, com economia de 23 % com relação a um elevador sem frenagem Sistema de ar-condicionado: *Chillers* de alta eficiência Configuração de operação dos *chillers* em série e contrafluxo Ventiladores com variador de frequência nas torres de resfriamento Recuperação de calor por roda entálpica com eficiência $= 50$ % Sistema de bombeamento do circuito primário com variador de frequência
Sistema de aquecimento de água	Demanda: 6827 m³/ano (21,8 m³/dia) Aquecedores de passagem a gás natural, com eficiência de 84 %
Tarifa	Elétrica: A3a verde – Light S.A. Gás: R$ 3,5109/m³ gás natural – CEG

Definições:

U $=$ transmitância térmica ou coeficiente global de transferência de calor;

FS $=$ fator solar;

CAG $=$ central de água gelada;

VAV $=$ volume de ar variável;

COP $=$ coeficiente de *performance*;

IPLV $=$ *Integrated Part Load Value* (desempenho em carga parcial).

Analisou-se a possibilidade de instalação de dimerização na fileira de luminárias localizada próxima à fachada, atrelada ao uso de um sensor de iluminação natural. Para realização dessa análise, considerou-se uma densidade de potência de iluminação, nas áreas de escritório, de 11 W/m². O uso dessa estratégia ocasionou redução de 6 % no consumo total de energia da edificação e redução no consumo anual de energia do sistema luminotécnico dos ambientes de escritório de 25,2 %. Os resultados da análise podem ser observados na Fig. 18.34.

O sistema de ar-condicionado é do tipo central de água gelada com condensação a água. O projeto conta com uma capacidade térmica instalada total de 3272 toneladas de refrigeração, cada tonelada destinada a condicionar 19 m² de área de piso. O coeficiente de desempenho dos *chillers* instalados é de 6,1 W/W em carga máxima e 9,2 W/W em carga parcial (IPLV).

Com relação ao sistema de ar-condicionado, avaliou-se o impacto do uso dos *chillers* em configuração convencional (em paralelo), em lugar da configuração em série e contrafluxo. Os resultados apontaram, para uso da configuração em série e contrafluxo, uma redução de 2 % no consumo total de energia da edificação e uma redução no consumo anual de energia do

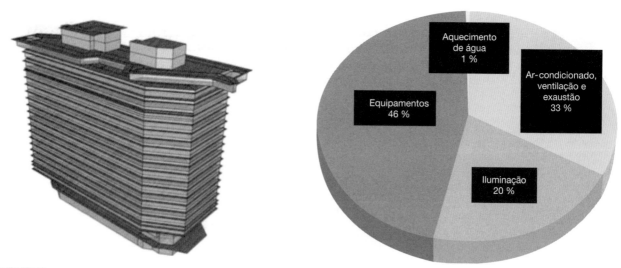

FIGURA 18.30 Modelo volumétrico esquemático utilizado na simulação computacional (cortesia de CTE).

FIGURA 18.31 Matriz de consumo desagregado.

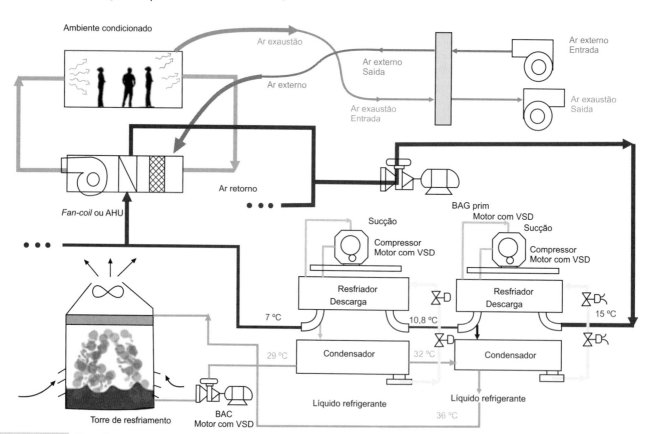

FIGURA 18.32 Desenho esquemático representando o funcionamento do sistema de ar-condicionado da edificação (cortesia de CTE).

sistema de ar-condicionado de 5,8 %. Os resultados da análise podem ser observados na Fig. 18.35.

As estratégias de redução do fator solar do vidro e dimerização da fileira de luminárias próxima à fachada não foram incorporadas ao projeto. A estratégia de operação da central de água gelada em série e contrafluxo foi incorporada por trazer um benefício significativo na redução do consumo de energia sem gerar maiores custos de instalação.

18.12 Impacto dos cenários de aquecimento global no desempenho energético de edificações

Wang et al. (2018) apresentam diversos aspectos que devem ser considerados em função do desempenho de edificações que será afetado pelas condições a serem impostas em decorrência do aquecimento global, a saber:

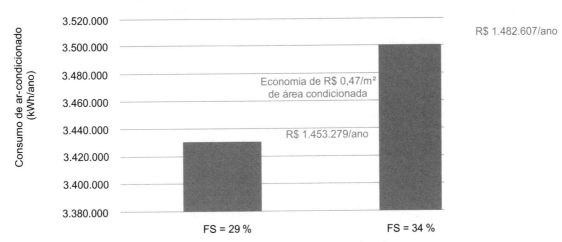

FIGURA 18.33 Análise de estratégias de eficiência energética – tipo de vidro.

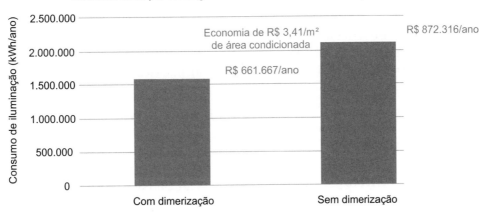

FIGURA 18.34 Análise de estratégias de eficiência energética – dimerização de iluminação em áreas de escritório.

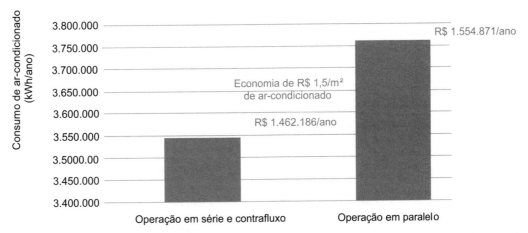

FIGURA 18.35 Análise de estratégias de eficiência energética – configuração de operação da central de água gelada.

- *Sustentabilidade*: edificações devem ter o menor impacto ambiental, com alto potencial de reciclagem e reúso de recursos. O engajamento em processos de certificações pode ser uma das ferramentas para se ter edificações mais sustentáveis.
- *Resiliência*: projetos de edificações devem considerar os ciclos de vida longos de modo que elas possam fornecer condições de conforto ambiental adequado apesar das mudanças climáticas que estão por vir.
- *Soluções em escala distrital*: ampliar as ações voltadas para projeto e construção de distritos sustentáveis de forma a minimizar os impactos relacionados com o desenvolvimento de ilhas de calor associados à urbanização, com soluções integradas para habitação, transporte e infraestrutura em grandes centros urbanos.

Com base nas previsões do comportamento do clima em função dos efeitos provocados pelo aquecimento global, a International Energy Association (IEA, 2018) apresenta os resultados obtidos na análise do impacto de cenários de aquecimento global no desempenho de sistemas de climatização. Nesse estudo, verifica-se que, caso não sejam tomadas providências para a redução do consumo de energia em sistemas de climatização e refrigeração, o consumo de energia relacionado com esses sistemas triplicará até 2050. Entre as sugestões do estudo, têm-se:

- o aumento da eficiência dos sistemas de climatização e refrigeração por meio de incentivo a projetos de pesquisa e desenvolvimento;
- o incentivo a programas de selo energético para equipamentos e componentes;
- o reforço na implantação de estratégias para a redução de consumo de energia em sistemas de climatização e refrigeração;
- o incentivo para planos governamentais para melhoria da eficiência energética de edificações.

Problemas propostos

18.1 Dê dois exemplos de estratégias de eficiência energética relacionadas com o estudo do perfil de uso e opções tarifárias dos sistemas elétricos.

18.2 Explique as principais diferenças entre o controle de iluminação por meio de sensores de presença do tipo IVP (infravermelho passivo), ou ultrassônico, e sensores de vacância. Qual deles permite maior otimização do uso do sistema de iluminação?

18.3 Por que os motores elétricos têm grande relevância nos sistemas elétricos de uma nação?

18.4 Com relação à NBR ISO 50.001 – Sistemas de Gestão de Energia, podemos afirmar que esta norma visa:

a) Permitir que a organização estabeleça sistemas e processos para melhoria do desempenho energético de suas instalações.

b) Conduzir o processo para a redução de custos, da emissão de gases de efeito estufa e de outros impactos ambientais.

c) Ser aplicável a todos os tipos de organizações.

d) Melhoria da competividade das organizações.

e) Todas as anteriores.

18.5 Para a realização de uma auditoria de energia em um edifício comercial, é necessário que seja implantado um sistema completo de medidores de grandezas elétricas em todos os quadros de iluminação. Esta afirmação é:

a) Verdadeira

b) Falsa

18.6 O custo de implantação do Plano de Medição e Verificação, via de regra, é _____ do que a economia de energia gerada pela Ação de Eficiência Energética.

a) Maior

b) Menor

c) Igual

d) Indiferente

e) Aleatório

18.7 Determine o custo de energia para condicionar um ambiente de 107.000 ft² (10.000 m²) no Equador (adaptado de Capehart *et al.*, 2008), dado que:

R = resistência térmica da envoltória do ambiente = 5 ft².°F·h/Btu = 0,8803 m²°C/W;

Ur = 1/R = coeficiente global de transferência de calor da envoltória do ambiente = 0,2 Btu/ ft°F·h = 1,136 W/m²°C;

CDD (Equador) = 3000 graus·dias de refrigeração/ano (°F·dia) 1667 graus dia de refrigeração/ano (°C·dia);

Custo de energia (Equador) = US$ 0,07/kWh;

COP do sistema de ar-condicionado = 2.

Formulário:

Q = Carga térmica = (Ur × A × CDD × 24);

W = Consumo de energia;

COP = Q/W;

1 kWh = 3413 Btu;

$1\ J = 2{,}77778 \times 10^{-7}$ kWh.

18.8 Qual é o custo de energia para condicionar o mesmo ambiente do Problema 18.7, supondo as mesmas características da construção, só que em São Paulo e no Rio de Janeiro?

18.9 Qual a economia resultante de se utilizar um sistema de COP = 4 no Rio de Janeiro para o mesmo ambiente do Problema 18.7?

18.10 Qual a economia mensal resultante em termos de consumo e de custo de se realizar a troca de 100 lâmpadas fluorescentes de 28 W para LED de 5 W com oito horas de operação por dia, em 20 dias úteis por mês para uma tarifa de R$ 0,30/kWh?

Bibliografia

AGÊNCIA NACIONAL DE ENERGIA ELÉTRICA (ANEEL). *Resolução nº 456*. ANEEL, 2000.

AGÊNCIA NACIONAL DE ENERGIA ELÉTRICA (ANEEL). *Resolução Homologatória nº 1319*. ANEEL, 2012.

AGÊNCIA NACIONAL DE ENERGIA ELÉTRICA (ANEEL). *Resolução nº 1.000*. ANEEL, 2021.

AGÊNCIA NACIONAL DE ENERGIA ELÉTRICA (ANEEL). *Resolução Normativa nº 1.000*. ANEEL, 2021.

AIR-CONDITIONING, HEATING, AND REFRIGERATION INSTITUTE (AHRI). *Standard 550/590*. Performance rating of water chilling packages using the vapor compression cycle. AHRI, jan. 2003.

AMERICAN SOCIETY OF HEATING, REFRIGERATING AND AIR-CONDITIONING ENGINEERS (ASHRAE). *Standard 90.1*. Energy standard for buildings except low-rise residential buildings. ASHRAE Standards, 2022.

AMERICAN SOCIETY OF HEATING, REFRIGERATING AND AIR-CONDITIONING ENGINEERS (ASHRAE). *Standard 189.1 Standard for the Design of High-Performance Green Buildings*. ASHRAE Standards, 2020.

AMERICAN SOCIETY OF HEATING, REFRIGERATING AND AIR-CONDITIONING ENGINEERS (ASHRAE). *Standard 90.1. Energy standard for buildings except low-rise residential buildings*. ASHRAE Standards, 2016.

AMERICAN SOCIETY OF HEATING, REFRIGERATING AND AIR-CONDITIONING ENGINEERS (ASHRAE). *Standard 90.1. Energy standard for buildings except low-rise residential buildings*. ASHRAE Standards, 2007.

ASSOCIAÇÃO BRASILEIRA DE NORMAS TÉCNICAS (ABNT). *NBR ISO 50001*. Sistemas de gestão de energia: requisitos e guia para uso. Rio de Janeiro: ABNT, 2011.

ASSOCIAÇÃO BRASILEIRA DE NORMAS TÉCNICAS (ABNT). *NBR ISO 50002*. Diagnósticos energéticos: requisitos com orientação de uso. Rio de Janeiro: ABNT, 2014.

CAPEHART, B. L.; TURNER, W. C.; KENNEDY, W. J. Guide to energy management. 8. ed. The Fairmont Press, 2008.

CONFEDERAÇÃO NACIONAL DA INDÚSTRIA (CNI). *Eficiência energética na indústria*: o que foi feito no Brasil, oportunidades de redução de custos e experiência internacional. CNI, 2009.

EFFICIENCY VALUATION ORGANIZATION (EVO). *Protocolo internacional de medição e verificação de performance*: conceitos e opções para a determinação de economias de energia e de água. 2012. v. 1.

FUNDAÇÃO VANZOLINI. *Processo AQUA*. 2014. Disponível em: http://www.vanzolini.org.br/hotsite-aqua.asp. Acesso em: 3 nov. 2014.

GANSLANDT, R.; HOFMANN, H. *Handbook of lighting design*. Berlin: Erco Edition, 1992.

GREEN BUILDING COUNCIL BRASIL (GBC-Brasil). *Empreendimentos LEED*. 2024. Disponível em: https://www.gbcbrasil.org.br/certificacao/certificacao-leed/empreendimentos/. Acesso em: 19 jan. 2024.

INTERNATIONAL ENERGY ASSOCIATION (IEA). *The future of cooling*. IEA, 2018.

INTERNATIONAL ORGANIZATION FOR STANDARDIZATION (ISO). *Standard 50001*: energy management systems, requirements. ISO Standards, 2018.

INTERNATIONAL ORGANIZATION FOR STANDARDIZATION (ISO). *Standards 14000*. 2014. Disponível em: http://www.iso.org/iso/iso14000. Acesso em: 12 out. 2018.

KATO, E. A. *Contratação de performance*: o modelo norte-americano na automação predial nos anos 90. Dissertação (Mestrado) – Escola Politécnica da USP, 1999.

MINISTÉRIO DE MINAS E ENERGIA (MME). *Plano Nacional de Eficiência Energética 2030*. Brasília: MME, 2013.

MINISTÉRIO DE MINAS E ENERGIA (MME). *Balanço Energético Nacional – Ano Base 2013*. Brasília: MME, 2014.

MINISTÉRIO DE MINAS E ENERGIA (MME). *Criada a empresa que assumirá as funções públicas da Eletrobras*. 2022. Disponível em: https://www.gov.br/mme/pt-br/assuntos/noticias/criada-a-empresa-que-assumira-as-funcoes-publicas-da-eletrobras. Acesso em: 12 abr. 2023.

PROCEL INFO. Entrevista ao *site* concedida por Máximo Pompemayer – Superintendente de Pesquisa e Desenvolvimento e Eficiência Energética da ANEEL no lançamento do guia Procedimentos do Programa de Eficiência Energética (ProPEE), 2014.

PROGRAMA NACIONAL DE CONSERVAÇÃO DE ENERGIA ELÉTRICA (PROCEL). *Manual de tarifação da energia elétrica*. Anual de Tarifação. Procel, maio 2001.

PROGRAMA NACIONAL DE CONSERVAÇÃO DE ENERGIA ELÉTRICA (PROCEL). *Metodologia de realização de diagnóstico energético*: guia básico/Eletrobras Brasília: IEL/NC, 2009.

PROGRAMA NACIONAL DE CONSERVAÇÃO DE ENERGIA ELÉTRICA (PROCEL). *Selo Procel Eletrobras de Economia de Energia*. 2014a. Disponível em: http://www.eletrobras.com/elb/main.asp?TeamID={95F19022-F8BB-4991-862A-1C116F13AB71}. Acesso em: 12 out. 2014.

PROGRAMA NACIONAL DE CONSERVAÇÃO DE ENERGIA ELÉTRICA (PROCEL). *Procel-Edifica*. 2014b. Disponível em: http://www.eletrobras.com/elb/main.asp?TeamID=%7BA8468F2A-5813-4D4B-953A-1F2A5DAC9B55%7D. Acesso em: 12 out. 2014.

SARBU, I.; SEBARCHIEVICI, C. General review of ground-source heat pump systems for heating and cooling of buildings. *Energy and Buildings*, v. 70, p. 441-54, 2014.

WANG, N.; PHELAND, P. E.; HARRISE, C. *et al.* Past visions, current trends, and future context: a review of building energy, carbon, and sustainability. *Renewable and Sustainable Energy Reviews*, v. 82, n. 976-93, 2018.

WANG, G. *SEAI*: creating the right environment for ISO 50001. Session 3: EnMS Experiences: country reviews with future insights, EnMs progress in China, China National Institute of Standardization (CNIS). 2012. Disponível em: http://www.seai.ie/News_Events/Previous_SEAI_events/Creating_the_Right_Environment_for_ISO_50001/. Acesso em: fev. 2015.

ZOLKOWSKI, J. Industrial energy project identification, strategic planning for energy and the environment. *Taylor & Francis*, v. 34, n. 3, p. 7-16, 2015.

19

ANÁLISE DE INVESTIMENTOS APLICADA A PROJETOS DE ENERGIA

VIRGINIA PARENTE

Instituto de Energia e Ambiente da Universidade de São Paulo (IEE-USP)

19.1 Introdução

Muitas vezes nos concentramos nas questões técnicas dos projetos de energia e, assim, esquecemos o quão crucial é a dimensão econômica. De nada adianta um projeto ser perfeito do ponto de vista da física, ou fazer sentido quanto à redução das perdas de energia, trazendo maior eficiência energética. Se ele não for viável do ponto de vista econômico, dificilmente sairá do campo das ideias ou do âmbito dos laboratórios para o mercado real.

No nosso competitivo ambiente de negócios, a capacidade de estimar corretamente o valor dos projetos ou dos investimentos que uma empresa abraça e a tomada de decisões conscientes são de fundamental importância tanto para gestores de estratégia como para profissionais nos mais variados níveis de uma organização. É fácil constatar que as principais decisões ao longo da vida das empresas e dos indivíduos em suas vidas pessoais têm, de modo geral, um impacto financeiro não desprezível.

Com efeito, nota-se que até mesmo decisões muito pessoais, como casar ou não casar, ter ou não ter filhos, fazer ou não um curso de pós-graduação, possuem desdobramentos financeiros consideráveis. Escolher entre o projeto x ou o projeto y, mudar ou não de emprego ou de cidade, tirar o dinheiro de uma aplicação para comprar um imóvel ou um carro, ou mesmo para participar de um empreendimento como sócio em vez de deixá-lo rendendo juros e com mais liquidez em um fundo de investimento ou Letra do Tesouro, são decisões do dia a dia de muitas pessoas. Além disso, são múltiplas as nossas possibilidades de escolha, diante das quais enfrentamos dilemas (ou *trade-offs*) entre fazer isso ou aquilo e de não poder fazer concomitantemente duas ou mais coisas que desejamos.

Não é diferente com as empresas. Em especial quando estão diante de importantes decisões, como realizar um ou outro projeto, na região a ou b, ou decidir se vale a pena adquirir determinado equipamento ou insumo de produção ou postergar essa aquisição, todas essas são decisões muito difíceis. Enfim, trata-se de decidir entre investir ou não investir, ou investir neste ou naquele projeto.

Tampouco é diferente no segmento de energia. Várias decisões de investimento estão na pauta do dia de empresas e investidores que participam ou interagem com a indústria de energia em qualquer que seja o país. E os exemplos são vários, como:

- participar ou não de um leilão de compra e venda de energia;
- investir na geração da própria energia ou comprá-la de terceiros;
- investir ou não em um projeto de eficiência energética;
- vender ou não empreendimentos do segmento de distribuição de energia para se concentrar nos segmentos de transmissão e geração;
- adquirir ou não um projeto energético já existente ou começar outro do zero.

Nesse contexto, o presente capítulo foi formatado para propiciar ao leitor maior capacidade de entender as decisões de investimento no contexto de projetos de energia em geral, sem deixar de lado a perspectiva daquele que vai de fato correr o risco ao realizar o investimento. Ou seja, ainda que a decisão seja tomada do ponto de vista técnico, ela irá "doer" inicialmente no bolso daqueles que fornecerão os recursos.

Para tanto, as técnicas de análise de investimentos podem ser muito úteis para transformar decisões complexas e até mesmo subjetivas em decisões mais claras e mais informadas. Espera-se que o domínio dessas técnicas e também a consciência de suas limitações possam prover uma capacidade de tomada de decisões mais robustas e mais bem-sucedidas, tanto no trabalho cotidiano como nas importantes decisões pessoais que cada um de nós enfrenta ao longo de nossas vidas.

19.2 Objetivos de aprendizagem e conteúdos

Este capítulo tem como objetivo levar o leitor a entender os principais métodos de avaliação de investimentos e tomada de decisão financeira largamente utilizados na área energética. As técnicas de análise de investimento são muitas e variadas. Entretanto, optamos por nos concentrar naquelas mais aplicadas no dia a dia da maioria das empresas. Assim, nos próximos tópicos descreveremos as técnicas de análise do valor presente líquido (VPL); a análise da taxa interna de retorno (TIR); a análise do período de *payback* simples e também do período de *payback* descontado.

Espera-se que ao fim deste capítulo o leitor esteja apto a:

a) Dominar o conceito de valor do dinheiro no tempo.

b) Chegar ao fluxo de caixa de seu projeto, considerando a depreciação e seus desdobramentos sobre a tributação do projeto e sobre seu fluxo de caixa.

c) Escolher uma taxa de desconto para seus projetos que seja mais condizente com os riscos dele e com a conjuntura econômica no instante da tomada de decisão.

d) Aplicar as quatro técnicas de análise de investimento descritas (VPL, TIR, *payback* simples e *payback* descontado).

e) Utilizar os fundamentos de matemática financeira envolvidos na análise de projetos.

f) Entender o conceito de custo de oportunidade de um projeto ou investimento.

g) Entender o conceito de custo médio ponderado de capital.

h) Distinguir entre fluxos de caixa reais e fluxos de caixa nominais.

i) Distinguir entre taxas de desconto reais de taxas de desconto nominais.

j) Entender o conceito de custos afundados, ou *sunk costs*, tão presentes nas áreas de infraestrutura quanto na área da energia.

k) Perceber as limitações das ferramentas de análise estudadas e da atitude prudente diante de investimentos que sempre envolvem riscos.

Neste contexto, o nosso macrotema, qual seja, a análise de investimentos aplicada a projetos de energia, foi estruturado em duas partes. Na primeira são descritas as quatro técnicas de análise de investimentos mais utilizadas no dia a dia das empresas, já referidas, como o valor presente líquido, a taxa interna de retorno, o *payback* simples e o *payback* descontado. Para tanto, são discutidos importantes conceitos, como o valor do dinheiro no tempo e o custo de oportunidade envolvidos em cada uma das decisões de investimento.

Já a segunda parte faz uma comparação entre as técnicas de investimentos analisadas na etapa anterior e traz uma reflexão sobre as limitações dessas mesmas técnicas. Adicionalmente, são mencionados os desafios inerentes a projetos de infraestrutura em geral e de energia em particular. Busca-se desmistificar as técnicas de avaliação de investimento e chamar a atenção para o fato de que tais ferramentas são construídas com base em cenários hipotéticos, que podem ou não se concretizar.

Desse modo, torna-se prudente conhecer não apenas suas limitações, mas também inserir, ao menos, mais dois cenários além daquele mais plausível, quais sejam: o pessimista e o otimista, para ampliar a análise e não apenas restringi-la ao cenário inicial que julgamos o mais provável. A ideia desses cenários é, de um lado, verificar em sua plenitude o potencial do projeto analisado (cenário otimista) e, sobretudo, do outro, verificar se, mesmo diante de uma probabilidade de o cenário mais crítico (cenário pessimista) ocorrer, ainda valerá a pena a decisão de seguir adiante com o investimento, fazendo o projeto sair do papel para a realidade.

Notações frequentes utilizadas neste capítulo:

C ou k	Capital
N, n ou t	Número de períodos
j	Juros simples decorridos n períodos
J	Juros compostos decorridos n períodos
r	Taxa percentual de juros
i	Taxa unitária de juros (i = r/100)
P	Principal ou valor atual
M	Montante de capitalização simples
S	Montante de capitalização composta
WACC	Custo médio ponderado de capital
CAPM	*Capital Asset Pricing Model*

19.3 Técnicas de análise de investimentos

A qualidade das decisões gerenciais que envolvem o comprometimento dos recursos da empresa em novos investimentos é um fator crítico que afeta a rentabilidade do negócio. É fácil perceber que essas decisões atingem desde pequenos projetos até investimentos de grande porte, como a construção de um parque eólico, de uma hidrelétrica, de um gasoduto ou uma linha de transmissão, entre muitos outros.

De fato, o nível de lucro de uma empresa está associado ao uso eficiente de seus recursos. As decisões de investimento ou referentes ao recurso "capital" impactam inúmeros projetos que podem e devem ser examinados com antecedência antes de serem aceitos ou descartados. Como exemplos desses projetos podem-se destacar:

a) Participação em leilão de energia elétrica para ofertar um novo projeto de geração.

b) Compra de novos equipamentos.

c) Expansão de uma fábrica ou montagem de um projeto de geração de energia.

d) Lançamento de um novo produto, equipamento, procedimento ou de um novo combustível.

e) Abertura de uma filial.

f) Aquisição de uma empresa.

g) Proposição de um lance visando à obtenção de uma concessão na área energética já em funcionamento.

h) Adoção de um projeto de eficiência energética.

i) Implementação de um projeto de cogeração de energia, entre muitos outros.

Para que essas decisões sejam tomadas, são utilizadas **técnicas de análise de investimentos**. Como será visto e compreendido melhor ao fim deste capítulo, nenhuma delas é perfeita ou está livre de problemas. Nenhuma delas substitui o bom senso de analisar com cautela os riscos envolvidos e os resultados obtidos. Entretanto, sua aplicação facilita enormemente a tomada de decisões, as quais serão sempre muito mais seguras com a utilização de técnicas apropriadas do que se forem feitas sem o seu auxílio.

19.3.1 Desafios da análise de projetos na área de energia

Embora as técnicas clássicas de análise de investimento sejam basicamente as mesmas com relação a pequenos ou grandes valores, vale observar que essa análise ainda é mais crítica quando envolve decisões de investimentos elevados, ou seja, **grandes montantes**. E essa costuma ser, tipicamente, a situação dos projetos na área energética. Afora alguns poucos projetos de menor porte – como os de eficientização energética em pequenas edificações, ou aqueles de microgeração distribuída com painéis solares, microturbinas eólicas ou biodigestores de pequeno porte – muitas vezes é difícil se ter uma consciência real da quantidade de recursos financeiros necessários para construir seja um parque eólico, uma usina hidro ou termelétrica, uma linha de transmissão ou gasoduto, uma plataforma de petróleo, entre vários outros.

Além disso, os projetos na área de energia envolvem longos espectros de tempo quando comparados com outros projetos, ou seja, são geralmente de **longa maturação**. Entre o início do investimento até a obtenção do primeiro *fluxo de caixa livre* positivo vai-se um bom tempo. Para recuperar o investimento, vários anos. A dimensão relativa da distância no tempo entre o investimento e seu retorno fica muito mais fácil de ser percebida quando comparamos um investimento típico na área energética com aquele feito para estabelecer, por exemplo, uma loja em um *shopping center*. Para o investidor da loja no *shopping*, seu primeiro fluxo de caixa positivo pode já acontecer após as vendas do primeiro Natal. Essa não é a realidade de um projeto na área energética.

Adicionalmente, os projetos na área energética, em maioria, envolvem o que chamamos de **custos afundados** (*sunk costs*) ou **custos irreversíveis**. Com efeito, mais uma vez, ao compararmos com o investimento em uma loja de *shopping*, seja ela de roupas ou de joias, por exemplo, caso o retorno daquele ponto não se mostre muito interessante, seja pelo fraco movimento do local, ou pelo excessivo custo da taxa de condomínio do *shopping*, o investidor poderá levar todo seu estoque e boa parte do mobiliário da loja para uma nova localidade, resgatando, ou seja, recuperando seu investimento prévio ao destiná-lo a um novo negócio.

Já no caso de um parque eólico, por exemplo, no qual cerca de um terço de todo o investimento inicial se destina às obras de construção civil das fundações que suportam cada um dos aerogeradores – outra parte expressiva desse investimento deve-se à complexa logística de transporte e instalação dos equipamentos – a situação é bem diferente. Por exemplo, se a comunidade do município no qual o parque eólico se instalou fizer um abaixo-assinado pressionando as autoridades locais para que encontrem os meios de retirar o parque eólico de lá, alegando motivos variados e conseguir seu intento, certamente muito do que foi investido naquele parque ficará literalmente afundado por lá. Se o alvo for uma hidrelétrica, um gasoduto, ou uma linha de transmissão, nem se fala. Por isso se diz que um projeto bem-sucedido deve ser multidisciplinar e contar com o apoio da comunidade e das autoridades locais, entre outros desafios que deverão compor uma estrutura contratual a mais robusta possível.

Quando estamos diante de projetos de energia ou de infraestrutura em geral, muitas vezes esses precisam ser classificados por ordem de prioridade em um conjunto de alternativas que disputam entre si pela concretização, já que nem todos poderão ser realizados. Nessas situações, decisões infelizes e mal respaldadas podem gerar enormes perdas de graves consequências. Dessa forma, a aplicação das técnicas que veremos em seguida pode ser de grande utilidade, sabendo-se que cada uma delas apresenta vantagens e desvantagens.

Porém, antes de iniciarmos a descrição das técnicas de avaliação de investimento vale a pena relembrarmos o conceito de capital. Entende-se por capital o valor aplicado por intermédio de alguma operação financeira, que é também conhecido como: principal, valor atual, valor presente ou valor aplicado, ou, ainda, investimento inicial. Em língua inglesa, usa-se *Present Value*, indicado nas calculadoras financeiras pela tecla PV.

A seguir, descrevemos as técnicas mais comumente usadas para avaliar propostas de investimento de capital, percorrendo os métodos do *payback* simples; do **valor presente líquido (VPL)**; do *payback* descontado; e da **taxa interna de retorno (TIR)**.

19.4 Método do *payback* simples

O *payback* é o prazo de retorno dos recursos investidos em um projeto. Corresponde, dessa forma, ao período de recuperação do investimento. Sua medida é em **tempo**, pois responde pelo tempo necessário para a recuperação do investimento inicial do projeto, computando as entradas líquidas de caixa que virão no período subsequente à realização do investimento inicial.

Muitas vezes, é denominado **método do *payback* simples**, uma vez que os fluxos de caixa são tomados por seus valores nominais, ou seja, sem serem trazidos a valor presente. Também é chamada de *tempo de retorno simples*.

O método do *payback* simples avalia o tempo necessário para que os fluxos de caixa esperados paguem os desembolsos do investimento. Portanto, por meio do **método do *payback* simples** os investimentos (ou diferentes projetos) são comparados em termos de quanto tempo se leva para recuperar o investimento inicial por intermédio do cômputo de seus retornos.

O principal objetivo quando se utiliza o ***payback*** é a redução do **risco** e a **valorização da liquidez**. Isso se explica pelo fato de o grau de incerteza aumentar à medida que aumenta o horizonte de tempo considerado. Nesse contexto, é possível observar que os administradores fixam um prazo máximo de retorno aceitável pela empresa para considerar ou descartar seus potenciais projetos de investimentos.

O critério de decisão adotado é que todas as propostas que ultrapassarem o limite de tempo estipulado sejam rejeitadas. Se for necessário ranquear alguns projetos do ponto de vista do método do *payback*, os projetos de menor período de *payback* serão preferíveis aos de maior período de *payback*.

O *payback* ou prazo de recuperação do capital é encontrado somando-se os valores dos fluxos de caixa negativos com os valores dos fluxos de caixa positivos, até o momento em que a soma resulta em zero. O *payback* é, desse modo, visto mais como uma medida de risco, na qual o menor valor, ou seja, o menor tempo indica o menor grau de exposição ao risco de não ver o próximo **fluxo de caixa** se realizar.

Trata-se de um método que não considera o valor do dinheiro no tempo, uma vez que os valores dos fluxos acumulados até a equiparação com o valor do investimento inicial realizado são tomados por seu valor de face ou valor nominal, como demonstrado na Equação (19.1).

$$II_0 = FC_1 + FC_2 + ... \qquad (19.1)$$

em que:
II_0 é o investimento inicial do projeto;
FC_1, FC_2 são os fluxos de caixa positivos, relativos aos retornos nos anos 1 e 2 etc., que são acumulados até que o somatório se iguale ao valor de II_0.

Se esses retornos – ou fluxos de caixa – forem iguais, pode-se dividir o investimento inicial diretamente pelo valor de um dos fluxos de caixa. A Equação (19.2) indica o *payback* simples de um investimento ou projeto que gera retornos incrementais – ou fluxos de caixa – de um mesmo valor.

$$Payback = \frac{\text{Investimento inicial}}{\text{Fluxo de caixa}} \qquad (19.2)$$

19.4.1 Cálculo do *payback* quando os fluxos de caixa não são iguais

Outra forma de encontrar o *payback* simples de um projeto ou investimento é pela subtração direta dos valores do investimento – ou fluxos de caixa negativos – dos valores dos fluxos de caixa positivos até o momento em que essa soma seja zerada. Como retornos, devemos considerar apenas o que chamamos de **entradas incrementais de caixa**, ou **fluxos de caixa livres**. Essa é a única alternativa para se encontrar o *payback* quando os fluxos de caixa não são iguais. Desse modo, se os retornos forem diferentes, temos:

Payback simples = período em que desembolsos de caixa menos entradas líquidas de caixa são zerados.

O Quadro 19.1 mostra o fluxo de caixa de dois projetos hipotéticos da Royal Dutch Shell por meio do cálculo de seus períodos de *payback* simples.

QUADRO 19.1 Análise de dois projetos hipotéticos da Royal Dutch Shell

	Projeto A	Projeto B
Investimento inicial	**$ 60.000**	**$ 65.000**
Ano	**Entradas de caixa**	
1	20.000	28.000
2	20.000	27.000
3	20.000	20.000
4	20.000	15.000
5	20.000	15.000
Média	20.000	20.000
Período de *payback*	**3 anos**	**2,5 anos**

O cálculo do *payback* simples é apurado verificando-se em que período a empresa irá recuperar o capital investido, em seu valor nominal. Nele observa-se que, até mesmo quando as médias dos retornos dos dois projetos são iguais, os períodos de *payback* são distintos.

Assim, comparar dois ou mais projetos pelo período de *payback* simples significa ordená-los do menor para o maior período de *payback*. Logo, o projeto com menor período de retorno do investimento realizado terá prioridade sobre outro de maior período.

Isso ocorre porque, para o investidor, seja ele pessoa física ou jurídica, interessa, de modo geral, recuperar o quanto antes o investimento feito. Tendo isso em mente, saberemos que a tomada de decisão pelo período de *payback* indica que o projeto vencedor será aquele de menor período de *payback*.

No Quadro 19.2 é apresentado um exemplo de como se chegar ao *payback* simples. Nesse exemplo, tanto é possível subtrair-se do investimento inicial o valor dos fluxos de caixa até encontrar o momento no qual ele é zerado, como também é possível aplicar a fórmula de *payback*, uma vez que os fluxos de caixa são iguais.

Vale notar também que o fato de o período de *payback* não ser um número exato não deve causar problema algum. Basta fazer uma regra de três para transformar a fração do ano em meses ou dias.

Acompanhando visualmente os fluxos anuais de *payback* no Quadro 19.2, é possível verificar que o investimento será recuperado em algum momento ao longo do terceiro ano. Ao fim do segundo ano, faltará ainda recuperar $ 34.480 do capital investido e, no ano seguinte, projeta-se uma entrada líquida de caixa de $ 57.760 que excede o valor necessário para atingir o total do investimento previamente realizado.

Para encontrar o prazo exato, basta fazer uma regra de três. Portanto, o *payback* simples, conforme visto no exemplo, é de 2,6 anos, ou seja, 2 anos, 7 meses e 6 dias. Esse é o prazo em

506 CAPÍTULO 19

QUADRO 19.2 Cálculo de *payback* simples referente a um investimento que gera retornos futuros

			Payback simples		
	FCL	**FCLA**		**$**	**Tempo (ano)**
Ano 0	(150.000)	(150.000)			
Ano 1	57.760	(92.240)	A ser recuperado	34.480	x
Ano 2	57.760	(34.480)	Recuperado no terceiro ano	57.760	1
Ano 3	57.760	23.280	Acima é mostrado como informar esse valor com maior precisão		
Ano 4	57.760	81.040			
Ano 5	57.760	138.800			
Payback está entre o 2º e o 3º anos					
Usando regra de 3 temos:	34.480 57.760	x 1	logo: $57.760 x = 34.480$, então: $x = 0,60$		
Temos: $0,60 \times 12$ meses $= 7,20$ meses Logo, o período de *payback* é de 2 anos, 7 meses e 6 dias			$0,20 \times 30$ dias $= 6$ dias		

que a empresa recuperará o seu investimento referente à compra da nova máquina.

O método do *payback* simples tem por objetivo a tomada de decisão entre aceitar ou rejeitar um projeto. Tal decisão leva em consideração o tempo pelo qual os desembolsos de caixa serão cobertos por entradas líquidas de caixa ou por economias líquidas futuras geradas em decorrência da implementação do projeto. Esse método tem a vantagem da simplicidade. Na verdade, pode-se dizer que o *payback* simples é mais uma medida de risco do que propriamente de retorno de investimento. Isso porque um projeto com *payback* menor que outro indica que ele tem, em princípio, um grau menor de risco.

Entretanto, vale a pena refletir sobre os projetos mostrados no Quadro 19.3, do ponto de vista da aplicação do método do *payback*.

QUADRO 19.3 Dados de dispêndio de capital nos projetos X e Y da empresa Engenhoca S.A.

	Projeto X	**Projeto Y**
Investimento inicial	**$ 10.000**	**$ 10.000**
Ano	**Entradas de caixa**	
1	5000	3000
2	5000	4000
3	1000	3000
4	100	4000
5	100	3000
Período de *payback*	**2 anos**	**3 anos**

Se a decisão tomasse como base apenas o período de *payback*, a escolha recairia sobre projeto X que é o de menor período de *payback*. Contudo, levando o fluxo de caixa em consideração como um todo, é fácil notar que o projeto X é muito menos atraente que o Y. Dessa maneira, fica claro que uma das principais desvantagens do método do *payback* simples é que esse método não leva em conta nada que ocorra após o período de cálculo de *payback*.

A seguir, resumimos as vantagens e desvantagens do método do *payback* simples na **avaliação de investimentos**.

Entre as vantagens do método do *payback* simples destacam-se:

a) Apresentar facilidade de cálculo e apelo intuitivo.

b) Levar em conta, até certo ponto, a época em que os fluxos de caixa ocorrem.

c) Ser visto como medida de risco, pois quanto mais tempo para recuperar o investimento realizado, maior exposição ao risco.

Entre as desvantagens do método do *payback* simples, observam-se:

a) Ignorar os fluxos de caixa que ocorrem após o período de *payback*.

b) Não considerar integralmente o fator tempo no valor do dinheiro.

c) Ignorar a magnitude dos fluxos de caixa e sua distribuição antes do período de *payback*.

d) Enfatizar apenas a **liquidez**, deixando de lado a lucratividade.

e) Desconsiderar o valor do dinheiro no tempo, pois esse método considera tão somente os valores nominais.

f) Não oferecer uma medida precisa se o projeto acrescentar de fato valor para acionistas ou investidores (públicos ou privados).

g) Mostrar incapacidade para especificar o período em que verdadeiramente se recupera o custo de oportunidade do capital investido, uma vez que o método não se baseia em fluxos descontados.

Apesar das limitações face às desvantagens mencionadas, a técnica do *payback* simples é muito usada, sobretudo para análise complementar de risco de um projeto de investimento. Vale ressaltar que, em alguns empreendimentos a questão da liquidez pode ser considerada um fator crítico, e que, portanto, se a recuperação do investimento não ocorrer nos primeiros períodos, o empreendimento poderá ser preterido ou descartado em prol de outro.

É possível constatar na prática que, por suas vantagens – apelo intuitivo e referência de risco – o método do *payback* simples é ainda muito utilizado. Entretanto, suas graves desvantagens o classificam como uma técnica *simples e complementar* (não definitiva) na tomada de decisões sobre investimentos a serem realizados.

19.5 Método do valor presente líquido (VPL)

Diferentemente do método do *payback* simples, o método de análise de investimentos por meio do valor presente líquido (VPL) é considerado uma técnica sofisticada de análise de investimento. É também a ferramenta mais utilizada para avaliação de projetos. Consiste na concentração de todos os valores esperados do fluxo de caixa na data zero e é descontada pelo custo de oportunidade daqueles que colocaram recursos no projeto. Essa taxa de desconto é frequentemente citada como taxa mínima de atratividade (TMA).

Um VPL positivo significa que o investimento realizado foi recuperado e remunerou também aquilo que teria sido ganho caso fosse aplicado na TMA. Observe a Equação (19.3).

$$VPL = -II_0 + \left[\frac{FC_1}{(1+r)} + \frac{FC_2}{(1+r)^2} + \cdots + \frac{FC_n}{(1+r)^n}\right] \quad (19.3)$$

em que:

II_0 é o investimento inicial do projeto;
FC_1, FC_2, FC_n são os fluxos de caixa positivos, relativos aos anos 1, 2 até n;
r é a taxa mínima de atratividade do projeto.

Adiante mostraremos que, na avaliação econômica de investimento efetuada com base no método do valor presente líquido, estabelece-se a seguinte regra:

- *se o VPL for maior ou igual a zero, aceita-se o projeto; caso contrário, rejeita-se.*

O método do VPL é considerado o mais apropriado para analisar a maioria dos projetos de investimento e também é visto como uma técnica definitiva de tomada de decisões de investimento. Isso se deve apenas ao fato de o método do VPL não apenas trabalhar com fluxos de caixa descontados, em oposição aos fluxos nominais, como vimos no *payback* simples, mas também porque seu resultado, em espécie (moeda corrente) e não apenas em tempo transcorrido (anos para recuperação do investimento), ou mesmo em taxa ou percentual, revela a riqueza absoluta decorrente da realização do projeto.

Para empregá-lo da maneira certa é preciso entender o conceito do valor do dinheiro no tempo e refletir sobre uma série de considerações implicadas.

19.5.1 Valor do dinheiro no tempo e suas implicações

Quando nos perguntamos por que receber $ 1000 hoje é melhor do que receber os mesmos $ 1000 daqui a um ano, a reposta correta passa pela seguinte constatação: o dinheiro, ainda que aparentemente tenha o mesmo valor nominal, tem um valor real que varia no tempo. Assim, a regra do valor presente diz:

- *o valor de um real hoje é sempre maior que o valor de um real amanhã!*

Há basicamente três razões para que um real amanhã valha menos que um real hoje. Quais seriam elas? A resposta a essa pergunta está na intuição por trás da regra do valor presente. A Fig. 19.1 resume essas razões.

Da intuição por trás da regra do valor presente decorre o princípio básico do valor presente, que diz:

- *fluxos de caixa em diferentes períodos não podem ser nem comparados nem agregados (somados ou subtraídos);*
- logo, eles precisam ser trazidos ao mesmo ponto no tempo, antes que qualquer comparação e/ou operação seja realizada entre eles.

O *valor futuro* no tempo referente ao período n de dado montante (ou fluxo de caixa), originalmente apresentado no momento presente (em $n = 0$), pode ser representado na *linha de tempo* conforme ilustrado na Fig. 19.2.

1. Preferência pelo consumo presente:

As pessoas (ou qualquer investidor) preferem o consumo presente ao consumo futuro. Por isso, para induzi-las a deixar de consumir agora é preciso oferecer-lhes algo mais no futuro.

2. Inflação:

Quando há inflação, o valor do dinheiro diminui com o passar do tempo, de forma que, quanto maior a inflação, maior a diferença entre o valor de $ 1,00 hoje e $ 1,00 no futuro.

3. Risco:

Como geralmente existe incerteza quanto aos fluxos de caixa futuros, quanto mais rapidamente são recebidos, melhor.

FIGURA 19.1 Intuição por trás da regra do valor presente.

Fonte: adaptada de Damodaran (2007).

FIGURA 19.2 Valor futuro e linha do tempo.

Matematicamente, o valor futuro no instante n pode ser calculado de acordo com a Equação (19.4).

$$VF_n = FC_0(1 + r)^n \quad (19.4)$$

Dessa forma, para calcular o valor futuro de $\$ 10.000$ daqui a cinco anos, assumindo uma taxa de aplicação de 10 %, utiliza-se diretamente a Equação (19.4).

$$VF_5 \text{ de } \$ 10.000 = \$ 10.000 \times 1{,}10^5 = \$ 16.105$$

Mais um exemplo: qual o valor futuro de $\$ 100$ após três anos, se esse valor puder ser aplicado à taxa de 10 % ao ano?

$$VF_3 = VP(1+r)^3 = \$ 100 (1{,}10)^3 = \$ 133{,}10$$

Já o valor presente de dado montante (ou fluxo de caixa) originalmente esperado em um tempo n no futuro, pode também ser representado na linha do tempo como mostra a Fig. 19.3.

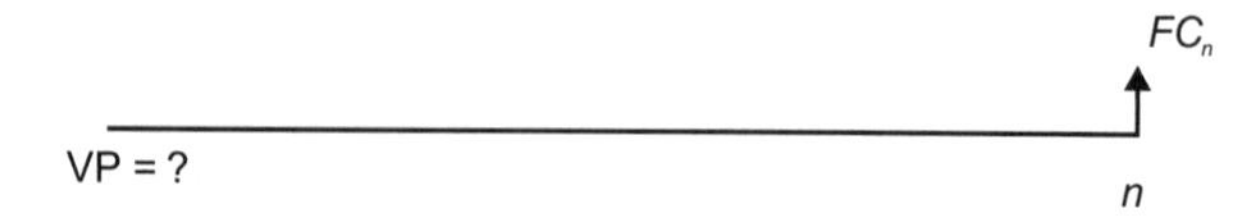

FIGURA 19.3 Valor presente e linha do tempo.

Matematicamente, o valor presente de um fluxo de caixa que se espera que ocorra no instante futuro n pode ser calculado de acordo com a Equação (19.5).

$$VP = \frac{FC_n}{(1+r)^n} \quad (19.5)$$

Observa-se que um fluxo de caixa simples, que é aquele que envolve uma única parcela, pode ser trazido do futuro para o momento presente por intermédio dessa mesma fórmula, como no exemplo a seguir.

Exemplo 19.1

Qual o valor presente que equivale a $\$ 5000$ a serem pagos ao fim de cinco anos, assumindo-se uma taxa de desconto de 10 % ao ano?

Observe a Equação (19.5).

$$VP \text{ de } \$ 5000 = \frac{5000}{(1 + 0{,}1)^5} = \$ 3105$$

Entretanto, o mais comum em projetos na área de energia são investimentos que geram retornos em múltiplos períodos no futuro.

A Fig. 19.4 ilustra uma situação em que três fluxos futuros são trazidos a valor presente. Cada um desses fluxos de

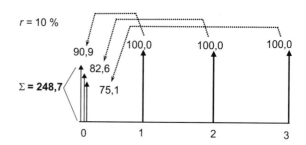

FIGURA 19.4 Somatório do valor presente de projeto com três fluxos de caixa.

caixa, FC_1, FC_2 e FC_3, com valor nominal de $\$ 100{,}00$, chega ao valor presente descontado pela taxa de 10 % ao ano. Seus valores presentes são de respectivamente $\$ 90{,}9$, $\$ 82{,}6$ e $\$ 75{,}1$, que, quando somados, perfazem $\$ 248{,}7$.

As fórmulas que levam valores presentes ao futuro ou que trazem valores futuros ao presente podem ser resumidas nas Equações (19.6) e (19.7)

$$VF = VP(1+r)^n \quad (19.6)$$

$$VP = \frac{VF}{(1+r)^n} \quad (19.7)$$

em que:
VF = Valor Futuro (ou fluxo de caixa do instante n);
VP = Valor Presente (ou fluxo de caixa do instante inicial 0);
r = Taxa de aplicação ou de desconto;
n = Posição na linha do tempo do projeto.

As taxas de desconto e de aplicação possibilitam comparar fluxos de caixa em diferentes períodos, tornando-os equivalentes, considerando que:

- a taxa de desconto converte fluxos de caixa futuros em seus equivalentes a valores presentes; e
- a taxa de aplicação converte fluxos de caixa presentes em seus equivalentes a valores futuros.

Assim, a taxa de desconto (ou de aplicação) permite que fluxos de caixa de distintos períodos no tempo sejam somados ou subtraídos, por transformá-los em valores que podem ser negociados com equivalência. Essa taxa incorpora:

a) a preferência pelo consumo presente:
  - *quanto maior a preferência pelo consumo presente, maior será a taxa de desconto ou de aplicação;*

b) a inflação esperada:
  - *quanto maior a perspectiva de inflação, maior a taxa de desconto ou de aplicação;*

c) a incerteza sobre fluxos de caixa futuros:
  - *quanto maior o risco estimado do projeto, maior a taxa de desconto ou de aplicação.*

19.6 Do valor presente ao valor presente líquido

O valor presente líquido (VPL) pode ser compreendido como diferença entre o valor presente de todos os fluxos de caixa do projeto e seu investimento inicial.

Supondo-se, no exemplo da Fig. 19.4, cujos três fluxos de caixa nominais eram de $ 100,0 cada, que fosse necessário fazer-se um investimento inicial de $ 218,0 em ordem de auferir tais fluxos. Desse modo, o VPL desse projeto seria simplesmente o somatório do valor presente dos três fluxos, $ 248,7, menos o investimento inicial de $ 218,0, ou seja, $ 38,7.

Observe-se que a ilustração da linha do tempo de um fluxo de caixa pode ser muito útil. De modo geral, esse gráfico contém informações sobre as entradas e saídas de capital realizadas em determinados períodos. O fluxo de caixa pode ser apresentado na forma de uma linha horizontal (linha de tempo) com os valores indicados nos respectivos tempos, ou na forma de uma tabela com essas mesmas indicações.

O desembolso ou saída de caixa correspondente, por exemplo, ao investimento líquido no projeto, poderá ser indicado por uma seta para baixo. As entradas de recursos, ou retornos líquidos subsequentes para o caixa do projeto, poderão ser ilustrados com setas para cima.

A inversão das setas não causa maiores problemas, desde que seja mantida a coerência entre entradas e saídas com sinais contrários.

Desse modo, o VPL pode ser ilustrado na linha do tempo de um projeto como mostrado na Fig. 19.5.

Matematicamente, a fórmula do VPL pode ser escrita como mostra a Equação (19.8).

$$VPL = \sum_{t=1}^{n} \frac{FC_t}{(1+r)_t} - II_0 \qquad (19.8)$$

em que:
VPL = Valor presente líquido;
FC = Fluxo de caixa do instante inicial (*t*);
II_0 = Investimento inicial;
r = Taxa de desconto.

Pode-se dizer que o VPL é um método que tem como base o emprego de uma taxa de desconto. Isso porque é a taxa de desconto que, representando o custo de oportunidade do capital empregado, é usada para ajustar os fluxos de caixa líquidos projetados e trazê-los a seu equivalente em valor presente.

A possibilidade de trazer valores do futuro ao presente e de somá-los para comparar com o desembolso realizado é que

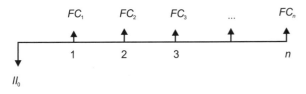

FIGURA 19.5 VPL e linha do tempo.

fornece uma perspectiva *a priori* de que esse desembolso/investimento valerá a pena. Dessa maneira, o desembolso líquido, que no caso está representado pelo investimento inicial, poderá, portanto, ser subtraído do somatório de valores presentes dos fluxos de caixa líquidos, oferecendo um número residual. Esse número representa o valor residual do projeto ou seu valor presente líquido. Ou seja, o VPL é resultado da diferença entre o valor dos fluxos líquidos de caixa trazidos ao período inicial e o valor do investimento inicial.

Outra maneira de ver a fórmula do VPL é dada a seguir. A Equação (19.9) resume o que foi dito, mostrando como se dá o cálculo do valor presente líquido:

$$VPL = \frac{FC_1}{(1+r)} + \frac{FC_2}{(1+r)^2} + \frac{FC_3}{(1+r)^3} + \cdots + \frac{FC_n}{(1+r)^n} - II_0 \qquad (19.9)$$

em que:
II_0 = Investimento inicial;
FC_n = Fluxo de caixa líquido do período *n*;
r = Custo do capital;
n = Período (mês, trimestre, ano).

Quando a técnica de análise de investimento é a do VPL, uma decisão é feita a favor de um projeto se o valor presente líquido for um número positivo. Vale notar também que esse método pode ser aplicado na comparação de vários projetos quando são considerados investimentos mutuamente exclusivos. Por isso, aquele mais positivo desbanca o de menor valor, e assim sucessivamente.

A tomada de decisão com base no VPL, ou seja, a regra para se aprovar ou rejeitar um projeto, em decorrência do resultado da análise no seu VPL, é resumida assim:

a) VPL > 0: significa que a empresa que encampar esse projeto/investimento obterá uma taxa de retorno maior que o retorno mínimo exigido, e que, portanto o projeto deveria ser aprovado.

b) VPL = 0: significa que a empresa que encampar esse projeto/investimento obterá uma taxa de retorno exatamente igual ao retorno mínimo exigido; portanto, também aprovaria o projeto.

c) VPL < 0: significa que a empresa que encampar esse projeto/investimento obterá uma taxa de retorno menor que o retorno mínimo exigido; portanto, um projeto cuja análise de VPL apresentasse esse resultado deveria ser rejeitado.

Na prática, tanto saídas como retornos de caixa podem ocorrer em distintos momentos no tempo de caixa. Por exemplo, o próprio investimento inicial pode ser representado por várias saídas parceladas no tempo. Continuará, entretanto, importando saber se o balanço entre entradas e saídas é favorável para entradas maiores ou no mínimo iguais às saídas.

Consideremos uma situação em que foi feito um depósito inicial de $ 5000 em uma conta que rende juros de 4 % ao ano, compostos mensalmente, e que se continue a depositar mensalmente valores de $ 1000 durante os cinco meses seguintes.

No sexto mês se deseja conhecer o valor futuro da reunião desses depósitos.

Observe a linha do tempo representada na Fig. 19.6.

Para obter o valor futuro do capital depositado em vários meses, usamos o fluxo de caixa e conceitos matemáticos para cálculo do valor resultante ou montante acumulado.

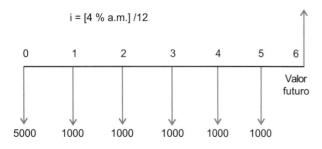

FIGURA 19.6 Linha do tempo do exercício.

19.7 Juros e taxa de juros

O dinheiro é um bem escasso e a ele está associado um preço. Os juros são a remuneração paga pelo direito de usar o bem chamado dinheiro.

Por conseguinte, os juros podem ser definidos comumente como aluguel pago pela obtenção de um volume de dinheiro emprestado ou como contrapartida desse aluguel, que é o retorno obtido pelo investimento do capital. Em outras palavras, os juros representam a remuneração do capital empregado em alguma atividade. Dessa forma, quando se aplicam ou se emprestam $ 1000 ao ano e se recebem de volta $ 1200, os juros correspondem à diferença entre o recebido e o emprestado, isto é, $ 200.

Já a taxa de juros, por sua vez, não é a diferença, mas sim a razão entre os juros cobrados no fim de um período e o dinheiro devido (ou aplicado) no início desse período. No exemplo mencionado, se foram recebidos $ 200 pelo empréstimo de $ 1000 em um ano, a taxa de juros é de 200/1000 = 0,20, ou seja, 20 % de juros ao ano.

Como vimos, os valores em dinheiro só podem ser comparados entre si quando se referirem à mesma data, visto que um mesmo valor nominal possui distintos valores reais ao longo do tempo. Assim, a transferência de um valor de uma data para outra pode ser feita considerando-se determinada taxa de juros.

Os $ 1000 de hoje não são iguais a $ 1000 daqui a um ano, dado que se algum investidor tivesse esse valor poderia aplicá-lo e obter mais do que os $ 1000 iniciais. Igualmente, caso esse agente não tivesse os $ 1000 e fosse tomar um empréstimo, teria de restituir não apenas os mesmos $ 1000, mas esse valor acrescido de juros.

Pode-se concluir que o valor do dinheiro é diretamente afetado pelo tempo e que a taxa de juros é o principal instrumento usado para expressar a influência da passagem do tempo no valor do dinheiro. Por fim, vale notar que, usualmente, utiliza-se a nomenclatura de taxa de juros quando se paga por um empréstimo, e de taxa de retorno quando se recebe pelo capital emprestado ou investido.

Os juros representam a remuneração do capital empregado em alguma atividade produtiva.

Para o cálculo de juros é preciso considerar que há dois tipos de regime de juros. São os chamados juros simples e juros compostos. Os juros podem ser capitalizados segundo esses regimes ou em algumas condições mistas, como mostrado a seguir.

Regime	Processo de funcionamento
Simples	Somente o principal rende juros.
Compostos	Após cada período, os juros são incorporados ao capital, proporcionando juros sobre juros.

a) Cálculo de juros simples

Os juros simples são calculados por meio da seguinte fórmula:

$$\text{Juros simples} = \text{capital} \times \text{taxa de juros} \times \text{período}$$
(o período é n° de meses ou anos)

Ou seja: $j = c \times r \times n$

em que:
j = juros;
c = capital (também referido como principal, ou investimento inicial);
r = taxa de juros ou taxa de aplicação;
n = período.

Utilizando os valores do exemplo anterior, tem-se:

$$j = \$\ 1000 \times 0{,}20 \times 1 \text{ ano} = \$\ 200$$

b) Exemplos de aplicação de juros simples

1) Se n é o número de períodos, i é a taxa de aplicação por período e c é o valor do capital empregado, então os juros simples obtidos por um capital de $ 1250 durante 4 anos à taxa de 14 % ao ano são calculados por:

$$j = 1250 \times 0{,}14 \times 4 = 700$$

Se a taxa de aplicação é dada em r % ao mês, usa-se o número de meses na fórmula: $j = c \times r \times m$

2) Os juros simples obtidos por um capital P = $ 1250 durante 4 anos (48 meses) à taxa de 2 % ao mês são dados por:

$$j = 1250 \times (2/100) \times 48 = 1200$$

Se a taxa de aplicação ou de juros (r %) se refere a uma taxa ao dia, usa-se no lugar do n o número de dias para obter os juros correspondentes ao número exato de dias com a fórmula: $j = c \times r \times d$

3) Os juros simples obtidos por um capital de $ 1250 durante seis meses (180 dias) à taxa de 0,02 % ao dia são dados por:

$$j = 1250 \times (0{,}02/100) \times 180 = 45$$

4) Os juros simples exatos obtidos por um capital P = $ 1250 durante os 6 primeiros meses do ano 1999 (181 dias), à taxa de 0,2 % ao dia, são dados por:

$$j = 1250 \times (0,2/100) \times 181 = 452,50$$

Montante é a soma do capital com os juros. O montante também é conhecido como valor futuro. Em língua inglesa, usa-se *Future Value*, indicado nas calculadoras financeiras pela tecla FV. O montante é dado por uma das fórmulas:

$$VF = M = \text{Principal} + \text{juros} = \text{valor presente } (1 + i\,n)$$

5) Se a taxa de uma aplicação for de 150 % ao ano, quantos meses serão necessários para dobrar um capital aplicado por meio de capitalização simples?

O objetivo é dobrar o capital, ou seja, obter duas vezes o montante:

$$VF = 2VP$$

Dados: $r = 150/100 = 1,5$
Fórmula: $VF = (1 + in)$
Como: $2\,VP = VP\,(1 + 1,5\,n)$,
Então: $2 = 1 + 1,5\,n$,
Logo: $n = 2/3 \text{ ano} = 8 \text{ meses}$

6) Qual é o valor dos juros simples pagos à taxa de 100 % ao ano se o valor do principal for de $ 1000 e a dívida tiver sido contraída no dia 10 de janeiro, considerando que deverá ser paga no dia 12 de abril do mesmo ano? Observe os dados a seguir.

Período	Número de dias
De 10/01 até 31/01	21 dias
De 01/02 até 28/02	28 dias
De 01/03 até 31/03	31 dias
De 01/04 até 12/04	12 dias
Total	92 dias

Fórmula para cálculo de juros exatos:

$$j = c \times r \times (d/365)$$

Substituindo na fórmula:

$$j = 1000 \times (100/100) \times 92/365 = 252,05$$

Os juros simples são de pouca utilização prática, e nas transações financeiras os juros compostos são cotidianamente muito mais utilizados. Nos cálculos financeiros pertinentes à análise de investimento de capital, usam-se, em geral, juros compostos.

c) Cálculo de juros compostos

Os juros compostos incorporam o conceito de capitalização composta. Essa capitalização ocorre quando a taxa de aplicação incide sobre o capital inicial aplicado, dando origem ao valor dos juros que será somado ao capital inicial em cada etapa do período a que a taxa se refere, resultando no montante, ou seja, juros mais capital inicial.

Após finalizada a primeira etapa de acumulação, isto é, nas etapas seguintes, a taxa de aplicação sempre incidirá sobre o valor acumulado nos períodos anteriores, ou seja, sobre o montante. Isso faz com que o capital inicial varie exponencialmente para cada novo período de acumulação em função do número de períodos ou etapas do projeto.

Essa sistemática é conhecida como juros compostos e é dada pela própria fórmula de valor futuro:

$$VF = VP\,(1 + i)^n$$

em que:
VF = Valor futuro ou montante;
VP = Valor presente;
i = Taxa de juros (ou taxa de retorno esperada);
n = Número de períodos.

Mesmo no caso de aplicação de capitalização composta ou de juros compostos, os juros propriamente ditos continuam a corresponder à diferença entre o valor futuro e o valor presente. Dessa forma, tem-se que:

$$\text{Juros} = VF - VP$$

A taxa de aplicação (ou desconto) i é aplicada ao capital inicial (VP) para o primeiro período. A partir do segundo período, é calculada sobre o acumulado VP + juros do primeiro período e assim sucessivamente.

Aplicando a fórmula anterior para um capital inicial de $ 1000 e uma taxa de desconto de 2 % ao ano para os próximos três períodos, teríamos:

$$VF_1 = \$\,1000\,(1 + 0,20)^1 = \$\,1200$$
$$VF_2 = \$\,1000\,(1 + 0,20)^2 = \$\,1440$$
$$VF_3 = \$\,1000\,(1 + 0,20)^3 = \$\,1728$$

Dessa forma, temos que o capital inicial é de $ 1000, o montante ao fim do terceiro período é de $ 1728 e os juros acumulados no período, de $ 728.

A Fig. 19.7 ilustra o conceito de capitalização dos juros para o primeiro período do nosso exemplo.

Reciprocamente, o cálculo do valor presente do dinheiro pode ser realizado a partir da fórmula de cálculo do VF, como mostra a Equação (19.10).

$$VP = \frac{VF}{(1 + i)^n} \tag{19.10}$$

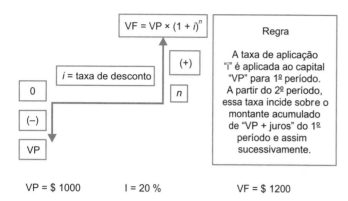

FIGURA 19.7 Juros compostos.

Considerando o mesmo exemplo, encontra-se:

$$VP = \frac{1200}{(1+0,20)^1} = 1000 \quad VP = \frac{1440}{(1+0,20)^2} =$$
$$= 1000 \quad VP = \frac{1440}{(1+0,20)^3} = 1000$$

a) Exemplo de cálculo de VPL

Considere a situação em que você é um executivo que está examinando a possibilidade de comprar uma nova máquina no valor de $ 147.000, que propiciará uma economia de $ 70.000 por ano em gastos com mão de obra e manutenção.

Considere, também, que a empresa para a qual você trabalha paga impostos sobre qualquer lucro auferido e que, por isso, desses $ 70.000 você poderá considerar como fluxo livre de caixa anual para sua empresa o valor de $ 57.760.

O custo de instalação dessa máquina deve ficar em $ 3000. Desse modo, o valor inicial investido serão os $ 147.000 mais os $ 3000.

Calculando manualmente cada etapa, tem-se a Equação (19.11):

$$VPL = \frac{FC_1}{(1+0,18)^1} + VP = \frac{FC_2}{(1+0,18)^2} + VP = \frac{FC_3}{(1+0,18)^3} +$$
$$+VP = \frac{FC_4}{(1+0,18)^4} + VP = \frac{FC_5}{(1+0,18)^5} - 150.000$$

VPL = 48.949 + 41.482 + 35.154 + 29.791 + 25.247 − 150.000
(19.11)

VPL = 30.625

Usando uma calculadora financeira, teremos:

150.000 CHS g CF0 (valor de II₀)

(CHS = *change sign* para mudar o sinal do primeiro valor na linha do tempo que corresponde ao investimento inicial que é negativo.)

57.760	g	CFj	(valor FC 1)
57.760	g	CFj	(valor FC 2)
57.760	g	CFj	(valor FC 3)
57.760	g	CFj	(valor FC 4)
57.760	g	CFj	(valor FC 5)

18,0 i (taxa de desconto; *i = interest rate*)
      f NPV (NPV = *Net Present Value* ou VPL)

Como NPV = $ 30.625 = VPL > 0, ou seja, por ser um valor maior que zero, o projeto deveria ser aceito. O valor do VPL de $ 30.625 encontrado para o projeto significa que:

a) Como o VPL é maior que zero, o projeto é viável.
b) Se o VPL fosse igual a zero, também indicaria que o projeto seria viável, pois significaria que o projeto, além de pagar os valores investidos, proporcionaria um retorno exatamente igual ao custo de capital, ou seja, de 18,0 %.
c) O VPL apurado mostra que a empresa atingirá, além do mínimo esperado de 18,0 %, um resultado excedente em dinheiro de $ 30.625.

Por fim, vale lembrar que quando estivermos examinando projetos mutuamente exclusivos, deveremos optar pelo projeto que tiver o maior VPL. Do mesmo modo, quando estivermos examinando um projeto independente, deveremos aprová-lo se o projeto apresentar VPL maior ou igual a zero. A única restrição será de ordem orçamentária.

Caso a empresa não tenha recursos para implementar todos os projetos, a preferência será dada àqueles que tiverem maior VPL. Se houver projetos dependentes sendo analisados, será preciso calcular o VPL dos demais projetos e, no conjunto, o VPL terá de ser maior ou igual a zero.

19.8 Método do *payback* descontado

O método do *payback* simples pode ser aprimorado quando incluímos o conceito do valor do dinheiro no tempo. Isso é feito no método do *payback* descontado que calcula o tempo de *payback* por meio do ajuste dos fluxos de caixa por uma taxa de desconto.

Tome-se o seguinte exemplo:

Investimento inicial = $ 160.000
Fluxos de caixa   = $ 51.000 iguais por 5 anos
Taxa de desconto   = 15 % ao ano

Mostramos a análise do projeto por intermédio do método do *payback* descontado no Quadro 19.4.

QUADRO 19.4 Representação do *payback* descontado para fluxos iguais

Fluxo de caixa ajustado anual	Fluxo de caixa (VP)	Fluxo ajustado acumulado
0	−160.000	−	−160.000
1	51.000	44.348	−115.652
2	51.000	38.563	−77.089
3	51.000	33.533	−43.556
4	51.000	29.159	−14.396
5	51.000	25.356	10.960

Fonte: Ching *et al.* (2010).

O período de *payback* descontado do exemplo anterior está entre 4 e 5 anos, como podemos observar pelo fluxo de caixa acumulado ajustado. Para melhor precisar, pode-se aplicar o seguinte cálculo:

Payback descontado = 4 + (14.397/25.356) = 4,6 anos

Como 4,6 anos é um número fracionário, pode-se aplicar uma regra de três para indicar o período de *payback* em meses e/ou dias.

Logo, se 1 está para 365 dias
0,6 está para x dias

em que:

x = 365 × 0,6 / 1, ou seja: 219 dias ou 7 meses e 9 dias.

Dessa maneira, o período de *payback* descontado será de 4 anos, 7 meses e 9 dias.

Observa-se que o método do *payback* descontado, embora mais robusto que o do *payback* simples, por considerar o valor do dinheiro no tempo, também desconsidera todos os fluxos que ocorrem após o período de *payback*.

19.9 Método da taxa interna de retorno (TIR)

O método de avaliação de investimentos por meio do cálculo da taxa interna de retorno (TIR) é também considerado um método sofisticado para avaliação de propostas de investimento de capital.

A TIR é definida como a taxa pela qual um investimento é recuperado por meio dos rendimentos auferidos de um projeto. A TIR representa, por esse motivo, a taxa de desconto que iguala os fluxos de entrada com os de saída de caixa. Em outras palavras, trata-se da taxa que gera um valor presente líquido para o projeto analisado igual a zero.

Observe a Equação (19.12).

$$-II_0 + \left[\frac{FC_1}{(1+TIR)} + \frac{FC_2}{(1+TIR)^2} + \cdots + \frac{FC_n}{(1+TIR)^n} \right] = 0 \quad (19.12)$$

em que:

II_0 é o investimento inicial do projeto.
FC_1, FC_2, FC_n são os fluxos de caixa positivos, relativos aos anos 1, 2 e n, até que o somatório se iguale ao valor de II_0.

Esse método consiste no cálculo da taxa a ser usada para desconto de todos os fluxos. Essa taxa de desconto é identificada de maneira especial por ser capaz de atender à condição de gerar um VPL igual a zero. Porém, após encontrar essa taxa especial, que, por satisfazer tal condição, é denominada taxa interna de retorno, é necessário compará-la com o custo de oportunidade ou taxa mínima de atratividade, usada em geral pela empresa para projetos com as características e riscos daquele que está sendo analisado.

Outra forma de reescrever a Equação (19.12) é:

$$II_0 = \frac{FC_1}{(1+r)} + \frac{FC_2}{(1+r)^2} + \frac{FC_3}{(1+r)^3} + \cdots + \frac{FC_n}{(1+r)^n}$$

em que:
II_0 = Investimento inicial;
FC = Fluxo de caixa;
r = Taxa de desconto da solução, isto é, a TIR;
n = Período.

Além de ser a taxa que torna o VPL de um fluxo de caixa igual a zero, a TIR representa um limite para variação da taxa mínima de atratividade, embora possa ser usada também como estimativa do limite superior de rentabilidade do projeto.

A avaliação econômica de um investimento, efetuada com base no método da taxa interna de retorno (TIR), estabelece a seguinte regra:

• *se a TIR for maior que a taxa mínima de atratividade, o investimento é aceito; caso contrário rejeita-se.*

Desse modo, uma decisão é feita a favor de um projeto se a TIR for maior que o custo de capital. Nesse sentido, essa regra pode ser sintetizada do seguinte modo:

a) *Se a TIR > custo de capital →* *A empresa obteria uma taxa de retorno maior que o seu custo de capital, portanto, aprovaria o projeto.*

b) *Se a TIR = custo de capital →* *A empresa obteria uma taxa de retorno exatamente igual ao seu custo de capital, portanto, também aprovaria o projeto.*

c) *Se a TIR < custo de capital →* *A empresa obteria uma taxa de retorno menor que o seu custo de capital, portanto, rejeitaria o projeto.*

19.9.1 Exemplo com o método da TIR

Vejamos, portanto, o cálculo da TIR no nosso exemplo mencionado, utilizando a calculadora financeira:

150.000	CHS	g	CF0	(valor de I)
57.760		g	CFj	(valor de FCL)
5		g	Nj	(número de FLC)
		f	IRR	= 26,7 % (=TIR)

Como a TIR é de 26,7 % e essa taxa é maior que 18,0 %, o projeto deverá ser aceito.

O valor da TIR, de 26,7 %, deve ser interpretado da seguinte forma:

a) A TIR representa uma taxa periódica e, no projeto da FEGUS, significa uma taxa de 26,59 % ao ano, e não uma taxa para todo o período do projeto.

514 CAPÍTULO 19

b) Se a TIR fosse igual a 18,0 %, também indicaria que o projeto é viável, pois o mínimo esperado estaria sendo atingido.

c) O método da TIR também pode ser aplicado na comparação de vários projetos quando são considerados investimentos mutuamente exclusivos. Nesse caso, como você decidiria? O correto seria optar pelo projeto de maior TIR.

d) Quando estivermos examinando um projeto independente, deveremos aprová-lo se ele apresentar uma TIR maior que o custo de capital. A única restrição será de ordem orçamentária. Caso a empresa não tenha recursos para implementar todos os projetos, a preferência será dada àqueles que tiverem maior TIR.

e) Em se tratando de projetos dependentes, teremos de calcular a TIR dos demais projetos e, no conjunto, a TIR terá de ser maior que o custo de capital.

Conforme visto, a TIR é tida como a taxa que produz VPL igual a zero. A fim de ilustrarmos esse conceito, apresentamos o cálculo do VPL considerando a TIR do projeto de 26,7 % calculada anteriormente. Observe que, nesse caso, o VPL encontrado é igual a zero.

Calculando cada etapa manualmente, obtemos a Equação (19.13).

$$VPL = \frac{FC_1}{(1 + 0,267241)^1} + \frac{FC_2}{(1 + 0,267241)^2} + \frac{FC_3}{(1 + 0,267241)^3}$$

$$+ \frac{FC_4}{(1 + 0,267241)^4} + \frac{FC_5}{(1 + 0,267241)^5} - 150.000$$

$$VPL = 45.579 + 35.967 + 28.382 + 22.390 + 17.674 - 150.000$$

$$VPL = 0 \qquad (19.13)$$

Usando uma calculadora financeira:

150.000	CHS	g	CF0	(valor de I)
57.760		g	CFj	(valor FLC 1)
57.760		g	CFj	(valor FLC 2)
57.760		g	CFj	(valor FLC 3)
57.760		g	CFj	(valor FLC 4)
57.760		g	CFj	(valor FLC 5)
26,7241		i		(custo de capital)
		f	NPV	0
	Como VPL = 0, TIR = 26,7241 %			

19.9.2 Alguns conceitos ligados aos fluxos de caixa descontados

Os métodos que envolvem fluxos de caixa descontados na análise de investimentos – VPL, TIR e *payback* descontado – são ferramentas úteis na análise de alternativas de investimentos ou financiamentos de equipamentos e projetos, em diversas áreas. São importantes em particular na área de energia, em

que os volumes envolvidos são elevados e os prazos são longos. A ideia básica é estruturar a operação financeira em fluxos de caixa e empregar alguns procedimentos matemáticos.

Alguns cuidados devem ser tomados para se aplicarem corretamente os métodos que envolvem fluxos de caixa descontados. Entre os mais importantes está o cuidado com a compatibilidade dos dados. Se a taxa de desconto/aplicação for mensal, trimestral ou anual, os períodos deverão ser, respectivamente, mensais, trimestrais ou anuais, de forma que as taxas de juros e seus períodos sejam compatíveis, coerentes e homogêneos.

Situações em que os dados são informados de forma não compatível exigem que conversões sejam realizadas como veremos mais adiante.

Tome-se um exemplo a partir da fórmula de valor futuro:

$$VF_n = FC_0 (1 + r)^n$$

Nessa fórmula, a taxa de aplicação r deverá estar indicada na mesma unidade de tempo que o número de períodos n, ou seja, se a taxa é $r = 0,12$ ao ano, então n deverá ser um número indicado em anos.

19.10 Comparação das técnicas de análise de investimentos

Inicialmente, vale lembrar que das quatro técnicas de análise de investimentos estudadas na primeira parte deste capítulo – *payback* simples, valor presente líquido, *payback* descontado e taxa interna de retorno – apenas a primeira dessas técnicas não considera o valor do dinheiro no tempo. As demais técnicas consideram-no e, por isso, envolvem o método do fluxo de caixa descontado.

Um investimento pode ter sua viabilidade econômica analisada por meio dos principais métodos de avaliação econômica aplicados sobre o projeto disposto no formato de diagramas de fluxos de caixa e na comparação com parâmetros previamente estabelecidos.

As avaliações econômicas de investimentos iniciam-se com base em um diagrama de fluxos de caixa, ou simplesmente fluxo de caixa, que representa os saldos líquidos das entradas e saídas de recursos monetários do projeto, dispostos cronologicamente na linha do tempo.

Um dos parâmetros mais importantes na avaliação econômica de um investimento é o estabelecimento da taxa mínima de atratividade (TMA), conhecida também como taxa-limite, ou, em inglês, *hurdle rate* (HR). Essa taxa representa o custo de oportunidade do projeto em análise.

Como discutido anteriormente, a avaliação econômica de investimento efetuada com base no método da taxa interna de retorno (TIR) estabelece a seguinte regra:

- *se a TIR é maior do que a taxa mínima de atratividade, o investimento é aceito; do contrário, é rejeitado.*

Já a avaliação econômica de investimento efetuada com base no método do valor presente líquido (VPL) estabelece a seguinte regra:

*   *se o VPL for maior ou igual a zero, aceita-se o projeto; do contrário, rejeita-se.*

Se o VPL for maior que zero, a empresa obterá um retorno maior do que seu custo de capital. Com isso, estaria aumentado seu próprio valor de mercado e, consequentemente, a riqueza de seus proprietários.

Em ambas as avaliações está presente a taxa mínima de atratividade. Na TIR, essa taxa aparece como comparação ao fim do processo. No VPL, pode ser vista como a própria taxa de desconto, o mesmo ocorrendo com o *payback* descontado.

Também foi visto que na avaliação econômica de investimento efetuada com base no período de *payback* estabelece-se a seguinte regra:

*   *se o prazo apurado for inferior ao estabelecido como parâmetro máximo, aceita-se o projeto; do contrário, rejeita-se.*

Nesse caso, como não é tão fácil estabelecer um parâmetro de forma consistente, prevalece a regra de que quanto menor o prazo, melhor. Além disso, em casos de projetos mutuamente excludentes, compara-se um com o outro.

Adicionalmente, vale comentar que há também a TIR modificada, que é uma nova versão da taxa interna de retorno convencional. Essa taxa procura corrigir os problemas estruturais relacionados com a questão das raízes múltiplas ou inexistentes que ocorrem por vezes em projetos com fluxos de caixa não convencionais. Busca também corrigir os problemas estruturais relacionados com o pressuposto de que os fluxos de caixa intermediários serão reinvestidos na própria TIR, fato que não ocorre na maioria das vezes.

A TIR modificada, ou TIRM, apresenta uma forma de cálculo relativamente simples. Consiste em capitalizar todos os fluxos intermediários de caixa positivos até o fim do período do projeto. No entanto, em vez de supor que esses valores caminham no tempo pela própria TIR, dessa vez utiliza-se uma taxa de reinvestimento (TR) julgada coerente com o mercado de aplicações.

Desse modo, de um fluxo de caixa não convencional, no qual pode haver diversas entradas e saídas, tem-se um novo diagrama de fluxos de caixa simplificado, com apenas uma entrada e uma saída e, assim, a TIRM pode ser calculada como taxa efetiva (i) da formulação de juros compostos.

O valor presente líquido (VPL), da mesma forma que a TIR, também está sujeito a algumas falhas estruturais de cálculo. Tais falhas, se não forem ajustadas, podem induzir o analista a erros na escolha de melhores alternativas de investimento. Essas falhas estão também associadas ao pressuposto de que os fluxos intermediários de caixa positivos serão reinvestidos pela mesma taxa utilizada para o desconto dos fluxos de caixa ou, supostamente, pela taxa mínima de atratividade (TMA). Dessa maneira, se a empresa não conseguir aplicar as sobras de caixa regularmente a taxas muito próximas à TMA, o valor apurado tende a ser superior ao valor que efetivamente ocorrerá.

Autores como Kassai (2005), a exemplo da taxa interna de retorno modificada, propõem o uso da terminologia valor presente líquido modificado (VPLM), que pode ser calculado da seguinte forma:

a) Atualizam-se os fluxos de caixa positivos até o fim do projeto por meio de uma taxa de reinvestimento (TR) considerada compatível com as taxas de aplicações do mercado e com as condições do investimento.

b) Desconta-se, para o período inicial do projeto, o valor futuro obtido anteriormente, utilizando-se a taxa de desconto convencional, ou TMA.

c) Por fim, apura-se o valor líquido entre esse valor e o montante dos investimentos a valor presente, resultando no VPLM.

Etapas da análise de um projeto

Deve-se observar que não basta dominar as técnicas de análise de investimentos. É necessário percorrer as demais etapas listadas para uma análise completa de tomada de decisão quanto à realização ou não de um projeto.

A análise de um investimento envolve comumente quatro etapas, que são:

a) Projeção dos fluxos de caixa.

b) Escolha da taxa de desconto.

c) Aplicação da técnica de análise de investimentos.

d) Análise de cenários e de sensibilidade.

Vamos, portanto, inicialmente, entender como se projetam os fluxos de caixa. Isso pode ser feito com o acompanhamento do exemplo descrito a seguir.

Exemplo 19.2

Compra de uma nova caldeira para determinada termelétrica a biomassa, situada em um país da Ásia. Os valores estão em milhares na moeda local e representados no Quadro 19.5.

QUADRO 19.5 Valores em moeda local

Equipamento atual:	
Valor contábil líquido	$ Zero (porque já foi amortizado)
Valor de mercado (hoje)	$ 20.000 (possível valor a ser obtido com a venda da caldeira antiga)
Equipamento novo:	
Preço ($ 175.000) + Instalação ($ 5000)	$ 180.000
Economias líquidas ao ano (em mão de obra e manutenção)	$ 58.700
Vida útil	5 anos
Investimento inicial:	
Desembolso com a nova caldeira	$ 180.000
Venda da caldeira antiga	$ 20.000
Investimento inicial (líquido)	$ 160.000

Fonte: adaptado de Ching *et al.* (2010).

516 CAPÍTULO 19

Tomando-se os dados do Quadro 19.5, é necessário elaborá-los para chegar à projeção dos fluxos de caixa do projeto de aquisição de uma nova caldeira, conforme retratado nos dados do Quadro 19.6.

QUADRO 19.6 Valores em milhares na moeda local

Investimento inicial líquido	160.000
Economias anuais	58.700
Depreciação adicional ($ 180/5)	(36.000)
Lucro antes do I.R./C.S.	22.700
I. renda/C. social (34 %)	(7700)
Lucro líquido contábil	15.000
Volta da depreciação	36.000
Fluxo de caixa	51.000
	(Esse é o valor do fluxo de caixa que será utilizado no cálculo do VPL, TIR ou *payback* do projeto)

Fonte: adaptado de Ching *et al.* (2010).

É importante notar no Quadro 19.6 que o cálculo da depreciação é uma função da informação sobre a vida útil do equipamento, que nesse exemplo foi utilizado por 5 anos.

Também vale perceber que o cálculo da depreciação é fundamental, visto que antecede o cálculo do imposto. De fato, como pode ser visto, o imposto não incide diretamente nas economias anuais propiciadas pela nova turbina, porém no lucro resultante dessas economias anuais menos a parte da depreciação, que no caso foi de $ 36.000 (milhares) de moedas locais. Dessa maneira, a alíquota do imposto local deve ser aplicada para se chegar ao valor da mordida do imposto que reduz o fluxo de caixa caso não houvesse esse imposto.

Como a depreciação não é uma saída de caixa e foi apenas utilizada para que se pudesse calcular a redução nas economias anuais causada pelo pagamento do imposto, deve retornar. Portanto, chega-se ao valor líquido de $ 51.000 em milhares na moeda local.

Tendo o valor do fluxo de caixa, esse poderá ser usado na técnica de investimento escolhida.

A taxa de desconto, conforme comentado na unidade anterior, deve refletir o custo de oportunidade da aplicação desse investimento na melhor alternativa disponível para a empresa investidora. Em outras palavras, se a empresa puder colocar o recurso em um banco para render 6 % ao ano nos próximos 5 anos, que foi o período de vida útil utilizado no exemplo acima da caldeira, não fará sentido usar como taxa de desconto menos de 6 %.

Pelo contrário, como um investimento dessa ordem representa mais risco do que aplicar os recursos em um banco, certamente os investidores pleitearão mais de 6 %. Ou seja, eles considerarão os 6 % mais um percentual de risco que poderá variar de projeto a projeto.

A forma mais prática de se chegar à taxa de desconto é perguntar quanto os investidores ou o departamento que faz o investimento quer utilizar. Isso porque a taxa de desconto envolve uma série de considerações subjetivas sobre a avaliação de risco e sobre o custo de oportunidade que variam de empresa para empresa, e até mesmo dentro de uma mesma empresa, em departamentos distintos.

Por fim, a análise de cenários de sensibilidade implica fazer considerações além daquelas naturalmente esperadas. Portanto, além de um cenário naturalmente esperado, que indica determinado fluxo de caixa, vale a pena alterar esse fluxo de caixa para menos, em um cenário pessimista, ou para mais, em um cenário otimista. Basicamente, o que se deseja fazer com esses cenários alternativos é ter mais segurança quanto se a empresa conseguirá lidar com o evento caso o pior cenário venha a ocorrer.

Um exemplo mais completo é apresentado a seguir, relativamente a um biodigestor com capacidade média de processamento de 600 t/dia.

Capacidade	600 t/dia
Investimento total	112.000
Custo operacional	20.000
Geração de energia	52.000 MWh/ano

CAPM	11,6 %
Risk free	2 %
Beta	0,8
Market rate	14 %

Cenário pessimista

	Ano - 02	Ano - 01	Ano 01	Ano 02	Ano 03	Ano 04	Ano 05	Ano 06	Ano 07	Ano 08	Ano 09	Ano 10	Ano 28	Ano 29	Ano 30
Investimento	(56.000)	(56.000)													
Financiamento (BNDES)	22.400	22.400													
Financiamento (privado)	16.800	16.800													
Receita bruta			**27.608**	**27.608**	**27.608**	**27.608**	**27.608**	**27.608**	**27.608**	**27.608**	**27.608**	**27.608**	**27.608**	**27.608**	**27.608**
Impostos diretos			(2554)	(2554)	(2554)	(2554)	(2554)	(2554)	(2554)	(2554)	(2554)	(2554)	(2554)	(2554)	(2554)
Custo operacional			(15.000)	(15.000)	(15.000)	(15.000)	(15.000)	(15.000)	(15.000)	(15.000)	(15.000)	(15.000)	(15.000)	(15.000)	(15.000)
Despesas	(5000)	(5000)	(5000)	(5000)	(5000)	(5000)	(5000)	(5000)	(5000)	(5000)	(5000)	(5000)	(5000)	(5000)	(5000)
Depreciação			(8960)	(8960)	(8960)	(8960)	(8960)	(8960)	(8960)	(8960)	(8960)	(8960)	–	–	–
Despesas financeiras			(6944)	(6486)	(5987)	(5443)	(4851)	(4205)	(3502)	(2736)	(1902)	(992)	–	–	–
LAIR	**(16.800)**	**(16.800)**	**(10.850)**	**(10.392)**	**(9892)**	**(9349)**	**(8756)**	**(8111)**	**(7408)**	**(6642)**	**(5807)**	**(4897)**	**5054**	**5054**	**5054**
IR + CSSL	–	–	3689	3533	3533	3179	2977	2758	2519	2258	1974	1665	(1718)	(1718)	(1718)
Lucro líquido	**(16.800)**	**(16.800)**	**(7161)**	**(6858)**	**(6529)**	**(6170)**	**(5779)**	**(5353)**	**(4889)**	**(4384)**	**(3833)**	**(3232)**	**3336**	**3336**	**3336**
Depreciação	–	–	8960	8960	8960	8960	8960	8960	8960	8960	8960	8960	–	–	–
Amortização financiamento	–	–	(5201)	(5659)	(6158)	(6702)	(7294)	(7939)	(8642)	(9408)	(10.243)	(11.153)	–	–	–
FCL acionista	**(16.800)**	**(16.800)**	**(3860)**	**(3099)**	**(3228)**	**(3368)**	**(3521)**	**(3687)**	**(3869)**	**(4066)**	**(4281)**	**(4516)**	**3336**	**3336**	**3336**

Disposição (R$/TON)	R$ 80,00
Energia (R$/MWh)	R$ 194,00
Créditos de carbono (R$/tCO2eq)	R$ 0,00
VPL	(R$ 40.799)
TIR	0,39 %

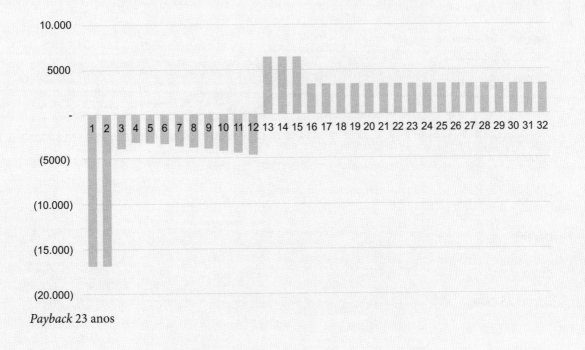

Payback 23 anos

Cenário realista

	Ano -02	Ano -01	Ano 01	Ano 02	Ano 03	Ano 04	Ano 05	Ano 06	Ano 07	Ano 08	Ano 09	Ano 10	Ano 28	Ano 29	Ano 30
Investimento	(56.000)	(56.000)													
Financiamento (BNDES)	22.400	22.400													
Financiamento (privado)	16.800	16.800													
Receita bruta			36.050	36.050	36.050	36.050	36.050	36.050	36.050	36.050	36.050	36.050	36.050	36.050	36.050
Impostos diretos			(3335)	(3335)	(3335)	(3335)	(3335)	(3335)	(3335)	(3335)	(3335)	(3335)	(3335)	(3335)	(3335)
Custo operacional			(15.000)	(15.000)	(15.000)	(15.000)	(15.000)	(15.000)	(15.000)	(15.000)	(15.000)	(15.000)	(15.000)	(15.000)	(15.000)
Despesas	(5000)	(5000)	(5000)	(5000)	(5000)	(5000)	(5000)	(5000)	(5000)	(5000)	(5000)	(5000)	(5000)	(5000)	(5000)
Depreciação			(8960)	(8960)	(8960)	(8960)	(8960)	(8960)	(8960)	(8960)	(8960)	(8960)	–	–	–
Despesas financeiras			(6944)	(6486)	(5987)	(5443)	(4851)	(4205)	(3502)	(2736)	(1902)	(992)	–	–	–
LAIR	(16.800)	(16.800)	(3189)	(2730)	(2231)	(1688)	(1095)	(450)	253	1019	1854	2764	12.715	12.715	12.715
IR + CSSL	–	–	1084	928	759	574	372	153	(86)	(346)	(630)	(940)	(4323)	(4323)	(4323)
Lucro líquido	(16.800)	(16.800)	(2104)	(1802)	(1473)	(1114)	(723)	(297)	167	673	1224	1824	8392	8392	8392
Depreciação	–	–	8960	8960	8960	8960	8960	8960	8960	8960	8960	8960	–	–	–
Amortização financiamento	–	–	(5201)	(5659)	(6158)	(6702)	(7294)	(7939)	(8642)	(9408)	(10.243)	(11.153)	–	–	–
FCL acionista	(16.800)	(16.800)	1197	1957	1828	1688	1535	1369	1188	990	775	541	8392	8392	8392

Disposição (R$/TON)	R$ 110,00
Energia (R$/MWh)	R$ 230,00
Créditos de carbono (R$/tCO2eq)	R$ 0,00
VPL	(R$ 3192)
TIR	10,77 %

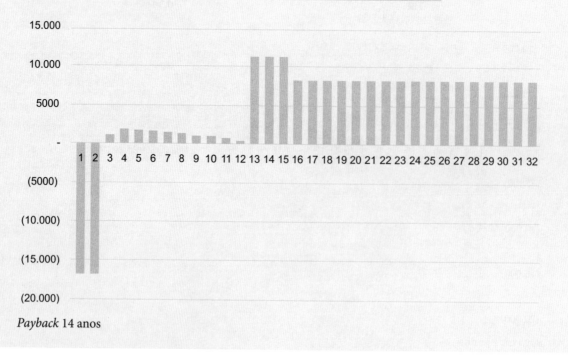

Payback 14 anos

Cenário otimista

	Ano -02	Ano -01	Ano 01	Ano 02	Ano 03	Ano 04	Ano 05	Ano 06	Ano 07	Ano 08	Ano 09	Ano 10	Ano 28	Ano 29	Ano 30
Investimento	(56.000)	(56.000)													
Financiamento (BNDES)	22.400	22.400													
Financiamento (privado)	16.800	16.800													
Receita bruta			37.323	37.829	38.190	38.449	38.634	38.767	38.862	38.930	38.978	39.013	38.803	38.803	38.803
Impostos diretos			(3452)	(3499)	(3543)	(3557)	(3574)	(3586)	(3595)	(3601)	(3606)	(3609)	(3589)	(3589)	(3589)
Custo operacional			(15.000)	(15.000)	(15.000)	(15.000)	(15.000)	(15.000)	(15.000)	(15.000)	(15.000)	(15.000)	(15.000)	(15.000)	(15.000)
Despesas	(5000)	(5000)	(5000)	(5000)	(5000)	(5000)	(5000)	(5000)	(5000)	(5000)	(5000)	(5000)	(5000)	(5000)	(5000)
Depreciação			(8960)	(8960)	(8960)	(8960)	(8960)	(8960)	(8960)	(8960)	(8960)	(8960)	–	–	–
Despesas financeiras			(6944)	(6486)	(5987)	(5443)	(4851)	(4205)	(3502)	(2736)	(1902)	(992)	–	–	–
LAIR	(16.800)	(16.800)	(2033)	(1116)	(289)	489	1250	2015	2805	3633	4515	5452	15.214	15.214	15.214
IR + CSSL	–	–	691	380	98	(166)	(425)	(685)	(954)	(1235)	(1534)	(1854)	(5173)	(5173)	(5173)
Lucro líquido	(16.800)	(16.800)	(1342)	(737)	(191)	323	825	1330	1851	2397	2978	3599	10.041	10.041	10.041
Depreciação	–	–	8960	8960	8960	8960	8960	8960	8960	8960	8960	8960	–	–	–
Amortização financiamento	–	–	(5201)	(5659)	(6158)	(6702)	(7294)	(7939)	(8642)	(9408)	(10.243)	(11.153)	–	–	–
FCL acionista	(16.800)	(16.800)	1959	3022	3110	3125	3083	2996	2872	2715	2529	2315	10.041	10.041	10.041

Disposição (R$/TON)	R$ 110,00
Energia (R$/MWh)	R$ 240,00
Créditos de carbono (R$/tCO2eq)	R$ 7,00
VPL	R$ 7929
TIR	13,62 %

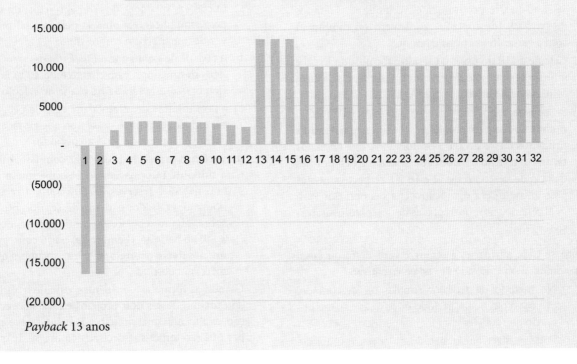

Payback 13 anos

Problemas propostos

19.1 Uma empresa, que acabou de ganhar uma concessão para operar uma hidrelétrica em Moçambique, com a perspectiva de obter um fluxo de caixa livre de $ 100 MM ao ano nos próximos 30 anos, encomendou-lhe uma análise de investimento de modo a responder às seguintes questões:

a) Qual é o *payback* simples desse projeto, caso ela pague $ 500 MM de investimento inicial para operar essa hidrelétrica e ter o direito de obter o fluxo de caixa indicado?

b) Quais são os Valores Presentes Líquidos do projeto, se os fluxos de caixa livres forem descontados a uma taxa de 6 %, inicialmente, depois de 12 % e, em seguida, de 18 %, considerando o investimento inicial de $ 500 MM?

c) Represente em um único gráfico de barras os Valores Presentes (VPs) dos Fluxos de Caixa (FCS) descontados a taxas de 6, 12 e 18 %, tendo no eixo vertical os valores monetários e no horizontal, os anos de 1 a 30.

d) Represente em três gráficos de pizza distintos os VPs dos FCs descontados a taxas de 6 %, depois de 12 % e, em seguida, de 18 %. Na sequência, calcule o quanto (em termos percentuais de cada pizza) representa o somatório das três primeiras fatias e também das três últimas fatias como % do total da respectiva pizza.

e) Calcule o *payback* descontado com as taxas de 6, 12 e 18 % ao ano, respectivamente. Verifique se os tempos de *payback* (descontado) aumentam ou diminuem com a variação das taxas e por quê.

f) Calcule a TIR do projeto usando a fórmula do Excel e indique se o projeto deveria ou não ser feito se a Taxa Mínima de Atratividade (TMA) for de 6,75 %.

g) Se, após ter sido feito o investimento inicial de $ 500 milhões, por algum problema, o recebimento dos dois primeiros fluxos atrasar por dois anos, que impactos tal atraso terá no VPL de cada uma das três hipóteses de taxa de desconto (6, 12 e 18 %), respectivamente? Esse impacto será significativo, na sua opinião? Para qual cenário, entre as três taxas de desconto, esse atraso será mais grave?

19.2 Diga se cada afirmação a seguir é verdadeira ou falsa, marcando V ou F ao lado de cada alternativa:

( ) No método de *payback* simples ou descontado, projetos com maior período de *payback* são melhores do que aqueles com menor período.

( ) Pode-se dizer que o método do *payback* simples é superior ao do *payback* descontado, pois o primeiro considera o valor do dinheiro no tempo.

( ) Considerando o método da TIR para três projetos, entre todos aqueles com a TIR superior à taxa mínima de atratividade, o melhor deles será aquele com menor TIR.

( ) Pode-se dizer que, se a taxa de juros básica paga para as aplicações em títulos do governo subir significativamente, mais projetos de infraestrutura serão feitos.

19.3 A *Eficiêntia*, uma pequena desenvolvedora de projetos de eficiência energética, contratou você como consultor técnico para uma importante decisão. Ela está tão sobrecarregada de projetos que apenas tem recursos humanos e tempo suficientes para executar um dentre dois projetos muito distintos entre si solicitados por um de seus clientes favoritos.

Proj. MB: Para o Projeto MegaBlaster (Proj. MB), a *Eficiêntia* terá que investir R$ 500.000 e, no período seguinte, depois de entregar o trabalho ao cliente, ela obterá R$ 750.000 de Fluxo de Caixa Livre ("dinheiro livre no bolso").

Proj. SM: Já no Projeto SuperMini (Proj. SM), ela terá que investir R$ 45.000 e, no período seguinte, ao entregar o trabalho ao cliente, ela obterá R$ 90.000 de Fluxo de Caixa Livre ("livre no bolso").

Lembre-se de que:

a) a restrição da *Eficiêntia* é apenas de recursos humanos (gente suficiente) e de tempo (pouco tempo, pois o cliente quer um dos dois para o período seguinte), e ela tem recursos próprios para custear o investimento inicial em qualquer dos dois projetos, de sorte que, para simplificar, ela optaria pelo capital próprio em vez de tomar algum empréstimo;

b) a taxa de desconto que a *Eficiêntia* usa para seus projetos destinados a esse cliente é de 10 % ao período (lembre-se, esta será a taxa usada no cálculo do VPL);

c) a taxa mínima de atratividade exigida pela *Eficiêntia* para qualquer projeto desse tipo que ela faça para esse cliente é também de 10 % ao período;

d) você não precisa se preocupar com isso, mas apenas a título de informação, você soube que a *Eficiêntia* tem nas suas reservas R$ 500.000 em recursos que poderão ser usados para um desses dois projetos e, se sobrar algum recurso, ele continuará sendo aplicado a 1 % ao período. (Lembre-se, ela só conseguirá fazer um dos dois e naturalmente irá executar o que lhe for mais vantajoso.)

Usando as fórmulas pertinentes, calcule o VPL e a TIR de cada um desses dois projetos e faça sua recomendação, explicando qual projeto a *Eficiêntia* deve executar e por quê (ao tomar sua decisão, lembre-se de que *cash is king*, ou seja, interessa ao investidor obter mais dinheiro vivo no bolso, em contraste com ter maior riqueza).

19.4 Duas amigas, uma engenheira e uma administradora, que trabalham há alguns anos em sociedade, desejam obter um financiamento para um pequeno projeto de geração de energia elétrica. Para elas, quanto mais financiamento de bancos (recursos de terceiros) elas conseguirem, mais viável será a execução do projeto. Uma delas liga e avisa que acabou de sair de uma negociação no banco e que elas precisam ir comemorar, pois conseguiu uma "alavancagem 1:5" para o investimento inicial. Sabendo que o projeto irá requerer um investimento inicial R$ 1,8 milhão, quanto será a parte que as amigas sócias terão que colocar de capital próprio (da sociedade) e quanto será a parte de capital de terceiros (do banco), se esta alavancagem se concretizar? (*Dica*: reveja o conceito de alavancagem financeira em projetos de investimento.)

19.5 Dois amigos são sócios em um empreendimento solar que já está se aproximando do fim da vida útil de 25 anos, tendo apenas mais cinco anos de fluxo de caixa resultante de um contrato de venda da energia gerada para terceiros. Um desses amigos, que está precisando de dinheiro, propõe ao outro que compre a sua parte, ou seja, que fique com sua parte no fluxo de caixa dos cinco anos restantes, pagando por esse fluxo um único valor no presente. Sabendo-se que: (a) o valor anual do fluxo de caixa recebido pelos amigos conjuntamente é de R$ 200 mil neste vigésimo ano do projeto; (b) metade deste fluxo é o que vai para cada um dos dois sócios; (c) os tipos de painéis instalados perdem eficiência com o passar do tempo e, assim, a energia gerada decai 0,6 % ao ano, e com ela decai também o fluxo de caixa do projeto nesta mesma taxa; e que (d) a taxa de desconto que os sócios concordaram em usar é de 10 % ao ano, pergunta-se: até quanto um sócio pode pagar ao outro para não perder dinheiro? Em outras palavras, qual o valor presente do fluxo de caixa que um sócio deverá repassar para o outro? Embora você possa resolver este problema com o auxílio de uma planilha eletrônica, tipo Excel, ou de uma calculadora financeira, aproveite para pesquisar sobre "fluxos de caixa especiais", e descubra a fórmula da "anuidade crescente". Aplique-a a este problema para resolvê-lo de forma mais rápida e simples todas as vezes em que se deparar com algo parecido. Observe que neste caso específico: (a) a taxa de crescimento será negativa ($g = -0,6\%$); (b) o valor da anuidade será de 100 mil ($A = 100.000$); (c) a taxa de desconto será de 10 % ($r = 10\ \%$); e (d) o tempo será de 5 anos ($t = 5$). Então basta substituir esses valores na formula da "anuidade crescente" para encontrar o valor presente a ser pago por um sócio ao outro.

19.6 Uma grande multinacional colombiana, que investe em projetos de concessão de serviços públicos de energia em várias partes do mundo, deseja participar de um leilão para adquirir uma distribuidora de energia elétrica que atua em um dos estados do Centro-Oeste brasileiro. Ela verificou que a atual concessionária possui um fluxo de caixa livre de US$ 200 milhões ao ano e que o consumo de energia na região desta concessão tem um crescimento projetado de 1,8 % ao ano. Sabendo-se que esta multi-

nacional tem utilizado uma taxa de desconto de 5,5 % ao ano para projetos dessa natureza nesta região, até quanto ela deveria estar disposta a pagar no leilão para ser a nova proprietária dessa concessão e poder usufruir desse fluxo de caixa? (*Dica: observe que o tempo de duração para esse investimento não é estipulado, e, em princípio, é infinito porque pode ser uma aquisição "para sempre". Para resolver esse problema pesquise, mais uma vez, sobre "fluxos de caixa especiais". Como essa multinacional pensa em adquirir essa concessão "para sempre", pelo menos neste momento de tomada de decisão, aplique a fórmula de perpetuidade, a qual, no caso, será a de uma "perpetuidade crescente", cuja taxa de crescimento será de 1,8 %, modo como se projeta o crescimento do consumo de energia. Para completar a inserção de dados na fórmula, observe que a taxa de desconto e o valor do fluxo livre anual também foram informados.*)

Bibliografia e leituras recomendadas

CHING, H Y.; MARQUES, F. M. R.; PRADO, L. *Contabilidade e finanças para não especialistas*. 3. ed. São Paulo: Pearson Prentice Hall, 2010. v. 1.

A obra aborda as questões financeiras do ponto de vista do usuário da informação contábil, abrindo caminho para o uso de modelos de avaliação de empresas e de tomada de decisão.

DAMODARAN, A. *Avaliação de empresas*. São Paulo: Prentice-Hall, 2007.

A obra aborda exemplos reais e atuais de empresas de diversos países, inclusive o Brasil, e trata de questões que raramente são abordadas em outros livros, como as chamadas questões mal resolvidas na avaliação de empresas.

GITMAN, L. J. *Princípios de administração financeira*. 12. ed. São Paulo: Pearson, 2010.

A obra aborda questões éticas e o uso de novas tecnologias no mundo financeiro, além de cobrir extenso material do dia a dia das finanças, introduzindo os conceitos básicos da administração financeira.

KASSAI, J. R.; CASANOVA, S. P. C.; SANTOS, A; ASSAF NETO, A. *Retorno de investimento*: abordagem matemática e contábil do lucro empresarial. 3. ed. São Paulo: Atlas, 2005.

A obra aborda os principais critérios de análise de investimento, como TIR, VPL e *payback*, e discute outras formas alternativas para cálculo da TIR modificada, do VPL modificado e de *paybacks* ajustados.

Portais sugeridos para consulta e obtenção de dados:
ANEEL – Agência Nacional de Energia Elétrica: www.aneel.gov.br.
ANP – Agência Nacional do Petróleo, Gás Natural e Biocombustíveis: www.anp.gov.br.
BP Global – British Petroleoum: www.bp.com.
EPE – Empresa de Pesquisa Energética: www.epe.gov.br.
IEA – International Energy Agency: www.iea.org.
MME – Ministério de Minas e Energia: www.mme.gov.br.
Petrobras – Petróleo Brasileiro S.A: http://www.petrobras.com.br.

20
LEGISLAÇÃO E REGULAÇÃO DA GERAÇÃO DISTRIBUÍDA

HIRDAN KATARINA DE MEDEIROS COSTA
Pesquisadora Visitante PRH 33.1 e Professora do Programa de Educação Continuada em Engenharia (PECE) da Escola Politécnica da Universidade de São Paulo (Poli-USP)

RODRIGO SACCHI
Gerente Executivo de Preços, Modelos e Estudos Energéticos da Câmara de Comercialização de Energia Elétrica (CCEE)
Professor do Programa de Educação Continuada em Engenharia (PECE) da Escola Politécnica da Universidade de São Paulo (Poli-USP)

20.1 Introdução

A organização do setor elétrico brasileiro compreende a existência de regras nos segmentos de geração, transmissão, distribuição, comercialização, importação e exportação. Como bem salientado por Silva e Castro (2021), as relações jurídicas desse mercado são regidas por leis, decretos, portarias e resoluções, bem como outros tipos normativos, como procedimentos operacionais que integram o marco regulatório.

Dentro dessa linha, este capítulo apresenta brevemente um histórico do arranjo institucional do setor elétrico, seu arcabouço regulatório, para em seguida adentrar na regulação da geração distribuída, abordando o seu histórico e as peculiaridades da Lei nº 14.300/2022.

20.2 Breve histórico legislativo e institucional do setor elétrico

Silva e Castro (2021) salientam que a distribuição de energia elétrica teve início por concessão do Império, visando à segurança pública (iluminação pública). A geração hidrelétrica iniciou-se com a iniciativa privada para autoprodução, a mineração, e logo se difundiu por iniciativas isoladas. Bermann (1991, p. 194) observou que, no início do século XX, o controle do setor elétrico estava sob a influência de duas empresas privadas – a LIGTH e a AMFORP –, esta por meio de sua subsidiária, a EBASCO, estatizadas posteriormente com a compra de suas ações pela Eletrobras.

Silva e Castro (2021) explicam que, até 1934, as únicas regras previstas para o setor eram a Lei nº 1.145, de dezembro de 1903, e o Decreto nº 5.407, de 27 de dezembro de 1904, esse determinando o incentivo para a formação de concessões com vistas ao aproveitamento do potencial hidrelétrico dos rios e regulamentando tarifas, prazo de concessões, reversibilidade de bens ao fim da concessão sem indenização etc.

Em 1934, foi publicado o Código de Águas,[1] que dispôs sobre o serviço pelo custo e o lucro limitado e assegurado. Também, nessa época do governo getulista, marcado pela intervenção estatal, foram estabelecidas as empresas federais (Eletrobras) e estaduais (Cemig e CEEE) de geração e distribuição de energia elétrica, além da centralização do planejamento com o Plano Nacional de Eletrificação (PNE) (Silva; Castro, 2021).

---
[1] Disponível em: https://www.planalto.gov.br/ccivil_03/decreto/d24643.htm. Acesso em: 26 jan. 2023.

Paralelamente a esse quadro, Bermann (1991) cita a fundação de diversas empresas estatais ao longo da década de 1940 e seguintes, por exemplo, a CHESF (1945), a CEMIG (1952), a COSERN (1961), a CESP (1966) e a ITAIPU Binacional. Neste contexto, percebeu-se que, no âmbito histórico, três fatos marcaram a inserção do Estado no setor elétrico: a instituição da Eletrobras, do Plano Nacional de Eletrificação e do Fundo Federal de Eletrificação (Lei nº 2.309/1954). Assim, tais empresas estatais eram as concessionárias do serviço público de geração, transmissão e distribuição de energia elétrica. Acrescenta-se, inclusive, o estabelecimento de uma taxa de eletrificação, com o objetivo de viabilizar programas de eletrificação nos estados. Soma-se a essa taxa o tributo denominado IUEE (Imposto Único de Energia Elétrica) criado em 1954, sendo que a disponibilidade de tais recursos estava condicionada à existência de Planos de Eletrificação dos Estados, de alçada das concessionárias estaduais. Em termos institucionais, na década de 1960, destaca-se a constituição do Ministério das Minas e Energia e do Departamento Nacional de Águas e Energia Elétrica (DNAEE).

Concomitante a tal ingerência do Estado no setor elétrico, Bermann (1991) leciona que diversas empresas privadas também foram mantidas, principalmente as possuidoras de concessão em usinas de médio porte, porém especificamente no segmento de distribuição de energia elétrica ao consumidor final. Ademais, outros grupos industriais obtiveram concessões na perspectiva da autoprodução de energia elétrica.

Nesse sentido, o quadro no setor elétrico era o seguinte: empresas públicas (federais e estaduais), empresas privadas (concessionárias e autoprodutoras) e uma empresa binacional (Itaipu). Um aspecto técnico explicado por Bermann (1991) diz respeito à interligação dos sistemas, com o intuito de, por um lado, aumentar a confiabilidade, em especial, do Sudeste/Centro-Oeste/Sul e do Norte/Nordeste. Por outro, torna-os mais vulneráveis, tendo em vista que qualquer problema em um dado lugar afeta todo o sistema, acarretando o chamado "efeito dominó". Nos últimos anos ocorreu a interligação desses sistemas, persistindo tão somente o sistema isolado da Região Norte: margem esquerda do rio Amazonas; Acre; Boa Vista (RR).

A partir da década de 1980, o pensamento neoliberal começou a se fortalecer na América Latina, com a menor presença do Estado na economia. Consequentemente, no Brasil, surge o projeto Revisão Institucional do Setor Elétrico (Revise) (Silva; Castro, 2021). Na década de 1990, a Lei nº 8.031/1990 instituiu o Programa Nacional de Desestatização (PND). Em 1995, foi alterado o texto da Constituição Federal de 1988, criando-se a Agência Nacional de Energia Elétrica (ANEEL) pela Lei nº 9.427/1996. Também, publicada a Lei nº 8.987, de fevereiro de 1995 (Lei Geral do regime de concessão e permissão da prestação de serviços públicos previsto no art. 175 da Constituição Federal) e a Lei nº 9.074, de julho de 1995, sobre normas para outorga e prorrogações das concessões e permissões de serviços públicos. Portanto, conforme Silva e Castro (2021), com a reforma jurídica do setor de energia elétrica no Brasil, retorna-se ao tratamento da sua geração como uma atividade privada.

20.2.1 Reestruturação institucional do setor elétrico

Aqui será abordada a interseção entre o contorno dado às instituições setoriais integrantes do Modelo Institucional do Setor Elétrico e idealizado pela empresa de consultoria em gestão empresarial Coopers & Lybrand em seu Relatório Consolidado (1997). Em primeiro lugar, verificar-se-á o formato dessas instituições setoriais no Relatório da Coopers & Lybrand para, em seguida, relatar a estruturação delineada pelo Modelo do Setor Elétrico. Ao final, pretende-se de forma crítica analisar os principais pontos de confronto e de encontro entre a estrutura idealizada e a que de fato foi implantada, a fim de averiguar o nível de assimilação do Modelo do Setor Elétrico Brasileiro com relação ao que foi apregoado no Relatório.

Assim, no Relatório da Coopers & Lybrand (1997, p. 32-37) foram apresentadas três novas instituições complementares dentro do rol das alterações propostas, quais sejam: o Operador Independente do Sistema (OIS), o Planejador Indicativo e o Prestador de Serviços do Setor (PI/PSS – Instituto para o Desenvolvimento e Serviços do Setor Elétrico), o Agente Financeiro Setorial (AFS), além dos já existentes Ministério de Minas e Energia (MME), Conselho Nacional de Política Energética (CNPE), Agência Nacional de Energia Elétrica (ANEEL) e da *holding* federal (Eletrobras).

No caso da ANEEL, o Relatório enfocou a necessidade da imparcialidade e da independência, frisando o papel regulador e fiscalizador dessa agência. Recomendou-se, também, que a ANEEL assegurasse o suprimento de energia elétrica, bem como a modicidade tarifária, por meio da regulamentação de preços quando existir monopólios e o desenvolvimento de mecanismos de incentivo à concorrência. Ademais, focalizou-se a organização de suas funções em cinco setores – regulamentação econômica, regulamentação técnica, concessões, questões ligadas ao consumidor e administração; sugeriu-se que a Diretoria funcionasse como um colegiado; e reforçou-se a qualificação e a seleção de recursos humanos especializados no respectivo mercado de energia.

O Planejador Indicativo (PI) e o Prestador de Serviços do Setor (PSS) seriam combinados em um Instituto de Desenvolvimento e Prestação do Setor Elétrico. Os autores propuseram o PI como instituição de direito privado sem fins lucrativos, com cinco classes diferentes com direito a voto, a depender dos principais interessados em suas atividades, em que os recursos financeiros seriam provenientes do pagamento por serviços prestados e por contribuições de seus membros. O PI teria como funções, sem esgotar o rol, o planejamento integrado de geração e retransmissão, a manutenção de inventários hídricos, a coleta de dados hidrológicos, o apoio à ANEEL na licitação de concessão etc. combinado com as funções de apoio ao Conselho Nacional de P&D, prestação de serviços temporários contratados pela ANEEL e de treinamento de pessoal, operação do PROCEL, cooperação com fornecedores de equipamentos para melhorar a qualidade de produtos e processos, dentre outras atribuições.

Por sua vez, o Relatório sugere que o Agente Financeiro Setorial desempenhe o papel de auxiliar e de incentivador do uso de financiamentos. Ele destaca, também, as funções de oferecimento de linhas de créditos, de garantias e de empréstimos, de indenizações, de compartilhamento de riscos com o setor privado, e de mobilizador da poupança nacional.

Quanto ao MME, os pareceristas recomendam a distinção clara entre as funções de governo como delineador de políticas, regulador e empresário, bem como a interação entre o MME e o Ministério de Meio Ambiente no tocante a questões decorrentes de potenciais hidrelétricos, licença e padrões ambientais.

O OIS, com característica de entidade de direito privado, seria financiado por um componente constante dos encargos da transmissão. Os objetivos do OIS se centrariam no controle central dos sistemas interligados, no livre acesso, na feitura de planejamento operacional, da programação, do despacho e na medição e cálculos de liquidação no mercado atacadista de energia.

O entendimento de *holding* federal estaria na Eletrobras com participação minoritária do governo, em que disporia de dividendos de suas subsidiárias e de participações não vendidas na privatização, comissões e margens sobre suas atividades de crédito, com o intuito de proporcionar participações federais, como as de Itaipu, levantar a continuidade da propriedade federal na transmissão, dentre outras ações.

Por seu turno, o Modelo do Setor Elétrico vigente apresenta em um tópico as principais funções das instituições setoriais, dentre as quais, o Conselho Nacional de Política Energética (CNPE), o MME, o Comitê de Monitoramento do Setor Elétrico (CMSE), a ANEEL, a Empresa de Pesquisa Energética (EPE), a Câmara de Comercialização de Energia Elétrica (CCEE) e o ONS.

O CNPE, instituído pela Lei nº 9.478/1996, sugere a política energética nacional e, no setor elétrico, especificamente, propõe licitação individual de projetos recomendados pelo MME e indica um critério de garantia estrutural de suprimento.

Já o MME formula e implementa políticas para o setor elétrico, realiza o planejamento setorial, exerce o Poder Concedente, monitora a segurança do suprimento por meio do CMSE e define ações para restauração de segurança no suprimento, dentre outras competências.

O CMSE, criado pela Lei nº 10.848/2004, é coordenado pelo MME e conta com a participação da EPE, CCEE, ONS e ANEEL. Esse comitê tem a função de analisar a continuidade e a qualidade de suprimento e propor medidas para restaurar as condições em caso de crise.

A ANEEL, sem esgotar suas faculdades, exerce as funções de mediação, de regulação e de fiscalização desse setor, bem como para a aquisição de energia para os distribuidores, além de realizar a concessão da geração e da transmissão.

A EPE constituída pela Lei nº 10.847/2004 como fundação pública de direito privado, seria a instituição responsável pelos estudos energéticos com o intuito de assessoria ao MME. Assim, teria a faculdade de realizar análises para a definição da Matriz Energética, apontando estratégias e metas, de planejamento integrado da expansão do setor elétrico (geração e transmissão), estudos acerca do potencial energético, como o inventário de bacias hidrográficas e da viabilidade

técnico-econômica e socioambiental das usinas e obtenção de licença prévia.

Já a CCEE, sucedendo o MAE (Mercado Atacadista de Energia) que havia sido estabelecido pela Lei nº 9.648/1998, foi instituída pela Lei nº 10.848/2004 como pessoa jurídica de direito privado, sem fins lucrativos, e tem sido custeada com a arrecadação de contribuições dos associados. É responsável pelas operações do mercado de energia, realizar leilões para compra de energia para distribuidoras, quando autorizado pela ANEEL, cálculo e publicação do Preço de Liquidação das Diferenças (PLD) e exerce a contabilização e liquidação do MAE, tanto no Ambiente de Contratação Regulada (ACR) quanto no Ambiente de Contratação Livre (ACL).

O ONS, criado pela Lei nº 9.648/1998, é um órgão independente, condição assegurada pela estabilidade do mandato da diretoria, sendo fiscalizado e regulado pela ANEEL, bem como manterá junto ao Poder Concedente um contrato de gestão. É responsável pela operação física do sistema de transmissão e geração de energia elétrica, e pela realização, em conjunto com a EPE, do planejamento de ampliações das instalações da rede básica de transmissão e reforço do sistema existente. O ONS também deverá divulgar indicadores mensais de desempenho da segurança operativa e desvios nas previsões operativas.

Ao recorrer à interface entre o Modelo do Setor Elétrico Brasileiro e o Relatório da Coopers & Lybrand (1997) no que tange às instituições setoriais, constata-se, em linhas gerais, que nem todos os aspectos integrantes do segundo foram incorporados ao primeiro. Todavia, é latente a influência exercida pelo Relatório, em virtude da complexidade e da tecnicidade desse documento.

Não obstante tal fato, pode-se apontar algumas interseções. Em primeiro lugar, a ANEEL foi moldada conforme recomendado pelo Relatório da Coopers & Lybrand (1997), no entanto, para enfocar a tendência da necessidade de assegurar o suprimento de energia elétrica, o Modelo Institucional do Setor Elétrico criou o CMSE coordenado pelo MME, órgão encarregado de estudar a continuidade do suprimento energético. Igualmente, o MME incorporou a competência de monitorar a segurança do suprimento e definir ações com o escopo de restaurar a segurança no suprimento em havendo crise energética.

O OIS constante do Relatório da Coopers & Lybrand (1997) demonstra parcial compatibilidade com as funções do Operador Nacional do Sistema, tendo em vista terem sido esboçados como órgãos técnicos independentes, bem como relacionados com o planejamento operacional, de medições e com o controle e o reforço do sistema interligado existente e a ampliação das instalações da rede básica de transmissão. Todavia, as funções de contabilização e de liquidação no MAE que foram previstas para o OIS no modelo vigente foram atribuídas à CCEE, constituída como o operador do mercado de energia.

Algumas atribuições do Planejador Indicativo e do Prestador de Serviços ao Setor foram absorvidas pela EPE, tendo em vista as características de entes dedicados a estudos e a análises de ambos, como o inventário de bacias e a assessoria ao MME. Além disso, a EPE ficou responsável pela realização da licença prévia. Para alguns, o fato de ser da competência da EPE não só apontar estratégias e metas, mas também o planejamento de expansão da geração e da rede de transmissão, acarreta o efeito de vincular o ONS.

Não se nota no Modelo Institucional do Setor Elétrico referência ao Agente Financeiro Setorial como foi desenhado pelo Relatório da Coopers & Lybrand (1997). Na verdade, sabe-se que o BNDES foi o agente responsável pelo financiamento desse mercado.

Pela análise do quadro exposto pelo Relatório e do Modelo Institucional do Setor elétrico vê-se que as mudanças ocorridas posteriormente se balizaram mais em aspectos nominais, com órgãos pautados em funções similares, porém com denominação distinta. Exceção apenas para o AFS constante na proposta do Relatório não ter sido realmente incorporado, porém como citado, este papel foi suprido pelo BNDES ao ter suportado boa parte do financiamento dos investimentos setoriais.

A relevância da comparação do Relatório da Coopers & Lybrand (1997) e do Modelo Institucional do Setor Elétrico perpassa, portanto, na averiguação histórica a partir de fontes documentais da evolução da discussão acerca das alterações ocorridas no setor elétrico brasileiro.

20.2.2 Agência Nacional de Energia Elétrica (ANEEL)

A ANEEL foi instituída pela Lei nº 9.427/1996 sob o regime especial e vinculada ao MME, e tem a função precípua de regular e fiscalizar toda a cadeia produtiva constante do setor elétrico brasileiro, qual seja, produção, transmissão, distribuição e comercialização, bem como a atuação da CCEE e ONS.

Dentre as funções da ANEEL arroladas inicialmente no art. 3º da Lei nº 9.427/1996, importante fazer menção à promoção de licitações destinadas à contratação de concessionárias de serviço público para produção, transmissão e distribuição de energia elétrica e para a outorga de concessão para aproveitamento de potenciais hidráulicos, delegados pelo Poder Concedente; bem como à celebração e gestão dos contratos de concessão ou de permissão de serviços públicos de energia elétrica, de concessão de uso de bem público, e à expedição das autorizações.

Contudo, ocorreu a transferência das atribuições supracitadas da ANEEL para o MME. Tal conjuntura ocasionou a perda de parte do poder normativo dessa agência, porquanto se retirou "o poder de elaborar cláusulas dos contratos de concessão e editar as resoluções de outorga, que regulavam as concessões e autorizações, a par da legislação vigente" (Barros, 2004, p. 42).

Há de se ressaltar também as suas atribuições da ANEEL em dirimir conflitos, no âmbito administrativo, entre concessionárias, permissionárias, autorizadas, produtores independentes, autoprodutores, bem como entre esses agentes e seus consumidores. Igualmente, a fiscalização das concessões e da prestação dos serviços de energia elétrica.

No que concerne a relações entre a ANEEL e os estados, faz-se mister a promoção de convênios de cooperação para a execução de atividades complementares de regulação, controle e fiscalização dos serviços e instalações de energia elétrica.

A estrutura organizacional dessa agência, consoante o art. 4º, é composta por um Diretor-Geral e quatro Diretores, em regime de colegiado, com mandatos de quatro anos, não coincidentes, sendo o Ouvidor apontado dentre tais diretores, no sentido de zelar a qualidade do serviço, entre outras competências.

A Lei nº 9.427/1996 dispôs sobre a ocorrência de audiências públicas quando o processo administrativo decisório implica afetação de diretos dos integrantes do setor em comento.

Ademais, nota-se a presença da figura denominada contrato de gestão no art. 7º da lei em comento, visando ao controle de atuação e avaliação de desempenho da agência, "elemento integrante da prestação de contas do Ministério de Minas e Energia e da ANEEL".

20.3 Arcabouço regulatório

No contexto do pensamento neoliberal das décadas de 1980 e 1990, em que se buscava menor presença do Estado na economia e atração de investimento por meio do capital privado, inclusive de prestação de serviços públicos, foram publicadas a Lei nº 8.987/1995 (Dispõe sobre o regime de concessão e permissão da prestação de serviços públicos previsto no art. 175 da Constituição Federal) e a Lei nº 9.074/1995 (Estabelece normas para outorga e prorrogações das concessões e permissões de serviços públicos).

No seu art. 2º, a Lei nº 8.987/1995 define as esferas do poder executivo como o poder concedente, bem como as concessões e permissões de serviço público:

"Art. 2º Para os fins do disposto nesta Lei, considera-se:

*I – **poder concedente**: a União, o Estado, o Distrito Federal ou o Município, em cuja competência se encontre o serviço público, precedido ou não da execução de obra pública, objeto de concessão ou permissão;*

*II – **concessão de serviço público**: a delegação de sua prestação, feita pelo poder concedente, mediante licitação, na modalidade concorrência ou diálogo competitivo, a pessoa jurídica ou consórcio de empresas que demonstre capacidade para seu desempenho, por sua conta e risco e por prazo determinado; (Redação dada pela Lei nº 14.133, de 2021)*

*III – **concessão de serviço público precedida da execução de obra pública**: a construção, total ou parcial, conservação, reforma, ampliação ou melhoramento de quaisquer obras de interesse público, delegados pelo poder concedente, mediante licitação, na modalidade concorrência ou diálogo competitivo, a pessoa jurídica ou consórcio de empresas que demonstre capacidade para a sua realização, por sua conta e risco, de forma que o investimento da concessionária seja remunerado e amortizado mediante a exploração do serviço ou da obra por prazo determinado; (Redação dada pela Lei nº 14.133, de 2021)*

*IV – **permissão de serviço público**: a delegação, a título precário, mediante licitação, da prestação de serviços públicos, feita pelo poder concedente à pessoa física ou jurídica que demonstre capacidade para seu desempenho, por sua conta e risco." (grifos dos autores)*

Nos artigos 4º e 5º da Lei nº 8.987/1995 são definidas a formalização, objeto, área e prazo da concessão:

*"Art. 4º A concessão de serviço público, precedida ou não da execução de obra pública, será **formalizada mediante contrato**, que deverá observar os termos desta Lei, das normas pertinentes e do edital de licitação.*

Art. 5º O poder concedente publicará, previamente ao edital de licitação, ato justificando a conveniência da outorga de concessão ou permissão, caracterizando seu objeto, área e prazo." (grifo dos autores)

Com relação à adequabilidade na prestação de serviço e, dentre os direitos e obrigações dos usuários, a liberdade de escolha, os artigos 6º e 7º da Lei nº 8.987/1995 definem que:

"Art. 6º Toda concessão ou permissão pressupõe a prestação de serviço adequado ao pleno atendimento dos usuários, conforme estabelecido nesta Lei, nas normas pertinentes e no respectivo contrato.

*§ 1º Serviço adequado é o que satisfaz as condições de **regularidade, continuidade, eficiência, segurança, atualidade, generalidade, cortesia na sua prestação e modicidade das tarifas.***

...

Art. 7º Sem prejuízo do disposto na Lei nº 8.078, de 11 de setembro de 1990, são direitos e obrigações dos usuários:

...

*III – obter e utilizar o serviço, **com liberdade de escolha entre vários prestadores de serviços, quando for o caso**, observadas as normas do poder concedente. (Redação dada pela Lei nº 9.648, de 1998)"* (grifos dos autores)

De maneira complementar à Lei nº 9.074/1995, que estabelece normas para outorga e prorrogações das concessões e permissões de serviços públicos, em seu art. 4º define os limites de prazos para as concessões, bem como eventuais renovações, para os serviços associados à geração, transmissão e distribuição de energia:

*"Art. 4º As **concessões, permissões e autorizações de exploração de serviços e instalações de energia elétrica** e de aproveitamento energético dos cursos de água serão contratadas, prorrogadas ou outorgadas nos termos desta e da Lei nº 8.987, e das demais.*

*§ 1º As contratações, outorgas e prorrogações de que trata este artigo **poderão ser feitas a título oneroso em favor da União**.*

*§ 2º As concessões de **geração** de energia elétrica anteriores a 11 de dezembro de 2003 terão o prazo necessário à amortização dos investimentos, limitado a **35 (trinta e cinco) anos**, contado da data de assinatura do imprescindível contrato, **podendo ser prorrogado por até 20 (vinte) anos**, a critério do Poder Concedente, observadas as condições estabelecidas nos contratos. (Redação dada pela Lei nº 10.848, de 2004)*

*§ 3º As concessões de **transmissão e de distribuição** de energia elétrica, contratadas a partir desta Lei, terão o prazo necessário à amortização dos investimentos, limitado a trinta anos, contado da data de assinatura do imprescindível contrato, **podendo ser prorrogado no máximo por igual período**, a critério do poder concedente, nas condições estabelecidas no contrato."* (grifos dos autores)

Nos artigos 5º, 7º e 8º da Lei nº 9.074/1995 são definidas as usinas objeto de concessão, autorização ou que devem apenas serem comunicadas ao poder concedente, respectivamente:

*"Art. 5º São objeto de **concessão**, mediante licitação:*

*I – o aproveitamento de potenciais **hidráulicos** e a implantação de usinas **termelétricas** de **potência superior a 50.000 kW** (cinquenta mil quilowatts) destinados a execução de **serviço público**; (Redação dada pela Lei nº 13.360, de 2016)*

*II – o aproveitamento de potenciais **hidráulicos de potência superior a 50.000 kW** (cinquenta mil quilowatts) destinados a **produção independente** de energia elétrica; (Redação dada pela Lei nº 13.360, de 2016)*

*III – de **UBP**, o aproveitamento de potenciais **hidráulicos de potência superior a 50.000 kW** (cinquenta mil quilowatts) destinados a uso exclusivo de **autoprodutor**, resguardado direito adquirido relativo às concessões existentes. (Redação dada pela Lei nº 13.360, de 2016)*

...

*Art. 7º São objeto de **autorização**:*

*I – a implantação de usinas **termelétricas de potência superior a 5000 kW** (cinco mil quilowatts) destinadas a uso exclusivo do **autoprodutor** e a **produção independente** de energia; (Redação dada pela Lei nº 13.360, de 2016)*

*II – o aproveitamento de potenciais **hidráulicos de potência superior a 5000 kW** (cinco mil quilowatts) e **igual ou inferior a 50.000 kW** (cinquenta mil quilowatts) destinados a uso exclusivo do **autoprodutor** e a **produção independente** de energia. (Redação dada pela Lei nº 13.360, de 2016)*

...

*Art. 8º O aproveitamento de potenciais **hidráulicos** e a implantação de usinas **termelétricas de potência igual ou inferior a 5000 kW** (cinco mil quilowatts) estão dispensados de concessão, permissão ou autorização, **devendo apenas ser comunicados ao poder concedente**. (Redação dada pela Lei nº 13.360, de 2016)"* (grifos dos autores)

A Lei nº 9.074/1995 também criou a figura do consumidor livre, que pode exercer a opção de escolha para compra de energia elétrica. O art. 15 estabeleceu um processo transitório e gradual na definição dos limites de carga e tensão para os consumidores potencialmente livres à época, enquanto o art. 16 estabeleceu apenas um limite mínimo de carga para os novos consumidores potencialmente livres:

*"Art. 15 Respeitados os contratos de fornecimento vigentes, a **prorrogação das atuais e as novas concessões** serão feitas **sem exclusividade de fornecimento de energia elétrica a consumidores com carga igual ou maior que 10.000 kW, atendidos em tensão igual ou superior a 69 kV**, que podem optar por contratar seu fornecimento, no todo ou em parte, com produtor independente de energia elétrica.*

*§ 1º **Decorridos três anos** da publicação desta Lei, os **consumidores** referidos neste artigo **poderão estender sua opção de compra** a qualquer concessionário, permissionário ou autorizado de energia elétrica do sistema interligado. (Redação dada pela Lei nº 9.648, de 1998)*

*§ 2º **Decorridos cinco anos** da publicação desta Lei, os **consumidores com carga igual ou superior a 3000 kW, atendidos em tensão igual ou superior a 69 kV, poderão optar pela compra de energia elétrica** a qualquer concessionário, permissionário ou autorizado de energia elétrica do mesmo sistema interligado.*

*§ 2º-A **A partir de 1º de janeiro de 2019, os consumidores que, em 7 de julho de 1995, consumirem carga igual ou superior a 3000 kW (três mil quilowatts) e forem atendidos em tensão inferior a 69 kV poderão optar pela compra de energia elétrica** a qualquer concessionário, permissionário ou autorizatário de energia elétrica do sistema. (Incluído pela Lei nº 13.360, de 2016)*

*§ 3º **Após oito anos** da publicação desta Lei, o **poder concedente poderá diminuir os limites de carga e tensão** estabelecidos neste e no art. 16.*

...

*§ 5º O exercício da opção pelo consumidor **não poderá resultar em aumento tarifário para os consumidores remanescentes** da concessionária de serviços públicos de energia elétrica que haja perdido mercado. (Redação dada pela Lei nº 9.648, de 1998)*

*§ 6º É assegurado aos fornecedores e respectivos consumidores **livre acesso aos sistemas de distribuição e transmissão** de concessionário e permissionário de serviço público, **mediante ressarcimento do custo de transporte envolvido**, calculado com base em critérios fixados pelo poder concedente.*

...

*Art. 16 **É de livre escolha dos novos consumidores, cuja carga seja igual ou maior que 3000 kW, atendidos em qualquer tensão**, o fornecedor com quem contratará sua compra de energia elétrica."* (grifo dos autores)

Em 1996, a Lei 9.427/1996 que criou a ANEEL, também criou o Agente Comercializador de energia elétrica, inciso II do art. 26:

"Art. 26 Cabe ao Poder Concedente, diretamente ou mediante delegação à ANEEL, autorizar: (Redação dada pela Lei nº 10.848, de 2004)

...

*II – a compra e venda de energia elétrica, por **agente comercializador**; (Redação dada pela Lei nº 9.648, de 1998)"* (grifo dos autores)

Dessa maneira, o arcabouço regulatório com bases neoliberais estava posto ao fim da década de 1990. Acreditava-se que esse desenho de mercado seria suficiente para assegurar a expansão de geração necessária de modo a fazer frente ao crescimento de consumo dos anos subsequentes. Porém, a expansão de geração esperada não ocorreu naturalmente via mercado, resultando no esvaziamento dos reservatórios das usinas hidrelétricas e, diante de uma seca moderada, no racionamento de energia de 2001 (Kelman, 2001).

Com base nas lições aprendidas do racionamento de 2001, um novo arcabouço regulatório foi instituído, principalmente de modo a assegurar a expansão da oferta de geração, bem como a modicidade tarifária e de preços. Nesse novo arcabouço destacam-se as publicações da Lei nº 10.848/2004 (dispõe sobre a comercialização de energia elétrica) e do Decreto nº 5.163/2004 (regulamenta a comercialização de energia

elétrica, o processo de outorga de concessões e de autorizações de geração de energia elétrica).

O art. 1º da Lei nº 10.848/2004 define os dois ambientes de contratação, o Ambiente de Contratação Regulada (ACR) e o Ambiente de Contratação Livre (ACL):

*"Art. 1º A **comercialização de energia elétrica** entre concessionários, permissionários e autorizados de serviços e instalações de energia elétrica, bem como destes com seus consumidores, no Sistema Interligado Nacional – SIN, **dar-se-á mediante contratação regulada ou livre**, nos termos desta Lei e do seu regulamento, o qual, observadas as diretrizes estabelecidas nos parágrafos deste artigo, deverá dispor sobre:*

...

*§ 2º Submeter-se-ão à **contratação regulada** a compra de energia elétrica por concessionárias, permissionárias e autorizadas do serviço público de distribuição de energia elétrica, nos termos do art. 2º desta Lei, e o fornecimento de energia elétrica para o mercado regulado.*

*§ 3º A **contratação livre** dar-se-á nos termos do art. 10 da Lei nº 9.648, de 27 de maio de 1998, mediante operações de compra e venda de energia elétrica **envolvendo os agentes concessionários e autorizados de geração, comercializadores e importadores de energia elétrica e os consumidores que atendam às condições previstas nos arts. 15 e 16 da Lei nº 9.074, de 7 de julho de 1995**, com a redação dada por esta Lei."* (grifos dos autores)

Para garantir a expansão do parque gerador, foi instituído um arranjo que vincula e limita a venda de energia ao lastro físico (energia assegurada, conceito utilizado na definição da garantia física) de algum empreendimento de geração, e ao mesmo tempo, determina que tanto as empresas de distribuição de energia quanto todos os consumidores do mercado livre tenham suas cargas totalmente lastreadas em contratos de compra de energia. Ou seja, com esse arranjo, garante-se que todo consumo de energia terá um respaldado por algum empreendimento de geração.

O § 7º do art. 1º da Lei nº 10.848/2004 traz a vinculação da energia assegurada calculada com a contratação de energia elétrica:

*"§ 7º Com vistas em assegurar o adequado **equilíbrio entre confiabilidade de fornecimento e modicidade de tarifas e preços**, o Conselho Nacional de Política Energética – **CNPE proporá critérios gerais de garantia de suprimento**,[2] **a serem considerados no cálculo das energias asseguradas e em outros respaldos físicos para a contratação de energia elétrica**, incluindo importação."* (grifo dos autores)

De maneira complementar e em conjunto, o art. 2º da Lei nº 10.848/2004 determina que as empresas de distribuição de energia elétrica tenham, por meio da contratação regulada, cobertura contratual para todo o seu mercado consumidor:

---

[2] Os atuais critérios de suprimentos foram definidos pela Resolução CNPE 29/2019 e Portaria MME 59/2020.

"*Art. 2º As concessionárias, as permissionárias e as autorizadas de serviço público de distribuição de energia elétrica do Sistema Interligado Nacional – SIN **deverão garantir o atendimento à totalidade de seu mercado, mediante contratação regulada, por meio de licitação**, conforme regulamento, o qual, observadas as diretrizes estabelecidas nos parágrafos deste artigo, disporá sobre:*

...

§ 5º Os processos licitatórios necessários para o atendimento ao disposto neste artigo deverão contemplar, dentre outros, tratamento para:

*I – energia elétrica proveniente de empreendimentos de **geração existentes**;*

*II – energia proveniente de **novos empreendimentos de geração**; e*

*III – **fontes alternativas**.*

*IV – **geração distribuída**. (Incluído pela Lei nº 14.300, de 2022)*" (grifos dos autores)

Assim como o § 7º do art. 15 da Lei nº 9.074/1995, alterado pela Lei nº 10.848/2004, determina que os consumidores livres também deverão ter cobertura contratual para a totalidade de seu consumo:

"*§ 7º O **consumidor que exercer a opção prevista neste artigo e no art. 16 desta Lei deverá garantir o atendimento à totalidade de sua carga, mediante contratação**, com um ou mais fornecedores, sujeito a penalidade pelo descumprimento dessa obrigação, observado o disposto no art. 3º , inciso X, da Lei nº 9.427, de 26 de dezembro de 1996.*" (grifos dos autores)

Com o objetivo de regulamentar a Lei nº 10.848/2004, o Decreto nº 5.163/2004, em seu art. 2º, sintetiza e reforça todo o arranjo fundamental para garantir a expansão do parque gerador, ancorando a venda de energia em garantia física por parte do gerador e na obrigatoriedade de compra da totalidade de seu consumo por parte do consumidor livre e dos agentes de distribuição de energia:

"*Art. 2º Na comercialização de energia elétrica de que trata este Decreto deverão ser obedecidas, dentre outras, as seguintes condições:*

*I – os agentes vendedores deverão apresentar **lastro para a venda de energia para garantir cem por cento de seus contratos**; (Redação dada pelo Decreto nº 8.828, de 2016)*

*II – os **agentes de distribuição deverão garantir o atendimento a cem por cento de seus mercados de energia por intermédio de contratos** registrados na Câmara de Comercialização de Energia Elétrica – CCEE e, quando for o caso, aprovados, homologados ou registrados pela ANEEL; e (Redação dada pelo Decreto nº 8.828, de 2016)*

*III – os **consumidores** não supridos integralmente em condições reguladas pelos agentes de distribuição e pelos agentes vendedores **deverão garantir o atendimento a cem por cento de suas cargas, em termos de energia, por intermédio de geração própria ou de contratos** registrados na CCEE e, quando for o caso, aprovados, homologados ou registrados na ANEEL. (Redação dada pelo Decreto nº 8.828, de 2016)*

*§ 1º O **lastro para a venda** de que trata o inciso I do caput será constituído pela **garantia física** proporcionada por empreendimento de geração própria ou de terceiros, neste caso, mediante contratos de compra de energia. (Redação dada pelo Decreto nº 8.828, de 2016)*

*§ 2º A garantia física de energia de um empreendimento de geração, a ser definida pelo Ministério de Minas e Energia e a qual deverá constar do contrato de concessão ou do ato de autorização, corresponderá à **quantidade máxima de energia elétrica associada ao empreendimento, incluída a importação, que poderá ser utilizada para comprovação de atendimento de carga ou comercialização por meio de contratos**. (Redação dada pelo Decreto nº 8.828, de 2016)*

*§ 3º A **garantia física de empreendimentos de geração será revisada periodicamente** e calculada pela Empresa de Pesquisa Energética – EPE conforme diretrizes e metodologias estabelecidas pelo Ministério de Minas e Energia. (Incluído pelo Decreto nº 10.798, de 2021)*" (grifos dos autores)

Outro aspecto importante do Decreto nº 5.163/2004 foi que seus artigos 14 e 15 definiram a geração distribuída de grande porte e possibilitaram que os agentes de distribuição possam comprar esse tipo de energia para atender até 10 % de sua carga:

"*Art. 14 Para os fins deste Decreto, considera-se **geração distribuída a produção de energia elétrica** proveniente de empreendimentos de agentes concessionários, permissionários ou autorizados, incluindo aqueles tratados pelo art. 8º da Lei nº 9.074, de 1995, conectados diretamente no sistema elétrico de distribuição do comprador, **exceto aquela proveniente de empreendimento**:*

*I – **hidrelétrico com capacidade instalada superior a 30 MW**; e*

*II – **termelétrico**, inclusive de cogeração, **com eficiência energética inferior a setenta e cinco por cento**, conforme regulação da ANEEL, a ser estabelecida até dezembro de 2004.*

*Parágrafo único. Os empreendimentos termelétricos que utilizem **biomassa ou resíduos de processo como combustível não estarão limitados ao percentual de eficiência energética prevista no inciso II do caput**.*

*Art. 15 A **contratação de energia elétrica proveniente de empreendimentos de geração distribuída será precedida de chamada pública promovida diretamente pelo agente de distribuição**, de forma a garantir publicidade, transparência e igualdade de acesso aos interessados.*

*§ 1º O **montante total da energia elétrica contratada proveniente de empreendimentos de geração distribuída não poderá exceder a dez por cento da carga do agente de distribuição**.*" (grifos dos autores)

Mais recentemente, com o objetivo de se avançar com a abertura do mercado livre, possibilitando que um número cada vez maior de consumidores possa participar desse mercado de energia, e com base na redução dos requisitos de migração para o ambiente de contratação livre prevista pelo § 3º do art. 15 da Lei nº 9.074/1995, citada anteriormente, a Portaria MME 514/2018 (alterada pela Portaria MME 465/2019) e a Portaria MME 50/2022 estabeleceram um cronograma de abertura gradual do mercado livre:

- a partir de julho de 2019, consumidores com carga ≥ 2500 kW, atendidos em qualquer tensão;
- a partir de janeiro de 2020, consumidores com carga ≥ 2000 kW, atendidos em qualquer tensão;
- a partir de janeiro de 2021, consumidores com carga ≥ 1500 kW, atendidos em qualquer tensão;
- a partir de janeiro de 2022, consumidores com carga ≥ 1000 kW, atendidos em qualquer tensão;
- a partir de janeiro de 2023, consumidores com carga ≥ 500 kW, atendidos em qualquer tensão;
- a partir de janeiro de 2024, todos os consumidores classificados como Grupo A (alta-tensão), sendo aqueles com carga < 500 kW, serão representados por Agente Varejista perante a Câmara de Comercialização de Energia Elétrica – CCEE.

Nesse contexto de abertura do mercado livre, até o presente momento ainda não houve definição quanto à abertura para os consumidores do Grupo B (baixa-tensão).

Em 2021, a Lei nº 10.848/2004 foi alterada pela Lei nº 14.120/2021, criando a comercialização varejista, de modo a simplificar a rotina operacional dos consumidores varejistas ao serem representados na CCEE por um comercializador ou gerador varejista:

> "Art. 4º-A A comercialização no ambiente de contratação livre poderá ser realizada mediante a **comercialização varejista**, conforme regulamento da Aneel, caracterizada pela representação, por agentes da CCEE habilitados, das pessoas físicas ou jurídicas a quem seja facultado não aderir à CCEE." (grifo dos autores)

20.4 Regulação da geração distribuída

Conforme pontuado por Silva e Castro (2021), no que tange à micro e minigeração distribuída, a regulamentação passou a ser construída a partir de 2010, com destaque para a Consulta Pública ANEEL nº 015/2010, que visava definir subsídios para a redução das barreiras.

Em 2011, a partir da Audiência Pública ANEEL nº 42, ficaram determinadas as condições gerais para o acesso de microgeração e minigeração distribuída às redes de distribuição e ao sistema de compensação de energia elétrica, por meio da publicação da Resolução Normativa ANEEL nº 482, de 17 de abril de 2012 (Silva; Castro, 2021).

Essa Resolução, o primeiro marco referente à expansão da microgeração e minigeração, fundamentou-se nas condições para que os consumidores realizassem a compensação de seu consumo registrado junto à distribuidora que o atende, a partir de sua geração própria (Silva; Castro, 2021).

Silva e Castro (2021) destacam os principais pontos da Resolução Normativa ANEEL nº 482/2012:

- a única possibilidade de utilização da geração própria ocorrer por meio do sistema de compensação do consumo a partir da geração realizada;

- microgeração são fontes de até 100 kW de potência instalada que utilizam energia hidráulica, solar, eólica, biomassa ou cogeração qualificada;
- minigeração são fontes acima de 100 kW e de até 1 MW que utilizam energia hidráulica, solar, eólica, biomassa ou cogeração qualificada;
- o sistema de compensação é facultado apenas quando a geração se dá no mesmo ponto da unidade consumidora ou em unidade consumidora com a mesma titularidade da unidade consumidora em que os créditos foram gerados;
- a compensação do consumo tem de ser realizada no prazo máximo de 36 meses.

Em 2015, por meio do Convênio ICMS 16, de 22 de abril de 2015, do Conselho Nacional de Política Fazendária (CONFAZ), possibilitou-se a concessão de "isenção do ICMS incidente sobre a energia elétrica fornecida pela distribuidora à unidade consumidora, na quantidade correspondente à soma da energia elétrica injetada na rede de distribuição pela mesma unidade consumidora com os créditos de energia ativa originados na própria unidade consumidora no mesmo mês, em meses anteriores ou em outra unidade consumidora do mesmo titular, nos termos do Sistema de Compensação de Energia Elétrica, estabelecido pela Resolução Normativa nº 482, de 17 de abril de 2012".

Ainda, em 2015, após discussões empreendidas no âmbito da Audiência Pública ANEEL nº 026, com o intuito de colher subsídios para a alteração na Resolução Normativa ANEEL nº 482/2012, foi publicada a Resolução Normativa ANEEL nº 687, de 24 de novembro de 2015. A partir de então, o prazo para a compensação dos excedentes de geração passou a ser de 60 meses. Ademais, segundo Silva e Castro (2021), as principais alterações promovidas pela REN 687 com relação a REN 482 foram:

- microgeração passou a ser considerada a geração com potência igual ou inferior a 75 kW, porém para qualquer fonte renovável de energia, mantendo-se a possibilidade de inclusão da cogeração qualificada;
- minigeração passou a ser considerada a geração com potência instalada superior a 75 kW e inferior a 3 MW para fonte hídrica ou menor que 5 MW para as demais fontes renováveis e cogeração qualificada.

Outra inovação à época foi a autorização da geração compartilhada, ou seja, a utilização por meio de consórcio ou cooperativa, de geração compartilhada pela reunião de consumidores, dentro da mesma área de concessão, composta por pessoa física ou jurídica que possua unidade consumidora como micro ou minigeração em local diferente das unidades consumidoras onde há geração de excedente (Silva; Castro, 2021).

Ainda, permitiu-se que um mesmo empreendimento de geração atendesse a múltiplas unidades consumidoras, caracterizadas pela utilização independente de cada fração com uso individualizado. Vedou-se expressamente que uma central geradora seja subdividida em unidades geradoras de menor porte para que possam atender às limitações impostas pela regulamentação (Silva; Castro, 2021).

As discussões, contudo, intensificaram-se, sendo que, em outubro de 2019, a ANEEL decidiu pela abertura de Consulta e Audiências Públicas em continuidade aos resultados das contribuições recebidas na CP nº 10/2018 e na AP nº 01/2019 para receber contribuições à proposta de revisão da Resolução Normativa ANEEL nº 482/2012 e posteriores referentes às regras aplicáveis à micro e minigeração distribuída. Na Audiência 040/2019, encontra-se o Relatório de Análise de Impacto Regulatório nº 003/2019-SRD/SGT/SRM/SRG/SCG/SMA/ANEEL, que explica as cinco alternativas à modificação das atuais regras da Resolução nº 482/2012. De acordo com esse Relatório, as alternativas levantadas para o modelo do Sistema de Compensação de Energia Elétrica foram:

- **Alternativa 0** – Cenário atual: a compensação da energia injetada na rede se dá por todas as componentes da TUSD e da TE.

- **Alternativa 1** – Incide Fio B: a componente Transporte Fio B incidiria sobre toda a energia consumida da rede. As demais componentes tarifárias continuariam incidindo sobre a diferença entre a energia consumida e a energia injetada na rede.

- **Alternativa 2** – Incide Fio A e Fio B: as componentes referentes ao Transporte (Fio A e Fio B) incidiriam sobre toda a energia consumida da rede. As demais parcelas da tarifa continuariam incidindo sobre a diferença entre a energia consumida e a energia injetada na rede.

- **Alternativa 3** – Incide Fio A, Fio B e Encargos: equivalente à alternativa anterior, mas incluindo a parcela de Encargos da TUSD entre as componentes que seriam aplicáveis a todo o consumo de energia registrado na unidade.

- **Alternativa 4** – Incide toda a TUSD: com esta alternativa, as componentes da TE incidiriam sobre a diferença entre a energia consumida e a energia injetada na rede, de maneira que a TUSD continuaria incidindo sobre toda a energia consumida da rede.

- **Alternativa 5** – Incide toda a TUSD e os encargos e demais componentes da TE: nesse caso, apenas a componente de energia da TE incidiria sobre a diferença entre a energia consumida e a energia injetada na rede. As demais componentes tarifárias incidiriam sobre toda a energia consumida da rede.

Conforme descrito, a Alternativa 0 corresponde ao modelo vigente na égide da Resolução Normativa nº 482/2012. As propostas de alteração das regras tiveram por objetivo não onerar demasiadamente os consumidores não optantes pela micro e minigeração distribuída. Segundo o Relatório, esses custos alcançariam o patamar de R$ 23 bilhões, considerando o período entre 2020 e 2035, relativos aos sistemas instalados nesse período.

A proposta da ANEEL, então, era a defesa da aplicação da Alternativa 2 quando iniciada a vigência da nova norma, e a posterior aplicação da Alternativa 5 quando atingida a potência instalada de aproximadamente 5,9 GW em todo o país.

Nesse cenário, de acordo com a agência, ter-se-ia 11,7 GW instalados até 2035, com uma redistribuição de custos aos demais agentes da ordem de R$ 1 bilhão, no período de análise.

No que tange à geração instalada em unidades consumidoras para compensação remota, a ANEEL entendia que a aplicação da Alternativa 5 já deveria ser prevista no início da vigência da revisão da norma (ANEEL, 2019).

Essa discussão, todavia, foi superada pela publicação da Lei nº 14.300/2022, cujos principais aspectos serão discutidos na próxima seção.

No fim de 2022, a ANEEL, com a publicação da REH 3.169/2022, homologa os percentuais de redução para aplicação da regra de transição sobre o Sistema de Compensação de Energia Elétrica (SCEE), disposta no art. 27 da Lei nº 14.300/2022.

Em fevereiro de 2023, a ANEEL publicou a REN 1.059/2023 com o objetivo de aprimorar os regulamentos aplicáveis à micro e minigeração distribuída, em função das disposições estabelecidas na Lei nº 14.300/2022. Basicamente, a REN 1.059/2023 alterou a REN 1.000/2021 que estabelece as Regras de Prestação do Serviço Público de Distribuição de Energia Elétrica, alterou a REN 956/2021 que estabelece os Procedimentos de Distribuição de Energia Elétrica no Sistema Elétrico Nacional (PRODIST), e revogou a REN 482/2012 que criou o SCEE aplicável a unidades consumidoras com microgeração ou minigeração distribuída (MMGD).

20.4.1 Lei nº 14.300/2022

Com a publicação da Lei nº 14.300/2022, passa-se a ter uma legislação específica para a micro e minigeração distribuída no Brasil. Ponto muito importante dessa nova lei é a modificação dos benefícios tarifários para empreendimentos protocolados junto à distribuidora a partir de janeiro de 2023. Já os projetos protocolados nas distribuidoras até 12 meses da publicação da lei não sofrem alterações e seguem com os benefícios tarifários até o ano de 2045. Para projetos aprovados entre os 13º e 18º meses após a publicação da lei, as alterações tarifárias passariam a vigorar a partir do ano de 2023.

Dessa maneira, após o período transitório, as unidades participantes do sistema de compensação passarão a ser faturados pela incidência, sobre a energia elétrica ativa consumida da rede de distribuição e sobre o uso ou sobre a demanda, de todas as componentes tarifárias não associadas ao custo da energia, conforme regulação da ANEEL, e deverão ser abatidos todos os benefícios ao sistema elétrico propiciados pelas centrais de microgeração e minigeração distribuídas. A Lei nº 14.300/2022 atribuiu ao CNPE, após participação social, estabelecer as diretrizes para valoração dos custos e dos benefícios da microgeração e minigeração distribuídas, o que ocorreu por meio da Consulta Pública MME 129/2022, porém, até o presente momento, o CNPE não divulgou normativo com tal valoração.

O porte das centrais geradoras enquadradas na Lei nº 14.300/2022 continua sendo caracterizado como microgeração distribuída, quando a potência instalada da central geradora for de até 75 kW e utiliza cogeração qualificada ou fontes renováveis de energia elétrica; ou minigeração distribuída, quando a potência instalada da central geradora some entre 75 kW e 3 MW, no caso de fontes não despacháveis de energia; ou entre 75 kW e 5 MW, no caso de fontes despacháveis de energia.

Com a nova lei houve a ampliação das formas associativas caracterizadoras da geração compartilhada de energia elétrica, ou seja, agora a possibilidade é aberta para qualquer forma de associação civil. Anteriormente, sob égide da REN 482/2012, somente tinha-se consórcios ou cooperativas, o condomínio civil voluntário ou edifício ou qualquer outra forma de associação civil instituída com esta finalidade.

Passou a ser possível também a transferência da titularidade das contas e das faturas de energia elétrica das unidades consumidoras associadas aos geradores, quando participantes do sistema de compensação de energia elétrica. Na hipótese de excedentes, a energia elétrica gerada possa ser alocada em outra unidade de consumo, desde que essa esteja vinculada ao mesmo titular.

Por opção do gerador, permitem-se a comercialização dos créditos da energia elétrica e a prestação de serviços ancilares para as empresas distribuidoras, caso seja identificada a necessidade pelas concessionárias.

A Lei nº 14.300/2022 avançou no aspecto da possibilidade de alocação de créditos de energia elétrica dentro de um mesmo Estado, tornando possível a destinação destes quando a energia gerada em zona de uma área de permissão, em outra área de concessão.

Outro ponto importante é que foi permitida a opção pelo faturamento da energia elétrica como Grupo B às unidades consumidoras ligadas em tensão primária com geração local. Obviamente, deve-se ter potência nominal total dos transformadores, igual ou inferior a uma vez e meia do limite permitido para ligação de consumidores do Grupo B.

Outra inovação foi o enquadramento dos projetos de empreendimentos de microgeração e de minigeração distribuídas como obras de infraestrutura e, diante disso, caracterizados como aptos ao aproveitamento dos benefícios do Regime Especial de Incentivos para o Desenvolvimento da Infraestrutura (REIDI), conforme estabelecido pela Lei nº 11.488/2007.

A Lei nº 14.300/2022 simplificou os procedimentos para a obtenção dos pareceres de acesso, especialmente com a diminuição do número de etapas, já que a solicitação da conexão à rede de distribuidora passou a ser realizada conjuntamente à solicitação do próprio parecer de acesso da UFV, ficando proibida a venda dos pareceres de acesso, sob pena de sua perda e do pagamento de penalidades.

Ademais, com a Lei nº 14.300/2022, as condições sobre o início da vigência e, também, do faturamento pelo uso do sistema de distribuição foram modificadas e, diferentemente do disposto na REN 482/2012, não permanecem mais vinculadas à conclusão de obras na rede de conexão à rede, em caso da necessidade de obras, cuja responsabilidade seja tanto do consumidor quanto da distribuidora (Cupertino; Tomé; Costa, 2023).

Também, realçam-se novas previsões da Lei nº 14.300/2022 relativas à necessidade da apresentação de garantias de fiel cumprimento como condicionante à solicitação de pareceres de acesso de novos empreendimentos, a partir da promulgação do marco legislativo, de maneira semelhante ao regramento já praticado nos casos dos leilões de energia nova para a contratação de usinas no Ambiente de Contratação Regulada (ACR). Nesse sentido, com exceção das usinas na modalidade geração compartilhada, tornou-se necessária a apresentação das garantias de fiel cumprimento para empreendimentos com potência instalada entre 500 kW ≥ e 1000 kW em valor equivalente a 2,5 % do montante investido. Aos proprietários das usinas com potência instalada superior a ≥ 1000 kW, a somatória deverá equivaler a 5 % do total investido (Cupertino; Tomé; Costa, 2023).

Em resumo, conforme estudo de Cupertino, Tomé e Costa (2023), destacam-se que as principais alterações realizadas a partir da promulgação da Lei nº 14.300/2022, relativamente às condições estabelecidas na REN nº 482/2012, são: (i) em limites de potência instalada, há possibilidade de fonte não despachável, o que não era anteriormente previsto; (ii) possibilidade de qualquer forma de associação civil; (iii) permitida a transferência de contas e possibilidade de comercialização de energia, a partir de chamadas públicas realizadas pelas distribuidoras de energia; (iv) possível a alocação de créditos em uma mesma zona de concessão ou de permissão, ou quando a energia gerada em zona de permissão, em outra área de concessão, desde que no mesmo estado; (v) para a regra de transição, fica estabelecida para a compensação entre a energia injetada e a consumida pela unidade.

Finalmente, ressalta-se que a nova lei prescreve que, até 31 de dezembro de 2045, será afastada a incidência de todas as componentes tarifárias.

Problemas propostos

20.1 Descreva as principais funções da ANEEL.

20.2 Quais os princípios atinentes ao serviço público de transmissão e de distribuição de energia elétrica? Explique.

20.3 O que é mercado *spot*? O que é ACR e ACL?

20.4 Descreva as funções da Câmara de Comercialização de Energia Elétrica.

20.5 Em que consiste a geração distribuída? Explique os principais pontos da Lei nº 14.300/2022.

Bibliografia

AGÊNCIA NACIONAL DE ENERGIA ELÉTRICA (ANEEL). *Medição, faturamento e combate a perdas comerciais*. Brasília, 2016.

AGÊNCIA NACIONAL DE ENERGIA ELÉTRICA (ANEEL). *Revisão das regras aplicáveis à micro e minigeração distribuída* – Resolução Normativa nº 482/2012. Relatório de Análise de Impacto Regulatório nº 003/2019-SRD/SGT/SRM/SRG/SCG/SMA/ANEEL e Audiência 040/2019.

BANDEIRA DE MELLO, C. A. *Curso de Direito Administrativo*. 17. ed. São Paulo: Malheiros, 2004.

BARROS, C. V. M. A independência da ANEEL nos novos anteprojetos de lei. *Revista do Direito da Energia*, nº 2, São Paulo, p. 36-42, 2004.

BERMANN, C. *Os limites dos aproveitamentos energéticos para fins elétricos*: uma análise política da questão energética e de suas repercussões socioambientais no Brasil. Tese (Doutorado em Engenharia Mecânica), FEM/Unicamp, 1991. p. 194-215.

CASTRO, R. *Dimensionamento de usinas hidroelétricas considerando objetivos múltiplos na utilização da água*. Dissertação (Mestrado em Engenharia Elétrica), FEEC/Unicamp, 1994.

CENTRO DA MEMÓRIA DA ELETRICIDADE NO BRASIL. *Experiências e empreendimentos pioneiros (1879-1896)*. Disponível em: http://www.memoriadaeletricidade.com.br/. Acesso em: 27 jan. 2023.

CIRNE LIMA, R. *Princípios de Direito Administrativo*. 5. ed. São Paulo: RT, 1982.

COOPERS & LYBRAND. *Projeto de Reestruturação do Setor Elétrico Brasileiro*. Volume 1 Sumário Executivo. Rio de Janeiro, MME/Eletrobras, 1997. p. 38.

CUPERTINO, S. A.; TOMÉ, F.; COSTA, H. K. M. *Considerações sobre a nova lei nº 14.300*, de 2022, que institui o marco legal da microgeração e minigeração distribuída. Texto para discussão. 2023.

EMPRESA DE PESQUISA ENERGÉTICA (EPE). *Metodologia de cálculo da garantia física das usinas*. Relatório EPE-DEE-RE-099/2008-r0. Acesso em: 27 jan. 2023.

EMPRESA DE PESQUISA ENERGÉTICA (EPE). *Plano Nacional de Energia – PNE 2030*. Brasília, Ministério de Minas e Energia; Empresa de Pesquisa Energética, 2007. Disponível em: http://www.epe.gov.br/PNE/20080512_3.pdf. Acesso em: 27 jan. 2023.

Energy Information Administration (EIA). *Official energy statistics from the U.S.* Disponível em: http://www.eia.doe.gov/cneaf/electricity/epm/le1_1.html. Acesso em: 27 jan. 2023.

HÉMERY, D.; DEBEIR, J.-C.; DELÉAGE, J-P. *Uma história da energia*. 2. ed. Brasília: Editora da UnB, 2007.

JUSTEN FILHO, M. *Curso de Direito Administrativo Econômico*. São Paulo: Malheiros, 2006. v. 1.

KELMAN, J.; VENTURA, A. F.; BAJAY, S. V.; PENNA, J. C.; HADDAD, C. L. S. *Relatório da Comissão de Análise do Sistema Hidrotérmico de Energia Elétrica*. Brasília, 2001.

LANDES, D. S. *L'Europe technicienne ou le prométhée libéré*. Paris: Gallimard, 1975.

LIMA, J. L. *Estado e energia no Brasil*. São Paulo: IPE-USP, 1984.

MARCOLIN, N. *Rotas da eletricidade*, Pesquisa Fapesp, ed. 118, dez. 2005. Disponível em: http://revistapesquisa.fapesp.br/2005/12/01/rotas-da-eletricidade/. Acesso em: 27 jan. 2023.

MEIRELLES, H. L. *Direito administrativo brasileiro*. 29. ed. São Paulo: Malheiros, 2011.

MERCEDES, S. S. P. *História e energia*: memória, informação e sociedade. São Paulo: Alameda Casa Editorial, 2012.

MINISTÉRIO DE MINAS E ENERGIA (MME). *Consulta Pública nº 33*, de 05 de julho de 2017. Proposta de medidas legais que viabilizem o futuro do setor elétrico com sustentabilidade a longo prazo.

MINISTÉRIO DE MINAS E ENERGIA (MME). *Portaria MME nº 403*, de 29 de outubro de 2019. Disponível em http://www.in.gov.br/web/dou/-/portaria-n-403-de-29-de-outubro-de-2019-224516297. Acesso em: 27 jan. 2023.

MINISTÉRIO DE MINAS E ENERGIA (MME). *Portaria MME nº 187*, de 04 de abril de 2019. Disponível em: http://www.in.gov.br/materia/-/asset_publisher/Kujrw0TZC2Mb/content/id/70268736. Acesso em: 27 jan. 2023.

OPERADOR NACIONAL DO SISTEMA ELÉTRICO. *Procedimento de rede* – módulo 26. Disponível em: http://apps05.ons.org.br/procedimentorede/procedimento_rede/procedimento_rede.aspx. Acesso em: 27 jan. 2023.

PAIXÃO, L. E. *Memórias do projeto RE-SEB*. São Paulo: Massao Ohno, 2000.

SILVA, M. S. L.; CASTRO, R. Legislação e regulação. *In*: SIMÕES MOREIRA, J. R. (org.). *Energias renováveis, geração distribuída e eficiência energética*. 2. ed. Rio de Janeiro: LTC, 2021.

VALLADÃO, A. *Dos rios públicos e particulares*. Belo Horizonte: [s. n.], 1904.

21
QUESTÕES AMBIENTAIS E LICENCIAMENTO AMBIENTAL

HIRDAN KATARINA DE MEDEIROS COSTA
Pesquisadora Visitante PRH 33.1 e Professora do Programa de Educação Continuada em Engenharia (PECE) da Escola Politécnica da Universidade de São Paulo (Poli-USP)

MARILIN MARIANO DOS SANTOS
Engenheira, Doutora em Ciências pelo Programa de Pós-Graduação em Energia da USP

PATRICIA HELENA LARA DOS SANTOS MATAI
Química, Doutora em Engenharia Química pela USP, Docente do Curso de Engenharia de Minas e de Petróleo da Escola Politécnica da USP, Professora do Programa de Pós-Graduação em Energia da USP

21.1 Impactos ambientais decorrentes do uso da energia: fontes primárias, conversão e usos finais

Cavalcante *et al.* (2005) já salientaram que os desenvolvimentos industrial e tecnológico ocorridos ao longo da história trouxeram sérias consequências ao meio ambiente. Costa (2012) aponta que o usufruto de alguns recursos pode encontrar limitações temporais em virtude de sua inerente esgotabilidade, que é o caso dos hidrocarbonetos, ou pelo abuso em seu uso, por exemplo, a poluição dos mananciais de água-doce.

Para Souza (2002), a discussão ambiental envolve, sobretudo, as escolhas que foram feitas até hoje e que prejudicaram a qualidade de vida do homem no planeta. De fato, do homem primitivo ao homem tecnológico, registra-se crescimento significativo do consumo energético *per capita* (Goldemberg, 2003).

A apropriação da natureza e das diversas fontes de energia primária pelo homem, com a consequente conversão em energia secundária e disponibilização para os diferentes usos finais, acarretou problemas ambientais que a sociedade atual passou a ter a missão de contornar, mitigar e extinguir.

Oliveira *et al.* (2004, p. 41) apontam que todas as etapas de extração, produção, conversão, transformação, transporte, distribuição e uso final causam impactos significativos ao ambiente, seja de maneira direta, por exemplo, pelo vazamento de óleo e degradação de mares, seja de maneira indireta, pela poluição decorrente da queima de combustíveis fósseis.

A Tabela 21.1 apresenta os impactos ambientais oriundos do uso da energia.

Um dos exemplos vistos na Tabela 21.1, o que se refere às mudanças climáticas e ao efeito estufa, é considerado hoje por alguns um dos mais graves problemas que a humanidade enfrenta, com necessidades dramáticas de adaptação das populações. O efeito estufa é causado pelo aumento da concentração dos gases de efeito estufa (GEE) na atmosfera, que são, principalmente, o gás carbônico (CO_2), o metano (CH_4), o óxido nitroso (N_2O) e os clorofluorcarbonos (CFC) (Oliveira *et al.*, 2004).

Entre os efeitos da captura de parte da radiação infravermelha ocasionando o aumento da temperatura na superfície terrestre, tem-se o degelo das calotas polares e a elevação do nível dos mares (Oliveira *et al.*, 2004).

Em 2013, o Painel Intergovernamental sobre Mudanças Climáticas (IPCC) apresentou em seu relatório conclusões sobre a problemática que envolve as seguintes assertivas: que o aquecimento do sistema climático é inequívoco; que a média global de temperatura da terra e do oceano, calculada por uma tendência linear, mostra aumento de 0,85 (0,65 a 1,06) °C no período 1880 a 2012; que no período 1901 a 2010 o nível do mar médio global aumentou em 0,19 (0,17 a 0,21) m (Juras, 2013). A Tabela 21.2 apresenta os dados de concentração dos principais GEE na atmosfera, bem como sua fonte principal e outros parâmetros relevantes de caracterização.

Outro problema ambiental decorrente do uso da energia é a poluição urbana do ar, sobretudo em razão da queima de combustíveis fósseis. A Tabela 21.3 traz as principais fontes de poluição e os poluentes.

534 CAPÍTULO 21

TABELA 21.1 Impactos ambientais provocados pelo uso de energia

Impactos ambientais	Relação com a energia
Aquecimento por efeito estufa e mudanças climáticas	Queima de combustíveis fósseis
Chuva ácida	Queima de combustíveis fósseis na produção de energia
Poluição urbana do ar	Uso de energia na indústria e no transporte
Poluição do ar em ambientes fechados	Uso de energia para cozimento de alimentos
Desmatamento e desertificação	Produção de lenha
Degradação marinha e de áreas costeiras	Produção de petróleo, navegação, mineração

Fonte: elaborada a partir de Oliveira *et al.* (2004).

TABELA 21.2 Principais GEE e seus efeitos

Gás	Fórmula	Concentração na era pré-industrial (ppbv)	Concentração em 2011 (ppbv)	Tempo de vida na atmosfera (ano)[c]	Fonte de produção	Potencial de aquecimento global (GWP)[a]
Dióxido de carbono	CO_2	278.000	391.000	Variável	Queima de combustível fóssil Alteração no uso de terra Produção de cimento	1
Metano	CH_4	700	1803	$12,2 \pm 3$	Combustíveis fósseis Plantação de arroz Aterros sanitários Criação de gado	21
Óxido nitroso	N_2O	275	324	120	Combustão na produção de fertilizantes	310
CFC-12	CCl_2F_2	0	$0,503^{b,e}$	102	Fluido para refrigeração Espuma	$6200–7100^d$
HCFC-22	$CHClF_2$	0	$0,105^{b,e}$	12,1	Fluido para refrigeração	$1300–1400^d$
Perfluormetano	CF_4	0	$0,070^e$	50.000	Produção de alumínio	6500
Hexafluoreto de enxofre	SF_6	0	$0,032^e$	3200	Fluido dielétrico	23.900

Fonte: elaborada a partir de adaptação de UNEP-GRID/Arendal *apud* Oliveira (2004) e Juras (2013).

Notas: ppbv = partes por bilhão em volume.
[a] GWP (*Global Warming Potential*) para horizonte de cem anos.
[b] Incluem-se efeitos indiretos da produção de ozônio na troposfera e produção de vapor d'água na estratosfera.
[c] Não se pode definir o tempo de vida para o CO_2, em razão das diferentes taxas de fixação do gás por diferentes processos (IPCC SAR, 2013, p. 15).
[d] Potencial de aquecimento global líquido, isto é, inclui o efeito indireto do consumo do ozônio.
[e] Dados de 1994.

TABELA 21.3 Fontes de poluição e seus poluentes

Fonte	Particulados	Emissões gasosas
Caldeiras e fornos industriais	Cinzas e fuligem	NO_x, SO_2, CO, aldeídos, ácidos orgânicos, 3,4-benzopireno
Motores de combustão interna	Fuligem	CO, NO_x, aldeídos, hidrocarbonetos, 3,4-benzopireno
Indústria de refino de petróleo	Pó, fuligem	SO_2, H_2O, NH_3, NO_x, CO, ácidos, hidrocarbonetos, aldeídos, cetonas Dependente do processo (por exemplo: SO_2, CO, hidrocarbonetos, solventes)
Indústria química	Pó, fuligem	SO_2, NH_3, NO_x, CO, compostos de flúor, substâncias orgânicas
Metalurgia e química do coque	Pó, óxidos de ferro	Dependente do processo (por exemplo: CO, compostos de flúor)
Indústria extrativa mineral	Pó	NH_3, H_2S (multicomponentes de compostos orgânicos)
Indústria alimentícia	Pó	CO, compostos orgânicos
Indústria de materiais de construção	Pó	–

Fonte: elaborada a partir de Conservação de Energia – Eficiência Energética de Instalações e Equipamentos (2001) *apud* Oliveira (2004).

Diante desse cenário, além das tratativas internacionais no sentido de mitigar os efeitos do uso da energia, como o Protocolo de Quioto e o Acordo de Paris, em nível nacional, para tratar as questões de cunho local ou regional, o Direito, como regulador das relações sociais, passou a ter um papel primordial na defesa do ambiente, seja nos aspectos de negociação, prevenção ou de educação, seja nas feições de punição.

Por exemplo, ao uso da energia secundária convertida de uma primária, o Direito passou a impor limites à emissão de substâncias gasosas ditas como poluentes para diminuir a poluição urbana do ar. A norma entendeu que determinadas atividades, geradoras de impactos no ambiente, necessitam de licença para que não apenas mitiguem danos, como também disponibilizem o controle social e governamental.

Ou melhor, percebeu-se a necessidade de o Direito garantir a preservação e a conservação do ambiente e, nessa perspectiva, o presente capítulo indica, na Seção 21.2, os aspectos legais e institucionais que promovem a tutela do meio ambiente.

21.2 Aspectos legais e institucionais relativos à tutela do meio ambiente

Como discutido na introdução, não basta a compreensão das consequências das escolhas humanas na apropriação da natureza e das formas de energia: faz-se necessário o crivo da norma para regular, limitar e punir o excesso.

Nessa linha, o artigo 5º da Constituição Federal (CF) trata do direito à vida enquanto direito fundamental e, por prescrever no seu § 2º que "direitos e garantias expressos nessa constituição não excluem outros decorrentes do regime e dos princípios por ela adotados" (Brasil, 2023), traz como via reflexa o direito ao meio ambiente ecologicamente equilibrado como essencial à sadia qualidade de vida (Cavalcante *et al.*, 2005).

Na mesma linha, o artigo 225 da CF garante direito ao meio ambiente ecologicamente equilibrado, assim como o seu § 3º do artigo 225 assegura a punição no âmbito penal e administrativo, independentemente da obrigação de reparar os danos causados, de condutas e atividades lesivas ao meio ambiente.

Não obstante as normas constitucionais, outros diplomas legais foram editados, como: Código Florestal (editado originalmente em 1965 e substituído pela Lei nº 12.651/2012); Lei da Política Nacional do Meio Ambiente (Lei nº 6.938/1981); Lei da Ação Civil Pública (Lei nº 7.347/1985); Lei de Mineração (Lei nº 7.805/1989); Lei das Águas (Lei nº 9.433/1997); Lei dos Crimes Ambientais (Lei nº 9.605/1998); Lei da Política Nacional de Educação Ambiental (Lei nº 9.795/1999); Lei do Sistema Nacional de Unidades de Conservação (Lei nº 9.985/2000); Lei de Gestão de Florestas Públicas (Lei nº 11.284/2006), Lei da Política Nacional de Mudanças Climáticas (Lei nº 12.187/2009), entre outros diplomas legais, com a finalidade de garantir a tutela do meio ambiente.

Além dessas normas, destaca-se também a criação de instituições com a finalidade de fazer valer o apregoado pela legislação de tutela ambiental. Nessa perspectiva, registra-se a participação do Brasil na Conferência das Nações Unidas para o Ambiente Humano, realizada em Estocolmo (Suécia), em 1972, como impulso inicial da criação de instituições brasileiras específicas para a defesa do meio ambiente. Nesse sentido, em 1973, foi criada a Secretaria Especial do Meio Ambiente (Sema), vinculada ao Ministério do Interior, responsável pelo trabalho político e de gestão ambiental. Posteriormente, institucionalizou-se o Instituto Nacional do Meio Ambiente e dos Recursos Naturais Renováveis (Ibama) pela Lei nº 7.735, de 22 de fevereiro de 1989 (Ibama, 2023a).[1]

O Ibama é uma autarquia federal de direito público com autonomia administrativa e financeira, cuja missão é "proteger o meio ambiente e assegurar a sustentabilidade no uso dos recursos naturais, visando a promover a qualidade ambiental propícia à vida" (Ibama, 2023b).

Somente em 1992, em decorrência da Conferência das Nações Unidas para o Meio Ambiente e o Desenvolvimento, a Rio 92 (ECO92), foi criado o Ministério do Meio Ambiente. Nos anos seguintes, os demais órgãos ambientais brasileiros foram estruturados. Em 1997, foi criado o Conselho Nacional de Recursos Hídricos; em 2000, a Agência Nacional das Águas (ANA); em 2001, o Conselho Nacional de Recursos Genéticos; em 2006, o Serviço Florestal Brasileiro; e, em 2007, o Instituto Chico Mendes de Conservação da Biodiversidade (Ibama, 2023a).

Como já ressaltado, todas as normas e instituições ambientais no Brasil têm o amparo constitucional esculpido no art. 225, e a Seção 21.3 a seguir dá detalhes sobre esse dispositivo.

21.3 Direito ambiental na Constituição Federal (CF)

A Carta Magna de 1988, sem dúvida, inaugurou no ordenamento jurídico supralegal a preocupação com o meio ambiente, acarretando um direito ambiental de base constitucional, garantidor de direitos que estão acima de atos e/ou interesses pontuais, bem como das leis federais, estaduais e municipais. Inclusive, Silva (2012) menciona que a Constituição Federal de 1988 foi a primeira constituição brasileira a utilizar o termo meio ambiente.

Moraes (2010, p. 850-51) diz que, para possibilitar a ampla proteção, a CF prescreveu diversas regras, divisíveis em quatro grandes grupos: regra de garantia, em que qualquer cidadão é parte legítima para propor ação civil pública; regras de competências, que dispõem sobre competência administrativa comum da União, Estados, Distrito Federal e Municípios, bem

---

[1] Registra-se ainda que o Instituto Brasileiro de Desenvolvimento Florestal (IBDF) trabalhava com a área ambiental e foi criado com uma megaestrutura que mantinha a gestão das florestas. A Superintendência de Pesca (Sudepe) era competente para a gestão do ordenamento pesqueiro e a Superintendência da Borracha (SUDHEVEA) viabilizava a produção da borracha. O IBDF e a Sudepe eram vinculados ao Ministério da Agricultura e a SUDHEVEA, ao Ministério da Indústria e Comércio. Infelizmente, não havia um órgão com a atribuição de trabalhar o meio ambiente de forma integrada. O Ibama teve origem a partir da junção da *SEMA* com esses quatro órgãos (Ibama, 2023a).

como a competência legislativa concorrente entre União, Estados, Distrito Federal; regras gerais, que a CF estabelece de maneira esparsa, relacionadas com a preservação ambiental (CF, arts. 170, VI; 173, § 5º; 174, § 3º; 186, II; 200, VIII; 216, V; 231, § 1º); e regras específicas integrantes do Capítulo VI da CF/1988.

O Capítulo VI da CF/1988, especificamente o art. 225, traz a disciplina jurídica do Direito Ambiental. No *caput* do art. 225, tem-se referência ao direito de todos ao "meio ambiente ecologicamente equilibrado, bem de uso comum do povo e essencial à sadia qualidade de vida, impondo-se ao Poder Público e à coletividade o dever de defendê-lo e preservá-lo para as presentes e futuras gerações" (Brasil, 2023).

Para assegurar a efetividade desse direito, o parágrafo único elenca uma série de incumbências destinadas ao poder público:

> I - preservar e restaurar os processos ecológicos essenciais e prover o manejo ecológico de espécies e ecossistemas; II - preservar a diversidade e a integridade do patrimônio genético do País e fiscalizar as entidades dedicadas à pesquisa e manipulação de material genético; III - definir, em todas as unidades da Federação, espaços territoriais e seus componentes a serem especialmente protegidos, sendo a alteração e a supressão permitidas somente por meio de lei, vedada qualquer utilização que comprometa a integridade dos atributos que justifiquem sua proteção; IV - exigir, na forma da lei, para instalação de obra ou atividade potencialmente causadora de significativa degradação do meio ambiente, estudo prévio de impacto ambiental, a que se dará publicidade; V - controlar a produção, a comercialização e o emprego de técnicas, métodos e substâncias que comportem risco para a vida, a qualidade de vida e o meio ambiente; VI - promover a educação ambiental em todos os níveis de ensino e a conscientização pública para a preservação do meio ambiente; VII - proteger a fauna e a flora, vedadas, na forma da lei, as práticas que coloquem em risco sua função ecológica, provoquem a extinção de espécies ou submetam os animais à crueldade; VIII - manter regime fiscal favorecido para os biocombustíveis destinados ao consumo final, na forma de lei complementar, a fim de assegurar-lhes tributação inferior à incidente sobre os combustíveis fósseis, capaz de garantir diferencial competitivo em relação a estes, especialmente em relação às contribuições de que tratam a alínea "b" do inciso I e o inciso IV do caput do art. 195 e o art. 239 e ao imposto a que se refere o inciso II do caput do art. 155 desta Constituição (Incluído pela Emenda Constitucional nº 123, de 2022.) (Brasil, 2023).

Os incisos do parágrafo primeiro do art. 225 tiveram leis promulgadas para promover sua aplicabilidade. Por exemplo, a Lei do Sistema Nacional de Unidades de Conservação (Lei nº 9.985/2000) tratou de regulamentar os incisos I, II, III e VII supracitados. Para dispor sobre o inciso VI, foi publicada a Lei da Política Nacional de Educação Ambiental (Lei nº 9.795/1999).

No tocante ao inciso VI, que trata do estudo prévio de impacto ambiental para instalação de obra ou atividade potencialmente causadora de significativa degradação do meio ambiente, a Lei nº 6.938/1981 já tratava da questão e era recepcionada pela CF/1988.

Relativamente aos incisos II, IV e V desse parágrafo primeiro do art. 225, também foi editada a Lei nº 11.105, de 24 de março de 2005, que estabelece normas de segurança e mecanismos de fiscalização de atividades que envolvam organismos geneticamente modificados (OGM); cria o Conselho Nacional de Biossegurança (CNBS); reestrutura a Comissão Técnica Nacional de Biossegurança (CTNBio); dispõe sobre a Política Nacional de Biossegurança (PN).

Nos parágrafos posteriores do art. 225, registra-se uma série de assuntos diversos. O parágrafo segundo do art. 225 cria a obrigatoriedade de recuperação do meio ambiente degradado. O parágrafo terceiro do art. 225 resultou na publicação da Lei de Crimes Ambientais para punir, administrativa e penalmente, as condutas e atividades consideradas lesivas ao meio ambiente, independentemente da obrigação de reparar civilmente os danos causados.

No parágrafo quarto do art. 225, tem-se o elenco de áreas consideradas como patrimônio nacional, que são: a Floresta Amazônica brasileira, a Mata Atlântica, a Serra do Mar, o Pantanal Mato-Grossense e a Zona Costeira. Há de se convir que os biomas do Serrado e da Caatinga deveriam estar nessa lista. A utilização dessas áreas deve ocorrer em condições que assegurem a preservação do meio ambiente, inclusive quanto ao uso de recursos naturais.

Além disso, o parágrafo quinto do art. 225 trata da indisponibilidade das terras devolutas ou arrecadadas pelos estados por ações discriminatórias, necessárias à proteção dos ecossistemas. O parágrafo sexto determina que as usinas que operem com reator nuclear tenham sua localização definida em lei federal, sob pena de não poderem ser instaladas. E o parágrafo sétimo do art. 225 foi inserido em 2017, pela Emenda Constitucional nº 96 e diz respeito à possibilidade de práticas desportivas que utilizem animais, desde que sejam manifestações culturais, assegurando-se o bem-estar dos animais envolvidos.

Além do Capítulo VI da CF, que trata do meio ambiente, registra-se, no ordenamento, uma série de princípios jurídicos que balizam as normas infralegais. A Seção 21.4 explicita os princípios gerais do direito ambiental.

21.4 Princípios jurídicos do direito ambiental

A partir do artigo 225 da Constituição Federal de 1988, Machado (2009, p. 57-109) apresenta os princípios gerais do direito ambiental. Mello (2009, p. 53) trouxe para o direito brasileiro uma das acepções mais tradicionais: "Princípio é, pois, por definição, mandamento nuclear de um sistema, verdadeiro alicerce dele, disposição fundamental que se irradia sobre diferentes normas. (...) Violar um princípio é muito mais grave que transgredir uma norma".

21.4.1 Princípio do direito ao meio ambiente equilibrado

O princípio do direito ao meio ambiente equilibrado advém do *caput* do art. 225 da CF. Segundo Machado (2009, p. 59), "O Direito Ambiental tem entre suas bases a identificação das situações que conduzem as comunidades naturais a maior ou menor instabilidade, e é também sua função apresentar regras que possam prevenir, evitar e/ou reparar esse equilíbrio".

A importância dessa premissa decorre do fato de o Direito não ser indiferente ao desequilíbrio ecológico, o que acarreta a sanção e correspondente punição diante de atos que alterem seu equilíbrio (Machado, 2009).

21.4.2 Princípio do direito à sadia qualidade de vida

O direito à sadia qualidade de vida como princípio de direito fundamental pode ser encontrado no Princípio 1 da Declaração de Estocolmo de 1972, nos seguintes termos:

> 1. O homem é ao mesmo tempo obra e construtor do meio ambiente que o cerca, o qual lhe dá sustento material e lhe oferece oportunidade para desenvolver-se intelectual, moral, social e espiritualmente. Em larga e tortuosa evolução da raça humana neste Planeta, chegou-se a uma etapa em que, graças à rápida aceleração da ciência e da tecnologia, o homem adquiriu o poder de transformar, de inúmeras maneiras e em escala sem precedentes, tudo que o cerca. Os dois aspectos do meio ambiente humano, o natural e o artificial, são essenciais ao bem-estar do homem e ao gozo dos direitos humanos fundamentais, inclusive o direito à própria vida (CETESB, 2023).

No texto da Declaração do Rio, especificamente no Princípio 1, depara-se, igualmente, com o mesmo princípio: "Os seres humanos estão no centro das preocupações com o desenvolvimento sustentável. Têm direito a uma vida saudável e produtiva, em harmonia com a natureza".

Machado (2009, p. 61) ressalta que "não basta viver ou conservar a vida. É justo buscar e conseguir a 'qualidade de vida'". Desse modo, o princípio do direito à sadia qualidade de vida é mandamento e deve ser tutelado pelo Estado e pela sociedade.

21.4.3 Princípio do acesso equitativo aos recursos naturais

Para Machado (2009, p. 62-64), "o Direito Ambiental tem a tarefa de estabelecer normas que indiquem como verificar as necessidades de uso dos recursos ambientais (...). A equidade no acesso aos recursos ambientais deve ser enfocada não só na localização espacial dos usuários atuais, como dos usuários potenciais das gerações vindouras".

Nesse sentido, Costa (2012, p. 42-43) salientou que tal princípio consagra a ética da solidariedade entre gerações. A autora propõe esse princípio como justiça intra e intergeracional

que defende a continuidade da vida no globo terrestre "em sua integralidade e constância de sucessivas gerações, de similares relevâncias e sem sobreposição uma a outra", com o acesso aos recursos naturais como um dado extremamente relevante para a vida humana em sua totalidade e integralidade.

O Princípio 5 da Declaração de Estocolmo, de 1972, faz referência ao manejo do ambiente pelo homem nos seguintes termos:

> 5. O crescimento natural da população coloca continuamente problemas relativos à preservação do meio ambiente, e devem-se adotar as normas e medidas apropriadas para enfrentar esses problemas. De todas as coisas do mundo, os seres humanos são a mais valiosa. Eles são os que promovem o progresso social, criam riqueza social, desenvolvem a ciência e a tecnologia e, com seu árduo trabalho, transformam continuamente o meio ambiente humano. Com o progresso social e os avanços da produção, da ciência e da tecnologia, a capacidade do homem de melhorar o meio ambiente aumenta a cada dia que passa (CETESB, 2023).

A partir da leitura do Princípio 5 da Declaração de Estocolmo, observa-se a promoção humana como algo primordial e decorrente de progressos produtivos, científicos, tecnológicos e de ordem social. Todavia, essa visão antropocêntrica extremada coloca o homem em patamar superior às demais espécies. O que se constata na atualidade, fazendo uma mitigação dessa percepção, é a importância da vida em todas as suas manifestações, animal, vegetal e humano, para a harmonia da Terra.

Machado (2009) elenca ainda três formas de acesso: acesso que visa ao consumo do bem; acesso que causa a poluição; acesso para a contemplação da paisagem. Nessa perspectiva, outros princípios subsidiarão as consequências de cada tipo de acesso, o princípio do poluidor/pagador, por exemplo, vai dar conta de tornar crível o acesso que causa poluição.

21.4.4 Princípios usuário/pagador e poluidor/pagador

Segundo Machado (2009, p. 66), "o uso dos recursos naturais pode ser gratuito como pode ser pago. A raridade do recurso, o uso poluidor e a necessidade de prevenir catástrofes, entre outras coisas, podem levar à cobrança do uso dos recursos naturais".

Nessa linha, a Lei nº 6.938, de 31 de agosto de 1981, instituiu o princípio do usuário/pagador que abarca também o princípio poluidor/pagador, ou seja, obriga-se o poluidor a pagar a poluição que pode ser causada ou que já foi causada (Machado, 2009).

O princípio usuário/pagador significa que o utilizador do recurso deve arcar com o conjunto de "custos destinados a tornar possível a utilização dos recursos e os custos advindos de sua própria utilização" (Smets, *apud* Machado, 2009, p. 66).

Para fins de controle estatal, faz-se necessária uma autorização administrativa destinada ao poluidor com o objetivo de uso do recurso para poluir, e com o respectivo pagamento, o que não isentará o titular de pagar possíveis danos ambientais excedentes aos limites da autorização do órgão ambiental. Para Machado (2009), o órgão que pretende receber o pagamento deve provar o efetivo uso do recurso ambiental ou sua poluição.

21.4.5 Princípio da precaução

As bases do princípio da precaução se encontram esculpidas na Lei nº 6.938/1981, especificamente no art. 4º, I e VI, que assim dispõem: "A Política Nacional do Meio Ambiente visará: I – à compatibilização do desenvolvimento econômicosocial com a preservação da qualidade do meio ambiente e do equilíbrio ecológico; VI – à preservação e restauração dos recursos ambientais com vistas a sua utilização racional e disponibilidade permanente, concorrendo para a manutenção do equilíbrio ecológico propício à vida".

Igualmente, enquanto instrumentos da Política Nacional do Meio Ambiente constantes do art. 9º, inciso III, encontra-se "a avaliação de impactos ambientais". Portanto, nota-se que, apesar de não existir a menção textual ao princípio da precaução, há raízes do seu conteúdo na Lei Federal nº 6.938 de 1981.

É com razão que Machado (2009, p. 88) relaciona o princípio da precaução com o "Estudo Prévio de Impacto Ambiental", que "insere na sua metodologia a prevenção e a precaução da degradação ambiental. Diagnosticado o risco, pondera-se sobre os meios de evitar o prejuízo. Aí entra o exame da oportunidade do emprego dos meios de prevenção".

Também, ressalta-se o teor do Princípio 15 da Declaração do Rio, 1992, que tratou do princípio da precaução nos seguintes termos:

> Com o fim de proteger o meio ambiente, o princípio da precaução deverá ser amplamente observado pelos Estados, de acordo com suas capacidades. Quando houver ameaça de danos graves ou irreversíveis, a ausência de certeza científica absoluta não será utilizada como razão para o adiamento de medidas economicamente viáveis para prevenir a degradação ambiental (Senado Federal, 2017).

O Brasil assinou e ratificou ainda duas convenções internacionais que tratam de dispositivos relacionados ao princípio da precaução, sendo elas: a Convenção da Diversidade Biológica (Preâmbulo) e a Convenção-Quadro das Nações Unidas sobre Mudança do Clima (art. 3º).

Como é possível verificar no teor do Princípio 15 da Declaração do Rio, 1992, o princípio da precaução se relaciona à incerteza do dano ambiental, que propõe a averiguação da tipologia do risco ou da ameaça, bem como a tornar obrigatório o controle do risco para a vida, para a qualidade de vida e para o meio ambiente. Com isso, far-se-ão necessárias medidas de prevenção com implementação imediata (Machado, 2009).

Machado (2009) aponta que o objetivo do princípio da precaução é a duração da sadia qualidade da vida humana, em

suas gerações sucessivas, bem como da continuidade da vida existente no planeta. Enquanto o princípio da prevenção agirá no caso de certeza do dano ambiental, o princípio da precaução inova ao tutelar também a dúvida.

21.4.6 Princípio da prevenção

Como visto no parágrafo anterior, o princípio da prevenção age no caso da certeza do dano. Nessa linha, Machado (2009, p. 92) divide-o em cinco itens: (i) identificação e inventário das espécies animais e vegetais de um território, identificação das fontes contaminantes; (ii) identificação e inventário dos ecossistemas, com a elaboração de um mapa ecológico; (iii) planejamento ambiental econômico integrado; (iv) ordenamento territorial ambiental para a valorização das áreas de acordo com a sua aptidão; (v) estudo de impacto ambiental.

Cabe dizer que prevenção não é uma atividade estática. Pelo contrário, como uma mola, ela é flexível e ajustável, o que demanda atualização e reavaliação do dano ambiental em análise, a fim de poder influenciar a formulação das novas políticas ambientais (Machado, 2009).

21.4.7 Princípio da reparação

O princípio da reparação, pela própria palavra, condiz com a etapa posterior ao dano, consistente em sua mensuração e respectiva indenização. Em Michaelis (2023), o termo traz o conceito de "Compensar(-se), indenizar(-se), ressarcir(-se): Reparar danos, perdas, prejuízos. Reparar-se das perdas".

Nessa perspectiva, o Princípio 13 da Declaração do Rio, 1992, propõe que:

> Os Estados irão desenvolver legislação nacional relativa à responsabilidade e à indenização das vítimas de poluição e de outros danos ambientais. Os Estados irão também cooperar, de maneira expedita e mais determinada, no desenvolvimento do direito internacional no que se refere à responsabilidade e à indenização por efeitos adversos dos danos ambientais causados, em áreas fora de sua jurisdição, por atividades dentro de sua jurisdição ou sob seu controle (Senado Federal, 2017).

21.4.8 Princípios da informação e da participação

Os princípios da informação e da participação possuem intrínseca interdependência. Sem dúvida, por meio da informação é possível maior participação da sociedade na esfera ambiental, considerando tanto a prevenção/precaução de danos ambientais, quanto processos decisórios integrantes dos âmbitos do direito ambiental administrativo, legislativo e penal. Com isso, encontram-se tais princípios delineados no Princípio 10 da Declaração do Rio, 1992:

> A melhor maneira de tratar as questões ambientais é assegurar a participação, no nível apropriado, de todos os

cidadãos interessados. No nível nacional, cada indivíduo terá acesso adequado às informações relativas ao meio ambiente de que disponham as autoridades públicas, inclusive informações acerca de materiais e atividades perigosas em suas comunidades, bem como a oportunidade de participar dos processos decisórios. Os Estados irão facilitar e estimular a conscientização e a participação popular, colocando as informações à disposição de todos. Será proporcionado o acesso efetivo a mecanismos judiciais e administrativos, inclusive no que se refere à compensação e reparação de danos (Senado Federal, 2017).

21.4.9 Princípio da obrigatoriedade de intervenção do poder público

O Princípio 11 da Declaração do Rio, 1992, aborda igualmente o princípio da obrigatoriedade de intervenção do poder público:

> Os Estados adotarão legislação ambiental eficaz. As normas ambientais e os objetivos e as prioridades de gerenciamento deverão refletir o contexto ambiental e de meio ambiente a que se aplicam. As normas aplicadas por alguns países poderão ser inadequadas para outros, em particular para os países em desenvolvimento, acarretando custos econômicos e sociais injustificados (Senado Federal, 2017).

A menção a tal princípio reflete a natureza da difusão dos direitos tutelados, em que a importância da reparação perpassa o cunho individual e privado, tomando um norte de qualificação e de interesse geral.

21.5 Lei nº 6.938/1981

A Lei Federal nº 6.938, de 1981, dispõe sobre a Política Nacional do Meio Ambiente (PNMA), seus fins e mecanismos de formulação e aplicação, e é regulamentada pelo Decreto nº 99.274, de 6 de junho de 1990 (Brasil, 2015). Para Milaré (2009, p. 325), essa lei foi "um passo pioneiro na vida pública nacional, no que concerne à dinâmica da realidade ambiental".

O art. 2º da Lei nº 6.938/1981 estabelece os princípios da PNMA, conforme segue:

> I – ação governamental na manutenção do equilíbrio ecológico, considerando o meio ambiente como um patrimônio público a ser necessariamente assegurado e protegido, tendo em vista o uso coletivo; II – racionalização do uso do solo, do subsolo, da água e do ar; III – planejamento e fiscalização do uso dos recursos ambientais; IV - proteção dos ecossistemas, com a preservação de áreas representativas; V - controle e zoneamento das atividades potencial ou efetivamente poluidoras; VI – incentivos ao estudo e à pesquisa de tecnologias orientadas para o uso racional e a proteção dos recursos ambientais; VII – acompanhamento do estado da qualidade ambiental; VIII – recuperação de áreas degradadas;

> IX – proteção de áreas ameaçadas de degradação; X – educação ambiental em todos os níveis de ensino, inclusive a educação da comunidade, objetivando capacitá-la para participação ativa na defesa do meio ambiente.

Segundo Milaré (2009, p. 329), muitos desses princípios, na verdade, são "programas, metas ou modalidades de ação". De fato, ao se verificar o teor dos incisos VI e X, percebem-se as metas de incentivos ao estudo e à pesquisa, além da educação ambiental em todos os níveis de ensino.

Todavia, independentemente da qualificação, o importante é a obrigatoriedade dessa norma que visa, sobretudo, à preservação, melhoria e recuperação da qualidade ambiental, assegurando condições ao desenvolvimento socioeconômico, aos interesses da segurança nacional e à proteção da dignidade da vida humana.

Destacam-se, também, os artigos 4º e 5º da Lei nº 6.938/1981, que traz os objetivos da PNMA. Os incisos do art. 4º direcionam tópicos de equilíbrio entre desenvolvimento e preservação ambiental, de delimitação das áreas de atuação de cada esfera governamental, de definição de padrões de qualidade ambiental e de manejo de recursos ambientais, assim como de imposição do princípio de reparação, entre outras matérias. Veja a redação do art. 4º *ipsis litteris*:

> I – à compatibilização do desenvolvimento econômico-social com a preservação da qualidade do meio ambiente e do equilíbrio ecológico; II – à definição de áreas prioritárias de ação governamental relativa à qualidade e ao equilíbrio ecológico, atendendo aos interesses da União, dos Estados, do Distrito Federal, dos Territórios e dos Municípios; III – ao estabelecimento de critérios e padrões de qualidade ambiental e de normas relativas ao uso e manejo de recursos ambientais; IV – ao desenvolvimento de pesquisas e de tecnologias nacionais orientadas para o uso racional de recursos ambientais; V – à difusão de tecnologias de manejo do meio ambiente, à divulgação de dados e informações ambientais e à formação de uma consciência pública sobre a necessidade de preservação da qualidade ambiental e do equilíbrio ecológico; VI – à preservação e restauração dos recursos ambientais com vistas à sua utilização racional e disponibilidade permanente, concorrendo para a manutenção do equilíbrio ecológico propício à vida; VII – à imposição, ao poluidor e ao predador, da obrigação de recuperar e/ou indenizar os danos causados e, ao usuário, da contribuição pela utilização de recursos ambientais com fins econômicos.

O art. 5º e seu parágrafo único, respectivamente, apontam que as diretrizes da PNMA serão formuladas em normas e planos destinados a orientar a ação das diversas esferas de poder, assim como deverão ser obedecidas pelas empresas públicas ou privadas.

O art. 9º da Lei nº 6.938 estabelece os instrumentos da PNMA, quais sejam: (i) estabelecimento de padrões de qualidade ambiental; (ii) o zoneamento ambiental; (iii) a avaliação de impactos ambientais; (iv) o licenciamento e a revisão de atividades efetiva ou potencialmente poluidoras; (v) os incentivos à produção e instalação de equipamentos e a criação ou absorção de tecnologia para a melhoria da qualidade ambiental; (vi) a criação de espaços territoriais, como áreas de proteção ambiental, de relevante interesse ecológico e reservas extrativistas; (vii) o sistema nacional de informações sobre o meio ambiente; (viii) o Cadastro Técnico Federal de Atividades e Instrumentos de Defesa Ambiental; (ix) as penalidades disciplinares ou compensatórias ao não cumprimento das medidas necessárias à preservação ou correção da degradação ambiental; (x) a instituição do Relatório de Qualidade do Meio Ambiente; (xi) a garantia da prestação de informações relativas ao meio ambiente; (xii) o Cadastro Técnico Federal de atividades potencialmente poluidoras e/ou utilizadoras dos recursos ambientais; (xiii) instrumentos econômicos, como concessão florestal, servidão ambiental, seguro ambiental e outros.

Entre esses instrumentos, a Seção 21.5.1 e seguintes tratam da avaliação de impactos ambientais e do licenciamento.

21.5.1 Licenciamento ambiental

Como já dito, a Lei nº 6.938 prescreveu que entre os instrumentos da Política Nacional de Meio Ambiente encontra-se o "licenciamento e a revisão de atividades efetiva ou potencialmente poluidoras" (art. 9º, inciso IV).

O poder público passa a ser responsável por conceder licenças aos interessados em desenvolver atividades efetiva ou potencialmente poluidoras. Licenças são "ato administrativo vinculado e definitivo, que implica obrigação do Poder Público de atender à súplica do interessado, uma vez atendidos, exaustivamente e taxativamente os requisitos legais pertinentes" (Milaré, 2009, p. 419).

Nessa perspectiva, a atividade de licenciamento ambiental mais ampla tem o objetivo de emitir licenças para a realização de atividades enquadradas como causadoras de alterações ao ambiente.

Assim, a Resolução Conama nº 237, de 1997, define o licenciamento ambiental como:

> Procedimento administrativo pelo qual o órgão ambiental competente licencia a localização, instalação, ampliação e a operação de empreendimentos e atividades utilizadoras de recursos ambientais, consideradas efetiva ou potencialmente poluidoras ou daquelas que, sob qualquer forma, possam causar degradação ambiental, considerando as disposições legais e regulamentares e as normas técnicas aplicáveis ao caso (Resolução Conama nº 237, de 1997).

Diante do conceito de licenciamento ambiental, percebe-se claramente o vínculo jurídico existente em todo o procedimento, que abrange normas de direito administrativo, de direito penal e de direito ambiental. O Direito, enquanto disciplina autônoma, assume papel central no licenciamento com vistas a garantir a adequação do procedimento e da atividade efetiva ou potencialmente poluidora aos ditames normativos, inclusive os procedimentos técnicos pertinentes a outras áreas do saber humano.

Nesse sentido, deve-se considerar as diversas conexões entre o direito, a biologia, a ecologia, a engenharia, a economia, as ciências sociais, entre outras. O licenciamento ambiental envolve um saber multi e interdisciplinar, baseado em princípios jurídicos esculpidos com a finalidade de garantir o objetivo maior do Direito Ambiental, qual seja um desenvolvimento econômico ambientalmente equilibrado.

21.5.1.1 Repartição das competências para o licenciamento ambiental

Na esfera ambiental, a CF de 1988 tratou de estabelecer incumbências para a União, Estados, Distrito Federal, bem como Municípios. Nesse sentido, Milaré (2009, p. 190) refere-se ao federalismo cooperativo, pois "boa parte da matéria relativa à proteção do meio ambiente pode ser disciplinada a um só tempo pela União, pelos Estados, pelo DF e pelos Municípios".

Abordadas na Seção 21.3, as competências administrativas são comuns a todos os entes, como trata o art. 23 da CF:

> É competência comum da União, dos Estados, do Distrito Federal e dos Municípios: (...) III – proteger os documentos, as obras e outros bens de valor histórico, artístico e cultural, os monumentos, as paisagens naturais notáveis e os sítios arqueológicos; (...) VI – proteger o meio ambiente e combater a poluição em qualquer de suas formas; VII – preservar as florestas, a fauna e a flora; VIII – fomentar a produção agropecuária e organizar o abastecimento alimentar.

O art. 24 da CF traz as competências legislativas que são concorrentes entre União, Estados e Distrito Federal:

> Compete à União, aos Estados e ao Distrito Federal legislar concorrentemente sobre: I – direito (...) urbanístico; (...) VI – florestas, caça, pesca, fauna, conservação da natureza, defesa do solo e dos recursos naturais, proteção do meio ambiente e controle da poluição; VII – proteção ao patrimônio histórico, cultural, artístico, turístico e paisagístico.

Como se percebe da dicção do art. 24, o município não teria competência para legislar sobre as matérias de seus incisos. Contudo, com a atual Constituição, o município passou a ter inúmeras competências privativas, entre elas, por exemplo, legislar sobre assuntos de interesse local e suplementar à legislação federal e estadual no que couber, previstas no art. 30, inciso I, que podem abarcar questões de cunho ambiental (Tab. 21.4).

Desse modo, no âmbito da competência concorrente, a União estabelece normas gerais de interesse nacional (art. 24, §§ 1º e 2º) sobre o conteúdo dos incisos de cunho ambiental. Os demais entes exercem competência suplementar, concentrando-se em interesse regional no caso de estados e do Distrito Federal e em interesse local na esfera municipal.

TABELA 21.4 Competências municipais

Competências dos municípios Artigo 30 da CF
Legislar sobre assuntos de interesse local.
Suplementar a legislação federal e a estadual no que couber.
Promover, no que couber, adequado ordenamento territorial, mediante planejamento e controle do uso, do parcelamento e da ocupação do solo urbano.

Fonte: elaborada a partir de Brasil (2023).

No que tange ao licenciamento ambiental, o art. 10 da Lei nº 6.938 estabelece que: "a construção, instalação, ampliação e funcionamento de estabelecimentos e atividades utilizadores de recursos ambientais, efetiva ou potencialmente poluidores ou capazes, sob qualquer forma, de causar degradação ambiental dependerão de prévio licenciamento ambiental". Para tanto, será de competência do "Ibama propor ao Conama normas e padrões para implantação, acompanhamento e fiscalização do licenciamento previsto no artigo anterior, além das que forem oriundas do próprio Conama" (redação do art. 11 da Lei nº 6.938).

A Lei Complementar nº 140, de 8 de dezembro de 2011, tratou de regular a competência comum entre a União, os Estados, o Distrito Federal e os Municípios nas ações administrativas "relativas à proteção das paisagens naturais notáveis, à proteção do meio ambiente, ao combate à poluição em qualquer de suas formas e à preservação das florestas, da fauna e da flora".

O art. 7º da Lei Complementar nº 140/2011 traz que a União deverá atuar na promoção do licenciamento ambiental de empreendimentos e atividades: a) localizados ou desenvolvidos conjuntamente no Brasil e em país limítrofe; b) localizados ou desenvolvidos no mar territorial, na plataforma continental ou na zona econômica exclusiva; c) localizados ou desenvolvidos em terras indígenas; d) localizados ou desenvolvidos em unidades de conservação instituídas pela União, exceto em Áreas de Proteção Ambiental (APAs); e) localizados ou desenvolvidos em dois ou mais Estados; f) de caráter militar, excetuando-se do licenciamento ambiental, nos termos de ato do Poder Executivo, aqueles previstos no preparo e emprego das Forças Armadas; g) destinados a pesquisar, lavrar, produzir, beneficiar, transportar, armazenar e dispor material radioativo, em qualquer estágio, ou que utilizem energia nuclear; ou h) que atendam tipologia estabelecida por ato do Poder Executivo, a partir de proposição da Comissão Tripartite Nacional, assegurada a participação de um membro do Conama e considerados os critérios de porte, potencial poluidor e natureza da atividade ou empreendimento.

O art. 8º da Lei Complementar nº 140/2011 aborda as ações administrativas no âmbito Estadual para promover o licenciamento ambiental de atividades ou empreendimentos utilizadores de recursos ambientais, efetiva ou potencialmente poluidores ou capazes, sob qualquer forma, de causar degradação ambiental, ressalvadas as competências federal e municipal (inciso XIV); assim como para promover o licenciamento ambiental de atividades ou empreendimentos localizados ou desenvolvidos em unidades de conservação instituídas pelo Estado, exceto em APAs.

E o art. 9º da Lei Complementar nº 140/2011 trata da competência municipal para promover o licenciamento ambiental das atividades ou empreendimentos: a) que causem ou possam causar impacto ambiental de âmbito local, conforme tipologia definida pelos respectivos Conselhos Estaduais de Meio Ambiente, considerados os critérios de porte, potencial poluidor e natureza da atividade; ou b) localizados em unidades de conservação instituídas pelo Município, exceto em APAs.[2] Na realização dessa atividade, os municípios devem observar as atribuições dos demais entes federativos.

Pelas características institucionais do Distrito Federal, sua competência administrativa em matéria ambiental abarca as atribuições estaduais e municipais (art. 10 da Lei Complementar nº 140/2011).

A Lei Complementar nº 140 também prescreve que o licenciamento será realizado por um único ente federativo (art. 13). A renovação deve ser requerida com antecedência mínima de 120 dias da expiração de sua validade, ficando prorrogada até a manifestação definitiva do órgão ambiental competente (§ 4º do art. 14). Os demais entes federativos interessados podem manifestar-se de maneira não vinculante (art. 13).

Os órgãos licenciadores devem observar os prazos e o decurso dos prazos de licenciamento, pois o decurso desses, sem a emissão da licença ambiental, "não implica emissão tácita, nem autoriza a prática de ato que dela dependa ou decorra, mas instaura a competência supletiva" (art. 14 da Lei Complementar nº 140/2011).

O art. 15 da Lei Complementar nº 140/2011 dispõe sobre a competência supletiva nos seguintes termos:

> Os entes federativos devem atuar em caráter supletivo nas ações administrativas de licenciamento e na autorização ambiental, nas seguintes hipóteses: I – inexistindo órgão ambiental capacitado ou conselho de meio ambiente no Estado ou no Distrito Federal, a União deve desempenhar as ações administrativas estaduais ou distritais até a sua criação; II – inexistindo órgão ambiental capacitado ou conselho de meio ambiente no Município, o Estado deve desempenhar as ações administrativas municipais até a sua criação; e III – inexistindo órgão ambiental capacitado ou conselho de meio ambiente no Estado e no Município, a União deve desempenhar as ações administrativas até a sua criação em um daqueles entes federativos.

---

[2] No caso de APAs, o artigo 12 da Lei Complementar nº 140/2011 prevê: "Para fins de licenciamento ambiental de atividades ou empreendimentos utilizadores de recursos ambientais, efetiva ou potencialmente poluidores ou capazes, sob qualquer forma, de causar degradação ambiental, e para autorização de supressão e manejo de vegetação, o critério do ente federativo instituidor da unidade de conservação não será aplicado às Áreas de Proteção Ambiental (APAs). Parágrafo único. A definição do ente federativo responsável pelo licenciamento e autorização a que se refere o *caput*, no caso das APAs, seguirá os critérios previstos nas alíneas a, b, e, f e h do inciso XIV do art. 7º, no inciso XIV do art. 8º e na alínea a do inciso XIV do art. 9º".

Percebe-se da redação do art. 15 da Lei Complementar nº 140/2011 que as competências delineadas nos artigos 8º e 9º somente serão invocadas pela União de forma temporária, respeitando-se as atribuições estaduais, distritais e municipais quando da criação dos respectivos órgãos ambientais capacitados.

21.6 Procedimentos administrativos para o licenciamento ambiental

Igualmente, como apontado no conceito constante da Resolução Conama nº 237/1997, o licenciamento ambiental é composto de etapas, no dizer de Milaré (2009, p. 421) é "ato uno, de caráter complexo, em cujas etapas podem intervir vários agentes dos diversos órgãos do Sistema Nacional de Meio Ambiente (Sisnama)".

As etapas do licenciamento estão igualmente descritas na Resolução Conama nº 237/1997, em seu artigo 10: (i) definição dos documentos, projetos e estudos ambientais, necessários ao início do processo de licenciamento; (ii) requerimento da licença ambiental pelo empreendedor, dando-se a devida publicidade; (iii) análise pelo órgão ambiental competente dos documentos, projetos e estudos ambientais apresentados e a realização de vistorias técnicas, se necessárias; (iv) solicitação de esclarecimentos e complementações pelo órgão ambiental competente; (v) audiência pública, quando couber, de acordo com a regulamentação pertinente; (vi) solicitação de esclarecimentos e complementações pelo órgão ambiental competente, decorrentes de audiências públicas; (vii) emissão de parecer técnico conclusivo e, quando couber, parecer jurídico; e (viii) deferimento ou indeferimento do pedido de licença, dando-se a devida publicidade.

Ademais, em decorrência do deferimento do pedido de licença, bem como da natureza da atividade, o empreendedor obterá: (i) Licença prévia (LP) - concedida na fase preliminar do planejamento do empreendimento ou atividade aprovando sua localização e concepção, atestando a viabilidade ambiental e estabelecendo os requisitos básicos e condicionantes a serem atendidos nas próximas fases de sua implementação; (ii) Licença de instalação (LI) - autoriza a instalação do empreendimento ou atividade de acordo com as especificações constantes dos planos, programas e projetos aprovados, incluindo as medidas de controle ambiental e demais condicionantes, da qual constituem motivo determinante; e (iii) Licença de operação (LO) - autoriza a operação da atividade ou empreendimento, após a verificação do efetivo cumprimento do que consta das licenças anteriores, com as medidas de controle ambiental e condicionantes determinados para a operação (art. 8º da Resolução Conama nº 237/1997).

21.6.1 Estudos ambientais: elaboração e métodos

Nos termos do inciso III, do art. 1º da Resolução Conama nº 237/1997, estudos ambientais "são todos e quaisquer estudos relativos aos aspectos ambientais relacionados com a localização, instalação, operação e ampliação de uma atividade ou empreendimento". Os estudos ambientais fornecerão subsídios para a análise da licença requerida. Neste capítulo, serão tratados o EIA, RIMA e EAS.

21.6.1.1 Estudo de impacto ambiental (EIA)

O EIA, como visto, encontra-se prescrito no inciso IV do parágrafo primeiro do art. 225 da CF, que incumbe o poder público de "exigir, na forma da lei, para instalação de obra ou atividade potencialmente causadora de significativa degradação do meio ambiente, estudo prévio de impacto ambiental, a que se dará publicidade".

Segundo Milaré (2009, p. 382), o EIA é um dos mais "notáveis instrumentos de compatibilização do desenvolvimento econômico-social com a preservação da qualidade do meio ambiente, já que deve ser elaborado antes da instalação de obra ou de atividade potencialmente causadora de significativa degradação".

A Resolução Conama nº 237/1997 repete o ditame constitucional em seu art. 3º, prescrevendo no parágrafo único desse artigo que, se a atividade ou empreendimento não for potencialmente causador de significativa degradação do meio ambiente, o órgão ambiental competente poderá definir os estudos ambientais pertinentes ao respectivo processo de licenciamento.

O EIA consiste no levantamento da literatura científica e legal para o caso, trabalhos de campo, análises laboratoriais e na redação do Relatório de Impacto Ambiental (RIMA) (Machado, 2009). Nessa linha, o art. 11 da Resolução Conama nº 237/1997 afirma que "os estudos necessários ao processo de licenciamento deverão ser realizados por profissionais legalmente habilitados, às expensas do empreendedor", prescrevendo em seu parágrafo único a responsabilidade administrativa, civil e penal do empreendedor e desses profissionais.[3]

Para cumprir o objetivo esculpido no dispositivo constitucional, Milaré (2009) afirma que o EIA demanda transparência e motivação administrativas, pois deve considerar todos os efeitos ambientais do projeto em análise, bem como ter uma fundamentação escrita das decisões do órgão ambiental. Necessita ser participativo e invocar a comunidade para opinar e fiscalizar o procedimento de licenciamento.

O art. 5º da Resolução Conama nº 001/1986 traça as diretrizes do EIA:

> I – Contemplar todas as alternativas tecnológicas e de localização de projeto, confrontando-as com a hipótese de não execução do projeto; II – Identificar e avaliar sistematicamente os impactos ambientais gerados nas fases de implantação e operação da atividade; III – Definir os limites da área geográfica a ser direta ou indiretamente afetada pelos impactos, denominada área de influência do projeto, considerando, em todos os casos, a bacia hidrográfica na qual se localiza; IV – Considerar os planos e programas governamentais propostos

---

[3] Ressalta-se que essa responsabilização alcança erros derivados de imperícia, negligência ou imprudência ou dolo para justificar conclusões distorcidas (Oliveira *apud* Milaré, 2009, p. 399).

e em implantação na área de influência do projeto, e sua compatibilidade (Resolução Conama nº 001/1986).

O art. 6º da Resolução Conama nº 001/1986 estabelece o conteúdo mínimo do EIA, qual seja: (i) diagnóstico ambiental da área de influência do projeto, de modo a caracterizar a situação ambiental da área antes da implantação do projeto; (ii) análise dos impactos ambientais do projeto e de suas alternativas, por intermédio de identificação, previsão da magnitude e interpretação da importância dos prováveis impactos relevantes; (iii) definição das medidas mitigadoras dos impactos negativos; e (iv) elaboração do programa de acompanhamento e monitoramento dos impactos positivos e negativos.

21.6.1.2 Relatórios de impacto ambiental (RIMA)

O RIMA destina-se ao esclarecimento das vantagens e dos efeitos ambientais do projeto e refletirá as conclusões do EIA (Milaré, 2009), bem como deve ser escrito de maneira acessível e compreensível para diferentes tipos de público (parágrafo único do art. 9º da Resolução Conama nº 001/1986).

O art. 9º da Resolução Conama nº 001/1986 reza sobre o teor mínimo a que o RIMA deve se ater:

> I – Os objetivos e justificativas do projeto, sua relação e compatibilidade com as políticas setoriais, planos e programas governamentais; II – A descrição do projeto e suas alternativas tecnológicas e locacionais, especificando para cada um deles, nas fases de construção e operação, a área de influência, as matérias-primas e mão de obra, as fontes de energia, os processos e técnicas operacionais, os prováveis efluentes, emissões, resíduos de energia, os empregos diretos e indiretos a serem gerados; III – A síntese dos resultados dos estudos de diagnósticos ambientais da área de influência do projeto; IV – A descrição dos prováveis impactos ambientais da implantação e operação da atividade, considerando o projeto, suas alternativas, os horizontes de tempo de incidência dos impactos e indicando os métodos, técnicas e critérios adotados para sua identificação, quantificação e interpretação; V – A caracterização da qualidade ambiental futura da área de influência, comparando as diferentes situações da adoção do projeto e suas alternativas, bem como a hipótese de sua não realização; VI – A descrição do efeito esperado das medidas mitigadoras previstas em relação aos impactos negativos, mencionando aqueles que não puderam ser evitados, e o grau de alteração esperado; VII – O programa de acompanhamento e monitoramento dos impactos; VIII – Recomendação quanto à alternativa mais favorável (conclusões e comentários de ordem geral) (Resolução Conama nº 001/1986).

O RIMA deverá ter ampla publicidade e poderá receber comentários, o que é corolário da participação popular na esfera ambiental (art. 11 da Resolução Conama nº 001/1986).

21.6.1.3 Estudo ambiental simplificado (EAS)

A Resolução Conama nº 237/1997, em seu art. 12, parágrafo primeiro, prevê ainda a possibilidade de procedimentos simplificados para as atividades e empreendimentos de pequeno potencial de impacto ambiental, que deverão ser aprovados pelos respectivos Conselhos de Meio Ambiente.

Os critérios para agilização e simplificação devem ser institucionalizados. Da mesma maneira, os procedimentos escolhidos devem implementar os planos e programas voluntários de gestão ambiental, visando à melhoria contínua e ao aprimoramento do desempenho ambiental (§ 3º do art. 12).

Para fins de simplificação do procedimento, o parágrafo segundo do art. 12 admite: "Um único processo de licenciamento ambiental para pequenos empreendimentos e atividades similares e vizinhos ou para aqueles integrantes de planos de desenvolvimento aprovados, previamente, pelo órgão governamental competente, desde que definida a responsabilidade legal pelo conjunto de empreendimentos ou atividades."

Reforça-se que além dos tipos de estudos ambientais elencados nos tópicos supracomentados, a Resolução Conama nº 237/1997 possibilita outros estudos específicos, como: relatório ambiental, plano e projeto de controle ambiental, relatório ambiental preliminar, diagnóstico ambiental, plano de manejo, plano de recuperação de área degradada e análise preliminar de risco.

21.7 Responsabilidade objetiva

Com a evolução da História, a partir da Revolução Industrial, com a crescente utilização de máquinas e consequente exacerbação de danos aos operários, chegando a mutilações e a crescentes situações de aviltamento da espécie humana, sentiu-se necessidade de revisão da regra de responsabilidade civil com a perquirição da culpa – incluindo o dolo ou a negligência, a imprudência e a imperícia – caminhando-se rumo às formulações teóricas da responsabilidade civil sem culpa ou objetiva, visando à reparação somente quando presente o dano e o nexo de causalidade, e, até mesmo, pelo risco integral, sem existir logicamente uma excludente de responsabilidade, como caso fortuito, força maior e culpa exclusiva da vítima.

Daí partiu-se para três desmembramentos de tal doutrina, o do risco proveito, o do risco criado e o do risco integral. O primeiro trata da responsabilidade somente pelo gozar de um aspecto positivo, devendo em caso de dano repará-lo (Facchini, 2010).

A teoria do risco criado corresponde ao parágrafo único do art. 927 do Código Civil, ou seja, é o risco da atividade em si, a potencialidade danosa dessa atividade.

Já a teoria do risco integral significa a não perquirição sobre qualquer aspecto externo ao dano, ou seja, ocorreu o dano, identificado o autor, este se sujeita a reparar, independentemente de excludentes de responsabilidade.

Finalizando a questão, essas espécies devem ser encaradas como métodos de aplicação da responsabilidade objetiva, assegurando às vítimas e a toda a sociedade a certeza da reparação dos danos ambientais sofridos.

No parágrafo único do art. 927 do Código Civil, é possível encontrar disposição acerca da responsabilidade objetiva como regra geral que diz: "Haverá obrigação de reparar o dano, independentemente de culpa, nos casos especificados em lei, ou quando a atividade normalmente desenvolvida pelo autor do dano implicar, por sua natureza, risco para os direitos de outrem." Vale ressaltar que inúmeros diplomas legais esparsos já previam a responsabilidade objetiva como a Lei nº 6.453/1977, que dispõe sobre a responsabilidade civil por danos nucleares e a responsabilidade criminal por atos relacionados com atividades nucleares e dá outras providências.

Conceitua, assim, Bittar (1985) como perigosa a atividade que, por sua condição ou pelos meios empregados – substâncias, aparelhos, máquinas – apresenta-se carregada de perigo. Por fim, que contenha em si uma notável potencialidade danosa em relação ao critério da normalidade.

Facchini Neto (2010, p. 62) conclui que:

> (...) o novo Código prevê vários casos de responsabilidade civil objetiva, como é o caso do exercício abusivo de um direito, previsto no novo art. 187; a cláusula geral da responsabilidade objetiva por risco criado (art. 927, parágrafo único); a responsabilidade subsidiária e por equidade dos incapazes (art. 928); a responsabilidade pelo fato do produto (art. 931, que constitui inovação formal no âmbito do Código Civil, embora já estivesse consagrado pelo Código de Defesa do Consumidor); a responsabilidade civil por fato de outrem (art. 932 c/c art. 933); a responsabilidade pelo fato dos animais (art. 936 – embora aqui apenas tenha deixado mais claro aquilo que já poderia ser extraído, via hermenêutica, do antigo art. 1.527).

Acolhe-se a ideia de que o direito comum brasileiro progrediu ao estabelecer a regra geral de responsabilidade civil objetiva pela teoria do risco-atividade, tendo como objetivo primordial assegurar aos lesionados a reparação e, além de punir o lesante, proporcionar a harmonia social tão desejada pelo regramento de tais atividades.

Na seara ambiental, o art. 14, parágrafo primeiro, da Lei nº 6.938/1981 já prescrevia a responsabilidade objetiva por danos ao meio ambiente: "§ 1º - Sem obstar a aplicação das penalidades previstas neste artigo, é o poluidor obrigado, independentemente da existência de culpa, a indenizar ou reparar os danos causados ao meio ambiente e a terceiros, afetados por sua atividade. O Ministério Público da União e dos Estados terá legitimidade para propor ação de responsabilidade civil e criminal, por danos causados ao meio ambiente."

Problemas propostos

21.1 Qual a relação entre energia e meio ambiente? Disserte.

21.2 Explique cada um dos princípios de Direito Ambiental.

21.3 Disserte sobre a Política Nacional de Meio Ambiente, sua origem e suas características.

21.4 O que é licenciamento ambiental? Quais suas etapas? Explique.

21.5 Quais os órgãos responsáveis pelo licenciamento ambiental no Brasil?

21.6 O que é Estudo de Impacto Ambiental? Explique.

21.7 O que são Relatório de Impacto Ambiental e Estudo Ambiental Simplificado? Explique.

21.8 Explique a responsabilidade objetiva e sua relação com o dano ambiental.

Bibliografia

BITTAR, C. A. *Responsabilidade civil nas atividades nucleares*. São Paulo: RT, 1985.

BRASIL. *Constituição Federal da República do Brasil*. Disponível em: https://www.planalto.gov.br/ccivil_03/constituicao/constituicao.htm. Acesso em: jan. 2023.

BRASIL. *Lei nº 6.938/1981*. PNMA. Disponível em: http://www.planalto.gov.br/ccivil_03/Leis/L6938.htm. Acesso em: jan. 2023.

BRASIL. *Lei Complementar nº 140/2011*. Disponível em: http://www.planalto.gov.br/ccivil_03/leis/lcp/Lcp140.htm. Acesso em: jan. 2023.

CAVALCANTE, A. B.; COSTA, H. K. M.; FREITAS, L. R. Lei de Crimes Ambientais: aplicações e reflexos atinentes à indústria do petróleo e gás. *In*: XAVIER, Y. M. A. *et al. Direito Ambiental aplicado à indústria de petróleo e gás natural*. Fortaleza: Fundação Konrad Adenauer, 2005, p. 87-130.

COMPANHIA AMBIENTAL DO ESTADO DE SÃO PAULO (CETESB). *Declaração da Conferência de ONU no Ambiente Humano*. Estocolmo, 5-16 de junho de 1972. Disponível em: https://cetesb.sp.gov.br/proclima/wp-content/uploads/sites/36/2013/12/estocolmo_mma.pdf. Acesso em: jan. 2023.

CONSELHO NACIONAL DO MEIO AMBIENTE (CONAMA). *Resolução nº 001/1986*. Disponível em: http://conama.mma.gov.br/component/sisconama/?view=atosnormativos. Acesso em: jan. 2023.

CONSELHO NACIONAL DO MEIO AMBIENTE (CONAMA). *Resolução nº 237/1997*. Disponível em: http://conama.mma.gov.br/component/sisconama/?view=atosnormativos. Acesso em: jan. 2023.

COSTA, H. K. M. *O princípio da justiça intra e intergeracional como elemento na destinação das rendas de hidrocarbonetos*: temática energética crítica na análise institucional brasileira. Tese (Doutorado em Ciências) – Programa de Pós-Graduação em Energia da USP, São Paulo, 2012.

FACCHINI NETO, E. *Da responsabilidade civil no novo Código*. Disponível em: https://juslaboris.tst.jus.br/handle/20.500.12178/13478. Acesso em: jan. 2023.

GOLDEMBERG, J.; VILLANUEVA, L. D. *Energia, meio ambiente e desenvolvimento*. 2. ed. Tradução de André Koch. São Paulo: Ed. da USP, 2003.

INSTITUTO BRASILEIRO DO MEIO AMBIENTE E DOS RECURSOS NATURAIS RENOVÁVEIS (IBAMA). *Histórico*. Disponível em: http://www.ibama.gov.br/index.php?tipo=portal. Acesso em: jan. 2023.

INSTITUTO BRASILEIRO DO MEIO AMBIENTE E DOS RECURSOS NATURAIS RENOVÁVEIS (IBAMA). *Identidade organizacional*. Disponível em: http://www.ibama.gov.br/acesso-a-informacao/identidade-organizacional. Acesso em: jan. 2023.

JURAS, I. A. G. Martins. *Mudança do clima*: principais conclusões do 5º Relatório do IPCC – 2013. Disponível em: https://bd.camara.leg.br/bd/bitstream/handle/bdcamara/16940/mudanca_clima_juras.pdf?sequence=1. Acesso em: jan. 2023.

MACHADO, P. A. L. *Direito Ambiental Brasileiro*. 17. ed. São Paulo: Malheiros, 2009.

MELLO, C. A. B. *Curso de Direito Administrativo*. 26. ed. São Paulo: Malheiros, 2009.

MICHAELIS, DICIONÁRIO. *Procura por verbete*. Disponível em: https://michaelis.uol.com.br/moderno-portugues/busca/portugues-brasileiro/reparar/. Acesso em: jan. 2023.

MILARÉ, E. *Direito do Ambiente*: a gestão ambiental em foco: doutrina, jurisprudência, glossário. 6. ed. São Paulo: Ed. Revista dos Tribunais, 2009.

MORAES, A. *Direito Constitucional*. 26. ed. São Paulo: Atlas, 2010.

OLIVEIRA, C. T. A.; GRIMONI, J. A. B.; SILVA, F. A. T.; UDAETA, M. E. M. A evolução da importância ambiental. *In*: GRIMONI J. A. B.; GALVÃO, L. C. R.; UDAETA, M. E. M.; KANAYAMA, P. H. *Iniciação a conceitos de sistemas energéticos para o desenvolvimento limpo*. São Paulo: Ed. da USP, 2004.

SENADO FEDERAL. *Rio-92: 25 anos*. (2017). Disponível em: https://www2.senado.leg.br/bdsf/handle/id/589791. Acesso em: jan. 2023.

SOUZA, M. A. A. de. *Meio ambiente e desenvolvimento sustentável*: as metáforas do capitalismo. Professora Titular de Geografia Humana (Disciplina Planejamento) da USP e Presidente do Territorial Instituto de Pesquisa, Informação e Planejamento. Palestra proferida em 2002.

APÊNDICE A

PROPRIEDADES DA ÁGUA SATURADA (LÍQUIDO-VAPOR)

TABELA A Tabela de temperatura

Temp. °C	Pressão kPa	Volume Específico m³/kg Líquido Sat. $v_L \times 10^{-3}$	Volume Específico m³/kg Vapor Sat. v_V	Energia Interna Específica kJ/kg Líquido Sat. u_L	Energia Interna Específica kJ/kg Vapor Sat. u_V	Entalpia Específica kJ/kg Líquido Sat. h_L	Entalpia Específica kJ/kg Evap. h_{LV}	Entalpia Específica kJ/kg Vapor Sat. h_V	Entropia Específica kJ/kg·K Líquido Sat. s_L	Entropia Específica kJ/kg·K Vapor Sat. s_V	Temp. °C
0,01	0,611	1,0002	206,136	0,00	2375,3	0,01	2501,3	2501,4	0,00	9,1562	0,01
4	0,813	1,0001	157,232	16,77	2380,9	16,78	2491,9	2508,7	0,0610	9,0514	4
5	0,872	1,0001	147,120	20,97	2382,3	20,98	2489,6	2510,6	0,0761	9,0257	5
6	0,935	1,0001	137,734	25,19	2383,6	25,20	2487,2	2512,4	0,0912	9,0003	6
8	1,072	1,0002	120,917	33,59	2386,4	33,60	2482,5	2516,1	0,1212	8,9501	8
10	1,228	1,0004	106,379	42,00	2389,2	42,01	2477,7	2519,8	0,1510	8,9008	10
11	1,312	1,0004	99,857	46,20	2390,5	46,20	2475,4	2521,6	0,1658	8,8765	11
12	1,402	1,0005	93,784	50,41	2391,9	50,41	2473,0	2523,4	0,1806	8,8524	12
13	1,497	1,0007	88,124	54,60	2393,3	54,60	2470,7	2525,3	0,1953	8,8285	13
14	1,598	1,0008	82,848	58,79	2394,7	58,80	2468,3	2527,1	0,2099	8,8048	14
15	1,705	1,0009	77,926	62,99	2396,1	62,99	2465,9	2528,9	0,2245	8,7814	15
16	1,818	1,0011	73,333	67,18	2397,4	67,19	2463,6	2530,8	0,2390	8,7582	16
17	1,938	1,0012	69,044	71,38	2398,8	71,38	2461,2	2532,6	0,2535	8,7351	17
18	2,064	1,0014	65,038	75,57	2400,2	75,58	2458,8	2534,4	0,2679	8,7123	18
19	2,198	1,0016	61,293	79,76	2401,6	79,77	2456,5	2536,2	0,2823	8,6897	19
20	2,339	1,0018	57,791	83,95	2402,9	83,96	2454,1	2538,1	0,2966	8,6672	20
21	2,487	1,0020	54,514	88,14	2404,3	88,14	2451,8	2539,9	0,3109	8,6450	21
22	2,645	1,0022	51,447	92,32	2405,7	92,33	2449,4	2541,7	0,3251	8,6229	22
23	2,81	1,0024	48,574	96,51	2407,0	96,52	2447,0	2543,5	0,3393	8,6011	23
24	2,985	1,0027	45,883	100,70	2408,4	100,70	2444,7	2545,4	0,3534	8,5794	24
25	3,169	1,0029	43,360	104,88	2409,8	104,89	2442,3	2547,2	0,3674	8,5580	25
26	3,363	1,0032	40,994	109,06	2411,1	109,07	2439,9	2549,0	0,3814	8,5367	26
27	3,567	1,0035	38,774	113,25	2412,5	113,25	2437,6	2550,8	0,3954	8,5156	27
28	3,782	1,0037	36,690	117,42	2413,9	117,43	2435,2	2552,6	0,4093	8,4946	28
29	4,008	1,0040	34,733	121,60	2415,2	121,61	2432,8	2554,5	0,4231	8,4739	29
30	4,246	1,0043	32,894	125,78	2416,6	125,79	2430,5	2556,3	0,4369	8,4533	30
31	4,496	1,0046	31,165	129,96	2418,0	129,97	2428,1	2558,1	0,4507	8,4329	31
32	4,759	1,0050	29,540	134,14	2419,3	134,15	2425,7	2559,9	0,4644	8,4127	32
33	5,034	1,0053	28,011	138,32	2420,7	138,33	2423,4	2561,7	0,4781	8,3927	33
34	5,324	1,0056	26,571	142,50	2422,0	142,50	2421,0	2563,5	0,4917	8,3728	34

(continua)

TABELA A Tabela de temperatura (continuação)

Temp. °C	Pressão kPa	Volume Específico m³/kg		Energia Interna Específica kJ/kg		Entalpia Específica kJ/kg			Entropia Específica kJ/kg · K		Temp. °C
		Líquido Sat. $v_L \times 10^{-3}$	Vapor Sat. v_V	Líquido Sat. u_L	Vapor Sat. u_V	Líquido Sat. h_L	Evap. h_{LV}	Vapor Sat. h_V	Líquido Sat. s_L	Vapor Sat. s_V	
35	5,628	1,0060	25,216	146,67	2423,4	146,68	2418,6	2565,3	0,5053	8,3531	35
36	5,947	1,0063	23,940	150,85	2424,7	150,86	2416,2	2567,1	0,5188	8,3336	36
38	6,632	1,0071	21,602	159,20	2427,4	159,21	2411,5	2570,7	0,5458	8,2950	38
40	7,384	1,0078	19,523	167,56	2430,1	167,57	2406,7	2574,3	0,5725	8,2570	40
45	9,593	1,0099	15,258	188,44	2436,8	188,45	2394,8	2583,2	0,6387	8,1648	45
50	12,35	1,0121	12,032	209,32	2443,5	209,33	2382,7	2592,1	0,7038	8,0763	50
55	15,76	1,0146	9,568	230,21	2450,1	230,23	2370,7	2600,9	0,7679	7,9913	55
60	19,94	1,0172	7,671	251,11	2456,6	251,13	2358,5	2609,6	0,8312	7,9096	60
65	25,03	1,0199	6,197	272,02	2463,1	272,06	2346,2	2618,3	0,8935	7,8310	65
70	31,19	1,0228	5,042	292,95	2469,6	292,98	2333,8	2626,8	0,9549	7,7553	70
75	38,58	1,0259	4,131	313,90	2475,9	313,93	2321,4	2635,3	1,0155	7,6824	75
80	47,39	1,0291	3,407	334,86	2482,2	334,91	2308,8	2643,7	1,0753	7,6122	80
85	57,83	1,0325	2,828	355,84	2488,4	355,90	2296,0	2651,9	1,1343	7,5445	85
90	70,14	1,0360	2,361	376,85	2494,5	376,92	2283,2	2660,1	1,1925	7,4791	90
95	84,55	1,0397	1,982	397,88	2500,6	397,96	2270,2	2668,1	1,2500	7,4159	95
100	101,325	1,0435	1,673	418,94	2506,5	419,04	2257,0	2676,1	1,3069	7,3549	100
110	143,3	1,0516	1,210	461,14	2518,1	461,30	2230,2	2691,5	1,4185	7,2387	110
120	198,5	1,0603	0,8919	503,50	2529,3	503,71	2202,6	2706,3	1,5276	7,1296	120
130	270,1	1,0697	0,6685	546,02	2539,9	546,31	2174,2	2720,5	1,6344	7,0269	130
140	361,3	1,0797	0,5089	588,74	2550,0	589,13	2144,7	2733,9	1,7391	6,9299	140
150	475,8	1,0905	0,3928	631,68	2559,5	632,20	2114,3	2746,5	1,8418	6,8379	150
160	617,8	1,1020	0,3071	674,86	2568,4	675,55	2082,6	2758,1	1,9427	6,7502	160
170	791,7	1,1143	0,2428	718,33	2576,5	719,21	2049,5	2768,7	2,0419	6,6663	170
180	1002	1,1274	0,1941	762,09	2583,7	763,22	2015,0	2778,2	2,1396	6,5857	180
190	1254	1,1414	0,1565	806,19	2590,0	807,62	1978,8	2786,4	2,2359	6,5079	190
200	1554	1,1565	0,1274	850,65	2595,3	852,45	1940,7	2793,2	2,3309	6,4323	200
210	1906	1,1726	0,1044	895,53	2599,5	897,76	1900,7	2798,5	2,4248	6,3585	210
220	2318	1,1900	0,08619	940,87	2602,4	943,62	1858,5	2802,1	2,5178	6,2861	220
230	2795	1,2088	0,07158	986,74	2603,9	990,12	1813,8	2804,0	2,6099	6,2146	230
240	3344	1,2291	0,05976	1033,2	2604,0	1037,3	1766,5	2803,8	2,7015	6,1437	240
250	3973	1,2512	0,05013	1080,4	2602,4	1085,4	1716,2	2801,5	2,7927	6,0730	250
260	4688	1,2755	0,04221	1128,4	2599,0	1134,4	1662,5	2796,6	2,8838	6,0019	260
270	5499	1,3023	0,03564	1177,4	2593,7	1184,5	1605,2	2789,7	2,9751	5,9301	270
280	6412	1,3321	0,03017	1227,5	2586,1	1236,0	1543,6	2779,6	3,0668	5,8571	280
290	7436	1,3656	0,02557	1278,9	2576,0	1289,1	1477,1	2766,2	3,1594	5,7821	290
300	8581	1,4036	0,02167	1332,0	2563,0	1344,0	1404,9	2749,0	3,2534	5,7045	300
320	11.270	1,4988	0,01549	1444,6	2525,5	1461,5	1238,6	2700,1	3,4480	5,5362	320
340	14.590	1,6379	0,01080	1570,3	2464,6	1594,2	1027,9	2622,0	3,6594	5,3357	340
360	18.650	1,8925	0,006945	1725,2	2351,5	1760,5	720,5	2481,0	3,9147	5,0526	360
374,14	22.090	3,155	0,003155	2029,6	2029,6	2099,3	0	2099,3	4,4298	4,4298	374,14

Fonte: adaptada de KEENAN, J. H.; KEYES, F. G.; HILL, P. G.; MOORE, J. G. Steam tables. New York: Wiley, 1969.

APÊNDICE B

PROPRIEDADES DO VAPOR D'ÁGUA SUPERAQUECIDO

TABELA B Vapor d'água superaquecido

T °C	v m³/kg	u kJ/kg	h kJ/kg	s kJ/kg·K	T °C	v m³/kg	u kJ/kg	h kJ/kg	s kJ/kg·K
\multicolumn{5}{c}{P = 6 kPa = 0,06 bar (T_sat = 36,16 °C)}	\multicolumn{5}{c}{P = 35 kPa = 0,35 bar (T_sat = 72,69 °C)}
Sat.	23,739	2425,0	2567,4	8,3304	Sat.	4,526	2473,0	2631,4	7,7158
80	27,132	2487,3	2650,1	8,5804	80	4,625	2483,7	2645,6	7,7564
120	30,219	2544,7	2726,0	8,7840	120	5,163	2542,4	2723,1	7,9644
160	33,302	2602,7	2802,5	8,9693	160	5,696	2601,2	2800,6	8,1519
200	36,383	2661,4	2879,7	9,1398	200	6,228	2660,4	2878,4	8,3237
240	39,462	2721,0	2957,8	9,2982	240	6,758	2720,3	2956,8	8,4828
280	42,540	2781,5	3036,8	9,4464	280	7,287	2780,9	3036,0	8,6314
320	45,618	2843,0	3116,7	9,5859	320	7,815	2842,5	3116,1	8,7712
360	48,696	2905,5	3197,7	9,7180	360	8,344	2905,1	3197,1	8,9034
400	51,774	2969,0	3279,6	9,8435	400	8,872	2968,6	3279,2	9,0291
440	54,851	3033,5	3362,6	9,9633	440	9,400	3033,2	3362,2	9,1490
500	59,467	3132,3	3489,1	10,1336	500	10,192	3132,1	3488,8	9,3194
\multicolumn{5}{c}{P = 70 kPa = 0,70 bar (T_sat = 89,95 °C)}	\multicolumn{5}{c}{P = 100 kPa = 1,0 bar (T_sat = 99,63 °C)}
Sat.	2,365	2494,5	2660,0	7,4797	Sat.	1,694	2506,1	2675,5	7,3594
100	2,434	2509,7	2680,0	7,5341	100	1,696	2506,7	2676,2	7,3614
120	2,571	2539,7	2719,6	7,6375	120	1,793	2537,3	2716,6	7,4668
160	2,841	2599,4	2798,2	7,8279	160	1,984	2597,8	2796,2	7,6597
200	3,108	2659,1	2876,7	8,0012	200	2,172	2658,1	2875,3	7,8343
240	3,374	2719,3	2955,5	8,1611	240	2,359	2718,5	2954,5	7,9949
280	3,640	2780,2	3035,0	8,3162	280	2,546	2779,6	3034,2	8,1445
320	3,905	2842,0	3115,3	8,4504	320	2,732	2841,5	3114,6	8,2849
360	4,170	2904,6	3196,5	8,5828	360	2,917	2904,2	3195,9	8,4175
400	4,434	2968,2	3278,6	8,7086	400	3,103	2967,9	3278,2	8,5435
440	4,698	3032,9	3361,8	8,8286	440	3,288	3032,6	3361,4	8,6636
500	5,095	3131,8	3488,5	8,9991	500	3,565	3131,6	3488,1	8,8342
\multicolumn{5}{c}{P = 150 kPa = 1,5 bar (T_sat = 111,37 °C)}	\multicolumn{5}{c}{P = 300 kPa = 3,0 bar (T_sat = 133,55 °C)}
Sat	1,159	2519,7	2693,6	7,2233	–				
120	1,188	2533,3	2711,4	7,2693	Sat.	0,606	2543,6	2725,3	6,9919
160	1,317	2595,2	2792,8	7,4665	160	0,651	2587,1	2782,3	7,1276
200	1,444	2656,2	2872,9	7,6433	200	0,716	2650,7	2865,5	7,3115
240	1,570	2717,2	2952,7	7,8052	240	0,781	2713,1	2947,3	7,4774
280	1,695	2778,6	3032,8	7,9555	280	0,844	2775,4	3028,6	7,6299

(continua)

APÊNDICES 549

TABELA B — Vapor d'água superaquecido (continuação)

T °C	v m³/kg	u kJ/kg	h kJ/kg	s kJ/kg·K	T °C	v m³/kg	u kJ/kg	h kJ/kg	s kJ/kg·K
320	1,819	2840,6	3113,5	8,0964	320	0,907	2838,1	3110,1	7,7722
360	1,943	2903,5	3195,0	8,2293	360	0,969	2901,4	3192,2	7,9061
400	2,067	2967,3	3277,4	8,3555	400	1,032	2965,6	3275,0	8,0330
440	2,191	3032,1	3360,7	8,4757	440	1,094	3030,6	3358,7	8,1538
500	2,376	3131,2	3487,6	8,6466	500	1,187	3130,0	3486,0	8,3251
600	2,685	3301,7	3704,3	8,9101	600	1,341	3300,8	3703,2	8,5892
P = 500 kPa = 5,0 bar (T_sat = 151,86 °C)					**P = 700 kPa = 7,0 bar (T_sat = 164,97 °C)**				
Sat.	0,3749	2561,2	2748,7	6,8213	Sat.	0,2729	2572,5	2763,5	6,7080
180	0,4045	2609,7	2812,0	6,9656	180	0,2847	2599,8	2799,1	6,7880
200	0,4249	2642,9	2855,4	7,0592	200	0,2999	2634,8	2844,8	6,8865
240	0,4646	2707,6	2939,9	7,2307	240	0,3292	2701,8	2932,2	7,0641
280	0,5034	2771,2	3022,9	7,3865	280	0,3574	2766,9	3017,1	7,2233
320	0,5416	2834,7	3105,6	7,5308	320	0,3852	2831,3	3100,9	7,3697
360	0,5796	2898,7	3188,4	7,6660	360	0,4126	2895,8	3184,7	7,5063
400	0,6173	2963,2	3271,9	7,7938	400	0,4397	2960,9	3268,7	7,6350
440	0,6548	3028,6	3356,0	7,9152	440	0,4667	3026,6	3353,3	7,7571
500	0,7109	3128,4	3483,9	8,0873	500	0,5070	3126,8	3481,7	7,9299
600	0,8041	3299,6	3701,7	8,3522	600	0,5738	3298,5	3700,2	8,1956
700	0,8969	3477,5	3925,9	8,5952	700	0,6403	3476,6	3924,8	8,4391
P = 1,0 MPa = 10,0 bar (T_sat = 179,91 °C)					**P = 1,5 MPa = 15,0 bar (T_sat = 198,32 °C)**				
Sat.	0,1944	2583,6	2778,1	6,5865	Sat.	0,1318	2594,5	2792,2	6,4448
200	0,2060	2621,9	2827,9	6,6940	200	0,1325	2598,1	2796,8	6,4546
240	0,2275	2692,9	2920,4	6,8817	240	0,1483	2676,9	2899,3	6,6628
280	0,2480	2760,2	3008,2	7,0465	280	0,1627	2748,6	2992,7	6,8381
320	0,2678	2826,1	3093,9	7,1962	320	0,1765	2817,1	3081,9	6,9938
360	0,2873	2891,6	3178,9	7,3349	360	0,1899	2884,4	3169,2	7,1363
400	0,3066	2957,3	3263,9	7,4651	400	0,2030	2951,3	3255,8	7,2690
440	0,3257	3023,6	3349,3	7,5883	440	0,2160	3018,5	3342,5	7,3940
500	0,3541	3124,4	3478,5	7,7622	500	0,2352	3120,3	3473,1	7,5698
540	0,3729	3192,6	3565,6	7,8720	540	0,2478	3189,1	3560,9	7,6805
600	0,4011	3296,8	3697,9	8,0290	600	0,2668	3293,9	3694,0	7,8385
640	0,4198	3367,4	3787,2	8,1290	640	0,2793	3364,8	3783,8	7,9391
T °C — P = 2,0 MPa = 20,0 bar (T_sat = 212,42 °C)					**T °C — P = 3,0 MPa = 30,0 bar (T_sat = 233,90 °C)**				
Sat.	0,0996	2600,3	2799,5	6,3409	Sat.	0,0667	2604,1	2804,2	6,1869
240	0,1085	2659,6	2876,5	6,4952	240	0,0682	2619,7	2824,3	6,2265
280	0,1200	2736,4	2976,4	6,6828	280	0,0771	2709,9	2941,3	6,4462
320	0,1308	2807,9	3069,5	6,8452	320	0,0850	2788,4	3043,4	6,6245
360	0,1411	2877,0	3159,3	6,9917	360	0,0923	2861,7	3138,7	6,7801
400	0,1512	2945,2	3247,6	7,1271	400	0,0994	2932,8	3230,9	6,9212
440	0,1611	3013,4	3335,5	7,2540	440	0,1062	3002,9	3321,5	7,0520
500	0,1757	3116,2	3467,6	7,4317	500	0,1162	3108,0	3456,5	7,2338
540	0,1853	3185,6	3556,1	7,5434	540	0,1227	3178,4	3546,6	7,3474
600	0,1996	3290,9	3690,1	7,7024	600	0,1324	3285,0	3682,3	7,5085
640	0,2091	3362,2	3780,4	7,8035	640	0,1388	3357,0	3773,5	7,6106
700	0,2232	3470,9	3917,4	7,9487	700	0,1484	3466,5	3911,7	7,7571

(continua)

TABELA B — Vapor d'água superaquecido (continuação)

T °C	v m³/kg	u kJ/kg	h kJ/kg	s kJ/kg · K	T °C	v m³/kg	u kJ/kg	h kJ/kg	s kJ/kg · K
	$P = 4{,}0$ MPa = 40 bar ($T_{sat} = 250{,}4$ °C)					$P = 6{,}0$ MPa = 60 bar ($T_{sat} = 275{,}64$ °C)			
Sat.	0,04978	2602,3	2801,4	6,0701	Sat.	0,03244	2589,7	2784,3	5,8892
280	0,05546	2680,0	2901,8	6,2568	280	0,03317	2605,2	2804,2	5,9252
320	0,06199	2767,4	3015,4	6,4553	320	0,03876	2720,0	2952,6	6,1846
360	0,06788	2845,7	3117,2	6,6215	360	0,04331	2811,2	3071,1	6,3782
400	0,07341	2919,9	3213,6	6,7690	400	0,04739	2892,9	3177,2	6,5408
440	0,07872	2992,2	3307,1	6,9041	440	0,05122	2970,0	3277,3	6,6853
500	0,08643	3099,5	3445,3	7,0901	500	0,05665	3082,2	3422,2	6,8803
540	0,09145	3171,1	3536,9	7,2056	540	0,06015	3156,1	3517,0	6,9999
600	0,09885	3279,1	3674,4	7,3688	600	0,06525	3266,9	3658,4	7,1677
640	0,1037	3351,8	3766,6	7,4720	640	0,06859	3341,0	3752,6	7,2731
700	0,1110	3462,1	3905,9	7,6198	700	0,07352	3453,1	3894,1	7,4234
740	0,1157	3536,6	3999,6	7,7141	740	0,07677	3528,3	3989,2	7,5190
	$P = 8{,}0$ MPa = 80 bar ($T_{sat} = 295{,}06$ °C)					$P = 10{,}0$ MPa = 100 bar ($T_{sat} = 311{,}06$ °C)			
Sat.	0,02352	2569,8	2758,0	5,7432	Sat.	0,01803	2544,4	2724,7	5,6141
320	0,02682	2662,7	2877,2	5,9489	320	0,01925	2588,8	2781,3	5,7103
360	0,03089	2772,7	3019,8	6,1819	360	0,02331	2729,1	2962,1	6,0060
400	0,03432	2863,8	3138,3	6,3634	400	0,02641	2832,4	3096,5	6,2120
440	0,03742	2946,7	3246,1	6,5190	440	0,02911	2922,1	3213,2	6,3805
480	0,04034	3025,7	3348,4	6,6586	480	0,03160	3005,4	3321,4	6,5282
520	0,04313	3102,7	3447,7	6,7871	520	0,03394	3085,6	3425,1	6,6622
560	0,04582	3178,7	3545,3	6,9072	560	0,03619	3164,1	3526,0	6,7864
600	0,04845	3254,4	3642,0	7,0206	600	0,03837	3241,7	3625,3	6,9029
640	0,05102	3330,1	3738,3	7,1283	640	0,04048	3318,9	3723,7	7,0131
700	0,05481	3443,9	3882,4	7,2812	700	0,04358	3434,7	3870,5	7,1687
740	0,05729	3520,4	3978,7	7,3782	740	0,04560	3512,1	3968,1	7,2670
	$P = 12{,}0$ MPa = 120 bar ($T_{sat} = 324{,}75$ °C)					$P = 14{,}0$ MPa = 140 bar ($T_{sat} = 336{,}75$ °C)			
Sat.	0,01426	2513,7	2684,9	5,4924	Sat.	0,01149	2476,8	2637,6	5,3717
360	0,01811	2678,4	2895,7	5,8361	360	0,01422	2617,4	2816,5	5,6602
400	0,02108	2798,3	3051,3	6,0747	400	0,01722	2760,9	3001,9	5,9448
440	0,02355	2896,1	3178,7	6,2586	440	0,02157	2868,6	3142,2	6,1474
480	0,02576	2984,4	3293,5	0,01954	480	6,5555	2962,5	3264,5	6,3143
520	0,02781	3068,0	3401,8	6,4154	520	0,02343	3049,8	3377,8	6,4610
560	0,02977	3149,0	3506,2	6,6840	560	0,02517	3133,6	3486,0	6,5941
600	0,03164	3228,7	3608,3	6,8037	600	0,02683	3215,4	3591,1	6,7172
640	0,03345	3307,5	3709,0	6,9164	640	0,02843	3296,0	3694,1	6,8326
700	0,03610	3425,2	3858,4	7,0749	700	7,1746	3415,7	3846,2	6,9939
740	0,03781	3503,7	3957,4	0,03075	740	0,03225	3495,2	3946,7	7,0952

(continua)

TABELA B Vapor d'água superaquecido (continuação)

T °C	v m³/kg	u kJ/kg	h kJ/kg	s kJ/kg·K	T °C	v m³/kg	u kJ/kg	h kJ/kg	s kJ/kg·K
	$P = 16,0$ MPa = 160 bar ($T_{sat} = 347,44$ °C)					**$P = 18,0$ MPa = 180 bar ($T_{sat} = 357,06$ °C)**			
Sat.	0,00931	2431,7	2580,6	5,2455	Sat.	0,00749	2374,3	2509,1	5,1044
360	0,01105	2539,0	2715,8	5,4614	360	0,00809	2418,9	2564,5	5,1922
400	0,01426	2719,4	2947,6	5,8175	400	0,01190	2672,8	2887,0	5,6887
440	0,01652	2839,4	3103,7	6,0429	440	0,01414	2808,2	3062,8	5,9428
480	0,01842	2939,7	3234,4	6,2215	480	0,01596	2915,9	3203,2	6,1345
520	0,02013	3031,1	3353,3	6,3752	520	0,01757	3011,8	3378,0	6,2960
560	0,02172	3117,8	3465,4	6,5132	560	0,01904	3101,7	3444,4	6,4392
600	0,02323	3201,8	3573,5	6,6399	600	0,02042	3188,0	3555,6	6,5696
640	0,02467	3284,2	3678,9	6,7580	640	0,02174	3272,3	3663,6	6,6905
700	0,02674	3406,0	3833,9	6,9224	700	0,02362	3396,3	3821,5	6,8580
740	0,02808	3486,7	3935,9	7,0251	740	0,02483	3478,0	3925,0	6,9623
	$P = 20,0$ MPa = 200 bar ($T_{sat} = 365,81$ °C)					**$P = 24,0$ MPa = 240 bar**			
Sat.	0,00583	2293,0	2409,7	4,9269	-				
400	0,00994	2619,3	2818,1	5,5540	400	0,00673	2477,8	2639,4	5,2393
440	0,01222	2774,9	3019,4	5,8450	440	0,00929	2700,6	2923,4	5,6506
480	0,01399	2891,2	3170,8	6,0518	480	0,01241	2838,3	3102,3	5,8950
520	0,01551	2992,0	3302,2	0,01100	520	6,3705	2950,5	3248,5	6,0842
560	0,01689	3085,2	3423,0	6,2218	560	0,01366	3051,1	3379,0	6,2448
600	0,01818	3174,0	3537,6	6,5048	600	0,01481	3145,2	3500,7	6,3875
640	0,01940	3260,2	3648,1	6,6286	640	0,01588	3235,5	3616,7	6,5174
700	0,02113	3386,4	3809,0	6,7993	700	0,01739	3366,4	3783,8	6,6947
740	0,02224	3469,3	3914,1	6,9052	740	0,01835	3451,7	3892,1	6,8038
800	0,02385	3592,7	4069,7	0,01974	800	7,0544	3578,0	4051,6	6,9567
	$P = 28,0$ MPa = 280 bar					**$P = 32,0$ MPa = 320 bar**			
400	0,00383	2223,5	2330,7	4,7494	400	0,00236	1980,4	2055,9	4,3239
440	0,00712	2613,2	2812,6	5,4494	440	0,00544	2509,0	2683,0	5,2327
480	0,00885	2780,8	3028,5	5,7446	480	0,00722	2718,1	2949,2	5,5968
520	0,01020	2906,8	3192,3	5,9566	520	0,00853	2860,7	3133,7	5,8357
560	0,01136	3015,7	3333,7	6,1307	560	0,00963	2979,0	3287,2	6,0246
600	0,01241	3115,6	3463,0	6,2823	600	0,01061	3085,3	3424,6	6,1858
640	0,01338	3210,3	3584,8	6,4187	640	0,01150	3184,5	3552,5	6,3290
700	0,01473	3346,1	3758,4	6,6029	700	0,01273	3325,4	3732,8	6,5203
740	0,01558	3433,9	3870,0	6,7153	740	0,01350	3415,9	3847,8	6,6361
800	0,01680	3563,1	4033,4	6,8720	800	0,01460	3548,0	4015,1	6,7966
900	0,01873	3774,3	4298,8	7,1084	900	0,01633	3762,7	4285,1	7,0372

Fonte: adaptada de KEENAN, J. H.; KEYES, F. G.; HILL, P. G.; MOORE, J. G. *Steam tables*. New York: Wiley, 1969.

APÊNDICE C

CALORES ESPECÍFICOS IDEAIS DE ALGUNS GASES USUAIS

TABELA C   Calores específicos ideais (kJ/kg · K) a pressão constante, C_p, a volume constante, C_v, e razão entre calores específicos, k, de alguns gases

Temp. K	C_p	C_v	k	C_p	C_v	k	C_p	C_v	k	Temp. K
	Ar			Nitrogênio, N_2			Oxigênio, O_2			
250	1,003	0,716	1,401	1,039	0,742	1,400	0,913	0,653	1,398	250
300	1,005	0,718	1,400	1,039	0,743	1,400	0,918	0,658	1,395	300
350	1,008	0,721	1,398	1,041	0,744	1,399	0,928	0,668	1,389	350
400	1,013	0,726	1,395	1,044	0,747	1,397	0,941	0,681	1,382	400
450	1,020	0,733	1,391	1,049	0,752	1,395	0,956	0,696	1,373	450
500	1,029	0,742	1,387	1,056	0,759	1,391	0,972	0,712	1,365	500
550	1,040	0,753	1,381	1,065	0,768	1,387	0,988	0,728	1,358	550
600	1,051	0,764	1,376	1,075	0,778	1,382	1,003	0,743	1,350	600
650	1,063	0,776	1,370	1,086	0,789	1,376	1,017	0,758	1,343	650
700	1,075	0,788	1,364	1,098	0,801	1,371	1,031	0,771	1,337	700
750	1,087	0,800	1,359	1,110	0,813	1,365	1,043	0,783	1,332	750
800	1,099	0,812	1,354	1,121	0,825	1,360	1,054	0,794	1,327	800
900	1,121	0,834	1,344	1,145	0,849	1,349	1,074	0,814	1,319	900
1000	1,142	0,855	1,336	1,167	0,870	1,341	1,090	0,830	1,313	1000
Temp. K	Dióxido de Carbono, CO_2			Monóxido de Carbono, CO			Hidrogênio, H_2			Temp. K
250	0,791	0,602	1,314	1,039	0,743	1,400	14,051	9,927	1,416	250
300	0,846	0,657	1,288	1,040	0,744	1,399	14,307	10,183	1,405	300
350	0,895	0,706	1,268	1,043	0,746	1,398	14,427	10,302	1,400	350
400	0,939	0,750	1,252	1,047	0,751	1,395	14,476	10,352	1,398	400
450	0,978	0,790	1,239	1,054	0,757	1,392	14,501	10,377	1,398	450
500	1,014	0,825	1,229	1,063	0,767	1,387	14,513	10,389	1,397	500
550	1,046	0,857	1,220	1,075	0,778	1,382	14,530	10,405	1,396	550
600	1,075	0,886	1,213	1,087	0,790	1,376	14,546	10,422	1,396	600
650	1,102	0,913	1,207	1,100	0,803	1,370	14,571	10,447	1,395	650
700	1,126	0,937	1,202	1,113	0,816	1,364	14,604	10,480	1,394	700
750	1,148	0,959	1,197	1,126	0,829	1,358	14,645	10,521	1,392	750
800	1,169	0,980	1,193	1,139	0,842	1,353	14,695	10,570	1,390	800
900	1,204	1,015	1,186	1,163	0,866	1,343	14,822	10,698	1,385	900
1000	1,234	1,045	1,181	1,185	0,888	1,335	14,983	10,859	1,380	1000

Fonte: adaptada de WARK, K. *Thermodynamics*. 4th ed. New York: McGraw-Hill, 1983, com base em Tables of thermal properties of gases, *NBS Circular*, n. 564, 1955.

APÊNDICE D

PROPRIEDADES DO AR NA PRESSÃO ATMOSFÉRICA M = 28,97 kg/kmol

TABELA D Propriedades do ar na pressão atmosférica

T (K)	ρ (kg/m³)	C_p (kJ/kg·K)	$\mu \times 10^{-7}$ (N·s/m²)	$\nu \times 10^{-6}$ (m²/s)	$k \times 10^{-3}$ (W/(m·K))	$\alpha \times 10^{-4}$ (m²/s)	Pr
100	3,5562	1,032	71,1	2,00	9,34	2,54	0,786
150	2,3364	1,012	103,4	4,426	13,8	5,84	0,758
200	1,7458	1,007	132,5	7,590	18,1	10,3	0,737
250	1,3947	1,006	159,6	11,44	22,3	15,9	0,720
300	1,1614	1,007	184,6	15,89	26,3	22,5	0,707
350	0,9950	1,009	208,2	20,92	30,0	29,9	0,700
400	0,8711	1,014	230,1	26,41	33,8	38,3	0,690
450	0,7740	1,021	250,7	32,39	37,3	47,2	0,686
500	0,6964	1,030	270,1	38,79	40,7	56,7	0,684
550	0,6329	1,040	288,4	45,57	43,9	66,7	0,683
600	0,5804	1,051	305,8	52,69	46,9	76,9	0,685
650	0,5356	1,063	322,5	60,21	49,7	87,3	0,690
700	0,4975	1,075	338,8	68,10	52,4	98,0	0,695
750	0,4643	1,087	354,6	76,37	54,9	109	0,702
800	0,4354	1,099	369,8	84,93	57,3	120	0,709
850	0,4097	1,110	384,3	93,80	59,6	131	0,716
900	0,3868	1,121	398,1	102,9	62,0	143	0,720
950	0,3666	1,131	411,3	112,2	64,3	155	0,723
1000	0,3482	1,141	424,4	121,9	66,7	168	0,726
1100	0,3166	1,159	449,0	141,8	71,5	195	0,728
1200	0,2902	1,175	473,0	162,9	76,3	224	0,728
1300	0,2679	1,189	496,0	185,1	82	257	0,719
1400	0,2488	1,207	530	213	91	303	0,703
1500	0,2322	1,230	557	240	100	350	0,685
1600	0,2177	1,248	584	268	106	390	0,688

Fonte: adaptada de BERGMAN, T.; LAVINE, A. *Incropera* – fundamentos de transferência de calor e de massa. Rio de Janeiro: LTC, 2019.

ÍNDICE ALFABÉTICO

A
Absorvedor, 76
Acumulação térmica com PCM, 282
Admissão, 59
Adsorvedores, 102
Adsorventes, 103
Aerodinâmica de uma turbina eólica, 206
Agência Nacional de Energia Elétrica (ANEEL), 523, 525
Água, distribuição na Terra, 430
Ajustes, 486
Alagamento, 400
Altura da maré, 384
Ambiente de contratação
 - livre, 217
 - regulada, 217
Amplitude
 - constante, 127
 - da maré, 384
Análise(s)
 - de investimentos, 502
 - de opção tarifária, 476
 - de projetos na área de energia, 504
 - de sistema, 487
 - de vibrações livres e forçadas, 224
Anemômetros sônicos, 202
Ângulo
 - de carga, 129
 - de passo (*pitch*) das pás, 228
 - elétrico, 123
 - horário, 242
Anólito, 165
Aparelhos de ar-condicionado, 72
Aplicação(ões)
 - de oportunidades usuais, 486
 - do gás hidrogênio, 427
Aproveitamento
 - da biomassa no contexto da transição energética, 353
 - da energia
  - - das ondas, 397
  - - de resíduos urbanos e rurais, 340
  - - nuclear, 455
Aquecimento
 - global, 13, 498
  - - e desempenho energético de edificações, 498
 - solar
  - - a altas temperaturas, 282
  - - a baixas temperaturas, 276
  - - distrital, 291
Arcabouço regulatório, 525
Ar-condicionado, 76
Área
 - coletora, 277
 - de abertura do coletor, 282
 - do receptor, 282
Armazenamento
 - de energia, 176
  - - em ar comprimido (CAES), 157-159
   - - - adiabático, 158
   - - - assistido por energia solar, 158
   - - - isotérmico, 159
   - - - submarino, 159
  - - mecânica, 156
  - - térmica, 156, 159, 160
   - - - com mudança de fase – latente, 159

 - - - de baixa temperatura para ar-condicionado, 160
 - - - sem mudança de fase – sensível, 159
 - de hidrogênio, 167
 - diretos de energia elétrica, 156
 - e transporte de hidrogênio, 425
 - eletroquímicos de energia, 156
 - por bombeamento hidráulico, 156
 - químicos de energia, 156
Atenuação da irradiação solar, 246
Aterro sanitário, 348, 349
Auditoria energética, 473, 486
Autoconsumo
 - local, 303
 - remoto, 218, 303
Autocura do sistema, 178
Autorrestabelecimento, 178
Autossuficiência energética, 379
Avaliação(ões)
 - da energia extraída das ondas marítimas, 397
 - das frações direta e difusa no plano horizontal, 247
 - de investimentos, 503, 506
 - do desempenho de instalações, 471
 - do potencial de energia solar em uma localidade, 238
 - e correção do fator de potência, 476

B
Baixa-mar, 384
Balanço energético, 366, 373
 - brasileiro, 11
 - mundial, 11
 - no sistema eletromecânico, 115
Bandeira
 - amarela, 474
 - verde, 474
 - vermelha, 474
Barragens, 439
Barramento infinito, 131
Barras do rotor, 141
Barreira vertical oscilante, 402
Baterias
 - chumbo-ácido (PbA), 161
 - de fluxo redução-oxidação (redox), 164
 - de fosfato de ferro lítio, 163
 - de íon de sódio, 163
 - de íons de lítio (Li-íon), 161, 163
 - de níquel-cádmio (NiCd) e níquel-hidreto metálico (NiMH), 161
 - de óxido
  - - de alumínio, 163
  - - de cobalto de lítio, 163
   - - - níquel manganês, 163
  - - de manganês lítio, 163
 - de sódio-enxofre, 164
 - de titanato de lítio, 163
 - metal-ar, 164
 - secundárias, 161
Biocombustíveis, 414
Biodiesel, 82
Biodigestão anaeróbia, 330
Biodigestor, 330
 - modelo UASB, 330
Bioenergia, 325, 354
 - com captura e armazenamento de carbono, 354
Biogás, 330, 332, 351, 352

Biomassa, 324, 325, 349, 350
 - aspectos econômicos e regulatórios, 349
 - barreiras e propostas de políticas, 350
Biometano, 332, 353, 414
BMS (*battery management systems*), 163
Bomba(s), 30, 41
 - de calor, 71, 72
 - de calor e ar-condicionado ou refrigeração conjugados, 72
 - não é isentrópica, 45

C
Cadeias energéticas, 6
Cadeira de balanço, 162
Caixas de junção, 307
Cal, 102
Calcário, 102
Cálculo de trabalho em algumas máquinas, 29
Caldeira, 41, 67, 367
 - de recuperação, 41, 67, 367
Calor(es)
 - específico médio, 22
 - específicos, 22
 - por unidade de massa
  - - adicionado (combustão), 59
  - - rejeitado (exaustão), 60
Campo
 - de heliostatos refletores, 286
 - magnético, 109, 110
  - - nas máquinas rotativas, 117
Capabilidade da máquina síncrona, 135
Capacidade
 - de armazenamento, 168, 169
 - de investimento, 373
 - frigorífica, 70
Capacitor ou condensador síncrono, 133
Características elétricas do painel fotovoltaico, 314
Carga
 - de refrigeração, 70
 - térmica, 480
Carregamentos
 - aerodinâmicos, 223
 - centrífugos e desbalanceamento, 223
 - gravitacionais, 222
 - transientes decorrentes de manobras, 224
Carro elétrico
 - a bateria, 177
 - com células a combustível, 177
 - híbrido, 177
Carvão, 81
 - metalúrgico, 83
 - mineral, 81, 82
 - negro, 83
 - pardo, 83
Casas inteligentes, 186, 187
Caso de carregamento de projeto, 226
Católito, 165
Célula(s)
 - a combustível, 405, 419
  - - alcalinas, 422
  - - de ácido fosfórico, 422
  - - de carbonato fundido, 423
  - - de membrana polimérica, 420
  - - de óxido sólido, 423
 - fotovoltaica, 14, 295

Celulose, 337
Cenosferas, 100
Cerro Dominador, 288
Chama estagiada, 97
Ciclo(s)
- a gás de potência, 38
- a vapor, 38, 334, 335
- - de grande porte, 335
- - de pequeno porte, 334
- - de potência, 38
- climatológicos, 2
- combinado(s), 65
- - Brayton-Rankine, 65
- - caldeira de recuperação (HRSG), 67
- - configurações, 66
- de absorção, 73, 74, 76, 289
- - de brometo de lítio-água, 289
- - de calor, 73, 289
- - - de água-amônia, 74
- - - de água brometo de lítio, 74
- de Brayton, 50
- - com regenerador ou recuperador de calor, 55
- - simples, 50, 54
- - - com ineficiências, 54
- de Carnot, 38-40, 68
- de compressão a vapor, 74
- de Diesel, 61, 63
- de negócio, 373
- de Otto, 59, 61, 63
- de Rankine, 41, 42, 44, 45, 52
- - com reaquecimento, 44
- - com superaquecimento, 42
- - regenerativo com aquecedores de mistura, 45
- - simples, 41
- de refrigeração
- - convencional de compressão de vapor, 289
- - para o resfriamento do ar de admissão, 57
- - por compressão a vapor, 67
- MCI, 367, 368
- mecânico do motor de 4 tempos, 58
- metalúrgicos, 413
- orgânicos de Rankine, 38, 47
- real de compressão mecânica a vapor, 71
- térmico de Carnot, 37, 39
Ciclo-padrão
- a ar, 50, 58
- de compressão mecânica a vapor, 68
Cidades inteligentes, 186, 187
Cilindrada do motor, 59
Cinzas, 100
Circuito(s)
- elétricos de corrente
- - alternada, 305
- - contínua, 305
- hidráulico primário, 276
- magnéticos, 108, 110
Circulação forçada, 277
Classificações das aplicações de armazenamento, 170
Coeficiente(s)
- de desempenho, 70, 72, 364
- de performance, 70, 72
- global de troca de calor, 282
- politrópico, 29
Cogeração, 361
- aplicações no setor
- - industrial, 372
- - terciário, 372
- barreiras, 380
- benefícios, 379
- - para o Brasil, 379
- - para o empreendedor, 379
- - para o planeta, 379
- capacitação técnica, 381
- características técnicas de aplicação, 372
- com ciclo
- - de Brayton, 367
- - de Rankine, 366
- com MCI, 367
- custo de investimento inicial, 380
- dependência do custo do combustível, 380
- desconto no IPTU, 381
- desoneração fiscal, 381
- dificuldade de conexão com a rede, 380
- equipamentos importados, 380
- falta de acesso ao crédito, 380
- indicadores de, 374
- legislação pertinente à, 370
- no setor sucroalcooleiro, 377
- operação complexa e dedicada, 380
- parâmetros de aplicação, 373
- por setor, 371
- propostas políticas para, 381
- reembolso compensatório, 381
- requisitos para qualificação de centrais de, 371
- subsídio em combustíveis aplicados à cogeração, 381
Coleta seletiva, 345
Coletor solar

- com tubos a vácuo, 279
- plano, 251, 254, 278
- - aberto, 279
- - fechado, 279
Coletores com nanofluidos, 292
Combined Heat and Power (CHP), 361
Combustão, 59, 81, 84, 106, 413
- de biomassa, 334
- direta, 345
- incompleta, 87
Combustíveis, 14, 81, 82, 345, 369
- ambientalmente amigável, 14
- derivado de resíduo, 345
- empregados na cogeração, 369
- fósseis, 14
- gasosos, 369
- líquidos, 369
- oriundos de fontes
- - não renováveis, 82
- - renováveis, 82
- sólidos, 369
Comercialização da energia eólica, 217
Commercial solid fuel, 83
Compensador síncrono, 119, 133
Componente(s)
- ativa da corrente, 144
- de radiação direta e difusa
- - diária média mensal, 248
- - média diária, 248
- difusa da radiação horária, 247
- do projeto de instalações elétricas, 304
- do sistema fotovoltaico, 304
Compostos ricos em hidrogênio, 425
Compressão, 59
- estagiada, 31
Compressores, 30, 31
Comprimento ativo de um condutor, 117
Concentração
- de CO_2 nos gases de combustão, 89
- solar, 282
Concentrador(es), 284
- de calha parabólica, 285
Condensador, 41, 75
Condição subexcitada, 133
Condicionamento de ar, 289
Condições-padrão, 64
Conectores fotovoltaicos, 307
Conexão
- com a rede de água fria, 276
- com a rede de água quente, 276
Constante solar, 2, 245
Construção e funcionamento de máquinas
- assíncronas, 137
- síncronas, 119
Consulta e solicitação de acesso, 311
Consumo final total, 7
Controladores de velocidade e de tensão, 442
Controle
- da taxa de formação de NOx, 96
- da vazão de ar externo em função da qualidade do ar
interior, 484
- de *pitch* ativo, 227
Convecção
- forçada, 267
- natural, 264, 265
- - entre duas placas paralelas inclinadas, 265
Conversão
- da energia eólica, 203
- eletromecânica de energia, 114
Conversor de energia, 163
Coque, 100
Corpo
- negro, 257
- opaco, 257
Corrente(s)
- de Foucault, 114
- nominal, 134
- parasitas, 114
Craqueamento solar, 412
Créditos de descarbonização, 352
Curva(s)
- de nível, 434
- de permanência, 434
- de saturação, 48
Curva-chave, 432
Custos
- afundados, 504
- de implantação, 216
- incorridos no estudo de viabilidade, 216
- irreversíveis, 504
- operacionais, 217

D

Declinação solar, 242
Decomposição da molécula da água, 408
Defasagem temporal, 125
Demanda

- contratada, 474
- faturável, 474
- máxima, 474
- média, 474
- medida, 474
Densidade, 18
- de área (*footprint*), 169
- de energia, 169
- de fluxo magnético, 109, 110
- média de potência, 199
Desempenho, 277
Dessalinizadores, 292
Dessulfurização, 102, 103
- a seco, 103
Desvio de carga, 163
Desvio-padrão, 199
Diafragma, 409
Diagrama(s)
- de Rippl, 434
- temperatura-entropia, 28
- termodinâmicos, 19
Dimensionamento
- *bottoming cycle*, 362
- da cogeração, 362
- de um sistema de armazenamento de energia, 168
- preliminar de um GFVCR, 319
- *topping cycle*, 362
Dióxido de carbono, 330
Direito ambiental
- na Constituição Federal (CF), 535
- princípios jurídicos do, 536
Dispositivos
- de proteção contra surtos elétricos (DPS), 308
- - classe I, 309
- - classe I/II, 309
- - classe I+II, 309
- - classe II, 309
- - classe III, 309
- - tipo combinado, 309
- - tipo comutador de tensão, 309
- - tipo limitador (ou atenuador) de tensão, 309
- de proteção e manobra, 306
- de segurança, 276
- para aproveitamento da energia das ondas, 399
Documentações de projeto do sistema fotovoltaico, 312
Domínios magnéticos, 112
DPS baseados em varistor, 309

E

Economia
- do hidrogênio, 406
- operacional, 373
Edificações sustentáveis e certificações, 470
Efeito
- desmagnetizante de reação de armadura, 128
- estufa, 13
Eficiência(s)
- de combustão, 94
- energética, 169, 469, 492
- isentrópica, 32, 33
- luminosa, 477
- óptica do coletor, 282
- relativas, 64
- térmica, 38
- - de Carnot, 39
Eixo
- direto, 121
- em quadratura, 121
Eletrodos, 160
Eletrolisador(es), 410
- alcalino, 410
Eletrólise da água, 408
Eletrólito, 160
Eletromagnetismo, 108
Elevação da maré, 384
eLLo Solar Thermal Project, 287
Emissões de CO_2, 365
Empreendimento(s)
- com múltiplas unidades consumidoras, 218, 303
- corporativos, 492
- eólicos, 214
Energia(s)
- atômica ou nuclear, 3
- das correntes de maré, 394
- das marés e ondas, 383
- elétrica, 4, 190, 208
- - e turbinas eólicas, 190
- - gerada por uma, 208
- eletromagnética, 5
- eletroquímica, 160
- eólica, 2, 189
- - aspectos ambientais da, 218
- - e suas aplicações, 211
- - no Brasil, 192
- - no mundo, 192
- específica, 169
- firme, 434

556 ÍNDICE ALFABÉTICO

- interna, 19
- mecânica, 5, 189
  - - extraída do vento por uma turbina eólica, 203
- nuclear, 417, 449, 455
- primária, 6
- química, 4
- reativa, 111
- renováveis, 324
- secundária, 7
- solar, 1, 2, 238
  - - concentrada, 411
  - - térmica, 276
- térmica, 4
Engajamento de equipes próprias, 487
Engenharia termodinâmica, 17
Enquadramento
- como central em geração distribuída (GD), 302
- em função do tipo de consumidor, 303
Enrolamento do estator, 120
Entalpia, 19, 28, 89
- de combustão, 89
- de formação, 89
Entradas incrementais de caixa, 505
Entreferro, 114
Entropia, 26
Enunciado(s)
- de Clausius, 26
- de Kelvin-Planck, 26
Envoltória, 492
Equação
- de estado, gás perfeito, 21
- de Gibbs, 27
- de Planck, 258
- de Stefan-Boltzmann, 257
Escala(s)
- de temperatura, 18
- *Manufacturing Readiness Level* (MRL), 170
Escorregamento crítico, 145
Esgoto sanitário, 342
Estado
- de carga, 163
- de saúde da bateria, 163
Estator, 120
Estequiometria, 84, 88
Estimativa do potencial eólico, 197
Estofo, 384
Estrutura tarifária brasileira, 473
Estudo(s)
- ambientais, 542, 543
- de impacto ambiental, 542
- de viabilidade técnico-econômica, 313
- do comportamento dinâmico de turbinas de grande porte, 224
- técnicos do sistema fotovoltaico, 311
Etanol, 82
Evaporador, 75
Exaustão, 59
Excesso de ar, 84, 87
Excitação magnética, 109
Excitatriz
- estática, 130
- rotativa, 130
Expansão, 32, 59
- isentrópica, 32
Expansores, 32
Expressões de troca de calor na forma adimensional, 264

F
f.e.m. induzida variacional, 111
Fator
- de remoção de calor do coletor, 282
- de utilização, 477
  - - de energia, 363
    - - - de termelétrica × cogeração, 364
Fauna, 219
Fenômeno(s)
- da indução eletromagnética, 109
- de transporte molecular, 262
- resultantes da incidência de radiação sobre uma superfície, 256
Ferromagnéticos, 112
Fertilizantes, 427
Filtros
- de tecido, 102
- eletrostáticos, 102
Fissão nuclear, 14, 451
Flexibilidade de implantação, 170
Flora, 219
Florestas energéticas, 340
Fluido de trabalho, 58
Flutuadores
- rígidos interconectados, 402
- verticais, 401
Fluviologia, 432
Fluxo(s)
- de caixa, 505
  - - livres, 505

- de radiação solar, 251
- luminoso, 476
Fontes
- de energia, 1, 81
- não renováveis, 81, 82
- renováveis, 81, 82
Força
- de relutância, 115
- magnetomotriz, 109
Formação
- de cinzas, 100
- de coque ou cenosferas, 100
- e técnicas de controle de poluentes, 94
Formas de energia, 2
Fótons, 255, 256
Free cooling, 484
Fuligem, 100
Função(ões)
- de distribuição de Weibull, 200
- de estado, 21
Funcionamento das máquinas assíncronas, 138
Fusão nuclear, 14, 449
Futuro da energia, 13

G
Garantia
- de fiel cumprimento, 311
- física de empreendimentos eólicos, 214
Gás
- de folhelho, 83
- de síntese, 332
- hidrogênio, 84
- liquefeito de petróleo, 83
- natural, 81, 83, 414
Gaseificação, 417
- de biomassa, 332, 333
- de resíduos sólidos urbanos, 347
Gaseificadores de leito
- fixo, 333
- fluidizado, 333
Gasolina automotiva, 83
Gas-To-Liquids, 83
Geração
- centralizada, 64
- compartilhada, 185, 218, 303
- de eletricidade
  - - a partir de biomassa no Brasil, 325
  - - a partir de concentradores, 284
- de energia
  - - a partir de biomassa nos setores industriais, 335
  - - elétrica a partir de biomassa, 324
  - - elétrica em reatores nucleares, 464
- de tensão na máquina síncrona, 124
- distribuída, 173, 178, 301, 352
  - - com regime de compensação de energia elétrica, 301
- termelétrica a MCI, 65
Gerador(es), 75, 108
- assíncrono, 144
- de vapor, 41
- elementar, 117
- elétrico, 442
- fotovoltaico GFV, 318
- fotovoltaicos, 295
- síncrono, 133
Gestão eficiente do sistema de iluminação pública, 177
Glaciologia, 432

H
Hard coal, 83
Heat recovery steam generator (HRSG), 367
Hidrelétricas, 429
Hidretos, 425
Hidrogênio, 167, 355, 405
- aplicações do gás, 427
- armazenamento e transporte de, 425
- como fonte de energia, 418
- compostos ricos em, 425
- economia do, 406
- portadores
  - - líquidos orgânicos de, 425
  - - químicos de, 427
- produção do, 406, 408
- propriedades do, 419
Hidrogeologia, 432
Hidrogeradores, 119
Hidrologia, 432
Hidrometeorologia, 432
Histerese, 113
Histórico legislativo e institucional do setor elétrico, 522
Homogeneidade da mistura, 97
Horário
- de ponta, 474
- fora de ponta, 474

I
Ignição por centelha, 58
Iluminação artificial, 476
Imagem da corrente de armadura, 134

Impactos ambientais, 170, 219
- de usinas eólicas, 219
Imposto sobre Circulação de Mercadorias e Serviços (ICMS), 183
Incentivos tarifários, 185
Incidência de impostos federais e estaduais, 180
Incineração, 345
Indicadores de desempenho, 473
Índice(s)
- de claridade, 247
- de reprodução de cor, 476
- de turbulência, 227
Indução magnética, 109
Indutância, 110
Indutor ou reator síncrono, 133
Influência do torque no eixo, 133
Infraestrutura
- elétrica, 304
- mecânica, 304
Integração
- com edificações, 292
- estética, 300
- funcional, 300
Intensidade
- de campo magnético, 110
- luminosa, 476
Interação do campo no entreferro com os condutores do rotor, 141
Internet das coisas, 186
Inversor(es)
- CC-CA, 318
- centrais, 306
- solar ou fotovoltaico tem, 306
Invólucro, 160
Irradiação
- extraterrestre, 245
- solar
  - - direta, 246
  - - extraterrestre, 245
  - - sobre a superfície terrestre, 246
Irradiância
- extraterrestre, 245
- solar
  - - direta, 282
  - - total, 246

J
Jemalong Solar Thermal Station, 287
Juros, 510, 511
- compostos, 511
- exatos, 511
- simples, 511

K
Kathu Solar Park, 288

L
Lagoa
- aeróbia, 330
- anaeróbia, 330
- facultativa, 330
Latitude, 242
Legislação e regulação da geração distribuída, 522
Lei
- de conservação
  - - da energia, 24
  - - da massa ou da continuidade, 22
- de Faraday, 111, 114
- de Fick, 262
- de Fourier, 262
- de Newton, 263
- de potência, 195, 196
- de Stefan-Boltzmann, 257
- de Wien, 258
- logarítmica, 195, 196
- nº 6.938/1981, 539
- nº 14.300/2022, 530
Leilão de energia elétrica, 180
Licenciamento ambiental, 533, 540
Licor negro, 337, 338
Light Output Ratio, 477
Limite de estabilidade
- real, 135
- teórico, 134
Limnologia, 432
Linha
- de base de energia, 473
- de tempo, 507, 508
Liquefação do gás hidrogênio, 167
Liquidez, 506

M
Magnitude constante, 139
Máquina(s)
- assíncrona, 137, 144, 151
  - - operando no modo gerador, 151
- de indução, 137
- elétricas, 108
- rotativas, 117

ÍNDICE ALFABÉTICO 557

- síncrona, 119, 120
- - de polos lisos, 119
- - em carga, 127
- - operando conectada ao sistema elétrico, 131
- - operando de forma isolada, 130
- síncronas, 119, 122
- térmica, 37, 64
Maré(s), 383, 384
- alta, 384
- baixa, 384
- de quadratura, 384
- de sizígia, 384
- efeitos intensificadores das, 389
- enchente, 384
- energia das correntes de, 394
- estimativa da energia mecânica gerada, 393
- explicação qualitativa das causas das, 384
- vazante, 384
Massa desbalanceada, 401
Material(is)
- ferromagnéticos, 112
- particulado, 100
Matriz
- elétrica brasileira, 11
- energética, 7, 8, 10
- - brasileira, 10
- - mundial, 8
Mecanismos de formação
- de CO, 103
- de material particulado, 100
- de NOx, 94
- de óxidos de enxofre, 101
Medições inteligentes, 175
Medidores inteligentes, 175
Melhorias no ciclo de Rankine, 47
Membrana, 410
Mercado de curto prazo, 217
Metano, 330, 416
Método(s)
- da taxa interna de retorno, 513
- de partida, 145
- do *payback*
- - descontado, 512
- - simples, 504, 506
- do valor presente líquido, 507
Microgeração distribuída, 179, 185, 218, 303
Microinversor, 306
Mineração, 81
Minigeração distribuída, 179, 185, 218, 303
Minirredes isoladas, 211
Mobilidade, 427
Modalidades tarifárias de energia, 475
Modelo(s)
- da analogia elétrica para a transferência de calor, 251
- de circulação dos ventos, 194
- de Dulong, 92
- de fótons, 256
- de resistências térmicas, 254
- ondulatório, 255
- simplificado para transferência de calor por radiação entre duas superfícies cinzentas, 259
Modicidade tarifária, 351
Modo motor síncrono, 134
Moinhos de vento, 189
Momento de dipolo magnético, 112
Monóxido de carbono, 103
Morte termodinâmica do Universo, 27
Motor(es), 57-59, 64, 108, 117, 145, 479
- de combustão interna, 57, 58
- - de 4 tempos, 59
- de dois tempos, 58
- de indução de anéis, 145
- de quatro tempos, 58
- de Stirling, 64
- elementar, 117
- elétricos, 479
- térmicos, 64
Movimento
- alternativo dos pistões, 59
- rotativo pelo virabrequim, 59
Mudanças climáticas, 13

N
Nacele, 210
Nível
- de iluminância ou iluminamento, 476
- de maturidade da tecnologia, 170
- médio do mar, 384
Noor I, II, III, 288
Normas
- das concessionárias de energia elétrica, 310
- técnicas e regulamentações em GD, 301
Novas tecnologias, 14, 291
- e aplicações térmicas da energia solar, 291
Número
- de Grashof, 264
- de Nusselt, 265, 268

- de Prandtl, 265
- de Rayleigh, 265
- de Reynolds, 268

O
Objeto quântico, 256
Oceanografia, 432
Óleo
- *bunker*, 83
- combustível industrial, 83
- diesel, 83
Onda
- de campo magnético rotativa, 127
- eletromagnética, 255
Orientação da superfície absorvedora, 277
Otimização
- da demanda de potência, 475
- de operação dos resfriadores, 484
Oxicombustão, 88
Oxicorte, 88
Óxido(s)
- de enxofre, 101, 102
- de nitrogênio, 94, 95
- sólido, 410

P
Painel fotovoltaico, 292, 295, 313
- térmico, 292
- típico de silício, 313
Paisagem, 219
Papel, 337
Parque eólico, 215
Passo polar, 121
Patrimônio arqueológico, arquitetônico, etnológico, 220
Payback, 504, 505
Pegada de carbono, 14
Perda(s)
- de energia útil, 7
- de sincronismo, 134
- Foucault, 114
- no ciclo de Rankine, 45
Permeabilidade do ar, 109
Petróleo, 81
Petroquímica, 427
Pilha de Volta, 161
PIS/Cofins, 184
Pistão de movimento alternativo, 57
Plantas de concentração solar, 287
Plasma, 418
Poder calorífico, 89, 90, 105
- superior, 92
Polarização magnética, 112
Polos
- lisos, 119
- salientes, 119
Ponto
- de conexão à rede, 296
- de pinça, 67
Portadores
- líquidos orgânicos de hidrogênio, 425
- químicos de hidrogênio, 427
Posicionamento
- da incidência da radiação solar, 243
- relativo Sol-Terra, 238
Potência
- constante, 149
- de carga/descarga, 165, 168, 169
- de compressão, 70
- de descarga, 169
- do sistema fotovoltaico, 303
- emissiva
- - monocromática
- - - de corpo negro, 258
- - - máxima, 258
- - total de um corpo negro, 257
- específica ou densidade de potência, 169
- mecânica, 208
- reativa do barramento, 133
Prazo de recuperação do capital, 505
Preamar, 384
Pré-pagamento de energia elétrica, 175
Pressão, 18
Primeira Lei da Termodinâmica, 24
Princípio(s)
- da informação e da participação, 538
- da obrigatoriedade de intervenção do poder público, 539
- da precaução, 538
- da prevenção, 538
- da reparação, 538
- do acesso equitativo aos recursos naturais, 537
- do direito
- - à sadia qualidade de vida, 537
- - ao meio ambiente equilibrado, 537
- usuário/pagador e poluidor/pagador, 537
Procedimentos administrativos para o licenciamento ambiental, 542

Processo(s)
- AEM, 411
- de conversão de energia, 2
- de mercúrio, 410
- industriais, 288
- irreversível, 26
- PEM, 410
- politrópico reversível para um gás perfeito, 29
- reversíveis, 39
- reversível, 26
- SOEC, 411
- termodinâmicos, 27, 58
Produção
- de cloro-soda, 408
- de energia de um parque eólico, 213
- de hidrogênio, 406, 408
- - a partir da biomassa, 355
- mensal específica de energia, 281
Produtos de combustão, 89
Profundidade de descarga, 169
Programação
- de operação horária, 373
- horária, 478
Propriedades
- do hidrogênio, 419
- e tabelas termodinâmicas, 19
- termodinâmicas, 18
Prospecção de áreas e medição das grandezas eólicas, 200
Proteção contra descargas atmosféricas, 307
Purificação (*upgrading*) do biogás, 332
PWR (*pressurized water reactor*), 64

Q
Qualidade
- da manutenção, 374
- de energia, 178
- do ar, 219
Queimadores *Low-NOx*, 97
Querosene de aviação, 83
Questões ambientais, 533

R
Radiação
- difusa horária, 249
- do céu, 261
- média diária mensal sobre uma superfície inclinada fixa, 250
- total horária sobre superfícies inclinadas, 248
Rajadas de vento, 223
Rastreamento solar, 284
Razão de equivalência, 88
Reatância
- indutiva, 129
- síncrona, 129
Reator(es)
- com resfriamento a gás, 459
- contínuo de mistura completa, 330
- de água
- - fervente, 458
- - pesada pressurizada, 458
- - pressurizada, 458
- de fissão nuclear, 457
- de fusão nuclear, 456
- de produção, 460
- modulares compactos, 463
- químicos, 292
Recursos
- eólicos, 194
- hídricos, 219
- nucleares, 453
Rede(s)
- elétrica de transmissão/distribuição, 212
- inteligentes, 173
Redução
- catalítica seletiva, 98
- do excesso de ar, 97
- do tempo de residência, 97
- não catalítica seletiva, 98
Reestruturação institucional do setor elétrico, 523
Refletor
- de calha
- - cilíndrica parabólica, 285
- - parabólica, 285
- de disco parabólico, 286
- linear Fresnel, 284, 285
Reforma
- de gás natural (metano), 416
- do etanol em hidrogênio, 415
Regenerador, 56
Regime
- estacionário, 23
- permanente, 23
Regulação da geração distribuída, 529
Relatórios de impacto ambiental (RIMA), 543
Relé fotoelétrico ou fotocélula, 479
Rendimento, 38
- térmico
- - de um coletor solar plano, 252

558 ÍNDICE ALFABÉTICO

- - do ciclo de Brayton, 52
Repartição das competências para o licenciamento ambiental, 540
Represamento, 400
Reservatório térmico, 276, 279, 280
Resfriamento
- evaporativo, 57
- intermediário, 31
Resíduos
- de madeira, 338
- rurais/animais, 340
- sólidos, 343, 344
- urbanos, 342
Resiliência, 500
Resistência equivalente na radiação, 260
Responsabilidade objetiva, 543
Roda polar, 121
Rotativo no espaço, 139
Rotor, 116, 210
- bobinado, ou de anéis, 137
- cilíndrico, 119
- de anéis, 141
- em curto-circuito, 137
- em gaiola, 137
Ruído, 219

S
Saturação magnética, 113
Secadores do tipo semisseco, 102
Secagem e cozimento solar, 292
Segunda Lei da Termodinâmica, 26, 27, 37
Segurança
- e confiabilidade, 379
- operacional, 373
Sensores
- de luminosidade ou nível de iluminância, 478
- de presença
- - com dupla tecnologia, 478
- - do tipo infravermelho passivo, 478
- - do tipo ultrassônico, 478
- - ou movimento, 478
- de vacância ou ausência, 478
Separadores dos compartimentos dos eletrodos, 408
Setor
- de papel e celulose, 337
- madeireiro, 338
- sucroalcooleiro, 335, 377
Simulação do comportamento dinâmico de uma turbina eólica de grande porte, 226
Simulador solar, 425
Sincronização ou paralelismo com o barramento, 132
Sistema(s)
- água-água, 485
- de apoio, 276
- de aquecimento solar, 276
- de armazenamento, 155, 170
- de aterramento, 309
- de calefação, 362
- de captação de energia solar com armazenamento de energia por meio de calor sensível, 271
- de climatização, 481
- - e ventilação mecânica, 480
- - por absorção, 483
- de cogeração, 362, 484
- de companhias elétricas, 362
- de compensação de energia, 179, 185, 218
- de dessulfurização úmida do tipo *end of pipe*, 102
- de eixo
- - duplo, 300
- - único, 300
- de energia total, 362
- de pré-pagamento, 176
- de refrigeração, 74
- - por absorção de calor, 73
- de transmissão mecânico, 210
- dedicados de tratamento do ar externo, 484
- denominados *self-contained*, 482
- eletromecânico de simples excitação, 115
- eólico-solar híbrido, 299
- fotovoltaico(s), 296
- - anexado à edificação (BAPV), 300
- - autônomo, 299
- - com seguidor solar, 300
- - conectado(s) à rede elétrica, 296, 302
- - de fonte única, 296
- - e GD, 301
- - flutuantes, 300
- - híbridos, 299
- - - bimodal, 299
- - - compacto ou *all-in-one*, 299
- - - *nobreak* solar, 299
- - integrado à edificação (BIPV), 300
- híbrido ou microrrede, 299
- horizontais, 485
- industriais, 362
- locais unitários, 482
- verticais

- - em aquíferos, 485
- - em poços, 485
- VRF, 482
Sol, 1
Solo, 219
Soluções em escala distrital, 500
Sombreamento, 277
Stellarators, 456
Subsistema
- condicionador de potência, 304
- de armazenamento de energia, 304
- de conexão à rede elétrica, 304
- gerador fotovoltaico, 304
Substância pura, 19
Superaquecedor, 43
Supercapacitores, 166
Supercondutores eletromagnéticos, 166
Sustentabilidade, 500

T
Tabelas termodinâmicas, 19
Tarifa(s)
- de uso dos sistemas
- - de distribuição, 185
- - de transmissão, 185
- *feed-in*, 180
- horo-sazonais (THS), 160
Tarifação *net metering*, 180
Taxa
- de autodescarga, 169
- de juros, 510
- de resposta, 169
- mínima de atratividade, 507
Technology Readiness Level (TRL), 170
Técnicas
- de abatimento, 100
- - de emissões de NO_x aplicadas para caldeiras e fornos, 98
- - de emissões de SO_x, 102
- de análise de investimentos, 503, 504, 514
- de controle de emissões de poluentes, 94
- de prevenção à poluição, 96
- de redução de emissões, 101
- para controle das emissões de material particulado, 101
Tecnologia(s)
- de informação e comunicação, 174
- de primeira geração, 296
- de segunda geração, 296
- de terceira geração, 296
- de turbinas eólicas, 209
- para geração de eletricidade a partir de biomassa, 328
- para redução de emissões, 94
Temperatura, 18
- adiabática de chama, 93
- equivalente do céu, 261
Tempo
- de descarga, 169
- de (re)carga, 169
- de resposta, 169
- de retorno simples, 504
Tensão
- alternada, 125
- induzida, 111
Termoacumulação, 484
Termodinâmica, 17
Termólise, 413
Termossifão, 277
Testes de comissionamento do sistema fotovoltaico, 312
Tipos de conexão ao sistema de distribuição de energia elétrica, 303
Títulos de créditos de carbono, 13
Tokamaks, 456
Torque(s)
- de mútua indutância, 116
- de partida, 143
- de relutância, 116
Torre anemométrica, 201
Trabalho específico, 59, 60, 69
- de compressão, 59
- de expansão, 60
Transferência de calor
- por condução e convecção, 262
- por convecção forçada, 267
- por radiação térmica, 255
Transformação, 7
Transição energética, 353
Transmitância térmica, 492
Transporte
- de carga, 163
- de energia térmica, 262
- de massa molecular, 262
- de quantidade de movimento molecular, 263
Tratamento
- biológico, 330
- mecânico biológico de resíduos sólidos urbanos, 348
- térmico para aproveitamento energético da biomassa, 332

Trigeneration, 361
Troca
- de calor entre um fluido e a parede de um tubo, 268
- de potência ativa, 133
Turbina(s), 32
- a gás, 56, 64
- a vapor, 48
- alimentada com mais de um nível de pressão, 50
- com reaquecimento, 50
- de ação, 439
- de condensação, 49
- de contrapressão, 49
- de eixo
- - horizontal, 209
- - vertical, 209
- de extração
- - de diversos níveis de pressão, 50
- - simples, 50
- de reação, 439
- eólica(s), 2, 3, 189, 190, 208-210
- - aplicações autônomas, 211
- - concepção e síntese estrutural de, 220
- - de eixo horizontal de grande porte, 220, 222
- ideal, 41
- não é isentrópica, 45
Turbogeradores, 119
Tutela do meio ambiente, 535

U
Unidade de condicionamento de potência (UCP) ou inversor, 306
Usina(s)
- de eletricidade e calor combinados, 287
- hidrelétrica, 432
- - barragens, 439
- - classificação de, 436
- - construção e componentes de, 438
- - impacto ambiental, 443
- - no Brasil, 430
- - reversível (UHR), 156, 157
- - - com pistão hidráulico, 157
- - - com reservatório
- - - - aquífero, 157
- - - - subterrâneo, 157
- - - com uso de água do mar, 157
- - - de velocidade variável, 157
- - revitalização e repotenciação de, 445
- - turbinas, 439
- - variáveis energéticas básicas, 434
- - velocidade específica, 439
- maremotrizes, 390
- reversíveis e armazenamento de energia potencial, 437
Uso(s)
- da água, 431
- de energia ano-base, 486
- de energia pós-retrofit, 486

V
Valor(es)
- do dinheiro no tempo, 507
- eficaz, 142
- futuro, 507
- presente, 507-509
- presente líquido, 507, 509
- típicos dos carregamentos máximos, 224
Valorização da liquidez, 505
Vapor d'água nos gases de combustão, 89
Variação
- da entropia em um gás perfeito, 28
- da vazão no circuito primário de água gelada, 484
- de velocidade dos motores de indução, 148
Vazão firme, 434
Veículos elétricos e híbridos, 177
Velocidade(s)
- *cut-in*, 208
- *cut-out*, 208
- do vento, 197
- média, 199, 227
- nominal, 208
Vetor
- densidade de fluxo, 109
- rotativo, 139
Vida útil ou durabilidade, 169
Volante de inércia, 159
Volume(s)
- de controle, 26, 29
- específico, 18

Z
Zero hidrográfico, 384
Zona
- de combustão
- - primária, 97
- - secundária, 97
- de queima do combustível de requeima, 97
- de requeima, 97